Astronomischer Jahresbericht

1899 gegründet von Walter Wislicenus

56. Band Die Literatur des Jahres 1956

Herausgegeben vom

Astronomischen Rechen-Institut in Heidelberg

Bearbeitet von

K. Heinemann F. Henn W. Lohmann

Walter de Gruyter & Co.

vormals G. J. Göschen'sche Verlagshandlung — J. Guttentag, Verlags-buchhandlung — Georg Reimer — Karl J. Trübner — Veit & Comp.

Berlin 1958

Druck bei G. Braun (vorm. G. Braunsche Hofbuchdruckerei und Verlag) G. m. b. H., Karlsruhe in Baden · Auflage 550 · Juni 1958

Mit alleinigem Vertrieb beauftragt W. de Gruyter & Co., Berlin
Archiv-Nr. 180159 · Preis 60.— DM

Printed in Germany

Vorwort

Mit dem 56. Band des Astronomischen Jahresberichts wird den Fachkollegen die Übersicht der astronomischen Literatur und ihrer Grenzgebiete aus dem Jahre 1956 vorgelegt. Einige Nachträge aus früheren Jahren sind durch Angabe ihres Erscheinungsjahres gekennzeichnet.

Die Einteilung des Stoffes ist im wesentlichen dieselbe wie im Astronomischen Jahresbericht Band 55. Die bereits in den letzten Bänden eingeleiteten Maßnahmen einer noch strafferen Zusammenfassung des Stoffes wurden fortgesetzt. Lediglich das Inhaltsverzeichnis hat eine kleinere Erweiterung erfahren. Folgende Änderungen sind vorgenommen worden:

1. In den Paragraphen 2, 10, 11, 66 und 134 sind dem Inhalt nach zusammengehörige Arbeiten unter einem neuen Untertitel zusammengefaßt.

Die Untertitel in den einzelnen Paragraphen sind im Inhaltsverzeichnis vollständig unter Angabe der Seitenzahlen aufgeführt.

2. Der Nachweis der Beobachtungen und Berechnungen Kleiner Planeten in § 75 ist gegenüber dem Vorjahre auf die notwendigsten Angaben reduziert. Und zwar sind für jeden Kleinen Planeten die Literaturstellen zu den Beobachtungen in alphabetischer Reihenfolge gegeben. Außerdem ist in einer Klammer auf das Vorhandensein von Elemente, Ephemeride, Numerierung, Benennung und Identität hingewiesen.

3. Bei den Kometen in § 81 ist die Entdeckungsanzeige dem Nachweis der Beobachtungen, der Bahnelemente und Ephemeriden vorangestellt. Die Literaturquellen sind alphabetisch geordnet.

4. Im Nachweis der Beobachtungen und Bearbeitungen Veränderlicher in § 112 sind für jeden veränderlichen Stern nur die Literaturstellen zitiert.

5. Die Beobachtungen der Novae und Supernovae in § 113 sind analog den der Kometen (siehe Punkt 3) nachgewiesen.

Das Verzeichnis der Veröffentlichungen von Sternwarten und Instituten ist in der bereits in Band 55 eingeführten gekürzten Form weitergeführt.

Die Namen der Autoren sind außer im Namen-Verzeichnis noch in den auf den Seiten 287, 306, 394—395 gegebenen Verzeichnissen der Beobachter und Berechner aufzusuchen.

Die Schriftleitung wurde durch Diplom-Dolmetscher R. Furtak und G. Köberich unterstützt. W. Strobel und C. König lieferten den Nachweis der Beobachtungen und Berechnungen Kleiner Planeten. 20 Zeitschriften, welche der Schriftleitung nicht zugänglich, aber in der Physikalisch-Technischen Bundesanstalt, Braunschweig, verfügbar sind, hat V. Weidemann durchgesehen.

Den Autoren, Sternwarten, Instituten, Gesellschaften und Akademien sei an dieser Stelle für die Zusendung ihrer Veröffentlichungen herzlichst gedankt. Ferner sei hier allen Förderern des Astronomischen Jahresberichts sowie allen Referenten, deren Namen in dem Verzeichnis auf Seite IV zusammengestellt sind, der verbindlichste Dank ausgesprochen.

Heidelberg, den 17. Januar 1958

Die Schriftleitung

Bearbeitung

Schriftleiter: K. Heinemann

Mitarbeiter: F. Henn, W. Lohmann (Loh.)

Referenten

U. Baehr Heidelberg, H. G. Beck Jena, U. Becker (U. Be.) Freiburg, A. Behr Göttingen, M. Beyer Hamburg, K.-H. Böhm Kiel, A. Böhme Potsdam, S. Böhme (Böh.) Heidelberg, E. Böhm-Vitense Kiel, A. Bohrmann (Bo.) Heidelberg, J. Bouška (J. B.) Prag, A. Bruzek (Bru.) Freiburg, B. Cester Trieste, H. Daene Potsdam, W. Dieckvoss (Dv.) Hamburg, W. Fricke Heidelberg, W. Gliese (Gli.) Heidelberg, H.-G. Groth Kiel, O. Günther (O. G.) Potsdam, A. Güttler (Gü.) München, S. v. Hoerner Heidelberg, J. Hoppe Jena, C. Luplau Janssen (C. L. J.) Kopenhagen, M. Kopecký Prag, D. Labs Heidelberg, T. Lederle (T. L.) Heidelberg, L. Mawridis Heidelberg, G. R. Miczaika (Micz.) Cambridge, Mass., K. Milošević Skopje, H. Müller (H. M.) Zürich, B. Onderlička (Ond.) Brno, L. Oster Kiel, L. Perek Prag, W. Petri München, M. Plavec Prag, W. Priester Bonn, K. Schaifers Heidelberg, F. Schmeidler (F. S.) München, K.-H. Schmidt Jena, G. Thiessen (Thi.) Hamburg, G. Traving Kiel, H. H. Voigt Göttingen, V. Weidemann Braunschweig

Inhaltsverzeichnis

Seite

Vorwort III
Verzeichnis der Referenten IV
Inhaltsverzeichnis V
Abkürzungen X
1. Allgemeine Abkürzungen X
2. Spezielle Abkürzungen X
3. Abkürzungen für die Namen der Sternbilder X
4. Abkürzungen von Zeitschriften XI
Zeitschriften XII
5. Verzeichnis der Zeitschriften und Veröffentlichungen von Gesellschaften und Akademien XII
6. Verzeichnis der Veröffentlichungen von Sternwarten und Instituten . XX

I. Allgemeines

§ 1 Mathematisches 1
§ 2 Physikalisches 2
Magneto-Hydrodynamik 11
Plasma 13
Lichtgeschwindigkeit 15
§ 3 Rechentafeln, Funktionstafeln, Rechenmaschinen 16
Rechenmaschinen 16
§ 4 Astronomische Jahrbücher, Ephemeriden, Kalender 17
§ 5 Wissenschaftliche und populäre Bücher zur gesamten Astronomie . 21
§ 6 Schriften allgemeiner Art 26
§ 7 Bibliographie, Neuausgaben, Gesamtausgaben, Lexika, Sammelwerke, Festschriften 29

II. Tätigkeit. Geschichte

§ 10 Personalien, Biographie, Briefwechsel 34
Biographie, Briefwechsel 37
Einstein 40
Halley 41
Kopernikus 41
§ 11 Tätigkeitsberichte von Instituten und Gesellschaften, Tagungen . . 42
Institute 42
Gesellschaften 45
Tagungen 50
Ausstellungen 59
§ 12 Sternwarten, Planetarien 59
Planetarien 69
§ 13 Geschichte und Fortschritte der Astronomie 70
Fortschritte der Astronomie 75

Seite

III. Instrumente. Beobachtungstechnik

§ 20 Allgemeines, Optik, Beobachtungsanleitungen, Alte Instrumente . 76
Beobachtungsanleitungen 79
Alte Instrumente 80
§ 21 Beobachtungsinstrumente 80
Radioastronomische Instrumente 83
§ 22 Zusatz- und Auswertgeräte, Photographie 85
Photometrie, Photometer 87
Ausnutzung der Sonnenenergie 91
Photographie 92
§ 23 Uhren, Chronographen, Zeitdienst, Sonnenuhren 94
§ 24 Beobachtungs- und Reduktionsmethoden 99
§ 25 Systematische, Instrumentelle, Methodische Fehler 104

IV. Sphärische Astronomie. Chronologie

§ 30 Allgemeines, Tafeln 105
§ 31 Astronomische Koordinaten und Konstanten, Ortsbestimmung . . 106
Refraktion 108
§ 32 Finsternisse, Bedeckungen 109
§ 33 Chronologie, Kalenderwesen 110

V. Theoretische Astronomie

§ 40 Allgemeines, Tafeln 110
§ 41 Raum, Zeit, Licht, Gravitation, Relativitätstheorie, Kosmologie . 111
§ 42 Himmelsmechanik, Störungstheorie 121
§ 43 Figur der Himmelskörper, Rotation, Gezeiten 125
§ 44 Sternsysteme 126
§ 45 Bahnbestimmung 130

VI. Theoretische Astrophysik

§ 50 Allgemeines 131
§ 51 Sternatmosphäre, Spektrum 133
§ 52 Sterninneres 139
§ 53 Nebel, Interstellare Materie 144
§ 54 Kosmogonie der Himmelskörper 147
§ 55 Kosmogonie des Planetensystems 154

VII. Sonne

§ 60 Astrometrische Beobachtungen, Allgemeines 158
§ 61 Theorie, Rotation, Magnetfeld 159
Theorie der Atmosphäre 160
Magnetfeld 162
§ 62 Sonnenfinsternisse 163

Seite

§ 63 Flecke, Fackeln . . . 170
§ 64 Photosphäre, Spektrum . . . 178
§ 65 Strahlung . . . 183
Solare UV- und Röntgenstrahlung . . . 184
Solare Radiostrahlung . . . 184
Solare Korpuskularstrahlung . . . 187
Solare kosmische Strahlung . . . 188
§ 66 Chromosphäre, Flares, Protuberanzen . . . 188
Sonneneruption vom 23. Februar 1956 . . . 198
§ 67 Korona . . . 201
§ 68 Sonnentätigkeit in Beziehung zu terrestrischen Erscheinungen . . . 206

VIII. Planeten und Monde

§ 70 Sonnensystem, Allgemeines . . . 209
§ 71 Merkur, Venus . . . 211
§ 72 Erde . . . 215
Allgemeines . . . 215
Atmosphäre . . . 216
Dämmerungserscheinungen . . . 218
Extinktion . . . 219
Himmelshelligkeit . . . 221
Internationales Geophysikalisches Jahr . . . 222
Ionosphäre . . . 223
Leuchtende Nachtwolken . . . 226
Licht des Nachthimmels . . . 226
Polarlicht . . . 228
Szintillation . . . 230
Sonstige Erscheinungen . . . 231
§ 73 Mond . . . 232
Allgemeines . . . 232
Mondfinsternisse . . . 235
Sternbedeckungen . . . 237
Mondformationen . . . 239
§ 74 Mars . . . 244
§ 75 Kleine Planeten . . . 253
§ 76 Jupiter . . . 288
Jupitermonde . . . 290
§ 77 Saturn . . . 291
§ 78 Uranus, Neptun, Pluto, Transneptun, Transpluto . . . 292
Transneptun, Transpluto . . . 293

IX. Kometen. Meteore. Meteorite. Zodiakallicht

§ 80 Kometen im allgemeinen . . . 293
§ 81 Einzelne Kometen . . . 297
Gruppe (1) . . . 297
Gruppe (2) . . . 301
§ 82 Meteore . . . 307
Meteorströme . . . 315
Einzelne Meteore . . . 318

Seite

§ 83 Meteorite . . . 320
Einzelne Meteorite . . . 324
Meteoritenkrater . . . 326
§ 84 Zodiakallicht, Gegenschein . . . 327

X. Sterne

§ 90 Allgemeines . . . 328
§ 91 Positionen, Kataloge, Fundamentalsystem, Karten . . . 329
Sternkarten . . . 331
§ 92 Eigenbewegung, Radialgeschwindigkeit . . . 332
Radialgeschwindigkeit . . . 333
§ 93 Parallaxe . . . 335
§ 94 Helligkeit, Farbe . . . 336
§ 95 Spektrum . . . 339
§ 96 Temperatur, Strahlung . . . 352
§ 97 Leuchtkraft, Durchmesser, Masse, Zustandsdiagramme . . . 352
§ 98 Rotation, Magnetfeld . . . 356

XI. Doppelsterne

§ 100 Allgemeines . . . 357
§ 101 Visuelle Doppelsterne . . . 358
§ 102 Spektroskopische Doppelsterne . . . 363

XII. Veränderliche Sterne. Novae

§ 110 Ephemeriden, Allgemeines . . . 364
§ 111 Veränderliche Sterne . . . 365
Bedeckungsveränderliche . . . 365
Cepheiden . . . 373
Sonstige Veränderliche . . . 380
§ 112 Listen veränderlicher Sterne, Einzelbeobachtungen . . . 386
§ 113 Novae, Supernovae . . . 395
Beobachtungen einzelner Novae . . . 396
Supernovae . . . 398

XIII. Sternsysteme. Nebel. Interstellarer Raum

§ 120 Allgemeines . . . 399
§ 121 Sternhaufen . . . 400
Offene Sternhaufen . . . 400
Kugelförmige Sternhaufen . . . 406
§ 122 Galaktische Nebel . . . 409
Planetarische Nebel . . . 415
§ 123 Milchstraßensystem . . . 417
Aufbau . . . 417

Seite

Magnetfeld 420
Kinematik und Dynamik 421
Sternassoziationen 426
§ 124 Außergalaktische Nebel 428
Magellansche Wolken 433
§ 125 Interstellare Materie, Polarisation 436
Polarisation 442
§ 126 Radiostrahlung 442
Allgemeines 442
Radioquellen 447
21 cm-Strahlung 453
§ 127 Kosmische Strahlung 454

XIV. Geodäsie. Nautik

§ 130 Höhere Geodäsie, Kartographie, Allgemeines 460
§ 131 Erdfigur, Erdrotation, Schwerkraft, Massenverteilung 461
§ 132 Geodätische Koordinaten, Polschwankung 464
§ 133 Navigation 466
§ 134 Astronautik, Raketen 467
Künstliche Erdsatelliten 471

Berichtigungen 475
Transkription des russischen Alphabets 476
Namen-Verzeichnis 477
Alphabetical Subject Index 499

Abkürzungen

Im Astronomischen Jahresbericht sind die folgenden Abkürzungen verwendet:

1. Allgemeine Abkürzungen

Abh.	Abhandlungen
Abstr.	Abstrakt, abstract
Acad.	Académie, Academy
Accad.	Accadémia
Akad.	Akademie
Ann.	Annalen, Annales, Annals
Astr.	Astronomie etc.
Astrophys.	Astrophysik etc.
Beob.	Beobachtungen
Ber.	Berichte
Bol.	Boletin
Bull.	Bulletin
bzw.	beziehungsweise
Circ.	Circular, Zirkular
Cl.	Classe
Commun.	Communications
Comun.	Comunicazioni
Contr.	Contributions etc.
CR.	Comptes Rendus
Desgl.	Desgleichen
Diss.	Dissertation
Geod.	Geodäsie etc.
Ges.	Gesellschaft
Inst.	Institut etc.
J.	Journal
Kl.	Klasse
Mag.	Magazine
Math.	Mathematik etc.
Medd.	Meddelanden, Meddelelser
Mém.	Mémoires
Mem.	Memoirs, Memorie
Mitt.	Mitteilungen
Nachr.	Nachrichten
(NF)	Neue Folge
(NR)	Neue Reihe
(NS)	Neue Serie
Obs.	Observatorium
Oss.	Osservatorio, Osservazioni
Phil.	Philosophical
Phys.	Physik etc.
Proc.	Proceedings
Pubbl.	Pubblicazioni
Publ.	Publikationen, Publications
Rech.	Recherches
Ref.	Referat
Rend.	Rendiconti
Rep.	Report
Repr.	Reprint
Res.	Research
Rev.	Review, Revue
Ric.	Ricerche
Sci.	Science, scientific
Ser.	Serie, Series
Sér.	Série
Sitzber.	Sitzungsberichte
Soc.	Società, Société, Society
Sternw.	Sternwarte
Suppl.	Supplement
T.	Tidskrift, Tidsskrift, Tijdschrift
Trans.	Transactions
Univ.	Universität etc.
Veröff.	Veröffentlichungen
Vgl.	Vergleiche
VJS	Vierteljahrsschrift
Wetensch.	Wetenschappen
Wiss.	Wissenschaften
Z.	Zeitschrift

2. Spezielle Abkürzungen

Au	Aufnahme
CI	Farbenindex
EB	Eigenbewegung
El	Elemente
Eph	Ephemeride
Id	Identität
Na	Benennung
Nu	Numerierung
RG	Radialgeschwindigkeit

AAVSO	vgl. Ref. 1102
Ref. AAS	vgl. Ref. 1103
Ref. AG	vgl. Ref. 1109
Ref. ASP	vgl. Ref. 1106
Ref. BAA	vgl. Ref. 1111
Ref. RAS	vgl. Ref. 1120

3. Abkürzungen für die Namen der Sternbilder

Für die Namen der Sternbilder sind die in Harvard Bulletin 771 veröffentlichten Abkürzungen benutzt.

4. Abkürzungen von Zeitschriften

AA	Acta Astronomica
AC	Astronomisches Zirkular der UdSSR
AJ	Astronomical Journal
AJB	Astronomischer Jahresbericht
AJ UdSSR	Astronomisches Journal der UdSSR
AN	Astronomische Nachrichten
ApJ	Astrophysical Journal
Ark Astr	Arkiv för Astronomi
BA	Bulletin Astronomique
BAA Circ	British Astronomical Association Circular
BAAH	British Astronomical Association Handbook
BAB	Bulletin Astronomique de l'Observatoire Royal de Belgique
BAC	Bulletin of the Astronomical Institutes of Czechoslovakia
BAN	Bulletin of the Astronomical Institutes of the Netherlands
BAV-Rundbrief	Mitteilungsblatt der Berliner Arbeitsgemeinschaft für Veränderliche Sterne
BIA	Bulletin des Instituts für Theoretische Astronomie, Leningrad
BSAF	L'Astronomie, Bulletin de la Société Astronomique de France
Bull hor	Bulletin horaire
CR	Comptes Rendus. Académie des Sciences, Paris
DAN	Berichte (Doklady) der Akademie der Wissenschaften der UdSSR
DOB	Documentation des Observateurs
Gaz astr	Gazette astronomique
HarvAnn, Bull usw.	siehe Cambridge, Mass.
JAMPC	Japanese Minor Planet Circular
JBAA	Journal of the British Astronomical Association
JO	Journal des Observateurs
J RAS Canada	Journal of the Royal Astronomical Society of Canada

Kop Akt Medd	Aktuelle Meddelelser fra Astronomisk Selskab, Kobenhavn
LOB	Lick Observatory Bulletin
McDC	Contributions from the McDonald Observatory
Mem RAS	Memoirs of the Royal Astronomical Society
Mem SA It	Memorie della Società Astronomica Italiana
MN	Monthly Notices of the Royal Astronomical Society
MN ASSA	Monthly Notes of the Astronomical Society of South Africa
MPC	Minor Planet Circular
MVS	Mitteilungen über Veränderliche Sterne (Sonneberg)
NAT	Nordisk Astronomisk Tidsskrift
NAZ	Nachrichtenblatt der Astronomischen Zentralstelle
NAZvM	Nachrichtenblatt der Astronomischen Zentralstelle. Vorläufige Mitteilung
Obs	Observatory
PAT	Populär Astronomisk Tidskrift
Publ ASP	Publications of the Astronomical Society of the Pacific
RH	Říše Hvězd
RJ Astr. Geod. UdSSR	Referatjournal. Astronomie, Geodäsie. Akademie der Wissenschaften der UdSSR
TAB	Tokyo Astronomical Bulletin
UAI Circ	Union Astronomique Internationale. Circulaire
UC, Union Circ	Circular of the Union Observatory
VdS Nachr.	Nachrichtenblatt der Vereinigung der Sternfreunde
VS Bull	Veränderliche Sterne. Bulletin
YC	Yamamoto Circular
ZfA	Zeitschrift für Astrophysik
ZfMG	Zentralblatt für Mathematik und ihre Grenzgebiete

Zeitschriften

Unter Zeitschriften sind nicht nur alle periodisch erscheinenden Schriften verstanden, sondern im weiteren Sinne auch alle zwanglos erscheinenden Veröffentlichungen von Sternwarten, Instituten, Gesellschaften und Akademien.

Die vollständig durchgesehenen Zeitschriften sind in den beiden folgenden Verzeichnissen **5** und **6** zusammengestellt.

Nicht aufgeführt sind in den Verzeichnissen **5** und **6** diejenigen Zeitschriften, in denen gelegentlich astronomische Arbeiten enthalten sind. Diese sind der Schriftleitung entweder nur in Form eines Sonderdruckes, als einzelne Abhandlung einer Akademie oder als sonstige bibliographische Mitteilung bekannt geworden.

5. Verzeichnis der Zeitschriften und Veröffentlichungen von Gesellschaften und Akademien

Physics Abstracts. Section A of Science Abstracts (Physics). Edited and issued monthly by the Institution of Electrical Engineers, London. — Vol. **59**, Gesamtnummer 697—708.

Astronautica Acta. Offizielles Organ der Internationalen Astronautischen Föderation. Springer-Verlag, Wien; I. R. Maxwell & Co. Ltd., London-Paris-New York. — Vol. **2** Fasc. 1—4.

Acta Astronomica. Kraków. — Vol. **6** Nr. 1—4.

Acta Astronomica Sinica. Herausgegeben vom Purple Mountain Observatory, Nanking. — Vol. **4** Nr. 1.

Geochimica et Cosmochimica Acta. Pergamon Press Ltd., London. — Vol. **9** Nr. 1—6, Vol. **10** Nr. 1—6.

Actas de la Academia Nacional de Ciencias Exactas, Físicas y Naturales de Lima. — Vol. **19** Nr. 1—4.

Annalen der Physik. Johann Ambrosius Barth, Leipzig. — 6. Folge Band **17** Heft 3—8, Band **18** Heft 1—8, Band **19** Heft 1—5 = Band 452, 453 und 454 der ganzen Reihe.

Annales d'Astrophysique. Paris. — Tome **19** Nr. 1—6.

Annales Françaises de Chronométrie. Besançon. — 2me Série Tome **10** Trimestre 1—4.

Annales Françaises de Chronométrie. Bulletin Trimestriel Signalétique de Documentation de Chronométrie Générale. Besançon. — 1956 Tome **10** bis Trimestre 1—4.

Annales de Géophysique. Paris. — Tome **12** Nr. 1—4.

Annales de Physique. Masson et Cie, Editeurs. Paris. — Sér. 13 Tome **1** Nr. 1—12.

Anzeiger. Österreichische Akademie der Wissenschaften. Mathematisch-naturwissenschaftliche Klasse. Wien. — **93**. Jahrgang Nr. 1—15.

Arkiv för Astronomi. Utgivet av K. Svenska Vetenskapsakademien Stockholm. — Band **2** Häfte 1.

L'Astronomie. Revue Mensuelle d'Astronomie, de Météorologie et de Physique du Globe. Bulletin de la Société Astronomique de France. Paris. — **70**e année, Jan.—Déc. 1956.

Astrophysica Norvegica. Edited by the Institute of Theoretical Astrophysics, University of Oslo. — Vol. **5** Nr. 7—9.

Atti della Accademia Nazionale dei Lincei. Anno CCCLIII, 1956. Memorie. Classe di Scienze fisiche, matematiche e naturali. Roma. — Serie 8 Vol. **5** Heft 1.

Atti della Accademia Nazionale dei Lincei. Anno CCCLIII, 1956. Serie Ottava. Rendiconti. Classe di Scienze fisiche, matematiche e naturali. Roma. — Vol. **20** und **21**.

Berichte (Doklady) der Akademie der Wissenschaften der UdSSR. Moskau-Leningrad. — Tom **106—111**, jeweils Heft 1—6.

Physikalische Berichte. Herausgegeben vom Verband Deutscher Physikalischer Gesellschaften e. V. Friedrich Vieweg & Sohn, Braunschweig. — Band **35** Heft 1—12.

Physikalische Blätter. Physik Verlag, Mosbach (Baden). — **12**. Jahrgang Heft 1—12.

Boletin del Centro de Documentación Científica y Técnica de México. México, D. F. — Tomo **5** Nr. 1—12.

Unser Himmel — Astronomischer Bote. Herausgegeben von der Kroatischen Astronomischen Gesellschaft «Oton Kučera». — Nr. 3—7.

Bulletin of the Astronomical Institutes of Czechoslovakia (früher Bulletin of the Central Astronomical Institute of Czechoslovakia). Verlag Akad. Wiss., Prag. — Vol. **7** Nr. 1—6.

Bulletin of the Astronomical Institutes of the Netherlands. Haarlem. — Vol. **12** Nr. 462—465, Vol. **13** Nr. 466—473.

Bulletin Astronomique. Publié par l'Observatoire de Paris. — Tome **20** Fasc. 2—4.

Bulletin der Astronomisch-Geodätischen Gesellschaft der UdSSR. Verlag der Akademie der Wissenschaften der UdSSR. Moskau-Leningrad. — Nr. 16 (23), 1955, Nr. 17 (24), 18 (25).

Bulletin de la Classe des Sciences. Académie royale de Belgique. 5e Série. Bruxelles. — Tome **42** Nr. 1—12.

Bulletin géodésique. Nouvelle Série. Pergamon Press Ltd., London. — Nr. 39—42.

Bulletin horaire du Bureau International de l'Heure. Observatoire de Paris. — 4me Série Nr. 7—11, Série F Nr. 6—10.

Bulletin de la Société des Mathématiciens et Physiciens de la R. P. de Serbie. Beograd. — Vol. **8** Nr. 1—4.

Časopis Československých ústavů astronomických. Verlag Akad. Wiss., Prag. — Vol. **6** Nr. 1—6.

Ciel et Terre. Bulletin mensuel de la Société Belge d'Astronomie, de Météorologie et de Physique du Globe. Uccle-Bruxelles. — Année **71** Nr. 11—12, Année **72** Nr. 1—12.

Circulaire d'Information de la Commission des Etoiles Doubles de l'Union Astronomique Internationale. Observatoire de Strasbourg. — Nr. 8—10.

Documentation des Observateurs. Circulaire. Institut d'Astrophysique de Paris. — Nr. 7—9.

British Astronomical Association Circular. London. — Nr. 372—381.

The Japan Astronomical Study Association Circular (japanisch — nur teilweise referiert). — Nr. 140—151.

Variable Star Section Circular. Royal Astronomical Society of New Zealand. Rarotonga, Cook Islands, South Pacific. — Nr. 67—75, 78.

Yamamoto Circular. — Nr. 1351—1396.

Coelum. Periodico Bimestrale per la Divulgazione dell'Astronomia. Bologna. — Vol. **24** Nr. 1—12.

Sterrekundig Colloquium van de Nederlandse Astronomen-Club. Gravenhage. — Nr. 13—14.

Comptes Rendus hebdomadaires des Séances de l'Académie des Sciences. Paris. — Tome **242** Nr. 1—26, Tome **243** Nr. 1—25.

Documentation des Observateurs. Institut d'Astrophysique de Paris. — **9**e année Bulletin Nr. 1—12.

Endeavour. Eine Vierteljahres-Übersicht von Fortschritten der Wissenschaften im Dienste der Menschheit, London. — Band **15**, Gesamtnummer 57—60.

Ergebnisse der exakten Naturwissenschaften. Springer-Verlag, Göttingen-Berlin-Heidelberg. — Band **29**.

Experientia. Monatsschrift für das gesamte Gebiet der Naturwissenschaft. Verlag Birkhäuser, Basel. — Vol. **12**.

Extraits d'Astronomie et de Géophysique du Centre National de la Recherche Scientifique. (Continuation de la Bibliographie Mensuelle de L'Astronomie). Paris. — Vol. **17** Nr. 1—12.

Forschungen und Fortschritte. Nachrichtenblatt der Deutschen Wissenschaft und Technik. Akademie-Verlag, Berlin. — Jahrgang **30** Heft 1—12.

Gazette astronomique. Bulletin de la Société d'Astronomie d'Anvers. — Année **37** Nr. 10—12 (Gesamtnummer 430—432).

Glasnik Matematičko-Fizički i Astronomski. Društvo matematičara i fizičara N. R. Hrvatske. Zagreb. — Serija II T. **11** Nr. 1—4.

Hemel en Dampkring. J. B. Wolters, Groningen. — **54**. Jaargang Afl. 1—12.

American Journal of Physics. Published for the American Association of Physics Teachers by the American Institute of Physics, Inc. New York. — Vol. **24** Nr. 1—9.

The Astronomical Journal. Yale Univ. Office, New Haven. — Vol. **61** Nr. 1—10 (Gesamtnummer 1235—1244).

Astronomisches Journal. Akademie der Wissenschaften der UdSSR. Moskau-Leningrad. — Tom **33** Nr. 1—6.

The Astrophysical Journal. Chicago. — Vol. **123** Nr. 1—3, Vol. **124** Nr. 1—3.

The Astrophysical Journal. Supplement Series. Chicago. — Vol. **2** Nr. 19—24.

Australian Journal of Physics. Published by the Commonwealth Scientific and Industrial Research Organization, in collaboration with the Australian National Research Council and the Institute of Physics (Australian Branch). Melbourne. — Vol. **9** Nr. 1—4.

Canadian Journal of Physics. Published by the National Research Council, Ottawa. — Vol. **34** Nr. 1—12 B.

The Irish Astronomical Journal. Armagh. — Vol. **4** Nr. 1—4.

The Journal of Astronautics. Published by the American Astronautical Society, Inc. New York. — Vol. **3** Nr. 1—4.

The Journal of the Astronomical Society of Victoria. Melbourne. — Vol. **9** Nr. 1—6.

Journal of Atmospheric and Terrestrial Physics. Pergamon Press Ltd., London & New York. — Vol. **8** Nr. 1—6, Vol. **9** Nr. 1—6.

Journal of the British Astronomical Association. Oxford. — Vol. **66** Nr. 2—8, Vol. **67** Nr. 1.

Journal of the British Interplanetary Society. London. — Vol. **15** Nr. 1—6.

Journal of Geophysical Research. The continuation of Terrestrial Magnetism and Atmospheric Electricity. The William Byrd Press, Richmond. — Vol. **61** Nr. 1—4.

The Journal of the Institute of Navigation. London. — Vol. **9** Nr. 1—4.

Journal des Observateurs. Publié avec le concours du Centre National de la Recherche Scientifique. Marseille. — Vol. **39** Nr. 1—12.

Journal of the Optical Society of America. Published for the Optical Society of America by American Institute of Physics. Lancaster, Pennsylvania. — Vol. **46** Nr. 1—12.

Le Journal de Physique et Le Radium. Publication de la Société Française de Physique. Paris. — Tome **17** Nr. 1—12, Suppl. zu Nr. 3, 6, 11; Sitzungsberichte Soc. Française Phys. 1S — 80S.

The Journal of the Royal Astronomical Society of Canada. Toronto. — Vol. **50** Nr. 1—6 (Gesamtnummer 418—423).

Leaflet. Astronomical Society of the Pacific. San Francisco. — Nr. 320—331.

Astronomical News Letter. Laboratoire d'Astronomie, Lille. — Nr. 80—83, 83 Suppl.

The Philosphical Magazine. A Journal of Theoretical Experimental and Applied Physics. Taylor & Francis Ltd., London. — Eighth Series. Vol. **1** Nr. 1—12.

Mededeling. Werkgroep Meteoren van de Nederlandse Vereniging voor Weer- en Sterrenkunde. — Nr. 40.

Memoirs of the Japan Astronomical Study Association (japanisch — nur teilweise referiert). — Vol. **1** Nr. 3.

Memoirs of the British Astronomical Association. Oxford. — Vol. **37** Part 3.

Memoirs of the Royal Astronomical Society. London. — Vol. **67** Part 3—4.

Memorie della Società Astronomica Italiana. Nuova Serie. Pavia. — Vol. **27** Nr. 1—4.

Supplementi alle Memorie della Società Astronomica Italiana. Pavia. — Nr. 1.

Memorie siehe auch Atti.

De Meteoor. Organ van de Werkgroep Meteoren van de Nederlandse Vereniging voor Weer- en Sterrenkunde. Utrecht. — **11**e Jaargang Nr. 6.

Meteoritics. The Journal of the Meteoritical Society and the Institute of Meteoritics of the University of New Mexico. Albuquerque. — Vol. **1** Nr. 4 (Gesamtnummer 4).

Meteoritika. Akademie der Wissenschaften der UdSSR, Meteoriten-Komitee. Moskau. — Nr. 14.

Naučna Misao. Društvo ža Unapredivanje i Širenje Nauke. Zagreb. — Jahrgang 1955—1956 Heft 5—6.

Mitteilungen der Astronomischen Gesellschaft. G. Braun, Karlsruhe. — 1955.

Mitteilungen für Planetenbeobachter. Planetensektion der Sternfreunde. Berlin. — **9.** Jahrgang Nr. 1—4.

MTW-Mitteilungen. Zeitschrift zur Pflege der Beziehungen zwischen Mathematik, Technik, Wirtschaft. Mathematisches Labor der Technischen Hochschule Wien. — **3.** Jahrgang Nr. 1—6.

Monographien der Griechischen Astronomischen Gesellschaft. Athen. — Nr. 4—7.

Astronomische Nachrichten. Im Auftrage der Deutschen Akademie der Wissenschaften zu Berlin. — Band **283** Heft 1—5.

Astronomische Nachrichten. Bulletin der Griechischen Astronomischen Gesellschaft. Athen. — Jahrgang **7** Nr. 33—34.

Nachrichten der Akademie der Wissenschaften in Göttingen. Mathematisch-Physikalische Klasse. IIa. Mathematisch-Physikalisch-Chemische Abteilung. — Jahrgang 1956 Nr. 1—15.

Nachrichtenblatt der Astronomischen Zentralstelle. Astronomisches Rechen-Institut, Heidelberg. — Jahrgang **10** Nr. 1—9.

Nachrichtenblatt der Astronomischen Zentralstelle. Vorläufige Mitteilung. Astronomisches Rechen-Institut, Heidelberg. — Nr. 279—307.

Astronomischer Nachrichtendienst der Archenhold-Sternwarte zu Berlin-Treptow. — 8. Jahrgang Nr. 1—15. (Wird nur auszugsweise referiert).

Nature. A Weekly Journal of Science. Macmillan and Co., London; St. Martin's Press, Inc., New York. — Vol. **177** Nr. 4496—4522, Vol. **178** Nr. 4523—4548.

La Nature. Revue des Sciences et de leurs Applications. Dunod, Editeurs, Paris. — Vol. **84** Nr. 3249—3260.

Die Naturwissenschaften. Springer-Verlag, Berlin-Göttingen-Heidelberg. — **43.** Jahrgang Heft 1—24.

Monthly Notes of the Astronomical Society of South Africa. Cape Town. — Vol. **15** Nr. 1—11.

Occasional Notes. Royal Astronomical Society. London. — Vol. **3** Nr. 18.

Monthly Notices of the Royal Astronomical Society. London. — Vol. **116** Nr. 1—6.

Monthly Notices of the Royal Astronomical Society. Geophysical Supplement. London. — Vol. **7** Nr. 4.

Il Nuovo Cimento. Organo della Società Italiana di Fisica, sotto auspici del Consiglio Nazionale delle Ricerche. Serie decima. Nicola Zanichelli Editore, Bologna. — Vol. **3** Nr. 1—6, Vol. **4** Nr. 1—6.

The Observatory. Oxford. — Vol. **76** Nr. 890—895.

Optik. Zeitschrift für das gesamte Gebiet der Licht- und Elektronenoptik. Stuttgart. — Band **13** Heft 1—12.

Orion. Zeitschrift der Schweizerischen Astronomischen Gesellschaft. Bulletin de la Société Astronomique de Suisse. Genève bzw. Schaffhausen. — Band **5** Nr. 51—54.

Photographie und Forschung. Die Contax-Photographie in der Wissenschaft. Hausmitteilungen der Zeiss Ikon AG., Stuttgart. — Band **7** Heft 1—4.

Photographie und Wissenschaft. Agfa-Mitteilungen für wissenschaftliche Institute und Forschungsstätten. Agfa-Leverkusen, Bayerwerk. — Jahrgang **5** Heft 1—4.

Physica. Herausgegeben von der Stiftung Physica in Amsterdam. — Deel **22** Nr. 1—12.

Pokroky matematiky, fysiky a astronomie. Pädagog. Verlag, Prag. — Band **1** Nr. 1—4.

Postępy Astronomii. Czasopismo poświęcone upowszechnianiu wiedzy astronomicznej. Kraków. — Tom **4** Nr. 1—4.

Priroda (Natur). Populäres naturwissenschaftliches Journal der Akademie der Wissenschaften der UdSSR. Moskau-Leningrad. — Tom **45** Nr. 1—12.

Proceedings of the American Academy of Arts and Sciences. Cambridge, Mass. — Vol. **85** Nr. 2 S. 71—140.

Proceedings of the Cambridge Philosophical Society. Cambridge, At the University Press. — Vol. **52** Part 1—4.

Proceedings. Koninklijke Nederlandse Akademie van Wetenschappen. Series B. Physical Sciences. Amsterdam. — Vol. **59**.

Proceedings of the National Academy of Sciences of the United States of America. Washington. — Vol. **42** Nr. 1—12.

The Proceedings of the Physical Society. Section A, Section B. London. — Vol. **69** Part 1—12.

Proceedings of the Royal Society. Series A. Mathematical and Physical Sciences. London. — Vol. **234—238** Nr. 1196—1215.

Publications of the Astronomical Society of Japan. Tokyo. — Vol. **8** Nr. 1—4.

Publications of the Astronomical Society of the Pacific. San Francisco. — Vol. **68** Nr. 400—405.

Rendiconti siehe Atti.

Referatjournal. Astronomie, Geodäsie. Akademie der Wissenschaften der UdSSR. Institut für wissenschaftliche Information. Verlag Akad. Wiss. UdSSR. Moskau. — 1956 Nr. 1—12.

Annual Report of the Board of Regents of The Smithsonian Institution showing the operations, expenditures, and condition of the Institution for the year ended June 30, 1955.

The Science Reports of the Tôhoku University. First Series (Physics, Chemistry, Astronomy). Sendai, Japan. — Vol. **39** Nr. 3—4, Vol. **40** Nr. 1—3.

Reports on Progress in Physics. Published by the Physical Society, London. — Vol. **19**.

The Physical Review. Series 2. Published for the American Physical Society by the American Institute of Physics. Lancaster, Pa., and New York, N. Y. — Vol. **101—104**, je 6 Hefte.

The Review of Scientific Instruments, New Series. Published monthly by the American Institute of Physics. Lancaster, Pa., and New York, N. Y. — Vol. **27** Nr. 1—12.

Mathematical Reviews. Published by the American Mathematical Society. Providence, R. I. — Vol. **17** Nr. 1—11.

Reviews of Modern Physics. Published for the American Physical Society by the American Institute of Physics. Lancaster, Pa. and New York, N. Y. — Vol. 28 Nr. 1—4.

Revista Astronomica. Organ de la Asociacion Argentina «Amigos de la Astronomia». Buenos Aires. — Nr. 138, 139.

Říše hvězd. Verlag Orbis, Prag. — Band **37** Nr. 1—12 (tschechisch, Inhalt auch in russischer und englischer Sprache).

Science. Published by the American Association for the Advancement of Science, Washington. — Vol. **123** Nr. 3184—3209, Vol. **124** Nr. 3210—3235.

Scientia. Internationale Zeitschrift für wissenschaftliche Synthese. Bologna. — Vol. **91** Nr. 1—12.

Sitzungsberichte der mathematisch-naturwissenschaftlichen Klasse der Bayerischen Akademie der Wissenschaften zu München. — Jahrgang 1956.

Sitzungsberichte. Österreichische Akademie der Wissenschaften. Mathematisch-naturwissenschaftliche Klasse, Abteilung II. Wien. — Band **165** Heft 1—7.

Sky and Telescope. Harvard College Observatory, Cambridge, Mass. — Vol. **15** Nr. 3—12, Vol. **16** Nr. 1—2.

Southern Stars. The Journal of the Royal Astronomical Society of New Zealand. — Vol. **17** Nr. 1—4 (Gesamtnummer 122—125).

Spaceflight. Published by the British Interplanetary Society. London. — Vol. **1** Nr. 1.

Die Sterne. Monatsschrift über alle Gebiete der Himmelskunde. Verlag Johann Ambrosius Barth, Leipzig. — **32**. Jahrgang Heft 1—12.

Der Sternenbote. Zeitschrift für Astronomie und verwandte Gebiete. Herausgeber: Sternwarte Reutlingen. — 8. Jahrgang Nr. 1—12.

The Strolling Astronomer. Association of Lunar and Planetary Observers. Las Cruces, New Mexico. — Vol. **10** Nr. 1—12.

La Suisse Horlogère. International Edition in English. La Chaux-de-Fonds. — Year **71** Nr. 1—4.

Mathematical Tables and other Aids to Computation. National Academy of Sciences — National Research Council, Washington. — Vol. **10** Nr. 53—56.

Tellus. A quarterly Journal of Geophysics. Svenska Geofysiska Föreningen. Esselte AB, Stockholm. — Vol. 8 Nr. 1—4.

Populär Astronomisk Tidskrift. Stockholm. — Årgång **37** Häfte 1—4.

Nordisk Astronomisk Tidsskrift. Kopenhagen. — 1956 Nr. 1—4.

El Universo. Organo de la Sociedad Astronómica de México. México, D. F. — Nr. 34—37.

Urania. Revista de Astronomia y Ciencias Afines. Organo Oficial de la Sociedad Astronómica de España y América y de la Unión Nacional de Astronomía y Ciencias Afines. Barcelona. — Año **41** Nr. 242—244.

Urania. Populært astronomisk Tidsskrift. Kopenhagen. — Aargang **13** Nr. 1—12.

Urania. Czasopismo astronomiczne popularno-naukowe. Organ Polskiego Towarzystwa Miłośników Astronomii. Kraków. — Rok **27** Nr. 1—8.

Annual Scientific Supplement to Urania, the popular astronomical magazine published by the Polish Amateur Astronomical Society. Kraków. — Nr. 1.

Vasiona. Revue d'Astronomie et d'Astronautique. Bulletin de la Société Astronomique «R. Bošković» et de la Société Astronautique de l'Union Aéronautique de Yougoslavie. Beograd. — Année **4** Nr. 1—4.

Vega. An International Monthly Review of Astronomical Research. Boughton, Chester. — Vol. **1** Nr. 31, 31 Suppl., 32—34.

Veränderliche Sterne. Bulletin, herausgegeben vom Astronomischen Rat der Akademie der Wissenschaften der UdSSR. Moskau-Leningrad. — Tom **10** Nr. 6 (90), Tom **11** Nr. 1—2 (91—92).

Physikalische Verhandlungen. Physik Verlag, Mosbach (Baden). — **7.** Jahrgang Heft 1—8.

Vesmír. Verlag der Akademie der Wissenschaften, Prag. — Band **35** Nr. 1—10.

Weltraumfahrt. Beiträge zur Weltraumforschung und Astronautik. Umschau-Verlag, Frankfurt am Main. — Jahrgang 1956 Heft 1—4.

Deutsche Hydrographische Zeitschrift. Deutsches Hydrographisches Institut Hamburg. — Band **9** Heft 1—6.

Zeitschrift für Astrophysik. Springer-Verlag, Berlin-Göttingen-Heidelberg. — Band **38** Heft 4, Band **39** Heft 1—4, Band **40** Heft 1—4, Band **41** Heft 1—2.

Zeitschrift für Naturforschung. Verlag der Zeitschrift für Naturforschung, Tübingen. — Band **11a** Heft 1—12.

Zeitschrift für Physik. Springer-Verlag, Berlin-Göttingen-Heidelberg. — Band **144** Heft 1—5, Band **145** Heft 1—5, Band **146** Heft 1—5, Band **147** Heft 1—2.

Zeitschrift für angewandte Physik. Springer-Verlag, Berlin-Göttingen-Heidelberg. — Band 8 Heft 1—12.

Zentralblatt für Mathematik und ihre Grenzgebiete. Springer-Verlag, Berlin-Göttingen-Heidelberg. — Band **53** Heft 1—4, Band **54**, Band **57** Heft 1—6, Band **64** Heft 1—10, Band **65** Heft 1—2, Band **66** Heft 1.

Astronomisches Zirkular. Herausgegeben vom Büro der Astronomischen Mitteilungen der Akademie der Wissenschaften der UdSSR. Kasan. — Nr. 166—175.

6. Verzeichnis der Veröffentlichungen von Sternwarten und Instituten

Die in der folgenden Tabelle genannten Sternwarten sind in dem Verzeichnis der Veröffentlichungen von Sternwarten und Instituten unter dem Ort (rechte Spalte der Tabelle) aufgeführt.

Name der Sternwarte	Ort
Agassiz Station	Oak Ridge
Allegheny Observatory	Pittsburgh
Bosscha Observatory	Lembang
University of California	Los Angeles
Carter Observatory	Wellington, N.Z.
Observatorio de Cartuja	Granada
Commonwealth Observatory	Canberra
Commonwealth Scientific and Industrial Research Organization, Australia	Sydney
Dearborn Observatory of Northwestern University	Evanston, Ill.
Dominion Observatory	Ottawa
Dominion Astrophysical Observatory	Victoria, Canada
David Dunlap Observatory, University of Toronto	Richmond Hill
Dunsink Observatory	Dublin
Observatorio del Ebro	Tortosa
Engelhardt-Observatorium	Kasan
Observatorio Fabra	Barcelona
Flower and Cook Observatories	Philadelphia
Fraunhofer-Institut	Freiburg i. Br.
Harvard College Observatory	Cambridge, Mass.
Kapteyn Astronomical Laboratory	Groningen
Kwasan Observatory	Kyoto
Lick Observatory	Mount Hamilton
Goethe Link Observatory of Indiana University	Bloomington
Lowell Observatory	Flagstaff, Ariz.
Leander McCormick Observatory of the University of Virginia	Charlottesville
McDonald Observatory	Fort Davis, Tex.
McMath-Hulbert Observatory	Lake Angelus, Pontiac, Mich.
Observatory of the University of Michigan	Ann Arbor
Astronomical Observatory, University of Minnesota	Minneapolis
Nizamia Observatory	Hyderabad
University of Pennsylvania	Philadelphia
Perkins Observatory	Delaware, Ohio
Radcliffe Observatory	Pretoria
Remeis-Sternwarte	Bamberg
Rutherfurd Observatory	New York
Smithsonian Institution	Washington
Specola Astronomica Vaticana	Castel Gandolfo
Sproul Observatory	Swarthmore, Penn.
Staatliches Astronomisches Sternberg-Institut	Moskau
Astronomisches Hauptobservatorium der Akademie der Wissenschaften der Ukrainischen Sowjetrepublik	Golossejewo
Union Observatory	Johannesburg
United States Naval Observatory	Washington
Vassar College Observatory	Poughkeepsie, N.Y.
Warner and Swasey Observatory	Cleveland, Ohio
Washburn Observatory of the University of Wisconsin	Madison
Astronomical Observatory of Yale University	New Haven, Conn.
Yerkes Observatory	Williams Bay, Wis.

Abastumani

Bulletin des Astrophysikalischen Observatoriums Abastumani auf dem Kanobili. Nr.

20: Magalaschwili, Charadse **11313**
Magalaschwili, Kumsischwili, Rasmadse **10205**
Kumsischwili **6210**
Kutscherow **7439**
Torondshadse, Kotschlaschwili **12535**
Torondshadse **12355**
Torondshadse **12356**
Kolchidaschwili **12337**
— **732**

Alma Ata

Mitteilungen (Iswestija) des Astrophysikalischen Instituts.

2 : Fessenkow **5404**
Idliss **5417**
Idliss **12366**
Roshkowskij **12228**
Roshkowskij, Matjagin **12229**
Idliss, Karimow, Delone, Obaschew **6622**
Karimow, Obaschew **6210**
Pjaskowskaja-Fessenkowa **7276**
Liwschiz **7272**
Liwschiz **7273**
Liwschiz **7274**
Toropowa **7268**
Roshkowskij **9421**

3 4: Fessenkow. Nicht referiert
— **1162**
Karimow **1201**
Fessenkow **1201**
Woronzow-Weljaminow **12358**
Fessenkow **5405**
Roshkowskij **12230**
Idliss **5418**
Pjaskowskaja-Fessenkowa **7265**
Idliss **6623**
Roshkowskij **12231**
Karimow **6715**
Pjaskowskaja-Fessenkowa **265**

Amsterdam

Circular of the Astronomical Institute of the University of Amsterdam. Nr.

8: Haug **6621**
9: vgl. AJB **55** **732**
10: Zanstra **5321**

Ankara

Communication of the Department of Astronomy of Ankara University. Nr.

8: Kreiken **12153**
9: Kreiken, Özden, Ballica **111127**
10: Kreiken **12154**
11: Kreiken **12155**
12: Kreiken **12116**
13: Kreiken **12117**
14: Kreiken **12156**
15—20: AJB **57**
21: Ege **12148**
22: Süslü **8338**
23: Süer, Süer **6012**
24: Ege **11109**

Arcetri

Osservazioni e Memorie dell'Osservatorio Astrofisico di Arcetri. Nr.

70: Ruggieri **7615**

Århus

Meddelelser fra Ole Rømer-Observatoriet i Århus. Nr.

25: Nielsen **82109**

Armagh

Contributions from the Armagh Observatory. Nr.

18: Lindsay **12458**
19: Öpik **7017**
20: Lindsay vgl. **738**

Armagh Observatory Leaflet. Nr.

42: Lindsay **1101**
43: Öpik **7125**
44: Öpik **8253**

Asiago

Contributi dell'Osservatorio Astrofisico dell'Università di Padova in Asiago. Nr.

65: Mannino, Grubissich **10208**
66: Mannino, Humblet AJB **55** **9547**
67: Humblet, Mannino AJB **55** **9542**
68: Rosino, Grubissich **12423**
69: Rosino **11225**
70: Lacchini **11221**

71: Wurm, Rosino **12237**
72: Ring AJB **55** **2232**
73: — **1159**
74: Mannino **12157**
75: Mannino **12158**
76: Grubissich **12150**

Athen

Publications of the Laboratory of Astronomy, University of Athens, Greece. Series I. Nr.
3: Kotsakis **1028**
4: Contopoulos **2312**
5: Contopoulos **4110**
6: Kotsakis **7434**
7: Kotsakis **1239**
8: Kotsakis **5012**
9: Kotsakis **1322**

Publications of the Laboratory of Astronomy, University of Athens, Greece. Series II. Nr.
1: Contopoulos **4402**
2: Contopoulos **4403**
3: Contopoulos **5304**

Bamberg

Kleine Veröffentlichungen der Remeis-Sternwarte Bamberg. Nr.
13: Strohmeier, Geyer **1204**, **11247**
14: Geyer **12514**
15: Strohmeier, Kippenhahn, Geyer **11233**
16: Schmidt, Geyer **11230**

Basel

Mitteilungen der Astronomisch-Meteorologischen Anstalt der Universität Basel. Astronomische Reihe. Nr.
4: Becker, Steinlin **12001**
5: Steinlin **12005**
6: Becker, Biber **1205**

Beograd

Bulletin de l'Observatoire Astronomique de Beograd.
20 1—2: Protitch, Čepinac § **75**
— **7347**
— **7349**
Djurković, Dačić **10127**
Kovačević **6664**
Ševarlić, Teleki, Milovanović **13220**
Brkić, Mitić **2371**
Brkić, Mitić **2307**
Mitrinović § **75**
Mitrinović § **75**
Djurković, Dačić **2501**
Popović § **75**
Ševarlić, Milovanović **2508**
Popović **4505**
3—4: Protitch, Čepinac § **75**
Protitch, Čepinac § **81**
— **7349**
Djurković, Dačić **10127**
Ševarlić, Teleki, Milovanović **13220**
Brkić, Mitić **2371**
Brkić, Mitić **2307**
Mitrinović § **75**
Mitrinović § **75**
Protitch **6354**
Kovačević **6664**
Teleki **3123**
Simić. Nicht referiert
Protitch **1101**

Berkeley

Berkeley Reprint. Nr.
96: Bracewell, Preston **6705**
97: Wehlau **10123**
98: Crawford, Kraft **111114**
99: Böhm-Vitense, Struve **9510**
100: Huang, Struve **9538**
101: Weaver vgl. AJB **55** **732**
102: Huang **10005**
103: Walker **111148**
104: Sahade, Struve, Wilson, Zebergs **111142**
105: Roberts **12226**
106: Weaver, Morgan **12357**
107: Lynds, Sahade, Struve **111129**
108: McCrea **5013**
109: Huang, Struve **11126**
110: Lynds **11133**
111: Struve, Sahade, Zebergs **9226**
112: Ebbighausen, Struve **11108**

Berlin

Berliner Astronomisches Jahrbuch für 1958. **401**

Mitteilungen der Archenhold-Sternwarte Berlin-Treptow. Nr.
43: Wattenberg **1101**
44: Schirdewahn **6354**
45: Wattenberg **7298**

Wilhelm-Förster-Sternwarte. Veröffentlichung. Nr.
11: Sommer **11149**

Bern

Veröffentlichungen des Astronomischen Instituts der Universität Bern. Nr.
13: Kurth AJB **52** **111**
14: Kurth AJB **52** **12137**
15: Kurth AJB **53** **5213**
16: Kurth AJB **55** **4410**

Bjurakan

Mitteilungen (Soobschtschenija) des Observatoriums Bjurakan. Nr.
17: Badaljan **11164**
Badaljan **12303**
18: Gursadjan **12211**
Gursadjan **12246**
Gursadjan **1207**
Gursadjan **2239**
19: Mirsabekjan **2140**
Mirsojan **111134**
20: Mirsabekjan **2216**
Iwanowa **11127**
Gursadjan **12212**

Blindern. Siehe Oslo.

Bloomington

Goethe Link Observatory of Indiana University. Reprint. Nr.
9: Cuffey, McCuskey **12107**
10: Cuffey **2228**
11: Irwin **1270**

Bologna

Pubblicazioni dell'Osservatorio Astronomico Universitario di Bologna.
6 16: Pietra **12161**
17: Mannino **12159**

Bonn

Veröffentlichungen der Universitäts-Sternwarte zu Bonn. Nr.
43: Meurers, Bähr, Thomas **12123**
44: Litt **111**

Mitteilungen der Universitäts-Sternwarte Bonn.
Strassl vgl. AJB **55** **732**
Becker, Meurers vgl. **738**
Schmidt, Schrick **11146**

Breslau. Siehe Wrocław.

Brno

Veröffentlichungen des Astronomischen Instituts der Universität Brno (Brünn, Tschechoslowakei). Nr.
1: Perek **9210**
2: Perek **12342**

Contributions from the Astronomical Institute of the Masaryk University Brno, Czechoslovakia.
1 14: Kvíz **11004**

Budapest-Szabadsághegy

Mitteilungen der Sternwarte der Ungarischen Akademie der Wissenschaften. Nr.
37: Csada **9803**
38: Bonov **11167**
39: Izsák **4209**
Balázs **11165**
Guman **11244**
40: Detre **11170**
Balázs **11166**
41: Herczeg **11124**
Herczeg **11125**

Cambridge, Engl.

Contributions from the Cambridge Observatories. Nr.
19: Jarrett, von Klüber AJB **55** **6213**
20: Blackwell AJB **55** **6213**
21: Nicht eingegangen
22: Blackwell **6210**

Cambridge Observatories Reprints. Nr.
9: von Klüber **6414**
10: von Klüber **6212**
11: von Klüber **6216**
12: Pagel vgl. AJB **55** **732**
13: Dewhirst vgl. AJB **55** **732**
14: Redman vgl. AJB **55** **732**
15: Linfoot vgl. AJB **55** **732**
16: von Klüber vgl. AJB **55** **732**
17: Beggs, von Klüber **2201**
18: Fellgett vgl. AJB **55** **732**
19: Blackwell vgl. AJB **55** **732**
20: Linfoot, Wolf **2016**
21: Beer vgl. **738**

University of Cambridge. Report of the Observatories Syndicate for the year ending 1956 September 30. **1101**

Cambridge, Mass.

Harvard Reprint. Nr.
431: Shapley **12461**
432: Gaposchkin **11119**
433: Athay, Menzel **6601**
Athay, Thomas **6602**
Athay, Thomas **6603**
434: Zirin **6658**
435: Bell, Glazer **6802**
436: Hawkins **8223**

437: Hoffleit **12310**
438: Parker, Krook **259**
439: Smith **12546**
440: Miczaika, Franklin, Deutsch, Greenstein **9556**
441: Bok **1213**
442: Gaposchkin AJB **55** **11112**
443: Cook, Millman **82104**
444: Zirin **6116**
445: Cook, Hawkins **8212**
446: Field **2108**
447: Athay, Thomas **6604**
448: Purcell, Field **266**
449: Heeschen **12676**
450/55: AJB **57**
456: Hawkins **8224**

Harvard Reprint. Series II. Nr.
79: Gaposchkin **11314**
80: Wright, Jacchia, Whipple **82100**
81: Gross, Krook **234**
82: Whipple, Hawkins **8268**
83: Velghe **5319**
84: Thomas **6114**
85: Smith, Smith **12321**
86: Bhatnagar, Krook, Menzel, Thomas vgl. AJB **55** **732**
87: Bok **12504**
88: Menzel, Wolbach, Glazer vgl. **1167**
89: Layzer **4408**
90: Hawkins **8222**
91: Gaposchkin **11116**, **11117**
92: AJB **57**
93: Whipple, Hynek **13497**
94: Hawkins **8226**
95—97: AJB **57**
98: Payne-Gaposchkin vgl. **738**
99: Jacchia, Whipple vgl. **738**
100: Bok vgl. **738**

Harvard Astronomical Observatory. Annual Report 1955. **1101**

Harvard College Observatory. Announcement Card 1317—1345.

Canberra

Memoirs of the Commonwealth Observatory, Mount Stromlo, Canberra, Australia.
3 2 (12): Woods **9581**
3 (13): de Vaucouleurs **12431**

Commonwealth Observatory (Sonderdruck).
Abraham **2301**

Report of the Commonwealth Astronomer for the year 1955. **1101**

Cape

Report of Her Majesty's Astronomer at the Cape of Good Hope to the Secretary of the Admiralty for the year 1955. **1101**

Castel Gandolfo

Specola Astronomica Vaticana. Ricerche Astronomiche.
3 13: O'Connell **11224**
14: de Kort **111126**
15: Miller **11180**

Specola Astronomica Vaticana. Miscellanea Astronomica.
3 107: O'Connell vgl. **738**
108: Kort vgl. **738**
109: Junkes, Salpeter **2242**
110: Intonti **2241**

Catania

Osservatorio Astrofisico di Catania. Pubblicazioni. Nuova Serie. Nr.
6: Fracastoro, Cristaldi **7261**
7: Fracastoro **1001**
8: Cristaldi, Fracastoro, Kranjc **1217**
9: Cristaldi **6354**, **6664**
10: Fracastoro **9404**
11: Fracastoro AJB **57**
12: Fracastoro **2284**
13: Fracastoro **1373**

Charkow

Zirkular des Astronomischen Observatoriums der Gorkij-Staatsuniversität Charkow. Nr.
15: Barabaschow **206**
Barabaschow, Tschekirda **7352**
Jeserskij, Fedorez **7367**
Kowal **7435**
Krissenko, Rapota **6354**, **6664**
Werosub, Bugajenko, Buratschek **6210**
— **1101**

Charlottesville

Publications of the Leander McCormick Observatory of the University of Virginia.
11 8: Vyssotsky **9574**
9: Mumford III **9418**
10: Stedman, Vyssotsky **9425**
11: Mumford III **12340**
12: Dyer jr. **12328**
13 1: Balz jr. **9504**

Delaware

Contributions from the Perkins Observatory, Ohio Wesleyan University and Ohio State University. Series I. Nr.
41: Slettebak AJB **55** **9562**
42: Keller, Meyerott AJB **55** **5216**
43: Slettebak **9565**
44: Keenan, Teske **9222**
45: Teske **111147**

Contributions from the Perkins Observatory. Series II. Nr.
5: Keller AJB **55** **72220**
6: Protheroe AJB **55** **72226**
7: Keller **72186**
8: Barnhart, Protheroe, Galli **72181**

Perkins Reprint. Nr.
38: Hynek AJB **55** **111114**
39: Keller, Protheroe, Barnhart, Galli **72187**

Dublin

Contributions from the Dunsink Observatory. Nr.
8: Butler vgl. AJB **55** **732**
9: Brück, Brück vgl. AJB **55** **732**

Dunsink Observatory Reprints. Nr.
6: Butler AJB **53** **12302**
7: Brück **1114**

Edinburgh

Publications of the Royal Observatory, Edinburgh.
2 1: Wilson **9580**

Communication from the Royal Observatory, Edinburgh. Nr.
9: Reddish AJB **55** **11169**
10: Ellison vgl. **1167**
11: Ellison, Reid **6665**
12: Wilson, Seddon **11197**
13: Reddish **11186**

Evanston, Ill.

Contributions from the Dearborn Observatory. Nr.
7: Strand AJB **55** **10136**
Duke AJB **55** **10135**
8: Krogdahl AJB **55** **5220**

Fort Davis

Contributions from the McDonald Observatory, Fort Davis, Texas. Nr.
263: Johnson, Hiltner **12112**
264: Johnson, Sandage, Wahlquist **12113**
265: Johnson **12215**
266: Hiltner, Johnson **12518**
267: Johnson, Sandage **12151**
268: Chamberlain, Kuiper **7111**
269: Hiltner **9407**
270: Schulte **12369**
271: Harris III **9406**

Freiburg i. Br.

Mitteilungen aus dem Fraunhofer-Institut. Freiburg. Nr.
28: Becker **6607**

Fraunhofer-Institut. Daily maps of the sun. 1956 Jan. 1—Dez. 31. **6354**, **6664**, **6730**

Genève

Publications de l'Observatoire de Genève.
— **2364**

Georgetown

Georgetown Observatory Reprint. Nr.
20: Zalubas **6443**

Glasgow

Glasgow University Observatory Reprint. Nr.
42: Smart AJB **55** **732**
43: Ewart AJB **55** **4404**
44: Roy, Ovenden AJB **55** **4229**
45: Roy AJB **55** **5233**
46: Ewart AJB **55** **12334**
47: Smart **13310**
48: Ovenden vgl. **738**

Golossejewo

Mitteilungen (Iswestija) des Astronomischen Hauptobservatoriums der Akademie der Wissenschaften der Ukrainischen Sowjetrepublik.
1 2: Korol **1223**
Jakowkin, Gawrilow **2414**
Koltschinskij **1223**
Gordeladse **1223**
Koltschinskij **7533**
Gurtowenko **2408**
Onegina **12124**
Shdanowa **111144**
Gurtowenko **2409**
Gordeladse **1197**

Göttingen

Veröffentlichungen der Universitäts-Sternwarte zu Göttingen. Nr.

112: Bretz **6402**
113: Voigt **6115**
114: Behr **2403**
115: van den Bergh **12105**
116: Tripp **12547**

Granada

Boletín Mensual del Observatorio de Cartuja, Granada. Observaciones astronómicas y sísmicas. Enero a Diciembre de 1955. **6354**

Greenwich

The Nautical Almanac and Astronomical Ephemeris for the Year 1957, 1958. **403**

Apparent Places of Fundamental Stars 1957. **412**

The Abridged Nautical Almanac for the Year 1957, 1958. **418/19**

The Air Almanac 1957. **423**

The Star Almanac for Land Surveyors for the Year 1957. **424**

Greenwich Photo-heliographic Results 1948, 1949. **6354, 6664**

Report of the Astronomer Royal to the Board of Visitors of the Royal Greenwich Observatory. **1101**

Groningen

Publications of the Kapteyn Astronomical Laboratory at Groningen. Nr.
58: Borgman **2404**
59: van Rhijn **12320**

Hamburg

Mitteilungen der Hamburger Sternwarte in Bergedorf.
10 100: Dieckvoss **12108**
101: Heckmann, Dieckvoss, Kox **9206**
102: Larink, Kox **2504**
103: Wurm, Rosino **12237**

Mitteilungen der Hamburger Sternwarte in Bergedorf.
23 252: Thiessen **11151**
253: Heckmann, Lübeck **12110**
254: Heckmann, Schücking **4133**
255: — **1165**

Jahresbericht der Hamburger Sternwarte in Bergedorf für das Jahr 1955. **1101**

Deutsches Hydrographisches Institut. Jahresbericht Nr. 10 für das Jahr 1955. **1101**

Haute-Provence

Publications de l'Observatoire de Haute-Provence.
3 24: Fehrenbach AJB **55** **9218**
Fehrenbach AJB **55** **2208**
25: Duflot, Fehrenbach AJB **55** **2207**
26: Duflot, Fehrenbach AJB **55** **9215**
27: Barbier, Fehrenbach AJB **55** **9214**
28: Cabannes, Dufay AJB **55** **72143**
29: Rojas, Herman AJB **55** **9557**
30: Blamont, Courtès AJB **55** **72142**
31: Berthier AJB **55** **72140**
32: Berthier AJB **55** **72141**
33: Bigay, Dumont AJB **55** **12407**
34: Tcheng, Bloch AJB **55** **111145**
35: Andrillat AJB **55** **12235**
36: Dufay, Tcheng AJB **55** **72152**
37: Courtès AJB **55** **12509**
38: Fehrenbach, Duflot AJB **55** **9217**
39: Andrillat AJB **55** **9501**
40: Bloch, Tcheng AJB **55** **11194**
41: Duflot, Fehrenbach **9216**
42: Chopinet **9520**

Heidelberg

Astronomisch-Geodätisches Jahrbuch für 1957. **404**

Astronomisches Rechen-Institut in Heidelberg. Mitteilungen Serie A. Nr.
2: Lohmann **12314**
3: Gliese **12331**
4: Rabe **4221**
5: Mawridis **12121**

Mitteilungen der Landessternwarte Heidelberg. Nr.
99: König **9207**
100: AJB **57**
101: AJB **57**
102: Kienle vgl. Ref. 738

Istanbul

Publications of the Istanbul University Observatory. Nr.
58: Yilmaz **6354**

Jena

Mitteilungen der Universitäts-Sternwarte zu Jena. Nr.

14: Lambrecht, Zimmermann 12522
15—17: AJB **54**
18—19: AJB **55**
20: Hoppe **8230**
21: Schmidt **9423**
22: Hoppe **8231**
23: Hoppe **8319**

Johannesburg

Circular of the Union Observatory.
6 5 (115): Bruwer **7533**
Bruwer **7533**
Bruwer § **81**
Bruwer § **81**
Finsen **10127**
Churms **10127**
van den Bos **10127**
van den Bos **10103**
van den Bos **10130**

Kasan

Publikationen (Trudy) des Städtischen Astronomischen Observatoriums der Staatsuniversität Kasan. Nr.
32: Djukow **1229**
Nikonowa **9110**
Sokolowa **13221**
Ananjewa **8123**
Antischina **7533**
Kalinenkow **9543**
Chabibullin, Juldaschewa **12508**

Bulletin des Astronomischen Engelhardt-Observatoriums der Lenin-Staatsuniversität Kasan. Nr.
32: Dubjago **8106**
Tschudowitschewa **13226**

Astronomisches Engelhardt-Observatorium. Sonderdruck. Nr.
1: Kostylew **2244**
2: Dubjago **8150**

Kiel

Sonderdruck der Sternwarte Kiel.
Hunger **6103**
Hunger, Traving **5116**
Oster **6644**
Dröge, Priester **12610**

Kiew

Publikationen (Publikazii) des Astronomischen Observatoriums der Schewtschenko-Staatsuniversität Kiew. Nr.
7: Iljinskij **3202**
Duchnowskij **5510**
Wsechswjatskij **8110**
Duchnowskij **5511**
Gorynja **2502**
Gorynja **2503**
Balabuschewitsch, Seldina **13103**
Lukazkaja **11132**
Sergejewa, Seldina **6664**
Konoplewa, Duchnowskij, Sandakowa, Chinkulowa **7533**
Konoplewa § **81**
— **1101**

Veröffentlichungen (Trudy) des Astronomischen Observatoriums Kiew.
1: Gorynja **9104**
Seldina, Semanek, Sergejewa **6354**, **6664**

København

Publikationer og mindre Meddelelser fra Københavns Observatorium. Nr.
168: Naur **5219**
169: Vinter Hansen vgl. AJB **55** 732

Union Astronomique Internationale. Circulaire Nr. 1535—1579.

Aktuelle Meddelelser fra Astronomisk Selskab Nr. 381—387.

Kodaikanal

Kodaikanal Observatory Bulletin. Nr.
141: Das **6664**
Das. Nicht referiert

Kodaikanal Observatory. Sonderdrucke.
Thiruvengadathan **6834**

Annual Report of the Kodaikanal Observatory for the year 1955. **1101**

Krim

Mitteilungen (Iswestija) des Astrophysikalischen Observatoriums auf der Krim.
16: Sewerny, Stepanow **6339**
Sewerny **6432**
Dubow **2233**
Sewerny **6433**
Mustel, Zap **6640**
Chochlowa **6306**
Stepanow, Kljakotko **6438**
Balkowoj **6605**
Pikelner **72174**
Mustel, Kumajgorodskaja **9559**
Kopylow **9545**

Bojartschuk **111108**
Kosyrew **7315**
Tichow **7477**
Brodskaja **12506**
Schajn **12233**
— **1169**
Sewerny **1233**
Schajn **12234**
Pikelner **5312**
Schklowskij **12253**
Vanýsek **12006**
Chalonge **9519**
Sewerny **6011**
Ellison **6616**
Krat **6109**
Mustel **6531**
Mergentaler **6332**
Dezsö **6307**
Švestka **6655**
Gnewyschew, Gnewyschewa **6709**
Kosyrew **7012**
Nikonow **9419**
Brodskaja **9513**
Mustel **9558**
Kienle **9601**
Fessenkow **8312**
Melnikow **9603**

Kyoto

Contributions from the Institute of Astrophysics and Kwasan Observatory. Nr. 60: Miyamoto **5310**

Lembang

Contributions from the Bosscha Observatory. Nr.
3: van Albada **10001**

Leningrad

Institut für Theoretische Astronomie der Akademie der Wissenschaften der UdSSR. Ephemeriden Kleiner Planeten für das Jahr 1957. **7501**

Publikationen (Trudy) des Instituts für Theoretische Astronomie. Nr.
5: Tokmalajewa **7639**
6: Shongolowitsch **13117**
Makower **8110**

Bulletin des Instituts für Theoretische Astronomie.
6 4 (77): Tschebotarjow, Boshkowa **7526**
Merman **4211**
Wandarukow **4231**
Makower **8013**
Bartenewa **8134**
Chabibullin **7309**
5 (78): Mochnatsch **8014**
Shongolowitsch **13116**
6 (79): Merman, Kotschina **4212**
Bashenow **4202**
Merman **4213**
Iswekow **4503**
Iswekow **4504**

Liège

Université de Liège. Institut d'Astrophysique. Collection in 4° de Spectroscopie et Astrophysique. Nr.
67: Whitney **5135**
68: de Jager, Migeotte, Neven **6411**
69: Houziaux **8320**
70: Nicht referiert
71: Nicht referiert
72: Nicht referiert
73: Kaplan, Migeotte, Neven **7232**
74: Nicht referiert
75: Simon **5231**
76: Whitney **5136**
77: Nicht referiert
78: Swings vgl. **1166**

Institut d'Astrophysique. Collection de Mémoires in 8°. Nr.
376: Migeotte, Neven, Swensson AJB **55** **6418**
377: Counson, Ledoux, Simon **5206**
378: Bosman-Crespin, Swensson **9512**
379: Haser **8010**
380: Nicht referiert
381: Nicht referiert
382: Migeotte vgl. **1183**
383: Grandjean **11172a**
384: Longe **5217**
385: Humblet, Mannino **9540**

Lille

Contributions du Laboratoire d'Astronomie de Lille. Nr.
4 bis: Struve vgl. AJB **55** **727**
Ambarzumjan AJB **55** 202
5: Kourganoff **12115**
Kourganoff **12313**
6: Rousseau, Spite **2429**

London

Communications from the University of London Observatory. Nr.

22: Garstang **228**
23: AJB **55** 201
24: Allen vgl. **1167**
25: Allen **7001a**

Los Angeles

University of California. Astronomical Papers. Nr.
17: Popper **11143**
18: Popper **9561**
19: Popper **11141**
Popper **11142**
20: AJB **57**
21: Leonard **8327**
Leonard, Rowland **8328**
Leonard, Rowland **8329**

Lund

Meddelande från Lunds Astronomiska Observatorium. Serie I. Nr.
189: Lindblad **82104**

Meddelande från Lunds Astronomiska Observatorium. Serie II. Nr.
132: Lundmark **1328**
133: Torgård **4425**

Lyon

Publications de l'Observatoire de Lyon. Série. I. — Astronomie.
5 21: Dufay, Dufay AJB **55** **72151**
22: Nicht eingegangen
23: AJB **53** **7240**
24: AJB **54** **12604**
25: Proisy **5121**
26: Cailliatte AJB **55** **4208**
27: Cailliatte **7504**
28: Andrillat **72141**

Publications de l'Observatoire de Lyon.
3 22: AJB **55** **12216**
23: AJB **54** **12205**
24: Bloch, Tcheng **9508**
25: Grandmontagne **2237**
26: Cailliatte **7533**
27: Proisy **8020**
28: Cailliatte **7503**

Madrid

Universidad de Madrid — Facultad de Ciencias. Seminario de Astronomía y Geodesia. Publicación. Nr.
32: Pensado **7533**
33: Torroja **13123**

Boletín Astronómico del Observatorio de Madrid.
5 1: Gullón, López Arroyo, Febrer **6664**
Gullón, López Arroyo **6354**
Torroja **7533**

Comisión Nacional de Astronomía. Publicación. Nr.
2: Torroja **6217**

Manchester

Astronomical Contributions from the University of Manchester. Jodrell Bank Annals. Series I.
1 4: Dagg **12641**
Dagg, Vice, Watkins **6808**
Davidson **8285**
Chisnall **105**
Kopal, Shapley **11218**

Astronomical Contributions from the University of Manchester. Series II. Jodrell Bank Reprint. Nr.
83: Hanbury Brown, Lovell vgl. AJB **55** **732**
84: Davies, Lovell vgl. AJB **55** **732**
85—110: Vgl. AJB **53**, **54**, **55**
111: Hanbury Brown, Palmer, Thompson AJB **55** **2148**
112/13: AJB **55**
114: Davies, Lovell AJB **55** **82100**
115: AJB **55**
116: AJB **54**
117: — AJB **55** **1101**
118/19: AJB **55**
120: Hanbury Brown, Palmer, Thompson AJB **55** **12637**
121: AJB **55**
122: Browne, Bullough, Evans, Kaiser **8207**
123: Billam, Browne **8205**
124: Jennison, Das Gupta **2137**
Jennison, Das Gupta **12650**
125/29: AJB **55**
130: Hanbury Brown, Twiss **214**
131: Gill, Davies **8286**
132: Lovell **7234**
133: Kaiser, Bullough AJB **55** **72193**
134: Hawkins **8224**
135: Williams, Davies **12668**
136: Browne, Evans, Hargreaves, Murray **7308**
137/38: Nicht eingegangen
139: Lovell **1101**
140: Lamden, Lovell **12651**
141: Lovell **72124**
142: Greenhow, Neufeld **8220**
143: Nicht referiert
144: Davies **12509**

145: Evans **72120**
146: Davies **12642**
147: Lovell **12623**
148: Hanbury Brown, Twiss **2205**
149: Hanbury Brown, Twiss **215**

Astronomical Contributions from the University of Manchester. Series III.
Nr. 9: Blackett vgl. **738**
10: Camm vgl. AJB **55** 732
11: Kopal vgl. **738**
12: Ramsey vgl. **738**
13: AJB **53** **5240**
14: AJB **54** **11001**
15: AJB **55** **1165**
16: Nicht eingegangen
17—18: AJB **54** **5219, 7016**
19: AJB **53** **10004**
20—21: AJB **54** **11122, 253**
22: Wolf vgl. AJB **55** 732
23—24: Nicht eingegangen
25—26: AJB **55** **11123, 5311**
27: AJB **57**
28: AJB **55** **10002**
29: Nicht eingegangen
30: Fielder AJB **55** **7377**
31: Kopal AJB **55** **10010**
32: Kopal **6104**
33: Nicht eingegangen
34: Kahn **2011**
35: Wolf **279**
36: Wilcock, Geake **2259**
37: Braddick, Wilcock **2227**
38: Richards **2029**
39: Ring **2219**
40: Kopal, Millns **2211**
41: Chisnall **106**
42: Nicht eingegangen
43: Fielder **7361**

Milano-Merate

Contributi dell'Osservatorio Astronomico di Milano-Merate. Nuova Serie. Nr.
80: Hack **9531**
81: Fleckenstein (-Gallo) **10127**
82: Hack **9532**
83: Masotti **4409**
84: Ruggieri **7702**
85: Hack **5113**
86: Kranjc **1236**
87: Hack **9533**
88: Casati, Hack **9517**
89: Casati, Hack **5108**
90: Kranjc **1236**
91: Arrighi **4101**
92: Hack **9534**
93: Hack **9535**
94: Martini, Masani **5218**
95: Kranjc **2287**
96: Broglia, Masani, Pestarino **9701**
97: Fleckenstein. Nicht referiert.
98: Hack **9536**
99: Masani **5423**
100: Fleckenstein **5513**

Mizusawa

Publications of the International Latitude Observatory of Mizusawa.
2 2: Hattori **13209**
Sugawa **9307**
Sugawa **7349**
Sugawa **7637, 7638**
Takagi **13223**

Moskau

Astronomisches Jahrbuch der UdSSR für 1959. **405**

Publikationen (Trudy) des Staatlichen Astronomischen Sternberg-Instituts.
26: Artjuchina **9202**
Bakulin **3101**
Bakulin **9102**

Mitteilungen (Soobschtschenija) des Staatlichen Astronomischen Sternberg-Instituts. Nr.
99: Massewitsch **5427**
Lipskij **249**
Babitsch **8145**
Kljakotko **12114**

Mount Hamilton

Lick Observatory Bulletin. Nr.
540: Reaves **12422**
541: Worley **10127**
542: Humason, Mayall, Sandage **12417**
543: Shane **12428**
544: Eggen **9301**
545: Jeffers **§ 75, § 81**
546: Roemer **§ 81**
547: Eggen **10108**

Contributions from the Lick Observatory. Series II. Nr.
58: Böhm **9509**
59: Stebbins, Kron **9424**
60: Voigt **12537**
Böhm-Vitense **9511**
Worley **111151**
61: Worley AJB **55** 8299
62: Kron **12455**
Eggen **11205**
Bidelman, Stephenson **111106**

Mount Stromlo

Yale-Columbia Southern Station. Reprint. Nr.
3: de Vaucouleurs **12430**

Mount Wilson

Papers of the Mount Wilson Observatory.
9: Merrill **252**

München

Veröffentlichungen der Sternwarte München.
4 19: Schmeidler **5228**
20: Heintz **10130**

Napoli

Osservatorio Astronomico di Capodimonte-Napoli. Contributi Astronomici. Serie II.
4 16: Nicolini **3115**
17: Fresa **11111**
18: Fichera **13206**
19: Fichera **7260**
20: Fresa **11112**

Osservatorio Astronomico di Capodimonte-Napoli. Osservazioni.
1 4: Fichera **7701**

Osservatorio Astronomico di Capodimonte-Napoli. Collezione Miscellanea.
1 14: de Landsberg **8357**
15: Nicolini **1243**

Neuchâtel

Rapport du Directeur de l'Observatoire Cantonal de Neuchâtel. **1101**

Oslo

The Institute of Theoretical Astrophysics Blindern-Oslo. Reprint. Nr.
16: Harang **72164**
17: Jensen, Nordø, Ringnes **6318**

Institutt for Teoretisk Astrofysikk Blindern-Oslo. Småtrykk. Nr.
6: Nordø **6818**
7: Eriksen **6513**
Rosseland **1247**
Brahde **1247**
8: Ringnes **6210**
9: Hauge **12613**
10: Brahde **1247**
11: Ringnes **1378**
12: Jelstrup **13002**
13: AJB **55** **6322**
14: Ringnes **1379**
15: Jensen **12311**
16: Ringnes **1380**
17: Harang **7282**

Ottawa

Publications of the Dominion Observatory Ottawa.
14 15/17: Nicht referiert
15 5: Thomson **2223**
6: Millman **8289**
17 1: Nicht referiert
18 4: Millman **8374**
5/11: Nicht referiert

Contributions from the Dominion Observatory Ottawa.
1 17/31: Nicht referiert
2 20: Millman, McKinley **8249**
21: Beals, Ferguson, Landau **8371**

Oxford

Communications from the University Observatory, Oxford. Nr.
53: Busbridge AJB **55** **5106**
54: Hart **6406**
55: Kinman **6108**
56: Busbridge **5107**
57: Bray **6401**
58: Plaskett **6113**
59: Stibbs **12351**
60: Hart **6407**

Padova

Osservatorio Astronomico di Padova. Pubblicazioni e Ristampe. Nr.
103: Pinto **7349**
104: Gennaro, Grubissich AJB **54** **6216**
105: Norinelli, Pinto **1248**
106: Silva **13118**
107: Gennaro **3109**

Palermo

Pubblicazioni dell'Osservatorio Astronomico di Palermo. Nuova Serie.
9 Rel.: Chiara **1249**
10 2: Chiara **4001**
3: Chiara **1249**
4: Chiara **4002**
5: Chiara **4303**
6: Chiara **10002**
7: Chiara **10003**

Paris

Contributions de l'Institut d'Astrophysique de Paris. Série A. Nr.
211: Rigal AJB **55** **12346/47**, **56** **4418**
Schatzman, Rigal **12348**
212: Schatzman **4421**
213: Pecker, Pecker **6645**
214: Nicht referiert
215: Rozis-Saulgeot **12527**
216: Fringant **11113**
217: Berger **9507**
218: van Regemorter **5122**
218 Bis: van Regemorter **5123**
219: Zuckermann **111153**
220: Schatzman **11129**

Contributions de l'Institut d'Astrophysique de Paris. Série B. Nr.
108: Berger **12104**
109: Fringant **11172**
110/23: AJB **54**, **55**
124: Seaton **7266**
125: Seaton **72131**
126/42: AJB **55**

Observatoire de Paris. Section d'Astrophysique à Meudon.
2 1: d'Azambuja **6664**

Connaissance des Temps ou des mouvements célestes, à l'usage des astronomes et des navigateurs, pour l'an 1958. **406**

Ephémérides Nautiques ou extrait de la Connaissance des Temps pour l'an 1957. **420**

Philadelphia

Flower and Cook Observatories. University of Pennsylvania, Philadelphia. Reprint Nr.
86: Koch **11217**
101: Binnendijk AJB **55** **11103**

Pittsburgh

Publications of the Allegheny Observatory of the University of Pittsburgh.
10: — **9309**

Poltawa

Publikationen (Trudy) des Gravimetrischen Observatoriums Poltawa.
6: Filippow **13208**

Potsdam

Publikationen des Astrophysikalischen Observatoriums zu Potsdam.
30 1 (99): Grotrian, Künzel, Mattig, Schröter **6314**

Mitteilungen des Astrophysikalischen Observatoriums Potsdam. Nr.
45: Künzel, Mattig, Schröter **6326**
46: Güntzel-Lingner **10130**
47: Scheffler **72190**
48: Künzel, Mattig, Schröter **6327**
49: Lamla, Scheffler **6416**
50: AJB **57**
51: Schröter **4182**
52: Mattig **4154**
53: Güntzel-Lingner **10130**
54: Künzel, Mattig, Schröter **6328**

Poznań

Poznań Observatory Reprint. Nr.
32: Hurnik, Koebcke **1252**
33: Koebcke **7339**
34: Moczko **2506**

Prag

Československá Akademie Věd. Astronomický Ústav. Publikace. Nr.
27: Link **6813**
28: Kopecký **6324**
29: Link **7337**

Pretoria

Communications from the Radcliffe Observatory, Pretoria. Nr.
23: Thackeray vgl. **738**
24: Evans vgl. **738**
25—32: AJB **53**, **54**, **55**
33: Feast AJB **55** **11329**
34: Wesselink **11153**
35: Pagel **11184**

Radcliffe Observatory Reprint. Nr.
6: Thackeray **11311**
Thackeray **11311**
7: Thackeray **12354**

Pulkowo

Mitteilungen (Iswestija) des Astronomischen Hauptobservatoriums Pulkowo.
20 2 (155): Krat, Krat **6630**
Krat, Goldberg-Rogosinskaja **6415**
Sujkow **6651**
Kuprewitsch **72189**
Goldberg-Rogosinskaja **11122**
Kaltschajew **9703**
Demidowa **9523**
Brejdo **2281**

3 (156): Krat **5515**
Wjasanizyn **6656**
Krat, Krat, Prawdjuk **6631**
Babykin, Kalinjak, Plachow **6210**
Melnikow **9604**
Schtschegolew **12427**
Markow **12420**
Schtschegolew **2220**
Goldberg **232**

Bulletin des Zeitdienstes des Astronomischen Hauptobservatoriums. Nr. 13—24. **2371**

Richmond Hill

Publications of the David Dunlap Observatory, University of Toronto.
2 4: Heard **9221**

Riga

Publikationen (Trudy) des Astronomischen Sektors des Instituts für Physik der Akademie der Wissenschaften der Lettischen Sowjetrepublik.
6: Dīriķis **4502**
Kondratjewa (Kalnin) **8136**

Rio de Janeiro

Almanaque Náutico para 1957. **407**

Riverview

Riverview College Observatory Reprint Nr. 10: Drake **11244**

Roma

Osservatorio Astronomico di Roma su Monte Mario (con succursale sul Gran Sasso d'Italia-Aquila). Contributi Scientifici (Nuova Serie). Nr.
221: Armellini AJB **55 5201**
222: Finzi, Giannuzzi AJB **55 10106**
223: Fortini AJB **55 6313**
224: Giannuzzi AJB **55 6008**
225: Giannuzzi **6501**
226: Giannuzzi **10130**
227: Cimino **12147**
228: Armellini Conti **7349, 7533, 7601, 7801, 7805, § 81**
229: Cimino, Fortini, Flamini **6354**
230: Giannuzzi **10130**
231: Giannuzzi **10128**
232: Fortini, Caprioli **6404**
233: Armellini **12141**
234: Caprioli, Gialanella **7401**

San Fernando

Almanaque Náutico año 1957. **408**

Almanaque Náutico para uso de los navegantes año 1957. **421**

Instituto y Observatorio de Marina de San Fernando. Sección de Astronomía. Serie A. Nr.
3: — **9214**

Instituto y Observatorio de Marina de San Fernando. Sección de Astronomía. Serie B. Nr.
3: — **7533**

Sendai

Sendai Astronomiaj Raportoj. Nr.
47: Nariai **5015**
48: Nariai **5016**
49: Suda **5234**
50: Hitotuyanagi, Uji-iye **11173**

Sonneberg

Veröffentlichungen der Sternwarte in Sonneberg.
2 5: Götz, Wenzel **11208**
6: Richter, Oberender, Wallis **269**
3 1: Hoffmeister **11209**
2: Hoffmeister **7228**
4 1: Hoffmeister **8101**

Mitteilungen über veränderliche Sterne. Nr. 213—243. **§ 112**

Stalinabad

Bulletin des Astronomischen Observatoriums Stalinabad. Nr.
15: Dobrowolskij **8005**
Katassjow, Sosnowa **8236**
Iwanikow **2412**
Iwanikow **2413**
Jerlexowa **11244**
Berijew **111105**
16: Iwanikow **8234**
Dobrowolskij **8006**
Solowjow **11192**
17: Babadshanow **8201**
Bacharew **8168, 8170**
Gontkowskaja **4208**
Solowjow **11232**
Schachowskoj **11226**
Schachowskoj **11227**
18: Babadshanow **8298**
Dobrowolskij **8007**
Schachowskoj **11228**

Jerlexowa **11214**
Wassiljanowskaja **7270**
Schachowskoj **11229**

St. Andrews

Contributions from the Observatory, University of St. Andrews. Nr.
9: Freundlich, Kurth AJB **55** **4405**
10: Jarrett, von Klüber AJB **55** **6213**
11: Freundlich, Forbes **4123**
12: Freundlich, Forbes **4124**

Reprints from the Observatory, University of St. Andrews. Nr.
17: Freundlich vgl. AJB **55** 732

Stockholm

Stockholms Observatoriums Annaler.
18 9: Elvius **12410**
19 1: Elvius **12411**
2: Lindblad **12419**
3: Elvius **12304**
4: Öhman **1215**
5: Öhman, Lodén, Lodén, Lindgren, Fredga **6664**
6: Lindblad **12118**
7: Lindblad **5307**

Stockholms Observatorium. Meddelande. Nr.
87: Larsson-Leander **11130**
88: Elvius **12412**
89: Lodén **6329**
90: Lodén **12119**
91: Opolski **10116**
92: Öhman vgl. AJB **55** 732
93: Ericsson **6618**

Stockholms Observatorium Årsberättelse för 1955. **1101**

Strasbourg

Annales de l'Observatoire de Strasbourg.
4 2: Muller, Lacroute, Schmitt, Huss, Bru **1258**
Bacchus **2401**
— **6001**
5 5: Danjon, Muller **10105**
Muller **10130**
Bacchus **7349**
Lacroute **1258**
Bru **1258**
Bru, Huss **10127**

Sydney

Sydney Observatory Papers. Nr.
23: Sims **7349**
24: Robertson **7533**

Commonwealth Scientific and Industrial Research Organization, Australia, Division of Radiophysics.
Piddington AJB **55** 2102
Mills, Little, Sheridan **12626**
Shain **7617**
Piddington, Trent **12655**
Mills, Little, Sheridan **11307**
Kerr, de Vaucouleurs **12453**
Wild, Roberts **12667**
Pawsey **12629**
Mills **12654**
Bracewell **12603**
Mills, Little, Sheridan **12220**
Piddington **6112**
Bracewell **12604**
Wild, Zirin **6526**
Bolton vgl. AJB **55** 732
Wild, Roberts **12666**
Piddington, Trent **12631**
Risbeth **12658**
Gum **12516**
Mills **12627**
Wild vgl. AJB **55** 732
Bowen **1101**
Piddington **6111**

Tacubaya. Siehe Tonantzintla.

Taschkent

Zirkular des Astronomischen Observatoriums Taschkent. Nr. 280—285. **1101**, **2371**, **6354**, **6664**

Teramo

Osservatorio Astronomico «Vincenzo Cerulli» Collurania-Teramo. Note e communicazioni. Nr.
36: Nicht referiert
37: Peisino AJB **55** **6834**

Thessaloniki

Monographs of the Astronomical Department of the University of Thessaloniki. Nr.
1: Mawridis **12339**

Thorn. Siehe Toruń.

Tokyo

Annals of the Tokyo Astronomical Observatory, University of Tokyo. Second Series.
4 3: Takenouchi **4230**
Kitamura, Nakamura **7264**
4: Kozai **7708**

Tokyo Astronomical Bulletin. Second Series. Nr.
78: Tuzi **9118**
79: Nakano **7532/33**
80: Saito, Hata **6430**
81: Tuzi **9118**
82: Utida **6212**
Tomita, Kōsai § 81
83: — **6212**
Saito, Hata **6212**
Suemoto, Shimizu **6212**
Huruhata, Tanabe **6212**
Unno, Takakubo **6212**
84: Hirose, Tomita **7533, 7808,** § 81
85: Nakano **7301, 7601, 7701, 7801, 7805**
86: Tuzi, Nagane **7301**
87: Kaho **11215**
88: Hirose, Tomita **7533, 7808,** § 81
Tomita, Kōsai § 81

Tokyo Astronomical Observatory Reprints. Nr.
134: Taketani, Hatanaka, Obi **5444**
135: Iijima **2323**
136: Sekiguchi **13219**
137: Notuki, Hatanaka, Unno **6641**
138: Nakagawa, Ohmura, Takebe, Obi **5433**
139: Iijima, Okazaki **13107**
140: Hatanaka **72121**
141: Kozai **7709**
142: Unno **5021**
143: Saito **6212**
144: Yamashita **111152**
145: Sekiguchi **3121**
146: Akabane **6508**
147: Takakura **6523**

Tokyo Astronomical Observatory. Bulletin of Solar Phenomena.
7 4: — **6354, 6529, 6664, 6730**
8 1—3: — **6354, 6529, 6664, 6730**

Nautical Almanac 1957. **409**

Japanese Ephemeris 1957. **410**

Tonantzintla

Boletin de los Observatorios Tonantzintla y Tacubaya. Nr.
14: Haro **111119**
Haro **12416**
González, González **9529**
Iriarte, Chavira **9541**
Münch **9711**
Pişmiş **12125**
Münch **111138**
15: Pişmiş **4416**
Poveda **5315**
González, González **9530**
Münch **9712**

Tortosa

Boletín del Observatorio del Ebro.
42: — **6354, 6664**
43: — **6354, 6664**

Toruń

Bulletin of the Astronomical Observatory of N. Copernicus University in Toruń. Nr.
13: Dziewulski **11244**
Dziewulski, Grudzińska **11244**
Dziewulski **11244**
Dziewulski, Burnicki **11244**
Dziewulski, Grudzińska **11244**
Tomasik **9570**
14: Iwanowska **9411**
Lisicki **2249**
Rumińska **9422**
Iwaniszewski **9409**
Lisicki **9412**
Iwaniszewska **9410**
Hutorowicz **9408**

Toulouse

Annales de l'Observatoire Astronomique et Météorologique de Toulouse.
24: Paloque, Bouigue **1262**
Paloque **9112**
Bouigue **4108**
Durand **10202**
Bouigue, Chapuis **9402**
Paloque **2290**
Bouigue **10201**

Trieste

Osservatorio Astronomico di Trieste.
Nr. 267 II: Martin **10007**
268: — **442**
269: Martin **1263**
270: Abrami, Cester **11101**
271: Abrami, Cester **11102**
(1): Cester, Kranjc AJB **55 2317**
(2): Nicht eingegangen

Tübingen

Mitteilungen des Astronomischen Instituts der Universität Tübingen. Nr.
17: Elwert. Nicht referiert

18: AJB **55** **8410**
19: AJB **55** **6708**
20: Elsässer, Siedentopf **72147**
21: Elwert vgl. **1167**
22: Elwert, Siedentopf **12644**
23: Elwert **12645**
24: Elwert **6707**

Turku

Astronomia-Optika Institucio Universitato de Turku. Informo. Nr.
15: Nicht referiert

Uccle

Communications de l'Observatoire Royal de Belgique. Nr.
93: Hunaerts, Nicolet **6202**
94: Vandekerkhove **12429**
Vandekerkhove **9720**
95: Nicht referiert
96: Verbaandert vgl. **1157**
97: Prin vgl. **1157**
Verbaandert vgl. **1157**
98: Bourgeois **1101**
99: Warzée **5134**
100: Nicht referiert
101: Coutrez, Koeckelenbergh AJB **55** **6351**, **6657**
Coutrez **6354**
Coutrez, Koeckelenbergh **6664**
102: Migeotte, Neven, Swensson AJB **55** **6418**
103: Bourgeois vgl. AJB **55** **732**
104: Velghe **5319**
105: Kaplan, Migeotte, Neven **7232**
106: de Jager, Migeotte, Neven **6411**
107: Verbaandert **2355**
108: Nicht referiert
109: Dommanget **10107**
110: Brouet, Melchior **1264**

Observatoire Royal de Belgique. Monographies. Nr.
5: Coutrez **12608**

Observations photosphériques et chromosphériques. Supplément au Bulletin Ciel et Terre. **6354**, **6664**

Uppsala

Uppsala Astronomiska Observatoriums Annaler.
4 4: Wallenquist **6210**
5: Westerlund **12136**
Westerlund **9577**
Westerlund **12137**

Uppsala Astronomiska Observatorium. Meddelande. Nr.
114: Westerlund **12135**
115: Westerlund **9575**
116: Westerlund **9576**

Utrecht

Sterrewacht «Sonnenborgh» Utrecht. Overdruk. Nr.
23: de Jaager **11102**
24: Hubenet **5416**

Sterrewacht «Sonnenborgh» Utrecht. Overdruk Quarto. Nr.
4: de Jager, Migeotte, Neven **6411**
5: Hubenet **6107**
6: Minnaert vgl. AJB **55** **732**
7: Houtgast **6212**
8: Houtgast vgl. **1167**
9: de Jager vgl. **1167**
10: Hubenet **6102**

Victoria

Publications of the Dominion Astrophysical Observatory Victoria, B. C.
10 6: Jacobsen **11174**
7: Underhill **9572**
8: Underhill **12536**
9: Odgers **11181**
10: Richardson, McKellar **10208**
11: Petrie **10208**
12: Underhill **9573**
13: Petrie, Moyls **9716**

Contributions from the Dominion Astrophysical Observatory Victoria, B. C.
Nr. 34: Petrie vgl. **738**
35—38: AJB **54**
39: AJB **55**
40—41: AJB **54**
42—44: AJB **55**
45: Wright, Lee **11157**
46: AJB **55** **11144**
47: Nicht eingegangen
48: Petrie, Cuttle, Andrews **12343**
49: Wright, McKellar **11158**
50: McKellar **9549**

Warszawa

Astronomical Observatory of the Warsaw University. Reprint. Nr.
46: Zonn **12538**
47: Rudnicki **4419**
48: Serkowski **11147**
49: Piotrowski **263**
50: Serkowski **11148**
51: Gadomski **11114**

52: Rudnicki **12004**
53: Kruszewski **11244**
54: Wróblewski **11236**
55: Piotrowski, Serkowski **11138**
56: Smak **12349**
57: Piotrowski **264**
58: Karpowicz **12333**
59: Karpowicz **12334**

Reprint. Institut d'Astronomie Géodésique de l'Ecole Polytechnique de Varsovie.
Opalski **10127**

Washington

The American Ephemeris and Nautical Almanac for the Year 1958. **411**

United States Naval Observatory Circular. Nr.
64: Cameron **6354**
65: — **6354**
66/70: Cameron **6354**

Smithsonian Institution. Publication.
Nr. 4235: Öpik **4168**
4236: Spencer Jones **6812**
4265: Abbot **6801**

Smithsonian Contributions to Astrophysics.
1 1: Whipple **592**

Report on the Astrophysical Observatory for the year ended June 30, 1955. **1101**

Wellington

Carter Observatory. Astronomical Bulletin. Nr.
44: — **1265**
45: Thomsen **1101**
46: — **1265**

Carter Observatory. Reprint. Nr.
24: Adams, Thomsen **6354**

Wendelstein

Forschungsberichte der Kommission Observatorium Wendelstein der Bayerischen Akademie der Wissenschaften.
Nr. 15: Müller **6730**
16: Schmidt **12529**
17: Kühn **12520**
18: Schmidt **5317**

Wien

Mitteilungen der Universitäts-Sternwarte Wien.
8 : Franz AJB **55 10110**
Hopmann AJB **55 10136**
Ferrari d'Occhieppo AJB **55 3108**
Schrutka-Rechtenstamm AJB **55 7328**
Hopmann, Krumpholz, Franz, Purgathofer AJB **55 8102**
Hopmann AJB **55 10113**
Ferrari d'Occhieppo AJB **55 11157**
9 1: Ferrari d'Occhieppo **11110**
2: Hopmann **10111**
3: Hopmann, Haidrich **12111**
4: Schrutka-Rechtenstamm **7323**
5: Hopmann **111122**
6: Hopmann **10110**

Universitäts-Sternwarte und Institut für Theoretische Astronomie. Bericht über die Jahre 1953—1955. **1101**

Wrocław (Breslau)

Contributions from the Wrocław Astronomical Observatory. Nr.
11: Opolski, Krawiecka **11182**
12: Kubikowski **9106**
13: Rybka **9116**

Wrocław Astronomical Observatory. Reprint. Nr.
1—4: Wierzbiński **10130**

Zagreb

Astronomical Institute. Faculty of Technology. Zagreb University. Communications. Nr.
3: Randić **13306**

Zürich

Publikationen der Eidgenössischen Sternwarte Zürich.
10 5: Waldmeier **6354**

Astronomische Mitteilungen der Eidgenössischen Sternwarte Zürich. Nr.
197: Waldmeier **6725**
198: Müller **6519**
199: Waldmeier **6726**
200: Waldmeier **6210**
201: Waldmeier **6354, 6664**
202: Waldmeier **6210**
203: Waldmeier **6727**
204: Waldmeier **6210**

Quarterly Bulletin on Solar Activity Nr. 110—113. **6354, 6529, 6664, 6730, 6836**

Tätigkeitsbericht der Eidgenössischen Sternwarte Zürich für das Jahr 1955. **1101**

I. Allgemeines

§ 1

Mathematisches

101. **V. Baumann,** Eine nichtlineare Integrodifferentialgleichung der Wärmeübertragung bei Wärmeleitung und -strahlung. Math. Z. **64** 353—384. — Ref. in RJ 1957 Nr. 7 S. 43.

102. **M. Bielicki,** O wpływie niektórych własności zbioru pomiarów na wagi niewiadomych parametrycznych. Postępy Astr. **4** 191—193. — Ref. Poln. Astr. Ges.

103. **K. G. Budden,** The numerical solution of the differential equations governing the reflexion of long radio waves from the ionosphere. II. Phil. Trans. (A) **248** 45--72, mit 18 Fig.

104. **I. W. Busbridge,** The tabulation of Chandrasekhar's X- and Y-functions. Obs **76** 108—109.

105. **G. A. Chisnall,** New tables of Fermi-Dirac functions. Astr. Contr. Univ. Manchester (1) Jodrell Bank Ann. **1** 126—140.

106. **G. A. Chisnall,** A modified Chebyshev-Everett interpolation formula. Math. Tables other Aids Comput. **10** Nr. 54 S. 66—73 = Astr. Contr. Univ. Manchester (3) Nr. 41. — Ref. in Math. Rev. **18** 416.

107. **H. Cohn,** Some applied number theory. J. Soc. Indust. Appl. Math. **4** 152—167. — Ref. in Math. Rev. **18** 283.

108. **A. Giet,** Abacs or Nomograms. Übersetzt und durchgesehen von J. W. Head und H. D. Phippen. London, Iliffe; New York, Philosophical Library, 1956. 9 + 225 S. Preis 35 s. — Besprechung in Proc. Phys. Soc. (B) **70** 714 (M. J. Moroney).

109. **A. S. Householder,** Principles of numerical analysis. New York—Toronto—London, McGraw-Hill Book Co. Inc., 1953. 10 + 274 S. Preis $ 6.00. — Besprechung in Math. Rev. **15** 470 (F. J. Murray).

* * **A. A. Kisselew,** Über die Verallgemeinerung des Kleiberschen Theorems. Vgl. Ref. **9223.**

110. **Z. Kopal,** Numerical Analysis. Vgl. AJB **55** Ref. **117.** — Weitere Besprechung in JBAA **67** 328—329 (W. H. Julian), Proc. Phys. Soc. (B) **70** 333—334 (D. R. Hartree).

111. **M. Litt,** Nomogramme zur Lösung astronomischer Aufgaben. III. Heliographische Ortsbestimmung I. Veröff. Univ.-Sternw. Bonn Nr. 44, 20 S. mit 6 Tafeln. — Es werden Nomogramme gegeben zur Lösung der folgenden Aufgaben: 1.) Bestimmung der heliographischen Breite; 2.) Bestimmung des heliographischen Längenabstandes vom Zentralmeridian; 3.) Bestimmung der gleichen Größen wie bei 1. und 2., aber mit größerer Genauigkeit. Eine Fehlerbetrachtung zeigt, daß die zu erwartenden Maximalfehler kleiner sind als die Fehler, die bei der Beobachtung solarer Größen eingehen. U. Be.

112. **S. G. Makower,** Résolution d'un système d'équations normales à l'aide de matrices. AJ UdSSR **33** 423—439 (russ. mit französ. Ref.). — Die Vorzüge der in Formeln und Zahlenbeispielen dargelegten Methode bestehen in ihrer durch Matrizenschreibweise erzielten analytischen Übersichtlichkeit und in der bequemen Berechnung der Gewichtskoeffizienten. Zur Erzielung größter Bestimmtheit der Lösungen wird nach D. Kulikow empfohlen, das Gleichungssystem gegebenenfalls ein zweites Mal durchzurechnen, wobei die Unbekannten dann in Reihenfolge abnehmender Gewichtskoeffizienten anzuordnen sind. Petri

113. **M. Mendes,** Les équations de Lagrange déduites d'une forme de Pfaff. BA **20** 155—156.

114. **M. Näbauer,** Bemerkungen zu Hirvonens Taylortafeln. Bull. géod. (NS) Nr. 39 S. 69—73.

115. **J. Náprstková,** Mathematics for amateur-astronomers. RH **37** 111—117, 131—135, 159—161, 179—184, 207—211, 252—257, 272—275, mit 45 Fig. (tschech.).

116. **T. Soné,** On experiments of the combination of a uniform circular motion with a straight line motion and on their applications. Sci. Reports Tôhoku Univ. (1) **39** 283—296, mit 13 Fig. — Experimente mit rotierenden Scheiben, Zylindern und sandausstreuenden Vorrichtungen oder Schreibfedern zur Veranschaulichung der Bewegung von Zyklonen und der Bedeutung des Foucaultschen Pendelversuchs. Dv.

117. **T. Soné, I. Fujisawa,** Characteristics of the generalized Archimedes' spirals. Sci. Reports Tôhoku Univ. (1) **39** 297—302, mit 8 Fig. — Die Kombination einer gleichförmigen Drehbewegung mit einer gleichförmig-geradlinigen Bewegung, die nicht notwendig durch den Mittelpunkt hindurchführt, ergibt die betrachteten Kurven. Dv.

118. **E. Stiefel,** Ausgleichung ohne Aufstellung der Gaußschen Normalgleichungen. Wiss. Z. Techn. Hochschule Dresden **2** 441—442, 1953.

119. **A. P. Stone,** On the stereographic projection of the sphere. Math. Gaz. **40** 181—184. — Ref. in Math. Rev. **18** 329.

120. **J. Topping,** Errors of Observation and their Treatment. Vgl. AJB **55** Ref. 127. — Weitere Besprechung in Proc. Phys. Soc. (B) **70** 261—262 (M. J. Moroney).

§ 2

Physikalisches

201. **S. S. Abbi,** On the equilibrium of a small conducting liquid drop in a uniform external electric field. Proc. Nat. Inst. Sci. India (A) **22** 363—368, mit 2 Fig. — Als Gleichgewichtsfigur für einen leitenden Flüssigkeitstropfen in einem homogenen äußeren elektrischen Feld ergibt sich nach zwei verschiedenen Methoden unter Vernachlässigung der Gravitation ein verlängertes Sphäroid der Elliptizität $\varepsilon/R = 3\,E_0^2\,R/16\,\pi\,T$ $(\varepsilon/R \ll 1)$. Weidemann

202. **J. Akriche,** Persistence de la vibration et de la rotation dans le spectre d'émission de la molécule C_2. Ann. Physique (13) **1** 611—622, mit 6 Fig. — Bei Untersuchung der Intensitätsverteilung der Swan-Banden des C_2-Moleküls ergab sich ein erheblicher Unterschied zwischen Schwingungs- und Rotationstemperatur, wenn letztere aus den Intensitäten der Linien für niedrige Rotationsquantenzahlen bestimmt wurde. Für höhere Quantenzahlen lag sie da-

gegen in der Größenordnung der Schwingungstemperatur. Zur Deutung dieser Anomalie werden vom Verf. gewisse Annahmen über den Mechanismus der Anregungsprozesse und über den Energieaustausch zwischen Schwingung und Rotation gemacht. Diese Untersuchung hat besondere Bedeutung im Hinblick auf die Beobachtung der C_2-Banden in Kometenspektren. Henn

203. **H. Aroeste, W. C. Benton,** Emissivity of hydrogen atoms at high temperatures. J. appl. Phys. **27** 117—121, mit 8 Fig. — Die Emission einer 50 cm dicken Schicht von Wasserstoff unter 40 at Druck wird in Abhängigkeit von der Temperatur ($8400° < T < 126000°$ K) berechnet und bezogen auf die Emission eines schwarzen Körpers graphisch dargestellt. Sowohl kontinuierliche als auch Linienemission werden berücksichtigt. Traving

204. **M. Axelrad,** Etude de quelques sources utilisées pour les mesures en infrarouge de 1 à 10 microns. Rev. Opt. **35** 437—441, mit 4 Fig. — Durch Vergleich mit einem Platinzylinder als schwarzer Körper mit der Temperatur $T = 1435°$ wurde die spektrale Energieverteilung der Emission zweier Nernstbrenner, einer Globar-Stablampe von Perkin-Elmer, eines Infrarotstrahlers aus Guß und einer Wolframbandlampe im nahen Ultrarot zwischen 1 und 10 μ mit einem Doppelprismenmonochromator absolut bestimmt. Weidemann

205. **G. Backus,** The external electric field of a rotating magnet. ApJ **123** 508—512, mit 1 Fig. — Es wird gezeigt, daß ein 1950 von Alfvén angegebener Ausdruck für das von einem rotierenden Magneten hervorgerufene elektrische Feld nicht richtig sein kann. Die elektrischen und magnetischen Felder eines starr im Vakuum rotierenden Magneten werden exakt vermittels retardierter Potentiale berechnet a) für einen nichtleitenden Magneten mit der Dielektrizitätskonstanten 1; b) für einen leitenden Magneten für den Raumbereich, in welchem der Verschiebungsstrom vernachlässigbar ist. Traving

206. **N. P. Barabaschow,** Bemerkung über die Farbenbestimmung lichtreflektierender Oberflächen. Circ. Astr. Obs. Gorkij-Staatsuniv. Charkow Nr. 15 S. 3—7 (russ.). — Zur Charakterisierung der Farbe und des Farbenkontrastes verschieden getönter Flächenstücke ist der übliche Farbenindex ungeeignet. Dies gilt auch für die Untersuchung der Farben reflektierender Oberflächen, insbesondere beim Mond und den Planeten, deren physikalische Eigenschaften durch den Farbenindex unzureichend erfaßt werden. Es ist besser, die Energieverteilung des Spektrums zu bestimmen und diese weiteren Untersuchungen zu Grunde zu legen. Loh.

207. **W. S. Benedict, R. Herman, G. E. Moore, S. Silverman,** The strengths, widths, and shapes of infrared lines. I. General considerations. Canadian J. Phys. **34** 830—849, mit 1 Fig. — Ref. in Phys. Abstracts (A) **59** 797.

208. **W. van der Bijl,** The maximum of a distribution- or spectrumfunction. Nature **178** 691. — Verf. knüpft an eine Note von Bracewell (vgl. AJB **54** Ref. 208) an, der die Verschiebung des Maximums der Planckschen Strahlungskurve beim Übergang von der Wellenlängen- zur Frequenzskala diskutierte. Verf. stellt fest, daß die Überlegungen von Bracewell für alle Verteilungsfunktionen gelten, wenn die Skalen nichtlinear zusammenhängen. Oster

209. **Z. Bochníček,** Die Messung hoher Temperaturen mit optischen Filtern. Mat.-fyz. Časop. **6** 30—55 (tschech. mit deutsch. Ref.). — Ref. in RJ 1957 Nr. 1 S. 31.

210. **W. H. Bostick,** Experimental study of ionized matter projected across a magnetic field. Phys. Rev. (2) **104** 292—299, mit 19 Fig. — Ref. in Phys. Abstracts (A) **60** 127, Phys. Ber. **36** 1773.

211. **E. Brannen, H. I. S. Ferguson,** The question of correlation between photons in coherent light rays. Nature **178** 481—482, mit 5 Fig. — Ref. in Phys. Abstracts (A) **60** 195. — Vgl. auch Ref. 214.

212. **B. H. Bransden, A. Dalgarno,** The calculation of auto-ionization probabilities. III. Auto-detachment from the negative hydrogen ion. Proc. Phys. Soc. (A) **69** 65—69.

213. **H. P. Broida,** Possible astrophysical significance of spectra of atoms and molecules in solid nitrogen at 4°2 K. AJ **61** 1—2. — Ref. AAS.

214. **R. Hanbury Brown, R. Q. Twiss,** Correlation between photons in two coherent beams of light. Nature **177** 27—29, mit 2 Fig. = Astr. Contr. Univ. Manchester (2) Jodrell Bank Repr. Nr. 130. — Das Prinzip eines von R. H. Brown und R. Q. Twiss entwickelten Radiointerferometers (vgl. AJB **54** Ref. **2148**), bei dem die Korrelation zwischen den Intensitätsschwankungen registriert wird, wird auf eine Versuchsanordnung mit zwei kohärenten Lichtbündeln angewendet, die auf die Kathoden zweier Photomultiplier fallen. Das Experiment zeigt, daß die Photonen in zwei kohärenten Lichtbündeln miteinander korreliert sind und daß diese Korrelation beim Prozeß der photoelektrischen Emission erhalten bleibt. Priester

215. **R. Hanbury Brown, R. Q. Twiss,** The question of correlation between photons in coherent light rays. Nature **178** 1447—1448 = Astr. Contr. Univ. Manchester (2) Jodrell Bank Repr. Nr. 149. — Entgegnung auf eine Arbeit von Brannen und Ferguson (vgl. Ref. **211**). Verf. finden, daß die von diesen Autoren gewonnenen Ergebnisse theoretisch zu erwarten sind, aber nicht im Widerspruch zu ihren eigenen stehen. Die Entdeckung der Korrelation war wegen der Unempfindlichkeit ihrer Versuchseinrichtung nicht möglich. Henn

216. **J. Burns III, W. A. Hiltner, R. Miller,** Image converters with thin protecting foils. AJ **61** 172—173. — Ref. AAS.

217. **F. Cabannes,** La formation des particules de carbone dans les flammes et l'observation de la molécule C_3. J. Phys. Radium **17** 492—496. — Verf. beschreibt einen Mechanismus zur Bildung des C_3-Moleküls und bespricht die verschiedenen Untersuchungen der einzelnen Bandensysteme. Zum Schluß werden Beobachtungen an Spektren von Carbonsternen, insbesondere an Spektren des Sterns Y CVn, diskutiert. Henn

218. **S. Chandrasekhar,** Theory of turbulence. Phys. Rev. (2) **102** 941—952, mit 6 Fig. — Ref. in Phys. Abstracts (A) **59** 530.

219. **S. Chandrasekhar,** On force-free magnetic fields. Proc. National Acad. Sci. USA **42** 1—5. — Für den von Lüst und Schlüter (vgl. AJB **54** Ref. **246**) untersuchten Fall der kraftfreien, axialsymmetrischen Magnetfelder zeigt Verf., daß dieses Problem unter den gemachten Annahmen eine explizite Lösung besitzt. Diese wird in vorliegender Arbeit hergeleitet. Henn

220. **S. Chandrasekhar,** The instability of a layer of fluid heated below and subject to the simultaneous action of a magnetic field and rotation. II. Proc. Roy. Soc. (A) **237** 476—484, mit 2 Fig. — Ref. in Phys. Abstracts (A) **60** 282.

221. **K. P. Chopra,** On the induction drag of a sphere moving in a conducting fluid in the presence of a magnetic field. Indian J. Phys. **30** 605—610. — Ref. in Phys. Abstracts (A) **60** 732.

222. **K. P. Chopra, S. P. Talwar,** On the radial pulsations of an infinite cylinder with a magnetic field parallel to its axis. Proc. Nat. Inst. Sci. India (A) **21** 302—313, 1955. — Ref. in Phys. Ber. **35** 2111.

223. **K. P. Chopra,** On the radial adiabatic pulsations of an infinite cylinder in the presence of magnetic field parallel to its axis. II. Proc. Nat. Inst. Sci. India (A) **21** 314—320, 1955. — Ref. in Phys. Ber. **35** 2111.

224. **A. Dollfus,** Polarisation de la lumière renvoyée par les corps solides et les nuages naturels. Ann d'Astrophys **19** 83—113, mit 24 Fig. (mit russ. Ref.). — Die Polarisation des von einem beleuchteten Körper zurückgeworfenen Lichtes hängt außer vom Beleuchtungs- und Beobachtungswinkel von der Natur der Oberfläche ab. Zahlreiche Substanzen werden untersucht und zeigen, daß die Polarisation die resultierende Wirkung der Elementarphänomene: Reflexion, Refraktion, Diffusion, Beugung, Absorption und Doppelbrechung ist. Dem an der Oberfläche zurückgeworfenen Licht überlagert sich das zunächst ein wenig in den Körper eingedrungene und dann erst zurückfallende Licht. Diese Untersuchungen sind von Bedeutung für die Interpretation der Beobachtungen bei Planeten, Mond und Kleinen Planeten. Thi.

225. **B. Edlén, P. Risberg,** The spectrum of singly-ionized calcium, Ca II. Ark. Fys. **10** 553—566. — Es zeigt sich immer wieder, daß bei anscheinend gut bekannten Spektren mit verhältnismäßig einfachen Mitteln neue Multiplett-Systeme beobachtet werden können. Das gilt vor allem für das photographische Infrarot. Verf. benutzten als Lichtquelle eine wassergekühlte Hohlkathode mit einem zylindrischen Stück Calcium von 2.5 cm Länge und 0.7 cm innerem Durchmesser und ließen Argon bei etwa 1 Torr zirkulieren. Bei Spannungen zwischen 200 und 300 V betrugen die Stromstärken 1 bis 1.8 Amp. Der benutzte Spektrograph besaß ein Konkavgitter mit 10^4 Strichen/Zoll und ein Auflösungsvermögen ($\lambda < 8000$ Å) von 7.5 bzw. 3.7 Å/mm in der ersten bzw. zweiten Ordnung. Die Wellenlängen ließen sich auf 0.01 bis 0.02 Å genau messen. Die Neuberechnung des Termschemas gab eine gleichmäßige Genauigkeit von etwa 0.03 cm^{-1} sowohl für relative wie für absolute Termwerte. Mit Hilfe der neuen Termwerte wurde für das Schumann-Gebiet zwischen 2210 und 1340 Å ein Standardsystem von Wellenlängen berechnet. Schließlich ließen sich eine Reihe von Linien mittlerer Intensität im infraroten Sonnenspektrum sofort dem Ca II zuordnen. Oster

226. **F. N. Edmonds jr.,** The Debye-Hückel effect and statistical theories for collision broadening. ApJ **123** 95—106. — Die von Debye und Hückel für Elektrolyte entwickelte Theorie der «Abschirmung» von Ionen wird auf die statistische Theorie der Linienverbreiterung angewandt. Es kann gezeigt werden, daß die Berücksichtigung des Debye-Hückel-Effekts im Falle von Linienverbreiterung durch linearen bzw. quadratischen Starkeffekt nur vernachlässigbar kleine Korrekturen liefert. Traving

227. **C. Y. Fan,** Emission spectra excited by electronic and ionic impact. Phys. Rev. (2) **103** 1740—1745, mit 9 Fig. — Ref. in Phys. Abstracts (A) **60** 22, Phys. Ber. **36** 1525, RJ 1957 Nr. 6 S. 31—32.

228. **R. H. Garstang,** The effect of configuration interaction on forbidden line strengths. Proc. Cambridge Phil. Soc. **52** 107—113 = Commun. Univ. London Obs. Nr. 22. — Zur Behandlung verschiedener astrophysikalischer Probleme werden die im Laboratorium nicht meßbaren Linienstärken verbotener Übergänge benötigt, die daher auf Grund von theoretischen Untersuchungen gewonnen werden müssen. Verf. führt Berechnungen dieser Linienstärken der Konfiguration $1s^2\,2s^2\,2p^2$ unter Berücksichtigung der Wechselwirkung mit der $1s^2 2p^4$ Konfiguration durch. In diesem Fall kann er seine Vermutung, daß die Verwendung empirischer Energiewerte zu genaueren Linienstärken führt, bestätigen. Der hergeleitete Formelapparat wird am Ca XV-Spektrum erprobt. Henn

229. **S. Geltman,** Continuous absorption coefficient of the hydrogen and lithium negative ions. Phys. Rev. (2) **104** 346—350, mit 3 Fig. — Für den kontinuierlichen Absorptionskoeffizienten des negativen H-Ions wurden schon zahlreiche Berechnungen durchgeführt (vgl. AJB **45** Ref. 3505, 06, 07, 08, 10, 17). Diese gehen alle von den Wellenfunktionen für den Grundzustand des H-Ions aus, die mit Hilfe der Ritzschen Methode erhalten wurden. In vorliegender Arbeit gibt Verf. eine davon abweichende Methode an. Die gewonnenen Werte sind in guter Übereinstimmung mit den besten von Chandrasekhar berechneten Werten. Henn

230. **J. J. Gilvarry,** Properties of the shock transition at low temperature. J. appl. Phys. **27** 1467—1472.

231. **R. G. Giovanelli, J. T. Jefferies,** Radiative transfer with distributed sources. Proc. Phys. Soc. (B) **69** 1077—1084. — Unter Benutzung der Eddingtonschen Näherungen wird das Problem des Strahlungstransportes für eine Reihe von angenommenen Verteilungen von Quellen und streuenden Medien gelöst.
Traving

232. **G. I. Goldberg,** Übergangswahrscheinlichkeiten von Hauptserienlinien des Rubidiums. Mitt. Astr. Hauptobs. Pulkowo **20** Nr. 3 (156) S. 126—137, mit 2 Abb. und 1 Tafel (russ.) — Nach der experimentellen Methode von Roshdestwenskij wurden die Übergangswahrscheinlichkeiten von Linien der Hauptserie des Rubidiums bestimmt. Die Resultate stimmen mit theoretischen Berechnungen überein.
Kopecký

233. **J. M. Greenberg, R. Fleischer, R. M. Whitmer,** The problem of scattering by small particles. AJ **61** 4—5. — Ref. AAS.

234. **E. P. Gross, M. Krook,** Model for collision processes in gases: small-amplitude oscillations of charged two-component systems. Phys. Rev. (2) **102** 593—604 = Harv Repr (2) Nr. 81. — Ref. in Phys. Abstracts (A) **59** 564, Phys. Ber. **36** 158—159.

235. **R. Herman, R. F. Wallis,** Matrix elements of electronic transitions in the H_2^+ hydrogen molecular ion. ApJ **123** 353—362. — Unter Benutzung der Hylleraasschen Wellenfunktionen werden für das H_2^+-Molekül die Matrixelemente für Übergänge zwischen gebundenen Elektronenzuständen in geschlossener Form angegeben. Als Beispiel werden die 1s σ—2p σ und 1s σ—2p π Übergänge für einen Kernabstand von drei Bohrschen Radien berechnet. Die f-Werte 0.2858 und 0.4782 stimmen mit früheren Resultaten von Bates und anderen gut überein.
Traving

236. **G. Herzberg, A. Lagerqvist, E. Miescher,** Fine structure analysis and mutual perturbation of δ and β bands of the NO molecule. Canadian J. Phys. **34** 622—624, mit 2 Fig. — Ref. in Phys. Ber. **36** 1194.

237. **R. Hide,** The character of the equilibrium of a heavy, viscous, incompressible, rotating fluid of variable density. I. General theory. II. Two special cases. Quart. J. Mech. Appl. Math. **9** 22—50. — Ref. in Math. Rev. **17** 903.

238. **H. Hönl, A.-W. Maue,** Über das Gravitationsfeld rotierender Massen. Z. Physik **144** 152—167, mit 2 Fig. — Es wird die Berechnung der im Innern einer rotierenden Hohlkugel gemäß den Einsteinschen linearisierten Gleichungen des Gravitationsfeldes auftretenden Massenbeschleunigungen (vom Typus der Zentrifugal- und Coriolis-Kraft) gegenüber der ersten Behandlung des Problems durch Thirring ergänzt und vereinfacht. Ferner wird die Analogie des vorliegenden Gravitationsproblems mit der Elektrodynamik untersucht und für die Berechnung des Gravitationsfeldes eines rotierenden Himmelskörpers ausgenutzt. Verf.

239. **C. de Jager,** The molecular absorption coefficient of the A_{00} band of O_2. BAN **13** 9—12, mit 2 Fig. — Der Absorptionskoeffizient K der A_{00}-Bande des O_2 wird mit dem Utrechter Sonnenspektrographen an einer terrestrischen Lichtquelle neu vermessen. Länge des Lichtweges 8—20 m. Aus den Wachstumskurven für Äquivalentbreiten ergibt sich $\log K = 8.876 \pm 0.02 - 20$ [$\sec^{-1}$ cm^2]. Abweichungen von früheren Bestimmungen (Allen, van de Hulst) werden diskutiert.
Traving

240. **R. L. Kagan, M. I. Yudin,** Approximate solution of the equation of dispersion of light. Nachr. Akad. Wiss. UdSSR (Geophys.) **1956** S. 968—975 (russ.). — Ref. in Math. Rev. **18** 257.

241. **S. A. Kaplan, K. P. Stanjukowitsch,** The solution of inhomgeneous, onedimensional motion problems in magnetic gasodynamics. J. Experim. Theor. Phys. **30** 382—385 (russ.). — Ref. in Phys. Ber. **36** 874.

242. **A. W. Keen,** Electronics. New York, Philosophical Library, Inc., 1956. 256 S. Preis $ 7.50. — Besprechung in Sky and Telescope **15** 458 (V. W. Killick).

243. **N. H. Kiess, H. P. Broida,** Analysis of the (0, 1) and (1, 2) bands of the $^2\Delta$—$^2\Pi$ system of CH. ApJ **123** 166—171, mit 1 Tafel. — Die (0,1)- und (1,2)-Banden des $^2\Delta$—$^2\Pi$-Übergangs des CH in der Nähe von λ 4890 wurden gemessen, und die Molekülkonstanten werden in der Analyse abgeleitet. Micz.

244. **N. H. Kiess, H. P. Broida,** Spectrum of the C_3 molecule between 3600 Å and 4200 Å. Canadian J. Phys. **34** 1471—1479, mit 1 Fig. und 1 Tafel. — Die C_3-Bande mit dem Intensitätsmaximum bei 4050 Å wurde in den Spektren von Kometen und späten N-Sternen beobachtet.

245. **J. I. F. King,** The source function for an equilibrium gray atmosphere. ApJ **124** 406—411. — Die exakte Lösung für die Ergiebigkeit einer begrenzten grauen Atmosphäre im Strahlungsgleichgewicht wird ausgedrückt in Termen der Chandrasekharschen X- und Y-Funktionen. Es zeigt sich, daß die Hopfsche Funktion $q(\tau)$ proportional dem zweiten Moment von X und Y ist. Groth

* * **B. Kleman,** Laboratory excitation of the blue-green bands observed in the spectra of N-type stars. Vgl. Ref. **9544.**

246. **D. Layzer,** On Rohrlich's discussion of the calcium XV problem. ApJ **124** 664—665. — Verf. weist die Kritik von Rohrlich (vgl. Ref. **6723**) an seiner Identifikation der gelben Koronalinie als unbegründet zurück. Micz.

247. **J. Lenoble,** Calcul du rayonnement diffusé dans une couche de brume. J. Sci. Meteorolog. **8** 23—28. — Ref. in Math. Rev. **18** 628.

248. **J. N. Lipskij,** Über die Abhängigkeit der Parameter eines Stufenfilters von der Polarisationscharakteristik des Spektrographen. AC Nr. 175 S. 12—16 (russ.).

249. **J. N. Lipskij,** Über die Untersuchung des Lichts nach der polarisationsspektralphotometrischen Methode. Mitt. Sternberg-Inst. Nr. 99 S. 33—41, mit 1 Abb. (russ.).

250. **A. G. Mackie,** The generalized radially symmetric wave equation. Proc. Roy. Soc. (A) **236** 265—277, mit 2 Fig. — Verf. gibt eine ausführliche Diskussion der Lösungen der Differentialgleichung $\frac{\partial^2 \Phi}{\partial R^2} + \frac{k}{R}\frac{\partial \Phi}{\partial R} - \frac{\partial^2 \Phi}{\partial T^2} = 0$ für $R \geqq 0$ und $T \geqq 0$ und wendet die Ergebnisse auf ein Problem der Gasdynamik an. Untersucht wird die unstetige Bewegung einer Gaswolke, die an ein Vakuum angrenzt. Henn

251. **J. J. G. McCue,** The World of Atoms. New York, Ronald Press, 1956. 659 S. Preis $ 6.50. — Besprechung in Sky and Telescope **15** 556 (W. E. Shawcross).

252. **P. W. Merrill,** Lines of the Chemical Elements in Astronomical Spectra. Washington, Carnegie Institution of Washington Publication 610, 1956 = Papers Mt. Wilson Obs. **9.** 7 + 167 S. Preis $ 1.60. — Besprechung in J RAS Canada **50** 185, Obs **77** 159—160 (R. H. Garstang), Publ ASP **68** 468 (W. P. Bidelman), Sky and Telescope **15** 508, ZfA **40** 217—218 (H. H. Voigt). — Dieses Buch ist ein für Astronomen und Nicht-Astronomen sehr nützliches Nachschlagewerk. Für jedes Element wird nach einem kurzen historischen Überblick angegeben, welche Linien der verschiedenen Ionisationsstufen in astronomischen

Objekten beobachtet wurden und bei welchen Objekten sie auftreten. Es werden ferner die vorkommenden Besonderheiten kurz beschrieben sowie Angaben über beobachtete Molekülverbindungen gemacht. Diese Beschreibungen werden ausgezeichnet ergänzt durch ein ausführliches Literaturverzeichnis. In einem für den Spektroskopiker sehr wichtigen Anhang A werden 39 partielle Grotriandiagramme für astrophysikalisch interessante Atome und Ionen gegeben. Für Nichtastronomen werden im Anhang B wichtige astronomische Begriffe erklärt. Groth

253. **R. Mertens,** Bijdrage tot de theorie van de veelvoudige verstrooiïng van deeltjes. Gent, De Natuur- en Geneeskundige Vennootschap, 1954. Simon Stevin, Vol. **30** Suppl. 111 + 7 S. — Besprechung in Math. Rev. **18** 102 (S. Chandrasekhar).

254. **E. Miescher,** Rotationsanalyse der NO^+-Banden. Helv. Phys. Acta **29** 135—144, mit 2 Fig. — Ref. in Phys. Abstracts (A) **59** 709.

255. **E. Miescher,** Rotationsanalyse der β'-Banden $(B'\,{}^2\Delta - X\,{}^2\Pi)$ des NO-Moleküls. Helv. Phys. Acta **29** 401—409, mit 2 Fig. — Ref. in Phys. Abstracts (A) **60** 24.

256. **S. A. Moszkowski, R. E. Meyerott,** Photoelectric K and L shell absorption coefficients for highly ionized atoms. ApJ **124** 537—541. — Der Einfluß der Elektronenabschirmung auf die photoelektrischen Absorptionskoeffizienten, die einer Befreiung eines Elektrons aus der K- bzw. L-Schale entsprechen, wird berechnet. Dabei werden die früher von Meyerott berechneten Wellenfunktionen für K- und L-Elektronen (Phys. Rev. (2) **96** 72, 1954) benutzt. Die Ergebnisse werden in Tabellenform dargestellt. K. H. Böhm

257. **G. S. Murty,** On the relativistic Thomas-Fermi atom. Progr. Theoret. Phys. **15** 473—479. — Zur Bestimmung der Zustandsgleichung von Materie unter sehr extremen physikalischen Bedingungen, z. B. im Innern von weißen Zwergen, müssen relativistische Effekte berücksichtigt werden. Verf. erweitert die Methode von March (Proc. Phys. Soc. (A) **68** 726, 1955) zur Gewinnung der Randbedingungen der Thomas-Fermi-Funktion bei hohen Drucken auf den relativistischen Fall unter Einbeziehung von Temperaturstörungen. Weidemann

258. **R. Nakasima, Y. Tanaka, K. Kikuchi,** Interpretation on nitrogen- and proton-induced nuclear reactions. Progr. Theoret. Phys. **15** 574—581, mit 4 Fig. — Ref. in Phys. Ber. **36** 1172.

259. **E. N. Parker, M. Krook,** Diffusion and severing of magnetic lines of force. ApJ **124** 214—231, mit 7 Fig. = Harv Repr Nr. 438. — Die unter dem Einfluß der Diffusion magnetischer Feldlinien in Medien endlicher Leitfähigkeit sich asymptotisch einstellende Feldstärkeverteilung in einem magnetischen Strang wird ermittelt. Wie gezeigt wird, können sich Schleifen in diesem Strang durch Diffusion der Feldlinien als selbständige Ringe ablösen. Solche Prozesse sind möglicherweise für die Bildung des magnetischen Feldes der Erde von Bedeutung. Traving

260. **J. H. Piddington,** Growing electric space-charge waves. Australian J. Phys. **9** 31—43. — Ref. in Phys. Ber. **36** 564.

261. **J. H. Piddington,** Growing electromagnetic waves. Phys. Rev. (2) **101** 9—14 = Commonwealth Sci. Industrial Res. Organization, Australia, Division Radiophys. — Ref. in Phys. Ber. **35** 2187, ZfMG **70** 237.

262. **J. H. Piddington,** Growing electric space-charge waves and Haeff's electron-wave tube. Phys. Rev. (2) **101** 14—16, mit 1 Fig. = Commonwealth Sci. Industrial Res. Organization, Australia, Division Radiophys. — Ref. in Phys. Ber. **35** 2187, ZfMG **70** 237.

263. **S. Piotrowski,** Asymptotic case of the diffusion of light through an optically thick scattering layer. AA **6** 61—73 = Astr. Obs. Warsaw

Univ. Repr. Nr. 49. — Der durch eine planparallele streuende Schicht hindurchtretende Fluß diffuser Strahlung wird nach einem von S. Chandrasekhar angegebenen Verfahren berechnet. Für große optische Dicken wird ein asymptotischer Ausdruck angegeben, der von der optischen Dicke τ_1 und $\tilde{\omega}_1$ — der Elongation der Streuindikatrix — nur in Form des Produktes $\tau_1 (1 - \frac{1}{3} \tilde{\omega}_1)$ abhängt. Für terrestrische Wolken ist $\frac{1}{3} \tilde{\omega}_1 \approx 1$. Hierdurch wird verständlich, warum trotz großer Variation der Dicke der Wolkendecke sich die Helligkeit der Beleuchtung durch den bedeckten Himmel nur wenig ändert. Traving

264. **S. Piotrowski,** On the brightness of clouds. Bull. Acad. Polon. Sci. (3) **4** 139—144 = Astr. Obs. Warsaw Univ. Repr. Nr. 57. — Die früher vom Verf. abgeleitete Formel für die Intensität des Streulichts bei optisch dicken Wolken, reiner Streuung und einer Phasenfunktion der Form $p = 1 + \omega_1 \cos\theta$ wird diskutiert. Verf. macht plausibel, daß die Formel auch bei stärkerer Vorwärtsstreuung Gültigkeit behält und weist auf die Möglichkeit hin, aus Messungen der Streuintensität die optische Dicke der Wolke und die Phasenfunktion in erster Näherung zu bestimmen. Bei sehr starker Vorwärtsstreuung wird jedoch eine Erweiterung der Formel notwendig. M. Mädlow

265. **E. W. Pjaskowskaja-Fessenkowa,** Über die Berechnung der Lichtstreuung höherer Ordnungen. Mitt. Astrophys. Inst. Alma-Ata **3** Nr. 4 S. 99—100 (russ.).

266. **E. M. Purcell, G. B. Field,** Influence of collisions upon population of hyperfine states in hydrogen. ApJ **124** 542—549 = Harv Repr Nr. 448. — Die Prozesse, die im interstellaren Gas für die Besetzung des oberen Hyperfeinstrukturniveaus des Grundtermes des Wasserstoffatoms maßgebend sind, werden untersucht. Dabei wird besonders auf die Bedeutung des folgenden Prozesses hingewiesen: Beim Zusammenstoß zweier Wasserstoffatome, die sich im Grundzustand befinden, kann ein «Spinaustausch» stattfinden. Der Wirkungsquerschnitt für diese Reaktion wurde berechnet. Das Gleichgewicht zwischen diesem Prozeß und der Ausstrahlung der 21 cm-Linie wird betrachtet. Numerische Abschätzungen für typische HI-Regionen werden angegeben. K. H. Böhm

267. **W. W. Radsijewskij,** The tensor of radiation pressure. AJ UdSSR **33** 129—136, mit 2 Fig. (russ. mit engl. Ref.). — Es wird der Strahlungsdruck betrachtet, den ein Photonenfeld auf einen vollkommen schwarzen Körper ausübt. Insbesondere wird untersucht, unter welchen allgemeinen Bedingungen dieser Strahlungsdruck Tensorgestalt besitzt, und im Anschluß daran gezeigt, daß der Strahlungsdruck an der Sternoberfläche und im Inneren eines Sterns keine tensorielle Gestalt besitzt. Oster

268. **W. Renkawitz,** Tafel zur Bestimmung der Intensitätsunterschiede aus Größendifferenzen. Sterne **32** 202—204.

269. **N. Richter, W. Oberender, D. Wallis,** Experimentelle Untersuchungen zur Beleuchtung staubförmiger Wolken. I. Grobe Partikel. Veröff. Sternw. Sonneberg **2** 369—389, mit 13 Abb. und 14 Tafeln. — Bei der Lichtstreuung einer aus groben Teilchen bestehenden Wolke sind Beugung, Brechung und Reflexion sowie Mehrfachstreuung, gegenseitige Beschattung und Bedeckung beteiligt. Um einen Einblick in das Zusammenwirken dieser Effekte zu gewinnen, konstruierten Verf. einen mit einer auswechselbaren Düse und mehreren Sieben versehenen Wolkenstreuapparat zur Erzeugung eines lockeren Strahls herabrieselnder Körner von aussortierten Größen und untersuchten auf photoelektrischem Wege die Abhängigkeit von Intensität und Polarisation des darin gestreuten Lichtes von dem Streuwinkel, der Art der Körner und ihrer Dichte und Verteilung im Strahl. Materialien und mittlere Durchmesser der Körner in mm: Korund (0.1), Flußsand (0.3), Glassplitter (0.2), rohe und polierte Glasperlen (0.4), Stahl (0.4), Mohnsamen (1.1). Ferner wurden ähnliche Untersuchungen mit einzelnen Drähten verschiedener Dicke und Oberflächenstruktur sowie lockeren

Drahtbündeln durchgeführt. Die gefundenen Phasengesetze zeigen vielfach ähnliche Grundzüge wie etwa die an den Saturnringen beobachteten, variieren aber außerordentlich mit Material, Dichte und Verteilung der Streuzentren. Gü.

270. **M. H. Rogers**, The propagation and structure of shock waves of varying strength in a self-gravitating gas sphere. Proc. Roy. Soc. (A) **235** 120—136, mit 6 Fig. — Zur Verallgemeinerung der Untersuchung von Kopal (ApJ **120** 159, vgl. AJB **54** Ref. **5219**) entwickelt Verf. eine Methode, den Ablauf einer Stoßwelle veränderlicher Stärke in einer ihrem Gasdruck und der eigenen Schwere unterliegenden Gaskugel zu beschreiben; die Welle wird als durch Freiwerden eines gegebenen Betrages an kinetischer Energie im Zentrum (also analog wie beim Nova-Phänomen) angenommen, und für die Dichte muß, um die Methode anwendbar zu machen, eine spezielle Funktion des Radius vorausgesetzt werden. Die resultierenden Differentialgleichungen werden mit Hilfe numerischer Integration für einige spezielle Werte der beiden verfügbaren Parameter ausgewertet. Böh.

271. **J. Ross, E. A. Mason**, The energy of interaction of He^+ and H^-. ApJ **124** 485—487, mit 1 Fig. — Die Wechselwirkungsenergie von He^+ und H^- wird mit Hilfe genäherter Wellenfunktionen (wasserstoffähnliche 1s Elektronen) berechnet. Ein Minimum der Wechselwirkungsenergie von $-0.264\ e^2/a_0$ liegt bei $R = 2.86\ a_0$. Für $R > 5\ a_0$ ($a_0 = 0.529$ Å) ist das Potential praktisch gleich dem Coulombpotential. Traving

272. **M. Sakamoto, E. Ishiguro**, He – He repulsive potential. I. Progr. Theoret. Phys. **15** 37—49, mit 6 Fig. — Das Rückstoßpotential zweier normaler He-Atome wird unter Berücksichtigung der Deformation der Elektronenbahnen durch Ansatz einer Wellenfunktion nach Inui und Nordsieck berechnet und ergibt sich zu $V(R) = 4.08755 \times 10^2 \exp(-4.46893\ R)$, (0.53 Å $< R <$ 1.06 Å). Weidemann

273. **W. Scherrer**, Zur linearen Feldtheorie. IV. (statische Felder). Z. Physik **144** 373—387. — Ref. in Phys. Abstracts (A) **59** 452.

274. **H. Schram, L. Herman**, Influence de la concentration électronique sur la probabilité de transitions interdites. Appl. Sci. Research (B) **5** 57—58, 1955. — Ref. in Phys. Ber. **36** 1370.

275. **S. A. Shewakin**, On the energy transfer in thermally inhomogeneous medium at turbulent convection. AJ UdSSR **33** 137—143, mit 1 Fig. (russ. mit engl. Ref.). — Verf. gibt an, daß in den grundlegenden Formeln zur Berechnung des Energieflusses bei turbulentem Wärmeaustausch ein Faktor $^1/_2$ unberücksichtigt geblieben ist. Daneben sollte man anstelle der spezifischen Wärme c_p bei konstantem Druck die Größe $c_p - A_p$ benützen, wobei A_p die Arbeit bezeichnet, die zur Kompression eines Gramms Materie aufgewandt werden muß, wenn man bei konstantem Druck um 1° abkühlt. Die geforderten Korrekturen betreffen vor allem die Probleme der Konvektionszonen in Sternen. Oster

276. **G. F. Sitnik**, Die Verwirklichung des Modells eines schwarzen Körpers bei hohen Temperaturen. Bote Univ. Moskau Nr. 1 S. 63—72 (russ.). — Ref. in RJ 1957 Nr. 7 S. 30.

277. **A. A. Townsend**, The Structure of Turbulent Shear Flow. New York, Cambridge University Press, 1956. 315 S. Preis $ 7.50. — Besprechung in Publ ASP **68** 558, Sky and Telescope **15** 556.

278. **S. Weniger, R. Herman**, Contour des raies d'arc du sodium élargies par l'effet Stark intermoléculaire. J. Phys. Radium **17** 37—41, mit 7 Fig. — Ref. in Phys. Abstracts (A) **59** 466.

* * **R. Wildt**, Radiative transfer and thermodynamics. Vgl. Ref. **5137**.

279. **E. Wolf**, The coherence properties of optical fields. Vgl. Ref. **1172**, daselbst S. 177—185 = Astr. Contr. Univ. Manchester (3) Nr. 35.

280 Handbuch der Physik. Bd. 36. Herausgegeben von S. Flügge. Berlin, Göttingen, Heidelberg, Springer, 1956. 424 S. mit 152 Fig. Preis DM 88. — Besprechung in Publ ASP **69** 189—190 (K. Hunger).

281. Antiproton discovered. Sky and Telescope **15** 204.

282. Neutrino confirmed. Sky and Telescope **15** 545.

Magneto-Hydrodynamik

283. **C. Agostinelli,** Oscillazioni magneto-idrodinamiche in una massa fluida ellissoidale rotante. Influenza della viscosita. J. Math. Pures Appl. (9) **35** 7—17. — Ref. in Math. Rev. **17** 904.

284. **F. C. Auluck, D. S. Kothari,** Effect of magnetic field on gravitating spheres. ZfA **38** 237—244. — Das Verhalten einer inkompressiblen Flüssigkeitskugel (unendlich hoher Leitfähigkeit) unter dem Einfluß der eigenen Schwerkraft und eines Magnetfeldes wird untersucht. Das Magnetfeld hat folgende Gestalt: Fall A: Im Inneren der Kugel homogen, außen ein Dipolfeld; Fall B: Das Feld verschwindet im Zentrum der Kugel und ist in großer Entfernung homogen. Elektrische Ströme sollen nur symmetrisch zur Achse des Feldes fließen. Im Fall A ergibt sich ein abgeflachtes, im Fall B ein gestrecktes Sphäroid als Gleichgewichtsfigur. K. H. Böhm

285. **G. Carini,** Sulle equazioni della magneto-idrodinamica. Rend. Accad. Nazionale Lincei, Cl. Sci. fis., mat., nat. (8) **21** 436—441.

286. **S. Chandrasekhar,** Axisymmetric magnetic fields and fluid motions. ApJ **124** 232—243. — Die Grundgleichungen der Hydromagnetik für eine inkompressible Flüssigkeit (Viskosität wird vernachlässigt) endlicher elektrischer Leitfähigkeit werden für den Fall untersucht, daß sowohl die Magnetfelder als auch die Strömungen symmetrisch um eine Achse sind. Macht man Gebrauch von dem bekannten Satz, daß ein solenoidales Feld als Überlagerung eines poloidalen und eines toroidalen Feldes dargestellt werden kann, so wird das Problem auf vier Gleichungen für die vier wesentlichen Skalare reduziert. Im Grenzfall unendlich großer Leitfähigkeit ergibt sich eine allgemeine Beziehung, die als Spezialfälle die bekannten Sätze über kraftfreie Felder, Isorotation und die Bedingungen für hydrostatisches Gleichgewicht enthält. Einige Integralbeziehungen, die aus den vier Gleichungen folgen, werden ebenfalls abgeleitet. Verf. (übersetzt)

287. **S. Chandrasekhar,** Effect of internal motions on the decay of a magnetic field in a fluid conductor. ApJ **124** 244—265, mit 4 Fig. — Das zeitliche Abklingen eines axialsymmetrischen Magnetfeldes in einer inkompressiblen Flüssigkeit wird untersucht. Dabei sind Strömungen in der Flüssigkeit zugelassen; diese sollen jedoch ebenfalls axialsymmetrisch sein. Die mathematische Methode zur Lösung des sich ergebenden Eigenwertproblems beruht auf einer Entwicklung des Magnetfeldes nach Gegenbauerschen Polynomen. Meridionale Zirkulation, die das Abklingen eines poloidalen Feldes beschleunigt, verlangsamt das Abklingen eines toroidalen Feldes und umgekehrt. Die Bedeutung der Theorie für die Entstehung des Erdmagnetfeldes und der Sonnenflecken wird erörtert. K. H. Böhm

288. **S. Chandrasekhar,** Hydromagnetic oscillations of a fluid sphere with internal motions. ApJ **124** 571—579. — Eine stationäre Lösung der hydromagnetischen Gleichungen für eine inkompressible, reibungsfreie Flüssigkeit von unendlicher elektrischer Leitfähigkeit ist durch $v = H/\sqrt{4\pi\varrho}$ (v Geschwindigkeit, H Magnetfeld, ϱ Dichte) gegeben. Verf. betrachtet den Fall, bei dem H und v axialsymmetrisch sind. Es werden Gleichungen für axialsymmetrische Oszillationen um die stationäre Lösung erhalten. Ausführlich wird der Fall betrachtet, bei dem Magnetfeld und Bewegungen im Anfangszustand keine polaren Komponenten haben. Die Gleichungen nehmen dann die einfachste Form an. Groth

289. **S. Chandrasekhar, K. H. Prendergast,** The equilibrium of magnetic stars. Proc. National Acad. Sci. USA **42** 5—9. — Unter Beschränkung auf den axialsymmetrischen Fall geben Verf. für eine inkompressible, in gravitativem Gleichgewicht befindliche Flüssigkeit eine Charakterisierung des Magnetfeldes. Auch für kompressible Flüssigkeiten werden einige Hinweise gegeben. Henn

290. **S. Chandrasekhar,** On the stability of the simplest solution of the equations of hydromagnetics. Proc. National Acad. Sci. USA **42** 273—276. — Betrachtet man die magneto-hydrodynamischen Grundgleichungen für die Bewegung eines inkompressiblen Plasmas ohne Reibung und mit unendlicher Leitfähigkeit, so zeigt sich, daß eine exakte, stationäre Lösung gegeben ist durch

$$v_i = \pm H_i \left(\frac{\mu}{4\pi\varrho}\right)^{1/2} \text{und } p + \varrho V + \frac{\mu}{8\pi} |H|^2 = \text{const}$$

(v = Geschwindigkeit, H = Feldstärke, μ = Permeabilität, ϱ = Dichte, p = Druck, V = Gravitationspotential). Weiterhin wird bewiesen, daß diese Lösung stabil ist gegenüber kleinen periodischen Störungen. v. Hoerner

291. **K. P. Chopra,** Tunnel effect in hydro-magnetics. Publ. Astr. Soc. Japan **8** 55—62, mit 1 Fig.

292. **G. H. A. Cole,** Some aspects of magnetohydrodynamics. Advanc. Phys. **20** 452—497. — Zusammenfassung von Ergebnissen und Problemen der Magnetohydrodynamik mit astrophysikalischen Anwendungen. — Ref. in Phys. Ber. **36** 1049.

* * **W. M. Elsasser,** Hydromagnetic dynamo theory. Vgl. Ref. **5007.**

293. **T. Namikawa,** Magneto-hydrodynamic oscillations of a conducting liquid mass rotating in a uniform magnetic field. J. Geomagn. Geoelectr. Japan **7** 97—104.

294. **S. C. Pao,** On the effect of fluid motion on the initial decay of a magnetic field in a sphere. ApJ **124** 266—271. — Bei der Untersuchung des Einflusses von axialsymmetrischen Strömungen auf die Abklingzeit eines Magnetfeldes in einer inkompressiblen Flüssigkeit (Chandrasekhar, ApJ **124** 244) ergaben sich Integrale über dreifache Produkte von Gegenbauer-Polynomen. Diese erlauben, Auswahlregeln für die Wechselwirkungen zwischen den Eigenfunktionen der Strömung und des Magnetfeldes bei Beginn des Abklingvorganges abzuleiten. K. H. Böhm

295. **J. H. Piddington,** Hydromagnetic shocks and the creation of magnetic field. Obs **76** 206—208. — Ref. RAS.

296. **K. H. Prendergast,** The equilibrium of a self-gravitating incompressible fluid sphere with a magnetic field. I. ApJ **123** 498—507, mit 2 Fig. — Es wird gezeigt, daß sowohl die Einführung eines toroidalen als auch eines poloidalen Magnetfeldes eine exakte Lösung der Gleichungen des hydromagnetischen Gleichgewichts erlaubt. Verf. (übersetzt)

297. **E. Richter,** Zur Theorie magnetohydrodynamischer Wellen. Z. Naturforschung **11a** 251. — Eine kurze Darstellung der Resultate einer Untersuchung über den Durchgang hydromagnetischer Wellen durch Gebiete, in denen Dichte, Dielektrizitätskonstante, Leitfähigkeit etc. als Funktionen des Ortes stetig variabel sind. Traving

298. **P. H. Roberts,** Twisted magnetic fields. ApJ **124** 430—442. — In einem Zylinder von unendlich großer elektrischer Leitfähigkeit existiere ein Magnetfeld, dessen Kraftlinien Spiralen einer festen Ganghöhe bilden. Dieses System, in einer Flüssigkeit unendlicher Leitfähigkeit, erweist sich gegenüber kleinen Störungen als instabil. Thi.

299. **M. P. Sawhney,** The effect of a core on the equilibrium configuration of magnetic gravitating sphere. Proc. Nat. Inst. Sci. India (A) **22** 389—397. — Eine rotierende, leitende Flüssigkeitskugel mit einem Zentralkern wird unter der Annahme untersucht, daß 1.) das Magnetfeld durch im Kern oder 2.) durch in der Hülle kreisende Ströme hervorgerufen wird. In beiden Fällen ergibt sich als Gleichgewichtsfigur ein abgeplattetes Sphäroid. Wenn jedoch ein konstantes Magnetfeld entgegengesetzten Vorzeichens überlagert wird, ergibt sich ein verlängertes Sphäroid. Weidemann

Plasma

2100. **G. E. Backus, S. Chandrasekhar,** On Cowling's theorem on the impossibility of self-maintained axisymmetric homogeneous dynamos. Proc. National Acad. Sci. USA **42** 105—109. — In Anschluß an ein Theorem von Cowling (MN **94** 39, AJB **35** Ref. **4303**) wird die Frage untersucht, ob ein Magnetfeld in einem Plasma solche elektrischen Ströme induzieren kann, die gerade dieses Magnetfeld wieder zur Folge haben (sich selbst erhaltender oder stationärer Dynamo-Effekt). Verf. gelangt zu dem Ergebnis, daß in einem Plasma homogener Dichte und Leitfähigkeit kein axialsymmetrischer stationärer Dynamo-Effekt existieren kann. v. Hoerner

2101. **M. Bayet, J.-L. Delcroix, J.-F. Denisse,** Théorie cinétique des plasmas homogènes faiblement ionisés. III. L'opérateur de collision dans le cas du gaz de Lorentz imparfait. J. Phys. Radium **17** 923—930, mit 1 Fig. — Ref. in Math. Rev. **18** 611, Phys. Abstracts (A) **60** 579.

2102. **M. Bayet, J.-L. Delcroix, J.-F. Denisse,** Théorie cinétique des plasmas homogènes faiblement ionisés. IV. Etude de l'évolution de la partie isotrope de la fonction de distribution. J. Phys. Radium **17** 1005—1009. — Ref. in Phys. Abstracts (A) **60** 579.

2103. **J. M. Berger,** Absorption coefficients for free-free transitions in a hydrogen plasma. ApJ **124** 550—554, mit 1 Fig. — Absorptionskoeffizienten für Frei-Frei-Übergänge in Wasserstoffplasmen geringer Dichte werden a) exakt nach der Sommerfeldschen Formel berechnet und b) genähert nach der von Elwert modifizierten Bornapproximation. Die Ergebnisse sind für 0.5 eV $< kT <$ 100 eV und 500 Å $< \lambda <$ 10000 Å zusammen mit den Gaunt-Faktoren in einer Tabelle dargestellt. Traving

2104. **K. A. Brueckner, K. M. Watson,** Use of the Boltzmann equation for the study of ionized gases of low density. II. Phys. Rev. (2) **102** 19—27. — In Fortführung einer früheren Arbeit (vgl. Ref. **2115**) leiten Verf. Näherungslösungen für den nichtstationären Fall her. Die Boltzmann- und Maxwell-Gleichungen werden durch Annahme kleiner Abweichungen von den für den stationären Fall gewonnenen Lösungen linearisiert und durch sukzessive Approximation gelöst. Auf einige Anwendungsmöglichkeiten wird hingewiesen, insbesondere wird der von Kruskal und Schwarzschild (vgl. AJB **54** Ref. **243**) behandelte Fall der Instabilität eines vollständig ionisierten Plasmas in einem Gravitationsfeld erörtert. Henn

2105. **G. F. Chew, M. L. Goldberger, F. E. Low,** The Boltzmann equation and the one-fluid hydromagnetic equations in the absence of particle collisions. Proc. Roy. Soc. (A) **236** 112—118. — Bei der Behandlung gewisser astrophysikalischer Probleme sind die Vorgänge in sehr verdünnten Plasmen von Wichtigkeit. Eine hydrodynamische Behandlung ist in diesen Fällen im allgemeinen nicht mehr möglich. Alfvén (vgl. AJB **50** Ref **5001**) und Spitzer (vgl. Ref. **5019**) haben daher vorgeschlagen, durch Annahme eines starken Magnetfeldes eine hydrodynamische Behandlung zu ermöglichen. In vorliegender Arbeit prüfen Verf. diese Annahme, indem sie, ausgehend von der Boltzmann-Gleichung, die hydromagnetischen Gleichungen ableiten, wenn kein Stoßglied, aber eine starke Lorentzkraft angenommen wird. Henn

2106. **P. C. Clemmow, A. J. Wilson,** The disperion equation in plasma oscillations. Proc. Roy. Soc. (A) **237** 117—131, mit 3 Fig. — Ref. in Phys. Abstracts (A) **59** 911.

2107. **T. G. Cowling,** The dissipation of magnetic energy in an ionized gas. MN **116** 114—124. — Ref. in Obs **76** 49—51 (Ref. RAS). — Piddingtons Resultate für die Leitfähigkeit von Plasmen in Magnetfeldern werden bestätigt. Die Energiedissipation wird erhöht, da für Ströme senkrecht zu $\mathfrak{H}$ sich die Leitfähigkeit gegenüber derjenigen für magnetfeldfreie Plasmen erniedrigt. Im Gegensatz zu Piddington müssen bei vorhandenen Druckgradienten diesen äquivalente elektrische Felder berücksichtigt werden. Die Rechnungen werden auch auf teilweise ionisierte Gase ausgedehnt. Numerische Abschätzungen zeigen, daß die Zunahme der Energiedissipation beträchtlich sein kann. Traving

2108. **G. B. Field,** Radiation by plasma oscillations. ApJ **124** 555—570, mit 1 Fig. = Harv Repr Nr. 446. — Es wird gezeigt, daß durch Inhomogenitäten in Plasmen longitudinale Plasmawellen und transversale elektromagnetische Wellen gekoppelt werden. Infolge dieser Kopplung können Plasmawellen Energie abstrahlen. Der Einfluß eines statischen magnetischen Feldes wird erörtert. Anwendung des Formalismus auf das Modell eines Sonnenflares mit einer Dichtediskontinuität ergibt eine Abstrahlung, die etwa 10^4 mal größer ist als die beobachtete. Traving

2109. **S. Gasiorowicz, M. Neuman, R. J. Riddell jr.,** Dynamics of ionized media. Phys. Rev. (2) **101** 922—934. — Ref. in Phys. Abstracts (A) **59** 314, Phys. Ber. **36** 1605, ZfMG **70** 236—237.

2110. **S. Hayakawa, N. Hokkyo,** Electromagnetic radiation from electron plasma. Progr. Theoret. Phys. **15** 193—202. — Verf. erweitern die Theorie der Plasmaschwingungen von Bohm und Pines dahin, daß die Energie der longitudinalen Plasmaschwingungen vermittels einer Kopplung mit dem elektromagnetischen Feld durch die einzelnen Elektronen in transversale Schwingungen übergeführt und abgestrahlt werden kann. Die Kopplungsenergie ist der Elektronengeschwindigkeit proportional. Anwendung auf das Problem der solaren Radiobursts ergibt mit den Annahmen: Dichte $N_e = 10^8\,\mathrm{cm}^{-3}$, Geschwindigkeit der in die Korona injektierten Elektronenströme $v = 10^8\,\mathrm{cm\,sec}^{-1}$, Dicke der Stoßwelle 10^7 cm, wirksame Fläche gleich der Fläche der Sonnenflecken — eine Energie von $10^{-33}\,\mathrm{n}_k^l$ W/m²Hz, wobei n_k^l die Zahl der longitudinalen Quanten pro Oszillator der Wellenzahl k ist. Es wird angenommen, daß Koronaelektronen, die sich in Richtung des Stromes bewegen, in Potentialtöpfen eingefangen werden und so zur Gesamtenergie beitragen. Weidemann

2111. **S. Hayakawa, K. Kitao,** Energy loss of a charged particle traversing ionized gas and injection energies of cosmic rays. Progr. Theoret. Phys. **16** 139—148, mit 2 Fig. — Bei freien Elektronen ist der Energieverlust für kleine Stoßparameter auf direkte Stöße, für große Stoßparameter auf die Anregung von Plasmawellen zurückzuführen. Beide Bereiche werden durch einen kritischen Stoßparameter getrennt, der von der Größenordnung der Debye-Länge ist. Zusammen mit dem Anteil der Ionen und neutralen Atome ergibt sich der Gesamtenergieverlust als monoton wachsende Funktion des Ionisationsgrades. Die Formel wird auf interstellares Gas und Koronamaterie angewandt. Der Energieverlust in der Korona ist so stark, daß ein mit der Geschwindigkeit der Nordlichtpartikel startendes Proton diese nicht zu durchdringen vermag. Unter der Voraussetzung des Fermischen Beschleunigungsmechanismus im interstellaren Raum und eines von Verf. entwickelten Beschleunigungsmechanismus in der Korona ergibt sich die Untergrenze der Injektionsenergie für kosmische Strahlen von der Sonne zu 1 MeV. Weidemann

2112. **H. Maecker, T. Peters,** Einheitliche Dynamik und Thermodynamik des thermischen Plasmas. Z. Physik **144** 586—611. — A. Schlüter und andere haben mit hydrodynamischen Prinzipien eine Plasmadynamik aufgebaut, in der die Thermodynamik des Plasmas noch nicht enthalten ist. Es wird deswegen mit den Prinzipien der Thermodynamik irreversibler Prozesse eine einheitliche Theorie für die Dynamik und Thermodynamik eines thermischen Plasmas abgeleitet. Verf. (gekürzt)

2113. **W. Marshall,** Structure of magnetohydrodynamic shock wave in a plasma of infinite conductivity. Phys. Rev. (2) **103** 1900. — Bei der Diskussion seiner Ergebnisse hatte Sen (vgl. Ref. **2114**) die Prandtlsche Zahl in einem vollionisierten Gas zu 3/4 angenommen. Verf. weist in vorliegender Notiz darauf hin, daß dieser Wert mindestens eine Größenordnung kleiner sein muß und diskutiert die Änderungen, die die von Sen gefundenen Ergebnisse damit erfahren. Henn

2114. **H. K. Sen,** Structure of a magnetohydrodynamic shock wave in a plasma of infinite conductivity. Phys. Rev. (2) **102** 5—11, mit 2 Fig. — Die Struktur einer ebenen, longitudinalen Stoßwelle, die sich in einem Plasma unendlicher Leitfähigkeit senkrecht zum angelegten Magnetfeld ausbreitet, wird untersucht. Sodann werden einige Hinweise über die Anwendung der gefundenen Ergebnisse auf die solare Radiostrahlung sowie auf die Theorie der Entstehung kosmischer Strahlen gegeben. Henn

2115. **K. M. Watson,** Use of the Boltzmann equation for the study of ionized gases of low density. I. Phys. Rev. (2) **102** 12—19. — Die von Chapman und Enskog beschriebene Methode zur Lösung der Boltzmann-Gleichung ist für den Fall eines ionisierten Plasmas geringer Dichte, auf das ein starkes Magnetfeld wirkt, nicht mehr zweckmäßig. Unter der Voraussetzung, daß Stöße zu vernachlässigen sind, weitreichende Wechselwirkungen dagegen berücksichtigt werden, entwickelt Verf. eine Lösungsmethode. Im vorliegenden ersten Teil werden die stationären Lösungen der Boltzmann-Gleichung für ein ionisiertes Gas geringer Dichte hergeleitet. Henn

Lichtgeschwindigkeit

2116. **R. C. A. Edge,** New determinations of the velocity of light. Nature **177** 618—619. — Bericht über die Ergebnisse neuerer Arbeiten.

2117. **L. Essen,** Die Lichtgeschwindigkeit. Endeavour **15** 87—91, mit 3 Fig. — Ref. in Coelum **25** 62. — Wahrscheinlichster Wert: 299793.0 ± 0.5 km/sec.

2118. **K. D. Froome,** Microwave determinations of the velocity of «light». J. Brit. Inst. Radio Engineers **16** 497—514. — Ref. in Phys. Abstracts (A) **60** 111.

2119. Handbuch der Physik. Band **24**. Grundlagen der Optik. Berlin, Göttingen, Heidelberg, Springer-Verlag, 1956. 8 + 656 S. mit 761 Fig. — Enthält unter anderem folgenden Beitrag: E. Bergstrand, Determination of the velocity of light, S. 1—43.

2120. The velocity of light. JBAA **66** 344.

§ 3

Rechentafeln, Funktionstafeln, Rechenmaschinen

301. **R. B. Horgan,** Radix tables for sin x and cos x, $x = a \times 10^k$ degrees, a = 1 (1) 9, k = −3 (1) 1. Math. Tables and other Aids to Computation **10** 164—166, mit 2 Tafeln.

302. **H. Küstner,** Fünfstellige Logarithmen der natürlichen Zahlen und der Winkelfunktionen für sexagesimalgeteilten Altgrad. Berlin, Verlag Volk und Wissen, 1954/1956. 166 S. Preis DM 2.85. — Besprechung in Sterne **32** 213—214 (J. Schubart).

303. **H. Küstner,** Fünfstellige Logarithmen der natürlichen Zahlen und der Winkelfunktionen für Neugradteilung. Berlin, Verlag Volk und Wissen, 1954/1956. 2. Auflage. 122 S. Preis DM 3.50. — Besprechung in Sterne **32** 213—214 (J. Schubart).

304. **M. Schuler, H. Gebelein,** Acht- und neunstellige Tafeln zu den elliptischen Funktionen. Vgl. AJB **55** Ref. **306.** — Weitere Besprechung in Math. Tables and other Aids to Computation **10** 246—248 (A. Fletcher).

305. **K. Schütte,** Index mathematischer Tafelwerke und Tabellen aus allen Gebieten der Naturwissenschaften. Vgl. AJB **55** Ref. **307.** — Weitere Besprechung in Astronaut. Acta **2** 114 (F. Hecht), Nature **177** 767 (J. H. Pearce), Obs **77** 76 (A. Beer), Phys. Blätter 1957 S. 479, ZfA **43** 87—88 (K. H. Weise).

306. **H. Wittke,** Zehnziffrige Fundamentalwerte für Sinus, Cosinus, Tangens, Cotangens neuer Teilung · 400^g. Deutsche Geod. Kommission Bayer. Akad. Wiss. Tafelwerke Nr. 1, 54 S.

307. Table of secants and cosecants to nine significant figures at hundredth of a degree. Vgl. AJB **54** Ref. **309.** — Weitere Besprechung in Math. Tables and other Aids to Computation **10** 169 (R. B. Horgan).

308. Interpolation and Allied Tables. London, Her Majesty's Stationery Office, 1956. Prepared by H. M. Nautical Almanac Office. Published by Order of the Lords Commissioners of the Admiralty. 80 S. Preis 5 s. net. — Besprechung in Obs **77** 158—159 (A. Fletcher).

Rechenmaschinen

309. **L. Biermann,** Überblick über die Göttinger Entwicklungen, insbesondere die Anwendung der Maschinen G 1 und G 2. Nachr.-techn. Fachber. **4** 36—39.

310. **L. Biermann,** Rechenmaschinen in der physikalischen und astronomischen Forschung. Vorträge über Rechenanlagen, Göttingen (19.—21. März 1953) S. 38—41.

311. **A. D. Booth, K. H. V. Booth,** Automatic Digital Calculators. London, Butterworths Scientific Publications, 1956. 9 + 261 S. Preis 32 s. — Vgl. AJB **53** Ref. **307.** — Besprechung in Proc. Phys. Soc. (B) **70** 716 (R. A. Brooker, R. L. Grimsdale).

312. **W. J. Eckert, R. Jones,** Faster, faster. New York–Toronto–London, McGraw-Hill Book Co. Inc., 1955. 7 + 160 S. Preis $ 3.75. — Besprechung in J. Association for Computing Machinery **3** 376 (M. C. Gray).

313. **C. L. Johnson,** Analog Computer Techniques. New York–Toronto–London, McGraw-Hill Book Co., 1956. 264 S. mit zahlreichen Fig. Preis 6 $. — Besprechung in Phys. Blätter **13** 333—334 (F. W. Gundlach).

314. **W. Kämmerer,** Die programmgesteuerte Relaisrechenanlage «Oprema». MTW-Mitt. Techn. Hochschule Wien **3** 225—230.

315. **G. A. Korn, T. M. Korn,** Electronic Analog Computers. New York–Toronto–London, McGraw-Hill Book Co., 1956. 2. Auflage. 452 S. mit zahlreichen Fig. Preis $ 7.50. — Besprechung in Phys. Blätter **13** 333—334 (F. W. Gundlach).

316. **T. Krarup, B. Svejgaard,** A method for matrix multiplication, matrix inversion, and problems of adjustment by punched card equipment. Geod. Inst. København Medd. Nr. 31, 31 S. mit 4 Fig.

317. **S. A. Lebedew,** Elektronische Rechenmaschinen. Moskau, Verlag Akad. Wiss. UdSSR, 1956. 48 S. mit Abb. Preis 65 Kop. (russ.). — Besprechung in Priroda **45** Nr. 5 S. 120—121.

* * **E. I. Mamonow,** Elektronische Rechenmaschinen auf der wissenschaftlich-technischen Konferenz der UdSSR. Vgl. Ref. 11110.

318. **G. A. Montgomerie,** Digital Calculating Machines and Their Application to Scientific and Engineering Work. London–Glasgow, Blackie & Son Ltd., 1956. 6 + 262 S. mit zahlreichen Fig. Preis 30s. — Besprechung in Proc. Phys. Soc. (B) **70** 1022—1023 (R. A. Brooker).

319. **D. H. Sadler,** Computing methods. J. Inst. Actuaries **8** 65—77, 1948.

320. **A. Schlüter,** Bericht über Rechnungen mit der G 1. Vorträge über Rechenanlagen, Göttingen (19.—21. März 1955) S. 55—59.

321. **A. Schlüter,** Das Göttinger Projekt einer schnellen elektronischen Rechenmaschine G 3. Nachr.-techn. Fachber. **4** 99—100.

322. **M. V. Wilkes,** Automatic Digital Computers. London, Methuen & Co. Ltd., 1956. 10 + 305 S. mit zahlreichen Fig. und Tafeln. Preis 42 s. — Besprechung in Proc. Phys. Soc. (B) **70** 637—638 (R. A. Brooker).

§ 4

Astronomische Jahrbücher, Ephemeriden, Kalender

401. Berliner Astronomisches Jahrbuch für 1958. 183. Jahrgang. Herausgeber: Astronomisches Recheninstitut der Deutschen Akademie der Wissenschaften zu Berlin und Astronomisches Recheninstitut zu Heidelberg. Berlin, Akademie-Verlag, 1956. 8 + 128 + 456* S. Preis 12 DM.

402. Efemérides Astronómicas para o ano de 1957. Observatório Astronómico da Universidade de Coimbra. 13 + 233 S.

403. The Nautical Almanac and Astronomical Ephemeris for the Year 1957 for the meridian of the Royal Observatory at Greenwich. Published by Order of the Lords Commissioners of the Admiralty. London, Her Majesty's Stationery Office, 1956. 6 + 566 S. Preis £ 1 11s. 6d. net.

Desgl. für 1958. 6 + 584 S. Preis £ 1 15s. net.

404. Astronomisch-Geodätisches Jahrbuch für 1957. Herausgegeben vom Astronomischen Rechen-Institut in Heidelberg. Karlsruhe, Verlag G. Braun GmbH., 1956. 8 + 451 S.

405. Astronomisches Jahrbuch der UdSSR für das Jahr 1959. Unter Redaktion von A. M. Gishizkij herausgegeben vom Institut für Theoretische Astronomie der Akademie der Wissenschaften der UdSSR. Moskau-Leningrad, Verlag Akad. Wiss. UdSSR, 1956. 584 S. und einer Beilage über die 1957 in der UdSSR beobachtbaren Sternbedeckungen. Preis 67 R. 70 Kop. (russ.).

406. Connaissance des Temps ou des mouvements célestes, à l'usage des astronomes et des navigateurs, pour l'an 1958, publiée par Le Bureau des Longitudes. Paris, Gauthier-Villars, 1956. 32 + 654 S.

407. Almanaque Náutico para 1957. Rio de Janeiro, Marinha do Brasil, Hidrografia e Navegação. 309 S. mit 2 Karten.

408. Almanaque Náutico año 1957, publicado de orden de la superioridad por el Instituto y Observatorio de Marina de San Fernando (Cádiz) para el meridiano de Greenwich. Imprenta del Observatorio de Marina, 1956. Vol. **166**. 16 + 543 S. Preis 55 Pesetas, para el extranjero 70 Pesetas.

409. Nautical Almanac 1957. Tokyo, Japanese Hydrographic Office, 1956. Pub. No. 681. 2 + 462 S. mit 3 Karten.

410. Japanese Ephemeris 1957. Tokyo, Maritime Safety Board, Japan. Pub. No. 684. 5 + 539 S.

411. The American Ephemeris and Nautical Almanac for the Year 1958. Washington, United States Government Printing Office, 1956. 17 + 593 S. Preis geb. $ 4.00.

412. Apparent Places of Fundamental Stars 1957. Containing the 1535 stars in the Third Fundamental Catalogue (FK3) of the Berliner Jahrbuch. Produced by international co-operation under the auspices of the International Astronomical Union. Published by Order of the Lords Commissioners of the Admiralty. London, Her Majesty's Stationery Office, 1956. 39 + 536 S. Preis £ 2 2s. 0d. net.

413. Astronomische Grundlagen für den Kalender 1958. Herausgegeben vom Astronomischen Rechen-Institut in Heidelberg. Karlsruhe, Verlag G. Braun GmbH., 1956. 100 S. Nicht im Handel. Preis 10.— DM.

414. The Handbook of the British Astronomical Association 1957. Thirty-sixth year of publication. 1956 November. 64 S. Preis 5 s.

415. The Observer's Handbook for 1957. Edited by C. A. Chant and R. Northcott. Forty-ninth year of publication. The Royal Astronomical Society of Canada. Toronto, 1956. 84 S. Preis 75 cents.

416. Rocznik Astronomiczny Obserwatorium Krakowskiego 1956. Supplemento Internationale Nr. 27. Kraków 1956. 8 + 87 S. — Bedeckungsveränderliche, Präzessionsgrößen, Schiefe der Ekliptik, Sternbedeckungen.

417. Nautisches Jahrbuch oder Ephemeriden und Tafeln für das Jahr 1957 zur Bestimmung der Zeit, Länge und Breite zur See nach astronomischen Beobachtungen. Herausgegeben vom Deutschen Hydrographischen Institut, Hamburg, 1956. **106**. Jahrgang. 41 + 365 S. (Ephemeriden für jeden Tag des Jahres 1957 + 30 S. immerwährende Schalttafel).

418. The Abridged Nautical Almanac for the Year 1957. Published by Order of the Lords Commissioners of the Admiralty. London, Her Majesty's Stationery Office, 1956. 412 + 32 S. Preis 16s. 6d. net.

419. The Abridged Nautical Almanac for the Year 1958. London, published by Order of the Lords Commissioners of the Admiralty. Washington, issued by the United States Naval Observatory. London, Her Majesty's Stationery Office, 1956. 276 + 35 S. Preis 15 s.

420. Ephémérides Nautiques pour l'an 1957, ouvrage publié par Le Bureau des Longitudes spécialement à l'usage des marins. Paris, Gauthier-Villars, 1956. 473 S.

421. Almanaque Náutico para uso de los navegantes año 1957, publicado de orden de la superioridad por el Instituto y Observatorio de Marina de San Fernando (Cadiz) para el meridiano de Greenwich. Imprenta del Observatorio de Marina, 1956. 415 S. Preis 55 Pesetas.

422. Nautički godišnjak 1956. Split, Hidrogr. Inst. Jugosl. ratne mornarice, 1955. 220 S. mit Abb.

423. The Air Almanac 1957. London, Her Majesty's Stationery Office; Washington, Nautical Almanac Office, United States Naval Observatory, 1956. January—April, 240 S. A 1—A 58. Preis je Band 12 s. 6 d.
Desgl. May—August, S. 241—486, A 1—A 58.
Desgl. September—December, S. 487—732, A 1—A 60.

424. The Star Almanac for Land Surveyors for the Year 1957. Prepared by H. M. Nautical Almanac Office, published by Order of the Lords Commissioners of the Admiralty. London, Her Majesty's Stationery Office, 1956. 14 + 70 S. Preis 3 s. 6 d. net.

425. Godišnjak Našeg Neba za 1956 Godinu. Zusammengestellt von V. V. Mišković, herausgegeben von der serbischen Akademie der Wissenschaften, 1955.

426. Annuaire de notre ciel pour l'an 1957. Herausgegeben von V. V. Michkovitch. Beograd, Académie Serbe des Sciences, Section d'Astronomie Théorique et Appliquée de l'Institut Mathématique, Publ. Astr. Tome 8, 1956. 21. Jg. 191 S.

427. Almanacco Astronomico della Rivista Coelum per l'anno comune 1957, compilato all'Osservatorio Astronomico Universitario di Bologna da G. B. Lacchini. Bologna, Tipografia Compositori, 1956. 64 S.

428. Annuaire de l'Observatoire Royal de Belgique 1957. Jaarboek van de Koninklijke Sterrenwacht van België. Bruxelles, Imprimerie Marcel Hayez, 1956. 124. Jahrgang. 209 S. Preis 50 F.

429. Almanaque Astronomico y «Manual del Aficionado» para el año 1953. Revista Astronomica Nr. 132, 50 S., 1953.
Desgl. für 1954. Revista Astronomica Nr. 134, 55 S., 1954.
Desgl. für 1955. Vgl. AJB **55** Ref. 434.
Desgl. für 1956. Revista Astronomica Nr. 138, 56 S.

430. Annuaire Astronomique et Météorologique Camille Flammarion, pour 1956. Publié par l'Observatoire de Juvisy. **92**e année. 391 S. mit 48 Fig. und zahlreichen Karten.
Desgl. für 1957. **93**e année. 391 S. mit 50 Fig. und zahlreichen Tafeln.

431. Anuario del Observatorio Astronómico de Madrid para 1957. Madrid, Talleres del Instituto Geográfico, 1956. 395 S.

432. Astronomischer Kalender für 1956. Veränderlicher Teil. Moskau, Techn. Staatsverlag, 1955. 248 S. Preis 5 R. 20 Kop. (russ.).

433. Astronomischer Kalender. Jahrbuch. Veränderlicher Teil 1957. Herausgegeben von P. I. Bakulin. Moskau, Verlag für technisch-theoretische Literatur, 1956. 288 S. mit Abb. Preis 5 R. 65 Kop. (russ.).

434. Astronomischer Schulkalender für das Jahr 1957. Moskau, Lehrpädagogischer Staatsverlag, 1956. 100 S. mit Abb. Preis 1 R. 30 Kop. (russ.).

435. Osservatorio astronomico di Palermo. Elementi astronomici per l'anno 1956. Palermo, Mori & Figli, 1956. 12 S.

436. Annuaire pour l'an 1957, publié par Le Bureau des Longitudes avec un supplément pour l'an 1958. Paris, Gauthier-Villars, 1956. 8 + 531 + A 0 + B 4 + C 11 + D 61.

437. Astronomická tabulka 1956. Bearbeitet von B. Maleček, L. Zachar. Pilsen, Volkssternwarte, 1956. Preis Kčs. 3.—. Graphische Darstellung von Auf- und Untergängen der wichtigsten Himmelskörper und Himmelserscheinungen. — Besprechung in RH **37** 142, Vesmír **35** 246.

Desgl. für 1957. Pilsen, 1956. Preis Kčs. 3.— Besprechung in RH **38** 22.

438. Hvězdářská ročenka 1957. Bearbeitet von J. Bouška, V. Guth, B. Onderlička. Prag, Verlag der Akad. Wiss., 1956. **33**. Jahrgang. 162 S. mit 25 Fig. Preis Kčs. 7.80. — Tschechisches astronomisches Jahrbuch.

439. Astronomischer Kalender des Astronomischen Observatoriums Sofia für das Jahr 1956. Sofia, Bulgar. Akad. Wiss., 1955. 65 S. Preis 4.35 Lew. (bulgar.).

Desgl. für 1957. Sofia, 1956. 74 S. mit Abb. Preis 5 Lew. (bulgar.).

440. Annuario del Observatorio Astronomico Nacional de la Universidad de Chile para el año 1957. Santiago, 1956. 138 S. mit 2 Sternkarten.

441. Das Himmelsjahr. Sonne, Mond und Sterne im Jahre 1957. Herausgegeben für den Kosmos, Gesellschaft der Naturfreunde, von M. Gerstenberger mit einem Beitrag von K. Schütte. Stuttgart, Franckh'sche Verlagshandlung, 1956. 96 S. mit 107 Abb. Preis DM 4.80.

442. Osservatorio Astronomico di Trieste. Annuario Astronomico per l'anno 1957 con le carte del cielo. Zusammengestellt von A. Abrami, B. Cester, M. Mogorovich. Oss. Astr. Trieste Nr. 268, 68 S. mit Abb. und 2 Tafeln.

443. Rocznik Astronomiczny na rok 1957. XII. Warszawa, 1956. 95 S. Preis Zł. 31.

444. **P. Ahnert,** Kalender für Sternfreunde 1956. Leipzig, Verlag Johann Ambrosius Barth, 1956. 195 S. mit 28 Fig. Preis DM 3.60.

445. **G. M. Clemence, D. H. Sadler,** Unification of the Abridged Nautical Almanac and the American Nautical Almanac. J. Inst. Navigation **9** 171—176, Navigation Los Angeles **5** 1—6. — Ref. in RJ 1957 Nr. 2 S. 22—23.

446. **P. O. Geworgjan,** Ewiger Kalender. Erewan, Planetarium, 1955. 12 S. (armen.).

447. **H. Mucke,** Himmelskalender 1957. Ein kleines astronomisches Jahrbuch. Selbstverlag. 52 S. Preis 9 Schilling.

448. **R. A. Naef,** Der Sternenhimmel 1957. Kleines astronomisches Jahrbuch für Sternfreunde für alle Tage des Jahres zum Beobachten von bloßem Auge, mittels Feldstecher und Fernrohr, herausgegeben unter dem Patronat der Schweizerischen Astronomischen Gesellschaft. Aarau, Verlag H. R. Sauerländer & Co., 1956. 17. Jahrgang. 122 S.

449. **J. J. Raimond jr.,** Sterrengids 1957. Uitg. in opdracht van de Nederlandse Vereniging voor weer- en sterrenkunde. Groningen-Djakarta, J. B. Wolters, 1956. 68 S. mit 36 Fig. und 12 Karten. Preis hfl. 3.75.

450. Standard-Daten für Ephemeriden 1957. NAZ **10** 22 = UAI Circ 1563.

§ 5

Wissenschaftliche und populäre Bücher zur gesamten Astronomie

501. **G. Abetti,** Le stelle e i pianeti. Torino, Ed. Scient. Einaudi, 1956. 2. Auflage. 16 + 383 S. mit 71 Fig. Preis L. 2.500. — Besprechung in Ann d'Astrophys **19** 336 (J. Cayrel de Strobel), Ciel et Terre **73** 405, Coelum **25** 57, Mem SA It (NS) **28** 240 (M. G. Fracastoro).

502. **G. Abetti,** Astronomia e astrofisica. Torino, Ed. Radio ital, 1956. 103 S. Preis 150 l.

503. **I. Adler,** The Stars: Steppingstones into Space. New York, John Day, 1956. 128 S. Preis $ 2.95. — Besprechung in Sky and Telescope **16** 234, 284—285.

504. **C. W. Allen,** Astrophysical Quantities. Vgl. AJB **55** Ref. 502. — Weitere Besprechung in Phys. Blätter **13** 517—518 (A. Güttler), Ric. Sci. **26** 986—987 (G. Godoli), Science **123** 735 (L. H. Aller).

505. **M. F. Allward,** The World of Space. London, Collins, 1956. 191 S. mit Abb. Preis 2 s. 9 d.

506. **I. S. Astapowitsch,** «Ungewöhnliche» Erscheinungen am Himmel. Aschchabad, Akad. Wiss. Turkmen. Sowjetrepublik, 1956. 41 S. mit Abb. Preis 80 Kop. (russ.).

507. **R. S. Ball,** A Popular Guide to the Heavens. London, G. Philip, 1955. 5. Auflage. 12 + 85 S. mit zahlreichen Abb. Preis 30 S.

508. **V. Barić,** Kako se izmjerila udaljenost mjeseca, słonca i zvijezda. Zagreb, Hrvatsko prirodoslovno društvo, 1955. 32 S. mit Abb. Preis 40 Din.

509. **S. Barlowe,** Les étoiles. Paris, A. Colin, 1955. 28 S. mit Abb. Preis 210 Frs.

510. **L. Barnett,** The World We Live In. Simon and Schuster, 1956. 216 S. Preis $ 4.95. — Besprechung in Sky and Telescope **16** 29.

511. **F. Bartošek, S. Kupča,** Astronomické krúžky. Sb. metod. statí o popularizácii astronómie. Bratislava, Osvetové ústredie, 1954. 132 S. mit Abb.

512. **E. A. Beet,** Teaching Astronomy in Schools. New York, Cambridge University Press, 1956. 11 + 72 S. Preis $ 1.50 bzw. 7s. 6d. — Besprechung in Ciel et Terre **73** 408 (J. F. Brouet), JBAA **67** 266 (W. H. Julian), Obs **77** 158 (G. A. Wilkins), Sky and Telescope **16** 234.

513. **F. Běhounek,** Od atomu k vesmiru. Praha, Orbis, 1954. 2. verbesserte und ergänzte Auflage. 213 S. Preis 25.40 Kčs.

514. **F. Benario,** New Discoveries — Wonders in our Planetary World. Flushing, N. Y., Hillcrest Publishing Corporation, 1956. 68 S. Preis 20 s. net. — Besprechung in JBAA **66** 279.

515. **H. J. Bernhard, D. A. Bennett, H. S. Pice,** New Handbook of the Heavens. New York, New. Amer. Libr., London, Muller, 1955. Neuauflage. 272 S. mit Karten. Preis 3 s. 6 d.

516. **N. Boneff,** Astronomie. Sofia, Wissenschaft und Kunst, 1954. 411 S. Preis 15—5 Lw. (bulgar.).

517. **J. Bouška, J. Klepešta,** Hvězdy kolem nás. Prag, Pädagog. Verlag, 1956. 104 S. mit 114 Fig. und 48 S. Abb. in Beilage, 1 Sternkarte. Preis Kčs. 20.15. — Populäre Einführung in die Astrophysik. — Besprechung in RH **38** 23.

518. **R. Brandt,** Himmelswunder im Feldstecher. Leipzig, Johann Ambrosius Barth, 1956. 5. verbesserte Auflage. 123 S. mit 81 Fig. Preis DM 3.75. — Besprechung in Astr. Nachr. Berlin-Treptow **8** 29 (D. Wattenberg), JBAA **66** 231, RH **37** 95, Vereinigung der Sternfreunde Nachrichtenblatt **5** 41—42 (F. Peters).

519. **E. Broda,** Kräfte des Weltalls. Von Strahlen, Sonnen und Atomen. Leipzig–Jena, Urania-Verlag, 1955. 263 S. mit Abb. Preis DM 8.

520. **H. von Bronsart,** Astronomie für Liebhaber. Freiburg/Br., Verlag Herder, 1956. 195 S. mit 10 Fig. und 20 Tafeln. Preis DM 10.80. — Besprechung in Sternenbote **8** 26, Vereinigung der Sternfreunde Nachrichtenblatt **6** 17 (R. Sommer).

521. **F. Brown,** Lights in the Sky are Stars. Dutton, 1953. 254 S. Preis $ 3.

522. **M. Caidin,** Worlds in Space. Holt, 1954. 212 S. Preis $ 4.95.

523. **E. Charadse,** Astronomie. Handbuch für Lehrer der 11. Mittelschulklasse. Tiflis, Staatsverlag Georg. Sowjetrepublik, 1955. 232 S. Preis 3 R. (georg.).

524. **J. Comas Sola,** Astronomia. Barcelona, Labor, 1953. 5. Auflage. 232 S. Preis 45 pts.

525. **C. I. Coombs,** Celestial Space. Ryerson Press, 1954. 190 S. mit Abb. Preis 3.25 $.

526/27. **P. Couderc,** L'Univers. Vgl. AJB **55** Ref. 511. — Weitere Besprechung in Gaz astr **37** 83—84, La Nature **84** 78.

528. **A. Dauvillier,** Cosmologie et chimie. Vgl. AJB **55** Ref. 512. — Weitere Besprechung in Geochim. Cosmochim. Acta **10** 324 (F. A. Paneth), La Nature **84** 204.

529. **C. Flammarion,** Astronomie Populaire. Vgl. AJB **55** Ref. 517. — Weitere Besprechung in La Nature **84** 204, RJ 1957 Nr. 7 S. 13.

530. **G. Gamow,** Eins, Zwei, Drei . . . Unendlichkeit. Hannover, Fackelträger-Verlag, 1956. 286 S. mit 99 Abb. Preis DM 12.80. — Besprechung in Phys. Blätter **13** 140 (E. Brüche).

531. **J. Fraňo, Škvarček,** Základy matematického (astronomického) zemepisu a materialistickej kozmogónie pre poslucháčov Vyš. a Vys. pedago školy. Bratislava, SPN, 1954. 116 S. mit Abb. Preis 19.90 Kčs.

532. **B. Hacar,** Astronomie. Praha, SPN, 1954. 3 + 137 S. mit Abb. Preis 12.75 Kčs.

533. **M. Hack,** Corso di fisica stellare. Interpretazione degli spettri stellari. Vgl. AJB **55** Ref. 521. — Weitere Besprechung in Ric. Sci. **26** 685—686 (G. Godoli), Scientia **91** 104 (G. Abetti).

534. **F. Hoyle,** Frontiers of Astronomy. Vgl. AJB **55** Ref. 523. — Weitere Besprechung in Science **123** 512 (R. Fleischer).

535. **F. Hoyle,** Nytt ljus över universum. Bonniers, 1956. 352 S. Preis Kr. 39.50. — Übersetzung der englischen Originalausgabe (vgl. AJB **55** Ref. 523).— Besprechung in PAT **38** 76.

536. **F. Hoyle,** Verdensrummet; Astronomi for alle. Hasselbalch, 1956. 232 S. Preis kr. 26.50. — Übersetzung der englischen Originalausgabe (vgl. AJB **55** Ref. 523) durch C. Luplau Janssen. — Besprechung in NAT 1956 S. 142—143.

537. **G. H. Herbig, C. E. Worley,** Some basic astronomical data. ASP Leaflet Nr. 325, 15 S.

538. **E. O. Hurst,** The big Book of Space. London, World Distributors, 1956. 26 S. mit Abb. Preis 5 s.

539. **M. Ivanovskij,** Solen och hennes familj. Stockholm, Arbetarkulturs förlag, 1956. 420 S. Preis Kr. 21. — Besprechung in PAT **38** 76.

540. **T. Jarzębowski,** O zjawiskach niebieskich. Warszawa, «Wiezda Powszechna», Państw. Wydawn. Popul.-Nauk, 1954. 107 S. mit Abb. Preis 2.50 zł.

541. **G. O. Jones, J. Rotblat, G. J. Whitrow,** Atoms and the Universe. London, Eyre & Spottiswoode, 1956. 254 S. mit 31 Fig. und 31 Tafeln. Preis 25 s. — Besprechung in Irish AJ **4** 31—32, JBAA **67** 327, Publ ASP **69** 370 (U. W. Steinlin), Proc. Phys. Soc. (B) **70** 340 (W. L. Bragg), Sky and Telescope **16** 234, 335 (S. Thompson).

542. **F. Kahn,** Design of the Universe: the Heavens and the Earth. London, Arco Publs., 1956. 10 + 373 S. mit Abb. Preis 35 s.

543. **G. Kepps,** Adventures in Space. London, Ward, Lock, 1955. 44 S. Preis 6 s.

544. **W. N. Komarow,** Wie die Astronomen die Himmelskörper untersuchen. Moskau, Staatsverlag für kulturell-aufklärende Literatur, 1956. 96 S. mit Abb. Preis 2 R. (russ.). — Besprechung in Priroda **45** Nr. 7 S. 122.

545. **A. Krause,** Himmelskunde für Jedermann. Stuttgart, Franckh, 1954. 3. neubearb. Auflage. 282 S. mit Abb. und Karten. Preis DM 14.80 (vgl. AJB **43** Ref. 836, **48** Ref. 529a).

546. **J. Kubikowski,** Z czego zbudowane są ciała niebieskie. Warszawa, Towarzystwo Wiedzy Powszechnej, 1954. 17 S.

547. **R. A. Lyttleton,** The Modern Universe. London, Hodder & Stoughton; New York, Harper & Bros., 1956. 207 S. mit 61 Fig. Preis 16 s. net. bzw. $ 3.50. — Besprechung in JBAA **67** 172—173 (H. C. King), Obs **77** 158 (G. A. Wilkins), Sky and Telescope **16** 387, 593—594 (C. Gasteyer), Spaceflight **1** 156 (N. H. Langton).

* * **J. Meurers,** Astronomische Experimente. Vgl. Ref. **2022**.

548. **W. Milczarek, M. Bielicki,** Opowiadania o niebie i Ziemi. Warszawa, «Wiedza Powszechna», Państw. Wydawn. Popular.-Nauk, 1954. 22 S. mit Abb. Preis 2.80 zł.

549. **P. Moore,** Wir im Weltall. Vgl. AJB **55** Ref. **534**. — Weitere Besprechung in Linzer Sternenbote **10** 59—60.

550. **P. Moore,** Route des astres. Tours, Mame, 1955. 255 S. mit Abb. Preis 690 fr. — Übersetzung aus dem Englischen.

551. **M. E. Nabokow,** Die Methodik des Astronomieunterrichts an Mittelschulen. Moskau, Lehr-pädagogischer Staatsverlag, 1955. 2. Auflage. 215 S. mit Abb. Preis 5 R. 45 Kop. (russ.).

552. **P. Naur, B. Strömgren,** Strövtåg i universum. Stockholm, Almqvist & Wiksell/Gebers, 1956. 95 S. Preis kr. 15. — Besprechung in PAT **37** 164—165.

553. **H. M. Neely,** The Stars by Clock and Fist. Viking, 1956. 192 S. Preis $ 4.00. — Besprechung in Sky and Telescope **15** 556, **16** 27—28.

554. **K. F. Ogorodnikow,** Wieviel Sterne gibt es am Himmel. Moskau, Technischer Staatsverlag, 1954. 2. Auflage. 40 S. mit Abb. Preis 60 Kop. (russ.). — Auch in anderen Landessprachen der UdSSR erschienen.

555. **P. P. Parenago,** Die Sternenwelt. Vgl. AJB **55** Ref. 536. — Besprechung in Sternenbote 7 23—24.

556. **G. W. Parker,** Elements of Astronomy. India, Patna 4. Scientific bk., co., 1953. 260 S.

557. **C. Payne-Gaposchkin,** Introduction to Astronomy. Vgl. AJB **54** Ref. 527. — Für England erschienen in London, Eyre & Spottiswoode, 1956. — Weitere Besprechung in Astronomia Popular **1** Nr. 2 S. 36, Endeavour **16** 54 (H. Spencer Jones), Irish AJ **4** 75—78, JBAA **66** 329—330 (H. C. King), RJ 1957 Nr. 7 S. 12, Spaceflight **1** 154, 156 (H. P. Wilkins).

558. **G. Peisino,** Rapporti fenomenici fra cosmo e terra. Scientia **91** 139—144.

559. **J. I. Perelman,** Unterhaltende Astronomie. Moskau, Technischer Staatsverlag, 1954. 7. Auflage, 8. Auflage, 1956. 212 S. mit Abb. Preis 3 R. 60 Kop. (russ.). — Vgl. AJB **49** Ref. 540.

560. **L. Picart,** Astronomie générale. Paris, A. Colin, 1953. 5. Auflage. 6 + 200 S. mit Abb. Preis 260 fr.

561. **I. F. Polak,** Lehrbuch der Astronomie. Moskau, Technischer Staatsverlag, 1955. 7., durchgesehene Auflage. 371 S. mit Abb. Preis 8 R. 75 Kop. (russ.). — Ref. dieses für Studenten an Universitäten und pädagogischen Hochschulen gedachten Lehrbuches in RJ 1957 Nr. 5 S. 15. — Auch in anderen Landessprachen der UdSSR erschienen.

562. **R. S. Richardson,** Second Satellite. New York, Whittlesey House, McGraw-Hill Book Co., 1956. Preis $ 2.75. — Besprechung in J. Astronautics **4** 15 (A. Hulstrunk).

563. **L. Rosino,** Fisica delle stelle. Milano, Vallardi, 1956. 10 + 323 S. mit 38 Fig. und 23 Tafeln. Preis L. 2.400. — Besprechung in Coelum **25** 57, 3. Umschlagseite, Mem SA It (NS) **28** 239 (G. Abetti).

564. **P. Rousseau,** Vom Atom zu den Sternen. Sarajevo, «Narodna procvjeta», 1954. 118 S. mit Abb. (serb.). — Übersetzung aus dem Französischen.

565. **P. Rousseau,** De l'atome à l'étoile. Paris, Presses univ. France, 1956, 9. Auflage, 128 S. mit Abb. Preis 153 fr.

566. **P. Rousseau,** A la conquête des étoiles. Paris, Hachette, 1956. 352 S. mit 12 Fig. Preis ffrs 875. — Besprechung in Ciel et Terre **72** 728 (H. Michel).

567. **P. Rousseau,** Astronomia senza telescopio. Milano, A. Garzanti, 1956. 120 S. Preis 180 l. — Übersetzung aus dem Französischen.

568. **S. Rozgaj,** Obitelj našeg Sunca. Zagreb, «Seljačka sloga», 1956. 2. Auflage. 54 S. mit Abb.

569. **S. Rozgaj,** Zemlja u svemiru. Zagreb, «Seljačka sloga», 1956, 2. Auflage, 40 S. mit Abb.

570. **E. Rybka,** Astronomia. Dla kl. 11. Warszawa, Panstw. Zakł. Wydawn. Szkol., 1956. 7. Auflage. 168 S. mit Abb. und Karten, Preis 3.75 zł. — Vgl. AJB **55** Ref. 543.

571. **W. A. Schischakow,** Na pomoc učiteli astronomie. Prag, Pädagog. Verlag, 1956. 130 S. mit 16 Fig. Preis Kčs. 9.30. Tschechische Übersetzung aus dem Russischen. — Besprechung in RH **37** 190.

572. **W. Schroeder,** Practical Astronomy. London, Werner Laurie, 1956. 206 S. mit 17 Tafeln. Preis 25 s. — Besprechung in JBAA **66** 279—280 (M. B. B. Heath).

573. **N. K. Semakin,** Aus der Erfahrung des Astronomieunterrichts. Moskau, Lehrpädagogischer Verlag, 1956. 86 S. mit Abb. Preis 1 R. 15 Kop. (russ.).

574. **O. Thomas,** Himmel und Weltall. Wien, Berlin, Stuttgart, Paul Neff Verlag. 5. Auflage. 319 S. mit 16 Tafeln und 33 Originalzeichnungen. Preis DM 14. — Vgl. AJB **51** Ref. 556.

575. **O. Thomas,** Hemel en Heelal. Den Haag, H. P. Leopolds Uitgevers Maatschappij N. V., 1956. 304 S. mit 16 Tafeln. Preis f 8.90. Übersetzung des Buches «Himmel und Weltall» (AJB **51** Ref. 556) ins Niederländische von J. J. Raimond jr. — Besprechung in Hemel en Dampkring **54** 190 (B. H. M. De Groot).

576. **O. Thomas,** Astronomie — Tatsachen und Probleme. Salzburg, Stuttgart, Verlag «Das Bergland-Buch», 1956. 7. Auflage. 1011 S. mit 458 Fig. und 52 Tafeln. Preis DM 48. — Besprechung in Coelum **25** 23, Gaz astr **38/39** Nr. 433—435 S. 18—20, Irish AJ **4** 200, JBAA **67** 329—330 (M. B. B. Heath), Obs **77** 161—162 (A. Beer), Sky and Telescope **16** 285, Sternenbote **8** 29—30.

577. **P. G. Viola,** Ad Urania. Milano, Selbstverlag. 200 S. Preis L. 1200. — Besprechung in Coelum **24** 155.

578. **M. Wagenschein,** Die Erde unter den Sternen. Vgl. AJB **55** Ref. 548. — Weitere Besprechung in Sternenbote **7** 22—23.

579. **G. Walusinski,** Aide Mémoire de cosmographie. Paris, Librairie Delagrave, 1956. 68 S. mit 70 Fig. — Besprechung in BSAF **70** 305.

580. **F. G. Watson,** Between the Planets. Cambridge, Harvard University Press; London, Geoffrey Cumberlege, Oxford University Press, 1956. 2. verbesserte Auflage. The Harvard Books on Astronomy. 8 + 188 S. mit 53 Fig. und 67 Tafeln. Preis $ 5.00 bzw. 30 s. — Besprechung in Ann d'Astrophys **19** 44 (D. Barbier), BSAF **70** 352, J. Astronautics **3** 72, 82 (J. J. Raffone), J. Atmosph. Terr. Phys. **9** 355, Meteoritics **1** 500—503 (L. LaPaz), Obs **77** 111 (J. G. Davies), Sky and Telescope **15** 364, **16** 25—26 (C. Gasteyer), Spaceflight **1** 88.

581. **S. I. Wawilow,** Auge und Sonne. Moskau, Verlag Akad. Wiss. UdSSR, 1956. 7. Auflage. 128 S. (russ.). — Besprechung in Priroda **46** Nr. 3 S. 118 (N. D. Shewandrow).

582. **H. P. Wilkins,** Mysteries of Space and Time. London, Frederick Muller Ltd., 1955. 208 S. Preis 15 s. — Besprechung in Weltraumfahrt 1956 S. 59—60.

583. **H. P. Wilkins,** Guide to the Heavens. London, Frederick Muller Ltd., 1956. 5 + 107 S. Preis 10 s. 6 d. — Besprechung in Spaceflight **1** 123.

584. **B. A. Woronzow-Weljaminow,** Świat gwiazd. Warszawa, Wydawn. Min. Obrony Narod., 1954. 87 S. mit Abb. Preis 2.35 zł. — Übersetzung aus dem Russischen, vgl. AJB **52** Ref. 570.

585. **B. A. Woronzow-Weljaminow,** Astronomie. Lehrbuch für Schüler der 10. Mittelschulklasse. Moskau, Lehr-pädagogischer Staatsverlag, 1955. 9. Auflage. 176 S. mit Abb. und Tafeln. Preis 2 R. 65 Kop. 10., durchgesehene und gekürzte Auflage, 1956. 11. Auflage, 1957. 144 S. mit Abb. Preis 1 R. 80 Kop. (russ.). — Auch in anderen Landessprachen der UdSSR und anderen slawischen Sprachen erschienen.

586. Modern Science Illustrated: Astronomy, Biology, Chemistry, Physics, Geology. Odhams Press, 1954. 448 S. mit Abb. Preis 25 s.

587. Astronomia. Manual pentru clasa a X-a. Bucureşti, Editura de stat didactică şi pedagogică, 1954. 217 S. mit Abb.

588. Csillagászattan. Tankönyv a X. osztály számára. Budapest, Allami Tanügyi és Pedagogiai Könyvkiadó, 1954. 216 S. mit Abb.

589. Von Erde und Weltall. Vgl. AJB **55** Ref. 561. — Weitere Besprechung in Phys. Blätter **13** 143.

590. Das Universum. Ein Sammelwerk, zusammengestellt von W. A. Bronstein und K. P. Stanjukowitsch. Moskau, Staatsverlag für kulturell-aufklärende Literatur, 1955. 408 S. mit Abb. Preis 13 R. 10 Kop. (russ.).

591. Le Ciel et la Terre. Herausgegeben von A. Danjon, P. Pruvost, J. Blache. Paris, Société Nouvelle de l'Encyclopédie Française, Librairie Larousse, 1956. Encyclopédie Française Tome 3. 452 S., mit 335 Fig. und Tafeln. Preis 7.450 frs. — Besprechung in Ann d'Astrophys **19** 337 (P. Swings), Ciel et Terre **73** 226—227, Endeavour **16** 230 (H. Spencer Jones), RJ 1957 Nr. 7 S. 12, J RAS Canada **51** 258, Obs **77** 156—157 (B. M. Middlehurst), Sky and Telescope **16** 337, **17** 90 (A. G. Velghe).

592. New Horizons in Astronomy. Herausgegeben von F. L. Whipple. Smithsonian Contributions to Astrophysics Vol. 1 Nr. 1 Washington, D. C., U. S. Government Printing Office, 1956. 181 S. mit mehreren Fig. Preis $ 1.50. — Besprechung in J RAS Canada **51** 257, Mem SA It (NS) **28** 147—148 (G. Godoli), Publ ASP **69** 278—279 (J. K. McDonald), Sky and Telescope **16** 234, 436 (I. R. King).

§ 6

Schriften allgemeiner Art

601. **I. S. Balachowskij, W. B. Malkin,** Biologische Probleme interplanetarischer Flüge. Priroda **45** Nr. 8 S. 15—21, mit 2 Abb. (russ.).

602. **A. Bonoff,** Wissenschaft und Religion über den Aufbau des Universums. Sofia, NS OF, 1955. 56 S. mit Abb. Preis 2.40 Lewa (bulgar.).

603. **A. Bonoff,** «Ungewöhnliche» astronomische Erscheinungen. Sofia, NS OF, 1956. 56 S. mit Abb. Preis 1.50 Lewa (bulgar.).

604. **H. C. Brinton,** Swift's forecast of Mars' satellites. Sky and Telescope **15** 494. — J. Swift teilt in seiner phantastischen Erzählung Gulliver's Reisen, die lange vor der Entdeckung der beiden Marsmonde verfaßt wurde, dem Planeten Mars zwei Monde zu. Die von Swift angegebenen Abstände der Monde vom Zentralkörper und ihre Umlaufszeiten zeigen eine bemerkenswerte Annäherung an die wirklichen Verhältnisse. Zweifellos ist das Ganze ein Produkt des Zufalls, wobei aber zu bedenken ist, daß Swift nach getroffener Wahl der Mondentfernungen durch Anwendung des dritten Keplerschen Gesetzes ohne weiteres die Umlaufszeiten erhalten konnte. Außerdem ist zu bemerken, daß bereits Kepler den Gedanken geäußert haben soll, daß Mars zwei Monde hat. U. Baehr

605. **P. Caligaris,** Brevi note di cosmografia dantesca. Coelum **24** 110—113.

606. **E. Cezári,** Existirão outros planetas habitados? Salvador, Liv. Progresso, 1954. 90 S. Preis 30.00 Cr. — Übersetzung.

607. **K. S. Chassapis,** Der methodische Unterricht der Kosmographie an den höheren Schulen. Astr. Nachr. Athen **7** 26—28, mit 1 Fig. (griech.).

608. **E. Desguin,** Les bases physiques de la connaissance de l'univers. Ciel et Terre **72** 111—120, mit 6 Fig.

609. **E. J. Dijksterhuis,** Die Mechanisierung des Weltbildes. Phys. Blätter **12** 481—494.

610. **G. Dingemans,** Formation et Transformation des Espèces. Ed. Arm. Colin, 1956. 472 S. — Besprechung in Ciel et Terre **72** 731.

611. **P. F. Džejms,** Granice života. Vasiona **4** 29—30.

612. **O. J. Eggen,** Some astronomical terms. ASP Leaflet Nr. 329, 8 S. — Ref. in Southern Stars **17** 62.

613. **M. S. Eigenson,** Eine neue Etappe der kosmischen Biologie. Bote Akad. Wiss. Kasach. Sowjetrepublik Nr. 9 S. 28—33, 1953 (russ.). — Ref. in RJ 1957 Nr. 5 S. 13.

614. **W. G. Fessenkow,** Materialismus und Idealismus in der Astronomie. Bote Akad.Wiss.Kasach. Sowjetrepublik Nr. 6 S. 3—14, 1955 (russ.). — Ref. in RJ 1957 Nr. 2 S. 1.

615. **M. Freeman, I. Freeman,** Fun with Astronomy. London, Edmund Ward, 1956. 64 S. Preis 9 s. 6 d. — Besprechung in JBAA **66** 333—334 (M. B. B. Heath), Obs **76** 112.

616. **A. Giret,** L'astronomie actuelle et la notion de Dieu. Paris, Librairie Paillard, 1956. 15 + 166 S. mit Fig. und Tafeln. Preis Fr. 450. — Besprechung in Irish AJ **4** 74—75, JBAA **67** 205—206.

617. **M. Hegedušić,** Što nije astronomija. Astr. Bote Zagreb Nr. 6—7 S. 63—65.

618. **V. G. Hilding Larsen,** Mine første observationer. Urania København **13** 72—74.

619. **H. Huber,** Límites en Astronomía. El Universo Nr. 35 S. 53—59, mit 2 Fig.

620. **H. C. van de Hulst,** Wrijving door straling. Hemel en Dampkring **54** 177—181, mit 4 Fig.

621. **I. Imai,** The eleven heavens and four elements of «Kirishitan». Mem. Japan Astr. Study Ass. **1** 129—132.

622. **O. Knackstedt,** Beherrschung der Schwerkraft. Folgerungen aus einer organischen Weltschau. Braunschweig-Riddagshausen, Selbstverlag, 1956. 19 S.

623. **A. I. Kotschetkow,** Fragen der Vorbereitung von Lehrern und Studenten für eine polytechnische Ausbildung im astronomischen Schulunterricht. Abh. Staatl. Pädagog. Inst. Omsk Nr. 5 S. 47—58 (russ.). — Ref. in RJ 1956 Nr. 11 S. 4.

624. **W. Kozłowski,** Czy życie istnieje tylko na Ziemi ? Warszawa, Panstw. Wydawn. Popular.-Nauk, 1955. 69 S. mit Abb. Preis 0.90 zł.

625. **J. Lenz,** Die Himmel rühmen — Bilder vom Weltall. Innsbruck-Wien-München, Verlag Tyrolia, 1956. 8. Auflage. 548 S. mit 24 Fig. und 9 Tafeln. — Besprechung in Linzer Sternenbote **10** 60.

626. **M. Minnaert,** The Nature of Light and Colour in the Open Air. Vgl. AJB **54** Ref. **614**. — Weitere Besprechung in Publ ASP **69** 280 (G. H. Herbig).

627. **P. I. Nissen Jøker,** Jens Olsen og «En polsk Familie». Urania København **13** 70—72. — Jens Olsen, der Konstrukteur der Kopenhagener Weltuhr, erzählt wie ein Passus im Roman «Eine polnische Familie» von Carsten Hauch, sein Interesse für astronomische Uhren geweckt hat. Verf. zitiert den betreffenden Passus und fügt einige nähere Erklärungen hinzu. C. L. J.

628. **J.-M. Nussbaum,** From watchmaking to astronomy. Rev. internat. horlog. Nr. 1 S. 20—22. — Ref. in RJ 1957 Nr. 6 S. 13.

629. **A. I. Oparin, W. G. Fessenkow,** Leben im Weltall. Moskau, Verlag Akad. Wiss. UdSSR, 1956. 224 S. mit Abb. Preis 5 R. 50 Kop. (russ.). — Besprechung in Priroda **45** Nr. 9 S. 121, RH **37** 263, RJ 1957 Nr. 4 S. 5.

630. **P. Peroni,** Il pensiero cosmico nella poesia di G. Pascoli. Coelum **24** 44—49, 65—69, 105—109.

631. **A. Radcliffe, E. C. Roberson,** Atomic Energy. New York, Philosophical Library Inc., 1956. 142 S. Preis $ 4.75. — Besprechung in Sky and Telescope **16** 285 (M. W. Schiffmann).

632. **C. P. Richards,** The star of Bethlehem. Sky and Telescope **16** 66—67, mit 4 Fig. — Der Aufsatz enthält eine Aufzählung der altbekannten Deutungen, die man dem Matthäusbericht über den Stern der Weisen zugeteilt hat.
U. Baehr

633. **J. Rohmer,** Astronomie et philosophie. Paris, F.-X. Le Roux et Cie, 1956. 24 S.

634. **W. Rose, G. Ames,** Astronomie pour garçons et filles. Paris, Ed. Cocorico (Flammarion), 1956. 96 S. mit 200 farbigen Abb. — Besprechung in Ciel et Terre **73** 406 (H. Michel).

635. **H. Seitz,** Methode und Praxis des Unterrichts in der Himmelskunde. Heidelberg, Verlag Quelle & Meyer, 1956. 140 S. mit 47 Fig. Preis DM 11.50. — Besprechung in Sternenbote **8** 30, Vereinigung der Sternfreunde Nachrichtenblatt **6** 46—47 (E. Mädlow).

636. **S. I. Seleschnikow,** Wissenschaft und Religion über den Aufbau des Universums. Gesellschaft zur Verbreitung politischer und wissenschaftlicher Kenntnisse der UdSSR, 1954. 40 S. mit Abb. Preis 75 Kop. (russ.).

637. **S. I. Seleschnikow,** Der Kampf des Materialismus gegen den Idealismus in der Astronomie. Herausgegeben von der Leningrader Abteilung der Gesellschaft zur Verbreitung politischer und wissenschaftlicher Kenntnisse der UdSSR, 1956. 43 S. mit Abb. Preis 85 Kop. (russ.).

638. **G. Tabarroni,** Globi celesti sulle monete romane. Coelum **24** 7—17, mit 3 Fig. und 2 Tafeln. — Übersicht römischer Münzen, welche Himmelsgloben tragen.
Cester

639. **R. Thiel,** Und es ward Licht. Roman der Weltallforschung. Hamburg, Rowohlt-Verlag, 1956. 395 S. mit 109 Fig. und 32 Tafeln. Preis DM 19.80. — Besprechung in Sterne **33** 166—167 (C. Hoffmeister), ZfA **42** 130—131 (G. Burkhardt).

640. **L. Thorndike,** The true place of astrology in the history of science. Isis **46** 273—278, 1955. — Ref. in RJ 1957 Nr. 1 S. 11.

641. **G. A. Tichow,** Les atmosphères moléculaires et les possibilités de vie dans l'univers. Bull. Cl. Sci. Acad. roy. Belgique (5) **42** 1184—1191. — Auf Grund von in Kasachstan durchgeführten Arbeiten diskutiert Verf. die Möglichkeit einer Vegetation auf Mars und Venus.
Henn

642. **G. Tichow,** Astrobiologia. Warszawa, «Wiedza Powszechna», 1956. 3 + 76 S. Preis 3.40 zł. — Übersetzung aus dem Russischen.

643. **W. D. Tscheprakow,** Wissenschaft und Religion über den Aufbau des Universums. Rostow/Don, Buchverlag, 1954. 11 S. Preis 10 Kop. (russ.).

644. **E. Zinner,** Zur Deutung der astrologischen Bleikapsel in Freiburg. Forschungen und Fortschritte **30** 65—67, mit 2 Abb.

645. **W. Zonn,** O ruchu tzw. «rzeczywistym» i «pozornym». Urania Kraków **27** 34—37.

646. Wissenschaft und Religion über das Universum. Methodische Ratschläge für den Unterrichtenden. Woroschilowgrad, 1954. 52 S. (russ.).

647. Advances in Geophysics. Vol. 2. Vgl. AJB **55** Ref. 639. — Weitere Besprechung in Science **123** 1085—1086 (W. E. Smith).

Desgl. Vol. 3, 1956. 378 S. Preis $ 8.80. — Besprechung in Sky and Telescope **16** 285.

648. What is Science. Herausgegeben von J. Newman. London, Victor Gollancz Ltd., 1956. 8 + 493 S. Preis 21 s. — Besprechung in Obs **77** 114—115.

649. L'universo, questo sconosciuto — sfogo di un astrofilo. Coelum **24** 114—115.

650. Astronomical discoveries — their methods and their values. J. Astr. Soc. Victoria **9** 52—55. — Bericht über einen Vortrag von G. V. Simonow am 19. Juli 1956.

651. Astronomical memoranda for beginners. J. Astr. Soc. Victoria **9** 60—61, 74—75.

652. Sky and Teacher. Sponsored by the Teacher's Committee of the American Astronomical Society. Sky and Telescope **15** 122—123, 213, 305—306, 402—403, 483, **16** 15—16.

653. Astronomical Scrapbook. Sky and Telescope **15** 169, 256, 356, 452, 534, **16** 68.

654. Unidentified objects? Sky and Telescope **15** 444.

655. Hvad var Stjernen over Bethlehem? Urania København **13** 95—100.

656. Radziecki znaczek z Kopernikiem. Urania Kraków **27** 18, mit 1 Fig.

§ 7

Bibliographie, Neuausgaben, Gesamtausgaben, Lexika, Sammelwerke, Festschriften

701. Astronomischer Jahresbericht. Herausgegeben vom Astronomischen Rechen-Institut in Heidelberg. Bearbeitet von K. Heinemann, F. Henn, W. Lohmann. Berlin, W. de Gruyter, 1956. **54**. Band. Die Literatur des Jahres 1954. 64 + 517 S. Preis DM 40.

702. Astronomical News Letter. Distribué par le Laboratoire d'Astronomie de Lille (France). — Nr. 80—83, 83 Suppl.

703. Extraits d'Astronomie du Bulletin Analytique du Centre National de la Recherche Scientifique. Section II a. Paris. Vol. **17** Nr. 1—12.

704. Bibliographie Française établie à l'intention des lecteurs étrangers. Astronomie. Paris, 1956. 7 + 99 S. mit 12 Fig. — Französische Ausgabe der Bibliographie, AJB **54** Ref. 704.

705. Referatjournal. Astronomie, Geodäsie. Akademie der Wissenschaften der UdSSR. Institut für wissenschaftliche Information. Verlag Akad. Wiss. UdSSR, Moskau. — 1956 Nr. 1—12.

706. Bericht über die Arbeit des Astronomischen Journals auf der Rechenschafts- und Koordinierungstagung des Astronomischen

Rats der Akademie der Wissenschaften der UdSSR. AJ UdSSR **33** 456—458 (russ.). — Vgl. hierzu Ref. 11120.

707. Boletin del Centro de Documentación Científica y Técnica de México. Sección 1a. Matemáticas, Astronomía y Astrofísica, Física, Geología, Geofísica, Geodesia. Mexico, D. F. — Tomo **5** Nr. 1—12.

708. Mathematical Reviews. Published by the American Mathematical Society, Lancaster, Penn. — Vol. **17** Nr. 1—11.

709. Physics Abstracts. Section A of Science Abstracts (Physics). Edited and issued monthly by the Institution of Electrical Engineers, London. — Vol. **59** Nr. 697—708.

710. Physikalische Berichte. Herausgegeben vom Verband Deutscher Physikalischer Gesellschaften e. V. unter der Redaktion von H. Ebert und M. Schön. Verlag Friedrich Vieweg & Sohn, Braunschweig. — Band **35** Heft 1—12.

711. Zentralblatt für Mathematik und ihre Grenzgebiete. Springer-Verlag, Berlin-Göttingen-Heidelberg. Geleitet von E. Pannwitz. Band **53** Heft 1—4. Band **54**. Band **57** Heft 1—6. Band **64** Heft 1—10. Band **65** Heft 1—2. Band **66** Heft 1.

712. Literaturstelle der Kommission Rechenanlagen der Deutschen Forschungsgemeinschaft. Titellisten. Herausgegeben vom Institut für Praktische Mathematik der Technischen Hochschule Darmstadt. Bearbeiter W. Hoffmann. 1954 Nr. 5401—5412, 1955 Nr. 5501—5512, 1956 Nr. 5601—5612.

713. Bulletin Trimestriel Signalétique de Documentation de Chronométrie générale. Ann. Françaises Chronométrie 1956 (2) **10** bis 1— 82, 85—153, 157—212, 213—318. — Umfangreiches, zumeist mit Referaten versehenes Literaturverzeichnis von Arbeiten, die mit Zeitmessung und Zeitdienst in Verbindung stehen.

714. Meteorite publications in the U. S. S. R. J RAS Canada **50** 133. — Kurze Mitteilung über die seit 1941 erschienenen 13 Nummern der Meteoritika.

715. Polska Bibliografia Analityczna. Astronomia — Geodezja — Geofizyka. Polska Akademia Nauk Ośrodek Bibliografii i Dokumentacji Naukowej, Warszawa. — Rok **1** Nr. 1—2 (1955), **2** Nr. 1—2.

716. Navigation Dictionary. Washington, U. S. Navy Hydrographic Office, 1956. H. O. Publ. No. 220. IV + 253 S. Preis $ 2.00. — Besprechung in J. Inst. Navigation **9** 474—475 (D. H. Sadler).

717. Astronautical Abstracts. Herausgegeben von N. V. Petersen. J. Astronautics **2** 77. — Enthält Literaturangaben zur Astronautik, Raketentechnik und verwandten Gebieten.

718. Abstracts. Herausgegeben von J. Humphries. J. British Interplanetary Soc. **15** 52—55, 120—123, 171—174, 222—225, 285—289, 352—354. — Bibliographie astronautischer und verwandter Arbeiten.

719. Viaggi interplanetari. Bibliografia delle ricerche sulla propulsione a reazione e sul volo extraplanetare. Herausgegeben von G. Nebbia. Coelum **24** 29—32, 61—64, 93—96, 125—128, 157—160, 187—190.

720. Artificial satellite bibliography. Sky and Telescope **15** 444.

721. Microfilms available. Sky and Telescope **15** 260. — Mitteilung über den Bezug von Mikrofilmen von Sky and Telescope.

722. **F. J. Carmody,** Arabic Astronomical and Astrological Sciences in Latin Translation. A Critical Bibliography. Berkeley and Los An-

geles, University of California Press; London, Cambridge University Press, 1956. 6 + 193 S. Preis $ 2.75 bzw. 21 s. net. — Besprechung in JBAA **67** 173 (H. C. King), Nature **178** 611 (H. Spencer Jones), ZfMG **70** 3—4 (H. Hermelink).

723. **A. V. Cleaver,** «Have you read any good books lately?» — The literature of astronautics. Spaceflight **1** 40—42. — Die Zusammenstellung umfaßt 45 Hinweise.

724. **J. Dobrzycki,** Astronomiczna służba informacyjna. Urania Kraków **27** 65—67, mit 1 Tafel.

725. **A. S. Householder,** Bibliography on numerical analysis. J. Association for Computing Machinery **3** 85—100. — 321 Literaturzitate als Nachtrag und Fortführung der Bibliographie im Anhang von «Principles of Numerical Analysis» (vgl. Ref. 109).

726. **S.-S. Huang, M.-L. Tcheng,** Review articles. Acta Astr. Sinica **4** 91—133, mit 6 Fig.

727. **K. P. Massalskaja,** Literaturverzeichnis zur Meteoritik. Meteoritika Nr. 14 S. 123—147 (russ.). — Enthält 325 Literaturhinweise.

728. **T. Nicolini,** Elenco delle pubblicazioni del personale dell'Osservatorio dal 1913 al 1955. Oss. Astr. Capodimonte-Napoli, 1956. 22 S.

729. **W. E. Scott,** List of recent publications. J. Geophys. Res. **61** 147—153, 310—316, 581—587, 759—767. — Enthält die Titel von Arbeiten aus den Gebieten des Erdmagnetismus, der Erdelektrizität, kosmischen Strahlung, Hochatmosphäre, Radioastronomie, Erdkruste und des Erdinnern.

730. **S.-K. Wang,** Abstracts of astronomical papers in foreign languages. Acta Astr. Sinica **4** 134—168, mit 3 Fig.

731. Astronomia Popular. Sky and Telescope **15** 444. — Anzeige dieser Neuerscheinung in Mexiko.

732. Verzeichnis der Arbeiten und Autoren zu den Bulletins des Astrophysikalischen Observatoriums Abastumani Nr. 1—20 (1937—1956). Bull. Astrophys. Obs. Abastumani Nr. 20 S. 167—172 (russ.).

733. Nordisk Astronomisk Tidsskrift. Udgivet af Astronomisk Selskab, København. Sagregister for årgangene 1945—54. Udarbejdet af E. V. Petersen. København, 1956. 23 S.

734. Daily maps of the sun. J. Geophys. Res. **61** 307. — Mitteilung über das Erscheinen dieser Karten in Freiburg/Br.

735. Jugoslovenska posleratna izdanja astronautičke literature. Vasiona **4** 92.

736. Geschichte der Naturwissenschaft. Die in den Jahren 1948—1950 in der UdSSR veröffentlichte Literatur. Zusammengestellt von O. A. Staroselskaja-Nikitina, O. W. Krasnouchowa, W. I. Makarowa, L. W. Kaminer, P. W. Pilschtschikowa. Moskau, Akad. Wiss. UdSSR, 1955. 395 S. Preis 20 R. 90 Kop. (russ.).

737. G. A. Tichow, Hauptwerke (In 5 Bänden). II. Astrophysik und atmosphärische Optik (1910—1945). Alma-Ata, Verlag Akad. Wiss. Kasach. Sowjetrepublik, 1955. 383 S. mit Abb. Preis 18 R. 15 Kop. (russ.). — Besprechung in RJ 1957 Nr. 1 S. 11.

738. Vistas in Astronomy. Vol. **1**. Vgl. AJB **55** Ref. 732. — Weitere Besprechung in La Nature **84** 335, Obs **76** 243—244 (J. G. Porter), Phil. Mag. (8) **1** 487 (W. H. McCrea), Publ ASP **69** 188 (S. B. Nicholson), RH **37** 239. Besprechung

einzelner Beiträge in Phys. Abstracts (A) **60** 2, 96, 98, 112, 361, 362, 363, 364, 460, 462, 463, 464; Phys. Ber. **36** 1192, 1193, 1208, 1455, 1456, 1457, 1620, 1636, 1637, 1638, 1639, 1810, 1812.

Desgl. Vol. 2, 1956. 10 + S. 779—1770. — Besprechung in Ann d'Astrophys **20** 53 (R. Cayrel), Coelum **25** 86, 3. Umschlagseite, Sky and Telescope **16** 488, 542—544 (J. B. Irwin), ZfA **43** 232 (A. Unsöld). Besprechung einzelner Beiträge in Phys. Abstracts (A) **60** 96, 97, 98, 99, 362, 363, 364, 460, 462, 464, 533. — Inhaltsverzeichnis: E. Appleton, Regularities and irregularities in the ionosphere, S. 779—790; J. A. Ratcliffe, The microscopic mechanism for the absorption of radio waves in the ionosphere, S. 791—798; M. A. Ellison, Solar flares, S. 799—807; M. Waldmeier, M-regions and solar activity, S. 808—813; M. J. Smyth, The corpuscular radiation of the Sun, S. 813—820; P. M. S. Blackett, Cosmic rays and the Sun, S. 820—824; H. Spencer Jones, Non-seasonal changes in the Earth's rotation, S. 827—834; F. H. van den Dungen, J. F. Cox, J. van Mieghem, Seasonal fluctuations in the rate of rotation of the Earth, S. 834—842; R. Stoneley, The thickness of the continents, S. 842—849; E. T. Pierce, Some techniques for locating thunderstorms from a single observing station, S. 850—855; L. Goldberg, The abundance of atmospheric carbon dioxide and its isotopes, S. 855—863; T. W. Wormell, The infra-red spectrum of the Earth's atmosphere, S. 863—869; R. M. Goody, C. D. Walshaw, The ozone layer: an investigation of the 9.6 μ ozone band in the telluric spectrum, S. 870—874; A. E. Douglas, G. Herzberg, D. C. Rose, Atmospheric ozone near the north pole, S. 874—877; S. F. Singer, Research in the upper atmosphere with high altitude sounding rockets, S. 878—912; S. Chapman, The morphology of geomagnetic storms and bays: a general review, S. 912—928; D. Barbier, The airglow, S. 929—939; D. Brouwer, Current trends in minor planets research, S. 943—948; M. Beyer, On the present situation in cometary research, S. 949—958; P. Swings, The spectra of the comets, S. 958—981; L. G. Jacchia, F. L. Whipple, The Harvard photographic meteor programme, S. 982—994; M. Plavec, On the evolution of the meteor streams, S. 994—998; H. C. van de Hulst, The zodiacal light, S. 998—1001; A. Kopff, Recent advances in positional astronomy, S. 1005—1011; F. Schmeidler, On the increase of the accuracy of fundamental declinations, S. 1011—1018; J. Jackson, The distances of the stars: a historical review, S. 1018—1022; A. Hunter, E. G. Martin, Fifty years of trigonometrical parallaxes, S. 1023—1030; G. Land, The internal accuracy of the Yale parallaxes, S. 1030—1035; W. H. van den Bos, The visual binaries, S. 1035—1039; P. van de Kamp, Planetary companions of stars, S. 1040—1048; W. J. Luyten, White dwarfs and degenerate stars, S. 1048—1056; E. M. Lindsay, The dimensions of Omega Centauri, S. 1057—1065; G. A. Schajn, On the groups of diffuse emission nebulae, S. 1066—1069; F. Becker, J. Meurers, The problem of Hagen's clouds, S. 1069—1073; G. Alter, Interstellar dust, S. 1074—1080; W. A. Hiltner, Interstellar polarization, S. 1080—1091; R. v. d. R. Woolley, Monochromatic magnitudes, S. 1095—1098; R. H. Stoy, The Cape magnitudes and their relationship to the International System, S. 1099—1111; E. Rybka, The zero-point in stellar photometry, S. 1111—1115; O. Heckmann, Photographic photometry of the Hyades, S. 1115—1122; E. Hertzsprung, Note on the diameters of photovisual star images, S. 1123—1124; W. W. Morgan, D. L. Harris, The galactic cluster M 29 (NGC 6913), S. 1124—1132; L. Gratton, A contribution to the problem of the classification of variable stars, S. 1132—1142; C. Payne-Gaposchkin, Population II Cepheids of the galaxy, S. 1142—1149; M. Hack, Spectrophotometric observations of Cepheids at Arcetri, S. 1150—1155; L. Detre, The problem of RR Lyrae stars with several periods, S. 1156—1165; D. J. K. O'Connell, Photographic light curve of Eta Carinae, S. 1165—1171; F. B. Wood, Eclipsing variable stars: a survey of the field, S. 1171—1176; H. N. Russell, Eclipsing variables in the Magellanic Clouds, S. 1177—1186; J. de Kort, On finding the apsidal period of an eclipsing binary, S. 1187—1193; M. W. Ovenden, Photometric effects of gaseous envelopes in close eclipsing binaries, S. 1193—

1197; M. G. Fracastoro, Statistics and recent results on eclipsing binaries, S. 1198—1206; C. E. Moore, Atomic spectra - their rôle in astrophysics, S. 1209—1222; T. Dunham jr., Methods in stellar spectroscopy, S. 1223—1283; L. H. Aller, The quantitative chemical analysis of early-type stars, S. 1284—1299; J. L. Greenstein, The technique and possibilities of astronomical spectrophotometry, S. 1299—1308; W. M. H. Greaves, The continuous spectrum, S. 1309—1321; H. Kienle, The problem of stellar temperatures, S. 1321—1327; D. Chalonge, New spectral classifications with two or three parameters, S. 1328—1336; B. Strömgren, Two-dimensional spectral classification of F stars through photoelectric photometry with interference filters, S. 1336—1346; R. M. Petrie, Luminosities of the B stars from spectroscopic measurements, S. 1346—1357; J. F. Heard, Luminosity classification of stars of late spectral type from spectra of moderate dispersion, S. 1357—1360; J. J. Nassau, Objektive prism spectra of relatively cool stars in the near infrared, S. 1361—1368; O. Struve, Spectroscopic phenomena in the system of Algol, S. 1371—1375; P. W. Merrill, Stars with expanding atmospheres, S. 1375—1380; A. D. Thackeray, Shells around P Cygni stars, S. 1380—1386; A. Beer, The masses of spectroscopic binaries, S. 1387—1407; M. Johnson, Evidence for and against binary hypotheses of the blue-red erupting stars, S. 1407—1412; M.-L. Tcheng, M. Bloch, Observational results on variable stars with composite spectra, S. 1412—1420; A. J. Deutsch, The peculiar A stars, S. 1421—1427; W. P. Bidelman, The carbon stars — an astrophysical enigma, S. 1428—1437; C. S. Beals, J. A. Rottenberg, Celestial emission-line objects of early type, S. 1437—1446; G. R. Burbidge, E. M. Burbidge, Emission lines and stellar atmospheres, S. 1446—1456; B. Edlén, Identification of emission lines in the spectra of Wolf-Rayet stars, S. 1456—1469; D. L. Edwards, Gamma Cassiopeiae, S. 1470—1476; D. B. McLaughlin, The spectra of novae, S. 1477—1485; E. R. Mustel, The mechanisms of ejection of matter from novae, S. 1486—1491; Z. Kopal, On the nature of physical processes underlying the nova phenomenon, S. 1491—1505; S. Gaposchkin, Novae observed, S. 1506; W. H. Ramsey, On the relics of supernovae, S. 1507—1512; W. Becker, An analysis of the Milky Way, S. 1515—1522; B. J. Bok, Milky Way structure in Sagittarius and Carina; a study in contrasts, S. 1522—1538; J. Dufay, J.-H. Bigay, P. Berthier, Infra-red photography in the Milky Way, particularly in Sagittarius, S. 1539—1552; D. S. Evans, The great nebulae of the southern sky, S. 1553—1563; H. Shapley, Galactic and extragalactic studies at the Harvard Observatory, S. 1564—1573; C. D. Shane, The distribution of the galaxies, S. 1574—1584; G. de Vaucouleurs, The distribution of bright galaxies and the local supergalaxy, S. 1584—1606; K. Lundmark, On metagalactic distance-indicators, S. 1607—1619; M. L. Humason, Red-shifts in the spectra of extragalactic nebulae, S. 1620—1628; G. P. Kuiper, On the origin of the satellites and the Trojans, S. 1631—1666; H. C. Urey, The origin and significance of the Moon's surface, S. 1667—1680; F. A. Paneth, The frequency of meteorite falls throughout the ages, S. 1681—1686; R. A. Lyttleton, The essential nature of accretion, S. 1686—1693; W. H. McCrea, On the production of groups of O- and B-stars by accretion, S. 1694—1701; F. Hoyle, The effect of galactic rotation on accretion by main sequence stars, S. 1702—1707; W. A. Ambarzumjan, On the origin of double stars, S. 1708—1710; B. Lindblad, On the evolution of stellar systems, S. 1711—1721; T. Gold, Cosmology, S. 1721—1726; G. Gamow, The physics of the expanding universe, S. 1726—1732; Name Index, S. 1733—1747; Subject Index, S. 1748—1770.

739. Sammelwerk zum Gedenken an das Akademiemitglied P. P. Lasarew. Moskau, Akad. Wiss. UdSSR, 1956. 374 S. mit Abb. Preis 17 R. 65 Kop. (russ.).

740. **V. Kourganoff,** Dictionnaire Russe-Français, traduit de «Russian-English Vocabulary» of American Mathematical Society. Astr. News Letter Nr. 83 Suppl. 30 S.

741. **W. Sulejmanow,** Russisch-baschkirisches und baschkirisch-russisches astronomisches Fachwörterbuch. Ufa, Baschkir. Buchverlag, 1954. 23 S. Preis 30 Kop.

II. Tätigkeit. Geschichte

§ 10

Personalien, Biographie, Briefwechsel

1001. **Nekrologe und Todesanzeigen**

1953

H. W. Naumann, 1883 Mai 27—1953 Dez. 12. AN **283** 236 (H.-J. Felber, O. Günther).

1954

W. Grotrian, 1890 April 21—1954 März 3. Mitt. AG 1955 S. 5—9, mit Bild (H. Kienle).

H. Mineur, 1899—1954 Mai 7. BSAF **70** 235—238, mit Bild (J. Dufay).

I. I. Putilin, 1893—1954. Bull. Astr.-Geod. Ges. UdSSR Nr. 17 S. 57—59 (N. N. Sadowskij, russ.).

R. M. Stewart, 1878 Dez. 15—1954 Sept. 2. MN **116** 158—161 (M. S. Burland).

1955

H. Bucerius, 1904 Dez. 13—1955 Sept. 8. Sterne **32** 111—114, mit Bild (E. Schoenberg).

H. Chatley, 1885—1955 Jan. 17. MN **116** 144.

J. Chazy, 1882 August 15—1955 März 9. Annuaire pour l'an 1957 publié par Le Bureau des Longitudes A 1—A 6 (P. Montel).

E. J. Delporte, 1882 Jan. 10—1955 Okt. 19. AN **283** 140 (A. Kopff), BSAF **70** 379—382, mit Bild (G. C. Flammarion), Ciel et Terre **71** 428, mit Bild (H. Michel), MN **116** 143—144, PAT **37** 80, Sky and Telescope **15** 111, Vasiona **4** 12, YC 1355 S. 6.

A. Einstein, † 1955 April 18. PAT **37** 80.

U. Fedele, 1888—1955 Nov. 16. Coelum **24**, auf Tafel vor S. 7, mit Bild.

W. M. H. Greaves, 1897 Sept. 10—1955 Dez. 24. Irish AJ **4** 31, JBAA **66** 172—174, J RAS Canada **50** 142—143 (M. A. Ellison), MN **116** 145—151 (J. Jackson), Nature **177** 209—210 (R. d'E. Atkinson), Obs **76** 8, PAT **37** 80, Sky and Telescope **15** 484.

N. Heines, † 1955 Aug. 21. Astr. Nachr. Athen **7** 9—11 (griech.).

W. B. Housman, † 1955 Jan. 17. MN **116** 151—152 (D. A. Maclean).

R. W. Marriott, 1882 Dez. 30—1955 Okt. 19. MN **116** 153—154 (P. van de Kamp), J RAS Canada **50** 38 (P. van de Kamp). Science **123** 536 (P. van de Kamp).

F. McClean, 1876 Febr. 1—1955 Aug. 11. MN **116** 152 (F. J. M. Stratton).

P. A. McNally, † 1955 März 4. MN **116** 152—153.

P. Y. Millns, 1933 Mai 1—1955 Dez. 19. MN **116** 154—156 (Z. Kopal).
N. D. Moissejew, † 1955 Dez. 6. AC Nr. 166 S. 24—25 (russ.).
A. P. Norton, 1876—1955 Okt. 13. JBAA **66** 111 (R. G. Inglis), Southern Stars **17** 31—32 (R. G. Inglis).
G. Quignon, † 1955 Mai 4. Ciel et Terre **71** 430, mit Bild, 1955 (H. Michel).
T. Royds, 1884 April 11—1955 Mai 1. MN **116** 156—158 (F. J. M. Stratton).
J. L. Rudd, 1914 Febr. 21—1955 März 11. MN **116** 158.
A. Staus, 1872 Sept. 5—1955 Juli 21. Sterne **32** 165—167, mit Bild (G. D. Roth).
G. Tiercy, 1886—1955 Okt. 18. Ann. Françaises Chronométrie 1956 (2) **10** 213—215, mit Bild (E. Guyot), Mem Sa It (NS) **27** 99—101, mit Bild = Oss. Astrofis. Catania Pubbl. (NS) Nr. 7 (M. G. Fracastoro), PAT **37** 80.
P. N. Tschirwinskij, 1880—1955 Juni 18. Abh. Univ. Kiew **15** 185—188 (T. M. Agafonowa, ukrain.), Meteoritika Nr. 14 S. 118—122, mit Bild (I. S. Astapowitsch, russ.), RJ 1957 Nr. 3 S. 4.

1956

W. S. Adams, 1876 Dez. 20—1956 Mai 11. Astr. Bote Zagreb Nr. 6—7, S. 57—58, CR **242** 2897—2900 (J. Baillaud), Irish AJ **4** 74, NAT 1956 S. 111—112, Obs **76** 116, 139—140 (F. J. M. Stratton), PAT **37** 168, Publ ASP **68** 285—295, mit Bild (A. H. Joy), Science **123** 979, **124** 67 (P. W. Merrill), Sky and Telescope **15** 401, mit 2 Bildern (H. Shapley).
U. F. Arrighi, † 1956 März 13. Mem SA It (NS) **27** 243.
A. Beach, † 1956 Febr. 10. Publ ASP **68** 177.
S. N. Blashko, 1870 Nov. 17—1956 Febr. 11. AC Nr. 168 S. 1—2 (W. W. Podobed, russ.), AJ UdSSR **33** 278—280, mit Bild (russ.), Irish AJ **4** 60, VS Bull **11** 63—64, mit Bild (B. W. Kukarkin, russ.).
V. Borecký, † 1956 Sept. 14. RH **37** 278 (tschech.).
A. W. Botschek, 1883 Juni 22—1956 Aug. 1. AC Nr. 174 S. 22 (A. M. Tschernow, russ.).
C. A. Chant, 1865—1956 Nov. 18. J RAS Canada **50** 241, Science **124** 1200.
H. Chrétien, † 1956 Febr. 6. BSAF **70** 123, Coelum **25** 190, Obs **76** 40, Publ ASP **68** 282.
K. K. Dubrowskij, 1888 Okt. 11—1956 Juni 15. AC Nr. 171 S. 30—31 (russ.).
D. L. Edwards, 1894 Jan. 11—1956 Sept. 23. Nature **178** 1028—1029 (D. R. Barber), Obs **76** 203, Publ ASP **68** 561.
J. Evershed, 1864 Feb. 26—1956 Nov. 17. Nature **178** 1323—1324 (F. J. M. Stratton), Obs **76** 246.
K. L. Franklin, † 1956 März 11. Publ ASP **68** 282.
J. Franz, † 1956 Sept. 9. NAZ **10** 22.
A. M. Gishizkij, 1878—1956 Jan. 20. AC Nr. 167 S. 32—33 (russ.).
H. Hatschek, † 1956 Juni 4. Linzer Sternenbote **10** 48.
E. Hesling, † 1956 Mai 13. Hemel en Dampkring **54** 153 (D. Schmidt).
G. Home, † 1956 Feb. 7. Southern Stars **17** 17—20 (I. L. Thomsen).
G. P. Lenox-Conyngham, † 1956 Okt. 27. Obs **76** 246.
G. Locatelli, 1868 Aug. 16—1956 Mai 21. Mem SA It (NS) **27** 243, 409 (M. Nessi).
H. C. Macpherson, 1888 April 1—1956 Mai 19. JBAA **66** 325.
B. P. Ostaschtschenko-Kudrjawzew, † 1956 Okt. 1. AC Nr. 173 S. 27 (russ.).
P. Peroni, 1885—1956. Coelum **24** 124.
P. M. Ryves, † 1956 Febr. 27. BAA Circ Nr. 374 S. 2, Obs **76** 40.
M. Saha, 1893 Okt. 6—1956 Febr. 16. Coelum **24** 185—186, Indian J. Meteorol. Geophys. **7** 97—102 (A. K. Das), Indian J. Phys. **39** 51—56 (S. C. Sirkar), J. Geophys. Res. **61** 309, J. Sci. Industr. Res. (A) **15** 164—167, mit Bild (S. Basu), NAT 1956 S. 111, Nature **177** 917 (F. J. M. Stratton), Obs **76** 40, PAT **37** 80, Publ ASP **68** 282, Sky and Telescope **15** 306.

P. Scatizzi, † 1956 April 3. Mem SA It (NS) **27** 243.
G. A. Schajn, 1892—1956 Aug. 4. AC Nr. 172 S. 1—2 (S. B. Pikelner, russ.), AJ UdSSR **33** 465—468, mit Bild (russ.), Bote Akad. Wiss. UdSSR Nr. 10 S. 84 (russ.), Obs **76** 205, Publ ASP **68** 561, RJ 1957 Nr. 6 S. 3.
P. F. Schajn, † 1956 Aug. 27. AC Nr. 172 S. 23 (russ.).
O. J. Schmidt, 1891—1956 Sept. 7. AC Nr. 173 S. 26 (russ.), Nachr. Akad. Wiss. UdSSR (Geogr.) Nr. 6 S. 149—152 (B. L. Dserdsejewskij, russ.), Nachr. Akad. Wiss. UdSSR (Geol.) Nr. 12 S. 3—6 (P. N. Kropotkin, russ.), Priroda **45** Nr. 10 S. 3—4, mit Bild (russ.), RH **37** 277—278 (tschech.), RJ 1957 Nr. 5 S. 3, Nr. 6 S. 3.
E. Stenz, 1897 Jan. 22—1956 Febr. 21. Postępy Astr. **4** 99—101, mit Bild (M. Mackiewicz), Urania Kraków **27** 190—191, mit Bild (J. Gadomski).
S. Sykes, † 1956 April 9. Publ ASP **68** 377.
J. Tilho, 1875 Mai 1—1956 April 8. Annuaire pour l'an 1957 publié par Le Bureau des Longitudes B1—B4 (D. Cot).
V. Trkal, 1888 Aug. 14—1956 Sept. 3. RH **37** 277, mit Bild (J. Náprstková, tschech.).
R. J. Trumpler, 1886 Okt. 2—1956 Sept. 10. Obs **76** 246, Publ ASP **68** 470, Sky and Telescope **16** 13—14, Urania København **13** 109.
E. T. Whittaker, 1873 Okt. 24—1956 März 24. Obs **76** 80, Sky and Telescope **15** 484.

J. Slavenski, †. Vasiona **4** 15—17, mit Bild (serb.).

1002. Personalien

J. van der Bilt, 80. Geburtstag. Hemel en Dampkring **54** 71 (M. Minnaert).
B. J. Bok, Direktor des Commonwealth Observatory, Mount Stromlo, Canberra, als Nachfolger von R. v. d. R. Woolley. J RAS Canada **50** 223—224, NAT 1956 S. 111, Obs **76** 116, Publ ASP **68** 376, Sky and Telescope **15** 339, mit Bild.
T. G. Cowling erhielt die Goldmedaille der Royal Astronomical Society. MN **116** 229—230, Nature **177** 119, Obs **76** 41, Publ ASP **68** 282.
B. H. Dawson wurde in La Plata als Direktor wieder eingesetzt. Rev. Astr. Nr. 139 S. 85—87.
W. S. Finsen, Union Astronomer als Nachfolger von W. H. van den Bos. MN ASSA **15** 90.
R. Fleischer, Director of Research des Dudley Observatory, Albany, N. Y. als Nachfolger von B. Boss. Obs **76** 160, Publ ASP **68** 469.
E. Gaviola, Direktor des Observatorio Astronómico de Córdoba. Rev. Astr. Nr. 139 S. 81—85.
B. Hacar, 60. Geburtstag. RH **37** 164—165, mit Bild (F. Konečný, tschech.).
C. L. Hemenway, Resident Director des Dudley Observatory, Albany, N. Y., als Nachfolger von B. Boss. J RAS Canada **50** 276, Obs **76** 160, Publ ASP **68** 469, Sky and Telescope **15** 484, mit Bild von Benjamin Boss.
E. O. Hulburt erhielt die Frederic Ives-Medaille. J. Optical Soc. America **46** 1—5, mit 2 Fig.
H. C. van de Hulst erhielt die Henry Draper-Medaille 1955. Hemel en Dampkring **54** 61.
F. Kadavý, 60. Geburtstag. RH **37** 257, mit Bild (tschech.).
A. Kahrstedt, Direktor der Sternwarte Babelsberg. AN **283** 191.
H. Knox-Shaw erhielt die Gill-Silbermedaille der Astronomical Society of South Africa. MN ASSA **15** 53, Nature **178** 620, Obs **76** 203—204.
S. Mauderli, 80. Geburtstag. Orion Schaffhausen **5** 13 (E. Bazzi).
F. McClain, Leiter des Radio Astronomy Branch of the Naval Research Laboratory in Washington, D. C. als Nachfolger von W. R. Ferris. Publ ASP **68** 561.
F. Ohlmüller, 70. Geburtstag. Vereinigung der Sternfreunde Nachrichtenblatt **5** 50 (E. Mädlow).
P. P. Parenago, 50. Geburtstag. AC Nr. 169 S. 23 (russ.).
P. M. Ryves erhielt die Walter Goodacre-Medaille. BAA Circ Nr. 374 S. 2.

C. Schalén, Stellvertretender Direktor des Uppsala-Observatoriums als Nachfolger von K. Lundmark. NAT 1956 S. 111.

O. Struve erhielt die Jules César Janssen-Medaille des Institut de France. BSAF **70** 74, Publ ASP **68** 85.

O. Struve erhielt die G. Bruce Blair-Medaille. Sky and Telescope **15** 353.

P. Stuker, 70. Geburtstag. Orion Schaffhausen **5** 104 (R. A. Naef).

A. Unsöld erhielt die Catherine Wolfe Bruce-Goldmedaille der Astronomical Society of the Pacific für 1956. Coelum **24** 153, Forschungen und Fortschritte **30** 190, Publ ASP **68** 89—91, mit Bild (O. C. Wilson).

C. B. Watts erhielt die James Craig Watson-Medaille. Sky and Telescope **15** 307.

J. Wempe, Direktor des Astrophysikalischen Observatoriums Potsdam. AN **283** 191.

R. v. d. R. Woolley, Direktor des Royal Greenwich Observatory in Herstmonceux als Nachfolger von H. Spencer Jones. JBAA **66** 78—79 (R. H. Garstang).

Biographie, Briefwechsel

1003. **K. D. Adams,** Sir William Herschel — telescope maker. Southern Stars **17** 33—37.

1004. **E. Antonini,** L'œuvre astronomique du Docteur Maurice Du Martheray. Orion Schaffhausen **5** 14—19, 49—56, mit 7 Fig.

1005. **J. Bernard,** Galileu Galilei a luz da historia e da astronomia. Petrópolis, Ed. Vozes, 1955. 69 S. Preis 5.00 Cr.

1006. **P. G. Bordoni,** Galileo instauratore della meccanica. Ricerca Sci. **26** 1378—1391.

1007. **M. W. Budylina,** Die Briefe François Aragos an G. W. Orlow. Abh. Inst. Geschichte Naturwiss. Technik Akad. Wiss. UdSSR **10** 393—398 (russ.). — Ref. in RJ 1957 Nr. 6 S. 2.

1008. **R. M. Burdon,** Scholar-Errant. Christchurch, The Pegasus Press, 1956. Preis 15 s. — Besprechung in Southern Stars **17** 77—79.

1009. **M. W. Burke-Gaffney,** Ireland's ornament: Agnes Mary Clerke. J RAS Canada **50** 35—36.

1010. **C. A. Chant,** Walter Sydney Adams. J RAS Canada **50** 201—202.

1011. **M. Daisomont,** Foucault nous parle. Ciel et Terre **72** 80—84.

1012. **D. W. Dewhirst,** The retirement of Mr. H. W. Newton. Obs **76** 26—27.

1013. **A. V. Douglas,** The Life of Arthur Stanley Eddington. London, Edinburgh, Thomas Nelson & Sons Ltd., 1956. 14 + 207 S. mit 15 Tafeln. Preis 25 s. — Besprechung in J RAS Canada **51** 171—172, Obs **77** 38—39 (W. M. Smart), Sky and Telescope **16** 596.

1014. **W. Dziewulski,** Dwóchsetna rocznica urodzin Jana Śniadeckiego. Urania Kraków **27** 232—233.

1015. **M. 'Espinasse,** Robert Hooke. Berkeley, University of California Press, 1956. 192 S. Preis $ 3.75. — Besprechung in Sky and Telescope **16** 29, 179—180 (E. R. Paterson).

1016. **J. Franz,** Aus der Zeit meiner ersten Beobachtungen. Sterne **32** 163—165.

1017. **H.-C. Freiesleben,** Galileo Galilei. Stuttgart, Wiss. Verlagsges., 1956. 165 S. Preis DM 10.80. — Besprechung in Astr. Nachr. Berlin-Treptow 8 25, RJ 1956 Nr. 8 S. 3.

1018. **J. Gadomski,** Adam Prażmowski, pierwszy astrofizyk polski. Urania Kraków **27** 97—102, mit 2 Tafeln.

1019. **P. O. Geworgjan,** A. A. Belopolskij. Erewan, Planetarium, 1955. 13 S. (armen.).

1020. **R. Hahn,** Quelques nouveaux documents sur Jean-Sylvain Bailly. Rev. histoire sci. **8** 338—353, 1955. — Ref. in RJ 1957 Nr. 1 S. 2.

1021. **C. Hoffmeister,** Herzog Ernst von Sachsen-Altenburg † und die Sternwarte Wolfersdorf. Sterne **32** 16—19, mit 2 Fig.

1022. **C. Hoffmeister,** Einweihung der Bruno-H.-Bürgel-Gedenkstätte in Potsdam-Babelsberg. Sterne **32** 35.

1023. **J. Irwin,** A California gauger of star clusters. Sky and Telescope **16** 13—14. — Ref. in Coelum **25** 91. — R. J. Trumpler.

1024. **J. Jackson,** Sir Harold Spencer Jones. Obs **76** 15—16, mit 1 Tafel.

1025. **F. Kadeřávek,** F. J. Gerstner und die Technische Hochschule in Prag. Pokroky **1** 443—446 (tschech.).

1026. **F. Kadeřávek,** F. J. Gerstner. Zum 200-jährigen Geburtstag (22. Februar 1756). RH **37** 63—64, mit Bild (tschech.).

1027. **E. Kolman,** Rudsher Boschkowitschs Leben und Wirken (1711 – 1787). Fragen Geschichte Naturwiss. Technik Nr. 2 S. 92—109 (russ.). — Ref. in RJ 1957 Nr. 5 S. 2.

1028. **D. D. Kotsakis,** Quatre figures scientifiques de l'époque des paléologues. Bull. milit. geogr. Amt, 29 S. = Publ. Laboratory Astr. Univ. Athen Nr. 3 = Monographie Griech. Astr. Ges. Nr. 7 (griech. mit französ. Ref.). — Betrifft die Werke von vier Gelehrten der Byzantinischen Zeit: Blemmydes (1197—1272), Pachymere (1242—1310), Metochites (1260/61—1332) und Gregoras (1295—1359/60), die sich unter anderem auch sehr produktiv mit der Astronomie beschäftigt haben. Mawridis

1029. **I. N. Krawez,** T. F. Ossipowskij — ein hervorragender russischer Gelehrter und Denker (1765—1832). Mathematiker und Astronom. Moskau, Verlag Akad. Wiss. UdSSR, 1955. 104 S. Preis 3 R. 65 Kop. (russ.).

1030. **A. Kreuzer,** Ein Leben für die Astronomie. Vereinigung der Sternfreunde Nachrichtenblatt **5** 25—26. — Würdigung der Verdienste Josef Dreckers um die Geschichtsschreibung der Zeitmessung.

1031. **E. Krug,** Erinnerungen an Bruno H. Bürgel. Zur 80. Wiederkehr seines Geburtstages am 14. November 1955. Sterne **32** 9—15, mit 8 Fig.

1032. **K. Liebermann,** Nationale Bruno-H.-Bürgel-Gedenkstätte in Potsdam-Babelsberg. Sterne **32** 35—36.

1033. **G. Malzac,** Hommage national à Camille Flammarion (7—8 avril 1956). BSAF **70** 213—216, mit 4 Fig.

1034. **W. H. McCrea,** The writing and cosmology of Sir James Jeans. Irish AJ **4** 23—28.

1035. **Meltzer,** Johann Ludewig. Einstein-Sternw. Görlitz Mitteilungsblatt **6** Nr. 2, 2 S.

1036. **D. Mitrinović,** Michajlo Petrović (6/V 1868—8/VI 1943). Biographische Daten und Erinnerungen. Wissenschaft und Natur **8** 277—284, 1955 (serb.). — Ref. in RJ 1957 Nr. 4 S. 4.

1037. **H. Mortensen,** Sophie Brahe. Urania København **13** 14—16. — Kurzgefaßte Lebensbeschreibung von Sophie Brahe, der Schwester Tycho Brahes, die sich auch mit astronomischen Forschungen beschäftigt hat. C. L. J.

1038. **H. Mortensen,** Astronomen Theodor Brorsen. Urania København **13** 86—89, mit Bild.

1039. **H. Mortensen,** Astronomen Regiomontanus. Urania København **13** 100—103, mit 1 Fig.

1040. **W. Norlind,** Några anteckningar till Tycho Brahes brevväxling. NAT 1956 S. 51—55.

1041. **Z. Ożdżeńska,** Udział kobiet w astronomii. Urania Kraków **27** 142—145.

1042. **A. Paluzíe Borrell,** Astrónomos de humilde cuna. (Divulgacion de la historia de la astronomia). Urania Barcelona **41** 77—82.

1043. **L. L. Potkow,** Sitzung zu Ehren des südslawischen Gelehrten R. I. Boschkowitsch. Bote Akad. Wiss. UdSSR Nr. 1 S. 87—89 (russ.). — Ref. in RJ 1956 Nr. 8 S. 3.

1044. **P. M. Proctor,** A tribute to Robert Frost. Sky and Telescope **15** 212, mit 1 Fig.

1045. **F. Psota,** F. J. Gerstner. Zum 200-jährigen Geburtstag (22. Februar 1756). Pokroky **1** 317—319, mit Bild (tschech.).

1046. **F. Psota,** F. J. Gerstner als Mathematiker und Astronom. Pokroky **1** 446—449 (tschech.).

1047. **G. de Santillana,** Domen över Galilei. Lindblads förlag, 1956. 410 S. Preis Kr. 29.50. — Besprechung in PAT **38** 80.

1048. **W. P. Schtscheglow,** Lomonossow und die materialistische Naturwissenschaft. Taschkent, 1953. 32 S. (usbek.).

1049. **W. G. Selichanowitsch,** Michail Wassiljewitsch Pewzow. Forschungsreisender, Geograph und Astronom. Moskau, Geodät. Verlag, 1956. 51 S. mit Abb.und Karten. Preis 2 R (russ.).

1050. **H. Shapley,** Benjamin Franklin and one Plutonic year. J. Franklin Inst. **261** 55—59. — Ref. in RJ 1957 Nr. 1 S. 1—2.

1051. **D. A. Sheard,** Sir William Herschel. Optician **132** 114—116. — Ref. in RJ 1957 Nr. 4 S. 3.

1052. **M. Steck,** Max Caspar zum Gedächtnis. Forschungen und Fortschritte **30** 380—381.

1053. **M. F. Subbotin,** Die Arbeiten Henri Poincarés auf dem Gebiet der Himmelsmechanik. Fragen Geschichte Naturwiss. Technik Nr. 2 S. 114—123 (russ.). — Ref. in RJ 1957 Nr. 6 S. 2.

1054. **W. P. Subow,** Pierre Gassendi. Fragen Geschichte Naturwiss. Technik Nr. 2 S. 61—75 (russ.). — Ref. in RJ 1957 Nr. 5 S. 2.

1055. **R. Suter,** A Gallery of Scientists. New York, Vantage, 1956. 132 S. Preis $ 3.00. — Besprechung in Sky and Telescope **15** 270, **15** 554—555 (R. S. Bates).

1056. **G. V. E. Thompson,** Tsiolkovskii — Founder of astronautics. Spaceflight **1** 7—8, mit Bild.

1057. **L. M. Torcoletti,** Il processo di Galileo. Clero ed astronomia. Monza, Tip. Artigianelli, 1955. 375 S. mit Abb. Preis 1000 Lire.

1058. **J. M. Whittaker,** Frederick Wrake Bradley. J. London Math. Soc. **31** 251—252.

1059. **E. Zinner,** Johannes Kepler, 1571—1630. «Die großen Deutschen». Berlin, Propyläen-Verlag. S. 487—499.

1060. A letter from W. Herschel to Sir Joseph Banks, P. R. S. Occasional Notes **3** 115—117. — Ref. in Sky and Telescope **15** 541.

1061. Der 300. Todestag von Pierre Cassendi. Bote Akad. Wiss. UdSSR Nr. 1 S. 106—107 (russ.). — Ref. in RJ 1956 Nr. 8 S. 3.

1062. A la mémoire de Bernard Lyot. BSAF **70** 200, mit Bild.

1063. En souvenir de Camille Flammarion. BSAF **70** 481—482.

1064. Pio Emanuelli. Coelum **24** 146—147.

1065. Karl Friedrich Küstner. Einstein-Sternw. Görlitz Mitteilungsblatt **6** Nr. 6/8, 1 S. mit Bild.

1066. Satellite panel members named. J. Geophys. Res. **61** 144.

1067. Karl Friedrich Gauss, on the centenary of his death (1855—1955). Collection of essays under the general editorship of I. M. Winogradow. Moskau, Verlag Akad. Wiss. UdSSR, 1956. 311 S. Preis 11 R. — Besprechung in Math. Rev. **17** 1169.

1068. Tycho Brahe's birthplace destroyed. Vega **2** Nr. 33 S. 2.

1069. J. C. Poggendorff, Biographisch-Literarisches Handwörterbuch der exakten Naturwissenschaften. Unter Mitwirkung der Akademien der Wissenschaften zu Berlin, Göttingen, Heidelberg, München und Wien, herausgegeben von der Sächsischen Akademie der Wissenschaften zu Leipzig. Berlin, Akademie-Verlag, 1956. Band VIIa, Teil 1: A—E,

Zweite Lieferung, S. 129—256. Preis geb. DM 16.—
Dritte Lieferung, S. 257—384. Preis geb. DM 16.—
Vierte Lieferung, S. 385—547. Preis geb. DM 22.50. — Berichtsjahre 1932 bis 1953.

Einstein

1070. **M. Born,** Erinnerungen an Albert Einstein. Math. Naturw. Unterricht **9** 97—105.

1071. **A. V. Douglas,** Forty minutes with Einstein. J RAS Canada **50** 99—102.

1072. **A. Einstein,** Autobiographie. Fortschritte Phys. Wiss. **59** 71—105 (russ.). — Ref. in RJ 1957 Nr. 5 S. 2—3.

1073. **B. Finzi,** Commemorazione di Alberto Einstein. Ist. Lombardo Sci. Lett. Rend. Parte Gen. Atti Ufficiali (3) **19** (88) 106—120, 1955.

1074. **W. A. Fok,** Bemerkungen zu Albert Einsteins Autobiographie. Fortschritte Phys. Wiss. **59** 107—117 (russ.). — Ref. in RJ 1957 Nr. 5 S. 3.

1075. **L. Infeld,** Albert Einstein. Jego dzieło i rola w nauce. Warszawa, Państw. Wydawn. Nauk, 1956. 188 S. mit Abb. Preis 12 zł. — Übersetzung aus dem Englischen.

1076. **S. Kaplan,** My tilt with Albert Einstein. American Scientist **44** 204—211.

1077. **G. Larsson-Leander,** Albert Einstein och relativitetsteorien. PAT **37** 81—94, mit 5 Abb.

1078. **M. von Laue,** Einstein und die Relativitätstheorie. Naturwissenschaften **43** 1—8.

1079. **J. R. Oppenheimer,** Einstein. Rev. Modern Phys. **28** 1—2, mit Bild.

1080. **P. A. Schilpp,** Albert Einstein als Philosoph und Naturforscher. Stuttgart, W. Kohlhammer Verlag, 1955. 540 S. mit 2 Tafeln und 10 Fig. Preis DM 24. — Besprechung in Sternenbote **7** 53—54.

Halley

1081. **E. Bullard,** Edmond Halley (1656—1742). Endeavour **15** 189—199, mit 5 Fig.

1082. **E. Bullard,** Edmond Halley: The first geophysist. Nature **178** 891—892.

1083. **H. Dingle,** Edmond Halley: His times and ours. Obs **76** 117—131.

1084. **A. A. Michajlow,** Ein hervorragender englischer Astronom und Geophysiker. Zum 300. Geburtstag von Edmond Halley. Priroda **45** Nr. 11 S. 69—73, mit 2 Abb. (russ.).

1085. **V. Nechvíle,** Edmond Halley. Zum 300-jährigen Geburtstag. RH **37** 217—221, mit 1 Fig. (tschech.).

1086. Edmond Halley 1656—1742. Papers to commemorate the tercentenary of his birth. Mem BAA **37** Nr. 3, Historical Section, 39 S. mit 1 Fig. und 2 Tafeln. Preis 3 s. — Besprechung in Irish AJ **4** 157, Sky and Telescope **16** 183. — Enthält folgende Beiträge: A. Armitage, Halley's astronomical heritage, S. 9—15; C. A. Ronan, Halley — the man and his work, S. 16—28; C. A. Ronan, The effect of Halley's astronomical work on later astronomy, S. 29—33. Appendix: A chronological table of the life and work of Edmond Halley, S. 35—39.

1087. Edmund Halley u 300-godišnjicu rodenja. Astr. Bote Zagreb Nr. 5 S. 47—50.

1088. Edmond Halley, 1656—1742. Obs **76** 114.

1089. Tercentenary of the birth of Edmond Halley. Spaceflight **1** 32.

Kopernikus

1090. **A. Armitage,** Niccolo Copernico e l'astronomia moderna. Torino, G. Einaudi, 1956. 268 S. mit Abb. Preis 800 Lire. — Übersetzung aus dem Englischen.

1091. **H. Kesten,** Kopernik i njegov svijet. Aus dem Deutschen übersetzt von M. Mezulić. Zagreb, 1956. 433 S. Preis Din. 500. — Besprechung in Astr. Bote Zagreb Nr. 8 S. 14.

1092. **W. P. Schtscheglow,** Nikolaus Kopernikus — der große Reformator der Naturwissenschaft. Taschkent, 1954. 31 S. Preis 60 Kop. (usbek.).

1093. **J. Śniadecki,** O Koperniku. Wrocław, Zakład im. Ossolińskich, 1955. 78 + 240 + 2 S. mit Abb. Preis 13 Złoty. — Besprechung in RJ 1957 Nr. 5 S. 5.

1094. **I. Voledi,** N. Copernic. Bucureşti, Editura tineretului, 1954. 115 S. mit Abb. Preis 2 Lei.

1095. Materialy z sesji Polskiej Akademii Nauk poświeconej tworczosci Kopernika. Warszawa, Panstw. Wydawn. Nauk, 1954.

1096. Nikolaus Kopernikus. Sammlung von Aufsätzen und Unterlagen zu seinem 410. Todestag (1543—1953). Moskau, Verlag Akad. Wiss. UdSSR, 1955. 112 S. mit Abb. Preis 6 R. 40 Kop. (russ.). — Besprechung in Math. Rev. **17** 1170, RJ 1957 Nr. 3 S. 2.

1097. Sesja Kopernikowska (Warszawa) 15.—16. IX. 1953. Redigiert von A. Birkenmajer, B. Leśnodorski, B. Suchodolski, J. Witkowski, K. Wyka. Warszawa, Państw. Wydawn. Nauk, 1955. 487 S. mit Abb. Preis 40 zł.

1098. Het Kopernik-Museum te Frombork. Mikołaj Kopernik, Uitg. Verenig. Nederland-Polen Nr. 8 S. 39—40. — Ref. in RJ 1957 Nr. **4** S. 3.

1099. Mikołaj Kopernik 1473—1543. Uitgave van de Vereniging Nederland-Polen Nr. 8, 47 S. mit zahlreichen Fig. — Vgl. AJB **55** Ref. **1038**.

10100. Echa roku Kopernikowskiego na Politechnice Warszawskiej. Zesz. nauk Politechn. warsz. Nr. 20 S. 103—105. — Ref. in RJ 1957 Nr. 7 S. 2.

§ 11

Tätigkeitsberichte von Instituten und Gesellschaften, Tagungen

Institute

1101. Tätigkeitsberichte von Instituten

Albany, N. Y. Dudley Observatory. AJ **61** 319. R. Fleischer, C. L. Hemenway.

Ann Arbor, Mich. The Observatories of the University of Michigan. AJ **61** 330—336. R. R. McMath.

Armagh. Armagh Observatory. Irish AJ **4** 29—30 = Armagh Obs. Leaflet Nr. 42, MN **116** 171. E. M. Lindsay.

Babelsberg. Mitt. AG 1955 S. 89—92. J. Dick.

Bamberg. Mitt. AG 1955 S. 92—94. W. Strohmeier.

Beograd. Rapport annuel sur l'état et l'activité de l'Observatoire en 1955. Bull. Obs. Astr. Beograd **20** Nr. 3—4 S. 16—20. M. B. Protitch.

Berlin. Astronomisches Recheninstitut. Mitt. AG 1955 S. 94—96. A. Kahrstedt.

Berlin-Treptow. Jahresbericht der Archenhold-Sternwarte 1954/55. Mitt. Archenhold-Sternw. Nr. 43, 10 S. D. Wattenberg.

Bloomington, Ind. Goethe Link Observatory. AJ **61** 321—322. J. Cuffey.

Bonn. Mitt. AG 1955 S. 97—99. F. Becker.

Cambridge, Engl. University of Cambridge. Report of the Observatories Syndicate for the year ending 1956 September 30. 5 S. — Ferner: MN **116** 171—176. R. O. Redman.

Cambridge, Engl. Cavendish Laboratory. MN **116** 176—178. N. F. Mott.

Cambridge, Mass. Harvard Astronomical Observatory. Annual report 1955. Cambridge, Mass. Published by the University. 32 S. D. H. Menzel.

Canberra. Commonwealth Observatory. Report of the Acting Commonwealth Astronomer to the Secretary, Department of the Interior for the year ending 31st December, 1955. 6 S. A. R. Hogg. — Ferner: Nature **178** 903—904.

Cape of Good Hope. Report of Her Majesty's Astronomer at the Cape of Good Hope to the Secretary of the Admiralty for the year 1955. 10 S. R. H. Stoy. — Ferner: MN **116** 167—170.

Charkow. Chronik. Circ. Astr. Obs. Gorkij-Staatsuniv. Charkow Nr. 15 S. 66—68 (russ.). — Mitteilung über Ereignisse hauptsächlich in den Jahren 1954/55.

Charlottesville, Va. Leander McCormick Observatory. AJ **61** 322—323. H. L. Alden.

Christchurch, N. Z. Geophysical Observatory. MN **116** 214. J. W. Beagley.

Cleveland, Ohio. Warner and Swasey Observatory. AJ **61** 349—352. J. J. Nassau.

Delaware, Ohio. Perkins Observatory. AJ **61** 341—342. G. Keller.

Dublin. Dunsink Observatory. Irish AJ **4** 1—2, MN **116** 190—191. H. A. Brück.

Edinburgh. Royal Observatory. MN **116** 165—167. W. M. H. Greaves.

Evanston, Ill. Dearborn Observatory. AJ **61** 319. K. A. Strand.

Exeter. Norman Lockyer Observatory of the University of Exeter. MN **116** 189—190. D. L. Edwards.

Flagstaff, Ariz. Lowell Observatory. AJ **61** 328—329. A. G. Wilson.

Fort Davis, Tex. McDonald Observatory. AJ **61** 40—46, 354—359. B. Strömgren.

Frankfurt a. M. Mitt. AG 1955 S. 99—100. K. Schiller.

Fredericton, N. B. University of New Brunswick Observatory, N. B. J RAS Canada **50** 96.

Freiburg i. Br. Fraunhofer-Institut. Mitt. AG 1955 S. 100—103. K. O. Kiepenheuer.

Glasgow. University Observatory. MN **116** 178—179. W. M. Smart.

Göttingen. Universitäts-Sternwarte. Mitt. AG 1955 S. 103—106. P. ten Bruggencate.

Göttingen. Max-Planck-Institut für Physik. Abteilungen für Astrophysik und Theoretische Physik. Mitt. AG 1955 S. 106—108. L. Biermann, C. F. von Weizsäcker.

Greenwich. Royal Greenwich Observatory. Report of the Astronomer Royal to the Board of Visitors of the Royal Greenwich Observatory. R. v. d. R. Woolley. — 1955 April 1—1956 März 31. — Ferner: MN **116** 162—165, Nature **178** 300—301.

Hamburg-Bergedorf. Mitt. AG 1955 S. 108—115 = Jahresbericht der Hamburger Sternwarte in Bergedorf für das Jahr 1955. O. Heckmann.

Hamburg. Deutsches Hydrographisches Institut. Jahresbericht Nr. 10 für das Jahr 1955. 82 S. G. Böhnecke.

Hannover. Mitt. AG 1955 S. 115—116. K. Pilowski.

Heidelberg. Astronomisches Rechen-Institut. Mitt. AG 1955 S. 119—123. W. Fricke.

Heidelberg. Königstuhl. Mitt. AG 1955 S. 117—119. H. Kienle.

Hyderabad. Nizamiah Observatory. MN **116** 203—204. A. Ali.

Ithaca, N. Y. Fuertes Observatory. AJ **61** 320—321. R. W. Shaw.

Jena. Mitt. AG 1955 S. 123—125. H. Lambrecht.

Johannesburg. Union Observatory. MN **116** 199—200. W. H. van den Bos.

Kiel. Mitt. AG 1955 S. 125. A. Unsöld.

Kiew. Tätigkeitsbericht des Astronomischen Observatoriums der Schewtschenko-Staatsuniversität Kiew für 1952. Publ. Astr. Obs. Kiew Nr. 7 S. 117—123 (russ.).

Kodaikanal. Annual report of the Kodaikanal Observatory for the year 1955. 11 S. A. K. Das. — Ferner: MN **116** 204—207. A. K. Das.

London. University of London University. MN **116** 179—180. C. W. Allen.

London. Institute of Navigation. J. Inst. Navigation **9** 89—103, mit 2 Bildern. — Bericht über die neunte Jahresgeneralversammlung am 19. 10. 1955.

Madison, Wis. Washburn Observatory. AJ **61** 352—353. A. E. Whitford.

Malvern. Radar Research Establishment, Ministry of Supply. MN **116** 180—181.

Manchester. Jodrell Bank Experimental Station, University of Manchester. MN **116** 181—187 = Astr. Contr. Univ. Manchester (2) Jodrell Bank Repr. Nr. 139. A. C. B. Lovell.

Mount Hamilton, Calif. Lick Observatory. AJ **61** 324—328. C. D. Shane.

Mount Stromlo. Commonwealth Observatory. MN **116** 208—210. R. v. d. R. Woolley.

Mount Wilson, Mount Palomar. Observatories. AJ **61** 336—341. I. S. Bowen.

München. Mitt. AG 1955 S. 126—129. E. Schoenberg.

Naini Tal. Uttar Pradesh State Observatory. MN 116 207—208. M. K. V. Bappu.

Neuchâtel. Observatoire Cantonal de Neuchâtel. Rapport annuel du Directeur sur l'exercice 1955 et Rapport sur le Concours chronométrique 1955. 28 S. mit 4 Anhängen. J.-P. Blaser, R. Payot.

New Haven, Conn. Yale University Observatory. AJ 61 353—354. D. Brouwer.

Ottawa. Dominion Observatory. J RAS Canada 50 131—132, 274—275, MN 116 191—194. C. S. Beals.

Oxford. University Observatory. MN 116 187—188. H. H. Plaskett.

Paris. Bureau International de l'Heure. Rapport annuel sur les travaux du Bureau International de l'Heure en 1956. Bull hor (4) Nr. 12 S. 230—250.

Perth. Observatory. MN 116 213. H. S. Spigl.

Philadelphia, Pa. Flower and Cook Observatory. AJ 61 319—320. F. B. Wood.

Pittsburgh, Pa. Allegheny Observatory. AJ 61 317—318. N. E. Wagman.

Potsdam. Astrophysikalisches Observatorium. Mitt. AG 1955 S. 129—133. J. Wempe.

Pretoria. Radcliffe Observatory. MN 116 200—202. A. D. Thackeray.

Princeton, N. J. Princeton University Observatory. AJ 61 343—344. L. Spitzer jr.

Richmond Hill, Ont. David Dunlap Observatory. AJ 61 318—319, J RAS Canada 50 39—40, 186—188, MN 116 194—195. J. F. Heard.

Riverview, N. S. W. Riverview College Observatory. MN 116 210. T. N. Burke-Gaffney.

Sonneberg. Mitt. AG 1955 S. 134—136. C. Hoffmeister.

St. Andrews. University Observatory. MN 116 188—189. E. Finlay-Freundlich.

Stockholm. Stockholms Observatorium Årsberättelse för 1955. K. Svenska Vet. Årsbok för år 1956 S. 141—151. B. Lindblad.

Swarthmore, Pa. Sproul Observatory. AJ 61 345—346. P. van de Kamp.

Sydney. Observatory. MN 116 210—211. H. Wood.

Sydney. Radiophysics Laboratory. MN 116 211—213 = Commonwealth Sci. Industrial Res. Organization, Australia, Division Radiophys. E. G. Bowen.

Taschkent. Astronomisches Observatorium. Chronik. Circ. Astr. Obs. Taschkent Nr. 280 S. 12 (russ.).

Troy, N. Y. Observatory of Rensselaer Polytechnic Institute. AJ 61 344—345. R. Fleischer.

Tübingen. Mitt. AG 1955 S. 137—138. H. Siedentopf.

Uccle. Rapport sur les travaux scientifiques effectués pendant l'année 1955. Commun. Obs. Roy. Belgique Nr. 98, 16 S. mit 1 Tafel. P. Bourgeois.

Victoria, B. C. Dominion Astrophysical Observatory, Victoria, B. C. J RAS Canada 50 95—96, 212, MN 116 195—199. R. M. Petrie.

Washington, D. C. United States Naval Observatory. AJ 61 346—349. T. W. Gray.

Washington, D. C. The Smithsonian Institution. Report on the Astrophysical Observatory. Annual Report Smithsonian Inst. for 1955 S. 60—63. L. B. Aldrich.

Washington. Carnegie Institution of Washington. Annual report for 1954—55. Nature 178 22—23.

Washington, D. C. United States Coast and Geodetic Survey. R. W. Knox.

Wellington, N. Z. Carter Observatory. Report of the Carter Observatory Board for the year ended 1956, March 31. Carter Obs. Astr. Bull. Nr. 45, 14 S. I. L. Thomsen. — Ferner: MN 116 214—215. I. L. Thomsen.

Wien. Universitäts-Sternwarte und Institut für Theoretische Astronomie. Bericht über die Jahre 1953—1955. 15 S. J. Hopmann, K. Ferrari d'Occhieppo.

Williams Bay, Wis. Yerkes Observatory. AJ 61 40—46, 354—359. B. Strömgren.

Zürich. Eidgenössische Sternwarte Zürich. Tätigkeitsbericht für das Jahr 1955. 7 S. M. Waldmeier.

* * Tätigkeitsberichte von Privat- und Volkssternwarten siehe unter § **12**.

Gesellschaften

1102. **American Association of Variable Star Observers**

J RAS Canada **50** 25—29, 135—139, 177—180, 219—222, 269—273, mit 3 Fig. Variable star notes. American Association of Variable Star Observers. M. W. Mayall.

Sky and Telescope **16** 74—75, mit 1 Fig. The 45th meeting of the AAVSO. M. W. Mayall.

Vega **2** Nr. 32 S. 2. American variable star observations.

1102a. **American Astronautical Society**

J. Astronautics **3** 49, 79, 81. News of the AAS.

1103. **American Astronomical Society**

J RAS Canada **50** 103—104. The Columbus meeting of the American Astronomical Society. K. O. Wright.

Publ ASP **68** 562—566. The Berkeley joint meeting of the Astronomical Society of the Pacific and the American Astronomical Society. E. F. Carpenter.

Die kurzen Berichte über die auf den Versammlungen gehaltenen Vorträge sind durch «Ref. AAS» gekennzeichnet.

1104. **American Meteor Society**

Meteoritics **1** 513—523. Reports of the American Meteor Society. C. P. Olivier.

1105. **Asociación Argentina «Amigos de la Astronomia»**

Rev. Astr. Nr. 139 S. 97—107. Acta de la Asamblea ordinario anual de socios del 28 de enero de 1956.

1106. **Astronomical Society of the Pacific**

Publ ASP **68** 86—88. Minutes of the meeting of the directors November 18, 1955.

Publ ASP **68** 178—181. Minutes of the 67th annual meeting of the Astronomical Society of the Pacific, January 11, 1956. S. Einarsson.

Publ ASP **68** 182—184. Minutes of the meeting of the newly elected board of directors, January 11, 1956. S. Einarsson.

Publ ASP **68** 378—379. Activities of the Society.

Publ ASP **68** 471—476. Activities of the Society. Annual report of the secretary-treasurer for the year ended December 31, 1955. S. Einarsson, V. Graves.

Publ ASP **68** 562—566. The Berkeley joint meeting of the Astronomical Society of the Pacific and the American Astronomical Society. E. F. Carpenter.

Die kurzen Berichte über die auf den Versammlungen gehaltenen Vorträge sind durch «Ref. ASP» gekennzeichnet.

1107. **Astronomical Society of South Africa**

MN ASSA **15** 41. Election of Council 1956—57.

MN ASSA **15** 61—70. Annual report. Report of the council for the session 1955—56.

1108. **Astronomical Society of Victoria**

J. Astr. Soc. Victoria **9** 1—6. Annual report, 1955. L. R. Whitby, J. P. Hamilton.

J. Astr. Soc. Victoria **9** 17. Annual General Meeting. 16th February, 1956.

J. Astr. Soc. Victoria **9** 35—36, 55—57. Computing Section papers.

J. Astr. Soc. Victoria **9** 51—52. The 1956 exhibition meeting.

1109. Astronomische Gesellschaft

Phys. Blätter **12** 559—560. Versammlung der Astronomischen Gesellschaft in Hannover. F. Gondolatsch.

Phys. Verhandlungen **7** 255—256. Astronomentagung in Hannover. Astronomische Gesellschaft. F. Gondolatsch.

Vereinigung der Sternfreunde Nachrichtenblatt **5** 62—63. Die AG-Tagung in Hannover. E. Mädlow.

Die kurzen Berichte über die auf den Versammlungen gehaltenen Vorträge sind durch «Ref. AG» gekennzeichnet.

1110. Astronomisch-Geodätische Gesellschaft der UdSSR

AC Nr. 175 S. 25 (russ.). Plenum des Zentralrats der Astronomisch-Geodätischen Gesellschaft der UdSSR. E. K. Straut. — 1956 Nov. 29—30 in Moskau.

Bull. Astr.-Geod. Ges. UdSSR Nr. 17 S. 3—13 (russ.). Die zweite Tagung der Astronomisch-Geodätischen Gesellschaft der UdSSR. W. A. Bronstein.

1111. British Astronomical Association

BAA Circ Nr. 374 S. 1—2. Mercury and Venus Section.

JBAA **66** 208—215, mit 1 Fig. und 2 Tafeln. Report of Jupiter Section on possible sources of Jupiter's radio noise in 1955.

JBAA **66** 239—242. Report of the annual Exhibition Meeting of the Association.

JBAA **66** 287—307. Report of the council on the work of the session 1955 July 1 to 1956 June 30, to be presented to members of the Association at the annual general meeting, 1956 October 31. — Enthält unter anderem die Berichte folgender Sektionen: Solar Section (D. W. Dewhirst), Lunar Section (E. A. Whitaker), Mercury and Venus Section (P. Moore), Mars Section (E. H. Collinson), Jupiter Section (A. F. O'D. Alexander), Saturn Section (M. B. B. Heath), Comet Section (G. Merton), Meteor Section (H. B. Ridley), Aurora and Zodiacal Light Section (J. Paton, D. A. Maclean), Variable Star Section (W. M. Lindley), Instruments and Observing Methods Section (W. H. Steavenson), Computing Section (J. G. Porter), Historical Section (C. A. Ronan).

JBAA **67** 1—25. The annual general meeting of the Association.

1112. British Interplanetary Society

J. British Interplanetary Soc. **15** 169—170. Eleventh Annual General Meeting. — 1956 April 21.

1113. Griechische Astronomische Gesellschaft

Astr. Nachr. Athen **7** 28 (griech.). Vorträge der Griechischen Astronomischen Gesellschaft 1956.

1114. International Astronomical Union

AJ UdSSR **33** 281—303, mit 5 Abb. (russ.). Die internationale Tagung der Astronomen in Dublin. P. Kulikowskij.

Bote Akad. Wiss. UdSSR. Nr. 1 S. 83 (russ.). Über die Teilnahme der sowjetischen Delegation an der IX. Vollversammlung der Internationalen Astronomischen Union.

Coelum **24** 2—6. La nona assemblea generale dell'Unione astronomica internazionale a Dublin. L. Rosino.

Hemel en Dampkring **54** 53—57, 78—85, 93—100, mit 12 Fig. Dublin 1955. Negende congres van de Internationale Astronomische Unie. H. van Woerden.

Irish AJ **4** 2—10, mit 10 Tafeln = Dunsink Obs. Repr. Nr. 7. The Dublin meeting of the International Astronomical Union. H. A. Brück.

Irish AJ **4** 11—12. Visit of the I. A. U. delegates to Northern Ireland.

J RAS Canada **50** 1—8, mit Bild. The I. A. U. assembly in Dublin and accompanying astronomical events.

PAT **37** 1—7, mit 12 Fig. Internationella Astronomiska Unionens generalförsamling i Dublin. C. Schalén.

Postępy Astr. **4** 36—42. Wrażenia z IX Kongresu Międzynarodowej Unii Astronomicznej w Dublin. S. Piotrowski.
Postępy Astr. **4** 86—93. Kongres Międzynarodowej Unii Astronomicznej w roku 1955. E. Rybka.
Postępy Astr. **4** 155—160. IX Kongres Międzynarodowej Unii Astronomicznej J. Witkowski.
Publ ASP **68** 176. International Astronomical Union.
Sky and Telescope **15** 118—120, mit 9 Fig. Further notes from the I A U meeting.
Sterne **32** 41—56. Die 9. allgemeine Versammlung der Internationalen Astronomischen Union. — Enthält Berichte verschiedener Berichterstatter über die Tätigkeit folgender Kommissionen: 4, 9, 12, 13, 20, 22, 25, 27, 34, 36b, 37, 41, 42.
Sterne **32** 56—60. Die Positionsastronomie in Dublin. J. Dick.
Urania København **13** 4—6. Den internationale astronomiske Union. O. Struve. Übersetzt von C. Luplau Janssen. — Fortsetzung der in AJB **55** Ref. 1115 zitierten Arbeit.
Urania Kraków **27** 12—16. Wrażenia z IX Kongresu Międzynarodowej Unii Astronomicznej w Dublinie. S. Piotrowski.
Vasiona **4** 6—8. IX Kongres Međunarodne Astronomske Unije. M. B. Protić.
YC 1359 S. 5—9. Organization of the International Astronomical Union.
Transactions of the International Astronomical Union. Vol. 8. Vgl. AJB **54** Ref. 1117. — Besprechung in ZfA **37** 72, 1955 (F. Becker).
Zum Symposium über den Vergleich der Struktur unserer Galaxis mit der Struktur anderer Galaxien. Sammlung von Berichten zum IX. Kongreß der Internationalen Astronomischen Union. Moskau, Verlag Akad. Wiss. UdSSR, 1955. 88 S. mit Abb. (russ., engl.).

1115. Internationale Astronautische Föderation

Bote Univ. Leningrad Nr. 1 S. 184—187 (russ.). Der VI. internationale astronautische Kongreß. K. F. Ogorodnikow.
J. Astronautics **3** 15—16, 26. Sixth annual congress of International Astronautical Federation (IAF). Abstracts of papers. N. V. Petersen.
Nature **178** 832—833. Seventh International Astronautical congress. T. Nonweiler.
Phys. Blätter **12** 38—40. Der 6. Internationale Astronautische Kongreß in Kopenhagen. H. Gartmann.
Phys. Blätter **12** 561—563. 7. Internationaler Astronautischer Kongreß in Rom. H. Gartmann.
Phys. Blätter **12** 566. Die Internationale Astronautische Föderation. H. Gartmann.
Urania Kraków **27** 145. Szósty Międzynarodowy Kongres Astronautyczny.
Urania Kraków **27** 182—184. Z obrad Międzynarodowej Federacji Astronautycznej w Kopenhadze. J. Gadomski.
Vasiona **4** 75—76, mit 2 Abb. Osvrt na Međunarodni astronautički kongres u Rimu. D. Bazjanac.
Weltraumfahrt 1956 S. 108—113, mit 8 Abb. «Missilibus ad astra». Der 7. Internationale Astronautische Kongreß in Rom. H. Gartmann.

1116. Irish Astronomical Society

Irish AJ **4** 35—36, 63—64. News in brief from the Belfast Centre. R. Hayward.
Irish AJ **4** 62. The Armagh Centre in 1955—56. W. J. O'Riordan.

1117. Meteoritical Society

Meteoritics **1** 510—512. Report on the 19th meeting of the Society. J. A. Russell, F. C. Leonard.

1118. Nederlandse Vereniging voor Weer- en Sterrenkunde

Hemel en Dampkring **54** 86—89.

Hemel en Dampkring **54** 107—109. Verslagen van de vaste commissies en van de werkgroepen over het jaar 1955. J. Houtgast, H. Hubenet.

Hemel en Dampkring **54** 230. Nederlandse Vereniging voor Weer- en Sterrenkunde. Algemene ledenvergadering. J. F. M. Bruijn.

1119. Polnische Astronomische Gesellschaft

Urania Kraków **27** 108—110. Konferencja polskiej astronomii w Poznaniu.

Urania Kraków **27** 249—250. Powstanie Krakowskiego Oddziału Polskiego Towarzystwa Astronautycznego.

1120. Royal Astronomical Society

JBAA **66** 338—341. The Bristol meetings of the Royal Astronomical Society. G. E. Satterthwaite.

MN **116** 125—142. Annual general meeting of 1956 February 10.

Nature **177** 307—308. Movements in the ionosphere. J. A. Ratcliffe. — Ref. in Phys. Ber. **36** 209—210.

Obs **76** 41—46. Anniversary meeting and annual general meeting of the Royal Astronomical Society.

Obs **76** 161—170. The Royal Astronomical Society at Bristol.

1121. Royal Astronomical Society of Canada

J RAS Canada **50** 38. Newsletters from the Centres.

J RAS Canada **50** 46—48, 190—191. Meetings of the Society. N. Hutchings, R. R. Broadfoot.

J RAS Canada **50** 71—89. Minutes of the annual meeting of the Royal Astronomical Society of Canada.

J RAS Canada **50** 97—98, mit Fig. The Society's new home.

J RAS Canada **50** 278—279. At Montreal. E. E. Bridgen, F. Laforest.

1122. Royal Astronomical Society of New Zealand

Southern Stars **17** 1—6. The annual meeting of 9th December, 1955.

Southern Stars **17** 21—23. Census of astronomical instruments. K. D. Adams, R. B. Orton.

Southern Stars **17** 49—59. Report of the Council for the year ended 1956, September 30. E. L. Morley, N. I. Jones. Reports of the Sections. F. M. Bateson, L. P. Lee, R. B. Orton, R. J. Owen.

1123. Schweizerische Astronomische Gesellschaft

Orion Schaffhausen **5** 38—39. Unsere große Aufgabe.

Orion Schaffhausen **5** 121—126. 14. Generalversammlung der Schweizerischen Astronomischen Gesellschaft in Fribourg am 26./27. Mai 1956. F. Egger, M. Marguerat.

Orion Schaffhausen **5** 132. Die SAG hat 1000 Mitglieder.

1124. Sociedad Astronómica de España y América

Urania Barcelona **41** 229—240. La investagación astronómica en 1956. Conferencia pronunciada en la Asamblea de la Sociedad Astronómica de España y América de Barcelona, celebrada el 29 de enero de 1956. F. Armenter de Monasterio.

Urania Barcelona **41** 245—250. Sección de información y revistas. Extracto de la memoria sobre la actuación de la Sociedad Astronómica de España y América durante el año 1954. E. Fontiguell Mari.

Urania Barcelona **41** 251—256. Actuación de la Sociedad Astronómica de España y America durante el año 1955. A. Paluzíe Borrell.

1125. Sociedad Astronómica de México

El Universo Nr. 34 S. 11—14. Reglamento interior de la Sociedad Astronomica de Mexico.

El Universo Nr. 34 S. 35—37, mit 4 Fig., Nr. 35 S. 41—46, mit 2 Fig., Nr. 36 S. 98—99, Nr. 37 S. 127—128, mit Bild. Actividades de la Sociedad. F. Gabilondo Soler.

1126. **Société Astronomique de France**

BSAF **70** 45—52, mit 1 Fig. Commission des Surfaces Planétaires de la Société Astronomique de France. J. Camus, A. Dollfus.

BSAF **70** 37—40, mit 2 Fig. Activité de la Cinémathèque S. A. F. en 1955. J. Leclerc.

BSAF **70** 273—280. Assemblée générale annuelle de la Société Astronomique de France du 27 juin 1956. A. Hamon.

BSAF **70** 281—284. La vie de la Société Astronomique de France (1955—1956). G. C. Flammarion.

BSAF **70** 375—376. Société Astronomique de France (Groupe d'Alsace). P. Muller.

1127. **Société Belge d'Astronomie, de Météorologie et de Physique du Globe**

Ciel et Terre **72** 189—194. Assemblée générale statutaire du 10 mars 1956. E. Hoge.

1128. **Société Chronométrique de France**

Ann. Françaises Chronométrie 1956 (2) **10** 69—72. Assemblée générale du 19 novembre 1955.

Ann. Françaises Chronométrie 1956 (2) **10** 287—293. Assemblée générale de la Société Chronométrique de France à Evian 9 et 10 juin 1956.

1129. **Société Suisse de Chronométrie**

Ann. Françaises Chronométrie 1956 (2) **10** 211—212. XXXIe assemblée générale 12 et 13 mai 1956 à Neuchâtel.

1130. **Svenska Astronomiska Sällskapet**

PAT **37** 63—64. Svenska Astronomiska Sällskapet. Styrelsens berättelse för år 1955.

1131. **C. de Bièvre, A. Dermul, L. Michiels,** Société d'Astronomie d'Anvers. Trente-cinquième et trente-sixième rapports 1954 et 1955. Anvers, 1956. 12 S.

1132. **P. W. Budine,** Organization of lunar and planetary observers in Broome County, New York. Strolling Astronomer **10** 85—87.

1133. **A. Dermul,** Le cinquantenaire de la Société d'astronomie d'Anvers. Gaz astr **37** 61—77.

1134. **E. Fajt,** Godišnja skupština Hrvatskog prirodoslovnog društva. Priroda Zagreb **43** 202—207 (kroat.). — Ref. in RJ 1957 Nr. 2 S. 6.

1135. **E. Mädlow,** Aus der VdS-Tätigkeit 1953—1955. Vereinigung der Sternfreunde Nachrichtenblatt **5** 6.

1136. **G. D. Roth,** Internationale Gesellschaft für Mondforschung. Sterne **32** 239—240.

1137. **W. Stein,** Jahresbericht der Olbers-Gesellschaft, Bremen. Vereinigung der Sternfreunde Nachrichtenblatt **5** 21—22.

1138. **C. du Ve,** The Astronomical Society of Queensland. J. Astr. Soc. Victoria **9** 12.

1139. Report of the Annual General Meeting held on the 24th April, 1954. Junior Astronomical Society, Cambridge. 16 S. — Ref. in RJ 1957 Nr. 5 S. 8.

1140. Fifty-fourth annual report for the year ending December 31, 1955. Memorial House, Nantucket Mass. 48 S. mit einem Bild von Maria Mitchell. — Bericht der Nantucket Maria Mitchell Association.

1141. Tätigkeitsbericht der Max-Planck-Gesellschaft zur Förderung der Wissenschaften e. V. für die Zeit vom 1. 4. 1954 bis 31. 3. 1956. Naturwissenschaften **43** 545—580. — Dieser Bericht enthält Angaben über die Tätigkeit der Arbeitsgruppe «Numerische Rechenmaschinen» sowie der unter Leitung von L. Biermann und C. F. von Weizsäcker stehenden Abteilungen.

1142. Astronomisk klubb i Göteborg. PAT **37** 77—78.

1143. Amateur Astronomers. Sky and Telescope **15** 123, 164, 214—217, 262—263, 308—309, 352—353, 403—404, 454—455, 497—499, 548—549, **16** 14—15, 74—76, mit zahlreichen Fig.

1144. IV redovna godišnja skupština Astronomskog Društva «Ruđer Bošković». Vasiona **4** 14. — Bericht über die Tätigkeit der Gesellschaft 1955.

1145. The International Lunar Society. Vega **2** Nr. 33 S. 1.

1146. Comité National Français d'Astronomie. BSAF **70** 248.

1147. The Astronomical Society of Broken Hill. J. Astr. Soc. Victoria **9** 61.

1148. An astronomical travelogue. J. Astr. Soc. Victoria **9** 71—72.

1149. Posiedzenie Zespołu Historii Astronomii Polskiej. Urania Kraków **27** 49.

Tagungen

1150. Meteors. A symposium on meteor physics. Vgl. AJB **55** Ref. **1168**. — Weitere Besprechung in La Nature **84** 159, Meteoritics **1** 506—510 (L. LaPaz).

1151. Il VII colloquio internazionale di astrofisica di Liegi. Coelum **24** 138—139.

1152. VII. Astrophysikalisches Kolloquium in Lüttich. RH **37** 212, mit 3 Fig. (tschech.).

1153. Proceedings of the Third Berkeley Symposium on Mathematical Statistics and Probability. Held at the Statistical Laboratory University of California, December, 1954, July and August, 1955. Vol. III: Contributions to Astronomy and Physics. Herausgegeben von J. Neyman. Berkeley and Los Angeles, University of California Press; London, Cambridge University Press, 1956. 9 + 252 S. mit Fig. Preis $ 6.25. — Besprechung in Ann d'Astrophys **19** 209—210 (D. Barbier), Mem SA It (NS) **28** 242—246 (M. Hack), Obs **77** 155 (H. Jeffreys), Publ ASP **69** 370—372 (H. Weaver), ZfA **41** 213—214 (A. Unsöld). — Inhalt: I. Contributions to Astronomy: O. J. Eggen, The relationship between the color and the luminosity of stars near the sun, S. 1—9; J. L. Greenstein, The spectra and other properties of stars lying below the normal main sequence, S. 11—29; H. L. Johnson, Photoelectric studies of stellar magnitudes and colors, S. 31—38; G. E. Kron, Evidence for sequences in the color-luminosity relationship for the M-dwarfs, S. 39—47; B. Strömgren, The Hertzsprung-Russell diagram, S. 49—67; G. C. McVittie, Galaxies, statistics and relativity, S. 69—74; J. Neyman, E. L. Scott, C. D. Shane, Statistics of images of galaxies with particular reference to clustering, S. 75—111; F. Zwicky, Statistics of clusters of galaxies. Distributions of centers, angular dimensions, structure, luminosity function of member galaxies, S. 113—144. II. Contributions to Physics, S. 145—252.

1154. Assemblée générale de Rome Septembre 1954. Compte rendu détaillé des séances tenues par la Section d'Astronomie Géodésique (section III). Bull. géod. (NS) Nr. 39 S. 1—13.

1155. Compte rendu de la quatrième réunion de la Commission mixte de l'Ionosphère, 1955. Bruxelles, Sécrétariat général de l'Union Radioscientifique Internationale 1955. 298 S. Preis belg. fr. 300, bzw. £ 2.30, bzw. US $ 6.00. — Vgl. AJB 55 Ref. 1170. — Besprechung in Ciel et Terre 71 432—433.

1156. The Physics of the Ionosphere. Vgl. AJB 55 Ref. 1173. — Weitere Besprechung in Nuovo Cimento (10) 3 1175 (D. K. Bailey).

1157. Ve Congrès International de Chronométrie. Paris, 1er au 5 octobre 1954. Procès-Verbaux et Mémoires recueillis par P. Libessart et présentés par R. Baillaud. Vol. II. Besançon, Observatoire National, 1956. 481 S. — Enthält unter anderem folgende astronomisch interessante Beiträge: R. Furon, Méthodes et résultats de la géochronologie, S. 435—445; E. H. de Geer, Planetary geochronology, S. 455—488; J. Blanchard, Les déplacements des pôles peuvent-ils être utilisés pour la mesure des durées géologiques, S. 489—495; J. Verbaandert, «Clepsydre électrique» destinée à l'intercomparaison des chronomètres et à la détermination de leur «état» par comparaison avec les signaux horaires de temps moyen, S. 509—518; G. Prin, Chronographe imprimant donnant le millième de seconde, S. 837—840; J. Verbaandert, Le chronographe imprimant Gautier modifié de l'Observatoire Royal de Belgique. Comparaison avec le nouveau chronographe Secrétan, S. 841—845; J. v. d. Heide, Die Druckchronographen der Hamburger Sternwarte, Bergedorf, S. 847—851. — Die Arbeiten enthalten zahlreiche Fig. und neben Résumés in der eigenen Sprache noch solche in zwei oder gelegentlich auch drei anderen.

1158. Ve Congrès International de Chronométrie. Paris, 1er au 5 octobre 1954. Procès-Verbaux et Mémoires recueillis par P. Libessart et présentés par R. Baillaud. Vol. III. Besançon, Observatoire National, 1956. 519 S.

1159. Colloqui del Centro di Astrofisica del Consiglio Nazionale delle Ricerche. Mem SA It Suppl Nr. 1, 91 S. mit 31 Fig. und 3 Tafeln = Contr. Oss. Astrofis. Asiago Nr. 73. — Die Kolloquien fanden 1954/55 in Asiago statt. Es handelt sich um folgende Beiträge: L. Rosino, Le stelle variabili nane, S. 5—15; G. Righini, Il radiosole, S. 17—37; A. Kranjc, La tecnica elettronica in astronomia, S. 39—52; G. Mannino, Problemi riguardanti le stelle al carbonio, S. 53—60; W. L. Wilcock, J. E. Geake, Astronomical photoelectric spectrophotometry, S. 61—76; K. Wurm, The temperature of the central stars of planetary nebulae, S. 77—91.

1160. Publikationen der fünften Tagung über Fragen der Kosmogonie vom 9. bis 12. März 1955. Radioastronomie. Moskau, Verlag Akad. Wiss. UdSSR, 1956. 568 S. mit zahlreichen Fig. und Tafeln. Preis 23 R. 90 Kop. (russ.). — Inhalt: A. A. Michajlow, Einleitende Worte, S. 7—8; S. E. Chajkin, Radioastronomische Instrumente, S. 9—13; W. W. Witkewitsch, Die Radiointerferometer und Radioteleskope der Krimer Station des FIAN*) S. 14—36; W. S. Troizkij, W. L. Rachlin, A. M. Starodubzew, W. T. Bobrik, Die Radioteleskope der Gorkijer radioastronomischen Station «Simenki», S. 37—80; F. W. Bunkin, N. W. Karlow, Die Empfindlichkeit eines Modulationsradiometers bei Vorhandensein stationärer Fluktuationen des Verstärkungsfaktors, S. 81—87; N. W. Karlow, Über die Empfindlichkeit des Null-Radiometers, S. 88—95; M. R. Selinskaja, W. S. Troizkij, Die Methodik der Absolutmessungen der Radiotemperatur der Sonne und des Mondes im Zentimeterwellenbereich und die bei der Wellenlänge $\lambda = 3.2$ cm erhaltenen Ergebnisse,

*) FIAN heißt offenbar «Physikalisches Institut der Akademie der Wissenschaften».

S. 99—105; A. D. Kusmin, Fragen der Intensitätsmessung der Radiostrahlung kosmischer Quellen, S. 106—112; N. L. Kajdanowskij, E. G. Mirsabekjan, S. E. Chajkin, Ein Polarisationsradiometer für die Wellenlänge $\lambda = 3.2$ cm und seine Anwendung, S. 113—122; J. I. Alexejew, Eine Modulations-Interferenzanordnung zur Messung der Radiostrahlung kosmischer Quellen, S. 123—126; A. E. Salomonowitsch, T. A. Schmaonow, Über die Wahl der Modulationsfrequenz im Modulationsradiometer, S. 127—130; S. E. Chajkin, T. M. Jegorowa, D. W. Korolkow, Der Ausgang eines Radioempfängers mit einer Zeitkonstanten von der Größenordnung einiger Stunden, S. 131—137; I. G. Moissejew, Eine störungsstabile Einrichtung zur Registrierung der Radiostrahlung der Sonne, S. 138—140; M. M. Kobrin, Über ein Phasenverfahren zur radioastronomischen Messung der Mondentfernung, S. 141—146; W. W. Witkewitsch, Über die Radiostrahlung der ruhigen und leicht gestörten Sonne, S. 149—173; W. W. Witkewitsch, B. M. Tschichatschew, Beobachtung der Radiostrahlung der Sonne im Meterwellenbereich während der totalen Sonnenfinsternis vom 25. Februar 1952, S. 174—181; W. S. Troizkij, M. R. Selinskaja, W. L. Rachlin, W. T. Bobrik, Beobachtungsergebnisse der solaren Radiostrahlung bei 3.2 cm und 10 cm Wellenlänge während der totalen Sonnenfinsternisse vom 25. Februar 1952 und 30. Juni 1954, S. 182—202; W. W. Witkewitsch, Beobachtung der Streuung von Radiowellen an elektronischen Inhomogenitäten der Sonnenkorona, S. 203—223; A. B. Sewerny, Über den Vergleich von Einzelereignissen der solaren Radiostrahlung bei der Wellenlänge 1.5 m mit optischen Erscheinungen auf der Sonne, S. 224—228; W. L. Hinsburg, W. W. Pissarewa, Über die Natur der Intensitätsschwankungen der solaren Radiostrahlung und über die Inhomogenitäten in der Sonnenkorona, S. 229—241; B. M. Tschichatschew, Über die Radiostrahlung der Sonnenflecken, S. 245—272; B. N. Herschman, W. W. Shelesnjakow, Zur Theorie der sporadischen Radiostrahlung der Sonne, S. 273—311; W. W. Witkewitsch, Über einen neuen Ausbruchtyp und über den monochromatischen Charakter der Ausbrüche der solaren Radiostrahlung, S. 312—324; W. S. Troizkij, Die Radiostrahlung des Mondes und die Natur seiner Oberfläche, S. 325—346; N. L. Kajdanowskij, M. T. Turusbekow, S. E. Chajkin, Die Wärmestrahlung des Mondes, S. 347—355; W. W. Fedynskij, Die Radiomethoden der Meteoruntersuchung, S. 356—388; S. O. Issamutdinow, L. N. Rubzow, Über die Organisation der Radarbeobachtungen von Meteoren am Stalinabader Astronomischen Observatorium der Akademie der Wissenschaften der Tadshikischen Sowjetrepublik, S. 389—391; I. S. Schklowskij, Über die Natur der diskreten Quellen der Radiostrahlung, S. 395—412; W. A. Ambarzumjan, Über die Natur der Quellen der Radiostrahlung, S. 413—416; W. A. Sanamjan, Am Observatorium Bjurakan ausgeführte Radiobeobachtungen diskreter Quellen und der Sonnenfinsternis vom 30. Juni 1954, S. 417—429; W. M. Pletschkow, W. A. Rasin, Ergebnisse der Intensitätsmessungen der Radiostrahlung diskreter Quellen bei 3.2 und 9.7 cm Wellenlänge, S. 430—435; N. L. Kajdanowskij, N. S. Kardaschew, Beobachtungsergebnisse diskreter Quellen der kosmischen Radiostrahlung bei 3.2 cm Wellenlänge, S. 436—437; W. L. Hinsburg, Die kosmische Radiostrahlung und die kosmische Strahlung, S. 438—467; G. G. Hetmanzew, Über die Natur der nichtthermischen kosmischen Radiostrahlung, S. 468—495; G. G. Hetmanzew, W. A. Rasin, Über die Polarisation der nichtthermischen kosmischen Radiostrahlung, S. 496—507; S. A. Kaplan, Über die Theorie des Fermi-Mechanismus, S. 508—511; W. L. Hinsburg, Über den Bildungsmechanismus ionosphärischer, zur Szintillation der Radiosterne führender Inhomogenitäten, S. 512—519; G. A. Schajn, Magnetfeld und diffuse Materie, S. 523—534; P. P. Parenago, Über die Spiralstruktur der Galaxis aus radioastronomischen Daten und über die zur besseren Erkennung der Spiralstruktur notwendigen Beobachtungen, S. 535—538; G. G. Hetmanzew, K. S. Stankewitsch, W. S. Troizkij, Die monochromatische Radiostrahlung des Deuteriums bei 91.6 cm Wellenlänge aus dem galaktischen Zentrum, S. 539—545; B. M. Tschichatschew, R. L. Sorotschenko, Eine Einrichtung zur Beobachtung der Spektrallinie der Radiostrahlung des Wasserstoffs bei 21 cm Wellenlänge, S. 546—553; I. S. Schklowskij, Probleme der Radiostrahlung der Metagalaxis, S. 554—561; W. L. Hinsburg, Schlußrede, S. 562—564; Inhaltsverzeichnis, S. 565—567. Loh.

1161. Publikationen der sechsten Meteoritenkonferenz. Meteoritika Nr. 14, 148 S. mit 90 Abb. (russ.). — Die Konferenz wurde vom Meteoritenkomitee der Akademie der Wissenschaften der UdSSR organisiert und in Moskau vom 14.—16. Mai 1954 abgehalten. Die einzelnen Beiträge sind in den zuständigen Paragraphen gesondert aufgeführt. Loh.

1162. Protokoll der Auswärtstagung des Astronomischen Rats der Akademie der Wissenschaften der UdSSR und des Astrophysikalischen Instituts der Akademie der Wissenschaften der Kasachischen Sowjetrepublik. Mitt. Astrophys. Inst. Alma-Ata **3** Nr. 4 S. 7—32 (russ.). — Die Tagung fand in Alma-Ata vom 19. bis 23. April 1955 statt. Die Beiträge sind in den zuständigen Paragraphen aufgeführt. Loh.

1163. Fünfzig Jahre Relativitätstheorie. Bern, 11.—16. Juli 1955. Verhandlungen, herausgegeben von A. Mercier, M. Kervaire. Basel, Birkhäuser-Verlag, 1956. Helvetica Physica Acta Supplementum IV. 286 S. mit Fig. Preis DM 36.

1164. Congresso di astronomi all'Osservatorio di Hamburg-Bergedorf. Coelum **24** 18.

1165. Vorträge der Astronomischen Tagung in Hamburg-Bergedorf, 19. und 20. August 1955. Einweihung des Großen Schmidt-Spiegels der Hamburger Sternwarte. Mitt. AG 1955 S. 13—87, mit zahlreichen Fig. = Mitt. Sternw. Hamburg-Bergedorf **23** Nr. 255. — Die während der Tagung gehaltenen Vorträge sind in den entsprechenden Paragraphen referiert.

1166. The Airglow and the Aurorae. A symposium held at Belfast in September 1955. Herausgegeben von E. B. Armstrong, A. Dalgarno. London-New York, Pergamon Press, 1956. Vol. **5** of Special Supplements to Journal of Atmospheric and Terrestrial Physics. 9 + 420 S. mit zahlreichen Fig. Preis £ 7 10 s., $ 22.50. — Inhalt: I. Introduction. II. Observations of the airglow. III. Observations of Aurorae. IV. Theoretical considerations on the airglow. V. Theoretical considerations on aurorae. VI. Laboratory studies. VII. Quantal calculation. VIII. Instrumentation. — Besprechung in J RAS Canada **51** 314—315, Phys. Abstracts (A) **59** 775, 944, 954, 955, 960, 974, 1005—1008, 1009, 1010—1012, Phys. Blätter **13** 331—332 (W. Dieminger), Sky and Telescope **16** 234, ZfA **43** 308—309 (K. H. Böhm).

1167. Solar Eclipses and the Ionosphere. A symposium held under the auspices of the International Council of Scientific Unions mixed commission on the ionosphere in London in August 1955. Herausgegeben von W. J. G. Beynon, G. M. Brown. London-New York, Pergamon Press, 1956. Vol. **6** of Special Supplements to Journal of Atmospheric and Terrestrial Physics. 10 + 330 S. mit zahlreichen Fig. Preis £ 7.00 bzw. $ 21.00. — Besprechung in Ciel et Terre **73** 103 (R. Coutrez), Obs **77** 113—114 (J. W. Dungey), Phys. Blätter **13** 332 (W. Dieminger), Phys. Abstracts (A) **59** 445, 684, 685, 686, 769, 770, 771, 772, 773, 775, Sky and Telescope **16** 234, ZfA **43** 228—230 (K. Rawer). — Inhalt: I. Introduction. II. Theoretical considerations. III. Ionospheric eclipse results. IV. Solar radiation and layer theory. V. Recombination. VI. Geomagnetic eclipse phenomena. VII. Solar radio noise. VIII. Miscellaneous. IX. Conclusion.

1168. Sección de información y revistas. III. Reunión plenaria del comité especial del año geofísico internacional. Urania Barcelona **41** 89—168, mit Bild.

1169. Konferenz über Fragen der Astrophysik im Astrophysikalischen Observatorium der Akademie der Wissenschaften der UdSSR auf der Krim. Mitt. Astrophys. Obs. Krim **16** 173—238 (russ.). — Die Konferenz fand vom 19. bis 22. Sept. 1955 in Partisanskoje statt. Die Beiträge sind in den zuständigen Paragraphen einzeln aufgeführt. Loh.

1170. Konferenz über die Probleme der Astrophysik (Krim 1955). Pokroky **1** 479 (tschech.).

1171. Symposium: Radio telescopes, present and future. AJ **61** 165—170, mit 2 Fig.: L. V. Berkner, Plan for a national radio astronomy facility, S. 165—166; B. F. Burke, Mills cross telescopes, S. 167—168; J. G. Bolton, Radio telescopes for position finding, S. 168—169; J. D. Kraus, Radio telescope designs of large aperture and low cost, S. 169—170.

1172. Proceedings of a Symposium on Astronomical Optics and Related Subjects, held in the University of Manchester, April 19th—22nd, 1956. Edited by Z. Kopal. Amsterdam, North-Holland Publishing Co., 1956. 15 + 428 S. mit zahlreichen Fig. Preis 45 fl. — Besprechung in Coelum **24** 186, Irish AJ **4** 74, J RAS Canada **51** 313—314, NAT 1956 S. 109—110, Obs **77** 77 (P. A. Wayman), Phys. Blätter **13** 142 (H. Siedentopf), Proc. Phys. Soc. (B) **70** 540—541, Publ ASP **69** 369 (A. B. Meinel), Sky and Telescope **16** 128, 228 (G. R. Miczaika), ZfA **44** 64—67 (H. Wolter). — Inhalt: I. Information theory and optics. II. Optical images and diffraction. III. Interferometry and coherence problems. IV. Electronic devices in astronomical optics. V. Resolution problems and scintillation. VI. Wide-angle optical systems and aspheric surfaces. VII. Filter photography and thin films. — Verschiedene Einzelbeiträge sind in den entsprechenden Paragraphen aufgeführt.

1173. Colloquium on Schmidt optics. Obs **76** 170—177.

1174. Evolution in the galaxy: A symposium. Publ ASP **68** 495—508. — Ref. in Sky and Telescope **16** 56—60, 121—123. — Die einzelnen Arbeiten sind unter den Autoren in § 54 bzw. § 123 aufgeführt.

1175. Le congrès mondial sur l'énergie solaire. La Nature **84** 188.

1176. Proceedings of the World Symposium on Applied Solar Energy, 1956. Melno Park, Calif., Stanford Research Institute, 1956. 304 S. Preis $ 5.— Besprechung in Nature **177** 110, **178** 229 (H. Heywood), Sky and Telescope **15** 508.

1177. Use of solar energy. Nature **177** 110—112.

1178. Antarctica in the International Geophysical Year. Washington, American Geophysical Union, 1956. 133 S. Preis $ 6.00. — Besprechung in Sky and Telescope **16** 29.

* * Feierliche Einweihung des Astrophysikalischen Observatoriums Bjurakan und Konferenz über instationäre Sterne. Vgl. Ref. **1207**.

1179. Über die Tätigkeit des japanischen und des internationalen Komitees für Marsforschung. Heavens **36** Nr. 358 S. 42—43, 1955 (japan.). — Ref. in RJ 1957 Nr. 7 S. 8—9.

1180. Communication from the International Mars Committee. YC 1377 S. 2—3, YC 1379 S. 3—4.

1181. Fourth meeting of National Mars Committee. YC 1386 S. 1—3. — 1956 Aug. 4 in Kyoto.

1182. International Mars Committee. YC 1388 S. 1—5.

1183. A discussion on radiative balance in the atmosphere. Under the leadership of H. S. W. Massey. Proc. Roy. Soc. (A) **236** 145—226, mit 30 Fig. —

Inhalt: H. S. W. Massey, Introductory remarks; F. Möller, The pattern of radiative heating and cooling in the troposphere and lower stratosphere; A. R. Curtis, The computation of radiative heating rates in the atmosphere; M. Migeotte, High resolution spectroscopy of minor atmospheric constituents; G. D. Robinson, The use of surface observations to estimate the local energy balance of the atmosphere; F. E. Jones, V. Roberts, Solar infrared spectroscopy from high-altitude aircraft; A. W. Brewer, J. T. Houghton, Some measurements of the flux of infra-red radiation in the atmosphere; G. M. B. Dobson, Origin and distribution of the polyatomic molecules in the atmosphere; A. R. Curtis, R. M. Goody, Thermal radiation in the upper atmosphere; D. R. Bates, The thermosphere; R. L. F. Boyd, Study of solar radiation at high altitudes using rocket-borne instruments; R. W. Ditchburn, Absorption of ultra-violet radiation by the atmospheric gases.

1184. Optical Society meeting. Sky and Telescope **15** 541.

1185. **J. Ashbrook,** Pennsylvania Symposium — «New horizons in astronomy». Sky and Telescope **15** 480—482, mit 7 Fig. — Ref. in Coelum **25** 62.

1186. **D. J. Belozerkowskij,** Konferenz der Zeitdienste der UdSSR. AJ UdSSR **33** 778 (russ.). — 1956 Juni 21—23 in Krjukowo.

1187. **G. Benveniste, M. L. Kastens,** World symposium on applied solar energy. Science **123** 826—831.

1188. **B. J. Bok,** Virginia conference on the cosmic distance scale. Sky and Telescope **15** 345—348, mit 5 Fig. — Ref. in Coelum **24** 182—183, Orion Schaffhausen **5** 168.

1189. **H. Daene,** Sonnenfinsternisse und Ionosphäre. Bericht über ein Symposium in London vom 22. bis 24. August 1955. Sterne **32** 19—24.

1190. **V. Dahlkamp,** Tagung der Amateur-Astronomen (VdS) in Stuttgart. Sterne **32** 33—35. — Vom 30. 7. bis 1. 8. 1955.

1191. **P. P. Dobronrawin,** Zeitgemäße Probleme der Astrophysik. Wissenschaftliche Konferenz im Astrophysikalischen Observatorium der Akademie der Wissenschaften der UdSSR auf der Krim. Priroda **45** Nr. 5 S. 49—53 (russ.).

1192. **R. Dogniaux,** Congrès international pour l'utilisation de l'énergie solaire. Ciel et Terre **71** 426—427, 1955.

1193. **W. G. Fessenkow,** Das siebente internationale Kolloquium in Lüttich über das Problem «Moleküle in kosmischen Körpern». AJ UdSSR **33** 779—784 (russ.). — 1956 Juli 12—14.

1194. **W. G. Fessenkow,** Das Kolloquium über Molekülastrophysik in Lüttich. Bote Akad. Wiss. UdSSR Nr. 10 S. 52—54 (russ.). — Ref. in RJ 1957 Nr. 7 S. 4.

1195. **E. D. Funck,** A report on the 1956 Astronomical League convention. Strolling Astronomer **10** 59—60.

1196. **L. S. Galkin,** Konferenz über Probleme der Astrophysik. AJ UdSSR **33** 126—128 (russ.). — 1955 Sept. 19—22.

1197. **S. G. Gordeladse,** Wissenschaftliche Konferenzen und Expeditionen. Mitt. Astr. Hauptobs. Akad. Wiss. Ukrain. Sowjetrepublik **1** Nr. 2 S. 105—109 (russ.). — Bericht vom Plenum der astronomischen Kommission der Akad. Wiss. am 1.—4. XII. 1954 in Kiew, ferner der Arbeit der Expedition der Sternwarte Kiew bei der totalen Sonnenfinsternis am 30. VI. 1954. Kopecký

1198. **N. I. Grischin,** Konferenz über leuchtende Nachtwolken. AC Nr. 175 S. 25—26 (russ.). — 1956 Dez. 1—2 in Moskau.

1199. **W. H. Haas, B. Haas,** The W.A.A.—A.L.P.O. convention at Flagstaff, Aug. 29—Sept. 1, 1956. Strolling Astronomer **10** 90—93, mit 4 Fig.

11100. **C. Hoffmeister,** Konferenz über Veränderliche Sterne in Budapest. Sterne **32** 235—237.

11101. **J. Hunaerts,** Les molécules dans les astres. Ciel et Terre **72** 496—504. — Bericht über das Lütticher Symposium vom 12.—14. Juli 1956.

11102. **C. de Jager,** Een zonnecolloquium gehouden te Utrecht. Hemel en Dampkring **54** 191—193, mit 3 Fig. = Sterrewacht «Sonnenborgh» Utrecht Overdruk Nr. 23. — 1956 Juli 16—17.

11103. **F. F. Judalewitsch,** Konferenz über das Problem der Sternszintillation. Nachr. Akad. Wiss. UdSSR (Geophys.) Nr. 5 S. 620—624 (russ.). — Ref. in RJ 1957 Nr. 5 S. 47.

11104. **H. Kaminski,** 5. NRW-Amateur-Astronomen-Tagung in Bochum. Sterne **32** 175—176.

11105. **J. Kleczek,** Tagung der tschechoslowakischen und polnischen Astronomen in Breslau im Jahre 1956. RH **37** 234, mit 2 + 4 Fig. (tschech.).

11106. **J. Leclerc,** Le Xe congrès de l'Association Internationale du cinéma scientifique. BSAF **70** 435.

11107. **D. G. de León,** Palabras de la Sra. Profa. Dolores G. de León al entregar el premio Luis G. León en asamblea verificada el 10. de marzo de 1956, al cumplir la Sociedad 54 años de vida. El Universo Nr. 37 S. 105—107, mit Bild.

11108. **F. Link,** Conférence astronomique à Wrocław le 12—14 juin 1956. BAC **7** 123.

11109. **J. N. Lipskij,** Konferenz der Kommission für Planetenphysik. AC Nr. 175 S. 26—29 (russ.). — 1956 Dez. 3—4 am Sternberg-Inst. Moskau.

11110. **E. I. Mamonow,** Elektronische Rechenmaschinen auf der wissenschaftlich-technischen Konferenz der UdSSR. Priroda **45** Nr. 7 S. 47—49 (russ.). — Verf. berichtet von der Konferenz über die Technik numerischer Berechnungen, die vom 12. bis 17. März 1956 in Moskau abgehalten wurde. In über 90 Vorträgen wurden die Maschinen BESM, Strela 1, Ural, SCM-12, M3, die tschechoslowakische SAPO und andere beschrieben und die Fragen der Planung der Arbeit, der speziellen Maschinen etc. behandelt. Perek

11111. **O. A. Melnikow, I. G. Koltschinskij,** Tagung über Fragen der Sternszintillation. AJ UdSSR **33** 450—453 (russ.). — Die Tagung fand vom 27. bis 29. Oktober 1955 am Geophysikalischen Institut in Moskau statt und war der Untersuchung der atmosphärischen Turbulenz mit Hilfe geophysikalischer und astronomischer Methoden gewidmet. Loh.

11112. **O. A. Melnikow, N. N. Michelson,** Die Pulkowoer Beratung über den astronomischen Gerätebau. AJ UdSSR **33** 460—463 (russ.). — Die Besprechungen fanden vom 10. bis 12. Februar 1956 in Pulkowo statt.

11113. **O. A. Melnikow, N. N. Michelson,** Astronomischer Instrumentenbau (Konferenz in Pulkowo). Bote Akad. Wiss. UdSSR Nr. 5 S. 94—96 (russ.). — Ref. in RJ 1957 Nr. 2 S. 5. — 1956 Febr. 10—12.

11114. **J. J. Nassau, A. Blaauw,** Cosmic distance scale. Science **124** 282. — Bericht über eine in Charlottesville vom 5.—7. April 1956 abgehaltene Konferenz.

11115. **A. A. Nemiro,** Internationale Konferenz über Fragen der Astronomie. AC Nr. 173 S. 24—25 (russ.). — Pulkowo 23.—25. Aug. 1956.

11116. **A. A. Nemiro,** Die Beobachtungen heller Sterne. Astrometrische Tagung in Pulkowo. Bote Akad. Wiss. UdSSR Nr. 11 S. 108—110 (russ.). — Ref. in RJ 1957 Nr. 7 S. 20.

11117. **K. F. Ogorodnikow,** VII. internationaler astronautischer Kongreß. Pokroky **1** 310—312 (tschech.).

11118. **P. P. Parenago,** Kolloquium über veränderliche Sterne (Budapest, 23. bis 29. August 1956). Bote Akad. Wiss. UdSSR Nr. 12 S. 90—91 (russ.). — Ref. in RJ 1957 Nr. 6 S. 4.

11119. **I. A. Parschin,** Konferenz über die Natur des Mondes und der Planeten. AC Nr. 171 S. 29—30 (russ.). — Ref. über diese am 10. und 11. Februar 1956 in Leningrad vom Astronomischen Observatorium veranstaltete Konferenz in Phys. Blätter **12** 561. Loh.

11120. **I. A. Parschin,** Über die Arbeit der astronomischen-Untersektion der XII. wissenschaftlichen Tagung der A. A. Shdanow-Universität Leningrad. Bote Univ. Leningrad Nr. 13 S. 152—154 (russ.). — Ref. in RJ 1957 Nr. 4 S. 6.

11121. **J. G. Perel,** Vollsitzung der Kommission für Geschichte der Astronomie. AJ UdSSR **33** 458—459 (russ.). — Die Zusammenkunft fand am 7. Februar 1956 in Pulkowo statt.

11122. **S. B. Pikelner,** Gewisse Probleme der Astrophysik (Konferenz im Astrophysikalischen Observatorium auf der Krim). Bote Akad. Wiss. UdSSR Nr. 1 S. 90—93 (russ.). — Ref. in RJ 1956 Nr. 9 S. 3—4.

11123. **S. B. Pikelner,** Symposium über Radioastronomie in Jodrell Bank. AJ UdSSR **33** 114—120 (russ.). — 1955 Aug. 25—27.

11124. **M. Plavec,** Radioastronomische Konferenz in Manchester. Časopis **6** 35—40 (tschech.).

11125. **N. Richter,** Das 7. Internationale Astrophysikalische Kolloquium in Liège. Sterne **32** 237—239.

11126. **W. S. Safronow,** Rechenschafts- und Koordinierungstagung des Astronomischen Rates der Akademie der Wissenschaften der UdSSR vom 6.—9. Februar 1956. AJ UdSSR **33** 453—456 (russ.). — Die in Pulkowo vom Astronomischen Rat durchgeführte Tagung hatte den Zweck, einen Rechenschaftsbericht des Astronomischen Rates für 1955 zu geben und die Pläne der wissenschaftlichen Untersuchungen der Astronomischen Institutionen der UdSSR für 1956 zu koordinieren. An der Tagung nahmen die Mitglieder des Astronomischen Rates, die Direktoren der Astronomischen Institutionen der Akad. Wiss. UdSSR, der Akad. Wiss. der Unionsrepubliken, des Ministeriums für Hochschulwesen der UdSSR und die Vorsitzenden der Kommissionen des Astronomischen Rats teil. Loh.

11127. **W. S. Safronow,** Plenum des Astronomischen Rates. Bote Akad. Wiss. UdSSR Nr. 4 S. 135—136 (russ.). — Ref. in RJ 1957 Nr. 1 S. 3—4.

11128. **W. W. Scharonow,** Tagung über Fragen der Mond- und Planetenphysik. Bote Univ. Leningrad Nr. 13 S. 151—152 (russ.). — Ref. in RJ 1957 Nr. 7 S. 4.

11129. **E. Schatzman,** Les étoiles non stables (Le colloque de Burakan). BSAF **70** 455—475, mit 10 Fig. = Contr. Inst. d'Astrophys. Paris (A) Nr. 220. — Ref. in Coelum **25** 89—90. — Ausführlicher Bericht über das Kolloquium über instabile Sterne (T Tauri- und UV Ceti-Sterne, Objekte Herbig-Haro), das im September 1956 in Bjurakan abgehalten wurde. Folgende Probleme wurden erörtert: Klassifizierung, physikalische Eigenschaften und Verteilung der instabilen Sterne, physikalische Prozesse, die sich in diesen Sternen abspielen, gegenseitige Wirkungen zwischen den instabilen Sternen und den mit ihnen zusammenhängenden Nebeln, und schließlich die Entstehung und kosmogonische Bedeutung dieser Sterne.

Mawridis

11130. **W. A. Schischakow, K. A. Porzewskij,** Die neunte Moskauer astronomische Olympiade 1955. Bull. Astr.-Geod. Ges. UdSSR Nr. 18 S. 70—73 (russ.). — Ref. in RJ 1957 Nr. 5 S. 15.

11131. **D. Schmidt,** Twaalfde bijeenkomst van werkende sterrenkundige amateurs. Hemel en Dampkring **54** 171.

11132. **L. I. Sedow, K. A. Nikitin,** Internationale Konferenz über Raketenantriebe. Bote Akad. Wiss. UdSSR Nr. 6 S. 104—106 (russ.). — Ref. in RJ 1957 Nr. 1 S. 12—13.

11133. **W. W. Sobolew,** Wissenschaftliche Konferenz im Astrophysikalischen Observatorium auf der Krim. Bote Univ. Leningrad Nr. 1 S. 183—184 (russ.).

11134. **K. Strnad,** 4th meeting of popular observatories of Czechoslovakia. RH **37** 39—43, mit 1 Fig. (tschech.).

11135. **A. Teucher,** Tagung der Liebhaber-Astronomen der Natur- und Heimat-Freunde im Bezirk Dresden. Sterne **32** 211.

11136. **S. Thompson,** On the prospects for success of the A.L.P.O. lunar meteor search. Strolling Astronomer **10** 62—63.

11137. **I. I. Tschebanenko,** Die zweite astrogeologische Konferenz. Geolog. J. **16** 92—93 (ukrain.). — Ref. in RJ 1957 Nr. 4 S. 6—7.

11138. **H. C. Urey,** Molecules in heavenly bodies. Science **124** 496. — Kurzer Bericht über das 7. Internationale Astrophysikalische Symposium in Liège vom 12.—14. Juli.

11139. **V. Vanýsek,** Astrophysikalische Konferenz auf der Krim im Jahre 1955. RH **37** 1—3, mit 2 Fig. (tschech.).

11140. **E. H. Vestine,** Theoretical geophysics. Science **124** 234—235. — Bericht über ein Symposium in Washington vom 1.—3. Februar 1956.

11141. **G. Westerhout,** Het radioastronomische symposium in Jodrell Bank. Hemel en Dampkring **54** 4—13, mit 8 Fig.

11142. **J. R. Winckler,** Cosmic-ray colloquium. Science **123** 997. — Bei diesem Symposium wurden Fragen zur Messung der kosmischen Primärstrahlung erörtert. Weiterhin wurden die auf die große solare Eruption vom 23. Februar 1956 folgenden Erscheinungen diskutiert.

11143. **W. W. Witkewitsch,** Symposium über Radioastronomie in Jodrell Bank. Bote Akad. Wiss. UdSSR Nr. 1 S. 50—54 (russ.). — Ref. in RJ 1956 Nr. 10 S. 42.

11144. **H. Wolf,** Die Astronomentagung in Berlin-Treptow. Vereinigung d. Sternfreunde Nachrichtenblatt **5** 72—73.

11145. **A. Wróblewski,** Zebranie Sekcji Obserwacyjnej. Urania Kraków **27** 24.

11146. Convegno sulle stelle variabili a Budapest. Coelum **24** 175—177, mit 1 Tafel.

11147. Riunione del Centro d'astrofisica del CNR a Merate. Coelum **24** 177—178.

11148. Conference on solar-weather relationships. Bull. American Meteorol. Soc. **37** 85. — Ref. in RJ 1957 Nr. 2 S. 9.

11149. Washington conference on theoretical geophysics — 1956. J. Geophys. Res. **61** 317—414, mit zahlreichen Fig.

11150. ESO-konferens på Stockholms Observatorium i Saltsjöbaden. PAT **37** 163.

11151. Astronomische Konferenz in Posen (1955). Pokroky **1** 480 (tschech.).

11152. Notes on a convention in Miami. Sky and Telescope **15** 485—488, mit 9 Fig.

11153. Convention in Vermont. Sky and Telescope **15** 532—533, mit 6 Fig.

11154. Flagstaff is scene of Western convention. Sky and Telescope **16** 18—20, mit 8 Fig.

11155. Doroczny zjazd delegatów w Toruniu. Urania Kraków **27** 20—22.

11156. Robocza konferencja obserwatorów Słońca we Wrocławiu. Urania Kraków **27** 192. — 1956 April 7.

11157. Zebranie Polskiego Towarzystwa Astronautycznego. Urania Kraków **27** 248.

11158. Treća godišnja skupština Astronautičkog društva VSJ. Vasiona **4** 35.

11159. 3rd Meteor Committee meeting. YC 1371 S. 3—5. — 1956 April 7 in Osaka.

11160. 3rd Mars Committee meeting. YC 1371 S. 5—7. — 1956 April 8 in Shigaken.

11161. Inaugural meeting of Artificial Satellite and Meteor Observers. YC 1391 S. 1—5. — 1956 Sept. 16 in Osaka.

Ausstellungen

11162. **R. Dierickx,** De sterrenkunde en de jeugd. Hemel en Dampkring **54** 171, mit 1 Fig.

11163. **A. Dreyer,** Ein schöner Erfolg der Astronomischen Arbeitsgruppe St. Gallen. Orion Schaffhausen **5** 164—166, mit 1 Abb. — Ausstellungsbericht.

11164. **O. Obůrka, O. E. Kádner,** Zeissausstellung in Prag im Jahre 1955. RH **37** 64—65 (tschech.).

11165. **M. Zeilinger,** Die astronomische Ausstellung im oberösterreichischen Landesmuseum in Linz vom 2. Juni bis 15. Juli 1956. Linzer Sternenbote **10** 37—38.

§ 12

Sternwarten, Planetarien

1201. **Alma-Ata**

W. G. Fessenkow, Die Haupterrungenschaften des Astrophysikalischen Instituts in der Zeit seines Bestehens (1945—1955). Mitt. Astrophys. Inst. Alma-Ata **3** Nr. 4 S. 33—45 (russ.).

M. G. Karimow, Konferenz über die Problematik einer Korona-Station. Besuch des Ortes der Korona-Station im Bereich des Großen Alma-Ata-Sees von Tagungsteilnehmern. Mitt. Astrophys. Inst. Alma-Ata **3** Nr. 4 S. 26—29 (russ.). — Konferenz und Besuch fanden anläßlich der unter Ref. 1162 genannten Tagung statt. Loh.

M. G. Karimow, Einige Resultate von Beobachtungen der Sonnenkorona außerhalb von Finsternissen und die Perspektiven der Entwicklung der Korona-Station. Vgl. Ref. **6715**.

1202. Arcetri

Roma 1956. Ministero della Pubblica Istruzione. Osservatorio Astrofisico di Arcetri-Firenze. 26 S. mit 5 Fig.

1203. Athen

J. E. Focas, Photographische Planetenbeobachtungen an der Nationalen Sternwarte Athen. Vgl. Ref. **7008**.

1204. Bamberg

W. Strohmeier, E. Geyer, Lichtelektrische Photometrie auf der Remeis-Sternwarte Bamberg. Kleine Veröff. Remeis-Sternw. Bamberg Nr. 13, 8 S. mit 4 Fig.

1205. Basel

W. Becker, C. Biber, Das Irisblenden-Pultphotometer der Basler Sternwarte. ZfA **41** 52—60, mit 7 Abb. = Mitt. Astr.-Meteorol. Anstalt Univ. Basel (Astr.) Nr. 6. — Beschreibung eines Irisblenden-Photometers in Pultform, das ein bequemes und ermüdungsfreies Arbeiten gestattet und bei einer Meßgenauigkeit von etwa 1—2 % eine Meßgeschwindigkeit von über 300 Sternen pro Stunde ermöglicht. Verf.

1206. Berkeley

Publ ASP **68** 281. From the Berkeley Astronomical Department. — Mitteilung über den Bau eines 20′-Spiegelteleskops für die Leuschner-Sternwarte.

1207. Bjurakan

G. A. Gursadjan, Das zweite selbstregistrierende Mikrophotometer des Observatoriums Bjurakan. Mitt. Obs. Bjurakan Nr. 18 S. 29—32, mit 1 Abb. (russ. mit armen. Ref.). — Das Instrument ist eine Modifikation des objektiven Photometers nach Prokofjew.

AC Nr. 173 S. 26, Bote Akad. Wiss. UdSSR Nr. 12 S. 107—110 (russ.). Feierliche Einweihung des Astrophysikalischen Observatoriums Bjurakan und Konferenz über instationäre Sterne. P. G. Kulikowskij. — 1956 Sept. 19. — Ref. in Phys. Blätter **13** 183, RJ 1957 Nr. 6 S. 5.

Publ ASP **68** 559. A visit to the Biurakan Observatory.

1208. Bloemfontein

H. Haffner, The Boyden Observatory. MN ASSA **15** 47—48.

H. Haffner, Die Boyden-Station der Harvard-Sternwarte. Sterne **32** 217—221, mit 1 Tafel.

1209. Bonn

F. Becker, Das astronomische Arbeitsprogramm des Bonner Radio-Teleskops. Telefunken-Zeitung **29** 148—151, mit 1 Tafel (mit engl. und französ. Ref.).

J. Houtgast, De nieuwe 25 m-radiotelescoop in West-Duitsland. Hemel en Dampkring **54** 206—207, mit 1 Fig.

O. Mohr, H. Klessmann, Antriebs- und Nachführungsprobleme der radioastronomischen Empfangsanlage auf dem Stockert. Telefunken-Zeitung **29** 166—173, mit 9 Fig. (mit engl. und französ. Ref.).

R. A. Naef, Neue Radiosternwarte der Universität Bonn. Orion Schaffhausen 5 151.

T. Pederzani, Überlegungen zum Bau der Radio-Sternwarte auf dem Stockert. Telefunken-Zeitung **29** 157—166, mit 13 Fig. (mit engl. und französ. Ref.).

K.-W. Schrick, Das neue Observatorium der Bonner Sternwarte auf dem Hohen List. Sterne **32** 226—229, mit 3 Fig.

H. B. Speicher, Organisationsform der technischen Arbeiten beim Bau des Radio-Teleskops. Telefunken-Zeitung **29** 144—146 (mit engl. und französ. Ref.).

Phys. Blätter **12** 469. Radiosternwarte der Universität Bonn.

Weltraumfahrt 1956 S. 102—104, mit 3 Abb. Die Radiosternwarte auf dem Stockert.

1210. Brno

O. Obůrka, Über die Brünner Sternwarte. Einstein-Sternw. Görlitz Mitteilungsblatt **6** Nr. 12, 1 S.

1211. Budapest

L. Detre, A Szabadsághegyi csillagvizsgáló intézet a felszabadulás után. Magyar tud. akad. Mat. és fiz. oszt. közl. **5** 298—299, 1955. —Ref. in RJ 1957 Nr. 4 S. 7.

1212. Cambridge, Engl.

M. Ryle, A. Hewish, The Cambridge radio telescope. Mem RAS **67** 97—105, mit 8 Fig., 1955.

1213. Cambridge, Mass.

B. J. Bok, The George R. Agassiz radio telescope of Harvard Observatory. Nature **178** 232—234, mit 1 Fig. = Harv Repr Nr. 441.

D. S. Heeschen, Harvard's new radio telescope. Sky and Telescope **15** 388—390, mit 6 Fig. — Ref. in Coelum **25** 28.

Sky and Telescope **15** 255, mit 1 Fig. 60-foot radio telescope.

Vega **2** Nr. 33 S. 2. Harvard radio telescope dedicated.

1214. Canberra

Nature **177** 357—358, mit 1 Fig. The 74-in. reflector of the Commonwealth Observatory, Mount Stromlo, Canberra.

1215. Capri

K.-O. Kiepenheuer, Ein Observatorium des Fraunhofer Instituts auf der Insel Capri. Phys. Blätter **12** 122—124, mit 2 Fig.

Y. Öhman, On some new auxiliary instruments in astrophysical research. Stockholms Obs. Ann. **19** Nr. 4, 14 S. mit 9 Fig. — Es wird beschrieben: 1.) ein einfaches Eruptionsphotometer unter Anwendung des $\cos^2 \vartheta$-Gesetzes bei gekreuzten Polarisatoren, 2.) ein Quecksilberkontakt-Thermostat für Lyot-Filter, 3.) ein Polarisations-Interferenzfilter mit Rochon-Prismen für λ 3968 (Ca II), 4.) die Verwendung von Interferenzfiltern bei Beobachtungen von Protuberanzen mit dem Koronographen und der Sonne im Balmerkontinuum, 5.) ein Versuchsmodell eines Monochromators nach dem Prinzip der selektiven magnetischen Rotation, 6.) ein Vierfachbild-Polarimeter, das neben der Beobachtung von Polarisationsrichtung und Polarisationsgrad die simultane Kalibrierung der verwendeten photographischen Platte ermöglicht. Behr

1216. Castel Gandolfo

D. O'Connell, Das Schmidt-Teleskop der Vatikanischen Sternwarte. Mitt. AG 1955 S. 24—30 = Mitt. Sternw. Hamburg-Bergedorf **23** Nr. 255.

1217. Catania

S. Cristaldi, M. G. Fracastoro, A. Kranjc, I due fotometri fotoelettrici dell'Osservatorio astrofisico di Catania. Boll. Accad. Gioenia Sci. nat. Catania (4) **3** 160—171, mit 4 Fig. = Oss. Astrofis. Catania Pubbl. (NS) Nr. 8.

Roma 1956. Ministero della Pubblica Istruzione. Osservatorio Astrofisico di Catania. 17 S. mit 2. Fig.

1218. Charlottesville

H. K. Eichhorn, Investigation of the field of the 26-inch McCormick telescope. AJ **61** 3—4. — Ref. AAS.

1219. Columbus, Ohio

J. D. Kraus, H. C. Ko, R. T. Nash, D. V. Stoutenburg, Recent observations with the Ohio State University radio telescopes. AJ **61** 183. — Ref. AAS.

1220. Dwingeloo

G. Westerhout, De radiosterrenwacht te Dwingeloo in gebruik gesteld. Hemel en Dampkring **54** 101, mit 1 Fig.

Ciel et Terre **72** 186. Inauguration de la Station Radioastronomique Neerlandaise.

Orion Schaffhausen **5** 128. Neues Radio-Teleskop in Holland.

1221. Flagstaff

J. S. Hall, A. A. Hoag, The Flagstaff Station of the U. S. Naval Observatory. Sky and Telescope **16** 4—8, mit 12 Fig.

Sky and Telescope **16** 20—21, mit 3 Fig. At Lowell Observatory.

1222. Fredericton, N. B.

J. E. Kennedy, A stone pillar on the true meridian line. J RAS Canada **50** 152—157, mit 2 Fig.

1223. Golossejewo

S. G. Gordeladse, Der Zwei- und Dreikamera-Astrograph des Astronomischen Hauptobservatoriums der Akademie der Wissenschaften der Ukrainischen Sowjetrepublik. Mitt. Astr. Hauptobs. Akad. Wiss. Ukrain. Sowjetrepublik **1** Nr. 2 S. 32—36, mit 3 Abb. (russ.).

I. G. Koltschinskij, Der Astrograph des Astronomischen Hauptobservatoriums der Akademie der Wissenschaften der Ukrainischen Sowjetrepublik. Mitt. Astr. Hauptobs. Akad. Wiss. Ukrain. Sowjetrepublik **1** Nr. 2 S. 25—31, mit 2 Abb. (russ.).

A. K. Korol, Justierung und Untersuchung des großen Vertikalkreises. Mitt. Astr. Hauptobs. Akad. Wiss. Ukrain. Sowjetrepublik **1** Nr. 2 S. 3—19, mit 4 Abb. (russ.).

Über die Entwicklung der wissenschaftlichen Arbeiten auf dem Gebiet der Untersuchung veränderlicher Sterne am Astronomischen Hauptobservatorium der Akademie der Wissenschaften der Ukrainischen Sowjetrepublik. Bote Akad. Wiss. Ukrain. Sowjetrepublik Nr. 11 S. 48 (ukrain.). — Ref. in RJ 1957 Nr. 5 S. 6.

1224. Greenwich

L. G. Kamanin, Das Observatorium Greenwich an seinem neuen Ort. Priroda **45** Nr. 8 S. 111—112 (russ.).

H. W. Newton, Early memories of the Royal Observatory. JBAA **66** 119—124, mit 2 Tafeln. — Ref. BAA.

H. Spencer Jones, The Royal Greenwich Observatory and horology. Horolog. J. **98** 100—102. — Ref. in RJ 1957 Nr. 4 S. 20.

NAT 1956 S. 35—37, mit 2 Fig. Det gamle Greenwich-Observatorium.

Optician **131** 203. Largest european astronomical mirror.

1225. Hamburg-Bergedorf

W. Dieckvoss, Zur Errichtung des neuen 800/1200 mm-Schmidt-Spiegels auf der Hamburger Sternwarte. Sterne **32** 129—139, mit 16 Fig.

1226. Helwan

M. Sauer, Ein neues 74″-Spiegel-Teleskop für Helwan, Ägypten. Sterne **32** 171—172.

1227. Herstmonceux Castle. Siehe Greenwich

1228. Józefosław

B. Kołaczek, Wyniki obserwacji współrzędnych geograficznych Obserwatorium w Józefosławiu uzyskane przy pomocy radzieckiego instrumentu AU 2″/10″. Postępy Astr. **4** 196—197. — Ref. Poln. Astr. Ges.

1229. Kasan

I. A. Djukow, Die Biegung des Kasaner Meridiankreises in den Jahren 1932—1935. Abh. Uljanow-Lenin-Staatsuniv. Kasan **116** Nr. 1 S. 66—68 (russ.) = Publ. Städt. Astr. Obs. Staatsuniv. Kasan Nr. 32 S. 66—68. — Die Biegung des Meridiankreises unterliegt sprunghaften und starken Veränderungen. Um daher die Biegungsfehler aus den Beobachtungen eliminieren zu können, sind regelmäßige Biegungsbestimmungen erforderlich. Loh.

1230. Kiew

D. A. Andrijenko, Bestimmung der Breite des Astronomischen Observatoriums Kiew. AC Nr. 172 S. 12—13 (russ.). — $\varphi = 50° 27' 11\rlap{.}''97 \pm 0\rlap{.}''10$.

A. A. Gorynja, Untersuchung der Zapfen des Meridiankreises des Astronomischen Observatoriums Kiew. Vgl. Ref. **2502**.

A. A. Gorynja, Endergebnis der Verbesserungen der Ablesungen des Meridiankreises des Astronomischen Observatoriums Kiew. Vgl. Ref. **2503**.

1231. Kislowodsk

W. G. Kurt, O. L. Weißberg, Der Beginn regelmäßiger Beobachtungen infraroter Koronalinien. AC Nr. 174 S. 11—12 (russ.). — Kurze Mitteilung über den Beginn derartiger Beobachtungen mit Hilfe eines elektronenoptischen Bildwandlers, der an den Koronographen der Bergstation des Astronomischen Hauptobservatoriums im Rayon Kislowodsk anmontiert wurde. Die Beobachtungen betreffen Linien bei 10800 Å. Loh.

1232. Kraków

J. Mietelski, O optyce półmetrowego teleskopu krakowskiego. Postępy Astr. **4** 147—148. — Ref. Poln. Astr. Ges.

R. Szafraniec, 30-letnie krakowskie obserwacje gwiazd zaćmieniowych. Postępy Astr. **4** 201—203.

1233. Krim

P. P. Dobronrawin, The Crimean Astrophysical Observatory of the Academy of Sciences of the U.S.S.R. JBAA **66** 220—223.

A. B. Sewerny, Das astrophysikalische Observatorium auf der Krim (Erweiterung des Beobachtungsprogramms). Bote Akad. Wiss. UdSSR Nr. 8 S. 88—90 (russ.). — Ref. in RJ 1957 Nr. 4 S. 6.

A. B. Sewerny, Das Astrophysikalische Observatorium der Akademie der Wissenschaften der UdSSR auf der Krim. Mitt. Astrophys. Obs. Krim **16** 176—181 (russ.). — Ref. Krim-Tagung Sept. 1955.

1234. Malvern

R. A. Smith, Physics at the Radar Establishment, Malvern. Proc. Roy. Soc. (A) **235** 1—10, mit 2 Fig. und 4 Tafeln. — Der Bericht enthält einen Abschnitt über die unter der Leitung von J. S. Hey stehende radioastronomische Arbeitsgruppe, von der Fragen der galaktischen und solaren Radiostrahlung untersucht werden.

1235. Mauna Loa

Science **124** 531. Mauna Loa Observatory.

Techn. News Bull. National Bureau Standards **40** Nr. 10 S. 137—138. Mauna Loa Observatory for high altitude research. — Ref. in RJ 1957 Nr. 7 S. 74.

1236. Milano-Merate

A. Kranjc, Un impianto per la spettrofotometria all'Osservatorio di Merate. Mem SA It (NS) **27** 245—248, mit 2 Tafeln = Contr. Oss. Astr. Milano-Merate (NS) Nr. 86. — Beschreibung eines automatisch funktionierenden Spektralsensitometers mit einem registrierenden photoelektrischen Photometer nach Hirsch-Schön, dessen Scheide aber zwischen der quadratischen Blende des Kameraobjektivs und der photographischen Platte steht, daher mit linearer Intensitätsvariation. Das am Mollschen Mikrophotometer erhaltene Spektrosensitogramm gibt dadurch direkt die T—I Kurve, welche aus dem Papier herausgeschnitten werden kann, zur direkten Verwendung als Maske in einem T—I vorteilhaft modifizierten Reduktionsapparat vom Typus Minnaert-Houtgast.

A. Kranjc, Un moto orario elettronico del riflettore Zeiss di Merate. Mem SA It (NS) **27** 279—289, mit 2 Fig. = Contr. Oss. Astr. Milano-Merate (NS) Nr. 90. — Es wird ein Uhrwerk beschrieben, welches einen kleinen Asynchronmotor verwendet, dessen Rotationsgeschwindigkeit durch einen einfachen von einem Pendel gesteuerten Hilfsmechanismus stabilisiert wird. Es ist möglich, sogar von größerer Entfernung aus, die Geschwindigkeit des Uhrwerks vermittels einer anderen Schaltung der Phasenkontrolle in den Grenzen $\pm$ 1.5% zu variieren.

Roma 1956. Ministero della Pubblica Istruzione. 52 S. mit 3 Abbildungen. Osservatorio Astronomico di Brera-Milano e succursale di Merate.

1237. Montville

Sky and Telescope **15** 484. New site for Warner and Swasey Schmidt. — Ref. in Coelum **25** 62.

1238. Mount Hamilton

NAT 1956 S. 132—133, mit 1 Fig. und 1 Tafel. Lick-Observatoriet.

Sky and Telescope **16** 62—63, mit 6 Fig. Some views of the 120-inch telescope.

1239. Mt. Palomar

F. Egger, Rund um den Hale-Reflektor. Orion Schaffhausen **5** 67—69, mit 1 Fig.

D. D. Kotsakis, Die zwei großen Fernrohre auf dem Mt. Palomar, ihre Technik und ihre Leistung. Techn. Ann. Nr. 379—380, 11 S. mit 9 Fig. = Monographie Griech. Astr. Ges. Nr. 4 = Publ. Laboratory Astr. Univ. Athen (1) Nr. 7 (griech.). — Beschreibung des 200-Zöllers und des 48'-Schmidt-Teleskops vom Mt. Palomar und der mit diesen Instrumenten durchgeführten Forschungen. Mawridis

J. K. Lagemann, Los hombres de Palomar. El Universo Nr. 34 S. 3—10.

JBAA **66** 80. Discoveries with the 48-inch Palomar Schmidt Telescope.

Sky and Telescope **15** 344. Radio telescope on Palomar Mountain.

Sky and Telescope **16** 3. Color lantern slides from Palomar Observatory.

1240. Mt. Stromlo

B. J. Bok, Mount Stromlo Observatory. Southern Stars **17** 44—46.

O. J. Eggen, The Australian Commonwealth Observatory. Sky and Telescope **15** 340—343, mit 10 Fig. — Ref. in Coelum **24** 185.

J. Astr. Soc. Victoria **9** 76, mit 1 Fig. The Mount Stromlo 74-inch reflector.

Optician **131** 203. New 74-in. telescope reflector at Mt. Stromlo. — Ref. in RJ 1956 Nr. 10 S. 60.

Obs **76** 14, mit 1 Tafel. The Australian Commonwealth Observatory.

1241. Mt. Wilson

O. C. Wilson, The new Cassegrain spectrograph for the Mount Wilson 60-inch telescope. Publ ASP **68** 346—350, mit 1 Fig. und 2 Tafeln.

1242. Nançay

E.-J. Blum, A. Boischot, M. Ginat, L'interféromètre à antennes multiples de la Station de Nançay. CR **243** 19—22, mit 3 Fig. — Es wird eine 700 m lange Interferenz-Antennenanlage aus acht Parabolspiegeln von je 5 m Durchmesser beschrieben. Sie erreicht eine Bündelung (Halbwertsbreite) von 7!5 in Ost-West-Richtung und von 30° in der Meridianebene. Die Anlage arbeitet bei 169 MHz (1.77 m) und wird für Sonnenuntersuchungen (besonders im geophysikalischen Jahr) eingesetzt. Labs

1243. Napoli

T. Nicolini, Sviluppi nell'alttrezzatura accessoria ed attività dell'Osservatorio di Capodimonte negli anni 1953—1956. Oss. Astr. Capodimonte-Napoli Collezione Miscellanea 1 Nr. 15, 9 S. mit 2 Tafeln.

Roma 1956. Ministero della Pubblica Istruzione. Osservatorio Astronomico di Capodimonte a Napoli.

1244. Nashville

C. K. Seyfert, The Baker-Schmidt telescope of the Arthur J. Dyer Observatory. Mitt. AG 1955 S. 77—82, mit 4 Fig. = Mitt. Sternw. Hamburg-Bergedorf **23** Nr. 255.

1245. Neuchâtel

R. Payot, Le nouveau dispositif pour l'observation impersonelle des chronomètres à l'Observatoire de Neuchâtel. J. Suisse horlog. et bijouterie Nr. 11—12, S. 407—411. — Ref. in RJ 1957 Nr. 7 S. 28.

1246. Ondřejov

M. Blaha, M. Kopecký, Neues Sonnenobservatorium in Ondřejov bei Prag. Vesmír **35** 239—240, mit 2 Fig. (tschech.).

B. Valníček, Observatory of the Czechoslovak Academy of sciences in Ondřejov. RH **37** 82—86, mit 6 Fig. (tschech.).

1247. Oslo

R. Brahde, Tårnteleskopet. Naturen 1954 Nr. 7 S. 215—224, mit 6 Fig. = Inst. Teoret. Astrofys. Blindern-Oslo Småtrykk Nr. 7, 1954.

R. Brahde, Tårnteleskopet ved Solobservatoriet, Harestua. Fra Fysikkens Verden 1954 Nr. 2 S. 49—64, mit 7 Fig. = Inst. Teoret. Astrofys. Blindern-Oslo Småtrykk Nr. 10, 1954.

S. Rosseland, Astrofysisk institutt — Solobservatoriet. Naturen 1954 Nr. 7 S. 207—215, mit 5 Fig. = Inst. Teoret. Astrofys. Blindern-Oslo Småtrykk Nr. 7, 1954.

1248. Padova

A. Norinelli, G. Pinto, Determinazione della latitudine dell'Osservatorio astronomico di Padova. Mem. Accad. Patavina Sci. Lettere Arti Cl. Sci. Mat. Nat. **67**, 19 S., 1955 = Oss. Astr. Padova Pubbl. Nr. 105. — $\varphi = 45° 24' 1!34 \pm 0!06$.

1249. Palermo

L. Chiara, Relazione sullo stato e sull'attività dell'Osservatorio Astronomico di Palermo dal 1939 al 1955. Pubbl. Oss. Astr. Palermo (NS) **9** Relazione, 10 S. mit 2 Fig.

L. Chiara, Il comparatore «Askania» 120/60 dell'Osservatorio Astronomico di Palermo. Pubbl. Oss. Astr. Palermo (NS) **10** Nr. 3, 15 S. mit 3 Fig.

1250. Paris

J. Delhaye, Etude des corrections de division des cercles de l'instrument méridien Bischoffsheim de 19 cm de l'Observatoire de Paris. Comparaison des nouvelles corrections aux anciennes. Précision des mesures et déformations des cercles. BA

20 101—117, mit 3 Fig. — Der Vergleich der 1953 bestimmten Teilungsfehler mit den vorhergehenden gestattet eine Schätzung der Genauigkeit der Messungen in den beiden Bestimmungen und zeigt, daß eine Verbiegung der Kreise stattgefunden hat. Verf.

M. Janet, La chaire de mécanique analytique et mécanique céleste de la faculté des sciences. Ann. Univ. Paris **26** 379—380. — Ref. in RJ 1957 Nr. 6 S. 3.

J. Lévy, R. Dubois, S. Grillot, J. Blum, R. Chapelain, J. Delhaye, Nouvelles corrections de division des cercles de l'instrument méridien de l'Observatoire de Paris. BA **20** 79—100. — Mitteilung der neuen Verbesserungen.

1251. Pic-du-Midi

J. Rösch, L'Observatoire du Pic du Midi. BSAF **70** 99—103, 137—141, mit 4 Fig.

1252. Poznań

H. Hurnik, F. Koebcke, The time service of the Poznań University Observatory. Bull. Soc. Amis Sci. Lettres Poznań (B) **13** 375—383, mit 5 Fig. = Poznań Obs. Repr. Nr. 32.

1253. Pretoria

A. D. Thackeray, Nocturnal temperature ranges, winds and seeing conditions at the Radcliffe Obervatory, Pretoria. MN ASSA **15** 35—39, mit 4 Fig.

1254. Pulkowo

I. A. Prokofjewa, Der Außerhalbfinsternis-Koronograph von Pulkowo. Sonnendaten 1956 Nr. 2 S. 119—122 (russ.). — Ref. in RJ 1957 Nr. 4 S. 65.

P. Rybka, Historia Obserwatorium Astronomicznego w Pułkowie. Warszawa, Towarzystwo Wiedzy Powszechnej, 1954. 21 S.

1255. Sacramento Peak

J. W. Evans, The Sacramento Peak Observatory. Sky and Telescope **15** 436—441, mit 15 Fig. — Ref. in Coelum **25** 27—28.

1256. San Fernando

A. Orte Lledó, El nuevo servicio horario del Observatorio de Marina de San Fernando. Urania Barcelona **41** 12—16, mit 2 Fig.

1257. Stalinabad

P. B. Babadshanow, S. O. Issamutdinow, Bestimmung der Koordinaten der Meteorstation des Astronomischen Observatoriums Stalinabad. AC Nr. 170 S. 20 (russ.).

1258. Strasbourg

P. Bru, Le micromètre à double image de l'équatorial de 210 mm. Ann. Obs. Strasbourg **5** Fasc. 5 S. 46.

P. Lacroute, Le nouvel équatorial de 210 mm. Ann. Obs. Strasbourg **5** Fasc. 5 S. 44—45, mit 1 Tafel.

P. Muller, P. Lacroute, A. Schmitt, J. Huss, P. Bru, Etude de quelques propriétés du cercle méridien de l'Observatoire de Strasbourg. Ann. Obs. Strasbourg **4** Fasc. 2 S. 5—15, mit 1 Fig.

1259. Taschkent

W. P. Schtscheglow, Geschichte des Astronomischen Observatoriums der Akademie der Wissenschaften der Usbekischen Sowjetrepublik in Taschkent. Publ. Inst. Geschichte Naturwiss. Techn. Akad. Wiss. UdSSR 1955 S. 337—380 (russ.). — Ref. in RJ 1956 Nr. 12 S. 2.

1260. Tokyo

M. Kitamura, T. Nakamura, A photoelectric study of the atmospheric extinction at Tokyo Astronomical Observatory. Vgl. Ref. **7264**.

S. Sakuma, On the visibility of stars in Tokyo city derived from the recent 10 years variable star observations. Mem. Japan Astr. Study Ass. 1 137—142, mit 1 Fig.

1261. Tonantzintla

G. Haro, Observational programs and some results obtained with the Tonantzintla Schmidt camera. Mitt. AG 1955 S. 60—65 = Mitt. Sternw. Hamburg-Bergedorf **23** Nr. 255.

1262. Toulouse

E. Paloque, R. Bouigue, L'Observatoire de Toulouse. Historique, travaux, outillage, récents développements. Ann. Obs. Astr. Mét. Toulouse **24** 5—34, mit 38 Fig.

1263. Trieste

E. L. Martin, Ricerche fotometriche. III. I lavori di fotometria all'Osservatorio Astronomico di Trieste. Oss. Astr. Trieste Nr. 269, 7 S. — Bericht über die in den letzten Jahren ausgeführten Beobachtungen mit dem neu gebauten lichtelektrischen Photometer. Cester

Roma 1956. Ministero della Pubblica Istruzione. Osservatorio Astronomico di Trieste. 30 S. mit 4 Fig.

1264. Uccle

J. Bouška, Royal Astronomical Observatory in Uccle. RH **37** 249—251, mit 4 Fig. (tschech.).

J. Brouet, P. Melchior, Sur la latitude moyenne de l'Observatoire Royal de Belgique, à Uccle. Commun. Obs. Roy. Belgique Nr. 110.

1265. Wellington

Carter Obs. Astr. Bull. Nr. 44, 12 S. mit 4 Fig. Public sessions programme for 1956.

Carter Obs. Astr. Bull. Nr. 46, 4 S. mit 1 Fig. Public sessions programme for 1957.

1266. Wien

K. Ferrari d'Occhieppo, Doppeljubiläum der Wiener Universitätssternwarte. Internat. math. Nachr. **10** Nr. 45—46 S. 66—67. — Ref. in RJ 1957 Nr. 5 S. 11—12.

1267. Zagreb

V. Vujnović, Šesti decenij Zagrebačke gornjogradske zvjezdarnice. Vasiona 4 80—81, mit 1 Abb.

1268. **D. Chalonge,** Les observatoires d'astrophysique de Crimée et d'Arménie. BSAF **70** 85—98, mit 5 Fig.

1269. **G. Z. Dimitroff,** Astronomy in Scandinavia. JBAA **66** 184—187.

1270. **J. B. Irwin,** Southern hemisphere observatory. Science **123** 577 = Goethe Link Obs. Repr. Nr. 11. — Nach Aufzählung einer Anzahl von Großinstrumenten, die auf der Südhalbkugel fertig oder im Bau sind, wird über den Plan berichtet, daß in Zusammenarbeit der Astronomen von Belgien, Frankreich, Großbritannien, Holland, Schweden und Westdeutschland ein internationales Observatorium in Südafrika errichtet werden soll. F. S.

1271. **J. Mergentaler,** Z wizytą w obserwatoriach radzieckich. Postępy Astr. 4 93—98. — Übersicht über die Instrumente der Observatorien in Moskau, auf der Krim und in Bjurakan und Berichte von den Konferenzen auf der Krim und in Bjurakan.

1272. **J. H. Oort,** A new southern hemisphere observatory. Sky and Telescope **15** 163. — Bericht über den Zweck einer internationalen Sternwarte in Südafrika und den Stand des Unternehmens. F. S.

1273. **R. M. Petrie,** The growth of astronomy in Canada. J RAS Canada **50** 146—151.

1274. **L. Rosino,** Noterelle d'un astronomo nel Transwaal. Coelum **24** 129—135, mit 2 Tafeln. — Aufzeichnungen des Verf. über seine Reise nach Südafrika, Beschreibung der dortigen Sternwarten und Mitteilung seines Beobachtungsprogrammes. Cester

1275. **Z. Švestka, V. Vanýsek,** Astrophysikalische Observatorien auf der Krim und im Kaukasus. Časopis **6** 6—9, mit 12 Fig. (tschech.).

1276. **I. L. Thomsen,** The future of astronomy in New Zealand. Southern Stars **17** 7—14.

1277. **A. G. Velghe,** Radio-astronomie in de Verenigde Staten. Hemel en Dampkring **54** 61. — Planung eines 140 Fuß-Radioteleskops.

1278. **A. E. Whitford,** The plan for a new American observatory. Publ ASP **68** 115—117. — Ref. in Vasiona **4** 88. — Die National Science Foundation hat ein beratendes Gremium für die vorgesehene Einrichtung eines neuen amerikanischen Observatoriums berufen. Ein vorläufiges Fünfjahresprogramm sieht vor, daß für das Observatorium eine Gegend mit guten Wetter- und Sichtverhältnissen, vor allem im Winter und Frühjahr, zu suchen ist (möglichst auch günstig für Sonnenforschung) und daß das erste größere Instrument ein 80″-Cassegrain-Spiegelteleskop sein soll, während über ein wesentlich größeres Teleskop erst im letzten Programmjahr beraten werden soll. O. G.

1279. **W. W. Witkewitsch, B. M. Tschichatschew,** Einige radioastronomische Stationen im Ausland. AJ UdSSR **33** 120—126, mit 4 Abb. (russ.). — Ausführlicher Bericht über die beiden radioastronomischen Forschungsstationen in England, Jodrell Bank und Cambridge. Die instrumentelle Einrichtung, der Stand der Arbeiten und die Planung werden im einzelnen beschrieben. Daran schließt sich ein kurzer Überblick über die Stationen in Sydney, Paris und Washington an. Oster

1280. Osservabilità del cielo nel Golfo di Genova (Voltri). Coelum **24** 144—146, mit 1 Fig.

1281. Plannen en voorbereidingen tot stichting van een Westeuropese sterrenwacht in Zuidafrika. Hemel en Dampkring **54** 40.

1282. Proposed southern hemisphere observatory. J. Geophys. Res. **61** 308.

1283. An optical astronomy observatory for the University of Michigan. Nature **178** 837.

1284. Centro di studio per l'astrofisica. Attività svolta durante l'anno 1955. Ric. Sci. **26** 1709—1717. — Tätigkeitsbericht des im Oktober 1953 gegründeten Studienzentrums für Astrophysik, das aus drei an den Sternwarten Arcetri, Asiago und Merate untergebrachten Abteilungen besteht.

1285. A new American observatory. Sky and Telescope **15** 107, 111. — Bericht über Pläne für den Bau einer neuen Großsternwarte im Südwesten der USA. F. S.

1286. National radio observatory site selected in West Virginia. Sky and Telescope **15** 398—399, mit 2 Fig. — Ref. AAS.

1287. American radio astronomy centre. Vega **2** Nr. 32 S. 2. — Planung eines neuen großen Radio-Observatoriums.

1288. Privat- und Volkssternwarten

Astr. Nachr. Berlin-Treptow 8 7—14. Jahresbericht der Archenhold-Sternwarte 1954/55. D. Wattenberg.

Astr. Nachr. Berlin-Treptow 8 40—43. 60 Jahre Archenhold-Sternwarte.
Berlin-Treptow. Die Archenhold-Sternwarte. 48 S. mit zahlreichen Fig. D. Wattenberg.
Einstein-Sternw. Görlitz Mitteilungsblatt **6** Nr. 12, 1 S. Zentrale Astronomen-Tagung. — Zusammenkunft aus Anlaß des 60jährigen Bestehens der Archenhold-Sternwarte.
J. Astr. Soc. Victoria **9** 26—27, mit 1 Fig. Visit to Ballarat Observatory.
MN **116** 215. Canterbury University College Observatory. K. W. Roth.
MN **116** 215—216. Godlee Observatory, Manchester.
MN **116** 216. Mr R. Barker's Observatory, Cheshunt, Hertfordshire.
MN **116** 216. Dr J. L. Haughton's Observatory, Charmouth, Dorset.
MN **116** 216. Mr M. B. B. Heath's Observatory, Kingsteignton, S. Devon.
MN **116** 216. Mr F. M. Holborn's Observatory, Peaslake, Surrey.
MN **116** 216. Mr Patrick Moore's Observatory, East Grinstead, Sussex.
MN **116** 216—217. Mr G. E. Patston's Observatory, Eastbourne, Sussex.
MN **116** 217. Mr F. J. Sellers' Observatory, Muswell Hill, London.
MN **116** 217. Dr W. H. Steavenson's Observatory, Cambridge.
MN **116** 217. Dr R. L. Waterfield's Observatory, Ascot, Berkshire.
MN **116** 217. Dr H. P. Wilkins' Observatory, Bexleyheath, Kent.
Orion Schaffhausen **5** 30—32, mit 1 Fig. Die neue Sternwarte des Seminars der Stadt Luzern. E. Roth.
RH **37** 267—269, mit 3 Fig. (tschech.). Sixty years of Archenhold's popular observatory in Berlin-Treptow. O. Obůrka.
RH **37** 282—283 (tschech.). Volkssternwarte Urania in Budapest. O. Obůrka.
Sky and Telescope **15** 396—397, mit 2 Fig. Harrisonburg Observatory expands facilities.
Sterne **32** 125—126. Die Kopernikus-Sternwarte der Oberschule Zerbst. K.-J. Uebe.
Sterne **32** 126—128, mit 2 Fig. Eröffnung der Sternwarte Reutlingen. J. Herrmann.
Sterne **32** 247—249, mit 1 Fig. Die neue Volkssternwarte Apolda. E. Bartl.
Sterne **32** 249—250, mit 2 Fig. Volkssternwarte Schönebeck a. d. Elbe. G. Eschenhagen.
Sternenbote **7** 37. Einweihung der Sternwarte Reutlingen.
Sternenbote **7** 65. Wo und wann existierten deutsche Volkssternwarten?
Trieste, 4 S. mit 1 Fig. La Specola Ariel di Treviso. E. L. Martin.
Urania København **13** 50—51. Brandtårn som observatorium. V. G. Hilding Larsen. — Turm der Feuerwehrstation Frederiksberg als Sternwarte. Beschreibung der Einrichtung. C. L. J.
Urania Kraków **27** 223. Nowy teleskop w Szczecinie. J. Giergielewicz.
YC 1386 S. 10. Amagasu Observatory.

1289. **F. Kadavý, J. Klepešta,** Lidová hvězdárna v Praze. Prag, Verlag STN, 1956. 32 S. mit 19 Fig. Preis Kčs. 2.88. — Ein kleiner Führer für die Besucher der Volkssternwarte in Prag. — Besprechung in RH **37** 263.

1290. **V. E. J. Terrell,** The Ballarat Observatory. An historical sketch. J. Astr. Soc. Victoria **9** 10—11. — Die erfolgreiche Arbeit eines astronomisch interessierten Personenkreises veranlaßte James Oddie, 1886 aus eigenen Mitteln ein Observatorium zur Fortführung dieser Arbeiten zu gründen. Mit dem wissenschaftlichen und technischen Ausbau des Ballarat Observatoriums sind die Namen Baker, Brittain eng verbunden. Nach dem Tode von J. Brittain vergingen vier Jahre, bis man 1947 in A. G. Caird einen geeigneten Nachfolger fand. U. Baehr

Planetarien

1291. **W. Basykin, W. Luzkij,** Das Moskauer Planetarium. Moskau, Verlag «Moskauer Arbeiter», 1956. 2., ergänzte Auflage. 240 S. mit Abb. Preis 2 R. 10 Kop. (russ.). — Ref. in RJ 1957 Nr. 5 S. 16.

1292. **R. H. Emmons,** The North Canton Planetarium. AJ **61** 176—177. — Ref. AAS.

1293. **J. Gadomski,** Planetarium i Obserwatorium Ludowe w Warszawie. Urania Kraków **27** 52.

1294. **J. Klepešta,** Little Zeiss planetarium. RH **37** 49—50 (tschech.).

1295. **H. Letsch,** Das Zeiss-Planetarium. Vgl. AJB **55** Ref. **1295.** — Weitere Besprechung in RJ 1957 Nr. 7 S. 13, Sterne **33** 80 (C. Hoffmeister).

1296. **K. N. Schistowskij,** Die Verwendung des Arithmometers zur Auffindung von Kommensurabilitäten und zur Konstruktion eines Planetariums. Bull. Astr.-Geod. Ges. UdSSR Nr. 18 S. 67—69 (russ.).

1297. The Air Force Academy to have planetarium. Sky and Telescope **15** 121.

1298. Zeiss planetariums today. Sky and Telescope **15** 158.

1299. Otwarcie pierwszego w Polsce Planetarium Zeissowskiego. Urania Kraków **27** 106—107.

12100. Planetarium in Jerusalem. Vega **2** Nr. 32 S. 2.

§ 13

Geschichte und Fortschritte der Astronomie

1301. **A. Aaboe,** On the Babylonian origin of some Hipparchian parameters. Centaurus **4** 122—125, 1955. — Ref. in RJ 1957 Nr. 7 S. 1.

1302. **J. Ashbrook,** John Bewis and an occultation of Mercury by Venus. Sky and Telescope **16** 68.

1303. **R. J. C. Atkinson,** Stonehenge. London, Hamish Hamilton Ltd., 1956. 210 S. Preis 16 s. — Besprechung in Sky and Telescope **15** 364, **16** 79—80, mit 1 Fig. (G. S. Mumford III).

1304. **D. Basu,** The physics of the sun. Sci. and Culture **22** 198—201. — Bericht über die Untersuchungen des Sonnenspektrums seit 1914.

* * **P. G. Bergmann,** Fifty years of relativity. Vgl. Ref. **4104.**

1305. **F. Bonasera,** Un globo celeste di Guglielmo Blavius conservato nel museo nazionale delle Marche di Ancona. Coelum **24** 75—77, mit 2 Tafeln. — Beschreibung eines Himmelsglobus aus dem Jahre 1622. Cester

1306. **G. Borozki,** Der Hundsstern im alten Ägypten. Vasiona **4** 76—77 (serb.).

1307. **H. von Bronsart,** Newtons Apfelbaum. Sterne **32** 29—30.

1308. **P. Caligaris,** Brevi note di cosmografia dantesca. Coelum **24** 136—138.

1309. **B. Chiat,** Longitude determination: An historical survey. MN ASSA **15** 22—26, 32—34, 77—78, 91—95. — Die ersten Bestimmungen von Längenunterschieden wurden durch die Beobachtung kosmischer Vorgänge, die an den beiden Erdorten sichtbar waren, vorgenommen. Die hierbei erreichbare

Genauigkeit wurde dann später durch die Konstruktion und Verbesserung transportabler Chronometer gesteigert. Umwälzend in der Praxis der Längenbestimmungen wirkte sich die Verwendung der elektrischen Telegraphie zur Zeitübertragung aus. Ferner wurde durch die Beobachtung von Meridiandurchgängen mit dem unpersönlichen Mikrometer eine Herabsetzung des Meßfehlers um 60% erreicht. Mit der Anwendung der drahtlosen Telegraphie wurde die Längenbestimmung an jedem beliebigen Erdort möglich. Seit der Erfindung der Quarzuhr führten die letzten Jahrzehnte durch weiteren Ausbau und Verfeinerung der Apparaturen sowie durch internationale Zusammenarbeit im Zeitdienst zur fortlaufenden Verbesserung der Zeit- und Längenbestimmung. U. Baehr

* * **G. F. Chilmi,** 200 Jahre wissenschaftlicher Kosmogonie. Vgl. Ref. 5508.

1310. **J. Chodakowski,** Astronomy in ancient Egypt. Obs **76** 28.

* * **L. Cottier,** The history of the universal watch. Vgl. Ref. **2313.**

1311. **P. Couderc,** Les étapes de l'astronomie. Paris, Presses univ. France, 1955. 3. Auflage. 128 S. mit Abb. Preis 153 Fr.

1312. **F. J. Escalante,** Newton y la leyenda de la Manzana. El Universo Nr. 37 S. 108—117, 121, mit Bild.

1313. **F. Fuchs,** Der Aufbau der Astronomie im deutschen Museum (1905—1925). München, R. Oldenbourg, 1955. 68 S. Preis DM 2. — Vgl. AJB **55** Ref. **1323.** — Weitere Besprechung in PAT **38** 79.

1314. **E. Guyot,** Histoire de la détermination des Longitudes. Vgl. AJB **55** Ref. **1325.** — Weitere Besprechung in J. Inst. Navigation **10** 110—111 (G. P. B. Naish), Orion Schaffhausen **5** 266—267.

1315. **E. Guyot,** La détermination de l'heure autrefois et aujourd'hui. Ciel et Terre **72** 457—480, mit 18 Fig. — Der Abriß über die Geschichte der astronomischen Zeitbestimmung beginnt mit der Beschreibung der verschiedenen Typen von Sonnenuhren des Altertums und Mittelalters. Die weitere Entwicklung geht über die Methoden der Zeitbestimmung aus der Beobachtung von Sternhöhen zum Meridiankreis und schließlich zum photographischen Zenitteleskop mit einer Genauigkeit von 0ˢ003 für eine Nacht. T. L.

1316. **M. Hack,** L'evoluzione dello spettrografo stellare nella storia dell'astrofisica. Atti Fond. Ronchi **11** 158—174.

1317. **G. Holton,** Johannes Kepler's universe: Its physics and metaphysics. American J. Phys. **24** 340—351.

1318. **A. Luplau Janssen,** Astronomien og de middelalderlige Billedtæpper. Urania København **13** 37—48. — In dieser Abhandlung werden die auf verschiedenen mittelalterlichen, meistens nordischen Bildteppichen abgebildeten Himmelskörper behandelt, insbesondere der Halleysche Komet auf dem berühmten Bayeuxteppich. Es wird nachgewiesen, daß der Komet auf dem Teppich dort abgebildet worden ist, wo er sich in Übereinstimmung mit Crommelins Berechnungen und mit den Angaben der mittelalterlichen Chronisten auch befinden sollte. C. L. J.

1319. **E. S. Kennedy,** A survey of islamic astronomical tables. Trans. American Philos. Soc. **46** 123—177. — Ref. in RJ 1957 Nr. 3 S. 3.

1320. **E. S. Kennedy,** Parallax theory in islamic astronomy. Isis **47** 33—53. — Ref. in RJ 1957 Nr. 7 S. 1—2.

1321. **H. C. King,** The History of the Telescope. Vgl. AJB **55** Ref. **1334.** — Weitere Besprechung in La Nature **84** 159, Nature **177** 955—956 (H. E. Butler), PAT **38** 76—79 (Å. Wallenquist), Science **123** 109 (F. K. Edmondson).

1322. **D. Kotsakis,** Die Wissenschaften während der drei letzten Jahrhunderte von Byzanz. Actes 1er Congrès Culture Gréco-Chrétienne, 23 S. = Publ. Laboratory Astr. Univ. Athen (1) Nr. 9 (griech. mit deutschem Ref.). — An Hand zahlreicher Beispiele von bedeutenden Gelehrten wird die große Entwicklung der Wissenschaften im allgemeinen und besonders der Naturwissenschaften während der drei letzten Jahrhunderte von Byzanz (13.—15. Jahrhundert) dargestellt. Mawridis

1323. **I. V. M. Krishna Rav,** The motion of the moon in Tamil astronomy. Centaurus **4** 198—220.

1324. **F. Kubica,** Seneka o kulistości Ziemi. Urania Kraków **27** 105—106.

1325. **P.-S. Laplace,** Compendio di storia dell'astronomia. Torino, Ed. Cooperativa libro popolare, 1953. 103 S. Preis 150 L.

1326. **P. S. Laurie,** Flamsteed's well. Obs **76** 24—25. — Die Behauptung, man könne vom Grunde eines tiefen Schachtes aus helle Sterne am Tage sehen, ist unausrottbar. Auf diesem Irrtum beruht die Legende, John Flamsteed habe auf dem Grundstück des Greenwicher Observatoriums einen Schacht zu diesem Zweck ausheben lassen. Der Schacht ist tatsächlich gegraben worden, aber es sind Beweise dafür vorhanden, daß Flamsteed dabei an die Herstellung eines Zenitteleskops dachte, mit dem er γ Dra beobachten wollte. Allem Anschein nach erwies sich jedoch das mit dem Schacht verbundene Projekt als ein Fehlschlag. U. Baehr

1327. **F. Longauer,** Solar pictures and solar ornaments on the prehistorical objects. RH **37** 104—110, mit 18 Fig. (slowak.).

1328. **K. Lundmark,** D'Arrest's investigations on the nebular spectrum and his discovery in 1871 of a relation between Hβ, Hγ, Hδ. Lund Medd. (2) Nr. 132, 1 S.

1329. **G. D. Mamedbejli,** Zur Geschichte des Teleskops. Abh. Aserbejdshan. Univ. Nr. 11 S. 71—74, 1955 (russ. mit aserbejdshan. Ref.). — Ref. in RJ 1956 Nr. 12 S. 1—2.

1330. **L. A. Mayer,** Islamic Astrolabists and their Works. Genf, A. Kundig, 1956. 123 S. mit 26 Tafeln. — Besprechung in Deutsche Literaturzeitung **78** Heft 3, 2 S. (E. Zinner).

1331. **M. Milanković,** Die Geschichte der astronomischen Wissenschaft seit der Frühzeit bis zum Jahre 1727. Belgrad, Wissenschaftliches Buch, 1954. 143 S. mit Abb. (serb.). — Besprechung in RJ 1957 Nr. 4 S. 5.

1332. **P. Moore,** Mensen, mythen en sterren. Een geschiedenis van de sterrenkunde vanaf de holemens tot op de huidige dag. Utrecht, Vert. uit het Engels, Het Spectrum. 222 S. Preis 1.25 Fl.

1333. **G. Nádor,** The Copernican theory and its influences on scientific thought. Magyar Tud. Akad. Mat. Fiz. Tud. Oszt. Közl. **6** 93—105 (ungar.). — Ref. in RJ 1957 Nr. 7 S. 2.

1334. **A. Nielsen,** Øjebliksoptagelser af stjernehimlen. NAT 1956 S. 68—70, mit 1 Fig.

1335. **E. Panofsky,** Galileo as a critic of the arts. Aesthetic attitude and scientific thought. Isis **47** 3—15. — Ref. in RJ 1957 Nr. 4 S. 3.

1336. **E. Pettit,** The first century of the telescope. ASP Leaflet Nr. 323, 8 S.

1337. **D. W. Pjaskowskij,** Kurzer Abriss der Entwicklung der Astronomie an der Universität Kiew. Abh. Univ. Kiew **13** Nr. 7 S. 21—28, 1955 (ukrain. mit russ. Ref.). — Ref. in RJ 1957 Nr. 4 S. 2.

1338. **D. J. Price,** Clockwork before the clock. Horlog. J. **98** 31—35. — Ref. in RJ 1957 Nr. 4 S. 2.

1339. **H. Rohr,** Die Teleskopspiegelschleifer in der Schweiz. Sterne **32** 195—198.

1340. **W. Sandner,** Astronomie in Mittelfranken. Sternenbote **7** 29—32.

1341. **F. Saxl, H. Meier,** Verzeichnis astrologischer und mythologischer illustrierter Handschriften des lateinischen Mittelalters. III. Handschriften in englischen Bibliotheken. Herausgegeben von H. Bober. London, The Warburg Institute of the University, 1953. 587 S. — Besprechung in Theolog. Literaturzeitung 1957 Nr. 6 S. 437—438 (E. Zinner).

1342. **E. Schneider,** Von Kopernikus zur Kobaltwolke. Unser Weltbild und seine dreihundertjährige Geschichte. Berlin-München, Gebr. Weiß-Verlag, 1955. 415 S. mit 167 Abb. und 12 Tafeln. Preis 19.80 DM. — Besprechung in Phys. Blätter **13** 190.

1343. **S. Šebek,** Museum of Tycho Brahe in Benátky (Bohemia). RH **37** 247—249, mit 2 Fig. (tschech.).

1344. **W. D. Stahlman,** Astronomical dating applied to a type of astrological illustration. Isis **47** 154—160. — Ref. in RJ 1957 Nr. 5 S. 1.

1345. **E. Stipanitsch,** Mathematik und Astronomie der alten Chinesen. Wiss. und Natur **9** Nr. 2 S. 58—61 (serb.). — Ref. in RJ 1957 Nr. 7 S. 1.

1346. **O. Struve,** The first determinations of stellar parallax. I. II. Sky and Telescope **16** 9—12, 69—72, mit 15 Fig. — Die erste zuverlässige Parallaxenbestimmung wurde in den Jahren 1837—1839 von Bessel, Struve und Henderson für die Fixsterne 61 Cyg, Wega und α Cen durchgeführt. Durch Zitieren zahlreicher Textstellen wird nachgewiesen, daß in Bezug auf die Chronologie dieser für den Fortschritt der Astronomie bedeutungsvollen Arbeiten weitgehende Verwirrung in der Literatur anzutreffen ist. Die Geschichte der Bestimmung von Fixsternparallaxen wird zurückverfolgt bis zu Hooke, der als erster 1669 die Parallaxe von γ Dra zu bestimmen versuchte. Dieser und weitere Versuche erbrachten nur die Gewißheit, daß die Entfernung der Fixsterne wesentlich größer sein müßte, als bisher angenommen wurde. In Verbindung mit diesen Untersuchungen entdeckte Bradley 1728 die Aberration des Lichtes. U. Baehr

1347. **W. P. Subow,** Historiographie der Naturwissenschaften in Rußland (18. Jhd. — erste Hälfte des 19. Jhd.). Moskau, Verlag Akad. Wiss. UdSSR, 1956. 576 S. Preis 39 R. 25 Kop. (russ.). — Besprechung in RJ 1957 Nr. 4 S. 6.

1348. **G. Tabarroni,** La posizione degli equinozi sulla sfera dell'Atlante Farnese. Coelum **24** 169—174, mit 2 Fig. und 2 Tafeln. — Der Himmelsglobus des Atlas vom Palazzo Farnese (Rom) wird beschrieben mit besonderem Hinweis auf die Lage der Äquinoktien, die beweist, daß der Globus nach den Kenntnissen von Ptolemäus gebaut worden ist. Cester

1349. **L. Thorndike,** Notes upon some medieval Latin astronomical, astrological and mathematical manuscripts at the Vatican. Isis **47** 391—404.

1350. **B. L. van der Waerden,** Tamil astronomy. Centaurus **4** 221—234, mit 3 Fig. — Es werden einige in der Tamil-Astronomie bisher unbeantwortete Fragen untersucht. Geht man bei der Darstellung der Sonnenbewegung von einem Modell aus, das mit der indischen Anschauung in Einklang steht, so ergibt sich, daß die wahre Länge der Sonne mit einer Näherungsformel berechnet ist. Zur Berechnung der Mondlänge wurden in der Tamil-Astronomie Perioden verwandt, die genäherte

Vielfache des anomalistischen Monats sind. Der Übergang auf die wahre Mondlänge erfolgte durch Anbringung einer Korrektion. Mondbreite und Aufgang der Tierkreiszeichen sind trigonometrisch unter Anwendung gewisser Vereinfachungen für kleine Winkel berechnet. U. Baehr

1351. **B. L. van der Waerden,** Tables for the Egyptian and Alexandrian Calendar. Isis **47** 387—390. — Die Tafeln dienen zum Übergang von einem ägyptischen Datum auf den alexandrinischen Kalender und von diesem auf den julianischen Kalender. U. Baehr

1352. **D. W. Waters,** Early pole star tables. J. Inst. Navigation **9** 232—237, mit einer Bemerkung von H. C. Freiesleben. — Verf. belegt seine der von Taylor und Freiesleben (J. Inst. Navigation 8 288 und 285) entgegengesetzte Meinung, daß jedenfalls für den Zeitraum 1550—1640 eine Zusammenarbeit zwischen Wissenschaftlern und Nautikern bestanden hat. Böh.

1353. **H. J. J. Winter, O'Leary DeLacy,** The muslim tradition in astronomy. Pakistan Quart. **6** 49—55, 66. — Ref. in RJ 1957 Nr. 6 S. 1.

1354. **B. A. Woronzow-Weljaminow,** Abriß der Geschichte der Astronomie in Rußland. Moskau-Leningrad, Staatsverlag für technisch-theoretische Literatur, 1956. 371 S. mit Abb. Preis 13 R. 85 Kop. (russ.). — Besprechung in Priroda **46** Nr. 2 S. 121, RJ 1957 Nr. 6 S. 3.

1355. Astronomical Cuneiform Texts. Vgl. AJB **55** Ref. **1369**. — Weitere Besprechung in Science **123** 66—67 (I. B. Cohen).

1356. Historisch-astronomische Untersuchungen. Band 1. Redigiert von P. G. Kulikowskij. Vgl. AJB **55** Ref. **1370**. — Weitere Besprechung in AJ UdSSR **34** 495—499 (A. A. Michajlow).

1357. Historisch-astronomische Untersuchungen. Band 2. Redigiert von P. G. Kulikowskij. Moskau, Staatsverlag für technisch-theoretische Literatur, 1956. 420 S. mit zahlreichen Abb. Preis 12 R. 80 Kop. (russ.). — Besprechung in AJ UdSSR **34** 495—499 (A. A. Michajlow), Coelum **25** 86, RJ 1957 Nr. 4 S. 5—6.

1358. Late Babylonian Astronomical and Related Texts. Vgl. AJB **55** Ref. **1371**. — Weitere Besprechung in Obs **77** 35, RJ 1957 Nr. 3 S. 1.

1359. Ole Rømers paasketabeller. NAT 1956 S. 76—77.

1360. Herschel's «Lunar Volcanos». Sky and Telescope **15** 302—304, mit 2 Fig. — Es handelt sich um W. Herschels Bericht vor der Royal Society aus dem Jahre 1787, wo er einen Vulkanausbruch auf dem Monde beschreibt, den er glaubt beobachtet zu haben. U. Baehr

1361. Astronomische Gemeinschaftsarbeiten. Bonn, Hochschul-Dienst **13** Nr. 7, 3 S.; Phys. Blätter **12** 274—275.

1362. Il significato della parola «Taccuino». Coelum **24** 147—148. — Behandelt die Bedeutung des italienischen Wortes «taccuino», worunter ein Taschenbuch für tägliche Anmerkungen verstanden wird. Das Wort stammt aus dem Arabischen, das im Mittelalter mit «dispositio per tabellas» übersetzt und für ein wissenschaftliches Tabellenwerk benützt wurde. Das Synonym ist Almanach. Cester

1363. Over de appelboom van Newton. Hemel en Dampkring **54** 62.

1364. Fünfzig Jahre Relativitätstheorie. Priroda **45** Nr. 1 S. 114 (russ.).

1365. Mariner's astrolabe. A recent Scottish find. Scott. Geogr. Mag. **72** 24. — Ref. in RJ 1957 Nr. 7 S. 2.

1366. Early history of radio astronomy. Sky and Telescope **15** 310. — Ref. AAS.

1367. A fragment of Martian history. Vega **2** Nr. 34 S. 1.

Fortschritte der Astronomie

1368. J. Bouška, Astronomy in the German Democratic Republic. RH **37** 31—34, mit 6 Fig. (tschech.).

1369. J. Bouška, Astronomie in der D. D. R. Vesmír **35** 19—20, mit 2 Fig. (tschech.).

1370. J. Bouška, Fortschritte der Astronomie im Jahre 1954 und 1955. Vesmír **35** 263—264, mit 1 Fig. (tschech.).

1371. D. Brouwer, The Yale zone catalogue programme. Southern Stars **17** 42—44.

1372. W. G. Fessenkow, Die Fortschritte der Meteoritik 1953—1954. Meteoritika Nr. 14 S. 5—13, mit 2 Abb. (russ.).

1373. M. G. Fracastoro, Progressi dell'astrofisica nell'ultimo cinquantennio. Scientia **91** 336—341 = Oss. Astrofis. Catania Pubbl. (NS) Nr. 13.

1374. N. Missana, Progressi dell'astronomia nell'ultimo cinquantennio. Scientia **91** 380—384.

1375. W. E. Molett, Recent developments in polar navigation. Navigation **4** 118—121, 1954. — Ref. in RJ 1957 Nr. 3 S. 20.

1376. M. W. Ovenden, Recent advances in astronomy. Sci. Progr. **44** 58—65: Photoelectric image tubes and their astronomical applications; 249—251: Radio emission from Jupiter - II; 251—254: Meteors and meteorology; 254—255: Climate and the discovery of comets; 472—479: The astronomical uses of small artificial satellites; 647—651: A radio observation of the cosmological red-shift; 651—655: The distribution of faint radio sources. Weidemann

1377. J. A. Pearce, Endeavour — Reaching for the stars. J RAS Canada **50** 9—13.

1378. T. S. Ringnes, Astronomiske begivenheter i 1953. Naturen 1954 Nr. 14 S. 418—429, mit 10 Fig. = Inst. Teoret. Astrofys. Blindern-Oslo Småtrykk Nr. 11, 1954.

1379. T. S. Ringnes, Astronomiske begivenheter i 1954. Naturen 1956 Nr. 2 S. 74—98, mit 22 Fig. = Inst. Teoret. Astrofys. Blindern-Oslo Småtrykk Nr. 14.

1380. T. S. Ringnes, Astronomiske begivenheter i 1955. Naturen 1956 Nr. 8 S. 451—479, mit 16 Fig. = Inst. Teoret. Astrofys. Blindern-Oslo Småtrykk Nr. 16.

1381. E. Rybka, Polnische Astronomie in den Jahren 1945—1955. Časopis **6** 1—6 (tschech.).

1382. H. Shapley, Highlights of astronomy during the past year· Vega **2** Nr. 32 S. 1.

1383. J. Široký, Fortschritte der sowjetischen Astronomie im Jahre 1955. Pokroky **1** 406—411, mit 2 Fig. (tschech.).

1384. A. Strigatscheff, Die Fortschritte der modernen Kosmogonie. Priroda Sofia **5** Nr. 4 S. 19—23 (bulgar.). — Ref. in RJ 1957 Nr. 6 S. 13.

1385. Some highlights of astronomy in 1956. Science **124** 1140.

III. Instrumente. Beobachtungstechnik

§ 20

Allgemeines, Optik, Beobachtungsanleitungen, Alte Instrumente

2001. **J. Arsac,** Application des théories de l'approximation à l'étude des images optiques. Opt. Acta **3** 55—65, mit 3 Fig. — Ref. in Phys. Abstracts (A) **59** 886—887, Phys. Ber. **35** 2519.

2002. **C. R. Burch,** The theory of figured thin lenses. Obs **76** 173—175. — Sphärische Aberration, Koma und Astigmatismus einer deformierten dünnen Linse können mittels eines «Plate diagram» diskutiert werden. Beck

2003. **D. A. Campbell,** Silver and aluminium coatings on mirrors. JBAA **66** 233—235.

2004. **M. Daisomont,** Un oculaire à deux distances focales. Ciel et Terre **72** 280.

2005. **R. W. Ditchburn,** Optical instruments for the vacuum ultraviolet. Opt. Acta **3** 74—80, mit 4 Fig. — Ref. in Phys. Ber. **35** 2193.

2006. **K. Emden,** Eine einfache Maschine zur Herstellung von Teleskopspiegeln. Orion Schaffhausen **5** 161—163, mit 5 Abb. — Es wird eine einfache Maschine beschrieben, die beim Spiegelschleifen Grob- und Feinschliff und selbst das Polieren übernehmen kann. Es genügt, in Abständen von $^1/_4$ bis 1 Stunde die Schleifschale zu reinigen und neu zu beschicken, das andere besorgt dann die Maschine allein. Die Konstruktion der Maschine ist einfach und durchsichtig, und sie kann mit verhältnismäßig bescheidenen Mitteln hergestellt werden. H. M.

2006a. **J. Flügge,** Die wissenschaftliche und angewandte Photographie. I. Das photographische Objektiv. Vgl. AJB **55** Ref. **2013.** — Weitere Besprechung in Rev. Sci. Instruments **27** 234 (W. P. Siegmund).

2007. **J. Focke,** Wellenoptische Untersuchungen zum Öffnungsfehler. Opt. Acta **3** 110—126, mit 14 Fig. — Ref. in Phys. Ber. **36** 913, Math. Rev. **18** 621.

2008. **H. J. Gramatzki,** Probleme der konstruktiven Optik und ihre mathematischen Hilfsmittel. Berlin, Akademie-Verlag, 1954. 139 S. mit 82 Abb. Preis DM 21.— Besprechung in ZfMG **58** 224 (J. Picht).

2009. **D. G. Hinds,** Steel-faced grinding tools made of cement. JBAA **66** 217—220.

2010. **E. Hock,** Das Lyot-Prinzip bei Refraktoren und Spiegelteleskopen. Sterne **32** 201—202, mit 2 Fig. — Es wird vorgeschlagen, ähnlich wie beim Lyotschen Koronographen auch bei der Beobachtung von Doppelsternen mit besonders schwachem Begleiter den Hauptstern durch eine Kegelblende abzudecken. Behr

2011. **F. D. Kahn,** On the basic approximation in the theory of the phase contrast microscope. Vgl. Ref. **1172,** daselbst S. 121—123 = Astr. Contr. Univ. Manchester (3) Nr. 34.

2012. **H. C. King,** Astronomical observation and reaction times. Optician **131** 240—242, 246. — Ref. in RJ 1956 Nr. 10 S. 6.

2013. **P. G. Kulikowskij,** Poradnik miłośnika astronomii. Warszawa, Państw. Wydawn. Nauk, 1956. 419 S. mit Abb. Preis 30.20 zł. — Übersetzung aus dem Russischen.

2014. **E. H. Linfoot,** Recent Advances in Optics. Vgl. AJB **55** Ref. **2029.** — Weitere Besprechung in J. Optical Soc. America **46** 230 (R. E. Hopkins), Phil. Mag. (8) **1** 977, Rev. Sci. Instruments **27** 404 (F. S. Brackett), Z. Naturforschung **12a** 352 (G. Cario).

2015. **E. H. Linfoot,** Transmission factors and optical design. J. Optical Soc. America **46** 740—752, mit 2 Fig. — Ref. in Phys. Abstracts (A) **59** 794.

2016. **E. H. Linfoot, E. Wolf,** Phase-distribution in and near the bright nucleus of an aberration-free diffraction image. Nature **178** 691—692, mit 1 Fig. = Cambridge Obs. Repr. Nr. 20. — Die Mitteilung fußt auf einer Arbeit, die von den Autoren in Proc. Phys. Soc. (B) **69** 823—832, 1956 veröffentlicht wurde. Dort ist gezeigt, daß die dreidimensionale Phasenverteilung in der Nähe des geometrischen Brennpunktes eines aberrationsfreien Beugungsbildes bei Benutzung monochromatischen Lichtes der Wellenlänge λ im wesentlichen dieselbe ist wie diejenige in einem parallelen Strahlenbündel der Wellenlänge $(1 - \frac{1}{2}\sin^2\alpha)\,\lambda$, welches sich in der durch den Hauptstrahl definierten Richtung fortpflanzt. $\sin\alpha$ bedeutet dabei die numerische Apertur des konvergenten Strahlenbüschels. Sind φ und $\bar{\varphi}$ die Phasen des konvergenten und des parallelen Vergleichsbüschels, so läßt sich die Verteilung der Phasen $\varphi - \bar{\varphi}$ mit Hilfe von im einzelnen dargestellten Approximationsverfahren in Abhängigkeit von $\sin\alpha$ berechnen. In der vorliegenden Mitteilung sind ferner weitere über die oben zitierte Untersuchung hinausgehende numerische Ergebnisse mitgeteilt, insbesondere ist ein Diagramm der Phasendifferenz $\varphi - \bar{\varphi}$ über einen Bereich gezeichnet, der 2.5mal so lang und 6mal so breit ist wie der helle Kern des Beugungsbildes. Oster

2017. **J. K. Louwman,** Vliegengaas verbetert het scheidend vermogen van een refractor. Hemel en Dampkring **54** 18—19, mit 1 Fig. — Anweisung zur zonenweisen Abdeckung des Fernrohrobjektivs mit Drahtgaze zur Verbesserung des Trennvermögens nach amerikanischem Vorbild. In einem kurzen Nachwort verweist A. C. S. van Heel auf die Methode von Jacquinot und Lansraux. In einer weiteren Notiz wird nachträglich der Verf. genannt. Gü.

2018. **E. Mädlow,** Das Auge als Beobachtungsinstrument. Vereinigung der Sternfreunde Nachrichtenblatt, Beilage zu Nr. 9, 8 S.

2019. **E. Mädlow,** Auflösungsvermögen und Lichtstärke. Vereinigung der Sternfreunde Nachrichtenblatt, Beilage zu Nr. 11, 4 S.

2020. **L. C. Martin,** Geometrical Optics. New York, Philosophical Library, 1956. Preis $ 7.50, bzw. 22 s. 6 d. — Besprechung in JBAA **66** 334 (G. Fishter), Publ ASP **68** 374, Science **124** 231—232 (M. Herzberger), Sky and Telescope **16** 128, 335—336 (E. B. Brown), Strolling Astronomer **10** 64 (W. C. Braun).

2021. **H. de Meijer,** Vliegengaas vóór het objectief. Hemel en Dampkring **54** 153, mit 1 Fig. — Erfahrungen mit Zonenblenden aus Drahtgaze vor dem Fernrohrobjektiv. (Vgl. Ref. **2017**). Gü.

2022. **J. Meurers,** Astronomische Experimente. Berlin, Akademie Verlag, 1956. Scientia Astronomica, Bd. 3. 79 S. mit 100 Abb. Preis DM 14.50. — Besprechung im Mitt. Planetenbeobachter **10** 35—37 (G. D. Roth), Phys. Blätter **13** 280—281 (E. Hock), Sternenbote **8** 25—26.

2023. **H. W. Newman,** Testing mirrors. JBAA **66** 72.

* * **D. J. K. O'Connell,** Publication of photoelectric observations of variables. Vgl. Ref. **111139.**

2024. **J. Pagaczewski,** Przewodnik po niebie gwiaździstym. Warszawa, Państw. Zakł. Wydawn. Szkoł, 1955. 3. Auflage. 75 S. mit Abb. Preis 2.65 zł.

2025. **J. Pagaczewski,** Astronomiczne instrumentarium Jana Śniadeckiego. Urania Kraków **27** 229—232, mit 3 Tafeln.

2026. **E. Pettit,** The reflector. ASP Leaflet Nr. 331, 8 S. mit 1 Fig.

2027. **M. B. Protić,** Savremene optičke teleskopske konstrukcije. Vasiona **4** 81—84, mit 5 Abb.

2028. **J. A. Ratcliffe,** Some aspects of diffraction theory and their application to the ionosphere. Rep. Progr. Phys. **19** 188—267, mit 33 Fig. — Ref. in Phys. Abstracts (A) **59** 960—961.

2029. **B. Richards,** Diffraction in systems of high relative aperture. Vgl. Ref. **1172**, daselbst S. 352—359 = Astr. Contr. Univ. Manchester (3) Nr. 38.

2030. **H. Rohr,** Das Fernrohr für jedermann. Vgl. AJB **55** Ref. **2041**. — Weitere Besprechung in Weltraumfahrt 1956 S. 57—58 (W. Schaub).

2031. **V. Ronchi,** Kritik an den Grundlagen der Optik des 17. Jahrhunderts. Optik **13** 322—335, 337—349, mit 12 Abb. — Verf. unterzieht die Messungen an Doppelsternen, die von Schiaparelli und Dembrowsky mit dem gleichen Teleskop des Observatoriums Brera in Mailand gemacht worden waren, einer Prüfung. Dabei ergab sich, daß das Auflösungsvermögen, das aus diesen Messungen abgeleitet werden konnte, keine Konstante sondern eine Funktion der Sterngröße war.

2032. **J. Rösch,** Sur la gémination des images télescopiques. CR **243** 2020—2023. — Verf. untersucht (geometrisch optisch) die Struktur atmosphärischer Störgebiete (Turbulenzelemente), die zu einer Verdopplung der Bilder im Fernrohr führen können. Labs

2033. **B. V. Somes-Charlton,** Application des techniques de télévision à l'astronomie d'observation. Ciel et Terre **72** 215—226, mit 6 Fig. — Bericht über die Möglichkeiten, die Methoden der Fernsehtechnik in der Astronomie anzuwenden. Behr

2034. **H. Suter,** Anleitung zum richtigen Aufstellen einer parallaktischen Montierung. Orion Schaffhausen **5** 105—109, mit 3 Fig.

2035. **P. A. Wayman,** Small stellar images. Obs **76** 175—176. — Die kleinen Sternbilddurchmesser von 0.03 bis 0.07 mm bei Schmidtkameras, die im wesentlichen durch die Szintillation und die Streuung in der Schicht verursacht werden, verlangen mehr als bei anderen Kameras feinkörnige Emulsionen bei mäßigen Expositionszeiten, um eine leistungsfähige Photometrie treiben zu können. Bei einer Quantenausbeute von 5×10^{-3} kann man eine Unsicherheit der Helligkeitsmessung ableiten: $\Delta m = 0.86/d$ (d = Durchmesser des Sternscheibchens). Bei neuen Geräten sollten vor allem die systematischen Fehler verringert werden, um die Leistungen, die durch die heutigen Emulsionen möglich sind, auch auszunutzen. Beck

2036. **H. P. Wilkins, P. Moore,** Making and Using a Telescope. London, Eyre & Spottiswoode, 1956. 160 S. mit 25 Fig. Preis 12 s. 6 d. — Besprechung in Irish AJ **4** 33—34.

2037. **H. P. Wilkins, P. Moore,** How to Make and Use a Telescope. New York, W. W. Norton & Co. Inc., 1956. 196 S. Preis $ 2.95. — Besprechung in Sky and Telescope **16** 231—232 (C. E. Johnson).

2038. **C. G. Wynne,** New lens systems. Rep. Progr. Phys. **19** 298—325, mit 13 Fig. — Ref. in Phys. Abstracts (A) **59** 954.

2039. Commission des instruments. Herausgegeben von J. Texereau. BSAF **70** 75—79, 196—199, 298—301, 386—390, 404, mit zahlreichen Fig.

2040. Esame delle qualità ottiche di un cannocchiale. Coelum **24** 80—82.

2041. Aluminising of mirrors. J. Astr. Soc. Victoria **9** 57.

2042. Daylight visibility of stars through a long shaft. Obs **76** 36.

2043. Television in the service of science. Obs **76** 36—37.

2044. Spiegelschleifer berichten ... Les tailleurs de miroirs donnent leur avis. Orion Schaffhausen **5** 74—77, mit 3 Fig.

2045. Die Wahl der Kamera und Optik. Sternenbote **7** 75—77.

Beobachtungsanleitungen

* * **L. d'Azambuja,** La reprise de l'activité solaire. Méthodes nouvelles pour la mieux observer. Vgl. Ref. **6304**.

2046. **I. Bajcárová, R. Bajcár,** Astronomické praktikum. Príručka pre astronomické krúžky. Bratislava, Osvetove ústredie, 1956. 122 S. mit Abb.

2047. **K. Czetyrbok,** Jak budować dwusoczewkowy okular do teleskopu. Jak dorobić soczewkę meniskową do 15 cm zwierciadła o ogniskowej 1.5 m. Jakie rozmiary nadać teleskopowi systemu Cassegreina 15 cm. Urania Kraków **27** 153—155, mit 2 Fig.

2048. **M. Kutscher,** Einige «Kniffe» für die Sonnenbeobachtung. Vereinigung der Sternfreunde Nachrichtenblatt **5** 52.

2049. **Z. Kvíz,** Observe meteors! RH **37** 241—246 (tschech.). — Richtlinien für visuelle Meteorbeobachtungen. J. B.

2050. **E. Mädlow,** Hinweise für die diesjährige Mars-Beobachtung. Vereinigung der Sternfreunde Nachrichtenblatt **5** 49—50.

2051. **H. Oberndorfer,** Das Zeichnen am Fernrohr. Sternenbote **7** 93—95.

2052. **J. B. Sidgwick,** Amateur Astronomer's Handbook. Vgl. AJB **55** Ref. Ref. **2072**. — Weitere Besprechung in J RAS Canada **51** 117.

2053. **J. B. Sidgwick,** Observational Astronomy for Amateurs. Vgl. AJB **55** Ref. **2073**. — Weitere Besprechung in J RAS Canada **50** 267—268.

2054. **J. Texereau,** Notes pratiques pour les observateurs débutants. Vgl. AJB **55** Ref. **2074**. — Weitere Besprechung in Orion Schaffhausen **5** 267.

2055. **K. L. Walko,** The enclosed solar projector. Strolling Astronomer **10** 83.

2056. **M. Ryle,** Possible amateur programmes in radio astronomy. JBAA **66** 335—338. — Programmvorschläge für kleine Radioobservatorien: gestörte Sonnenemission um 1.5 m, Ionosphärenunruhe um 8 m, Jupiteremission um 15 m. Grundsätze für Ort und Ausrüstung solcher Stationen. Gü.

2057. **A. Wróblewski,** Jak obserwować jasności komet. Urania Kraków **27** 114—115.

2058. **W. P. Zessewitsch,** Die Beobachtung des Himmels. Leitfaden zur Organisation und Durchführung wissenschaftlicher Amateurbeobachtungen von Himmelskörpern. Moskau, Technischer Staatsverlag, 1955. 2. Auflage. 360 S. mit Abb. und Karten. Preis 8 R. 50 Kop. (russ.).

2059. Gleanings for ATM's. Herausgegeben von E. B. Brown, R. E. Cox. Sky and Telescope **15** 133—137, 181—184, 226—231, 272—275, 322—326, 368—372, 414—418, 460—463, 511—514, 560—563, **16** 32—35, 85—92, mit zahlreichen Fig.

2060. Directives pour l'observation de la planète Mars en 1956. Herausgegeben von der Commission des Surfaces Planétaires. BSAF **70** 109—115, mit 4 Fig.

2061. Actualité. DOB **9** Nr. 3, 4 S. mit 2 Fig.

2062. Amateur satellite observers. Science **123** 411.

2063. Smithsonian Astrophysical Observatory. Bulletin for Visual Observers of Satellites. Nr. 1, 2, 3, 4, Beilage zu Sky and Telescope **15** Nr. 9, 12, **16** Nr. 1, 2.

2064. Observer's page. Sky and Telescope **15** 140—146, 188—194, 233—242, 278—286, 329—343, 375—382, 422—430, 467—474, 518—526, 567—574, **16** 38—50, 95—101, mit zahlreichen Fig.

Alte Instrumente

2065. M. v. Ardenne, Erdfernrohr aus der Hand des Galileo Galileis. Optik **13** 49—52, mit 3 Abb. — Beschreibung des von Galilei signierten terrestrischen Fernrohres. Zur Geschichte des Erdfernrohres.

2066. A. G. Drachmann, The plane astrolabe and the anaphoric clock. Centaurus **3** 183—189, 1954.

2067. A. Gardiol, L'astrolabe. Orion Schaffhausen **5** 24—29, mit 4 Tafeln. — Es wird eine ausführliche Beschreibung eines Astrolabs gegeben, und es wird dargelegt, wie es konstruiert ist und wie man es benutzen kann. Die Darstellung wird durch Abbildungen eines Astrolabs aus dem 16. Jahrhundert ergänzt. H. M.

2068. A. Hunter, E. G. Martin, The Flamsteed 90-foot lens. Obs **76** 25—26. —Wie eine Untersuchung ergab, ist die Linse von sehr geringer Qualität. Durch ein kombiniertes Meßverfahren wurde die Brennweite im Natriumlicht zu 85 Fuß 5 Zoll bestimmt. Als Brechungsindex ergab sich 1.5204. U. Baehr

2069. D. J. Price, An international checklist of astrolabes. Part I and II. Arch. internat. histoire sci. **8** Nr. 32 S. 243—263, Nr. 33 S. 363—381, 1955. — Ref. in RJ 1957 Nr. 6 S. 1.

2070. D. J. Price, Two mariner's astrolabes. J. Inst. Navigation **9** 338—344, mit 2 Fig. — Beschreibung des Marineastrolabs im Søfartsmuseet Kronborg von 1600 und desjenigen im Museum Dundee von 1555 und Vergleich mit anderen alten Astrolaben. Böh.

■ **2071. E. Zinner,** Deutsche und Niederländische Astronomische Instrumente des 11.—18. Jahrhunderts. München, C. H. Beck'sche Verlagsbuchhandlung, 1956. 10 + 678 S. mit 13 Fig. und 80 Tafeln. Preis DM 75. — Besprechung in Deutsche Hydrographische Z. **9** 251—252 (H. C. Freiesleben), JBAA **67** 267 (M. B. B. Heath), J. Inst. Navigation **10** 431 (H. C. Freiesleben), PAT **37** 167—168, ZfMG **70** 4 (O. Volk). — Das Werk umfaßt drei Teile. Im ersten Teil von 225 Seiten Umfang wird die Geschichte der Instrumente (Uhren; Geräte für Zeitmessung, für den Unterricht, für Zwecke der Sterndeutung, für Feldmessung; Beobachtungsinstrumente) beschrieben. Der zweite Teil von 370 Seiten Umfang ist der Beschreibung der Instrumente gewidmet, wobei erschöpfende Auskünfte über Hersteller und Hinweise auf Schrifttum gegeben werden. Der dritte Teil (76 Seiten) enthält Zusammenfassungen mit einem umfangreichen Personen- und Sachverzeichnis. Die angefügten Kunstdrucktafeln zeigen Abbildungen, die den großen Informationsgehalt des Werkes illustrativ ergänzen. Fricke

§ 21

Beobachtungsinstrumente

2101. H. W. Babcock, B. H. Rule, J. S. Fassero, An improved automatic guider. Publ ASP **68** 256—258. — Zum automatischen Nachführen bei Aufnahmen mit dem Coudé-Spektrographen des 200 Zoll-Teleskops ist eine Einrichtung angebracht worden, die im Bruchteil einer Sekunde Abweichungen von zentralem Durchgang des vom Spalt reflektierten Sternlichts durch das Führungsfernrohr erfassen und korrigieren kann. Im Okular rollt unter dem Einfluß eines umlaufenden Magnetfeldes eine Stahlkugel in einer Führung von doppeltem Kugeldurchmesser mit 3600 Umläufen/min. Das Licht fällt nach Passieren der Kugel auf eine Vervielfacherzelle. Die Signale werden dann verstärkt und steuern zwei kleine Elektromotore, die eine im Strahlengang des Hauptteleskops in Cardanischer Aufhängung angebrachte Quarzplatte so neigen, daß die Abweichungen korrigiert werden. Die Verstärkung wird automatisch der Sternhelligkeit angepaßt; die Grenzhelligkeit liegt bei 12^m. O. G.

2102. **E. Béguelin,** Support de lunette à crémaillère. Orion Schaffhausen 5 156—157, mit 1 Fig. — Es wird eine einfache Vorrichtung beschrieben, wie man ein kleineres Fernrohr an der Wand eines Balkons so befestigen kann, daß man stets in bequemer Stellung zu beobachten vermag. H. M.

2103. **J. Bouška,** Coronographs in the world. RH **37** 61—63, mit 2 Fig. (tschech.).

2104. **W. R. Bradford,** A meniscus Schmidt meteor camera. Obs **76** 172—173. — Eine Superschmidt-Meteorkamera von etwas größeren Dimensionen als die Whipple-Kamera wurde in England gebaut. 700 mm Hauptspiegel, 320 mm Öffnung, 200 mm Brennweite, F/0.8 effektiv, 56° Bildwinkel. Die Menisken haben 475 mm Durchmesser und sind durch Senken von 75 mm starken Scheiben entstanden. Optisch bearbeitete Photoplatten werden anstelle des bei der Whipple-Kamera benutzten Films verwendet. Die Kosten für das Plattenmaterial dürften beträchtlich sein. Ein Muster in verkleinerter Ausführung von 125 mm Brennweite wurde auf der Jodrell Bank Experimental Station erprobt. Beck

2105. **B. A. J. Clark,** Telescopes for planetary observers. J. Astr. Soc. Victoria **9** 43—45.

* * **I. A. Djukow,** Die Biegung des Kasaner Meridiankreises in den Jahren 1932—1935. Vgl. Ref. 1229.

2106. **R. B. Dunn,** A multiple-image camera for chromosphere photometry. AJ **61** 3. — Ref. AAS.

2107. **F. Egger,** Spiegelschleifer berichten. Orion Schaffhausen **5** 158—160, mit 3 Abb.

2108. **E. M. Fahy,** A lunar horizontal telescope. JBAA **66** 102—106, mit 6 Fig. und 1 Tafel. — Für Mond- und Planetenbeobachtungen wird ein Horizontalspiegelsystem beschrieben, das aus einem fest stehenden sphärischen Spiegel großer Brennweite und einem von Hand bewegten Planspiegel besteht. Thi.

2109. **P. B. Fellgett,** Servo-mechanisms and the design of large telescopes. Occasional Notes **3** 143—159, mit 6 Fig. — Verf. beschreibt zunächst Servo-Mechanismen zur genauen Nachführung eines äquatorial montierten Fernrohrs und die dabei erreichte Genauigkeit. Er erläutert dann Pläne für Servo-Mechanismen zum Einstellen eines großen Teleskops, das mit horizontaler Hauptachse montiert ist. Dabei soll zur automatischen Koordinatentransformation das eigentliche Teleskop durch mechanische oder besser durch elektrische Übertragung mit einer kleinen Teleskopattrappe in äquatorialer Montierung verbunden werden. Es wird überlegt, wie weit das Teleskop arbeitsfähig bleibt, wenn der Servo-Mechanismus durch Störungen teilweise oder ganz ausfällt. O. G.

2110. **A. S. Fomin,** Einige Fragen der Herstellung kleiner Reflektoren. Bull. Astr.-Geod. Ges. UdSSR Nr. 18 S. 57—66 (russ.). — Ref. in RJ 1957 Nr. 4 S. 90.

2111. **E. Guyot,** Le nocturlabe. Rev. internat. horlog. 1956 Nr. 10 S. 3—7. — Ref. in RJ 1957 Nr. 6 S. 29.

2112. **J. P. Hamilton,** A two-bearing equatorial. J. Astr. Soc. Victoria **9** 40—42, mit 1 Fig.

2113. **G. Horn-d'Arturo,** Über eine neue Art von Teleskopspiegeln. Optik **13** 254—258, mit 2 Abb. — Es wird ein aus 61 Facetten gebildeter Spiegel, der im Turme der Universitätssternwarte Bologna in Benutzung ist, beschrieben. Eine Abbildung zeigt die komafreien Bilder der mit ihm photographierten Sterne. Verf.

2114. **G. F. G. Knipe,** A versatile telescope. MN ASSA **15** 90. — Ein modifiziertes Cassegrainteleskop von 310 mm Öffnung und 5000 mm Brennweite wurde von M. D. Overbeek gebaut. Eine «Stundenscheibe» von 300 mm Durchmesser läuft auf zwei Rollagern, von denen eines durch einen Synchronmotor die Stundenbewegung überträgt. 16 mm Kinokamera und lichtelektrisches Photometer sind unter anderem Zusatzgeräte. Beck

2115. **J. Lemmens,** Sur un nouvel instrument impersonnel pour l'application de la méthode des hauteurs égales. Bull. Cl. Sci. Acad. roy. Belgique (5) **42** 446—452, mit 1 Fig. — Es wird der Bau eines neuartigen von persönlichen Fehlern freien Durchgangsinstruments zur Beobachtung nach der Methode der gleichen Höhen vorgeschlagen und sein Aufbau sowie der Beobachtungsvorgang beschrieben. Böh.

2116. **W. T. Patterson,** Telescopes from war surplus lenses. J RAS Canada **50** 37, mit 1 Fig.

* * **E. Pettit,** The reflector. Vgl. Ref. **2026**.

2117. **E. Pettit,** The achromatic refractor. ASP Leaflet Nr. 330, 8 S. mit 1 Fig.

2118. **S. Piotrowski,** Elektronika zwiększa rozmiary teleskopów. Urania Kraków **27** 197—202, mit 1 Fig. und 1 Tafel.

2119. **N. Rodskjer,** The Aurén solarimeter. Ark. Geofys. **2** 383—393, 1955. — Ref. in Phys. Abstracts (A) **60** 88.

2120. **F. Stradal,** Dwa nowe teleskopy amatorskie zmontowane paralaktycznie w Oświęcimiu. Urania Kraków **27** 115—116.

2121. **J. Texereau,** Les télescopes du type Cassegrain. BSAF **70** 243—248, 290—295, 370—374, 418—422, mit 13 Fig.

2122. **W. M. Vaidya,** Modern large reflecting telescopes. J. Sci. Industr. Research India (A) **15** 489—494, mit 2 Fig. — Verf. gibt einen Überblick und eine spezielle Beschreibung des Grubb-Parson 74 inch-Teleskops, des projektierten, aber nicht ausgeführten Schmidt-Cassegrain 80/98 inch und des neuen 98 inch-Teleskops von Herstmonceux. Weidemann

2123. **B. Valníček,** Maksutow's construction of photoheliograph. RH **37** 202—204, mit 1 Fig. (tschech.).

2124. Su un nuovo tipo di piede per telescopio a specchio. Coelum **24** 18—20, mit 1 Fig. — Beschreibung einer altazimutalen Montierung für Sternfreunde.

2125. Sulla centratura dei riflettori Newtoniani (per astrofili). Coelum **24** 139—141, mit 1 Fig.

2126. Un telescopio con montatura equatoriale di moderno disegno. Coelum **24** 156 und 3. Umschlagseite.

2127. Pocket microscope-telescope. J. Franklin Inst. **262** 245. — Ref. in RJ 1957 Nr. 6 S. 103.

2128. Enregistrement automatique des météores. La Nature **84** 217, mit 2 Fig. — Beschreibung einer von M. Rigollet konstruierten Apparatur.

2129. Héliographe monochromatique. La Nature **84** 219—220. — Das nach Angaben von L. d'Azambuja gebaute Instrument soll während des Internationalen Geophysikalischen Jahres eingesetzt werden.

2130. En praktisk Opstilling for en mindre Kikkert. Urania København **13** 108—109, mit 1 Fig.

Radioastronomische Instrumente

2131. **J. van Bladel,** Les applications du radar à l'astronomie et à la météorologie. Vgl. AJB **55** Ref. **2147.** — Weitere Besprechung in Scientia **91** 290—291 (L. Santomauro).

2132. **J. Budějický,** Ein Radioteleskop mit Vergleichsantenne. BAC **7** 39—41, mit 4 Fig. (mit russ. Ref.). — Ein Empfangsantennensystem wird beschrieben, dessen beide Antennen hohe Bündelung besitzen und deren Empfangsrichtungen um einige Grade gegeneinander verschoben sind, sodaß beide die gleiche Hintergrundstrahlung erhalten, während eine diskrete Quelle nur jeweils von einer Antenne aufgenommen wird. Die Antennen werden im Wechsel an den Empfänger gekoppelt; die Differenzspannung wird gemessen. Thi.

2133. **J. Budějický,** Physikalische Grundlagen der Radioteleskope. Časopis **6** 51—60, mit 12 Fig. (tschech.).

2134. **R. Coutrez,** Le radiotélescope sur 169 MHz de la station radioastronomique de Humain-Rochefort. Ciel et Terre Suppl. **1956** Nr. 9—10 S. I—III.

2135. **J. Feld,** Structural design study of radiotelescope with 600-foot diameter paraboloid reflector. Trans. N. Y. Acad. Sci. **18** 230. — Ref. in RJ 1956 Nr. 12 S. 41.

2136. **D. J. E. Ingram,** Spectroscopy at Radio and Microwave Frequencies. New York, Philosophical Library, 1956. 332 S. Preis $ 15.00. — Besprechung in Sky and Telescope **16** 81, 435 (B. F. Burke).

2137. **R. C. Jennison, M. K. Das Gupta,** The measurement of the angular diameter of two intense radio sources. I. A radio interferometer using post-detector correlation. Phil. Mag. (8) **1** 55—64, mit 5 Fig. = Astr. Contr. Univ. Manchester (2) Jodrell Bank Repr. Nr. 124. — Ein neues Interferometer nach dem «post-detector»-Korrelationsprinzip wurde nach einer Idee von Brown in Jodrell Bank gebaut. Es arbeitet bei 125 MHz. Jedes der beiden Elemente hat eine Ausdehnung von 39 × 12 m und eine Keulenbreite von 2°5 × 11° bei halber Maximalintensität. Die Empfangseinrichtung wird beschrieben, ebenso die Methode zur Auswertung der Resultate. Die Kalibrierung erfolgte mit einer künstlichen Rauschquelle. Priester

2138. **H. Klessmann,** Die elektrische Folgeregelung eines Radio-Teleskops. Telefunken-Zeitung **29** 174—181, mit 10 Fig. (mit engl. und französ. Ref.). — Zur Einstellung und Nachführung der azimutal montierten Parabolantenne von 25 m Durchmesser des Bonner Radioteleskops dient eine Regeleinrichtung, die willkürlich oder durch einen dreidimensionalen mechanischen Koordinatenwandler gesteuert die Geschwindigkeit der Antriebsmotore verändert. Die Regeleinrichtung besteht im wesentlichen aus dem Drehfeldsystem, das zur Verringerung der Eigenfehler in ein Grob- und (über ein Meßgetriebe verbunden) ein Feinsystem unterteilt ist, sowie dem Verstärker, bestehend aus Spannungs-, Leistungs- und Maschinenverstärker (Amplidyne). Der Antrieb in Azimut bzw. Höhe erfolgt schließlich über stirnverzahnte Leistungsgetriebe durch Gleichtromnebenschlußmotore von 4.5 kW

bzw. 8.5 kW. Die erreichte Einstellungsgenauigkeit wurde im Werk optisch geprüft und ergab Winkelfehler, die meist unter einer Bogenminute lagen und somit den der Projektierung zugrunde gelegten Wert von 5′ wesentlich unterschritten.
Daene

2139. **P. A. Mann, P. Mezger,** Das Auflösungsvermögen der Hochfrequenzempfangsanlage des Radio-Teleskops. Telefunken-Zeitung **29** 182—191, mit 2 Fig. (mit engl. und französ. Ref.). — Die der technischen Ausführung des Hochfrequenzteils des Bonner Radiospektrometers zur Untersuchung der 21 cm-H I-Strahlung zugrunde liegenden Gesichtspunkte werden theoretisch begründet. Besonders wird auf die Frage der optimalen Umschaltfrequenz des nach dem Dicke-Verfahren arbeitenden Empfängers eingegangen; die schließlich gewählte Frequenz beträgt 500 Hz. Weiter wird die Frage der minimalen Meßzeit untersucht. Es ergibt sich, daß eine Abtastung bei diskreten Frequenzen in geeigneten Abständen bei je nach der Intensität veränderlicher Integrationszeit den gleichen Informationsinhalt in kürzerer Zeit vermittelt als eine kontinuierliche Durchstimmung mit fester Integrationszeit. Das Temperaturauflösungsvermögen ergibt sich für die schmalste ZF-Bandbreite von 5.5 kHz und eine Integrationszeit von zwei Minuten zu $\Delta T = 3^{\circ}.3$ K.
Daene

2140. **E. G. Mirsabekjan,** Ein Radiometer zur Untersuchung der Polarisation der Radiostrahlung bei der Wellenlänge 3.2 cm. Mitt. Obs. Bjurakan Nr. 19 S. 3—42, mit 5 Abb. (russ. mit armen. Ref.). — Es wird ein neuer Typ eines Polarisationsradiometers beschrieben, der sowohl Grad und Charakter der Polarisation als auch die gesamte Strahlungsintensität mißt. Verf. bedient sich der Modulation der polarisierten Strahlungskomponente, während die unpolarisierte Komponente nicht moduliert wird.
Plavec

2141. **C. A. Muller,** A receiver for the radio waves from interstellar hydrogen. II. Design of the receiver. Philips tech. Rev. **17** 351—361.

2142. **H. Tanaka, T. Kakinuma,** On the 8-element interferometer at centimetre wavelength. Electrotech. J. Japan **2** 12—14. — Beschreibung eines Interferometers, das zur Untersuchung der Radiostrahlung der Sonne bei einer Wellenlänge von 7.5 cm benutzt wird.

2143. **R. N. Whitehurst, F. H. Mitchell,** A Dicke-type radiometer for the 7—8 mm wavelength range. AJ **61** 192. — Ref. AAS.

2144. Proposed new radio telescopes. J. Geophys. Res. **61** 307—308. — Projekt für Australien.

2145. Plans for a large radio telescope. Sky and Telescope **15** 199. — Ref. in Coelum **24** 153. — In USA herrscht ein ausgesprochener Mangel an großen Radioteleskopen. Zur Zeit sind im Bau ein 25 m-Spiegel für das Naval Research Laboratory und ein 18 m-Spiegel in Harvard. Geplant ist der Bau eines 42 m-Spiegels in den Appalachen, der von den Associated Universities gemeinsam betrieben werden soll.
Behr

2146. All-weather radio sextant. Sky and Telescope **15** 306, mit 1 Fig. — Ref. in Coelum **24** 185.

2147. New design for a radio telescope of large aperture. Sky and Telescope **15** 400, mit 2 Fig. — Ref. AAS.

2148. Sekstans radiowy. Urania Kraków **27** 84.

2149. Największy radioteleskop. Urania Kraków **27** 181. — Notiz über das Radioteleskop in Sydney.

* * Weitere Instrumente siehe auch § 12.

§ 22

Zusatz- und Auswertgeräte, Photographie

2201. **D. W. Beggs, H. von Klüber,** A solar magnetograph. Nature **178** 1412 = Cambridge Obs. Repr. Nr. 17. — Ref. in Phys. Abstracts (A) **60** 176.

2202. **W. A. Belokon,** Die Anwendung von Stoßröhren in der Astrophysik. Priroda **45** Nr. 12 S. 80—83, mit 3 Abb. (russ.).

2203. **K. Blattner,** Reflexvisier für Amateurteleskope. Orion Schaffhausen **5** 33—37, mit 2 Fig. — Es wird eine einfache Visiervorrichtung beschrieben, die sich jeder Amateur selbst herstellen und am Fernrohr anbringen kann. Das Prinzip besteht darin, daß man das Bild eines erleuchteten Fadenkreuzes auf den Himmel projiziert. Beim Visieren mit bloßem Auge sieht man am Himmel das Bild des Fadenkreuzes, in dessen Schnittpunkt man leicht jeden gewünschten Stern einstellen kann, der dann bei richtiger Justierung des Visiers im Gesichtsfeld des Fernrohrs erscheint. H. M.

2204. **W. E. Brandt,** Eine photoelektrische Einrichtung zur Registrierung von Sterndurchgängen. Publ. Zentralinst. Geod., Luftbildaufnahmen und Kartographie Nr. 112 S. 23—110 (russ.). — Ref. in RJ 1957 Nr. 3 S. 22.

2205. **R. Hanbury Brown, R. Q. Twiss,** A test of a new type of stellar interferometer on Sirius. Nature **178** 1046—1048, mit 2 Fig. = Astr. Contr. Univ. Manchester (2) Jodrell Bank Repr. Nr. 148. — Ref. in Sky and Telescope **16** 176. — Beschreibung eines neuen Interferometers zur Bestimmung von scheinbaren Sterndurchmessern und Bericht über die Erfahrungen, die bei seiner Anwendung mit einem Versuchsinstrument auf Sirius gemacht worden sind. Böh.

2206. **A. Dollfus,** Etude des filtres polarisants de Lyot pour l'observation de la chromosphère solaire, construits par la Société Optique et Précision de Lavallois. Rev. Opt. **35** 539—549, mit 12 Fig. — Die Polarisationsfilter isolieren Hα mit einer Äquivalentbreite von 0.75 Å bei einer Temperatur der Anordnung von 45° C, die auf 0°.02 konstant gehalten wird. Die Wellenlänge des Durchlässigkeitsmaximums verschiebt sich bei Quarz um 0.69 und bei Feldspat um 0.37 Å pro °C. Die Gesamtdurchlässigkeit beträgt bei elf Polarisatoren etwa 2%. Zusätzliche Feldspatplättchen reduzieren die Sekundärbanden auf 3% und die Äquivalentbreite auf 0.65 Å. Anwendungsmöglichkeiten zur Beobachtung der Chromosphäre, der Nordlichtlinie λ 5577, der Koronalinien λλ 5303, 5694, 6374 Å und Hα sowie D_3 werden beschrieben. Weidemann

2207. **A. Dollfus,** Filtres polarisants pour l'observation de la couronne solaire. Rev. Opt. **35** 625—640, mit 17 Fig. — Weitere Anordnungen, bei denen die Zahl der Polarisatoren gegenüber der im vorstehenden Referat erwähnten Filter herabgesetzt und damit die Durchlässigkeit erhöht ist, sind speziell zur Koronabeobachtung geeignet. Ein solches Filter zur photoelektrischen Beobachtung isoliert bei 39°.5 C λ 5303 Å mit einer Äquivalentbreite von 2.0 Å, gleichzeitig λ 6374 Å mit 2.9 Å bei einer Durchlässigkeit von 38%; ein weiteres dient zur direkten Photographie schwacher Koronaemissionen gleichzeitig am ganzen Sonnenumfang und isoliert Bereiche von 1—1.5 Å um λλ 5303, 5461, 5577, 5694 und 5875 Å. Die umgekehrte Verwendung der Anordnung zur Elimination eines engen Wellenlängenbereiches ist ebenfalls möglich. Weidemann

2208. **H. D. Edwards, A. Goddard jr., M. Juza, T. Maher, F. Speck,** Balloon-borne system for tracking the sun. Rev. Sci. Instruments **27** 381—385, mit 5 Fig. — Ref. in Phys. Abstracts (A) **59** 684.

2209. **K. Hermann-Otavský,** Czechoslovak birefringent filter. RH **37** 4—7 (tschech.). — Beobachtungsergebnisse mit dem tschechischen Quarzmonochromator neuer Konstruktion. J. B.

2210. **A. A. Hoag, T. W. Brown,** An air-mass meter. Publ ASP **68** 457—460, mit 1 Fig. und 1 Tafel. — Das Gerät gibt automatisch die zwischen Teleskop und Stern befindliche Luftmenge in Einheiten der Luftmenge im Zenit an, wodurch die Berechnung der atmosphärischen Extinktion erleichtert wird. Das Gerät besteht aus einem Zenitwinkelübertrager am Fernrohr und einem Rechengerät am Schaltpult. Der Bereich von 1.00 bis 3.50 Luftmengen kann mit einem maximalen Fehler von 0.003 Luftmengen ausgenutzt werden. Die Ablesungen des Meßgerätes können verwendet werden, ohne daß merkliche Fehler bei der Reduktion von lichtelektrischen Beobachtungen auftreten. Beck

2211. **Z. Kopal, P. Y. Millns,** Dye filters for wide-angle astronomical photography. Vgl. Ref. **1172**, daselbst S. 389—401 = Astr. Contr. Univ. Manchester (3) Nr. 40.

2212. **N. F. Kuprewitsch,** Anwendung der Fernsehtechnik am Observatorium Pulkowo als Lichtverstärker zu Beobachtungen astronomischer Objekte. AC Nr. 171 S. 12—13 (russ.). — Seit 1952 wurden in Pulkowo Versuche angestellt, die am 24. Mai 1956 zu den ersten Mondaufnahmen führten, wobei ein Fernsehapparat mit 18 × 24 cm Bildschirm und der Standardzeilenzahl 625 benutzt wurde. Das optische System hatte ein Objektiv von 70 mm Durchmesser und 7.5 m Brennweite. Die Flächenhelligkeit des Mondbildes wurde (ohne Berücksichtigung der zehnfachen linearen Nachvergrößerung) um den Faktor 600—800 erhöht, so daß Momentaufnahmen ($\frac{1}{50}$ sec) des Schirmbildes mit einer Kleinbildkamera möglich waren. Als nächstes sollen Planetenaufnahmen an einem normalen Fernrohr gemacht werden. Petri

2213. **A. Lallemand, M. Duchesne,** Sur le développement d'un récepteur idéal de photons. CR **238** 335—337, mit 2 Fig., 1954.

2214. **J. Lenoble,** Projet d'un spectrographe double pour l'étude du spectre ultraviolet du ciel. Ann. Géophys. **12** 287—289, mit 3 Fig.

* * **R. R. McMath,** Solar spectroscopy with a vacuum spectrograph. Vgl. Ref. **6418.**

2215. **A. B. Meinel,** An F/2 Cassegrain camera. ApJ **124** 652—654, mit 1 Fig. und 3 Tafeln. — Ref. in Sky and Telescope **16** 369. — Verf. beschreibt ein optisches System großen Öffnungsverhältnisses, welches als Kameraobjektiv im Cassegrain-Fokus eines Teleskops angewendet die der effektiven Brennweite des Fernrohrs entsprechende Skala und die Vorteile der großen Objektivöffnung erhält, jedoch die hohe Lichtstärke des Kameraobjektivs besitzt. Eine praktische Ausführung besteht aus einem Tessar und einem Leica-Summicron. Micz.

2216. **E. G. Mirsabekjan,** Ein Hornstrahler mit zylindrischem Querschnitt. Mitt. Obs. Bjurakan Nr. 20 S. 3—9, mit 2 Fig. (russ. mit armen. Ref.). — Verf. berichtet über Einzelheiten der Konstruktion einer Apparatur, mit der die Polarisation der solaren Radiostrahlung im cm-Gebiet gemessen werden soll. Es handelt sich insbesondere um die Speisung, die in den vorhandenen Parabolreflektor eingebaut wurde. Der Strahler ist ringförmig und besitzt einen Durchmesser von 25 mm entsprechend dem Brennfleck des Reflektors; die Zuleitung ist ein zylindrischer Hohlleiter. Die Breite der 1/10-Keule entspricht der Spiegelapertur. Oster

* * **A. Nielsen,** Øjebliksoptagelser af stjernehimlen. Vgl. Ref. **1334.**

2217. **H. H. Rabben,** Einfache lichtelektrische Nachführvorrichtung für astronomische Fernrohre. Elektrotechn. Rundschau **10** Nr. 7 S. 189—190. — Ref. in Phys. Abstracts (A) **60** 2, Phys. Ber. **36** 927.

2218. **T. W. Rackham,** A lunar camera. JBAA **66** 61—68, mit 2 Fig. und 2 Tafeln. — Es werden technische Einzelheiten einer 35 mm-Filmkamera beschrieben, die an einem 6"-Reflektor erfolgreich für Mondaufnahmen benutzt wurde. Thi.

2219. **J. Ring,** The Fabry-Pérot interferometer in astronomy. Vgl. Ref. **1172**, daselbst S. 381—388 = Astr. Contr. Univ. Manchester (3) Nr. 39.

2220. **D. E. Schtschegolew,** Der Photointegrator — ein Gerät zur Messung der Helligkeit heller ausgedehnter Objekte — und seine Anwendung. Mitt. Astr. Hauptobs. Pulkowo **20** Nr. 3 (156) S. 123—125, mit 3 Abb. und 1 Tafel (russ.). — In der Fokalebene des Hauptobjektivs werden nebeneinander zwei Fabry-Linsen angebracht. Vor dem beweglichen Filmband befindet sich ein photometrischer Stufenkeil. Der Photointegrator registriert photometrische Skalen von zwei in einer Entfernung von 5° sich befindenden Lichtquellen. In dieser Weise wurde bei der Sonnenfinsternis am 30. Juni 1954 die Helligkeit der Korona mit der Helligkeit des Himmels verglichen. Es wurde auch der Polarisationsgrad des Integrallichtes des Mondes in verschiedenen Phasen gemessen. Perek

2221. **B. V. Somes-Charlton,** Television techniques in observational astronomy. Brit. Commun. and Electronics **3** 192—196. — Ref. in Phys. Abstracts (A) **59** 608.

2222. **A. Stoyko,** Enregistrement photoélectrique des passages des étoiles. BSAF **70** 333—343, mit 6 Fig. — Ref. in Coelum **25** 61. — Die photoelektrischen Registriereinrichtungen an den Durchgangsinstrumenten in Pulkowo (Pawlow) und am Geodätischen Institut Moskau (Brandt) mit ihren besonderen Verbesserungen werden beschrieben. Die Genauigkeit ist $1^1/_2$ mal höher als bei den entsprechenden visuellen Beobachtungen. T. L.

2223. **M. M. Thomson,** A projection type measuring engine for photographic zenith telescope plates. Publ. Dominion Obs. Ottawa **15** 357—371, mit 10 Fig. — Beschreibung eines Plattenmeßapparats, der an der Sternwarte Ottawa konstruiert wurde und zur Ausmessung der am Photographischen Zenit Teleskop aufgenommenen Platten verwendet werden soll. F. S.

2224. **W. S. Troizkij, W. L. Rachlin,** Ein absolutes Mikrowattmeter bei der Wellenlänge 2.5 cm und seine Anwendung in der Radioastronomie und Technik. Abh. Univ. Gorkij **30** 83—91 (russ.).

2225. **P. Vernier,** Rôle de la saturation dans la limitation des magnitudes atteintes par photographie classique et à l'aide du télescope électronique. CR **242** 1006—1008. — Es wird berechnet, in welcher Weise die Hintergrundschwärzung (Himmelshelligkeit) durch Zwischenschalten eines Bildwandlers (convertisseur électronique) herabgedrückt und damit die maximal erreichbare Grenzhelligkeit eines Fernrohres heraufgesetzt werden kann. Verf. ist der Ansicht, daß man mit dem 5 m Palomar-Spiegel unter Verwendung einer 1 : 1 Bildwandlerabbildung auf Kodak MR-Platten bis zur 27.9 Größe bei 13 Stunden Belichtung kommen kann. Labs

Photometrie, Photometer

2226. **G. Adamopoulos,** Die Photozelle in der Astronomie. Ein neues und wirksames Forschungsinstrument. Sein Gebrauch und seine Anwendungen. Astr. Nachr. Athen **7** 1—4, 20—22 (griech.). — Fortsetzung des in AJB **55** Ref. **2239** zitierten Artikels.

* * **J. Borgman,** Electronic scanning for variable stars. Vgl. Ref. **2404**.

* * **R. Bouigue, J.-L. Chapuis,** Sur les mesures photoélectriques faites à l'Observatoire de Toulouse. Vgl. Ref. **9402**.

2227. **H. J. J. Braddick, W. L. Wilcock,** A multiplex photoelectric spectrophotometer. Vgl. Ref. **1172**, daselbst S. 242—243 = Astr. Contr. Univ. Manchester (3) Nr. 37.

2228. **J. Cuffey,** Iris photometry of stellar photographs. Sky and Telescope **15** 258—260, mit 5 Fig. = Goethe Link Obs. Repr. Nr. 10. — Bericht über Irisblendenphotometrie photographischer Sternaufnahmen. Besondere Beschreibung des am Goethe Link Observatory gebauten Gerätes, bei dem die Nullanzeige durch einen Elektronenstrahl-Oszillographen erfolgt. Behr

2229. **H. Daene,** Elektronische Abbildungsmethoden und ihre Anwendung in der Astronomie. Sterne **32** 60—67, mit 8 Fig. — Zusammenfassender Bericht über Bildverstärker, Bildwandler und die aus der Fernsehtechnik bekannten Geräte, Image-Orthikon und Vidikon. Der Gewinn an Belichtungszeit wird der im allgemeinen wesentlich geringeren optischen Auflösung gegenübergestellt. Behr

2230. **D. W. Dewhirst,** In-focus photometry with Schmidt cameras. Obs **76** 176—177. — Die schon von Haffner gefundene Abhängigkeit der Bildstärke vom Fokusfehler wird am Cambridger Schmidtspiegel (425/600/1570) auch festgestellt. Die Untersuchungen werden mit einem Sartorius-Photometer durchgeführt. Ein Fokusfehler von 0.05 mm kann 3—4^m oberhalb der Grenzgröße zu Fehlern von $0^m.03$ führen. Die Abweichungen der Emulsion von der idealen Fokalfläche betragen etwa $\pm$ 0.012 mm. Auch Lagenänderungen des Plattenhalters gegenüber dem Hauptspiegel, durch verschiedene Zenitdistanz verursacht, können Abweichungen der Emulsionsfläche von der Fokalfläche bewirken. Schmidtaufnahmen, auf denen schon mit bloßen Augen unterschiedliche Bildqualität festgestellt werden kann, seien für photometrische Arbeiten nutzlos. Beck

2231. **A. Dollfus,** Photomètre à franges pour mesurer les différentes régions d'un object observé dans une lunette. CR **243** 1833—1835. — Es wird die Wirkungsweise eines visuellen Polarisationsphotometers beschrieben, welches gestattet, die Helligkeit einzelner Gebiete auf dem Planeten zu messen. Verf. hat damit auf dem Pic-du-Midi (am 60 cm-Refraktor bei 800 facher Vergrößerung) Mars eingehend beobachtet. Das Gerät erlaubt es weiterhin, die Helligkeit bestimmter Stellen der Planetenscheibe mit deren Gesamthelligkeit zu vergleichen und schließlich die Planetenhelligkeit an Sternhelligkeiten anzuschließen. Im Laboratorium wird bei der visuellen Photometrie von photographischen Aufnahmen eine Genauigkeit von einigen Promille erreicht. Labs

2232. **A. Dollfus,** Photomètre à double image pour comparer les taches de la surface d'une planète. CR **243** 2023—2025. — Es wird ein Photometer beschrieben, das einen Helligkeitsvergleich verschiedener Gebiete einer Planetenscheibe visuell direkt am Fernrohr durchzuführen gestattet. Labs

2233. **E. E. Dubow,** Some instrumental effects in photoelectric spectrophotometry of the sun. Mitt. Astrophys. Obs. Krim **16** 45—53, mit 5 Fig. (russ. mit engl. Ref.). — Der Einfluß, den die Breite des zweiten Spaltes des lichtelektrischen Photometers und die Zeitkonstante am Eingang des Photometerverstärkers auf die erhaltenen Linienkonturen ausüben, wurde untersucht. Die Ergebnisse können zur Bestimmung optimaler Werte der Breite des zweiten Spaltes, der Zeitkonstanten und der Registriergeschwindigkeit dienen.
Verf. (übersetzt)

2234. **R. B. Dunn, E. R. Manring,** Recording night sky photometer of high spectral purity. J Optical Soc. America **46** 572—577, mit 7 Fig. — Ref. in Phys. Abstracts (A) **59** 866.

2235. **J. E. Geake, W. L. Wilcock,** An astronomical photoelectric spectrophotometer. MN **116** 561—569, mit 3 Fig. und 4 Tafeln. — Das Gerät ermöglicht die direkte Registrierung der Linienprofile von Sternspektren. Ein Prismen-Monochromator liefert das Spektrum, das je nach dem Verwendungszweck mit hohem oder geringem Auflösungsvermögen durchregistriert wird. Atmosphärische Intensitätsschwankungen werden kompensiert, indem das Verhältnis dispergiertes zu undispergiertem Licht aufgezeichnet wird. Absorptionslinien des Algol werden mit einer Auflösung von 0.6 Å und relative Intensitäten von Emissionslinien planetarischer Nebel mit offenem Spalt gemessen. Das Gerät ist leistungsfähig durch seine Anpassungsfähigkeit an die verschiedensten Vorhaben. Beck

2236. **N. D. Gluchow,** Ein photoelektrisches Photometer zur Registrierung der Strahlung chromosphärischer Eruptionen. Sonnendaten 1956 Nr. 3 S. 128—137 (russ.). — Ref. in RJ 1957 Nr. 6 S. 33.

2237. **R. Grandmontagne,** Quelques aspects de la photométrie du monochromateur à cellule photoélectrique. Rev. Opt. **35** 355—358 = Publ. Obs. Lyon **3** Nr. 25. — Ref. in Phys. Abstracts (A) **60** 22.

2238. **K. W. Grimm,** Ein Spektrometer im 20-cm-Bereich mit extrem hoher Auflösung und höchster Empfindlichkeit. Telefunken-Zeitung **29** 191—198, mit 7 Fig. (mit engl. und französ. Zusammenfassung). — Beschreibung des von der Firma Telefunken für die Radiosternwarte Stockert der Universität Bonn gebauten Hochfrequenz-Spektrometers. Der Bau der Empfangsanlage stellte hohe Anforderungen an: 1.) Empfindlichkeit und Konstanz; 2.) Frequenzauflösung (Trennschärfe); 3.) Frequenzgenauigkeit und Konstanz; 4.) Verstärkung und zeitliche Konstanz; 5.) Demodulation; 6.) Eichbarkeit; 7.) Abschirmung gegen Fremdstörungen; 8.) Abstimmautomatik. Die aufgeführten Punkte werden einzeln besprochen. Priester

2239. **G. A. Gursadjan,** Ein elektrophotometrisches Planimeter. Mitt. Obs. Bjurakan Nr. 18 S. 33—41, mit 3 Abb. (russ. mit armen. Ref.).

2240. **K. Güssow,** Leistungsgrenzen astronomischer lichtelektrischer Photometer. Jenaer Jahrb. 1955 (I. Teil) S. 95—103. — Ref. in Phys. Ber. **36** 202.

2241. **R. Intonti,** Prime applicazioni analitiche della «larghezza effettiva» di una linea. La Metallurgia Italiana **48** Nr. 1 (Suppl.) S. 30—34, mit 5 Fig. = Specola Astr. Vaticana Misc. Astr. **3** Nr. 110.

2242. **G. Junkes, E. W. Salpeter,** Fotometria fotografica con «larghezza effettive» e fotometro a fenditura variabile. La Metallurgia Italiana 48 Nr. 1 (Suppl.) S. 23—30, mit 8 Fig. = Specola Astr. Vaticana Misc. Astr. **3** Nr. 109.

2243. **J. Klepešta,** Photographic differences of stellar magnitudes and their determination from negatives. RH **37** 38—39 (tschech.).

2244. **K. W. Kostylew,** Un schéma de commutation du régime d'un galvanomètre et son application à l'électrophotométrie stellaire. AJ UdSSR **33** 259—265, mit 2 Fig. (russ. mit französ. Ref.) = Astr. Engelhardt-Obs. Kasan Sonderdruck Nr. 1. — Die vorliegende Untersuchung beschäftigt sich mit dem Problem, in photoelektrischen Meßapparaturen das Intensitätsverhältnis zwischen Signal und Störpegel heraufzudrücken, ohne die zur Messung notwendigen Zeiten merklich zu verlängern. Im einzelnen behandelt wird der Fall des Sternphotometers. Die erprobte Schaltung wird ausführlich unter Angabe von Zahlenbeispielen beschrieben. Oster

2245. **G. E. Kron, R. W. Greeby, J. R. Willson,** A photoelectric photometer for large fields. Publ ASP **68** 544—547, mit 1 Tafel. — Am Crossley-Reflektor werden mit einem Lallemand-Multiplier (end-on CsO-Ag Kathode von 44 mm Durchmesser) Gesamthelligkeiten von Sternhaufen gemessen. Die Blendendurchmesser liegen zwischen 3.7 und 25.4 Bogenminuten. Die Grenzgröße ist 11^m (phot.) bei Beobachtung im blauen, gelben und infraroten Spektralbereich. Im UV wird besonders bei Kugelsternhaufen die Grenze schon eine Größenklasse eher erreicht. Auch offene Haufen bis zur mittleren Größe sollen gemessen werden. Beck

2246. **A. Kruszewski,** Astronomiczne zastosowania fotokomórki z PbS. Postępy Astr. **4** 149—150. — Übersicht über die Möglichkeiten der Anwendung von PbS-Photozellen zur Erforschung der infraroten Bereiche der Sternspektren. Kopecký

2247. **J. Lenoble,** Adaptation d'un multiplicateur d'électrons à un spectrographe à plaques. Opt. Acta **3** 95—97, mit 2 Fig. — Ref. in Phys. Ber. **35** 2193.

2248. **F. Link,** Photométrie absolu pour grands rapports d'intensité. Rev. Opt. **35** 129—135, mit 3 Fig. — Ein visuelles Photometer zur Absolutbestimmung des Intensitätsverhältnisses zwischen Sonne und schwachen Lichtquellen, wie Sternen, Planeten, Nachthimmellicht u.s.w. wird mittels eines Systems aus Photometerkeil, diffusen Zerstreuern, Linsen, Farbfiltern und Vergleichslichtquelle derart realisiert, daß die Teile der Anordnung ausgewechselt und um rechte Winkel versetzt werden können, je nach den Erfordernissen der Tages- oder Nachtbeobachtung. Die Meßunsicherheit soll bei einem Bereich von 10^{13} 1 % betragen. Weidemann

2249. **A. Lisicki,** The photometric constant of the wire grating of the Draper telescope. Studia Soc. Sci. Toruń (F) **1** Nr. 2 S. 42—45 = Bull. Astr. Obs. Toruń Nr. 14.

2250. **R. H. Miller, W. A. Hiltner, J. Burns III,** Image converters with thin protecting foils. II. ApJ **123** 368—370, mit 2 Fig. — Verf. beschreiben eine Bildwandlerröhre, bei der die Zerstörung der Photokathode durch Ausgasen der photographischen Emulsion mit Hilfe einer zwischen Photoplatte und Kathode eingebrachten dünnen Aluminiumfolie, die für Elektronen ausreichend hoher Energie durchlässig ist, verhindert wird. Die Lebensdauer der Photokathode kann so erheblich gesteigert werden. Empfindlichkeit, Auflösungsvermögen der Anordnung sowie die Bedeutung der Elektronenemission der Elektroden der Elektronenoptik und die dadurch ausgelöste Fluoreszenzstrahlung der Glashülle werden kurz erörtert. Micz.

2251. **W. Mjuchkjurja,** Ein differentielles selbstschreibendes Elektrophotometer zur Messung der Helligkeit, Farbe und Polarisation von Himmelsobjekten. Leningrad, 1954 (russ.). — Dissertationsref.

2252. **W. I. Moros,** A photoelectric photometer for zodiacal light. AJ UdSSR **33** 717—728, mit 8 Fig. (russ. mit engl. Ref.). — Es wird die Konstruktion eines einfachen photoelektrischen Photometers beschrieben, das für Beobachtungen des Zodiakallichts bestimmt ist. Das Gerät ist für Helligkeits- und Polarisationsmessungen in verschiedenen Spektralbereichen zwischen 4000 und 5900 Å eingerichtet, die mit Filtern ausgesondert werden. Als Lichtempfänger dient der Photovervielfacher FEU-19. Zur Verstärkung des Photostroms dient ein differentielles Röhrengerät mit niedrigem Gitterstrom. Meßgerät ist ein Spiegelgalvanometer. Die Eigenschaften des Instruments werden durch Beobachtungen im Herbst/Frühjahr 1955/56 erläutert. Die Einrichtung ist für Nachthimmelphotometrie geeignet. Verf. (übersetzt)

2253. **K. H. Schmidt,** Zur photographischen Photometrie im U, B, V-System. Sterne **32** 30—31, mit 3 Fig. — Zur Realisierung des auf der Tagung der IAU (Dublin) international angenommenen photometrischen U, B, V-Systems werden folgende Kombinationen von Emulsionen (Filmfabrik Agfa-Wolfen) und Schottfiltern angegeben. Bereich U: Platte V 8301, Filter UG 11, Filterdicke 2 mm; B: V 8301, GG 13, 2 mm; V: Raman panchromatisch BG 23, 1.2 mm + GG 14, 3 mm. Die Übereinstimmung der Empfindlichkeitskurven mit denen von Johnson und Morgan ist gut. Voigt

2254. **G. F. Sitnik,** Ein photoelektrisches Photometer zur Messung stark verschiedener Lichtströme. AC Nr. 166 S. 16—18, mit 1 Abb. (russ.). — Der Strom einer Sperrschichtphotozelle in Kurzschlußschaltung wird bei Anwendung einer Kompensationsmethode mit einem Potentiometer gemessen. Die Linearität bleibt bei Beleuchtungen, die in der Spektralphotometrie vorkommen und die sich um einen Faktor von 400 bis 500 unterscheiden, bis auf 0.5—0.7 % erhalten. Perek

2255. **O. Struve,** A further note on image tubes. Sky and Telescope **15** 168, mit 1 Fig. — Beschreibung einer neuen, von J. D. McGee konstruierten Bildspeicherröhre mit extrem hoher Speicherzeit. Behr

2256. **G. Thielmeier, W. L. Moore, D. M. Bennett,** Construction and operation of a photoelectric photometer. American J. Phys. **24** 634. — Ref. Am. Assoc. Phys. Teachers. — Das Photometer wurde zur Untersuchung veränderlicher Sterne konstruiert.

2257. **J. Tremko,** Probleme der photoelektrischen Photometrie. Časopis **6** 67—70 (slowak.).

2258. **W. L. Wilcock, J. E. Geake,** An astronomical photoelectric spectrophotometer. Obs **76** 165—166. — Ref. RAS.

2259. **W. L. Wilcock, J. E. Geake,** The design and operation of a photoelectric spectrophotometer. Vgl. Ref. 1172, daselbst S. 237—241 = Astr. Contr. Univ. Manchester (3) Nr. 36.

2260. Photometry of telescopes and binoculars. Notes Appl. Sci. Nat. Phys. Lab. Nr. 14, IV + 18 S., 1955. — Ref. in RJ 1957 Nr. 5 S. 106.

Ausnutzung der Sonnenenergie

2261. **W. M. Conn,** Accurate temperature measurements in work with solar furnaces. American J. Phys. **24** 581—583, mit 1 Fig. — Ref. in RJ 1957 Nr. 7 S. 76.

2262. **H. M. Davis,** Power from the Sun ? Chemistry **29** Nr. 5 S. 1—6. — Ref. in RJ 1957 Nr. 3 S. 68.

2263. **D. A. Jenny, J. J. Loferski, P. Rappaport,** Photovoltaic effect in GaAs p-n junctions and solar energy conversion. Phys. Rev. (2) **101** 1208—1209, mit 2 Fig. — Ref. in Phys. Abstracts (A) **59** 479.

2264. **T. S. Laszlo,** Solar furnace in high-temperature research. Science **124** 797—800, mit 6 Fig.

2265. **J. J. Loferski,** Theoretical considerations governing the choice of the optimum semiconductor for photovoltaic solar energy conversion. J. appl. Phys. **27** 777—784, mit 11 Fig. — Ref. in Phys. Abstracts (A) **59** 725.

2266. **H. Masson,** Les insolateurs à bas potentiel. J Phys. Radium **17** 108 A—110 A, mit 5 Fig. — Ref. in Phys. Abstracts (A) **60** 267, RJ 1957 Nr. 5 S. 87.

2267. **G. Salerni,** Nuovo utilizzatore del calore solare. Coelum **24** 78—79, mit 4 Fig. — Beschreibung eines Gerätes zur Ausnutzung der Sonnenenergie. Es besteht aus konzentrischen Kegelstümpfen, auf welchen Spiegelscheiben befestigt sind derart, daß die auf die Spiegel fallenden Sonnenstrahlen auf einen Querschnitt von 10 cm gebündelt werden. Cester

2268. **H. Tabor,** Solar energy collector design. Bull. Res. Council Israel (C) **5** 5—27, 1955. — Ref. in RJ 1957 Nr. 3 S. 66—67.

2269. **H. Tabor,** Selective radiation. I. Wavelength discrimination. A new approach to the harnessing of solar energy. Bull. Res. Council Israel (A) **5** 119—128. — Ref. in Phys. Abstracts (A) **60** 169, RJ 1957 Nr. 6 S. 84—85.

2270. **H. Tabor,** Selective radiation. II. Wavefront discrimination. A new approach to the harnessing of solar energy. Bull. Res. Council Israel (A) **5** 129—134. — Ref. in Phys. Abstracts (A) **60** 169, RJ 1957 Nr. 6 S. 85.

2271. **H. Tabor, I. T. Steinberger,** An instrument for measuring absorptivities for solar radiation. J. Sci. Instruments **33** 356—358. — Ref. in Phys. Abstracts (A) **59** 938.

2272. **F. Trombe, M. Foëx,** Sur la production de froid à l'aide du rayonnement solaire. CR **242** 1000—1003, mit 1 Fig. — Beschreibung einer Kühlanlage im Laboratorium für Sonnenenergie in Mont Louis (Pyrenäen), die ihren Energiebedarf der Sonnenstrahlung entnimmt. Labs

2273. **L. Villena,** Solar energy in Spain. J. Optical Soc. America **46** 378. — Ref. Optical Soc. America.

2274. Energia solare. Coelum **24** 143.

2275. Photopiles et batterie solaire. La Nature **84** 344—346, mit 5 Fig.

2276. Französisches Sonnenkraftwerk. Phys. Blätter **12** 469. — Hinweis auf einen Sonnenenergieofen, der voraussichtlich in der Cedagne errichtet werden soll.

2277. Solar battery. Rev. Sci. Instruments **27** 126.

2278. Solar-energy refrigerator invented in France. YC 1368 S. 7—8.

2279. Solar Energy Research. Herausgegeben von F. Daniels und J. A. Duffie. Vgl. AJB **55** Ref. 2291. — Weitere Besprechung in Nature **177** 1145, Science **123** 188 (M. Telkes).

* * Weitere Zusatz- und Auswertgeräte siehe § **12**.

Photographie

2280. **W. A. Baum,** Electronic photography of stars. ASP Leaflet Nr. 326, 8 S. mit 3 Fig.

2281. **I. I. Brejdo,** Die Veränderung des latenten photographischen Bildes in modernen photographischen Emulsionen. Mitt. Astr. Hauptobs. Pulkowo **20** Nr. 2 (155) S. 141—148, mit 3 Abb. (russ.). — Von 14 photographischen Emulsionen wurde die Entwicklung des latenten photographischen Bildes, die Abhängigkeit der Schwärzung von der Zeit zwischen Aufnahme und Entwicklung, untersucht. In den meisten Fällen wurde kein Effekt festgestellt, bei Diapositivplatten jedoch ein Zurückgehen des latenten Bildes, das zu einer Minderung ihrer Empfindlichkeit bei verspäteter Entwicklung führt. Das Auflösungsvermögen aller Emulsionen nimmt mit der Vergrößerung der Zeit zwischen Aufnahme und Entwicklung ab. Loh.

2282. **W. A. Brucklacher, W. Lüder,** Untersuchung über die Schrumpfung von Meßfilmen und photographischem Plattenmaterial. Deutsche Geod. Kommission Bayer. Akad. Wiss. (B) Nr. 31, 39 S. mit 24 Fig.

2284. **M. G. Fracastoro,** Ancora sulle capacità di informazione della fotografia. Atti Fondaz. Ronchi **11** 452—456 = Oss. Astrofis. Catania Pubbl. (NS) Nr. 12.

2285. **H. Gollnow, G. Hagemann,** Displacements of photographic emulsions and a method of processing to minimize this effect. AJ **61** 399—404, mit 5 Fig. — Schichtverzerrungen, deren Betrag von der Emulsion und der Behandlung beim Entwickeln abhängt, werden durch eine neue Methode verringert. Nach dem Entwickeln wird mit saurem Fixierbad, das ein Härtemittel enthält, weiterbehandelt. Die Schichtverzerrungen werden offensichtlich durch das Quellen der Emulsion mit verursacht, das durch den Härteprozeß erheblich vermindert wird. Der Einfluß des Prozesses auf Kontrast, Empfindlichkeit und Körnigkeit ist positiv. Die Restfehler durch Schichtverzerrungen liegen in der Größenordnung zufälliger Fehler der Plattenmessung. Beck

2286. **W. Jaschek,** Astrophotographie in Farben. Photographie und Forschung **7** 105—108, mit 4 Fig.

2287. **A. Kranjc,** Sensibilità monocromatica relativa di lastre fotografiche. Mem SA It (NS) **27** 453—458, mit 4 Fig. = Contr. Oss. Astr. Milano-Merate (NS) Nr. 95.

2288. **P. R. Lichtman,** Some basic procedures in planetary photography. Strolling Astronomer **10** 73—81, mit 4 Fig.

2289. **O. Oldenberg,** Conclusions from the characteristic curves of photographic plates, minimum effect of grain. J. Optical Soc. America **46** 300—302, mit 3 Fig. — Ref. in RJ 1957 Nr. 6 S. 32.

2290. **E. Paloque,** Une étude de la précision fournie par le comparateur de Toulouse apportant subsidiairement des renseignements sur les déformations de la gélatine des plaques photographiques. Ann. Obs. Astr. Mét. Toulouse **24** 61—66. — Untersuchungen der Meßgenauigkeit des Plattenmeßapparates der Sternwarte Toulouse. Bei der Ausmessung mehrerer photographischer Kopien des gleichen Strichnetzes zeigte sich das unerwartete Ergebnis, daß die Verzerrungen der photographischen Schicht $< 0.1\ \mu$ sein müssen. Behr

2291. **J. Saget,** La fotografia astronómica. Barcelona, Ed. Omega, 1956. 63 S. mit Abb. — Übersetzung aus dem Französischen.

2292. **P. Schwankl,** Experimentelle Untersuchung einiger Verfahren der Verstärkung des latenten Bildes (Latensifizierung) für photographischen Nachweis und Photometrie sehr geringer Flächenhelligkeiten. Naturwissenschaften **43** 153. — Vorläufige Mitteilung.

2293. **J. Stock,** Remarks on the critical time period and the Schwarzschild exponent in photographic processes. J. Optical Soc. America **46** 17—21, mit 7 Fig. — Ref. in Phys. Abstracts (A) **59** 367, Phys. Ber. **35** 2533.

2294. **K. Wurm,** Farbstoff-Filter für die Nebelphotographie mit Schmidt-Spiegeln. Mitt. AG 1955 S. 31—37, mit 9 Abb. = Mitt. Sternw. Hamburg-Bergedorf **23** Nr. 255. — Die vom Verf. in die Nebelphotographie eingeführten Flüssigkeitsfilter aus verschiedenen hochwertigen Farbstoffen kombiniert mit Glasfiltern und Emulsionen verschiedener Sensibilisierung können für große Flächen und frei von Einflüssen der Konvergenz der Lichtbündel und trotzdem mit guter Zentraldurchlässigkeit und schmalen Spektralbereichen hergestellt werden; sie sind oft den Interferenzfiltern überlegen. Am Beispiel eines Filters zur Aussonderung der Strahlung von Hα wird die Methode der Herstellung eines Filters im einzelnen erläutert. Dv.

2295. Dictionary of Photography. Herausgegeben von A. L. M. Sowerby. New York, Philosophical Library, 1956. 719 S. Preis $ 10.00. — Besprechung in Sky and Telescope **16** 29, 386 (R. E. Cox).

2296. Forbedring af teknikken ved fotografiske planetobservationer. NAT 1956 S. 139—140.

§ 23

Uhren, Chronographen, Zeitdienst, Sonnenuhren

2301. **H. J. M. Abraham,** Astronomical versus atomic standards of time. Australian J. Sci. **18** 103—107 = Sonderdruck Commonwealth Obs. Canberra. — Es wird die Frage untersucht, ob die Zeiteinheit astronomisch (Ephemeridenzeit, aus den beobachteten Bewegungen der Himmelskörper abgeleitet) oder physikalisch («Atomzeit», aus Messungen atomarer Schwingungsfrequenzen bestimmt) definiert werden soll. Trotz ihrer unmittelbaren Zugänglichkeit und Reproduzierbarkeit sowie ihrer, wenigstens für kürzere Intervalle, höheren Genauigkeit kann eine «Atomuhrzeit» nicht als fundamentales, sondern nur als intermediäres Zeitmaß verwendet werden. Denn zur Festlegung von Zeitpunkten in größeren Abständen ist in jedem Fall ein astronomisches Zeitmaß unumgänglich; vor allem ist nur bei diesem die Forderung nach Unveränderlichkeit und Unabhängigkeit wirklich erfüllt. T. L.

2302. **P. Bellac,** Accurate time transmission by wireless. Suisse Horlogère **71** Nr. 2 S. 23—28, mit 13 Fig.

2303. **F. Berger,** Standard frequencies. Suisse Horlogère **71** Nr. 2 S. 29—32, mit 5 Fig.

2304. **G. Bigourdan,** Gnomonique ou traité théorique et pratique de la construction des cadrans solaires suivi de tables auxiliaires relatives aux cadrans et aux calendriers. Paris, Gauthier-Villars, 1956. 215 S. mit Fig. Preis 900 Fr. — Besprechung in Ciel et Terre **72** 310 (H. Michel), RJ 1956 Nr. 9 S. 3.

2305. **J.-P. Blaser,** The observatories and their contribution to the horological industry. Suisse Horlogère **71** Nr. 3 S. 33—36, mit 3 Fig.

2306. **J. Bonanomi,** Measurement of time intervals between the second and the microsecond. Suisse Horlogère **71** Nr. 1 S. 12—14, mit Bild des Autors und 7 Fig.

2307. **Z. M. Brkić, L. A. Mitić,** Détermination de l'heure en 1955. Corrections de la pendule fondamentale et leurs écarts. Bull. Obs. Astr. Beograd **20** Nr. 1—2 S. 10, Nr. 3—4 S. 7.

2308. **E. C. Bullard,** The unit of time. Mit einer Entgegnung von H. Dingle. Obs **76** 238—240.

2309. **D. A. Campbell,** Frequency determination. JBAA **66** 107—110. — Übersicht über die Entwicklung der Stimmgabel-, Quarz-, Molekül- und Atomuhren, über ihre Leistungsfähigkeit und ihre Bedeutung insbesondere auch für kosmologische Probleme. Gü.

2310. **W. S. Chalchunow,** Die Zeitbestimmung nach der Zingerschen Methode unter Verwendung eines Kontaktmikrometers und eines zur mikrometrischen Drehung des Rohres dienenden Gerätes. Publ. Inst. Ing. Geod. Luftbildaufnahme und Kartographie, Moskau. Nr. 23 S. 23—32 (russ.). — Ref. in RJ 1957 Nr. 5 S. 29.

2311. **G. M. Clemence,** Standards of time and frequency. Science **123** 567—573. — Übersetzung in Ciel et Terre **73** 257—278.

2312. **G. Contopoulos,** Die genaue Bestimmung der Zeit. Techn. Ann. Nr. 379—380, 8 S. mit 3 Fig. = Publ. Laboratory Astr. Athen (1) Nr. 4 (griech.). — Die gegenwärtigen Methoden zur Bestimmung und Übertragung der Zeit werden beschrieben. Anschließend wird der Einfluß der Polbewegung und der Unregelmäßigkeiten der Erdrotation auf die Zeitbestimmung diskutiert. Mawridis

2313. **L. Cottier,** The history of the universal watch. Rev. internat. horlog. 1956 Nr. 1 S. 29—39. — Ref. in RJ 1957 Nr. 6 S. 13.

2314. **A. Danjon,** Le temps et sa détermination astronomique. Bull. Soc. Neuchâtel Sci. nat. **79** 1—15.

2315. **L. Essen, J. V. L. Parry,** Atomic and astronomical time. Nature **177** 744—745, mit 1 Fig. — Ref. in Phys. Abstracts (A) **59** 614—615.

2316. **L. Essen,** Atomic time and the definition of the second. Nature **178** 34—35. — Ref. in Phys. Abstracts (A) **60** 178, Phys. Ber. **36** 1121.

2317. **L. Essen,** MSF standard frequencies expressed in terms of the caesium resonance. Wireless Engineer **33** 178. — Ref. in Phys. Ber. **36** 866.

2318. **J. Filípek,** Modern methods of the exact determination of time. RH **37** 97—102, 127—131, mit 7 Fig. (tschech.).

2319. **A. D. Fokker,** Accelerating spherical light wave clocks in chronogeometry. Physica **22** 1279—1282, mit 2 Fig. — Ref. in Phys. Abstracts (A) **60** 764. — Ferner in: Proc. K. Nederl. Akad. Wetensch. (B) **59** 451—454, mit 2 Fig.

2320. **I. Führer,** Theoretische Untersuchung der Jahresschwankung unseres Zeitnormals. Diss. Münster 1952. — Ref. in Phys. Ber. **36** 1456.

2321. **J. Grémillard,** Sur la précision des pendules à pression constante de l'Observatoire de Besançon. Ann. Françaises Chronométrie 1956 (2) **10** 165—172, mit 7 Fig.

2322. **E. Guyot,** Sur la précision relative des horloges à quartz et des horloges mécaniques. Ann. Françaises Chronométrie 1956 (2) **10** 1—9. — Ein Vergleich der Gangschwankungen von vier Quarz- und drei mechanischen Uhren, die vom Observatoire de Neuchâtel kontrolliert werden, ergab eine 10—20fache Genauigkeit der ersteren. Auch konnte das Altern der Quarzuhren besser gesetzmäßig erfaßt werden. T. L.

* * **H. Hurnik, F. Koebcke,** The time service of the Poznań University Observatory. Vgl. Ref. 1252.

2323. **S. Iijima,** Delay time of signals in wireless receivers. Publ. Astr. Soc. Japan **8** 1—12, mit 11 Fig. = Tokyo Astr. Obs. Repr. Nr. 135. — Es wird ein Verfahren angegeben, die Verzögerung des Empfanges von Zeitzeichen zu bestimmen, wobei es sich als vorteilhaft erweist, nicht den schwer festzulegenden Anfang jedes Zeichens, sondern denjenigen Punkt zu messen, in dem die halbe Aufbauamplitude erreicht ist. Böh.

2324. **C. Luplau Janssen,** Jens Olsens Verdensuhr. Urania København **13** 1—3. — Vgl. Ref. 2342.

2325. **M. Joannis,** Quelques applications de l'amplificateur de temps Belin. Ann. Françaises Chronométrie 1956 (2) **10** 233—243, mit 12 Fig.

2326. **H. A. Lloyd,** Eine Uhr, welche die Planetenzeit angibt. Schweizer Uhrmacher-Zeitung **78** Nr. 8 S. 65—70. — Ref. in RJ 1957 Nr. 7 S. 2.

2327. **L. M. Loske,** Twentieth-century sundials. Suisse Horlogère **71** Nr. 4 S. 51—58, mit 15 Fig.

2328. **W. G. Maurer,** Gangschwankungen von Chronometern in kurzen Zeiträumen. Sammlung von Referaten, Zentrales Forschungsinst. Geod., Luftbildaufnahme, Kartographie Nr. 1 S. 17—19, 1954 (russ.).

2329. **M. v. Ments,** Synchronisation of pendulum clocks with the help of signals taken from a quartz-crystal clock. American J. Phys. **24** 489—495. — Ref. in Phys. Abstracts (A) **60** 274, RJ 1957 Nr. 6 S. 29.

2330. **M. Mesnage,** L'amplificateur de temps. J. Phys. Radium **17** 30 S. — Ref. Soc. Française Physique. — Ref. in Phys. Ber. **36** 1145.

2331. **P. Mesnage,** Sur la notion de coefficient thermique ou barométrique d'un appareil horaire. Ann. Françaises Chronométrie 1956 (2) **10** 217—226, mit 4 Fig. — Die über zwei Jahre ausgedehnte Untersuchung des Gangs einer Pendeluhr zeigt, daß die übliche Art der Gangdarstellung mit Hilfe eines Temperatur- und Druckkoeffizienten nicht befriedigt, sich jedoch eine bessere Darstellung ergibt, wenn statt des Luftdrucks das spezifische Gewicht der Luft benutzt wird. Böh.

2332. **P. Mesnage, J. Bouchard,** Réception des tops radioélectriques à travers des filtres B. F. J. Phys. Radium **17** 111 A—112 A, mit 3 Fig.

2333. **K. P. Meyer,** Measurement of time intervals in the range of millimicroseconds. Suisse Horlogère **71** Nr. 1 S. 15—18, mit Bild des Autors und 4 Fig.

2334. **J. Needham, L. Wang, D. J. Price,** Chinese astronomical clockwork. Nature **177** 600—602, mit 4 Fig.

2335. **R. Payot,** A propos du contrôle impersonnel des chronomètres à l'Observatoire de Neuchâtel. Ann. Françaises Chronométrie 1956 (2) **10** 261—269, mit 4 Fig.

2336. **R. Payot,** The transmission of the 1000 c/s signal from the Neuchâtel Observatory. Rev. internat. horlog. 1956 Nr. 1 S. 23—28. — Ref. in RJ 1957 Nr. 6 S. 24.

2337. **A. Pérard,** The standard of length and the standard of time. Nature **177** 850—851. — Ref. in Phys. Abstracts (A) **60** 177—178, Phys. Ber. **36** 229—230.

* * **G. P. Pilnik,** Remarques au sujet du choix d'étoiles pour la détermination des corrections de pendule. Vgl. Ref. **2426**.

2338. **G. P. Pilnik,** Sur le calcul des corrections de pendule. AJ UdSSR **33** 761—766 (russ. mit franz. Ref.). — Es wird gezeigt, daß das zur Bestimmung der Uhrkorrektion angewandte Programm der Beobachtung zenitnaher Sterne nicht das beste ist. Größere Genauigkeit kann man erhalten, wenn man das Azimut aus Beobachtungen nördlicher Sterne in beiden Kulminationen oder südlicher und nördlicher nur in oberer Kulmination, und die Uhrkorrektion aus südlichen Sternen berechnet. Das erklärt sich daraus, daß die Kollimation während der Beobachtung nicht konstant bleibt und durch das Umlegen des Instruments nach jedem Stern nicht ausgeschlossen wird. Bei der Bestimmung der Uhrkorrektion muß man Beobachtungen nördlicher Sterne nicht mißbrauchen. Verf. (übersetzt)

2339. **P. S. Popow,** Ein feldmäßiger zifferndruckender Chronograph. Sammlung von Referaten, Zentrales Forschungs-Inst. Geod., Luftbildaufnahme, Kartographie Nr. 3 S. 5—8, 1955 (russ.).

2340. **V. Ptáček,** A simple electronic equipment for the registration of the time-signals. RH **37** 86—90, mit 1 Fig. (tschech.).

2341. **J. Rossel,** Méthodes moléculaires et atomiques de mesure et de conservation du temps. Suisse Horlogère **70** 40—42, 1955. — Ref. in RJ 1957 Nr. 4 S. 26.

2342. **M. Rudkjøbing,** Jens Olsens astronomiske ur. NAT 1956 S. 12—19, mit 5 Fig. — Kurze populäre Beschreibung der von Jens Olsen konstruierten astronomischen Uhr, die im Rathaus von Kopenhagen aufgestellt ist. Die Uhr wurde am 15. Dez. 1955 vom dänischen König in Gang gesetzt. C. L. J.

2343. **A. Scheibe,** Bemerkungen zum zahlenmäßigen Kriterium für die Leistung von Uhren. Ann. Françaises Chronométrie 1956 (2) **10** 149—154 (mit franz. und engl. Übersetzung). — Erwiderung auf die Bemerkungen von H. M. Smith in Ann. Françaises Chronométrie 1956 (2) **10** 95, vgl. Ref. **2346.**

2344. **R. Schneider,** Přesný čas. Prag, Verlag der Akad. Wiss., 1956. 5. Auflage. 110 S. mit 36 Fig. Preis Kčs. 6.10. — Besprechung in RH **37** 191.

2345. **P. Schulgin,** Über Korrektionen infolge der Ausbreitungsgeschwindigkeit der Radiowellen. Circ. Astr. Obs. Taschkent Nr. 278 S. 5, 1955 (russ.).

2346. **H. M. Smith,** Observations concernant le critère numérique du fonctionnement de l'horloge. Ann. Françaises Chronométrie 1956 (2) **10** 95—98 (mit engl. und deutscher Übersetzung). — Hinweis darauf, daß die bei Verwendung verschiedener Kriterien für die Gangleistung von Uhren erhaltenen Urteile über die Gangleistung nicht miteinander vergleichbar sind. Böh.

2347. **A. Stoyko,** La précision des Services Horaires de 29 observatoires en 1955. Bull hor (F) Nr. 6 S. 145—152, mit 1 Fig., 1955.

2348. **A. Stoyko,** L'heure définitive des signaux horaires en temps universel uniforme provisoire. Bull hor (F) Nr. 7 S. 177—181. — Von 1956 Jan. 1 an soll im Internationalen Zeitdienst die «Provisorische gleichförmige Weltzeit» verwendet werden, die sich aus der bisherigen Weltzeit durch Anbringung der Korrektionen wegen der Polbewegung und wegen der saisonalen Schwankungen der Erdrotation ergibt. Eine Liste der 31 Zeitdienst-Stationen und ihrer geographischen Längen ist gegeben. T. L.

2349. **A. Stoyko,** Coordonnées des stations d'émission et de réception des signaux horaires et leurs distances mutuelles. Bull hor (F) Nr. 8 S. 205—209.

2350. **A. Stoyko,** Durée de propagation des ondes courtes pour les différentes distances. Bull hor (F) Nr. 10 S. 253—255.

* * **A. Stoyko,** Sur la détermination des coordonnées du pôle d'après les services horaires. Vgl. Ref. **13222.**

2351. **N. Stoyko,** Problème de l'heure à l'assemblée de Dublin de l'Union Astronomique Internationale (1955). Ann. Françaises Chronométrie 1956 (2) **10** 73—84. — Eine neue Definition der Sekunde für mittlere Zeit wurde gegeben: die Sekunde ist der 31556925.975te Teil der Dauer des tropischen Jahres 1900.0. Ab 1956 wird im Zeitdienst die provisorische gleichmäßige Weltzeit eingeführt werden. In dieser müssen die Verschiebungen des Pols und die jahreszeitlichen Unregelmäßigkeiten der Erdumdrehung berücksichtigt werden. Das «Bureau International de l'Heure» erhielt den Auftrag, die zur Bestimmung dieser Zeit nötigen Werte im voraus zu berechnen. Außerdem wurde empfohlen, um die Zeitsignalsendungen einheitlicher zu gestalten, bei fortlaufender Benützung nur das englische System (Sekundensignale während fünf Minuten) zu verwenden. Verf.

2352. **N. Stoyko,** Application des décisions de l'U.A.I. aux tableaux du Bulletin Horaire. Bull hor (4) Nr. 7 S. 151—154.

2353. **I. Takahashi, T. Ogawa, M. Yamano, A. Hirai, M. Takeyama,** Stark modulation atomic clock. Rev. Sci. Instruments **27** 739—745, mit 10 Fig. — Ref. in Phys. Abstracts (A) **60** 99.

2354. **W. I. Turenko,** Einige Ergebnisse der Arbeit des ChAO- und ChGIMIP-Zeitdienstes 1951. Abh. Univ. Charkow **55** 97—99, 1954 (russ.). — Ref. in RJ 1957 Nr. 3 S. 18.

2355. **J. Verbaandert,** Le nouveau chronographe imprimant Secretan. Son utilisation dans les services horaires de l'Observatoire Royal de Belgique. Ann. Françaises Chronométrie 1956 (2) **10** 189—199, mit 3 Fig. = Commun. Obs. Roy. Belgique Nr. 107. — Beschreibung eines neuen, automatisch schreibenden Chronographen, der eine Genauigkeit von einem Tausendstel einer Sekunde gewährleistet.

2356. **H. Winkler,** Astronomische Uhren in Görlitz. Mitt. Einstein-Sternw. Görlitz Nr. 3, 20 S.

2357. L'heure définitive des signaux horaires en 1956. Bull hor (F) Nr. 9 S. 231.

2358. Atomic time and cosmic spectroscopy. Chemistry **29** Nr. 7 S. 15—16. — Ref. in RJ 1957 Nr. 6 S. 13.

2359. The solar cycle and long-distance wireless communications. JBAA **66** 342—343.

2360. The Strasbourg clock. J. Franklin Inst. **260** 429—430, 1955. — Ref. in RJ 1957 Nr. 3 S. 2.

2361. Die Zonenzeiten und ihre neuen Grenzen. Zusammengestellt von P. N. Dolgow. Moskau, Komitee für Standardisierung, Maße und Meßgeräte, 1956. 18 S. mit Abb. (russ.).

2362. Quecksilber-Uhren. Neue Uhrmacher-Zeitung 1956 Nr. 23 S. 42—43. — Geschichtliche Bemerkungen.

2363. Astronomical clock in York minster. Obs **76** 79, mit 1 Tafel. — Kurze Beschreibung der 1955 fertiggestellten Uhr, die Weltzeit und Ortssternzeit anzeigt. Die darüber befindliche Mechanik zeigt die Stellung der Sonne in ihrer scheinbaren täglichen und jährlichen Bewegung. T. L.

2364. Résultats des observations de chronomètres en 1955. Publ. Obs. Genève, 10 S.

2365. Horloge atomique. Rev. internat. horlog. 1955 Nr. 6 S. 6—8. — Ref. in RJ 1957 Nr. 1 S. 29.

2366. Un cadran solaire à la foire de Bale. Rev. internat. horlog. 1956 Nr. 6 S. 10—11, 42—43. — Ref. in RJ 1957 Nr. 7 S. 11.

2367. Cesium clock. Rev. Sci. Instruments **27** 337. — Ref. in RJ 1957 Nr. 6 S. 30.

2368. An atomic time standard. Southern Stars **17** 40—42.

2369. Overleveringen af Jens Olsens Uhr. Urania København **13** 3.

2370. Niezwykły zegar. Urania Kraków **27** 84.

2371. **Zeitsignale**

Regelmäßige Mitteilungen bzw. Sendezeiten in: AC, AN, Astr. Ústav ČSAV Praha, BAC, Bull hor, Bull. Obs. Astr. Beograd, Bull. Zeitdienst Astr. Hauptobs. Pulkowo. Ferner in: NAZ **10** 6, 20, 26, 30, NAZvM 291, 299, 301, 304, UAI Circ 1538, 1551, 1558, 1564, 1567, 1574, 1575, YC 1359 S. 2—3.

§ 24

Beobachtungs- und Reduktionsmethoden

2401. **P. Bacchus,** Nouveau procédé de lecture de l'appoint en déclinaison dans les observations méridiennes. Ann. Obs. Strasbourg **4** Fasc. 2 S. 17—23, mit 4 Fig. — Diese am Straßburger Meridiankreis benutzte Anordnung dient dazu, bei Einstellungen eines Sterns mit dem Deklinationsmikrometer sowohl den Zeitpunkt der Einstellung als auch die Trommelablesung automatisch auf dem gleichen Druckchronographen, der auch für die α-Registrierungen benutzt wird, zu registrieren. Die Trommel ist im Intervall von 10″ mit einem Potentiometer mit dem Spannungsbereich von 0 bis 100 Volt gekoppelt, so daß jeder Trommelablesung eine bestimmte Spannung entspricht. Ein Kondensator wird jeweils während einer Sekunde mit konstantem Strom bis zu 100 Volt Spannung aufgeladen und am Ende einer jeden Sekunde automatisch durch den Chronographen entladen (Sägezahngenerator). Im Augenblick der Spannungsgleichheit wird der Druckchronograph betätigt und gibt als Sekundenablesung den Zeitpunkt der Einstellung und in den Sekundenbruchteilen die Trommelablesung. Bo.

2402. **I. Barney,** Astrometric measurements on three Schmidt plates. Mitt. AG 1955 S. 38—39 = Mitt. Sternw. Hamburg-Bergedorf **23** Nr. 255. — Auf drei mit Ebnungslinse aufgenommenen Hyaden-Platten des Original-Schmidt-Spiegels Bergedorf wurden 48 Sterne ausgemessen. Die Anhaltspositionen wurden Yale-Katalogen entnommen. Nach Ausgleichung mit Gliedern bis zur zweiten Ordnung und mit einem kubischen Verzeichnungsglied bleibt noch ein mit der Entfernung vom Plattenmittelpunkt wachsendes Glied übrig, das aber nicht für die drei Platten übereinstimmt. Eine befriedigende Genauigkeit ist — selbst für die Brennweite von nur 62 cm — nur mit einer sehr großen Zahl von Anhaltsternen zu erreichen. Dv.

2403. **A. Behr,** Eine differentielle Methode der lichtelektrischen Polarisationsmessung des Sternlichts. Nachr. Akad. Wiss. Göttingen Math.-Phys. Kl. (2a) Jahrgang 1956 Nr. 10 S. 205—237, mit 11 Fig. und 2 Tafeln = Veröff. Univ.-Sternw. Göttingen Nr. 114. — Es wird eine lichtelektrische Methode der Polarisationsmessung des Sternlichts beschrieben, bei der das Licht durch ein Wollaston-Prisma in zwei senkrecht zueinander polarisierte Anteile zerlegt und die Differenz beider Anteile in acht äquidistanten Drehstellungen des Wollaston-Prismas gemessen wird. Dadurch erfolgt eine weitgehende Kompensation der atmosphärischen Szintillation und der Extinktionsschwankungen, die bisher die Meßgenauigkeit begrenzten. Die entwickelte Apparatur, das Meß- und Reduktionsverfahren werden beschrieben, die dabei auftretenden Probleme ausführlich diskutiert. Bei helleren Sternen kommen die Vorteile des neuen Verfahrens voll zur Auswirkung. Dann beträgt der innere mittlere Fehler eines gemessenen Polarisationsgrades im Durchschnitt aus allen bisherigen Beobachtungen $\pm$ 0.0003. Der äußere mittlere Fehler liegt bei etwa $\pm$ 0.0005. Bei Verwendung des Polarimeters am Hainberg-Astrographen der Göttinger Sternwarte liegt die Reichweite des Verfahrens etwa bei Sternen 10. Größe. Dann wird der Meßfehler vor allem durch statistische Schwankungen des Photostromes bestimmt und liegt mit $\pm$ 0.002 in der Größenordnung der nach anderen Methoden bisher erreichten Genauigkeit. Verf.

2404. **J. Borgman,** Electronic scanning for variable stars. Publ. Kapteyn Astr. Laboratory Groningen Nr. 58, 35 S. mit 14 Fig. und 2 Tafeln. — Ref. in Coelum **25** 61, Obs **76** 78, mit 1 Tafel, Sky and Telescope **15** 541. — Ein unmodelliertes Fernsehraster wird gleichzeitig in zwei gleiche Ausschnitte zweier zu verschiedenen Zeiten gemachter Aufnahmen der gleichen Himmelsgegend abgebildet.

Das durch die Photoschichten hindurchgelassene Licht fällt auf je einen Photoelektronenvervielfacher. Die Differenz der beiden Ausgangsströme wird verstärkt und modelliert ein synchron mit dem abgebildeten Raster in einer Bildröhre erzeugtes zweites Raster. Auf dem Bildschirm erscheinen nur die Veränderlichen als helle oder dunkle Ringe (helle Sterne) bzw. Flecke (schwache Sterne). Die unveränderlichen Sterne werden nicht abgebildet. Thi.

2405. **W. Dieckvoss,** Astrometrische Versuche mit Platten des Großen Schmidt-Spiegels der Hamburger Sternwarte in Bergedorf. Mitt. AG 1955 S. 40—43, mit 4 Abb. = Mitt. Sternw. Hamburg-Bergedorf **23** Nr. 255. — Messungen von 145 Sternen auf vier Platten des Feldes um α Persei mit gut bekannten Positionen nach Bergedorfer Arbeiten ergaben, daß sich vermutlich die Platten astrometrisch ebenso gut auswerten lassen wie die Platten eines Astrographen mit gleich großem gut ausgezeichnetem Feld. Die systematischen Verzerrungen, die durch die Biegung der Platten in der Kassette zu einer Kugelkalotte entstehen, müssen noch genauer untersucht werden. Dv.

2406. **W. S. Finsen,** A suggestion for increasing the accuracy of position angle measurements of double stars. MN ASSA **15** 60. — Zur Beschleunigung und zum Erreichen höherer Genauigkeit bei Doppelsternmessungen wird vorgeschlagen, mittels geeigneter Vorrichtungen die Bewegungen der Mikrometerschraube während der visuellen Einstellung zu registrieren und, ähnlich wie bei der photoelektrischen Photometrie, die beste Einstellung aus der Registrierkurve zu ermitteln. Voigt

2407. **M. Francis,** A method for timing astronomical observations. Sky and Telescope **15** 542—545, mit 5 Fig. — Der Aufsatz wendet sich in erster Linie an Amateure, die bei der Beobachtung von Sternbedeckungen durch den Mond, für die Bestimmung der Kontaktzeiten bei Finsternissen usw. die genaue Zeit benötigen. Es wird gezeigt, wie eine leicht zu beschaffende elektronische Apparatur dabei zur Anwendung kommt. U. Baehr

2408. **E. A. Gurtowenko,** Untersuchung der Genauigkeit der Koordinatenbestimmung von Sternen mit dem 400 mm-Astrographen. Mitt. Astr. Hauptobs. Akad. Wiss. Ukrain. Sowjetrepublik **1** Nr. 2 S. 48—60, mit 1 Abb. und 1 Tafel (russ.). — Die mittleren Fehler der gemessenen rechtwinkligen Koordinaten wurden aus genauen Positionen von 30 Sternen aus der Umgebung der Plejaden unter Gebrauch von linearen Turnerschen Gleichungen bestimmt. Der durch das Objektiv des Astrographen 40/550 und das Meßgerät verursachte Fehler beträgt $\pm$ 0''061. Der Fehler der Messung beträgt bei vier Einstellungen auf einen Stern 0''071 in x und 0''067 in y. Perek

2409. **E. A. Gurtowenko,** Über die Methode zur Bestimmung des optischen Zentrums. Mitt. Astr. Hauptobs. Akad. Wiss. Ukrain. Sowjetrepublik **1** Nr. 2 S. 96—104, mit 4 Abb. (russ.). — Eine Methode zur Bestimmung des Schnittpunktes der optischen Achse mit der Plattenebene unter Benutzung von optischen Eigenschaften des Objektives wird beschrieben. Die Methode wurde mit gutem Erfolg auf den Astrographen 40/550 des Hauptobservatoriums der Akad. Wiss. Ukrain. SSR angewandt. Perek

2410. **T. de Haas,** A new method and a new instrument for the determination of the chronometer correction by means of radio time signals. Bull. géod. (NS) Nr. 39 S. 20—28, mit 3 Fig.

2411. **H. Haffner,** Photometrische Erfahrungen mit Schmidt-Spiegeln. Mitt. AG 1955 S. 44—50, mit 3 Abb. = Mitt. Sternw. Hamburg-Bergedorf **23** Nr. 255. — Der Einfluß von Fokus-Ungenauigkeiten herrührend von nicht genauer Kugelgestalt der gebogenen Platten auf mit Irisblendenphotometern gemessene Sterngrößen wird quantitativ untersucht. Die individuelle Genauigkeit ist der von Astrographen gleichwertig. Die Deformation der Emulsionsfläche macht aber besondere Vorsicht hinsichtlich Feldkorrektionen, die von der Bildstärke abhängen, nötig. Achromasie in einem großen Spektralbereich macht den Schmidt-Spiegel für Mehrfarbenphotometrie besonders wertvoll bei passender Anlage der Beobachtungen. Auch in der Kombination mit Objektivprismen ist der Schmidt-Spiegel noch nicht in allen seinen Möglichkeiten ausgeschöpft. Dv.

2412. **W. I. Iwanikow,** Über die Ableitung der Eichkurve beim photometrischen Anschluß von Meteorspuren an Sternspuren. Bull. Astr. Obs. Stalinabad Nr. 15 S. 14—19, mit 3 Abb. (russ.). — Es wurden die verschiedenen Einflüsse auf die Eichkurve untersucht. Die Korrektion der auf den panchromatischen Platten gemessenen Sterngrößen an die visuellen Sterngrößen, der Einfluß der differentiellen Extinktion und die Feldkorrektion für Industar 7 wurden bestimmt. Es wurde festgestellt, daß die Plattenempfindlichkeit während der Exposition konstant bleibt und daß der Einfluß des rotierenden Sektors sich auf die Verkürzung der Belichtungszeit nach der Formel von Talbott beschränkt. Perek

2413. **W. I. Iwanikow,** Die Abhängigkeit der Registrierungen eines objektiven Mikrophotometers von der Spaltbreite und der Größe des Himmelsuntergrunds. Die Fehler des photographischen Prozesses. Bull. Astr. Obs. Stalinabad Nr. 15 S. 20—23 (russ.). — Verf. zeigt, daß die maximale Genauigkeit der Ausmessung von Meteorspuren am Mikrophotometer MF-2 erreicht wird, wenn die Spaltbreite gleich der Breite der Meteorspur ist und wenn der Himmelsuntergrund möglichst schwach ist. Nach der Methode von K. B. Tschibisow wurde der Fehler des photographischen Prozesses zu 4 % bestimmt. Perek

2414. **A. A. Jakowkin, I. W. Gawrilow,** Eine automatische Kassette zur Photographierung des Mondes und die Bearbeitungsmethode von Mondaufnahmen. Mitt. Astr. Hauptobs. Akad. Wiss. Ukrain. Sowjetrepublik 1 Nr. 2 S. 20—24, mit 1 Abb. (russ.). — Die in einer Richtung bewegliche Kassette wird in den Positionswinkel der Mondbewegung eingestellt. Die Bewegung wird vom Stundenantrieb mittels eines Selsyn-Motors auf die Kassette übertragen. Die Geschwindigkeit der Bewegung wird durch einen verstellbaren Hebelarm reguliert. Perek

2415. **E. Kramer,** Über die Markierung der Zeit auf Meteorphotographien. AC Nr. 169 S. 11—12 (russ.). — Verf. beschreibt eine neue Methode zur genauen Bestimmung der Äquatorialkoordinaten einer Meteorspur auf einer Platte, die mit unbewegter Kamera exponiert wurde. Auf das Negativ werden feste Orientierungslinien abgebildet, die eine genaue Bestimmung des Stundenwinkels ermöglichen. Dieses Verfahren ist genauer als das durch die Bestimmung der Zeit des Beginns und Endes der Belichtung. Die Methode ermöglicht den Aufbau einer automatisierten Meteorstation an der Sternwarte Odessa. Plavec

2416. **B. W. Kukarkin,** Ein einfaches Verfahren zur Bestimmung von Sternhelligkeiten auf photographischem Wege durch Vergleich mit Standardhelligkeiten. AC Nr. 173 S. 9—10 (russ.). — Kurze Bemerkung zum Helligkeitsanschluß der Sterne eines Feldes an die Sterne eines Standardfeldes. Loh.

2417. **S. G. Kulagin,** Über den aus Skalenpaaren bestimmten Parswert. AC Nr. 170 S. 7—9 (russ.). — Aus den in Tabellenform mitgeteilten Messungen folgt: Der Schraubenwert hängt bei niedrigen Temperaturen von der Lage des Instruments ab. Dies wird auf Bremsung des den beweglichen Faden tragenden Rahmens zurückgeführt ebenso wie die systematischen OW-WO-Differenzen bei Breitenmessungen nach Talcott. Petri

2418. **A. Lallemand, M. Duchesne,** Obtention de spectres d'étoiles faibles par la photographie électronique. CR **242** 2624—2626, mit 1 Fig. — Ref. in

BSAF **70** 203. — Am 120 cm-Reflektor des Haute Provence Observatoriums werden erstmalig Sternspektren (H. D. 123303, $m_v = 6.8$, Typ gM 4) mit einer Elektronenkamera (vgl. CR **238** 335, Ref. **2213**) aufgenommen. Man erreichte mit einer Belichtungszeit von 10 sec die gleiche Schwärzung, für die mit der klassischen Photographie 250 sec nötig gewesen wären. Ein weiterer Vorteil der neuen Methode sind ihr viel höheres Auflösungsvermögen (Feinkörnigkeit) und die Linearität. Die Empfindlichkeit der Kathode reicht vom Ultraviolett bis etwa 7000 Å. Mit einem geeigneten Spektrographen sollte es möglich sein, mit einem 120 cm-Spiegel die Spektren von Sternen bis zur 14. Größe zu erhalten. Labs

2419. **J. Leclerc,** Le cinéma astronomique. BSAF **70** 423—432, mit 5 Fig. — Ref. in Coelum **25** 91. — Die Anwendung der Kinematographie auf die Astronomie im allgemeinen und im besonderen zur Erfassung der Sonnenphänomene wird beschrieben. Mawridis

2420. **W. Martynenko,** Über die Zeitmarkierung auf den Negativen nichtautomatischer und halbautomatischer Überwachungsaufnahmen. AC Nr. 174 S. 21—22 (russ.).

2421. **A. B. Meinel,** Galactic research with small Schmidt cameras. Mitt. AG 1955 S. 15—23, mit 21 Fig. = Mitt. Sternw. Hamburg-Bergedorf **23** Nr. 255. — Bericht über eine 8″ Schmidt-Kamera des Yerkes-Observatoriums mit Ebnungslinse und in Richtung zum Spiegel verschobener Korrektionsplatte, die ein Feld von 10° Durchmesser gut auszeichnet. Die Abbildungen veranschaulichen die Leistungsfähigkeit dieser Kamera, deren gut exponierte Sternbilder nur 12 μ groß sind, für direkte Aufnahmen mit Filtern engen Durchlaßbereichs und für das Auffinden stark verfärbter Sterne frühen Typs. Dv.

2422. **A. G. Mowbray,** Measuring photographic plates. ASP Leaflet Nr. 324, 7 S.

2423. **T. Murakami,** A device for observing the sun. Publ ASP **68** 161—162. — Um ein unverzerrtes Bild von Einzelheiten der Sonnenoberfläche zu erhalten, wird das Sonnenbild in Parallelprojektion auf eine weiße Kugel (mit Koordinatennetz) abgebildet. O. G.

2424. **V. Nadolschi,** Considerații teoretice asupra metodei fotometrice extrafocale cu cîmp luminat. An. științ. Univ. Iași. Sec. I. **1** 165—168, 1955 (mit russ. und französ. Ref.). — Ref. in RJ 1957 Nr. 7 S. 29.

2425. **W. Opalski,** O nowej metodzie Z. Czerskiego. Postępy Astr. **4** 197—198. — Ref. Poln. Astr. Ges.

2426. **G. P. Pilnik,** Remarques au sujet du choix d'étoiles pour la détermination des corrections de pendule. AJ UdSSR **33** 236—240 (russ. mit franz. Ref.). — Die Auswertung von Beobachtungen mit einem neuen Passageninstrument ($d = 100$ mm, $f = 100$ cm) nach verschiedenen Verfahren brachte die besten Ergebnisse, wenn das Azimut aus Nordsternen in oberer und unterer Kulmination und die Uhrkorrektion aus Stundensternen bestimmt wurden. Bei Beobachtung gleicher Sterne an verschiedenen Abenden hatten die Zapfenfehler geringeren Einfluß auf die Uhrkorrektion als die Rektaszensionsfehler der Sterne. Petri

2427. **D. A. Roshkowskij,** Zur Bestimmung der Polarisation des Lichtes nach der Fessenkowschen Methode. AC Nr. 166 S. 13—16, mit 1 Abb. (russ.). — Es wird ein Beweis gegeben, daß die Fessenkowsche Methode (AJ UdSSR **12** 309—323, vgl. AJB **37** Ref. **4206**) der Bestimmung der Polarisation aus drei Messungen in Positionswinkeln 0°, 60°, 120° auf den kleinsten Fehler in der Bestimmung des Positionswinkels α der Polarisationsebene führt. Ein graphisches Verfahren zur schnellen Bestimmung von α und des Polarisationsgrades wird dargelegt. Perek

2428. **D. A. Roshkowskij,** Photographische Photometrie im Fall von Helligkeitsänderungen während der Belichtungszeit. AC Nr. 171 S. 14—16 (russ.). — Die experimentelle Untersuchung von Lichtquellen vorgegebener zeitlicher Helligkeitsfunktion ergab, daß für stetige und nicht auf Null zurückgehende Intensitätsänderungen der photographische Effekt nur vom Integralwert der Belichtungszeit (Formel) abhängt, nicht aber davon, wie dieser Wert zustandekommt. Bei Aufnahmen kurzperiodischer Veränderlicher, deren Periode der Belichtungszeit vergleichbar ist, kann man durch Häufung des Materials eine scheinbare Helligkeitsfunktion erhalten, von der durch genäherte Lösung einer Integralgleichung auf den wahren Helligkeitsverlauf geschlossen wird. Petri

2429. **J. E. Rousseau, F. Spite,** Sur le balayage exponentiel dans la méthode du prisme objectif. JO **39** 21—25, mit 3 Fig. = Contr. Labor. Astr. Lille Nr. 6. — Verf. schlagen vor, zur Gewinnung von Intensitäts- (Schwärzungs-) Stufen bei Aufnahmen mit Objektivprismen die Kassette bzw. das Instrument senkrecht zur Dispersionsrichtung nach einem Exponentialgesetz zu bewegen. Die Bewegung kann kontinuierlich oder diskontinuierlich erfolgen. Im letzteren Fall ist eine besondere Vorrichtung nicht nötig, weil das Leitmikrometer benutzt werden kann. Für kontinuierliche Bewegung ist eine Apparatur in Arbeit. König

* * **K. Saito, S. Hata,** Availability of annular eclipses for observing the limb-darkening effect of the sun. Vgl. Ref. **6430.**

* * **A. Stoyko,** Enregistrement photoélectrique des passages des étoiles. Vgl. Ref. 2222.

2430. **P. Tardi, M. Duhamel,** Adaptation des procédés de détermination en campagne de l'heure et des différences de longitude à la réception des signaux horaires continus émis en temps moyen. Bull. géod. (NS) Nr. 39 S. 29—38, mit 4 Fig.

2431. **J. Tremko,** An indirect method of star-counts. RH **37** 175—176, mit 2 Fig. (slowak.).

2432. **H. Wood,** Conversions between equatorial coordinates and standard coordinates on photographic plates. J. Roy. Soc. New S. Wales **90** 51—56.

* * **H. N. D. Wright,** Lunar occultations — a method of observing reappearances. Vgl. Ref. **3208.**

2433. **F. Zwicky,** Composite analytical photography of polarized objects. Publ ASP **68** 121—124, mit 4 Tafeln. — Ref. in JBAA **66** 343, Sky and Telescope **15** 540—541. — Verf. verwendet das schon früher von ihm beschriebene Verfahren der Überlagerung von Negativ- und Positivplatten hier zum Hervorheben von Gebieten, die polarisiertes Licht aussenden. Als Beispiel werden Aufnahmen des Crabnebels, die mit vorgesetzten Polaroidfiltern in zwei zueinander senkrechten Stellungen und durch Überlagerung erhalten wurden, abgebildet. Das überlagerte Bild zeigt helle und dunkle Flächen von annähernd rechteckiger Form. O. G.

2434. Considerazioni pratiche su un metodo per il calcolo delle coordinate geografiche, con altezze extra-meridiane. Coelum **24** 83—85. — Methode zur Bestimmung der geographischen Koordinaten aus zwei Höhenmessungen der Sonne außerhalb des Meridians, welche innerhalb einer Stunde ausgeführt werden müssen. Cester

2435. Sharper planet pictures. Sky and Telescope **15** 540.

§ 25

Systematische, Instrumentelle, Methodische Fehler

* * **J. Delhaye,** Etude des corrections de division des cercles de l'instrument méridien Bischoffsheim de 19 cm de l'Observatoire de Paris. Comparaison des nouvelles corrections aux anciennes. Précision des mesures et déformations des cercles. Vgl. Ref. 1250.

2501. **P. M. Djurković, L. Dačić,** Sur les erreurs du micromètre Askania appliqué au réfracteur de 650 mm. Bull. Obs. Astr. Beograd **20** Nr. 1—2 S. 11—14, mit 1 Fig. — Die Schraube wird auf periodische und fortschreitende Fehler untersucht; ferner wird der Schraubenwert nebst Temperaturkoeffizient bestimmt. Die Resultate sind in einer für den praktischen Gebrauch sehr bequemen Tabelle zusammengestellt. König

2502. **A. A. Gorynja,** Untersuchung der Zapfen des Meridiankreises des Astronomischen Observatoriums Kiew. Publ. Astr. Obs. Kiew Nr. 7 S. 53—58, mit 2 Abb. (russ.).

2503. **A. A. Gorynja,** Endergebnis der Verbesserungen der Ablesungen des Meridiankreises des Astronomischen Observatoriums Kiew. Publ. Astr. Obs. Kiew Nr. 7 S. 59—63, mit 2 Abb. (russ.).

2504. **J. Larink, H. Kox,** Untersuchung der Teilfehler des Meridiankreises der Hamburger Sternwarte. AN **283** 168—172, mit 5 Fig. = Mitt. Sternw. Hamburg-Bergedorf **10** Nr. 102. — Die Striche für die ganzen Grade der beiden Teilkreise des Bergedorfer 19 cm-Meridiankreises wurden nach der Brunsschen Rosettenmethode untersucht. Das Ergebnis zeigt fast völlige Übereinstimmung der Fehler beider Kreise. Auf die in Bergedorf abgeleiteten Deklinationen, die streng im System des Fundamentalkatalogs NFK bzw. FK 3 liegen, haben die Teilfehler keinen Einfluß gehabt. Verf.

2505. **L. Levi,** Synchronization accuracy obtainable with multiplier phototubes. Commun. and Electronics 1956 S. 603—606. — Ref. in Phys. Ber. **36** 1809.

* * **J. Levy, R. Dubois, H. Grillot, J. Blum, R. Chapelain, J. Delhaye,** Nouvelles corrections de division des cercles de l'intrument méridien de l'Observatoire de Paris. Vgl. Ref. 1250.

2506. **J. Moczko,** Determination of errors of the Zeiss plate-measuring apparatus No. 12944. Bull. Soc. Amis Sci. Lettres Poznań (B) **13** 389—395, mit 6 Fig. = Poznań Obs. Repr. Nr. 34.

2507. **L. P. Osols,** Über die Schwankungen der persönlichen Gleichung bei der Bestimmung der astronomischen Längen mit dem Passageninstrument an Triangulationspunkten der Lettischen Sowjetrepublik. Latv. lauksaimniecības akad. raksti 1956 Nr. 5 S. 303—306 (russ.). — Ref. in RJ 1957 Nr. 6 S. 26.

2508. **B. M. Ševarlić, V. Milovanović,** Examen des erreurs à longue période et accidentelles du cercle horizontal de l'instrument universel Bamberg No. 79732. Bull. Obs. Astr. Beograd **20** Nr. 1—2 S. 16—20, mit 1 Fig. — Die individuellen Durchmesserfehler werden von 4° zu 4° bestimmt. Es zeigt sich, daß zur Darstellung ihres Verlaufs durch eine Fourier-Reihe die Glieder bis zur 5. Ordnung einschließlich mitgenommen werden müssen. Der mittlere Fehler der Darstellung beträgt dann $\pm$ 0ʺ23. König

2509. **G. Silva,** Sull'influenza e sulla determinazione delle irregolarità dei perni dell'asse orizzontale di uno strumento destinato ad osservazioni di passaggi stellari attraverso piani verticali. I.

II. III. Rend. Accad. Nazionale Lincei, Cl. Sci. fis., mat., nat. (8) **20** 720—728, **21** 3—7, 141—146, mit 1 Fig. — Verf. leitet Formeln ab, die es gestatten, die Zapfenungleichheit eines Durchgangsinstruments zu berücksichtigen. Cester

* * **C. Sugawa,** On the effect of the anomalous refraction on the latitude observations. Vgl. Ref. **3128.**

2510. **W. Wassiljew,** Über die Temperatureinflüsse auf astronomische Instrumente. AC Nr. 166 S. 18—20 (russ.). — Es wurden die Temperatureinflüsse auf das Passageninstrument des Zeitdienstes der Sternwarte in Pulkowo untersucht. Zwischen dem Temperaturgradienten in einer zum Meridian senkrechten Ebene und den aus den Beobachtungen abgeleiteten Uhrkorrektionen besteht eine enge Korrelation. Bei Berücksichtigung dieser Korrelation wird der mittlere Fehler der Beobachtungen von $0^s_.024$ auf $0^s_.007$ herabgesetzt. Perek

IV. Sphärische Astronomie. Chronologie

§ 30

Allgemeines, Tafeln

3001. **S. N. Blashko,** Praktická astronomie. Prag, Verlag der techn. Literatur, 1956. 416 S. mit 116 Fig. Preis Kčs. 29.10. — Tschechische Übersetzung von S. Holub aus dem Russischen. — Besprechung in RH **37** 287, Vesmír **36** 38.

3002. **J. Dick,** Grundtatsachen der sphärischen Astronomie. Leipzig, Verlag Johann Ambrosius Barth, 1956. 4 + 103 S. mit 48 Fig. Preis DM 6.— Besprechung in Astr. Nachr. Berlin-Treptow **8** 29 (D. Wattenberg), JBAA **66** 333 (M. B. B. Heath), Linzer Sternenbote **10** 57—58, Nachrichtenblatt d. Vereinigung d. Sternfreunde **5** 66—67 (E. Heckscher), RH **37** 285, Sterne **32** 213 (C. Hoffmeister), Sternenbote **7** 81, Weltraumfahrt 1956 S. 89 (W. Schaub), ZfA **42** 66 (W. Fricke).

3003. **B. Dzikiewicz,** Zarys astronomii sferycznej i praktycznej dla topografów i geodetów. Warszawa, MON, 1955. 199 S. mit Abb. Preis 18.80 zł. — Besprechung in RH **37** 215.

3004. **V. Guth, O. Princová,** Positions de l'apex terrestre en 1956. BAC **7** 41—43 (französ. und russ.). — Die mitgeteilten Tafeln sind geeignet, die zeitraubenden Berechnungen der Positionen des Erdapex zu erleichtern. Hoppe

3005. **P. van de Kamp,** Elements of long-focus photographic astrometry. Photogramm. Engineering **22** 314—325. — Ref. in RJ 1956 Nr. 12 S. 14—15.

3006. **A. A. Michajlow,** Wichtige Arbeiten zur Astrometrie. Aus dem Programm des Internationalen Geophysikalischen Jahres. Bote Akad. Wiss. UdSSR Nr. 12 S. 44—47 (russ.). — Ref. in RJ 1957 Nr. 7 S. 22.

3007. **H. Michel,** Exercices d'astronomie sphérique. 29 S. mit 10 Fig. — Besprechung in BSAF **70** 305.

3008. **B. Polák,** Inženýrská astronomie. Prag, Verlag der techn. Literatur, 1956. 156 S. mit 63 Fig. Preis Kčs. 11.35. — Besprechung in Vesmír **35** 354.

* * **D. H. Sadler,** The place of astronomy in navigation. Vgl. Ref. **13307.**

3009. **C. Schalén,** Sfärisk astronomi. Svenska Bokförlaget-Norstedts, 1956. 189 S. Preis kr. 14. — Besprechung in PAT **37** 163—164.

3010. Lund Observatory Tables for the conversion of galactic into equatorial coordinates and for the direction cosines in the equatorial system, based on the galactic pole R. A. $12^h 40^m$; Decl. +28° (1900.0), corrected for precession to 1958.0. Lund, Sweden, Published by the Observatory, 1956. 2 + 52 Doppelseiten. — Die Tafeln geben, bezogen auf das Äquin. 1958.0, zu den Argumenten galaktischer Länge l und Breite b die Größen α und δ auf zwei, die Richtungskosinusse im äquatorialen System auf drei Dezimalen; die Koordinaten des galaktischen Pols sind die gleichen wie in Lund Obs. Ann. 3 (1932). Böh.

§ 31

Astronomische Koordinaten und Konstanten, Ortsbestimmung

3101. P. I. Bakulin, Bestimmung der Präzessionskonstanten aus den Eigenbewegungen von Sternen des flachen Untersystems. Publ. Astr. Sternberg-Inst. **26** 124—166, mit 10 Abb., 1955 (russ.). — Auf Grund von Eigenbewegungen von 574 B-Sternen, 220 Überriesen, 42 Cepheiden and 34 O-Sternen wurden die Korrektionen der Präzessionskonstanten bestimmt. Die Unterschiede zwischen der Lösung für B-Sterne und Überriesen werden dadurch erklärt, daß die B-Sterne, aber nicht die Überriesen, an der Rotation des lokalen Systems teilnehmen. Die abgeleiteten Korrektionen der Eigenbewegungen sind $\Delta\mu_\alpha = +0\rlap{.}''0006 \cos\delta - 0\rlap{.}''0026 \sin\alpha \sin\delta$, $\Delta\mu_\delta = -0\rlap{.}''0026 \cos\alpha$. Perek

3102. A. Brun, Le déplacement du pôle céleste de 1900 à 2100. BSAF **70** 345—349, mit 1 Fig. — Ref. in Coelum **25** 60. — Für die Umgebung der Bahn des Himmelspols bis zur Zeit seines geringsten Abstandes von Polaris im Jahre 2104 ist eine Karte und eine Liste gegeben, die 245 Sterne bis $15\rlap{.}^m5$ enthalten. T. L.

3103. J. F. Cox, F. van den Dungen, Sur les équation de Poisson, utilisées pour le calcul de la précession et de la nutation. Bull. Cl. Sci. Acad. roy. Belgique (5) **42** 245—251, mit 3 Fig. — Verf. macht einige Bemerkungen zur Deutung der Glieder 2. Ordnung in der Theorie der Drehung der Erde von Poisson. Böh.

3104. A. Danjon, Sur la définition de l'année tropique. BA **20** 363—364. — Das tropische Jahr wird in der Literatur verschieden definiert: als die Zeit, in der die mittlere Länge der Sonne oder die mittlere Rektaszension der mittleren Sonne um 360° zunimmt (letzteres auch richtiger als «Besselsches fiktives Jahr» bezeichnet). Trotz des numerisch sehr geringen Unterschiedes der beiden Definitionen sollte in Zukunft jede Zweideutigkeit vermieden werden. T. L.

3105. A. Danjon, L'avenir de l'astrométrie. BSAF **70** 257—272, mit 10 Fig. — Nach einem allgemeinen Überblick über die Bedeutung und Aufgabe der Astrometrie kommt Verf. speziell auf das AGK 3-Unternehmen und die Welt-Längen- und Breitenbestimmung im Internationalen Geophysikalischen Jahr zu sprechen. Schließlich werden eingehend Photographic Zenith Telescope und Astrolab beschrieben, die Instrumente, welche aus dem Bedürfnis nach höherer Beobachtungsgenauigkeit entwickelt worden sind. T. L.

3106. S. W. Drosdow, Bestimmung genauer Deklinationen und Breitenschwankungen mit Hilfe des Zenitteleskops nach dem Zenitprogramm. Pulkowo, Astr. Hauptobs. Akad. Wiss. UdSSR, 1956 (russ.). — Dissertationsreferat.

3107. A. E. Filippow, Versuch einer Bestimmung der lunaren Aberrationswelle in den Breitenschwankungen nach Beobachtungsergebnissen an zwei Zenitteleskopen in Poltawa von 1948.8 bis 1954.8. AC Nr. 168 S. 14—16 (russ.). — Das Hauptglied A der durch die Bewegung der Erde um den Schwerpunkt des Systems Erde-Mond hervorgerufenen Aberrationswelle hat für Poltawa theoretisch den Betrag 0"0058. Die Beobachtungen mit den beiden Zenitteleskopen (Zeiss und Bamberg) ergeben im Mittel A = 0"0035 ± 20. Für die Abweichung werden systematische Einflüsse anderer Faktoren vermutet. Aus den gleichen Beobachtungen folgt für die M_2-Welle 0"0097 ± 20 (gegenüber theoretisch bei vollkommen starrer Erde 0"0077). Für die 24stündige Nutationswelle wurde a = 0"0126 ± 26 gefunden. Petri

3108. **A. Fokin,** Über die Aufstellung von Normalörtern. AC Nr. 166 S. 7—9 (russ.). — Bei der Bildung von Normalörtern für längere Zeitabschnitte stören rasche Änderungen der Abweichungen der beobachteten und berechneten Koordinaten. Nach dem Vorschlag des Verf. werden statt diesen Abweichungen gewisse Größen verwendet, die während langer Zeitabschnitte praktisch konstant bleiben. Perek

3109. **A. Gennaro,** Sulle osservazioni di passaggi stellari in piani verticali qualunque. Atti Ist. Veneto Sci. Lettere Arti Cl. Sci. Mat. Nat. **114** 41—59, mit 3 Fig. = Oss. Astr. Padova Pubbl. Nr. 107.

3110. **F. P. Gontscharow,** Die Berechnung der Azimute des Polarsterns in Laplaceschen Punkten. Latv. lauksaimniecības akad. raksti 1956 Nr. 5 S. 307—314 (russ.). — Ref. in RJ 1957 Nr. 6 S. 25.

3111. **B. Gutenberg,** Damping of the earth's free nutation. Nature **177** 887—888. — Ref. in Phys. Abstracts (A) **59** 688, Phys. Ber. **36** 929.

3112. **E. L. James,** Precession of the equinoxes and nutation. J. Astr. Soc. Victoria **9** 19—22.

3113. **T. Lederle,** Berechnung von Sternephemeriden. Nachr.-techn. Fachber. **4** 202—203.

3114. **M. Lorón,** Medida del tiempo. Anuario del Obs. Astr. Madrid 1957 S. 309—395, mit 8 Fig. — Zunächst werden die Grundlagen und Definitionen der klassischen astronomischen Zeitmaße (Sternzeit, wahre und mittlere Sonnenzeit) gegeben. Auf einen Abschnitt über die Zeitbestimmung folgt die Darstellung der drei Arten von Geschwindigkeitsänderungen der Erdrotation: säkulare Akzeleration, Fluktuationen und saisonale Schwankungen. Daraus ergibt sich die Notwendigkeit der Einführung und Definition der Ephemeridenzeit. T. L.

3115. **T. Nicolini,** Sulla deducibilità di declinazioni da osservazioni di massime digressioni. Oss. Astr. Capodimonte-Napoli Contr. (2) **4** Nr. 16, 6 S.

3116. **W. Opalski,** Krzywe izoparalaktyczne. Zesz. nauk Politechn. Warszawa Nr. 5 S. 85—103. — in RJ 1957 Nr. 7 S. 23—24.

3117. **C. Popovici,** Determinări simultane de timp, de latitudine și de azimut, folosind instrumentul universal. Ann. Univ. C. I. Parhon București (nat.) Nr. 10 S. 25—34, mit 3 Fig. (mit russ. und französ. Ref.). — Ref. in RJ 1957 Nr. 5 S. 29.

3118. **C. I. Potter, S. I. Kadla,** Bestimmung der Aberrationskonstanten aus einer zweijährigen Beobachtungsreihe am Pulkowoer Polfernrohr. AC Nr. 170 S. 3—4 (russ.). — Aus 41 Platten, die mit dem Polfernrohr aufgenommen wurden, sind die Poldistanzen einiger Sterne abgeleitet worden. Der Vergleich mit berechneten Poldistanzen führte zum folgenden Wert für die Aberrationskonstante: 20"491 ± 0"027. Ond.

3119. **C. I. Potter, G. W. Panowa, A. A. Karpeljuk,** Bestimmung der Aberrationskonstanten aus einer dreijährigen Beobachtungsreihe mit dem Pulkowoer Polfernrohr. AC Nr. 174 S. 12 (russ.). — Ergebnis: k = 20"501 ± 0"023 (m. F.).

3120. **D. H. Sadler,** Ephemeris time. Empire Surv. Rev. **13** 367—369.

3121. **N. Sekiguchi,** On the secular accelerations in the mean longitudes of the moon and the sun. Publ. Astr. Soc. Japan 8 163—172, mit 1 Fig. = Tokyo Astr. Obs. Repr. Nr. 145. — Verf. diskutiert erneut die Arbeiten von Newcomb, de Sitter, Jones und Brouwer über die mittleren Bewegungen von Sonne und Mond und erhält unter der Annahme, daß das Verhältnis der Akzeleration des Mondes zu der der Sonne den von Jeffreys abgeleiteten theoretischen Mittelwert 6.55 hat, für diese Akzelerationen die Werte +17″5 bzw. +2″7 und leitet daraus neue, die Größenordnung von $(10^3)''$ erreichende B-Werte ab. Böh.

3122. **S. Takagi,** Note on the computation of the apparent place of a star. III. Publ. Astr. Soc. Japan 8 18—26. — Verf. berechnet nach den Entwicklungen von Hagihara die Ausdrücke für die Fixsternaberration in der speziellen und allgemeinen Relativitätstheorie und zeigt, daß die Abweichungen gegenüber den klassischen Formeln von der Größenordnung 0″004 sind. Böh.

3123. **G. Teleki,** Formules et tables pour le calcul des variations annuelles des constantes de Bessel a′, b′, c′, d′, pour la détermination précise des latitudes. Bull. Obs. Astr. Beograd 20 Nr. 3—4 S. 10—12, mit 5 Tafeln. — Für die jährlichen Änderungen der zur Berechnung der scheinbaren Deklinationen erforderlichen vier Sternkonstanten werden genaue Formeln abgeleitet. Danach sind die Tafeln gerechnet, aus welchen jene für alle Rektaszensionen und Deklinationen bis 75° interpoliert werden können. Außerdem sind die Sternkonstanten selbst für 1950.0 nebst ihren jährlichen Änderungen für die 82 Sternpaare des Belgrader Breitendienstes gegeben. T. L.

Refraktion

3124. **B. H. Dawson,** Fórmulas sencillas para la refracción astronómica. Rev. Astr. Nr. 139 S. 57—61. — Vereinfachte Formeln für die Refraktion unter Einschluß der Luftdruck- und Temperaturkorrektionen werden abgeleitet; die Abweichungen der damit berechneten Werte gegenüber den genauen sind bis 70° Zenitdistanz gering. T. L.

3125. **O. A. Melnikow,** Über die genauen Korrekturen der chromatischen Refraktionen. AC Nr. 167 S. 8—10 (russ.). — Unter Berücksichtigung des relativen spektralphotometrischen Gradienten $\Delta\Phi$ (bezogen auf $\Phi_{A0} = 1.16$) und der für das atmosphärische Spektrum bestimmten Daten P_λ (Transparenz), η_λ (durch das Instrument gehender Lichtanteil) und v_λ (Streufunktion für Luft) wurden für ein paar Dutzend Sterne chromatische Refraktionskorrekturen für Tagessehen bei $\lambda = 570\, m\mu$ berechnet. Es ergaben sich Unterschiede bis 0″15 (zwischen B 1 und Mc). Beim Dämmerungssehen und in der Photographie sind die Refraktionswerte selbst höher; die chromatischen Korrekturen erhöhen sich aber nur bei photographischen Beobachtungen (Emulsion 103a—0) — und zwar auf etwa 0″5. Die Abhängigkeit der chromatischen Korrekturen vom Luftzustand (v_λ) ergibt für verschiedene Beobachtungen unterschiedliche Verbesserungswerte. Petri

3126. **O. A. Melnikow,** Corrections for refraction to be used for stars of different colours. AJ UdSSR 33 266—273, mit 4 Fig. (russ. mit engl. Ref.).— Die bisher üblichen Methoden zur genauen Ermittlung der differentiellen chromatischen Refraktion werden diskutiert. Es zeigt sich, daß Farbe oder Spektrum die chromatische Refraktion nicht eindeutig bestimmen. Am besten eignet sich dazu der spektralphotometrische Gradient. Für verschiedene Beobachter kann die chromatische Refraktion verschieden sein. Verf. schlägt ein Programm astrophysikalischer Beobachtungen vor, welche für genaue astrometrische Programme von Wichtigkeit sind. Ond.

3127. **B. A. Orlow,** Refraction Tables of Pulkovo Observatory. Fourth edition. Moskau-Leningrad, Verlag Akad. Wiss. UdSSR, 1956. 32 S. Preis 2 R. 25 Kop.

3128. **C. Sugawa,** On the effect of the anomalous refraction on the latitude observations. Publ. Astr. Soc. Japan 8 27—39, mit 2 Fig. — Aus den japanischen meteorologischen Beobachtungen 1948 mit Radiosonden wird die Neigung der Luftschichten hergeleitet und ihr Einfluß auf die Refraktion im Meridian errechnet. Verf. untersucht die Wirkung dieser anomalen Refraktion auf die Breitenbeobachtungen und macht den Versuch, durch sie das z-Glied und den Schlußfehler in der Breitenvariation 1924—34 zu erklären. Böh.

§ 32

Finsternisse, Bedeckungen

3201. **J. Bouška,** Mondfinsternisse. RH **37** 221—228, mit 3 Fig. (tschech.).— Beschreibung einer Methode zur Vorausberechnung von Mondfinsternisbeobachtungen, Hinweise für die Beobachter und Ephemeride für alle in den Jahren 1956—1997 in Prag beobachtbaren Mondfinsternisse. Verf.

3202. **I. I. Iljinskij,** Über die Theorie der totalen Sonnenfinsternisse. Publ. Astr. Obs. Kiew Nr. 7 S. 3—11 (russ.). — In der vorliegenden Arbeit werden die vom Verf. vorgeschlagenen differentiellen Verfahren zur Vorausberechnung totaler Sonnenfinsternisse dargelegt. Hier werden sowohl graphische Verfahren als auch ein numerisches ausgearbeitet, die vorteilhafter als die gewöhnlichen «absoluten» sind, denn die Anwendung der letzteren auf die Berechnung totaler Finsternisse führt zu einem Verlust an Genauigkeit und erfordert viel Zeit. Verf. (übersetzt)

3203. **A. A. Kawerin,** A classification of solar eclipses. AJ UdSSR **33** 953—956 (russ. mit engl. Ref.).

3204. **F. Link,** Die Mondfinsternisse. Leipzig, Akademische Verlagsgesellschaft Geest & Portig K.-G., 1956. Probleme der kosmischen Physik Bd. **28**. 8 + 127 S. mit 51 Abb. Preis DM 15. — Besprechung in Ann d'Astrophys **19** 284—285 (D. Barbier), Astr. Nachr. Berlin-Treptow **9** 4, Coelum **25** 23, J. Astr. Soc. Victoria **10** 11 (G. de Vaucouleurs), Obs **77** 34 (A. Beer), RH **38** 23, Sky and Telescope **16** 183, 232, 234 (J. Ashbrook), Sterne **33** 128 (J. Schubart), Sternenbote **8** 25, Urania København **14** 15—16, ZfA **43** 231—232 (H. K. Paetzold). — Die Bedeutung der Mondfinsternisse liegt gegenwärtig hauptsächlich in ihrem Beitrag zur Erforschung der Erdatmosphäre. Unter diesem Gesichtspunkt werden in der Monographie zunächst die Grundlagen (Kap. 1) und die verschiedenen Theorien für die Beleuchtung der Mondoberfläche, für die Bahn der Lichtstrahlen in der Atmosphäre und für den Einfluß der Randverdunkelung der Sonne behandelt (Kap. 2—5). An die Beschreibung der Meßmethoden schließt sich der Vergleich der Beobachtungsergebnisse mit den Theorien an (Kap. 6—9). Besonders eingehend wird das Problem der Helligkeitsänderungen und ihres mutmaßlichen Zusammenhangs mit der Sonnentätigkeit sowie die Vergrößerung des Erdschattens erörtert. T. L.

3205. **J. Meeus,** Calcul de la grandeur maximum d'une éclipse partielle de Soleil. Ciel et Terre **71** 415—425, 1955. — Zur besonderen Anwendung bei ringförmigen und totalen nicht-zentralen oder partiellen Finsternissen werden die Formeln zur Berechnung des kürzesten Abstands der Mondschattenachse von der Erdoberfläche sowie der größten Phase, des Zeitpunktes und der geographischen Koordinaten des Ortes, welche jenem entsprechen, gegeben. Als Beispiel werden diese Angaben für die Finsternisse 1957 April 29—30 und 1957 Okt. 23 berechnet. T. L.

3206. **V. Nadolschi,** Considerații teoretice in legătură cu o metodă de determinare a momentelor contactelor la eclipsele de soare. An. științ. Univ. Iași. Sec. I 1 169—176, 1955 (mit russ. und französ. Ref.). — Ref. in RJ 1957 Nr. 4 S. 19.

3207. **J. M. Torroja,** On the photometric timing of total solar eclipses. Bull. géod. (NS) Nr. 39 S. 39—41, mit 3 Fig.

3208. **H. N. D. Wright,** Lunar occultations — a method of observing reappearances. JBAA **66** 265—266, mit 1 Fig. — Zur Erleichterung der Auffindung des Positionswinkels bei Sternaustritten wird die Benutzung eines EW-Fadens im Okular empfohlen. Gü.

3209. Documents pour l'observation des éclipses. DOB **9** Nr. 10 Fasc. 1, 4 S. mit 1 Fig.

3210. A discussion on occultations. JBAA **66** 194—206. — Ref. BAA.

§ 33

Chronologie, Kalenderwesen

3301. **Z. Alksne,** Laika mērīšana un skaitišana. Rīgā, Latv. PSR Zinātnu Akad. Izd-a, 1955. 84 S. Preis 1 R. 15 Kop. (lett.).

3302. **J. Bouška,** The world calendar. Vesmír **35** 204 (tschech.).

3303. **O. H. Chilton,** Accounting for time. MN ASSA **15** 80—85.

3304. **F. Kadavý,** Astronomische Festlegung des Weihnachtsfestes. Věda a život 1956 S. 556—557 (tschech.).

* * **M. Kamieński,** Halley's comet and early chronology. Vgl. Ref. 8114.

3305. **L.-E. Piguet,** Annual and simplified perpetual calendar-movements. Rev. internat. horlog. Nr. 9 S. 15—16. — Ref. in RJ 1957 Nr. 5 S. 12.

* * **D. J. Schove,** Halley's comet and Kamieński's formula. Vgl. Ref. 8114.

3306. **T. Tschepinaz,** Über den Kalender des mittelamerikanischen Maja-Volkes. Vasiona **4** 25—28 (serb.).

3307. **I. Weinberg,** Astronomical aspects of the jewish calendar. MN ASSA **15** 86—87.

V. Theoretische Astronomie

§ 40

Allgemeines, Tafeln

4001. **L. Chiara,** Sulle leggi di forza capaci di far descrivere liberamente ad un punto geodetiche di una superficie. Pubbl. Oss. Astr. Palermo (NS) **10** Nr. 2, 6 S.

4002. **L. Chiara,** Sull'equazione fondamentale della dinamica del punto di massa variabile. Pubbl. Oss. Astr. Palermo (NS) **10** Nr. 4, 10 S.

4003. **S. Herrick,** Tables for Rocket and Comet Orbits. Vgl. AJB **53** Ref. 4002. — Weitere Besprechung in Math. Tables and other Aids to Computation **10** 110—111 (P. Herget).

4004. **J. Ikaunieks,** Bezgaligā visuma tālēs. Popularzinatnisks apcerējums. Riga, Latv. PRS zinātnu akad. izd-ba, 1954. 152 S. Preis 2 R. 50 Kop. (lett.).

4005. **D. A. MacRae, G. Westerhout,** Table for the reduction of velocities to the local standard of rest. Lund, Sweden, Published by the Observatory, 1956. 3 + 19 S. — Die Tafeln geben im rechtwinkligen äquatorialen Koordinatensystem von 1958.0 die drei Komponenten der Erdbewegung (negativ!) relativ zum lokalen Geschwindigkeitsmittelpunkt in Hundertstel km/sec. Zu Grunde liegt außer der Bahnbewegung der Erde eine Sonnengeschwindigkeit von 20 km/sec nach 270°, + 30° (1900.0). Ferner wird die Dopplerverschiebung für die 21 cm-Welle in diesen drei Komponenten gegeben. Das Zeitintervall des Arguments ist 6^h. Die Tafeln gelten für 1958. Für die Jahre 1955—1961 werden Korrektionen für das Zeitargument veröffentlicht. Gli.

§ 41

Raum, Zeit, Licht, Gravitation, Relativitätstheorie, Kosmologie

4101. **G. Arrighi,** Sui modelli anisotropi nella cosmologia newtoniana. Rend. Accad. Nazionale Lincei, Cl. Sci. fis., mat., nat. (8) **21** 79—83 = Contr. Oss. Astr. Milano-Merate (NS) Nr. 91. — Nachdem die Annahme einer gleichförmigen Ausdehnung in der Kosmologie nicht berechtigt ist, werden durch Verf. einige Beispiele von noch mehr verallgemeinerten anisotropen Modellen in Verbindung mit drei von Zagar vorgeschlagenen Lösungen herangezogen. Cester

4102. **L. Barnett,** Vasiona i Ajnštajn (Popularno objašnjenje Ajnštajnovih teorija). Beograd, Sarajevo, Zagreb, «Džepna knjiga», 1956. 115 S. mit Abb. — Übersetzung aus dem Englischen.

* * **W. A. Baum,** A fundamental cosmological experiment for the artificial satellite. Vgl. Ref. **13401.**

4103. **O. Bergmann,** Scalar field theory as a theory of gravitation. I. American J. Phys. **24** 38—42. — Ref. in Phys. Abstracts (A) **59** 92—93.

4104. **P. G. Bergmann,** Fifty years of relativity. Science **123** 487—494.

4105. **G. Bertotti,** On gravitational motion. Nuovo Cimento (10) **4** 898—906. — Ref. in Phys. Abstracts (A) **60** 275.

4106. **W. B. Bonnor,** Boyle's law and gravitational instability. MN **116** 351—359. — Es wird die «Zustandsgleichung» einer selbstgravitierenden Gaskugel unter einem äußeren Druck untersucht. Überschreitet der Druck einen von Temperatur und Masse abhängigen kritischen Wert, so überwiegt die Eigengravitation der Gaskugel, und es gibt keinen stabilen Zustand. (Nahezu identische Ergebnisse stehen bereits in einer Arbeit von R. Ebert, ZfA **37** 217, AJB **55** Ref. **5307**). v. Hoerner

4107. **W. B. Bonnor,** The formation of the nebulae. ZfA **39** 143—159, mit 3 Fig. — Unter Zugrundelegung der relativistischen Kosmologie wird untersucht, ob sich Massenkonzentrationen durch Störung einer ursprünglich homogenen Massenverteilung im Weltall entwickeln können. Es ergibt sich, daß die hierzu benötigten Zeiträume zu groß sind, wenn man die aus der Statistik folgende mittlere Größe der Dichteschwankungen zugrundelegt. Am Schluß werden Möglichkeiten diskutiert, wie die Bildung der Nebel anderweitig erklärt werden kann. F. S.

4108. **R. Bouigue,** Sur un modèle d'univers déduit de l'observation des nébuleuses extragalactiques de type E. Ann. Obs. Astr. Mét. Toulouse **24** 45—52, mit 1 Fig. — Ein Teil der beobachteten Farbenexzesse elliptischer Nebel wird erklärt, indem die Umwandlung ursprünglich vorhandener roter Riesen in rote Zwerge hinzugezogen wird, so daß fernere Nebel noch einen größeren Prozentsatz roter Riesen beobachten lassen als näher gelegene. Eine gute Darstellung der Beobachtungen gelingt mit einem expandierenden Weltmodell durch die zusätzliche Annahme einer intergalaktischen Absorption mit einer normalen Wellenlängenabhängigkeit. Dv.

4109. **Z. Britvić,** Ima li svemir granica. Zagreb, Hrvatsko prirodosl. društvo, 1955. 32 S. mit Abb. Preis 40 Din.

* * **G. R. Burbidge, F. Hoyle,** Matter and anti-matter. Vgl. Ref. **5302**.

4110. **G. Contopoulos,** Relativitätstheorie und Astronomie. Techn. Ann. Nr. 383—384, 16 S. mit 8 Fig. = Publ. Laboratory Astr. Athen (1) Nr. 5 (griech.). — Aufsatz über die Prinzipien und Folgerungen der speziellen und allgemeinen Relativitätstheorie und ihre Prüfung mit Hilfe von physikalischen und astronomischen Beobachtungen (Änderung der Lebensdauer der schnellbewegten Mesonen, Doppler-Effekt, Änderung der Masse der schnellbewegten Elektronen, Kernreaktionen, Drehung des Merkurperihels, Lichtablenkung in der Nähe der Sonne, relativistische Rotverschiebung). Anschließend werden verschiedene Weltmodelle und die bisherigen Beobachtungsergebnisse über die Fluchtbewegung der außergalaktischen Nebel diskutiert. Mawridis

4111. **A. Dauvillier,** L'origine des éléments chimiques et l'évolution de l'univers. Ciel et Terre **72** 325—344, mit 6 Fig. — Es wird ein umfassendes Bild von einem sich ständig verjüngenden Universum entworfen, in dem Zusammenstöße von Sternen im Kern von Galaxien und im Innern von Kugelhaufen wesentlich sind, um so hohe Temperaturen zu erzeugen, daß schwere Elemente aus leichten aufgebaut werden können; alte, von Supernovaausbrüchen übriggebliebene überdichte Zwerge werden dabei erneut in junge rote Riesen umgeformt. Dv.

4112. **M. Davidson,** Deflection of light by the sun's gravitation. JBAA **66** 268—269, mit 1 Fig. — Leicht verständliche Ableitung der Lichtablenkung am Sonnenrand nach der speziellen Relativitätstheorie. Gü.

4113. **J. T. Davies,** The age of the universe. British J. Philos. Sci. **5** 191—202, 1954; Research **9** 119—123, mit 4 Fig. — Überblick; Alter der Welt: 4×10^9 Jahre (Rotverschiebung, verbesserte Entfernungsskala); Alter der Erde: 3×10^9 Jahre (Zerfallsdaten, Salzanreicherung der Ozeane). Weidemann

4114. **H. Dingle,** Relativity and space travel. Nature **177** 782—785, mit einer Erwiderung von W. H. McCrea. — Ref. in Phys. Ber. **36** 223—224.

4115. **H. Dingle, W. H. McCrea,** Relativity and space travel. Nature **178** 680—682. — Ergänzung zu der vorstehenden Arbeit in Nature **177** 782. — Ref. in Phys. Ber. **36** 1116—1117.

4116. **H. Dingle,** A problem in relativity theory. Proc. Phys. Soc. (A) **69** 925—934, mit 1 Fig.

4117. **P. M. Duffieux,** La théorie de l'information et le monde en expansion. Rev. Opt. **35** 96—102, mit 1 Fig. — Die Frage nach der physikalischen Deutung der Rotverschiebung erscheint in einem neuen Licht, wenn man ausgehend von informationstheoretischen Überlegungen die Tatsache eines der Entfernung proportionalen Informationsverlustes an die Spitze stellt und nach dessen Ursache fragt. Dann ergibt sich folgende Alternative: entweder, der Informationsverlust ist dem Doppler-Effekt zuzuschreiben, gleichbedeutend mit einer Lokalisierung der Ursache im Objekt und der Annahme reversibler Lichtfortpflanzung; oder der Informationsverlust muß seine Ursache in einem Phänomen haben, das wegen seiner Skala bisher im Laboratorium nicht aufgefunden werden konnte und dessen Wirkung sich auf den ganzen Bereich der Fortpflanzung erstreckt. Weidemann

4118. **J.-A. Durand,** La genèse de la matière et son évolution. Bull. mens. Soc. Astr. popul. Toulouse **48** Nr. 387 S. 5—10. — Ref. in RJ 1957 Nr. 7 S. 88.

4119. **A. Einstein,** Grundzüge der Relativitätstheorie. Braunschweig, Friedr. Vieweg & Sohn, 1956. 1. Auflage, zugleich 3., erweiterte Auflage der «Vier Vorlesungen über Relativitätstheorie». 4 + 112 S. mit 6 Fig. Preis DM 10.80. — Besprechung in ZfA **43** 310—311 (O. Heckmann).

4120. **A. Einstein,** The Meaning of Relativity. Princeton University Press, 1956. 169 S. Preis $ 3.75. — Besprechung in Science **124** 230—231 (P. G. Bergmann), Sky and Telescope **15** **364**.

4121. **H. Elias,** Vierdimensionale Geometrie und ihre praktische Anwendung zur Erklärung kosmologischer Probleme. Experientia **12** 362—364, mit 3 Abb.

4122. **M. Fierz,** Über die physikalische Deutung der erweiterten Gravitationstheorie P. Jordans. Helv. Phys. Acta **29** 128—134. — Ref. in Phys. Abstracts (A) **59** 778.

4123. **E. Finlay-Freundlich, E. G. Forbes,** On the red shift of the solar lines. Ann d'Astrophys **19** 183—198, mit 2 Fig. = Contr. Obs. Univ. St. Andrews Nr. 11. — Die ausführliche Neudiskussion der Messungen von Miss Adams an 14 Linien ergibt, daß die von der allgemeinen Relativitätstheorie geforderte, über die Scheibe konstante Rotverschiebung nicht nachweisbar ist. Die Mitte-Rand-Variation der beobachteten Rotverschiebung läßt sich nicht befriedigend durch ein konstantes Glied (= relative Rotverschiebung) und ein Cosinusglied (entsprechend Doppler-Effekt radialer Strömungen) darstellen. Eine gute Darstellung ist dagegen: $\Delta\lambda_r = X_r + Y \cdot f(\theta, R/l_0)$, worin $Y = (2.04 \pm 0.04) \times 10^{-3}$ Å für alle Linien gleich ist und die Funktion in der Klammer die geometrische Weglänge des Lichtes in der Sonnenatmosphäre bedeutet. X_r variiert für die verschiedenen Linien von -3 bis $+6 \times 10^{-3}$ Å und ist über die Scheibe konstant. Eine befriedigende physikalische Deutung dieser Formel konnte nicht gegeben werden. Bru.

4124. **E. Finlay-Freundlich, E. G. Forbes,** On the red shift of the solar lines. II. Ann d'Astrophys **19** 215—222, mit 2 Fig. = Contr. Obs. Univ. St. Andrews Nr. 12. — Aus Wellenlängenbestimmungen in Sonnenmitte und am Sonnenrand für über 200 Linien verschiedener Elemente zwischen 3570 und 6750 Å, hauptsächlich nach Mt. Wilson-Messungen von W. Adams (1910) neben einigen neueren Messungen, wird der Wechselwirkungs- (interaction-) Term ohne irdische Wellenlängen abgeleitet in der Form eines linearen Zusammenhangs zwischen Linienverschiebung und durchlaufener Wegstrecke in der Sonnenatmosphäre. Die Deutung der Wellenlängenverschiebung als proportional zur vierten Potenz der Temperatur am Entstehungsort der Linie verlaufend ist mit anderen Temperaturschichtungsergebnissen für die Sonne verträglich. Dv.

4125. **Z. Gábos,** Contribuţiuni la studiul relativist al cîmpului gravitaţional. An. ştiinţ. Univ. Iaşi. Sec. I **1** 191—199, 1955 (mit russ. und französ. Ref.). — Ref. in RJ 1957 Nr. 5 S. 104.

4126. **G. García,** Los tres «efectos cruciales» resueltos por la teoria clasica. Actas Acad. Nacional Ci. Exact. Fis. Nat. Lima **19** 1—26. — Aus dem modifizierten Newtonschen Potential $U = fM/r \cdot [1 + (V_c/c)^2]$, worin V_c die Drehgeschwindigkeit um den Radiusvektor des Planeten im Zweikörperproblem bedeutet, leitet Verf. Ausdrücke für die Periheldrehung, die Lichtablenkung im Schwerefeld der Sonne und die Rotverschiebung der Sonnenlinien ab. Böh.

4127. **E. Gerjuoy,** Feasibility of a nonrelativistic explanation for the advance of the perihelion of Mercury. American J. Phys. **24** 3—6. — Ref. in Phys. Abstracts (A) **59** 91, RJ 1957 Nr. 4 S. 88.

4128. **C. Gilbert,** The gravitational field of a star in the expanding universe. MN **116** 678—683. — Die Schwarzschildsche Lösung der Feldgleichungen der allgemeinen Relativitätstheorie im Außenraum einer Punktmasse wird an der Oberfläche einer materiefreien Hohlkugel mit stetig differenzierbaren Funktionen in das Linienelement eines expandierenden Universums übergeführt. Das so errechnete Gravitationsfeld wird mit den Ergebnissen anderer Autoren verglichen. Dv.

4129. **C. Gilbert,** Dirac's cosmology and the general theory of relativity. MN **116** 684—690. — Wenn die Maßeinheiten der elektromagnetischen Feldtheorie und die Maßeinheiten der Newtonschen Gravitationstheorie passend zueinander in Beziehung gesetzt werden, kann man auf dem Wege über eine veränderliche Gravitations-«Konstante» zu vernünftigen Werten für Weltalter, Hubblesche Konstante und mittlere Materiedichte im Weltall kommen. Dv.

4130. **R. L. Gomes,** Relativitätstheorie. Raum—Zeit—Schwerkraft. Lissabon, 1954. 87 S. (portugies.). — Besprechung in ZfMG **58** 226 (G. Lampariello).

4131. **S. Grzędzielski,** Kosmologiczna interpretacja obserwacji radiowych. Postępy Astr. **4** 151—152. — Verf. referiert über ein mit dem großen Radioteleskop von Cambridge durchgeführtes Programm (Ryle, Scheuer, Proc. Roy. Soc. (A) **230** 448—462, vgl. AJB **55** Ref. **12659**; Ryle, Obs **75** 137—147, vgl. AJB **55** Ref. **12658**), bei dem 1936 Radiosterne beobachtet wurden. Das Hauptergebnis, nämlich die mit der Entfernung zunehmende Raumdichte dieser Objekte, läßt sich nach Ryle nur bei Annahme deren außergalaktischer Natur und im Rahmen eines expandierenden Weltalls mit zeitlich abnehmender Dichte erklären. Ond.

4132. **F. I. Havliček,** Über eine kosmologische Differentialgleichung. Bull. Sci. Conseil Acad. Yougoslavie **2** 97. — En supposant $f \sim 1/T$, où f est la constante de la gravitation et T le temps local, l'auteur obtient de l'équation différentielle de Friedmann une formule pour le rayon de courbure de l'espace. Ce résultat est en bon accord avec la formule de P. Jordan, obtenu suivant ses principes projectives de la théorie de la relativité générale (Schwerkraft und Weltall, Braunschweig; vgl. AJB **52** Ref. 4116). Milošević

4133. **O. Heckmann, E. Schücking,** Bemerkungen zur Newtonschen Kosmologie. II. ZfA **40** 81—92 = Mitt. Sternw. Hamburg-Bergedorf **23** Nr. 254.— Im Zusammenhang mit der Newtonschen Kosmologie wird die Theorie des Potentials unendlicher Materieverteilungen diskutiert. Es werden, unabhängig vom Homogenitätspostulat, neue Randbedingungen für das Potential im Unendlichen angegeben, die es gestatten, das Potential auch in dem Fall festzulegen, wo die Massenverteilung bis ins Unendliche reicht. Es werden alle homogenen stationären Modelle angegeben. Im Anschluß daran betrachten Verf. die kosmologischen Modelle vom Gesichtspunkt der statistischen Mechanik. Eine Scherung des Weltsubstrats führt zu irreversibler Wärmeerzeugung und einem Anwachsen der spezifischen Entropie. Verf.

4134. **J. B. Helliwell,** Disturbances in an expanding universe. Ann d'Astrophys **19** 19—33. — Betrachtungen über kleine Störungen im metrischen Fundamentaltensor und Anwendung auf den Fall einer Kugelwelle, die von einem bestimmten Punkt ausgeht, insbesondere auf expandierende Weltmodelle mit verschiedenen Vorzeichen der Krümmung. Dv.

4135. **J. G. Hernández,** La expansión del Universo. El Universo Nr. 35 S. 60—64, mit Bild des Autors.

4136. **B. N. Himmelfarb,** Über einige mit der Erklärung der Aberration der Sterne in der Relativitätstheorie im Zusammenhang stehende Fehler. Bull. Astr.-Geod. Ges. UdSSR Nr. 17 S. 14—21 (russ.). — Ref. in RJ 1957 Nr. 1 S. 88.

4137. **W. L. Hinsburg,** Die experimentelle Überprüfung der allgemeinen Relativitätstheorie. Fortschritte Phys. Wiss. **59** 11—49 (russ.). — Ref. in RJ 1957 Nr. 1 S. 87—88.

4138. **W. L. Hinsburg,** Experimentelle Prüfung der allgemeinen Relativitätstheorie. Fortschritte d. Physik **5** 16—50, mit 1 Fig. — Übersetzung eines Vortrages aus Fortschritte der Phys. Wiss. **59** 11, 1956 (vgl. vorstehendes Ref.). — Inhalt: Die Periheldrehung der Planeten und ihrer Satelliten; Verschiebung der Spektrallinien im Schwerefeld; Ablenkung der Lichtstrahlen am Sonnenrand; Bedeutung der allgemeinen Relativitätstheorie von Einstein für Physik und Astronomie; Literaturhinweise.

* * **W. L. Hinsburg,** Application of artificial satellites for testing general relativity. Vgl. Ref. **13467.**

4139. **W. L. Hinsburg,** Experimentelle Prüfung der allgemeinen Relativitätstheorie und künstliche Erdsatelliten. Priroda **45** Nr. 9 S. 30—39, mit 5 Abb. (russ.). — Verf. weist darauf hin, daß die Beobachtung der künstlichen Satelliten zu einer experimentellen Prüfung der allgemeinen Relativitätstheorie benutzt werden kann. Die Verschiebung des Perigäums (und bei Satelliten mit einem Rundfunksender auch die Frequenzverschiebung an den Radiowellen) sollte unter Umständen bessere Resultate liefern als die bisher benutzten Methoden. Plavec

4140. **E. R. R. Holmberg,** A new explanation of the recession of the nebulae. MN **116** 691—698. — Ref. in Obs **76** 215—216 (Ref. RAS). — Verglichen mit den Laufzeiten des Lichtes umfaßt der Zeitraum, in dem das Universum als Ganzes studiert wird, so wenig, daß die Ereignisse als auf dem Lichtkegel liegend beschrieben werden können. Nach kritischer Betrachtung der üblichen kosmologischen Ansätze wird mit den Methoden der projektiven Geometrie ein erster mathematischer Ansatz versucht, der es plausibel erscheinen läßt, daß möglicherweise die Nebelflucht nur vorgetäuscht ist. Dv.

* * **H. Hönl, A.-W. Maue,** Über das Gravitationsfeld rotierender Massen. Vgl. Ref. 238.

4141. **F. Hoyle, A. Sandage,** The second-order term in the redshift-magnitude relation. Publ ASP **68** 301—307, mit 1 Fig. — Es wird die Möglichkeit betrachtet, aus dem beobachteten Effekt sowohl das Vorzeichen der Krümmung des Universums wie seine mittlere Dichte und das Vorzeichen des zweiten Differentialquotienten des Weltradius nach der Zeit abzuleiten und zwischen den relativistischen Theorien des Universums und der «steady state»-Theorie (kontinuierliche Materieentstehung und damit konstante Dichte trotz Expansion) eine Entscheidung zu fällen. Dv.

* * **M. L. Humason, N. U. Mayall, A. R. Sandage,** Redshifts and magnitudes of extragalactic nebulae. Vgl. Ref. **12417.**

4142. **E. H. Hutten,** A note on «The age of the universe». Brit. J. Philos. Sci. **6** 58—61, 1955. — Ref. in RJ 1956 Nr. 12 S. 56—57.

4143. **G. M. Idliss,** Die Relativitätstheorie und die strukturelle Unendlichkeit des Weltalls. AJ UdSSR **33** 622—626 (russ. mit franz. Ref.). — Die Vorstellung eines homogenen Universums wird abgelehnt. Ein strukturell (hierarchisch) gegliedertes und in Raum und Zeit unendliches Weltall braucht nicht zum Gravitationsparadoxon zu führen. Bei den Überlegungen zur mittleren Massendichte werden relativistische Massendefekte berücksichtigt. Petri

4144. **G. P. Ittman,** Over het verband tussen de expansie en de dichtheid van het heelal. II. Nederl. T. Natuurkunde **21** 277—280, 1955. — Ref. in RJ 1957 Nr. 2 S. 101.

4145. **K. Just,** Erweiterte Gravitationstheorie und Periheldrehung. Z. Physik **144** 411—427. — In dem Beitrag «Zur Planetenbewegung bei veränderlicher Gravitationszahl» (vgl. AJB **55** Ref. **4142**) wurde die von Heckmann (vgl. AJB **51** Ref. 4122) gefundene strenge Lösung (das Analogon der Schwarzschildschen) auf alle Formen der erweiterten Gravitationstheorie von Jordan und Ludwig ausgedehnt. Bei der anschließenden Berechnung der Periheldrehung wurde jedoch fälschlich vorausgesetzt, daß weiterhin wie bei Einstein das «geodätische Prinzip» gilt. Verf.

4146. **K. Just,** Die Drehwaage von Eötvös. Z. Physik **144** 648—655. — In einer früheren Arbeit (vgl. vorstehendes Ref.) wurde aus der Jordanschen Gravitationstheorie in der Formulierung von Ludwig gefolgert, daß sich ein makroskopischer Körper auch ohne elektrische Ladung nicht auf einer geodätischen Linie bewegen muß. Sogar das Prinzip der Gleichheit von schwerer und träger Masse muß nicht mehr gelten, weil die neuen Zusatzglieder der Beschleunigung vom Material des Probekörpers abhängen könnten. Deshalb wird hier das bekannte Experiment von Eötvös diskutiert, um daraus eine obere Schranke für jene Zusätze zu gewinnen. Verf.

4147. **K. Just,** Strenge kugelsymmetrische Lösungen der Einsteinschen Feldgleichung. Z. Physik **145** 235—240. — Die Einsteinsche Feldgleichung benutzen wir in ihrer ursprünglichen Form, also ohne «kosmologische» Konstante Λ und mit konstanter Gravitationszahl $\varkappa$. Die Metrik setzen wir an mit zwei unbestimmten Funktionen der Zeit t und einer Radialkoordinate r; die Materie betrachten wir als ideale Flüssigkeit, die im Koordinatensystem ruht und deren Druck p wir gegen ihre Dichte ε vernachlässigen. Nach einer weiteren Spezialisierung ergeben sich strenge Lösungen, die für $t \to \infty$ ins homogene Weltmodell mit euklidischem Raume übergehen würden. Für $t \neq \infty$ sind sie jedoch von diesem verschieden, denn sie enthalten eine völlig willkürliche Funktion von r. Nach deren Festlegung werden wir in einer späteren Arbeit das zeitliche Verhalten kugelsymmetrischer Materieverdichtungen untersuchen, um gewisse Fragen der Kosmologie in neuartiger Weise zu behandeln. Verf.

4148. **W. Kantor, G. Szekeres,** Cosmic times and the field equations of general relativity. Phys. Rev. (2) **104** 831—834. — Anschließend an eine Arbeit von Szekeres (vgl. AJB **55** Ref. **4188**) werden andere Formen von allgemeinrelativistischen Feldgleichungen bei Vorhandensein eines skalaren kosmischen Zeitfeldes untersucht. Die Vielzahl der Möglichkeiten wird durch ein Eichpostulat und weitere vereinfachende Annahmen eingeschränkt. Böh.

4149. **A. Kratzer,** Relativitätstheorie. Ausarbeitungen mathematischer und physikalischer Vorlesungen. Bd. XVII. Münster, Aschendorffsche Verlagshandlung, 1956. 6 + 234 S. Preis DM 18. — Besprechung in Math. Rev. **18** 363—364 (A. J. Coleman).

4150. **H. G. L. Krause,** Relativistische Raketenmechanik. Astronaut. Acta **2** 30—47. — Ref. in Math. Rev. **18** 261.

4151. **W. Kundt,** Trägheitsbahnen in einem von Gödel angegebenen kosmologischen Modell. Z. Physik **145** 611—620. — Im Jahre **1949** wurde von K. Gödel ein kosmologisches Modell als Lösung der Einsteinschen Gravitationsfeldgleichungen mit kosmologischem Glied für verschwindenden Druck und konstante Ruhmassendichte μ angegeben. In der vorliegenden Arbeit sollen hierin die Differentialgleichungen der Geodätischen integriert werden in einem fortlaufenden Ruhinertialsystem einer Materieweltlinie; d. h. es sollen die Bahnen von Probekörpern ermittelt werden, wie sie ein in der felderzeugenden Materie mitschwimmender Beobachter während endlicher Zeitspannen wahrnimmt. Verf.

4152. **D. Layzer, O. Heckmann, E. Schücking,** Newtonian cosmology. Obs **76** 73—75. — Layzer begründet seinen Standpunkt, daß es nicht möglich ist, die Einstein-Friedmannschen Gleichungen für das expandierende Universum mit den Methoden der Newtonschen Mechanik abzuleiten, wenn nur «wirkliche» Kräfte sauber von den durch die Wahl des Koordinatensystems vorgetäuschten «fiktiven» Kräften getrennt werden. Heckmann und Schücking bestreiten, daß eine solche Trennung möglich ist, und geben explizite Randbedingungen für ein Universum an, das allein mit den Mitteln der Newtonschen Mechanik zu einem expandierenden Weltmodell führt. Dv.

4153. **D. E. Littlewood,** The behaviour of the universe. Proc. Cambridge Phil. Soc. **52** 88—96. — In Fortführung früherer Untersuchungen (vgl. AJB **55** Ref. **4156**) wendet Verf. die von ihm entwickelte Transformationsmethode (vgl. AJB **55** Ref. **4155**) zum Studium der Eigenschaften des Universums an, wenn für das Modell nur das spezielle kosmologische Prinzip gefordert wird, d. h. Einsteins Theorie ohne anisotropes kosmologisches Glied angenommen wird. Die gewonnenen Ergebnisse wurden schon früher von anderen Autoren erhalten. Henn

4154. **W. Mattig,** Die Lichtablenkung im Schwerefeld der Sonne. Bericht über die Sonnenfinsternisexpeditionen 1954 und 1955. Sterne **32** 177—188, mit 4 Fig. = Mitt. Astrophys. Obs. Potsdam Nr. 52.

4155. **W. H. McCrea,** On the gravitational displacement of spectral lines. Proc. Roy. Irish Acad. (A) **57** 173—181. — In einer früheren Arbeit (vgl. AJB **54** Ref. **4163**) gab Verf. eine einfache Ableitung der Formel der relativistischen Rotverschiebung. Auf eine inzwischen geübte Kritik antwortend, gibt er in der vorliegenden Arbeit neue Ableitungen dieser Formel an. Anschließend wird die Möglichkeit der Prüfung der allgemeinen Relativitätstheorie auf Grund von Beobachtungen der relativistischen Rotverschiebung diskutiert. Mawridis

4156. **W. H. McCrea, F. I. Mikhail,** Vector-tetrads and the creation of matter. Proc. Roy. Soc. (A) **235** 11—22. — Verf. geben spezielle Eigenschaften eines allgemeinen Vierer-Vektorfeldes an und zeigen, wie sich daraus Feldrelationen herleiten lassen, die die Erzeugung von Materie ermöglichen. Von den kosmologischen Modellen, auf die diese Vorstellungen führen, ist eines eng verwandt dem von Hoyle angegebenen. Böh.

4157. **G. C. McVittie,** General Relativity and Cosmology. London, Chapman & Hall Ltd.; New York, John Wiley & Sons, 1956. The International Astrophysics Series Vol. **4.** 10 + 198 S. mit 4 Fig. Preis 42 s. bzw. $ 9.00. — Besprechung in Ciel et Terre **72** 729—730, Obs **77** 111—113 (W. B. Bonnor), Publ ASP **69** 94—95 (W. S. Krogdahl), Sky and Telescope **16** 81.

4158. **H. J. Meister, A. Papapetrou,** Die Schwarzschildsche Lösung in de Donderschen Koordinaten. Z. Physik **145** 403—411. — Transformiert man die äußere Schwarzschildsche Lösung derart, daß sie bei Erhaltung der Kugelsymmetrie die de Dondersche Koordinatenbedingung erfüllt, so tritt neben der Masse des Zentralkörpers noch eine weitere Konstante auf. Diese wird durch Berücksichtigung der inneren Lösung für den Fall eines schwachen Gravitationsfeldes bestimmt. Verf.

4159. **H. J. Meister,** Die Bewegungsgleichungen in der Theorie des Gravitationsfeldes mit einer Feldfunktion. Z. Physik **147** 531—543. — Es werden die Bewegungsgleichungen für den astronomischen Fall nach der von Papapetrou angegebenen Gravitationstheorie (vgl. AJB **54** Ref. **4169**) mit einer Feldfunktion in zweiter Näherung berechnet. Die Integration dieser Gleichungen ergibt für ein Doppelsternsystem, daß sich der Schwerpunkt im Zeitmittel unbeschleunigt bewegt und daß die Drehung des Periastrons etwas kleiner als nach der allgemeinen Relativitätstheorie ist. Für den Fall, daß der eine Körper als Probeteilchen angesehen werden kann (Planet im Feld der Sonne), findet man den Einsteinschen Fall der Periheldrehung. Verf.

4160. **A. A. Michajlow,** On the observations of the Einstein effect. AJ UdSSR **33** 928—935, mit 1 Fig. (russ. mit engl. Ref.). — Verf. gibt einen kritischen Überblick über die Beobachtungen des Einstein-Effekts während der Sonnenfinsternisse der Jahre 1919, 1922, 1929, 1936, 1947 und 1952. Abschließend werden Vorschläge für künftige Beobachtungen gemacht. Loh.

4161. **A. A. Michajlow,** Die Beobachtung des Einstein-Effektes bei Sonnenfinsternissen. Fortschritte Phys. Wiss. **59** 51—66 (russ.). — Ref. in RJ 1957 Nr. 1 S. 88.

4162. **A. Mihul,** Observaţiuni in legătură cu interpretarea relativistă a deplasării spre roşu a liniilor spectrale. An. ştiinţ. Univ. Iaşi. Sec. I **1** 205—212, 1955 (mit russ. und französ. Ref.). — Ref. in RJ 1957 Nr. 6 S. 101.

4163. **S. N. Milford,** Relativistic deflection of sun's light by the mass of the sun. ApJ **123** 182. — Verf. berechnet die relativistische Ablenkung des von der Sonne ausgehenden Lichtes in deren Gravitationsfeld. Die resultierende Vergrößerung des scheinbaren Sonnendurchmessers wird zu 4×10^{-3} Bogensekunden gefunden. Micz.

4164. **R. Minkowski, O. C. Wilson,** Proportionality of nebular red shifts to wave length. ApJ **123** 373—376. — Die starken Emissionslinien im Spektrum der kollidierenden Sternsysteme Cygnus A ermöglichen eine Prüfung der Wellenlängenabhängigkeit der Rotverschiebung der extragalaktischen Sternsysteme. Aus Radialgeschwindigkeitsmessungen der Verf. wird eine Rotverschiebung von 16812 ± 9 km/sec für eine mittlere Wellenlänge von 3830 Å und von 16798 ± 7 km/sec für eine mittlere Wellenlänge von 6472 Å gefunden. Eine etwaige Wellenlängenabhängigkeit der Rotverschiebung ist daher geringer als $3 \times 10^{-4}/1000$ Å Unter Heranziehung der anderweitig gemessenen Verschiebung der 21 cm-Wasserstofflinie von Cygnus A ist anzunehmen, daß diese Abhängigkeit sogar $< 3 \times 10^{-9}/1000$ Å ist. Micz.

4165. **C. Møller,** Old problems in the general theory of relativity viewed from a new angle. Kongel. Danske Videnskab. Selskab Mat.-fys. Medd. **30** Nr. 10, 29 S., 1955. — Ref. in Phys. Ber. **36** 776.

4166. **P. Moon, D. E. Spencer,** On the establishment of a universal time. Philos. Sci. **23** 216—229. — Ref. in Math. Rev. **18** 177.

4167. **D. C. Morton,** Relativistic advances of perihelions. J RAS Canada **50** 223.

4168. **E. J. Öpik,** The time scale of our universe. Annual Report Smithsonian Inst. for 1955 S. 203—226 = Smithsonian Inst. Publ. 4235. — Vgl. AJB **54** Ref. 4168.

4169. **R. M. Page,** Cosmological theories ancient and modern. J. Wash. Acad. Sci. **46** 244—252. — Ref. in RJ 1957 Nr. 5 S. 104.

4170. **A. Papapetrou,** Rotverschiebung und Bewegungsgleichungen. Ann. Physik (6) **17** 214—224. — Es wird eine unmittelbare Berechnung der relativistischen Rotverschiebung mit Hilfe der Feldgleichungen des kombinierten Gravitations- und elektromagnetischen Feldes sowie der Verallgemeinerung der Dirac-Gleichung für einen Riemannschen Raum gegeben. Verf.

4171. **Pham Mau Quan,** Sur les équations de l'électromagnétisme dans la matière. CR **242** 465—467.

4172. **J. Picht,** 50 Jahre Relativitätstheorie. Wiss. Z. Pädagog. Hochschule Potsdam (Math.-Naturw.) **2** 11—14. — Vortrag im Festkolloquium des Physikalischen Instituts der Pädagogischen Hochschule Potsdam am 5. April 1955.

4173. **W. W. Radsijewskij, B. N. Himmelfarb,** Über die scheinbaren Paradoxien der astronomischen Aberration. Bull. Astr.-Geod. Ges. UdSSR Nr. 18 S. 9—12 (russ.). — Ref. in RJ 1957 Nr. 7 S. 89.

4174. **W. Rindler,** On the coordination of the Riemannian and kinematic techniques in theoretical cosmology, with particular reference to the shift-distance law. MN **116** 335—350. — Es werden verschiedene Möglichkeiten der Entfernungsdefinition in homogenen isotropen Weltmodellen begrifflich und mathematisch formuliert. Die Glieder zweiter Ordnung in der Beziehung zwischen Rotverschiebung und Entfernung werden theoretisch diskutiert und mit neueren Beobachtungen verglichen. Die Ursachen, die Schlüsse über das der Wirklichkeit am besten angepaßte Modell wertlos machen können, werden aufgezählt. In einem Anhang wird die theoretische Rotverschiebung-Entfernung-Beziehung für die kinematische (Milne'sche) Betrachtungsweise abgeleitet. Dv.

4175. **W. Rindler,** Visual horizons in world-models. MN **116** 662—677, mit 3 Abb. — Für eine große Klasse von homogenen isotropen Weltmodellen, die durch ein allgemeines Linienelement beschrieben werden können, werden strenge Definitionen von Grenzflächen gegeben, über die hinaus ein fundamentaler Beobachter keine Ereignisse mehr wahrnehmen kann (event horizons) oder über die hinaus keine Teilchen beobachtbar sind (particle horizons). Die ausführlichen Betrachtungen werden durch Beispiele und Zeichnungen verdeutlicht. Dv.

4176. **A. Rükl,** Dehnt sich das Weltall aus? Věda a život 1956 S. 354—356, mit 2 Fig. (tschech.).

* * **W. Scherrer,** Zur linearen Feldtheorie. IV. (statische Felder). Vgl. Ref. **273**.

4177. **A. Schild,** On gravitational theories of Whitehead's type. Proc. Roy. Soc. (A) **235** 202—209, mit 1 Fig. — Verf. gibt ein Verfahren an, unendlich viele Gravitationstheorien vom Typ der von Whitehead herzuleiten, die Verallgemeinerungen der Whiteheadschen Theorie sind und diese als Spezialfall enthalten; sie sind alle Fernwirkungstheorien in einer ebenen Minkowski-Welt, und in ihnen ist die Bewegung von Masseteilchen und Lichtstrahlen im Gravitationsfeld einer ruhenden Masse die gleiche wie in der allgemeinen Relativitätstheorie. Da die ursprüngliche Whiteheadsche Theorie für das Massenzentrum im Zweikörperproblem eine säkulare Beschleunigung voraussagt (vgl. AJB **54** Ref. **4115**), was auch bei diesen Verallgemeinerungen vermutet wird, die allgemeine Relativitätstheorie aber nicht (H. P. Robertson, Ann. Math. Princeton **39** 101, 1938), besteht vielleicht die Möglichkeit, aus Beobachtungen von Doppelsternen empirisch zwischen beiden Typen von Gravitationstheorien zu entscheiden. Böh.

4178. **M. F. Schirokow,** A general theory of relativity or theory of gravitation? J. Experim. Theoret. Phys. **30** 180—184 (russ.). — Ref. in Math. Rev. **18** 101.

4179. **M. F. Schirokow, W. B. Brodowskij,** On the equations of motion of finite masses in the general theory of relativity. J. Eperim. Theoret. Phys. **31** 1027—1033 (russ.). — Ref. in Phys. Abstracts (A) **60** 275.

4180. **R. Schlegel,** The age of the universe. Brit. J. Philos. Sci. **5** 226—236, 1954. — Ref. in RJ 1956 Nr. 12 S. 57—58.

4181. **E. Schrödinger,** Expanding Universes. New York, Cambridge University Press, 1956. 8 + 93 S. Preis $ 3.50 bzw. 17 s. 6 d. — Besprechung in American J. Phys. **24** 472—473 (S. A. Basri), JBAA **67** 81 (W. H. Julian), J. Phys. Radium **17** 865 (J. Winter), Math. Rev. **17** 1015 (A. H. Taub), Obs **77** 35—36, Phil. Mag. (8) **1** 1078, Proc. Phys. Soc. (A) **70** 93 (W. H. McCrea), Publ ASP **68** 373—374 (W. H. McCrea), Science **124** 370 (C. N. Yang), Sky and Telescope **15** 364.

4182. **E. H. Schröter,** Der heutige Stand des Nachweises der relativistischen Rotverschiebung. Sterne 32 140—151, mit 4 Fig. = Mitt. Astrophys. Obs. Potsdam Nr. 51. — Es werden gemessene Rotverschiebungen an der Sonne, an weißen Zwergen und an Riesensternen frühen Typs kritisch betrachtet. Im Zusammenhang mit eigenen Sonnenarbeiten kommt Verf. zu dem Schluß, daß in keinem Falle ein Widerspruch zwischen dem theoretischen Effekt und den Beobachtungen besteht. Zum Schluß wird die Freundlichsche Hypothese über die Rotverschiebung in Strahlungsfeldern im ganzen negativ beurteilt. Kurzes Literaturverzeichnis. Dv.

4183. **M. Scriven,** The age of the universe. Brit. J. Philos. Sci. **5** 181—190, 1954. — Ref. in RJ 1956 Nr. 12 S. 57.

4184. **S. F. Singer,** Application of an artificial satellite to the measurement of the general relativistic «red shift». Phys. Rev. (2) **104** 11—14, mit 2 Fig. — Verf. berechnet für einen künstlichen Erdsatelliten die relativistische Drehung seines Perihels und die Gangänderung einer im Satelliten mitgeführten Uhr im Vergleich zu einer irdischen. Während die Messung jener, insbesondere wegen der sehr viel größeren Wirkung der Erdgestalt, schwierig ist, hält er diese für leicht feststellbar und gibt eine Versuchsanordnung dafür an. Böh.

4185. **M. F. Subbotin,** Théorie de la relativité et la mécanique céleste (à l'occasion du cinquantenaire de la théorie de la relativité). AJ UdSSR **33** 251—258 (russ. mit franz. Ref.). — Verf. unterstreicht die große Bedeutung der Relativitätstheorie für die Himmelsmechanik und bespricht weiter einige Probleme der Himmelsmechanik im Zusammenhang mit dem Einsteinschen Gravitationsgesetz. Plavec

4186. **J. L. Synge,** Relativity: the Special Theory. Amsterdam, North-Holland Publishing Co.; New York, Interscience Publishers Inc., 1956. 15 + 450 S. Preis $ 10.50. — Besprechung in Math. Rev. **17** 1013—1014 (H. P. Robertson), Science **123** 732—733 (P. G. Bergmann).

4187. **I. Szeghy,** About the red shift. RH **37** 34—37, mit 1 Fig. (slowak.).

4188. **G. Szekeres,** Ether drift and gravitational motion. Phys. Rev. (2) **104** 1791—1798. — Nach Definition einer (von der Kosmologie her nahegelegten) universellen Zeit und absoluten Bewegung (und damit einer Ätherdrift) innerhalb der allgemeinen Relativitätstheorie wird das Feld eines in «absoluter» Bewegung befindlichen Körpers berechnet und die Bewegung im Schwerefeld bei Vorhandensein einer «Ätherdrift» untersucht. Es wird gezeigt, wie diese «Ätherdrift» an den Körpern des Sonnensystems nachgewiesen werden kann. Weiterhin wird ihre Größe abgeschätzt. Böh.

4189. **B. Thüring,** Methodologisches und Historisches zum Gesetz der allgemeinen Gravitation. Sonderdruck aus «Gedenkbuch für Hugo Dingler». München, Eidos-Verlag, S. 189—209. — Beschrieben wird Newtons nichtempirische Methode zur Gewinnung des allgemeinen Gravitationsgesetzes. Es wird gezeigt, daß das Gesetz weder aus den Messungen der Planetenbewegungen noch aus dem Cavendish-Versuch empirisch ermittelt werden kann. Fricke

4190. **P. C. Vaidya,** The general relativity field of a radiating star. Bull. Calcutta Math. Soc. **47** 77—80, 1955. — Ref. in Math. Rev. **17** 1144, Phys. Abstracts (A) **60** 627, RJ 1957 Nr. 1 S. 90.

4191. **P. C. Vaidya, K. B. Shah,** Influence of expanding space on the gravitational fields surrounding individual stars. Nature **177** 802. — Das Problem von Einstein und Straus (vgl. Rev. Modern Phys. **17** 120, 1945) wird von Verf. erneut aufgegriffen. Es zeigt sich, daß bei Berücksichtigung der Sternstrahlung die Annahme eines von der Expansion des Raumes unbeeinflußten Gravitationsfeldes in der Umgebung der einzelnen Sterne nicht aufrecht erhalten werden kann. Henn

4192. **R. V. Wagh,** On the gravitational field of an isolated fluid sphere. J. Univ. Bombay Sect. A (NS) **24** Nr. 38 S. 1—4, 1955. — Ref. in Math. Rev. **17** 1245.

4193. **R. V. Wagh,** On some spherically symmetrical models in relativity. J. Univ. Bombay Sect. A (NS) **24** Nr. 38 S. 5—9, 1955. — Ref. in Math. Rev. **17** 1245.

4194. **G. J. Whitrow,** The age of the universe. Brit. J. Philos. Sci. **5** 215—225, 1954. — Ref. in RJ 1956 Nr. 12 S. 57.

4195. **P. Wilker,** Von den Grundlagen der allgemeinen Relativitätstheorie. Orion Schaffhausen **5** 133—141.

4196. **F. Winterberg,** Relativistische Zeitdilatation eines künstlichen Satelliten. Astronaut. Acta **2** 25—29. — Bei Berücksichtigung der Relativitätstheorie treten meßbare Zusatzglieder zum Doppler-Effekt auf, die in unmittelbarem Zusammenhang mit der Einsteinschen Zeitdilatation stehen. Beim vorliegenden Problem darf jedoch nicht die spezielle Relativitätstheorie, sondern muß entsprechend dem Vorhandensein von Gravitationsfeldern die allgemeine Relativitätstheorie zugrunde gelegt werden. Die Überlegungen, die für den Doppler-Effekt maßgebend sind, übertragen sich dabei sinngemäß auf Uhren auf dem Satelliten und auf der Erde, deren Gang verglichen wird. Die Messung der Abweichung des Uhrenganges und damit die Messung der Zeitdilatation wird ermöglicht durch Vergleich zweier mit Molekülresonanzlinien gesteuerter Quarzuhren (sog. Atomuhren) auf dem künstlichen Satelliten und auf der Erdoberfläche. Es zeigt sich dabei, daß die auf einem künstlichen Satelliten befindliche Uhr gegenüber einer auf der Erdoberfläche aufgestellten im Laufe eines Jahres um einige tausendstel Sekunden und damit um einen meßbaren Betrag nachgeht. Verf.

4197. **J. Zahradníček, A. Čížek,** Perihelverschiebung des Merkur. Publ. Fac. Sci. Univ. Masaryk 1955 S. 281—294 (tschech. mit deutsch. Ref.). — Ref. in Math. Rev. **18** 262, RJ 1957 Nr. 1 S. 16.

4198. Expanding universe. Science **123** 133. — Zusammenfassung eines bei einer Versammlung der American Association for the Advancement of Science gegebenen Berichtes.

4199. Relativity and planetary motions. Sky and Telescope **15** 310. — Ref. AAS. — Ref. in Sterne **33** 196. — Übersetzung in Vasiona **5** 20.

§ 42

Himmelsmechanik, Störungstheorie

4201. **W. M. Alexejew,** Austausch und Einfang im Dreikörperproblem. DAN **108** 599—602 (russ.).

4202. **G. M. Bashenow,** The first-order perturbations of the mean motion of an infinitesimal body in the problem of three bodies. BIA **6** 378—407 (russ. mit engl. Ref.). — Die Störungen können in zwei Teile getrennt werden. Der erste Summand kann in geschlossener Form angegeben, der zweite in eine unendliche Reihe entwickelt werden. Einige Methoden der Entwicklung werden besprochen. Hinweise und ein Rechenverfahren zur Erleichterung der Entwicklung werden angegeben. Am Ende wird eine Methode zur Berechnung der langperiodischen Störungen wiedergegeben. Plavec

4203. **L. Blitzer, M. Weisfeld, A. D. Wheelon,** Perturbations of a satellite's orbit due to the earth's oblateness. J. appl. Phys. **27** 1141—1149, mit 3 Fig. — Für eine kreisnahe Ausgangsbahn eines künstlichen Erdsatelliten werden die allgemeinen Störungen berechnet, die von der Gestalt der Erde herrühren. Die Bewegung der Knotenlänge der Satellitenbahn auf dem Erdäquator ist am besten geeignet, die bisher aus Schweremessungen abgeleitete Erdgestalt zu verbessern. Böh.

* * **H. Cohn,** Some applied number theory. Vgl. Ref. **107.**

4204. **H. Dilgan,** Sur quelques cas particuliers du problème des deux corps de masses variables. Bull. Tech. Univ. Istanbul **8** 42—49, 1955. — Ref. in Math. Rev. **17** 1243.

4205. **W. G. Fessenkow,** Some properties of motion of a gravitating body in a resisting medium. AJ UdSSR **33** 614—621, mit 2 Fig. (russ. mit engl. Ref.). — Es wird der Fall betrachtet, daß sich ein Körper um ein Gravitationszentrum bewegt, das von einem widerstehenden Medium gleichmäßiger Dichte und gleichförmigen Rotationszustandes umgeben ist. Es wird gezeigt, daß sich die Bahnabmessungen je nach den Anfangsbedingungen verkleinern oder vergrößern können, während die Exzentrizität in allen Fällen ausnahmslos abnimmt. Diese Resultate stützen sich auf eine theoretische Analyse der Ausgangsdifferentialgleichungen und die Ergebnisse numerischer Integration folgender Anfangsbedingungen: Große Halbachse $a_0 = 0.1$; 1.0; 2.0; 2.286; 4. Quadrat der Exzentrizität $e_0{}^2 = 0.5$. Die relativen Änderungen von a und e sind für die erwähnten Fälle graphisch dargestellt. Verf. (übersetzt)

4206. **L. A. Gasarchij,** On a new integral, algebraic in the velocities, of the generalized three-body problem. Ukrain. Mat. J. **8** 5—11 (russ.). — Ref. in Math. Rev. **17** 1243.

4207. **L. A. Gasarchij,** On a case of plane motion of three material points. Ukrain. Mat. J. **8** 208—213 (russ.). — Ref. in Math. Rev. **18** 447.

4208. **W. T. Gontkowskaja,** Die klassischen Methoden der Himmelsmechanik im Licht der heutigen Rechentechnik. Bull. Astr. Obs. Stalinabad Nr. 17 S. 16—20 (russ.). — Die analytischen und numerischen Methoden der Himmelsmechanik werden kurz besprochen. Es wird gezeigt, daß die modernen Rechenmaschinen mit Vorteil auch für das Rechnen mit den klassischen analytischen Methoden angewandt werden können. Plavec

4209. **I. Izsák,** Zur Regularisierung des Einzentrumproblems. Mitt. Sternw. Ungar. Akad. Wiss. Budapest-Szabadsághegy Nr. 39 S. 3—5. — Regularisierung des Zweikörperproblems mit Hilfe der durch $dt/du = r$ definierten Variablen u; für die elliptische Bewegung (E = exzentrische Anomalie, h = Energiekonstante) wird speziell $E = \sqrt{-2h}\,u$. Böh.

4210. **F. Kępiński,** Kilka wzorów z teorii specjalnych zakłóceń planetoid i komet. Postępy Astr. **4** 195—196. — Ref. Poln. Astr. Ges.

4211. **G. A. Merman,** Über ein Theorem von Birkhoff. BIA **6** 232—239 (russ.). — Verf. bringt eine unabhängige Ableitung der Theoreme von Birkhoff aus der Theorie des Dreikörperproblems im Gebiete der negativen Potentialenergie. Er leitet quantitative Existenzkriterien für die betreffenden Bewegungsformen ab und diskutiert eine Konsequenz der Theoreme. Plavec

4212. **G. A. Merman, N. G. Kotschina,** Über die Grenze des Einfanggebietes im restringierten hyperbolischen Dreikörperproblem. BIA **6** 349—377 (russ. mit deutsch. Ref.). — In dieser Abhandlung werden 50 numerische Beispiele der Bewegungen im restringierten hyperbolischen Dreikörperproblem dargestellt, die das Gebiet des sogenannten Einfangs definieren. Verf.

4213. **G. A. Merman,** Zu Arbeiten von R. Vernić über die Regularisierung und die periodischen Lösungen des Dreikörperproblems. BIA **6** 408—415 (russ. mit deutsch. Ref.). — In einigen Arbeiten von Vernić wird eine Transformation der unabhängigen Veränderlichen gegeben, die zur völligen Regularisierung des Dreikörperproblems führen soll. Ebenda wird behauptet, es gäbe keine anderen periodischen Lösungen im Dreikörperproblem außer den Lagrangeschen exakten Lösungen. Hier aber wird gezeigt, daß die beiden Schlußfolgerungen des obengenannten Autors auf mehreren Fehlern beruhen. Verf.

4214. **D. Mihailović,** Verallgemeinerung einiger Ergebnisse im Zweikörperproblem mit veränderlicher Massensumme. Bull. Soc. Math. Phys. Serbie 8 195—198 (serb. mit deutsch. Ref.). — Verf. gibt eine Ableitung einiger Eigenschaften der Bahnkurven im Zweikörperproblem mit veränderlicher Massensumme. Böh.

4215. **D. Mihailović,** Über das Energieintegral im Zweikörperproblem mit veränderlicher Massensumme. Bull. Soc. Math. Phys. Serbie 8 199—202 (serb. mit deutsch. Ref.). — Verf. leitet Ausdrücke für das Energieintegral zu verschiedenen im Zweikörperproblem mit veränderlicher Massensumme möglichen Bahnformen ab. Böh.

4216. **D. Mihailović,** Beiträge zur Untersuchung des Zweikörperproblems mit veränderlicher Massensumme. Publ. Fac. Elektrotech. Univ. Belgrade, Ser. Math. Phys. 1956 Nr. 3, 39 S. (kroat.). — Ref. in Phys. Ber. **36** 1125.

4217. **M. Milankowitsch,** Die Grundlagen der Himmelsmechanik. Belgrad, Das wissenschaftliche Buch, 1955. 2. Auflage. 100 S. mit Abb. (serb.). — Besprechung in Math. Rev. **17** 1242—1243, RJ 1957 Nr. 1 S. 17—18.

4218. **P. Musen,** Note on Hansen's general perturbations. AJ **61** 188. — Ref. AAS.

4219. **B. Popović,** Specialperturboj de vektoraj elementoj de planedetorbito. Bull. Soc. Math. Phys. Serbie 8 Nr. 1—2 S. 47—52 (mit serb. Ref.). — Pour simplifier le calcul pratique des perturbations des éléments vectorielles de l'orbite de la petite planète, l'auteur a modifié la forme des équations des perturbations. Cette méthode est illustrée par un exemple calculé au Minor Planet Center, Cincinnati. Milošević

4220. **B. Popović,** Approximate calculation of the orbit elements of a small planet on the basis of three heliocentric positions. Period. Math.-Phys., Astr. **11** 45—52 (russ.). — Ref. in Phys. Abstracts (A) **60** 273.

4221. **E. Rabe,** On the origin of the Kirkwood gaps and the minor planet families. ZfA **40** 107—119, mit 1 Fig. = Astr. Rechen-Inst. Heidelberg Mitt. (A) Nr. 4. — Ausgehend von einer gleichförmigen Verteilung der bekannten numerierten Kleinen Planeten nach ihrer mittleren Bewegung n und einer Masse Jupiters gleich der 20fachen heutigen Jupitermasse (und damit gleich der von Kuipers Proto-Jupiter) gelingt es Verf. bei Berücksichtigung von Störungen 1. Ordnung nach Bohlins Methode der Gruppenstörungen für das Kommensurabilitätsverhältnis $n'/n = 1/2$ (n' = mittlere Bewegung Jupiters) zu zeigen, daß eine stetige Abnahme der Jupitermasse auf ihren heutigen Wert nicht nur die Hecuba-Lücke, sondern auch die Maxima in der Verteilung bei $n = 565''$, $640''$ (Themis-Familie) und $680''$ (Eos-Familie) zwanglos erklärt. Böh.

4222. **J. A. Rjabow,** Die Bewegungen der Himmelskörper. Moskau, Staatsverlag für technisch-theoretische Literatur, 1956. 159 S. mit Abb. Preis 2 R. 65 Kop. (russ.). — Besprechung in AJ UdSSR **34** 499—500 (K. A. Kulikow), Priroda **46** Nr. 6 S. 120, RJ 1957 Nr. 6 S. 14.

4223. **J. A. Rjabow,** Über die Möglichkeit der Aufstellung einer Bewegungstheorie der «Trojaner» unter einer Annahme über ihre Nähe zu den Librationspunkten. AJ UdSSR **33** 936—952, mit 3 Abb. (russ. mit deutsch. Ref.). — Einige Beobachtungsangaben für die Kleinen Planeten der Jupitergruppe (Trojaner) werden gemacht. Diese Angaben zeigen, daß die Trojaner trotz der in der astronomischen Literatur oft geäußerten Meinung sich weit von den Librationspunkten des Dreikörperproblems (Sonne – Jupiter – Asteroid) entfernen können. Die sich auf die Voraussetzung einer Nähe der Trojaner zu den Librationspunkten stützenden Bewegungstheorien sind unzulänglich. Verf.

4224. **J. Schubart,** Numerische Aufsuchung periodischer Lösungen im Dreikörperproblem. AN **283** 17—22, mit 5 Fig. — Es werden periodische Lösungen für die Bewegung einer unendlich kleinen Masse im Kraftfeld zweier gleichgroßer, auf Ellipsen laufender Massen betrachtet. Als Ausgangspunkt für die Behandlung anderer Exzentrizitäten dient dabei der Grenzfall einer unendlich schlanken Ellipse. Es wird durch numerische Rechnungen gezeigt, daß sich periodische Lösungen dieses Grenzfalles unter Umständen bei anderen Exzentrizitäten und auch Massenverhältnissen wiederfinden lassen. In einem Fall wird dabei der Übergang bis zum Kopenhagener «problème restreint» als sehr wahrscheinlich nachgewiesen. Verf.

4225. **P. Sconzo,** Las perturbaciones en las coordenadas heliocentricas, calculadas con un procedimiento unmerico de prolongacion analitica. Rev. Unión Mat. Argentina y Asoc. Fis. Argentina **17** 223—229. — Um die gestörte Bahn eines Kleinen Planeten ohne numerische Integrationen zu berechnen, entwickelt Verf. die heliozentrischen Koordinaten des gestörten Körpers nach Potenzen der Zeit bis zur 4. Ordnung und formt die Entwicklungskoeffizienten unter Verwendung der Lagrangeschen Funktionen f und g um, wodurch sie direkt berechnet werden können. Böh.

4226. **C. L. Siegel,** Vorlesungen über Himmelsmechanik. Berlin, Göttingen, Heidelberg, Springer Verlag, 1956. 9 + 212 S. Preis DM 33. — Besprechung in Ann d'Astrophys **19** 209 (D. Belorizky), Mitt. AG 1955 S. 140—141 (S. Böhme), ZfA **43** 227—228 (K. H. Weise).

4227. **J. F. Steffensen,** On the differential equations of Hill in the theory of the motion of the moon. II. Acta Math. **95** 25—37. — Abweichend von seiner früheren Arbeit (vgl. AJB **55** Ref. **4236**) entwickelt Verf. die von ihm gewählten Parameter zur Beschreibung der Mondbewegung gemäß der Hillschen Differentialgleichung in der Umgebung der Stelle $t = 0$ einmal nach Potenzen von t und zweitens nach Potenzen von $\sin(t + \Theta)$, worin Θ eine Integrationskonstante ist. Die Koeffizienten der Entwicklungen werden durch Rekursionsformeln bestimmt, die bis zur 6. Ordnung explizit angegeben und für das in der ersten Arbeit gewählte Beispiel numerisch berechnet werden. Schließlich wird für beide Fälle die Konvergenz der Entwicklungen untersucht. Böh.

4228. **J. F. Steffensen,** On the restricted problem of three bodies. Kongel. Danske Videnskab. Selskab Mat.-fys. Medd. **30** Nr. 18, 17 S. — Darwins Bewegungsgleichungen für das restringierte Dreikörperproblem werden so umgeformt, daß eine Entwicklung der Koordinaten des gestörten Körpers nach Potenzen der Zeit mit Hilfe von Rekursionsformeln möglich wird. Für die Konvergenz werden hinreichende Bedingungen abgeleitet, und ein einfaches Beispiel wird numerisch durchgerechnet. Böh.

4229. **K. Stumpff,** Neue Wege zur Bahnberechnung der Himmelskörper. Fortschr. Phys. **1** 557—596, mit 1 Abb., 1954. — Die klassische Theorie der Ephemeridenrechnung, d. h. die Berechnung der ungestörten Bahnen von Himmelskörpern aus den Bahnelementen, leidet an dem Übelstand, daß die hierbei verwendete Hilfsvariable, die exzentrische Anomalie, nur für elliptische Bahnen reell ist und bei Annäherung der Bahnen an die parabolische Form praktisch unverwendbar wird. Die Theorie erfordert also zahlreiche für die rechnerische Praxis sehr lästige Fallunterscheidungen. In seiner neuen Theorie, die hier noch einmal unter allgemeineren Gesichtspunkten zusammengestellt und mit mathematisch befriedigenderen Beweisen versehen worden ist, hat Verf. vor einigen Jahren eine neue, stets reelle unabhängige Veränderliche eingeführt, die eine einheitliche, unterschiedslos auf elliptische, parabolische und hyperbolische Bahnen anwendbare Methode gestattet. Es wird ferner gezeigt, daß die gleiche Methode in ihren Grundzügen auch bei anderen Aufgaben der theoretischen Mechanik benutzbar ist, so bei Zentralbewegungen mit beliebigem Kraftgesetz, in der relativistischen Mechanik und unter gewissen Vorbehalten auch in der Störungstheorie. Verf.

* * **M. F. Subbotin,** Théorie de la relativité et la mécanique céleste (à l'occasion du cinquantenaire de la théorie de la relativité). Vgl. Ref. **4185**.

4230. **T. Takenouchi,** Tables for the approximate special perturbations by means of the variation of parameters. Ann. Tokyo Astr. Obs. (2) **4** 157—178. — Zur genäherten dreistelligen Störungsrechnung in den von Herrick eingeführten Parametern (Publ ASP **60** 321, AJ **58** 156) bei Verwendung der mittleren Anomalie als unabhängige Veränderliche werden für sieben dabei benötigte Funktionen von *h* und *e* Tafeln mit diesen beiden Argumenten gegeben. Formelzusammenstellung und Zahlenbeispiel erläutern ihren Gebrauch. Böh.

4231. **J. W. Wandarukow,** Über eine Näherungsmethode zur Lösung des n-Körperproblems in natürlichen Koordinaten. BIA **6** 240—243, mit 1 Abb. (russ.). — Methode für eine genäherte Lösung des Dreikörperproblems, die auf der Bestimmung der Bahn der gestörten Bewegung in natürlichen Koordinaten beruht. Plavec

* * Himmelsmechanische Probleme des Raketenflugs siehe § **134**.

§ 43

Figur der Himmelskörper, Rotation, Gezeiten

4301. **G. Bandyopadhyay,** Homologously contracting stars through equilibrium configurations. Proc. Indian Sci. Congr. **43** Nr. 3 S. 12. — Zusammenfassender Bericht.

4302. **J. R. Bradley,** Comparisons of the actual tides of Hobson's Bay with those predicted from harmonic constants. Proc. Roy. Soc. Victoria **67** 221—223, 1955. — Ref. in RJ 1957 Nr. 4 S. 21.

4303. **L. Chiara,** Stratificazione d'equilibrio negli astri fluidi rotanti. Atti Accad. Sci. Lettere Arti Palermo (4) **16** 69—100 = Pubbl. Oss. Astr. Palermo (NS) **10** Nr. 5.

4304. **J. De,** On the equilibrium configuration of magnetic stars. ZfA **40** 21—27. — Es werden ein azimutales Magnetfeld und die zu seiner Erzeugung notwendigen Ströme bestimmt, unter deren Wirkung ein Stern im Gleichgewicht sein kann. Als Gleichgewichtsfigur ergibt sich für endliche Leitfähigkeit ein gestrecktes Sphäroid. E. Böhm-Vitense

4305. **A. Gougenheim,** Sur la fréquence des coefficients de marée. BA **20** 157—181, mit 12 Fig. — Verf. erläutert den Begriff Gezeitenkoeffizient. Die Frequenzverteilung dieser Größe ist aufschlußreich für die Schiffahrt in verschiedenen Häfen und für Untersuchungen über Gezeitenkraftwerke. Mit Hilfe der Koeffizienten sämtlicher Gezeiten von 38 aufeinanderfolgenden Jahren untersucht

Verf. ihre Verteilung über Monate, Jahre und Perioden von 19 Jahren. Er führt einige Eigentümlichkeiten auf die Besonderheiten der Mond- und Sonnenbewegung zurück. Verf.

4306. **T. J. McMinn,** On figures of equilibrium of rotating liquids. Math. Z. **64** 286—297. — Ref. in Math. Rev. **18** 449, RJ 1957 Nr. 5 S. 24—25.

4307. **P. J. Melchior,** Les divers aspects des marées terrestres. Bull. Soc. belge géol. **64** 252—301, 1955. — Ref. in RJ 1957 Nr. 4 S. 21.

4308. **S. T. Nakamura,** On the surface figures of the Earth, the Moon and Mars. IV. Kumamoto J. Sci. (A) **2** 162—166, 1955.

4309. **S. Polli,** Le maree nei porti di Palermo, Milazzo, Lipari e Cagliari. Geofis. e meteorol. **4** Nr. 3 S. 39—48. — Ref. in RJ 1957 Nr. 4 S. 21.

4310. **D. Quilghini,** Il potenziale gravitazionale di una massa di gas perfetto in equilibrio e in condizioni isotermiche. Boll. Un. Mat. Ital. (3) **11** 422—426. — Ref. in Math. Rev. **18** 528.

4311. **R. E. Roberson, D. Tatistcheff,** The potential energy of a small rigid body in the gravitational field of an oblate spheroid. J. Franklin Inst. **262** 209—214. — Ref. in Math. Rev. 18 693, RJ 1957 Nr. 4 S. 16.

4312. **S. P. Talwar, S. S. Abbi,** On the change in shape of a gravitating fluid sphere in a uniform external electric field. Proc. Nat. Inst. Sci. India (A) **22** 7—12. — Ähnlich wie bei Gjellestad (vgl. AJB **54** Ref. 5009) für magnetische Felder wird nun für elektrische Felder der Einfluß auf Gravitationsinstabilität einer inkompressiblen Flüssigkeitskugel untersucht. Sowohl die Methode von Chandrasekhar und Fermi als auch die Gleichgewichtsmethode von Ferrara führen zu dem Ergebnis, daß die Kugel instabil ist und sich in ein verlängertes Sphäroid mit der Elliptizität $\varepsilon/R = 5\,E^2\,R^4/2\,GM^2$ (M = Masse, R = Radius, E = Feldstärke, G = Gravitationskonstante) verformt. Weidemann

4313. **S. P. Talwar,** On the equilibrium configuration of oblate fluid spheroids under the influence of magnetic field. Proc. Nat. Inst. Sci. India (A) **22** 316—323, mit 1 Fig. — Für homogene, nicht rotierende, abgeplattete Sphäroide mit einem gleichförmigen inneren Magnetfeld und einem äußeren Dipolfeld existieren für jeden Wert des inneren Feldes kleiner als $0.188 \times 4\,\pi\varrho\,R\sqrt{G}$ zwei Gleichgewichtsfiguren von verschiedener Exzentrizität. Weidemann

§ 44

Sternsysteme

4401. **J. Belzer, G. Gamow, G. Keller,** Dynamics of elliptical galaxies. Proc. sci. Computation Forum, IBM (23.—26. Aug. 1948) S. 67—69.

4402. **G. Contopoulos,** On the motions of stars in an ellipsoidal stellar system. ApJ **124** 643—651 = Publ. Laboratory Astr. Univ. Athen (2) Nr. 1. — Verf. nimmt, wie es von den photometrischen Messungen an elliptischen Nebeln nahegelegt wird, für ein Sternsystem die Flächen gleicher Dichte als Ellipsoide an und berechnet sein Potential für ein vorgegebenes Dichtegesetz. Für den Fall sphärischer Gestalt der Ellipsoide werden die Bewegungsgleichungen eines individuellen Sterns aufgestellt und für deren Integration zwei Lösungsmethoden angegeben. Böh.

4403. **G. Contopoulos,** Study of the potential in the plane of a stellar system. Praktika Acad. Athènes **31** 21—35 = Publ. Laboratory Astr. Univ. Athen (2) Nr. 2. — Verf. gibt zunächst einen neuen Beweis der zuerst von Chandrasekhar (vgl. AJB **44** Ref. **9015**) gefundenen Formel für das Potential eines nichtstationären zweidimensionalen Sternsystems mit Kreissymmetrie. Weiter findet er unter denselben allgemeinen Voraussetzungen wie Chandrasekhar das Potential in der Symmetrieebene eines nichtstationären dreidimensionalen Sternsystems mit Symmetrieebene und -achse. Mawridis

4404. **G. M. Idliss,** Some questions of the dynamics, structure and evolution of stellar systems. AJ UdSSR **33** 20—26 (russ. mit engl. Ref.). — Unter Benutzung des von Parenago für die galaktische Äquatorebene angegebenen Schwerepotentials werden Kugel- und ebene Modelle der Milchstraße untersucht. Ausgehend von den inneren kinematischen Eigenschaften wird erstmals eine theoretische Abschätzung der Abmessungen des Sternsystems gegeben. Verschiedene Theorien der Wechselwirkung zwischen Sternen und diffuser Materie werden kritisch besprochen. Für die Masse eines Sternes wird ein theoretischer Mindestwert angegeben. Verf. (gekürzt)

4405. **S. Kikuchi,** Correction to the paper «Space-mean-frequency of stellar velocities. III. Time-lag effect and Smart's correction». Sci. Reports Tôhoku Univ. (1) **40** 174. — Vgl. AJB **55** Ref. **4408**.

4406. **B. W. Kukarkin,** Erforschung der Struktur und Entwicklung der Sternsysteme auf der Grundlage des Studiums veränderlicher Sterne. Vgl. AJB **54** Ref. **4403**. — Weitere Besprechung in Mitt. Planetenbeobachter **10** 15—16 (W. Carnuth).

4407. **G. G. Kusmin,** Model of the steady galaxy allowing of the triaxial distribution of velocities. AJ UdSSR **33** 27—45, mit 5 Fig. (russ. mit engl. Ref.). — Mit Hilfe eines dritten Bewegungsintegrals, das von der Zeit und den Integralen der Energie und des Drehmomentes unabhängig ist, wird im Rahmen der Theorie der stationären Galaxis die dreiachsige Geschwindigkeitsverteilung berücksichtigt. Verallgemeinerungen der Diagramme von Lindblad und Bottlinger gestatten Berechnung der Sternbahnen im dreidimensionalen Falle. Petri

4408. **D. Layzer,** A new model for the distribution of galaxies in space. AJ **61** 383—385 = Harv Repr (2) Nr. 89. — Es wird ein allgemeines mathematisch-statistisches Modell angegeben, mit dem die beobachtete Nebelverteilung im Raum auf Tendenzen zur Haufenbildung und auf Tendenzen zur zufälligen Verteilung untersucht werden kann, was bedeutsam erscheint, da anscheinend die Nebelhaufen sich gegenseitig durchdringen, so daß im allgemeinen keine selbstgravitierenden Haufen zu erwarten sind. Dv.

4409. **A. Masotti,** Su alcuni problemi dinamici connettibili alla teoria degli ammassi stellari sferici. Mem SA It (NS) **27** 109—115, mit 4 Fig. = Contr. Oss. Astr. Milano-Merate (NS) Nr. 83. — Verf. untersucht die Bewegung eines punktförmigen Körpers in der Nähe eines Kugelhaufens. Für die Integration der Bewegungsgleichungen muß ein Dichtegesetz eingeführt werden. Verf. schlägt zwei Formeln vor, um auf elementare Weise die Bahnen zu berechnen. Zum Schluß wird auf ein Diagramm zur Unterteilung der Bahnen in innere, äußere und gemischte Bahnen für eine beliebige Lösung der klassischen Differentialgleichung der Bewegung mit zwei Parametern hingewiesen. Cester

4410. **A. M. Mikischa, F. A. Zizin,** Some problems of the theory of the galactic potential. AJ UdSSR **33** 885—889, mit 2 Fig. (russ. mit engl. Ref.). — Verf. zeigen, daß eine von Idliss am Parenagoschen Ansatz für das galaktische Potential geübte Kritik nicht triftig ist. Loh.

4411. **F. Nahon,** Sur une nouvelle méthode d'analyse des vitesses radiales. CR **242** 462—464. — Verf. geht aus von der von Ambarzumjan (vgl. AJB **38** Ref. **9017**) entwickelten Formel für die Dichte der Geschwindigkeitsverteilung in der Nachbarschaft eines Punktes im Geschwindigkeitsfeld, hergeleitet aus Radialgeschwindigkeiten. Die Methode des Verf. gestattet die Berechnung der Ableitungen der Verteilungsfunktion aus Radialgeschwindigkeiten und die Herleitung der Niveaulinien in der Nachbarschaft eines Punktes in einem zweidimensionalen Geschwindigkeitsfeld (galaktische Ebene). Gli.

4412. **J. Náprstková,** Stability of star groups moving along conic sections in the galactic plane. BAC **7** 136—139, mit 1 Fig. (mit russ. Ref.). — Es werden die Bahnen und die Stabilität von elliptischen Gruppen physikalisch zusammengehörender Sterne in der galaktischen Ebene untersucht. Die Arbeit bezieht sich nicht nur auf elliptische und Kreisbahnen, sondern auch auf parabolische und hyperbolische. K. H. Schmidt

4413. **J. Neyman, E. L. Scott,** On the interpretation of counts of galaxies. Obs **76** 62. — Zur Beantwortung einer Notiz von P. Fellgett (vgl. AJB **55** Ref. **12413**), in der die von den Verf. untersuchte Frage der Anwendbarkeit der Fluktuationstheorie auf Nebelzählungen kurz behandelt wird, verweisen Verf. auf eine Besprechung ihrer zweiten Arbeit (vgl. AJB **54** Ref. **4404**a) durch S. Chandrasekhar (Math. Rev. **16** 869, 1955). O. G.

4414. **V. Nobile,** Il problema del riferimento pei moti stellari e la sua essenziale connessione con quello della ricerca del potenziale galattico. La soluzione rigorosa del complesso dei due. I. II. Rend. Accad. Nazionale Lincei, Cl. Sci. fis. mat., nat. (8) **20** 715—719, **21** 235—241. — Zur Untersuchung des Verteilungsgesetzes der auf ein Inertialsystem bezogenen Geschwindigkeiten in einem galaktischen Haufen zeigt Verf., wie diese Geschwindigkeiten erweitert werden können. Böh.

4415. **K. F. Ogorodnikow,** Die Invarianz des Schwarzschildschen Gesetzes bei Sternannäherungen. Wiss. Bull. Univ. Leningrad Nr. 33 S. 3—5, 1955 (russ.). — Ref. in RJ 1957 Nr. 1 S. 58.

4416. **P. Pişmiş,** El efecto del material absorbente sobre el número observado de las estrellas que envuelve. II. Bol. Obs. Tonantzintla y Tacubaya Nr. 15 S. 3—8, mit 7 Fig. — In Erweiterung einer früheren Untersuchung (AJB **54** Ref. **12524**) wird jetzt angenommen, daß Sterngruppe und absorbierende Materie ein sphärisches Volumen einnehmen, und es sei die Verteilung nicht notwendig homogen. Vier Fälle werden untersucht: 1.) Absorbierende Materie und Sternverteilung mit zentraler Kondensation; 2.) Absorbierende Materie mit zentraler Kondensation, Sternverteilung homogen; 3.) Absorbierende Materie homogen, Sternverteilung mit zentraler Kondensation, und 4.) Absorbierende Materie und Sternverteilung homogen. Diagramme stellen den zu erwartenden Verlauf der prozentualen Sternzahlen mit wachsendem Abstand vom Zentrum der beobachteten Scheibe in vier verschiedenen Helligkeitsintervallen dar. Es zeigt sich in allen Fällen, daß bei Absorption die Sternzahlen mit abnehmender Helligkeit schneller wachsen als bei fehlender Absorption. Die Schlüsse der ersten Untersuchung gelten also auch in diesem allgemeineren Fall. Gli.

4417. **C. Popovici,** Determinarea mişcării de translaţie în spaţiu a soarelui din mişcările proprii ale stelelor. Bul. ştiinţific Acad. Republ. Popul. Române (A) **1** Nr. 5, 15 S. (mit russ. und französ. Ref.), 1949.

4418. **J.-L. Rigal,** Étude statistique des mouvements stellaires. III. Méthode générale. CR **242** 69—71 = Contr. Inst. d'Astrophys. Paris (A) Nr. 211. — Eine auf der Wahrscheinlichkeitsrechnung aufbauende Methode gestattet die Herleitung der als Gaußsche Verteilung vorausgesetzten Geschwindigkeitsverteilung und die Herleitung der absoluten Helligkeiten einer homogenen Sterngruppe. Dabei wird von den Eigenbewegungen und Radialgeschwindigkeiten ausgegangen, ohne daß die trigonometrischen Parallaxen bekannt zu sein brauchen. Verf. (übersetzt)

4419. **K. Rudnicki,** Der Einfluß der Existenz des Lokalsystems auf das Geschwindigkeitsellipsoid der Sterne. AA **6** 38—57, mit 2 Fig. = Astr.

Obs. Warsaw Univ. Repr. Nr. 47. — Die Entdeckung der systematischen Bewegungen im Lokalsystem der Sterne zwingt zu der Annahme, daß das Geschwindigkeitsellipsoid an verschiedenen Stellen des Himmels verschieden sein kann, somit für die einzelnen Himmelsbereiche gesondert zu bestimmen ist. Die bisherigen Methoden für die Bestimmung dieses Ellipsoids sind für die Anwendung auf einen kleinen Ausschnitt der Himmelssphäre entweder grundsätzlich ungeeignet, oder aber führen bei einer solchen Anwendung zu ernstlichen systematischen Fehlern. Es wird eine neue, für eine solche Anwendung geeignete Methode angegeben. Bei ihrer Anwendung ergab sich, daß die Achsen des Geschwindigkeitsellipsoids der Sterne nach Maßgabe der Annäherung an das Zentrum des Lokalsystems kleiner werden. Verf.

4420. **J. Ruprecht,** A note on the stability of galactic clusters, moving along an elliptical orbit. BAC **7** 144—146, mit 2 Fig. (russ. mit engl. Ref.). — Es wird die Stabilität von offenen Sternhaufen untersucht, die sich in elliptischen Bahnen bewegen. Die Stabilität hängt in Sonnennähe nur wenig von der Exzentrizität der Bahn ab. Weiterhin sind kritische Dichten der Haufen in Abhängigkeit von der Exzentrizität und Entfernung vom galaktischen Zentrum angegeben. K. H. Schmidt

4421. **E. Schatzman,** Sur la formation des systèmes d'énergie positive. CR **242** 346—347 = Contr. Inst. d'Astrophys. Paris (A) Nr. 212. — Wenn man in einem expandierenden System, dessen Energie positiv ist, die negative Energie der enthaltenen Doppelsterne berücksichtigt, bemerkt man, daß die Gesamtenergie negativ ist. Seine Entstehung durch Gravitationskontraktion erscheint daher möglich. Verf. (übersetzt)

4422. **M. Schmidt,** A model of the distribution of mass in the galactic system. BAN **13** 15—41, mit 7 Fig. — Ausgehend von Formeln für das Potential und die Kraft in einem nichthomogenen Sphäroid werden drei Modelle für die Massenverteilung im galaktischen System durchgerechnet. Das dritte Modell reproduziert alle bekannten Beobachtungsergebnisse, die im einzelnen nochmals diskutiert werden. Diagramme und Tafeln geben den Verlauf von Dichte, Kraft und Potential bis zu einem Abstand von 17 kpc vom Zentrum des galaktischen Systems. Als Gesamtmasse werden im endgültigen Modell $0.7 \times 10^{11} \odot$ gefunden. Der Arbeit ist eine Diskussion der Raum- und Geschwindigkeitsverteilung der Kugelhaufen angefügt. Schaifers

4423. **E. L. Scott,** The brightest galaxy in a cluster as a distance indicator. AJ **61** 190—191. — Ref. AAS.

4424. **J. P. Terlezkij,** Further discussion on fluctuations in gravitating systems. J. Experim. Theor. Phys. **29** 237—241, 1955 (russ.). — Engl. Übersetzung in Soviet Phys. **2** 262—265. — Ref. in Phys. Ber. **36** 928.

4425. **I. Torgård,** Studies on particle orbits in plane models of stellar systems. Lund Medd. (2) Nr. 133, 91 S. mit 38 Fig. — Ref. in PAT **37** 166—167. — Systematische Untersuchung von Bahnen in vereinfachten (planen) Modellen galaktischer Systeme. Für den Potentialverlauf in M 31 und M 33 wurden nach den Beobachtungen von Wyse und Mayall (1942) analytische Ansätze gemacht. Für die Galaxis wurde ein Modell unter Berücksichtigung der neuesten Untersuchungen über die Verteilung der Radialgeschwindigkeiten klassischer Cepheiden und der letzten Ergebnisse der Beobachtungen der 21 cm-Linie des neutralen Wasserstoffs entwickelt. Beispiele von Sternbahnen mit besonders gut bekannten Bewegungen werden gegeben. Behr

4426. **U. van Wijk,** The origin of the high-velocity stars. AJ **61** 277—282, mit 1 Fig. — Es wird angenommen, daß sich nach Entstehung der extremen Population II-Sterne die übrigen Sterne in der gesamten Galaxis mit einer isotropen Maxwellschen Geschwindigkeitsverteilung bildeten und daß die Zahl der entstehenden Sterne proportional der Dichte der interstellaren Materie an der betreffenden Stelle war. Unter Voraussetzung eines Modells der Galaxis nach Oort/van Woerkom wird die von Energie *E* und Drehmoment *U* abhängige Verteilungsfunktion *f* (*E*,*U*) in Sonnenentfernung für verschiedene Geschwindigkeiten hergeleitet und die Wahrscheinlichkeit der Sternbildung berechnet. Dann zeigt sich, daß sich die meisten der Schnelläufer nahe ihrem Perigalaktikum und einige wenige auch nahe des Apogalaktikums gebildet haben dürften. Gli.

§ 45

Bahnbestimmung

4501. **A. Danjon,** Sur la résolution de l'équation de Képler. JO **39** 97—103, mit 1 Fig. — Verf. gibt einen kritischen Vergleich verschiedener Methoden zur Lösung der Keplerschen Gleichung für parabelnahe Ellipsen und zur Methode von Gauß eine neue Hilfstafel und weist auf die Vorteile einer direkten Lösung nach einem Interpolationsverfahren bei Verwendung vielstelliger Tafeln hin. Böh.

4502. **M. A. Diriķis,** Bestimmung des ursprünglichen Charakters der Kometenbahnen mit Exzentrizitäten in der Nähe von eins. Publ. Astr. Sektor Inst. Phys. Akad. Wiss. Lett. Sowjetrepublik **6** 5—66, mit 6 Abb. (russ.). — Inhalt: Die Verwendung numerischer Methoden zur Bestimmung der Störungen, S. 7—21; die Verwendung analytischer Entwicklungen der Störungsfunktion, S. 21—33; qualitative Abschätzungen der Elementenstörungen, S. 33—47; Bestimmung der ursprünglichen Bahnen der Kometen 1930 IV und 1946 I, S. 48—55; einige ergänzende Fragen, S. 55—60; Schluß, S. 60—62; Literatur, S. 63—66. Loh.

4503. **W. A. Iswekow,** On the accuracy of the determination of elements corrections at the improvement of minor planet orbits. BIA **6** 416—422, mit 1 Fig. (russ. mit engl. Ref.). — Die Genauigkeit der Elementenverbesserung der Bahnen von Kleinen Planeten hängt auch von der Verteilung der Beobachtungen längs der Bahn ab. Verf. untersucht einen vereinfachten Fall und leitet Formeln und numerische Werte der Gewichtskoeffizienten bei den einzelnen Elementen ab. Plavec

4504. **W. A. Iswekow,** An approximate method of the control of observations at the improvement of orbits of minor planets. BIA **6** 423—427, mit 1 Fig. und 1 Tafel (russ. mit engl. Ref.). — Es wird eine einfache graphische Methode angegeben, die eine vorläufige Auswahl von guten Positionen für die Bahnverbesserung von Kleinen Planeten ermöglicht. Dieselbe kann auch zur Bestimmung von angenäherten Verbesserungen der Elemente benützt werden. Plavec

* * **D. O. Mochnatsch,** Die Verteilung der scheinbaren Dichte im Kopf eines Kometen und der Einfluß derselben auf die Bestimmung der Kometenbahnen. Vgl. Ref. 8014.

4505. **B. Popović,** Pri preciza kalkulado de «vektoraj konstantoj» de planedetorbito. Bull. Obs. Astr. Beograd **20** Nr. 1—2 S. 20—22. — Verf. gibt eine Analyse der Genauigkeit, mit der aus einer Bahnbestimmung die Vektorkonstanten ($\mathfrak{P}$, $\mathfrak{Q}$) so bestimmt werden können, daß für sie obendrein die Orthogonalitätsrelationen erfüllt sind. Böh.

4506. **J. Schubart,** Trojanerbahnen mit kleiner Exzentrizität. AN **283** 173—176. — Um das von Thüring numerisch gefundene Verhalten der oskulierenden Elemente einer Trojanerbahn zu erklären, wird eine von Brown vor längerer

Zeit gegebene theoretische Entwicklung herangezogen. Es wird gute Übereinstimmung mit den numerischen Resultaten festgestellt. Im Anschluß daran werden oskulierende Elemente für eine Bahn mit außerordentlich kleinen Exzentrizitätseigenschaften mitgeteilt. Ein bei der Rechnung mit Vorteil verwendetes Glättungsverfahren wird im Anhang beschrieben. Verf.

* * Bahnbestimmung von Kleinen Planeten siehe § **75** und von visuellen Doppelsternen siehe § **101**.

VI. Theoretische Astrophysik

§ 50

Allgemeines

5001. **D. Barbier,** Temperaturbegrepet i astrofysikken. Fra Fyssikens Verden 1955 S. 174—188. — Übersetzung aus Ciel et Terre **69** 1—11 (vgl. AJB **53** Ref. **5001**).

5002. **C. E. R. Bruce,** Static in the stars? Engineer **202** 230—232. — Ref. in Phys. Abstracts (A) **60** 99.

5003. **S. Chandrasekhar,** Radiative Transfer. Vgl. AJB **50** Ref. **5002**. Ins Russische übersetzt unter der Redaktion von E. S. Kusnezow. Moskau, Verlag für ausländische Literatur, **1953**. **432** S. mit Abb. Preis 22 R. 35 Kop. (russ.). — Besprechung in RJ 1957 Nr. 2 S. 51.

5004. **L. Davis jr.,** Fluid self-excited dynamo. Phys. Rev. (2) **102** **939**—**940**. — Zur Erklärung der Magnetfelder von Erde und Sonne wurde von Larmor (vgl. AJB **21** Ref. **2813**) vorgeschlagen, die Erde und die Sonne als einen sich selbst erregenden Dynamo anzusehen. Späterhin haben eine Reihe von Autoren Überlegungen angestellt, unter welchen Bedingungen dies möglich ist. In vorliegender Arbeit entwickelt Verf. ein Modell für einen solchen Dynamo. Er betrachtet eine einfach zusammenhängende Flüssigkeit mit unendlicher Leitfähigkeit, für die er einen bestimmten Bewegungszyklus vorschreibt, bei dessen Durchlauf sich das äußere Magnetfeld jeweils verdoppelt. Henn

5005. **J. A. Durand,** Les méthodes et les résultats de la cosmochimie. Rev. Quest. Sci. **15** **430**—**444**, 1954. — Zusammenfassende Untersuchung über die Häufigkeit der Elemente.

5006. **W. M. Elsasser,** Hydromagnetism. II. American J. Phys. **24** 85—110, mit 14 Fig. — Nachdem Verf. im ersten Teil (vgl. AJB **55** Ref. **5008**) die theoretischen Grundlagen für eine hydromagnetische Theorie gegeben hat, werden in vorliegender Arbeit die Anwendungen untersucht. Neben geophysikalischen Problemen werden im einzelnen die folgenden behandelt: solare Magnetfelder, die solare Konvektionszone, Magnetfelder der Sonnenflecken, magnetische Sterne, Felder in der Sonnenkorona, Protuberanzen, magnetische Stürme und Nordlichterscheinungen, das planetare und das galaktische Feld sowie Probleme der kosmischen Strahlung.
Henn

5007. **W. M. Elsasser,** Hydromagnetic dynamo theory. Rev. Modern Phys. **28** 135—163, mit 8 Fig. — In diesem ausführlichen Überblick über die neueren Theorien leitet Verf. die Grundgleichungen der Magnetohydrodynamik ab und beschreibt deren Anwendung zur Untersuchung des Mechanismus, durch den kosmische Magnetfelder (Erde, Sonne, Sonnenflecken, magnetische Sterne) erzeugt und aufrecht erhalten werden. Ausführlich wird die Deutung geomagnetischer Erscheinungen behandelt. Henn

5008. **W. A. Fowler, C. W. Cook, C. C. Lauritsen, T. Lauritsen, F. Mozer,** Alpha radioactivity of B^{10} and the stellar process $3He \rightarrow C^{12}$. Bull. American Phys. Soc. (2) **1** 191—192.

5009. **D. A. Frank-Kamenezkij,** Beta-Prozesse und Astrophysik. Fortschritte Phys. Wiss. **58** 415—432 (russ.). — Ref. in Phys. Abstracts (A) **59** 684, RJ 1956 Nr. 12 S. 29—30.

5010. **F. Hoyle,** Accretion heating in the Herbig-Haro objects. ApJ **124** 484—485. — Verf. erörtert im Anschluß an eine Arbeit von K. Böhm die Möglichkeit der Anregung von Linienemission im Spektrum der Herbig-Haro-Objekte durch Aufheizung infolge Materiezuwachs. Es wird abgeschätzt, daß der Prozeß energiemäßig möglich ist. Micz.

5011. **S. A. Kaplan,** Shock waves in interstellar space. AJ UdSSR **33** 646—653 (russ. mit engl. Ref.). — Verf. untersucht die Struktur von Stoßwellen mit Rücksicht auf den Energieverlust durch Ausstrahlung verbotener Linien und durch Stoßionisation. Die Sichtbarkeit der Stoßwellen wird besprochen. Eine diesbezügliche Interpretation des Cirrus-Nebels im Schwan hält Verf. für wenig wahrscheinlich. Bei Berücksichtigung der Ausstrahlung gelangt man zu wesentlich höheren Dichtesprüngen in den Stoßwellen als ohne Ausstrahlung. Eine vereinfachte Betrachtung der Expansion einer Novahülle führt zur Abschätzung, daß die Schicht des interstellaren Gases, welche von der Hülle jeweils mitgerissen wird, die Dicke von nur etwa 1 % des Radius der Hülle besitzt. Ond.

5012. **D. D. Kotsakis,** Die Häufigkeit der chemischen Elemente im Weltall. Chem. Ann. **21 A,** 11 S. mit 6 Fig. = Monographie Griech. Astr. Ges. Nr. 5 = Publ. Laboratory Astr. Univ. Athen (1) Nr. 8 (griech.). — Bericht über die verschiedenen Methoden zur Bestimmung der chemischen Zusammensetzung der Himmelskörper und die bisherigen Ergebnisse. Mawridis

5013. **W. H. McCrea,** Shock waves in steady radial motion under gravity. ApJ **124** 461—468, mit 1 Fig. = Berkeley Repr. Nr. 108. — Es wird gezeigt, daß bei radialsymmetrischer, stationärer Gasströmung in ein Gravitationszentrum hinein («accretion») Strömungsformen folgender Art möglich sind: Die Strömungsgeschwindigkeit nimmt mit kleiner werdender Entfernung vom Stern zu, bis schließlich Überschallgeschwindigkeit erreicht wird. In einer bestimmten Entfernung vom Stern tritt jedoch eine stehende Stoßfront auf, d. h. man findet dort einen plötzlichen Übergang auf Unterschallgeschwindigkeit (gekoppelt mit einem Dichtesprung). Solche Verhältnisse treten z. B. dann auf, wenn der Stern erst dann Materie «aufsammelt», wenn in seiner Umgebung eine bestimmte kritische Dichte überschritten wird. K. H. Böhm

5014. **L. Mestel,** On the equilibrium of magnetic stars. MN **116** 324—334. —Das mechanische Gleichgewicht eines inkompressiblen, gleichförmig rotierenden, magnetischen Sternes ist nach Ferraro nur möglich, wenn die nicht sphärischen Kraftfelder (Zentrifugalkraft, Magnetfeldstärke) zusammen einer komplizierten Bedingungsgleichung genügen. Für ein Sternmodell aus idealem Gas aber, wie es einem wirklichen Stern entspricht, kann irgendein Störfeld durch nicht sphärische Variationen der Temperatur und des Druckes kompensiert werden. Solange die magnetische Kraft und die Zentrifugalkraft klein gegen die Gravitationskraft bleiben, tritt keine wesentliche Verschiebung des Gleichgewichts ein; die Störfelder sind an keine weitere Bedingungsgleichung gebunden, entgegen dem zuerst genannten Fall. Thi.

5015. **H. Nariai,** On the cosmic turbulence. I. Sci. Reports Tôhoku Univ. (1) **39** 213—235, mit 1 Fig. = Sendai Astr. Rap. Nr. 47. — Die gewöhnliche Turbulenztheorie ist für die größten Turbulenzelemente, die ganze Galaxien umfassen, sicherlich nicht anwendbar, wenn die Expansion des Universums zu berücksichtigen ist. In Kapitel I werden die klassischen Gleichungen von Navier-Stokes auf ein expandierendes Universum erweitert. Dabei wird ein Analogon zur Inkompressibilität eingeführt. Kapitel II gibt eine Theorie der homogenen Turbulenz in der quasi-inkompressiblen Flüssigkeit. Zerstreuung durch Expansion ergänzt die Zerstreuung der Energie durch innere Reibung. Eine engere Verbindung zwischen den mechanischen Betrachtungen und kosmogonischen Überlegungen erweist sich als notwendig. Dv.

5016. **H. Nariai,** On the cosmic turbulence. II. Sci. Reports Tôhoku Univ. (1) **40** 40—52 = Sendai Astr. Rap. Nr. 48. — In Analogie zu Heisenbergs Ansatz wird das Energiespektrum in einer heuristischen Theorie der kosmischen Turbulenz untersucht. Die ursprüngliche Integralgleichung wird auf eine gewöhnliche Differentialgleichung 4. Ordnung reduziert, deren numerische Lösung umgangen wird durch Diskussion des asymptotischen Verhaltens in der Nachbarschaft der Integrationsgrenzen. Die Ergebnisse werden auf das Problem des Ursprungs der Spiralnebel analog zu von Weizsäckers Untersuchung angewendet. Dabei wird jetzt die kosmische Expansion mit berücksichtigt. O. G.

5017. **R. S. Oganesjan,** Zur Theorie der Gravitationsstabilität. Moskau, Staatsuniv., 1955 (russ.). — Dissertationsref.

5018. **S. Piotrowski,** Dlaczego gwiazdy świecą? Warszawa, 1956. 21 S.

5019. **L. Spitzer jr.,** Ionized Gas in Physics and Astronomy. Physics of Fully Ionized Gases. (Interscience Tracts on Physics and Astronomy Nr. 3). New York, Interscience Publishers, Inc.; London, Interscience Publishers, Ltd., 1956. 11 + 105 S. Preis broschiert $ 1.75. — Besprechung in Endeavour **16** 235, J. appl. Phys. **27** 556, Nature **178** 1083 (Z. Kopal), Science **124** 35 (L. B. Loeb).

5020. **H. E. Suess, H. C. Urey,** Abundances of the elements. Rev. Modern Phys. **28** 53—74, mit 3 Fig. — Verf. gibt eine ausführliche Diskussion der kosmischen Häufigkeiten der chemischen Elemente, die neuere empirische Ergebnisse berücksichtigt. Im Zusammenhang mit der Untersuchung der Häufigkeitsverteilung wird auf die bestehenden Theorien über die Entstehung der Elemente eingegangen. Eine umfangreiche Literaturübersicht beschließt die Arbeit. Henn

5021. **W. Unno,** Line formation of a normal Zeeman triplet. Publ. Astr. Soc. Japan **8** 108—125, mit 4 Fig. = Tokyo Astr. Obs. Repr. Nr. 142. — Die Gleichung des Strahlungsgleichgewichts wird unter Annahme eines Magnetfeldes für polarisiertes Licht gelöst. Die Auswirkung auf den Zeeman-Effekt wird studiert. F. S.

5022. **H. C. Urey,** The cosmic abundance of potassium, uranium, and thorium and the heat balances of the Earth, the Moon, and Mars. Proc. National Acad. Sci. USA **42** 889—891. — Verf. macht auf eine unrichtige Annahme in seiner früheren Veröffentlichung (vgl. AJB **55** Ref. **5022**) aufmerksam und weist auf die sich daraus ergebenden Konsequenzen hin. Henn

5023. **T. Zeuli,** Influenza di una lenta rotazione sull'equilibrio relativo di una massa gassosa stellare. Atti Accad. Sci. Torino Cl. Sci. fis., mat., nat. **90** 577—585.

§ 51

Sternatmosphäre, Spektrum

* * **W. N. Abbott,** Ionized and neutral calcium in the atmospheres of the Cepheids η Aquilae and ζ Geminorum. Vgl. Ref. **11162**.

5101. **L. H. Aller,** Astrophysik. Die Atmosphären der Sonne und der Sterne. Moskau, Verlag für ausländische Literatur, 1955. 455 S. mit Abb. Preis 22 R. 25 Kop. (russ.). — Übersetzung des in AJB **53** Ref. **5101** zitierten Buches aus dem Englischen. — Besprechung in RH **37** 263.

5102. **L. H. Aller, G. Elste, J. Jagaku,** Theoretical line intensities and spectrum of τ Scorpii. AJ **61** 1. — Ref. AAS.

5103. **D. Barbier, G. W. Curtis,** Remarques sur le problème sphérique de transfert dans les atmosphères stellaires. Ann d'Astrophys **19** 199—206, mit 2 Fig. — Das Problem des Strahlungstransportes wird für sphärische Atmosphären, die nur wenig von einer planparallel geschichteten Atmosphäre abweichen, behandelt. Nur wenn 20 $R\ g < T$ ist, weichen die Ergiebigkeiten für den sphärischen und planparallelen Fall in den höchsten Schichten ($\tau = 0.003$) nennenswert voneinander ab (R = Radius in Sonnenradien, g = Schwerebeschleunigung und T = Temperatur). In tieferen Schichten sind die Differenzen wesentlich geringer. Traving

5104. **D. Barbier,** Formules approchées pour évaluer l'intensité des raies spectrales faibles. Ann d'Astrophys **19** 223—228. — Unter Benutzung der Gewichtsfunktionen werden einfache Ausdrücke für Linieneinsenkungen und Äquivalentbreiten abgeleitet. Diese gelten exakt für das Milne-Eddington-Modell sowie für das Schuster-Schwarzschild-Modell. Traving

5105. **J. Berger, D. Chalonge, L. Divan, A.-M. Fringant,** Recherches sur les spectres continus stellaires. VIII. Structure du fond continu visible. Ann d'Astrophys **19** 267—273, mit 4 Fig. — Einige Eigentümlichkeiten in den Spektren von Sternen der Typen B5 bis F8 werden näher beschrieben. F. S.

5106. **L. Biermann,** Elementumwandlungen infolge von Kernreaktionen an den Oberflächen aktiver Sterne. ZfA **41** 46—51. — Im Anschluß an die Arbeit von Fowler, Burbidge und Burbidge (vgl. AJB **55** Ref. 5209) wird die Möglichkeit von Kernreaktionen an Sternoberflächen unter dem Gesichtspunkt betrachtet, daß die Beschleunigungsprozesse in hohen Schichten der Sternatmosphäre stattfinden sollten; die von den genannten Autoren bevorzugte Alternative, daß sich die Beschleunigungsprozesse in relativ tiefen Schichten abspielen, erscheint schwierig. Hinsichtlich der resultierenden Kernreaktionen ergeben sich ähnliche Verhältnisse wie in dem einen der beiden von den genannten Autoren betrachteten Fälle. Ein wesentlicher Unterschied besteht aber darin, daß die gewöhnlichen Energieverluste der beschleunigten Teilchen (durch Ionisation u. ä.) in der Atmosphäre selbst die Effektivität dieses Mechanismus außerordentlich stark begrenzen, so daß nur beim Zusammentreffen mehrerer sehr spezieller Bedingungen ein Einfluß auf die chemische Zusammensetzung der Oberflächenschichten des Sterns erwartet werden sollte. Verf.

5107. **I. W. Busbridge,** Finite atmospheres with isotropic scattering. II. Increase of line strength to the limb. MN **116** 304—313 = Commun. Univ. Obs. Oxford Nr. 56. — Die Mitte-Rand-Variation von Fraunhoferlinien wird unter sehr schematisierten Bedingungen für eine Atmosphäre endlicher Dicke exakt berechnet. Traving

5108. **B. Casati, M. Hack,** Lo spettro dell'idrogeno di HD 34452 ricerca di un modello teorico. Mem SA It (NS) **27** 421—429 = Contr. Oss. Astr. Milano-Merate (NS) Nr. 89. — Eine Modellatmosphäre zur Deutung des Spektrums des Si-Sterns HD 34452 wird berechnet. Nach Ableitung des Balmersprungs, des Hδ-Profils und der Spektralgradienten $\lambda\lambda$ 4600—3647 und $\lambda\lambda$ 3647—3100 erweisen sich die endgültigen mittels Feinanalyse erhaltenen Parameter $\Theta_0 = 0.42$, $\log g = 4$ in guter Übereinstimmung mit den früher durch Grobanalyse erhaltenen Werten. Cester

5109. **D. Chalonge,** Recherches sur les spectres continus stellaires. VII. — Développement de la classification bidimensionelle λ_1 D. Classification tridimensionnelle. Ann d'Astrophys **19** 258—266, mit 3 Fig. — Die bisher zweidimensionale Spektralklassifikation des Autors wird durch Hinzunahme des Gradienten im blau-violetten Bereich als Argument zu einer dreidimensionalen Schar erweitert. F. S.

5110. **S. R. Dasgupta,** A note on the exact explicit solution of transfer equations in the Milne-Eddington model by the method of Laplace-transforms. Sci. and Culture **22** 177—180.

* * **J. Grandjean,** Vitesses différentielles dans l'atmosphère de η Aquilae et de ζ Geminorum. Vgl. Ref. **11172**a.

5111. **E. P. Gross, S. Ziering,** Theory of transfer processes. ApJ **123** 343—352. — Um die Lösungen des Strahlungsgleichgewichtsproblems besser an die Randbedingungen in $\tau = 0$ (verschwindende Einstrahlung auf den oberen Halbraum) anzupassen, wird vorgeschlagen, die Intensität I (τ, μ) $(\mu = \cos \vartheta)$ nicht nach einem im Bereich $-1 < \mu < +1$ orthogonalen Funktionensystem zu entwickeln, sondern getrennt in den Bereichen $0 < \mu < +1$ und $-1 < \mu < 0$. Durch Vergleich mit der exakten Lösung für den grauen Fall wird gezeigt, daß so erheblich genauere Näherungslösungen erhalten werden können. Traving

5112. **M. Hack,** Models of stellar atmospheres in radiative and in adiabatic equilibrium. BAN **13** 1—7, mit 4 Fig. — Es werden 16 Paare von Sternatmosphären $\Theta = 0.6, 0.7, 0.8, 0.9, 1.0$, und $\log g = 1.5, 2.5, 3.5$ und 4.5 einmal mit einer Temperaturschichtung entsprechend reinem Strahlungsenergietransport (graue Näherung) und andererseits mit Berücksichtigung konvektiven Energietransports berechnet. Vergleiche der theoretischen spektralen Gradienten λ 4250 und 6250 Å und der Balmersprünge mit den Messungen von Barbier und Chalonge ergeben, daß nur für Übergiganten ($\log g = 1.5$ und allenfalls 2.5) die Annahme konvektiven Energietransports für die Deutung der Beobachtungen erforderlich ist. Traving

5113. **M. Hack,** Influenze sulle caratteristiche spettrali, del modo di trasporto del calore nella zona convettiva di una atmosfera stellare. Ric. Sci. **26** 1826—1847, mit 4 Fig. = Contr. Oss. Astr. Milano-Merate (NS) Nr. 85. — Es werden 16 Modelle von Sternatmosphären mit Parametern zwischen $\vartheta_0 = 0.6$ und $\vartheta_0 = 1.0$; $\log g = 1.5$ und $\log g = 4.5$ berechnet, unter der Voraussetzung, daß in der Konvektionszone der Wärmetransport entweder ausschließlich durch Strahlung oder ausschließlich durch Konvektion erfolgt. Es folgt die Berechnung der Spektralgradienten φ zwischen 4250 und 6250 Å und der Balmerdiskontinuität D für die 16 Modelle und der Vergleich der Resultate mit der Beobachtung. Die Kurven $D = f(\varphi)$ aus den Beobachtungen stimmen mit den berechneten Werten für die Strahlungsmodelle der Zwerge und Riesen überein, während man für die Überriesen eine bessere Übereinstimmung erhält, wenn man annimmt, daß in der Konvektionszone der Transport zum Teil durch Strahlung und zum Teil durch Konvektion erfolgt. Verf.

5114. **G. M. Handelmann, D. A. Frank-Kamenezkij,** Der Austritt einer Stoßwelle aus der Oberfläche eines Sterns. DAN **107** 811—814 (russ.). — Bei diesem Vorgang steigt die Temperatur der Oberfläche an der betreffenden Stelle so stark an, daß sie einen Helligkeitsausbruch zur Folge hat und daß möglicherweise auch Kernumwandlungen einsetzen können. Loh.

5115. **B. N. Herschman, W. L. Hinsburg,** Über den Einfluß eines magnetischen Feldes auf die konvektive Instabilität in Sternatmosphären und der Ionosphäre der Erde. Abh. Univ. Gorkij **30** 3—29 (russ.). — Ref. in RJ 1957 Nr. 1 S. 46.

5116. **K. Hünger, G. Traving,** Einfache Näherungslösungen des nichtgrauen Strahlungsgleichgewichtsproblems. ZfA **39** 248—268, mit 2 Fig. = Sonderdruck Sternw. Kiel. — Die Temperaturschichtung in einer nichtgrauen Atmosphäre wird näherungsweise berechnet a) durch Bestimmung von in einem Ansatz frei verfügbaren Konstanten aus den Milneschen Gleichungen, b) nach der Methode der diskreten Ordinaten. Das nichtgraue Problem wird durch die Annahme vereinfacht, daß sowohl der Absorptionskoeffizient $\varkappa_\nu$ als auch die Kirchhoff-Planck-Funktion B_ν sich in einen nur frequenzabhängigen und einen nur tiefenabhängigen Faktor aufspalten lassen ($\varkappa_\nu = \bar{\varkappa}(\tau) \cdot x_\nu$; $B_\nu = B(\tau) \cdot b_\nu$). Es erweist sich im Rahmen dieser Näherung als ausreichend, die Nichtgrauheit durch die beiden Mittelwerte $\bar{x} = \int_0^\infty b_\nu\, x_\nu\, d\nu$ und $\overline{1/x^2} = \int_0^\infty b_\nu / x_\nu^2\, d\nu$ zu charakterisieren. Traving

5117. **J. I. F. King,** Radiative equilibrium of a line-absorbing atmosphere. II. ApJ **124** 272—297, mit 4 Fig. — Es wird eine Theorie des Strahlungstransports in einer nicht-grauen Atmosphäre endlicher Dicke entwickelt. Die Intensität der austretenden Strahlung und die vertikale thermische Struktur der Atmosphäre werden auf zwei verschiedenen Wegen unter Anwendung von X- und Y-Funktionen und ihrer Momente bestimmt. Micz.

5118. **I. Kuščer,** Milne's problem for anisotropic scattering. J. Math. Phys. **34** 256—266. — Ref. in Math. Rev. **18** 705, RJ 1957 Nr. 2 S. 48.

5119. **A. A. Nikitin,** Ionisation und Anregung schwerer Elemente in Sternatmosphären und in der Sonne. I. Bote Univ. Leningrad Nr. 13 S. 134—138 (russ.). — Ref. in RJ 1957 Nr. 2 S. 50.

5120. **K. Osawa,** Model atmospheres for A-type stars. ApJ **123** 513—520. — Unter Berücksichtigung der kontinuierlichen Absorption des H, H^- und H_2^+ werden Atmosphärenmodelle für $T_e = 7560°$ und $T_e = 8900°$ sowie $\log g = 3.5$, 4.0 und 4.5 berechnet. Die Modelle führen zu Farbenindizes und Balmerdiskontinuitäten, wie sie bei A9- und A3-Sternen gefunden werden. Profile von $H\gamma$ werden abgeleitet und mit der Beobachtung verglichen. Micz.

5121. **P. Proisy,** Rayonnement d'une atmosphère formée de couches sphériques concentriques d'épaisseur quelconque, application au cas de l'atmosphère solaire. Publ. Obs. Lyon. (1) **5** Nr. 25, 50 S. mit 19 Fig. — Vgl. Acta Astr. Sinica **4** 108—123, mit 3 Fig. (chines. mit französ. Ref.). — Zusammenfassende Darstellung früherer Arbeiten des Verf. (AJB **49** Ref. **6431**—**6435**; **50** Ref. **6425**). Nach Ableitung eines allgemeinen Ausdruckes für die Randverdunkelung, der durch Zusatzglieder zu den Polynomen in $\cos\vartheta$ eine bessere Darstellung der Beobachtung gestattet, wird der Einfluß der Schichtkrümmung auf die Intensität I $(0, \vartheta)$ berechnet, der bis zu 10% der Intensität am Sonnenrand betragen kann. Änderungen der Temperaturschichtung und Ergiebigkeit führen auf eine Oberflächentemperatur von 4760°. Refraktionseinflüsse sind nur am äußersten Rand ($\cos\vartheta \leq 0.025$) von Bedeutung. Verschiedenheiten der Farbtemperatur in polarer und äquatorialer Richtung werden durch Abweichung der Atmosphäre vom Sphäroid erklärt. G. Dautcourt

5122. **H. van Regemorter,** Calcul des raies d'absorption dans les spectres stellaires. CR **242** 2302—2305 = Contr. Inst. d'Astrophys. Paris (A) Nr. 218. — Die für die Sonne entwickelte Methode der Gewichtsfunktion und der Sättigungsfunktion zur Berechnung von Absorptionslinien beliebiger Stärke wird auf Sternspektren erweitert. Es wird eine Funktion $[G\,\Phi]$ entwickelt, in der Gewichts- und Sättigungsfunktion, die sich wegen der zusätzlichen Integration über $\cos\vartheta$ nicht mehr trennen lassen, vereinigt sind. Voigt

5123. **H. van Regemorter,** Calcul des raies d'absorption dans les spectres stellaires. CR **242** 2507—2509 = Contr. Inst. d'Astrophys. Paris (A) Nr. 218 bis. — Die von Pecker entwickelte Methode der Sättigungsfunktion zur Berechnung von Absorptionslinien wird, sowohl für die Sonne wie auch für die Sterne, auf den Fall einer von der optischen Tiefe abhängigen Dämpfung erweitert. Voigt

5124. **E. Schatzman,** Sur la pulsation d'une atmosphère composite. Ann d'Astrophys **19** 45—50 (mit russ. Ref.). — Die Grundschwingung und die erste Oberschwingung eines von P. Dumézil-Curien (Ann d'Astrophys **17** 197, AJB **54**

Ref. 5209) angegebenen Modells eines roten Riesensternes wird berechnet. Es zeigt sich, daß die Schwingungsamplitude in der Wasserstoffkonvektionszone relativ groß ist. Daher ist diese von entscheidender Bedeutung für die Untersuchung der Pulsationsinstabilität. Das untersuchte Modell ist vermutlich instabil gegen Pulsationen. K. H. Böhm

5125. **E. Schatzman,** Sur la pulsation d'un modèle de géante rouge. Ann d'Astrophys **19** 51—70, mit 3 Fig. (mit russ. Ref.). — Es werden die Eigenschwingungen einer planparallelen Atmosphäre untersucht, die von einer heißen Chromosphäre überlagert wird. Laufende Wellen können die Grenzfläche passieren. Dadurch wird die Eigenschwingung der Atmosphäre gedämpft. K. H. Böhm

5126. **S. Schwartz,** The inhomogeneous Milne equation. AJ **61** 12. — Ref. AAS.

5127. **K. K. Sen,** Trigonometrical series method in solving the problem of softening and degree of polarization of radiation in an electron atmosphere, scattering according to Rayleigh law and involving Compton change in wavelength. Proc. Nat. Inst. Sci. India (A) **22** 337—362, mit 4 Fig. — Die Transportgleichung wird für eine planparallele Atmosphäre mit Elektronenstreuung gelöst. Dabei wird vorausgesetzt, daß von außen keine, von innen monochromatische oder Gauss-verteilte Strahlung einfallen soll. Über Chandrasekhar (Proc. Roy. Soc. (A) **192** 508) hinausgehend wird die Rayleigh-Streuung streng berücksichtigt und die Polarisation des Strahlungsfeldes in Betracht gezogen. Weidemann

5128. **W. W. Sobolew,** Der Strahlungstransport im inhomogenen Medium. DAN **111** 1000—1003 (russ.). — Zum Problem des Strahlungstransports in einem Medium mit veränderlichen optischen Eigenschaften leitet Verf. unter Annahme einer sphärischen Streuungsindikatrix die Gleichungen ab, die das Leuchten eines halbunendlichen, aus planparallelen Schichten bestehenden Mediums bestimmen. Loh.

5129. **T. L. Swihart,** Model atmospheres. ApJ **123** 139—142. — Ein neues Verfahren zur Berechnung der Temperaturschichtung einer nichtgrauen Sternatmosphäre wird vorgeschlagen. Wie bei den von Unsöld und anderen Autoren vorgeschlagenen Methoden wird auch hier eine als Ausgangsnäherung benutzte Temperaturschichtung so korrigiert, daß der Gesamtstrahlungsstrom möglichst konstant wird. Für die Tiefenabhängigkeit der Temperaturkorrektion wird eine Summe aus einer linearen und zwei Integralexponentialfunktionen angesetzt. Die Berechnung der Temperaturkorrektion aus der bekannten Strahlungsstromkorrektion geschieht dann durch Auflösen eines linearen Gleichungssystems. Das Verfahren setzt voraus, daß die Abweichungen von der grauen Atmosphäre nicht zu groß sind. Es wird (unter Vernachlässigung der Linienabsorption) auf die Atmosphäre der Sonne und eines F 5-Sterns angewandt. K. H. Böhm

5130. **T. L. Swihart,** Model atmospheres and the solar continuum. ApJ **123** 143—150. — Unter Benutzung des vom Verf. abgeleiteten Sonnenmodells (ApJ **123** 139) werden die Mitte-Rand-Variation des kontinuierlichen Sonnenspektrums und die monochromatischen Strahlungsströme neu berechnet. Verf. kommt zu dem Schluß, daß die Metallabsorption im Ultraviolett berücksichtigt werden muß, wenn man zu einer Übereinstimmung mit den Beobachtungen kommen will. K. H. Böhm

5131. **T. L. Swihart,** Model atmospheres with high hydrogen-metal ratio. ApJ **123** 151—153. — Strahlungsgleichgewichtsmodelle für eine G 2- und eine F 5-Sternatmosphäre werden unter der Annahme berechnet, daß das Häufigkeitsverhältnis von Wasserstoff zu den Metallen a) $10^{3.8}$ und b) 10^5 ist. Wie die Rechnung zeigt, ist das kontinuierliche Spektrum ziemlich unempfindlich gegen derartige Änderungen der Metallhäufigkeit. K. H. Böhm

5132. A. Unsöld, Physik der Sternatmosphären, mit besonderer Berücksichtigung der Sonne. Vgl. AJB **55** Ref. **5144**. — Weitere Besprechung in J. Atmosph. Terr. Phys. **9** 236 (T. G. Cowling), Nature **177** 1191—1192 (A. Beer), Naturwissenschaften **43** 47—48 (P. ten Bruggencate), Ric. Sci. **26** 684—685 (G. Godoli).

5133. A. de Vaucouleurs, Equivalent widths of the K line. MN **116** 277—281, mit 3 Fig. — Die Äquivalentbreite der K-Linie in den Spektren einer Anzahl heller Sterne des Südhimmels wird photometrisch festgestellt. Beziehungen zu Messungen anderer Autoren und zu theoretischen Untersuchungen werden aufgestellt. F. S.

5134. J. Warzée, Contribution au problème de Milne dans le cas gris. Bull. Cl. Sci. Acad. roy. Belgique (5) **42** 703—720 = Commun. Obs. Roy. Belgique Nr. 99. — Die Lösung der Milneschen Integralgleichung im Falle einer grauen Atmosphäre verlangt die Bestimmung der Hopfschen Funktion $q(\tau)$, wobei die in einer Reihenentwicklung nach Integralexponentialfunktionen auftretenden Koeffizienten A_m zu ermitteln sind. Die Arbeit enthält ein Verfahren zur Bestimmung der A_m und einen Vergleich mit den Näherungsergebnissen anderer Autoren. Fricke

5135. C. Whitney, Stellar pulsation. I. Momentum transfer by compression waves of finite amplitude. Ann d'Astrophys **19** 34—43, mit 8 Fig. = Inst. d'Astrophys. Univ. Liège Coll. 4° Nr. 67. — Es wird gezeigt, daß mit der vertikalen Fortpflanzung von Wellen endlicher Amplitude durch Sternatmosphären ein Impulstransport verbunden ist, der ein Aufblähen der Atmosphäre zur Folge hat, das sich durch eine geringere effektive Schwerebeschleunigung beschreiben läßt. Aus der zeitlich gemittelten Teilchenauslenkung und Dichteverteilung bei einer Sternpulsation werden effektive Gravitationsbeschleunigungen berechnet, die bis zu einem Faktor 5 (bei W Virginis) kleiner sein können als die durch Sternmasse und -Radius gegebene Gravitationsbeschleunigung.
E. Böhm-Vitense

5136. C. Whitney, Stellar pulsation. II. A kinematic model for the atmosphere of W Virginis. Ann d'Astrophys **19** 142—164, mit 4 Fig. = Inst. d'Astrophys. Univ. Liège Coll. 4° Nr. 76. — Ein Modell der Bewegungen in einer Sternatmosphäre wird vorgeführt und diskutiert. Das Geschwindigkeitsfeld zeigt Sprungstellen in der Form von Stoßwellen, die sich mit konstanter Geschwindigkeit nach oben bewegen. Hinter diesen Wellen, das heißt zwischen den aufeinander folgenden Stößen, erleiden die Partikel eine nach unten gerichtete Beschleunigung. Die Anwendung dieses Modells auf den Veränderlichen W Vir erklärt die spektralen Eigentümlichkeiten, insbesondere die Verdopplung der Absorptionslinien. Einfache Rechnungen zeigen, daß die bemerkenswerten Abweichungen hinsichtlich des Strahlungsgleichgewichts sich auf die relativ schmalen Gebiete hinter den Stoßwellen beschränken. Diese Schichten können jedoch einen hinreichend großen Teil der beobachtbaren Atmosphäre enthalten. Beyer

5137. R. Wildt, Radiative transfer and thermodynamics. ApJ **123** 107—116. — Der Kirchhoffsche Satz gilt für den Zustand stationärer Abweichung vom thermischen Gleichgewicht, also in Sternatmosphären, nicht streng. Es werden die mit seiner Anwendung verbundenen Vernachlässigungen erörtert. Aus der Häufigkeit der einzelnen Elementarprozesse (Emission und Absorption) wird ein in der Praxis allerdings nicht verwendbarer Ausdruck für die Ergiebigkeit abgeleitet. Untersuchungen der Entropieerzeugung und des Entropietransportes lassen einige neuartige Aspekte des Strahlungsgleichgewichtsproblems erkennen, eröffnen aber nicht die Möglichkeit einer Anwendung der Nichtgleichgewichtsthermodynamik auf das Strahlungsfeld in Sternatmosphären. Traving

§ 52

Sterninneres

5201. **C. Agostinelli,** Piccoli movimenti in una massa gassosa stellare in evoluzione adiabatica. I. Rend. Accad. Nazionale Lincei, Cl. Sci. fis., mat., nat. (8) **20** 212—217. — Verf. untersucht die kleinen Bewegungen in einer im adiabatischen Gleichgewicht befindlichen stellaren Gasmasse. Die Bestimmung von Druck, Temperatur und Dichte in einem beliebigen Punkt im Innern führt auf die Lösung einer Differentialgleichung 2. Ordnung. Die Lösung gilt nur für den Fall von radialen Bewegungen mit nur von Zeit und Radius abhängigen Größen. Cester

5202. **C. Agostinelli,** Piccoli movimenti in una massa gassosa stellare in equilibrio radiativo. II. Rend. Accad. Nazionale Lincei, Cl. Sci. fis., mat., nat. (8) **20** 347—352. — Die kleinen Bewegungen im Innern einer stellaren Gasmasse werden für den Fall behandelt, daß der Strahlungsdruck nicht vernachlässigt werden kann und daß der Energietransport im wesentlichen durch Strahlung erfolgt. Zur Vereinfachung werden nach dem Vorschlag von Eddington Mittelwerte für Energieerzeugungs- und Opazitätskoeffizient eingeführt. Für den Fall von rein radialen Bewegungen wird eine Differentialgleichung 2. Ordnung für das Geschwindigkeitsfeld hergeleitet. Cester

5203. **L. Biermann, S. Temesváry,** Über die Möglichkeit erzwungener stationärer Konvektion im Innern der Sterne. AN **283** 60—65, mit 1 Fig. — Es wird im Gegensatz zu der Ansicht von Schmeidler (vgl. Ref. **5228**) hervorgehoben, daß Konvektion bei thermisch stabiler Schichtung nur durch ständige zusätzliche Zufuhr mechanischer Energie stationär aufrecht erhalten werden kann, deren Betrag proportional ist der Energie, welche zur Aufrechterhaltung des thermischen Gleichgewichts konvektiv nach innen transportiert werden muß; wenn die Konvektion einen stationären Temperaturgradienten nahe unterhalb des adiabatischen erzwingt, so wird dieser erzwungene Energiefluß nach innen hin vergleichbar dem Strahlungsenergiefluß nach außen. Die genauere Diskussion ergibt, daß pro Schicht einer Mächtigkeit der sogenannten homogenen Dicke ein Betrag von der Ordnung von 2/5 des nach außen fließenden Nettoenergiestromes in mechanische Energie umgesetzt werden muß. Andererseits haben neuere Untersuchungen über die Abstrahlung mechanischer Energie aus Konvektionszonen ergeben, daß die so abgestrahlte mechanische Energie proportional einer höheren Potenz der der Turbulenz zugeordneten Machzahl ist; die letztere ist aber im Sterninnern stets klein gegen 1. Daher kann die stationäre Turbulenz einer Instabilitätszone höchstens eine nur begrenzte Nachbarzone im stabilen Bereich in Mitleidenschaft ziehen; die Unschärfe der Begrenzung von Konvektionszonen im Sterninnern ist daher höchstens vergleichbar mit der homogenen Schichtdicke. Verf. (gekürzt)

5204. **A. G. W. Cameron,** The evolution of the cosmic mixture of elements produced by capture of neutrons. AJ **61** 2. — Ref. AAS.

5205. **A. G. W. Cameron,** Thermonuclear reactions in a helium gas. Bull. American Phys. Soc. (2) **1** 191.

5206. **J. Counson, P. Ledoux, R. Simon,** Viscosité et oscillations d'étoiles gazeuses. Bull. Soc. Roy. Sci. Liège **25** 144—162 = Inst. d'Astrophys. Univ. Liège Mém. 8° Nr. 377. — Ref. in Math. Rev. **18** 686, Phys. Abstracts (A) **60** 98—99.

5207. **J. De,** On the equilibrium configuration of magnetic stars. Vgl. Ref. **4304**.

2508. **W. A. Fowler, J. L. Greenstein,** Element-building reactions in stars. Vgl. Ref. 5400.

5209. **I. Gottlieb,** Contribuţiuni la studiul sferei materiale de densitate variabilă. I. Studii şi cercetări ştiinţ. Acad. Rumän. Volksrepublik Fil. Iaşi. (1) **6** 209—216, 1955 (mit russ. und französ. Ref.). — Ref. in RJ 1957 Nr. 5 S. 51.

5210. **B. F. Gradussow,** Der Absorptionskoeffizient von reichlich mit Wasserstoff und Helium verdünnter Sternmaterie. Abh. Staatl. Pädagog. Inst. Wladimir Nr. 2 S. 57—74, 1955 (russ.). — Ref. in RJ 1956 Nr. 12 S. 28.

5211. **S. Hayakawa, C. Hayashi, M. Imoto, K. Kikuchi,** Helium capturing reactions in stars. Progr. Theoret. Phys. **16** 507—527, mit 10 Fig. — Unter Berücksichtigung der Beiträge von Resonanz- und Nichtresonanzprozessen werden Bildungs- und Energieerzeugungsraten von ^{8}Be, ^{12}C, ^{16}O und ^{20}Ne berechnet und die Bildungsraten von ^{24}Mg bis ^{40}Ca abgeschätzt. Die Berücksichtigung neuer Daten über die Resonanzniveaus führt für ^{12}C und ^{20}Ne zu dem Ergebnis, daß sich diese Elemente sehr viel schneller bilden als nach Salpeter, Öpik und Hoyle. Für $T < 4 \times 10^{8}$ °K ist die Bildung von ^{24}Mg bis ^{40}Ca zu vernachlässigen. Die Leuchtkraft von Sternen in Kugelhaufen des horizontalen Astes im H-R-Diagramm führt unter der Annahme reiner Heliumprozesse auf eine Zentraltemperatur von $(1.4 \pm 0.10) \times 10^{8}$ °K und eine Dichte von 10^{3} g/cm^{3} bei einer Lebensdauer von 10^{7} Jahren. Die relativen Häufigkeiten ^{12}C, ^{16}O und ^{20}Ne werden berechnet, danach müßte ^{20}Ne sehr viel häufiger sein als ^{16}O. Weidemann

5212. **F. Hoyle, W. A. Fowler, G. R. Burbidge, E. M. Burbidge,** Origin of the elements in stars. Science **124** 611—614, mit 1 Fig. — Verf. geben eine qualitative Beschreibung der wesentlichen Synthesemechanismen, die nach den in verschiedenen Originalarbeiten entwickelten Vorstellungen zum Aufbau der schweren Elemente im Innern von Sternen führen sollen, insbesondere im Hinblick auf die Erklärung der Isotopenhäufigkeiten nach Suess und Urey (vgl. Ref. **5020**). Ein langsamer Neutroneneinfangprozeß soll zum Aufbau der stabilen Isotope führen, während ein schnellerer, in Supernovae wirksamer Prozeß über die instabilen Isotope mit großem Neutronenüberschuß fortschreitet. Die Häufigkeitskurve ist danach als Überlagerung dieser beiden und eines dritten Prozesses, der bei sehr hohen Temperaturen zu Isotopen mit Protonenüberschuß führt, zu verstehen. Weidemann

5213. **K. Kaminisi,** The gravitational potential energy and lifetime of a partially degenerate standard stellar model. Kumamoto J. Sci. (A) **2** 213—219, 1955. — Ref. in RJ 1957 Nr. 5 S. 51.

5214. **M. Kopecký,** Does exist the transformation of mass into energy in the interior of stars? RH **37** 149—152 (tschech.).

5215. **S. W. Koslowskaja,** Innerer Aufbau und chemische Zusammensetzung der großen Planeten. DAN **108** 409—412 (russ.). — Im Anschluß an die Diskussion einer großen Zahl von Arbeiten zum oben genannten Problem kommt Verf. zu dem Ergebnis, daß die erhaltenen Daten über den Wasserstoffgehalt der Riesenplaneten dessen Abhängigkeit von der Sonnenentfernung bestätigen: von Jupiter zu Neptun nimmt der Wasserstoffgehalt stark ab. Je weiter ein Planet von der Sonne entfernt ist, um so größer ist seine «Nährzone» in der protoplanetaren Wolke, und um so länger dauert seine Bildung. Mit der Vereinigung kleiner Teilchen zu größeren Körpern wird die Wolke durchsichtiger, der Einfang von Wasserstoff und anderen flüchtigen Elementen durch die Planeten schwerer. Loh.

5216. **P. Lal, P. L. Bhatnagar,** Non-adiabatic pulsations of a stellar model. ZfA **41** 21—34. — Die Gleichungen, die die Pulsation eines Sterns bei nicht-adiabatischem Aufbau beschreiben, werden nach einer im Prinzip auf Rosseland zurückgehenden Methode durch Iteration gelöst. Die numerische Anwendung zeigt, daß die Abweichung des inneren Aufbaues der Sterne von einer Adiabaten eine merkliche Auswirkung auf die Periodenlänge der Pulsation hat. F. S.

5217. **P. Longe,** Viscosité turbulente et stabilité vibrationnelle des étoiles. Bull. Soc. Roy. Sci. Liège 1956 Nr. 7/10 S. 541—553 = Inst. d'Astrophys. Univ. Liège Mém. 8° Nr. 384. — In Sternen mit breiter Wasserstoff-Konvektions-Zone wird der Einfluß der turbulenten Zähigkeit auf die Stabilitätsbedingungen gegenüber radialen Pulsationen untersucht. Während der Einfluß der molekularen Reibung verschwindend klein ist, bewirkt die turbulente Reibung eine beträchtliche Dämpfung vor allem in den äußeren Schichten. Andererseits vergrößert sich die Schwingungsamplitude im Zentrum des Sternes, was durch die Beteiligung von Kernreaktionen instabilisierend wirkt. Ist die Konvektionszone genügend breit, so überwiegt der zweite Effekt. v. Hoerner

5218. **A. Martini, A. Masani,** Sulla produzione di energia e sull'assorbimento di essa nell' interno delle stelle binarie fotometriche. Mem SA It (NS) **27** 459—467, mit 1 Fig. = Contr. Oss. Astr. Milano-Merate (NS) Nr. 94. — Setzt man die Energieerzeugung im Sterninneren an mit $\varepsilon = \varepsilon_0 \varrho T^\eta$, und die Absorption mit $k = k_0 \varrho^\alpha T^\beta$, und gelten für Radius, Masse, Leuchtkraft und Effektivtemperatur je zweier Doppelstern-Komponenten die Beziehungen: $R \sim T_e^{K_1}$, $\mathfrak{M} \sim T_e^{K_2}$ und $L \sim T_e^{K_3}$, so lassen sich die drei Exponenten K_1, K_2, K_3 als Funktionen der drei Exponenten η, α, β angeben. Umgekehrt läßt sich η aus den K berechnen, während α und β bis auf Sonderfälle unbestimmt bleiben. Bei sieben Doppelstern-Paaren wurden die K-Werte bestimmt. Die resultierenden η-Werte streuen stark. Sie liegen meist niedrig, woraus Verf. auf das Vorherrschen der p-p-Reaktion schließen möchten. v. Hoerner

5219. **P. Naur,** Stellar models based on the proton-proton reaction. Kongel. Danske Videnskab. Selskab Mat.-fys. Medd. **30** Nr. 16, 49 S. mit 2 Fig. = Publ. Københavns Obs. Nr. 168. — Die Gleichungen für den inneren Aufbau der Sterne werden mit Lochkartenverfahren numerisch integriert; als Gesetz der Energieerzeugung wird $\varepsilon = \varepsilon_0 \varrho T^4$ angenommen. Durch Variation der Konstanten α und s des Opazitätsgesetzes $\varkappa = \varkappa_0 \varrho^{1-\alpha} T^{-3-s}$ werden 11 verschiedene Modelle konstruiert. Ein konvektiver Kern tritt nicht bei allen diesen Modellen auf. Die numerischen Resultate sind in ausführlichen Tabellen wiedergegeben. F. S.

5220. **C. Popovici,** Legea producerii energiei şi a opacităţii în stele. Bul. ştiinţ. Acad. RPR. Sec. mat. şi. fiz. 8 381—389 (mit russ. und französ. Ref.). — Ref. in RJ 1957 Nr. 6 S. 46.

5221. **W. W. Porfirjew,** The internal structure of a rotating star. AJ UdSSR **33** 690—697 (russ. mit engl. Ref.). — Es wird der Aufbau eines Sterns unter Berücksichtigung der Rotation untersucht. In nullter Näherung wird das von Rudkjøbing berechnete Modell eines heißen Sterns angenommen. Der konvektive Kern wird durch eine verallgemeinerte Polytrope mit sehr langsam veränderlichem Polytropenindex approximiert. Die Lösung der Gleichungen ergibt sich durch Reihenentwicklung der Funktionen nach dem Parameter $v^2 = \omega^2/2\varkappa G\varrho$. Die Betrachtung beschränkt sich auf die nullten und ersten Glieder der Entwicklung. Für Masse und Leuchtkraft eines rotierenden Sterns werden Ausdrücke erhalten. Die Berechnung des Modells geschieht für starre Rotation ohne und mit Berücksichtigung zirkulierender Ströme. Es wird gezeigt, daß Masse und Leuchtkraft für einen rotierenden Stern größer sind, wobei der Unterschied jedoch nicht 20% für die Masse und 10% für die Leuchtkraft überschreitet. Verf. (übersetzt)

* * **V. C. Reddish,** The period-luminosity relation and stellar composition. Vgl. Ref. 11180.

5222. **A. O. Resnikow,** Stars with isothermal nuclei. AJ UdSSR **33** 151—160, mit 2 Fig. (russ. mit engl. Ref.). — In Fortführung einer bereits früher begonnenen Untersuchung (vgl. AJB **54** Ref. **5234**) berechnet Verf. eine ganze Reihe von Modellen unter Voraussetzung isothermer nichtentarteter Kerne, radiativer Hüllen mit Strahlungsabsorption und nicht -streuung und einer Energieerzeugung nach dem C-N-Zyklus oder der p-p-Reaktion. Sterne dieser Art müssen der Hauptreihe angehören oder sind wenigstens nicht weit von ihr entfernt. Ihre Entwicklung verläuft ebenfalls innerhalb dieser Grenze. Die Modelle können also nicht zur Erklärung des Riesenstadiums herangezogen werden. Dafür kämen wohl Modelle mit isothermen und entarteten Kernen in Frage. Darauf soll später eingegangen werden. Loh.

5223. **A. O. Resnikow,** Stars with isothermal degenerate cores. AJ UdSSR **33** 654—659, mit 2 Fig. (russ. mit engl. Ref.). — In einer vorhergegangenen Arbeit (vgl. vorstehendes Ref.) waren Sterne mit isothermen, nichtentarteten Kernen und radiativen Hüllen mit nuklearen Energiequellen betrachtet worden. Es wurde gezeigt, daß solche Sterne im Hertzsprung-Russell-Diagramm auf der Hauptreihe liegen müssen, oder sich nicht weit von ihr entfernt befinden. Die Arbeit wird jetzt fortgesetzt, wobei Sterne mit isothermen, entarteten Kernen und radiativen Hüllen untersucht werden. Das wesentlichste Ergebnis, zu dem Verf. gelangt, ist die Feststellung, daß derartige Sterne sehr große Radien haben können. Im Hertzsprung-Russell-Diagramm fallen sie zum Teil in das Gebiet der roten Riesen. Dies stimmt mit den Untersuchungen anderer Autoren überein. Verf. (übersetzt)

5224. **M. H. Rogers,** The propagation of shock waves in a star. AJ **61** 189—190. — Ref. AAS.

5225. **R. S. Sagdejew,** On the theory of stellar opacity. AJ UdSSR **33** 840—844 (russ. mit engl. Ref.). — Für den Gaunt-Faktor wird im Fall von frei-frei Übergängen eine Verbesserung zweiter Ordnung zum Sommerfeld-Faktor berechnet. Der Gaunt-Faktor wird unter Berücksichtigung von Elektronenabschirmung und Dichteeffekten nach der Debye-Hückelschen Theorie berechnet. Unter solaren Bedingungen sind die Korrektionen jedoch unwesentlich. Verf. (übersetzt)

5226. **A. Sakurai,** Propagation of spherical shock waves in stars. J. Fluid Mechanics **1** 436—453.

5227. **E. Schatzman,** Influence de l'équilibre nucléons-électrons sur la structure interne des naines blanches. AJ UdSSR **33** 800—808 (russ. mit franz. Ref.). — Bei genügend hohen Dichten besitzen entartete Elektronen Energien, die zum Einfang durch Kerne ausreichen. Dadurch verringert sich die mittlere Ladung der Atome und vergrößert sich das mittlere Atomgewicht pro freies Teilchen. Die Kompressibilität $d \log P / d \log \varrho$ wird für $\varrho > 4.6 \times 10^8$ g/cm³ kleiner als 4/3. Daraus resultiert 1.) eine neue Radius-Masse-Beziehung mit der Existenz einer maximalen Masse für weiße Zwerge, wobei für ein und dieselbe Masse zwei Radien möglich sind; 2.) die dynamische Instabilität derjenigen Konfigurationen, die den kleineren Radius besitzen. Loh.

5228. **F. Schmeidler,** Simultane Ausbreitung von Konvektion und Wärme im Sterninnern. AN **283** 49—59 = Veröff. Sternw. München **4** Nr. 19. — Ausgehend von der Tatsache, daß thermisch stabile Schichtung die Ausbildung von Konvektion zwar erschwert, aber nicht völlig unmöglich macht, wird darauf hingewiesen, daß der Konvektionszustand eine Tendenz zur Ausbreitung hat, die der Ausbreitung der ungeordneten molekularen Wärmebewegung analog ist. Infolgedessen ist die in instabilen Zonen vorhandene Konvektion bestrebt, auf thermisch stabiles Gebiet überzugreifen und dort eine adiabatische Temperaturschichtung herzustellen. Dadurch wird der Widerstand, den die Schichtung der Konvektion entgegensetzt, verringert und die weitere Ausbreitung kann leichter

erfolgen. Analytisch läßt sich diese Koppelung der Ausbreitung von Konvektion und Wärme durch zwei simultane partielle Differentialgleichungen beschreiben. Ihre genäherte Integration ergibt, daß der in den äußeren Schichten der Sonne beobachtete Konvektionszustand sich nach spätestens 300 Jahren auf die ganze Sonne ausbreiten muß. Man hat daher im Innern eines Sterns, der nur in irgendeiner Zone thermisch wesentlich instabil ist, mit durchgehender Konvektion und vollkommen adiabatischer Schichtung zu rechnen. Die physikalische Richtigkeit der entwickelten Vorstellung über die Ausbreitungstendenz des Konvektionszustandes wird durch die Erfahrungen in der Erdatmosphäre gestützt.
Verf. (gekürzt)

5229. **F. Schmeidler,** Bemerkungen zur Konvektion im Sterninnern. AN **283** 66. — Erwiderung auf die Arbeit von Biermann und Temesváry, Ref. **5203**.

5230. **L. I. Sedow,** Unsteady motion of a gas with reference to the problem of variable stars. Congr. appl. Mech. 1956 S. 149.

5231. **R. Simon,** Etude de la propagation des ondes dans le modèle de Roche généralisé. Ann d'Astrophys **19** 115—121 = Inst. d'Astrophys. Univ. Liège Coll. 4° Nr. 75. — In der unendlich ausgedehnten Atmosphäre des Modelles wird die Ausbreitung (linearisierter) schwacher Wellen untersucht, die durch harmonische Pulsationen des massiven Kernes angeregt werden. In Fortsetzung einer früheren Arbeit wird jetzt eine Lösung angegeben, die mit $\gamma = 5/3$ verträglich ist.
v. Hoerner

5232. **R. Simon,** Théorie fonctionnelle des oscillations radiales d'une étoile. Bull. Cl. Sci. Acad. roy. Belgique (5) **42** 950—955. — Im Falle kleiner radialer und adiabatischer Schwingungen einer Gaskugel, in der die Dichte monoton nach außen abnimmt und das Verhältnis der spezifischen Wärmen γ konstant und größer als 4/3 ist, gilt für die Eigenfrequenzen $\sigma^2 \geq (3\gamma - 4)\frac{GM}{R^3}$, wobei M und R Masse und Radius der Gaskugel bedeuten. Das Gleichheitszeichen gilt für die Grundschwingung im Falle homogener Massenverteilung.
Fricke

5233. **R. P. Singh,** Collective description of electron interactions and electrostatic correction to white dwarf. Bull. American Phys. Soc. (2) **1** 287—288.

5234. **K. Suda,** On the homogeneous stellar models with energy generation due to carbon-cycle. Sci. Reports Tôhoku Univ. (1) **40** 61—73, mit 11 Fig. = Sendai Astr. Rap. Nr. 49. — Für spätere Behandlung von Fragen zur Sternentwicklung sowie zum Studium der Hauptreihensterne gibt Verf. eine vergleichende Untersuchung der homogenen Sternmodelle, die dem Kramersschen Opazitätsgesetz genügen, indem Zentraltemperatur, Wasserstoff- und Metallgehalt als Parameter gewählt werden. In erster Linie werden das ursprüngliche Cowling-Modell sowie die vom Verf. konstruierten Modelle (vgl. AJB **55** Ref. **5238**) mit einer äußeren konvektiven Hülle betrachtet.
Henn

5235. **M. Taketani, T. Nakamura,** Kernprozesse in Himmelskörpern. Sorjussiron Kenkju 8 483—497, 1955 (japan.). — Ref. in RJ 1957 Nr. 3 S. 37.

5236. **S. Talwar, J. N. Tandon,** On the radial pulsation of magnetic stars. Indian J. Phys. **30** 561—564. — Unter der Annahme eines die Oberfläche des Sterns stetig durchdringenden Magnetfeldes ergibt sich für die Frequenz der Pulsationen ein gleicher Ausdruck wie derjenige von Chandrasekhar und Limber (vgl. AJB **54** Ref. **5206**) für den Fall eines an der Oberfläche verschwindenden Magnetfeldes. Das Magnetfeld strebt danach die Frequenz der Pulsationen herabzusetzen. Die kritische Größe des polaren Feldes ist gegeben durch $H_p^2 = 42/25 \cdot GM^2/R^4$ (M = Masse, R = Radius).
Weidemann

5237. **J. N. Tandon,** A note on the oscillations of an infinite cylinder subject to radial magnetic field. Proc. Nat. Inst. Sci. India (A) **21** 314—320,

1955. — Im Zusammenhang mit den möglichen Schwingungen eines Sterns in seinem eigenen Matnetfeld werden Torsions- und radiale Schwingungen einer zylinderförmigen, gut leitenden, inkompressiblen Flüssigkeit unter dem Einfluß eines axialen Magnetfeldes untersucht. Henn

5238. **W. P. Zessewitsch,** Der innere Aufbau der Sonne und der Sterne. Moskau, Verlag «Das Wissen», 1955. 32 S. mit Abb. Preis 60 Kop. (russ.).

5239. Teoretyczna granica gęstości białych karłów. Urania Kraków **27** 82.

§ 53

Nebel, Interstellare Materie

5301. **G. R. Burbidge,** On synchrotron radiation from Messier 87. ApJ **124** 416—429. — Verf. ermittelt die Energie der Partikel und die magnetische Feldstärke, welche erforderlich sind, um die optische (Synchrotron-) Strahlung des jetförmigen Appendix von M 87 und die Radiostrahlung des Gesamtobjekts zu erklären. Für die Partikelenergie werden Werte zwischen 10^{54} und 10^{59} erg und für die Feldstärke zwischen 10^{-2} und 10^{-6} Gauss im Jet abgeschätzt. Für die Radiostrahlung wird eine Partikelenergie von 10^{56} bis 10^{61} erg gefordert. Es wird ferner ein Mechanismus vorgeschlagen, welcher den Energieverlust durch die Synchrotronstrahlung (Kombination von Elektronen und Positronen) ausgleicht. Schließlich wird kurz auf die Energiequellen des Magnetfeldes und der primären Partikeln eingegangen und die Möglichkeit einer Mitwirkung von Antimaterie erörtert. Micz.

5302. **G. R. Burbidge, F. Hoyle,** Matter and anti-matter. Nuovo Cimento (10) **4** 558—564. — Folgerungen aus der Existenz von Antimaterie (Positronen + Antiprotonen) im Kosmos werden diskutiert. Aus Betrachtungen der kinetischen und magnetischen Energie der interstellaren Gaswolken sowie der Energiedichte der Ultrastrahlung folgt für das Verhältnis von Antimaterie/gewöhnlicher Materie ein Wert $< 10^{-7}$. Es erscheint möglich, die Intensität kosmischer Radioquellen durch die als Folge von Vernichtungsstößen zwischen Antiprotonen und Protonen entstehenden sehr schnellen Elektronen zu erklären, die im interstellaren Magnetfeld nach dem Synchrotronmechanismus strahlen. Priester

5303. **J. W. Chamberlain,** Excitation in nebulae: Electron-hydrogen inelastic collisions in a radiative H II region. ApJ **124** 662—664. — Die Bedeutung der Stoßanregung des Wasserstoffs durch Elektronen hängt in einem planetarischen Nebel nicht nur vom Ionisationsgrad sondern auch von der Elektronentemperatur ab. Für sehr heiße Sterne haben Stöße nur dann einen Effekt außerhalb der Grenzzone des H II-Gebietes, wenn die Elektronentemperatur größer als 20000 Grad ist. Es werden Formeln zur Abschätzung der Bedeutung der Stoßanregung gegeben. Thi.

5304. **G. Contopoulos,** On the isophotes of ellipsoidal nebulae. ZfA **39** 126—132, mit 1 Fig. = Publ. Laboratory Astr. Univ. Athen (2) Nr. 3. — Es wird bewiesen, daß nicht nur die Projektion eines sphärisch abgeplatteten, sondern auch die eines Nebels mit ellipsoidischer Raumverteilung (die Flächen gleicher Leuchtkraft bilden dreiachsige, konzentrische Ellipsoide) auf eine beliebige Ebene als Isophoten konzentrische, ähnliche Ellipsen ergibt. Aus deren Achsenverhältnis und aus der Radialgeschwindigkeitsverteilung kann die Orientierung des Ellipsoids bestimmt und zwischen sphärischem und ellipsoidem Nebel unterschieden werden. Voigt

* * **A. Elvius,** Diffraction of light by interstellar particles in spiral galaxies. Vgl. Ref. **12410**.

5305. **T. Jarzębowski,** Wzrost i dezyntegracja ziaren materii międzygwiazdowej. Postępy Astr. **4** 120—136. — Die vorliegende Arbeit ist ein Vortrag, den Verf. auf der astronomischen Konferenz in Kalatówki im Juli 1955 gehalten hat. Verf. diskutiert die Entstehung der Moleküle im interstellaren Raum, das Anwachsen der Staubteilchen, den Zerfall der Teilchen durch Photodissoziation und Verdampfung. Es wird auf die Form der Teilchen und auf die damit verbundene Polarisation eingegangen. Perek

5306. **D. Koelbloed,** An accurate solution of the integral equation for the Lyman Alpha emission in a stationary nebula. BAN **12** 341—348, mit 5 Fig. — Die von Zanstra stammende Integralgleichung für die $L\alpha$-Emission eines stationären Nebels unter Annahme eines thermischen Dopplerprofils und des inkohärenten Streuungsmechanismus (Verteilung) wird für verschiedene Fälle gelöst, und zwar für zwei verschiedene radialsymmetrische und zwei antisymmetrische Nebelmodelle bei verschiedenen Temperaturen. Der monochromatische Strahlungsfluß und das Verhältnis des Strahlungsdruckes zu dem mit kohärenter Streuung berechneten werden angegeben. Thi.

5307. **B. Lindblad,** Contributions to the theory of spiral structure. Stockholms Obs. Ann. **19** Nr. 7, 14 S. mit 6 Fig. — Für die «Dispersionsbahnen» in unserer Milchstraße — definiert als die Bahnen, längs derer sich Sternassoziationen oder Gaswolken infolge der differentiellen Rotation in einem allgemeinen Kraftfeld auflösen — ergeben sich in den äußeren Gebieten Keplerellipsen, in den inneren Teilen Ellipsen, deren Zentrum mit dem galaktischen Zentrum zusammenfällt. Es wird vermutet, daß die Bildung von Spiralarmen ganz allgemein durch eine Verbindung solcher verschiedener Typen von Dispersionsbahnen zustande kommt. Voigt

5308. **A. A. Logunow, J. P. Terlezkij,** Diffusion coefficient of particles in a magnetized interstellar medium. J. Eperim. Theor. Phys. **29** 701—702, 1955. — Ref. in Phys. Abstracts (A) **59** 872, Phys. Ber. **36** 758.

5309. **G. C. McVittie,** The non-adiabatic contraction of a gas sphere to a complete polytrope. AJ **61** 451—462. — Es wird die Kontraktion einer nicht rotierenden Gaswolke berechnet, die sich anfangs in Ruhe, aber nicht im Gleichgewicht befindet. Der Endzustand sei eine Polytrope; die Kontraktion soll homolog erfolgen bezüglich Massenverteilung und Geschwindigkeit, nicht dagegen bezüglich Temperatur und Druck. Eine Reihe plausibler Bedingungen wird aufgezählt, und es wird eine Lösung gegeben, die alle Bedingungen erfüllt. Die Kontraktionsdauer ist etwa die des freien Zusammenfallens. v. Hoerner

5310. **S. Miyamoto,** Collisional emission spectra of cosmic clouds. ZfA **38** 245—258, mit 2 Fig. = Contr. Inst. Astrophys. Kyoto Kwasan Obs. Nr. 60. — Es werden die Möglichkeiten zu einer empirischen Unterscheidung zwischen den durch Strahlung und durch Zusammenstöße angeregten Emissionslinienspektren von Gasnebeln untersucht. Die Rechnungen zeigen, daß bei Stoßanregung die verbotenen Linien durchweg relativ zu den Balmerlinien stärker werden. Außerdem können nicht gleichzeitig verbotene O I, O II und O III-Linien in einem durch Stoß angeregten Spektrum erscheinen, während das bei Strahlungsanregung sehr wohl möglich ist. Die Ergebnisse der Rechnungen werden in Form von Tabellen und Diagrammen dargestellt. Die Theorie wird auf die beobachteten Spektren einiger Gasnebel angewandt. K. H. Böhm

5311. **A. Opolski,** Absorpcja i emisja promieniowania przez gaz międzygwiazdowy oraz jego skład chemiczny. Postępy Astr. **4** 3—16. — Die vorliegende Arbeit ist ein Vortrag, den Verf. auf der astronomischen Konferenz in Kalatówki im Juli 1955 gehalten hat. Es werden die Beobachtungsmöglichkeiten und die Interpretation der Absorptions- und Emissionslinien erörtert. Eine Übersicht der gegenwärtigen Kenntnisse wird gegeben. Perek

5312. **S. B. Pikelner,** Dynamik der diffusen Materie. Mitt. Astrophys. Obs. Krim **16** 184—187 (russ.). — Ref. Krim-Tagung Sept. 1955.

5313. **J. R. Platt, B. Donn,** On the formation and optical properties of sub-micron sized interstellar grains. AJ **61** 11—12. — Ref. AAS. — Besprechung in Sterne **33** 69—70.

5314. **J. R. Platt,** On the optical properties of interstellar dust. ApJ **123** 486—490, mit 1 Fig. — Ref. in Sterne **33** 69—70. — Feste, aus interstellarem Gas gebildete Partikel mit weniger als 20 Å Durchmesser sind im allgemeinen undurchsichtig und gut reflektierend für sichtbares Licht. Sie sind ferner paramagnetisch und zeigen quasimetallisches Verhalten auch dann, wenn sie nur aus leichten Atomen bestehen. Elliptizität und optische Anisotropie werden abgeschätzt. Interstellare Rotverfärbung und Polarisation können durch die zu erwartenden Eigenschaften dieser Partikel erklärt werden. Micz.

5315. **A. Poveda,** Posibles fluctuaciones en la opacidad del medio interestelar en una vecindad del polo norte galactico. Bol. Obs. Tonantzintla y Tacubaya Nr. 15 S. 9—15, mit 3 Fig. — Abweichungen von der gleichmäßigen Verteilung der extragalaktischen Nebel werden nach Nyman, Scott und Shane als Eigenschaft des metagalaktischen Systems angesehen, während sie nach Ambarzumjan durch eine wolkige Struktur des interstellaren Mediums erzeugt sein sollen. Zur Entscheidung zwischen diesen beiden Auffassungen werden in der Nähe des galaktischen Pols die Nebelzählungen mit Zählungen schwacher Sterne verglichen. Es stellt sich heraus, daß die interstellare Extinktion in den betrachteten Gebieten weitgehend gleichförmig ist und nicht die wolkige Struktur besitzt, die nach der Theorie von Ambarzumjan zu fordern wäre. Thi.

* * **M. P. Savedoff,** Observational consequences of O star formation. Vgl. Ref. **5439**.

5316. **G. A. Schajn,** On the action of the interstellar magnetic field on the motion of diffuse matter. AJ UdSSR **33** 210—215 (russ. mit engl. Ref.). — Verf. weist erneut darauf hin, daß die Langerstreckung von Dunkel- und Emissionsnebeln von der Einwirkung lokaler interstellarer Magnetfelder, von makroskopischen Bewegungen in diesen Nebeln und der hohen elektrischen Leitfähigkeit ihrer Materie herrührt. Das häufige Vorkommen länglicher Nebel muß als wesentliches Merkmal der Spiralnebel angesehen werden. Allem Anschein nach erfolgt die Auseinanderzerrung der diffusen Materie entlang der Spiralarme. Loh.

5317. **T. Schmidt,** Trennung von Staub und Gas in interstellaren Wolken. ZfA **40** 199—216, mit 3 Fig. = Forschungsber. Obs. Wendelstein Nr. 18. — Ref. in Sitzber. Bayer. Akad. Wiss. Math.-nat. Kl. 1956 S. 15*. — Verf. zeigt, daß es in der Nähe von OB-Sternen durch Strahlungsdruck zu einer teilweisen Trennung von Gas und Staub in interstellaren Wolken kommen kann. Behr

5318. **K. Serkowski,** Rozmieszczenie i ruchy gazu międzygwiazdowego. Postępy Astr. **4** 105—119. — Die vorliegende Arbeit ist ein Vortrag, den Verf. auf der astronomischen Konferenz in Kalatówki im Juli 1955 gehalten hat. Es wird auf die Dimensionen und Häufigkeit von Wolken interstellaren Gases und auf die Beobachtungsmöglichkeiten von HI- und HII-Gebieten eingegangen. Weiter werden die turbulenten Bewegungen in der Nähe des Zentrums und die Theorie von Oort-Spitzer über die Beschleunigung der Gaswolken diskutiert. Perek

* * **L. Spitzer jr., D. A. Lautman,** The distribution of interstellar sodium and calcium. Vgl. Ref. **12531**.

5319. **A. G. Velghe,** Studies of dark nebulae based on truncated distributions of stars. AJ **61** 241—253, mit 2 Fig. = Commun. Obs. Roy. Belgique Nr. 104 = Harv Repr (2) Nr. 83. — Es wird das alte Problem behandelt, wie man aus Sternzahlen in Absorptionsgebieten die Verteilung der absorbierenden Materie ermitteln kann. Vorausgesetzt wird Unterteilung des Materials an Sternzahlen in Spektralklassen mit geringer Streuung der absoluten Helligkeit und gleiche räumliche Sterndichte im Absorptionsfeld und Nachbargebiet. Als Verteilungsfunktion der absoluten Helligkeiten wird eine Gaußsche Kurve angenommen. Die Integralgleichung der Stellarstatistik wird durch Interpolationsformeln gelöst. F. S.

5320. **H. Zanstra,** On the acceleration by radiation pressure in a nebula. BAN **12** 349—350. — Es werden Formeln für die Beschleunigung der Materie durch Strahlungsdruck der einfallenden UV-Lichtquanten jenseits der Lymanseriengrenze und, für den Fall des Strahlungsgleichgewichtes, für die Beschleunigung durch die erzeugte Lα-Strahlung angegeben. Thi.

5321. **H. Zanstra,** On the theory of emission lines in expanding nebulae. Proc. K. Nederl. Akad. Wetensch. (B) **59** 389—397, mit 1 Fig. = Circ. Astr. Inst. Univ. Amsterdam Nr. 10. — Berechnung der Emissionslinien expandierender Nebel oder Gashüllen mit einem Maxwellschen Dopplerprofil und vollständiger Verteilung (inkohärente Streuung) ergibt etwa die gleichen Ergebnisse wie mit rechteckigem Dopplerprofil, wenn die Expansion schnell genug erfolgt, während bei einem Nebel in Ruhe merkliche Unterschiede auftreten. Ob dasselbe auch für den Strahlungsdruck von Lyman Alpha gilt, bleibt noch offen. Voigt

§ 54

Kosmogonie der Himmelskörper

* * **L. H. Ahrens,** Radioactive methods for determining geological age. Vgl. Ref. **5501.**

* * **H. C. Arp, D. S. Evans,** p Velorum and stellar evolution. Vgl. Ref. **10101.**

* * **K. H. Böhm,** Die quantitative Deutung der Spektren der «Herbig-Haro-Objekte» und die Entstehung der T Tauri-Sterne aus interstellarer Materie. Vgl. Ref. **111107.**

5401. **H. von Bronsart,** Wo und wie entstehen Elemente? Sterne **32** 193—195.

* * **A. Dauvillier,** L'origine des éléments chimiques et l'évolution de l'univers. Vgl. Ref. **4111.**

5402. **A. J. Deutsch,** The dead stars of population I. Publ ASP **68** 308—317, mit 1 Fig. — Ref. in AJ **61** 174 (Ref. AAS). — Als «tote» Sterne werden solche bezeichnet, die im Anfang heller als $M_v = +3\overset{m}{.}5$ waren, in ihrer Entwicklung die Hauptreihe verlassen und ihren Wasserstoffvorrat erschöpft haben. Nach Salpeter war die ursprüngliche Masse etwa 3 $\mathfrak{M}_{\odot}$. Die Zahl der toten Sterne in der Umgebung der Sonne soll 12 Prozent der Hauptreihensterne sein. Verf. vertritt die Hypothese, daß alle toten Sterne das M-Riesen-Stadium durchlaufen haben (Überriesen vermutlich von O, B-Sternen, späte Riesen von A-Sternen ausgehend) und jetzt weiße Zwerge sind. Dazu müssen sie die Hälfte ihrer Masse an das interstellare Gas abgegeben haben. Das im interstellaren Gas enthaltene He und schwerere Elemente sollen in den Kernen von früheren Generationen von M-Riesen entstanden sein. O. G.

5403. **W. G. Fessenkow,** Die Entstehung und Entwicklung der Himmelskörper nach modernen Erkenntnissen. Verlag Akad. Wiss. UdSSR, 1953. 64 S. mit Abb. Preis 1 R. (russ.). — Besprechung in RJ 1957 Nr. 6 S. 16.

5404. **W. G. Fessenkow,** Über die Entstehung der Sterne. Mitt. Astrophys. Inst. Alma-Ata **2** 3—33, mit 7 Tafeln (russ.). — Sterne bilden sich auch noch heutzutage aus gas-staubförmiger Materie genügend hoher Dichte und dabei hinreichend niederer Temperatur. Die Entwicklung erfolgt unter Aussendung von Wellen- und Korpuskelstrahlung. In besonders massereichen Wolken können sich auch Haufen von Sternen verschiedener Masse bilden, die dann mit der nicht zu Sternen gewordenen Materie in enger Wechselwirkung bleiben. Das Endstadium eines sich bildenden Sterns ist vom Drehimpuls der ursprünglichen Verdichtung abhängig. Die Rotationszustände der einzelnen Verdichtungen sind im allgemeinen verschieden. Man darf annehmen, daß zwischen Sternen und Planeten keine prinzipiellen Unterschiede bezüglich ihrer physikalischen Natur und ihrem Bildungsmechanismus bestehen. Wesentlich sind allerdings Masse und Dichte des zu ihrer Bildung beitragenden Mediums. Loh.

5405. **W. G. Fessenkow,** Über die Entstehung der Sterne. Mitt. Astrophys. Inst. Alma-Ata **3** Nr. 4 S. 53—67 (russ.). — Das Vorkommen von Sternkettchen ist eng mit dem Prozeß der Sternbildung aus gas-staubförmiger Materie verbunden. Sowohl Wahrscheinlichkeitsbetrachtungen als auch die Durchmusterung künstlicher Sternfelder sprechen für die Realität solcher Sternkettchen, was am Beispiel eines Kettchens in NGC 6960 erhärtet wird. Hier und in anderen Fällen sind die Bedingungen erfüllt, die zur Stabilität einer prästellaren Kondensation führen. Die Stabilität erhöht sich sogar im Lauf der Zeit durch die Abkühlung des Gases auf Grund der Zusammenstöße seiner Moleküle mit Stäubchen. Der Drehimpuls einer Kondensation hat großen Einfluß auf ihre Entwicklung. Die Wechselwirkung zwischen Sternen und Staubnebeln läßt sich in einigen Fällen näher analysieren. Kondensationen gasförmiger Natur, die praktisch nur im Licht von H_α sichtbar sind, bilden oft Kettchen, die mit den Fasern gas-staubförmiger Nebel in Verbindung stehen (NGC 6960). Loh.

5406. **W. A. Fowler, J. L. Greenstein,** Element-building reactions in stars. Proc. National Acad. Sci. USA **42** 173—180. — Verf. stellen die Frage, ob Kern- oder astrophysikalische Prozesse existieren, durch die der Aufbau der schwereren Elemente aus Wasserstoff unter Bedingungen, wie sie heute im Innern der Sterne herrschen, erklärt werden kann. Sie kommen zu dem Ergebnis, daß diese Elemente bis zum Kohlenstoff in vielen Sternen, in S-Sternen sogar bis zu den seltenen Erden auch heute noch entstehen. Henn

5407. **W. A. Fowler,** Experimental and observational evidence for origin of the elements in stars. Publ ASP **68** 505—508, mit 1 Fig. — 1.) Eine kurze Zusammenstellung von neueren, für die Astrophysik wichtigen Experimenten: a) Materie und Antimaterie. b) Entdeckung des freien Neutrinos. c) Zur Schnelligkeit des CN-Zyklus. d) Zur Überbrückung der instabilen Massen 5 und 8. e) Produktion von Ne^{21}. f) Neue Daten der Eisengruppe. 2.) Diskussion neuerer Beobachtungen: a) Radio-Ausbrüche der Sonne und Element-Synthese. b) Die Beobachtung von Technetium in Sternatmosphären. c) Der 55-Tage-Abfall der Supernovae Typ I und Californium 254. d) Neue Elementenhäufigkeiten und ihre Analyse. e) Eine Diskussion des Häufigkeitsverhältnisses von U^{235} zu U^{238} ergibt als Alter der Milchstraße etwa 7×10^9 Jahre oder mehr. v. Hoerner

5408. **M. Goldhaber,** Speculations on cosmogony. Science **124** 218—219. — Verf. diskutiert die Frage nach der logischen Struktur einer Kosmogonie, die Teilchen-Antiteilchen-Symmetrie voraussetzt. Nimmt man eine stets paarweise Erzeugung an, so gibt es entweder die Möglichkeit, daß der gegenwärtige Kosmos das Resultat einer statistischen Schwankung ist, gleichbedeutend mit der Existenz mehrerer entgegengesetzter Ausprägungen, oder es hat von Anfang an eine Trennung derart stattgefunden, daß ein Urteilchen, Universon genannt, über einen Zerfall zu zwei sich mit der beim Zerfall freiwerdenden Energie voneinander entfernenden Gebilden von der Art des Lemaîtreschen Modells geführt hat.
Weidemann

5409. **J. L. Greenstein,** The abundances of the chemical elements in the galaxy and the theory of their origin. Publ ASP **68** 185—203, mit 1 Fig. — Allgemeinverständlicher Bericht über die neuesten Ergebnisse mit ausführlichen Literaturangaben. Dv.

5410. **J. L. Greenstein,** Evolution and the white dwarfs. Publ ASP **68** 501—503, mit 1 Tafel. — Das Beobachtungsmaterial ist noch immer sehr gering. Im Farben-Helligkeits-Diagramm scheinen die weißen Zwerge eine zum roten Ende hin abfallende gerade Linie zu bilden; die schwächeren, röteren Sterne sind vorwiegend Schnelläufer. Zwischen Spektrum und Farbe besteht kein einfacher Zusammenhang, und die chemische Zusammensetzung variiert stark. Bei der Entwicklung vom Hauptreihenstern zum weißen Zwerg muß ein wesentlicher Teil der Sternmaterie an die interstellare Materie zurückgegeben worden sein, vermutlich unter Anreicherung der schwereren Elemente. Beobachtung und Theorie scheinen zu zeigen, daß die Strahlungsenergie durch Abkühlung bei konstantem Radius gedeckt wird. v. Hoerner

5411. **C. B. Haselgrove, F. Hoyle,** A mathematical discussion of the problem of stellar evolution, with reference to the use of an automatic digital computer. MN **116** 515—526. — Ref. in Obs **76** 169—170 (Ref. RAS). — Das System partieller Differentialgleichungen, das die Entwicklung eines Sternes beschreibt, wird auf eine für elektronische Maschinen geeignete Form gebracht mit Hilfe verschiedener Approximationen und Interpolationsformeln. Für jeden Zeitschritt werden drei Integrationen vom Rand her durchgeführt mit etwas verschieden gewählten Parametern (Sternradius und Leuchtkraft), desgleichen drei Integrationen vom Zentrum her (Druck und Temperatur etwas variiert). Die Forderung der Übereinstimmung beider Integrationen an einer bestimmten Stelle, zusammen mit der Annahme, daß die Diskrepanzen an dieser Stelle eine lineare Funktion der Parameter seien, ergibt ein System von vier Gleichungen für die vier verbesserten Parameterwerte. Im allgemeinen genügten drei bis vier Iterationen dieser Art. Für all diese Vorgänge (einschließlich Änderungen der Schrittlänge) wurde ein vollautomatisches Programm aufgestellt. Ein Zeitschritt dauert auf der EDSAC I mehrere Stunden (Rechenergebnisse folgen erst später). v. Hoerner

5412. **C. B. Haselgrove, F. Hoyle,** A preliminary determination of the age of type II stars. MN **116** 527—532, mit 2 Fig. — Ref. in Obs **76** 169—170 (Ref. RAS). — Mit der in der vorangehenden Arbeit (MN **116** 515) beschriebenen Methode werden 15 Zeitschritte in der Entwicklung eines Sternes berechnet. Der Stern hat 1.26 Sonnenmassen, und die chemische Zusammensetzung ist anfangs gleichförmig und beträgt: 0.9309 Wasserstoff, 0.0666 Helium, Kohlenstoff und Stickstoff 0.0025. Die Entwicklung erfolgt anfangs langsam, und im senkrechten Teil des Riesenastes sehr schnell. Ein Vergleich mit dem Farben-Helligkeits-Diagramm von M3 ergibt ein Alter von 6.5×10^9 Jahren, in guter Übereinstimmung mit früheren Abschätzungen. v. Hoerner

5413. **F. Hoyle,** A possible cause of the ejection of material by late-type giants. ApJ **124** 482—484. — Verf. schlägt einen Mechanismus vor, welcher die Abstoßung von Materie von Riesen späten Spektraltyps bewirkt, wie er zum Beispiel von Deutsch im Fall des M-Überriesen α Her angenommen wird. Micz.

* * **F. Hoyle, W. A. Fowler, G. R. Burbidge, E. M. Burbidge,** Origin of the elements in stars. Vgl. Ref. **5212**.

5414. **C. Hayashi, M. Nishida,** Formation of light nuclei in the expanding universe. Progr. Theoret. Phys. **16** 613—624, mit 2 Fig. — Als Beitrag zur Frage der prästellaren oder stellaren Bildung der schweren Elemente werden mit Hilfe neuer Kernniveaudaten α-Prozesse untersucht, die zum Aufbau der leichten Elemente bis ^{20}Ne führen. Der Anfangszustand ist durch $T = 10^{10}$ °K, $\varrho_m = 10^6$—10^7 g/cm^3 und ein Protonen/Neutronen-Verhältnis von 1 : 2.5 bis 1 : 4 gekennzeichnet. Das erste Stadium beginnt bei $T = 9 \times 10^9$ °K und führt zur Bildung von ^{4}He im Verhältnis N (Proton) / N (He) = 3 : 1; im zweiten Stadium beginnt bei $4-5 \times 10^9$ °K die Bildung von ^{12}C und ^{16}O, weil infolge der hohen Dichte ^{8}Be im statistischen Gleichgewicht mit ^{4}He bestehen kann. Die Endhäufigkeit von ^{16}O entspricht den Beobachtungsdaten, das Verhältnis ^{12}C/^{16}O fällt hingegen kleiner aus. Die bis hierhin wegen der schnellen Expansion unberücksichtigten β-Prozesse werden wesentlich für die folgenden ^{21}Na $\rightarrow$ ^{21}Ne und ^{25}Al $\rightarrow$ ^{25}Mg-Prozesse. Die Möglichkeit des Aufbaus weiterer Elemente mit den vorhandenen Kernen und Neutronen wird diskutiert. Weidemann

5415. **L. G. Henyey,** The evolution of stars near the main sequence. Publ ASP **68** 503—504. — Es wird ein kurzer Bericht gegeben über laufende Arbeiten zur Sternentwicklung in Umgebung der Hauptreihe. Die benutzten Sternmassen laufen von 1.5 bis 20 Sonnenmassen, die ursprüngliche Zusammensetzung ist 68 % Wasserstoff (Gewicht), 31 % Helium, 1 % schwerere Elemente. Die gerechneten Entwicklungszüge definieren einen Streifen nahe der empirischen Hauptreihe von $1^m\!.5$ bis 2^m Breite. Die Zeitskala der Entwicklung wird diskutiert. v. Hoerner

* * **S.-S. Huang,** A dynamical problem in binary systems and its bearing on stellar evolution. Vgl. Ref. **10005.**

5416. **H. Hubenet,** Sterevolutie. Nederl. T. Natuurk. **22** 329—342, mit 8 Fig. = Sterrekundig Colloquium van de Nederlandse Astronomen-Club Nr. 14 = Sterrewacht «Sonnenborgh» Utrecht Overdruk Nr. 24. — Hauptsächlich auf Grund eines Vortrags von M. Schwarzschild (2. 11. 1955 in Leiden) erläutert Verf. die derzeitigen Auffassungen über Gravitationskontraktion; das H-R-Diagramm für Sterne mit gleicher chemischer Zusammensetzung, aber verschiedener Masse, $M > 2\,M_{\odot}$ und $M < 2\,M_{\odot}$; das H-R-Diagramm für Sterne mit verschiedener chemischer Zusammensetzung, mit einem Hinweis, daß M 67 infolge hohen Metallgehaltes und großen Alters nicht zu dem Hoyle-Schwarzschildschen Entwicklungsschema paßt. Weidemann

* * **G. M. Idliss,** Some questions of the dynamics, structure and evolution of stellar systems. Vgl. Ref. **4404.**

5417. **G. M. Idliss,** Über die Unhaltbarkeit der Akkretionshypothese im Problem der Entstehung und Entwicklung der heißen Riesen. Mitt. Astrophys. Inst. Alma-Ata **2** 34—40 (russ.). — Es wird ein mathematischer Fehler in der Rechnung von Gurewitsch über den Einfang von Zwergen durch diffuse Nebel aufgedeckt. Es wird gezeigt, daß sich, wie die Bedingungen auch sein mögen, Zwerge, die zufällig mit diffusen Nebeln zusammentreffen, nicht auf dem Weg des Massenzuwachses in Riesen umwandeln können. Verf. (übersetzt)

* * **G. M. Idliss,** Über den möglichen Entstehungs- und Ausdehnungsmechanismus der Sternassoziationen. Vgl. Ref. **12366.**

5418. **G. M. Idliss,** Das Problem der Entstehung und der Entwicklung der heißen Riesen. (Résumé). Mitt. Astrophys. Inst. Alma-Ata **3** Nr. 4 S. 71—72 (russ.). — Verf. macht resümierend auf einen Fehler in den Rechnungen von Gurewitsch und McCrea zum Akkretionsproblem aufmerksam und faßt seine auf dem Prinzip der korpuskularen Ejektion von Sternmaterie beruhenden Überlegungen über den Expansionsmechanismus der O-Assoziationen kurz zusammen. Loh.

5419. **C. de Jager,** Ontstaan en levensloop van sterren en planeten. Vgl. AJB **55** Ref. **5411.** — Weitere Besprechung in Gaz astr **37** 84—85.

* * **H. L. Johnson, W. A. Hiltner,** Observational confirmation of a theory of stellar evolution. Vgl. Ref. **12112.**

5420. **H. Kienle,** Neue Aspekte der Kosmogonie. Phys. Blätter **12** 55—61, mit 1 Fig.

5421. **Z. Kopal,** Evolutionary processes in close binary systems. Ann d'Astrophys **19** 298—335, mit 10 Fig. — Unter den engen Systemen werden diejenigen am ausführlichsten behandelt, bei denen die Hauptkomponente ein normaler Hauptreihenstern ist, während die Nebenkomponente sich bis an die Rochesche Grenze ausgedehnt hat. Das Abströmen von Gas aus der konischen Spitze der Kontaktfläche, das bei nichtgebundener Rotation der Nebenkomponente zu erwarten ist, wird durch numerische Bahnrechnungen verfolgt. Verf. zeigt, daß die bevorzugte Ausdehnung der weniger massiven Komponente kaum als normaler Entwicklungsprozeß verständlich ist. Versuchsweise wird ein Prozeß angenommen, der mit einer Ausdehnung der äußeren Schichten der Hauptkomponente beginnt und das Massenverhältnis fast ungeändert läßt. O. G.

5422. **J. Kubikowski,** O możliwości powstawania gwiazd z kondensacji materii międzygwiazdowej oraz o ejekji materii z gwiazd. Postępy Astr. **4** 174—189. — Die vorliegende Arbeit ist ein Vortrag, den Verf. auf der astronomischen Konferenz in Kalatówki im Juli 1955 gehalten hat. Es wird eine Übersicht der gegenwärtigen Kenntnisse gegeben und eine Bilanz zwischen der kondensierenden und ejektierten Materie aufgestellt. Beide Werte sind von derselben Größenordnung. Perek

5423. **A. Masani,** Sull'evoluzione di stelle di piccola massa. Degenerazione e nane bianche. Mem SA It (NS) **27** 517—532 = Contr. Oss. Astr. Milano-Merate (NS) Nr. 99. — Das Problem der Entstehung von Sternen kleiner Masse wird untersucht. Kondensieren sich Massen kleiner als 5×10^{32} g aus der interstellaren Materie, so bildet sich ein entarteter Kern. Die Entartung breitet sich allmählich über den ganzen Stern aus, mit Ausnahme einer dünnen Oberflächenschicht. Die Temperatur im Zentrum bleibt unterhalb (des als kritisch betrachteten Wertes) von 5×10^{6} Grad, und die ausgestrahlte Energie des Sternes stammt nicht von Kernreaktionen sondern aus der Gravitationsenergie. «Sichtbar» wird der Stern vermutlich erst gegen Ende der Kontraktion. Oberhalb von 5×10^{32} g entstehen normale, nichtdegenerierte Sterne. Massen dicht bei 5×10^{32} g erreichen die kritischen 5×10^{6} Grad vielleicht gegen Ende der Kontraktion; die plötzliche Instabilität könnte zu Novaausbrüchen führen. v. Hoerner

5424. **A. G. Massewitsch,** Über die Entwicklung der Sterne. Moskau, Verlag Akad. Wiss. UdSSR, 1954. 30 S. mit Abb. (russ. und engl.).

5425. **A. G. Massewitsch,** Subgiants and their relation to main sequence stars. AJ UdSSR **33** 330—339, mit 5 Fig. (russ. mit engl. Ref.). — Mögliche Entwicklungswege der Unterriesen werden betrachtet. Die Vorstellung, daß die Unterriesen frühere Hauptreihensterne seien, die sich infolge aufkommender Inhomogenität im Molekulargewicht im Lauf ihrer Entwicklung von der Hauptreihe entfernt haben (Eggen, Reddish, Sandage), stößt auf ernste Schwierigkeiten. Am wahrscheinlichsten sind die Unterriesen analog den Hauptreihensternen gebaut, unterscheiden sich von ihnen aber durch einen ursprünglich anomal großen Gehalt an schweren Elementen (Z). Diese Auffassung stimmt mit der Ansicht Struves über die Entstehung der Unterriesen-Begleiter in Bedeckungsveränderlichen überein. Die Unterriesen haben eine bestimmte anfängliche Dispersion in Z, die nicht von ihrer Masse abhängt. Daher gilt für diese Sterne auch keine Masse-Leuchtkraft-Beziehung. Die auf Grund dieser Annahme berechneten Massenhöchstwerte und Spektralbereiche der Unterriesen stimmen mit den über Massen und Spektralklassen von Bedeckungs-Unterriesen vorliegenden Werten überein. Die Entwicklung der Unterriesen verläuft hauptsächlich innerhalb des von ihnen im Russell-Diagramm eingenommenen Gebietes. Entwicklung mit veränderlicher Masse wird untersucht und eine Deutung des Leuchtkraft-Spektrum-Diagramms der Sterne im Orionnebel gegeben. Verf. (übersetzt)

5426. **A. G. Massewitsch,** The evolution of stars in the Hyades cluster. AJ UdSSR **33** 576—578, mit 1 Fig. (russ. mit engl. Ref.). — Die Entwicklung ohne Durchmischung für einige helle Hyadensterne wurde berechnet. Dabei wurde, in Abhängigkeit von der Rotationsgeschwindigkeit, teils konstante und teils veränderliche Masse vorausgesetzt. Die beobachtete Abweichung des oberen Teiles der Hauptsequenz führt zu einem Alter des Haufens von 3×10^8 Jahren. Ond.

5427. **A. G. Massewitsch,** Mögliche Wege einer kontinuierlichen Entwicklung der Sterne der Hauptreihe mit konstanter und veränderlicher Masse für verschiedene Absorptionsgesetze. Mitt. Sternberg-Inst. Nr. 99 S. 3—32, mit 7 Abb. (russ.). — Inhalt: 1.) Einleitung, 2.) Problemstellung und Hauptvoraussetzungen, 3.) Fall 1 A: Entwicklung bei konstanter Masse und vollständiger Durchmischung der Sternmaterie, 4.) Fall 1 B: Entwicklung bei konstanter Masse und verschiedener chemischer Zusammensetzung von Hülle und konvektivem Kern, 5.) Fall 2 A: Entwicklung bei veränderlicher Masse und vollständiger Durchmischung der Sternmaterie, 6.) Fall 2 B: Entwicklung bei veränderlicher Masse und verschiedener chemischer Zusammensetzung von Hülle und Kern, 7.) Schlußfolgerungen. Loh.

5428. **A. G. Massewitsch,** Die instationären Sterne und ihre Rolle in der Kosmogonie (Ergebnisse der 4. Konferenz über Kosmogonie). Priroda Sofia 5 Nr. 2 S. 46—49 (bulgar.). — Vgl. AJB **55** Ref. **5417**. — Ref. in RJ 1957 Nr. 3 S. 24.

5429. **G. C. McVittie,** On the formation of a star. AJ **61** 185. — Ref. AAS.

5430. **L. Mestel, L. Spitzer jr.,** Star formation in magnetic dust clouds. MN **116** 503—514. — Hängen die Materie ($\varrho = 1.7 \times 10^{-23}$ g/cm^3) und die Feldlinien (von 10^{-6} Gauß) fest aneinander, so beträgt selbst bei verschwindender Temperatur die kleinste Masse, die gravitativ noch zusammenhalten kann, etwa 500 Sonnenmassen. Es könnten sich somit keine Sterne bilden; auch nicht durch Kontraktion parallel zu den Feldlinien, wie gezeigt wird. Ist jedoch die Hauptmasse einer Gaswolke gegen ionisierende Sternstrahlung abgeschirmt, so ist die Plasmadichte im Inneren der Wolke sehr gering. Die Reibungskräfte zwischen Plasma und neutralem Gas werden berechnet; es zeigt sich, daß die Feldlinien nur das Plasma festhalten, während Gas und Staub sich nahezu ungehindert komprimieren können. Durch diesen Effekt wird es möglich, daß die Wolke in einzelne Sterne aufbricht. v. Hoerner

5431. **S. Miyamoto,** Theorie der Entwicklung der Sterne und des Sonnensystems. J. Geol. Soc. Japan **62** 348 (japan.). — Ref. in RJ 1957 Nr. 7 S. 88.

5432. **G. Münch,** The age of early B-type supergiants. Publ ASP **68** 351—353. — Ref. in JBAA **67** 268. — Für vier Überriesen vom Typ B1 wird abgeschätzt, wie lange sie bis zum Erreichen ihres jetzigen Abstandes von der galaktischen Hauptebene gebraucht haben und wie groß die ursprünglichen Geschwindigkeiten waren. Verf. begründet die Annahme, daß die gefundene Zeit als ein Maß für die Zeit betrachtet werden darf, in der sich diese (in der galaktischen Hauptebene gebildeten) Sterne von Hauptreihensternen von spätem O-Typ zu B1-Überriesen entwickelt haben. ζ Per ist auch ein B1 Ib-Stern. Das für ihn von Oort aus der Expansionsgeschwindigkeit der Assoziation, zu der er gehört, abgeleitete Alter ist eine Größenordnung kleiner als das vom Verf. gefundene Alter für Sterne dieses Typs. O. G.

5433. **K. Nagakawa, T. Ohmura, H. Takebe, S. Obi,** Nuclear reactions in the later stage of stellar evolution. Progr. Theoret. Phys. **16** 389—415, mit 22 Fig. = Tokyo Astr. Obs. Repr. Nr. 138. — Es werden Kernprozesse, die zum Aufbau von schweren Elementen im Inneren von Sternen führen sollen, untersucht; insbesondere die Heliumreaktionen $3\,\alpha \rightarrow {}^{12}C + \gamma$, ${}^{12}C + \alpha \rightarrow {}^{16}O + \gamma$, ${}^{16}O + \alpha \rightarrow {}^{20}Ne + \gamma$ werden eingehend diskutiert. Die Ergebnisse unterscheiden sich von denen von Öpik und Salpeter auf Grund der Verwendung neuerer Niveaudaten. Die angegebenen Prozesse reichen zur Erklärung der Energieerzeugung hin, ihnen gegenüber sind die Prozesse ${}^{20}Ne + \alpha$ und ${}^{12}C + {}^{12}C$ normalerweise zu vernachlässigen. Im Stadium des Zusammensturzes spielen sie jedoch eine wichtige Rolle. Die Ergiebigkeit der einzelnen Reaktionen wird als Funktion der Zentraltemperatur und -dichte des Heliumkernes und die Änderung der chemischen Zusammensetzung und Energieproduktion als Funktion der Zeit berechnet. Weidemann

5434. **S. Obi,** Die Strahlung der Sternmaterie. Die Entwicklung stationärer Sterne. (I). Sidsen **10** Nr. 11 S. 12—24, 1955 (japan.). — Ref. in RJ 1957 Nr. 3 S. 37.

5435. **C. Payne-Gaposchkin,** Die Entstehung und Entwicklung der Sterne. Moskau, Verlag für ausländische Literatur, 1956. 164 S. mit Abb. Preis 9 R. 80 Kop. (russ.). — Bei dieser Übersetzung aus dem Englischen handelt es sich vermutlich um das in AJB **52** Ref. 540 zitierte Buch der Verf.

5436. **S. Poloskow,** Die sowjetische Wissenschaft über die Entstehung und Entwicklung der Himmelskörper. Moskau, Staatsverlag für Kultur und Volksbildung, 1954. 52 S. mit Abb. Preis 90 Kop. (russ.).

5437. **K. Rudnicki,** Młode gwiazdy II populacji. Postępy Astr. **4** 32—34. — Ref. der in AJB **54** Ref. 5415 zitierten Arbeit von B. W. Kukarkin.

5438. **A. Sandage,** The systematics of color-magnitude diagrams and stellar evolution. Publ ASP **68** 498—500, mit 1 Fig. — Zum Vergleich sind die Farben-Helligkeits-Diagramme von zehn offenen Haufen und M 3 in ein gemeinsames Bild gezeichnet. Die bisherigen Theorien der Sternentwicklung werden bestätigt, und es wird eine Deutung für den allgemeinen Riesenast der Sterne in Sonnenumgebung gegeben. Die Leuchtkraftfunktion von offenen Haufen stimmt überein mit der von Salpeter berechneten ursprünglichen Leuchtkraftfunktion. Eine Anzahl noch zu erklärender Fakten wird diskutiert. v. Hoerner

5439. **M. P. Savedoff,** Observational consequences of O star formation. ApJ **124** 533—536. — Die Beobachtungen der 21 cm-Strahlung des neutralen Wasserstoffs in der Orion-Gegend führen zur Annahme einer expandierenden und rotierenden Gasmasse. Verf. zeigt, daß es sich dabei um eine Hülle neutralen Wasserstoffs um ein H II-Gebiet handelt. Die Bildung der Hülle mit dem H II-Kern wird mit der Entwicklung eines O-Sterns in Beziehung gebracht. Micz.

5440. **I. S. Schklowskij,** Zum Problem des kontinuierlichen Prozesses der Sternbildung in sphärischen Untersystemen. AJ UdSSR **33** 631—633 (russ.). — In der vorliegenden Notiz kritisiert Verf. gewisse Oberflächlichkeiten in der Behandlung evolutionärer Prozesse im allgemeinen und im besonderen Schlußfolgerungen Kukarkins in seiner in AJB **54** Ref. 5415 zitierten Arbeit. So kann bei sorgfältiger Analyse der Verteilung der Mirasterne im sphärischen Untersystem nicht die Rede von einer Nesterbildung sein, ganz im Gegensatz zur Situation in der flachen Komponente. Ferner kann man auf Grund des heutigen Forschungsniveaus nicht erhoffen, aus Einzelheiten der Lichtkurven verläßliche Hinweise über Entwicklungswege zu erhalten. Schließlich habe Kukarkin übersehen, daß nach verschiedenen Autoren das Rote-Riesen-Stadium unter gewissen Voraussetzungen als eine bestimmte Phase der Sternentwicklung anzusehen ist. Loh.

5441. **K. Serkowski,** Powstawanie i rozwój gwiazd. Warszawa, «Wiedza Powszechna», 1956. 1 + 91 S. mit Abb. Preis 3 zł. — Besprechung in Urania Kraków **27** 255—256 (K. Rudnicki).

5442. **A. B. Sewerny,** Problem der Entstehung und Entwicklung von Sternen. Acta Astr. Sinica **4** 1—12 (chines.).

5443. **O. Struve,** Element formation in stars. I. II. Sky and Telescope **15** 391—393, 449—451, mit 10 Fig. — Bericht über die verschiedenen Möglichkeiten der Mitwirkung von Kernprozessen beim Aufbau schwerer Elemente aus Wasserstoff im Innern von aus verdünnter Materie entstehenden Sternen. Dv.

5444. **M. Taketani, T. Hatanaka, S. Obi,** Populations and evolution of stars. Progr. Theoret. Phys. **15** Nr. 2 S. 89—94, mit 1 Fig. = Tokyo Astr. Obs. Repr. Nr. 134. — Ausgehend von Überlegungen von Schwarzschild und Spitzer (Obs **73** 77, AJB **53** Ref. **5421**) wird ein Entwicklungsschema der Sterne entworfen, das den Unterschieden der Populationen I und II Rechnung tragen soll. Verf. stellen fest, daß die Gravitationskontraktion eines Sternes mit Heliumkern, bei der He in C umgewandelt werden kann, 10^6mal schneller verläuft, als von Salpeter (ApJ **115** 326, AJB **52** Ref. **5222**) angenommen wurde, und schließen daraus, daß bei genügend massereichen Sternen während weiterer Kontraktion Reaktionen einsetzen, die zur Bildung von schweren Elementen führen. In einer Zeit, die klein gegenüber dem Weltalter ist, sollte es so nach Hoyle (ApJ Suppl **1** 121, AJB **54** Ref. **5215**) zum Zusammensturz des Sterns und zur Zerstreuung seiner Materie in den interstellaren Raum kommen. Da dieser Zyklus sich ständig wiederholt, wäre eine sukzessive Erhöhung des Gehaltes der interstellaren Materie an schweren Elementen die Folge. Unter der Annahme, daß die ursprünglichen Sterne in der Population II realisiert sind, während die Population I sich ständig neu bildet und den angegebenen Zyklus durchläuft, können die beobachteten Unterschiede beider Populationen bezüglich der Verteilung im Hertzsprung-Russell-Diagramm, der chemischen Zusammensetzung und der Raum- und Geschwindigkeitsverteilung erklärt bzw. eingeordnet werden. Weidemann

5445. **R. J. Tayler,** The evolution of unmixed stars. MN **116** 25—37, mit 5 Fig. — Ref. in Obs **76** 4—6 (Ref. RAS). — Die Entwicklung eines Sterns, in dem Konvektion nur in einer kleinen zentralen Region vorkommt, wird betrachtet. An der Grenze des konvektiven Kerns muß anstelle der in einer früheren Arbeit von A. E. Roy (MN **112** 484, AJB **52** Ref. **5220**) angenommenen Diskontinuität der chemischen Zusammensetzung eine Zone veränderlichen Molekulargewichts berücksichtigt werden. Es ergibt sich ein Zustandsdiagramm für Sterne verschiedenen Entwicklungsstadiums, das mit dem beobachteten Hertzsprung-Russell-Diagramm der Kugelsternhaufen große Ähnlichkeit besitzt. F. S.

* * **M. F. Walker,** Studies of extremely young clusters. I. NGC 2264. Vgl. Ref. **12134**.

5446. **W. Wenzel,** Noch einmal: Beobachtbare Entwicklungsvorgänge bei Einzelsternen. Sterne **32** 174.

5447. **R. H. Wilson jr.,** Magnetic damping of rotation as a factor in stellar evolution. AJ **61** 193—194. — Ref. AAS.

5448. **B. A. Woronzow-Weljaminow,** Die Entstehung der Himmelskörper. Moskau, Technischer Staatsverlag, 1954. 2., durchgesehene Auflage. 32 S. mit Abb. Preis 50 Kop. (russ.). — Auch in anderen Landessprachen der UdSSR erschienen.

5449. **W. Zonn,** Niektóre zagadnienia ewolucji gwiazd. Warszawa, «Wiedza Powszechna», 1955. 28 S. mit Abb. Preis 0.90 zł.

5450. Formation of stars. Sky and Telescope **15** 399—400. — Ref. AAS. — Übersetzung in Vasiona **5** 17.

* * Publikationen der fünften Tagung über Fragen der Kosmogonie vom 9. bis 12. März 1955. Radioastronomie. Vgl. Ref. **1160**.

§ 55

Kosmogonie des Planetensystems

5501. **L. H. Ahrens,** Radioactive methods for determining geological age. Reports Progr. Phys. **19** 80—106, mit 6 Fig. — Ref. in Phys. Abstracts (A) **59** 1001, Phys. Ber. **36** 1326—1327.

5502. **D. W. Allan, J. A. Jacobs,** The melting of asteroids and the origin of meteorites. Geochim. Cosmochim. Acta **9** 256—272, mit 10 Fig. — Verf. untersuchen die radioaktive Aufheizung homogener Kugeln in Abhängigkeit von Radius und Wärmeleitfähigkeit und von der Konzentration der radioaktiven Substanzen in ihr und diskutieren ausführlich die Folgerungen für die Entstehung der Meteoriten aus sowohl ursprünglich heißen als auch kalten Planetoiden. Böh.

5503. **D. W. Allan, T. Gold,** Kelvin on the origin of the earth. Nature **177** 801—802.

5504. **W. A. Ambarzumjan,** Kosmogonie. Erewan, Verlag Univ. Erewan, 1954. 26 S. Preis 35 Kop. (armen.).

5505. **A. S. Arseniev,** Unele probleme metodologice ale cosmogoniei. An. Rom.-Sov. (mat.-fiz.) **10** 86—100.

5506. **P. N. Bojko,** Neues aus der Wissenschaft über die Entstehung der Erde und Planeten. Alma-Ata, Kasach. Staatsverlag, 1956. 55 S. mit Abb. Preis 85 Kop. (russ.). — Besprechung in Priroda **46** Nr. 3 S. 121.

5507. **E. Charadse,** Die Errungenschaften der sowjetischen Kosmogonie. Tiflis, Gesellschaft zur Verbreitung politischer und wissenschaftlicher Kenntnisse der Georgischen Sowjetrepublik, 1955. 40 S. mit Abb. Preis 1 R. (georg.).

5508. **G. F. Chilmi,** 200 Jahre wissenschaftlicher Kosmogonie. Moskau, Verlag «Das Wissen», 1955. 32 S. mit Abb. Preis 60 Kop. (russ.).

5509. **A. Dauvillier,** L'origine des planètes, essai de cosmogonie. Paris, Presses univ. France, 1956. 221 S. mit 49 Diagrammen. Preis 800 fr. — Besprechung in JBAA **67** 264—265.

5510. **P. G. Duchnowskij,** Über die Meteoritenhypothese der Kometenentstehung. Publ. Astr. Obs. Kiew Nr. 7 S. 13—29, mit 2 Abb. (russ.). — Verf. bespricht die Vermutung von Orlow, daß die Kometen durch Zusammenstöße zwischen Kleinen Planeten und großen Meteoriten entstehen. Verf. zeigt, daß diese Hypothese die beobachteten kinematischen Eigenschaften des Kometensystems nicht erklären kann, und schließt aus physikalischen Erwägungen, daß die Orlowsche Hypothese unhaltbar ist. Plavec

5511. **P. G. Duchnowskij,** Über die Entstehung der Kometen durch Auswürfe von Satelliten. Publ. Astr. Obs. Kiew Nr. 7 S. 45—51 (russ.). — Verf. bespricht die Vermutung von Wsechswjatskij, daß die Kometen durch Auswürfe aus Satelliten entstanden sind. Er leitet eine Formel ab, die die Bewegungsform der Kometen, die voraussetzungsgemäß durch Auswürfe aus Jupitermonden entstanden sind, bestimmt und zeigt, daß der größte Teil dieser Kometen um Jupiter als Zentralkörper umlaufen würde. Er sieht darin einen entscheidenden Einwand gegen die Hypothese von Wsechswjatskij. Plavec

* * **W. G. Fessenkow,** Die Meteorite und ihre Rolle in der Kosmogonie des Sonnensystems. Vgl. Ref. 8311/12.

5512. **W. G. Fessenkow,** Die Entstehung des Sonnensystems und das Problem des Lebens im Universum. Bote Akad. Wiss. Kasach. Sowjetrepublik 1956 Nr. 2 S. 3—13 (russ.). — Ref. in RJ 1957 Nr. 3 S. 76—77.

5513. **J. O. Fleckenstein,** Il problema dei due corpi nel quadro della cosmogonia planetaria di Schmidt. Rend. Sem. Mat. Fis. Milano **27**, 29 S. = Contr. Oss. Astr. Milano-Merate (NS) Nr. 100. — Erklärung einiger Tatsachen im Sonnensystem mit Hilfe der kosmogonischen Theorien von O. J. Schmidt. Böh.

5514. **J. A. Jacobs, D. W. Allan,** Thermal aspects of the origin of meteorites. J RAS Canada **50** 122—124. — Verf. betrachten Möglichkeiten der Entstehung des Planeten, aus dessen Zerfall die Meteorite hervorgegangen sein sollen. Eine Entscheidung zwischen Heiß- und Kaltentstehung dieses Planeten wird nicht gegeben. Sein Durchmesser wird auf 1000 km geschätzt. Hoppe

5515. **W. A. Krat,** Die Entstehung des Sonnensystems. Mitt. Astr. Hauptobs. Pulkowo **20** Nr. 3 (156) S. 1—15 (russ.). — Verf. legt die Grundzüge einer neuen Kosmogonie des Sonnensystems dar, das sich aus einer Wolke fester Teilchen gebildet hat. Der Übergang zur Sternphase vollzog sich durch Zerstückelung und Verdampfung der festen Teilchen infolge von Zusammenstößen. Die Sonne begann ihr Dasein als B-Stern mit 5.5facher heutiger Masse, und es bildeten sich nur die Großen Planeten. Nach 10^6—10^7 Jahren wandelte sich die Sonne in einen roten Riesen der Masse 2.2 um, und es kam zur Bildung der inneren Planeten aus Materie, die sich der Sonne unter Aufnahme der von ihr in einem Wolf-Rayet-Zwischenstadium verlorenen annäherte. Für Neptun muß ein zweiter Gürtel von Kleinkörpern — analog den Asteroiden — existiert haben. Loh.

5516. **G. P. Kuiper,** The formation of the planets. I. II. III. J RAS Canada **50** 57—68, 105—121, 158—176, mit 6 Fig. — In diesem, vor einer gemeinsamen Sitzung des Royal Canadian Institute und der Royal Astronomical Society of Canada gehaltenen Vortrag gibt Verf. eine Zusammenfassung der von ihm in den letzten Jahren entwickelten Theorie für die Entstehung des Planetensystems. Im ersten Teil (S. 57—68) werden die Änderungen des physikalischen Zustands der Planeten und ihrer Bahnen von ihrer Entstehung bis heute diskutiert. Verf. betrachtet den Einfluß der Änderungen der Sonnenstrahlung, der Strukturänderungen der Planeten, der Änderungen der Sonnenmasse wie auch der gegenseitigen Störungen der Planeten. Im zweiten Teil (S. 105—121) wird ein Überblick über die bisherigen Theorien für die Entstehung des Planetensystems gegeben. Besonders werden die Dichte- und Drehimpulsschwierigkeiten der Wolkenhypothese und ihre Überwindung durch die Arbeiten von v. Weizsäcker, Alfvén und anderen diskutiert. Anschließend skizziert Verf. die Entwicklung seiner eigenen Gedanken für die Entstehung des Planetensystems und diskutiert kurz die gegen diese Gedanken veröffentlichten Einwände von Jeffreys, Schatzman und ter Haar. Im dritten Teil (S. 158—176) wird der heutige Stand der Theorie zusammengefaßt. Mawridis

5517. **B. J. Lewin,** Die Entstehung der Erde und der Planeten. Moskau, Staatsverlag für technisch-theoretische Literatur, 1956. 2. ergänzte Auflage. 72 S. mit Abb. Preis 1 R. 15 Kop. (russ.). — Besprechung in Priroda **45** Nr. 7 S. 122—123. — In noch weiteren Landessprachen der UdSSR erschienen.

5518. **C. Patterson,** Age of meteorites and the earth. Geochim. Cosmochim. Acta **10** 230—237, mit 2 Fig. — Die Bestimmung des Alters der Meteorite auf Grund von drei voneinander unabhängigen radiometrischen Methoden führt innerhalb des experimentellen Fehlers auf den gleichen Wert. Die exakteste Methode, das Alter aus dem Verhältnis der Bleiisotope P^{207}/P^{206} abzuleiten, liefert ein Alter von $(4.55 \pm 0.07) \times 10^9$ Jahren. Auf Grund von gewissen Annahmen kann die Entwicklung der Bleiisotope in meteoritischen Körpern erklärt werden. Aus der Tatsache, daß die gemachten Voraussetzungen für das auf der Erde vorkommende Blei zutreffen, leitet Verf. die Berechtigung ab, das Alter der Erde gleich dem Alter der Meteorite anzusetzen. Henn

5519. **A. Pawlikowski,** On Fessenkov's hypothesis of the origin of planetoids. Zeszyty Nauk. Uniw. Wroclawski (B) 1956 S. 193—202, mit 2 Fig. (poln. mit engl. Ref.). — Nach der Fessenkowschen Hypothese sollte die Verkleinerung der spezifischen Wärmen mit Verminderung des Druckes in hohen Druckbereichen die Ursache für die Entstehung der Kleinen Planeten sein. Um diese Annahme zu verifizieren, wird für einige Drucke nahe 10^6 Atm die spezifische Wärme auf der Basis des Thomas-Fermi-Modells berechnet. Temperatureinflüsse werden gemäß der Marshak-Betheschen Theorie als kleine Störungen behandelt. Die Totalenergie eines Atomes wird berechnet und nach Anpassung der numerischen Lösungen der

Gleichungen auf den hohen Druckbereich die spezifische Wärme bestimmt. Im Gegensatz zur Hypothese von Fessenkow ergibt sich ein Anwachsen derselben mit Verminderung des Druckes. Weidemann

5520. **A. Polikarow,** Zum gegenwärtigen Stand der Frage der Planetenentstehung. Sofia, NS OF, 1954. 32 S. (bulgar.).

5521. **W. S. Safronow, E. L. Ruskol,** Über die Möglichkeit der Entstehung von Turbulenz in der protoplanetaren Wolke. DAN **108** 413—416 (russ.) — Um das Auftreten und Abklingen von Turbulenz in der protoplanetaren Wolke zu untersuchen, diskutiert Verf. unter Einbeziehung von Konvektion die für die Stabilität der laminaren Bewegung einer zwischen zwei koaxialen Zylindern rotierenden Flüssigkeit großer Reynoldsscher Zahl geltende Bedingung. Es zeigt sich, daß eine «ruhige» protoplanetare Wolke in bezug auf kleine Störungen stabil ist; Turbulenz kann in ihr nicht entstehen. Wenn es in der ersten Phase der Existenz der Wolke doch ein sich durch Turbulenz auszeichnendes Stadium gegeben hat, dann besaß dieses nur eine kurze Lebensdauer und spielte im Prozeß der Planetenbildung keine wesentliche Rolle. Loh.

5522. **H. Schmeiser,** Weltentstehung. Linz/Donau, Veritas, 1956. 2. verbesserte Auflage. 64 S. mit Abb. Preis 4.80 Schill.

5523. **O. J. Schmidt,** Die Rolle der festen Teilchen in der Planetenkosmogonie. Priroda **45** Nr. 11 S. 3—6 (russ.). — Abdruck eines im Juli 1954 in Lüttich gehaltenen Vortrags des Verf.

5524. **W. S. Slodkewitsch,** Die Entstehung der Erde und des Lebens. Petrosawodsk, Staatsverlag Karel. Autonom. Republik, 1956. 87 S. mit Abb. Preis 1 R. 45 Kop. (russ.).

5525. **W. M. Smart,** The Origin of the Earth. Vol. I. Edinburgh, Penguin Books, 1955. 224 S. mit 42 Fig. und 8 Tafeln. Preis 2 sh. 6 d. — Besprechung in La Nature **84** 159.

5526. **K. A. Steins,** Determination of the age of the family of minor planets Eos. AJ UdSSR **33** 246—250, mit 3 Fig. (russ. mit engl. Ref.) — Es wird gezeigt, daß die Häufigkeitsverteilung der Perihellängen der Kleinen Planeten ein Minimum besitzt, dessen Auftreten nicht durch ungünstige Beobachtungsbedingungen erklärt werden kann. Ein derartiges Minimum zeigen auch die Häufigkeitsbilder der Längen der Perihele und der aufsteigenden Knoten der Eos-Familie. Unter der Annahme, daß die Längen der sich im Augenblick des Zerfalls eines Urkörpers bildenden Kleinen Planeten dieselben waren, wird die Zeit abgeschätzt, in der sich die beobachtete Verteilung eingestellt hat. Für das Alter dieser Gruppe ergeben sich 1.5×10^6 Jahre. Verf. (übersetzt)

5527. **K. A. Steins,** Ein Beispiel, das den Wert der gemittelten Probleme in der Kosmogonie illustriert. Latvijas PSR Zinātņu. Akad. Vēstis. 1956 Nr. 3 S. 129—132 (russ.). — Ref. in RJ 1957 Nr. 1 S. 84—85.

5528. **O. Struve,** On the origin of the solar system. Sky and Telescope **15** 349—352, mit 6 Fig. — Kurzer geschichtlicher Überblick. Darlegung hauptsächlich der neueren Arbeiten von G. P. Kuiper. Dv.

5529. **K. P. Sujew,** Die Entstehung der Erde und der Planeten. Stawropol, Buchverlag, 1954. 56 S. mit Abb. Preis 50 Kop. (russ.).

5530. **N. N. Sytinskaja,** Die heutige Wissenschaft über die Entstehung des Sonnensystems. Moskau, Verlag Akad. Pädagog. Wiss. Russ. Sowjetrepublik, 1956. 95 S. mit Abb. Preis 1 R. 30 Kop. (russ.). — Besprechung in Priroda **45** Nr. 11 S. 120—121, RJ 1957 Nr. 7 S. 13.

* * **H. C. Urey,** Diamonds, meteorites, and the origin of the solar system. Vgl. Ref. 8340.

5531. **R. T. Walker, W. J. Walker,** The Origin and History of the Earth. Vgl. AJB **54** Ref. 5517. — Weitere Besprechung in Strolling Astronomer **10** 87—88 (W. E. Shawcross).

5532. **D. Wattenberg,** Die Entstehung der Erde im kosmischen Entwicklungsgeschehen. Leipzig-Jena, Urania-Verlag, Verlag für populärwissenschaftliche Literatur, 1956. Schriftenreihe der Gesellschaft zur Verbreitung wissenschaftlicher Kenntnisse, Reihe A: Naturwissenschaften Heft 5. 46 S. mit 6 Fig. Preis DM 0.40.

5533. Origin of meteorites. Sky and Telescope **15** 204.

5534. Origin of Pluto. Sky and Telescope **15** 255.

5535. Origin of asteroid groups. Sky and Telescope **15** 398. — Ref. AAS.

5536. On the origin of Pluto. YC 1361 S. 4.

VII. Sonne

§ 60

Astrometrische Beobachtungen, Allgemeines

6001. **Astrometrische Beobachtungen**

Ann. Obs. Strasbourg **4** Fasc. 2 S. 24—27. Observations du soleil en ascension droite.

6002. **A. Attwood,** Treasure of the Sun. Houghton, 1954. 218 S. Preis $ 3.

6003. **J. Filípek,** Die Sonne — unser nächster Stern. Věda a život 1956 S. 208—211, mit 4 Fig. (tschech.).

6004. **D. Katsis,** Methoden zur Bestimmung der Sonnenparallaxe. Astr. Nachr. Athen **7** 22—26 (griech.).

6005. **J. Kleczek,** Grunddaten über die Sonne. Časopis **6** 93—98 (tschech.).

* * **M. Litt,** Nomogramme zur Lösung astronomischer Aufgaben. III. Heliographische Ortsbestimmung I. Vgl. Ref. 111.

6006. **J. Náprstková,** Active regions on the sun. RH **37** 79—82 (tschech.).

6007. **J. Rayrole,** Cartes journalières de l'activité solaire. BSAF **70** 397—400, mit 2 Fig.

6008. **E. Schoenberg,** Über die Veränderlichkeit des Sonnendurchmessers und die Höhendifferenzen von Fackeln und Flecken, gemessen am Sonnenrande. Sitzber. Bayer. Akad. Wiss. Math.-naturwiss. Kl. 1956 S. 243—260, mit 2 Fig. — Es wird eine Methode der Messung des Sonnenradius vorgeschlagen und erprobt, bei der nur die Sehne zweier sich sehr wenig überdeckender Sonnenbilder gemessen wird und bei der die Genauigkeit um mehr als eine Zehnerpotenz gesteigert wird. Die Messung geschieht durch ein sehr starkes Rotfilter, bei dem keinerlei Randverdunkelung und keinerlei Aufhellung bzw. Verdunkelung an den Stellen von Fackeln bzw. Flecken mehr merkbar war. Die Höhenunterschiede von Fackeln und Flecken konnten auf diese Weise gemessen werden. Verf.

6009. **Z. Seidl,** Organisation des Sonnenbeobachtungsdienstes in der Tschechoslowakei. RH **37** 67—69 (tschech.).

6010. **A. B. Sewerny,** Physik der Sonne. Moskau, Verlag Akad. Wiss. UdSSR, 1956. 159 S. (russ.). — Besprechung in Priroda **46** Nr. 8 S. 118—119 (W. P. Wjasanizyn, russ.).

6011. **A. B. Sewerny,** Gewisse Probleme der Sonnenforschung. Mitt. Astrophys. Obs. Krim **16** 194—196 (russ.). — Ref. Krim-Tagung Sept. 1955.

6012. **B. Süer, Y. Süer,** The apparent variations of the solar diameter. Commun. Faculté Sci. Univ. Ankara (A) 8 27—33, mit 3 Fig. = Commun. Department Astr. Ankara Univ. Nr. 23. — Durch Periodogrammanalyse wird die Frage der Veränderlichkeit des Sonnendurchmessers geprüft. Aus einem 63jährigen Beobachtungsmaterial ergeben sich Anzeichen einer 23jährigen Periode, die aber Unregelmäßigkeiten aufweist. F. S.

6013. **M. Waldmeier,** Ergebnisse und Probleme der Sonnenforschung. Vgl. AJB **55** Ref. **6020.** — Weitere Besprechung in Hemel en Dampkring **55** 105 (J. J. Raimond jr.), Obs **76** 245 (C. W. Allen), Sky and Telescope **16** 182—183 (H. W. Dodson, E. R. Hedeman), Sternenbote **7** 51—52, ZfA **42** 131—133 (J. Houtgast).

6014. **S. K. Wsechswjatskij,** Was geht auf der Oberfläche und im Innern der Sonne vor sich. Kiew, Gesellschaft zur Verbreitung politischer und wissenschaftlicher Kenntnisse der Ukrainischen Sowjetrepublik, 1955. 42 S. Preis 70 Kop. (ukrain.).

6015. Documents pour l'observation du soleil. DOB **9** Nr. 1 Fasc. 2, 4 S., Nr. 2 Fasc. 2, 4 S., Nr. 3 Fasc. 2, 4 S., Nr. 4 Fasc. 2, 4 S. mit 5 Fig.

6016. Changes in the size of the sun? Sky and Telescope **16** 17. — Ref. in NAT 1956 S. 140—141.

6017. The Sun's brightness. Sky and Telescope **16** 56. — Ref. AAS. — Besprechung in Coelum **25** 87.

6018. Upadek planetoidy na Słońce? Urania Kraków **27** 80.

§ 61

Theorie, Rotation, Magnetfeld

* * **H.-J. Binge,** Die mögliche Ursache der hohen solaren Aktivität im Februar 1956. Vgl. Ref. **6609.**

6101. **W. H. Bostick,** Simulation of solar prominence in the laboratory. Phys. Rev. (2) **104** 1191—1193, mit 4 Fig. — Ref. in Phys. Abstracts (A) **60** 273, Phys. Ber. **36** 1773.

6102. **H. Hubenet,** Solar weighting functions. I. Proc. K. Nederl. Akad. Wetensch. (B) **59** 480—492, mit 1 Fig. = Sterrewacht «Sonnenborgh» Utrecht Overdruk 4° Nr. 10. — In vorliegender Arbeit prüft Verf. die Empfindlichkeit chemischer Häufigkeitsbestimmungen gegenüber Veränderungen der angenommenen Temperaturverteilung sowie des Helium- und Metallgehaltes. Er beschränkt sich darauf, den Einfluß auf die Gewichtsfunktionen zu studieren. Für eine feste Zusammensetzung werden für vier Modelle (Claas, de Jager, Pagel, Kombination Vitense II und Voigt) die Gewichtsfunktionen berechnet. Sodann wird entsprechend für ein festgelegtes Modell der Einfluß verschiedener Zusammensetzung untersucht. Die Ergebnisse sind in Tabellen wiedergegeben. Eine Untersuchung des Einflusses der oben genannten Faktoren auf die Zahl der absorbierenden Atome bleibt einer späteren Veröffentlichung vorbehalten. Henn

6103. **K. Hunger,** Zur Theorie der Wachstumskurven. ZfA **39** 36—60, mit 10 Abb. = Sonderdruck Sternw. Kiel. — Die Abhängigkeit der Fraunhoferlinien von der Art des Strahlungsaustausches, von der Variation von $\varkappa_\nu/\varkappa$ bzw. $\sigma_\nu/\varkappa$ als Funktion der Tiefe wird sowohl für den Strahlungsstrom als auch für die Strahlungsintensität ($\cos\vartheta = 1$) untersucht. Dabei wird einmal eine lineare Kirchhoff-Planck-Funktion, zum anderen eine nahe der Oberfläche exponentiell abfallende angenommen. Es zeigt sich unter anderem, daß der Einfluß des Exponentialgliedes meist verschwindend klein ist. Die Voigt-Funktionen für höhere Dämpfungen werden berechnet ($\log 2\,\alpha > -1$). Traving

6104. **Z. Kopal,** Physics of the sun. British J. appl. Phys. **7** 119—128, mit 9 Fig. = Astr. Contr. Univ. Manchester (3) Nr. 32. — Es handelt sich um einen aus einem Vortrag entstandenen zusammenfassenden Bericht über die wichtigsten Ergebnisse und Probleme der Sonnenphysik. Nach Darlegung der der Beobachtung unmittelbar zugänglichen Zustandsgrößen wird an Hand der wichtigsten Gleichungen eine kurze Darstellung des inneren Aufbaus der Sonne gegeben. Ein besonderer Abschnitt ist den für die Energieerzeugung maßgeblichen Atomkern-Prozessen gewidmet. Der zweite Teil des Berichtes befaßt sich mit den äußeren Schichten der Sonne und beschreibt die Eigenschaften spezieller solarer Phänomene wie Granulation, Sonnenflecken und Protuberanzen. Etwas näher wird zum Schluß auf die Sonnenkorona eingegangen. F. W. Jäger

6105. **W. W. Pawlow,** Sonnenrotation und Sonnenflecken. Bull. Astr.-Geod. Ges. UdSSR Nr. 18 S. 49—52 (russ.). — Ref. in RJ 1957 Nr. 5 S. 80.

6106. **A. B. Sewerny,** Einige Probleme der Physik der Sonne. Acta Astr. Sinica **4** 13—18, mit 1 Tafel (chines.).

* * **W. P. Zessewitsch,** Der innere Aufbau der Sonne und der Sterne. Vgl. Ref. **5238**.

Theorie der Atmosphäre

* * **L. H. Aller,** Astrophysik. Die Atmosphären der Sonne und der Sterne. Vgl. Ref. **5101**.

6107. **H. Hubenet,** Note on the influence of the helium and metal content on the pressure in the solar atmosphere. Proc. K. Nederl. Akad. Wetensch. (B) **59** 211—220, mit 11 Fig. = Sterrewacht «Sonnenborgh» Utrecht Overdruk 4° Nr. 5. — Es wird untersucht, in welcher Weise sich verschiedener Heliumgehalt und verschiedener Gehalt an Metallen in der Sonnenatmosphäre auf den gesamten Gasdruck und den Elektronendruck auswirken, und es wird geprüft, in welchen Bereichen diesbezügliche differentielle Korrektionen der Drucke anwendbar sind. H. M.

6108. **T. D. Kinman,** An attempt to detect deuterium in the solar atmosphere. MN **116** 77—87, mit 2 Fig. = Commun. Univ. Obs. Oxford Nr. 55. — Deuterium konnte vom Verf. nicht festgestellt werden. Auf Grund der Beobachtungsmethode ist es möglich, daß Deuterium nicht erkannt wird, wenn das Verhältnis von Deuterium zu normalem Wasserstoff kleiner ist als 4×10^{-5}. U. Be.

6109. **W. A. Krat,** Die physikalische Inhomogenität der Sonnenatmosphäre. Mitt. Astrophys. Obs. Krim **16** 200—205, mit 2 Abb. (russ.). — Ref. Krim-Tagung Sept. 1955.

* * **L. Oster,** Das Strahlungsfeld der Übergangsschicht Chromosphäre-Korona. Vgl. Ref. **6644**.

6110. **B. E. J. Pagel,** A model atmosphere for the solar limb based on continuum observations. MN **116** 608—623, mit 6 Abb. — Die Schichtung der Sonnenatmosphäre wird bis zur optischen Tiefe $\tau = 2.0$ herunter durch numerische Integration berechnet. Zugrunde liegen außer früherem Beobachtungsmaterial Messungen, die während der totalen Sonnenfinsternis 1952 gemacht wurden. Angenommen wird hydrostatisches Gleichgewicht, Strahlungsgleichgewicht und ein Verhältnis Wasserstoff : Helium gleich 10 : 1. Die berechnete Mitte-Rand-Variation für $\lambda = 4700$ Å und der Balmer-Sprung stimmen mit anderweitigen Beobachtungen gut überein. F. S.

6111. **J. H. Piddington,** Solar atmospheric heating by hydromagnetic waves. MN **116** 314—323 = Commonwealth Sci. Industrial Res. Organization, Australia, Division Radiophys. — Die Bildung hydromagnetischer Wellen durch die photosphärische Granulation sowie ihre Absorption und partielle Reflexion in tieferen Niveaus werden besprochen. Bei Berücksichtigung der neutralen Atome ergibt sich durch Absorption eine bedeutende Aufheizung der Übergangsschicht zwischen schwacher und totaler Ionisation des Wasserstoffs (absorbierte Energie $\sim 10^5$ erg/cm^2 sec). Bru.

6112. **J. H. Piddington,** Solar atmospheric heating and flares. Obs **76** 21—23 = Commonwealth Sci. Industrial Res. Organization, Australia, Division Radiophys. — Es wird auf eine neue Möglichkeit hingewiesen, das bisher immer noch ziemlich rätselhafte Aufheizen der Sonnenatmosphäre zu erklären. Sind neutrale Atome größenordnungsmäßig in gleicher Anzahl vorhanden wie schwere Ionen, so kann dieses Aufheizen auf einen Reibungseffekt zwischen dem Ionen-Plasma und den neutralen Atomen, die sich unabhängig vom Plasma zu bewegen suchen, zurückgeführt werden. Die neue Theorie wird kurz erläutert. Einige praktische Anwendungen ergeben qualitative Übereinstimmung mit den beobachteten Erscheinungen. H. M.

6113. **H. H. Plaskett,** Excitation of chromospheric emission. MN **116** 419—427, mit 1 Fig. = Commun. Univ. Obs. Oxford Nr. 58. — Ref. in Obs. **76** 216—217 (Ref. RAS). — Zur Anregung der Lα-Emission der Chromosphäre genügt weder die Absorption der photosphärischen Lα-Strahlung noch des Lyman-Kontinuums, so daß ein zusätzlicher Anregungsmechanismus wirksam sein muß. Aus Intensitätsmessungen an Chromosphärenlinien außerhalb von Finsternissen kann die Höhenvariation der Anregungstemperatur der Chromosphäre bestimmt werden, deren Kenntnis bei der Suche nach dem zusätzlichen Anregungsmechanismus erforderlich ist. Bru.

* * **P. Proisy,** Rayonnement d'une atmosphère formée de couches sphériques concentriques d'épaisseur quelconque, application au cas de l'atmosphère solaire. Vgl. Ref. **5121**.

* * **T. L. Swihart,** Model atmospheres and the solar continuum. Vgl. Ref. **5130**.

6114. **R. N. Thomas,** Features of the solar spectrum as imposed by the physics of the sun. Sci. Monthly **83** 135—144, mit 4 Fig. = Harv Repr (2) Nr. 84. — Allgemeine Diskussion des Standes der Erforschung der Sonnenatmosphäre. Speziell besprochen werden der Wert der Solarkonstante und deren gelegentlich behauptete Veränderlichkeit, der Absorptionskoeffizient in der Sonnenatmosphäre und deren thermodynamischer Zustand. Den zweiten Teil des Artikels bildet eine allgemeine Diskussion des physikalischen Zustandes der äußeren Schichten der Sonne, wie sie aus der heutigen Kenntnis des Sonnenspektrums möglich ist. F. S.

6115. **H.-H. Voigt,** «Drei-Strom-Modell» der Sonnenphotosphäre und Asymmetrie der Linien des infraroten Sauerstoff-Tripletts. ZfA **40** 157—190, mit 12 Fig. = Veröff. Univ.-Sternw. Göttingen Nr. 113. — Ref. in Sterne **32** 241—242. — Mit Hilfe eines «Drei-Strom-Modells» wird der Einfluß der durch die Granulation bedingten Temperaturinhomogenitäten und Dopplerverschiebungen auf die Kontur der O-Linien (7772—75 Å) untersucht. Die beobachtete Mitte-Rand-Variation der Zentraltiefen, Halbwertsbreiten und Asymmetrien kann unter plausiblen Annahmen (Zunahme der Inhomogenitäten und Abnahme der Mikroturbulenz mit wachsender Tiefe und Abweichungen vom thermischen Gleichgewicht in den höheren Photosphärenschichten) erklärt werden. Voigt

6116. H. Zirin, The temperature and equilibrium of hydrogen in solar prominences. ApJ **124** 451—460 = Harv Repr Nr. 444. — Von den Emissionslinien Hα, Hβ und D 3 einiger Protuberanzen, welche Verf. mit einer Dispersion von 0.6 Å/mm beobachtet hat, werden Temperaturen zwischen 7000° und 50000° abgeleitet. Die Bedingungen, unter denen sich Wasserstoff bei Temperaturen zwischen 25000° und 200000° befinden muß, um Hα zu emittieren, werden diskutiert. Die wichtigsten Prozesse sind Stoßanregung aus dem Grundzustand und Anregung aus dem zweiten Quantenzustand durch die Strahlung der Photosphäre. Micz.

Magnetfeld

6117. H. Alfvén, B. Lehnert, The sun's general magnetic field. Nature **178** 1339. — Ref. in Phys. Abstracts (A) **60** 176.

6118. H. Alfvén, The sun's general magnetic field. Tellus 8 1—12, mit 7 Fig. — Das solare Magnetfeld einschließlich des interplanetaren Feldes werden diskutiert. Aus spektroskopischen Messungen läßt sich zur Zeit noch kein Wert für die Feldstärke des allgemeinen Magnetfeldes der Sonne ableiten, da eine Theorie des Zeeman-Effektes für eine turbulente Atmosphäre fehlt. Verf. unternimmt den Versuch, ein Modell für dieses allgemeine Magnetfeld zu entwickeln. Dasselbe ist in Übereinstimmung mit den Ergebnissen, die aus Untersuchungen der kosmischen Strahlung und der magnetischen Stürme folgen, und ist verträglich mit der Struktur der Korona. Henn

6119. H. W. Babcock, The sun's general magnetic field. Nature **178** 533. — Kritische Untersuchung einiger neuerer Hypothesen über solare Magnetfelder, besonders auch im Hinblick auf die Beobachtungen der schwachen Magnetfelder. Henn

6120. P. Chen, On solar rotation, circulation and its magnetic field. Acta Astr. Sinica **4** 31—42 (chines. mit engl. Ref.).

6121. V. C. A. Ferraro, P. C. Kendall, On azimuthal solar magnetic fields. ApJ **124** 443—446. — Wenn das Sonnenfleckenmagnetfeld durch Konvektion an die Oberfläche eines tiefer liegenden azimutalen Feldes erzeugt würde, müßten magneto-mechanische Kräfte auftreten, die zu einer weit stärkeren meridionalen Bewegung führen würden, als sie beobachtet werden. Es ist wahrscheinlicher, daß das azimutale Feld durch hydromagnetische Wellen entsteht. Thi.

6122. R. G. Gonway, The general magnetic field of the sun. Obs **76** 106—108, mit 1 Fig. — Ein allgemeines Magnetfeld der Sonne im Photosphärenniveau sollte sich in der Korona in der Weise bemerkbar machen, daß die radiofrequente Strahlung schwach zirkular polarisiert ist, mit entgegengesetztem Drehsinn auf beiden Hemisphären. Diesbezügliche Messungen wurden in Cambridge bei der Wellenlänge 60 cm durchgeführt unter Anwendung einer Interferometerapparatur, bei der durch Variation der Basislänge und durch verschieden gerichtete Anordnung der Meßpunkte in nord-südlicher oder ost-westlicher Richtung die durch instrumentelle Unvollkommenheiten auftretenden Polarisationseffekte ermittelt und berücksichtigt werden konnten. Die verbleibende Restpolarisation läßt nach vorläufigen Überschlagsrechnungen unter der Annahme eines Dipolfeldes erkennen, daß die polare Feldstärke $2^1/_2$ Gauß an der Sonnenoberfläche nicht überschreitet. H. M.

6123. J. Kleczek, Sonnenmagnetismus. Časopis **6** 21—25, mit 5 Fig. (tschech.).

6124. **H. Shimooda,** Solar and interplanetary magnetic field. I. The general magnetic field. Publ. Astr. Soc. Japan 8 95—107, mit 11 Fig. — Es wird vorgeschlagen, das Magnetfeld auf der Sonne und im interplanetaren Raum auf Bewegungen leitfähiger Materie zurückzuführen. Unter verschiedenen Annahmen werden magnetische Kraftlinien in ihrem Verlauf diskutiert. Es zeigt sich, daß ein solches Feld den raschen Abfall des Spektrums der kosmischen Strahlung im Gebiet niedriger Energie erklären könnte. F. S.

6125. **M. B. Wood,** A study of magnetic maps of the sun. ApJ **124** 447—450, mit 2 Fig. — Auf Magnetogrammen der Sonne, aufgenommen durch H. W. und H. D. Babcock, beobachtete schwache Magnetfelder werden mit anderen Aktivitätsphänomenen identifiziert. Bipolare und unipolare Felder zeigen deutlich unterschiedliches Verhalten. Bipolare Felder sind an Flecken, Flares usw. gebunden, während unipolare Felder in Gebieten auftreten, die ihre Aktivität verloren haben; sie sind nicht mit den M-Regionen identisch. Ihre geomagnetische Wirksamkeit ist unklar. Micz.

§ 62

Sonnenfinsternisse

6201. **W. B. Hibbard,** Similarity in central solar eclipses. J RAS Canada **50** 245—249, mit 2 Fig. — Nach Aufstellung der notwendigen Bedingungen für das Auftreten von Paaren zentraler Sonnenfinsternisse mit ähnlichem Verlauf ergeben sich verschiedene Periodizitäten. Die kürzeste Periode beträgt 111 synodische Monate; hierfür sind 12 Paare im 19. und 20. Jahrhundert angeführt. T. L.

6202. **J. Hunaerts, M. Nicolet,** Interpretation of ionospheric results during eclipses. J. Geophys. Res. **60** 537—538, 1955 = Commun. Obs. Roy. Belgique Nr. 93.

6203. **P.-L. Liu, I.-H. Che, H.-L. Tang,** The paths of the total and annular eclipses of the sun visible in China during the years 1951—2100. Acta Astr. Sinica **4** 64—81, mit 5 Fig. (chines. mit engl. Ref.).

6204. **T. Rakowiecki,** Détermination du point C de l'éclipse centrale de Soleil au moment t du temp universel. Urania Kraków Suppl. Nr. 1 S. 42—47, mit 5 Fig. — Es werden die Formeln zur Berechnung der geographischen Koordinaten des Erdortes (Punkt C), für den die Finsternis in einem gegebenen Zeitpunkt zentral ist, sowie für die Lage und die Dimensionen der Kernschattenellipse auf der Erdoberfläche angegeben. Das numerische Beispiel gilt für die Finsternis 1954 Juni 30, 13^h WZ. T. L.

6205. **R. Ramanadham, V. P. Subrahmanyam,** Observations of direct solar and diffuse sky radiation during solar eclipse. Curr. Sci. India **25** 167—168.

6206. **H. Volland,** Diskussion erdmagnetischer Beobachtungen bei Sonnenfinsternissen. Gerlands Beiträge zur Geophys. **65** 331—346, mit 16 Abb. — Der Einfluß einer Sonnenfinsternis auf das Erdmagnetfeld wird auf Grund von erdmagnetischen Beobachtungsergebnissen während vier Sonnenfinsternissen untersucht. Verf. legt seinen Untersuchungen ein von ihm entwickeltes Strommodell der Ionosphäre zugrunde, das sich für die Erfassung des erdmagnetischen Sonnenfinsterniseffektes als geeignet erweist. Henn

6207. **H. Volland,** Zur Theorie des Sonnenfinsternis-Effektes im Erdmagnetfeld. J. Atmosph. Terr. Phys. **9** 131—143, mit 6 Fig. — Ref. in Phys. Ber. **36** 1271, RJ 1957 Nr. 6 S. 81.

6208. Sonnenfinsternis 1952 Februar 25

C. C. Batchelder, K. Batchelder, R. Hargreaves, J. Hargreaves, The total eclipse of the sun, February 25, 1952. Light-curve near mid-eclipse. ApJ **123** 9—13, mit 1 Fig. — Ref. in Ric. Sci. **26** 2007—2008. — Mit einem modifizierten Himmelslichtphotometer wurde die Änderung des diffusen Himmelslichtes während der totalen Sonnenfinsternis Februar 25, 1952 in der Nähe von Jebel Dabachi, 18°32!5 nördl. Breite und 35° 32!6 östl. Länge, gemessen, z. T. in verschiedenen Wellenlängenbereichen. Farbänderungen werden diskutiert. Die beobachtete Asymmetrie der gemessenen Lichtkurve in bezug auf die Mitte der Verfinsterung wird mit lokalen Verhältnissen der Erdoberfläche und den meteorologischen Umständen in Beziehung gebracht. Micz.

H. Hubenet, C. de Jager, A model of the upper photosphere from eclipse photometry of the solar limb. BAN **13** 43—49, mit 5 Fig. — Heyden und andere leiteten aus Beobachtungen der Gesamtintensität der abnehmenden, bzw. zunehmenden Sonnensichel bei der Sonnenfinsternis vom 25. Febr. 1952 nach der Methode von Julius die Randverdunklungsfunktion der Sonne für $\lambda = 5000$ Å ab. Da es sich als unmöglich erwies, diese Kurve mit einem vernünftigen Photosphärenmodell in Einklang zu bringen, wird der Versuch unternommen, mit einem neuen Photosphärenmodell zwar nicht die abgeleitete Randverdunklungsfunktion, hingegen die direkten Beobachtungen darzustellen, was befriedigend gelingt. Allerdings hat dieses neue Modell für die tieferen Photosphärenschichten nicht die Genauigkeit wie die bisherigen Modelle. Es werden Anweisungen gegeben, mit welcher Genauigkeit und in welcher Art künftige Beobachtungen anzulegen sind, damit man daraus ein Modell für die höchsten Photosphärenschichten mit ausreichender Sicherheit gewinnen kann. H. M.

C. M. Minnis, The effective recombination coefficients in the E and F 1 layers during the solar eclipse of 25 February 1952. J. Atmosph. Terr. Phys. **9** 36—44, mit 6 Fig. — Ref. in Phys. Ber. **36** 931.

C. M. Minnis, Interpretation of ionospheric measurements made during solar eclipses. Nature **178** 33—34. — Nach Hunaerts und Nicolet ist die Interpretation von E-Schicht-Messungen während totaler Sonnenfinsternisse sehr empfindlich abhängig vom effektiven Rekombinationskoeffizienten $\alpha \cdot 10^{-8}$ cm^3 sec^{-1} im Bereich $\alpha = 1$ bis 3. Aus Messungen in Khartoum und Ibadan bei der Finsternis 1952 Febr. 25 schließen die Autoren auf $\alpha = 1.2$ und auf das Fehlen eines Einflusses der Strahlung aus der nicht verfinsterten Sonnenkorona auf die E-Schicht-Ionisation. Diese Ergebnisse differieren von den Werten von Hunaerts und Nicolet ($\alpha = 4$, 15% Anteil der Korona). Priester

6209. Sonnenfinsternis 1953 Februar 14

S. Suzuki, Radio observations of the solar eclipse in Japan. Rep. Ionosphere Res. Japan **9** Nr. 3 S. 183, 1955. — Ref. in RJ 1957 Nr. 3 S. 52.

6210. Sonnenfinsternis 1954 Juni 30

C. W. Allen, Coronal photometry at the eclipse of 1954 June 30. MN **116** 69—76, mit 4 Fig. — Ref. in Obs **76** 13—14. — Résultats d'expédition de l'University of London au Syd Koster, Suède. Description des appareils et des observations photographiques de la couronne externe, effectuées avec deux chambres photographiques opérant dans le rouge et le bleu. Utilisation du disque convenable pour éviter les divers facteurs qui limitent la précision des observations de la couronne. Les mesures photométriques ont permit de déterminer la répartition des brillances coronales entre 1.2 et 12 rayons solaires, ainsi que d'estimer la couleur et l'ellipticité de la couronne dans la même région. Milošević

M. W. Babykin, A. A. Kalinjak, A. G. Plachow, Ergebnisse der Beobachtung der Sonnenkorona aus Unterlagen der Finsternis vom 30. Juni 1954. Mitt. Astr. Hauptobs. Pulkowo **20** Nr. 3 (156) S. 67—74, mit 3 Fig. und 1 Tafel (russ.). — Bericht über eine photographische Photometrie der Sonnenkorona bei 10800 Å. Der Helligkeitsabfall wird mit der Formel von Baumbach verglichen. Kopecký

D. E. Blackwell, A study of the outer solar corona from a high altitude aircraft at the eclipse of 1954 June 30. II. Electron densities in the outer corona and zodiacal light regions. MN **116** 56—68, mit 8 Fig. = Contr. Cambridge Obs. Nr. 22. — Ref. in Obs **76** 11—13. — D'après des résultats préliminaires (MN **115** 629, 1955; vgl. AJB **55** Ref. **6213**) concernant la brillance et la polarisation de la couronne solaire, l'auteur détermine la densité électronique dans la couronne externe en fonction de la distance du Soleil, et sépare les composantes K et F (la couronne électronique et zodiacale). Discussion et comparaison avec les autres résultats. La relation entre la couronne solaire et la lumière zodiacale. Milošević

E. N. Bramley, Tilts in the ionosphere during the solar eclipse of 30 June 1954. J. Atmosph. Terr. Phys. 8 98—104, mit 5 Fig. — Ref. in Phys. Ber. **36** 424.

R. Busch, E. Harnischmacher, K. Rawer, Observations ionosphériques effectuées durant l'éclipse solaire du 30 juin 1954 à Fribourg. Ann. Géophys. **12** 1—15, mit 13 Fig. — Ref. in Phys. Abstracts (A) **60** 168, Phys. Ber. **36** 765—766.

E. K. Charadse, Die Sonnenfinsternis vom 30. Juni 1954. Tiflis, Verlag Akad. Wiss. Georg. Sowjetrepublik, 1954. 23 S. mit Abb. Preis 30 Kop. (russ.).

M. Dagg, Radio scintillations at the time of the solar eclipse of 1954 June 30. Vgl. Ref. **12641**.

P. Dominici, Behaviour of the ionosphere at Rome during the partial solar eclipse of 30 June 1954. Ann. Geofis. **9** 107—132 (italien.). — Ref. in Phys. Abstracts (A) **60** 356.

J. Egedal, N. Ambolt, The effect on geomagnetism of the solar eclipse of 30 June 1954 (supplementary communication). J. Atmosph. Terr. Phys. 8 105—107. — In Fortsetzung zu ihren früheren Untersuchungen (vgl. AJB **55** Ref. **6213**) werten Verf. nun noch das Beobachtungsmaterial von fünf Observatorien der UdSSR aus. Sie finden dabei eine Bestätigung ihres früheren Ergebnisses. Henn

E. M. Fournier d'Albe, S. I. Rasool, Observations de l'ozone atmosphérique pendant une éclipse totale du soleil. Ann. Géophys. **12** 72—74, mit 2 Fig. — Ref. in Phys. Abstracts (A) **60** 168, Phys. Ber. **36** 933.

L. W. Gawrinkewitsch, Die Beobachtung der Kontakte während der totalen Sonnenfinsternis vom 30. Juni 1954. Abh. Pädagog. Inst. Sumsk **1** 86—87 (ukrain.). — Ref. in RJ 1957 Nr. 6 S. 28.

O. Hachenberg, F. Fürstenberg, H. Prinzler, Messungen der Sonnenstrahlung bei 20 cm und 3 cm Wellenlänge anläßlich der Sonnenfinsternis 1954 Juni 30. ZfA **39** 232—247, mit 9 Fig. — Während der Sonnenfinsternis 1954 Juni 30 wurde die Strahlungsintensität der Sonne im Radiofrequenzgebiet bei 20 cm und 3.2 cm Wellenlänge gemessen. Bei 20 cm wurden mit zwei Apparaturen einmal auf Rügen und gleichzeitig in Berlin-Adlershof in etwas größerem Abstand von der Totalitätszone Messungen vorgenommen. Aus den Zeitpunkten der ersten und vierten Kontakte wurde die Form der strahlenden Sonnenscheibe für die Isophote 0.30 J_m (mittlere Flächenintensität der Sonne) ermittelt. Das Sonnenbild kann bei 20 cm durch eine Ellipse mit den Radien in Richtung des Äquators von 1.2 $R_\odot$ und in Richtung der Pole von 0.9 $R_\odot$ angenähert werden. Bei 3.2 cm war der Radius in Richtung des Äquators 1.04 $R_\odot$. Ferner wurde aus ausgewählten Abschnitten des Bedeckungsverlaufes die mittlere Flächenintensität von definierten Teilgebieten der Sonnenscheibe bestimmt und daraus die Intensitätsverteilung ermittelt. In Richtung des Äquators zeigt die Intensitätsverteilung den erwartet hellen Rand bei $R = 1.1 \pm 0.03 R_\odot$ mit einer Intensität von $2.5 \pm 0.3 J_c$ (Helligkeit der Sonnenmitte). In Richtung zu den Polen fällt die Intensität bei 0.7 $R_\odot$ monoton ab. Verf.

J. S. Hey, V. A. Hughes, Centimetre wave observations of the solar eclipse of 1954 June 30. Obs **76** 226—228, mit 2 Fig.

J. Houtgast, De eclipsexpeditie naar Gotland. Doeleinden, methoden en resultaten. Natuurk. Voordrachten (NR) Nr. 34 S. 125—130, mit 3 Fig.

A. Kaplan, Voyage en Scandinavie pour l'observation de l'éclipse totale de Soleil du 30 juin 1954. Nancy, Soc. Astr. France (Lorraine), 1955. 24 S. mit Karte.

M. G. Karimow, S. O. Obaschew, Die Methodik zur Beobachtung der totalen Sonnenfinsternis vom 30. Juni 1954 der Expeditionen des Astrophysikalischen Instituts der Akademie der Wissenschaften der Kasachischen Sowjetrepublik. Mitt. Astrophys. Inst. Alma-Ata **2** 97—102, mit 3 Fig. (russ.). — Bericht über die Aufgaben der Expedition zur Beobachtung der totalen Sonnenfinsternis und die Methoden ihrer Durchführung. Kopecký

J. I. Kumsischwili, A radiometric study of the solar corona at the total solar eclipse, June 30, 1954. Bull. Astrophys. Obs. Abastumani Nr. 20 S. 17—27, mit 1 Abb. (georg. mit russ. und engl. Ref.). — Beobachtungen nahe Baku (Aserbejdshan) ergaben für die Gesamtstrahlung der Korona $E_K = 1.43 \times 10^{-6} E_{\odot}$ und einen infraroten Farbenexzeß von $0\overset{m}{.}16$. Verf. (gekürzt)

W. Mattig, Die Lichtablenkung im Schwerefeld der Sonne. Bericht über die Sonnenfinsternisexpeditionen 1954 und 1955. Vgl. Ref. **4154**.

C. M. Minnis, The response of the ionosphere to the solar eclipse of 30 June 1954 in Great Britain. J. Atmosph. Terr. Phys. **9** 201—209, mit 5 Fig. — Ref. in Phys. Ber. **36** 1462.

J. A. Nadubowitsch, The distribution of matter in the equatorial rays of the solar corona of June 30, 1954. AJ UdSSR **33** 893—903, mit 6 Fig. (russ. mit engl. Ref.).

H. Norinder, R. Siksna, Atmospheric-electric elements measured at Uppsala during the solar eclipse of June 30, 1954. Ark. Geofys. **2** 417—421, 1955. — Ref. in Phys. Abstracts (A) **59** 1010.

N. S. Orlowa, Bestimmung der Integralhelligkeit der Sonnenkorona am 30. Juni 1954 auf photographischem Wege. Bote Univ. Leningrad Nr. 7 S. 114—121 (russ.). — Ref. in RJ 1957 Nr. 1 S. 72.

A. G. Pacholczyk, Badania polaryzacji korony słonecznej w dniu 30 czerwca 1954 roku. Postępy Astr. **4** 83—85, mit 2 Fig. — Resultate von Messungen des Polarisationsgrads der Sonnenkorona am 30. 6. 1954 und Vergleich mit den bisherigen Messungen. Kopecký

A. Pacholczyk, Integralna elektrofotometria zaćmienia Słońca 30. VI. 1954 r. Urania Kraków **27** 117—118.

U. Pesonen, Contribution of Finnish geodetic expeditions to the geodetic investigation of the total solar eclipse of 30 June 1954. Bull. géod. (NS) Nr. 39 S. 42—43.

R. G. Rastogi, R. M. Sheriff, A note on radio field strength observations made at Ahmedabad during the total solar eclipse on 30 June 1954. J. Sci. Industr. Res. (A) **14** 159—161, 1955. — Beobachtungen der Empfangsfeldstärke des 6800 km entfernten Senders BBC London ergaben bei 15.07 MHz während der Totalität eine Spitze vom Fünffachen der Durchschnittswerte. Das Anwachsen der Intensität wird auf eine verringerte Absorption in den tieferen (F_1)-Schichten zurückgeführt. Weidemann

T. S. Ringnes, Solformørkelsen 30. juni 1954. Naturen 1954 Nr. 8 S. 226—248, mit 16 Fig. = Inst. Teoret. Astrofys. Blindern-Oslo Småtrykk Nr. 8, 1954.

W. Scharonow, Visuelle Bestimmung der Integralhelligkeit der Sonnenkorona vom 30. Juni 1954. AC Nr. 170 S. 4—5 (russ.). — Die visuelle Bestimmung der Integralhelligkeit der Sonnenkorona wird mit zwei Keilphotometern durchgeführt. Die gemessene Helligkeit wird auf die gesamte Helligkeit reduziert. Kopecký

K. Sprenger, E. A. Lauter, Beobachtungen der tiefen Ionosphäre während der Sonnenfinsternis am 30. 6. 1954. Beitr. Geophys. **64** 284—312, 1955. — Ref. in Phys. Ber. **36** 208—209.

N. N. Sytinskaja, Absolute Oberflächenphotometrie und -kolorimetrie der Sonnenkorona am 30. Juni 1954. AC Nr. 170 S. 5—7 (russ.). — Photographische Bestimmung der Helligkeit der Sonnenkorona bei der Sonnenfinsternis am 30. 6. 1956 in zwei Spektralbereichen. Es wird der Verlauf der Helligkeit in einzelnen Positionswinkeln und auch die gesamte Helligkeit bestimmt. Kopecký

M. Waldmeier, Ergebnisse der Zürcher Sonnenfinsternisexpedition 1954. III. Vorläufige Polarimetrie der Korona. ZfA **40** 120—140, mit 8 Fig. = Astr. Mitt.

Sternw. Zürich Nr. 200. — Mit einer Kamera von 21 cm Brennweite sind Polarisationsaufnahmen der Korona erhalten worden, wobei das Polarisationsfilter alternativ parallel zum Äquator und parallel zur Sonnenachse gerichtet war. Die Ergebnisse der Photometrie sind in einem «axialen» und einem «äquatorialen» Isophotenbild dargestellt. Die Bestimmung des Polarisationsgrades erfolgt für Abstände von $r = 1.1$ bis 2.8 und für die heliographischen Breiten 0°, 22°5, 67°5 und 90°. Die größte Polarisation findet sich am Äquator, die kleinste jedoch nicht am Pol, sondern bei $b = 67°5$, wo auch die Elektronendichte minimal ist. Unsere Polarisationsmessungen können, ebensowenig wie die früheren, mit dem bisherigen Bild von der Korona verstanden werden. Hingegen kann eine quantitative Interpretation der Messungen erreicht werden, wenn entweder die F-Korona abgeplattet ist oder wenn sie eine über die ganze Korona gleichförmige Polarisation (Schwingungsrichtung parallel zum Äquator) aufweist im Betrage von 10 %. Verf.

M. Waldmeier, Ergebnisse der Zürcher Sonnenfinsternisexpedition 1954. IV. Photometrie der Farbaufnahmen. ZfA **40** 145—156, mit 4 Fig. = Astr. Mitt. Sternw. Zürich Nr. 202. — Die von der Zürcher Sonnenfinsternisexpedition in Syd-Koster erhaltenen Koronaaufnahmen sind mehr oder weniger durch atmosphärisches Streulicht beeinflußt, zufolge eines nicht völlig klaren Himmels. Zur Untersuchung, wie stark die Koronaisophoten durch das Streulicht deformiert worden sind, werden Farbaufnahmen, welche vom Flugzeug in 3000 m Höhe bei klarem Himmel gemacht worden sind, photometriert. Es zeigt sich, daß der Einfluß des Streulichtes in der inneren Korona nur gering ist. Die Abplattung der Isophoten ist bis $R = 2.0$, die Elliptizität bis $R = 2.5$ vom Streulicht praktisch unbeeinflußt. In der äußeren Korona nimmt der Streulichteinfluß stark zu. Verf.

M. Waldmeier, Ergebnisse der Zürcher Sonnenfinsternisexpedition 1954. V. Positionsbestimmungen. ZfA **41** 115—140, mit 9 Abb. = Astr. Mitt. Sternw. Zürich Nr. 204. — Für die exakte Bestimmung der Positionswinkel der Protuberanzen und Koronastrahlen wurden mit einer feststehenden Kamera von 120 cm Brennweite auf dieselbe Platte zwei Aufnahmen der Korona im Intervall von 97.5 Sekunden gemacht. Mit Hilfe dieser Positionsbestimmungen wurden die Aufnahmen der 8 m-Kamera orientiert. Die heliographische Breite des östlichen Strahles ergab sich zu +0.1°, diejenige des westlichen zu −0.3°, diejenige des magnetischen Nordpols zu +89.3° und diejenige des magnetischen Südpols zu −89.6°. Die Polarstrahlen sind gegenüber den Feldlinien eines magnetischen Dipols stärker geneigt. Die Neigungsdifferenz nimmt mit zunehmendem Abstand vom Sonnenrand ab. Verf.

Å. Wallenquist, On the distribution of light in the solar corona of June 30, 1954. The results of the eclipse expedition from the University of Uppsala Observatory to Holmhällar, Gotland. Nova Acta Regiae Soc. Sci. Upsaliensis (4) **16** Nr. 4, 36 S. mit 17 Fig. und 2 Tafeln = Uppsala Astr. Obs. Ann. **4** Nr. 4. — Eingehende Beschreibung der Beobachtungen und der Reduktion und Diskussion photovisueller Koronaaufnahmen. Ausführliche Liste der photovisuellen Isophoten. Für die Elliptizität ergibt sich $\varepsilon = 0.033 + 0.321 \cdot (\varrho - 1)$. Ferner werden vorläufige Untersuchungen an einigen Polarstrahlen durchgeführt. Voigt

O. P. Wassiljanowskaja, Bestimmung der Integralhelligkeit der Sonnenkorona vom 30. Juni 1954 im visuellen Licht. AC Nr. 173 S. 5—6 (russ.). — Unter Verwendung zweier gleicher Keilphotometer nach Scharonow zur Helligkeitsmessung von Korona und Himmel bzw. Himmel allein wurde das Helligkeitsverhältnis Korona : Sonne zu 6.3×10^{-7} ermittelt. Loh.

L. Werosub, O. Bugajenko, W. Buratschek, Beobachtungsergebnisse der totalen Sonnenfinsternis vom 30. Juni 1954 durch die Expedition des Astronomischen Zirkels am Charkower Palast der Pioniere. Circ. Astr. Obs. Gorkij-Staatsuniv. Charkow Nr. 15 S. 63—65, mit 5 Abb. (russ.). — Bestimmung der Helligkeit der Korona und ihrer Isophoten.

BSAF **70** 201—202, mit 3 Fig. Derniers échos de l'éclipse de Soleil du 30 juin 1954.

BSAF **70** 390. A propos de l'éclipse partielle de Soleil du 30 juin 1954.

Indian J. Meteorol. Geophys. **7** 215—224. A brief report on the observations recorded during the solar eclipse of 30 June 1954 at Phalodi in Rejasthan. — Ref. in RJ 1957 Nr. 6 S. 80—81.

Urania Barcelona **41** 48—50, mit 1 Abb. Eclipse total de Sol del 30 de Junio de 1954. — Beobachtung in Strömstad/Schweden (M.B.B.Heath) und Paris (J. Melis Comas). — Vgl. Ref. **7025**. Gü.

6211. Sonnenfinsternis 1954 Dezember 25

M. E. Szendrei, M. W. McElhinny, Preliminary results of the ionospheric solar eclipse of 25 December 1954. J. Atmosph. Terr. Phys. **8** 108—114, mit 5 Fig. — Ref. in Phys. Ber. **36** 424—425.

M. E. Szendrei, M. W. McElhinny, Recombination and attachment in the F1 and F2 layers during the solar eclipse of 25 December 1954. J. Atmosph. Terr. Phys. **9** 118—130, mit 9 Fig. — Ref. in Phys. Ber. **36** 1274.

6212. Sonnenfinsternis 1955 Juni 20

D. K. Banerjee, P. G. Surange, S. K. Sharma, Ionospheric observations at Banaras during the total solar eclipse on 20 June 1955. J. Sci. Industr. Res. (A) **14** 517—521, 1955. — Ref. in Phys. Abstracts (A) **60** 356, Phys. Ber. **36** 169.

J. Houtgast, Report of the Netherlands expedition to Ceylon for the observation of the total solar eclipse on June 20th 1955. Proc. K. Nederl. Akad. Wetensch. (B) **59** 335—342, mit 2 Fig. und 1 Tafel = Sterrewacht «Sonnenborgh» Utrecht Overdruk 4° Nr. 7.

M. Huruhata, H. Tanabe, Method of photoelectric survey from the corona to the zodiacal light. TAB (2) Nr. 83 S. 863—865, mit 3 Fig. — Beschreibung eines lichtelektrischen registrierenden Photometers zur Messung des Überganges von Korona und Zodiakallicht bei der Sonnenfinsternis in Ceylon. Behr

E. Klee, Die totale Sonnenfinsternis vom 20. Juni 1955. II. Vereinigung der Sternfreunde Nachrichtenblatt **5** 29—30.

H. von Klüber, Bericht über die totale Sonnenfinsternis vom 20. Juni 1955. Naturwissenschaften **43** 28—31 = Cambridge Obs. Repr. Nr. 10.

W. Mattig, Die Lichtablenkung im Schwerefeld der Sonne. Bericht über die Sonnenfinsternisexpeditionen 1954 und 1955. Vgl. Ref. **4154**.

R. Michard, Observations aériennes de la couronne externe à l'éclipse du 20 juin 1955. Ann d'Astrophys **19** 229—251, mit 6 Fig. und 2 Tafeln. — Helligkeit und Polarisation der Korona wurden im Bereich $3 < \varrho < 25$ in drei Farben (grün, rot, infrarot) vom Flugzeug (8000 m Höhe) ausgemessen. Die Polarisation stammt vorwiegend von der K-Korona. Eine Abnahme mit wachsender Wellenlänge deutet darauf hin, daß die unpolarisierte F-Korona röter ist als die K-Korona. Voigt

R. A. Naef, Beobachtungen der totalen Sonnenfinsternis vom 20. Juni 1955 in Manila (Philippinen). Orion Schaffhausen **5** 20—23, mit 3 Fig.

B. Onderlička, Total solar eclipse of June 20, 1955. RH **37** 103—104, mit 2 Fig. (tschech.).

C. Roslund, Solförmörkelserna under år 1955. PAT **37** 69—70.

A. K. Saha, S. Ray, S. Datta, R. K. Mitra, Ionospheric observations during the solar eclipse of June 20, 1955. Sci. and Culture **21** 475—477. — Ref. in Phys. Abstracts (A) **59** 680.

K. Saito, Photometry of the solar corona at the total eclipse on June 20, 1955. Publ. Astr. Soc. Japan **8** 126—141, mit 9 Fig. = Tokyo Astr. Obs. Repr. Nr. 143. — Helligkeit und Gestalt der Korona bis zu einer Entfernung von 11 Sonnenradien werden aus Aufnahmen bestimmt, die bei der Finsternis vom 20. 6. 1955 in Süd-Vietnam gemacht wurden. F. S.

K. Saito, S. Hata, Instruments and preparation for polarigraphic observations of the solar corona. TAB (2) Nr. 83 S. 856—860, mit 3 Fig. — Beschreibung einer für die Sonnenfinsternis in Ceylon vorbereiteten Vierfachkamera zur Beobachtung der Sonnenkorona mit Polarisatoren, die um je 45° versetzt sind. Beschreibung der geplanten Beobachtungstechnik und einer Hilfseinrichtung zur Korrektur des wechselnden Himmelshintergrundes. Behr

Z. Suemoto, M. Shimizu, Spectrographic observation of the transient layer between the chromosphere and the corona. TAB (2) Nr. 83 S. 860—862, mit 1 Fig. — Beschreibung der Apparatur zur Aufnahme der Spektren der Übergangszone von Chromosphäre und Korona bei der Sonnenfinsternis in Ceylon. Behr

W. Unno, K. Takakubo, A birefringent filter for the separation of F and K components of the solar corona. TAB (2) Nr. 83 S. 866—870, mit 5 Fig. — Beschreibung eines Polarisations-Interferenzfilters mit doppelbrechenden Polarisationsprismen, das die simultane Aufnahme der Sonnenkorona im Zentrum einer starken Absorptionslinie und im benachbarten Kontinuum zuläßt. So sollte bei der Sonnenfinsternis in Ceylon die F- und K-Komponente der Korona getrennt werden. Behr

M. Utida, Observations of the contact times of the solar eclipse of June 20, 1955. TAB (2) Nr. 82 S. 847—849.

M. Waldmeier, Die totale Sonnenfinsternis vom 20. Juni 1955. Sterne **32** 1—8, mit 6 Fig.

Hemel en Dampkring **54** 149—151. De onzichtbare eclips van Ceylon.

JBAA **66** neben S. 254, Tafel 12. Total solar eclipse, 1955 June 20. — Wiedergabe einer Aufnahme.

J. Sci. Industr. Res. (A) **14** 391, 1955. Solar eclipse of 20 June 1955 observations carried out by the Indian Expedition in Ceylon. — Ref. in RJ 1957 Nr. 2 S. 84.

TAB (2) Nr. 83 S. 855. Instruments and programmes of the solar eclipse expedition to Ceylon on June 20, 1955.

Urania Kraków **27** 116—117. Obserwacje zaćmienia Słonca w dniu 20. VI. 1955 r.

6213. Sonnenfinsternis 1955 Dezember 14

Y. Hatamura, S. Otsuki, Solar eclipse observations. YC 1384 S. 5.

A. A. Kawerin, G. W. Kuklin, Beobachtungen der Sonnenfinsternis vom 14. Dezember 1955 in Irkutsk. AC Nr. 166 S. 3 (russ.). — Kontaktbeobachtungen.

A. K. Ossipow, Beobachtung der partiellen Sonnenfinsternis vom 14. Dezember 1955 am Astronomischen Observatorium der Staatsuniversität Kiew. AC Nr. 166 S. 2 (russ.). — Kontaktbeobachtung.

C. Roslund, Solförmörkelserna under år 1955. PAT **37** 69—70.

W. P. Schtscheglow, Beobachtungen der partiellen Sonnenfinsternis vom 14. Dezember 1955 am Astronomischen Observatorium Taschkent. AC Nr. 166 S. 1 (russ.). — Kontaktbeobachtungen.

C. H. Tsai, On solar eclipse of December, 1955. YC 1371 S. 2.

R. M. Tschirkowa, Die partielle Sonnenfinsternis 1955 Dezember 14 nach Beobachtungen in Aschchabad. AC Nr. 166 S. 4 (russ.). — Kontaktbeobachtungen.

S. K. Wsechswjatskij, G. M. Nikolskij, Beobachtungen der partiellen Sonnenfinsternis vom 14. Dezember 1955 in Kiew. AC Nr. 166 S. 2—3 (russ.). — Kontaktbeobachtungen.

Sky and Telescope **15** 156—158, mit 6 Fig. The annular eclipse of December 14th.

YC 1352 S. 2. Reports of the observations of the annular eclipse in Formosa on December 14, 1955.

6214. Sonnenfinsternis 1956 Juni 8

BSAF **70** 302, mit 1 Fig. L'éclipse de Soleil du 8 juin 1956.

6215. Sonnenfinsternis 1956 Dezember 2

J. Meeus, De gedeeltelijke zonsverduistering van 2 december 1956. Hemel en Dampkring **54** 204—205, mit 2 Fig. — Vorschau.

6216. Sonnenfinsternis 1958 Oktober 12

H. von Klüber, Islands in the path of the 1958 total eclipse. Sky and Telescope **15** 538—539, mit 4 Fig. = Cambridge Obs. Repr. Nr. 11. — Vorschau. — Ref. in Coelum **25** 58.

6217. Sonnenfinsternis 1959 Oktober 2

W. Malsch, Die Beobachtungsbedingungen der totalen Sonnenfinsternisse 1959 und 1961. Sterne **32** 160—163.

J. M. Torroja, Datos para la observación del eclipse de Sol del 2 de octubre de 1959, en las Islas Canarias y Africa Occidental Española. Urania Barcelona **41** 51—62, mit 1 Fig. und 4 Karten = Comisión Nacional Astr. Madrid Publ. Nr. 2.

6218. Sonnenfinsternis 1961 Februar 15

V. Alessio, M. Cavedon, M. Fracassini, Sul calcolo dell'eclisse solare totale 15 febbraio 1961. Mem SA It (NS) **27** 103—104. — Begründung für die Abweichung der in Mem SA It (NS) **26** 403 (vgl. AJB **55** Ref. **6217**) und in US Naval Obs. Circ. Nr. 59 abgeleiteten Elemente zur Sonnenfinsternis 1961 Feb. 15. Cester

W. Malsch, Die Beobachtungsbedingungen der totalen Sonnenfinsternisse 1959 und 1961. Sterne **32** 160—163.

NAT 1956 S. 33. Solformørkelsen den 15. februar 1961.

§ 63

Flecke, Fackeln

6301. H. Alfvén, On the theory of sun-spots. Tellus 8 274—275. — Verf. macht einige Bemerkungen zu den verschiedenen Theorien über den Ursprung der Magnetfelder in Sonnenflecken. Nach Ansicht des Verf. stellen Kernreaktionen im Innern der Sonne die Energiequelle für diese Magnetfelder dar. Eine Diskussion der magneto-hydrodynamischen Theorie beschließt die Arbeit. Henn

6302. A. Ali, On the calculation of heliographic coordinates. JO **39** 73—78, mit 2 Fig. — Es werden Formeln abgeleitet, die es in einer für das Maschinenrechnen bequemen Weise gestatten, aus den gemessenen rechtwinkligen oder polaren Koordinaten eines Sonnenfleckes seine heliographischen Koordinaten, Länge und Breite, zu bestimmen. Eine Tafel zum Entnehmen einer dazu notwendigen Hilfsgröße ist beigefügt. H. M.

6303. L. Arbey, Remarques sur les nombres de Wolf correspondant aux taches solaires entre 1791 et 1811. BA **20** 347—362, mit 2 Fig. — Die Sonnenflecken-Relativzahlen von Wolf weisen zwischen 1791 und 1811 Schwankungen auf, welche man nicht als gesichert betrachten kann. Diese Schwankungen können nicht durch Naturvorgänge, wie etwa Tätigkeit des Erdmagnetismus oder Häufigkeit des Polarlichtes, geprüft werden. Nichts widerspricht einer zusätzlichen Schwankung, nichts zwingt zur Annahme einer solchen. Verf.

6304. L. d'Azambuja, La reprise de l'activité solaire. Méthodes nouvelles pour la mieux observer. BSAF **70** 129—135, mit 1 Fig. — Ref. in Coelum **24** 149. — Es werden die frühesten Beobachtungen solarer Erscheinungen, die seit 1953 auf einen Anstieg der Sonnenaktivität und damit auf den Beginn eines neuen Zyklus hinweisen, beschrieben und diskutiert. Zum Schluß wird über zwei neue Instrumente zur Sonnenbeobachtung berichtet, von denen das eine zu Koronabeobachtungen, das andere zur laufenden automatischen Photographie der Sonne im Licht der H_α-Linie dient. Bei beiden werden neue Filter von großer Selektivität benutzt. Bo.

6305. A. J. Besrukowa, Der säkulare Zyklus in den Breitenschwankungen der Sonnenfleckengruppen. Sonnendaten 1956 Nr. 2 S. 132—135 (russ.). — Ref. in RJ 1957 Nr. 4 S. 67.

6306. **W. L. Chochlowa,** Sur la conduite des raies du calcium ionisé dans les facules solaires. Mitt. Astrophys. Obs. Krim **16** 73—79, mit 3 Fig. und 1 Tafel (russ. mit französ. Ref.). — Auf Grund von Spektren, die am Sonnenturm des Krim-Observatoriums gewonnen waren, wurden die Linien des ionisierten Calciums $\lambda\lambda$ 3933, 3968, 8449, 8542 und 8662 in einigen Fackeln untersucht. Das Instrument ermöglichte die Untersuchung von Fackeln in unmittelbarer Nähe des Sonnenrandes ($\sin \vartheta = 0.98$—0.99). Alle Spektrogramme zeigen, daß die Äquivalentbreite der Fackellinien kleiner ist als die Äquivalentbreiten der Linien der Photosphäre im Mittelpunkt der Scheibe und größer als die der Photosphäre bei $\sin \vartheta = 0.99$. Der beobachtete Effekt kann nicht durch eine infolge von Änderungen der Ionisationsbedingungen in den oberen Schichten der Fackeln erhöhte Anzahl der Ca II-Atome erklärt werden. Es werden Gründe dafür angeführt, daß der Effekt durch Vergrößerung der Dichte in den oberen Schichten der Fackeln zu erklären ist. Verf. (übersetzt)

* * **J. F. Denisse,** La radioastronomie et l'activité solaire. Vgl. Ref. 6512.

6307. **L. Dezsö,** Kurze Bemerkung über die Sonnenflecken. Mitt. Astrophys. Obs. Krim **16** 208—209 (russ.). — Ref. Krim-Tagung Sept. 1955.

6308. **M. Dizer,** Sur le cycle de 80 ans de l'activité solaire. Ann d'Astrophys **19** 207—208. — Die heliographischen Breiten der Fleckenzonen auf der Nord- und auf der Südhalbkugel zeigen eine Differenz, welche innerhalb der letzten hundert Jahre einen systematischen Gang mit einem Minimum im Zyklus 1879—89 hatte. Dies wird als Bestätigung des 80jährigen Zyklus der Fleckenaktivität angesehen. Bru.

6309. **W. Ellerböck,** Klassifikation der Sonnenflecken. Linzer Sternenbote **10** 26—28.

6310. **W. Gleissberg,** Mittlere Sonnenfleckenkurven. AN **283** 23—27, mit 2 Fig. — Die seit 1755 abgelaufenen 18 elfjährigen Zyklen der Sonnentätigkeit werden nach der Höhe der Maxima in drei Gruppen zu je sechs Zyklen eingeteilt; durch geeignete Mittelbildung innerhalb jeder Gruppe wird je eine Kurve des mittleren Verlaufs der ausgeglichenen Monatsmittel der Sonnenfleckenrelativzahlen für Zyklen mit hohen, mäßigen und niedrigen Maxima gewonnen. Diese drei mittleren Sonnenfleckenkurven eignen sich zur Prüfung mathematischer Ausdrücke, die für die Darstellung der Sonnenfleckenhäufigkeit vorgeschlagen werden. Verf.

6311. **W. Gleissberg,** Zur Konstanz der Skala der Sonnenfleckenrelativzahlen. Naturwissenschaften **43** 196. — Vorläufige Mitteilung. — Ref. in RJ 1957 Nr. 3 S. 57.

6312. **W. Gleissberg,** Vorschau auf das Sonnenfleckenmaximum. Sterne **32** 72—76, mit 4 Fig. — Besprechung der vom Verf. entwickelten Prognosemethode der Sonnenaktivität auf Grund des langen, 80jährigen Zyklus. Es wird auf die Schwierigkeiten in der Prognose speziell bei dem jetzt laufenden Zyklus hingewiesen. U. Be.

6313. **W. Gleissberg,** Wiederholt sich die Kurve der Sonnenfleckenhäufigkeit? Sterne **32** 188—192, mit 3 Fig. — Es wird die Tatsache diskutiert, daß der ähnliche Verlauf der Sonnenfleckenkurven 1755—1790 und 1923—1955 nicht dazu verleiten darf, nun weiter vorwärts oder rückwärts zu interpolieren. Zum Beweis werden die Sonnenfleckenkurven seit 290 n.Chr., wie sie aus Nordlichtbeobachtungen abgeleitet wurden, herangezogen. U. Be.

6314. **W. Grotrian, H. Künzel, W. Mattig, E. H. Schröter,** Polaritäten und Maximalwerte magnetischer Feldstärken von Sonnenflecken in den Jahren 1952—1953. Publ. Astrophys. Obs. Potsdam **30** Heft 1 (Nr. 99), 9 + 42 S. mit 6 Fig. und graphischer Darstellung der Beobachtungsergebnisse. — Als Fortsetzung und Ergänzung einer früheren Publikation über Potsdamer Feldstärkenmessungen von Sonnenflecken in den Jahren 1946—51 (vgl. AJB **53** Ref. 6320) werden die entsprechenden Resultate für die Jahre 1952—53 in ähnlicher Weise dargestellt, wobei die früheren Angaben noch durch die Mitteilung des genauen Zeitpunktes der Messung ergänzt werden. Die gegen früher etwas modifizierte Beobachtungsanordnung wird beschrieben. Ferner wird ein Vergleich mit den Messungen des Mt. Wilson-Observatoriums durchgeführt. H. M.

6315. M. Hegedušić, Nagli porast sunčevih pjega ove godine. Astr. Bote Zagreb Nr. 3 S. 27—29.

6316. M. Hegedušić, Nadopuna radnje Z. Britvića: «Eruptivna teorija magnetskih ciklusa sunčevih pjega». Naučna Misao Nr. 5—6 S. 143—145. — Zu der in AJB **53** Ref. **6307** zitierten Arbeit macht Verf. zwei kritische Bemerkungen über Zykluslänge und Prognose des nächsten Fleckenmaximums. Loh.

6317. S. Imoto, I. Hasegawa, A prospect of the next sun-spot maximum. YC 1374 S. 1.

6318. E. Jensen, J. Nordø, T. S. Ringnes, Variations in the relative size of penumbra and umbra of sunspots in the years 1878—1954. Ann d'Astrophys **19** 165—180, mit 7 Fig. = Inst. Theoret. Astrophys. Blindern-Oslo Reprint Nr. 17. — Der Wert Penumbra/Umbra kann offensichtlich als neuer Parameter der Sonnenaktivität betrachtet werden. Flecken aller Größen zeigen eine Variation dieser Größe im Laufe eines Fleckenzyklus. Es scheint, als wenn die Variationen durch Änderungen in der Wasserstoffkonvektionszone bedingt sind. U. Be.

6319. M. Jovčić, Sunčane baklje. Astr. Bote Zagreb Nr. 4 S. 38—39.

6320. N. L. Kajdanowskij, D. W. Korolkow, N. S. Sobolewa, S. E. Chajkin, Beobachtungen der polarisierten Radiostrahlung von Sonnenflecken bei 3 cm Wellenlänge. Sonnendaten 1956 Nr. 4 S. 143—148 (russ.). — Ref. in RJ 1957 Nr. 6 S. 65.

6321. M. Kopecký, Voraussagen der Sonnentätigkeit. BAC **7** 5—7 (mit russ. Ref.). — Verf. stellt nach verschiedenen Methoden gewonnene Prognosen des laufenden Sonnenfleckenzyklus zusammen und zeigt, daß sichere Vorhersagen nicht möglich sind und erst dann gemacht werden können, wenn über den wirklichen Mechanismus der Sonnenaktivität Klarheit besteht. U. Be.

6322. M. Kopecký, Abweichung des Wertes der Flächen-Reduktion von Sonnenflecken, von der Sekante des Winkelabstandes vom Mittelpunkt der Sonnenscheibe. BAC **7** 65—68 (mit russ. Ref.). — Verf. begründet ausführlich die bereits mehrfach von ihm vertretene Ansicht, daß die Abnahme der Fläche der Sonnenflecken mit wachsendem Abstand von der Mitte der Sonnenscheibe stärker erfolgt als mit Sekans. U. Be.

6323. M. Kopecký, Eine Gleichung der Entwicklungskurve des Flächeninhaltes von Sonnenflecken. BAC **7** 116—121, mit 2 Abb. (mit russ. Ref.). — Mit Hilfe von einfachen physikalischen Voraussetzungen wird eine einparametrige Gleichung der Entwicklungskurve des Flächeninhaltes von Sonnenflecken abgeleitet. Dieser Gleichung entnehmen wir, daß der ganze Entwicklungsverlauf des Flächeninhaltes von Sonnenflecken durch die Gesamtenergie bestimmt wird, die bei der Entstehung einer Sonnenfleckengruppe verwendet worden ist. Die Gesetzmäßigkeiten dieser Kurve entsprechen den Gesetzmäßigkeiten in der Entwicklung der Flächeninhalte von Sonnenflecken, die wir aus Beobachtungen ableiten. Eine physikalische Interpretation dieser Gleichung wird diskutiert. Ferner werden auch einige Schlüsse über die Erforschung der Häufigkeit von Sonnenflecken abgeleitet. Verf.

6324. M. Kopecký, The outline of the theory of distribution and occurence of sunspots on the solar disc. Českosl. Akad. Věd. Astr. Ústav

Publ. Nr. 28, 60 S. mit 11 Fig. (mit russ. Ref.). — Ref. in RH **37** 142. — La théorie générale sur la distribution et l'apparition des taches solaires fondée sur quelques hypothèses simplifiées. On considère les problèmes suivants: détermination des relations et des fonctions principales, la décroissance des taches vers le bord solaire, le nombre des taches apparaissant et disparaissant à distances différentes du méridien central, le nombre de groupes de taches formés sur le Soleil entier, ainsi que leur durée moyenne de vie. L'importance de ces caractéristiques pour la recherche de la périodicité de l'activité solaire. Milošević

6325. **M. Kopecký,** Périodicité et prévision des taches solaires. Meteorologické zprávy **9** 108—112, mit 2 Fig. (tschech.).

6326. **H. Künzel, W. Mattig, E. H. Schröter,** Polaritäten und Maximalwerte magnetischer Feldstärken von Sonnenflecken in den Jahren 1954—1955. AN **283** 28—38, mit 1 Fig. = Mitt. Astrophys. Obs. Potsdam Nr. 45. — Es werden die Meßergebnisse über die magnetischen Eigenschaften von Sonnenflecken aus Beobachtungen am Einsteinturm in Potsdam für die Jahre 1954 und 1955 in Form einer Tabelle mitgeteilt. Die Tabelle enthält ferner weitere, die Aktivität der Sonne an den Beobachtungstagen charakterisierende Details. Der Übergang zur tabellarischen Wiedergabe der Beobachtungsdaten soll eine rasche laufende Veröffentlichung ermöglichen. Die Tabellen gestatten die Gewinnung der bisher gegebenen graphischen Darstellungen. Verf.

6327. **H. Künzel, W. Mattig, E. H. Schröter,** Polaritäten und Maximalwerte magnetischer Feldstärken von Sonnenflecken im Zeitraum 1956 Januar 1 bis März 31. AN **283** 89—94 = Mitt. Astrophys. Obs. Potsdam Nr. 48.

6328. **H. Künzel, W. Mattig, E. H. Schröter,** Polaritäten und Maximalwerte magnetischer Feldstärken von Sonnenflecken im Zeitraum 1956 April 1 bis Juni 30. AN **283** 159—167 = Mitt. Astrophys. Obs. Potsdam Nr. 54.

6329. **K. Lodén,** The large sunspot group of June 1955. Ark Astr **2** 27—38, mit 7 Fig. = Stockholms Obs. Medd. Nr. 89. — Ausführliche Darstellung aller mit dieser großen Gruppe verknüpften solaren und terrestrischen Erscheinungen mit besonderer Berücksichtigung der «flare»- und «surge»-Aktivität, wie sie am Lyot-Öhman-Filter des schwedischen Observatoriums auf Capri beobachtet wurde. Bru.

6330. **W. Malsch,** Über das Auftreten von kleinen Fackeln in den Polargebieten der Sonne. Orion Schaffhausen **5** 110—113, mit 2 Fig.

6331. **O. A. Melnikow, S. S. Shurawlew,** Spektralphotometrie einer Reihe von Fackeln in aktiven Gebieten im Jahre 1955. Bote Univ. Leningrad Nr. 13 S. 124—133 (russ.). — Ref. in RJ 1957 Nr. 6 S. 79.

6332. **J. E. Mergentaler,** Photometrie der Sonnenflecken. Mitt. Astrophys. Obs. Krim **16** 207—208 (russ.). — Ref. Krim-Tagung Sept. 1955.

* * **J. Mergentaler, J. Paciorek,** On the correlation between chromospheric flares and the magnetic fields of sunspots. Vgl. Ref. **6638.**

6333. **V. Nadolschi,** Contribuţii la o teorie a statisticii grupelor de pete solare. Bull. ştiinţ. Acad. R. P. Romîne (Math.-Phys.) **7** 1035—1056, 1955. — Ref. in RJ 1956 Nr. 12 S. 44.

6334. **J. Nordø,** Sunspot structure and activity. Bull. Amer. Meteorol. Soc. **37** 434—435. — Ref. in RJ 1957 Nr. 6 S. 81.

6335. **J. Olsen,** Forsøg paa bestemmelse af solens rotationstid ved hjælp af jordmagnetiske undersøgelser. NAT 1956 S. 41—50, mit 8 Fig.

6336. **L. Pajdušáková-Mrkosová,** Jedenástročný cyklus slnečnej činnosti. Príroda a speleč. **5** 161—166. — Ref. in RJ 1957 Nr. 5 S. 14.

* * **W. W. Pawlow,** Sonnenrotation und Sonnenflecken. Vgl. Ref. **6105.**

* * **M. Possener, I. J. van Heerden,** The daily variation of the cosmic ray intensity measured near the 1954 sunspot minimum. Vgl. Ref. **12736.**

* * **J. Rösch,** Photographie à cadence rapide de la photosphère et des taches solaires. Vgl. Ref. **6429.**

6337. W. Sandner, Colours in sunspots. Vega **2** Nr. 31 S. 2.

* * **E. Schoenberg,** Über die Veränderlichkeit des Sonnendurchmessers und die Höhendifferenzen von Fackeln und Flecken, gemessen am Sonnenrande. Vgl. Ref. **6008.**

6338. D. J. Schove, Sunspot maxima since 649 B. C. JBAA **66** 59—61.

* * **A. B. Sewerny,** Fine structure of the emission in active regions of the sun. Vgl. Ref. **6649.**

6339. A. B. Sewerny, W. E. Stepanow, First observations of the magnetic fields of the sunspots in the Crimean Astrophysical Observatory. Mitt. Astrophys. Obs. Krim **16** 3—11, mit 1 Fig. und 1 Tafel (russ. mit engl. Ref.). — Ein Gitter von 150 × 150 mm mit 600 Strichen pro mm und einer Dispersion von 0.75 Å/mm in der 2. Ordnung wurde zunächst mit einem Savart-Polariskop nach Öhman für visuelle Beobachtungen und danach mit einem Mosaik aus 40 polarisierenden Platten von je 0.3 mm Dicke photographisch für Versuchsmessungen an der Fe-Linie λ 6173.348 benutzt. Bei der Auswertung wurde der Mikroskopfaden nicht auf das Schwärzezentrum der Linie eingestellt, sondern so, daß der kleinste Abstand zwischen Faden und Linienrand der gleiche war wie bei Einstellung einer magnetisch nicht gestörten Linie. Die damit verbundene leichte Anhebung der Meßwerte kommt in einer Reduktionskurve zum Ausdruck. Der zufällige Fehler wird mit 50—100 Gauß angegeben. Nach dieser Methode wurden dann von Mai bis Dezember 1955 mit einem anderen Gitter bei 0.274 Å/mm in der 4. Ordnung die in einer Tabelle aufgeführten, noch unkorrigierten Feldstärkenwerte zahlreicher Flecken gemessen. Petri

6340. W. Szymański, Szerokości heliograficzne grup plam słonecznych w 19-m cyklu. Urania Kraków **27** 222—223, mit 1 Fig.

6341. E. Tandberg-Hanssen, A study of the penumbra-umbra ratio of sunspot pairs. Astrophys. Norvegica **5** 207—227, mit 12 Fig. — Das Verhältnis Penumbra-Umbra *q* wird für bipolare und komplexe Gruppen abgeleitet. Neben einer Variation von einigen Tagen ist besonders eine Variation in Phase mit dem Sonnenfleckenzyklus auffällig. Aus dem systematischen Unterschied in der Maximum- und der Minimumepoche des Quotienten *q* wird auf einen Unterschied in der Turbulenz geschlossen. U. Be.

6342. N. I. Tschudowitschew, Nomogramm zur Umwandlung der in Teilen der Sonnenscheibe ausgedrückten Sonnenfleckenflächen in Teilen der Halbkugel. Bull. Astr.-Geod. Ges. UdSSR Nr. 18 S. 53—54 (russ.). — Ref. in RJ 1957 Nr. 4 S. 68.

6343. K. Urbanik, A. Zięba, Prediction of solar activity. Archiw. Elektrotech. **5** 355—364 (poln. mit engl. Ref.). — Die Vorhersagemöglichkeit der die Sonnenflecken charakterisierenden Relativzahlen wird untersucht. Es wird angenommen, daß die Änderungen zufälliger Art sind, sodaß Wahrscheinlichkeitsbetrachtungen angewandt werden können. Hauptsächlich wird die Kolmogorow-Wienersche lineare Vorhersage behandelt. Deren Anwendbarkeit ist jedoch durch die erforderliche große Zahl von Beobachtungsdaten im vorliegenden Fall nicht gegeben, so daß statt dessen ein einfacheres Verfahren entwickelt wird, das auf der Theorie der Entscheidungsfunktionen beruht. Weidemann

6344. **S. W. Visser,** Het komende zonnevlekken-maximum. Hemel en Dampkring **54** 140—142, mit 1 Fig. — Aus einem Vergleich der Monatsmittel der Sonnenfleckenrelativzahlen in den Zyklen seit 1750 mit starker Sonnenaktivität schließt Verf., daß das Maximum des 19. Zyklus im August 1957 und eine hohe Aktivität bis zu einem Nebenmaximum nach etwa einem Jahr zu erwarten ist. Gü.

6345. **P. A. Wayman,** Daily maps of the sun. Nature **177** 518—519.

6346. **J. I. Witinskij,** Über die Anwendung der Mayotschen Methode zur Vorausberechnung der mittleren, monatlichen, geglätteten Wolfschen Fleckenrelativzahlen. Sonnendaten 1955 Nr. 1 S. 106—110 (russ.). — Ref. in RJ 1957 Nr. 2 S. 80.

6347. **A. Wróblewski,** Okresowość aktywności Słońca. Urania Kraków **27** 129—135, mit 1 Fig. und 2 Tafeln.

6348. Sonnenrotationen nach Carrington. Astr. Nachr. Berlin-Treptow **8** 1. — Beginn der in das Jahr 1956 fallenden Sonnenrotationen.

6349. Sunspots visible near times of observations of aurorae. J. Astr. Soc. Victoria **9** 73.

6350. Next sun-spot maximum. J RAS Canada **50** 276.

6351. Eksces wschodni czy zachodni plam słonecznych. Urania Kraków **27** 50—51.

6352. O własnościach pochodni na Słońcu. Urania Kraków **27** 180. — Aus Bull. Kommission Sonnenforschung.

6353. Zum kommenden Sonnenfleckenmaximum. Vereinigung der Sternfreunde Nachrichtenblatt **5** 7—8.

6354. **Beobachtungen von Sonnenflecken**

Acta Astr. Sinica **4** 153—168, mit 3 Fig. (chines. mit russ. Ref.). Beobachtungen von Sonnenflecken 1955. C.-Y. Chen, S.-H. Yeh, Y.-L. Chang, T.-M. Pan.

AJ **61** 276. Summary of sunspot observations at Mount Holyoke College, 1955. A. H. Farnsworth.

Ann. Univ. C. I. Parhon Bucureşti (ştiinţ. Nat.) 1956 Nr. 11 S. 81—103. Observaţii solare: rotaţiile 1363—1368, 28 iulie 1955 — 7 ianuarie 1956. C. Popovici, I. Soru.

An. ştiinţ. Univ. Iaşi. Sec. I **1** 387—394, 1955. Observaţii solare de la 23 mai 1953 la 2 ianuarie 1954. V. Nadolschi, L. Nadolschi.

An. ştiinţ. Univ. Iaşi. Sec. I **1** 395—399, 1955. Statistica petelor solare observate la observatorul astronomic din Iaşi între 2 ianuarie — 31 decembrie 1954. V. Nadolschi, L. Nadolschi.

Anzeiger Österreich. Akad. Wiss. Math.-naturwiss. Kl. **93** 111—120, mit 1 Abb. Die Beobachtungen des Sonnenobservatoriums Kanzelhöhe im Jahre 1955. H. Haupt.

Astr. Mitt. Sternw. Zürich Nr. 201 = VJS Naturforsch. Ges. Zürich **101** 139—154, mit 2 Abb. Die Sonnenaktivität im Jahre 1955. M. Waldmeier.

Astr. Nachr. Berlin-Treptow **8** 15. Schneller Anstieg der Sonnenaktivität.

BAA Circ Nr. 372 S. 1. The sun.

Bol. Astr. Obs. Madrid **5** Nr. 1 S. 47—117, mit 6 Fig. Observaciones de manchas solares. E. Gullón, M. López Arroyo.

Bol. Mensual Obs. Cartuja Granada. Observaciones astronómicas y sísmicas. Enero a Diciembre de 1955. 60 S. A. Due, J. A. Burgos.

Bol. Obs. Ebro **42**, 32 S. Heliofísica 1954. Desgl. **43**, 43 S. Heliofísica 1955.

Boll. Accad. Gioenia Sci. nat. Catania (4) **3** 172—184, mit 4 Fig. = Oss. Astrofis. Catania Pubbl. (NS) Nr. 9. L'attività del Sole nel 1955. S. Cristaldi.

BSAF **70** 23—24, 59, 105—106, 143, 188, 222, 478, mit 1 Fig. Soleil.

BSAF **70** 34—35, 67—68, 119—121, 136, 186, 239—240, 296, 332, 364, 402—403, 454, mit 14 Fig. L'activité solaire. M. d'Azambuja. — Rotationen Nr. 1366—1379.

BSAF **70** 36, mit 1 Fig. Activité solaire en janvier 1956. H. Kern.

BSAF **70** 71. Nombres relatifs de Wolf pour l'année 1955. M. Waldmeier.

Bull. Obs. Astr. Beograd **20** Nr. 3—4 S. 8—9. Activité des taches solaires en 1955, observée à Beograd. M. Protitch.

Ciel et Terre **71** 436, 1955. Activité solaire — résumés. — Rotationen Nr. 1363—1364.

Ciel et Terre **72** 90, 196, 323, 445, 568, 721. Activité solaire — résumés. — Rotationen Nr. 1365—1376.

Ciel et Terre Suppl. 1956 Nr. 1—12, mit Fig. = Commun. Obs. Roy. Belgique Nr. 112. Observations photosphériques et chromosphériques. Observations des taches solaires. P. Bourgeois, R. Coutrez, A. Koeckelenbergh. — Rotationen Nr. 1365—1376.

Ciel et Terre **72** 505—514, mit 3 Fig. = Commun. Obs. Roy. Belgique Nr. 101. Les taches solaires en 1954. G. Coutrez.

Circ. Astr. Obs. Gorkij-Staatsuniv. Charkow Nr. 15 S. 33—60 (russ.). Die Aktivität der Sonnenphotosphäre und -chromosphäre vom 1. Januar bis 31. Dezember 1953 nach Beobachtungen des Astronomischen Observatoriums Charkow. L. I. Krissenko, R. M. Rapota.

Circ. Astr. Obs. Taschkent Nr. 280—285 (russ.). Die Sonnenaktivität 1955 Nov.—1956 Okt. J. Slonim, K. Kuleschowa.

Coelum **24** 20—21, 52—53, 91—92, 115—117, 141—142, 178—179, mit 6 Fig. Fenomeni solari dei mesi di ottobre 1955—settembre 1956.

DOB **9** Nr. 5 Fasc. 2, 4 S. mit 2 Fig. Série solaire. Nr. 6 Fasc. 2, 8 S. mit 8 Fig., Nr. 7 Fasc. 2, 8 S. mit 5 Fig., Nr. 8/9 Fasc. 2, 16 S. mit 8 Fig., Nr. 10 Fasc. 2, 8 S. mit 4 Fig., Nr. 11 Fasc. 2, 12 S. mit 6 Fig., Nr. 12 Fasc. 2, 12 S. mit 8 Fig.

El Universo Nr. 35 S. 59, mit 1 Fig. Gran actividad solar en febrero último. D. E. López.

Fraunhofer-Inst. Freiburg. Daily maps of the sun. — 1956 Jan. 1—Dez. 31.

Greenwich photo-heliographic results 1948. Results of measures made at the Royal Greenwich Observatory of photographs of the sun, taken at Greenwich, the Cape and Kodaikanal in the year 1948. London, Her Majesty's Stationery Office, 1956. C I—C VII, C 1—C 199.

Desgl. für 1949. C I—C VII, C 1—C 191.

Hemel en Dampkring **54** 24, 44, 68, 90, 112, 132, 154, 174, 176, 196, 212, 232. Zonnevlekkengetallen. — 1955 Nov.—1956 Nov.

Indian J. Meteorol. Geophys. **7** 75—83, 307—315, 396—403. Kodaikanal solar, geomagnetic and ionospheric data (Juli—Sept. 1955, Jan.—Juni 1956). A. K. Das, S. L. Malurkar.

JBAA **66** neben S. 254, Tafel 12. Sunspot group, 1956 February 15. H. Arber. — Wiedergabe einer photographischen Aufnahme.

J. Geophys. Res. **61** 132, 293, 563, 744. Provisional sunspot-numbers. M. Waldmeier. — 1955 Okt.—1956 Sept.

J. Geophys. Res. **61** 283—285, mit 1 Fig. Final relative sunspot-numbers for 1955. M. Waldmeier.

Mem SA It (NS) **27** 219—231 = Oss. Astr. Roma Monte Mario Contr. Sci. Nr. 229. Area, posizione eliografica e classifica delle macchie solari durante l'anno 1955, secondo i rilievi fotografici giornalieri dell'Osservatorio Astronomico di Roma. M. Cimino, T. Fortini, R. Flamini.

Mitt. Archenhold-Sternw. Berlin Nr. 44, 14 S. Bericht über die Auswertung von Sonnenbeobachtungen 1955. G. Schirdewahn.

MN **116** 218—220. Reports on the progress of astronomy: Solar activity. A. K. Das.

MN **116** 486—488. Mean daily areas and heliographic latitudes of the sunspots in the year 1955.

Nature **177** 412. Recent solar activity.

Orion Schaffhausen **5** 40, 79, 128, 169. Provisorische Sonnenfleckenrelativzahlen Oktober 1955—September 1956. M. Waldmeier.

Orion Schaffhausen **5** 79. Definitive Sonnenflecken-Relativzahlen Monatsmittel 1955. M. Waldmeier.

PAT **37** 66—69, mit 4 Fig. Märklig ökning i solens aktivitet.

Publ ASP **68** 74—76, 166—169, 273—275, 365—368, 460—463, 550—552. Summary of Mount Wilson magnetic observations of sunspots for September 1955—August 1956.

Publ ASP **68** 146—148, mit 1 Fig. Solar activity in 1955. S. B. Nicholson.

Publ. Sternw. Zürich **10** 76—95, mit 14 Fig. Heliographische Karten der Photosphäre für das Jahr 1955. M. Waldmeier. — Rotationen 1355—1368.

Quarterly Bull. Solar Activity Nr. 110—113 S. 183—288, mit 8 Fig. Published by the Eidgen. Sternw. Zürich. — 1955 April—1956 März.

Rev. Fac. Sci. Univ. Istanbul (C) **21** 110—117 = Publ. Istanbul Univ. Obs. Nr. 58. Observations of sunspots in 1955. F. Yilmaz. — Ref. in Phys. Abstracts (A) **60** 362.

Rev. geofís. **15** 53—64. Nota relativa a la actividad solar y geomagnetica (Octubre —Diciembre 1955). J. O. Cardus.

Sky and Telescope **15** 144, 189, 235, 283, 330, 376, 430, 472, 526, 571, **16** 47, 100. Sunspot numbers. — 1955 Okt.—1956 Sept.

Sky and Telescope **15** 291. Solar activity in February.

Sonnendaten 1955 Nr. 4—6 (russ.). Tägliche Karten der Sonne und Magnetogramme. — 1955 Juli—Dez.

Sonnendaten 1956 Nr. 1—5 (russ.). Tägliche Karten der Sonne und Magnetogramme. — 1956 Jan.—Okt.

Sonnendaten 1956 Nr. 2 S. 122—126 (russ.). Großer Aktivitätsherd auf der Sonne im Februar 1956. M. N. Gnewyschew, R. S. Gnewyschewa.

Southern Stars **17** 60—61 = Carter Obs. Repr. Nr. 24. High latitude sunspot. K. D. Adams, I. L. Thomsen.

Sterne **32** 117—120, mit 5 Fig. Die Sonnentätigkeit im zweiten Halbjahr 1955. R. Müller.

Sterne **32** 206. Definitive Sonnenfleckenzahlen für 1955 der Eidgenössischen Sternwarte Zürich. M. Waldmeier.

Sterne **32** 232—235, mit 4 Fig. Die Sonnentätigkeit im ersten Halbjahr 1956. R. Müller.

Tokyo Astr. Obs. Bull. Solar Phenomena **7** 53—74, **8** 1—68, mit zahlreichen Fig. — 1955 Okt.—1956 Sept.

Urania Barcelona **41** 244. Datos relativos a la actividad solar y geomagnética en 1954.

Urania København **13** 27. Udbrud paa Solen.

Urania Kraków **27** 184—186. Aktywność Słońca w roku 1955. J. Mergentaler.

Urania Kraków **27** 186—187, mit 1 Fig. Aktywność plamotwórcza Słońca a liczby Wolfa. W. Szymański.

Urania Kraków **27** 188, mit 1 Fig. Widzialność plam słonecznych gołym okiem. M. Bielicki, K. Rudnicki.

US Naval Obs. Circ. Nr. 64, 66, 67, 68, 69, 70. Positions, areas and counts of sunspots October 1955—May 1956. W. S. Cameron.

US Naval Obs. Circ. Nr. 65. Solar summary for 1955.

Veröff. Astr. Obs. Kiew **1** 81—300 (russ.). Beobachtungen der Sonnenphotosphäre und -chromosphäre in den Jahren 1942—1945 am Astronomischen Observatorium Kiew. M. J. Seldina, E. N. Semanek, A. N. Sergejewa.

§ 64

Photosphäre, Spektrum

6401. **R. J. Bray,** The centre-limb variation of the sodium D line intensities. MN **116** 395—412, mit 3 Fig. = Commun. Univ. Obs. Oxford Nr. 57. — Die Mitte-Rand-Variation der Na-D Linien wurde am Oxforder Spektrographen neu bestimmt und mit älteren Messungen verglichen. Mögliche Ursachen der abweichenden Ergebnisse werden diskutiert. Aus den Beobachtungen wird abgeleitet, daß die Kerne der D-Linien durch kohärente Streuung gebildet werden. Bru.

6402. **M. Bretz,** Mitte-Rand-Variation von Wachstumskurven auf der Sonne. ZfA **38** 259—301, mit 11 Abb. = Veröff. Univ.-Sternw. Göttingen Nr. 112. — Die Äquivalentbreiten von etwa 150 schwachen bis mittelstarken Linien der Elemente Titan, Vanadium und Chrom verschiedener Anregungsstufen werden auf Spektren der Sonnenmitte und des Sonnenrandes bei $\vartheta = 0.96$, 0.98, 0.99 nach der Methode der effektiven Linienbreiten bestimmt. Aus den mit ihnen konstruierten Wachstumskurven ergibt sich, daß die Mitte-Rand-Variation der Wachstumskurven bei Annahme von Abweichungen vom lokalen thermodynamischen Gleichgewicht im Sinne einer erhöhten Ionisation in den oberen Photosphärenschichten weitgehend gedeutet werden kann. Verf.

6403. **E. T. Byram, T. A. Chubb, H. Friedman, J. E. Kupperian jr.,** Observations of the intensity of solar Lyman-alpha emission. ApJ **124** 480—482, mit 1 Fig. — Bisher erhaltene Werte für die Intensität der $L\alpha$-Strahlung der Sonne werden zusammengestellt. Die Möglichkeit einer Veränderlichkeit der Intensität wird erörtert. Nach den bisherigen von Raketen erhaltenen Messungen scheint $L\alpha$ stärker veränderlich zu sein als die Röntgenstrahlung der Sonne. Micz.

6404. **T. Fortini, G. Caprioli,** Variazione, dal centro al lembo del Sole, del profilo della linea spettrale $\lambda = 4227$ del Ca I. I. II. Rend. Accad. Nazionale Lincei, Cl. Sci. fis., mat., nat. (8) **20** 610—616, 773—777, mit 2 Fig. = Oss. Astr. Roma Monte Mario Contr. Sci. (NS) Nr. 232. — Zwei Platten wurden am Turmteleskop von Mt. Wilson im Jahre 1950 aufgenommen. Jede Platte enthält 8 Spektren, welche in verschiedenen Positionswinkeln Mitte-Rand der Sonne erhalten wurden. Nach Reduktion der Linie λ 4227 des Ca I am Moll-Mikrophotometer wurden Profile, Äquivalentbreiten und die Mitte-Rand-Variation bestimmt. Cester

6405. **J. L. Greenstein, C. de Jager,** The occurrence of technetium in the sun. BAN **13** 13—14. — Es wird gezeigt, daß die früher vermutete Identifikation der Linie 3195.21 im Sonnenspektrum mit Tc II kaum zu halten ist. 1.) würde die daraus folgende Häufigkeit des Tc im Vergleich zu den Nachbarelementen wesentlich höher sein als aus kernphysikalischen Gründen zu erwarten wäre, selbst wenn Tc stabile Isotope besäße; 2.) müßten die TcI-Linien 4297.06, 4262.26 und 4238.19 deutlich im Sonnenspektrum aufzufinden sein, was nicht der Fall ist. Voigt

6406. **A. B. Hart,** Motions in the sun at the photospheric level. VI. Large scale motions in the equatorial region. MN **116** 38—55, mit 5 Fig. = Commun. Univ. Obs. Oxford Nr. 54. — Ref. in Obs **76** 3—4 (Ref. RAS). — In Weiterführung und Verfeinerung einer früheren Untersuchung (vgl. AJB **54** Ref. **6405**) werden aus Spektren, die mit dem Oxforder Sonnenteleskop aufgenommen worden sind, Radialgeschwindigkeiten für 140 Punkte auf der Sonnenoberfläche, die jeweils rund 4000 km voneinander entfernt sind, abgeleitet. Es wurden dabei zwei Platten verwendet, von denen jede vier Spektren von der gleichen Gegend der Sonne enthielt, die alle vier direkt hintereinander aufgenommen worden waren, während die entsprechenden vier Spektren der zweiten Platte eine

Stunde später exponiert waren. Bei einem Fehler von 0.04 km/sec für die Geschwindigkeit an jedem vermessenen Punkt ergab sich nach Berücksichtigung des Einflusses der Sonnenrotation und des Limb-Effektes eine Streuung von 0.16 km/sec für die Geschwindigkeiten der Punkte. Es ist damit ein reelles Geschwindigkeitsfeld auf der Sonnenoberfläche nachgewiesen, das sich auch nach einer Stunde in seinen Hauptzügen erhalten hat, wie der Vergleich beider Aufnahmen zeigte.
H. M.

6407. **A. B. Hart,** Motions in the sun at the photospheric level. VII. Vertical distribution of the equatorial velocity field. MN **116** 489—502, mit 3 Fig. = Commun. Univ. Obs. Oxford Nr. 60. — Der vertikale Aufbau des Geschwindigkeitsfeldes in der Photosphäre wird mit zwei Methoden untersucht: 1.) Mitte-Rand-Variation der Dopplerverschiebungen von Fe-Linien. 2.) Vergleich der Verschiebungen starker Linien (Na-D) und schwacher Linien (Ni-Ti). Nur die zweite Methode liefert ein klares Ergebnis: für die schwachen Linien (optische Tiefe 0.42) eine mittlere Geschwindigkeitsamplitude $\Delta v = \pm 0.16$ km/sec, für die D-Linien ($\tau = 0.32$) $\Delta v = \pm 0.12$ km/sec bei einem mittleren Fehler von ± 0.06 bzw. ± 0.05 km/sec. Das bedeutet eine sehr rasche Abnahme der Amplitude des Geschwindigkeitsfeldes mit zunehmender Höhe in der Photosphäre. Bru.

6408. **L. Herzberg,** Evidence for term-dependent wave-length displacements of solar absorption lines. AJ **61** 180. — Ref. AAS.

6409. **D. P. Ilias,** Die Veränderlichkeit der Sonnengranulation und ihre Auswirkung. Bull. Milit. Geogr. Amt 1956 S. 49—51 = Monographie Griech. Astr. Ges. Nr. 6 (griech.).

6410. **E. Inoue,** A note on the turbulent characteristics of solar granules. Proc. 5th Japan Nat. Congr. Appl. Mech. 1955 Tokyo S. 259—262. — Ref. in RJ 1957 Nr. 7 S. 67.

6411. **C. de Jager, M. Migeotte, L. Neven,** The profile of the Brackett alpha line in the solar spectrum. Ann d'Astrophys **19** 9—18, mit 4 Fig. = Sterrewacht «Sonnenborgh» Utrecht Overdruk 4° Nr. 4 = Commun. Obs. Roy. Belgique Nr. 106 = Inst. d'Astrophys. Univ. Liège Coll. 4° Nr. 68. — D'après des spectrogrammes solaires obtenus à Jungfraujoch, on a déterminé le profil de la Brackett α raie. Bon accord avec le profil calculé par la théorie de Holtsmark. Ce resultat infirme la conclusion précédente (C. de Jager, vgl. AJB **52** Ref. **6415**; C. de Jager, L. Neven, vgl. AJB **52** Ref. **6414**) que les profiles observés des raies de l'hydrogène dans le spectre solaire sont plus larges que les profiles calculés.
Milošević

* * **C. de Jager,** The molecular absorption coefficient of the A_{00} band of O_2. Vgl. Ref. 239.

6412. **T. D. Kinman,** Deuterium in the sun. JBAA **66** 171. — Entgegen der Annahme von de Jager lassen Spektren, die in Oxford mit großer Dispersion aufgenommen wurden, keine Spur einer nahe bei H_α zu erwartenden Deuteriumlinie erkennen. Das Häufigkeitsverhältnis Deuterium zu gewöhnlichem Wasserstoff ist daher in der Sonne kleiner als 10^{-5}. Bo.

6413. **T. D. Kinman,** The detection of deuterium in the solar atmosphere. Obs **76** 9—10. — Ref. RAS.

6414. **H. von Klüber,** Granulation of the solar surface. Obs **76** 68—70 = Cambridge Obs. Repr. Nr. 9. — Es wird darauf hingewiesen, daß man mit den neuen Beugungsgittern von H. W. Babcock bei einem Auflösungsvermögen von 600 000 eine Feinstruktur in den Fraunhoferlinien erkennen kann, die auf die einzelnen Granulen zurückzuführen ist und deren Bewegungen und wechselndes Linienprofil widerspiegelt. Für derartige Untersuchungen ist die visuelle Beobachtung besonders geeignet, da die meist vorhandene Luftunruhe diese Feinheiten bei photographischen Aufnahmen verwischt, selbst wenn die Belichtungsdauer nur von der Größenordnung einer Sekunde ist. Es eröffnet sich aber die Möglichkeit, wie Versuche in Cambridge zeigten, auf dem Wege über elektronische Bildwandler zu kürzeren Belichtungszeiten zu kommen. H. M.

6415. W. A. Krat, N. M. Goldberg-Rogosinskaja, Untersuchung der Granulation der Sonnenphotosphäre. II. Mitt. Astr. Hauptobs. Pulkowo **20** Nr. 2 (155) S. 17—21, mit 2 Tafeln (russ.). — In den Jahren 1953/54 wurden am Horizontalsonnenteleskop in Pulkowo neue Beobachtungen der Sonnengranulation gemacht, die das frühere Ergebnis hinsichtlich der Abmessungen der Granulen bestätigen, wonach die kleinsten Granulen Durchmesser von der Größenordnung 100 km haben. Die Lebensdauer der Granulen ist in verschiedenen Gebieten der Photosphäre offenbar verschieden und schwankt zwischen 1 und 2 Minuten. In den Jahren 1953/54 war das Granulationsfeld äußerst ungleichmäßig. In der Fleckenpenumbra wurde eine Bewegung der Granulen mit Geschwindigkeiten der Größenordnung einiger 10 km/sec entdeckt. Bewegungen dieser Art sind sicher keine reellen Bewegungen von Gasmassen und tragen am ehesten wellenartigen Charakter (Bewegungen vom Typ magnetohydrodynamischer Wellen). Verf. (übersetzt)

6416. E. Lamla, H. Scheffler, Über den wahren Intensitätsabfall am Sonnenrand im Kontinuum bei λ 4217—4235 Å. ZfA **40** 93—106, mit 2 Fig. = Mitt. Astrophys. Obs. Potsdam Nr. 49. — In der Umgebung der größten Phase der für Potsdam partiellen Sonnenfinsternis vom 30. 6. 1954 wurde mit dem großen Prismenspektrographen des Einsteinturmes eine Anzahl Spektren im Bereich um λ 4226 Å aufgenommen, die gleichzeitig Sonnen- und Mondrand enthalten. Der am Mondrand gemessene Intensitätsabfall diente zur Ableitung der Verzerrungsfunktion, mit deren Hilfe die aus den gleichen Aufnahmen für $\sin \vartheta > 0.95$ ermittelte scheinbare Intensitätsverteilung am Sonnenrand in die wahre Randverdunkelung des Kontinuums übergeführt wurde. Ein abschließender Vergleich mit dem unter Zugrundelegung der empirischen Photosphärenmodelle von de Jager und Böhm-Vitense berechneten Intensitätsabfall spricht im Bereich $\tau = 0.15$ bis 0.03 für etwas niedrigere Temperaturen als diese Modelle annehmen. Verf.

6417. E. A. Makarowa, Über einen Fehler in der Arbeit von D. Chalonge und R. Canavaggia, Untersuchung des kontinuierlichen Sonnenspektrums. II. AC Nr. 175 S. 10—12 (russ.). — Bemerkung zu den in AJB **46** Ref. **4408** und **50** Ref. **6403** zitierten Arbeiten. Loh.

6418. R. R. McMath, Solar spectroscopy with a vacuum spectrograph. ApJ **123** 1—8, mit 4 Fig. und 6 Tafeln. — Es wird ein Vakuumspektrograph für Sonnenbeobachtungen beschrieben. Das Instrument ist in einem Vakuumbehälter von 52 Fuß Länge und 4 Fuß Durchmesser untergebracht. Bevor Licht in den Eintrittsspalt gelangt, wird es in einem kleinen Prismenspektrographen vorzerlegt. Streulicht wird dadurch stark reduziert und das Überlagern von Spektren verschiedener Ordnung verhindert. Das Gerät kann sowohl als Spektrograph als auch als Monochromator benutzt werden. In der Monochromatoranordnung liefert es unmittelbar Registrierungen des Sonnenspektrums; die dem Austrittsspalt entsprechende Bandbreite beträgt weniger als 0.01 Å. Eine Einrichtung zur Kompensation von Einflüssen der Luftunruhe ist vorgesehen. Die Öffnung des Kollimator-Spiegels beträgt 12″. Das Auflösungsvermögen des Spektrographen, etwa 600000, und die hohe Streulichtfreiheit werden an Hand von photographischen und direkten Registrierungen demonstriert. Micz.

6419. R. R. McMath, O. C. Mohler, A. K. Pierce, L. Goldberg, Preliminary results with a vacuum solar spectrograph. ApJ **124** 1—12, mit 1 Fig. und 13 Tafeln. — Ref. in Coelum **25** 24. — Es werden vorläufige Ergebnisse von Beobachtungen des Sonnenspektrums mit dem Vakuum-Spektrographen des

McMath-Hulbert-Observatoriums mitgeteilt. Die Spektren wurden von der ruhigen Sonnenoberfläche und von gestörten Gebieten erhalten. Die Spektrallinien zeigen Änderungen der Intensität, Lage und des Profils über Entferungen von nur zwei Bogensekunden auf der Scheibe. Die Turbulenz in der Mitte der Sonnenscheibe wird bestimmt. Sie scheint nach dem Sonnenrand hin zuzunehmen. Profile der Linien des Wasserstoffs und des ionisierten Kalziums werden mit einem qualitativen Modell der Chromosphäre verglichen. Selbstumkehr scheint bei den meisten starken Chromosphärenlinien aufzutreten. Micz.

6420. **M. Migeotte, L. Neven, J. Swensson,** The solar spectrum from 2.8 to 23.7 microns. I. Photometric atlas. Mem. Soc. Roy. Sci. Liège, Vol. Hors Série Nr. 1, 1956. 3 S. engl. und franz. Text, 6 Fig., 2 Tabellen und 118 Diagramme. — Besprechung in Ann d'Astrophys **19** 210 (D. Barbier), Phys. Abstracts (A) **59** 450 (D. R. Barber). — Erweiterung des Photometrischen Altas des nahen Infrarot von Mohler, Pierce, McMath und Goldberg. Weidemann

6421. **S. C. Miller jr., R. Mercure, W. A. Rense,** Lyman-alpha intensity and solar limb darkening from rocket spectrograms. ApJ **124** 580—585, mit 2 Fig. — Die Intensität der Lyman-α-Strahlung der Sonne wurde mit Hilfe von drei Spektrogrammen, aufgenommen von einer Aerobee im Dezember 1955, zu 3.0 erg/cm^2 sec in 122 km Höhe bestimmt. Die Halbwertsbreite der Linie wird zu etwa 0.8 Å gefunden. Die Spektrogramme scheinen anzudeuten, daß der Sonnenrand in Lα etwas heller als die Mitte ist; ein Resultat, welches möglicherweise jedoch durch die Verteilung aktiver Zonen auf der Sonne am Tage der Aufnahme vorgetäuscht wird. Micz.

6422. **S. C. Miller jr.,** Limb darkening of the sun in Lyman-alpha radiation. Bull. American Phys. Soc. (2) **1** 98.

6423. **W. A. Miller,** A study of solar granulation. AJ **61** 187. — Ref. AAS.

6424. **M. Minnaert,** Hedendaagse problemen voor het onderzoek der Fraunhofer-lijnen. K. Nederl. Akad. Wetensch. Verlag Afd. Natuurk. **65** 61—63.

6425. **O. C. Mohler,** A Table of Solar Spectrum Wave Lengths 11984 Å to 25578 Å. Vgl. AJB **55** Ref. **6419**. — Weitere Besprechung in J. Optical Soc. America **46** 909 (C. E. Moore), Rev. Sci. Instruments **27** 104 (M. Slavin).

6426. **O. C. Mohler, L. Goldberg,** The width of the infrared helium line in the solar spectrum. ApJ **124** 13—19, mit 4 Fig. und 1 Tafel. — Intensität und Halbwertsbreite der He I-Linie λ 10830 im Sonnenspektrum wurden lichtelektrisch gemessen. Die Halbwertsbreite beträgt 0.91 Å und zeigt keine meßbare Mitte-Rand-Variation. Falls die Linienverbreiterung eine thermische Ursache hat, ist eine kinetische Temperatur von 50000° K anzunehmen. Ob ein Teil der Verbreiterung auf Turbulenz zurückzuführen ist, kann nicht gesagt werden. Micz.

6427. **H. Neckel,** Der Temperaturverlauf in den äußeren Photosphärenschichten der Sonne. Naturwissenschaften **43** 152, mit 1 Fig. — Vorläufige Mitteilung.

6428. **G. Righini,** On the infrared band (2,0) of CN. J. Optical Soc. America **46** 385. — Ref. Optical Soc. America.

6429. **J. Rösch,** Photographie à cadence rapide de la photosphère et des taches solaires. CR **243** 478—480. — Durch schnell aufeinanderfolgende Sonnenaufnahmen (20 Aufnahmen pro sec bei 1/160 bis 1/360 sec Belichtungszeit) soll geklärt werden, ob gewisse Granulationsstrukturen reell oder durch atmosphärische bzw. instrumentelle Verzerrungen vorgetäuscht werden. Ergebnisse: 1.) Die Verlängerung der Granulen zum Sonnenrand hin ist reell; 2.) Innerhalb der Sonnenflecken zeigt sich eine Granulation mit kleinerem Durchmesser und geringerem Kontrast als in der Photosphäre; 3.) Die photosphärischen Granulendurchmesser werden mit 1ʺ0 bis 1ʺ5 angegeben. Labs

6430. **K. Saito, S. Hata,** Availability of annular eclipses for observing the limb-darkening effect of the sun. TAB (2) Nr. 80 S. 809—815, mit 4 Fig. — Es wird ein Vorschlag von C. W. Allen geprüft, die Randverdunkelung am äußersten Sonnenrand durch Beobachtung der Gesamthelligkeit der Sonne während der ringförmigen Phase einer ringförmigen Sonnenfinsternis zu ermitteln. Es zeigt sich, daß die Sonnenhelligkeit in dieser Phase recht empfindlich gegenüber dem Verlauf der Randverdunkelung ist, so daß diese Methode aussichtsreich erscheint, sofern der scheinbare Mondradius 98% oder mehr des Sonnenradius ausmacht. H. M.

6431. **L. Schmied,** Karten der Sonnenphotosphäre. RH **37** 280 (tschech.). — Karten der Photosphäre, Rotationen Nr. 1375—1377. J. B.

6432. **A. B. Sewerny,** Spectroscopic investigation of deuterium in the sun. Mitt. Astrophys. Obs. Krim **16** 12—44, mit 11 Fig. und 1 Tafel (russ. mit engl. Ref.). — Um die Realität der D_α-Linie zu prüfen, wurde der Mitte-Rand-Effekt im blauen Flügel der H_α-Linie in etwa 90 Registrierungen mit einem Auflösungsvermögen von 0.025 Å/mm untersucht. Die fragliche Depression zwischen den Linien λ 6561.105 und λ 6560.570 nimmt demnach von der Mitte zum Rande der Sonne sicher um einen Faktor 1.6 zu, die Äquivalentbreite der Linie λ 6561.105 dagegen nur um den Faktor 1.2. Die Linie λ 6560.570 besteht aus einer Wasserdampflinie und einer Linie λ 6560.62 unbekannten solaren Ursprungs. Nach eingehender Diskussion verschiedener Blend-Effekte wird der Deuterium-Gehalt auf $3—5 \times 10^{-5}$ des Wasserstoffgehalts geschätzt. Als Ursache der in der Sonnenatmosphäre beobachteten Li- und D-Häufigkeiten werden Kernprozesse in den äußersten Schichten der Sonne vermutet. Die Untersuchung anderer, schwächerer Deuteriumlinien ist wegen zu starker Blends noch nicht möglich. Petri

6433. **A. B. Sewerny,** On the broadening of hydrogen lines in the solar spectrum. Mitt. Astrophys. Obs. Krim **16** 54—66, mit 4 Fig. (russ. mit engl. Ref.). — Während bei H_β und den höheren Balmerlinien der Stark-Effekt Hauptursache für die Verbreiterung der Absorptionslinien ist, überwiegt bei H_α der durch den Druck des neutralen Wasserstoffs verursachte Absorptionskoeffizient den des Stark-Effektes. Die unter Berücksichtigung dieses Druckeffektes für das Modell der Sonnenatmosphäre nach de Jager berechneten Profile stimmen sowohl in der Mitte wie am Rande der Sonne gut mit den am 20. Juli 1955 photoelektrisch gemessenen Profilen überein, welche sich ihrerseits praktisch mit den Beobachtungen von Pierce decken. Die Auflösung betrug etwa 0.04 Å bei 0.7 Å/mm. Petri

6434. **A. B. Sewerny,** Fine structure in solar spectra. Obs **76** 241—242, mit 1 Tafel.

6435. **G. F. Sitnik,** Die Ergebnisse von absoluten Messungen des kontinuierlichen Spektrums im Zentrum der Sonnenscheibe. AC Nr. 167 S. 14—16 (russ.). — Beschreibung der Meßmethode, die für absolute Messungen des kontinuierlichen Spektrums im Zentrum der Sonnenscheibe benutzt worden ist. Die Meßergebnisse stimmen mit den Messungen von Abbot und Mulders überein. Kopecký

6436. **G. F. Sitnik,** Die Energieverteilung im kontinuierlichen Spektrum der Mitte der Sonnenscheibe in absoluten Einheiten. DAN **110** 193—196, mit 1 Abb. (russ.). — Die Messungen, über die hier berichtet wird, wurden am Sonnenteleskop von Kutschino im Spektrum erster Ordnung ausgeführt. In den Bereichen 5300—12500 bzw. 3500—6200 Å wurde das Kontinuum an 15 bzw. 25 Meßstellen mit einem S-Ag-Photoelement bzw. einem Sb-Cs-Vervielfacher gemessen. Als Vergleichslichtquelle diente eine am schwarzen Körper geeichte Philips-Bandlampe. Die Extinktion wurde durch Beobachtungen in verschiedenen Zenitdistanzen ermittelt, ihre Konstanz eingehend überwacht. Im Vergleich zur Kurve der Energieverteilung nach Abbot-Mulders liegt die hier erhaltene bei $\lambda > 3900$ Å höher, bei $\lambda < 3900$ Å tiefer. Loh.

6437. **G. F. Sitnik,** Absolute photoelektrische Photometrie des kontinuierlichen Sonnenspektrums. Moskau, Staatsuniv., 1956 (russ.). — Dissertationsreferat.

6438. **W. E. Stepanow, M. A. Kljakotko,** Sur les mouvements à grande échelle dans les couches subphotosphériques du soleil. Mitt. Astrophys. Obs. Krim **16** 80—99, mit 14 Fig. (russ. mit franz. Ref.). — Unter der Vorstellung, daß die Sonnenflecken langsam in der Photosphäre dahintreibende «Inseln» seien, die aus subphotosphärischen Tiefen der Größenordnung 1—4 $\times 10^9$ cm durchgebrochen sind, werden nach Greenwicher Publikationen über die Jahre 1917—1934 die Bewegungen der Flecken durch Analyse ihrer Polardiagramme statistisch untersucht. Der allgemeinen Breitenwanderung überlagern sich zunächst die Bewegungen in Richtung der Fleckengruppenachse. Hierdurch kommt eine zusätzliche, fiktive Breitenwanderung von 0°018 pro Tag zustande. Bezüglich der weiter hinzukommenden subphotosphärischen Bewegungen, an denen die Flecke teilhaben, ergeben sich mittlere Geschwindigkeiten von 38 m/sec, also viermal so groß wie die gewöhnlichen großmaßstäblichen Bewegungen auf der Oberfläche. Sie gehorchen einer Pearson-Verteilung vom Typ III. Ob es sich bei den «subphotosphärischen kinematischen Elementen» um Turbulenzballen oder um Strömungserscheinungen handelt, wird offengelassen. Die Abmessungen dieser Elemente liegen bei 100000 km. Petri

6439. **R. B. Teplizkaja,** Die Wachstumskurve für den Rand der Sonnenscheibe. AC Nr. 172 S. 10—12 (russ.). — In dieser vorläufigen Mitteilung zeigt Verf., daß die Geschwindigkeit der Mikroturbulenz nach dem Sonnenrand hin abnimmt, die Mikroturbulenz offensichtlich also anisotrop ist. Loh.

6440. **H. H. Theissing, P. J. Caplan,** Measurement of the solar millimeter spectrum. J. Opt. Soc. America **46** 971—978, mit 9 Fig. — Ref. in Phys. Abstracts (A) **60** 97.

* * **H.-H. Voigt,** «Drei-Strom-Modell» der Sonnenphotosphäre und Asymmetrie der Linien des infraroten Sauerstoff-Tripletts. Vgl. Ref. **6115**.

6441. **A. W. Wehlau, W. H. Wehlau,** Solar turbulent velocities. Publ ASP **68** 358—362, mit 1 Fig. — Für Linien verschiedener Atome und Moleküle aus verschiedenen Tiefen wird die Turbulenzgeschwindigkeit abgeleitet und gegen die optische Tiefe aufgetragen. Zu Bemerkungen von Allen wird Stellung genommen. U. Be.

6442. **W. P. Wjasanizyn,** Helium in der Sonnenchromosphäre. Sonnendaten 1955 Nr. 5 S. 102—105 (russ.). — Ref. in RJ 1957 Nr. 5 S. 78—79.

6443. **R. Zalubas,** An investigation of faint lines in the solar spectrum between 5000 Å and 6000 Å. ApJ **123** 544—548 = Georgetown Obs. Repr. Nr. 20. — Im Spektrum der Sonne zwischen λ 5000 und λ 6000 wurden 234 bisher nicht bekannte schwache Linien gemessen. 4072 Linien der zweiten Revision des Rowland-Atlas wurden ebenfalls gemessen. Verf. kommt zu dem Schluß, daß praktisch alle Linien des Rowland-Atlas im untersuchten Bereich reell sind. Micz.

§ 65

Strahlung

6501. **M. A. Gianuzzi,** Risultati delle misure della radiazione solare integrale e filtrata eseguite all'Osservatorio di Monte Mario, nel quinquennio 1946—1950. Mem SA It (NS) **27** 59—64 = Oss. Astr. Roma Monte Mario Contr. Sci. (NS) Nr. 225.

6502. **M. Nicolet,** Le rayonnement du Soleil. Ciel et Terre **72** 121—150, mit 11 Fig. — Kurze Darstellung der mit der Sonnenstrahlung im allgemeinen zusammenhängenden Probleme: Solarkonstante, Änderung der Sonnenstrahlung beim Durchgang durch die Erdatmosphäre, Messung der Intensität der Sonnenstrahlung an der Erdoberfläche, Strahlung des Himmels. Mawridis

* * **S. W. Orlow,** The brightness of comets and activity on the solar surface. Vgl. Ref. **8016.**

6503. **R. Stair, R. G. Johnston,** Preliminary spectro-radiometric measurements of the solar constant. J. Res. Nat. Bur. Stand. **57** 205—211. — Ref. in Phys. Abstracts (A) **60** 531.

* * **R. N. Thomas,** Features of the solar spectrum as imposed by the physics of the sun. Vgl. Ref. **6114.**

Solare UV- und Röntgenstrahlung

6504. **E. T. Byram, T. A. Chubb, H. Friedman,** The solar X-ray spectrum and the density of the upper atmosphere. J. Geophys. Res. **61** 251—263, mit 5 Fig. — Aus Messungen bei Raketenaufstiegen wird die Intensität der Röntgenstrahlung der Sonne in den Bereichen 8—20 Å, 44—60 Å und 44—100 Å abgeleitet. Eine erste Näherung gibt eine Planckverteilung für 7×10^5 Grad mit einer gesamten Strahlungsdichte von 0.1 erg/cm^2 sec auf der Erde. Eine genaue Untersuchung zeigt, daß die Strahlung im Bereich zwischen 8 und 20 Å von einer heißen (etwa $1—2 \times 10^6$ Grad), lokalen Quelle kommt. Aus der Abnahme der Röntgenintensität mit der Höhe ergibt sich für die Atmosphärendichte ein Wert, der $^1/_3$ unter dem liegt, der aus Raketenaufstiegen abgeleitet wurde. U. Be.

6505. **E. T. Byram, T. A. Chubb, H. Friedmann, J. Kupperian,** Solar emission of hydrogen Lyman alpha radiation. J. Optical Soc. America **46** 384. — Ref. Optical Soc. America.

* * **M. A. Ellison,** Die ultraviolette Strahlung solarer Eruptionen. Vgl. Ref. **6616.**

* * **G. Elwert,** Röntgenstrahlung koronaler Kondensationen. Vgl. Ref. **6707.**

6506. **R. Mercure, S. C. Miller jr., W. A. Rense, F. Stuart,** The sun's disk in Lyman-alpha radiation. J. Geophys. Res. **61** 571—573, mit 1 Fig.

6507. **L. Oster,** Das Strahlungsfeld der Sonne im Lyman-Gebiet (< 1300 Å). Phys. Verhandlungen **7** 83. — Ref. Phys. Ges.

Solare Radiostrahlung

6508. **K. Akabane,** Some features of solar radio bursts at around 3000 Mc/s. Publ. Astr. Soc. Japan 8 173—181, mit 10 Fig. = Tokyo Astr. Obs. Repr. Nr. 146. — Die Häufigkeit der Ausbrüche solarer Radiostrahlung wird als Funktion der Intensität studiert. Ferner wird ihre Verteilung über die scheinbare Sonnenscheibe betrachtet, welche sich mit der Annahme einer absorbierenden Schicht der optischen Dicke 0.3 oder 0.4 verträglich erweist. F. S.

6509. **R. L. F. Boyd,** Study of solar radiation at high altitudes using rocket-borne instruments. Proc. Roy. Soc. (A) **236** 211—216. — Nach Beschreibung der benutzten Instrumente gibt Verf. einen Überblick über die wichtigsten, bisher gewonnenen Ergebnisse. Henn

* * **R. N. Bracewell, G. W. Preston,** Radio reflection and refraction phenomena in the high solar corona. Vgl. Ref. **6705.**

6510. **M. H. Cohen,** Depolarization of solar radio bursts. AJ **61** 173—174. — Ref. AAS.

6511. **R. G. Conway, P. A. O'Brien,** The distribution of brightness at metre wave-lengths across the sun's disk. MN **116** 386—394, mit 7 Fig. — Ref. in Obs **76** 208—209 (Ref. RAS). — Bei sehr niedriger Sonnenaktivität wurde mit einer Interferometeranordnung die Intensitätsverteilung der radiofrequenten Sonnenstrahlung bei $\lambda\lambda$ 60 cm, 1.4 m, 3.7 m und 7.9 m gemessen. Für $\lambda = 60$ cm wird die Verteilung über Scheibe und Korona, für die übrigen Wellenlängen die Intensitätsvariation in der Äquatorebene mitgeteilt. Während der Finsternis 1954 Juni 30 wurde die Intensitätsvariation der Strahlung auf $\lambda\lambda$ 60 cm, 1.4 m und 3.7 m gemessen. Für $\lambda = 60$ cm konnten damit die außerhalb der Finsternis gewonnenen Resultate bestätigt und für $\lambda\lambda$ 1.4 und 3.4 m die Intensitätsvariation längs des Zentralmeridians abgeschätzt werden. Im Anhang wird der Einfluß des beschränkten Auflösungsvermögens der Anordnung untersucht und festgestellt, daß sich dadurch keine Verfälschung der Intensitätsvariation ergibt. Bru.

6512. **J. F. Denisse,** La radioastronomie et l'activité solaire. Ciel et Terre **72** 205—214, mit 9 Fig.

6513. **G. Eriksen,** Radiostråling fra solen. Naturen 1954 Nr. 7 S. 194—206, mit 6 Fig. = Inst. Teoret. Astrofys. Blindern-Oslo Småtrykk Nr. 7.

6514. **J. Firor,** Brightness distribution of the sun at 1.45 meters. ApJ **123** 320—324, mit 4 Fig. — Mit Hilfe von Interferometermessungen wurde die Helligkeitsverteilung über die Sonne bei 1.45 m Wellenlänge gemessen. Als Hauptergebnis wird gefunden, daß die Sonne einen hellen Rand sowohl in der Äquator- als auch in der Polzone besitzt, und daß der Äquatordurchmesser größer als der Poldurchmesser ist. Micz.

6515. **R. W. Gould,** Plasma oscillations and radio noise from the disturbed sun. Bull. American Phys. Soc. (2) **1** 35.

* * **T. Hatanaka,** The Faraday effect in the earth's ionosphere with special reference to polarization measurement of the solar radio emission. Vgl. Ref. **72121.**

6516. **Ø. Hauge,** Statistical investigations of solar radio bursts on 200 Mc/s. Astrophys. Norvegica **5** 227—240, mit 6 Fig. — Es wurde eine statistische Untersuchung über die Häufigkeitsverteilung der Burstintensitäten während dreier Radiosturmperioden auf der Sonne im Juli und August 1955 durchgeführt. Im Mittel ergibt sich ein exponentielles Verteilungsgesetz. Das Verteilungsgesetz scheint unabhängig von der Höhe in der Sonnenkorona zu sein, in der die Bursts entstehen. Die Amplitudenverteilung zeigt stets einen Buckel bei 3.7×10^{-22} Watt/m^2 Hz. Insgesamt wurden 9773 Bursts untersucht. K. H. Böhm

* * **S. Hayakawa, N. Hokkyo,** Electromagnetic radiation from electron plasma. Vgl. Ref. 2110.

6517. **U. E. Kruse, L. Marshall, J. R. Platt,** Synchrotron radiation in the suns's radio spectrum. ApJ **124** 601—604. — Beobachtungen haben ergeben, daß gelegentlich von großen Sonnenflecken Radiostrahlungen ausgehen, in denen zwei diskrete Frequenzen mit einem Zahlenverhältnis 2 : 1 auftreten. Diese Erscheinung wird durch Synchrotron-Strahlung erklärt. F. S.

6518. **L. Marshall,** Production of the sun's non-thermal radio emission by Čerenkov radiation. ApJ **124** 469—475, mit 3 Fig. — Es wird die Ansicht vertreten, daß der überwiegende Teil der nichtthermischen Radiostrahlung der Sonne durch Čerenkov-Strahlung zustande kommt. Diese entsteht dann, wenn Elektronen mit großer Geschwindigkeit durch ein variables Magnetfeld fliegen. Es wird angenommen, daß aus den Sonnenflecken Elektronen herausgeschossen werden, bei deren Lauf durch die oberen Schichten der Sonnenatmosphäre die Čerenkov-Strahlung zustande kommt. Die Beobachtungen der nichtthermischen Komponente der Radiostrahlung der Sonne lassen sich zum großen Teil mit dieser Hypothese erklären, obgleich Widersprüche bleiben. F. S.

6519. **H. Müller,** Über die Randverdunkelung der radiofrequenten Sonnenstrahlung. ZfA **39** 160—187, mit 3 Fig. = Astr. Mitt. Sternw. Zürich Nr. 198. — Es wird die Randverdunkelung der radiofrequenten Sonnenstrahlung, die von Kondensationen in der Korona über photosphärischen Fleckengebieten ausgeht, auf Grund des im Quarterly Bulletin on Solar Activity von 1947—1952 veröffentlichten Materials für Frequenzen zwischen 62 und 1200 MHz untersucht. Die daraus gewonnene Randverdunkelungsfunktion nimmt im Frequenzbereich zwischen 62 und 200 MHz für die verschiedenen Frequenzen einen sehr ähnlichen Verlauf und zeigt einen äußerst steilen Abfall, so daß bereits zwei Tage nach dem Meridiandurchgang der koronalen Kondensation die Intensität der Strahlung auf 20—30% ihres maximalen Wertes beim Meridiandurchgang gesunken ist. Dieser steile Abfall läßt sich nicht durch irgendeinen perspektivischen Verkürzungseffekt und auch nicht durch einen Absorptionseffekt in einer kugelsymmetrischen Korona deuten, sofern man vernünftige Annahmen für die Höhe der Kondensation über der Photosphäre macht, die nicht mit anderen Beobachtungstatsachen im Widerspruch stehen. Es bleibt die Deutungsmöglichkeit, daß die eigentliche Strahlungsquelle nur ein ganz kleines Gebiet inmitten der außerordentlich verdichteten Kondensation einnimmt, so daß ihre Strahlung beim Austritt aus der Kondensation in die normale Korona wegen der starken Absorptionswirkung innerhalb der Kondensation diese schon merklich gerichtet verläßt. Auch die Tatsache, daß die Korona nicht kugelsymmetrisch aufgebaut ist, sondern unregelmäßige Dichteverteilung aufweist, wie man aus ihrer strahlenförmigen Struktur schließen kann, läßt es denkbar erscheinen, daß dadurch eine Richtwirkung auf die hindurchgehende Strahlung ausgeübt wird. Verf.

6520. **W. W. Shelesnjakow,** Das Frequenzspektrum und die Reabsorption der mit den Sonnenflecken verbundenen Radiostrahlung. Abh. Univ. Gorkij **30** 41—60 (russ.). — Ref. in RJ 1957 Nr. 4 S. 59.

6521. **P. Simon,** Centres solaires radioémissifs et non radioémissifs. I. Propriétés optiques et géomagnétiques. Ann d'Astrophys **19** 122—141, mit 8 Fig. — Verf. untersucht die Eigenschaften der radioastronomisch aktiven und inaktiven Fleckengruppen. Es werden verglichen: Flächen, Typen, Magnetfeld, Eruptionsbereitschaft, Position und Koronaanregung. Abschließend wird das erdmagnetische Verhalten nach dem Durchgang der beiden Flecken-«Sorten» untersucht. U. Be.

6522. **P. Simon,** Les centres solaires radioélectriquement actifs, contribution de l'observation radioélectrique solaire à l'étude de certaines relations solaires-terrestres. Ann. Univ. Paris **26** 260—262. — Dissertationsreferat. — Ref. in RJ 1957 Nr. 3 S. 51—52.

6523. **T. Takakura,** Polarized bursts and noise storms of solar radio emission. I. Mechanism of emission. Publ. Astr. Soc. Japan 8 182—206, mit 11 Fig. = Tokyo Astr. Obs. Repr. Nr. 147. — Das Problem der Entstehung von Ausbrüchen polarisierter Strahlung von der Sonne wird theoretisch studiert. Der zur Erklärung vorgeschlagene Mechanismus besteht darin, daß Elektronen im Magnetfeld der Sonnenflecken geführt werden und Anlaß zur Entstehung von Wellen geben. Diese Wellen werden im Gebiet über dem Fleck durch die dort herrschenden optischen Bedingungen in Wellen derjenigen Art transformiert, die auf der Erde beobachtet werden. F. S.

* * **H. H. Theissing, P. J. Caplan,** Atmospheric attenuation of solar millimeter wave radiation. Vgl. Ref. **7240**.

6524. **R. N. Whitehurst, F. H. Mitchell,** Solar temperature and atmospheric attenuation in the 7—8 mm wavelength range. Proc. Inst.

Radio Engineers **44** 1879—1880, mit 1 Fig. — Mit einem Dicke-Radiometer (18 inch-Paraboloid) wurden Sonnendurchgänge in etwa 14 Minuten bei einer Zeitkonstante von 5 sec registriert. Die Antennentemperatur betrug 720° K. Messung in verschiedenen Sonnenhöhen ergaben eine Sonnentemperatur von 6000° $\pm$ 500° K und eine atmosphärische Dämpfung von 0.3 bis 0.6 db, je nach Wetterlage.
Weidemann

6525. **J. P. Wild, H. Zirin,** On the association of solar radio emission and solar prominences. AJ **61** 192—193. — Ref. AAS.

6526. **J. P. Wild, H. Zirin,** On the association of solar radio emission and solar prominences. Australian J. Phys. **9** 315—323, mit 6 Fig. = Commonwealth Sci. Industrial Res. Organization, Australia, Division Radiophys.

6527. **W. W. Witkewitsch, A. D. Kusmin,** Messung der Intensität der Radiostrahlung der Sonne bei der Wellenlänge 1 und 1.5 m. Sonnendaten 1955 Nr. 4 S. 94—99 (russ.). — Ref. in RJ 1956 Nr. 12 S. 38.

* * Publikationen der fünften Tagung über Fragen der Kosmogonie vom 9. bis 12. März 1955. Radioastronomie. Vgl. Ref. **1160**.

* * Solar prominences and radio noise. Vgl. Ref. **6663**.

6528. Nowa wartość stałej słonecznej. Urania Kraków **27** 250.

6529. **Beobachtung der Radiostrahlung**

Acta Astr. Sinica **4** 169—172, mit 3 Fig. (chines.). Observations of solar radiations at the Zô-Sè Observatory (1955). Y.-L. Chang.

Časopis **6** Nr. 2—5. Graphische Übersicht der eruptiven Sonnentätigkeit im Jahre 1956. — Vgl. Ref. **6664**.

Ciel et Terre Suppl. 1956 Nr. 9—12 S. 1—33. Observations radioélectriques. R. Coutrez, A. Koeckelenbergh.

Quarterly Bull. Solar Activity Nr. 110—113 S. 183—288, mit 8 Fig. Published by the Eidgen. Sternw. Zürich. — 1955 April—1956 März.

Sonnendaten 1955 Nr. 4—6 (russ.). Tägliche Karten der Sonne und Magnetogramme. — 1955 Juli—Dez.

Sonnendaten 1956 Nr. 1—5 (russ.). Tägliche Karten der Sonne und Magnetogramme. — 1956 Jan.—Okt.

Tokyo Astr. Obs. Bull. Solar Phenomena **7** 53—74, **8** 1—68, mit zahlreichen Fig. — 1955 Okt.—1956 Sept.

* * Beobachtungen der solaren Radiostrahlung bei Finsternissen siehe § **62**.

Solare Korpuskularstrahlung

6530. **E. R. Hope,** Spiral patterning of solar corpuscular precipitation. Nature **177** 571—572. — Die übereinstimmende Spiralform der (Radio-) Schwundgebiete und der Bereiche mit maximaler erdmagnetischer Morgenstörung in polaren Gebieten der Erde wird im Sinne eines rotierenden spiralförmigen solaren Korpuskeleinfalles unter Zugrundelegung amerikanischer und russischer Beobachtungen diskutiert.
Kiepenheuer

6531. **E. R. Mustel,** Die Physik der Flocculi und die Korpuskularstrahlung der Sonne. Mitt. Astrophys. Obs. Krim **16** 206—207 (russ.). — Ref. Krim-Tagung Sept. 1955.

6532. **S. M. Poloskow,** Die Physik der solaren Korpuskelströme. Bote Akad. Wiss. UdSSR Nr. 2 S. 118—119 (russ.). — Ref. in RJ 1957 Nr. 1 S. 4.

6533. **Y. Sekido,** Cosmic-rays and corpuscles from the sun. Rep. Ionosphere Res. Japan **9** 181—182, 1955. — Ref. in Phys. Abstracts (A) **60** 50, RJ 1957 Nr. 2 S. 56.

Solare kosmische Strahlung

6534. **Isii,** Eine anormale, eine Explosion auf der Sonne begleitende Verstärkung der kosmischen Strahlung. Tenki **3** 83 (japan.). — Ref. in RJ 1957 Nr. 5 S. 84.

6535. **G. Pfotzer,** The solar component of the cosmic radiation as probe of the earth's magnetic field at large distances. Mitt. Max-Planck-Inst. Phys. Stratosphäre Nr. 9, 13 S. (deutsch). — Ref. in Phys. Abstracts (A) **60** 537.

6536. **E. Tandberg-Hanssen,** On the interpretation of sudden decreases in cosmic rays from the sun. Astrophys. Norvegica **5** 241—258, mit 5 Fig. — Die Untersuchung der statistischen Zusammenhänge zwischen — vor allem kurzzeitigen — Intensitätsabnahmen der kosmischen Strahlung und der Sonnenaktivität hat im wesentlichen folgende Ergebnisse gebracht: 1.) Die gestörten Gebiete auf der Sonne, die man für den Intensitätsschwund verantwortlich machen muß, sind offenbar nicht identisch mit den Gebieten, welche die Intensitätsanstiege verursachen. 2.) Es existiert keine eindeutige Korrelation zwischen Intensitätsabnahmen der kosmischen Strahlung und magnetischen Stürmen. 3.) Die Sonne produziert anscheinend dauernd kosmische Strahlung. 4.) Der beobachtete Intensitätsschwund läßt sich am besten durch einen Abschirmprozeß verständlich machen, indem ionisierte und magnetisierte Gaswolken, welche von der Sonne ausgestoßen wurden, den Strom der Ultrastrahlungspartikel ablenken. Oster

* * Weitere Mitteilungen über die Sonneneruption vom 23. Februar 1956 siehe § **66** und **68**.

§ 66

Chromosphäre, Flares, Protuberanzen

* * **V. Agy,** Ionospheric effects produced by solar flare radiation. Vgl. Ref. **7**2112.

6601. **R. G. Athay, D. H. Menzel,** A model of the chromosphere from the helium and continuum emissions. ApJ **123** 285—298, mit 5 Fig. = Harv Repr Nr. 433. — Verf. diskutieren die Intensitäten der He-Linien des Flash-Spektrums mit Hilfe eines Chromosphärenmodells. Die Spektren wurden während der totalen Sonnenfinsternis in Khartum (1952) erhalten. Die Triplett-Linien des He I verlangen eine Anregungstemperatur von etwa 6000°, während die Singulett-Linien auf etwa 20000° führen. UV-Strahlung der Korona kann die Anregung der He I-Linien nicht bewirken. Die beobachteten Intensitäten können nicht durch ein einheitliches Modell der Chromosphäre erklärt werden. Micz.

6602. **R. G. Athay, R. N. Thomas,** Temperature gradients in the chromosphere. ApJ **123** 299—308, mit 2 Fig. = Harv Repr Nr. 433. — Verf. untersuchen die Elektronentemperatur der Chromosphäre unter dem Gesichtspunkt der Stabilität. Ein Vergleich der Ergebnisse dieser Betrachtungen der thermischen Stabilität der Emissionsverhältnisse in der Chromosphäre mit Modellen, die mit Hilfe der Beobachtungen anläßlich der totalen Finsternis 1952 abgeleitet wurden, zeigt, daß diese Modelle die geforderten Stabilitätseigenschaften haben. Micz.

6603. **R. G. Athay, R. N. Thomas,** Some characteristics of a chromospheric model. ApJ **123** 309—319, mit 4 Fig. = Harv Repr Nr. 433. — Einige allgemeine Bedingungen, die von einem Modell der Chromosphäre erfüllt werden müssen, werden erörtert. Es wird ferner geschlossen, daß die Spiculen eine geringere Temperatur haben müssen als ihre Umgebung. Micz.

6604. R. G. Athay, R. N. Thomas, Lyman-α and the structure of the solar chromosphere. ApJ **124** 586—596 = Harv Repr Nr. 447. — Aus Beobachtungen des Sonnenspektrums im Gebiet Lyman-α wird auf die Struktur der Chromosphäre geschlossen. Es ergibt sich, daß die bis heute vorliegenden Beobachtungen, die aus Raketenaufstiegen stammen, keine eindeutigen Schlüsse gestatten und daß weitere Beobachtungen dringend erwünscht sind. F. S.

* * **L. d'Azambuja,** La reprise de l'activité solaire. Méthodes nouvelles pour la mieux observer. Vgl. Ref. **6304.**

6605. A. E. Balkowoj, Développement de la protubérance du 5 août 1951. Mitt. Astrophys. Obs. Krim **16** 100—103, mit 2 Fig. und 2 Tafeln (russ. mit franz. Ref.). — Unterstützt durch Reihenbilder nach Kinoaufnahmen und Skizzen der Trajektorien werden die Bewegungen in 17 Knoten einer am Morgen des 5. August 1951 durch ein H_α-Filter von 1.8 Å Durchlaßbreite beobachteten Protuberanz untersucht. Die Erscheinung dauerte ungefähr 40 Minuten und lag zwischen dem eruptiven und dem Spritz-Typ (surge). Die bis in Höhen von 350000 km verfolgten Strömungen verliefen etwa symmetrisch zu einem in der Mitte gelegenen Knoten, der wohl das Massenzentrum darstellte und bis 200000 km aufstieg. Helligkeitsschwankungen, Beschleunigungsänderungen und Größe der Knotenflächen waren positiv korreliert. Petri

6606. M. C. Ballario, E. Balli, Curve di luce di brillamenti e flocculi in H_α. Mem SA It (NS) **27** 291—298, mit 6 Fig. und 2 Tafeln. — Am Sonnenturm von Arcetri werden seit Sept. 1955 dreimal täglich und öfter Spektroheliogramme aufgenommen. Aus fünf Beobachtungsperioden werden die Lichtkurven von Flocculi und Flares abgeleitet und beschrieben. Cester

6607. U. Becker, Über die Entwicklung langlebiger Filamente und ihre Orientierung auf der Sonnenscheibe. ZfA **40** 65—77, mit 9 Fig. = Mitt. Fraunhofer-Inst. Freiburg Nr. 28. — Die Längenvariation langlebiger Filamente wird diskutiert. Es wird nachgewiesen, daß 1.) die von d'Azambuja abgeleitete Polbewegung des Filamentschwerpunktes verursacht ist durch das Längenwachstum der Filamente, und daß 2.) die Orientierung der Filamente (Winkel Filament-Breitenkreis) bedingt ist durch die scherende Wirkung der differentiellen Rotation auf das wachsende Filament. Schließlich wird die Neigung der Filamentebene nach Westen als eine magnetische Wirkung gedeutet. Verf.

6608. U. Becker, Ein bemerkenswerter Filamentaufstieg. Naturwissenschaften **43** 417, mit 1 Fig. — Kurze Mitteilung.

6609. H.-J. Binge, Die mögliche Ursache der hohen solaren Aktivität im Februar 1956. Z. Naturforschung **11a** 874. — Verf. äußert die Ansicht, daß die hohe Sonnenaktivität im Februar 1956 durch das Zusammenwirken eines extrasolaren Magnetfeldes mit einem solaren Magnetfeld hervorgerufen wurde. Insbesondere sollen Eruptionen blitzartige Überschläge vom Außenraum der Sonne in die Chromosphäre sein. Der Zustand der Sonne soll ähnlich sein, wie er von T Tauri bekannt ist. U. Be.

6610. R. O. Bishop, Chromospheric emission and its dependence on latitude. MN **116** 593—607, mit 5 Abb. — Ref. in Obs **76** 217—219 (Ref. RAS). — Messung der Gesamtintensität der chromosphärischen H_α- und D_3 (Helium)-Emission in 2700 und 4500 km Höhe über dem Sonnenrand in verschiedenen Breiten. Abgesehen von örtlichen Irregularitäten scheint die H_α-Emission an den Polen, die D_3-Emission dagegen am Äquator stärker zu sein. Voigt

6611. H. L. Bondy, Solar flares. Vega **2** Nr. 32 S. 1.

* * **C. E. R. Bruce,** Initial «acceleration» and «deceleration» in novae and solar flares. I. II. Vgl. Ref. **11302.**

6612. M. Correll, M. Hazen, J. Bahng, Motion of prominences. ApJ **124** 597—600, mit 3 Fig. — Die Bewegungsspuren der Protuberanzenmaterie in der Nähe aktiver Zonen ähneln häufig der Anordnung magnetischer Kraftlinien in der Umgebung eines Dipols. Verf. versuchen, ein idealisiertes Dipolfeld den beobachteten Bahnspuren einer Protuberanz anzupassen. Eine bemerkenswerte Übereinstimmung wird unter der Annahme erreicht, daß der Dipol sich etwa 0.2 Sonnenradien unter der Oberfläche befindet. Micz.

* * **M. Dagg, R. W. Vice, C. D. Watkins,** Jodrell Bank observations of geophysical phenomena following the solar flare of 1956 February 23. Vgl. Ref. 6808.

6613. H. W. Dodson, Development of an active solar region August 20—26, 1954. AJ **61** 2—3. — Ref. AAS.

6614. H. W. Dodson, E. R. Hedeman, Detailed study of an active solar region, 1954 August 20—27. MN **116** 428—442, mit 8 Fig. und 1 Tafel. — Sehr ausführliche Studie über die Entwicklung eines isolierten Aktivitätszentrums auf der ungestörten Sonne unter Berücksichtigung aller solaren und terrestrischen Begleiterscheinungen (Ca-Fackel, Linienemission der Korona, radiofrequente Strahlung, Flecken und deren Magnetfeld). Bru.

6615. H. W. Dodson, E. R. Hedeman, R. R. McMath, Photometry of solar flares. ApJ Suppl **2** 241—270, mit 16 Fig. — Ref. in ApJ **123** 186—187. — Die Intensität von 194 Flares und Subflares wurde im Licht von H_α gemessen. Für die Lichtkurven der Flares wird ein exponentieller Ausdruck gefunden. Es wird nach Beziehungen zwischen Intensität, Steilheit des Anstiegs, Flächenausdehnung und Dauer gesucht. Ferner wird die Mitte-Rand-Variation der Flares untersucht. Verf. erörtern die Beziehungen zwischen Flares und plötzlichen ionosphärischen Störungen (SID). Verf. machen wahrscheinlich, daß es auch eine langsam sich entwickelnde und bisher unbekannte Art ionosphärischer Störungen gibt (GID), die von Flares ausgelöst wird. Micz.

6616. M. A. Ellison, Die ultraviolette Strahlung solarer Eruptionen. Mitt. Astrophys. Obs. Krim **16** 196—200 (russ.). — Ref. Krim-Tagung Sept. 1955.

6617. M. A. Ellison, A study of a blow-off prominence (1956 May 18). MN **116** 624—628, mit 2 Abb. und 1 Tafel. — Spektroheliosкopische und spektrographische Beobachtungen eines starken Protuberanzenausbruchs bis über 500000 km Höhe in Meudon und Edinburgh. Messung der H_α-Intensität. Der Ausbruch erfolgte weitgehend in Form eines gleichmäßig expandierenden Bogens. Voigt

6618. U. Ericsson, On the possibility of expansion and shock flow in prominences. Ark Astr **2** 97—102, mit 2 Fig. = Stockholms Obs. Medd. Nr. 93. — Das Zwei-Temperaturen-Modell der Protuberanzen von Öhman wird weiter durchgeführt. Nach einem Ausbruch an der Sonnenoberfläche kühlt sich das Gas durch adiabatische Expansion ab, treibt jedoch eine heiße Stoßfront vor sich her. Die Zustandsgrößen bei adiabatischer Expansion eines anfangs dissoziierten Gases werden im Bereich $500 \leq T \leq 6000$ Grad berechnet und tabulliert. v. Hoerner

6619. G. Godoli, Flocculi e filamenti nella fase attuale del ciclo solare. Mem SA It (NS) **27** 503—515, mit 4 Fig. — Nach einer Darlegung der Besonderheiten der jetzigen Phase der Flecken- und Protuberanzentätigkeit wird die Aktivität der H_α- und Ca-Flocculi und der H-Filamente nach dem letzten Minimum von 1954 untersucht. Cester

6620. T. Gold, High-energy particles in solar flares. Nature **178** 487. — Verf. knüpft an einen Vortrag an, den Kurchatow in Harwell über neue russische Arbeiten an Hochstromentladungen gehalten hat. Bei diesen Experimenten waren Partikel mit Energien aufgetreten, die weit über den Energien der entsprechenden

Maxwell-Verteilung und auch weit über der Energie entsprechend der Potentialdifferenz Anode-Kathode lagen. Interessanterweise setzte die Produktion dieser Partikel genau dann ein, wenn in der Entladung die zweite Einschnürung unter der Wirkung des eigenen Magnetfeldes (Pinch-Effekt) auftrat. Offenbar werden durch dieses Magnetfeld einige wenige Partikel in irgendeiner Weise sehr stark beschleunigt. Nun weiß man von den Sonneneruptionen (Flares), daß sie ebenfalls Teilchen sehr hoher Energie produzieren, daß ferner in ihrer Umgebung die großen Magnetfelder der Sonnenflecken vorhanden sind, und daß die Eruptionen selbst sehr viel Ähnlichkeit mit einem elektrischen Durchschlag haben. Nimmt man an, daß in der Nähe der Sonnenflecken stets schwache elektrische Ströme fließen, könnte der Beginn der Eruption mit einem Instabilwerden des Stromsystems zusammenfallen, entsprechend dem Auftreten einer zweiten Einschnürung der Funkenentladung im Laboratoriumsversuch. Oster

6621. **S. G. M. Haug,** The effect of orientation on the thickness of prominences. Proc. K. Nederl. Akad. Wetensch. (B) **59** 174—180, mit 3 Fig. = Circ. Astr. Inst. Univ. Amsterdam Nr. 8. — Die Dicken einiger Protuberanzen, die vom Verf. und anderen aus verschiedenen Finsternisaufnahmen auf Grund der Intensität des kontinuierlichen Spektrums unter plausiblen Annahmen für die Elektronentemperatur hergeleitet worden waren, und die naturgemäß die Dicken in Richtung des Visionsradius ergaben, standen im Widerspruch zu den mittleren Protuberanzendicken, die von Pettit und besonders von d'Azambuja angeführt werden. Es wird nun hier unter Zuhilfenahme der Cartes synoptiques von Meudon und anderer Spektroheliogramme der Nachweis erbracht, daß diese Diskrepanz sich in allen Fällen erklären läßt, wenn man die tatsächliche Neigung der Protuberanzen gegen die Sonnenoberfläche berücksichtigt. H. M.

6622. **G. M. Idliss, M. G. Karimow, A. B. Delone, S. O. Obaschew,** Bestimmung der Feldstärke des magnetischen Feldes in Protuberanzen aus der Untersuchung ihrer inneren Bewegungen. Mitt. Astrophys. Inst. Alma-Ata **2** 71—96, mit 6 Fig. und 3 Tafeln (russ.). — Es werden die Formeln zur Bestimmung der Feldstärke des magnetischen Feldes in Protuberanzen aus der Untersuchung der Bewegung ihrer einzelnen Partien gegeben. Diese Formeln werden auf einige Fälle von Protuberanzenbewegungen angewendet. Kopecký

6623. **G. M. Idliss,** Bestimmung der Feldstärke des magnetischen Feldes in Protuberanzen aus den Bewegungen ihrer Knoten in der Bildebene (Résumé). Mitt. Astrophys. Inst. Alma-Ata **3** Nr. 4 S. 83—84 (russ.). — Ein Auszug aus der Arbeit von Idliss, Karimow, Delone, Obaschew, Mitt. Astrophys. Inst. Alma-Ata **2** 71—96. Vgl. Ref. **6622**. Kopecký

6624. **J. T. Jefferies,** The D_3 emission of prominences. MN **116** 629—636, mit 3 Abb. — Berechnung der H_α- und D_3-Emissionen in Protuberanzen mit einem isothermen «Tafel-Modell» und Vergleich mit früheren Arbeiten ergeben Übereinstimmung mit der Beobachtung für T zwischen 11000 und 20000°, N_e zwischen 10^{10} und 5×10^{10} cm^{-3} und ein Verhältnis He/H zwischen 0.12 und 0.4. Die Rechnung ergibt, daß die Bildung der Linien mehr durch diffuse Reflexion als durch Selbstemission zustande kommt. Voigt

6625. **J. T. Jefferies, R. E. Loughhead,** Correlation patterns in the chromospheric granulation. Nature **177** 180—181. — Nach einer von Uberoi (vgl. AJB **55** Ref. **6114**) angegebenen Methode werden zwei Hα-Aufnahmen der chromosphärischen Feinstruktur (aufgenommen durch ein Lyot-Filter mit 0.7 Å Halbwertsbreite) verglichen. Als charakteristische Größe der Strukturelemente ergeben sich 3×10^4 km. Die Elemente lassen sich über 5 bis 6 Stunden verfolgen. Oster

6626. **P. Jiménez Landi,** Cromosfera y corona. Madrid, C. S. I. C. Inst. Daza de Valdés Optica, 1955. 97 S. Preis 35.00 Pes.

6627. J. Kleczek, Sonnenprotuberanzen. Pokroky **1** 169—173 (tschech.).

6628. W. Krat, Die Inhomogenität der Sonnenchromosphäre und das Problem der Anregung des Heliums. DAN **106** 619—622, mit 3 Fig. und 1 Tafel (russ.). — Aus der Bearbeitung chromosphärischer, in Pulkowo aufgenommener Spektren folgt, daß die Anregung und die Ionisation des Heliums in Fasern (Spiculen) mit kinetischen Temperaturen zwischen 3×10^4 und 10^5 Grad stattfindet. Loh.

6629. W. A. Krat, W. M. Sobolew, Die Anregung des Heliums in der Sonnenchromosphäre. DAN Aserbejdshan. Sowjetrepublik **12** 617—621 (russ. mit aserbejdshan. Ref.). — Ref. in RJ 1957 Nr. 6 S. 77.

6630. W. A. Krat, T. W. Krat, Die Struktur der Sonnenchromosphäre und die Konturen chromosphärischer Linien. Mitt. Astr. Hauptobs. Pulkowo **20** Nr. 2 (155) S. 1—16, mit 6 Abb. und 2 Tafeln (russ.). — Das Auftreten aller Wasserstofflinien im Chromosphärenspektrum wird durch Resonanzstreuung hervorgerufen. Ein Vergleich der Halbwertsbreiten von H_9 bis H_{15} mit den Linien Mg 3838, Ti^+ 3759 und 3761 ergibt die kinetische Temperatur der Chromosphäre zu $10^4 \pm 2 \times 10^3$ °. Die Konturen der Heliumlinie D_3 werden eingehend untersucht. Bei strenger Berücksichtigung des Einflusses, den das Schwanken der Abbildungsgüte auf die Abhängigkeit der Äquivalentbreite w von der Höhe h über dem photosphärischen Niveau hat, stellt eine quasibarometrische Formel für die wahren $w(h)$, die Beobachtungen in Übereinstimmung mit vielen Finsternisergebnissen befriedigend dar. Aus D_3 bestimmte Dopplergeschwindigkeiten hängen praktisch nicht von h ab. Ihr Mittelwert von 16 km/sec kommt dem aus den höheren Balmergliedern berechneten von 14.5 km/sec nahe. Für unterschiedliche Stellen in der Chromosphäre und verschiedene Jahre sind die Dopplergeschwindigkeiten nicht konstant. Die Chromosphäre besteht aus einzelnen Fasern unterschiedlicher Temperatur und Dichte. Für verschiedene Gebiete der Chromosphäre schwanken die mittleren makroskopischen «Turbulenz»-Geschwindigkeiten dieser Fasern zwischen 6 und 22 km/sec. Verf. (gekürzt)

6631. W. A. Krat, T. W. Krat, L. M. Prawdjuk, Über die physikalische Inhomogenität der Sonnenchromosphäre. Mitt. Astr. Hauptobs. Pulkowo **20** Nr. 3 (156) S. 60—66, mit 4 Abb. (russ.). — Die Arbeit enthält die Ergebnisse einer Untersuchung der Linien He 3888.65, 4472 und D_3 sowie H_8, H_δ und Sr^+ 4078. Es gibt zwei Gruppen chromosphärischer Fasern: heiße und kalte, bzw. Helium- und Wasserstoff-Fasern. Die kinetische Temperatur der Wasserstoff-Fasern liegt zwischen 6000 und 15000°, die der Heliumfasern zwischen 30000 und 40000°. Die anomale Breite der Flügel der D_3-Linie kann man durch das Vorkommen einzelner Verdichtungen mit einer Temperatur von etwa 10^5 ° erklären. In derart heißen Heliumfasern muß die Linie He^+ 4686 entstehen. Verf. (gekürzt)

6632. W. A. Krat, Über die Sichtbarkeit der Co 6563,42-Linie im chromosphärischen Spektrum. Sonnendaten 1956 Nr. 1 S. 106 (russ.). — Ref. in RJ 1957 Nr. 4 S. 68.

6633. S. L. Lippincott, The spicule structure of the chromosphere. AJ **61** 8. — Ref. AAS.

6634. C. Macris, Sur la durée d'existence des flocculi brillants de la chromosphère solaire. Rend. Accad. Nazionale Lincei, Cl. Sci. fis., mat., nat. (8) **21** 303—305. — Verf. hat eine Serie von 16 Spektroheliogrammen, die er am Sonnenturm von Arcetri gewonnen hatte, ausgewertet. Von 200 hellen Flocculi wurden Lebensdauer und Dimensionen bestimmt, 140 davon lagen in Gebieten zwischen $\pm 45°$ und 90° und hatten eine Lebensdauer zwischen 6 und 14 Stunden. Die in der Zone zwischen $-10°$ und $+10°$ liegenden 60 Flocculi hatten eine etwas kürzere Lebensdauer. Die Flocculi in den polaren Regionen zeigten keine wesentlichen Veränderungen, während die der Äquatorzone beträchtliche Fluktuationen aufwiesen. Henn

6635. C. Macris, Sur la grandeur et la vie moyenne des spicules en projection sur le disque solaire. Rend. Accad. Nazionale Lincei, Cl. Sci. fis., mat., nat. (8) **21** 419—420. — Mit dem Ziel, einen Beitrag zur Untersuchung der Feinstruktur der Chromosphäre zu liefern, unternimmt Verf. eine Bestimmung von Lebensdauer und Dimensionen der Spiculen. Benutzt werden dazu Spektroheliogramme in Hα, die Verf. in Arcetri gewonnen hat. Es ergeben sich Dimensionen zwischen 2″ und 12″ und für die Lebensdauer Werte zwischen 2 und 10 Minuten. Aus diesen ersten Messungen kann Verf. auch auf eine Beziehung zwischen Größe und Lebensdauer der Spiculen schließen, die durch weitere Untersuchungen eine Bestätigung erfahren soll. Henn

6636. M.-J. Martres, Disparition brusque d'une protubérance observée à l'héliographe monochromatique le 9 août 1956. BSAF **70** 401—402, mit 1 Tafel.

6637. D. H. Menzel, E. P. Smith, H. DeMastus, H. Ramsey, G. Schnable, R. Lawrence, The record prominence of 10 February, 1956. AJ **61** 186. — Ref. AAS.

6638. J. Mergentaler, J. Paciorek, On the correlation between chromospheric flares and the magnetic fields of sunspots. Zeszyty Nauk. Uniw. Wroclawski (B) 1956 S. 187—192, mit 1 Fig. (poln. mit engl. Ref.). — Die Zahl der Eruptionen pro Fleckengruppe mit bestimmtem Magnetfeld war im 17. Aktivitätszyklus größer als im 18. Die geringe Zahl von Eruptionen und die schwache Sonnenaktivität des letzten Zyklus trotz großer Sonnenfleckenrelativzahlen steht damit in Übereinstimmung. Das Eruptionsmaximum bei der magnetischen Feldstärke H = 2400 Oerstedt könnte seine Ursache in einer Temperaturinversion in der Schicht der Chromosphäre haben, in der gemäß Giovanellis Theorie der magnetisch neutrale Bezirk liegt. Eine ähnliche Ursache könnte die Eruptionszahl des 18. Zyklus herabgedrückt haben, falls das allgemeine Magnetfeld mit einer mehr als elfjährigen Periode variabel ist. Weidemann

6639. R. Michard, Spectrophotométrie des raies d'émission intenses de la chromosphère. II. La raie H_α des spicules. Ann d'Astrophys **19** 1—8, mit 3 Fig. — D'après des spectres chromosphériques obtenus au moyen de la tour solaire de l'Observatoire d'Arcetri, l'auteur détermine la brillance maximum, la demi-largeur, l'effet Doppler et le profil complet de la raie H_α isolée de 35 spicules à des altitudes comprises entre 4000 et 9000 km. Les mesures indiquent que la température cinétique des spicules n'excède pas 10000° et que la valeur quadratique moyenne de leurs vitesses atteint 19.5 km/sec. Milošević

6640. E. R. Mustel, T. T. Zap, Spectrophotometry of lines of the infrared triplet of ionized calcium λλ 8498, 8542 and 8662 Å in flocculae. Mitt. Astrophys. Obs. Krim **16** 67—72, mit 7 Fig. (russ. mit engl. Ref.). — Die am 7. und 21. Mai sowie 4. Juli 1955 mit 1.60 Å/mm über Flocculi erhaltenen Linienprofile werden mit solchen der ungestörten Sonne verglichen. Durch Differenzenbildung tritt ein zentraler Exzeß infolge Emission deutlich hervor. Die Selbstabsorption in den Emissionslinien ist beträchtlich, läßt aber im Gegensatz zur Theorie keinen systematischen Verlauf erkennen. Petri

6641. M. Notuki, T. Hatanaka, W. Unno, A very unusual flare on February 23, 1956. Publ. Astr. Soc. Japan **8** 52—54, mit 3 Fig. = Tokyo Astr. Obs. Repr. Nr. 137. — Résultats d'observations spectrohélioscopiques, radioélectriques et directes du phénomène. Milošević

6642. Y. Öhman, Aktuella problem i samband med «Solar Flares». Några intryck från Dublin-kongressen. PAT **37** 8—19, mit 7 Fig. — Ref. in PAT **37** 161—162. — Referat von zehn Vorträgen über Sonneneruptionen, welche auf der Astronomenversammlung in Dublin gehalten worden waren. Insbesondere wird auf die Bedeutung von Spektralaufnahmen der Sonne mit

Stratosphärenraketen hingewiesen. Hervorgehoben wird auch Unsölds Auseinandersetzung mit theoretischen Fragen. C. L. J.

6643. **F. Q. Orral,** Photometry of the fine structure in solar-limb prominences. AJ **61** 10—11. — Ref. AAS.

6644. **L. Oster,** Das Strahlungsfeld der Übergangsschicht Chromosphäre-Korona. ZfA **40** 28—64, mit 11 Fig. = Sonderdruck Sternw. Kiel. — Ausgehend von Böhm-Vitenses Chromosphären- und van de Hulsts Koronadaten werden zwei sphärisch-symmetrische Modelle der Übergangsschicht Chromosphäre-Korona abgeleitet. Unter Berücksichtigung von Stoßionisation, Photorekombination sowie Photoionisation durch das eigene Strahlungsfeld werden Ionisationsgrad und Besetzung der höheren Quantenzustände von Wasserstoff und Helium angegeben. Mit diesen Daten ergibt sich für die Kontinua von H, He I und He II im Lymangebiet eine Strahlungstemperatur von 7000, 10000 bzw. 22000°. Als Testobjekte dienen die publizierten Raketenmessungen von Lyα, das Radiospektrum im Dezimetergebiet, vor allem aber die Flashbeobachtungen, welche im Rahmen der erreichbaren Genauigkeit mit den Modellvoraussagen übereinstimmen. Schließlich wird noch gezeigt, daß die beobachteten Ionisationsgrade von H und He in den Protuberanzen durch die Einstrahlung der ultravioletten Kontinua erklärt und auch die Äquivalentbreiten von Hα, Hβ und D_3 richtig angegeben werden können. Oster

6645. **C. Pecker, J.-C. Pecker,** L'écart à l'équilibre thermodynamique dans la chromosphère solaire (niveaux n $>$ 2). CR **242** 994—997, mit 1 Fig. = Contr. Inst. d'Astrophys. Paris (A) Nr. 213. — En utilisant les valeurs préliminaires de la fonction de saturation la plus générale (Stark + Doppler + Amortissement), on détermine par un procédé itératif l'écart à l'équilibre thérmodynamique dans la chromosphère solaire pour les trois hypothèses: toutes raies élargies Doppler, toutes raies élargies Stark, raies élargies Doppler si $n < 9$, élargies Stark si $n \geq 9$. Comparaison avec les résultats théoriques de Thomas et des résultats semi-empiriques de Matsushima (ApJ Suppl **1** 479, 491, 505, vgl. AJB **55** Ref. **6629**, **6602**, **6603**). Milošević

6646. **C. Pecker, J.-C. Pecker,** Le nombre d'atomes d'hydrogène sur les niveaux $n = 1$ et $n = 2$ dans la chromosphère solaire. CR **242** 1130—1132, mit 1 Fig. — Numerische Ergebnisse (Atomzahlen Wasserstoff $n = 1$ und $n = 2$) berechnet nach der Theorie, wie im vorstehenden Ref. beschrieben. Angaben für die Sonnenchromosphäre in den Höhen 2000, 3000, 4000 km. Labs

6647. **S. B. Pikelner,** On the spiral motion of the prominence knots. AJ UdSSR **33** 641—645 (russ. mit engl. Ref.). — In Knoten eruptiver Protuberanzen sind bei Geschwindigkeiten von 50 bis zu 600 km/sec Beschleunigungen der Größenordnung 10^4—10^5 cm sec^{-2} gemessen worden. Wegen der großen Leitfähigkeit der Sonnenatmosphäre können die dabei beobachteten Spiralbewegungen nicht durch starke elektrische Ladungen der Knotensubstanz bei Vorhandensein eines Magnetfeldes von etwa 100 Oe erklärt werden. Wohl aber läßt sich die Spiralgestalt der Bahnen als sekundärer Effekt in einem schwachen Magnetfeld von etwa 5 Oe verstehen, wenn man annimmt, daß dem Knoten durch eine noch unbekannte Ursache eine gewisse Anfangsgeschwindigkeit mitgeteilt wurde, deren Richtung nicht mit der des Magnetfeldes zusammenfiel. Petri

6648. **W. O. Roberts,** Some coronagraph spectra of chromosphere. AJ **61** 189. — Ref. AAS.

6649. **A. B. Sewerny,** Fine structure of the emission in active regions of the sun. AJ UdSSR **33** 74—79, mit 1 Fig. und 2 Tafeln (russ. mit engl. Ref.). — Das neue Sonnenteleskop des Krim-Observatoriums erlaubt bei Sonnenbildern zwischen 22 und 35 cm Durchmesser unter guten Beobachtungsbedingungen Details von 0ʺ4 entsprechend 300 km Ausdehnung auf der Sonne aufzulösen. Der benützte Spektrograph ergibt eine Dispersion von 0.5 Å/mm. Mit dieser

Anordnung ist es gelungen, die Emission gestörter Stellen der Sonne (Fackeln und Eruptionen) genauer zu analysieren und zwar in Lichtpunkte mit Durchmessern von einigen 100 km aufzulösen, die sich im Spektrum zunächst durch ihre nach dem Violett hin wachsende Emission bemerkbar machen. Die Linienemission (H_α, H, K) ist deutlich nach Violett verschoben, was sich bei schlechterer Auflösung als Asymmetrie der Linienkontur bemerkbar macht. Oster

6650. **W. M. Sobolew,** Über die Möglichkeit der Ionisation des Wasserstoffs und Heliums in der Chromosphäre und in Protuberanzen durch weiche Röntgenstrahlung der Korona. Sonnendaten 1956 Nr. 2 S. 126—129 (russ.). — Ref. in RJ 1957 Nr. 3 S. 60.

6651. **W. N. Sujkow,** Spektralphotometrie von Sonnenprotuberanzen. Mitt. Astr. Hauptobs. Pulkowo **20** Nr. 2 (155) S. 22—45, mit 5 Abb. (russ.). — Das Ergebnis von Messungen der Äquivalentbreiten von sieben Balmerlinien sowie von Ca^+, H und K, He 5876, 4472 und 4026 wird dargelegt, die in Protuberanzenspektren bei den totalen Sonnenfinsternissen 1941, 1945 und 1952 erhalten worden sind. Meß- und Auswerteverfahren werden genau beschrieben. Daraus folgten: die Dichte der (im zweiten Quantenzustand befindlichen) Wasserstoffatome und der Kalziumatome, die Elektronendichte, die Anregungstemperaturen von Wasserstoff und Helium und das Zahlenverhältnis der Atome He^+/H^+.
Verf. (übersetzt)

6652. **Z. Švestka,** Several notes on the statistics of chromospheric flares. BAC **7** 9—18, mit 2 Fig. (mit russ. Ref.). — L'auteur donne un catalogue des moyennes mensuelles et annuelles des durées effectives des observations au spectrohéliographe et au spectrohélioscope, ainsi que du nombre réel d'éruptions observées à tous les stations participantes aux observations des phénomènes chromosphériques. D'après une analyse statistique de ces données pour les années 1937 à 1952, l'auteur donne une comparaison de l'activité des éruptions au cours de deux cycles. Milošević

6653. **Z. Švestka, L. Fritzová,** The width of H_α in solar flares. BAC **7** 30—32, mit 4 Fig. (mit russ. Ref.). — Les auteurs indiquent que l'élargissement du centre au bord solaire de la raie H_α dans les éruptions solaires, trouvé par L. Goldberg et ses collaborateurs (vgl. AJB **54** Ref. **6611**) est une conséquence nécessaire de la déformation perspective de l'aire apparente des éruptions.
Milošević

6654. **Z. Švestka,** The optical thickness of flares and the broadening of Balmer lines in their spectra. BAC **7** 130—136, mit 1 Fig. (mit russ. Ref.). — Verf. kommt zu dem Ergebnis, daß der Verbreiterungsmechanismus der Balmerlinien in den chromosphärischen Eruptionen (flares) nicht einheitlich ist. Bei der H_α-Linie handelt es sich um Strahlungsdämpfung, die übrigen höheren Balmerlinien werden durch den Starkeffekt verbreitert. Hoppe

6655. **Z. Švestka,** Die physikalischen Eigenschaften chromosphärischer Eruptionen. Mitt. Astrophys. Obs. Krim **16** 209—211 (russ.). — Ref. Krim-Tagung Sept. 1955.

6656. **W. P. Wjasanizyn,** Untersuchung der Sonnenchromosphäre. I. Mitt. Astr. Hauptobs. Pulkowo **20** Nr. 3 (156) S. 16—59, mit 11 Abb. (russ.). — Übersicht über die bisherige Erforschung der Spektren chromosphärischer Eruptionen und spektralphotometrischer Messungen der Chromosphäre während Sonnenfinsternissen. Auf Grund von eigenen Beobachtungen bei den Sonnenfinsternissen 1941, 1945 und 1952 gibt Verf. die Strahlung der Chromosphäre in verschiedenen Spektrallinien in verschiedenen Höhen der Chromosphäre an und berechnet die Emissionsgradienten und die totale Ausstrahlung der Chromosphäre in diesen Linien. Kopecký

6657. **H. Zirin,** High dispersion spectra of prominence and coronal emission lines. AJ **61** 14. — Ref. AAS.

6658. H. Zirin, The helium equilibrium in prominences and the chromosphere. ApJ **123** 536—543 = Harv Repr. Nr. 434. — Verf. erörtert die Gleichgewichtsbedingungen für Helium, das sich in einem anderen Gas oberhalb der Photosphäre befindet. Die Intensitäten von He I-, He II- und He III-Linien werden berechnet. Die Triplett-Linien haben eine der photosphärischen Strahlung entsprechende Intensität. Das Intensitätsverhältnis 6618/5816 hängt nur von der Temperatur ab und sollte ein gutes Maß für diese sein. Micz.

* * **H. Zirin,** The temperature and equilibrium of hydrogen in solar prominences. Vgl. Ref. **6116**.

6659. Rockoons and solar flares. J British Interplanetary Soc. **15** 344.

6660. High-altitude studies of solar flares. Science **124** 213—214, 673—674.

6661. Problems of the solar chromosphere. Sky and Telescope **15** 152—155, mit 10 Fig. — Ref. in NAT 1956 S. 75. — Bericht über ein Symposium über Fragen der Chromosphäre, mit Berichten von Hagen, Mohler, Thomas und Evans. Evans berichtet speziell über die erste Auswertung des Chromosphärenfilms von Dunn. U. Be.

6662. High-dispersion prominence and coronal spectra. Sky and Telescope **15** 170. — Ref. AAS.

6663. Solar prominences and radio noise. Sky and Telescope **15** 399, mit 1 Fig. — Ref. AAS.

6664. Beobachtungen der Chromosphäre, Flares und Protuberanzen

Ann. Univ. C. I. Parhon Bucureşti (ştiinţ. Nat.) 1956 Nr. 11 S. 81—103. Observaţii solare: rotaţiile 1363—1368, 28 iulie 1955—7 ianuarie 1956. C. Popovici, I. Soru.

Anzeiger Österreich. Akad. Wiss. Math.-naturwiss. Kl. **93** 111—120, mit 1 Abb. Die Beobachtungen des Sonnenobservatoriums Kanzelhöhe im Jahre 1955. H. Haupt.

Astr. Mitt. Sternw. Zürich Nr. 201 = VJS Naturforsch. Ges. Zürich **101** 139—154, mit 2 Abb. Die Sonnenaktivität im Jahre 1955. M. Waldmeier.

Bol. Astr. Obs. Madrid **5** Nr. 1 S. 1—46, mit 3 Fig. Protuberancias solares. Resumen de las observaciones realizadas durante el año 1955. E. Gullón, M. López Arroyo, J. Febrer.

Bol. Obs. Ebro **42**, 32 S. Heliofísica 1954. Desgl. **43**, 43 S. Heliofísica 1955.

Boll. Accad. Gioenia Sci. nat. Catania (4) **3** 172—184, mit 4 Fig. = Oss. Astrofis. Catania Pubbl. (NS) Nr. 9. L'attività del Sole nel 1955. S. Cristaldi.

BSAF **70** 34—35, 67—68, 119—121, 136, 186, 239—240, 296, 332, 364, 402—403, 454, mit 14 Fig. L'activité solaire. M. d'Azambuja. — Rotationen Nr. 1366—1379.

BSAF **70** 240—242, mit 1 Fig. Manifestations remarquables de l'activité solaire. M.-J. Martres, G. Olivieri, J. Rayrole.

Bull. Obs. Astr. Beograd **20** Nr. 1—2 S. 6 mit 1 Fig. Observations des protubérances en 1954. O. Kovačević.

Bull. Obs. Astr. Beograd **20** Nr. 3—4 S. 9—10, mit 1 Fig. Activité des protubérances en 1955. O. Kovačević.

Cartes synoptiques de la chromosphère solaire et catalogue des filaments de la couche supérieure. Obs. Paris, Section d'Astrophys. Meudon. Vol. **2** Fasc. 1, années 1945—1946—1947. L. d'Azambuja. — Rotation Nr. 1222—1260.

Časopis **6** Nr. 2—5. Graphische Übersicht der eruptiven Sonnentätigkeit im Jahre 1956. — Graphische Darstellung der chromosphärischen Eruptionen und der Radiostrahlung ($\lambda = 56$ cm) nach Beobachtungsergebnissen der Sternwarte Ondřejov bei Prag. J. B.

Ciel et Terre **71** 436, 1955. Activité solaire — résumés. — Rotationen Nr. 1363—1364.

Ciel et Terre **72** 90, 196, 323, 445, 568, 721. Activité solaire — résumés. — Rotationen Nr. 1365—1376.

Ciel et Terre Suppl. 1956 Nr. 1—12, mit Fig. = Commun. Obs. Roy. Belgique Nr. 112. Observations photosphériques et chromosphériques. Observations des taches solaires. P. Bourgeois, R. Coutrez, A. Koeckelenbergh. — Rotationen Nr. 1365—1376.

Ciel et Terre **72** 515—528, mit 3 Fig. = Commun. Obs. Roy. Belgique Nr. 101. La chromosphère et les protubérances en 1954. R. Coutrez, A. Koeckelenbergh.

Circ. Astr. Obs. Gorkij-Staatsuniv. Charkow Nr. 15 S. 33—60 (russ.). Die Aktivität der Sonnenphotosphäre und -chromosphäre vom 1. Januar bis 31. Dezember 1953 nach Beobachtungen des Astronomischen Observatoriums Charkow. L. I. Krissenko, R. M. Rapota.

Circ. Astr. Obs. Taschkent Nr. 280—285 (russ.). Die Sonnenaktivität 1955 Nov.—1956 Okt. J. Slonim, K. Kuleschowa.

Coelum **24** 20—21, 53—54, 91—92, 115—117, 141—142, 178—179, mit 6 Fig. Fenomeni solari dei mesi di ottobre 1955—settembre 1956.

Fraunhofer-Inst. Freiburg. Daily maps of the sun. — 1956 Jan. 1—Dez. 31.

Greenwich photo-heliographic results 1948. Results of measures made at the Royal Greenwich Observatory of photographs of the sun, taken at Greenwich, the Cape and Kodaikanal in the year 1949. London, Her Majesty's Stationery Office, 1956. C I—C VII, C 201—C 216.

Desgl. für 1949. C I—C VII, C 193—C 203.

Indian J. Meteorol. Geophys. **7** 75—83, 307—315, 396—403. Kodaikanal solar, geomagnetic and ionospheric data (Juli—September 1955, Januar—Juni 1956). A. K. Das, S. L. Malurkar.

J. Geophys. Res. **61** 129—134, 283—296, 559—567, 741—747. Geomagnetic and solar data. J. Bartels, J. Veldkamp, M. Waldmeier, R. R. Bodle.

Kodaikànal Obs. Bull. Nr. 141 S. 373—379, mit 2 Fig. Summary of prominence observations for the second half of 1953. A. K. Das.

Mem SA It (NS) **27** 329—334, mit 2 Fig. Osservazioni di protuberanze e della cromosfera solare eseguite nel 1955. M. Rigutti.

MN **116** 218—220. Reports on the progress of astronomy: Solar activity. A. K. Das.

Nature **177** 412. Recent solar activity.

Obs **76** 47—49. The recent outburst on the sun. T. Gold. — Ref. RAS.

Obs **76** 158—159, mit 1 Tafel. Solar observations in hydrogen and calcium lines. Y. Öhman.

Obs **76** 188, mit 1 Fig. The development curve of the solar flare of 1956 August 31. R. Müller.

Orion Schaffhausen **5** 169. Eruption auf der Sonne am 31. August 1956.

PAT **37** 66—69, mit 4 Fig. Märklig ökning i solens aktivitet. — Ref. in PAT **37** 161—162.

Publ ASP **68** 146—148, mit 1 Fig. Solar activity in 1955. S. B. Nicholson.

Publ. Astr. Obs. Kiew Nr. 7 S. 95—104 (russ.). Die chromosphärische Aktivität der Sonne 1948—1949. A. N. Sergejewa, M. J. Seldina.

Quarterly Bull. Solar Activity Nr. 110—113 S. 183—288, mit 8 Fig. Published by the Eidgen. Sternw. Zürich. — 1955 April—1956 März.

Rev. geofis. **15** 53—64. Nota relativa a la actividad solar y geomagnetica (Octubre —Diciembre 1955). J. O. Cardus.

RH **37** 281, mit 1 Fig. (tschech.). Die Sonnenprotuberanz vom 24. Sept. 1956. K. Hermann-Otavský.

Sky and Telescope **15** 398. A great solar explosion. — Ref. AAS.

Sonnendaten 1955 Nr. 4—6 (russ.). Tägliche Karten der Sonne und Magnetogramme. — 1955 Juli—Dez.

Sonnendaten 1956 Nr. 1—5 (russ.). Tägliche Karten der Sonne und Magnetogramme. — 1956 Jan.—Okt.

Sonnendaten 1956 Nr. 3 S. 140—141 (russ.). Ein chromosphärischer Ausbruch und eine eruptive Protuberanz. J. M. Slonim.

Sterne **32** 117—120, mit 5 Fig. Die Sonnentätigkeit im zweiten Halbjahr 1955. R. Müller.

Sterne **32** 232—235, mit 4 Fig. Die Sonnentätigkeit im ersten Halbjahr 1956. R. Müller.

Stockholms Obs. Ann. **19** Nr. 5, 29 S. Solar flares observed at the Swedish Astrophysical Station in Anacapri in the year 1955. Y. Öhman, K. Lodén, L. O. Lodén, F. Lindgren, K. Fredga. — Comte-rendu et résultats d'observations régulières des éruptions solaires au cours de 1955. Milošević

Tokyo Astr. Obs. Bull. Solar Phenomena **7** 53—74, **8** 1—68, mit zahlreichen Fig. — 1955 Okt.—1956 Sept.

Urania Barcelona **41** 83—88, mit 8 Fig. Protuberancias solares. Resumen de las observaciones en el Observatorio de Madrid durante el año 1955. Alturo de la cromosfera en el mismo año. E. Gullón.

Urania Barcelona **41** 244. Datos relativos a la actividad solar y geomagnética en 1954.

Urania København **13** 27. Udbrud paa Solen.

Veröff. Astr. Obs. Kiew **1** 81—300 (russ.). Beobachtungen der Sonnenphotosphäre und -chromosphäre in den Jahren 1942—1945 am Astronomischen Observatorium Kiew. M. J. Seldina, E. N. Semanek, A. N. Sergejewa.

6665. Sonneneruption vom 23. Februar 1956

J. Aarons, W. R. Barron, Sudden absorption of atmospherics due to increase in cosmic ray intensity. Nature **178** 277—278. — Mitteilung von Beobachtungsergebnissen am 23. 2. 1956.

M. A. Assies, H. F. Jongen, Cosmic ray intensity during solar flare of February 23, 1956. Physica **22** 355—356, mit 2 Fig.

F. Bachelet, A. M. Conforto, Increase of cosmic ray intensity associated with the solar flare of February 23, 1956. Nuovo Cimento (10) **3** 1153—1155, mit 1 Fig. — Ref. in Phys. Abstracts (A) **59** 648, RJ 1956 Nr. 12 S. 31.

J. C. Barton, J. H. Stockhausen, Increase of cosmic-ray intensity in Jamaica due to a solar flare. J. Atmosph. Terr. Phys. **9** 161—162, mit 2 Fig. — Ref. in Phys. Abstracts (A) **60** 223, Phys. Ber. **36** 1190.

J. S. Belrose, M. H. Devenport, K. Weekes, Some unusual radio observations made on 23 February 1956. J. Atmosph. Terr. Phys. **8** 281—286, mit 5 Fig. — Ref. in Phys. Ber. **36** 598—599, RJ 1957 Nr. 6 S. 82.

R. B. Brode, A. Goodwin jr., Extraordinary increase of the cosmic radiation on February 23, 1956. Phys. Rev. (2) **103** 377. — Ref. in Phys. Ber. **36** 1005.

E.-Å. Brunberg, D. Eckhartt, Some remarks on the sudden cosmic ray increase on February 23, 1956. Tellus **8** 508—512, mit 5 Fig.

R. Bureau, M. Bertrand, Perturbation exceptionelle du rayonnement solaire le 23 février 1956 vers 0345 T. U. CR **242** 2025—2027, mit 1 Fig. — Aufzählung und Beschreibung der Funkstörungen, die mit der Sonneneruption vom 23. Februar 1956 in Verbindung gebracht werden können. Labs

T. E. Cranshaw, W. Galbraith, N. A. Porter, Cosmic-ray observations during the flare of 23 February 1956. J. Atmosph. Terr. Phys. **8** 274—276, mit 3 Fig. — Ref. in Phys. Ber. **36** 597—598.

A. Dauvillier, Puissant flux solaire nocturne de rayons cosmiques. CR **242** 1399—1401. — Es werden drei Apparaturen beschrieben, mit welchen am 23. Febr. 1956 um $3^h 43^m$ T. U. ein kräftiger Ultrastrahlungseinbruch beobachtet wurde. Labs

L. I. Dorman, N. S. Kaminer, W. K. Koiawa, B. F. Schwarzman, Der große Intensitätsausbruch der kosmischen Strahlung am 23. Februar 1956 nach Beobachtungen in Moskau, Swerdlowsk, Tiflis und am Kap Schmidt. DAN **108** 809—812, mit 1 Fig. (russ.). — Bericht über die Messungen in Moskau, Swerdlowsk, Tiflis und Kap Schmidt. Der Intensitätsanstieg erfolgte sehr schnell, der Abfall langsam, etwa exponentiell. Der Ausbruch war rund 10mal so kräftig wie der am 19. Nov. 1949. Loh.

L. I. Dorman, N. S. Kaminer, W. K. Koiawa, J. G. Schafer, B. F. Schwarzman, Observation of the large cosmic ray increase of February 23, 1956 in the U. S. S. R. Nuclear Phys. **1** 585—592. — Ref. in Phys. Abstracts (A) **60** 49, Phys. Ber. **36** 630.

L. I. Dorman, Intensitätsausbruch der kosmischen Strahlung. Priroda **45** Nr. 6 S. 85—87, mit 1 Fig. (russ.).

A. Ehmert, G. Pfotzer, Das Abklingen der solaren Ultrastrahlung beim Ausbruch am 23. 2. 56 und die geomagnetischen Einfallsbedingungen. Phys. Verhandlungen **7** 51. — Ref. Phys. Ges. Württemberg-Baden-Pfalz.

A. Ehmert, G. Pfotzer, Ein neuer Ausbruch solarer Ultrastrahlung. Z. Naturforschung **11a** 322—324, mit 2 Fig. — Am Max-Planck-Institut für Physik der Stratosphäre in Weißenau (47° N, 9° E, 445 m ü. M.) wurde mit einer Zählrohranlage der Anstieg der kosmischen Höhenstrahlung in den Morgenstunden des 23. 2. 1956 gemessen, und zwar sowohl die Neutronen- als auch die Mesonenkomponente. Es zeigte sich ein äußerst steiler Anstieg; der Abfall der Intensität folgte überraschend gut einem Potenzgesetz. Für die Neutronenkomponente ergab sich ein Anstieg auf mindestens das 30-fache des Normalwerts mit der wahrscheinlichen Maximumszeit um $03^h 49^m$ UT. Die Mesonenkomponente dürfte etwa auf das Vierfache angestiegen sein. Oster

M. A. Ellison, J. H. Reid, A long-wave anomaly associated with the arrival of cosmic-ray particles of solar origin on 23 February 1956. J. Atmosph. Terr. Phys. **8** 291—292, mit 1 Fig. und 1 Tafel = Commun. Roy. Obs. Edinburgh Nr. 11. — Nach Beobachtungen an den beiden Observatorien Edinburgh und Kodaikanal dauerte die solare Eruption vom 23. 2. 1956 von $3^h 55^m$ bis $5^h 10^m$. Gegen 4^h wurde die Sonne im H_α-Licht photographiert und die Größe des Eruptionsherdes ausgemessen. Sie ergab sich zu 2% der sichtbaren Hemisphäre. Aus Störungen in den Magnetogrammen sowie dem Aussetzen des Kurzwellenempfangs konnte auf das Eintreten des Intensitätsmaximums zwischen $3^h 35^m$ und $3^h 40^m$ geschlossen werden. Die registrierte Intensität der atmosphärischen Störungen fiel in Übereinstimmung mit der Ankunft solarer Partikel zwischen $3^h 45^m$ und $3^h 55^m$ auf Mittagswerte ab. Die galaktische Radiostrahlung bei 18 MHz zeigte während dieser Zeit keine Intensitätsänderungen. Ein Vergleich mit früher registrierten Eruptionen wird durchgeführt. Henn

A. G. Fenton, K. G. McCracken, N. R. Parsons, P. A. Trost, Cosmic-ray increase observed at high southern latitudes on February 23, 1956. Nature **177** 1173—1174. — Ref. in Phys. Abstracts (A) **59** 977—978.

I. Filosofo, I. Modena, E. Pohl, J. Pohl-Rüling, The increase in the total cosmic ray intensity and in the positive excess due to the solar flare of 23rd February 1956. Nuovo Cimento (10) **3** 1112—1118, mit 2 Fig. — Ref. in Phys. Abstracts (A) **59** 565.

S. E. Forbush, Large increase of cosmic-ray intensity following solar flare on February 23, 1956. J. Geophys. Res. **61** 155—156, mit 1 Fig. — Der Anstieg der Ultrastrahlung nach der Eruption vom 23. 2. 1956 in Godhavn und Cheltenham wird in einer graphischen Darstellung mitgeteilt. U. Be.

T. Gold, D. R. Palmer, The solar outburst, 23 February 1956. Observations by the Royal Greenwich Observatory. J. Atmosph. Terr. Phys. **8** 287—291, mit 4 Fig. und 2 Tafeln. — Verf. berichten über die in Greenwich durchgeführten Beobachtungen zur Untersuchung der mit der solaren Eruption vom 23. Februar 1956 verbundenen Erscheinungen. Durchgeführt wurden Beobachtungen der kosmischen Strahlung, photographische Aufnahmen der Sonne im H_α-Licht, Aufnahme von Magnetogrammen sowie Registrierungen der atmosphärischen Störungen im Langwellengebiet. Einzelheiten über die benutzten Instrumente sowie die erhaltenen Ergebnisse werden mitgeteilt. Henn

A. I. Kusmin, G. W. Skrypin, G. W. Tjanutowa, J. G. Schafer, Intensitätsausbruch der kosmischen Strahlung. DAN **108** 66—68, mit 3 Fig. (russ.). — Verf. berichten kurz über die in Jakutsk erfolgte Registrierung des kräftigen Ausbruches der harten Komponente der kosmischen Strahlung am 23. 2. 1956. Die Intensität vergrößerte sich um etwa 200% der gewöhnlichen. Geophysikalische Effekte werden mit aufgeführt. Loh.

H. Lambie, H. Elliot, Cosmic rays and the solar flare of 23 February 1956. J. Atmosph. Terr. Phys. **8** 277—278. — Ref. in Phys. Ber. **36** 598, RJ 1957 Nr. 6 S. 82.

E. A. Lauter, G. Bartels, K. Sprenger, G. Skeib, Der Intensitätsanstieg der kosmischen Strahlung am 23. 2. 1956 und gleichzeitige Effekte in der tiefen Ionosphäre. Z. Meteorol. **10** 129—131. — Ref. in Phys. Ber. **36** 656.

P. L. Marsden, J. W. Berry, P. Fieldhouse, J. G. Wilson, Variation of cosmic-ray nucleon intensity during the disturbance of 23 February 1956. J. Atmosph. Terr. Phys. **8** 278—281, mit 1 Fig. — Ref. in Phys. Ber. **36** 598, RJ 1957 Nr. 6 S. 82.

C. A. McKerrow, Sudden decrease in low-frequency atmospheric noise during the cosmic-radiation storm of February 23. Nature **177** 1223—1224, mit 1 Fig. — Ref. in Phys. Abstracts (A) **59** 1012.

W. Messerschmidt, Ultrastrahlung von der Sonne. Naturwissenschaften **43** 174. — Ref. in Phys. Abstracts (A) **59** 821.

B. Meyer, Der Anstieg der Höhenstrahlung am 23. 2. 1956. Z. Naturforschung **11a** 326, mit 1 Fig. — Am Max-Planck-Institut für Physik in Göttingen (51° N, 10° E) wurde mit einer Simpson-Pile der Anstieg lokal erzeugter Neutronen, welche vorzugsweise von der primären, energiearmen Nukleonenkomponente herrühren, bei dem Ausbruch solarer Höhenstrahlung am 23. 2. 1956 gemessen. Der zeitliche Verlauf ist angegeben. Bei der über 15 Minuten summierten Anzahl der Impulse ergab sich im Maximum etwa das 20-fache der normalen Zählrate. Oster

P. Meyer, E. N. Parker, J. A. Simpson, Solar cosmic rays of February, 1956 and their propagation through interplanetary space. Phys. Rev. (2) **104** 768—783, mit 11 Fig. — Ref. in Phys. Abstracts (A) **60** 223.

R. Michard, Réveil de l'activité solaire. La Nature **84** 135—136, mit 5 Fig.

C. M. Minnis, G. H. Bazzard, H. C. Bevan, Ionospheric changes associated with the solar event of 23 February 1956. J. Atmosph. Terr. Phys. **9** 233—234, mit 1 Fig. — Ref. in Phys. Ber. **36** 1462.

Vgl. Ref. **6641**.

K. R. Ramanathan, R. V. Bhonsle, K. M. Kotadia, R. G. Rastogi, The great solar flare of February 23, 1956 and associated ionospheric effects at Ahmedabad. Proc. Indian Acad. Sci. (A) **43** 306—308. — Ref. in RJ 1957 Nr. 4 S. 48.

D. C. Rose, J. Katzman, The sudden increace in cosmic ray intensity of February 23, 1956. Canadian J. Phys. **34** 884—887, mit 2 Fig.

A. E. Sandström, D. Eckhartt, The cosmic ray increase on February 23, 1956. Tellus **8** 279—282, mit 2 Fig.

V. Sarabhai, S. P. Duggal, H. Razdan, T. S. G. Sastry, A solar flare type increase in cosmic rays at low latitudes. Proc. Indian Acad. Sci. (A) **43** 309—318. — Ref. in Phys. Abstracts (A) **59** 822, Phys. Ber. **36** 1364—1365, RJ 1957 Nr. 4 S. 47—48.

A. Sittkus, W. Kühn, E. Andrich, Die Beobachtung der Ultrastrahlungseruption vom 23. Februar 1956 in Freiburg i. Brg. Z. Naturforschung **11a** 325—326, mit 2 Fig. — Die Messungen des Ausbruchs kosmischer Ultrastrahlung vom 23. 2. 1956 durch das Physikalische Institut der Universität Freiburg wurden gleichzeitig in der Stadt (48° N, 8° E, 240 m ü. M.) mit einer 500 l Ionisationskammer hinter 115 g/cm² und auf dem Schauinsland (1200 m. ü. M.) mit einer 60 l Ionisationskammer hinter 124 g/cm² sowie einem ungepanzerten Zählrohrteleskop durchgeführt. Der Ausbruch führte auf dem Schauinsland zu einer Erhöhung des Ionenstromes auf das Sechsfache. Der Einsatz erfolgte um $3^h\,42^m$ UT. Der zeitliche Abfall läßt sich gut durch ein Exponentialgesetz darstellen; gegen $8^h\,0^m$ ist die Strahlung wieder weitgehend normal. Aus dem schwächeren Anstieg in Freiburg folgt, daß die zusätzliche Strahlung der Eruption offenbar ein gegen die hohen Energien rascher abfallendes Spektrum besitzt, als die normale Strahlung.

Die Anlage zur Messung großer Luftschauer (untere Grenzenergie 10^{12} eV) auf dem Schauinsland zeigte keinen Effekt. Oster

A. Sittkus, Der außergewöhnliche Anstieg der kosmischen Ultrastrahlung am 23. Februar 1956. (2. Mitteilung). Z. Naturforschung **11a** 604—606, mit 1 Fig. — Verf. vergleicht seine in der ersten Mitteilung dargestellten Ergebnisse des Anstiegs der kosmischen Ultrastrahlung vom 23. 2. 1956 mit denjenigen anderer Autoren, insbesondere den Messungen in Chicago (42° N, 88° W) mittels eines Neutronendetektors. Es zeigt sich, daß der Eruptionseffekt in den USA etwa 5 bis 8 Minuten später merklich wurde, und sich auch der zeitliche Verlauf deutlich unterschied. Offenbar wurden in Chicago Teilchen gemessen, die nicht direkt von der Sonne zur Erde gelangten, sondern an interplanetaren ionisierten Wolken reflektiert bzw. gestreut wurden. Hierauf deutet auch die leichtere Absorbierbarkeit, das heißt die geringere Energie der gestreuten Komponente. Oster

R. Steinmaurer, Ein ungewöhnlicher, plötzlicher Intensitätsanstieg der kosmischen Strahlung. Naturwissenschaften **43** 174, mit 1 Fig.

H. Trefall, B. Trumpy, Observations of cosmic radiation following the solar flare of February 23rd, 1956. Physica **22** 579—583, mit 1 Fig. — Ref. in Phys. Ber. **36** 1190.

H. de Vries, Cosmic radiation during the solar flare of February 23^{d} and its effect on C age measurements. Physica **22** 357.

J. R. Winckler, Cosmic-ray increase at high altitude on February 23, 1956. Phys. Rev. (2) **104** 220, mit 2 Fig.

Astr. Nachr. Berlin-Treptow **8** 47. Die möglichen Ursachen der großen Sonneneruption 1956 Februar 23.

Orion Schaffhausen **5** 80. Starker kosmischer Strahlungsschauer.

Orion Schaffhausen **5** 80. Sonneneruption am 23. Februar 1956.

Science **123** 452. Cosmic ray activity.

ZfA **41** 66, mit 1 Abb. Kurze Mitteilung.

* * Weitere Mitteilungen über die Sonneneruption vom 23. Februar 1956 siehe auch § **65** und **68**.

§ 67

Korona

6701. **C. W. Allen,** Spectrophotometry of the outer corona. MN **116** 413—418, mit 3 Fig. — Bei der Finsternis 1954 Juni 30 wurden drei Spektren bis $r = 6$ erhalten. Die spektrale Intensitätsverteilung zeigt eine mit dem Abstand von der Sonne zunehmende Rötung der Korona. Dies deutet auf Teilchen in der F-Korona von $\varrho > 2 \times 10^{-3}$ cm und auf ein Verhältnis K/F größer als das des Modells von van de Hulst für die Minimumskorona. Ebenfalls ein größeres K/F ergibt sich aus der Intensität der Fraunhofer-Linien. In der äußeren Korona wäre eine viermal so hohe Elektronendichte als im van de Hulst-Modell anzunehmen. Bru.

6702. **D. E. Billings, R. T. Hansen, C. Varsavsky,** Spectra of the corona at graded heights. AJ **61** 1. — Ref. AAS.

6703. **D. E. Billings, S. Hirsch, C. Varsavsky,** Coronal temperature determination from emission lines. ApJ **123** 532—535, mit 2 Fig. — Aus den Linienbreiten abgeleitete Temperaturen der Korona werden mit denen verglichen, die sich aus Verhältnissen von Linienintensitäten ergeben. Verf. kommen zu dem Schluß, daß die Linienbreite im wesentlichen durch die Temperatur bestimmt ist. Micz.

6704. **D. E. Blackwell, D. W. Dewhirst,** An examination of the observational evidence for the accretion theory of the solar corona. MN **116** 637—648, mit 3 Abb. — Ref. in Obs **76** 210—212 (Ref. RAS). — Die von Bondi,

Hoyle und Lyttleton aufgestellte Theorie der «accretion», d. h. der Aufsammlung interstellaren Staubs durch die Sterne, wurde unter anderen zur Erklärung des Phänomens der Korona herangezogen. Die Verf. zeigen, daß mit den heute angenommenen Größenordnungen über die Raumgeschwindigkeit der Sonne und der interstellaren Staubwolken sowie über deren räumliche Dichte sich auf Grund der Theorie ein Energiegewinn ergibt, der viel größer ist als die zur Erhaltung der Korona notwendige Energie. Keine einigermaßen plausible Änderung der Ausgangsdaten kann diese Diskrepanz beheben. Außerdem müßte der ständige Zustrom von Masse in der Korona Konvektionsströmungen hervorrufen, die nicht beobachtet sind. F. S.

6705. **R. N. Bracewell, G. W. Preston,** Radio reflection and refraction phenomena in the high solar corona. ApJ **123** 14—29, mit 14 Fig. = Berkeley Repr. Nr. 96. — Ref. in PAT **37** 74—75, mit 1 Fig., Ric. Sci. **26** 2283—2284. — Es werden die Eigenschaften der Radiosonne untersucht, wie sie sich nach unseren heutigen Koronamodellen für eine Beobachtung bei kleinen Frequenzen (18 MHz) mit hoher Auflösung ergeben würden. 1). Die Radiosonne wäre 2 bis 3 mal so groß wie die optische Sonne, außerdem ohne scharfen Rand. 2). Durch Refraktion wird eine Zone des Himmels um die Sonne verfinstert. Der Radius der Zone beträgt etwa 9 mal den des Photosphärenradius. 3). Eine Scheibe von ca. 6-fachem Photosphärenradius verfinstert die Hintergrundstrahlung. Innerhalb dieser Scheibe wirkt die Sonne wie ein konvexer Reflektor, in dem sich die gesamte unverfinsterte Sphäre spiegelt. Die Helligkeit der Reflexion ist von gleicher Größenordnung wie die Eigenstrahlung der Sonne. Priester

6706. **A. M. Cormack,** Some physical aspects of the corona. MN ASSA **15** 2—6. — Allgemeine Beschreibung des physikalischen Zustands der Korona auf Grund spektroskopischer und radioastronomischer Beobachtungen. Voigt

6707. **G. Elwert,** Röntgenstrahlung koronaler Kondensationen. ZfA **41** 67—83, mit 7 Abb. = Mitt. Astr. Inst. Univ. Tübingen Nr. 24. — Im Anschluß an eine frühere Arbeit über die Röntgenstrahlung der ungestörten Sonnenkorona wird die Röntgenstrahlung koronaler Kondensationen untersucht. Für die Elektronendichte wird das Modell von Waldmeier und Müller verwendet. Ausgehend von radioastronomischen Messungen werden die Temperaturen 6×10^6 und 3×10^6 °K betrachtet. Es ergibt sich eine erhebliche Zunahme der Strahlungsintensität unterhalb von etwa 30 AE und eine kurzwellige Grenze des Spektrums bei 6—7 AE. Diese Ergebnisse sind in guter Übereinstimmung mit den Beobachtungen bei Raketenaufstiegen. Die ionosphärischen Wirkungen dieser Strahlung werden untersucht. Es wird auf einen Mechanismus der Erzeugung einer Strahlung zwischen 1 und 2 AE bei Eruptionen hingewiesen. Röntgenstrahlen dieses Wellenlängenbereichs waren von Siedentopf und Friedman als Ursache der Ionisation der D-Schicht beim Mögel-Dellinger-Effekt postuliert worden. Verf.

6708. **M. N. Gnewyschew, R. S. Gnewyschewa,** Beobachtungen der Linie 5694 Å in der Sonnenkorona. AC Nr. 169 S. 6—7 (russ.). — Meldung über die erste Beobachtung der gelben Koronalinie in der Sowjetunion an der Sternwarte Kislowodsk. Kopecký

6709. **M. N. Gnewyschew, R. S. Gnewyschewa,** Neue Daten über die Sonnenkorona. Mitt. Astrophys. Obs. Krim **16** 212—215, mit 2 Abb. und 2 Tafeln (russ.). — Ref. Krim-Tagung Sept. 1955.

6710. **M. N. Gnewyschew, R. S. Gnewyschewa, A. A. Schpitalnaja,** Über die Intensitätsmessungen koronaler Linien bei Beobachtungen außerhalb von Finsternissen. Sonnendaten 1955 Nr. 3 S. 90—93 (russ.). — Ref. in RJ 1956 Nr. 11 S. 50.

6711. **M. G. di Guiseppe, M. Trellis,** Variations rapides dans le temps de la couronne monochromatique verte. CR **243** 1724—1726, mit 1 Fig. —

Die Frage, ob die Intensitätsvariationen der Koronalinie 5303 (bei festem Abstand von der Sonnenoberfläche und festem Positionswinkel) durch die Sonnenrotation oder durch Variationen der Korona selbst hervorgerufen werden, wird durch schnell aufeinanderfolgende Beobachtungen (Koronograph auf dem Pic du Midi) während eines Tages untersucht. Verf. finden, daß sich die Intensität innerhalb von 2 bis 3 Stunden bereits um einen Faktor 2 ändern kann. Labs

6712. **K. Hermann-Otavský,** From prominences to corona observations. RH **37** 169—175, mit 13 Fig. (tschech. mit deutsch. Ref.). — Verf. macht seit 1953 auf seiner privaten Sternwarte bei Prag (268 m ü. M.) erfolgreiche Beobachtungsversuche mit einem selbstgebauten Koronographen. Es wird gezeigt, daß auch im Tiefland die Sonnenkoronalinie 5303 Å beobachtet werden kann. J. B.

* * **P. Jiménez Landi,** Cromosfera y corona. Vgl. Ref. **6626.**

6713. **M. G. Karimow,** Beobachtungen der Struktur der inneren Korona außerhalb von Finsternissen in der Linie 5303 Å. DAN **108** 205—206, mit 1 Tafel und 1 Fig. (russ.). — Bericht über die laufende Beobachtung der Sonnenkorona an dem in 2600 m Höhe im Rayon des Großen Alma-Ata-Sees aufgestellten Koronographen, insbesondere im Licht von λ 5303. Der Intensitätsverlauf dieser Linie am 6. 3. 1955 ist in Abhängigkeit vom Positionswinkel 15°—45° graphisch dargestellt. Ein Hauptmaximum tritt bei 27°, zwei Nebenmaxima bei 20° bzw. 35° auf. Loh.

6714. **M. G. Karimow, W. I. Moros,** Die photoelektrische Registrierung der Emissionslinie der Sonnenkorona λ 5303 Å mit Hilfe eines Spektrometers am Außerfinsternis-Koronographen. DAN **109** 469—471, mit 2 Abb. (russ.). — Verf. beschreibt kurz den optisch-photoelektrischen Aufbau der am Koronographen der Koronastation im Rayon des Großen Alma-Ata-Sees (2600 m) angebrachten Vorrichtung zur Registrierung der Intensität der Koronalinie λ 5303 und ihrer Umgebung. Zwei Registrierkurven sind beigegeben. Loh.

6715. **M. G. Karimow,** Einige Resultate von Beobachtungen der Sonnenkorona außerhalb von Finsternissen und die Perspektiven der Entwicklung der Korona-Station. Mitt. Astrophys. Inst. Alma-Ata **3** Nr. 4 S. 89—98, mit 4 Fig. (russ.). — Übersicht über die bisherigen Erfahrungen in der Beobachtung der Sonnenkorona außerhalb von Finsternissen. Bisherige Resultate, Beschreibung eines Koronographen und die Perspektiven der Entwicklung der Korona-Station in Alma-Ata werden dargelegt. Kopecký

6716. **W. I. Moros, M. G. Karimow,** Photoelektrische Registrierung der Emissionslinie λ 5303 Å der Sonnenkorona. AC Nr. 168 S. 12—14, mit 1 Abb. (russ.). — Beschreibung des Instrumentes zur photoelektrischen Registrierung der Emissionslinie 5303 Å der Sonnenkorona, das auf der Sternwarte in Alma-Ata konstruiert worden ist. Die mit diesem Instrument erhaltenen Resultate stimmen mit denen photographischer Beobachtungen überein. Kopecký

6717. **G. M. Nikolskij,** Über die Beobachtungsmöglichkeit der Korona im kontinuierlichen Spektrum außerhalb von Finsternissen. AC Nr. 167 S. 12—14 (russ.). — Verf. schlägt eine neue Methode zur Beobachtung der inneren Korona außerhalb von Sonnenfinsternissen im kontinuierlichen Licht vor. Diese Beobachtungen können mit Hilfe monochromatischer Filter in Absorptionslinien der Photosphäre durchgeführt werden. Einige geeignete Linien sind angegeben. Kopecký

6718. **G. M. Nikolskij,** Über die Form der Sonnenkorona. AJ UdSSR **33** 84—86, mit 3 Abb. (russ. mit deutsch. Ref.). — Es wird eine neue Charakteristik der Koronaform (H) eingeführt. Sie wird durch die Ausdehnung des Gebiets des polaren Strahlsystems, durch die Breiten der zwiebelförmigen Strahlen und durch ihren Neigungswinkel zum Äquator bestimmt. Auf Grund der Ergebnisse der 23maligen Sonnenfinsternisbeobachtungen wurde die Untersuchung der Abhängigkeit H von der Sonnenaktivitätsphase durchgeführt. Diese Untersuchung zeigte, daß H die erwähnte Abhängigkeit genauer darstellt, als dies durch den Gang der Isophoten nach Ludendorff geschieht. Der Gang von H zum Unterschied von (ε) hat keine Phasenverschiebung. Verf.

6719. **G. M. Nikolskij,** Polar ray systems of the corona of 1954. AJ UdSSR **33** 87—92, mit 5 Fig. (russ. mit engl. Ref.). — Auswertung von Aufnahmen, die Verf. bei der Finsternisexpedition der Universität Kiew 1954 mit einer 10 m-Horizontalkamera erhalten hat. Zunächst wird festgestellt, daß die Verteilung der Polarbüschel nicht mit der Verteilung von magnetischen Feldlinien bei reinem Dipolfeld übereinstimmt. In Übereinstimmung mit früheren Finsternisbeobachtungen werden Abweichungen in der Weise bestätigt, daß die Polarbüschel in niedereren Breiten der Sonne stärker zum Äquator geneigt sind. Da die Platten kalibriert wurden, ließ sich das Verhältnis der Elektronendichte in den Polarstrahlen zur Elektronendichte zwischen ihnen zu 7.5 bestimmen. Oster

6720. **G. M. Nikolskij,** On coronal rays. AJ UdSSR **33** 588—598, mit 6 Fig. (russ. mit engl. Ref.). — Aus einer Aufnahme der Sonnenkorona vom 30. 6. 1954 auf rotempfindlichem Film ($\lambda_{eff} = 6400$ Å) wird die Verteilung der Elektronendichte im östlichen Strahl abgeleitet. In größerer Entfernung von der Sonne (Abstand zwischen 4.5 und 7.0 $R_{\odot}$) läßt sich der radiale Dichteabfall durch ein Exponentialgesetz $N_e = 3.4 \times 10^5 \times r^{-0.5 \pm 0.2}$ darstellen, während sich für die Dichteverteilung senkrecht zum Strahl ein Gauß-Profil ergibt, dessen Exponent mit wachsendem Abstand von der Sonnenoberfläche zunimmt. Der Zusammenhang mit der Emission von Korpuskeln und der folgenden geomagnetischen Aktivität sowie schließlich die Möglichkeit der Beobachtung von Koronastrahlen am Nachthimmel werden diskutiert. Oster

* * **L. Oster,** Das Strahlungsfeld der Übergangsschicht Chromosphäre-Korona. Vgl. Ref. **6644**.

6721. **E. A. Ponomarew,** Über die Fortreißung der Protonen von den Ionen Ca II in der Sonnenkorona. AJ UdSSR **33** 80—83, mit 2 Abb. (russ. mit deutsch. Ref.). — Der Mechanismus des Fortreißens der Protonen von den Ca II-Ionen in der Sonnenkorona wird untersucht. Es wird festgestellt, daß im Falle einer gewöhnlichen partiellen Konzentration der Ca II-Ionen keine gerichteten Protonenströme entstehen können. Es wird auch festgestellt, daß die Diffusion unter der Wirkung des Lichtdruckes die partielle Konzentration von Ca II nicht wesentlich vergrößern kann. Diese Folgerungen bleiben berechtigt auch in dem Falle, wenn ein Magnetfeld, das perpendikulär dem Ionenstrom Ca II oder den Zonen der Temperaturinversion liegt, vorhanden ist. Verf.

6722. **I. A. Prokofjewa,** Mitteilung über Beobachtungen der Koronalinien 5302.8 Å und 6374.5 Å in Pulkowo außerhalb von Finsternissen. Sonnendaten 1956 Nr. 1 S. 110—111 (russ.). — Ref. in RJ 1957 Nr. 4 S. 69.

6723. **F. Rohrlich,** Classification of emission lines λ 5694 and λ 5446 in the solar corona. ApJ **123** 521—531. — Verf. behandelt kritisch die in der Literatur vorhandenen Untersuchungen über die Klassifizierung der Koronalinien λ 5694 und λ 5446. Danach sind die Linien tatsächlich dem $^3P_1$—$^3P_0$- und $^3P_2$—$^3P_1$-Übergang der $2s^22p^2$-Konfiguration des Ca XV zuzuschreiben. Semiempirische Parameter des Ca XV-Spektrums werden ermittelt. Micz.

6724. **O. B. Slee,** Occultation of a radio source by the solar corona. Obs **76** 228—231, mit 2 Fig.

* * **W. M. Sobolew,** Über die Möglichkeit der Ionisation des Wasserstoffs und Heliums in der Chromosphäre und in Protuberanzen durch weiche Röntgenstrahlung der Korona. Vgl. Ref. **6650**.

6725. **M. Waldmeier,** Synoptische Karten der Sonnenkorona. ZfA **38** 219—236, mit 16 Abb. = Astr. Mitt. Sternw. Zürich Nr. 197 — Es werden auf

Grund der täglichen Beobachtungen heliographische Karten der Korona entworfen, welche die Verteilung der Intensität der Linien 5303, 6374 und 5694 Å zeigen, die Höhe der Korona und die Verteilung von Elektronendichte und Temperatur.
Verf.

6726. **M. Waldmeier,** Die Variation der monochromatischen Gesamtemission der Sonnenkorona im 11jährigen Zyklus. III. Die Linie 5694 Å. ZfA **39** 219—231, mit 2 Fig. = Astr. Mitt. Sternw. Zürich Nr. 199. — Während des Sonnenzyklus 1944—1954 ist die gelbe Koronalinie 5694 an 345 Stellen beobachtet worden. Anzahl und Intensität der 5694-Gebiete hängen aufs engste mit der Fleckentätigkeit zusammen. Während des Fleckenmaximums ist die Linie fast jeden Tag sichtbar, in den Minimumsjahren dagegen nie. Die 5694-Gebiete treten nur in der Fleckenzone auf und fast ausschließlich nur mit aktiven Fleckengruppen. Nur 4 % aller 5694-Gebiete konnten nicht mit Fleckengruppen identifiziert werden. Eine F-Gruppe ist praktisch immer von einem 5694-Gebiet begleitet. Für eine A-Gruppe beträgt die Wahrscheinlichkeit, daß mit ihr die Linie 5694 auftritt, 2 %, für eine B-Gruppe 3 %, für eine C-Gruppe 12 %, für eine D-Gruppe 21 %, für eine E-Gruppe 37 %, für eine G-Gruppe 32 %, für eine H-Gruppe 17 % und für eine J-Gruppe 7 %. Das Auftreten der Linie 5694 zeigt erhöhte Sonnenaktivität an. Die Identifikation der beiden gelben Linien mit Ca XV kann noch immer nicht als gesichert gelten. Verf.

6727. **M. Waldmeier,** Analyse einer koronalen Kondensation. ZfA **40** 221—235, mit 3 Fig. = Astr. Mitt. Sternw. Zürich Nr. 203. — Eine über einer großen Fleckengruppe aufgetretene koronale Kondensation ergab für die Linie 5694 Å eine Intensität von 34×10^{-6} Å Äquivalentbreite im Spektrum des Zentrums der Sonnenscheibe und für das Kontinuum eine solche von etwa 1×10^{-5}. Daraus wird für die Kondensation eine mittlere Elektronendichte von 45×10^8 cm^{-3} und eine maximale von etwa 82×10^8 cm^{-3} abgeleitet. Die Ionisationstemperatur ergibt sich zu 2×10^6 Grad. Man hat zu unterscheiden zwischen der permanenten Kondensation und den in derselben auftretenden sporadischen Kondensationen. Während die Linie 5303 in der permanenten Kondensation unsichtbar war, stieg ihre Intensität in einer sporadischen Kondensation auf 180×10^{-6} Å. Sie zeigte dabei Dopplereffekte bis zu 38 km/sec. Unter der Annahme von Stoßanregung der Linie 5303 ergibt sich das Verhältnis von H : Fe zu 1.4×10^4. Die permanente Kondensation ist ein Gebilde hoher Dichte und hoher Temperatur. Die sporadischen Kondensationen können innerhalb der permanenten entweder durch Absinken der Temperatur oder der Dichte entstehen. Verf.

6728. **W. W. Witkewitsch,** Solar supercorona and its influence on radiowave emission from the sun. AJ UdSSR **33** 62—73, mit 3 Fig. (russ. mit engl. Ref.). — Aus Messungen der Radiostrahlung des Crabnebels beim Vorbeigang hinter der Sonnenkorona weiß man, daß noch in den äußersten Koronagebieten ($\approx 15\, R_\odot$) merkliche Inhomogenitäten der Elektronendichte vorhanden sind, die sich als Streuzentren bemerkbar machen. Verf. leitet zunächst die Streufunktion in Abhängigkeit vom Abstand von der Sonne für die Wellenlängen 3.5 und 5.8 m ab und findet befriedigende Übereinstimmung mit der Beobachtung. Schließlich wird der Einfluß der Streuung auf interferometrische Beobachtungen von Radioquellen auf der Sonne diskutiert. Oster

* * **H. Zirin,** High dispersion spectra of prominence and coronal emission lines. Vgl. Ref. **6657**.

6729. Contour maps of the corona. Sky and Telescope **15** 114. — Ref. AAS.

* * High-dispersion prominence and coronal spectra. Vgl. Ref. **6662**.

6730. **Koronabeobachtungen**

Forschungsber. Obs. Wendelstein Nr. 15, 11 S. Katalog monochromatischer Koronastrahlen 1954/1955. R. Müller.

Fraunhofer-Inst. Freiburg. Daily maps of the sun. — 1956 Jan. 1—Dez. 31.
Quarterly Bull. Solar Activity Nr. 110—113 S. 183—288, mit 8 Fig. Published by the Eidgen. Sternw. Zürich. — 1955 April—1956 März.
Sonnendaten 1955 Nr. 4—6 (russ.). Tägliche Karten der Sonne und Magnetogramme. — 1955 Juli—Dez.
Sonnendaten 1956 Nr. 1—5 (russ.). Tägliche Karten der Sonne und Magnetogramme. — 1956 Jan.—Okt.
Tokyo Astr. Obs. Bull. Solar Phenomena **7** 53—74, **8** 1—68, mit zahlreichen Fig. — 1955 Okt.—1956 Sept.

* * Koronabeobachtungen während Sonnenfinsternissen siehe § **62**.

§ 68

Sonnentätigkeit in Beziehung zu terrestrischen Erscheinungen

6801. **C. G. Abbot,** Periods related to 273 months or $22^3/_4$ years. Smithsonian Misc. Coll. **134** Nr. 1, 17 S. mit 7 Fig. = Smithsonian Inst. Publ. Nr. 4265. — Weitere Untersuchung des Verf., in welcher gezeigt wird, daß Wettergeschehen, Vereisung, Schneebedeckung in Japan, Magnetismus auf der Sonne, Ionosphärenvariationen und die menschliche Pulszahl Perioden zeigen, die n-fache ($1 > n > 1$) der Hauptperioden von 273 Monaten in der Sonnenstrahlung sind. U. Be.

6802. **B. Bell, H. Glazer,** Geomagnetism and the emission-line corona. J. Geophys. Res. **61** 179—182, mit 2 Fig. = Harv Repr Nr. 435. — Die Intensität der grünen Koronalinie wird verglichen mit der erdmagnetischen Maßzahl Kp. Das wichtigste Ergebnis ist: Der Zusammenhang zwischen beiden Größen ist enger, wenn das Koronagebiet auf der gleichen Seite vom Sonnenäquator ist wie die Erde. Einige Bemerkungen über M-Gebiete werden gemacht. U. Be.

6802a. **R. Bilancini,** Le macchie solari e il tempo. Riv. meteorol. aeronaut. **16** Nr. 2 S. 3—14 (mit französ., engl. und deutsch. Ref.). — Ref. in RJ 1957 Nr. 6 S. 82—83.

6803. **H. von Bronsart,** Einflüsse der Koronastrahlung auf das Wetter? Sterne **32** 168. — Verf. referiert einen Artikel, der in Pop. Mechanics **103** Nr. 3 (1955) erschienen ist und in dem ein Zusammenhang zwischen Wetter (Niederschlag, Auftreten von Kaltfronten, Jetstreams) und der Intensität der grünen Koronalinie 5303 behauptet wird. U. Be.

6804. **V. Bumba,** Charaktervariationen der geomagnetischen Tätigkeit während eines Jahres. BAC **7** 80—85, mit 2 Fig. (mit russ. Ref.). — In der vorliegenden Arbeit werden die kurzperiodischen Variationen der internationalen geomagnetischen Charakterzahlen «*C*» der geomagnetischen Tätigkeit während eines Jahres in ihrer Beziehung zur Sonnenaktivität untersucht. Verf.

6805. **K. S. Chassapis,** Der Einfluß der photosphärischen und chromosphärischen Erscheinungen auf terrestrische Phänomene. Astr. Nachr. Athen **7** 17—20 (griech.).

6806. **E. J. Chernosky,** Long-period variations in geomagnetic activity. Trans. American Geophys. Union **36** 591—595, 1955. — Ref. in Phys. Abstracts (A) **59** 1001.

6807. **L. Constantinescu,** Efecte geomagnetice de erupţii solare cromosferice în ciclul de activitate solară 1944—1954. Studii şi cercetări fiz. **6** 629—698, 1955 (mit russ. und französ. Ref.). — Ref. in RJ 1957 Nr. 2 S. 85.

6808. **M. Dagg, R. W. Vice, C. D. Watkins,** Jodrell Bank observations of geophysical phenomena following the solar flare of 1956 February 23. Astr. Contr. Univ. Manchester (1) Jodrell Bank Ann. **1** 104—115, mit 4 Fig.

6809. **M. A. Ellison,** The Sun and its Influence. Vgl. AJB **55** Ref. **6817**. — Weitere Besprechung in Nature **177** 1008 (A. Hunter).

6810. **S. E. Forbush,** Variations in strength of wind system, in the dynamo mechanism for the magnetic diurnal variation, deduced from solar-flare effects at Huancayo, Peru. J. Geophys. Res. **61** 93—105, mit 8 Fig.

6811. **J. A. Jacobs, T. Obayashi,** The diurnal behaviour of sudden commencements of magnetic storms at Agincourt. Canadian J. Phys. **34** 876—883, mit 6 Fig. — Ref. in Phys. Abstracts (A) **59** 861.

6812. **H. Spencer Jones,** Solar activity and its terrestrial effects. Annual Report Smithsonian Inst. for 1955 S. 227—240, mit 1 Fig. und 2 Tafeln = Smithsonian Inst. Publ. 4236. — 22. James Arthur lecture, abgehalten am 27. April 1955.

6813. **F. Link,** Variations du climat et de l'activité solaire dans les quatre derniers millénaires. Rozpr. Českosl. Akad. Věd. **66** Nr. 2, 51 S. mit 17 Fig. (tschech. mit französ. und russ. Ref.) = Českosl. Akad. Věd. Astr. Ústav Publ. Nr. 27. — Ref. in Coelum **24** 79—80, RH **37** 214. — Aus der Zahl der entdeckten Kometen und der beobachteten Nordlichter wird auf das Klima der letzten 4000 Jahre und die Sonnenaktivität geschlossen. Eine Periode von 400 Jahren, in der auf der Nordhalbkugel der Erde die Zyklonentätigkeit überwiegt, wird nachgewiesen. Eine gleichlaufende Periode von 400 Jahren wird in der Sonnentätigkeit nachgewiesen. U. Be.

6814. **I. London,** On «A possible relationship between the solar corona and weather conditions in the central midwest». Bull. Amer. Meteorol. Soc. **37** 309—310. — Ref. in RJ 1957 Nr. 4 S. 72.

6815. **M. Lowenthal, G. J. Newkirk,** Temperature anomalies aloft and their correlation with solar activity (1952—1954). AJ **61** 8. — Ref. AAS.

6816. **P. Morrison,** Solar origin of cosmic-ray time variations. Phys. Rev. (2) **101** 1397—1404. — Ref. in Phys. Abstracts (A) **59** 316.

6817. **A. P. Nikolskij,** Über die geomagnetischen und ionosphärischen Effekte der Korpuskelstrahlung der Sonne in polnahen Gebieten der Erde. Sonnendaten 1955 Nr. 6 S. 99—106 (russ.). — Ref. in RJ 1957 Nr. 1 S. 72.

6818. **J. Nordø,** Solaktiviteten og dens innflytelse på atmosfæren. Naturen 1954 Nr. 6 S. 175—192, mit 10 Fig. = Inst. Teoret. Astrofys. Blindern-Oslo Småtrykk Nr. 6, 1954.

6819. **C. E. Palmer,** Solar radio noise and high-level zonal wind shear over the central Pacific ocean. J. Meteorol. **13** 315—316. — Ref. in RJ 1957 Nr. 4. S. 73

6820. **J.-C. Pecker,** Du Soleil à la Terre. BSAF **70** 27—31, mit 1 Fig.

6821. **G. Peisino,** Attività solare, ehofania e precipitazione differenziale (diurnonotturna) a Collurania nel trentennio 1925—1954. Geofis. e meteorol. **4** 8—10. — Ref in RJ 1957 Nr. 4 S. 73.

6822. **G. Piccardi,** L'influence des phénomènes terrestres, solaires et cosmiques sur les réactions physico-chimiques et biologiques. Ciel et Terre **72** 227—244, mit 6 Fig. — Zusammenfassender Bericht über die Fällung von Wismutoxychlorid und die Steuerung der Fällung durch kosmische Einflüsse, insbesondere durch die Sonne. Verf. erklärt den jahreszeitlichen Gang durch die Raumbewegungen der Erde und der Sonne. Die Bedeutung der Fällungsreaktion wird besprochen. U. Be.

6823. **G. Piccardi, U. Becker,** Test chimico ed attività solare. Geofisica e Meteorologia **4** Nr. 4/5, 2 S. mit 2 Fig. — Es wird gezeigt, daß der Zusammenhang zwischen Relativzahl und Fällungszahl auch über das Minimum hinweg in der gleichen Form besteht. Es zeigen sich Unterschiede zwischen dem ansteigenden und absteigenden Teil des Zyklus, wie sie auch von anderen solar-terrestrischen Beziehungen her bekannt sind. U. Be.

6824. **G. Piccardi,** Una ipotesi solare. Rend. Accad. Nazionale Lincei, Cl. Sci. fis., mat., nat. (8) **21** 84—86, mit 1 Fig. — Verf. knüpft an die bekannte Tatsache an, daß die Erde im Raum wegen Überlagerung des jährlichen Umlaufs um die Sonne und der Eigenbewegung der Sonne im Rahmen der galaktischen Rotation von einer ruhenden Sphäre aus gesehen eine Schraubenbewegung ausführt. In einem solchen, die galaktische Rotation nicht mitmachenden System würde die Erde im März eine rund doppelt so große lineare Geschwindigkeit besitzen wie im September. Irgendwelche Erscheinungen, die wenigstens einen der Umläufe nicht machen, müßten dann einen Jahresgang zeigen. Verf. gibt an, solche Jahresgänge aufgefunden zu haben, ohne sie im einzelnen zu nennen, und meint schließlich, man müsse bei der Auswertung irgendwelcher Experimente möglicherweise auf den besprochenen Rhythmus Rücksicht nehmen. Oster

6825. **J. A. Pierce,** VLF phase shifts associated with the disturbance of February 23, 1956. J. Geophys. Res. **61** 475—483, mit 6 Fig. — Die Beobachtung des Verhaltens eines Längstwellensenders während der Eruption am 23. 2. 1956 wird mitgeteilt und daraus eine absinkende Tendenz (ca. 1 km/Min.) der den Sender reflektierenden Ionosphärenschicht abgeleitet. Einige Vergleiche mit früheren Effekten werden gegeben. U. Be.

6826. **R. Shapiro,** Further evidence of a solar-weather effect. J. Meteorol. **13** 335—340. — Ref. in RJ 1957 Nr. 4 S. 72—73.

6827. **R. H. Shaw,** A comparison of solar radiation and net radiation. Bull. Amer. Meteorol. Soc. **37** 205—206. — Ref. in RJ 1957 Nr. 5 S. 86.

6828. **P. Simon,** Activité géomagnétique et éruptions. Ann. Géophys. **12** 167—182, mit 8 Fig. — Auf Grund einer statistischen Untersuchung der Registrierungen der solaren Radiostrahlung seit 1947 kann Verf. einen Zusammenhang zwischen Eruptionen, die in Beziehung zu aktiven Flecken stehen, und einem Anstieg der geomagnetischen Aktivität feststellen. Die Position dieser Flares ist dabei ohne Einfluß. Für inaktive Flecken besteht keine derartige Beziehung. Dieser Anstieg der geomagnetischen Aktivität ist nicht identisch mit dem plötzlichen Anwachsen beim Durchgang von aktiven Flecken durch den Zentralmeridian. Henn

6829. **O. Sipahioglu,** Sur l'intervalle de temps entre les éruptions chromosphériques et les perturbations géomagnétiques. CR **243** 1427—1430.

6830. **H. T. Stetson, R. Gunn, S. A. Korff, R. A. McMath, D. H. Menzel, H. Riehl, W. H. Thom jr.,** Report of the special Committee on cosmic-terrestrial relationships for the year ending June 30, 1956. Trans. American Geophys. Union **37** 491—496. — Ref. in RJ 1957 Nr. 7 S. 72—73.

6831. **S. Taichman,** Działalność słońca a procesy atmosferyczne. Gaz. obserw. P. I. H. M. **9** Nr. 7 S. 5—9. — Ref. in RJ 1957 Nr. 5 S. 84.

6832. **J. N. Tandon,** Geomagnetic activity and solar M-regions for the current epoch of the sunspot minimum. Indian J. Phys. **30** 153—168, mit 5 Fig. — Aus Beobachtungen der Jahre 1950—54 tritt deutlich die 27-Tage-Wiederkehr der solaren M-Regionen über einen Zeitraum bis zu 30—50 Rotationen hervor. Zwei der lang andauernden M-Sequenzen zeigen jährliche Variationen. Es wird gezeigt, daß die M-Regionen mit den neuentdeckten unipolaren magnetischen Regionen Babcocks identifiziert werden können. Weidemann

6833. **J. N. Tandon,** A note on the annual variation of geomagnetic activity and M-regions. J. Geophys. Res. **61** 211—213. — M-Regionen in vier Minimumsepochen der Sonnenaktivität werden untersucht und die heliographischen Positionen derjenigen Stellen auf der Sonne abgeleitet, die M-Gebiete verursachen. U. Be.

6834. **A. Thiruvengadathan,** Solar tides in the F2 region over Kodaikanal. Indian J. Meteorol. Geophys. **7** 205—206 = Sonderdruck Kodaikanal Obs.

6835. Meteorological aspects of solar radiation. Meteorol. Mag. **85** 112—116. — Ref. in RJ 1957 Nr. 3 S. 63.

6836. **Solar-terrestrische Beobachtungen**

Indian J. Meteorol. Geophys. **7** 75—83, 307—315, 396—403. Kodaikanal solar, geomagnetic and ionospheric data (Juli—September 1955, Januar—Juni 1956). A. K. Das, S. L. Malurkar.

J. Geophys. Res. **61** 129—134, 283—296, 559—567, 741—747. Geomagnetic and solar data. J. Bartels, J. Veldkamp, M. Waldmeier, R. R. Bodle.

Obs **76** 37—38. Solar activity and geomagnetic storms, 1955. P. A. Wayman, H. F. Finch.

Publ ASP **68** 146—148, mit 1 Fig. Solar activity in 1955. S. B. Nicholson.

Quarterly Bull. Solar Activity Nr. 110—113 S. 183—288, mit 8 Fig. Published by the Eidgen. Sternw. Zürich. — 1955 April—1956 März.

Rev. geofís. **15** 53—64. Nota relativa a la actividad solar y geomagnetica (Octubre—Diciembre 1955). J. O. Cardus.

Sonnendaten 1955 Nr. 4—6 (russ.). Tägliche Karten der Sonne und Magnetogramme. — 1955 Juli—Dez.

Sonnendaten 1956 Nr. 1—5 (russ.). Tägliche Karten der Sonne und Magnetogramme. — 1956 Jan.—Okt.

VIII. Planeten und Monde

§ 70

Sonnensystem, Allgemeines

7001. **F. M. Adrian,** Daytime visibility of planets. Sky and Telescope **15** 572.

7001a. **C. W. Allen,** Influence of solar atomic emission on the orbits of interplanetary particles. Obs **76** 101—103 = Commun. Univ. London Obs. Nr. 25.

7002. **K. L. Bajew,** Erde und Planeten. Moskau, Staatsverlag für technisch-theoretische Literatur, 1956. 48 S. Preis 70 Kop. (russ.). — Besprechung in Priroda **46** Nr. 3 S. 121.

7003. **S. Böhme,** Die Bahnen der Großen Planeten. Die Naturwissenschaften **43** 189—195 = Mitt. Astr. Rechen-Inst. Heidelberg (B) Nr. 1.

7004. **L. M. Dačić,** Einige Merkwürdigkeiten über die Satelliten des Sonnensystems. Vasiona **4** 49—54, mit 3 Fig. (serb.).

* * **A. Dollfus,** Polarisation de la lumière renvoyée par les corps solides et les nuages naturels. Vgl. Ref. 224.

7005. **K. I. Dombrowskij,** Nochmals über das Gesetz der Planetenentfernungen. Bull. Astr.-Geod. Ges. UdSSR Nr. 17 S. 46—50 (russ.). — Ref. in RJ 1957 Nr. 3 S. 77.

7006. **R. L. Duncombe,** Relativity effects for the three inner planets. AJ **61** 174—175. — Ref. AAS.

7007. **A. Ehmert,** Die solare Ultrastrahlung als Sonde für ein interplanetarisches Magnetfeld. Phys. Verhandlungen **7** 249. — Ref.

7008. **J. E. Focas,** Photographische Planetenbeobachtungen an der Nationalen Sternwarte Athen. Astr. Nachr. Athen **7** 4—9, mit 3 Fig. (griech.). — Fortsetzung des in AJB **55** Ref. **7009** zitierten Berichts.

7009. **C. Luplau Janssen,** Forskelligt Nyt fra Solsystemet. Urania København **13** 26—27.

7010. **T. Jarzębowski,** O Słońcu, Ziemi i Księżycu. Warszawa, «Wiezda Powszechna», Państw. Wydawn. Popular.-Nauk, 1954. 146 S. mit Abb. und Karten. Preis 3.50 zł.

* * **S. W. Koslowskaja,** Innerer Aufbau und chemische Zusammensetzung der Großen Planeten. Vgl. Ref. **5215**.

7011. **S. W. Koslowskaja,** Die ökologischen Typen der Planetenatmosphären. Priroda **45** Nr. 2 S. 82—84 (russ.). — Eine Übersicht der Kenntnisse über die chemische Zusammensetzung und mögliche Entwicklung der Atmosphären der Planeten wird gegeben. Mit Ausnahme der Erde ist der Sauerstoffgehalt der Planetenatmosphären für höhere Lebensformen unzureichend. Perek

7012. **N. A. Kosyrew,** Spektraluntersuchungen von Planeten der Erdgruppe mit dem 50-Zoll-Reflektor des Observatoriums auf der Krim. Mitt. Astrophys. Obs. Krim **16** 215—216 (russ.). — Ref. Krim-Tagung Sept. 1955.

7013. **J. Kubikowski,** Jak zwazono Słonce, Ziemie i planety. Warszawa «Wiezda Powszechna», 1955. 48 S. mit Abb. Preis 0.90 zł.

7014. **P. Kunaver,** Nebo nad nami. I. Słonce in njegova družina. Ljubljana, «Kmežka knjiga», 1955. 96 S. mit Abb.

7015. **B. G. Marsden,** Transits. JBAA **66** 270—275. — Tage der Planetendurchgänge, berechnet für alle Großen Planeten unter vollständiger Berücksichtigung des Zeitraums 1930—1980 mit Tabellen der dabei benutzten Grundlagen. Gü.

7016. **P. A. Moore,** Frozen Planet. Mus. press, 1954. 184 S. Preis 7 s. 6 d.

7017. **E. J. Öpik,** Interplanetary dust and terrestrial accretion of meteoric matter. Irish AJ **4** 84—135 = Contr. Armagh Obs. Nr. 19. — Es werden die Eigenschaften und die Menge des auf die Erde gelangenden interplanetaren Staubes abgeschätzt. Eine wesentliche Rolle beim Auffangprozeß spielt die elektrische Ladung der Staubpartikel. K. H. Schmidt

7018. **D. Porter,** Le Soleil, la Lune et les Planètes. Paris, Marcinelle, Dupuis, 1956. 48 S. mit Abb. Preis 150 Fr.

7019. **S. Rouppert,** Nasz układ słoneczny. Warszawa, «Wiedza Powszechna», Państw. Wydawn. Popul.-Nauk, 1954. 53 S. mit Abb. Preis 0.90 zł.

7020. **W. P. Schtscheglow,** Die Großen Planeten des Sonnensystems. Taschkent, 1953. 35 S. (usbek.).

7021. **J. Schubart,** Die Bewegung von Kleinkörpern im Planetensystem. Sterne **32** 198—201. — Es werden die zahlreichen Wirkungen der elektromagnetischen und korpuskularen Strahlung der Sonne auf die planetarischen Kleinkörper erörtert, die neben den Gravitationskräften merklich bzw. wesentlich den Ablauf ihrer Bewegung beeinflussen. Auf die kosmogonische Bedeutung dieser Effekte wird hingewiesen. Hoppe

* * **H. Shimooda,** Solar and interplanetary magnetic field. I. The general magnetic field. Vgl. Ref. **6124.**

7022. **H. Strughold,** The oxygen belt in the planetary system. J. Astronautics **3** 27—28, 52, mit 3 Fig. — Verf. stellt fest, daß der Sauerstoffgürtel des Planetensystems aus den Atmosphären von Venus, Erde und Mars besteht, da nur in diesen freier Sauerstoff oder Sauerstoff in Form von Oxyden vorhanden ist, und beschreibt nach den kosmogonischen Vorstellungen von Kuiper, Urey und anderen die physikalischen und chemischen Vorgänge, die zur Anreicherung von freiem Sauerstoff in der Erdatmosphäre geführt haben; dabei wird angemerkt, daß einzelne Stadien dieser Entwicklung in den gegenwärtigen Atmosphären der äußeren Planeten noch sichtbar sind. Böh.

7023. **W. F. Tschistjakow,** Das Gesetz der Planetenentfernungen. Bull. Astr.-Geod. Ges. UdSSR Nr. 17 S. 51—56 (russ.). — Ref. in RJ 1957 Nr. 1 S. 85.

7024. Nya månar? PAT **37** 73—74. — Zusammenfassung von R. S. Richardsons populärem Artikel in ASP Leaflet Nr. 316 über diese Frage. C. L. J.

7025. De astronomía planetaria (Relación núm. 3). Urania Barcelona **41** 35—50, mit 10 Fig. — Bericht der Comisión Planetaria der Sociedad Astronómica de España y América über die Marsopposition 1954, Saturn 1954 und die Sonnenfinsternis 1954 Juni 30. (Vgl. Ref. **7402, 7702, 6210.**) Gü.

7026. Atmosfery planetarne. Urania Kraków **27** 215—216.

7027. Prečnici planeta i satelita. Vasiona **4** 12—13 (serb.). — Bericht über die Messungen des Marsdurchmessers von A. Dollfus sowie die der Saturnmonde und Neptuns von G. P. Kuiper. Milošević

7028. Predictions of planetary occultations and appulses. YC 1360 S. 1—3.

* * Sharper planet pictures. Vgl. Ref. **2435.**

§ 71

Merkur, Venus

7101. **Merkur. Physische Beobachtungen**

JBAA **66** 255, mit 1 Tafel. Mercury: Spring, 1956. P. Moore.

Mitt. Planetenbeobachter **9** 8—9. Merkur im Oktober/November 1955 und im Januar 1956. W. Sandner.

Mitt. Planetenbeobachter **9** 9—10. Merkurkarten, veröffentlicht zwischen 1889 und 1954. R. Baum.

Mitt. Planetenbeobachter **9** 17—18. Merkur in östlicher Elongation, April/Mai 1956. W. Sandner.

Strolling Astronomer **10** 89—90, mit 2 Fig. Mercury in April—May, 1956. O. C. Ranck.

7102. **F. J. Escalante,** El planeta Mercurio. El Universo Nr. 36 S. 101—102, mit 1 Fig.

7103. **M. B. B. Heath,** The elongations of Mercury, 1956 to 2000. JBAA **66** 68—71.

7104. **J. Meeus,** The transits of Mercury, 1920 to 2080. JBAA **67** 30—36. — Verf. berechnet nach einer von Newcomb abweichenden Methode die geozentrischen Phasen der Merkurvorübergänge an der Sonne 1920—2080 mit tabellarischer Zusammenstellung der Ergebnisse. Böh.

* * The motion of Venus and the mass of Mercury. Vgl. Ref. **7136**.

7105. **Venus. Physische Beobachtungen**

BSAF **70** 72, mit 2 Fig. Planisphère des taches de Vénus.

Mitt. Planetenbeobachter **9** 18—19, mit 1 Tafel. Venusbeobachtungen. M. Kutscher.

Sky and Telescope **15** 397, mit 1 Fig. The dusky markings of Venus.

Sky and Telescope **15** 520, mit 2 Fig. Photographs of Jupiter and Venus. R. Rustad jr.

Strolling Astronomer **10** 66. Observations and comments.

Vega **2** Nr. 33 S. 1. Recent observations of the dark hemisphere of Venus.

7106. **J. C. Bartlett jr.,** The radial markings of Venus: Fortissimo. Strolling Astronomer **10** 102—106.

7107. **R. M. Baum,** A preliminary note on the photometry of the dark or night hemisphere of the planet Venus. Strolling Astronomer **10** 11—13, mit 1 Fig. — Die Nachtseite von Venus ist teils heller, teils dunkler als der umgebende Himmelshintergrund beschrieben worden. Diese Erscheinung, die anscheinend einen Phasenzyklus zeigt, wird einerseits als optische Kontrastwirkung erklärt; andererseits wird auf die Möglichkeit eines Leuchtens ionisierter Massen in den oberen Schichten der Atmosphäre hingewiesen. Gli.

7108. **R. M. Baum,** On the observed appearance of a remarkable light spot on the night side of Venus. Strolling Astronomer **10** 30—32. — Bericht über die Beobachtung eines Lichtfleckes etwa 8. Größe auf der Nachtseite von Venus, weit entfernt von der Lichtgrenze am 17. 3. 1953, 19^h bis $19^h 40^m$ U. T. Instrumente: 6".5-Reflektor, 216fache Vergrößerung und 3"-Refraktor, 120fache Vergrößerung. Gli.

7109. **M. J. Beetham,** The satellite of Venus. Vega **2** Nr. 31 S. 2, Nr. 32 S. 2.

7110. **P. Bidaud,** La planète Vénus. Données classiques et recherches nouvelles. La Nature **84** 448—452, mit 5 Fig. — Zusammenfassender Bericht.

7111. **J. W. Chamberlain, G. P. Kuiper,** Rotational temperature and phase variation of the carbon dioxide bands of Venus. ApJ **124** 399—405, mit 5 Fig. = Contr. McDonald Obs. Nr. 268. — Verf. diskutieren eine Modell-Atmosphäre für Venus, welche die beobachteten Absorptionsbanden des CO_2 zu erklären vermag. Unter Annahme isotroper Streuung und einer optisch dicken Atmosphäre wird eine Rotationstemperatur von $285° \pm 9°$ K aus der Analyse zweier Banden abgeleitet. Die beobachtete Abhängigkeit der Stärke der Banden vom Phasenwinkel wird durch das angenommene Modell ebenfalls erklärt. Micz.

7112. **A. Dauvillier,** Sur la nature des nuages de Vénus. CR **243** 1257—1258. — Es wird die Hypothese aufgestellt, daß es sich bei diesen Wolken um feinstverteilten Nebel von Ammoniumnitrit $NH_4 NO_2$ handelt. Diese Verbindung soll durch elektrische Entladungen aus N_2 und $2 H_2O$ entstehen. Sie ist bei $-40°$ C, der Temperatur an der Oberfläche dieses reflektierenden Nebels, stabil. Es werden Beobachtungsmöglichkeiten diskutiert sowie die Gründe für das Fehlen von $NH_4 NO_2$ bei Erde und Mars. Bo.

7113. **R. L. Duncombe,** The motion of Venus 1750—1949. AJ **61** 266—268. — Als Teil des vom US Naval Observatory und dem Uppsala Observatory aufgestellten Programms einer Neubearbeitung der Großen Planeten diskutiert Verf. die Meridiankreisbeobachtungen der Venus 1750—1949 in der allgemeinen üblichen Weise und leitet Verbesserungen für die Elemente und säkularen Variationen von Venus und Erde und für die Masse Merkurs ab. Böh.

7114. **M. B. B. Heath,** The greatest elongations of Venus, 1956 to 2000. JBAA **66** 139—140.

7115. **W. I. Jeserskij,** Photographische Photometrie der Venus. Charkow, Staatsuniv., 1956 (russ.). — Dissertationsreferat.

7116. **Kibe,** Der Venusmond. Heavens Nr. 357 S. 14—16, 1955 (japan.). — Ref. in RJ 1957 Nr. 1 S. 8.

7117. **J. D. Kraus,** Impulsive radio signals from the planet Venus. Nature **178** 33. — An der Ohio State University wurden bei einer Wellenlänge von 11 m (26.7 MHz) burst-artige Radioimpulse beobachtet, die von Venus zu kommen scheinen. Die Beobachtungen wurden mit einem Interferometer aus zwei colinearen Anordnungen von sechs Halbwellendipolen gemacht. Als Reflektor dient der Boden und jeweils ein Reflektor, der zusammen mit dem Erdboden einen Winkelreflektor bildet. Die Anordnungen haben einen Abstand von 426 ft. Innerhalb einer dreimonatigen Suche nach Signalen von Venus seit 1. Febr. 1956 (ohne den Monat April) wurden Perioden in intensiver Aktivität nur am 23. und 30. Mai 1956 beobachtet, während des Durchgangs der Venus durch die Antennenkeule. Die Impulse wurden dabei über 2 bis 3 Stunden empfangen. Geringere Aktivität wurde am 15. Februar und 6. Mai beobachtet. Nach einer Abschätzung scheint es möglich, die Impulsintensität zu erklären durch Gewitter-Entladungen auf Venus. Hierbei müßten die Blitze etwa den irdischen gleichen. Über weitere Beobachtungen berichtet der Autor in Nature **178** 103 und 159 (1956).
Priester

7118. **J. D. Kraus,** Radio observations of the planet Venus at a wave-length of 11 m. Nature **178** 103—104, mit 2 Fig. — Ref. in Phys. Abstracts (A) **60** 175.

7119. **J. D. Kraus,** Class II radio signals from Venus at a wave-length of 11 metres. Nature **178** 159—160, mit 3 Fig. — Ref. in Phys. Abstracts (A) **60** 175.

7120. **J. D. Kraus,** Rotation period of the planet Venus as determined by radio observations. Nature **178** 687—688, mit 1 Fig. — Ref. in J RAS Canada **51** 122—123, Priroda **46** Nr. 3 S. 85—87 (russ.). — Beobachtungen der Intensitätsschwankungen der Venus wurden an der Ohio State University in den Monaten März und Juni/Juli 1956 bei 11 m Wellenlänge gemacht. Die Schwankungen zeigen eine Wiederholungstendenz von 12.75 bis 13 Tagen, die durch eine Rotation der Venus in $22^h\,15^m$ bis $22^h\,17^m$ gedeutet werden kann. Dies wird noch dadurch gestützt, daß charakteristische Bursts häufig nach $22^h\,9^m$ bis $22^h\,24^m$ wieder auftreten. Die Signale scheinen von einer eng begrenzten Region auf Venus auszugehen. Priester

7121. **A. C. Larrieu,** The satellite of Venus. Vega **2** Nr. 32 S. 1.

7122. **E. Mädlow,** Ein altes Problem wird wieder aktuell: der Venus-Mond. Vereinigung der Sternfreunde Nachrichtenblatt **5** 38—39.

7123. **P. Moore,** The Planet Venus. London, Faber and Faber Ltd., 1956. 132 S. mit 13 Fig. und 8 Tafeln. Preis 15 s. — Besprechung in JBAA **66** 327—328 (M. B. B. Heath), J. British Interplanetary Soc. **15** 226—230 (A. E. Roy), Nature **178** 1316 (H. Spencer Jones), Southern Stars **17** 61—62 (I. L. Thomsen), Strolling Astronomer **10** 145 (W. H. Johns), Urania København **13** 74.

7124. **E. Müller,** Thermische Radio-Strahlung des Planeten Venus. Orion Schaffhausen **5** 128.

7125. **E. J. Öpik,** The surface conditions on Venus. Irish AJ **4** 37—48 = Armagh Obs. Leaflet Nr. 43. — Ref. in Sky and Telescope **16** 72. — Verf. versucht nachzuweisen, daß die reflektierende Wolkenhülle der Venus nicht, wie Menzel und Whipple annehmen, aus Wasserdampf bzw. Eis besteht, sondern aus staubförmiger Materie. Die wahre Temperatur an der Wolkenoberfläche ist wahrscheinlich wesentlich höher als die von Pettit und Nicolson bestimmte effektive Temperatur von $-33°$ C, so daß H_2O spektroskopisch nachweisbar sein müßte. Auch der Farbenindex von Venus spricht gegen Reflexion an Wolken aus H_2O. Die dunklen bänderförmigen Oberflächenstrukturen werden im Sinne von Kuiper durch Wogen an der Oberfläche der Wolkenhülle hervorgerufen. Bo.

7126. **J. H. Robinson,** The atmosphere of Venus 1956, spring. JBAA **66** 261—264, mit 2 Tafeln und 1 Fig. — Bericht über etwa 60 Zeichnungen der Venus, die in blauem, weißem und rotem Licht zwischen 12. Februar und 7. Mai 1956 mit einem $8^1/_2$-Zoll Reflektor und einem $3^3/_4$-Zoll Refraktor gemacht wurden. Einige Zeichnungen der beobachteten Scheibe und einige Zeichnungen des Terminators werden abgebildet. Es wird versucht, die beobachteten Erscheinungen als Auftreten weißer Wolken zu deuten. Gli.

7127. **W. Sandner,** Beobachtungen der Venus-Dichotomie. Linzer Sternenbote **10** 38—40.

7128. **W. W. Scharonow,** Visuelle Kolorimetrie der Venus in westlicher Elongation im Jahre 1956. AC Nr. 174 S. 10—11 (russ.). — Die mit einem Rosenbergschen Blaukeilastrophotometer im Aug./Sept. 1956 am Leitrohr des Taschkenter Normalastrographen ausgeführten Messungen ergaben einen Farbenindexunterschied von im Mittel $0^m.12$ zwischen Venus und Sonne. Erstere wurde extrafokal beobachtet, letztere nach Reflexion an einem weißen Schirm. Loh.

7129. **W. H. Steavenson,** Shadows cast by Venus. JBAA **66** 264—265. — Ref. in Sky and Telescope **16** 161. — Verf. berichtet aufgrund eigener Erfahrungen über die Möglichkeiten, von Venus geworfene Schatten zu beobachten; Beschreibung einer Beobachtung vom 28. April 1956. Gli.

7130. **L. W. Werosub,** Vorläufige Ergebnisse einiger Beobachtungen der Venus im Jahre 1953. Bull. Astr.-Geod. Ges. UdSSR Nr. 18 S. 45—48 (russ.). — Ref. in RJ 1957 Nr. 4 S. 80.

7131. Oluje i grmljavine na Veneri. Astr. Bote Zagreb Nr. 5 S. 52—53.

7132. Radio noise from Venus. BAA Circ 376. — Nach einer Pressemitteilung wurde im Mai 1956 mit dem Radioteleskop der Sternwarte der Ohio State University mehrmals ein Rauschen festgestellt.

7133. Radio signals from Venus. J. Franklin Inst. **262** 241—242. — Ref. in RJ 1957 Nr. 7 S. 59.

7134. Signals from Venus. Science **123** 1111. — Entdeckung der Radiostrahlung von Venus.

7135. Night-sky spectrum of Venus. Sky and Telescope **15** 159.

7136. The motion of Venus and the mass of Mercury. Sky and Telescope **15** 206. — Ref. AAS.

7137. Venus and the moon on March 15th. Sky and Telescope **15** 354—355, mit 8 Fig.

7138. Venus as a radio source. Sky and Telescope **15** 435, 444, mit 1 Fig. — Ref. in Coelum **25** 24—25, NAT 1956 S. 138—139. — In Washington beobachteten Mayer, Sloanaker und McCullough bei 3.15 cm eine Radiostrahlung der Venus, die einer Quellentemperatur über 350° absolut entsprach. Bei 11 m wurde andererseits von Kraus, Columbus (Ohio) eine dichte Folge kurzer «bursts» mit einer Dauer von 1 sec oder weniger des Einzelstoßes beobachtet. Kraus fand Andeutungen einer Periodizität, die möglicherweise zur Rotationsperiode des Planeten führen können. Thi.

7139. Nowe dane o atmosferze Wenus. Urania Kraków **27** 251.

7140. Radio noise from the planet Venus. Vega **2** Nr. 33 S. 1.

7141. The satellite of Venus. Vega **2** Nr. 33 S. 2.

§ 72

Erde

Allgemeines

7201. **J. N. Black,** The distribution of solar radiation over the earth's surface. Archiv Meteorolog. Geophys. Bioklimatologie (B) **7** 165—189, mit 14 Fig.

* * **E. G. Bowen,** The relation between rainfall and meteor showers. Vgl. Ref. 8282.

7202. **E. G. Bowen,** A relation between snow cover, cirrus cloud, and freezing nuclei in the atmosphere. Australian J. Phys. **9** 545—551. — Ref. in Phys. Abstracts (A) **60** 532.

7203. **K. E. Bullen,** The influence of temperature gradient and variation of composition in the mantle on the computation of density values in earth model A. MN Geophys. Suppl. **7** 214—217.

7204. **J. Egedal,** The lunar-diurnal magnetic variation and its relation to the solar-diurnal variation. J. Geophys. Res. **61** 748—749.

* * **W. G. Fessenkow,** On the atmospheric component of zodiacal light. Vgl. Ref. 8404.

* * **L. Fritzová,** A comparison of values of the air density gradient and original velocities of meteors obtained by different methods. Vgl. Ref. 8219.

7205. **H. Haalck,** Physik des Erdinnern. Leipzig, Akademische Verlagsgesellschaft Geest & Portig, 1955. 183 S. mit 27 Abb. Preis 15 DM. — Besprechung in Phys. Blätter **13** 92—93 (G. Schumann).

7206. **H. Heierli,** Probleme der Erdgeschichte. Orion Schaffhausen **5** 57—66, mit 4 Fig. (mit französ. Ref.).

7207. **H. Jeffreys,** The earth's thermal history. MN **116** 231—238.

* * **D. G. King-Hele,** The descent of an earth-satellite through the upper atmosphere. Vgl. Ref. **13472**.

7208. **J. Lewiński,** Historia Ziemi. Warszawa, Wydawn. Geol., 1956. 2., verbesserte und ergänzte Auflage von J. Samsonowicz. 1 + 280 S. mit Abb. und Karten. Preis 18.70 zł.

7209. **W. A. Magnizkij,** Der innere Aufbau der Erde. Priroda **45** Nr. 7 S. 3—15, mit 11 Abb. (russ.). — Die seismischen Methoden zur Erforschung des Erdinnern werden dargelegt und die Erfolge von neueren Untersuchungen über Dichte, Temperatur und Aufbau der einzelnen Schichten des Erdkörpers erörtert.
Perek

7210. **K. I. Mayne,** Terrestrial helium. Geochim. Cosmochim. Acta **9** 174—182. — Verf. untersucht das Problem des terrestrischen Heliums im Hinblick auf das gemessene Isotopenverhältnis He^3/He^4 in der Atmosphäre. Auf Grund neuerer Daten ist die Abgaberate von He^4 durch die Erdkruste an die Atmosphäre etwa

60 mal größer als nach bisherigen Schätzungen. Dies erfordert aber gleichzeitig, daß auch die Erzeugung von He^3 wesentlich größer sein muß, als bisher angenommen wurde, wenn das Isotopenverhältnis bestehen bleiben soll. Verf. untersucht daher die Möglichkeit einer Bildung von He^3 aus kosmischem Staub. Unter Verwendung bekannter Daten schätzt Verf. den Betrag des dabei entstehenden He^3 ab und stellt einige Betrachtungen über den Ursprung des kosmischen Staubes an.
Henn

7211. **H. Melzer,** Meteor-astronomical universal laws of atmospherical precipitations. Urania Barcelona **41** 191—228, mit 12 Fig.

7212. **H. Melzer,** Leyes universales meteoroastronómicas de las precipitaciones atmosféricas. Urania Barcelona **41**, Apéndice al núm. 244, 30 S.

7213. **P. Moore,** Earth Satellites. London, Eyre & Spottiswoode Ltd., 1955. 128 S. Preis 15 s. — Besprechung in Strolling Astronomer **10** 88—89 (W. H. Haas), Weltraumfahrt 1956 S. 28—29.

7214. **P. Moore,** Earth Satellites. New York, W. W. Norton Inc., 1956. 157 S. mit Illustrationen von I. Geis. Preis $ 2.95. — Besprechung in Sky and Telescope **16** 81, 127—128 (W. E. Shawcross), Strolling Astronomer **10** 88—89 (W. H. Haas).

* * **M. Rodewald,** Regen aus Meteorstaub ? Vgl. Ref. 8257.

7215. **S. Rozgaj,** Zemlja-svemirsko tijelo. Sarajevo, «Narodna prosvjeta», 1955. 41 S. mit Abb.

7216. **A. E. Slater,** How bright is the earth ? J. British Interplanetary Soc. **15** 91—93, mit 1 Fig. — Ausführungen über Albedo und Farbenindex der Erde und über Aufnahmen von Raketen aus. Es liegen die Kapitel von A. Danjon und C. T. Holliday in «The Earth as a Planet» (AJB **54** Ref. 7220) zu Grunde. Gli.

7217. Ultraviolet view of the sky. Sky and Telescope **15** 400. — Ref. AAS. — Ref. in Coelum **25** 25.

7218. Breakthrough made in releasing sun's energy. J. Franklin Inst. **261** 681—682. — Ref. in RJ 1957 Nr. 4 S. 77.

7219. Physics and Chemistry of the Earth. Vol. I. Herausgegeben von L. H. Ahrens, K. Rankama, S. K. Runcorn. London, Pergamon Press Ltd., New York, E. McGraw-Hill, 1956. 8 + 317 S. Preis 55 s. bzw. $ 8. — Besprechung in Endeavour **16** 57 (P. M. du Bois).

7220. The Solar System. Vol. II. The Earth as a Planet. Herausgegeben von G. P. Kuiper. Vgl. AJB **54** Ref. 7220. — Weitere Besprechung in Ric. Sci. **26** 307—308 (G. Godoli).

Atmosphäre

7221. **D. E. Burch, J. N. Howard, D. Williams,** Infrared transmission of synthetic atmospheres. V. Absorption laws for overlapping bands. J. Optical Soc. America **46** 452—455, mit 4 Fig. — Ref. in Phys. Abstracts (A) **59** 626.

* * **E. T. Byram, T. A. Chubb, H. Friedman,** The solar X-ray spectrum and the density of the upper atmosphere. Vgl. Ref. 6504.

7222. **E. T. Byram, T. A. Chubb, H. Friedman,** Nondispersive measurements of absorption coefficients in the far ultraviolet. J. Optical Soc. America **46** 384. — Ref. Optical Soc. America.

7223. **J. Cabannes, J. Dufay,** Etude interférentielle du rayonnement de l'oxygène atomique dans la haute atmosphère. J. Phys. Radium **17** 31 S. — Ref. Soc. Française Physique. — Vgl. nachstehendes Ref.

7224. **J. Cabannes, J. Dufay,** Etude interférentielle du rayonnement de l'oxygène atomique dans la haute atmosphère. Rev. Opt. **35** 103—109, mit 4 Fig. — Mit einer verbesserten Perot-Fabry-Anordnung wurden im Dämmerungs- und Nachthimmelleuchten die Wellenlängen der Sauerstoffübergänge $^1D_2 \rightarrow {}^3P_{2,1}$ zu 6300.308 ± 0.004 und 6363.790 ± 0.0045 Å durch Vergleich mit He 5875.6175, Hg 5790.659 und Cd 6438.469 Å bestimmt. Weidemann

7225. **S. Chapman, K. C. Westfold,** A comparison of the annual mean solar and lunar atmospheric tides in barometric pressure, as regards their worldwide distribution of amplitude and phase. J. Atmosph. Terr. Phys. 8 1—23, mit 8 Fig. — Ref. in Phys. Ber. **36** 431—432.

7226. **T. M. Donahue,** A calculation of the sodium dayglow intensity. J. Geophys. Res. **61** 663—666, mit 2 Fig.

7227. **D. M. Gates,** Infrared solar and atmospheric spectrographic measurements from balloons to an altitude of 33 kilometers. Phys. Verhandlungen **7** 241—242. — Ref.

7228. **C. Hoffmeister,** Messungen zur atmosphärischen Optik in Süd-west-Afrika (Ergebnisse der Beobachtungen in Südwestafrika 1952—53; Dritte Mitteilung). Veröff. Sternw. Sonneberg **3** 97—332, mit 20 Fig.

7229. **C. Hoffmeister,** Die atmosphärisch-optische Störung vom Jahre 1953. (Ergebnisse der Beobachtungen in Südwestafrika 1952—53; Vierte Mitteilung). Z. f. Meteorologie **10** 76—86, mit 4 Fig.

7230. **C. Hoffmeister,** Hinweise auf atmosphärische Wirkungen interplanetarer Materie. (Ergebnisse der Beobachtungen in Südwestafrika 1952—53; Fünfte Mitteilung). AN **283** 13—16, mit 2 Fig. — Messungen der Farbanteile und der Polarisationsgröße des Taghimmellichts zeigen in der klaren Atmosphäre von Südwestafrika einen Tagesgang, der auf stärkere Trübungen am Vormittag hinweist. Messungen am Arago-Neutralpunkt der atmosphärischen Polarisation in der Morgen- und Abenddämmerung bestätigen diesen Effekt und legen die Annahme nahe, daß seine Ursache in hohen Schichten zu suchen ist. Ferner entspricht der Verlauf der Arago-Abstandskurve im Jahre 1937 bei Zenitdistanzen der Sonne $> 95°$ einem stärkeren Trübungsgrad hoher Schichten als im Jahre 1952. Die Erscheinungen werden in Beziehung gesetzt zum Zufluß meteoritischer Materie und zum Auftreten hochatmosphärischer Erhellungen. Verf.

7231. **J. N. Howard, D. E. Burch, D. Williams,** Infrared transmission of synthetic atmospheres. I. II. III. IV. J. Optical Soc. America **46** 186—190, 237—241, 242—245, 334—338, mit 15 Fig. — Ref. in Phys. Abstracts (A) **59** 363, 603.

7232. **L. D. Kaplan, M. V. Migeotte, L. Neven,** 9.6-micron band of telluric ozone and its rotational analysis. J. Chem. Phys. **24** 1183—1186, mit 1 Fig. = Commun. Obs. Roy. Belgique Nr. 105 = Inst. d'Astrophys. Univ. Liège Coll. 4° Nr. 73.

7233. **S. Kosibowa,** Wysokie warstwy atmosfery ziemskiej. Urania Kraków **27** 240—245, mit 1 Fig.

7234. **A. C. B. Lovell,** Radio astronomy and the fringe of the atmosphere. Quart. J. Roy. Meteorol. Soc. **82** 1—14, mit 11 Fig. und 2 Tafeln = Astr. Contr. Univ. Manchester (2) Jodrell Bank Repr. Nr. 132. — Die Arbeit berichtet zusammenfassend über die in den letzten Jahren unternommenen Versuche, aus radioastronomischen Beobachtungen Aufschlüsse über die hohen Schichten der Atmosphäre zu gewinnen. Eingehend behandelt werden die Methoden, aus der Szintillation diskreter Radioquellen die Windgeschwindigkeiten in 400 km Höhe zu bestimmen sowie einige Verfahren, aus Radarechos an Meteoren die Windgeschwindigkeiten, Skalenhöhen, Dichten, Temperaturen und Diffusionskoeffizienten in Schichten von etwa 70—120 km Höhe abzuleiten. Weiter wird gezeigt, wie Informationen über die Schichten in 70—120 km Höhe aus Radarechos an Nordlichtern erhalten werden können. Ferner wird die Gesamtzahl der Elektronen zwischen Erde und Mond aus Radarechos am Mond abgeschätzt. A. Böhme

7235. **M. Nicolet,** Sur l'origine de l'argon atmosphérique. Bull. Cl. Sci. Acad. roy. Belgique (5) **42** 482—498, mit 4 Fig. — Ref. in Phys. Abstracts (A) **60** 168.

7236. **R. Resnick,** The physics of the upper atmosphere. American J. Phys. **24** 538—539. — Ref. Am. Assoc. Phys. Teachers.

7237. **R. Robley,** Sur l'émission des raies rouges de OI dans la haute atmosphère. CR **243** 2120—2122, mit 2 Fig.

7238. **J. A. Scrimger, D. M. Hunten,** Observation of atmospheric sodium in absorption. Nature **178** 753—754. — Ref. in Phys. Abstracts (A) **60** 267, Phys. Ber. **36** 1460—1461.

7239. **R. Sloan, J. H. Shaw, D. Williams,** Thermal radiation from the atmosphere. J. Optical Soc. America **46** 543—547, mit 7 Fig. — Ref. in Phys. Ber. **36** 1816, RJ 1957 Nr. 6 S. 43.

7240. **H. H. Theissing, P. J. Caplan,** Atmospheric attenuation of solar millimeter wave radiation. J. appl. Phys. **27** 538—543, mit 5 Fig. Vgl. auch Trans. Inst. Radio Engineers **4** 582. — Ref. in Phys. Abstracts (A) **59** 680, RJ 1957 Nr. 6 S. 66.

7241. **C. D. Walshaw, R. M. Goody,** An experimental investigation of the 9.6 μ band of ozone in the solar spectrum. Quart. J. Roy. Meteorol. Soc. **82** 177—186. — Ref. in Phys. Abstracts (A) **60** 89, RJ 1957 Nr. 5 S. 48.

7242. Upper-atmosphere experiment. Sky and Telescope **15** 295. — Die durch die Photolyse des O_2 entstandenen O-Atome rekombinieren schneller bei Anwesenheit von NO. Es wird kurz über die auf Anregung von M. Zelikoff in Neumexiko unternommenen Versuche berichtet, in 100 km Höhe aus Raketen NO abzulassen, die dabei auftretende Leuchterscheinung zu beobachten und den Nachweis photolytisch aus dem Gas entstehender Ionenwolken mit Hilfe von Radioechos zu erbringen. Gü.

Dämmerungserscheinungen

7243. **B. Albers,** Eine auffällige Dämmerungs-Erscheinung. Sternenbote **7** 95—97. — Beobachtung vom 21. und 22. April 1956.

7244. **B. Albers,** Optische Trübung und Dämmerungswolken am 21. und 22. April 1956. Sterne **32** 210—211.

7245. **J. W. Chamberlain,** Resonance scattering by atmospheric sodium. I. Theory of the intensity plateau in the twilight airglow. J. Atmosph. Terr. Phys. **9** 73—89, mit 6 Fig. — Ref. in Phys. Ber. **36** 1272.

7246. **J. V. Dave, K. R. Ramanathan,** On the intensity and polarization of the light from the sky during twilight. Proc. Indian Acad. Sci. (A) **43** 67—78. — Ref. in Phys. Abstracts (A) **59** 939, RJ 1957 Nr. 1 S. 75.

7247. **J. V. Dave,** On the intensity and polarization of the light from the sky during twilight — part II. Proc. Indian Acad. Sci. (A) **43** 336—358. — Ref. in RJ 1957 Nr. 4 S. 76—77.

7248. **T. M. Donahue, R. Resnick, V. R. Stull,** Resonance absorption in the sodium twilight flash. Bull. American Phys. Soc. (2) **1** 35.

7249. **T. M. Donahue, R. Resnick, V. R. Stull,** Distribution in the upper atmosphere of sodium atoms excited by sunlight. Phys. Rev. (2) **104** 873—879, mit 11 Fig. — Ref. in Phys. Abstracts (A) **60** 267.

7250. **T. M. Donahue,** The Rayleigh scattering correction in measurements of the sodium twilight flash. J. Atmosph. Terr. Phys. **9** 262—268, mit 3 Fig. — Ref. in Phys. Ber. **36** 1640.

7251. **J. I. Galperin,** The ratio of the intensities of the components of the yellow doublet of sodium in the twilight spectrum. AJ UdSSR **33** 173—181, mit 4 Fig. und 1 Tafel (russ. mit engl. Ref.). — Verf. wertet photographische Aufnahmen der D-Linien im Dämmerungsleuchten aus, die mit dem Spektrographen des Geophysikalischen Instituts der Akad. Wiss. UdSSR bei Swenigorod (Gitterspektrograph, 1200 Striche pro mm, Dispersion bei λ 5900: 84 Å/mm) im März 1955 aufgenommen wurden. Die Sonne hatte dabei eine Zenitdistanz von 97—100°, die Belichtungszeiten betrugen 7 bis 15 Minuten. Das Dublett ist einwandfrei aufgelöst und ergab ein Intensitätsverhältnis $D_2 : D_1 = 1.30 : 1$ ($\pm$ 20%). Das Intensitätsverhältnis dürfte dabei Schwankungen, insbesondere einen Tagesgang zeigen. Verf. berechnet aus den experimentellen Daten die Anzahl der Natriumatome in einer Säule über 1 cm^2 zu 0.8×10^{10} cm^{-2}. Oster

7252. **A. V. Jones,** Ca II emission lines in the twilight spectrum. Nature **178** 276—277, mit 2 Fig. — Ref. in Phys. Abstracts (A) **60** 91.

7253. **G. Schubert,** Die anomale Himmelstrübung und Dämmerungsstörung vom 21. April 1956. Sterne **32** 245—246, mit 1 Fig.

7254. **D. Q. Wark,** A determination of the line-width of the λ 6300 line of oxygen in the twilight sky. Nature **178** 689—691, mit 2 Fig. — Das Ziel der vorliegenden Untersuchung war die Bestimmung der Linienkontur der roten Sauerstofflinie λ 6300 im Dämmerungsleuchten und die Ableitung der Temperatur in den emittierenden Schichten. Die Halbwertsbreite von 0.03 Å entspricht einer Temperatur von 750° $\pm$ 130°. Da die grüne O I-Linie λ 5577 eine Temperatur von nur 200° ergibt und in Schichten ungefähr 100 km über der Erdoberfläche emittiert wird, muß man schließen, daß die rote Linie aus Schichten wahrscheinlich oberhalb 200 km stammt, in Übereinstimmung mit Raketenbeobachtungen. Oster

Extinktion

7255. **P. André, I. Kazes, J.-L. Steinberg,** Mesure de l'absorption atmosphérique sur 9350 Mhz utilisant le rayonnement radioélectrique solaire. CR **242** 2099—2101, mit 1 Fig. — Die Extinktion der Erdatmosphäre bei 9350 MHz wird gemessen und mit theoretischen Berechnungen verglichen. Ein Teil läßt sich durch Absorption des Sauerstoffs und des Wasserdampfes erklären. Labs

7256. **G. Costantine, A. Hammad,** The extinction of the light of the night sky. I. ApJ **124** 298—301. — Die Theorie einer planparallelen, streuenden Atmosphäre mit einer Strahlung emittierenden Schicht darüber wird entwickelt. Exakte Ausdrücke für die Intensität des Streulichts werden abgeleitet und mit Meßergebnissen über das Nachthimmellicht verglichen. Micz.

7257. **G. Costantine, A. Hammad,** The extinction of the light of the night sky. II. ApJ **124** 302—306. — Der Einfluß der Krümmung auf die Intensität des Streulichts, welches von einer emittierenden Schicht der Atmosphäre herrührt, wird erörtert. Geringe optische Dicke der Atmosphäre und isotrope Streuung werden angenommen. Die Krümmung kann für mittlere und große Beobachtungshöhen vernachlässigt werden, wird jedoch merklich für geringe Höhen. Micz.

7258. **D. Deirmendjian, Z. Sekera,** Atmospheric turbidity and the transmission of ultraviolet sunlight. J. Optical Soc. America **46** 565—571, mit 3 Fig. — Ref. in Phys. Abstracts (A) **59** 865.

7259. **W. G. Fessenkow,** The determination of the transparency of the atmosphere during the night. AJ UdSSR **33** 599—604, mit 3 Fig. (russ.

mit engl. Ref.). — Es wird gezeigt, daß man bei normalen atmosphärischen Bedingungen den Transmissionskoeffizienten aus rein relativen Messungen mit verschiedenen Filtern bestimmen kann, analog dem Verfahren, die interstellare Materie mit Hilfe von Farbenexzessen zu untersuchen. Verf. (übersetzt)

7260. **E. Fichera,** Determinazione fotoelettrica dell'estinzione atmosferica per Capodimonte (Napoli). Mem SA It (NS) **27** 431—437 = Oss. Astr. Capodimonte-Napoli Contr. Astr. (2) **4** Nr. 19. — Bestimmung der atmosphärischen Extinktion für Capodimonte aus lichtelektrischen Messungen in 21 Nächten zwischen Juni und September 1955. Eine Tafel zur Berechnung der Extinktion bis zu $z = 84^\circ.5$ ist beigefügt. Cester

7261. **M. G. Fracastoro, S. Cristaldi,** Studio dell'assorbimento atmosferico nella zona di Catania. Mem SA It (NS) **27** 33—50, mit 2 Fig. = Oss. Astrofis. Catania Pubbl. (NS) Nr. 6. — Nach einem kurzen Überblick über die klassischen Arbeiten zur Bestimmung der Extinktion werden die von Sept. 1954 bis Juni 1955 ausgeführten photoelektrischen Beobachtungen in Catania einer Diskussion unterzogen. Die erhaltenen Ergebnisse werden mit den alten Werten für Catania und denen verglichen, welche mit ähnlichen Instrumenten und an anderen Beobachtungsstationen Italiens erhalten worden sind. Cester

7262. **W. I. Iwanikow,** Über die Berücksichtigung der atmosphärischen Absorption bei der photographischen Aufnahme von Himmelsobjekten auf panchromatischem Plattenmaterial. Nachr. (Naturwiss.) Akad. Wiss. Tadshik. Sowjetrepublik Nr. 14 S. 53—61 (russ.). — Ref. in RJ 1957 Nr. 1 S. 13.

7263. **W. M. Kasatschewskij, T. P. Toropowa,** Comparison of atmospheric transparency at altitudes of 1450 and 3200 metres. AJ UdSSR **33** 241—245, mit 3 Fig. (russ. mit engl. Ref.). — Getrennte Messungen der Rayleigh- und Aerosol-Komponenten der Extinktion in Kasachstan im Sommer 1949 ergaben: 1.) Auch in 3200 m Höhe sind Aerosole für die Streuung des erdatmosphärischen Lichtes von großer Bedeutung. 2.) Der Streukoeffizient für einen Winkel von 2—2°.5 ist in 3200 m Höhe etwa halb so groß wie in 1450 m Höhe. Verf. (gekürzt)

7264. **M. Kitamura, T. Nakamura,** A photoelectric study of the atmospheric extinction at Tokyo Astronomical Observatory. Ann. Tokyo Astr. Obs. (2) **4** 179—188, mit 4 Fig. — Lichtelektrische Messungen der atmosphärischen Extinktion in sechs Farben in Tokyo. Von den beobachteten Werten werden die durch Rayleigh-Streuung an trockner Luft und durch Absorption von 3 mm Ozon bedingten Komponenten abgezogen. Der Staubanteil zeigt dann einen merklichen Gang mit der relativen Luftfeuchtigkeit. Behr

7265. **E. W. Pjaskowskaja-Fessenkowa,** Bestimmung des Transmissionskoeffizienten der Atmosphäre nach verschiedenen Methoden. Mitt. Astrophys. Inst. Alma-Ata **3** Nr. 4 S. 73—82, mit 7 Fig. (russ.). — Der Artikel enthält Vergleiche von verschiedenen Methoden zur Bestimmung des Transmissionskoeffizienten der Atmosphäre. Kopecký

7266. **M. J. Seaton,** On the extinction correction used in the determination of airglow emission heights by the van Rhijn method. J. Atmosph. Terr. Phys. **8** 115—116 = Contr. Inst. d'Astrophys. Paris (B) Nr. 124. — Ref. in Phys. Ber. **36** 422.

7267. **G. F. Sitnik,** The transparency coefficient of the earth's atmosphere and the problem of allowance for halo in measuring brightness on the sun disc. AJ UdSSR **33** 101—113, mit 2 Fig. (russ. mit engl. Ref.). — Verf. behandelt das Problem der atmosphärischen Transparenz unter dem Gesichtspunkt, daß neben der Absorptionswirkung Streuung vorliegt. Dadurch ist die effektive Transparenz der Erdatmosphäre für eine Punktquelle von derjenigen für eine flächenhafte Lichtquelle verschieden. Auf dieser Basis wird der Einfluß der Transparenz auf Absolut- und Relativmessungen etwa der Helligkeitsverteilung über die Sonnenscheibe diskutiert. Oster

7268. **T. P. Toropowa,** Die Abhängigkeit des Transmissionskoeffizienten der Erdatmosphäre von der Wellenlänge. Mitt. Astrophys. Inst. Alma-Ata **2** 154—158, mit 2 Fig. (russ.). — Es werden die Transmissionskoeffizienten in verschiedenen Wellenlängen auf photoelektrischem Wege nach Bouguer bestimmt. Die spektralen Messungen sind mit dem Sonnenspektrographen des Observatoriums Alma-Ata durchgeführt. Die Ergebnisse stimmen mit den Messungen mit Filtern überein. Kopecký

7269. **F. Vaughn,** Mr. Braun's proposal for quantitating estimates of telescopic «seeing». Strolling Astronomer **10** 43—44. — Bemerkungen und Verbesserungsvorschläge zu den Ausführungen in einer Veröffentlichung von W. C. Braun (vgl. AJB **55** Ref. 7269).

7270. **O. P. Wassiljanowskaja,** Direkte Methoden zur Untersuchung des Transmissionskoeffizienten der Atmosphäre bei Tage. Bull. Astr. Obs. Stalinabad Nr. 18 S. 20—27 (russ.).

Himmelshelligkeit

7271. **H. Hinzpeter,** Einfache Rechnungen und Messungen zur Global- und Himmelsstrahlung. II. Z. Meteorol. **10** 100—110. — Ref. in RJ 1957 Nr. 6 S. 84.

7272. **G. S. Liwschiz,** Einige Ergebnisse der Elektrophotometrie des klaren Tageshimmels. Mitt. Astrophys. Inst. Alma-Ata **2** 131—143, mit 6 Fig. (russ.). — Der Artikel enthält eine Beschreibung elektrophotometrischer Messungen der Helligkeit des klaren Tageshimmels. Es wird auch das Vorhandensein von Schneereflexion diskutiert. Die Theorie stimmt mit den angeführten Messungen überein. Kopecký

7273. **G. S. Liwschiz,** Einige Folgerungen aus der Formel für die Helligkeit des Tageshimmels. Mitt. Astrophys. Inst. Alma-Ata **2** 144—149, mit 2 Fig. (russ.). — Aus der üblichen Formel für die Tageshimmelshelligkeit, in der nur die Streuung erster Ordnung Berücksichtigung findet, kann man einige spezielle (Wechsel)-Beziehungen für die Bestimmung des Transmissionskoeffizienten ableiten. Es zeigt sich aber, daß unter ihnen nur diejenige Beziehung gute Ergebnisse liefert, die sich auf den Almukantarat der Sonne bezieht. Verf. (übersetzt)

7274. **G. S. Liwschiz,** Bestimmung der an den Tafeln über die Helligkeit des wolkenlosen Tageshimmels anzubringenden Verbesserungen wegen Reflexion. Mitt. Astrophys. Inst. Alma-Ata **2** 150—153 (russ.). — Es wird eine Methode zur Bestimmung der obengenannten Verbesserungen betrachtet, falls eine Schneedecke vorhanden ist. Kopecký

7275. **W. M. Morosow, I. S. Schklowskij,** Über das Leuchten des Tageshimmels. Nachr. Akad. Wiss. UdSSR (Geophys.) Nr. 4 S. 464—468 (russ.). — Ref. in RJ 1957 Nr. 4 S. 74—75.

7276. **E. W. Pjaskowskaja-Fessenkowa,** Die Helligkeitsverteilung am klaren Tageshimmel. Mitt. Astrophys. Inst. Alma-Ata **2** 103—130, mit 20 Fig. (russ.). — Es wird gezeigt, daß die Helligkeitsverteilung des Tageshimmels mit ausreichender Genauigkeit durch ein Produkt von zwei Funktionen ausgedrückt werden kann. Mit Hilfe dieser Formel kann die Helligkeitsverteilung aus 5—6 Helligkeitsmessungen in verschiedenen Zenitdistanzen und davon unabhängigen Messungen längs des Sonnenalmukantarats berechnet werden. Kopecký

Internationales Geophysikalisches Jahr

7277. **V. Ajvaz,** Sondažne rakete i Međunarodna geofizička godina. Vasiona 4 54—58, mit 2 Fig.

7278. **J. Bartels,** Vorschau auf das Internationale Geophysikalische Jahr. Phys. Blätter 12 415—417.

7279. **J. Bouška,** International Geophysical Year 1957—1958. RH 37 123—127 (tschech.).

7280. **J. Coulomb,** L'Année géophysique internationale (1957—1958). BSAF 70 1—21, mit 9 Fig. — Vor der Astronomischen Gesellschaft Frankreichs am 8. Jan. 1956 gehaltener Vortrag.

* * **W. G. Fessenkow, N. B. Diwari,** The problem of zodiacal light in connection with the International Geophysical Year. Vgl. Ref. 8403.

7281. **H. Gartmann,** Raketen im Internationalen Geophysikalischen Jahr. I. Aufgaben, Ziele, Mittel, Möglichkeiten. Phys. Blätter 12 74—79.

7282. **L. Harang,** Det internasjonale geofysiske året 1957—58. Naturen 1956 Nr. 8 S. 480—490, mit 3 Fig. = Inst. Teoret. Astrofys. Blindern-Oslo Småtrykk Nr. 17.

7283. **N. Herlofson,** Det Internationella Geofysiska Året 1957—58. PAT 37 29—37, mit 3 Fig.

7284. **J. Kaplan,** United States programme for the International Geophysical Year. Nature 178 665—667.

7285. **J. Kaplan,** The IGY program. Proc. Inst. Radio Engineers 44 741—743, 821. — Ref. in RJ 1957 Nr. 3 S. 6.

7286. **J. Kaplan,** The International Geophysical Year. Publ ASP 68 381—404. — Ref. in Coelum 25 58.

7287. **E. Klee,** Die Bedeutung des geophysikalischen Jahres. Vereinigung der Sternfreunde Nachrichtenblatt 5 19—20.

7288. **D. E. Koelle,** Das Internationale Geophysikalische Jahr. Weltraumfahrt 1956 S. 9—10.

7289. **M. Kopecký,** Organisation of sun's observation during the International Geophysical Year. RH 37 265—266 (tschech.).

7290. **W. I. Krassowskij,** Die Strahlung des Himmels und der Polarlichter (Aus dem Programm des Internationalen Geophysikalischen Jahres). Bote Akad. Wiss. UdSSR Nr. 5 S. 29—31 (russ.). — Ref. in RJ 1957 Nr. 2 S. 89—90.

7291. **D. S. Martin,** Das Internationale Geophysikalische Jahr. Bote Akad. Wiss. UdSSR Nr. 10 S. 42—47 (russ.). — Ref. in RJ 1957 Nr. 5 S. 13.

* * Vgl. Ref. 3006.

7292. **E. R. Mustel,** Die physikalische Erforschung der Sonne. Aus dem Programm des Internationalen Geophysikalischen Jahres. Bote Akad. Wiss. UdSSR Nr. 11 S. 46—49 (russ.). — Ref. in RJ 1957 Nr. 7 S. 72.

7293. **J. Olsen,** Forspillet til det geofysiske aar. NAT 1956 S. 1—12, mit 5 Fig.

7294. **F. I. Ordway III,** The U. S. satellite vehicle program. Astronaut. Acta 2 115—117.

7295. **W. Stoffregen,** All-sky camera auroral research during the Third Geophysical Year 1957—58. Tellus 7 509—517, 1955. — Ref. in RJ 1957 Nr. 2 S. 90.

7296. **N. Stoyko,** Sur l'envoi au Bureau International de l'Heure des résultats pendant l'Année Géophysique (3me Opération Internationale des Longitudes). Bull hor (4) Nr. 13 S. 267—270.

7297. **B. Valníček,** Anteil der Astronomie an dem Internationalen Geophysikalischen Jahr 1957—1958. Pokroky 1 306—310 (tschech.).

7298. **D. Wattenberg,** Internationales Geophysikalisches Jahr 1957/58. Mitt. Archenhold-Sternw. Berlin-Treptow Nr. 45, 7 S. — Sonderdruck aus Brockhaus'ABC der Naturwissenschaft und Technik.

7299. **F. L. Whipple, J. A. Hynek,** The optical tracking program for IGY satellites. AJ **61** 191—192. — Ref. AAS.

72100. Antarctica in the International Geophysical Year. Washington D. C., American Geophysical Union, 1956. 133 S. Preis $ 6.00. — Besprechung in Sky and Telescope **16** 385 (F. E. Roach).

72101. Satellite vehicles and the I. G. Y. programme. J. British Interplanetary Soc. **15** 164—166. — Meinungen und Überlegungen über wahrscheinliche Dimensionen und Bahnformen des projektierten künstlichen Erdsatelliten.
Böh.

72102. Visual meteor observing during the I. G. Y. J RAS Canada **50** 217—218.

72103. The I. G. Y. programme at Fort Churchill. J RAS Canada **50** 276—277.

72104. Les satellites artificiels de l'Année géophysique. La Nature **84** 36.

72105. International Geophysical Year. Science **123** 287—288. — Bericht über ein Symposium über das Programm des Internationalen Geophysikalischen Jahres.

72106. IGY observations of the ionosphere. Science **124** 1072.

72107. American rocket program for the IGY. Sky and Telescope **16** 73.

72108. Międzynarodowy Rok Geofizyczny. Urania Kraków **27** 246—248.

72109. Uloga raketa u Međunarodnoj geofizičkoj godini. Vasiona **4** 39—41, mit 1 Fig.

72110. Obaveštenje o programu satelita Nacionalne akademije nauka SAD u Međunarodnoj geofizičkoj godini. Vasiona **4** 42, mit 2 Fig.

72111. To observers of meteors in Japan for the I. G. Y. YC 1379 S. 1—2.

Ionosphäre

72112. **V. Agy,** Ionospheric effects produced by solar flare radiation. Phys. Rev. (2) **102** 917. — Ref. in Phys. Ber. **35** 2248, RJ 1957 Nr. 3 S. 62.

72113. **J. L. Alpert,** Die Ionosphäre. Priroda **45** Nr. 1 S. 13—23, mit 11 Abb. (russ.).

72114. **D. K. Bailey, R. Bateman, R. C. Kirby,** Radio transmission at VHF by scattering and other processes in the lower ionosphere. Proc. Inst. Radio Engineers **43** 1181—1231, 1955. — Zusammenfassender Bericht über Messungen bezüglich der Fortpflanzung von dm- und m-Wellen in der unteren Ionosphäre. Dabei wird vor allem der Einfluß der Sonneneinstrahlung, der von der Sonne herrührenden korpuskularen Strahlung und des Meteoreinfalls untersucht.

72115. **H. G. Booker,** Turbulence in the ionosphere with applications to meteor-trails, radio-star scintillation, auroral radar echoes, and other phenomena. J. Geophys. Res. **61** 673—705, mit 11 Fig.

72116. **O. Burkard,** Neue Arbeiten über die F_2-Schicht. Phys. Verhandlungen **7** 249. — Ref.

72117. **E. Chvojková,** Ionospheric layers during photoionisation. I. Theory of bifurcation. BAC **7** 33—38, mit 3 Fig. (mit russ. Ref.).

72118. **E. Chvojková,** Eigenschaften der F-Schicht aus der Prognosenformel. I. Temperaturabnahme während der Nacht. BAC **7** 89—98, mit 5 Fig. (mit russ. Ref.).

72118a. **E. Chvojková,** Eigenschaften der ionosphärischen F-Schicht. II. BAC **7** 99—104, mit 1 Abb. (mit russ. Ref.). — Ein weiterer Vergleich der praktischen Ergebnisse mit der vor kurzem erschienenen Theorie der Aufspaltung der F-Schicht während der Photoionisation. Konvektion oder Diffusion werden hier noch nicht in Betracht gezogen. Die größte Aufmerksamkeit wird dem Jahresverlauf der maximalen kritischen Frequenz des Tages gewidmet. Verf.

72119. **R. A. Duncan,** Lunar variations in the ionosphere. Australian J. Phys. **9** 112—132, mit 8 Fig. — Ref. in Phys. Abstracts (A) **59** 774.

72120. **J. V. Evans,** The measurement of the electron content of the ionosphere by the lunar radio echo method. Proc. Phys. Soc. (B) **69** 953—955, mit 2 Fig. = Astr. Contr. Univ. Manchester (2) Jodrell Bank Repr. Nr. 145. — Die Untersuchung des langperiodischen Fadings, das bei Radio-Echo-Beobachtungen auftritt, erlaubt eine Messung des gesamten Elektronengehaltes der Ionosphäre. Sie erfolgt durch die Messung der Drehung der Polarisationsebene, die beim zweimaligen Durchlaufen der Ionosphäre bei den Radiowellen auftritt. Es wird ein merklich höherer Elektronenanteil in der F2-Schicht gefunden als bisher bekannt. Priester

72121. **T. Hatakana,** The Faraday effect in the earth's ionosphere with special reference to polarization measurements of the solar radio emission. Publ. Astr. Soc. Japan **8** 73—86, mit 7 Fig. = Tokyo Astr. Obs. Repr. Nr. 140. — Der Einfluß der Ionosphäre auf die Polarisation kosmischer Radiostrahlung wird diskutiert. Für den Fall, daß die einfallende Strahlung elliptisch polarisiert ist, wird berechnet, wie sich die Elliptizität und Richtung der großen Halbachse als Funktion der Parameter, die den Zustand der Ionosphäre beschreiben sowie des Winkels zwischen Erdmagnetfeld und Ausbreitungsrichtung der Strahlung ändern. Es wird gezeigt, daß sich die Elliptizität nur dann merklich ändert, wenn dieser Winkel nahezu 90° beträgt. Ferner wird die obige Theorie auf die Ausbreitung polarisierter Strahlung in der Korona angewandt. Frühere Beobachtungen des Verf. ergaben, daß Bursts vom Typ I immer partiell elliptisch polarisiert sind. Auf Grund der theoretischen Betrachtungen kann man daraus schließen, daß die Strahlung bereits bei ihrer Erzeugung einen elliptisch polarisierten Anteil enthalten muß und daß die Polarisation nicht erst durch die verschieden großen Absorptionskoeffizienten für den ordentlichen und den außerordentlichen Strahl entsteht. A. Böhme

72122. **K. M. Kotadia,** The ionospheric F_2 layer over Ahmedabad, Delhi and Tiruchirapalli during the sunspot minimum period (1953—1954). J. Sci. Industr. Res. (A) **15** 543—550, mit 8 Fig. — Die Höhe des Elektronendichtemaximums zeigt in mittleren Breiten nur ein Sommermaximum, am Äquator dagegen je ein Sommer- und ein Wintermaximum. Die tägliche $h'F_2$-Variation betrug 160 km im Sommer und 75 km im Winter. Weidemann

72123. **M. Laffineur, J. D. Whitehead,** The measurement of cosmic radio emission for ionospheric studies. J. Atmosph. Terr. Phys. **9** 347—349, mit 2 Fig.

72124. **A. C. B. Lovell,** A note on the interpretation of transient echoes from the ionosphere. J. Atmosph. Terr. Phys. 8 293—294, mit 1 Fig. = Astr. Contr. Univ. Manchester (2) Jodrell Bank Repr. Nr. 141. — Ref. in Phys. Ber. **36** 599—600.

72125. **F. F. Marmo, J. Pressman, L. M. Aschenbrand, A. Jursa, M. Zelikoff,** Formation of an artificial ion cloud; photoionization of NO by solar Lyman alpha at 95 km. J. Chem. Phys. **25** 187. — Ref. in Phys. Abstracts (A) **59** 1010.

72126. **J. A. Ratcliffe,** The formation of the ionospheric layers F-1 and F-2. J. Atmosph. Terr. Phys. 8 260—269, mit 4 Fig. — Ref. in Phys. Abstracts (A) **59** 938, Phys. Ber. **36** 604—605.

72127. **J. A. Ratcliffe, E. R. Schmerling, C. S. G. K. Setty, J. O. Thomas,** The rates of production and loss of electrons in the F-region of the ionosphere. Phil. Trans. (A) **248** 612—642, mit 8 Fig. — Ausgehend von der mittleren ruhigen F-Schicht werden die Quoten der erzeugten und verschwindenden Elektronen abgeleitet. Vertikale Bewegungen in der Schicht werden vernachlässigt. Es ergibt sich $-dN/dt = K_1 N$ mit $K_1 = 10^{-4} \cdot \exp[(300 - h(\text{km}))/50]\,\text{sec}^{-1}$. Ein dementsprechend in größerer Höhe über dem Maximum der Elektronenerzeugung auftretendes Maximum der Elektronendichte steht in Übereinstimmung mit der Theorie von Bradbury (1938), daß nur eine ionisierende Strahlung für die F_1- und F_2-Schicht verantwortlich sei. Die Folgerungen werden diskutiert. Weidemann

* * **J. A. Ratcliffe,** Some aspects of diffraction theory and their application to the ionosphere. Vgl. Ref. **2028.**

72128. **N. V. G. Sarma, A. P. Mitra,** Some aspects of the geomagnetic distortion of the F_2 region at equatorial latitudes. J. Sci. Industr. Res. (B) **15** 320—322, mit 4 Fig. — Darstellung der Abhängigkeit der kritischen Frequenzen und der Störungen des täglichen Ganges als Funktion der Sonnenfleckentätigkeit. Weidemann

72129. **E. R. Schmerling, J. O. Thomas,** The distribution of electrons in the undisturbed F_2-layer of the ionosphere. Phil. Trans. (A) **248** 609—620, mit 10 Fig. — Es wurde der h′(f)-Verlauf von Slough, Watheroo und Huancayo in Jahren des Sonnenfleckenmaximums und -minimums analysiert und die Elektronendichte N(h) unter Vernachlässigung des Erdmagnetfeldes berechnet. Durch Vergleich und Durchschnittsbildung in bezug auf international magnetisch ruhigste Tage wird die Form einer mittleren ruhigen F-Schicht bestimmt. Weidemann

72130. **W. W. Schulejkin, L. A. Kornewa,** Der Einfluß eines veränderlichen Stroms solarer positiver Teilchen auf den Wind in der Ionosphäre. DAN **107** 59—62, mit 2 Fig. (russ.). — Ref. in Phys. Abstracts (A) **59** 774.

72131. **M. J. Seaton,** A possible explanation of the drop in F-region critical densities accompanying major ionospheric storms. J. Atmosph. Terr. Phys. 8 122—124 = Contr. Inst. d'Astrophys. Paris (B) Nr. 125. — Ref. in Phys. Ber. **36** 425.

72132. **J. D. Whitehead,** The absorption of radio waves in an ionospheric layer. J. Atmosph. Terr. Phys. **9** 276—281, mit 2 Fig. — Ref. in Phys. Ber. **36** 1461.

* * **J. P. Wild, J. A. Roberts,** Regions of the ionosphere responsible for radio star scintillations. Vgl. Ref. **12666.**

* * **J. P. Wild, J. A. Roberts,** The spectrum of radio-star scintillations and the nature of irregularities in the ionosphere. Vgl. Ref. **12667.**

* * **R. W. Wright, J. R. Koster, N. J. Skinner,** Spread F-layers echoes and radio-star scintillation. Vgl. Ref. **12670**.

72133. **Beobachtungen der Ionosphäre**

Indian J. Meteorol. Geophys. **7** 75—83, 307—315, 396—403. Kodaikanal solar, geomagnetic and ionospheric data (Juli—September 1955, Januar—Juni 1956). A. K. Das, S. L. Malurkar.

Leuchtende Nachtwolken

72134. **I. A. Chwostikow,** Über die Natur der leuchtenden Nachtwolken. Nachr. Akad. Wiss. UdSSR (Geophys.) Nr. 7 S. 869—871 (russ.). — Ref. in RJ 1957 Nr. 7 S. 79.

72135. **W. M. Morosow,** Über die Herkunft der leuchtenden Nachtwolken. Nachr. Akad. Wiss. UdSSR (Geophys.) Nr. 7 S. 865—869 (russ.). — Ref. in RJ 1957 Nr. 7 S. 78.

72136. **D. W. Pjaskowskij,** Beobachtungen von leuchtenden Nachtwolken in Kiew. AC Nr. 172 S. 23 (russ.). — 1956 Juli 1.

72137. **G. Schirdewahn, C. Hoffmeister,** Leuchtende Nachtwolken. Sterne **32** 245. — 1956 Juli 8—9.

72138. **W. G. Teufel,** Leuchtende Nachtwolken 1955. AC Nr. 168 S. 23—26 (russ.).

72139. **W. F. Tschistjakow,** Leuchtende Nachtwolken am 2.—3. Juli 1956. AC Nr. 172 S. 22—23 (russ.).

72140. **Beobachtungen Leuchtender Nachtwolken**

Sterne **32** 33. Leuchtende Nachtwolken. B. Albers. — Bericht über Beobachtungen am 9. Juli 1955 sowie ergänzend solche in Århus und Hamburg am 7./8., 9./10. und 18./19. Juli 1955.

Urania København **13** 90—91. Lysende natskyer observeret. G. Persson. — 1956 Juli 9.

Licht des Nachthimmels

72141. **Y. Andrillat,** Les bandes de vibration-rotation de la molécule OH dans le spectre infrarouge du ciel nocturne. J. Phys. Radium **17** 442—448 = Publ. Obs. Lyon (1) **5** Nr. 28. — Über die seit den ersten Untersuchungen im Jahre 1944 durchgeführten Beobachtungen der Rotations-Schwingungsbanden des OH-Moleküls im infraroten Nachthimmelspektrum gibt Verf. eine zusammenfassende Übersicht. Henn

72142. **D. Barbier,** La lumière du ciel nocturne. BSAF **70** 449—454, mit 1 Fig.

72143. **D. R. Bates, B. L. Moiseiwitsch,** Origin of the Meinel hydroxyl system in the night airglow. J. Atmosph. Terr. Phys. **8** 305—308. — Ref. in Phys. Abstracts (A) **59** 938, Phys. Ber. **36** 763.

72144. **O. E. Berg, M. Koomen, L. Meredith, R. Scolnik,** The altitude of the (OI) 5577 Å line in the night airglow measured from a rocket. J. Geophys. Res. **61** 302—303, mit 1 Fig. — Die die Nachthimmellinie 5577 ausstrahlende Schicht liegt zwischen 70 und 105 km Höhe mit einem Maximum bei 90—95 km Höhe. U. Be.

72145. **P. Berthier,** Etude spectrophotométrique de la luminescence nocturne des bandes des molécules OH et O_2 atmosphérique. Ann.

Géophys. **12** 113—143, mit 17 Fig. — Verf. gibt eine spektralphotometrische Untersuchung der atmosphärischen OH- und O_2-Banden des Nachthimmellichts im nahen Infrarot. In einem einleitenden Abschnitt wird über die instrumentelle Durchführung sowie über die erzielte Genauigkeit berichtet. Sodann werden im einzelnen folgende Fragen diskutiert: 1.) Tägliche und saisonale Intensitätsänderungen der Banden; 2.) Korrelationen zwischen den verschiedenen Komponenten des Nachthimmellichts; 3.) Höhe der emittierenden Schichten. Henn

72146. **J. W. Chamberlain, B. J. Negaard,** Resonance scattering by atmospheric sodium. II. Nightglow theory. J. Atmosph. Terr. Phys. **9** 169—178, mit 4 Fig. — Ref. in Phys. Ber. **36** 1461.

72147. **H. Elsässer, H. Siedentopf,** Die Emissionshöhe der 5577 AE-Linie des Nachthimmelsleuchtens nach Messungen am Jungfraujoch. J. Atmosph. Terr. Phys. 8 222—232, mit 5 Fig. und 1 Tafel = Mitt. Astr. Inst. Univ. Tübingen Nr. 20. — Verf. beschreiben zunächst das benutzte Instrumentarium: Multiplier-Photometer, Verstärker, Registriereinrichtung. Die Registrierungen erstrecken sich über zehn Winternächte 1954/55, in denen auf dem Jungfraujoch in Abständen von fünf Minuten die Intensität der grünen Nachthimmellinie λ 5577 Å und der Vergleichslinie λ 5340 Å registriert wurde. Mit den Meßergebnissen konnte nach der van Rhijnschen Methode unter Benutzung der von Ashburn (vgl. AJB **54** Ref. **72112**) berechneten Tabellen für den Einfluß der Rayleighstreuung und der Bodenreflexion eine mittlere Höhenbestimmung der Emissionsschicht durchgeführt werden. Unter Verwendung individueller Extinktionskoeffizienten wurde diese zu 90 ± 10 km berechnet. Abweichende Ergebnisse früherer Höhenbestimmungen müssen darauf zurückgeführt werden, daß hypothetische Extinktionskoeffizienten angenommen wurden, deren Wahl von wesentlichem Einfluß auf die Höhenbestimmung ist. Henn

72148. **L.-M. Granderye,** Cómo medir fotográficamente la luminosidad del cielo nocturno. Urania Barcelona **41** 73—76, mit 1 Fig.

72149. **D. M. Hunten,** Resonance scattering by atmospheric sodium. III. Supplementary considerations. J. Atmosph. Terr. Phys. **9** 179—183, mit 1 Fig. — Ref. in Phys. Ber. **36** 1461.

72150. **R. V. Karandikar,** Un étalon Fabry-Pérot pour l'étude de la raie verte dans la lumière du ciel nocturne. Rev. Opt. **35** 414—420, mit 4 Fig. — Eine Pérot-Fabry-Anordnung mit einem Auflösungsvermögen von theoretisch 4.66×10^6, effektiv 3.2×10^6, und photoelektrischer Registrierung der Interferenzstreifen wird beschrieben. Das Gerät soll zur Messung der Dopplerbreite der grünen Sauerstofflinie λ 5577 Å des Nachthimmellichtes und zur Bestimmung der Temperatur in den entsprechenden hohen Atmosphärenschichten dienen. Weidemann

72151. **M. J. Koomen, R. Scolnik, R. Tousey,** Measurements of the night airglow from a rocket. AJ **61** 182. — Ref. AAS. — Besprechung in Sterne **33** 68.

72152. **M. Koomen, R. Scolnik, R. Tousey,** Distribution of the night airglow (OI) 5577 Å and Na D layers measured from a rocket. J. Geophys. Res. **61** 304—306, mit 1 Fig. — Die Höhenverteilung der Emission der O-Linie 5577 und der Na D-Linie in der Hochatmosphäre wird nach Raketenaufstiegen diskutiert und Betrachtungen über den Wirkungsmechanismus angestellt. U. Be.

72153. **W. I. Krassowskij,** Sur certaines manifestations optiques du processus de recombinaison de l'oxygène. AJ UdSSR **33** 605—613 (russ. mit französ. Ref.). — Die Möglichkeiten, die in den Ionosphärenschichten zur Bildung von angeregten OH-Molekülen (OH') führen können, sind das Thema der vorliegenden Diskussion. Diese Moleküle werden für die Bandenemission im infraroten

Spektrum des Nachthimmelleuchtens verantwortlich gemacht. Verf. kommt zu dem Schluß, daß die heute bekannten experimentellen und theoretischen Daten zu einer eindeutigen Klärung der Entstehungsmechanismen nicht ausreichen und insbesondere keine Entscheidung ermöglichen, ob das OH'-Molekül vornehmlich durch die Reaktion $O_3 + H \rightarrow OH' + O'_2$ oder durch die Reaktion $O_2' + H \rightarrow OH' + O$ zustande kommt. Oster

72154. **L. Liszka,** A possible explanation of the diurnal variation in the intensity of the night glow line (OI) 5577 A. Acta phys. Polon. **15** 305—310. — Ref. in Phys. Abstracts (A) **60** 532.

72155. **L. Liszka,** Pomiar płaszczyzny polaryzacji świecenia tła nieba. Postępy Astr. **4** 146—147. — Ref. Poln. Astr. Ges.

72156. **F. E. Roach,** Synoptic study of the airglow. Science **124** 939.

72157. **M. L. Tcheng,** La lumière du ciel nocturne. Acta Astr. Sinica **4** 99—107, mit 3 Fig. (chines. mit französ. Ref.).

Polarlicht

72158. **E. V. Ashburn,** Measurement of auroral radiation 3200 Å with a photon counter (Geiger tube). J. Atmosph. Terr. Phys. **9** 156—157. — Ref. in Phys. Ber. **36** 1271—1272.

72159. **E. Åström,** On the theory of magnetic storms and aurorae. Tellus 8 239—240.

72160. **L. Block,** On the scale of auroral model experiments. Tellus 8 234—238, mit 2 Fig.

72161. **H. G. Booker,** A theory of scattering by nonisotropic irregularities with application to radar reflections from the aurora. J. Atmosph. Terr. Phys. 8 204—221, mit 4 Fig. — Ref. in Phys. Abstracts (A) **59** 940, Phys. Ber. **36** 603.

72162. **A. Dauvillier,** Le magnétisme des corps célestes. III. Les aurores polaires et la luminescence nocturne. Vgl. AJB **54** Ref. **72150.** — Weitere Besprechung in Scientia **91** 227 (G. Godoli).

72163. **C. T. Elvey, H. Leinbach, J. Hessler, J. Noxon,** Preliminary study of the distribution of auroras in Alaska. Trans. American Geophys. Union **36** 390—394, 1955. — Ref. in Phys. Abstracts (A) **59** 1012.

* * **C. Y. Fan,** Emission spectra excited by electronic and ionic impact. Vgl. Ref. 227.

72164. **L. Harang,** Height distribution of auroral emissions. J. Atmosph. Terr. Phys. **9** 157—159, mit 1 Fig. = Inst. Theoret. Astrophys. Blindern-Oslo Reprint Nr. 16. — Ref. in Phys. Ber. **36** 1272.

72165. **T. R. Hartz, G. C. Reid, E. L. Vogan,** V. H. F. auroral noise. Canadian J. Phys. **34** 728—729, mit 1 Fig. — Ref. in RJ 1957 Nr. 4 S. 63.

72166. **L. Herman, J. Morel, R. Herman,** Emission du spectre de l'azote dans les aurores de haute latitude. Ann. Géophys. **12** 228—231, mit 2 Fig.

72167. **D. M. Hunten, F. E. Roach, J. W. Chamberlain,** A photometric unit for the airglow and aurora. J. Atmosph. Terr. Phys. 8 345—346. — Ref. in Phys. Ber. **36** 763.

72168. **D. M. Hunten,** Automatic auroral recorder. J. Optical Soc. America **46** 578—583, mit 8 Fig. — Ref. in Phys. Abstracts (A) **59** 867.

72169. **R. W. Knecht,** Relationships between aurora and sporadic-E echoes at Barrow, Alaska. J. Geophys. Res. **61** 59—69, mit 8 Fig.

72170. **A. W. Mironow, N. N. Schefow,** An observation of auroral spectrum near Moscow. AJ UdSSR **33** 715—716, mit 1 Tafel (russ. mit engl. Ref.). — Mit einem lichtstarken Spektrographen (f : 0.8; 84 Å/mm; Spaltbreite 1.5 mm) wurden zwei Aufnahmen im Bereich 4700—6000 Å gewonnen. Beide zeigen die Na D-Linie und die Linien von OI und NI bei 5527 und 5200 Å. Die länger ($7^h 40^m$) belichtete Aufnahme trägt auch Spuren von NII (5004 Å), H_β (4861 Å) und N_2^+ (4708 Å). Petri

72171. **J. Morel-Viard,** Luminosité aurorale produite par des protons de direction quelconque. CR **243** 292—295, mit 1 Fig. — Es wird berechnet, in welchen Höhen die unter verschiedenen Winkeln gegen die Feldlinien des erdmagnetischen Feldes einfallenden Protonen ein H_α-Leuchten im Polarlicht anregen. Es ist jeweils ein monokinetischer Protonenstrahl mit einer Protonenenergie von 480 keV angenommen. Die Übereinstimmung zwischen Rechnung und Beobachtung ist noch nicht befriedigend. Verf. macht die in praxi sicher vorhandene Geschwindigkeitsdispersion der Protonen dafür verantwortlich. Labs

72172. **A. Omholt,** Characteristics of auroras caused by angular dispersed protons. J. Atmosph. Terr. Phys. **9** 18—27, mit 3 Fig. — Ref. in Phys. Ber. **36** 930.

72173. **A. Omholt,** Secondary processes due to absorption of the Lyman lines emitted from aurorae. J. Atmosph. Terr. Phys. **9** 28—35. — Ref. in Phys. Abstracts (A) **59** 939—940, Phys. Ber. **36** 930.

72174. **S. B. Pikelner,** On the theory of magnetic storms and aurorae. Mitt. Astrophys. Obs. Krim **16** 104—121 (russ. mit engl. Ref.).

72175. **W. Sandner,** Polarlicht-Häufigkeit in Antarktika. Forschungen und Fortschritte **30** 297—298.

72176. **G. Schubert,** Zunehmende Polarlichtaktivität über Norddeutschland. Sterne **32** 224—226, mit 1 Fig. — Beobachtungen des Polarlichts 1956 März 3 und 10.

72177. **C. Störmer,** The Polar Aurora. Vgl. AJB **55** Ref. **72207**. — Weitere Besprechung in BSAF **70** 410—413, mit 3 Fig. (G. C. Flammarion), J. Atmosph. Terr. Phys. **9** 355—356 (J. Bartels), J RAS Canada **51** 117—118, Nature **178** 713 (V. C. A. Ferraro), Naturwissenschaften **43** 504 (J. Bartels).

72178. **W. I. Tscherednitschenko,** Zur Arbeit Chamberlains über «Die Anregung des Wasserstoffs in Polarlichtern». Sonnendaten 1955 Nr. 1 S. 87—89 (russ.). — Ref. in RJ 1957 Nr. 1 S. 75—76.

72179. **L. Vegard,** Composition, variations and excitation of the auroral luminescence spectra. Geophys. Publ. **19** Nr. 9, 52 S. — Ref. in RJ 1957 Nr. 6 S. 88—89.

72180. **Polarlichtbeobachtungen**

AC Nr. 169 S. 22—23 (russ.). Das Nordlicht am 3. März 1956. W. F. Tschistjakow.

J. Astr. Soc. Victoria **9** 29—30. Aurora reports.

J. Astr. Soc. Victoria **9** 72—73. The aurora australis.

Obs **76** 39. Auroral activity, 1955. J. Paton.

Sky and Telescope **15** 545. Auroral reports.

Sky and Telescope **16** 96. Aurora in Colorado. — Beob. 1956 Okt. 1.

YC 1387 S. 1, 5. Aurora. I. Yamamoto. — 1956 Aug. 9.

YC 1390 S. 1—2, 1394 S. 7—8. Aurora.

Szintillation

72181. **P. E. Barnhart, W. M. Protheroe, J. Galli,** Direct observation of element motion in stellar shadow patterns. J. Optical Soc. America **46** 904—905, mit 1 Fig. = Contr. Perkins Obs. (2) Nr. 8. — Ref. in Phys. Abstracts (A) **60** 177, RJ 1957 Nr. 6 S. 44.

72182. **F. Burdecki,** Scintillations-Beobachtungen in Addis-Abeba. Orion Schaffhausen **5** 70—73, mit 1 Fig. — Es wird über Szintillationsbeobachtungen berichtet, die in Addis-Abeba zehn Monate lang regelmäßig durchgeführt wurden, um die Beobachtungsbedingungen für eine eventuell dort zu errichtende Sternwarte zu prüfen. Die Szintillationsbeobachtungen erfolgten mit Hilfe eines kleinen Reisetheodoliten in der Weise, daß man das Projektionsbild der Sonne betrachtete und feststellte, bei welcher Größe dieses Bildes das Wallen des Sonnenrandes erstmals zu bemerken ist. Der Durchmesser des betreffenden Bildes wird dann als Maß für den Betrag der Szintillation genommen. H. M.

72183. **P. B. Fellgett, E. C. S. Megaw, J. van Isacker,** Stellar scintillation. Quart. J. Roy. Meteorolog. Soc. **82** 227—234. — Ref. in Phys. Abstracts (A) **60** 453, RJ 1957 Nr. 3 S. 33.

72184. **R. Hosfeld,** The velocity of stellar shadowband patterns. AJ **61** 180—181. — Ref. AAS.

72185. **F. F. Judalewitsch,** Einige mit der Interpretation der Szintillation der Sterne verbundene Fragen. DAN **106** 441—444, mit 1 Fig. (russ.). — Verf. unternimmt den Versuch, aus der Szintillation die mittlere Temperaturschwankung der an der Szintillation hauptsächlich beteiligten Luftschichten abzuleiten. Ergebnis: $\sigma_T \approx 0\overset{\circ}{.}01$. Loh.

72186. **G. Keller,** Astronomical scintillation and atmospheric turbulence. Comments on several recent papers. AN **283** 85—86 = Contr. Perkins Obs. (2) Nr. 7. — Die in theoretischen Arbeiten von Scheffler, Obuchow, Ellison, van Isacker und Verf. benutzten Ansätze werden miteinander verglichen. Verf. weist ferner darauf hin, daß die von Scheffler gefundene schwache Abhängigkeit der Richtungsverteilung der Strahlung von der Entfernung zwischen turbulenter Schicht und Beobachter nicht reell sein kann. Scheffler

72187. **G. Keller, W. M. Protheroe, P. E. Barnhart, J. Galli,** Investigations of stellar scintillation and the behavior of telescopic images. Perkins Repr. Nr. 39, 175 S. mit zahlreichen Fig. — Abschließender Bericht über ausgedehnte Untersuchungen, die 1955/56 am Perkins Observatorium ausgeführt wurden. Umfaßt 13 Beiträge, darunter 6 modifizierte Wiedergaben bereits veröffentlichter oder im Druck befindlicher Arbeiten. Die erste Hälfte des Bandes ist der Theorie der Szintillation, insbesondere des Szintillationsmusters und der photoelektrischen Beobachtung desselben gewidmet, während sich die übrigen Arbeiten, theoretisch und beobachtungsmäßig, mit dem Einfluß der atmosphärischen Turbulenz auf die Struktur teleskopischer Bilder befassen. Scheffler

72188. **N. F. Kuprewitsch,** Stellar scintillation and its compensation during the photoelectric registration of stellar spectra. AJ UdSSR **33** 348—367, mit 30 Fig. (russ. mit engl. Ref.). — Die Szintillation einiger heller Sterne wurde in verschiedenen Zenitdistanzen und bei verschiedenen atmosphärischen Zuständen photoelektrisch registriert. Dazu wurde ein afokales Teleskop mit einem kurzbrennweitigen Spektrographen benutzt. Die Szintillation wurde auch gleichzeitig in zwei Kanälen registriert — der eine für monochromatisches und der andere für gesamtes Licht. Diese Einrichtung diente auch zur Kompensation der Szintillation, indem die Differenz der photoelektrischen Ströme in den beiden Kanälen registriert wurde. Bei der photoelektrischen Registrierung eines Sternspektrums können die Szintillationsstörungen durch Vergrößerung des Fernrohrdurchmessers und der Zeitkonstanten verkleinert werden. Ond.

72189. **N. F. Kuprewitsch,** Photoelektrische Registrierung der Szintillation der Sterne. Mitt. Astr. Hauptobs. Pulkowo **20** Nr. 2 (155) S. 46—60, mit 16 Abb. (russ.). — Da die Szintillation auf die photoelektrische Registrierung von Sternspektren einen gewissen Einfluß ausübt, wurden zur Klarstellung des Charakters dieser Störungen photoelektrische Szintillationsbeobachtungen im Photographischen ($\lambda \approx 4200$ Å) durchgeführt. Im vorliegenden Bericht werden die Optik des benutzten Spektrographen und des Teleskops sowie die photoelektrische Meßanordnung beschrieben. Ferner werden Szintillationsoszillogramme in verschiedenen Zenitdistanzen und bei verschiedenen Öffnungen des Teleskops vorgelegt und die Ergebnisse kurz diskutiert. Loh.

72190. **H. Scheffler,** Bemerkungen zur Theorie der astronomischen Sicht. AN **283** 87—88 = Mitt. Astrophys. Obs. Potsdam Nr. 47. — Im Anschluß an eine kritische Bemerkung von Keller (vgl. Ref. 72186) wird gezeigt, daß — bei konsequenter Anwendung und leichter Verallgemeinerung einer von Keller aufgestellten Relation zwischen den Korrelationsfunktionen des elektrischen Feldes und der Phasenschwankungen — die vom Verf. verfolgte wellenoptische Theorie der Szintillationserscheinungen (vgl. AJB **55** Ref. 72227) auf einen Ausdruck für die Korrelationsfunktion der elektrischen Feldstärke führt, der unabhängig von der Höhe der turbulenten Schicht in Übereinstimmung mit einem Resultat von Booker, Ratcliffe und Shinn (Phil. Trans. Roy. Soc. (A) **242** 579, 1950) ist. Abschließend wird das Verhältnis der Entwicklungen der Untersuchung des Verf. zu denjenigen Kellers diskutiert. Verf.

Sonstige Erscheinungen

72191. **M. Bourgeois,** Arc-circumzénithal lunaire. BSAF **70** 303.

72192. **T. S. Jacobsen,** Det grønne glimt ved Solens opgang og ved dens nedgang. NAT 1956 S. 95—102, mit 3 Fig. — Übersetzung aus Sky and Telescope **12** 133 (AJB **53** Ref. 72176).

72193. **W. Jaschek,** Photographie eines Mondhalos. Photographie und Forschung **7** Nr. 1 S. 31—32, mit 1 Fig. — 20. 8. 1954.

72194. **P. Kirkpatrick,** The green flash. American J. Phys. **24** 532—533.

72195. **W. Sandner,** Statistique des halos de 1955. Gaz astr **37** 82.

72196. **W. Sandner,** Statistik der Halo-Erscheinungen. Sternenbote **7** 69—71.

72197. **G. Stemmler,** Statistique des halos de 1953—1956. Gaz astr **37** 81.

72198. **F. F. Tscheschko, N. S. Tawadse,** Grüner Strahl über Suscha. Priroda **45** Nr. 4 S. 113 (russ.).

72199. **Beobachtungen**

Astr. Nachr. Berlin-Treptow 8 17. Beobachtung einer Nebensonne 1956 März 7. H. Ulbricht.

Astr. Nachr. Berlin-Treptow 8 28. M. Stock. — Halo.

Vereinigung der Sternfreunde Nachrichtenblatt 5 27. Beobachter berichten. D. Gudzent. — Halo.

§ 73

Mond

7301. Astrometrische Beobachtungen

AJ **61** 48. Meridian observations of the moon, 1951—52. C. B. Watts, A. N. Adams.

TAB (2) Nr. 85 S. 875—880. Meridian observations of the right ascensions of the moon and planets during the year 1955. S. Nakano.

TAB (2) Nr. 86 S. 881—890. Meridian observation of right ascension of moon's limb made with Repsold transit instrument. Report No. 1. K. Tuzi, K. Nagane.

Allgemeines

7302. **R. M. Adams,** Progress report on the A. L. P. O. lunar meteor search project. Strolling Astronomer **10** 60—62.

7303. **D. W. G. Arthur,** A note on fixing the positions of ray centres on the averted lunar hemisphere. JBAA **66** 141—143.

7304. **J. Ashbrook,** Astronomical scrapbook. Surveying the moon. Sky and Telescope **15** 452—453, mit 2 Fig.

7305. **R. M. Baum,** A meteoritic satellite to the moon. Strolling Astronomer **10** 7—11. — Nach einem historischen Überblick über Versuche, einen Mondsatelliten zu entdecken, wird erörtert, ob ein solcher überhaupt existieren kann und unter welchen Bedingungen danach zu suchen wäre. Gli.

7306. **R. Baum,** Is there a satellite to the moon? Vega **2** Nr. 31 Suppl., 2 S.

7307. **R. Baum,** Searches for a possible satellite to the moon. Vega **2** Nr. 33 S. 1.

7308. **I. C. Browne, J. V. Evans, J. K. Hargreaves, W. A. S. Murray,** Radio echoes from the moon. Proc. Phys. Soc. (B) **69** 901—920, mit 13 Fig. = Astr. Contr. Univ. Manchester (2) Jodrell Bank Repr. Nr. 136. — Von Sept. 1953 bis Aug. 1955 wurden Radioechobeobachtungen am Mond durchgeführt mit einem Impulssender bei 120 MHz. Im ersten Teil wird die Echotheorie für den Mond ausgeführt bei verschiedenen Annahmen über die Streufunktion der Mondoberfläche. Die Ionosphäre dreht je nach ihrem Elektronenanteil die Polarisationsebene der Radiowellen. Die Beobachtungen sind am besten verträglich mit einer gleichförmig reflektierenden Mondscheibe mit einem Reflexionskoeffizienten ≤ 0.1. Beobachtet werden zwei Arten von Fading in der Echointensität. Das erste ist verursacht durch die Libration. Das zweite entsteht durch die Drehung der Polarisationsebene der Wellen beim Durchgang durch die F2-Schicht der Ionosphäre. Priester

7309. **S. T. Chabibullin,** Über die Bestimmung des Parameters f der physischen Libration des Mondes. BIA **6** 255—267, mit 2 Abb. (russ.). — Um die Zweideutigkeit, die bei den bisherigen Methoden der Bestimmung von f vorkommt, zu beseitigen, schlägt Verf. vor, zuerst solche Funktionen von f zu bestimmen, die nur eine eindeutige Lösung zulassen. Als solche Funktionen wurden die Koeffizienten $a_3(f), a_4(f)$ in der trigonometrischen Entwicklung der physischen Libration in Länge genommen. Das zu lösende Gleichungssystem enthält dann lineare Gleichungen zur Bestimmung von a_3, a_4 und eine nichtlineare Gleichung, die die Beziehung zwischen a_3 und a_4 ausdrückt. Die Lösung des Systems durch ein Näherungsverfahren ergibt $f = 0.60 \pm 0.02$. Dieser Wert liegt «links» vom kritischen Wert. Perek

7310. **J. Dobrzycki,** Polacy na księżycu. Urania Kraków **27** 6—11, mit 5 Fig.

7311. **A. Dollfus,** Recherches d'une atmosphère autour de la Lune. Ann d'Astrophys **19** 71—82, mit 6 Fig. — Ref. in Coelum **24** 180, PAT **37** 159—161, Sky and Telescope **16** 72. — Eine Atmosphäre des Mondes müßte beim Phasenwinkel 90° in der Nähe der Hörnerspitzen verhältnismäßig hell leuchten. Weder mit üblicher Photometrie noch mit Polarisationsmessungen konnte mit Hilfe des Koronographen ein solcher Effekt gefunden werden. F. S.

7312. **J. W. E. H. S. Douglas,** Farming on the moon. The possibility of utilizing soilless cultures to produce crops under lunar conditions. J. British Interplanetary Soc. **15** 17—28.

7313. **R. Estoppey, M. Flückiger,** Les météores lunaires. Orion Schaffhausen **5** 114—116.

7314. **I. W. Gawrilow,** Über die Abhängigkeit des Mondradius von der Dichte des Negativs bei photographischen Beobachtungen. AC Nr. 175 S. 8—10 (russ.). — Am 40 cm-Astrographen (F = 5.50 m) von Golossejewo wurde der Mond in schneller Folge im Meridian mit je 20 sec Belichtungsdauer aufgenommen. Die Platten wurden dann, um Schwärzungen verschiedener Tiefe zu erhalten, von Aufnahme zu Aufnahme verschieden lang entwickelt. Die Ausmessung des Mondradius zeigt dann eine klare lineare Abhängigkeit des Radius von der Dichte des Negativs. Der Effekt ist infolge seiner Abhängigkeit vom Beobachter, Meßgerät und Plattenmaterial nicht immer derselbe. Loh.

7315. **N. A. Kosyrew,** Luminescence de la surface lunaire et intensité de la radiation corpusculaire du soleil. Mitt. Astrophys. Obs. Krim **16** 148—158, mit 5 Fig. (russ. mit französ. Ref.). — Aus einem Vergleich der Konturen kräftiger Fraunhoferlinien im Sonnen- und Mondspektrum wurde für das System Aristarch-Herodot Lumineszenz nachgewiesen, die sich als Eigenschaft der weißen Materie der Strahlensysteme herausstellte. Andere Oberflächeneinzelheiten des Mondes zeigen dieses Phänomen nicht. Die am 4. Okt. 1955 besonders starke Lumineszenz läßt sich auf die Einwirkung einer solaren Korpuskularstrahlung zurückführen, deren Dichte etwa $5 \times 10^3/\mathrm{cm}^3$ war. Ein Magnetfeld besitzt der Mond nicht. Loh.

7316. **K. Kozieł,** O krakowskim opracowaniu sztrasburskiego szeregu księżycowych obserwacji heliometrycznych Hartwiga. Postępy Astr. **4** 78—82, mit 1 Fig. — Die Neubearbeitung der Straßburger Reihe über die Beobachtungen Hartwigs aus den Jahren 1877—1879, in Verbindung mit der Dorpater Reihe Hartwigs der Jahre 1884—1885 ermöglicht eine genauere Bestimmung der mechanischen Mondelliptizität. Im Hinblick auf die Fehler der im Jahre 1880 durch Hartwig und 1907 durch Hayn angewandten Methoden ist eine Neureduktion notwendig. Verf. beabsichtigt, seine in AAa **4** 61—193 (vgl. AJB **48** Ref. **7308**/10, **49** Ref. **7313**/15) veröffentlichte Methode anzuwenden. Rybka

7317. **G. B. Lacchini,** Movimenti apparenti e reali della Luna. Coelum **24** 97—104, mit 8 Fig. — Beschreibung der scheinbaren und wahren Bewegung des Mondes. Gemeinverständliche Darstellung der Bahnelemente, der Rotation der Apsidenlinie, der Revolutionsperiode und der Libration. Cester

7318. **F. Link,** Occultations des radiosources par la Lune et phénomènes connexes. BAC **7** 1—5, mit 1 Fig. (mit russ. Ref.). — Es wird gezeigt, daß die bei Bedeckungen von Radioquellen durch den Mond auftretenden Refraktionserscheinungen — Richtungsänderungen und Intensitätsänderungen — noch nachweisbar sein sollten, wenn der Mond eine Atmosphäre von nur 10^{-12} der Dichte der Erdatmosphäre am Boden besitzen würde. Thi.

7319. **P. Moore,** Guide to the Moon. Collins Comet Books, 1956. 2. durchgesehene Auflage. 191 S. mit 14 Fig. und 1 Karte. Preis 2 s. 6 d. (vgl. AJB **53** Ref. **7321**). — Besprechung in JBAA **67** 172 (K. W. Abineri).

7320. **P. Moore,** Observing the moon — past and present. Strolling Astronomer **10** 83—85.

7321. **C. A. Murray,** The moon's observed latitude from occultations 1932—1953. MN **116** 477—485, mit 2 Fig. — Die aus den Sternbedeckungen 1932—1953 abgeleiteten Abweichungen zwischen der beobachteten und der nach den Brownschen Mondtafeln berechneten Mondbreite werden zunächst korrigiert 1.) auf den international angenommenen Wert der Erdabplattung (1/297 statt 1/294 wie in den Tafeln), 2.) wegen des von Woolard aufgedeckten Fehlers in den Tafeln und 3.) durch Anbringung einer Äquinoktialverbesserung an den FK 3. Die dann noch verbleibenden Reste müssen noch einer eingehenden Analyse unterzogen werden; sie dürften auf einen systematischen Effekt durch die Unregelmäßigkeiten des Mondrandes sowie möglicherweise auch auf kleine Fehler in den angenommenen Werten für die Neigung und die Knotenlänge der Mondbahn zurückzuführen sein. T. L.

7322. **W. W. Scharonow,** Untersuchungen zur Kolorimetrie des Mondes. II. Neubearbeitung der Potsdamer Spektralphotometrie. Bote Univ. Leningrad Nr. 1 S. 155—167 (russ.). — Ref. in RJ 1956 Nr. 10 S. 55.

7323. **G. Schrutka-Rechtenstamm,** Neureduktionen der acht von J. Franz und der vier von F. Hayn gemessenen Mondkraterpositionen. Anzeiger Österreich. Akad. Wiss. Math.-naturwiss. Kl. **93** 34, Sitzber. Österreich. Akad. Wiss. Math.-naturwiss. Kl. Abteilung II **165** 97—126 = Mitt. Univ.-Sternw. Wien **9** Nr. 4. — Es werden die von Franz am Königsberger Heliometer erhaltenen Anschlüsse von acht Mondkratern und die von Hayn mit dem Fadenmikrometer am Leipziger Refraktor gewonnenen von vier Kratern an Mösting A mit einer einwandfreien Theorie der optischen Libration und den vom Verf. früher dafür abgeleiteten Konstanten neu reduziert. Mit den neuen Kraterpositionen ist der neue von Watts bestimmte Wert I der Neigung des Mondäquators kaum vereinbar. Böh.

7324. **L. H. Stuart,** A photo-visual observation of an impact of a large meteorite on the moon. Strolling Astronomer **10** 42—43, mit 1 Fig. — Bericht über eine visuell und photographisch beobachtete auffallend helle Stelle auf dem Mond nahe der Lichtgrenze, die als Aufschlag eines Meteors gedeutet wird. Beigefügt ist eine Abbildung dieser Aufnahme vom 15. Nov. 1953, $2^h\,0^m$ U. T. Gli.

7325. **N. N. Sytinskaja,** Der Mond und seine Beobachtung. Moskau, Staatsverlag für technisch-theoretische Literatur, 1956. 254 S. mit Abb. Preis 5 R. 55 Kop. (russ.). — Besprechung in Priroda **45** Nr. 10 S. 122, RH **37** 287, RJ 1957 Nr. 5 S. 95.

7326. **N. N. Sytinskaja,** Die Beziehung zwischen der Polarisation und der Albedo von Objekten der Mondoberfläche. AC Nr. 168 S. 18 (russ.). — Für 11 Mondobjekte wurden der maximale Polarisationsgrad P beim Phasenwinkel $\pm 90°$ (nach Lyot) und die scheinbare Albedo ϱ bei Vollmond (nach Sytinskaja) verglichen. Die folgende genäherte lineare Beziehung wurde abgeleitet: $P = 0.276—1.95\,\varrho$. Ond.

7327. **W. M. Tschernow,** Die Helligkeit des aschgrauen Mondlichts. AC Nr. 172 S. 19—21 (russ.). — Die Beobachtungen wurden 1933—1936 und 1941—1952 mit unbewaffneten Auge nach der Plaßmannschen Methode durchgeführt. Darnach hängt die mittlere Helligkeit des aschgrauen Mondlichts vom Alter des Mondes ab. Die Morgenhelligkeit unterscheidet sich nicht wesentlich von der Abendhelligkeit. Es existieren jährliche Helligkeitsschwankungen mit einer Amplitude von etwa $0\overset{m}{.}6$, wobei das Maximum (Minimum) zwischen März—Mai (Juni—August) eintritt. Auch die mittlere jährliche Helligkeit schwankt um etwa $0\overset{m}{.}8$: 1942 fanden ein Maximum, 1934/35 und 1949/50 Minima statt. Möglicherweise besteht ein Zusammenhang mit der terrestrischen Vulkantätigkeit, die atmosphärische Trübungen nach sich ziehen kann. Loh.

7328. **E. Vassy,** Interpretation de la loi de Danjon. J. sci. météorol. 8 1—3. — Ref. in RJ 1957 Nr. 3 S. 72.

7329. **H. H. Voigt,** Kurzwellenstrahlung des Mondes. Sterne **32** 121—122, mit 1 Fig. — Kurzbericht über die Messung der Mondstrahlung bei 3000 MHz (10 cm) von K. Akabane. Ergebnis: $T_{max} = 390° K \pm 50°$, $T_{min} = 240° K \pm 50°$ mit einigen Tagen Phasenverschiebung gegenüber den optischen Mondphasen. Diese Phasenverschiebung und die geringere Amplitude als im Infraroten sind dadurch bedingt, daß die Radiostrahlung in die Mondmaterie eindringen kann und etwa aus 40 cm Tiefe stammt. Voigt

7330. **H. P. Wilkins,** Our Moon. Vgl. AJB **54** Ref. **7318.** — Weitere Besprechung in El Universo **11** 150.

7331. **H. P. Wilkins,** Modern selenography. Strolling Astronomer **10** 106—108, mit 1 Fig.

7332. A new estimate of the moon's atmosphere. J. British Interplanetary Soc. **15** 37, 39.

7333. Density of the lunar atmosphere. Nature **177** 123. — Kurze Zusammenfassung der Ergebnisse einiger neuerer Arbeiten.

7334. The waxing crescent Moon. Sky and Telescope **15** 547, mit 2 Fig.

7335. The waning crescent moon. Sky and Telescope **16** 22—23, mit 2 Fig.

7336. Radiowe badania Księżyca. Urania Kraków **27** 181.

* * Venus and the moon on March 15th. Vgl. Ref. **7137.**

Mondfinsternisse

* * **F. Link,** Die Mondfinsternisse. Vgl. Ref. **3204.**

7337. **F. Link,** Catalogue des éclipses de Lune 1921—1954. II. Mesures de la densité de l'ombre. Českosl. Akad. Věd astr. ústav Publ. Nr. 29, 101 S. mit zahlreichen Fig. — Ref. in Nature **178** 1438—1439, RH **37** 191.

7338. **Mondfinsternis 1952 August 5**

J. Bouška, Partial eclipse of the moon of August 5th, 1952. BAC **7** 85—89, mit 1 Fig. (mit russ. Ref.). — 237 beobachtete Kontakte von Mondobjekten mit dem Erdschatten wurden beobachtet. Es wird die Abplattung sowie die Vergrößerung des Erdschattens bestimmt. Verf.

R. I. Noskowa, G. J. Gojchman, Photometrische Beobachtungen der Mondfinsternis vom 5.—6. August 1952. Bull. Astr.-Geod. Ges. UdSSR Nr. 18 S. 13—16 (russ.). — Ref. in RJ 1957 Nr. 6 S. 92—93.

7339. **Mondfinsternis 1954 Januar 19**

I. M. Atanasijević, Mesures photoélectriques des éclipses de la lune par la pénombre. Bull. Soc. Math. Phys. Serbie 8 211—214, mit 3 Fig. (serb. mit franz. Ref.).

F. Koebcke, Der Radius des Erdschattens während der Mondfinsternis vom 19. Januar 1954. Bull. Soc. Amis Sci. Lettres Poznań (B) **13** 385—388 = Poznań Obs. Repr. Nr. 33.

W. M. Sinton, Observation of a lunar eclipse at 1.5 mm. ApJ **123** 325—330, mit 3 Fig. — Ref. in Sky and Telescope **15** 541. — Während der totalen Mondfinsternis Januar 18, 1954 hat der Verf. die Emission der verfinsterten Mondoberfläche bei 1.5 mm Wellenlänge mit einer Golay-Zelle als Strahlungsempfänger gemessen. Die Kurve der Oberflächentemperatur weist eine etwa einstündige Phasenverschiebung gegen den geometrischen Verfinsterungsverlauf auf. Zur Erklärung wird angenommen, daß die 1.5 mm-Strahlung unterhalb der Oberfläche des Mondes absorbiert wird. Der abgeleitete Massenabsorptionskoeffizient von 2.9 $cm^2 g^{-1}$ wird mit dem verschiedener Mineralien und meteoritischer Materie verglichen. Micz.

7340. Mondfinsternis 1954 Juli 15—16

I. M. Atanasijević, Mesures photoélectriques des éclipses de la lune par la pénombre. Bull. Soc. Math. Phys. Serbie 8 211—214, mit 3 Fig. (serb. mit franz. Ref.).

J.-H. Focas, Sur la variation de la proportion de lumière polarisée dans la pénombre, au cours de l'éclipse partielle de Lune, du 15—16 juillet 1954. CR **243** 1490—1493, mit 1 Fig. — Während der Mondfinsternis wird mit einem Lyot-Polarimeter der Anteil des polarisierten Lichtes (sowie die Richtung der Polarisationsebene) im Halbschattengebiet gemessen. Die Polarisation variiert stark mit dem Abstand vom Kernschattenzentrum und verschwindet an der Grenze des Kernschattens. Labs

BSAF **70** 73, mit 1 Fig. Eclipse partielle de Lune des 15—16 juillet 1954.

7341. Mondfinsternis 1955 November 29

A. Chrzanowska, Obserwacje fotograficzne zaćmienia Księżyca. Urania Kraków **27** 152—153, mit 2 Tafeln.

W. P. Dshapiaschwili, Über die partielle Mondfinsternis vom 29. November 1955. AC Nr. 166 S. 6—7 (russ.). — Physische Beobachtungen.

J. Franz, Mondfinsternis 1955 November 29. Sterne **32** 122.

C. Hoffmeister, Partielle Mondfinsternis 1955 November 29. NAZ **10** 2, Sterne **32** 122.

S. M. Kosik, Der Radius des Erdschattens bei der Mondfinsternis vom 29. November 1955. AC Nr. 167 S. 25—26 (russ.). — Ein- und Austritte von 4 Mondkratern wurden bei 20-facher Vergrößerung in Aschchabad beobachtet. Aus den 8 Zeitpunkten wurde die Differenz beobachteter — berechneter Erdschattenradius $= 0.0129 \pm 5$ Erdradien abgeleitet. Ond.

G. W. Kuklin, E. A. Brysgalowa, L. M. Jelzow, Beobachtungen der partiellen Mondfinsternis vom 29. November 1955 am Städtischen Astronomischen Observatorium Irkutsk. AC Nr. 168 S. 19—21, mit 2 Abb. (russ.).

F. Link, Z. Linková, Ephéméride détaillée de l'éclipse de Lune du 29 novembre 1955. BAC **7** 8—9, mit 1 Fig.

K. Löchel, Die partielle Mondfinsternis vom 29. November 1955. Sterne **32** 122—124, mit 4 Fig.

I. W. Matwejew, Die partielle Mondfinsternis vom 29. November 1955. AC Nr. 166 S. 5 (russ.). — Physische Beobachtungen.

W. W. Scharonow, N. S. Orlowa, M. W. Kodatschenko, G. A. Jurow, Beobachtungen der Mondfinsternis vom 29. November 1955 am Astronomischen Observatorium der Universität Leningrad. AC Nr. 171 S. 7—10 (russ.). — Bericht über den in Leningrad beobachteten Verlauf der Finsternis im allgemeinen, eine visuelle Photometrie des Halbschattens, eine visuelle Integralphotometrie und Helligkeitsmessungen mit einem Luxmeter. Loh.

W. G. Teufel, Beobachtungen der partiellen Mondfinsternis vom 29. November 1955. AC Nr. 168 S. 21—22 (russ.).

W. M. Tschernow, Die partielle Mondfinsternis vom 29. November 1955. AC Nr. 166 S. 5—6 (russ.). — Physische Beobachtungen.

BSAF **70** 115—117, mit 1 Fig. L'éclipse partielle de Lune du 29 novembre 1955.

7342. Mondfinsternis 1956 Mai 24

H. Araki, Lunar eclipse of May 24—25, 1956. YC 1359 S. 9.

A. M. Bacharew, I. I. Gussew, Beobachtungen der partiellen Mondfinsternis vom 24. Mai 1956 in Stalinabad. AC Nr. 171 S. 11—12 (russ.). — Kraterantritte und einige physische Beobachtungen.

W. Fessenkow, Beobachtungen der totalen Mondfinsternis vom 24. Mai 1956. AC Nr. 172 S. 19 (russ.). — Kraterantritte.

A. A. Kawerin, G. W. Kuklin, I. F. Jegortschenko, N. S. Tschernych, Beobachtungen der partiellen Mondfinsternis vom 24. Mai 1956 in Irkutsk. AC Nr. 172 S. 14—18 (russ.). — Mitteilung über Krateraustritte, Schattenisophoten, physische Beobachtungen allgemeineren Charakters und den Verlauf der Integralhelligkeit. Loh.

C. I. Koslowa, A. K. Suslow, J. W. Glagolewskij, Photographische Photometrie der partiellen Mondfinsternis vom 24. Mai 1956 im roten Licht. AC Nr. 173 S. 6—7 (russ.). — Aus Aufnahmen an der photographischen Kamera des Bredichin-Astrographen in Alma-Ata auf Agfa Astro-Platten panchromatisch mit Rotfilter wurde für die zweite Hälfte der Finsternis die Helligkeitsschwächung als Funktion des Abstandes vom Schattenzentrum bestimmt. Der Übergang vom Schatten zum Halbschatten beträgt etwa 5^m. Loh.

H. Legrand, A propos de l'éclipse de Lune du 24 mai 1956. BSAF **70** 302—303.

W. G. H. Tregear, Report on partial lunar eclipse of 1956 May 24—25. J. Astr. Soc. Victoria **9** 58—60.

J. Astr. Soc. Victoria **9** 23—26, mit 3 Fig. Some notes on lunar eclipses in general and the partial one of 1956 May 24 in particular.

YC 1380 S. 3. On lunar eclipse of May 24—25, 1956. — Vorbericht.

7343. Mondfinsternis 1956 November 18

J. Dubois, M. Rousseau, L'éclipse totale de Lune du 18 novembre 1956. BSAF **70** 414—415, mit 1 Fig.

W. H. Haas, The coming total lunar eclipse on November 18, 1956. Strolling Astronomer **10** 50—53. — Vorschau.

7344. Mondfinsternis 1957 November 7

M. M. Dagajew, Verbesserung der Elemente der totalen Mondfinsternis vom 7. November 1957. AC Nr. 171 S. 31 (russ.).

7345. Mondfinsternis 1958 April 2

A. A. Kawerin, Die Halbschattenmondfinsternis am 2. April 1958. AC Nr. 170 S. 25—26 (russ.).

Sternbedeckungen

7346. V. A. Firsoff, Lunar occultations observed in blue light and the problem of the moon's atmosphere. JBAA **66** 257—261. — Am jungen Mond mit Blaufilter festgestellte Lichtsäume werden als Dämmerungsphänomene gedeutet; bei ähnlicher Phase werden beobachtete Lichtschwankungen von ι Tauri kurz vor seiner Bedeckung durch die Extinktion einer Mondatmosphäre erklärt. Die in Blau und Rot verschiedenen Randhelligkeiten und Kontraste am Terminator sowie weitere ähnliche Beobachtungen werden auf die Lichtstreuung in einer solchen temporären Atmosphäre auf der Tagseite des Mondes zurückgeführt. Gü.

7347. Vorausberechnungen

Astronomisches Jahrbuch der UdSSR für das Jahr 1959. Beilage: Die 1957 in Abastumani, Irkutsk, Kasan, Kiew, Kitab, Leningrad, Lwow (Lemberg), Moskau, Odessa, Riga, Stalinabad, Taschkent, Tomsk und Charkow sichtbaren Sternbedeckungen. 33 S. (russ.).

BSAF **70** 42, 82, 126, 205, 208, 253, 307, 310, 354, 394, 438, 491.

Bull. Obs. Astr. Beograd **20** Nr. 1—2 S. 2—4. Predictions for 1958 of occultations of stars by the Moon visible at Beograd.

El Universo Nr. 34 S. 23, Nr. 35 S. 67. Ocultaciones visibles en Mexico, D. F. F. Gabilondo Soler. — 1956 Jan.—Juni.

Hemel en Dampkring **54** 66, 154, 194. Werkgroep Bedekkingen. P. de Bruijn.

Mitt. Planetenbeobachter **9** 11, 27—30, 60—61. Sternbedeckungen im 2., 3. Quartal 1956, im 1. Quartal 1957. A. Güttler.

NAT 1956 S. 103—104. Måneokkultationer 1957, beregnet for København.

Rocznik Astr. Obs. Krakowskiego 1956, Suppl. Internationale Nr. 27 S. 83'—85. Occultations of stars by the moon, calculated by W. Wiśniewski. — Vorausberechnungen für Poznania, Wrocławia, Torunia, Krakowa, Warszawy.

Sky and Telescope **15** 194, 241, 283, 526, 572, **16** 47, 99. Occultation predictions.

YC 1351 S. 1, 1358 S. 4, 1363 S. 2, 1370 S. 2. 1375 S. 2, 1378 S. 3, 1380 S. 4, 1386 S. 4, 1390 S. 7, 1393 S. 9. Predictions of occultations. — 1956 Jan.—Okt.

YC 1358 S. 5—6, 1363 S. 3—4, 1370 S. 3—4, 1375 S. 3—4, 1378 S. 4, 1380 S. 5, 1386 S. 5, 1390 S. 8, 1393 S. 10. Occultations predicted for Tokyo-Mitaka 1956 Febr.—Okt.

7348. Bedeckungen von Planeten

YC 1356 S. 4. Planetary occultations by the moon.

7349. Beobachtungen und Reduktionen

AC Nr. 166 S. 24 (russ.). Beobachtungen von Sternbedeckungen in Taschkent. K. Kuleschowa. — 1955 Nov. 19 und 28.

AC Nr. 167 S. 29 (russ.). Beobachtungen von Sternbedeckungen am Astronomischen Observatorium Charkow 1955. W. C. Plushnikow.

AC Nr. 167 S. 29—30 (russ.). In Taschkent beobachtete Sternbedeckungen. S. Kosik.

AC Nr. 167 S. 30 (russ.). In Irkutsk beobachtete Sternbedeckungen. G. Kuklin.

AC Nr. 167 S. 30—31 (russ.). Beobachtungen von Sternbedeckungen am Astronomischen Engelhardt-Observatorium 1954—1955. A. A. Nefedjew.

AC Nr. 169 S. 21—22 (russ.). Beobachtungen von Sternbedeckungen am Städtischen Astronomischen Observatorium Kasan 1955—1956. L. J. Ananjewa, K. I. Antischina, M. N. Balaschowa, S. P. Tuchtarowa, L. L. Juldaschowa.

AC Nr. 169 S. 22 (russ.). Beobachtungen von Sternbedeckungen am Astronomischen Observatorium Stalinabad der Akademie der Wissenschaften der Tadshikischen Sowjetrepublik. I. I. Gussew.

AC Nr. 170 S. 26 (russ.). Beobachtung von Sternbedeckungen am Observatorium der Staatsuniversität Tomsk im Mai 1956. N. A. Golzewa.

AC Nr. 170 S. 26—27 (russ.). Beobachtungen von Sternbedeckungen am Astronomischen Observatorium Tartu. C. Albo.

AC Nr. 171 S. 28—29 (russ.). Beobachtungen von Sternbedeckungen in Stalinabad (März—Juni 1956). I. I. Gussew.

AC Nr. 172 S. 21 (russ.). Beobachtungen von Sternbedeckungen in Irkutsk. G. W. Kuklin. — 1956 März 22—Mai 19.

AC Nr. 174 S. 21 (russ.). Beobachtungen von Sternbedeckungen in Irkutsk. G. W. Kuklin. — 1956 Sept. 17—26.

AC Nr. 175 S. 24 (russ.). Beobachtungen von Sternbedeckungen in Tomsk. A. A. Siwkow. — 1956 Okt. 17, Nov. 12.

AJ **61** 35—36. Photoelectric recordings of occultations from 1950 to 1953. T. A. Cooley.

AJ **61** 360. Occultations of stars by the moon observed during 1955 with the 8-inch Equatorial at South Hadley, Mass. A. H. Farnsworth.

Ann. Obs. Strasbourg **5** Fasc. 5 S. 37—43. Observations photoélectriques d'occultations. P. Bacchus.

AN **283** 177—179. Sternbedeckungen durch den Mond 1950 bis 1955. — Beob. in Sonneberg.

Atti Accad. Patavina Sci. Lettere Arti (NS) **66**, 7 S., 1954 = Oss. Astr. Padova Pubbl. Nr. 103. Occultazioni lunari a Padova ed osservazioni del 1950—53. G. Pinto.

Bull. Obs. Astr. Beograd **20** Nr. 1—2 S. 4. Occultations d'étoiles par la Lune observées à l'Observatoire de Beograd en 1955.

Bull. Obs. Astr. Beograd **20** Nr. 3—4 S. 2. Occultations d'étoiles par la Lune observées à l'Observatoire de Beograd en 1955.

Ciel et Terre **71** 442—444, 1955. Phénomènes intéressants.

J. Astr. Soc. Victoria **9** 12. Observations of lunar occultations. B. Tregaskis. — 1955 Nov.—Dez.

J. Proc. Roy. Soc. New South Wales **89** 37—38 = Sydney Obs. Papers Nr. 23. Occultations observed at Sydney Observatory during 1954. K. P. Sims.

J. Proc. Roy. Soc. New South Wales **90** 17—18. Occultations observed at Sydney Observatory during 1955. K. P. Sims.

Mem. Japan Astr. Study Ass. **1** 115—128. The report of occultation observations in 1955. S. Itoh, R. Hata.

Mem SA It (NS) **27** 191—200 = Oss. Astr. Roma Monte Mario Contr. Sci. Nr. 228. Posizioni di pianeti, pianetini e comete ed occultazioni lunari osservate a Monte Mario nel 1955. G. Armellini Conti.

Mitt. Planetenbeobachter **9** 26. Sternbedeckung am 18. März 1956. K. Novák.

NAT 1956 S. 30, 120. Observationer af okkultationer af stjerner ved månen. — 1955.

NAZ **10** 2. O. Nögel. — Beob. in Landshut.

Publ. Latitude Obs. Mizusawa **2** 138—141. Occultations of stars by the moon. C. Sugawa.

Rev. Astr. Nr. 139 S. 79—80. Observación de ocultaciones de estrellas por la luna. F. P. Huberman, A. J. Camponovo.

YC 1354 S. 2, 1357 S. 7, 1360 S. 13—14, 1363 S. 1, 1372 S. 12 (mit Berichtigung in 1380 S. 5), 1376 S. 4, 1377 S. 4, 1378 S. 2, 1381 S. 3—4, 1382 S. 2, 1384 S. 5. A. Araki, Y. Dômoto, K. Hirano, A. Hirukawa, J. Hirukawa, A. Horiuchi, K. Huzimori, N. Itô, M. Morishita, M. Oumi, S. Yagi, T. Yamada, I. Yamamoto. — Beobachtung von Sternbedeckungen.

YC 1380 S. 8—21. Observations and reductions of occultations of stars by the moon made by members of the Oriental Astronomical Association during 1954. I. Hasegawa, M. Honda, S. Matui, T. Ina, A. Horinouchi, S. Abé, N. Itoh, T. Kakehashi, T. Mitani, K. Fujimori, C. Sugawa, Y. Domoto, Kubota.

Mondformationen

7350. **D. Alter,** The nature of the lunar maria. Publ ASP **68** 38—45, mit 12 Tafeln. — Ref. in Coelum **24** 119, Sky and Telescope **15** 394, Vasiona **4** 88. — Verf. beschreibt an Hand beigefügter Reproduktionen von Mondaufnahmen Einzelheiten, die er mit folgenden Hypothesen einheitlich erklärt: Die Mare sind entstanden durch Senkungen der Oberfläche und nachfolgendes Überfließen mit geschmolzenem Gestein. Einschläge von Meteoriten können die Senkungen nur ausgelöst haben, aber sie haben nicht die Mare in ihrer heutigen Form erzeugt (mögliche Ausnahme: Mare Imbrium). Die Mare sind ziemlich spät gebildet worden, sie sind aber jünger als viele Krater. O. G.

7351. **D. Alter,** The nature of the typical lunar mountain walled plains. Publ ASP **68** 437—443, mit 6 Tafeln. — Einige Krater und Wallebenen auf dem Mond werden ausführlich beschrieben. Aus ihrer Gestalt wird geschlossen, daß sie nicht vulkanischen Ursprungs sein können. Als wahrscheinlichste Entstehungsursache werden Einsenkungsvorgänge auf der Mondoberfläche angenommen. F. S.

7352. **N. P. Barabaschow, A. T. Tschekirda,** Vergleich der Farbe und der Helligkeitskoeffizienten von Teilen der Mondoberfläche mit einigen irdischen Gesteinsarten. Circ. Astr. Obs. Gorkij-Staatsuniv. Charkow Nr. 15

S. 9—15 (russ.). — Für zahlreiche Stellen der Mondoberfläche und 49 terrestrische Gesteinsproben bestimmten Verf. die Farben bei fünf Wellenlängen und führten Vergleiche durch. Es zeigt sich, daß es unter der relativ geringen Zahl terrestrischer Proben jeweils einige gibt, die hinsichtlich Farbe gut mit den Oberflächendetails des Mondes harmonieren. Loh.

7353. **N. P. Barabaschow, A. T. Tschekirda,** The comparison of colour and coefficient of brightness of different regions on the moon's surface with some terrestrial rocks. AJ UdSSR **33** 549—555 (russ. mit engl. Ref.). — Photographisch in fünf Filterbereichen wurden typische Mondformationen mit 49 irdischen Mineralien hinsichtlich Farbe und Reflexionsvermögen verglichen. Der Mond zeigte im allgemeinen eine Zunahme des Reflexionsvermögens gegenüber dem Sonnenspektrum zum Infraroten hin. Im Ultravioletten traten mitunter Anomalien auf. Die Mare waren meist grün. Das Verhalten wird am ehesten durch Quarzsandstein, Auripigment und vulkanische Tuffsteine und Aschen wiedergegeben. Petri

7354. **R. M. Baum,** A note on the lunar formation Linné expressing some evidence in favor of the rejection of the concept of change there. Strolling Astronomer **10** 93—94, mit 1 Fig.

7355. **N. Boneff,** La distribution des cratères lunaires en rapport à leur origine (influence probable de la Terre). Annuaire Univ. Sofia Faculté Sci. Phys. Math. **49** livre 1 partie II S. 97—104 (mit bulgar. und russ. Ref.).

7356. **S. R. B. Cooke,** Schröter's Valley. JBAA **66** 322—324, mit 2 Tafeln.

7357. **L. S. Copeland,** Illusions that trap lunar observers. Sky and Telescope **15** 248—251, mit 5 Fig. — Verf. berichtet über Täuschungen und Irrtümer bei der Beobachtung der Mondoberfläche. Gü.

7358. **W. P. Dshapiaschwili,** Elektropolarimetrie der Mondoberfläche. AC Nr. 167 S. 16—19 (russ.). — Mit dem 33 cm-Refraktor des Observatoriums Abastumani wurde in den Jahren 1950—53 die Polarisation von 41 Mondobjekten gemessen. Der Polarisationsgrad weist eine deutliche Abhängigkeit vom Phasenwinkel auf; sein Maximum wird im Augenblick der Quadraturen erreicht. Bei der Hälfte der Objekte tritt jedoch der Maximalwert bei einem um einige Grade abweichenden Phasenwinkel auf. Minimal ist der Polarisationsgrad bei Vollmond. Mittlere Polarisationswerte für typische Mondformationen werden angegeben. (Vorläufige Mitteilung). Ond.

7359. **J. Dubois,** Peut-on observer sur la Lune des phénomènes de luminescence? BSAF **70** 225—234, 297, mit 5 Fig. und einer Bemerkung von D. Chalonge. — Es wird die Frage diskutiert, ob es möglich ist, Fluoreszenzerscheinungen an Gesteinen der Mondoberfläche festzustellen. Als ein mögliches Beobachtungsverfahren wird vorgeschlagen, die Tiefe von Absorptionslinien im Spektrum des Mondes im Vergleich zu der im Sonnenspektrum zu messen. Falls sich im Gebiet einer Linie Fluoreszenzstrahlung der reflektierten Sonnenstrahlung überlagert, muß die Linientiefe geringer werden. Beobachtungen scheinen auf das Vorhandensein von Fluoreszenz in verschiedenen Gebieten der Mondoberfläche hinzudeuten, doch ist dieser Schluß wegen der Kleinheit des Effekts sehr unsicher, was auch von Chalonge betont wird. Bo.

7360. **E. R. DuFresne,** Note on the high relief of the lunar Maria. ApJ **124** 638—642. — Die von Franz sowie Saunder ermittelten Höhen von Punkten der Mondoberfläche werden einer statistischen Analyse unterworfen, aus der hervorgeht, daß die Mare eine Reliefstruktur besitzen, welche nicht durch Beobachtungsfehler vorgetäuscht sein kann. Das Niveau der Mare scheint allgemein niedriger zu sein als das des Landes. Damit zusammenhängende kosmogonische Fragen werden kurz erörtert. Micz.

7361. **G. Fielder,** Some aspects of some lunar ray streams and the discrete nature of the rays. JBAA **66** 223—229 = Astr. Contr. Univ. Manchester (3) Nr. 43. — Verf. diskutiert die bisherigen Versuche, die Struktur und Entstehung der Kraterstrahlen zu erklären, mit dem Ergebnis, daß hierfür allein von den Kratern ausgeworfene Partikel in Betracht kommen. Er gibt für das unsymmetrische Strahlensystem Rosse eine neue Deutung. Gü.

7362. **G. Fielder, T. Gold,** The lunar surface. Obs **76** 71—72. — Zu den von T. Gold vertretenen Hypothesen, daß die Ringgebirge durch Aufsturz von Meteoriten entstanden sind und daß die dunklen Partien der Mondoberfläche mit Staubablagerungen bedeckt sind (vgl. AJB **55** Ref. **7366**), weist G. Fielder auf einige Punkte hin, die dagegen zu sprechen scheinen (Anordnung von kleineren Kratern auf geraden Linien, Vorkommen dunkler Gebirge, Spalten, bei Ringgebirgen am Rande der Mare: stärkere Abtragung des Walls auf der Mareseite). T. Gold zeigt in seiner Antwort, daß alles Vorgebrachte im Rahmen seiner Hypothesen erklärbar ist. O. G.

7363. **G. Fielder,** Lunar surface features. Obs **76** 194.

7364. **V. A. Firsoff,** On the structure and origin of lunar surface features. JBAA **66** 314—319, mit 2 Fig. — Verf. zeigt, daß es entgegen Fielders Ansicht nicht möglich ist, die das Mare Imbrium umgebenden radialen Täler auf einen Splitterschauer zurückzuführen, der durch einen einschlagenden Körper hervorgerufen wurde. Die Richtungen der Täler in den Apenninen wie auch in den Karpathen weichen überdies, wie zwei Karten des Verf. zeigen, von einer gemeinsamen Konvergenz erheblich ab und lassen sich weit besser durch tektonische Faltungsprozesse erklären. Diese folgen auf der ganzen Mondhemisphäre im wesentlichen drei Synklinalensystemen, möglicherweise hervorgerufen durch Gezeitenwirkung der Erde bei variierender Orientierung der Mondachse. Die sich nach Urey hiergegen erhebenden Einwände sind wegen zu enger Voraussetzungen über die Mondmaterie nicht zwingend. Gü.

7365. **V. A. Firsoff,** The surface of the moon. Obs **76** 194—196.

7366. **J. J. Gilvarry, J. E. Hill,** The impact theory of the origin of lunar craters. Publ ASP **68** 223—229, mit 2 Fig. — Die Theorie der Entstehung von Mondkratern durch Meteorite wird untermauert. Die Ergebnisse sind befriedigend, wenn der Hauptmechanismus des Energietransports die auftretenden Stoßwellen sind. Daher müssen die Meteoritengeschwindigkeiten größer als 10 km/sec sein. K. H. Schmidt

7367. **W. I. Jeserskij, W. A. Fedorez,** Über Farbkontraste der Mondoberfläche. Circ. Astr. Obs. Gorkij-Staatsuniv. Charkow Nr. 15 S. 17—20 (russ.).

7368. **F. N. Johnson,** Craters formed in plaster of Paris powder: A note on some experimental results. JBAA **66** 319—322. — Modellversuche zur Einschlaghypothese der Kraterentstehung mit Fallkörpern und Versuchsoberflächen aus Gips. Das Kratervolumen erweist sich dabei als proportional zum Impuls des einschlagenden Körpers. Zwischen Kraterdurchmesser und -tiefe ergibt sich eine lineare Beziehung. Gü.

7369. **M. Kolak,** O formiranju mjesečeve kore. Astr. Bote Zagreb Nr. 4 S. 36—38.

7370. **P. Moore,** Some lunar crater problems. Sky and Telescope **15** 201—203, mit 7 Fig. — Verf. entkräftet unter anderem die Annahme einer Zufallsverteilung der Mondkrater durch den Nachweis von Kraterketten und symmetrisch gelegenen Gipfelkratern und erläutert die Grundzüge seiner Hypothese einer plutonischen Entstehung der Mondformationen. Gü.

7371. **P. Moore,** Formación de los cráteres lunares. Urania Barcelona **41** 17—34. — Es wird eine provisorische Klassifikation der Mondformationen vorgeschlagen. Auf Grund mehrerer Argumente betreffend Form und Verteilung der Krater wird Baldwins Meteoriteneinschlag-Hypothese verworfen. Statt dessen entwirft Verf. ein spezialisiertes Bild einer plutonischen Kraterentstehung, nach dem alle Mondmare und -krater durch Einbrüche der durch Gasansammlungen angehobenen ersten Erstarrungskruste entstanden sind, deren Trümmerstücke von dem darunter befindlichen Magma wiedereingeschmolzen wurden. Weiter wird unter Benutzung eines modifizierten Spurrschen Zeitschemas die mögliche Entwicklung spezieller Mondformationen beschrieben. Im wesentlichen schließt diese mit den zur Strahlenbildung führenden vulkanischen Aschenauswürfen im Neoselenikum ab, sehr kleine Ausbrüche sollen nach Mitteilung mehrerer Beobachter aber auch im gegenwärtigen Holoselenikum noch vorkommen. Der Mond wird hierbei von Anfang an als selbständiger Erdtrabant betrachtet. Im Pazifischen Ozean sowie in gewissen afrikanischen Bodenformationen werden terrestrische Analoga zu den Mondformationen vermutet. Gü.

7372. **N. S. Orlowa,** Photometrical relief of the lunar surface. AJ UdSSR **33** 93—100, mit 4 Fig. (russ. mit engl. Ref.). — Nach photometrischen Unterlagen von Fedorez, Sytinskaja und Scharonow wird die Winkelabhängigkeit des Reflexionsvermögens der Mondoberfläche bestimmt. Wesentliche Unterschiede zwischen «Meeren» und «Kontinenten» ergeben sich nicht. Das Resultat läßt auf extreme Rauhigkeit oder Porosität der Mondoberfläche schließen. Petri

7373. **K. Rapp,** Wirkliche Veränderungen auf dem Monde. Orion Schaffhausen **5** 142—145, mit 4 Abb. — Es wird die Ansicht vertreten, daß die Mondoberfläche von einer dicken Staubschicht bedeckt ist, die als Verwitterungsprodukt anzusehen ist. Als Illustration dazu wird ein solcher Staub- oder Schutthügel am Fuße einer steilen Bergwand angeführt, der bei günstiger Beleuchtung gut zu erkennen ist. Auch das periodische Auftreten sogenannter Leuchtnebel in Kraterbecken in der Nähe des Terminators ließe sich durch Aufwirbeln dieses leichten Staubes infolge elektrischer und kalorischer Effekte im Verein mit dem Lichtdruck der Sonnenstrahlung erklären. H. M.

7374. **P. F. Sabanejew,** Die Ursachen der Unterschiede im Aufbau der hellen Lichtaureolen von Mondkratern. Bull. Astr.-Geod. Ges. UdSSR Nr. 17 S. 22—25 (russ.). — Ref. in RJ 1957 Nr. 5 S. 94.

7375. **P. F. Sabanejew,** Ergebnisse der Modellierung von Mondkraterwällen unter Vakuumbedingungen. Bull. Astr.-Geod. Ges. UdSSR Nr. 17 S. 26—28 (russ.). — Ref. in RJ 1957 Nr. 4 S. 82.

7376. **W. Scharonow,** Über die Farbunterschiede auf der Mondoberfläche. AC Nr. 166 S. 9—11 (russ.). — Visuelle Beobachtungen an verschiedenen Instrumenten von 13 bis 20 cm Durchmesser ergaben in den Jahren 1953—55 keine Farbkontraste auf der Mondoberfläche. Verf. ist der Meinung, daß die Farbkontraste, die N. P. Barabaschow und seine Mitarbeiter festgestellt haben, durch Fehler der photographischen Photometrie verursacht wurden. Perek

7377. **A. Senouque,** Sur le sphéroïde lunaire. CR **242** 2295—2297, mit 1 Fig. — Aus zwei Mondaufnahmen von annähernd derselben Phase, aber sehr verschiedener Libration wurden 68 Höhen entlang eines selenographischen Breitenkreises im Stereokomparator nach dem gleichen Verfahren wie bei der Vermessung zweier irdischer Luftbildaufnahmen bestimmt. Die Ausdehnung dieses Verfahrens auf die gesamte auf den Platten abgebildete Oberfläche würde wesentlich zur Kenntnis über die Form des Mondsphäroids beitragen. T. L.

7378. **H. C. Urey,** Zum Ursprung der Oberflächenstruktur des Mondes. Angew. Chemie **68** 17—18, 533—539. — Ref. in Phys. Abstracts (A) **60** 273.

7379. **H. C. Urey,** The Moon's surface features. Obs **76** 232—235. — Verf. macht einige kritische Bemerkungen zu einer Arbeit von Gold (vgl. AJB **55** Ref. 7366).

7380. **H. C. Urey,** The origin of the moon's surface features. Sky and Telescope **15** 108—111, 161—163, mit 5 Fig. — Aus Abweichungen des Mondkörpers von der Gleichgewichtsfigur und thermodynamischen Überlegungen wird geschlossen, daß der ganze Mond niemals eine zum Schmelzen ausreichende Temperatur hatte. Während bei vereinzelten Formationen die Entstehung nur durch Vulkanismus erklärt werden kann, geschieht dies daher bei ihrer überwiegenden Mehrzahl durch sehr alte Meteoritenfälle. Im Anschluß an Gilbert wird das Mare Imbrium auf einen Planetoideneinsturz im Sinus Iridium zurückgeführt, nunmehr unter Berücksichtigung eines festen Mondkörpers. Ähnlich wie hier sollen weitere Einstürze vermutlicher ehemaliger Begleiter des Erde-Mond-Systems zur Bildung der übrigen Mare und sie erfüllender dunkler Staubmassen geführt haben, welche durch gleichzeitig dabei entstandene Niederschläge zusammengeschwemmt wurden. Nur das unregelmäßig gestaltete Mare Tranquillitatis verdankt seine Entstehung vielleicht einem zu Lava geschmolzenen Einsturzkörper. Schließlich wird noch versucht, das bei Tycho erkennbare parallele Strahlenpaar auf Teilchen zurückzuführen, die den Mond zweimal umkreisten, und die Unterbrechung der Proklus-Strahlen im Palus Somnii auf pneumatolytische Auflösung durch die Lava des Untergrundes. Gü.

7381. **E. Vigroux,** Comparaison spectrophotométrique de la lumière diffusée par quelques points de la lune. JO **39** 134—136, mit 1 Fig. — Spektralphotometrische Angaben über acht verschiedene Stellen der Mondoberfläche. Die spektrale Intensitätsverteilung ist in allen Fällen im wesentlichen die gleiche. F. S.

7382. **T. de Vries,** Over de diameters van ringgebergten en vlakten op de maan. Hemel en Dampkring **54** 13—14. — Die sehr erheblichen Abweichungen der von verschiedenen Beobachtern für die Durchmesser derselben Krater angegebenen Werte lassen die Notwendigkeit einer exakten Definition derselben erkennen. Gü.

7383. **B. Warner,** Banded craters. Strolling Astronomer **10** 32—34, mit 2 Fig.

7384. **J. E. Westfall,** A new method for measuring lunar mountain heights. Strolling Astronomer **10** 127—129.

7385. **J. E. Westfall,** A suspected very high lunar mountain. Strolling Astronomer **10** 129—131, mit 5 Fig.

7386. **H. P. Wilkins, P. Moore,** The Moon. A Complete Description of the Surface of the Moon, containing the 300-inch Wilkins Lunar Map. Vgl. AJB **55** Ref. **7374**. — Weitere Besprechung in La Nature **84** 159, Nature **177** 1101, Science **124** 490 (J. Ashbrook), Sterne **33** 78—79 (G. D. Roth).

7387. **H. P. Wilkins,** Light and shade on the moon. J. British Interplanetary Soc. **15** 101—103.

7388. Sulla formazione dei crateri lunari. Coelum **24** 114.

7389. Petrographic structure of the moon. Vega **2** Nr. 33 S. 2.

7390. **Mitteilungen über Mondformationen**

BSAF **70** 383—386, mit 3 Fig. Le fond de la rainure «Ariadaeus». G. Fielder.

El Universo Nr. 35 S. 47—52, mit 4 Fig. El objeto O'Neill. R. Compte Porta.

JBAA **66** 143—144, mit 1 Fig. Anaxagoras. R. Milligan.

JBAA **66** 144—146. Some comments on a recent paper by Gilbert Fielder. V. A. Firsoff.

JBAA **66** 216—217, mit 2 Tafeln. Lunar domes near Wagner and Birt. S. R. B. Cooke.

JBAA **66** 256—257. A reply to V. A. Firsoff's comments on the Mare Imbrium system. G. Fielder.

Mitt. Planetenbeobachter **9** 5—7. Wallebene Alphonsus und Umgebung. H. Oberndorfer.
Mitt. Planetenbeobachter **9** 25—26. Die Wallebene Plato. H. Oberndorfer.
Sky and Telescope **15** 394. Lunar maria. — Ref. in Vasonia **5** 17.
Sky and Telescope **15** 493, ganzseitiges Photo: The northern tip of the waning crescent moon, aged 24.3 days. J. H. Moore, J. F. Chappell.
Sterne **32** 124—125. Beobachtungen zum Problem der sog. Mondbrücke. U. Köhler, D. Kipsch.
Sternenbote **7** 1—6, 47—50. Kleine Mondkunde, I. II. Kopernikus und Umgebung. Die Gegend um das Mare Imbrium. M. Bauer, H. Oberndorfer.
Sternenbote **7** 67—68. Kleine Mondkunde, III. Triesnecker und seine Umgebung. H. Oberndorfer.
Strolling Astronomer **10** 20. Another flashing lunar mountain?
Strolling Astronomer **10** 20, mit 1 Fig. Walter.
Strolling Astronomer **10** 35—37, mit 2 Fig. Aristarchus from sunrise to sunset. E. J. Reese.
Strolling Astronomer **10** 53—54. Volcanic or meteoritic? B. Warner.
Strolling Astronomer **10** 54—57, mit 3 Fig. Cassini's bright spot. D. Alter.
Strolling Astronomer **10** 66—67. Messier and W. H. Pickering.
Strolling Astronomer **10** 94—96, mit 3 Fig. Observations and comments.
Urania København **13** 13—14, mit 1 Fig. Maanebjerget Piton.
Urania København **13** 89—90. En solopgang over Wilhelm d. I. G. Persson.
Vega **2** Nr. 31 S. 1—2, mit 2 Fig. Selenographical notes.
Vega **2** Nr. 32 S. 2. An extraordinary green light seen north of the rings Aristarchus and Herodotus.
YC 1391 S. 6. «Search light» in Alexander. C. H. Tsai.
YC 1396 S. 3. Alexander on the moon. C. H. Tsai.

§ 74

Mars

7401/02. Physische Beobachtungen

AC Nr. 172 S. 2 (russ.). Mars. N. P. Barabaschow, E. K. Charadse.
AC Nr. 172 S. 2—3 (russ.). Über die ungewöhnliche Helligkeit einiger Gebiete der Marsoberfläche. N. Barabaschow.
AC Nr. 173 S. 1 (russ.). Mars. A. F. Torondshadse, E. K. Charadse, N. P. Barabaschow.
AC Nr. 174 S. 3 (russ.). Marsbeobachtungen. G. A. Gawrilow.
AC Nr. 174 S. 3 (russ.). Über einen am Astronomischen Observatorium Charkow am 23. August 1956 bemerkten hellen Punkt auf dem Mars. N. P. Barabaschow.
Astr. Nachr. Berlin-Treptow 8 34—39, 44.
BAA Circ 381, mit 1 Fig. Mars.
BSAF **70** 32—33, mit 1 Fig. La planète Mars. Observations faites à Brazzaville pendant l'opposition de l'année 1954. R. Verseau.
BSAF **70** 343. Nouvelles de la planète Mars.
Coelum **24** 38—43, mit 1 Tafel. Osservazioni di pianeti in Arcetri. G. Ruggieri.
Coelum **24** 164—165, mit 2 Tafeln. Prime osservazioni su Marte nella attuale grande opposizione (1956). U. Ranzi.
Harv Card 1338.
Hemel en Dampkring **54** 209, mit 1 Fig. Een foto van Mars.
J. Astr. Soc. Victoria **9** 83—86. Reports by observers of Mars.
J RAS Canada **50** 277. A cloud observed on Mars.
Kop Akt Medd 384.

Mitt. Planetenbeobachter **9** 44—58, 59, mit 4 Tafeln. Mars 1956.
NAZ **10** 22; NAZvM 297.
Orion Schaffhausen **5** 146—147. Erste Beobachtungsberichte über die Mars-Opposition 1956. R. A. Naef.
Rend. Accad. Nazionale Lincei, Cl. Sci. fis., mat., nat. (8) **21** 420—424, mit 1 Tafel = Oss. Astr. Roma Monte Mario Contr. Sci. (NS) Nr. 234. Osservazioni fotografiche del pianeta Marte, eseguite in occasione della grande opposizione del settembre 1956 all'Osservatorio astronomico di Roma su Monte Mario. G. Caprioli, G. Gialanella. — Verf. berichten über die photographischen Marsbeobachtungen 1956 Aug. 30 bis Okt. 9 am Observatorium Monte Mario. Böh.
Sky and Telescope **15** 541. Martian cloud.
Sky and Telescope **15** 572. A Martian observation.
Sternenbote **7** 89—91. Die Südpolarkappe des Mars 1956. W. Sandner.
Strolling Astronomer **10** 44—48, mit 2 Fig. Mars in 1956. W. H. Haas.
Strolling Astronomer **10** 132—139, mit zahlreichen Fig. The 1955—56—57 apparition of Mars. I. F. R. Vaughn.
UAI Circ 1561. H. Camichel, J. H. Focas.
UAI Circ 1563. G. P. Kuiper.
UAI Circ 1564. M. K. V. Bappu.
Urania Barcelona **41** 35—47, mit 29 Zeichnungen und 1 Karte. Marte. J. Planas Tort, F. X. Montanyá, J. Sedó Conde, R. Gaju Casal, R. Compte Porta, J. Costas Gual, M. Serinarell, J. Pratdesaba, H. P. Wilkins. — Mars 1954, dabei Yerkes-Beobachtung einer hellen Randerhebung 1954 Juli 5 (vgl. Ref. **7025**). Gü.
Vereinigung der Sternfreunde Nachrichtenblatt **5** 63—65. Mars — immer noch aktuell! E. Mädlow.
Vega **2** Nr. 33 S. 1—2. Extraordinary Martian cloud phenomena.
Vega **2** Nr. 34 S. 2. Some African observations of Mars, 1956.
YC 1380 S. 3, 1383 S. 1—2, 1387 S. 8, 1388 S. 9, 1389 S. 2—4, 1390 S. 2—6, 1391 S. 7—8, 1392 S. 3, 1393 S. 4—8, 1394 S. 6—7. H. Araki, S. Ebisawa, T. Saheki. — Marsbeobachtungen.

7403. **D. P. Avigliano,** Mars, 1954 — unusual observations. Strolling Astronomer **10** 26—30, mit 9 Fig.

7404. **N. P. Barabaschow, I. K. Kowal,** On the difference of the photographic diameters of Mars in red and violet light. AJ UdSSR **33** 890—892, mit 1 Tafel (russ. mit engl. Ref.). — Die Abnahme des Durchmessers photographischer Marsbilder im Roten und Infraroten erklärt sich aus der unterschiedlichen Helligkeitsverteilung auf der Marsscheibe in den verschiedenen Spektralbereichen. Der Durchmesser des Marsbildes hängt im Roten und Infraroten vom Kontrastvermögen der verwandten Photomaterialien (Plattensorte, Entwickler) ab. Im Violetten und Ultravioletten beobachtet man diese Erscheinung nicht. Verf. (übersetzt)

7405. **P. Bernard,** A propos des plages claires de Mars. BSAF **70** 65—67, mit 4 Fig. — Die Photographien von zyklonalen Wolkenfeldern in der Erdatmosphäre, von Raketen aus aufgenommen, legen den Vergleich mit den auf Mars beobachteten hellen Schleiern nahe. Die an letzteren beobachteten Erscheinungen werden diskutiert. Bo.

7406. **A. H. de Boer,** Het raadsel van de kanalen op Mars. Hemel en Dampkring **54** 197—199, mit 2 Fig.

7407. **W. A. Bronstein,** Das Schmelzen der südlichen Polkappe des Mars im August—September 1956. AC Nr. 175 S. 6—8, mit 1 Abb. (russ.). — Vom 12. Aug. bis 16. Sept. 1956 nahm der Radius der Polkappe ziemlich gleichmäßig mit einer Geschwindigkeit von 15.7 km/Tag bzw. 0.63°/Tag ab. Loh.

7408. **J. F. Brouet,** La planète Mars au périgée. Ciel et Terre **72** 437—440.

7409. **H. Camichel,** Observations photographiques de Mars faites au Pic du Midi en 1954. BA **20** 131—139, mit 3 Fig. und 2 Tafeln. — Die Beobachtungen des Planeten Mars von 1954 bestätigen die Ergebnisse der vorhergehenden Oppositionen. Der für den Pol gefundene Ort bleibt unverändert. Der für den Radius gefundene Wert ist gleich demjenigen von 1941, unterscheidet sich jedoch von den Werten für 1943, 1946, 1948 und 1950. Für die Örter der vor und nach der Opposition beobachteten Flecken findet man wieder dieselben systematischen Fehler. Verf.

7410. **W. D. Carragan,** Visual problems of Mars. Sky and Telescope **15** 297—299, mit 15 Fig. — Von mehreren Versuchspersonen wurden entfernte, beleuchtete Testfiguren nachgezeichnet, die aus teilweise farbigen Strichen und Punkten bestanden. Anhand der dabei aufgetretenen Fehler werden Diskrepanzen in den Mars-Zeichnungen verschiedener Beobachter erklärt. Gü.

7411. **D. L. Cyr,** The Marsitron hypothesis. The appearance of Lucus Lunae and Biblis Fons as evidence of a mobile species on Mars. Strolling Astronomer **10** 110—113, mit 2 Fig.

7412. **H. Faust,** Welche Eigenschaften der Erdatmosphäre dürfen wir auf die Marsatmosphäre übertragen? Weltraumfahrt 1956 S. 65—68, mit 2 Abb. — Ref. in RJ 1957 Nr. 5 S. 92.

7413. **W. G. Fessenkow,** On the problem of life on Mars. AJ UdSSR **33** 440—443, mit 1 Fig. (russ. mit engl. Ref.). — Es wird gezeigt, daß die Schlußfolgerung über die völlige Übereinstimmung zwischen den «Ländern» und «Meeren» bezüglich ihrer Reflexions- und thermischen Eigenschaften, die nicht mit der Existenz eines Pflanzenwuchses vereinbar ist, nichts mit den Strahlungsgesetzen des absolut schwarzen Körpers zu tun hat und nicht mit irgendwelchen willkürlichen Annahmen verbunden ist. Darüber hinaus widerspricht das Fehlen einer Veränderung des Kontrastes «Meer» zu «Land» mit der Vergrößerung der Entfernung vom Scheibenzentrum der Existenz einer Vegetation. Verf. (übersetzt)

7414. **V. A. Firsoff,** Does water vapour escape from Mars? JBAA **66** 53—59. — Aus theoretischen Überlegungen schließt Verf. auf eine Höhe der Tropopause von 30 km auf Mars, auf eine Temperatur zwischen $-60°$ und $-150°$ C und auf eine Dichte gleich der Dichte der Erdatmosphäre in der gleichen Höhe. Da die Gesamtmasse der Marsatmosphäre pro Flächeneinheit oberhalb dieses Niveaus $2^2/_3$mal größer ist als die der Erdatmosphäre über dem gleichen Niveau, wird die Ozonschicht bei Mars wesentlich höher liegen als bei der Erde, so daß Photodissoziationen des Wasserdampfes in tieferen Schichten wenig wahrscheinlich sind. Bo.

7415. **M. G. Fracastoro,** Sul cosiddetto indice di qualità delle opposizioni di Marte. Mem SA It (NS) **27** 105—107, mit 1 Fig. — Kritische Untersuchung des von G. de Mottoni (vgl. AJB **55** Ref. **7422**) eingeführten Güteindex einer Marsopposition, der sich als Produkt von drei Faktoren ergibt. Verf. schlägt eine Änderung in der Formulierung dieser Faktoren vor. Der Index für Catania und die Marsopposition 1956 werden neu berechnet. Cester

7416. **R. A. Gallant,** Exploring Mars. Garden City, 1956. 62 S. Preis $ 2.00. — Besprechung in Sky and Telescope **15** 556.

7417. **F. Gifford jr.,** The surface-temperature climate of Mars. ApJ **123** 154—161, mit 6 Fig. — Ref. in BSAF **70** 390—391, Coelum **24** 121, Sky and Telescope **15** 540. — Radiometrische Messungen an Mars, ausgeführt während verschiedener Oppositionen zwischen 1926 und 1941 werden diskutiert. Isothermen für die Marsoberfläche und ihre jahreszeitlichen Variationen werden abgeleitet. Micz.

7418. **S. Gossner,** Is there plant life on Mars? Nature Mag. **49** 380—381, 388. — Ref. in RJ 1957 Nr. 7 S. 10.

7419. **P. Guérin,** La planète Mars. BSAF **70** 181—185. — Aus Anlaß der bevorstehenden günstigen Marsopposition wird ein kritischer zusammenfassender Überblick über die bisherigen Ergebnisse der Marsforschung gegeben. Die instrumentellen Möglichkeiten künftiger Beobachtungen werden diskutiert. Bo.

7420. **I. Hasegawa,** Appulses of Mars and stars predicted. YC 1356 S. 1—2. — Berechnungen für 1956.

7421. **I. Hasegawa,** Predictions of central transits of 10 standard markings on Mars. YC 1372 S. 13—18.

7422. **I. Hasegawa,** Ephemerides of Mars satellites. YC 1387 S. 2—3. — Betrifft die Monde Phobos und Deimos.

7423. **M. B. B. Heath,** Oppositions of Mars, 1956 to 1999. JBAA **66** 166. — Für 21 Oppositionen im angegebenen Zeitraum werden scheinbare Durchmesser und Helligkeiten (nach der Formel von Müller) tabuliert. Die drei günstigsten Oppositionen finden 1956, 1971 und 1988 statt. Bo.

* * **W. A. Iswekow,** Die Annäherung des Kleinen Planeten 1011 Laodamia an Mars 1957. Vgl. Ref. 7512.

7424. **C. Luplau Janssen,** Mars. Urania København **13** 61—67, 85. — Unser Wissen von Mars und einige Bemerkungen über die Marsopposition 1956. C. L. J.

7425. **C. Luplau Janssen,** Marsoppositionen. Urania København **13** 93—95, mit 1 Fig.

7426. **H. K. Kaiser,** Im Banne des roten Planeten. Stuttgart, K. Thienemanns Verlag, 1956. 238 S. mit Abb. Preis DM 6.80. — Besprechung in Sternenbote **7** 107—108, Vereinigung der Sternfreunde Nachrichtenblatt **6** 26—27 (E. Mädlow).

7427. **D. Kaláb, P. Sommer,** Areometeorologiczne obserwacje i studium fotograficzne Marsa podczas opozycji 1954 w Ludowym Obserwatorium — Prościejów Č. S. R. Urania Kraków **27** 88—89.

7428. **J. T. Kane,** Asaph Hall and the moons of Mars. Sky and Telescope **15** 495—497, mit 3 Fig. — Seit W. Herschel sich um die Auffindung eines Marstrabanten vergebens bemüht hatte, sind in dieser Hinsicht später nur noch von D'Arrest ernsthafte Versuche angestellt worden. So blieb für A. Hall in Anbetracht der Güte des von ihm benutzten Instruments noch einige Hoffnung auf Erfolg, als er gelegentlich der Perihelopposition im Jahre 1877 das Fernrohr auf den Planeten richtete. Die Entdeckung der beiden Trabanten in diesem Jahre erregte nicht nur das Interesse der Fachwelt sondern auch die Anteilnahme der gesamten Öffentlichkeit. U. Baehr

7429. **K. Kolak,** Hallovo otkriće. Astr. Bote Zagreb Nr. 6—7 S. 60—61.

7430. **M. Kolak,** Varke planeta Marsa. Astr. Bote Zagreb Nr. 5 S. 50—52.

7431. **K. Koslowa,** Spektralphotometrie der Pflanzen verschiedener klimatischer Zonen im Zusammenhang mit dem Problem des Pflanzenwuchses auf dem Mars. Alma-Ata, 1954 (russ.). — Dissertationsref.

7432. **K. I. Koslowa,** Die Bearbeitung von Marsbeobachtungen aus Zeichnungen G. A. Tichows der Jahre 1918, 1920 und 1948. AC Nr. 172 S. 6—9 (russ.). — Die Bearbeitung erstreckt sich auf Zeichnungen, die Tichow 1918 und 1920 unter Verwendung von Farbfiltern am 15′-Refraktor von Pulkowo und 1948 am Normalastrographen von Taschkent gemacht hatte. Verf. berichtet über Beobachtungen und Veränderungen der Polkappen, heller Streifen und Flecken sowie dunkler Gebilde einschließlich der Kanäle. In allen drei Oppositionen waren

Wolken und neblige Gebilde häufige Erscheinungen, und entlang des nördlichen Randes der südlichen Meere zog sich ein heller Streifen hin. Die Durchsicht der Marsatmosphäre war veränderlich. 1948 war die nördliche Polkappe dunkel umsäumt. 1920 zeichneten sich in den Färbungen der Meere jahreszeitliche Unterschiede ab. Loh.

7433. **K. I. Koslowa, J. W. Glagolewskij,** Die ersten Ergebnisse der visuellen Marsbeobachtungen während seiner großen Opposition im Jahre 1956. AC Nr. 174 S. 7—8 (russ.). — Die Beobachtungen erfolgten zwischen dem 27. 7. und 10. 10. am 21 cm-Meniskus-Teleskop von Alma-Ata unter Verwendung von vier Lichtfiltern. In der Marsatmosphäre vollzogen sich starke Änderungen. Die südliche Polkappe taute schnell und unregelmäßig ab. Der sie umgebende Saum war teils sichtbar, teils nicht, und im Aussehen veränderlich. Helle Flecke traten auf der südlichen Halbkugel im Osten am häufigsten auf. Helle Streifen wurden nur viermal beobachtet. Die Länder besaßen die übliche Orangefärbung. Die dunklen Gebiete waren anfänglich scharf, später wurden sie schwächer und verwaschen und anfangs Oktober wieder deutlich. Loh.

7434. **D. Kotsakis,** Der Planet Mars und seine Probleme. Techn. Ann. Nr. 385—386, 10 S. mit 9 Fig. = Publ. Laboratory Astr. Athen (1) Nr. 6 (griech.). — Anläßlich der am 11. 9. 1956 stattfindenden Annäherung von Mars gibt Verf. eine Übersicht der mit diesem Planeten zusammenhängenden Probleme. Besonders werden die Ergebnisse der im Jahre 1954 durchgeführten Beobachtungen diskutiert und die für die kommende Annäherung zur Untersuchung stehenden Fragen auseinandergesetzt. Mawridis

7435. **I. K. Kowal,** Einige Ergebnisse von Marsbeobachtungen während der Opposition des Jahres 1954. Circ. Astr. Obs. Gorkij-Staatsuniv. Charkow Nr. 15 S. 21—31 (russ.). — Verf. berichtet über die Photometrierung zahlreicher zwischen dem 16. Mai und 8. Sept. 1954 in Charkow aufgenommener Marsphotographien bei den effektiven Wellenlängen 640, 580, 520 und 460 mμ. Für Länder und Meere werden Albedo, Glättefaktor und optische Dicke der Atmosphäre abgeleitet und ihre Unterschiede diskutiert. Danach muß die Marsoberfläche eine bläuliche Schattierung besitzen, die scheinbare Rotfärbung jedoch atmosphärisch bedingt sein. Die absorbierende Wirkung der Atmosphäre ist deshalb bedeutend. Loh.

7436. **V. Kučera,** Mars — dolazi u opoziciju! Astr. Bote Zagreb Nr. 3 S. 23—25, Nr. 4 S. 34—36.

7437. **G. P. Kuiper,** De oppervlakte van Mars. Hemel en Dampkring **54** 113—120, mit 3 Fig. — Der Artikel stellt im wesentlichen eine Übersetzung der in AJB **55** Ref. **7416** zitierten Arbeit dar.

7438. **G. Kulin,** A Mars bolygóról. Budapest, 1954. 28 S.

7439. **N. I. Kutscherow,** Visual observations of Mars during its 1954 opposition. Bull. Astrophys. Obs. Abastumani Nr. 20 S. 29—40 (russ. mit engl. Ref.). — Ein Katalog von visuellen Beobachtungen des Mars im Jahre 1954 wird gegeben. Es wurde eine außerordentlich kleine Anzahl Wolken beobachtet. Änderungen in den Gebieten von Syrtis Major, Utopia, Cassius, Elysium und anderen wurden festgestellt. Perek

7440. **V. Laífr, M. Farský,** Marsbeobachtung im Jahre 1954 auf der Volkssternwarte in Poděbrady bei Prag. RH **37** 19—21, mit 1 Fig. (tschech.).

7441. **A. I. Lebedinskij,** Die physikalischen Bedingungen auf Mars. DAN **108** 795—798, mit 1 Fig. (russ.). — Infolge der Undurchsichtigkeit der Erdatmosphäre für Bodenausstrahlung außerhalb des Bereichs von 8—13 μ und der Durchsichtigkeit der Marsatmosphäre außerhalb von 12.9—17.1 μ (CO_2) ist nicht mit einer Ähnlichkeit der terrestrischen und martischen Temperaturverhältnisse in ihren Atmosphären zu rechnen. Verf. begründet das in Anlehnung an ein früher geschildertes Verfahren näher und übt in diesem Zusammenhang Kritik an den Hessschen Überlegungen zum Problem des Temperaturverlaufs in der Marsatmosphäre. Im Gegensatz zu Tichow ist die Existenz eines Lebens terrestrischer Form auf dem Mars undenkbar. Loh.

7442. **I. M. Levitt,** A Space Traveller's Guide to Mars. New York, Henry Holt & Co. Inc., 1956. 175 S. Preis $ 3.50. — Besprechung in Sky and Telescope **16** 128, 284 (W. M. Sinton), Spaceflight **1** 192 (M. Guest).

7443. **W. Ley, W. von Braun,** The Exploration of Mars. New York, Viking Press; London, Sidgwick & Jackson, Ltd., 1956. 10 + 176 S. mit 50 Tafeln. Preis $ 4.95 bzw. 30s. — Besprechung in J. British Interplanetary Soc. **15** 290—292 (A. C. Clarke), Sky and Telescope **15** 508, 555—556.

7444. **E. López López, F. J. Escalante,** Las partes del Mundo Marciano y sus divisiones convencionales. El Universo Nr. 36 S. 73—92, mit 3 Fig.

7445. **E. López López,** El año de Marte. El Universo Nr. 36 S. 94—97, mit 2 Fig.

7446. **Z. Macek, D. Kaláb,** Marsbeobachtungen im Jahre 1956 auf der Lomnicer Spitze (Hohe Tatra). RH **37** 260—261 (tschech.).

7447. **E. Mädlow,** «Mars-Wolken» — ein Kommentar. Vereinigung der Sternfreunde Nachrichtenblatt **5** 54.

7448. **A. Marks,** Wielka opozycja Marsa w 1956 r. Urania Kraków **27** 245—246.

7449. **D. B. McLaughlin,** Possible condensation clouds over Martian volcanoes. AJ **61** 184—185. — Ref. AAS. — Ref. in Coelum **24** 180.

7450. **D. B. McLaughlin,** A new theory of the surface of Mars. J RAS Canada **50** 193—200, mit 3 Fig. — Abdruck eines in Toronto gehaltenen Vortrags. Es wird die vom Autor aufgestellte Theorie beschrieben, daß die dunklen Gebilde der Marsoberfläche in ihrer richtungsmäßigen Orientierung die vorherrschenden Winde angeben. In diesen Richtungen wurde die aufgewirbelte vulkanische Asche verbreitet. F. S.

7451. **D. B. McLaughlin,** Suggested spectrographic observations of Mars. Publ ASP **68** 71—73. — Ref. in Coelum **24** 120—121. — Nach einer Hypothese des Verf. sind auf Mars noch Vulkane tätig, die Mare sind als Ablagerungen vulkanischer Asche anzusehen. Vulkane stoßen große Mengen Wasserdampf aus. Es wäre also in der Nähe der Vulkane eine merklich größere Konzentration von Wasserdampf zu erwarten als über anderen Gebieten. Zur Entscheidung über die Richtigkeit der Hypothese müßten Spektrogramme so aufgenommen werden, daß der Spalt nur über einer «Bucht» mit Spitze liegt. O. G.

7452. **D. B. McLaughlin,** The volcanic-aeolian hypothesis of Martian features. Publ ASP **68** 211—218, mit einer Bemerkung von G. P. Kuiper S. 219. — D. B. McLaughlin verteidigt seine Hypothese, daß die Mare auf Mars junge Ablagerungen von vulkanischer Asche, die durch Passatwinde verweht wird, darstellen, gegen kritische Bemerkungen von G. P. Kuiper (vgl. AJB **55** Ref. **7416**). Er hält die zusätzliche Annahme einfacher Vegetation für nicht widersprechend. G. P. Kuiper bemerkt, daß nach neuen Untersuchungen des Isotopengehalts das Wasser von Vulkanen großenteils nicht juvenil sondern vados ist, so daß das an irdischen Vulkanen beobachtete Verhältnis von ausgeworfenen Silikaten zu Wasser vielleicht nicht ungeändert auf Mars übertragen werden kann. Im übrigen erhält er seine Einwände aufrecht. O. G.

7453. **P. Moore,** Guide to Mars. London, Frederick Muller Ltd., 1956. 124 S. Preis 10 s. 6 d. — Besprechung in JBAA **66** 328—329 (M. B. B. Heath), J. British

Interplanetary Soc. **15** 355 (V. C. Reddish), Sky and Telescope **15** 505—506, 508, Spaceflight **1** 43—44 (A. E. Slater), Sternenbote **8** 23—24, Urania København **13** 74—75.

7454. **W. I. Moros, A. W. Charitonow,** Photoelektrische Photometrie von Teilen der Marsoberfläche. AC Nr. 174 S. 4—6 (russ.). — In dieser vorläufigen Mitteilung berichten Verf. über ihre Messungen am 50 cm-Reflektor in Alma-Ata, bei denen mittels eines mit einem Vervielfacher ausgestatteten Photometers Teile der Marsoberfläche durch ein elliptisches Diaphragma von 3!15 × 2!24 photometriert wurden. Besonderer Wert wurde auf die Ermittlung von Helligkeits- und Farbunterschieden heller und dunkler Gebiete gelegt. Die im August und September 1956 durchgeführten Beobachtungen deuten auf Schwankungen der Helligkeits- und Farbkontraste bestimmter Gegenden hin, die vermutlich Änderungen in der Durchsicht der Marsatmosphäre zugeschrieben werden müssen. Loh.

7455. **G. de Mottoni,** Sur la périodicité des oppositions de Mars. BSAF **70** 64. — Ref. in Coelum **24** 121.

7456/57. **G. de Mottoni,** Marte 1956. Coelum **24** 161—164. — Verf. berichtet über eigene Beobachtungen des Mars an einem Äquatorial von 190 mm und am Refraktor von Merate während der Opposition 1956. Cester

7458. **G. de Mottoni,** Ancora sull' indice di qualità delle opposizioni di Marte. Mem SA It (NS) **27** 235—238, mit 1 Fig. — Zur Beurteilung der «Güte» einer Marsopposition hatte Verf. einen Güteindex aufgestellt (vgl. AJB **55** Ref. **7422**). Verf. erwidert die hierzu vorgebrachten Bemerkungen und rechtfertigt seine Gesichtspunkte. Cester

7459. **E. Nelson,** There is Life on Mars. Vgl. AJB **55** Ref. **7425**. — Weitere Besprechung in El Universo **11** 149—150.

7460. **M. Onishi,** Tables and graphs for Mars observers. YC 1372 S. 18—33.

7461. **W. H. Pickering,** The seas of Mars. Vega **2** Nr. 34 S. 2.

7462. **L. N. Radlowa,** Visuelle Kolorimetrie der Integralhelligkeit des Mars im Jahre 1956. AC Nr. 174 S. 10 (russ.). — Die Beobachtungen wurden mit Hilfe eines visuellen Rosenbergschen Astrophotometers im Roten und Blauen am Leitrohr des Taschkenter Normalastrographen ausgeführt. Die Farbe des extrafokalen Marsbildchens wurde mit der Farbe der an einem mattweißen Schirm reflektierten Sonne verglichen. Es ergab sich ein Farbenindexunterschied (6500/4800) von im Mittel $1^{m}.56$. Außerdem wurde der Farbenindex des Planeten im Anschluß an den Farbenindexkatalog von King (1923) ermittelt. Verf. erhielt $1^{m}.88$, im Jahre 1939 demgegenüber $2^{m}.07$. Loh.

7463. **J. Sadil,** Planeta Mars. Prag, Verlag Orbis, 1956. 284 S. mit 80 Fig. Preis Kčs. 24.20. — Besprechung in RH **37** 286.

7464. **J. Sadil,** Mars opposition 1956. RH **37** 145—149, mit 5 Fig. (tschech.).

7465. **T. Saheki,** Japanese observations of a major change on Mars. Sky and Telescope **15** 442—443, mit 5 Fig. — Bericht über die von japanischen Beobachtern von 1935 bis 1954 gefundenen Veränderungen des Nodus Laocoontis und des Gomer Sinus östlich Syrtis Major. Gü.

7466. **W. Sandner,** Zur Mars-Opposition 1956. Orion Schaffhausen **5** 89—94, mit 2 Abb.

7467. **W. W. Scharonow,** Anomalien der Marsatmosphäre während der Opposition im Jahre 1956. AC Nr. 174 S. 9 (russ.). — Kurzer Bericht über die Ergebnisse visueller und photographischer Beobachtungen in Taschkent im Aug./Sept. 1956. Von gelegentlichen Aufklarungen abgesehen war die Trübheit der Atmosphäre merklich größer als sonst. Gelb-orangefarbene Nebeldecken wurden festgestellt. Gelbliche Trübungen breiteten sich auch auf die Polargebiete aus. In hohen südlichen Breiten zeigten sich klar umrissene weiße Flecke. Helle Aerosoldecken wurden nicht wahrgenommen. Loh.

7468. **D. E. Schtschegolew,** Photoelektrische Kolorimetrie des Mars. AC Nr. 175 S. 5—6 (russ.). — Verf. hat von 22 Stellen der Marsscheibe im Anschluß an α Aur und β Gem am 9. und 17. Sept. 1956 am Pulkowoer Meniskus-Teleskop Farbäquivalente bei den Wellenlängen 520/460, 580/460 und 580/380 $m\mu/m\mu$ bestimmt. Loh.

7469. **H. R. Scultetus,** Einige Ergebnisse der Marsbeobachtungen bei der Marsopposition 1954. Sterne **32** 169—171, mit 3 Fig. — Nach einem Bericht von E. C. Slipher im National Geogr. Mag. **108** Nr. 3.

7470. **J. Široký,** Neue Erkenntnisse über den Planeten Mars. Vesmír **35** 227—228, mit 2 Fig. (tschech.).

7471. **A. E. Slater,** The colours of Martian «vegetation». Spaceflight **1** 35—39, mit 4 Fig.

7472. **S. N. Sredinskij,** Über den Artikel von O. W. Troizkaja «Über die Existenzmöglichkeit eines Pflanzenlebens auf dem Mars». Bull. Astr.-Geod. Ges. UdSSR Nr. 15 S. 47—49, 1954 (russ.).

7473. **N. N. Sytinskaja,** Gleichzeitige Untersuchungen der Atmosphäre und Oberfläche des Planeten Mars. Pokroky **1** 430—436 (tschech.).

7474. **N. N. Sytinskaja,** Zeitgemäße Untersuchungen der Atmosphäre und der Oberfläche des Mars. Priroda **45** Nr. 6 S. 33—41, mit 10 Abb. (russ.). — Zur Gelegenheit der Opposition 1956 wird ein Überblick der Probleme der Marsforschung gegeben. Perek

7475. **N. N. Sytinskaja,** Die große Marsopposition. Moskau, Techn. Staatsverlag, 1956. 52 S. Preis 75 Kop. (russ.). — Besprechung in Priroda **46** Nr. 1 S. 122, RJ 1957 Nr. 5 S. 16.

7476. **D. Teleki,** Upoznavanje Marsove površine. Vasiona **4** 59—63, mit 4 Fig.

7477. **G. A. Tichow,** Concerning N. A. Kosyrew's article «Explanation of the colour of Mars by spectral properties of its atmosphere». Mitt. Astrophys. Obs. Krim **16** 159—161, mit 2 Fig. (russ. mit engl. Ref.). — Kritische Bemerkung zu der in AJB **55** Ref. **7414** zitierten Arbeit.

7478. **H. C. Urey,** On the escape of water from Mars. Publ ASP **68** 220—222. — Verf. zeigt, daß die Kenntnisse über die Marsatmosphäre nicht ausreichen, um mit einiger Sicherheit die Möglichkeit des Entweichens von Wasser abzuschätzen. Er meint, daß deshalb die Argumente von G. P. Kuiper gegen den von D. B. McLaughlin angenommenen Vulkanismus auf Mars noch nicht als endgültig anzusehen sind. O. G.

7479. **G. de Vaucouleurs,** Physics of the Planet Mars. Vgl. AJB **54** Ref. 7439. — Weitere Besprechung in El Universo **11** 149.

7480. **G. de Vaucouleurs,** Physik des Planeten Mars. Moskau, Verlag für ausländische Literatur, 1956. 350 S. mit Abb. Preis 14 R. 85 Kop. (russ.). — Übersetzung aus dem Französischen. — Besprechung in RH **37** 286, RJ 1957 Nr. 7 S. 81.

7481. **G. de Vaucouleurs,** The planet Mars. J. Astr. Soc. Victoria **9** 67—70, mit 1 Fig. — Bericht über einen Vortrag des Verf.

7482. **F. Vaughn,** Mars — 1956. Strolling Astronomer **10** 3—7.

7483. **D. Wattenberg,** Mars, der rote Planet. Leipzig, Urania Verlag, 1956. 195 S. mit 99 Fig. Preis DM 6.80. — Besprechung in Gaz astr 37 85—86 (G. Schindler), Hemel en Dampkring 55 105 (J. J. Raimond jr.), Mitt. Planetenbeobachter 9 58 (G. D. Roth), Sternenbote 7 107, Urania København 13 110—111.

7484. **A. Wróblewski,** Z tajemnic Marsa. Urania Kraków 27 169—176, 206—212, 234—240, mit 1 Fig. und 4 Tafeln.

7485. **A. Wróblewski,** Uwagi o obserwacjach Marsa w 1956 roku. Urania Kraków 27 251—253.

7486. Mars. BAA Circ 377 S. 1.

7487. Nouvelles de la planète Mars. BSAF 70 295.

7488. Marte, ovvero del giornalismo. Coelum 24 174—175.

7489. Observing Mars. J. Astr. Soc. Victoria 9 37—39, mit 2 Fig.

7490. Mars en période favorable pour l'observation. La Nature 84 406.

* * A close approach of (1011) Laodamia to Mars. Vgl. Ref. 7530.

7491. Nouvelles recherches sur la planète Mars. Orion Schaffhausen 5 95—103, mit 7 Fig. (mit deutsch. Ref.).

7492. Några nya Marsundersökningar. PAT 37 70—72. — Referat über Kuipers (vgl. AJB 55 Ref. 7416) und Giffords Abhandlung (ApJ 123 154, Ref. 7417) über die Oberflächenbildungen auf Mars sowie die durchgeführten Temperaturmessungen. C. L. J.

7493. Mars approaches Earth. Science 124 309. — Bericht über die für den 7. September (größte Erdnähe des Planeten) geplanten Beobachtungen.

7494. Radio signals from Mars. Science 124 620. — Entdeckung der Radiostrahlung von Mars bei einer Wellenlänge von 3 cm.

7495. Mars at its nearest. Sky and Telescope 15 256, mit 1 Fig.

7496. A graphic time table of Mars. Sky and Telescope 15 257, mit 1 Fig.

7497. Recurrent Martian clouds. Sky and Telescope 15 311, mit 1 Fig. — Ref. AAS. — Ref. in Coelum 24 180.

7498. ALPO map of Mars. Sky and Telescope 15 502—503, mit 3 Fig. — Wiedergabe und Besprechung der nach den Beobachtungen der Mitglieder der Association of Lunar and Planetary Observers angefertigten Marskarte für die Opposition 1954. Gü.

7499. Radio observations of Mars. Sky and Telescope 16 17. — Ref. in NAT 1956 S. 137.

74100. An occultation by Mars. Sky and Telescope 16 96. — Anzeige der Bedeckung mit BD +0°16, 1956 Dez. 11—12.

74101. Jak powstały «kanały» i «jeziora» na Marsie. Urania Kraków 27 81.

74102. Czy istnieje na Marsie roślinność? Urania Kraków 27 213—215.

74103. Kako dokazati postojanje vulkana na Marsu? Vasiona 4 90.

74104. Prediction of central transit of 10 standard markings on Mars. YC 1372 S. 13—18.

* * Directives pour l'observation de la planète Mars en 1956. Vgl. Ref. 2060.

§ 75

Kleine Planeten

7501. Ephemeriden Kleiner Planeten für das Jahr 1957. Herausgegeben vom Institut für Theoretische Astronomie der Akademie der Wissenschaften der UdSSR. Moskau-Leningrad, Verlag Akad. Wiss. UdSSR, 1956. 170 S. (russ.). — Inhalt: Elemente von 1619 Kleinen Planeten, Oppositionsdaten, Ephemeriden von 1266 Kleinen Planeten, die 1957 in Opposition kommen, Ephemeriden für physische Beobachtungen heller Planeten, eine den gegenwärtigen Stand (1. 1. 1956) der Beobachtung Kleiner Planeten charakterisierende Tabelle. Loh.

7502. **M. Butorac,** Tragom izgubljenog planeta. Priroda Zagreb **43** 87—91 (kroat.). — Ref. in RJ 1957 Nr. 2 S. 12.

7503. **C. Cailliatte,** Contribution à l'étude des astéroïdes variables. BA **20** 283—341, mit 10 Fig. = Publ. Obs. Lyon **3** Nr. 28. — Es wird eine Zusammenfassung der physischen Untersuchungen an den veränderlichen Planetoiden gegeben. Die photometrischen Beobachtungen von Eros während der Jahre 1951—1952 bilden einen Zusatz zu dieser Arbeit, denn sie führen zu einer Formel, welche die seit 1903 gemachten Beobachtungen gut darstellt und die Epochen des Minimums angibt. Die photoelektrischen Beobachtungen von Kuiper gestatten die Berechnung der physischen Elemente von 4, 7, 15, 39 und 44. Die «Zigarre» (verlängertes Ellipsoid) und der «Kessel» (Zylinder mit abgerundeten Enden) scheinen die wahrscheinlichsten photometrischen Formen zu sein. Verf.

7504. **C. Cailliatte,** Complément à l'étude de (335) Roberta. Table des éléments jusqu'en l'an 2000. Ephéméride pour l'opposition de 1955—56. JO **38** 335—344, 1955 = Publ. Obs. Lyon (1) **5** Nr. 27. — Verf. verbessert seine genäherte Theorie in Poincaréschen Koordinaten von 335 Roberta, indem er die langperiodischen Glieder vierten Grades der Exzentrizität berücksichtigt, und gibt eine Tafel der oskulierenden Elemente für die Oppositionen 1955—2000. Böh.

7505. **C.-H. Chang,** The new asteroid P. O. 2. Acta Astr. Sinica **4** 82—83 (chines. mit engl. Ref.).

7506. **Y. C. Chang, C.-H. Chang,** Minor planet (134) Sophrosyne. Acta Astr. Sinica **4** 84—90 (chines. mit engl. Ref.).

7507. **T. Gehrels,** Photometry of asteroids. AJ **61** 178. — Ref. AAS.

7508. **T. Gehrels,** Photometric studies of asteroids. V. The light-curve and phase function of 20 Massalia. ApJ **123** 331—338, mit 8 Fig. — Lichtkurven des Kleinen Planeten 20 Massalia wurden für Phasenwinkel von 0° bis 20° gemessen. Die Amplitude des mit $8^h\,5^m\,53^s$ verlaufenden Lichtwechsels änderte sich während des Beobachtungszeitraums von sieben Wochen von $0^m\!.17$ auf $0^m\!.23$. Der Phasenkoeffizient beträgt für Phasenwinkel von 7° bis 20° 0.03^m/Grad, ist jedoch für kleinere Phasenwinkel größer. Micz.

7509. **P. Herget,** Reports on the progress of astronomy: Minor planets. MN **116** 218.

7510. **P. Herget,** Résumé of minor planet perturbation computations at the Cincinnati Observatory. MPC 1423—1431. — Verf. beginnt mit einer zusammenfassenden Darstellung der am Cincinnati Observatorium seit 1947 mit Hilfe von Rechenautomaten ausgeführten Berechnungen spezieller Störungen von Kleinen Planeten. In ihr sind enthalten die angewandten Methoden der Störungsrechnung und die benutzten Maschinen (mit Angaben über die besondere Art ihrer Verwendbarkeit) sowie die berücksichtigten störenden Planeten. Den Schluß bildet eine Liste derjenigen Planeten, für die vom Cincinnati Observatorium spezielle Störungen gerechnet worden sind mit Angaben über Art der Störungen, Anfangs-, End- und Oskulationsepoche und Quellen für daraus abgeleitete neue Elemente. Böh.

7511. **P. Herget,** The computation of minor planet perturbations. MPC 1504—1506. — Verf. hat, um den Rechnern die genaue Bearbeitung von Kleinen Planeten wesentlich zu erleichtern, die Berechnung genauer spezieller Störungen nach der so überaus vorteilhaften Methode von Musen (AJ **59** 262) und die genauer gestörter Ephemeriden für den in USA weit verbreiteten und damit leicht zugänglichen Magnet-Trommel-Rechner IBM-650 programmiert. Verf. gibt Einzelheiten über Art und Form der Ein- und Ausgabedaten sowie eine zweckmäßige Methode zur Interpolation der 20-tägigen Ephemeriden. In ähnlicher Weise wird ein zweites Programm für die Bahnverbesserung nach der Methode von Brouwer und Eckert beschrieben. Böh.

7512. **W. A. Iswekow,** Die Annäherung des Kleinen Planeten 1011 Laodamia an Mars 1957. AC Nr. 172 S. 5—6 (russ.). — Ref. in NAT 1956 S. 137—138. — Die Annäherung wird Ende August 1957 erfolgen und sich wegen der Entfernung des Planetoiden von Mars von nur 0.055 a. E. zur Bestimmung der Marsmasse eignen. Loh.

7513. **E. L. Krinow,** Zwergplaneten (Asteroiden). Moskau, Techn. Staatsverlag, 1956. 32 S. mit Abb. Preis 50 Kop. (russ.).

7514. **M. Lepski,** Planetki grupy Jowisza. Urania Kraków **27** 1—6, mit 2 Fig.

7515. **J. v. B. Lourens,** Astrometric observations of Eros during the 1954 opposition. MN **116** 88—91. — 45 an der Kap-Sternwarte erhaltene Positionen von 433 Eros 1954 Jan. 28—Juli 28 im System des FK 3 mit Angaben über Aufnahmen und Reduktion der Beobachtungen. Böh.

7516. **J. Meeus,** Oppositions des petites planètes. BSAF **70** 377—378.

7517. **T. W. Miller,** The classification of the minor planets by their elements. JBAA **66** 97—102. — Verf. berichtet über eine statistische Untersuchung des Systems der Kleinen Planeten nach den Argumenten: große Halbachse, Neigung und absolute Helligkeit. Ausführlich wiedergegeben werden die Ergebnisse über die untersuchten Resonanzgruppen zu Jupiter und die Beziehungen zu den Hirayamaschen Familien. Böh.

7518. **R. S. Mitrinović,** Približna eliptična putanja planetoida 1952 FA, dobijena iz kružne putanje, i njegova identifikacija sa planetoidom 1936 FR. Bull. Ges. Math. Phys. Volksrepublik Makedonien **6** 47—51, 1955 (mit französ. Ref.). — Ref. in RJ 1957 Nr. 3 S. 14.

7519. **F. Ouvrard,** Les oppositions de Vesta. BSAF **70** 118, mit 1 Fig.

* * **A. Pawlikowski,** On Fessenkov's hypothesis of the origin of planetoids. Vgl. Ref. **5519.**

7520. **B. Popović,** Planedeto 1952 EA kaj la certeco de la kalkulitaj elementoj de la planedetorbito. Bull. Soc. Math. Phys. Serbie **8** 203—210 (serb. mit Ref. in Esperanto). — Ausgehend von den verschiedenen Elementensystemen, die sich aus der Bahnbestimmung von 1952 EA bei unterschiedlicher Auswahl der Beobachtungen ergaben, analysiert Verf. die Gründe für die Abweichungen und damit allgemeiner die der Bahnbestimmung aus drei Beobachtungen innewohnende Genauigkeit. Böh.

* * **B. Popović,** Approximate calculation of the orbit elements of a small planet on the basis of three heliocentric positions. Vgl. Ref. **4220.**

7521. **W. H. Robertson,** Minor planets observed at Sydney Observatory during 1955. J. Proc. Roy. Soc. New South Wales **90** 57—60.

7522. **N. S. Samojlowa-Jachontowa,** Kleine Planeten. Acta Astr. Sinica **4** 43—63, mit 1 Fig. (chines.).

7523. **E. W. Sandakowa,** Bestimmung der Farbenindizes Kleiner Planeten. Kiew, Staatsuniv. Charkow, 1956 (russ.). — Dissertationsreferat.

7524. **J. Schubart,** Kleiner Planet «Amor» in Erdnähe. Sterne **32** 209.

7525. **R. de Terwangne,** La petite planète Vesta en 1956. Gaz astr **37** 78—80. — Verf. macht einige Bemerkungen über Beobachtungsmöglichkeiten von Vesta mit dem Feldstecher. Weiterhin werden Stufenschätzungen der Vesta 1956 März 22—Mai 13 mit dem Feldstecher gegeben. Böh.

7526. **G. A. Tschebotarjow, A. I. Boshkowa,** Theorie der Bewegung der Kleinen Planeten der Trojaner-Gruppe. BIA **6** 221—231 (russ.). — Die Methode der periodischen Bahnen wurde zur Untersuchung der Bewegungen von Kleinen Planeten der Trojaner-Gruppe angewandt. Als Beispiel wurde die Bahn von Achilles berechnet. Die maximalen Abweichungen für zwei bei der Bahnbestimmung nicht benützte Beobachtungen betragen +0°29 in Länge und −0°06 in Breite. Perek

7527. Otkrivena 2 nova Trojanca! Astr. Bote Zagreb Nr. 4 S. 41—42.

7528. Documents pour l'étude physique des petites planètes. DOB **9** Nr. 1 Fasc. 1, 4 S., Nr. 2 Fasc. 1, 4 S., Nr. 3 Fasc. 1, 4 S., Nr. 4 Fasc. 1, 4 S., Nr. 5 Fasc. 1, 4 S., Nr. 8 Fasc. 1, 8 S., Nr. 11 Fasc. 1, 4 S., mit 16 Fig.

7529. Ephémérides physiques pour 1956 des petites planètes Ceres, Pallas, Junon, Vesta. DOB Circ Nr. 7, 2 S.

7530. A close approach of (1011) Laodamia to Mars. MPC 1474, NAZ **10** 24, vgl. auch Coelum **25** 87, Sky and Telescope **16** 73. — Sept. 1957.

7531. Pallas and M 15. Sky and Telescope **15** 444.

7532. **Meridiankreisbeobachtungen Kleiner Planeten**

JO **39** 34—36. Observations méridiennes de planètes effectuées à l'Observatoire de Besançon. F. Gondy, V. Maître. — Ceres, Vesta.

TAB (2) Nr. 79. Meridian observations of the right ascension of minor planets during the year 1955. S. Nakano. — Ceres, Pallas, Vesta.

7533. Nachweis der Beobachtungen und Berechnungen Kleiner Planeten

1 Ceres: JO **39** 27, 34; Mem SA It (NS) **27** 197 = Roma Monte Mario Contr. Nr. 228; MPC 1344, 1367, 1376[1]), 1394, 1481, 1494, 1535, 1536; San Fernando (B) Nr. 3; Sky and Telescope **15** 526 (Eph); TAB (2) Nr. 79 S. 807, Nr. 84 S. 871, Nr. 88 S. 905; Urania Kraków **27** 260 (Eph)

2 Pallas: Beograd Bull. **20** Nr. 1—2; JO **39** 27; Mem SA It (NS) **27** 197 = Roma Monte Mario Contr. Nr. 228; MPC 1344, 1347, 1385, 1481, 1535; San Fernando (B) Nr. 3; Sky and Telescope **15** 430 (Eph); TAB (2) Nr. 79 S. 808, Nr. 88 S. 905; UC **6** 252

3 Juno: AC Nr. 175 S. 5; Beograd Bull. **20** Nr. 1—2; JO **39** 27; Madrid Bol. **5** Nr. 1; Mitt. Astr. Hauptobs. Ukrain. **1** Nr. 2 S. 37; MPC 1343, 1347, 1376[1]), 1385, 1481, 1527; San Fernando (B) Nr. 3; Sky and Telescope **15** 377 (Eph); TAB (2) Nr. 88 S. 905

4 Vesta: AN **283** 39; Beograd Bull. **20** Nr. 1—2; JO **39** 36; MPC 1345, 1417, 1433, 1448, 1462, 1464, 1482, 1483, 1484, 1498, 1525; NAZ **4** 13; San Fernando (B) Nr. 3; Sky and Telescope **15** 286 (Eph), 333 (Eph); TAB (2) Nr. 79 S. 808, Nr. 88 S. 907, 909; Urania Kraków **27** 32 (Eph), 64 (Eph), 96 (Eph), 128 (Eph), 160 (Eph), 196 (Eph), 228 (Eph)

5 Astraea: Acta Astr. Sinica **4** Nr. 1; Madrid Bol. **5** Nr. 1; MPC 1333, 1344, 1365, 1381, 1394, 1435, 1480, 1481, 1527; San Fernando (B) Nr. 3; TAB (2) Nr. 88 S. 903, 904, 905; UC **6** 255

6 Hebe: AN **283** 39; BAC **7** 127; Beograd Bull. **20** Nr. 1—2; Mem SA It (NS) **27** 197 = Roma Monte Mario Contr. Nr. 228; MPC 1343, 1345, 1346, 1376[2]), 1433, 1461, 1464, 1486, 1509, 1525; San Fernando (B) Nr. 3; Sky and Telescope **15** 286 (Eph)

7 Iris: Kiew Publ. Nr. 7 S. 106; MPC 1377, 1412 (El), 1416, 1448, 1493, 1509, 1510; NAZ **10** 4 (El), 12; San Fernando (B) Nr. 3; Sky and Telescope **15** 145 (Eph); TAB (2) Nr. 84 S. 871

8 Flora: BAA Circ 372 (Eph); MPC 1339, 1412 (El), 1416, 1446, 1448, 1460, 1463; NAZ **10** 4 (+ El), 12; San Fernando (B) Nr. 3; Sky and Telescope **15** 145 (Eph); UC **6** 252[3])

9 Metis: Madrid Bol. **5** Nr. 1; Mem SA It (NS) **27** 197 = Roma Monte Mario Contr. Nr. 228; MPC 1333, 1343, 1344, 1347, 1479; Sky and Telescope **15** 472 (Eph); TAB (2) Nr. 88 S. 903; UC **6** 255

10 Hygiea: AC Nr. 175 S. 5; AN **283** 39; Beograd Bull. **20** Nr. 1—2; Mem SA It (NS) **27** 197 = Roma Monte Mario Contr. Nr. 228; MPC 1343, 1345, 1346, 1481, 1488; Sky and Telescope **15** 377 (Eph); TAB (2) Nr. 88 S. 905; UC **6** 255

11 Parthenope: Beograd Bull. **20** Nr. 3—4; Mem SA It (NS) **27** 198 = Roma Monte Mario Contr. Nr. 228; MPC 1344, 1364, 1367, 1434, 1435, 1436, 1499; San Fernando (B) Nr. 3; UC **6** 252

12 Victoria: Acta Astr. Sinica **4** Nr. 1; MPC 1448, 1482, 1483, 1484; San Fernando (B) Nr. 3; TAB (2) Nr. 84 S. 871, Nr. 88 S. 907, 908, 909

13 Egeria: Beograd Bull. **20** Nr. 1—2; Mem SA It (NS) **27** 197 = Roma Monte Mario Contr. Nr. 228; MPC 1346

14 Irene: AN **283** 39; Beograd Bull. **20** Nr. 1—2; Madrid Bol. **5** Nr. 1; Mem SA It (NS) **27** 197 = Roma Monte Mario Contr. Nr. 228; MPC 1343, 1345, 1347, 1413; San Fernando (B) Nr. 3; TAB (2) Nr. 84 S. 873, 874

15 Eunomia: AN **283** 39; Beograd Bull. **20** Nr. 3—4; Mem SA It (NS) **27** 198 = Roma Monte Mario Contr. Nr. 228; MPC 1343, 1344, 1345, 1366, 1368, 1412 (El); NAZ **10** 4 (El); UC **6** 252

16 Psyche: AC Nr. 172 S. 4, 5; AN **283** 39; Beograd Bull. **20** Nr. 3—4; Kiew Publ. Nr. 7 S. 106; Madrid Bol. **5** Nr. 1; Mem SA It (NS) **27** 198 = Roma Monte Mario Contr. Nr. 228; MPC 1339, 1344, 1345, 1355, 1364, 1382, 1396, 1436, 1448, 1481; NAZ **10** 4; San Fernando (B) Nr. 3; TAB (2) Nr. 84 S. 871, Nr. 88 S. 906; UC **6** 252

17 Thetis: MPC 412[4]), 1364, 1412 (El), 1436, 1447, 1463; NAZ **10** 4 (El); San Fernando (B) Nr. 3; TAB (2) Nr. 84 S. 871

18 Melpomene: Kiew Publ. Nr. 7 S. 106; MPC 1385, 1386, 1461, 1464, 1468, 1479, 1485, 1486, 1487, 1490, 1497, 1498, 1499, 1510, 1525; NAZ **10** 16; San Fernando (B) Nr. 3

19 Fortuna: Acta Astr. Sinica **4** Nr. 1; Madrid Bol. **5**

[1]) Berichtigung in MPC 1502, 1555.
[2]) Berichtigung in MPC 1555.
[3]) Statt Mai 13 lies Mai 31.
[4]) Berichtigung in MPC 1409.

Nr. 1; MPC 1354, 1365, 1381, 1394, 1491; San Fernando (B) Nr. 3; UC **6** 252

20 Massalia: AN **283** 39; Beograd Bull. **20** Nr. 1—2; Madrid Bol. **5** Nr. 1; Mem SA It (NS) **27** 197 = Roma Monte Mario Contr. Nr. 228; MPC 1343, 1345, 1346[5])

21 Lutetia: MPC 1339, 1388, 1437, 1447, 1463; NAZ **10** 4; San Fernando (B) Nr. 3; UC **6** 252

22 Kalliope: MPC 1333, 1528; San Fernando (B) Nr. 3; Sky and Telescope **15** 571 (Eph); UC **6** 255

23 Thalia: MPC 1460, 1461, 1464, 1490; Sky and Telescope **15** 241 (Eph)

24 Themis: Madrid Bol. **5** Nr. 1; MPC 1383, 1394, 1491; UC **6** 252

25 Phocaea: JO **39** 27; MPC 1419, 1447[2]); San Fernando (B) Nr. 3

26 Proserpina: MPC 1446, 1448, 1463

27 Euterpe: AC Nr. 175 S. 4; AN **283** 39; BAC **7** 127; Beograd Bull. **20** Nr. 1—2; Kiew Publ. Nr. 7 S. 106; Mem SA It (NS) **27** 197 = Roma Monte Mario Contr. Nr. 228; MPC 1343, 1345, 1461, 1485, 1486; San Fernando (B) Nr. 3

28 Bellona: Kiew Publ. Nr. 7 S. 106; MPC 1461, 1483, 1489, 1490; San Fernando (B) Nr. 3; TAB (2) Nr. 88 S. 908

29 Amphitrite: Kiew Publ. Nr. 7 S. 106; MPC 1433, 1460, 1482, 1490; San Fernando (B) Nr. 3; Sky and Telescope **15** 241 (Eph); TAB (2) Nr. 88 S. 907

30 Urania: MPC 1347, 1479; San Fernando (B) Nr. 3; Sky and Telescope **15** 472 (Eph); TAB (2) Nr. 84 S. 874, Nr. 88 S. 903; UC **6** 255

31 Euphrosyne: Acta Astr. Sinica **4** Nr. 1; Kiew Publ. Nr. 7 S. 106; Madrid Bol. **5** Nr. 1; MPC 1363, 1366, 1383, 1492; Sydney Obs. Papers Nr. 24

32 Pomona: MPC 1416, 1448, 1460, 1493, 1510; NAZ **10** 12; San Fernando (B) Nr. 3

33 Polyhymnia: MPC 1333; UC **6** 255

34 Circe: Kiew Publ. Nr. 7 S. 106; MPC 1448, 1460, 1481, 1482; TAB (2) Nr. 88 S. 906

35 Leukothea: MPC 1363; UC **6** 252

36 Atalante: MPC 1333; UC **6** 252, 255

37 Fides: MPC 1416, 1433, 1434, 1460, 1481, 1489, 1490; NAZ **10** 12; San Fernando (B) Nr. 3; TAB (2) Nr. 88 S. 906

38 Leda: MPC 1433, 1447, 1448, 1460, 1477, 1489; San Fernando (B) Nr. 3

39 Laetitia: Acta Astr. Sinica **4** Nr. 1; AN **283** 39; Kiew Publ. Nr. 7 S. 106; Madrid Bol. **5** Nr. 1; Mem SA It (NS) **27** 198 = Roma Monte Mario Contr. Nr. 228; MPC 1344, 1345, 1366, 1368, 1382, 1434, 1435; San Fernando (B) Nr. 3

40 Harmonia: Kiew Publ. Nr. 7 S. 107; Mem SA It (NS) **27** 197 = Roma Monte Mario Contr. Nr. 228; MPC 1343, 1346, 1390, 1488; Sky and Telescope **15** 472 (Eph); TAB (2) Nr. 84 S. 872, 873, 874

41 Daphne: Madrid Bol. **5** Nr. 1; MPC 1368, 1369, 1382; San Fernando (B) Nr. 3

42 Isis: Beograd Bull. **20** Nr. 1—2; Kiew Publ. Nr. 7 S. 107; Madrid Bol. **5** Nr. 1; MPC 1343, 1347, 1479, 1480; TAB (2) Nr. 88 S. 903, 904

43 Ariadne: MPC 1488, 1535; TAB (2) Nr. 84 S. 874

44 Nysa: MPC 1413; TAB (2) Nr. 84 S. 872, 873, 874

45 Eugenia: AC Nr. 175 S. 5; Madrid Bol. **5** Nr. 1; MPC 1346, 1487, 1529

46 Hestia: MPC 1398, 1417, 1460, 1477, 1478, 1482, 1483; NAZ **10** 13; San Fernando (B) Nr. 3; TAB (2) Nr. 88 S. 907, 908

47 Aglaja: Acta Astr. Sinica **4** Nr. 1; Beograd Bull. **20** Nr. 3—4; MPC 1351, 1363, 1366, 1395, 1492; UC **6** 252

48 Doris: Madrid Bol. **5** Nr. 1; MPC 1365, 1381 1481, 1527, 1528; San Fernando (B) Nr. 3; TAB (2) Nr. 88 S. 906

49 Pales: Acta Astr. Sinica **4** Nr. 1; Madrid Bol. **5** Nr. 1; MPC 1355, 1363, 1364, 1383, 1394, 1395, 1492; UC **6** 252

50 Virginia: MPC 1391, 1480, 1481, 1527, 1534, 1535; TAB (2) Nr. 88 S. 904, 905

51 Nemausa: JO **39** 27, 28; Madrid Bol. **5** Nr. 1; MPC 1419, 1437, 1438, 1447, 1461, 1462, 1463, 1464, 1495, 1496, 1510, 1511, 1512[6]); San Fernando (B) Nr. 3; Sky and Telescope **15** 145 (Eph)

[5]) Berichtigung in MPC 1400.

[6]) Berichtigung in MPC 1599.

52 Europa: MPC 1447, 1448, 1461, 1462, 1463, 1482, 1489, 1512; San Fernando (B) Nr. 3; TAB (2) Nr. 88 S. 907

53 Kalypso: BAC **7** 127; MPC 1346, 1493

54 Alexandra: Kiew Publ. Nr. 7 S. 107; Madrid Bol. **5** Nr. 1; MPC 1346, 1479, 1487, 1529; Sky and Telescope **15** 377 (Eph); TAB (2) Nr. 88 S. 903

55 Pandora: MPC 1432, 1446; San Fernando (B) Nr. 3; UC **6** 252

56 Melete: San Fernando (B) Nr. 3

57 Mnemosyne: Beograd Bull. **20** Nr. 3—4; Kiew Publ. Nr. 7 S. 107; Madrid Bol. **5** Nr. 1; MPC 1382; San Fernando (B) Nr. 3

58 Concordia: Acta Astr. Sinica **4** Nr. 1; MPC 1338, 1351, 1355, 1492; NAZ **10** 3; UC **6** 252

59 Elpis: MPC 1448, 1460, 1463

60 Echo: Madrid Bol. **5** Nr. 1; MPC 1333, 1527; TAB (2) Nr. 84 S. 873, 874; UC **6** 255

61 Danaë; Acta Astr. Sinica **4** Nr. 1; MPC 1346, 1493; TAB (2) Nr. 84 S. 872

62 Erato: MPC 1433, 1461

63 Ausonia: Acta Astr. Sinica **4** Nr. 1; Madrid Bol. **5** Nr. 1; MPC 1355, 1363, 1364, 1366, 1369, 1382, 1481; San Fernando (B) Nr. 3; Sydney Obs. Papers Nr. 24; TAB (2) Nr. 88 S. 906; UC **6** 252

64 Angelina: Acta Astr. Sinica **4** Nr. 1; Madrid Bol. **5** Nr. 1; MPC 1363, 1381, 1394; San Fernando (B) Nr. 3

65 Cybele: MPC 1398, 1417, 1433, 1462, 1477, 1478, 1484; NAZ **10** 13; TAB (2) Nr. 84 S. 872, 873

66 Maja: Madrid Bol. **5** Nr. 1; MPC 1346

67 Asia: AC Nr. 175 S. 5; Kiew Publ. Nr. 7 S. 107; Madrid Bol. **5** Nr. 1; MPC 1343, 1347; UC **6** 255

68 Leto: Acta Astr. Sinica **4** Nr. 1; Madrid Bol. **5** Nr. 1; MPC 1363, 1365, 1369, 1381, 1382, 1394, 1395, 1481, 1492; San Fernando (B) Nr. 3; TAB (2) Nr. 88 S. 906; UC **6** 252

69 Hesperia: Kiew Publ. Nr. 7 S. 107; MPC 1347, 1481; San Fernando (B) Nr. 3; Sydney Obs. Papers Nr. 24; TAB (2) Nr. 88 S. 906[7])

70 Panopaea: Acta Astr. Sinica **4** Nr. 1; Madrid Bol. **5** Nr. 1; MPC 1355, 1366, 1382, 1395, 1492, 1493; San Fernando (B) Nr. 3; Sydney Obs. Papers Nr. 24

71 Niobe: MPC 1513

72 Feronia: MPC 1346, 1446, 1447

73 Klytia: Acta Astr. Sinica **4** Nr. 1; MPC 1363, 1491; Sydney Obs. Papers Nr. 24; UC **6** 252

74 Galatea: Madrid Bol. **5** Nr. 1; MPC 1355, 1364, 1382, 1396; UC **6** 252

75 Eurydike: MPC 1482, 1489; San Fernando (B) Nr. 3; TAB (2) Nr. 88 S. 907

76 Freia: AC Nr. 175 S. 5; Kiew Publ. Nr. 7 S. 107; MPC 1354, 1414, 1415; UC **6** 252

77 Frigga: AC Nr. 168 S. 12; MPC 1460, 1482, 1483, 1484, 1490; TAB (2) Nr. 88 S. 907, 908, 909

78 Diana: MPC 1446[2]), 1463; San Fernando (B) Nr. 3; Sky and Telescope **15** 145 (Eph)

79 Eurynome: Beograd Bull. **20** Nr. 3—4; Madrid Bol. **5** Nr. 1; MPC 1339, 1346, 1355, 1382, 1395, 1396, 1438, 1493; NAZ **10** 4; UC **6** 252

80 Sappho: Mem SA It (NS) **27** 198 = Roma Monte Mario Contr. Nr. 228; MPC 1344, 1365; San Fernando (B) Nr. 3

81 Terpsichore: MPC 1333; UC **6** 252, 255

82 Alkmene: MPC 1491; Sydney Obs. Papers Nr. 24; TAB (2) Nr. 84 S. 871; UC **6** 252

83 Beatrix: MPC 1482, 1490; TAB (2) Nr. 88 S. 907

84 Klio: UC **6** 255

85 Io: Beograd Bull. **20** Nr. 1—2; Madrid Bol. **5** Nr. 1; MPC 1344, 1347, 1528; Sydney Obs. Papers Nr. 24

86 Semele: MPC 1486; TAB (2) Nr. 84 S. 872, 873

87 Sylvia: TAB (2) Nr. 84 S. 872, 873

88 Thisbe: Kiew Publ. Nr. 7 S. 107; MPC 1432; San Fernando (B) Nr. 3

89 Julia: AC Nr. 175 S. 5; MPC 1333, 1481; San Fernando (B) Nr. 3; Sky and Telescope **15** 526 (Eph); TAB (2) Nr. 88 S. 905; UC **6** 255

90 Antiope: Madrid Bol. **5** Nr. 1; MPC 1333, 1381, 1394, 1481, 1491; TAB (2) Nr. 88 S. 906; UC **6** 255

91 Aegina: MPC 1346, 1478, 1483, 1484; TAB (2) Nr. 88 S. 908

---

[7]) Irrtümlich als 62 Hesperia bezeichnet.

92 Undina: MPC 1447, 1460, 1482, 1483; San Fernando (B) Nr. 3; TAB (2) Nr. 88 S. 907, 908

93 Minerva: San Fernando (B) Nr. 3

94 Aurora: MPC 1333, 1413; San Fernando (B) Nr. 3; UC **6** 255

95 Arethusa: Kiew Publ. Nr. 7 S. 107; TAB (2) Nr. 84 S. 872, 873

96 Aegle: Acta Astr. Sinica **4** Nr. 1; MPC 1333; San Fernando (B) Nr. 3; Sydney Obs. Papers Nr. 24; UC **6** 252, 255

97 Klotho: MPC 1455 (El), 1468, 1479, 1485, 1487; NAZ **10** 8 (El), 16; San Fernando (B) Nr. 3

98 Ianthe: MPC 1433, 1493

99 Dike: MPC 1344, 1353, 1354

100 Hekate = 1950 QA: Madrid Bol. **5** Nr. 1; MPC 1333, 1381, 1414, 1528; NAZ **10** 29 (Id); UC **6** 255

101 Helena: Madrid Bol. **5** Nr. 1; MPC 1333, 1381, 1481, 1491; San Fernando (B) Nr. 3; TAB (2) Nr. 88 S. 906; UC **6** 255

102 Miriam: Madrid Bol. **5** Nr. 1; MPC 1382, 1396; UC **6** 252

103 Hera: AC Nr. 175 S. 4; Madrid Bol. **5** Nr. 1; MPC 1343, 1344, 1346[5]), 1461, 1464, 1486, 1487, 1488

104 Klymene: Madrid Bol. **5** Nr. 1; MPC 1479, 1480, 1481, 1493, 1529; TAB (2) Nr. 88 S. 903, 904, 905

105 Artemis: BAC **7** 127; Beograd Bull. **20** Nr. 1—2; MPC 1343, 1347

106 Dione: Beograd Bull. **20** Nr. 3—4; MPC 1477, 1486, 1487; San Fernando (B) Nr. 3; TAB (2) Nr. 84 S. 872, 873

107 Camilla: Kiew Publ. Nr. 7 S. 107; MPC 1461, 1464, 1485, 1486, 1487; TAB (2) Nr. 84 S. 872, 873

108 Hecuba: BAC **7** 127; MPC 1346, 1487; TAB (2) Nr. 84 S. 874

109 Felicitas: MPC 1478, 1488, 1489; TAB (2) Nr. 84 S. 872

110 Lydia: Madrid Bol. **5** Nr. 1; MPC 1343, 1346, 1460, 1461, 1485, 1486, 1490; San Fernando (B) Nr. 3

111 Ate: MPC 1439, 1447[2]), 1448; San Fernando (B) Nr. 3

112 Iphigenia: MPC 1416, 1489, 1490; NAZ **10** 12

113 Amalthea: MPC 1484, 1485, 1488; San Fernando (B) Nr. 3; TAB (2) Nr. 84 S. 872

114 Kassandra: Acta Astr. Sinica **4** Nr. 1; Madrid Bol. **5** Nr. 1; MPC 1366, 1382, 1492; TAB (2) Nr. 84 S. 871

115 Thyra: Kiew Publ. Nr. 7 S. 107; MPC 1333, 1384; Sky and Telescope **16** 47 (Eph); UC **6** 255

116 Sirona: MPC 1432

117 Lomia: MPC 1447; San Fernando (B) Nr. 3

118 Peitho: MPC 1461, 1477, 1478

119 Althaea: Kiew Publ. Nr. 7 S. 107; Madrid Bol. **5** Nr. 1; MPC 1343, 1347, 1479, 1527, 1534; TAB (2) Nr. 84 S. 874, Nr. 88 S. 903; UC **6** 255

120 Lachesis: MPC 1333, 1347, 1480, 1481, 1529; TAB (2) Nr. 88 S. 903, 904, 905; UC **6** 255

121 Hermione: MPC 1343, 1354, 1413, 1481; San Fernando (B) Nr. 3; TAB (2) Nr. 88 S. 906

122 Gerda: AC Nr. 168 S. 11; MPC 1432, 1446, 1447; TAB (2) Nr. 84 S. 871

123 Brunhild: Kiew Publ. Nr. 7 S. 107; MPC 1333, 1413, 1480; TAB (2) Nr. 88 S. 905; UC **6** 255

124 Alkeste: Kiew Publ. Nr. 7 S. 107; MPC 1417, 1448, 1460, 1477, 1478, 1482, 1483, 1493; NAZ **10** 13; San Fernando (B) Nr. 3; TAB (2) Nr. 88 S. 907, 908

125 Liberatrix: MPC 1432, 1434

126 Velleda: MPC 1333, 1414; UC **6** 255

127 Johanna: MPC 1446[2]), 1448, 1463

128 Nemesis: MPC 1460, 1493; San Fernando (B) Nr. 3

129 Antigone: MPC 1417, 1448, 1460, 1493; NAZ **10** 13; San Fernando (B) Nr. 3

130 Elektra: Madrid Bol. **5** Nr. 1; MPC 1346, 1417, 1460, 1483, 1485, 1493; NAZ **10** 13; San Fernando (B) Nr. 3; TAB (2) Nr. 84 S. 871, Nr. 88 S. 908

132 Aethra: MPC 1353, 1469

134 Sophrosyne: Acta Astr. Sinica **4** Nr. 1 (+ El, Eph); Madrid Bol. **4** Nr. 7[8]); MPC 917[9]), 1338, 1402 (El), 1461, 1491; NAZ **10** 3; UC **6** 252

135 Hertha: Acta Astr. Sinica **4** Nr. 1; MPC 1356, 1369, 1370, 1493; San Fernando (B) Nr. 3; UC **6** 252

136 Austria: Acta Astr. Sinica **4** Nr. 1; Madrid Bol. **5**

[8]) Berichtigung in Madrid Bol. 5 Nr. 1.

[9]) Berichtigung in MPC 1462.

Nr. 1; MPC 1382; Sydney Obs. Papers Nr. 24

137 Meliboea: Kiew Publ. Nr. 7 S. 108; MPC 1360, 1375 (El), 1416, 1529 (Eph); NAZ **10** 4 (El), 12; TAB (2) Nr. 84 S. 873

138 Tolosa: Madrid Bol. **5** Nr. 1; MPC 1355, 1366, 1381, 1395, 1492

139 Juewa: Acta Astr. Sinica **4** Nr. 1; MPC 1343, 1485; San Fernando (B) Nr. 3

140 Siwa: Acta Astr. Sinica **4** Nr. 1; Madrid Bol. **5** Nr. 1; MPC 1365, 1381, 1394, 1395, 1491; San Fernando (B) Nr. 3

141 Lumen: MPC 1334; San Fernando (B) Nr. 3; Sydney Obs. Papers Nr. 24; UC **6** 252, 255

142 Polana: MPC 1334, 1414, 1480; TAB (2) Nr. 88 S. 904; UC **6** 255

143 Adria: UC **6** 252

144 Vibilia: MPC 1343

145 Adeona: MPC 1334; TAB (2) Nr. 84 S. 871; UC **6** 252, 255

146 Lucina: MPC 1343, 1346; TAB (2) Nr. 84 S. 873, 874

147 Protogeneia: AC Nr. 168 S. 11; MPC 1399

148 Gallia: MPC 1493; San Fernando (B) Nr. 3

149 Medusa: Kiew Publ. Nr. 7 S. 108; MPC 1394, 1491

150 Nuwa: MPC 1487, 1493

151 Abundantia: MPC 1434, 1447, 1448

152 Atala: MPC 1478

153 Hilda: AC Nr. 168 S. 11; TAB (2) Nr. 84 S. 871

154 Bertha: Kiew Publ. Nr. 7 S. 108; MPC 1352; Sydney Obs. Papers Nr. 24

156 Xanthippe: Acta Astr. Sinica **4** Nr. 1; San Fernando (B) Nr. 3; Sydney Obs. Papers Nr. 24

157 Dejanira: MPC 1485

158 Koronis: MPC 1334, 1391, 1394, 1529; UC **6** 255

159 Aemilia: MPC 1334, 1354, 1414; UC **6** 255

160 Una: Acta Astr. Sinica **4** Nr. 1; Beograd Bull. **20** Nr. 3—4; MPC 1351, 1363, 1395, 1492; UC **6** 252

161 Athor: TAB (2) Nr. 84 S. 871

162 Laurentia: MPC 1334, 1413, 1480; TAB (2) Nr. 88 S. 904; UC **6** 255

163 Erigone: Kiew Publ. Nr. 7 S. 108; MPC 1490; San Fernando (B) Nr. 3

165 Loreley: AC Nr. 172 S. 4, 5; MPC 1432; San Fernando (B) Nr. 3

166 Rhodope: MPC 1414

168 Sibylla: MPC 1334, 1353, 1527, 1534; UC **6** 255

169 Zelia: Kiew Publ. Nr. 7 S. 108; MPC 1334, 1479, 1480; TAB (2) Nr. 88 S. 903, 904; UC **6** 255

170 Maria: MPC 1486, 1529; UC **6** 255

171 Ophelia: Madrid Bol. **5** Nr. 1; MPC 1346, 1485, 1486

172 Baucis: MPC 1334, 1480; San Fernando (B) Nr. 3; TAB (2) Nr. 88 S. 904, 905; UC **6** 255

173 Ino: AC Nr. 172 S. 5; Beograd Bull. **20** Nr. 3—4; JO **39** 26 (+ El); MPC 1419, 1447, 1460; San Fernando (B) Nr. 3; TAB (2) Nr. 87 S. 871

174 Phaedra: Acta Astr. Sinica **4** Nr. 1; MPC 1355; UC **6** 252

175 Andromache: MPC 1433; TAB (2) Nr. 84 S. 872, 873

176 Iduna: Beograd Bull. **20** Nr. 1—2; MPC 1481; TAB (2) Nr. 88 S. 906

177 Irma: Madrid Bol. **5** Nr. 1; MPC 1354, 1381, 1394, 1491

178 Belisana: TAB (2) Nr. 84 S. 871

179 Klytaemnestra: MPC 1433, 1448, 1482, 1483; San Fernando (B) Nr. 3; TAB (2) Nr. 88 S. 907, 908, 909

180 Garumna: MPC 1334, 1391; TAB (2) Nr. 84 S. 874; UC **6** 255

181 Eucharis: MPC 1484, 1490; San Fernando (B) Nr. 3; TAB (2) Nr. 88 S. 909

182 Elsa: Madrid Bol. **5** Nr. 1; MPC 1363, 1381; San Fernando (B) Nr. 3; UC **6** 252

184 Dejopeja: Acta Astr. Sinica **4** Nr. 1; MPC 1356, 1364

185 Eunike: Acta Astr. Sinica **4** Nr. 1; Kiew Publ. Nr. 7 S. 108; Madrid Bol. **5** Nr. 1; MPC 1343, 1346, 1461, 1485, 1486, 1487, 1488, 1527; TAB (2) Nr. 84 S. 874

186 Celuta: MPC 1334, 1384; UC **6** 255

187 Lamberta: MPC 1334; UC **6** 255

188 Menippe: TAB (2) Nr. 84 S. 874

189 Phthia: Madrid Bol. **5** Nr. 1; MPC 1355, 1364, 1382, 1396; UC **6** 252

190 Ismene = 1951 DB: MPC 1330 (Id); UC **6** 252

191 Kolga: MPC 1525, 1527

192 Nausikaa: Mem SA It (NS) **27** 198 = Roma Monte Mario Contr. Nr. 228; MPC 1334, 1344, 1414, 1455 (El); NAZ **10** 8 (El); San Fernando (B) Nr. 3; Sydney Obs. Papers Nr. 24; UC **6** 252, 255

193 Ambrosia: TAB (2) Nr. 84 S. 873; UC **6** 255[10])

194 Prokne: Kiew Publ. Nr. 7 S. 108; Madrid Bol. **5** Nr. 1; MPC 1346, 1386, 1461; Sky and Telescope **15** 377 (Eph)

195 Eurykleia: MPC 1352, 1416; NAZ **10** 12

196 Philomela: BAC **7** 127; Madrid Bol. **5** Nr. 1; MPC 1343, 1346, 1433, 1460, 1485, 1486, 1489, 1490, 1493; San Fernando (B) Nr. 3; TAB (2) Nr. 84 S. 872

197 Arete: MPC 1488; TAB (2) Nr. 84 S. 873, 874

198 Ampella: MPC 1391, 1487; TAB (2) Nr. 84 S. 873

199 Byblis: Kiew Publ. Nr. 7 S. 108

200 Dynamene: MPC 1334, 1413, 1480, 1481; San Fernando (B) Nr. 3; TAB (2) Nr. 88 S. 904, 905; UC **6** 255

201 Penelope: MPC 1448; San Fernando (B) Nr. 3

202 Chryseïs: AC Nr. 172 S. 4; Acta Astr. Sinica **4** Nr. 1; Madrid Bol. **5** Nr. 1; MPC 1366, 1382, 1396; San Fernando (B) Nr. 3

203 Pompeja: AC Nr. 175 S. 5; MPC 1334, 1535; UC **6** 255

204 Kallisto: MPC 1483; TAB (2) Nr. 88 S. 909

205 Martha: MPC 1478, 1486

206 Hersilia: MPC 1334, 1354, 1414; UC **6** 255

207 Hedda: MPC 1355; UC **6** 252

208 Lacrimosa: MPC 1485, 1486, 1487; TAB (2) Nr. 84 S. 872

209 Dido: Madrid Bol. **5** Nr. 1; MPC 1479, 1481, 1529; TAB (2) Nr. 88 S. 903, 905

210 Isabella: Acta Astr. Sinica **4** Nr. 1; Madrid Bol. **5** Nr. 1; MPC 1355, 1381, 1491

211 Isolda: MPC 1485, 1486, 1487; San Fernando (B) Nr. 3

212 Medea: JO **39** 28; MPC 1355

213 Lilaea: Acta Astr. Sinica **4** Nr. 1; MPC 1346; Sydney Obs. Papers Nr. 24; UC **6** 252

214 Aschera: MPC 1433

215 Oenone: MPC 1395, 1491; UC **6** 252

216 Kleopatra: Kiew Publ. Nr. 7 S. 108; MPC 1347, 1353, 1461, 1525, 1527; UC **6** 255

219 Thusnelda: Kiew Publ. Nr. 7 S. 108; Madrid Bol. **5** Nr. 1; MPC 1353; UC **6** 255

221 Eos: Beograd Bull. **20** Nr. 1—2; MPC 1484, 1487, 1490; TAB (2) Nr. 84 S. 873

222 Lucia: MPC 1391, 1394, 1480, 1481; TAB (2) Nr. 88 S. 905

224 Oceana: Beograd Bull. **20** Nr. 1—2; MPC 1343, 1529; TAB (2) Nr. 84 S. 874

225 Henrietta: MPC 1391

226 Weringia: MPC 1432, 1434, 1446

227 Philosophia: MPC 1338; NAZ **10** 3; UC **6** 252

229 Adelinda: MPC 1477, 1488

230 Athamantis: Kiew Publ. Nr. 7 S. 108; MPC 1334, 1344, 1347, 1354, 1414; San Fernando (B) Nr. 3; UC **6** 255

231 Vindobona: MPC 1488

232 Russia: MPC 1364

233 Asterope: MPC 1433[2]), 1448[2]); San Fernando (B) Nr. 3

234 Barbara: Acta Astr. Sinica **4** Nr. 1; BAC **7** 127

235 Carolina: MPC 1334, 1535; UC **6** 255

236 Honoria: AC Nr. 175 S. 5; Madrid Bol. **5** Nr. 1; MPC 1528

237 Coelestina: MPC 1432

238 Hypatia = 1947 HA: MPC 1361 (Id), 1419, 1433, 1482; San Fernando (B) Nr. 3; TAB (2) Nr. 88 S. 907

240 Vanadis: MPC 1481, 1482, 1490; San Fernando (B) Nr. 3; TAB (2) Nr. 88 S. 906

241 Germania: AC Nr. 168 S. 12; MPC 1433, 1448[2]), 1460, 1477, 1482, 1483, 1484, 1489; San Fernando (B) Nr. 3; TAB (2) Nr. 84 S. 871, Nr. 88 S. 907, 908, 909

242 Kriemhild: Sydney Obs. Papers Nr. 24

243 Ida: Acta Astr. Sinica **4** Nr. 1; MPC 1334, 1413, 1480; TAB (2) Nr. 88 S. 904; UC **6** 255

245 Vera: MPC 1433, 1447; San Fernando (B) Nr. 3

246 Asporina: Kiew Publ. Nr. 7 S. 108; MPC 1433, 1489; TAB (2) Nr. 84 S. 872

247 Eukrate: Madrid Bol. **4** Nr. 7[8]); MPC 917[9]), 1334,

[10]) Statt 913 lies 193.

1403 (El), 1461; UC **6** 252, 255

248 Lameia: MPC 1334, 1354, 1356, 1414, 1446, 1479, 1480; TAB (2) Nr. 88 S. 903, 904; UC **6** 255

249 Ilse: Sydney Obs. Papers Nr. 24

250 Bettina: MPC 1394, 1488, 1489; San Fernando (B) Nr. 3; TAB (2) Nr. 84 S. 874

252 Clementina: MPC 1478

254 Augusta: MPC 1492

255 Oppavia: MPC 1334, 1535; UC **6** 255

256 Walpurga: Acta Astr. Sinica **4** Nr. 1

258 Tyche: Acta Astr. Sinica **4** Nr. 1; Madrid Bol. **5** Nr. 1; MPC 1382

259 Aletheia = 1947 LD: AC Nr. 172 S. 4, 5; MPC 1355, 1362 (Id), 1395, 1396

260 Huberta: MPC 1527, 1534, 1535

261 Prymno: MPC 1464, 1478, 1482, 1483, 1484, 1518 (El); TAB (2) Nr. 88 S. 907, 908, 909

262 Valda: MPC 1334; UC **6** 255

263 Dresda: MPC 1339, 1355, 1364, 1395, 1396; NAZ **10** 4

264 Libussa: MPC 1334, 1413, 1414; UC **6** 255

266 Aline: MPC 1447, 1477

268 Adorea: AC Nr. 172 S. 4; MPC 1339, 1355, 1364, 1396, 1446; NAZ **10** 4

269 Justitia: MPC 1355, 1395, 1396, 1492

270 Anahita: Kiew Publ. Nr. 7 S. 109; MPC 1334, 1344, 1365, 1384, 1480; TAB (2) Nr. 88 S. 905; UC **6** 255

271 Penthesilea: AC Nr. 168 S. 11; UC **6** 252

272 Antonia: MPC 1395; UC **6** 252

273 Atropos: Madrid Bol. **5** Nr. 1

275 Sapientia: Acta Astr. Sinica **4** Nr. 1; Beograd Bull. **20** Nr. 3—4; Kiew Publ. Nr. 7 S. 109; Madrid Bol. **5** Nr. 1; MPC 1382

276 Adelheid: MPC 1481; TAB (2) Nr. 88 S. 906; UC **6** 252

277 Elvira: MPC 1482, 1483; TAB (2) Nr. 88 S. 907, 908

279 Thule: BAC **7** 127; MPC 1478

281 Lucretia: MPC 1479; TAB (2) Nr. 88 S. 903

282 Clorinde: MPC 1363

283 Emma: Madrid Bol. **5** Nr. 1; MPC 1334, 1365, 1381, 1384, 1414; Sydney Obs. Papers Nr. 24; UC **6** 252, 255

284 Amalia: MPC 1355, 1395, 1519 (El); Sydney Obs. Papers Nr. 24; UC **6** 252

285 Regina: Sydney Obs. Papers Nr. 24; UC **6** 252

286 Iclea: MPC 1433, 1485, 1486, 1487; TAB (2) Nr. 84 S. 873

287 Nephthys: MPC 1432, 1434, 1439, 1446, 1447, 1463; San Fernando (B) Nr. 3

288 Glauke: MPC 1334, 1480; TAB (2) Nr. 88 S. 904; UC **6** 255

289 Nenetta: MPC 1535

291 Alice: MPC 1433

292 Ludovica: MPC 1334, 1384, 1481; TAB (2) Nr. 88 S. 906; UC **6** 255

293 Brasilia: MPC 1355

295 Theresia: MPC 1334; UC **6** 255

297 Caecilia: MPC 1416; NAZ **10** 12

298 Baptistina: UC **6** 252

300 Geraldina: MPC 1448

301 Bavaria: MPC 1468, 1486, 1487, 1488; NAZ **10** 16; TAB (2) Nr. 84 S. 873

303 Josephina: MPC 1365, 1394, 1395, 1396, 1446; Sydney Obs. Papers Nr. 24

304 Olga: BAC **7** 127; Kiew Publ. Nr. 7 S. 109

305 Gordonia: MPC 1432, 1434

306 Unitas: MPC 1448, 1460, 1482, 1489; TAB (2) Nr. 84 S. 871, Nr. 88 S. 906

307 Nike: BAC **7** 127; MPC 1485

308 Polyxo: BAC **7** 127; Madrid Bol. **5** Nr. 1; MPC 1343, 1347, 1353, 1527, 1534; TAB (2) Nr. 84 S. 874

309 Fraternitas: MPC 1417, 1433; NAZ **10** 13

310 Margarita: MPC 1527; UC **6** 255

311 Claudia: MPC 1334; UC **6** 255

312 Pierretta: MPC 1334; UC **6** 255

313 Chaldaea: MPC 1461; San Fernando (B) Nr. 3

314 Rosalia: MPC 1477

315 Constantia: Acta Astr. Sinica **4** Nr. 1

316 Goberta: MPC 1481, 1482; TAB (2) Nr. 88 S. 906

317 Roxane: MPC 1478

318 Magdalena: MPC 1396

320 Katharina: AC Nr. 168 S. 11

321 Florentina: MPC 1352; UC **6** 252

322 Phaeo: Madrid Bol. **5** Nr. 1; MPC 1327 (El), 1334, 1354, 1394, 1414; UC **6** 252, 255

324 Bamberga: MPC 1334, 1481; San Fernando (B) Nr. 3; Sky and Telescope **15** 571 (Eph); Sydney Obs. Papers Nr. 24; TAB (2) Nr. 88 S. 906; UC **6** 255

325 Heidelberga: MPC 1488; San Fernando (B) Nr. 3; TAB (2) Nr. 84 S. 874

326 Tamara: Kiew Publ. Nr. 7 S. 109

327 Columbia: MPC 1448

328 Gudrun: Acta Astr. Sinica **4** Nr. 1; MPC 1338, 1354; NAZ **10** 4; UC **6** 252

332 Siri: MPC 1446, 1448

333 Badenia: Acta Astr. Sinica **4** Nr. 1; JO **36** 11; MPC 1433

334 Chicago: Madrid Bol. **5** Nr. 1[11]); MPC 1355, 1364, 1382

335 Roberta: Lyon Publ. (1) **5** 27 (El, Eph); MPC 1356, 1364, 1481; TAB (2) Nr. 88 S. 906

336 Lacadiera: MPC 1487, 1488

337 Devosa: MPC 1416; NAZ **10** 12; UC **6** 252

338 Budrosa: MPC 1334, 1480, 1527, 1534, 1535; TAB (2) Nr. 88 S. 905; UC **6** 255

339 Dorothea: MPC 1395, 1396

340 Eduarda: MPC 1334, 1535; UC **6** 255

342 Endymion: MPC 1482, 1483; TAB (2) Nr. 88 S. 907, 908

343 Ostara: MPC 1334; UC **6** 255

344 Desiderata: MPC 1355, 1404 (El)

345 Tercidina: Kiew Publ. Nr. 7 S. 109; Madrid Bol. **5** Nr. 1; MPC 1354, 1365, 1381; San Fernando (B) Nr. 3

346 Hermentaria: AC Nr. 175 S. 4; BAC **7** 127; San Fernando (B) Nr. 3; TAB (2) Nr. 84 S. 874

347 Pariana: AC Nr. 168 S. 11; UC **6** 252

348 May: BAC **7** 127; JO **39** 28; MPC 1327 (El), 1417, 1433, 1525, 1529 (Eph); NAZ **10** 13; TAB (2) Nr. 84 S. 872

349 Dembowska: Kiew Publ. Nr. 7 S. 109; MPC 1334[2]), 1347, 1413, 1435; San Fernando (B) Nr. 3; Sky and Telescope **15** 430 (Eph); UC **6** 255

351 Yrsa: MPC 1334, 1384, 1481, 1491; San Fernando (B) Nr. 3; TAB (2) Nr. 88 S. 906; UC **6** 255

352 Gisela: MPC 1487, 1529

353 Ruperto-Carola: Acta Astr. Sinica **4** Nr. 1; Madrid Bol. **5** Nr. 1; MPC 1382

354 Eleonora: Acta Astr. Sinica **4** Nr. 1; Beograd Bull. **20** Nr. 1—2; MPC 1344, 1347, 1455 (El), 1480; NAZ **10** 14 (El); San Fernando (B) Nr. 3; TAB (2) Nr. 88 S. 904, 905

355 Gabriella: MPC 1334, 1535; UC **6** 255

356 Liguria: Madrid Bol. **5** Nr. 1; MPC 1334, 1381, 1491; UC **6** 252, 255, 256

357 Ninina: MPC 1479, 1480; TAB (2) Nr. 88 S. 903, 904

358 Apollonia: MPC 1416 1447; NAZ **10** 12

359 Georgia: MPC 1433, 1477, 1478

360 Carlova: BAC **7** 127; Beograd Bull. **20** Nr. 1—2; MPC 1433, 1478, 1484, 1486, 1487, 1525; San Fernando (B) Nr. 3; TAB (2) Nr. 84 S. 872

361 Bononia: MPC 1343, 1485, 1489

362 Havnia: MPC 1487, 1529; San Fernando (B) Nr. 3

363 Padua: MPC 1339; NAZ **10** 4; San Fernando (B) Nr. 3; Sydney Obs. Papers Nr. 24

364 Isara: MPC 1433, 1460, 1489, 1490; TAB (2) Nr. 84 S. 871

365 Corduba: MPC 1354

366 Vincentina: MPC 1334, 1481; TAB (2) Nr. 88 S. 905; UC **6** 256

367 Amicitia: MPC 1484

368 Haidea: TAB (2) Nr. 84 S. 872

369 Aëria: Sydney Obs. Papers Nr. 24

371 Bohemia: TAB (2) Nr. 84 S. 874

372 Palma: Acta Astr. Sinica **4** Nr. 1; MPC 1355, 1366, 1493; UC **6** 252

373 Melusina = 1948 TZ: MPC 1411 (Id)

374 Burgundia: MPC 1419, 1433, 1448, 1460, 1482; TAB (2) Nr. 88 S. 907

375 Ursula: MPC 1447

376 Geometria: MPC 1480, 1491; TAB (2) Nr. 88 S. 904

377 Campania: BA **20** 343 = Lyon Publ. **3** Nr. 26 (El);

---

[11]) Statt 348 Chicago lies 334 Chicago.

Madrid Bol. **5** Nr. 1; MPC 1382, 1396; TAB (2) Nr. 84 S. 871

378 Holmia: JO **39** 28; MPC 1077[12]), 1488, 1525

380 Fiducia: MPC 1482, 1483, 1484; TAB (2) Nr. 88 S. 907, 908, 909

381 Myrrha: AC Nr. 172 S. 4, 5; MPC 1353; Sydney Obs. Papers Nr. 24

382 Dodona: MPC 1487

383 Janina: BAC **7** 127; MPC 1477, 1485

385 Ilmatar: MPC 1446

386 Siegena: Madrid Bol. **5** Nr. 1[13]); MPC 1344, 1365, 1381

387 Aquitania: Madrid Bol. **5** Nr. 1; MPC 1382; San Fernando (B) Nr. 3

388 Charybdis: MPC 1446

389 Industria: Acta Astr. Sinica **4** Nr. 1; MPC 1366; San Fernando (B) Nr. 3; Sydney Obs. Papers Nr. 24; UC **6** 252

390 Alma: MPC 1334; TAB (2) Nr. 84 S. 874; UC **6** 256

391 Ingeborg: MPC 1398

392 Wilhelmina: MPC 1391, 1487

395 Delia: MPC 1339, 1416, 1446; NAZ **10** 4, 12

396 Aeolia: MPC 1486, 1487, 1493, 1529; TAB (2) Nr. 84 S. 874

398 Admete: MPC 1334, 1479, 1480; TAB (2) Nr. 88 S. 903, 904; UC **6** 256

399 Persephone: MPC 1334, 1527, 1528; Sydney Obs. Papers Nr. 24; UC **6** 256

401 Ottilia: Acta Astr. Sinica **4** Nr. 1; TAB (2) Nr. 84 S. 872

402 Chloë: MPC 1447, 1448, 1463

403 Cyane: Acta Astr. Sinica **4** Nr. 1; BAC **7** 127; Madrid Bol. **5** Nr. 1; MPC 1490

404 Arsinoë: Acta Astr. Sinica **4** Nr. 1

406 Erna: MPC 1363; UC **6** 252

407 Arachne: San Fernando (B) Nr. 3

408 Fama: MPC 1334, 1527; UC **6** 256

409 Aspasia: Kiew Publ. Nr. 7 S. 109; MPC 1346, 1527, 1535; San Fernando (B) Nr. 3; TAB (2) Nr. 84 S. 873, 874; UC **6** 256

410 Chloris: MPC 1485, 1487, 1529; TAB (2) Nr. 84 S. 873, 874

411 Xanthe: MPC 1364, 1447

412 Elisabetha: MPC 1433[2]), 1447, 1482; Sydney Obs. Papers Nr. 24; TAB (2) Nr. 88 S. 907

414 Liriope: MPC 1477

415 Palatia: AC Nr. 168 S. 11; Acta Astr. Sinica **4** Nr. 1; MPC 1395, 1396

416 Vaticana: Kiew Publ. Nr. 7 S. 109; MPC 1433, 1448, 1483; TAB (2) Nr. 84 S. 872, Nr. 88 S. 908

417 Suevia: JO **39** 28; MPC 1398, 1432, 1434

418 Alemannia: MPC 1352, 1364; UC **6** 252

419 Aurelia: MPC 1355, 1481; Sydney Obs. Papers Nr. 24; TAB (2) Nr. 88 S. 906; UC **6** 252

420 Bertholda: MPC 597[14]), 1446, 1482; TAB (2) Nr. 84 S. 872, Nr. 88 S. 907; UC **6** 162[14])

421 Zähringia: MPC 1353

422 Berolina = 1948 GB: MPC 1411 (Id)

423 Diotima: Acta Astr. Sinica **4** Nr. 1; Beograd Bull. **20** Nr. 3—4; Madrid Bol. **5** Nr. 1; MPC 1365, 1366, 1382; TAB (2) Nr. 84 S. 871; UC **6** 252

424 Gratia: MPC 1334; UC **6** 252, 256

425 Cornelia = 1951 BC: MPC 1330 (Id), 1446, 1448

426 Hippo: MPC 1334, 1335, 1384; UC **6** 256

427 Galene: MPC 1339, 1416, 1446; NAZ **10** 4, 12

428 Monachia: MPC 1488, 1518 (El)

429 Lotis: Madrid Bol. **5** Nr. 1; MPC 1381

430 Hybris: MPC 1419

431 Nephele: MPC 1478, 1479, 1487; TAB (2) Nr. 88 S. 903

432 Pythia: San Fernando (B) Nr. 3; Sydney Obs. Papers Nr. 24; TAB (2) Nr. 88 S. 906

433 Eros: JO **39** 28; MN **116** 90; MPC 1529; TAB (2) Nr. 84 S. 872

434 Hungaria: Acta Astr. Sinica **4** Nr. 1; Kiew Publ. Nr. 7 S. 109; MPC 1492

435 Ella = 1947 KE: MPC 1335, 1362 (Id), 1414; UC **6** 256

436 Patricia: MPC 1491, 1492; UC **6** 252

438 Zeuxo: Acta Astr. Sinica **4** Nr. 1; MPC 1395, 1492; UC **6** 252

442 Eichsfeldia: MPC 1356, 1364

443 Photographica: MPC 1485, 1486, 1487

[12]) Berichtigung in MPC 1470.
[13]) Statt 389 Siegena lies 386 Siegena.
[14]) Irrtümlich zugeordnet, 523 Ada zugehörig, MPC 1400.

444 Gyptis: Beograd Bull. **20** Nr. 1—2; Kiew Publ. Nr. 7 S. 109; MPC 1347, 1354, 1528; San Fernando (B) Nr. 3

445 Edna: MPC 1335, 1414; UC **6** 256

446 Aeternitas: Acta Astr. Sinica **4** Nr. 1; MPC 1355; TAB (2) Nr. 84 S. 871; UC **6** 252

447 Valentine: MPC 1335, 1384, 1491; Sydney Obs. Papers Nr. 24; UC **6** 256

448 Natalie: MPC 1327 (El), 1355; UC **6** 252

449 Hamburga: MPC 1335; UC **6** 256

451 Patientia: Madrid Bol. **5** Nr. 1; MPC 1343, 1347, 1479, 1480, 1529; TAB (2) Nr. 84 S. 874, Nr. 88 S. 903, 905

453 Tea: Madrid Bol. **5** Nr. 1; MPC 1488

454 Mathesis: MPC 1485, 1486, 1487, 1488, 1529

455 Bruchsalia: MPC 1488; San Fernando (B) Nr. 3; TAB (2) Nr. 84 S. 873, 874

456 Abnoba: BAC **7** 127; MPC 1391; TAB (2) Nr. 84 S. 873

458 Hercynia: MPC 1479

459 Signe: MPC 1363, 1492

461 Saskia: MPC 1355, 1363

462 Eriphyla: AC Nr. 168 S. 11; MPC 1433

464 Megaira: MPC 1335, 1384; UC **6** 256

466 Tisiphone: JO **39** 29; MPC 1432

469 Argentina: Acta Astr. Sinica **4** Nr. 1; MPC 1363, 1364

470 Kilia: MPC 1351, 1352, 1356, 1397

471 Papagena: Madrid Bol. **5** Nr. 1; MPC 1335, 1344, 1354, 1394, 1414; San Fernando (B) Nr. 3; Sky and Telescope **15** 526 (Eph); UC **6** 256

472 Roma = 1944 DO: Kiew Publ. Nr. 7 S. 109; MPC 1330 (Id), 1416, 1446, 1447, 1463; NAZ **10** 12; San Fernando (B) Nr. 3; UC **6** 252

476 Hedwig: BAC **7** 127; MPC 1483, 1484, 1489; San Fernando (B) Nr. 3; TAB (2) Nr. 88 S. 908

477 Italia: MPC 1482; TAB (2) Nr. 88 S. 907

478 Tergeste: MPC 1448, 1482, 1513; TAB (2) Nr. 88 S. 907

479 Caprera: Madrid Bol. **5** Nr. 1; MPC 1351, 1352, 1356, 1382, 1397; UC **6** 252

480 Hansa: San Fernando (B) Nr. 3

481 Emita: MPC 1352; UC **6** 252

482 Petrina: Madrid Bol. **5** Nr. 1; MPC 1381

484 Pittsburghia: MPC 1335, 1414; UC **6** 256

485 Genua: MPC 1447, 1460, 1513; San Fernando (B) Nr. 3

487 Venetia: Madrid Bol. **5** Nr. 1; MPC 1382; UC **6** 252

488 Kreusa: Kiew Publ. Nr. 7 S. 109

489 Comacina: MPC 1433, 1460, 1485, 1489

491 Carina: MPC 1447, 1482; Sydney Obs. Papers Nr. 24; TAB (2) Nr. 88 S. 907

492 Gismonda: MPC 1478, 1479, 1480; TAB (2) Nr. 88 S. 903, 904

495 Eulalia: MPC 1488; TAB (2) Nr. 84 S. 873

496 Gryphia: MPC 1477, 1478[6])

497 Iva: AC Nr. 172 S. 4; Acta Astr. Sinica **4** Nr. 1; MPC 1355; UC **6** 253

498 Tokio: MPC 1433, 1482, 1483, 1484; TAB (2) Nr. 84 S. 871, Nr. 88 S. 907, 909

499 Venusia: Publ. Astr. Obs. Staatsuniv. Kasan Nr. 32 (El)

500 Selinur: UC **6** 256

501 Urhixidur = 1949 FW: MPC 1392, 1411 (Id)[12])

503 Evelyn = 1948 BA: MPC 1365, 1411 (Id), 1492; Sydney Obs. Papers Nr. 24; UC **6** 253

504 Cora: MPC 1530

505 Cava: Madrid Bol. **5** Nr. 1; MPC 1335, 1381, 1414; UC **6** 253, 256

506 Marion: MPC 1433, 1448, 1460, 1477, 1489

507 Laodica: MPC 1335; Sydney Obs. Papers Nr. 24; UC **6** 256

508 Princetonia: MPC 1335; Sydney Obs. Papers Nr. 24; UC **6** 253, 256

509 Iolanda: MPC 1346, 1485

510 Mabella: MPC 1351, 1352, 1356, 1397

511 Davida: Kiew Publ. Nr. 7 S. 109; Madrid Bol. **5** Nr. 1; MPC 1335, 1370, 1381, 1414, 1455 (El); NAZ **10** 14 (El); San Fernando (B) Nr. 3; Sky and Telescope **15** 571 (Eph); Sydney Obs. Papers Nr. 24; TAB (2) Nr. 84 S. 871; UC **6** 256

512 Taurinensis: Madrid Bol. **5** Nr. 1; MPC 1381, 1414

514 Armida: MPC 1335, 1362, 1410, 1414, 1481; TAB (2) Nr. 88 S. 906; UC **6** 256

515 Athalia: MPC 1332 (Eph), 1477, 1478, 1484, 1485, 1488, 1529 (Eph)

516 Amherstia: Madrid Bol. **5** Nr. 1; MPC 1335, 1354, 1381, 1394, 1479, 1480, 1481, 1491, 1535; TAB (2) Nr. 88 S. 903, 904, 905; UC **6** 256

517 Edith: MPC 1484, 1490

521 Brixia: MPC 1479; San Fernando (B) Nr. 3; TAB (2) Nr. 84 S. 874, Nr. 88 S. 903

522 Helga: MPC 1335; UC **6** 256

523 Ada: BAC **7** 127; MPC 597[15]); UC **6** 162[15])

524 Fidelio: BAC **7** 127

526 Jena: MPC 1335; UC **6** 256

527 Euryanthe: Acta Astr. Sinica **4** Nr. 1

528 Rezia: MPC 1335; UC **6** 256

529 Preziosa: MPC 1482; TAB (2) Nr. 88 S. 907

530 Turandot: MPC 1488, 1490

532 Herculina: AN **283** 39; Beograd Bull. **20** Nr. 1—2; MPC 1343, 1345, 1347, 1386; San Fernando (B) Nr. 3

533 Sara: TAB (2) Nr. 84 S. 873, 874

534 Nassovia: MPC 1355, 1395, 1492; UC **6** 253

535 Montague: Acta Astr. Sinica **4** Nr. 1; Beograd Bull. **20** Nr. 3—4; Madrid Bol. **5** Nr. 1; MPC 1365, 1382; TAB (2) Nr. 84 S. 871; UC **6** 253

536 Merapi: MPC 1404 (Eph, El), 1417, 1433, 1478, 1525; NAZ **10** 13

537 Pauly: MPC 1485; TAB (2) Nr. 84 S. 872

538 Friederike: MPC 1492; Sydney Obs. Papers Nr. 24; UC **6** 253

539 Pamina: MPC 1397, 1398, 1446

540 Rosamunde: MPC 1416, 1448, 1460; NAZ **10** 12

541 Deborah: MPC 1335, 1392, 1480; TAB (2) Nr. 88 S. 904; UC **6** 256

543 Charlotte: MPC 1479; TAB (2) Nr. 88 S. 903; UC **6** 256

544 Jetta: MPC 1432

545 Messalina: MPC 1363, 1364; UC **6** 253

546 Herodias: MPC 1448; Sydney Obs. Papers Nr. 24

547 Praxedis: MPC 1395

548 Kressida: MPC 1335; UC **6** 256

550 Senta: AC Nr. 168 S. 12; MPC 1433, 1477, 1483, 1484; TAB (2) Nr. 88 S. 908, 909

551 Ortrud: AC Nr. 172 S. 4, 5; MPC 1352

552 Sigelinde: MPC 1447

554 Peraga: AC Nr. 172 S. 4; Beograd Bull. **20** Nr. 3—4; MPC 1370, 1432, 1439, 1493; Sydney Obs. Papers Nr. 24; UC **6** 253

555 Norma: AC Nr. 168 S. 11

558 Carmen: MPC 1394, 1529

559 Nanon: MPC 1335, 1481; TAB (2) Nr. 88 S. 906; UC **6** 256

560 Delila: MPC 1487

562 Salome: MPC 1446

563 Suleika: MPC 1335; San Fernando (B) Nr. 3; UC **6** 256

564 Dudu: MPC 1353

565 Marbachia: MPC 1354

566 Stereoskopia: MPC 1335, 1414, 1481; TAB (2) Nr. 88 S. 906; UC **6** 256

567 Eleutheria: MPC 1335, 1413, 1414; UC **6** 256

568 Cheruskia: MPC 1419

569 Misa: MPC 1343, 1488; TAB (2) Nr. 84 S. 872

570 Kythera = 1952 BE: MPC 1330 (Id), 1335; UC **6** 253, 256

571 Dulcinea: MPC 1483; TAB (2) Nr. 88 S. 908

572 Rebekka: MPC 1478, 1493

573 Recha: MPC 1478

576 Emanuela: MPC 1493, 1530

577 Rhea = 1949 SF_1: AC Nr. 172 S. 4; MPC 1450 (Id)

578 Happelia: Acta Astr. Sinica **4** Nr. 1; MPC 1355, 1364, 1395; UC **6** 253

579 Sidonia: MPC 1353

580 Selene: MPC 1392

581 Tauntonia: MPC 1335; UC **6** 256

582 Olympia: MPC 1335, 1384; UC **6** 256

583 Klotilde: UC **6** 253

584 Semiramis: MPC 1335; Sydney Obs. Papers Nr. 24; UC **6** 256

586 Thekla: MPC 1335; UC **6** 256

587 Hypsipyle: MPC 1397, 1433, 1473, 1477

589 Croatia: MPC 1489

---

[15]) Irrtümlich 420 Bertholda zugeordnet, MPC 1400.

590 Tomyris: MPC 1335; UC **6** 256

591 Irmgard: MPC 1481; TAB (2) Nr. 88 S. 905

593 Titania: Madrid Bol. **5** Nr. 1; MPC 1353

596 Scheila: MPC 1483; TAB (2) Nr. 88 S. 908

597 Bandusia: MPC 1335; UC **6** 256

598 Octavia: MPC 1433; Sydney Obs. Papers Nr. 24

599 Luisa: San Fernando (B) Nr. 3; TAB (2) Nr. 84 S. 872

602 Marianna: MPC 1487

604 Tekmessa: Sydney Obs. Papers Nr. 24

606 Brangäne: MPC 1335, 1481; TAB (2) Nr. 88 S. 905; UC **6** 256

609 Fulvia = 1942 EK_1: MPC 1411 (Id)

610 Valeska: MPC 1352

611 Valeria: MPC 1353, 1479; TAB (2) Nr. 88 S. 903

613 Ginevra: MPC 1335, 1414, 1535; UC **6** 253, 256

614 Pia: MPC 1397

616 Elly: MPC 1363, 1364

617 Patroclus: MPC 1482; TAB (2) Nr. 84 S. 872, Nr. 88 S. 907

618 Elfriede: MPC 1480; TAB (2) Nr. 88 S. 904

619 Triberga: MPC 1416; NAZ **10** 12

620 Drakonia = 1955 QE_1: MPC 1335, 1454 (Id); NAZ **10** 9 (Id); UC **6** 256

622 Esther: MPC 1432, 1434

624 Hektor: Acta Astr. Sinica **4** Nr. 1; JO **39** 29; MPC 1480, 1488, 1493[6]); TAB (2) Nr. 88 S. 904

626 Notburga: Beograd Bull. **20** Nr. 3—4; UC **6** 253

627 Charis: MPC 1432

628 Christine: Acta Astr. Sinica **4** Nr. 1; MPC 1360; UC **6** 253

632 Pyrrha: MPC 1335; UC **6** 256

634 Ute: MPC 1354

636 Erika: MPC 1432, 1446

638 Moira: MPC 1433, 1447

639 Latona: Beograd Bull. **20** Nr. 3—4; MPC 1355, 1364; UC **6** 253

640 Brambilla: MPC 1493

641 Agnes: MPC 1488

642 Clara: MPC 1486

644 Cosima: MPC 1486, 1493; TAB (2) Nr. 84 S. 873

645 Agrippina: BAC **7** 127; MPC 1485, 1486, 1488

648 Pippa: MPC 1479; TAB (2) Nr. 88 S. 903; UC **6** 256

652 Jubilatrix: MPC 1335; UC **6** 256

653 Berenike: MPC 1448, 1489

654 Zelinda: UC **6** 253

655 Briseïs: MPC 1483, 1484, 1485; TAB (2) Nr. 88 S. 909

656 Beagle: MPC 1335, 1527, 1528; Sydney Obs. Papers Nr. 24; UC **6** 253, 256

657 Gunlöd: UC **6** 256

658 Asteria: MPC 1339; NAZ **10** 4

659 Nestor: Acta Astr. Sinica **4** Nr. 1

660 Crescentia: AC Nr. 168 S. 11; San Fernando (B) Nr. 3

661 Cloelia: JO **39** 29; MPC 1485

662 Newtonia: MPC 1397, 1398, 1432, 1447

663 Gerlinde: MPC 1392

664 Judith: JO **39** 29; MPC 1352, 1397

665 Sabine: MPC 1397, 1432

666 Desdemona: MPC 1433, 1477

667 Denise: MPC 1335; UC **6** 256

668 Dora: MPC 1394

669 Kypria: MPC 1354

670 Ottegebe: MPC 1338, 1491, 1492; NAZ **10** 3

671 Carnegia: MPC 1392

672 Astarte: MPC 1493

673 Edda: UC **6** 253

674 Rachele: Beograd Bull. **20** Nr. 1—2; MPC 1346, 1478, 1479; San Fernando (B) Nr. 3; TAB (2) Nr. 84 S. 872, 873

675 Ludmilla: MPC 1439, 1447; San Fernando (B) Nr. 3

677 Aaltje: MPC 1485, 1486, 1487

678 Fredegundis: MPC 1479

680 Genoveva: MPC 1405, 1492; UC **6** 253

681 Gorgo: MPC 1353

684 Hildburg: MPC 1363, 1364, 1446; UC **6** 253

686 Gersuind: Acta Astr. Sinica **4** Nr. 1; MPC 1355

688 Melanie: MPC 1477

689 Zita: MPC 1355

690 Wratislavia: San Fernando (B) Nr. 3

691 Lehigh: MPC 1335; UC **6** 253, 256

692 Hippodamia: MPC 1335; UC **6** 253, 256

693 Zerbinetta: AC Nr. 172 S. 4

694 Ekard: Kiew Publ. Nr. 7 S. 109; MPC 1490

695 Bella: MPC 1478; TAB (2) Nr. 84 S. 871

696 Leonora: MPC 1397, 1398, 1432, 1446, 1447

697 Galilea: UC **6** 256

698 Ernestina: MPC 1335; UC **6** 256

700 Auravictrix: MPC 1448²)

701 Oriola: BAC **7** 127; JO **39** 29

702 Alauda: MPC 1335, 1535; Sydney Obs. Papers Nr. 24; UC **6** 253, 256

703 Noëmi: MPC 1364

704 Interamnia: Beograd Bull. **20** Nr. 1—2; MPC 1486, 1489, 1493; San Fernando (B) Nr. 3

705 Erminia = 1948 HA: MPC 1363, 1411 (Id); UC **6** 253

706 Hirundo: MPC 1338; NAZ **10** 3

707 Steïna: AC Nr. 172 S. 4; MPC 1432

708 Raphaela: MPC 1488

711 Marmulla: MPC 1335; UC **6** 256

712 Boliviana: Acta Astr. Sinica **4** Nr. 1; Madrid Bol. **5** Nr. 1; MPC 1381, 1493; UC **6** 253

713 Luscinia: MPC 1488

714 Ulula: MPC 1479, 1488, 1527; UC **6** 256

715 Transvaalia: MPC 1481, 1482; TAB (2) Nr. 88 S. 906

716 Berkeley = 1936 FR (?): Beograd Bull. **20** Nr. 1—2 (Id) [16])

717 Wisibada: MPC 1335, 1384; UC **6** 256

718 Erida: Kiew Publ. Nr. 7 S. 110

720 Bohlinia: Acta Astr. Sinica **4** Nr. 1; MPC 1492; UC **6** 253

723 Hammonia: Kiew Publ. Nr. 7 S. 110; MPC 1488, 1489

726 Joëlla: UC **6** 256

727 Nipponia: MPC 1414, 1415

729 Watsonia: MPC 1335, 1384; UC **6** 256

731 Sorga: MPC 1335; UC **6** 253, 256

732 Tjilaki: MPC 1481; TAB (2) Nr. 88 S. 905

733 Mocia: MPC 1335; UC **6** 253, 256

734 Benda: MPC 1335; UC **6** 256

735 Marghanna: MPC 1480; TAB (2) Nr. 88 S. 904

736 Harvard = 1947 HB: MPC 1362 (Id), 1397, 1398, 1432, 1446, 1447; UC **6** 253

737 Arequipa: MPC 1416, 1483, 1484; NAZ **10** 12; TAB (2) Nr. 88 S. 908

738 Alagasta: MPC 1477, 1478, 1482, 1483; TAB (2) Nr. 88 S. 907, 909

739 Mandeville: MPC 1414, 1415

740 Cantabia: MPC 1483; TAB (2) Nr. 88 S. 909

741 Botolphia: MPC 1335, 1491; UC **6** 256

742 Edisona: JO **39** 29; TAB (2) Nr. 84 S. 874

743 Eugenisis: MPC 1478

747 Winchester: Kiew Publ. Nr. 7 S. 110; Madrid Bol. **5** Nr. 1; MPC 1406 (El), 1479, 1480; TAB (2) Nr. 88 S. 903, 904

749 Malzovia = 1950 JO: MPC 1451 (Id)

750 Oskar: MPC 1392

751 Faïna: MPC 1335, 1394, 1481; TAB (2) Nr. 88 S. 906; UC **6** 256

752 Sulamitis: MPC 1485, 1486, 1488

753 Tiflis: MPC 1519 (El)

754 Malabar: MPC 1392, 1433; TAB (2) Nr. 84 S. 872

755 Quintilla: AC Nr. 168 S. 11; UC **6** 253

757 Portlandia: MPC 1335, 1336; UC **6** 256

758 Mancunia: MPC 1339, 1416, 1432, 1446, 1448; NAZ **10** 4, 12; San Fernando (B) Nr. 3

759 Vinifera: MPC 1392

761 Brendelia: MPC 1481, 1488; TAB (2) Nr. 88 S. 905

762 Pulcova: BAC **7** 127; MPC 1485, 1493

764 Gedania: MPC 1493

766 Moguntia: Acta Astr. Sinica **4** Nr. 1; MPC 1355, 1364; UC **6** 253

769 Tatjana = 1955 BA: MPC 1484, 1531 (Id)

770 Bali: MPC 1336, 1413, 1414, 1479, 1480; TAB (2) Nr. 88 S. 903, 905; UC **6** 256

773 Irmintraud: MPC 1336; Sydney Obs. Papers Nr. 24; UC **6** 256

774 Armor: Acta Astr. Sinica **4** Nr. 1; MPC 1492; San Fernando (B) Nr. 3; UC **6** 253

776 Berbericia: Madrid Bol. **5** Nr. 1 [17]); MPC 1530

777 Gutemberga: UC **6** 256

778 Theobalda: MPC 1481; TAB (2) Nr. 88 S. 906

[16]) Als 1952 FA bezeichnet (Vgl. MPC 770).

[17]) Statt 273 Berbericia lies 776 Berbericia.

779 Nina: Acta Astr. Sinica 4 Nr. 1; Madrid Bol. 5 Nr. 1; MPC 1336, 1365[12]), 1381, 1394, 1414; Sydney Obs. Papers Nr. 24; UC **6** 253, 256

780 Armenia: MPC 1414

781 Kartvelia: MPC 1433, 1486

784 Pickeringia: Acta Astr. Sinica **4** Nr. 1

785 Zwetana: Acta Astr. Sinica **4** Nr. 1; MPC 1485, 1530

786 Bredichina: MPC 1336, 1384; UC **6** 256

787 Moskva: Acta Astr. Sinica **4** Nr. 1; MPC 1481; TAB (2) Nr. 88 S. 906

789 Lena: MPC 1352

792 Metcalfia: UC **6** 253

793 Arizona: MPC 1336; UC **6** 257

794 Irenaea: MPC 1406 (El)

795 Fini: MPC 1336; UC **6** 253, 256

799 Gudula: MPC 1478, 1493

800 Kressmannia: MPC 1363, 1364, 1394, 1395

802 Epyaxa = 1930 YK: MPC 1411 (Id)

803 Picka: MPC 1490; TAB (2) Nr. 84 S. 874

804 Hispania: Acta Astr. Sinica **4** Nr. 1; Madrid Bol. 5 Nr. 1; MPC 1355, 1365, 1381, 1394; UC **6** 253

806 Gyldenia: BAC **7** 127; MPC 1488

808 Merxia: MPC 1528

810 Atossa: MPC 1360 (Eph)

814 Tauris: MPC 1447; Sydney Obs. Papers Nr. 24

815 Coppelia: MPC 1478[6])

817 Annika: MPC 1354

819 Barnardiana: MPC 1488

820 Adriana: MPC 1480, 1481; TAB (2) Nr. 88 S. 904, 905

824 Anastasia: MPC 1492

825 Tanina: MPC 1478

826 Henrika: MPC 1416; NAZ **10** 12

828 Lindemannia: MPC 1336; UC **6** 257

830 Petropolitana: MPC 1336; UC **6** 257

832 Karin: MPC 1363[5]), 1492

834 Burnhamia: MPC 1384

835 Olivia: MPC 1336; UC **6** 257

836 Jole: MPC 1351, 1363, 1492

840 Zenobia: MPC 1363, 1364, 1395

841 Arabella: Beograd Bull. **20** Nr. 1—2; MPC 1484, 1487

844 Leontina: MPC 1336, 1414; UC **6** 253, 257

845 Naëma: MPC 1336, 1384, 1528; UC **6** 257

847 Agnia: MPC 1488; TAB (2) Nr. 84 S. 874

850 Altona: MPC 1353

852 Wladilena: Acta Astr. Sinica **4** Nr. 1; TAB (2) Nr. 84 S. 872

853 Nansenia: Abh. Univ. Tomsk Nr. 25 S. 135 (El)

854 Frostia: MPC 1490

858 El Djezaïr: UC **6** 253

859 Bouzaréah: MPC 1336; UC **6** 257

861 Aïda: MPC 1432, 1447

862 Franzia: MPC 1392, 1487, 1493, 1530

863 Benkoela: MPC 1336, 1396; UC **6** 257

864 Aase: AC Nr. 168 S. 11

866 Fatme: MPC 1484

868 Lova: MPC 1397, 1446; UC **6** 253

869 Mellena = 1944 OB: MPC 1361 (Id), 1446

870 Manto: MPC 1484, 1485

871 Amneris: MPC 1407 (El), 1519 (El)

872 Holda = 1949 OD_1: MPC 1364, 1450 (Id)

873 Mechtild: MPC 1394, 1488, 1489

874 Rotraut: MPC 1479; TAB (2) Nr. 84 S. 873

877 Walküre: MPC 1397, 1432, 1447; UC **6** 253

880 Herba: MPC 1483; TAB (2) Nr. 88 S. 908

882 Swetlana: MPC 1354

883 Matterania = 1954 WT (?): AC Nr. 168 S. 11 (+ Id)[18]); MPC 1469 (Id), 1520 (El)

885 Ulrike: UC **6** 253

886 Washingtonia: MPC 1413, 1414

888 Parysatis: Acta Astr. Sinica **4** Nr. 1; MPC 1481; TAB (2) Nr. 88 S. 905, 906

889 Erynia: MPC 1448; UC **6** 253

890 Waltraut: MPC 1479, 1489, 1527

891 Gunhild: MPC 1483

892 Seeligeria: Acta Astr. Sinica **4** Nr. 1; MPC 1492

893 Leopoldina: Acta Astr. Sinica **4** Nr. 1

[18]) Statt 833 lies 883.

894 Erda: MPC 1490

895 Helio: MPC 1448

897 Lysistrata: Acta Astr. Sinica **4** Nr. 1; Sydney Obs. Papers Nr. 24; UC **6** 253

899 Jokaste: TAB (2) Nr. 84 S. 871

900 Rosalinde: MPC 1490

904 Rockefellia: MPC 1446

905 Universitas: MPC 1520 (El); UC **6** 253

906 Repsolda: MPC 1487

907 Rhoda: UC **6** 253

908 Buda: TAB (2) Nr. 84 S. 872, 873

909 Ulla: MPC 1354

910 Anneliese: MPC 1336, 1392; UC **6** 257

911 Agamemnon: UC **6** 256

912 Maritima: MPC 1351

914 Palisana: MPC 1446

915 Cosette: MPC 1419, 1433, 1520 (El); UC **6** 253

916 America: Madrid Bol. **5** Nr. 1; MPC 1354, 1381, 1491

917 Lyka: MPC 1336; UC **6** 257

919 Ilsebill: MPC 1356

920 Rogeria: BAC **7** 127; MPC 1486

924 Toni: AC Nr. 172 S. 5

925 Alphonsina: AC Nr. 168 S. 11; JO **39** 29; MPC 1489

929 Algunde: UC **6** 253

930 Westphalia: MPC 1336, 1384[2]); UC **6** 257

932 Hooveria: MPC 1336, 1384; Sydney Obs. Papers Nr. 24; UC **6** 257

933 Susi: MPC 1416; NAZ **10** 12

934 Thuringia: MPC 1480, 1481; TAB (2) Nr. 88 S. 904, 905

938 Chlosinde = 1948 RJ: MPC 1397, 1411 (Id)

939 Isberga: AC Nr. 168 S. 12; MPC 548[19]), 1489

940 Kordula: MPC 1478

941 Murray: MPC 1394

943 Begonia = 1944 DM: MPC 1332 (Id), 1468, 1485, 1486, 1488; NAZ **10** 16; TAB (2) Nr. 84 S. 872

947 Monterosa = 1910 LB: MPC 1336, 1530 (Id); UC **6** 257

949 Hel: Acta Astr. Sinica **4** Nr. 1; MPC 1355, 1364

950 Ahrensa: MPC 1354, 1525 (El, Eph)

951 Gaspra: MPC 1394

952 Caia: MPC 1394, 1478

953 Painleva: MPC 1356; Sydney Obs. Papers Nr. 24; UC **6** 253

954 Li: Sydney Obs. Papers Nr. 24; UC **6** 253

955 Alstede: MPC 1394; Sydney Obs. Papers Nr. 24; UC **6** 253

957 Camelia: UC **6** 253

960 Birgit: MPC 1395

961 Gunnie: MPC 1336, 1392; UC **6** 257

963 Iduberga: MPC 1434, 1446

966 Muschi: MPC 1413, 1480; TAB (2) Nr. 88 S. 904

968 Petunia: MPC 1364

971 Alsatia: MPC 1336; UC **6** 257

972 Cohnia: MPC 1487; TAB (2) Nr. 84 S. 874

974 Lioba: MPC 1354, 1413, 1480, 1481; TAB (2) Nr. 88 S. 904, 905

975 Perseverantia: BAC **7** 127; MPC 1478, 1488

976 Benjamina: AC Nr. 168 S. 11; MPC 1419, 1433, 1448

977 Philippa: BAC **7** 127

978 Aidamina: MPC 1392, 1493

979 Ilsewa: MPC 1336, 1527; UC **6** 257

980 Anacostia: Beograd Bull. **20** Nr. 1—2; MPC 1407 (El), 1486, 1489, 1490

981 Martina: MPC 1363

982 Franklina: UC **6** 253

983 Gunila: MPC 1336, 1413, 1527, 1535; UC **6** 257

984 Gretia: Acta Astr. Sinica **4** Nr. 1; MPC 1363; Sydney Obs. Papers Nr. 24; UC **6** 253

986 Amelia: MPC 1336; UC **6** 257

987 Wallia: UC **6** 253

988 Appella: MPC 1363

993 Moultona = 1955 RT (?), 1955 SC_1 (?): MPC 1339 (Id); NAZ **10** 3 (Id)

994 Otthild: MPC 1493, 1530

996 Hilaritas: BAC **7** 127; MPC 1478

997 Priska: MPC 1398, 1529 (Eph)

999 Zachia: MPC 1478; TAB (2) Nr. 84 S. 873

1000 Piazzia: Acta Astr. Sinica **4** Nr. 1; MPC 1493

1001 Gaussia: MPC 1478, 1480; TAB (2) Nr. 88 S. 904; UC **6** 257

1002 Olbersia: MPC 1336; UC **6** 257

---

[19]) Irrtümlich zugeordnet. Vorläufige Bezeichnung 1950 MG, MPC 1365.

1003 Lilofee: MPC 1336; UC **6** 257

1004 Belopolskya: AC Nr. 168 S. 11; MPC 1352

1006 Lagrangea: MPC 1527, 1534

1007 Pawlowia: MPC 1397, 1447

1008 La Paz: MPC 1336, 1535; UC **6** 257

1010 Marlene: MPC 1485; TAB (2) Nr. 84 S. 873

1011 Laodamia: MPC 1474 (El, Eph), 1475, 1523 (Eph)

1015 Christa: MPC 1336, 1414; UC **6** 257

1018 Arnolda: MPC 1448; Sydney Obs. Papers Nr. 24

1021 Flammario: MPC 1484, 1490

1026 Ingrid: AN **222** 167[20]), **227** 77[21]), **271** 37[22]); BZ **7** 29[21]), **21** 45[22]); Heidelberg Sternw. Veröff. **16**[21]); MPC 818[23]), 1027[24]); RI 1949[22]), 1950[22])

1027 Aesculapia: Sydney Obs. Papers Nr. 24

1029 La Plata: MPC 1363

1031 Arctica: MPC 1487; UC **6** 257

1034 Mozartia: MPC 1336, 1384; UC **6** 257

1036 Ganymed: JO **39** 29; MPC 1446; UC **6** 253

1042 Amazone: MPC 1336; UC **6** 257

1044 Teutonia: MPC 1397

1045 Michela: MPC 1524

1046 Edwin: MPC 1352, 1416; NAZ **10** 12; Sydney Obs. Papers Nr 24

1047 Geisha: MPC 1417; NAZ **10** 13

1048 Feodosia: UC **6** 253

1049 Gotho: MPC 1487

1051 Merope: JO **39** 29

1052 Belgica: Madrid Bol. **5** Nr. 1; MPC 1365, 1382, 1395

1054 Forsytia: AC Nr. 172 S. 4; UC **6** 253

1056 Azalea: MPC 1336, 1414; UC **6** 257

1057 Wanda: MPC 1356

1059 Mussorgskia: Acta Astr. Sinica **4** Nr. 1

1062 Ljuba: MPC 1336; UC **6** 253, 257

1063 Aquilegia: MPC 1489

1064 Aethusa: MPC 1355, 1364; UC **6** 253

1065 Amundsenia: MPC 1491

1066 Lobelia: MPC 1535

1068 Nofretete: MPC 1336; Sydney Obs. Papers Nr. 24; UC **6** 257

1069 Planckia: MPC 1485, 1486, 1487, 1488; TAB (2) Nr. 84 S. 873

1071 Brita = 1947 BE, 1948 JG: AC Nr. 172 S. 4, 5; MPC 1361 (Id), 1411 (Id), 1432; UC **6** 253

1072 Malva: MPC 1432

1074 Beljawskya: MPC 1336; UC **6** 257

1076 Viola: MPC 1486

1078 Mentha = 1951 CF_1: Jap. Astr. Ass. Circ. 142—143 (Id)

1079 Mimosa: MPC 1339; NAZ **10** 4

1080 Orchis: MPC 1486

1082 Pirola: AC Nr. 172 S. 4, 5; MPC 1339, 1395, 1396; NAZ **10** 4

1084 Tamariwa: MPC 1352

1086 Nata: Sydney Obs. Papers Nr. 24

1087 Arabis: MPC 1417; NAZ **10** 13

1088 Mitaka: MPC 1521 (El); TAB (2) Nr. 84 S. 872

1089 Tama: BAC **7** 127; MPC 1489, 1521 (El)

1092 Lilium: MPC 1336, 1480; TAB (2) Nr. 88 S. 904; UC **6** 257

1094 Siberia: MPC 1527; TAB (2) Nr. 84 S. 873

1096 Reunerta: MPC 1433, 1482, 1483; TAB (2) Nr. 88 S. 907, 908

1097 Vicia: MPC 1397

1098 Hakone: UC **6** 253

1100 Arnica: Acta Astr. Sinica **4** Nr. 1; MPC 1487

1102 Pepita: MPC 1351, 1352, 1356, 1397

1107 Lictoria: MPC 1355

1110 Jaroslawa: MPC 1520 (El)

1111 Reinmuthia: MPC 1355, 1395, 1491, 1492; UC **6** 253

1112 Polonia: MPC 1355, 1364; UC **6** 253

1113 Katja: MPC 1336; UC **6** 253, 257

1114 Lorraine: AC Nr. 172 S. 4

1115 Sabauda: AC Nr. 172 S. 4; MPC 1352, 1356, 1364; Sydney Obs. Papers Nr. 24

1116 Catriona: MPC 1336; UC **6** 257

---

[20])—[24]) Irrtümlich zugeordnet, MPC 1545, NAZ 10 19. Vorläufige Bezeichnungen, MPC 1598.

[20]) 1923 d.

[21]) 1925 DE.

[22]) 1939 FX.

[23]) 1952 BF_2.

[24]) 1953 NK.

1117 Reginita: MPC 1356, 1364

1118 Hanskya: MPC 1336, 1414; UC **6** 257

1120 Cannonia: MPC 1398, 1432, 1446

1121 Natascha: MPC 1392

1123 Shapleya: MPC 1521 (El); UC **6** 254

1124 Stroobantia: BZ **12** 11[25])

1126 Otero: Acta Astr. Sinica **4** Nr. 1; Sydney Obs. Papers Nr. 24

1127 Mimi: MPC 1479, 1480; TAB (2) Nr. 88 S. 903, 904

1128 Astrid: MPC 1339, 1388[26]); NAZ **10** 4

1130 Skuld = 1949 UD: MPC 1450 (Id), 1522 (El)[6])

1132 Hollandia: MPC 1336, 1413, 1414; UC **6** 257

1133 Lugduna: Acta Astr. Sinica **4** Nr. 1; MPC 1395

1135 Colchis: MPC 1394; Sydney Obs. Papers Nr. 24; UC **6** 254

1137 Raïssa: MPC 1336, 1491; UC **6** 257

1140 Crimea: MPC 1414

1143 Odysseus: MPC 1481; TAB (2) Nr. 88 S. 905

1146 Biarmia: MPC 1392, 1487, 1527

1147 Stavropolis: MPC 1533 (El); NAZ **10** 18 (El)

1149 1929 PF: MPC 1432

1150 Achaia: MPC 1394

1154 Astronomia: Sydney Obs. Papers Nr. 24

1156 Kira: Acta Astr. Sinica **4** Nr. 1

1159 Granada: Acta Astr. Sinica **4** Nr. 1; MPC 1526 (El, Eph)

1162 Larissa: MPC 1353, 1488

1163 Saga: MPC 1394

1166 Sakuntala: MPC 1336; UC **6** 257

1167 1930 PB: MPC 1535

1168 Brandia: MPC 1397

1170 Siva: MPC 1351, 1352, 1473

1171 Rusthawelia: MPC 1489

1172 Äneas: AC Nr. 172 S. 4, 5; MPC 1395

1173 Anchises: AC Nr. 168 S. 12

1176 Lucidor + 1925 QF: MPC 1327 (El), 1328 (nicht id.)

1177 Gonnessia: JO **39** 29; MPC 1419

1184 Gaea: MPC 1530

1185 Nikko: MPC 1478, 1483, 1484; TAB (2) Nr. 88 S. 908, 909

1186 Turnera: MPC 1336, 1528, 1535; UC **6** 257

1188 Gothlandia: MPC 1535

1189 Terentia: MPC 1354; UC **6** 254

1190 Pelagia: MPC 1353

1191 1931 CA: MPC 1490

1194 Aletta: MPC 1486

1196 Sheba: MPC 1484

1197 Rhodesia: MPC 1527, 1534; TAB (2) Nr. 84 S. 872; UC **6** 257

1199 Geldonia: MPC 1392, 1487; TAB (2) Nr. 84 S. 873

1202 Marina: AC Nr. 172 S. 4, 5

1204 Renzia: MPC 1356

1206 Numerowia: BAB **4** 90[27]); MPC 483[27])

1210 Morosovia: MPC 1419

1211 Bressole: MPC 1336; UC **6** 257

1212 Francette: AC Nr. 168 S. 11; MPC 1419, 1432

1214 Richilde: BAC **7** 127; MPC 1493, 1530

1215 1932 BA: JO **39** 29; MPC 1336; UC **6** 257

1218 Aster: MPC 1398

1219 Britta: MPC 1486

1221 Amor: MPC 1340 (Eph), 1341 (Eph), 1389 (+ Eph), 1416, 1417[2]), 1433, 1434, 1448, 1468, 1470, 1473, 1477, 1489, 1490, 1533[2]); NAZvM 286; NAZ **10** 12, 13, 16, 18; UAI Circ 1548, 1553

1222 Tina: MPC 1336; UC **6** 257

1224 Fantasia: Acta Astr. Sinica **4** Nr. 1; MPC 1363

1225 Ariane: AC Nr. 172 S. 4, 5; MPC 1432

1231 Auricula: MPC 1524

1234 Elyna: MPC 1392

1237 Geneviève: MPC 1336, 1528; UC **6** 257

1238 Predappia: BAB **4** Nr. 4[28]); MPC 388[28]), 1391 (El)

1240 Centenaria: MPC 1448

1241 Dysona: MPC 1336, 1392; UC **6** 257

1242 Zambesia: MPC 1336, 1481; TAB (2) Nr. 88 S. 906; UC **6** 257

1244 Deira: Acta Astr. Sinica **4** Nr. 1

[25]) Irrtümlich zugeordnet, BZ 13 19; Kleine Planeten Jahrgang 1932; RI 410. Vorläufige Bezeichnung 1930 BK, MPC 1469.

[26]) Irrtümlich 1496 Turku zugeordnet, MPC 1400.

[27]) Berichtigung in MPC 747. Irrtümlich zugeordnet, 1321 Majuba zugehörig, MPC 1531.

[28]) Irrtümlich zugeordnet, MPC 1391. Vorläufige Bezeichnung 1948 VK, MPC 1469.

1245 Calvinia: MPC 1485, 1486, 1490; TAB (2) Nr. 84 S. 872, 873

1247 Memoria: Acta Astr. Sinica 4 Nr. 1; MPC 1352, 1355, 1356, 1396

1248 Jugurtha: AC Nr. 168 S. 11; MPC 1355; UC 6 254

1249 Rutherfordia: MPC 1396, 1492, 1522 (El)

1252 Celestia: MPC 1485, 1486, 1487, 1527, 1534

1254 Erfordia: MPC 1336; Sydney Obs. Papers Nr. 24; UC 6 254, 257

1259 Ógyalla: MPC 1488; TAB (2) Nr. 84 S. 874

1260 Walhalla: MPC 1392

1263 Varsavia: MPC 1407 (El)

1264 Letaba: AC Nr. 168 S. 11

1266 Tone: MPC 1354; UC 6 254

1268 Libya: UC 6 254

1269 Rollandia: MPC 1352

1270 Datura: TAB (2) Nr. 84 S. 872

1271 Isergina: MPC 1483, 1484; TAB (2) Nr. 88 S. 908

1273 Helma: MPC 1397

1274 Delportia: Acta Astr. Sinica 4 Nr. 1; MPC 1395; UC 6 254

1275 Cimbria: MPC 1482; TAB (2) Nr. 88 S. 907

1277 Dolores: MPC 1392

1279 Uganda: MPC 1337; UC 6 257

1280 Baillauda: TAB (2) Nr. 84 S. 872

1284 Latvia: Acta Astr. Sinica 4 Nr. 1; UC 6 254

1285 Julietta: MPC 1397

1286 Banachiewicza: MPC 1351, 1352

1289 Kutaïssi: JO 39 29; MPC 1485, 1486

1290 Albertine: MPC 1364

1291 Phryne: MPC 1364

1292 Luce: MPC 1493

1294 Antwerpia: Acta Astr. Sinica 4 Nr. 1; MPC 1395

1296 Andrée: JO 39 29; MPC 1338; NAZ 10 3

1297 Quadea: JO 39 29; MPC 1485

1298 Nocturna: MPC 1339, 1416; NAZ 10 4, 12

1303 Luthera: MPC 1432

1304 Arosa: MPC 1484, 1490; TAB (2) Nr. 84 S. 873, 874

1305 Pongola = 1927 FD: Acta Astr. Sinica 4 Nr. 1; MPC 1450 (Id); UC 6 254

1306 Scythia: BAB 4 172[29]); MPC 795[30]), 866[30]), 1032[29]), 1507 (El); UC 6 153[30])

1307 Cimmeria: MPC 1478, 1485

1318 Nerina: MPC 1488, 1528; UC 6 257

1319 Disa: MPC 1337, 1413, 1414; UC 6 257

1320 Impala: MPC 1337; UC 6 257

1321 Majuba = 1950 QE, 1950 QQ, 1950 RE, 1950 RQ: BAB 4 90[31]); MPC 483[31]), 497[32]), 1530 (Id); UC 6 254

1323 Tugela: MPC 1433

1328 Devota: MPC 1392

1329 Eliane: Madrid Bol. 5 Nr. 1; MPC 1354, 1381

1334 Lundmarka: Acta Astr. Sinica 4 Nr. 1

1336 Zeelandia: AC Nr. 168 S. 12

1339 Désagneauxa = 1951 AF: BAB 4 101[33]); MPC 544[33]), 1408 (Id, El), 1452 (Id)

1341 Edmée: MPC 1337; UC 6 257

1349 Bechuana: MPC 1337; UC 6 257

1351 1934 TF: MPC 1337; UC 6 257

1353 Maartje: MPC 1416; NAZ 10 12

1355 Magoeba: MPC 1392

1357 Khama: TAB (2) Nr. 84 S. 872

1358 Gaika: MPC 1364; Sydney Obs. Papers Nr. 24; UC 6 254

1359 Prieska: MPC 1487

1362 Griqua: MPC 1459 (+ El)

1363 Herberta: MPC 1363

1364 Safara: MPC 1337; UC 6 257

1365 1928 RK: MPC 1338; NAZ 10 3

1366 Piccolo: MPC 1337, 1384; UC 6 257

1367 1934 NA: MPC 1337, 1392; UC 6 258

1368 Numidia: MPC 1337, 1480; TAB (2) Nr. 88 S. 904; UC 6 257

1369 Ostanina: MPC 1417; NAZ 10 13

1374 Isora: MPC 1337, 1384, 1393; UC 6 257

1376 Michelle: Acta Astr. Sinica 4 Nr. 1

[29]) Berichtigung in MPC 1508, 1535.
[30]) Irrtümlich zugeordnet, MPC 1508. Vorläufige Bezeichnung 1952 MU, MPC 1598.
[31]) Berichtigung in MPC 747. Irrtümlich 1206 Numerowia zugeordnet, MPC 1531.
[32]) Berichtigung in MPC 815. Irrtümlich zugeordnet; wahrscheinlich 1950 RN zugehörig, MPC 1531.
[33]) Irrtümlich zugeordnet, MPC 1408, 1452. Vorläufige Bezeichnung 1951 AA_1, MPC 1469.

1377 Roberbauxa: JO **39** 29

1378 Leonce: MPC 1384, 1480; TAB (2) Nr. 88 S. 903

1379 Lomonosowa: MPC 1433

1382 Gerti: MPC 1487, 1522 (El), 1528

1385 Gelria: MPC 1397, 1446

1388 Aphrodite: MPC 1337; UC **6** 257

1394 Algoa: MPC 1337; UC **6** 257

1397 Umtata: MPC 1388, 1533 (El); NAZ **10** 18 (El)

1398 Donnera: MPC 1455 (El); NAZ **10** 14 (El)

1401 Lavonne: Urania Barcelona **41** 4 = Madrid Publ. Nr. 32 (El)

1402 Eri = 1949 MS: MPC 1450 (Id)

1406 Komppa: AC Nr. 168 S. 11

1409 Isko = 1951 GN: MPC 1330 (Id); TAB (2) Nr. 84 S. 873, 874

1410 Margret: MPC 1354

1411 Brauna: MPC 1354

1412 Lagrula: JO **39** 29

1413 Roucarie: JO **39** 29

1415 Malautra: MPC 1408 (El); Sydney Obs. Papers Nr. 24; UC **6** 254

1420 Radcliffe: MPC 1446

1421 Esperanto: MPC 1350 (Na), 1364

1424 Sundmania: MPC 1394, 1478

1426 1937 GF: MPC 1363, 1394; UC **6** 254

1429 Pemba = 1949 JK(?): MPC 1375 (Id), 1400

1433 Geramtina = 1951 XII: MPC 1300 (Id)

1434 Margot: MPC 1482; TAB (2) Nr. 88 S. 907

1436 1936 YA: MPC 1393, 1486

1437 Diomedes: Acta Astr. Sinica **4** Nr. 1; MPC 1479, 1480, 1481, 1487; TAB (2) Nr. 88 S. 903, 904, 905

1438 Wendeline: MPC 1397, 1398, 1399

1440 Rostia: MPC 1399

1441 Bolyai: MPC 1400

1443 Ruppina: MPC 1337; UC **6** 257

1444 1938 AE: MPC 1484

1446 1938 BA: MPC 1458 (El, Eph); NAZ **10** 18 (El)[34]

1448 Lindbladia: MPC 1350 (Na)

1449 1938 DO: MPC 1472, 1524, 1528; TAB (2) Nr. 84 S. 874

1450 1938 DP: MPC 1400, 1524

1453 Fennia: MPC 1397, 1524, 1526 (El)

1457 Ankara: UC **6** 254

1458 Mineura: MPC 1409 (El)

1460 1937 WC: TAB (2) Nr. 84 S. 872

1461 1937 YL: MPC 1356, 1468, 1488, 1490; NAZ **10** 16

1462 Zamenhof: MPC 1350 (Na)

1463 Nordenmarkia: MPC 1350 (Na)

1464 1939 VO: MPC 1397

1467 Mashona = 1936 DK: BAC **7** 127; MPC 1393, 1451 (Id)

1469 Linzia: MPC 1354, 1355, 1304

1470 Carla: MPC 1338; NAZ **10** 4

1472 1938 UQ = 1948 WB: MPC 1411 (Id)

1473 1938 UT: MPC 1398

1476 1936 RA: MPC 1327 (El)

1477 Bonsdorffia: Acta Astr. Sinica **4** Nr. 1; MPC 1487

1479 Inkeri: AC Nr. 168 S. 11; MPC 1350 (Na), 1490

1480 Aunus: MPC 1350 (Na)

1482 Sebastiana = 1948 GC: MPC 1411 (Id)

1483 1938 DJ$_1$: AC Nr. 168 S. 11; MPC 1477

1484 Postrema: AC Nr. 168 S. 12; MPC 1490

1488 1938 XE: MPC 1487

1489 1939 GC: MPC 1337, 1477, 1478; UC **6** 258

1490 Limpopo: UC **6** 254

1491 1938 EJ: MPC 1485, 1486

1494 Savo: MPC 1350 (Na)

1495 1938 SW: MPC 1395

1496 Turku = 1950 EC: MPC 1339, 1350 (Na), 1388[35]), 1450 (Id); NAZ **10** 4

1500 1938 UH: MPC 1388, 1416; NAZ **10** 12

1508 1938 UO = 1935 FA: MPC 1327 (El), 1329 (Id)

1509 Esclangona: MPC 1337; UC **6** 257

1511 Daléra: MPC 1473

1516 1938 BG: BAC **7** 127; MPC 1486

1517 1938 FD: MPC 1489

[34]) Berichtigung in NAZ 10 24.

[35]) Irrtümlich zugeordnet, 1128 Astrid zugehörig, MPC 1400.

1518 1938 UA: MPC 1416; NAZ **10** 12

1520 1938 UY: JO **39** 29; MPC 1446

1522 1938 WO: BAB **4** 177[36]; MPC 1071[36]), 1095[36]) [37]), 1445 (El[38]), Eph); NAZ **8** 24[36])

1524 1939 SB: MPC 1472

1527 Malmquista: MPC 1350 (Na)

1528 Conrada: Acta Astr. Sinica **4** Nr. 1; MPC 1484, 1487

1530 1938 SG: MPC 1363, 1364

1531 1938 SH: MPC 1338, 1455 (El), 1472, 1473; NAZ **10** 3, 8 (El)

1533 1939 BD: MPC 1489, 1524

1537 1940 QA: MPC 1524

1540 1938 WK: MPC 1337, 1393, 1524; UC **6** 258

1541 Estonia: MPC 1350 (Na)

1543 1941 SJ: MPC 1398

1544 Vinterhansenia: MPC 1350 (Na)

1545 1941 UW: MPC 1396

1546 1941 SG_1: MPC 1488

1547 1929 CZ: MPC 1393, 1487

1548 Palomaa: MPC 1351 (Na)

1550 1937 WD: TAB (2) Nr. 84 S. 872

1551 1938 DC_1: Sydney Obs. Papers Nr. 24

1554 1940 RE: MPC 1478; TAB (2) Nr. 84 S. 873

1555 Dejan = 1950 TJ_2(?): AC Nr. 168 S. 11; MPC 1375 (Id)

1560 Strattonia: MPC 1363, 1364, 1395

1561 1941 CG: MPC 1364, 1455 (El); NAZ **10** 14 (El)

1563 Noël: MPC 1533 (El); NAZ **10** 18 (El)

1564 Srbija: TAB (2) Nr. 84 S. 873

1565 1948 WA: MPC 1524

1566 Icarus: MPC 1431 (Eph)

1567 1941 HN: MPC 1396

1568 Aisleen: MPC 1485

1569 Evita: Sydney Obs. Papers Nr. 24

1570 Bruno: MPC 1472

1572 Posnania: AC Nr. 172 S. 4; MPC 1352; UC **6** 254

1574 Meyer: JO **39** 29; MPC 1525; TAB (2) Nr. 84 S. 873

1576 1948 SA: MPC 1417, 1482, 1483; NAZ **10** 13; TAB (2) Nr. 88 S. 907, 908

1577 1949 BA: MPC 1419

1579 1948 SB: MPC 1351, 1352, 1356, 1397, 1398

1580 Betulia: AJ **61** 381 = LOB 545

1581 Abanderada: MPC 1393, 1529 (Eph)

1582 Martir: MPC 1400, 1472 [6]), 1529 (Eph)

1583 Antilochus: MPC 1393

1584 1927 CR: MPC 1395[39])

1585 Union: MPC 1480; TAB (2) Nr. 88 S. 904

1587 1933 FS_1 = 1937 FA: MPC 1363, 1531 (Id); NAZ **10** 16 (Id)

1588 Descamisada: MPC 1400

1589 Fanatica: MPC 1529 (Eph)

1590 1933 NA: MPC 1444 (El), 1478

1591 Baize = 1943 DE: MPC 1454 (Id)

1594 1949 WA: JO **39** 29, 33 (El); MPC 1413, 1414, 1524

1596 1951 EV: MPC 1400, 1483, 1529 (Eph); TAB (2) Nr. 88 S. 909

1597 1949 EB: JO **39** 29, 32 (El)

1598 Paloque: JO **39** 29, 33 (El)

1599 Giomus: JO **39** 29, 35 (El); MPC 1337, 1472, 1473; UC **6** 257

1600 1947 UC: MPC 1397, 1524

1602 Indiana = 1943 DJ: JO **39** 29, 35 (El); MPC 1332 (Id), 1352

1603 1926 VH: MPC 1483, 1484, 1490; TAB (2) Nr. 88 S. 908

1604 1931 FH: JO **39** 29; MPC 1352, 1397, 1398

1605 1936 GA: JO **39** 29; MPC 1398

1606 1950 RH: JO **39** 29

1607 1950 RA: MPC 1529 (Eph)

1608 1951 RZ: MPC 1529 (Eph); UC **6** 254

1609 1951 NL: MPC 1394, 1524

1610 1928 RT: Sydney Obs. Papers Nr. 24

1611 1950 DJ: MPC 1327 (El)

1612 Hirose: MPC 1342 (Na), 1489, 1490

---

[36]) Irrtümlich zugeordnet, MPC 1445. Vorläufige Bezeichnung 1954 CL, MPC 1449.
[37]) Berichtigung in MPC 1146.
[38]) Berichtigung in MPC 1476.
[39]) Berichtigung in MPC 1449.

1613 1950 SD: MPC 1352, 1396, 1416; NAZ **10** 12

1614 1952 HA: MPC 1352, 1353, 1397, 1398

1615 1950 BW = 1948 TG, 1948 SE: MPC 1375 (Id), 1453 (Id), 1477, 1478, 1483, 1484; NAZ **10** 9 (Id); TAB (2) Nr. 88 S. 908, 909

1616 1950 EA: JO **39** 29, 31; MPC 1342 (Nu, El, Eph)

1617 1952 FB: JO **39** 29; MPC 1166[40]), 1418 (Nu, El, Eph)

1618 1948 NF: MPC 1341 (El, Eph), 1447, 1449 (Nu)

1619 1953 TA: MPC 1360, 1394, 1415 (Eph), 1449 (Nu, El, Eph); NAZ **10** 18 (El); YC 1380 (El, Eph)

1620 Geographos: AJ **61** 381 = LOB 545; MPC 1468 (Nu, Na)

1621 1926 TM = 1931 EO, 1946 UH, 1949 QS_1, 1951 EK_1, 1951 ER_1(?): MPC 1359 (Id, El, Eph), 1451 (Id), 1501 (+ Nu), 1528; NAZ **10** 4 (El), 5 (Id), 14 (Id)

1622 1952 EA = 1930 XM, 1942 EB_1, 1949 KF, 1953 TM_1, + 1933 UR_1, 1936 RK: Beograd Bull. **20** Nr. 1—2 (El); Bull. Soc. Math. Phys. Serbie 8 Nr. 3—4 (El); MPC 1400, 1415 (Eph), 1502 (Nu, Id, El); NAZ **10** 24 (Id, El)

1902 HY = 1942 CH: NAZ **10** 20 (Id)

1904 OP = 1949 OH_1(?): MPC 1451 (Id), 1454 (El)

1907 b: MPC 1468; NAZ **10** 13

1908 EK[a] = 1955 SE_1 (?), 1955 UF: Jap. Astr. Ass. Circ. 146 (Id); MPC 1452 (Id), 1454 (Eph)

1910 LB = 947 Monterosa

1916 YX = 1951 MG, 1951 NF: MPC 1331 (Id), 1459 (Eph)

1916 ZE = 1949 QG_1: MPC 1450 (Id), 1452 (Id)

1916 AQ = 1928 SP, 1935 FL, 1940 RO: Jap. Astr. Ass. Circ. 148—149 (Id); MPC 1471 (Id)

1916 Σ 35 + 1936 FR: Beograd Bull. **20** Nr. 1—2 (nicht id.)

1917 Σ 90 = 1949 QZ_1(?): MPC 1450 (Id)

1919 FE = 1940 YH: MPC 1451 (Id); NAZ **10** 10 (Id), 20 (Id)

1923 OD = 1955 VZ: Jap. Astr. Ass. Circ. 151 (Id); MPC 1317[41])[42]), 1395[42]), 1396[12])[42]), 1531 (Id); NAZ **10** 16 (Id); TAB (2) Nr. 90 S. 978[42]), 979[42])

1923 d: AN **222** 167[43])

1924 QW: MPC 1338, 1351, 1532 (Eph); NAZ **10** 4

1924 SH + 1948 NE: MPC 1374 (nicht id.)

1924 TZ = 1952 DA: MPC 1451 (Id?); NAZ **10** 5 (Id)

1925 DE: AN **227** 77[43]); BZ **7** 29[43]); Heidelberg Sternw. Veröff. **16**[43])

1925 QF + 1176 Lucidor

1925 VF: MPC 1401 (Eph)[12])

1926 GC = 1946 FB: MPC 1361 (Id, El, Eph)

1926 PE: MPC 1410 (Eph)

1926 TD + 1926 VB: NAZ **10** 20 (nicht id.)

1926 TH = 1936 UC: MPC 1451 (Id)

1926 TM Vgl. 1621

1926 VB + 1926 TD

1927 AA = 1956 AA: MPC 1360 (Id); NAZ **10** 10 (Id)

1927 FD = 1305 Pongola

1928 DS = 1931 TT_1, 1939 BN, 1954 UP_2: Jap. Astr. Ass. Circ. 140 (Id), 147 (Id), 151 (Id); RI 1343[44])

1928 DB_1 = 1949 PP, 1949 QB_1: Jap. Astr. Ass. Circ. 151 (Id)[45])

1928 SP = 1916 AQ

1928 TJ = 1951 RM_1: MPC 1375 (Id)

1929 CA: MPC 1471

1929 EC = 1951 AM, 1955 XN, + 1931 TM_1, 1935 KF: Jap. Astr. Ass. Circ. 150 (Id); MPC 1401 (Id, El, Eph)

1929 WG = 1929 WC_1: MPC 1330 (Id), 1415 (Eph)

1929 WC_1 = 1929 WG

1930 BK: BZ **12** 11[46])

1930 DQ = 1941 BC: MPC 1375 (Id)

1930 OG: MPC 1327 (El)

1930 OJ = 1930 PA: MPC 1330 (Id)

1930 OK, OL: MPC 1327 (El)

1930 PA = 1930 OJ

1930 RB: MPC 1327 (El)

1930 SE: MPC 1444 (El)

1930 SK: MPC 1532 (Eph)

1930 SO: MPC 1327 (El)

---

[40]) Irrtümlich zugeordnet, MPC 1418. Vorläufige Bezeichnung 1954 TR, MPC 1469.

[41]) Berichtigung in MPC 1396.

[42]) Irrtümlich zugeordnet, MPC 1531, NAZ **10** 16. Vorläufige Bezeichnung 1955 US_1, MPC 1598.

[43]) Irrtümlich 1026 Ingrid zugeordnet, MPC 1545, NAZ **10** 19. Vorläufige Bezeichnung MPC 1598.

[44]) Berichtigung in NAZ **11** 11.

[45]) Statt 1928 DS_1 lies 1928 DB_1.

[46]) Irrtümlich 1124 Stroobantia zugeordnet, BZ 13 19, Kleine Planeten Jahrgang 1932, RI 410. Vorläufige Bezeichnung MPC 1469.

1930 SY = 1933 MD, 1949 HM_1: MPC 1327 (El), 1450 (Id), 1475 (Id, El, Eph), 1530 (Id)

1930 SZ, SB_1: MPC 1327 (El)

1930 XM = 1622 1952 EA

1930 YK = 802 Epyaxa, 1931 AX: Jap. Astr. Ass. Circ. 142—143 (Id); MPC 1330 (Id)

1931 AX = 1930 YK: Jap. Astr. Ass. Circ. 142—143 (El)

1931 BM = 1931 BO: MPC 1330 (Id)

1931 BO = 1931 BM

1931 EO = 1621 1926 TM

1931 PE = 1941 QD: MPC 1471 (Id)

1931 TB = 1931 TN_2: Jap. Astr. Ass. Circ. 146 (El); MPC 1330 (Id)

1931 TL: MPC 1401 (Eph)

1931 TT: RI 1343[44]) (Id)

1931 TM_1 ≠ 1929 EC

1931 TT_1 = 1928 DS: Jap. Astr. Ass. Circ. 140 (El, Eph); MPC 1357 (El)[12]), Eph); RI 1343[44]) (Id)

1931 TN_2 = 1931 TB

1932 BH = 1955 BL(?): MPC 1387 (Id, Eph)

1932 CE_1 = 1938 EP: Jap. Astr. Ass. Circ. 139 (Id); MPC 1331 (Id); YC 1368(El)

1932 DC: BAB 1 100[47]), 101[47]), 193[47]); RI 565[47])

1932 ED_1: BAB 1 100[48]), 101[48]), 193[48]); RI 565[48])

1933 BG = 1951 RQ, 1951 SR: MPC 1457 (Id); NAZ 10 14 (Id)

1933 MD = 1930 SY

1933 OE = 1955 FC: Jap. Astr. Ass. Circ. 144—145 (Id, Eph); MPC 1387 (Id, Eph), 1454 (Id); NAZ 10 9 (Id)

1933 OJ: MPC 1532 (Eph)

1933 OK: MPC 1401 (Eph)

1933 SJ = 1949 QE_1(?): MPC 1450 (Id)

1933 UR_1 ≠ 1622 1952 EA

1934 GF = 1948 JJ: MPC 1411 (Id)

1934 JM = 1951 SM: MPC 1452 (Id)

1934 LB: UC 6 254

1934 RS = 1943 GE: MPC 1332 (Id)

1934 TD = 1955 XA: Jap. Astr. Ass. Circ. 142—143 (Id); MPC 1357 (Id), 1388 (Id, Eph), 1454 (Id); NAZ 10 9 (Id)

1935 BD: MPC 1476 (Eph)

1935 BE, BF, BG, BH: Jap. Astr. Ass. Circ. 144—145 (El)

1935 CY = 1935 EP: Jap. Astr. Ass. Circ. 144—145 (El); MPC 1330 (Id)

1935 EA ≠ 1955 XA: YC 1355 (nicht id.)

1935 EP = 1935 CY

1935 FA = 1508 1938 UO

1935 FL = 1916 AQ

1935 GL = 1939 GJ: MPC 1530 (Id)

1935 KC = 1935 ML: MPC 1330 (Id)

1935 KF ≠ 1929 EC

1935 ML = 1935 KC

1935 OJ: MPC 1337, 1415 (Eph), 1524; UC 6 257

1935 QP: MPC 1337, 1503 (Eph), 1524; UC 6 257

1935 US: MPC 1338, 1384; NAZ 10 3

1936 AC = 1951 RB: MPC 1530 (Id)

1936 BD: MPC 1476 (Eph)

1936 DK = 1467 Mashona, 1936 FA_1: Jap. Astr. Ass. Circ. 144—145 (El); MPC 1330 (Id)

1936 FF, FG, FK: Jap. Astr. Ass. Circ. 144—145 (El)

1936 FR = 716 Berkeley (?)[16]), ≠ 1916 Σ 35

1936 FA_1 = 1936 DK

1936 FG_1, FS_1, KM, NC, NE, OF, OP: Jap. Astr. Ass. Circ. 144—145 (El)

1936 QO = 1950 GA: MPC 1390[12]) (Eph), 1451 (Id), 1473, 1478

1936 RK ≠ 1622 1952 EA

1936 SH: UC 6 254

1936 TG = 1947 TD: MPC 1362 (Id)

1936 TJ: Jap. Astr. Ass. Circ. 144—145 (El)

1936 UC = 1926 TH

1936 UG = 1955 MO (?): MPC 1531 (Id)

1936 VA, VJ, WD: Jap. Astr. Ass. Circ. 144—145 (El)

1936 XA: Jap. Astr. Ass. Circ. 147 (El); MPC 1455 (El)

1936 YB, YD, YE, YF, YH: Jap. Astr. Ass. Circ. 146 (El)

1937 AQ, EB: Jap. Astr. Ass. Circ. 142—143 (El)

---

[47]) Beob. Mrz. 1 irrtümlich zugeordnet, Beograd Bull. 20 Nr. 3—4, Bull. Soc. Math. Phys. Serbie 8 Nr. 1—2 S. 73. Vorläufige Bezeichnung 1932 ED_1, MPC 1598.

[48]) Irrtümlich 1932 DC zugeordnet, Beograd Bull. 20 Nr. 3—4, Bull. Soc. Math. Phys. Serbie 8 Nr. 1—2 S. 73. Vorläufige Bezeichnung MPC 1598.

1937 FA = 1587 1933 FS_1

1937 GE[49]), **JA, JK, KE, KF, KG**: Jap. Astr. Ass. Circ. 142—143 (El)

1937 NB: Jap. Astr. Ass. Circ. 144—145 (El)

1937 PK: Jap. Astr. Ass. Circ. 142—143 (El), 144—145 (El)

1937 RF[50]), **RH**[50]) [51]): Jap. Astr. Ass. Circ. 142—143 (El)

1937 RO = 1951 RM_1: MPC 1375 (Id)

1937 RQ, RR: Jap. Astr. Ass. Circ. 142—143 (El)

1937 TG: MPC 1337, 1394, 1476 (Eph), 1524; UC **6** 258[52])

1937 TR, UH: Jap. Astr. Ass. Circ. 142—143 (El)

1937 VM = 1937 XB: MPC 1330 (Id)

1937 WF, WH: Jap. Astr. Ass. Circ. 142—143 (El)

1937 XB = 1937 VM

1937 YD: MPC 1327 (El)

1938 CG: MPC 1412 (El); NAZ **10** 4 (El)

1938 CH: UC **6** 254

1938 CK = 1938 EW: Jap. Astr. Ass. Circ. 139 (Id), 142—143 (El); MPC 1358 (El)

1938 DS = 1953 VM_2(?), 1955 DF: Beograd Bull. **20** Nr. 3—4 (Id, Eph); MPC 1358 (Id), 1388 (Id, Eph); NAZ **10** 10 (Id)

1938 DL_1: MPC 1455 (El); NAZ **10** 8 (El)[53])

1938 DR_1: Jap. Astr. Ass. Circ. 142—143 (El)

1938 DW_1: MPC 1373 (El)

1938 DA_2: Jap. Astr. Ass. Circ. 144—145 (El)

1938 DB_2 = 1938 GL: MPC 1330 (Id)

1938 DC_2, DF_2: Jap. Astr. Ass. Circ. 144—145 (El)

1938 EB, EC: Jap. Astr. Ass. Circ. 140 (El)

1938 ED = 1938 EF: Jap. Astr. Ass. Circ. 140 (Id)

1938 EF = 1938 ED: Jap. Astr. Ass. Circ. 140 (El)

1938 EP = 1932 CE_1

1938 ER: Jap. Astr. Ass. Circ. 144—145 (El)

1938 EW = 1938 CK

1938 GL = 1938 DB_2

1938 QL, QM: Jap. Astr. Ass. Circ. 139 (El)

1938 SR ≠ 1948 TG: NAZ **10** 10 (nicht id.)

1938 XA, XC, XF, XG, XH, YD, YF: Jap. Astr. Ass. Circ. 141 (El)

1939 BG = 1955 NB: Jap. Astr. Ass. Circ. 144—145 (Id); MPC 1452 (Id), 1532 (Eph)

1939 BM = 1939 CE_1: MPC 1375 (Id)

1939 BN = 1928 DS

1939 BR, CD, CU, CD_1: Jap. Astr. Ass. Circ. 141 (El)

1939 CE_1 = 1939 BM

1939 FX: AN **271** 37[43]); BZ **21** 45[43]); RI 1949[43]), 1950[43])

1939 GJ = 1935 GL

1939 PE: Jap. Astr. Ass. Circ. 142—143 (El)

1940 AN: MPC 1412 (El); NAZ **10** 4 (El)

1940 RO = 1916 AQ

1940 YF: AN **274** 45[54]); RI 2211[54])

1940 YG: AN **274** 45[55]); RI 2211[55])

1940 YH = 1919 FE: MPC 1476 (Eph)

1941 BC = 1930 DQ

1941 CE = 1947 CA: MPC 1361 (Id)

1941 DF = 1947 RB: MPC 1362 (Id)

1941 QD = 1931 PE

1941 SL_1 = 1948 TJ_1: MPC 1411 (Id)

1941 SO_1 = 1941 UA: MPC 1330 (Id)

1941 UA = 1941 SO_1

1941 UF = 1955 TT: NAZ **10** 29 (Id)

1942 CH = 1902 HY
1942 EC: MPC 1524

1942 EB_1 = 1622 1952 EA

1942 EK_1 = 609 Fulvia, 1942 FK: MPC 1330 (Id)

1942 FK = 1942 EK_1

1942 JG = 1942 KB: MPC 1452 (Id); NAZ **10** 5 (Id)

1942 KB = 1942 JG

1942 XQ = 1951 RM_1: MPC 1375 (Id)

1943 DE = 1591 Baize, **DJ** = 1602 Indiana

1943 EB = 1950 OO: NAZ **10** 29 (Id)

1943 EY ≠ 1950 OE: MPC 1374 (nicht id.)

1943 EB_1: MPC 52 (El)[56])

---

[49]) Irrtümlich als 1937 GF bezeichnet; statt VI lies IV.
[50]) Berichtigung in Jap. Astr. Ass. Circ. 144—145.
[51]) Für U_0 lies 358°00, für ☊ lies 3°85, briefl. Mitt.
[52]) Irrtümlich als 1947 TG bezeichnet.
[53]) Berichtigung in NAZ 10 22.
[54]) Beob. Jan. 1 irrtümlich 1940 YG zugeordnet, NAZ 10 10.
[55]) Beob. Jan. 1 irrtümlich zugeordnet, 1940 YF zugehörig, NAZ 10 10.
[56]) Berichtigung in MPC 1356.

1943 GE = 1934 RS

1944 DA = 1953 TD_3: MPC 1332 (Id)

1944 DM = 943 Begonia, **DO** = 472 Roma, **OB** = 869 Mellena

1944 YA = 1947 WA: MPC 1361 (Id)

1946 FB = 1926 GC, **UH** = 1621 1926 TM

1947 BE = 1071 Brita

1947 BG = 1947 EB: MPC 1330 (Id)

1947 CA = 1941 CE

1947 EB = 1947 BG

1947 HA = 238 Hypatia: MPC 9[57])

1947 HB = 736 Harvard

1947 KE = 435 Ella: MPC 57[58])

1947 LD = 259 Aletheia, **RB** = 1941 DF

1947 TD = 1936 TG, 1947 VA: Jap. Astr. Ass. Circ. 142—143 (Id, El); MPC 1330 (Id), 1466 (El)

1947 VA = 1947 TD

1947 WA = 1944 YA: MPC 1362 (El, Eph)

1948 BA = 503 Evelyn, 1948 DA: MPC 1411 (Id)

1948 DA = 1948 BA

1948 EL = 1948 GG: Jap. Astr. Ass. Circ. 142—143 (Id, El); MPC 1330 (Id), 1466 (El)

1948 EX ≠ 1948 GC: MPC 1411 (nicht id.)

1948 GB = 422 Berolina, **GC** = 1482 Sebastiana, ≠ 1948 EX, **GG** = 1948 EL, **HA** = 705 Erminia

1948 HB = 1948 JG: MPC 1330 (Id)

1948 JG = 1071 Brita, 1948 HB, **JJ** = 1934 GF

1948 JO = 1948 KA: MPC 1330 (Id)

1948 KA = 1948 JO

1948 NE ≠ 1924 SH, **NF** Vgl. 1618

1948 OA: Harv Card 1333 (+ Eph); MPC 1473, 1524

1948 OF: MPC 1444 (El)[59])

1948 PL = 1954 SA, 1955 YC: MPC 1531 (Id)

1948 PR: MPC 1420, 1422 (El)

1948 QN = 1948 RD_1: MPC 1452 (Id); NAZ **10** 10 (Id)

1948 RD: MPC 1444 (El)

1948 RJ = 938 Chlosinde

1948 RA_1 = 1948 TH: Jap. Astr. Ass. Circ. 144—145 (El); MPC 1330 (Id), 1466 (El)

1948 RD_1 = 1948 QN

1948 RE_1: MPC 1444

1948 RH_1: Krim Mitt. **4** 209[60]), 210[60])

1948 SE = 1615 1950 BW: Krim Mitt. **4** 209[61]), 210[61])

1948 SF: MPC 1444 (El)

1948 TG = 1615 1950 BW, ≠ 1938 SR, 1953 TW_2: NAZ **10** 10 (nicht id.)

1948 TH = 1948 RA_1

1948 TP = 1948 VC: Jap. Astr. Ass. Circ. 144—145 (El); MPC 1330 (Id), 1466 (El)

1948 TZ = 373 Melusina

1948 TJ_1 = 1941 SL_1: MPC 1444 (El)

1948 TR_1: MPC 1444 (+El)

1948 TV_1: MPC 1444

1948 VC = 1948 TP

1948 VK: BAB **4** Nr. 4[62]); MPC 388[62])

1948 WB = 1472 1938 UQ

1948 WE: MPC 1393

1949 BF = 1954 ER: Jap. Astr. Ass. Circ. 139 (Id); MPC 1411 (Id)

1949 FQ = 1949 FY: MPC 1330 (Id)

1949 FW = 501 Urhixidur, **FX**: MPC 1422 (El)

1949 FY = 1949 FQ

1949 GF = 1949 HN, **GG** = 1949 HL: Jap. Astr. Ass. Circ. 144—145 (El); MPC 1330 (Id), 1466 (El)

1949 HA = 1950 OD: MPC 1451 (Id)

1949 HL = 1949 GG, **HN** = 1949 GF

1949 HT = 1949 JG: Jap. Astr. Ass. Circ. 140 (El); MPC 1330 (Id)

1949 HH_1, **HJ_1**: MPC 1420, 1422 (El)

1949 HM_1 = 1930 SY: MPC 1422 (El)

1949 JE = 1949 KH: MPC 1330 (Id)

1949 JG = 1949 HT, **JK** = 1429 Pemba (?)

1949 KB = 1949 KU: NAZ **10** 29 (Id)

1949 KC = 1949 KY: Jap. Astr. Ass. Circ. 140 (El); MPC 1330 (Id)

1949 KF = 1622 1952 EA

57) Berichtigung in MPC 1374.
58) Berichtigung in MPC 1362.
59) Berichtigung in MPC 1599.
60) Irrtümlich zugeordnet, 1948 SE zugehörig, MPC 1453, NAZ 10 9.
61) Irrtümlich 1948 RH_1 zugeordnet, MPC 1453, NAZ 10 9.
62) Irrtümlich 1238 Predappia zugeordnet, MPC 1391. Vorläufige Bezeichnung MPC 1469.

1949 KH = 1949 JE, **KU** = 1949 KB, **KY** = 1949 KC

1949 MN = 1949 MQ: MPC 1331 (Id)

1949 MQ = 1949 MN, **MS** = 1402 Eri

1949 MV: MPC 1422 (El)

1949 OD_1 = 872 Holda, **OH_1** = 1904 OP (?)

1949 PH = 1949 SL: MPC 1331 (Id), 1373[4]), 1503 (Eph)

1949 PK = 1949 SK: MPC 1331 (Id)

1949 PM: Jap. Astr. Ass. Circ. 147 (El); MPC 1455 (El)

1949 PN: MPC 1373 (El)

1949 PO: MPC 1533 (El); NAZ **10** 24 (El)

1949 PP = 1928 DB_1: MPC 1533 (El)[62a]); NAZ **10** 24 (El)[62a])

1949 PU = 1955 RG (?): Jap. Astr. Ass. Circ. 140 (El), 151 (Id, El)

1949 QQ: MPC 1373

1949 QR: MPC 1471

1949 QS: MPC 1373

1949 QU[59]), **QV**: MPC 1471

1949 QW = 1955 RG (?): Jap. Astr. Ass. Circ. 151 (Id); MPC 1471[59])

1949 QX: Jap. Astr. Ass. Circ. 106 (El)[63])

1949 QA_1: MPC 1373

1949 QB_1 = 1928 DB_1: MPC 1471

1949 QE_1 = 1933 SJ (?), **QG_1** = 1916 ZE, **QS_1**[64]) = 1621 1926 TM

1949 QZ_1 = 1917 Σ 90 (?): MPC 1422 (El)

1949 SB: AC Nr. 168 S. 12

1949 SK = 1949 PK, **SL** = 1949 PH

1949 SB_1, **SF_1** = 577 Rhea, **SG_1**: MPC 1422 (El)

1949 UD = 1130 Skuld

1949 UQ = 1949 UX: MPC 1331 (Id)

1949 UX = 1949 UQ

1950 BA = 1953 TO_2 (?): Beograd Bull. **20** Nr. 1—2 (El, Eph); Jap. Astr. Ass. Circ. 148—149 (Id)

1950 BH: MPC 1338; NAZ **10** 3

1950 BK: MPC 1483; TAB (2) Nr. 88 S. 908

1950 DD: MPC 1415 (Eph)

1950 DH: MPC 1327 (El), 1363 (Eph)

1950 DL: NAZ **6** 41[65])

1950 DO: MPC 1410 (Eph)

1950 DP: MPC 1415 (Eph)

1950 EA Vgl. 1616, **EC** = 1496 Turku, **GA** = 1936 QO

1950 GB = 1950 HF, 1950 JM (?): Jap. Astr. Ass. Circ. 144—145 (El); MPC 1331 (Id), 1466 (El)

1950 HB = 1950 HA_1: MPC 1331 (Id)

1950 HF = 1950 GB: MPC 1472

1950 HG ≠ 1951 RQ: MPC 1457 (nicht id.); NAZ **10** 14 (nicht id.)

1950 HA_1 = 1950 HB

1950 JB = 1950 LO: MPC 1452 (Id); NAZ **10** 10 (Id)

1950 JK, JL, JM = 1950 GB (?): MPC 1472

1950 JO = 749 Malzovia

1950 KB ≠ 1950 KG: MPC 1453 (nicht id.); NAZ **10** 10 (nicht id.)

1950 KG ≠ 1950 KB

1950 LO = 1950 JB: MPC 1472[59])

1950 LC_1, LD_1, LE_1: MPC 1420, 1422 (El)

1950 MG: MPC 548[66])

1950 NE = 1950 NO: MPC 1331 (Id)

1950 NO = 1950 NE

1950 NV = 1950 QM: Jap. Astr. Ass. Circ. 144—145 (El); MPC 1331 (Id), 1466 (El)

1950 NG_1 = 1950 OQ: Jap. Astr. Ass. Circ. 144—145 (El); MPC 1331 (Id), 1466 (El)

1950 NQ_1, NR_1: MPC 1421, 1422 (El)

1950 OD = 1949 HA, **OE** ≠ 1943 EY, **OO** = 1943 EB, **OQ** = 1950 NG_1

1950 PA: UC **6** 254

1950 QA = 100 Hekate

1950 QE = 1321 Majuba, 1950 RE, 1950 RQ: Jap. Astr. Ass. Circ. 144—145 (El); MPC 1331 (Id), 1466 (El)

1950 QM = 1950 NV

1950 QO: UC **6** 254

1950 QQ = 1321 Majuba: MPC 1472

1950 RE = 1321 Majuba, 1950 QE

1950 RN: MPC 497[67])

[62a]) Berichtigung in MPC 1700, NAZ **12** 6.

[63]) Irrtümlich zugeordnet, 1949 QS_1 zugehörig, briefl. Mitt.

[64]) In Jap. Astr. Ass. Circ. 106 (El) irrtümlich als 1949 QX bezeichnet, briefl. Mitt.

[65]) Berichtigung in NAZ **10** 29.

[66]) Irrtümlich 939 Isberga zugeordnet. Vorläufige Bezeichnung und Berichtigung in MPC 1365.

[67]) Berichtigung in MPC 815. Irrtümlich 1321 Majuba zugeordnet; wahrscheinlich 1950 RN zugehörig, MPC 1531.

1950 RQ = 1321 Majuba, 1950 QE

1950 SH = 1950 TK: MPC 1331 (Id)

1950 SK: MPC 1503 (Eph)

1950 SL: MPC 1351, 1353

1950 TK = 1950 SH, **TJ**$_2$ = 1555 Dejan (?)

1950 VA: MPC 1503 (Eph)

1951 AA: MPC 1454

1951 AB: MPC 1327 (El)

1951 AF = 1339 Désagneauxa: MPC 1452

1951 AM = 1929 EC, 1955 XN: Jap. Astr. Ass. Circ. 150 (Id)

1951 AX: MPC 1421, 1422 (El)

1951 AY: Jap. Astr. Ass. Circ. 139 (El)

1951 AA$_1$: BAB **4** 101[68]); MPC 544[68])

1951 BC = 425 Cornelia

1951 CF: Jap. Astr. Ass. Circ. 139 (El)

1951 CF$_1$ = 1078 Mentha

1951 CJ$_1$: MPC 1421, 1422 (El)

1951 DB = 190 Ismene

1951 DE: MPC 1339 (Eph), 1419

1951 EK$_1$ = 1621 1926 TM, **ER**$_1$ = 1621 1926 TM (?), **GN** = 1409 Isko, **MG** = 1916 YX, **NF** = 1916 YX

1951 OA: JO **39** 29

1951 QE: MPC 1394

1951 RA Vgl. 1620

1951 RB = 1936 AC, 1951 TE: MPC 1327 (El), 1531 (Id), 1533 (El); NAZ **10** 16 (Id), 18 (El)

1951 RD: MPC 1327 (El)

1951 RJ: MPC 1410[12]) (Eph)

1951 RL: MPC 1327 (El)

1951 RQ = 1933 BG, + 1950 HG: MPC 1338, 1455 (El); NAZ **10** 3, 14 (El)

1951 RU: MPC 1476 (Eph)

1951 RC$_1$, **RD**$_1$, **RE**$_1$: MPC 1523 (El)

1951 RF$_1$, **RG**$_1$: MPC 1421, 1422 (El)

1951 RJ$_1$: MPC 1523 (El)

1951 RK$_1$, **RL**$_1$: MPC 1421, 1422 (El)

1951 RM$_1$ = 1928 TJ, 1937 RO, 1942 XQ: Krim Mitt. **9** 142[69]); MPC 1373 (El)[70]), 1444 (El), 1503 (Eph); NAZ **9** 38 (El)[70])

1951 RN$_1$: MPC 1421, 1422 (El)

1951 SM = 1934 JM, 1951 VB: Jap. Astr. Ass. Circ. 146 (El); MPC 1331 (Id), 1466 (El)

1951 SR = 1933 BG

1951 TB: Jap. Astr. Ass. Circ. 139 (El)

1951 TE = 1951 RB: MPC 1384

1951 UJ: Jap. Astr. Ass. Circ. 139 (El)

1951 UK = 1951 WG: MPC 1331 (Id)

1951 US: Jap. Astr. Ass. Circ. 139 (El)

1951 VB = 1951 SM, **WG** = 1951 UK, **XH** = 1433 Geramtina

1951 XJ: MPC 1256 (+El)[5])

1952 BE = 570 Kythera

1952 BP = 1952 DT: Jap. Astr. Ass. Circ. 146 (El); MPC 1331 (Id), 1466 (El)

1952 BF$_2$: MPC 818[71])

1952 DA = 1924 TZ

1952 DB: JO **39** 29; MPC 1419 (Eph), 1525

1952 DT = 1952 BP

1952 EA Vgl. 1622, **FB** Vgl. 1617

1952 FM, FN: Jap. Astr. Ass. Circ. 141 (El)

1952 FP: MPC 1421, 1422 (El)

1952 HO = 1952 HD$_1$: MPC 1331 (Id)

1952 HD$_1$ = 1952 HO

1952 HR$_1$, **HS**$_1$: MPC 1421, 1422 (El)

1952 MU: MPC 795[72]), 866[72]); UC **6** 153[72])

1952 OV: MPC 1421, 1422 (El)

1952 PH: MPC 1444 (El)

1952 QX = 1952 TJ: Jap. Astr. Ass. Circ. 141 (El); MPC 1331 (Id)

1952 SG: Jap. Astr. Ass. Circ. 141 (El)

1952 SL: Jap. Astr. Ass. Circ. 140 (El)

1952 SX = 1952 UW: MPC 1331 (Id)

1952 SN$_1$: Jap. Astr. Ass. Circ. 140 (El)

1952 TJ = 1952 QX, **UW** = 1952 SX

1952 UU$_1$: MPC 1421, 1422 (El)

1952 UV$_1$: Beograd Bull. **20** Nr. 3—4 (El, Eph); Bull.

---

[68]) Irrtümlich 1339 Désagneauxa zugeordnet, MPC 1408, 1452. Vorläufige Bezeichnung MPC 1469.

[69]) Berichtigung in MPC 1445, NAZ 10 10.

[70]) Berichtigung in MPC 1396, NAZ 10 10.

[71]) Irrtümlich 1026 Ingrid zugeordnet, MPC 1545, NAZ 10 19. Vorläufige Bezeichnung MPC 1598.

[72]) Irrtümlich 1306 Scythia zugeordnet, MPC 1508. Vorläufige Bezeichnung MPC 1598.

Soc. Math. Phys. Serbie 8 Nr. 1—2 S. 73 (El, Eph)

1952 WK: Kiew Publ. Nr. 7 S. 110[73])

1953 EH = 1953 FE: MPC 1331 (Id)

1953 EL_1: AC Nr. 168 S. 12

1953 FC, FD, FE = 1953 EH: MPC 1421, 1422 (El)

1953 FH_1 = 1953 GY: MPC 1331 (Id)

1953 GA: MPC 1351

1953 GH: MPC 1503 (Eph)

1953 GY = 1953 FH_1

1953 GP_1, GR_1: MPC 1421, 1422 (El)

1953 NE = 1953 PG, **NF** = 1953 PH: Jap. Astr. Ass. Circ. 146 (El); MPC 1331 (Id), 1466 (El)

1953 NK: MPC 1027[43])

1953 PA: MPC 1390 (Eph), 1478, 1479

1953 PF = 1953 QT: MPC 1331 (Id)

1953 PG = 1953 NE, **PH** = 1953 NF

1953 PR = 1953 QF: MPC 1331 (Id)

1953 QF = 1953 PR, **QT** = 1953 PF

1953 RB: MPC 1532 (Eph)

1953 RF = 1953 TA_2: Jap. Astr. Ass. Circ. 147 (El); MPC 1331 (Id), 1466 (El)

1953 RK_1: MPC 1421, 1422 (El)

1953 TA Vgl. 1619

1953 TM_1 = 1622 1952 EA, **TA_2** = 1953 RF

1953 TG_2: MPC 1478

1953 TO_2 = 1950 BA (?): Jap. Astr. Ass. Circ. 146 (El); MPC 1466 (El)

1953 TW_2 + 1948 TG

1953 TA_3 = 1953 VG_3: Jap. Astr. Ass. Circ. 147 (El); MPC 1331 (Id), 1466 (El)

1953 TD_3 = 1944 DA: MPC 1400

1953 VB: MPC 1421, 1422 (El)[12])

1953 VC: Jap. Astr. Ass. Circ. 141 (El); MPC 1358 (El), 1421, 1422 (El)

1953 VD: Jap. Astr. Ass. Circ. 141 (El); MPC 1358 (El), 1421, 1523 (El)

1953 VF: Jap. Astr. Ass. Circ. 141 (El); MPC 1358 (El), 1422 (El)

1953 VM_1: Jap. Astr. Ass. Circ. 150 (El); YC 1304 (El)[74])

1953 VM_2 = 1938 DS (?), **VG_3** = 1953 TA_3

1954 AC: MPC 1479, 1503 (Eph); TAB (2) Nr. 88 S. 903

1954 BF: MPC 1421, 1422 (El), 1480; TAB (2) Nr. 88 S. 905

1954 CF: MPC 1480; TAB (2) Nr. 88 S. 904

1954 CL: BAB 4 177[75]); MPC 1071[75]), 1095[75]), 1449; NAZ 8 24[75])

1954 CM (= 1954 E), **CN** (= 1954 F), **CO** (= 1954 G): MPC 1480 (+ Vorläufige Bezeichnung); TAB (2) Nr. 88 S. 905

1954 ER = 1949 BF: MPC 1459 (Eph); YC 1376 (El)

1954 ES: UC **6** 254

1954 ET: MPC 1421, 1422 (El)

1954 HH, JO, KE, KF, KG, KH, KJ, ME, MG, MH, NJ: UC **6** 254

1954 NQ: Madrid Bol. **5** Nr. 1; MPC 1383

1954 QH = 1954 SB: MPC 1452 (Id); NAZ **10** 10 (Id)

1954 QO = 1954 TD: Jap. Astr. Ass. Circ. 151 (nicht id.); MPC 1452 (Id); NAZ **10** 10 (Id)

1954 QP: Jap. Astr. Ass. Circ. 142—143 (El)[50]); MPC 1466 (El)

1954 QQ: Jap. Astr. Ass. Circ. 144—145 (El); MPC 1466 (El)

1954 RG = 1954 RN: MPC 1331 (Id)

1954 RJ: Jap. Astr. Ass. Circ. 147 (El); MPC 1455 (El)

1954 RN = 1954 RG, **SA** = 1948 PL, **SB** = 1954 QH

1954 SQ = 1954 TC: MPC 1452 (Id); NAZ **10** 10 (Id)

1954 SV: YC 1374 (El)

1954 TC = 1954 SQ: Jap. Astr. Ass. Circ. 147 (El), 150 (El); MPC 1466 (El)

1954 TD = 1954 QO

1954 TR: MPC 1166[76])

1954 UD: AC Nr. 168 S. 11; Jap. Astr. Ass. Circ. 150 (El); MPC 1399

1954 UK: MPC 1398

1954 UJ_2, UK_2[12]), **UM_2, UN_2**: MPC 1399

1954 UO_2, UP_2 = 1928 DS: MPC 1399, 1400

[73]) Als unidentifiziert bezeichnet.
[74]) Berichtigung in YC 1392.
[75]) Berichtigung in MPC 1146. Irrtümlich 1522 1938 WO zugeordnet, MPC 1445. Vorläufige Bezeichnung MPC 1449.
[76]) Irrtümlich 1617 1952 FB zugeordnet, MPC 1418. Vorläufige Bezeichnung MPC 1469.

1954 UQ$_2$ = 1954 WC: Jap. Astr. Ass. Circ. 150 (El); MPC 1399, 1400 (+ Id)

1954 US$_2$ = 1954 WG: MPC 1331 (Id)

1954 WA = 1954 WJ: MPC 1331 (Id)

1954 WC = 1954 UQ$_2$

1954 WG = 1954 US$_2$, **WJ** = 1954 WA

1954 WQ (= A_{44}), **WR** (= A_{45}), **WS** (= A_{46}), **WT** (= A_{47}) = 883 Matteriana(?), **WU** (= A_{48}), **WV** (= A_{49}), **WW** (= A_{50}): AC Nr. 168 S. 11; MPC 1469 (Vorläufige Bezeichnung)

1954 XB: MPC 1484(?), 1532 (El)

1954 XC: MPC 1482, 1483, 1484, 1532 (El); TAB (2) Nr. 88 S. 907, 908, 909

1954 XP (= 1954 A): MPC 1482 (+ Vorläufige Bezeichnung); TAB (2) Nr. 88 S. 907

1954 XQ (= 1954 D): MPC 1482 (+ Vorläufige Bezeichnung), 1483; TAB (2) Nr. 88 S. 907, 908

1954 YF (= A_{51}): AC Nr. 168 S. 11; MPC 1469 (Vorläufige Bezeichnung)

1954 YG (= 1954 B): MPC 1483 (+ Vorläufige Bezeichnung); TAB (2) Nr. 88 S. 908, 909

1954 YH (= 1954 C): MPC 1483 (+ Vorläufige Bezeichnung); TAB (2) Nr. 88 S. 908

1955 AA: Jap. Astr. Ass. Circ. 140 (El); MPC 1358 (El)

1955 BA = 769 Tatjana

1955 BD: MPC 1485

1955 BF: Jap. Astr. Ass. Circ. 141 (El); MPC 1358 (El)

1955 BG: Acta Astr. Sinica **4** Nr. 1

1955 BK: MPC 1486

1955 BL = 1932 BH (?)

1955 BN: MPC 1484

1955 BO, BP: MPC 1485

1955 BQ, BR: MPC 1486

1955 DA: MPC 1484, 1532 (El)

1955 DE: MPC 1489, 1532 (El)

1955 DF = 1938 DS

1955 DR: MPC 1487

1955 FA: Jap. Astr. Ass. Circ. 148—149 (El); MPC 1337; UC **6** 257

1955 FB: UC **6** 258

1955 FC = 1933 OE: MPC 1343 (El, Eph); YC 1374 (El)

1955 FF: Jap. Astr. Ass. Circ. 144—145 (El); MPC 1466 (El)

1955 FR: MPC 1472

1955 FU: Jap. Astr. Ass. Circ. 150 (El); MPC 1394, 1489

1955 FA$_1$, FB$_1$: MPC 1486, 1532 (El)

1955 FC$_1$: MPC 1486

1955 FD$_1$, FE$_1$, FF$_1$: MPC 1353

1955 FG$_1$, FH$_1$, FJ$_1$: MPC 1393

1955 FK$_1$: MPC 1489

1955 GA: Jap. Astr. Ass. Circ. 151 (El); MPC 1472[59])

1955 GB: MPC 1226[77]), 1472[59])[77])

1955 GC, GD: MPC 1393

1955 HF: Jap. Astr. Ass. Circ. 144—145 (El); MPC 1466 (El), 1524

1955 HK: Jap. Astr. Ass. Circ. 144—145 (El); MPC 1466 (El)

1955 HL: Jap. Astr. Circ. 140 (El); MPC 1358 (El)

1955 HP: MPC 1337; UC **6** 258

1955 HQ: MPC 1353

1955 HR: MPC 1393

1955 HS: MPC 1226[78]), 1472[78])

1955 KA = 1955 MD: Jap. Astr. Ass. Circ. 150 (Id, El)

1955 KD, KE: MPC 1337; UC **6** 258

1955 KF, KG: MPC 1354

1955 KH, KJ, KK: MPC 1393

1955 LA, LB: MPC 1337; UC **6** 258

1955 LC: MPC 1393

1955 MA: Jap. Astr. Ass. Circ. 144—145 (El); MPC 1466 (El)

1955 MD = 1955 KA

1955 ML, MO = 1936 UG(?): Jap. Astr. Ass. Circ. 146 (El); MPC 1337, 1466 (El); UC **6** 258

1955 MQ, MR, MS: MPC 1337; UC **6** 258

1955 MT, MU, MV: MPC 1354

1955 MW, MX: MPC 1393

1955 MY: MPC 1394

1955 NB = 1939 BG, **NC**: MPC 1337; UC **6** 258

1955 OC = 1955 QO: NAZ **10** 29 (Id)

[77]) Beob. Apr. 30 irrtümlich zugeordnet, MPC 1596, 1602. Vorläufige Bezeichnung 1955 HS, MPC 1598.

[78]) Beob. Apr. 30 irrtümlich 1955 GB zugeordnet, MPC 1596, 1602. Vorläufige Bezeichnung MPC 1598.

1955 PA, PB: MPC 1337; UC **6** 258

1955 QE = 1955 RD, 1955 SM_1: Jap. Astr. Ass. Circ. 144—145 (Id); MPC 1452 (Id); NAZ **10** 10 (Id)

1955 QJ, QK: Jap. Astr. Ass. Circ. 144—145 (El); MPC 1466 (El), 1473

1955 QL: Jap. Astr. Ass. Circ. 144—145 (El); MPC 1467 (El)

1955 QN = 1955 RC: Jap. Astr. Ass. Circ. 144—145 (Id); MPC 1453 (Id); NAZ **10** 10 (Id)

1955 QO = 1955 OC, 1955 RB, 1955 SP_1: Jap. Astr. Ass. Circ. 144—145 (Id), 146 (El); MPC 1453 (Id), 1467 (El); NAZ **10** 10 (Id)

1955 QR = 1955 RJ, 1955 RK: Jap. Astr. Ass. Circ. 144—145 (Id), 146 (El); MPC 1453 (Id), 1467 (El)[59]; NAZ **10** 10 (Id)

1955 QT = 1955 RP: Jap. Astr. Ass. Circ. 144—145 (Id), 146 (El); MPC 1453 (Id), 1467 (El); NAZ **10** 10 (Id)

1955 QU = 1955 RM: Jap. Astr. Ass. Circ. 144—145 (Id), 146 (El); MPC 1453 (Id), 1467 (El)

1955 QW = 1955 SD: Jap. Astr. Ass. Circ. 144—145 (Id); MPC 1453 (Id)

1955 QE_1 = 620 Drakonia

1955 QN_1: Jap. Astr. Ass. Circ. 144—145 (El); MPC 1467 (El)

1955 QO_1: MPC 1337; UC **6** 258

1955 QP_1 = 1955 SE: Jap. Astr. Ass. Circ. 144—145 (Id), 146 (El); MPC 1338, 1453 (Id), 1467 (El); NAZ **10** 3, 10 (Id)

1955 QQ_1: MPC 1338; NAZ **10** 3

1955 QR_1: Madrid Bol. **5** Nr. 1; MPC 1383

1955 QS_1: MPC 1384

1955 RA: Jap. Astr. Ass. Circ. 144—145 (El); MPC 1467 (El)

1955 RB = 1955 QO

1955 RC = 1955 QN: Jap. Astr. Ass. Circ. 144—145 (El); MPC 1467 (El)

1955 RD = 1955 QE

1955 RE = 1955 SN_1: Jap. Astr. Ass. Circ. 144—145 (Id); MPC 1453 (Id)

1955 RG = 1949 PU(?), 1949 QW (?)

1955 RH: Jap. Astr. Ass. Circ. 146 (El); MPC 1467 (El)

1955 RJ = 1955 QR, **RK** = 1955 QR

1955 RL: Jap. Astr. Ass. Circ. 146 (El); MPC 1467 (El)

1955 RM = 1955 QU

1955 RN: Jap. Astr. Ass. Circ. 146 (El); MPC 1467 (El)

1955 RP = 1955 QT

1955 RR: Jap. Astr. Ass. Circ. 146 (El); MPC 1467 (El)

1955 RS = 1955 SC_2: Jap. Astr. Ass. Circ. 144—145 (Id), 146 (El); MPC 1453 (Id), 1467 (El); NAZ **10** 10 (Id)

1955 RT = 993 Moultona(?), 1955 SC_1: MPC 1338, 1453 (Id); NAZ **10** 3, 10 (Id)

1955 RV: Jap. Astr. Ass. Circ. 146 (El); MPC 1467 (El)

1955 RW = 1955 SB_2: Jap. Astr. Ass. Circ. 144—145 (Id), 146 (El); MPC 1453 (Id), 1467 (El); NAZ **10** 10 (Id)

1955 RX = 1955 SA_2: Jap. Astr. Ass. Circ. 144—145 (Id, El); MPC 1410 (Id), 1454 (Id), 1467 (El)

1955 RY = 1955 SY: NAZ **10** 29 (Id)

1955 RZ = 1955 TP: Jap. Astr. Ass. Circ. 144—145 (Id, El), 146 (El); MPC 1453 (Id), 1467 (El)

1955 RB_1, RC_1, RD_1, RE_1: Jap. Astr. Ass. Circ. 144—145 (El); MPC 1467 (El)

1955 RF_1 = 1955 SG_2, 1955 TO: Jap. Astr. Ass. Circ. 144—145 (Id), 146 (El); MPC 1410 (Id), 1453 (Id), 1454 (Id), 1467 (El); NAZ **10** 10 (Id)

1955 RG_1: MPC 1337; UC **6** 258

1955 RH_1: MPC 1354

1955 RJ_1: MPC 1384

1955 SD = 1955 QW, **SE** = 1955 QP_1

1955 SF = 1955 TK: Jap. Astr. Ass. Circ. 144—145 (Id), 146 (El); MPC 1453 (Id), 1467 (El)

1955 SO, SP: Jap. Astr. Ass. Circ. 144—145 (El); MPC 1467 (El)

1955 ST = 1955 UB, **SU** = 1955 TN, 1955 UC: Jap. Astr. Ass. Circ. 144—145 (Id), 147 (El); MPC 1453 (Id), 1467 (El); NAZ **10** 10 (Id)

1955 SY = 1955 RY, **SC_1** = 993 Moultona (?), 1955 RT

1955 SD_1 = 1955 UH: Jap. Astr. Ass. Circ. 144—145 (Id), 146 (El); MPC 1453 (Id), 1467 (El)

1955 SE_1 = 1908 EK[a] (?), 1955 UF: Jap. Astr. Ass.

Circ. 144—145 (Id), 146 (El); MPC 1453 (Id), 1467 (El); NAZ **10** 10 (Id)

1955 SG$_1$ = 1955 UN: Jap. Astr. Ass. Circ. 144—145 (Id), 146 (El); MPC 1453 (Id), 1467 (El); NAZ **10** 10 (Id)

1955 SH$_1$ = 1955 SH$_2$: Jap. Astr. Ass. Circ. 146 (El); MPC 1410 (Id), 1454 (Id), 1467 (El)

1955 SK$_1$ = 1955 SR$_1$: Jap. Astr. Ass. Circ. 144—145 (Id); MPC 1453 (Id); NAZ **10** 10 (Id)

1955 SM$_1$ = 1955 QE, **SN$_1$** = 1955 RE, **SP$_1$** = 1955 QO, **SR$_1$** = 1955 SK$_1$

1955 SZ$_1$ = 1955 UA: Jap. Astr. Ass. Circ. 150 (El)[79]; MPC 1338, 1453 (Id); NAZ **10** 3, 10 (Id)

1955 SA$_2$ = 1955 RX, **SB$_2$** = 1955 RW, **SC$_2$** = 1955 RS: MPC 1338; NAZ **10** 3

1955 SD$_2$, SE$_2$, SF$_2$, SG$_2$ = 1955 RF$_1$, **SH$_2$** = 1955 SH$_1$: MPC 1338; NAZ **10** 4

1955 SJ$_2$ = 1955 VF: Jap. Astr. Ass. Circ. 150 (El); MPC 1338, 1453 (Id); NAZ **10** 4, 10 (Id)

1955 SK$_2$: MPC 1338; NAZ **10** 4

1955 SL$_2$ = 1955 VG: Jap. Astr. Ass. Circ. 144—145 (Id), 146 (El); MPC 1338, 1453 (Id), 1467 (El); NAZ **10** 4

1955 SM$_2$, SN$_2$, SO$_2$: MPC 1338; NAZ **10** 4

1955 SP$_2$, SQ$_2$: MPC 1354

1955 SR$_2$: Jap. Astr. Ass. Circ. 144—145 (El); MPC 1354, 1355, 1467 (El)

1955 SS$_2$: MPC 1355

1955 SY$_1$ = 1955 TF: Jap. Astr. Ass. Circ. 144—145 (Id), 146 (El); MPC 1453 (Id), 1467 (El); NAZ **10** 10 (Id)

1955 TF = 1955 SY$_1$, **TK** = 1955 SF

1955 TL: Jap. Astr. Ass. Circ. 144—145 (El); MPC 1467 (El)

1955 TN = 1955 SU, **TO** = 1955 RF$_1$, **TP** = 1955 RZ

1955 TR, TS: Jap. Astr. Ass. Circ. 146 (El); MPC 1363, 1364, 1467 (El)

1955 TT = 1941 UF: Jap. Astr. Ass. Circ. 146 (El); MPC 1364, 1467 (El)

1955 TU, TV, TW, TX: MPC 1394

1955 TY, TZ: MPC 1395

1955 UA = 1955 SZ$_1$, **UB** = 1955 ST, **UC** = 1955 SU

1955 UF = 1908 EK[a], 1955 SE$_1$: MPC 1351

1955 UG: Jap. Astr. Ass. Circ. 146 (El); MPC 1351, 1467 (El)

1955 UH = 1955 SD$_1$: Jap. Astr. Ass. Circ. 144—145 (El); MPC 1351

1955 UN = 1955 SG$_1$: MPC 1351

1955 UO: Jap. Astr. Ass. Circ. 146 (El); MPC 1351, 1467 (El)

1955 US, UV: Jap. Astr. Ass. Circ. 146 (El); MPC 1351, 1467 (El)

1955 UN$_1$ = 1955 UP$_1$: Jap. Astr. Ass. Circ. 144—145 (Id); MPC 1395, 1453 (Id), 1532 (El)

1955 UP$_1$ = 1955 UN$_1$, **UQ$_1$, UR$_1$**: MPC 1364

1955 US$_1$: MPC 1317[41])[80]), 1395[80]), 1396[12])[80]); TAB (2) Nr. 90 S. 978[80]), 979[80])

1955 VA, VB, VC, VD, VE, VF = 1955 SJ$_2$, **VG** = 1955 SL$_2$, **VH, VJ, VK, VL, VM, VN, VO, VP**: MPC 1351

1955 VQ[12]), **VR, VS**: MPC 1395

1955 VT, VU, VV, VW, VX, VY: MPC 1396

1955 VZ (= P. O. 2) = 1923 OD: Acta Astr. Sinica **4** Nr. 1 (+ El, Eph); MPC 1402 (+ Vorläufige Bezeichnung, El), 1420 (El)

1955 WA: MPC 1351

1955 WB = 1955 XR: Jap. Astr. Ass. Circ. 144—145 (El), 146 (El); MPC 1355, 1356, 1396, 1453 (Id), 1467 (El); NAZ **10** 10 (Id)

1955 WC: MPC 1356

1955 WD (= A 52), **WE** (= A 53): AC Nr. 172 S. 4; MPC 1598 (Vorläufige Bezeichnung)

1955 XA = 1934 TD, + 1935 EA: Jap. Astr. Ass. Circ. 147 (El); MPC 1333 (+ El, Eph), 1349, 1357 (Eph), 1360, 1419, 1450 (El), 1458 (El); NAZ **10** 18 (El); YC 1354 (+ Eph), 1355 (El), 1356 (Eph), 1381 (El)

1955 XB: Jap. Astr. Ass. Circ. 144—145 (El); MPC 1352, 1467 (El)

1955 XC, XD, XE: MPC 1352

1955 XF, XG, XH: Jap. Astr. Ass. Circ. 144—145 (El); MPC 1352, 1467 (El)

1955 XJ: MPC 1352, 1353

1955 XK, XL, XM, XN = 1929 EC, 1951 AM, **XO**: MPC 1352

---

79) Statt 1955 TD lies 1955 UA, briefliche Mitt.

80) Irrtümlich 1923 OD zugeordnet, MPC 1531, NAZ 10 16. Vorläufige Bezeichnung MPC 1598.

1955 XP: Jap. Astr. Ass. Circ. 147 (El); MPC 1352, 1397

1955 XQ: MPC 1352

1955 XR = 1955 WB, **XS**, **XT**, **XU**: MPC 1353

1955 XV: MPC 1356

1955 XW, **XX**, **XY**, **XZ**, $\mathbf{XA_1}$: MPC 1396

1955 $\mathbf{XB_1}$ (= A 54), $\mathbf{XC_1}$ (= A 55): AC Nr. 172 S. 4, 5; MPC 1598 (Vorläufige Bezeichnung)

1955 $\mathbf{XD_1}$ (= A 56): AC Nr. 172 S. 4, 5; MPC 1599 (Vorläufige Bezeichnung)

1955 $\mathbf{XE_1}$ (= A 57): AC Nr. 172 S. 4; MPC 1599 (Vorläufige Bezeichnung)

1955 YA, **YB**: MPC 1339; NAZ **10** 4

1955 YC = 1948 PL: Jap. Astr. Ass. Circ. 147 (El); MPC 1339, 1416, 1489; NAZ **10** 4, 12

1955 YD, **YE**: Jap. Astr. Ass. Circ. 147 (El); MPC 1339, 1416; NAZ **10** 4, 12

1955 YF (= A 58), **YG** (= A 59): AC Nr. 172 S. 5; MPC 1599 (Vorläufige Bezeichnung)

1956 AA = 1927 AA: MPC 1359 (+El, Eph), 1387 (Eph), 1389 (Eph), 1398, 1409 (Eph), 1410, 1419, 1432, 1433, 1446, 1457 (El), 1470[81]), 1477; NAZ **10** 8 (El); UAI Circ 1535

1956 AB, **AC**, **AD**, **AE**, **AF**, **AG**, **AH**, **AJ**, **AK**, **AL**, **AM**, **AN**, **AO**, **AP**, **AQ**, **AR**, **AS**: MPC 1397

1956 AT, **AU**: MPC 1416; NAZ **10** 12

1956 AV, **AW**[2]), **AX**, **AY**, **AZ**: MPC 1446

1956 BA: MPC 1433

1956 CA: MPC 1397

1956 CB, **CC**, **CD**: MPC 1416; NAZ **10** 12

1956 CE: MPC 1447

1956 CF: MPC 1489

1956 DA: MPC 1397

1956 DB, **DC**, **DD**, **EA**: MPC 1398

1956 EB, **EC**, **ED**: MPC 1416; NAZ **10** 12

1956 EE: MPC 1417, 1477, 1478; NAZ **10** 13

1956 EF, **EG**, **EH**, **EJ**, **EK**, **EL**, **EM**: MPC 1417; NAZ **10** 13

1956 EN, **EO**, **EP**: Jap. Astr. Ass. Circ. 147 (El)[82]); MPC 1417; NAZ **10** 13

1956 EQ: MPC 1417; NAZ **10** 13

1956 ER: MPC 1433

1956 ES, **ET**, **EU**, **EV**, **EW**, **EX**, **EY**, **EZ**, $\mathbf{EA_1}$, $\mathbf{EB_1}$, $\mathbf{EC_1}$: MPC 1477

1956 $\mathbf{ED_1}$, $\mathbf{EE_1}$, $\mathbf{EF_1}$, $\mathbf{EG_1}$, $\mathbf{EH_1}$, $\mathbf{EJ_1}$, $\mathbf{EK_1}$: MPC 1489

1956 GA: MPC 1417; NAZ **10** 13

1956 GB: MPC 1477, 1478

1956 GC, **GD**, **GE**, **GF**, **GG**, **GH**: MPC 1477

1956 GJ, **HA**: MPC 1490

1956 JA, **JB**, **JC**: MPC 1478

1956 LA: MPC 1479

1956 NA, **NB**, **PA**: MPC 1527

1956 RA, **RB**: MPC 1527, 1528

1956 RC: MPC 1527

1956 RD: MPC 1527, 1528

1956 VA, **VB**: MPC 1528

1956 VC, **VD**: MPC 1535

---

[81]) Berichtigung in MPC 1592.

[82]) Statt Epoche XII lies Epoche III.

7534. Kleine Planeten. Verzeichnis der Beobachter und Berechner

W. Abalakin
W. A. Albizkij
K. I. Antischina
S. Arend
G. Armellini
G. Armellini Conti
N. W. Aschkowa
O. N. Bartenewa
G. van Biesbroeck
S. Böhme
N. Bojewa
L. Boyer
J. R. Bravo
G. Bruns
J. A. Bruwer
F. F. Bulatowa
C. Cailliatte
Č. Čepinac
C.-H. Chang
Y. C. Chang
A. W. Charitonow
N. A. Chinkulowa
J. Claver
Codina
M. C. Coetzee
A. N. Deutsch
A. Dubjago
P. G. Duchnowskij
N. W. Fatschichin
J. Feinstein
R. Flamini
J. de la Fuente
G. A. Gawrilow
H. L. Giclas
F. Gondy
I. Groeneveld
J. K. Gulak
A. Gutiérrez
H. Hara
S. Herrick
C. G. Hilton
H. Hirose
C. J. van Houten
K. Hurukawa
M. Itzigsohn
H. M. Jeffers
G. W. Jefimowa
S. Kanda
J. T. Kapko
K. Kikuchi
O. Kippes
D. S. Kirby
G. Klare
A. Klemola
I. G. Koltschinskij
W. P. Konoplewa
E. E. Kühne
M. Laugier
S. M. Laustsen
W. W. Lawdowskij
A. M. Lejkin
H. Li
T.-R. Liu
J. v. B. Lourens
H. v. Lüde
L. E. Lynda
V. Maître
S. G. Makower
W. Malsch
Marne
A. Martinez
W. S. Matjagin
K. Mayrhofer
I. T. Mitani
R. S. Mitrinović
K. Mori
W. Moschkowa
A. Mrkos
M. Mündler
Muñoz
P. Musen
S. Nakano
O. Nögel
H. Oh-ischi
M. M. Onoprijenko
W. I. Orelskaja
J. J. de Orús
L. Pajdušáková-Mrkosová
A. Patry
J. Pensado
E. V. Petersen
I. Pólit
N. G. Polosowa
P. N. Polupan
B. Popović
B. Potter
M. B. Protitch
E. Rabe
W. A. Rasmussen
H. Raudsaar
K. Reinmuth
Rigamonti
F. Rigaux
W. H. Robertson
E. Roemer
C. E. Rogati
G. Roland
T. W. Russo
F. Rutllant
E. W. Sandakowa
Sargiotti
P. F. Schajn
R. D. Schaldach
M. J. Schmakowa
J. Schubart
T. Seki
E. N. Semanek
A. N. Sergejewa
M. L. Siegrist
K. P. Sims
A. S. Sotschilina
N. W. Steschenko
R. H. Stoy
W. Strobel
M. F. Subbotin
N. Subbotina
B. Takase
K. Takeuchi
K. Tomita
C. Torres
J. M. Torroja
O. Tschudowitschewa
J. B. G. Turner
M. Utida
M. K. Walnizkij
P. F. Wawrynjuk
L. Werzan
C. A. Wirtanen
H. Wood
C.-H. Yih
K. Yoshihiro

§ 76

Jupiter

7601. Astrometrische Beobachtungen

JO **39** 34—36. Observations méridiennes de planètes effectuées à l'Observatoire de Besançon. F. Gondy, V. Maître.

Mem SA It (NS) **27** 191—200 = Oss. Astr. Roma Monte Mario Contr. Sci. Nr. 228. Posizioni di pianeti, pianetini e comete ed occultazioni lunari osservate a Monte Mario nel 1955. G. Armellini Conti.

TAB (2) Nr. 85 S. 875—880. Vgl. Ref. **7301**.

7602. Physische Beobachtungen

Astr. Nachr. Berlin-Treptow 8 20. Jupiter.

BAA Circ Nr. 374 S. 2. Jupiter.

BSAF **70** 486—488. Compte rendu des observations effectuées à l'Observatoire de la Société Astronomique.

JBAA **66** 124—126, mit 1 Tafel. The south tropical disturbance on Jupiter. W. E. Fox. — Ref. BAA.

Mitt. Planetenbeobachter **9** 10. Beobachtungen des GRF auf Jupiter. G. D. Roth.

Orion Schaffhausen **5** 80—81. Bemerkenswerter dunkler Fleck auf Jupiter.

Orion Schaffhausen **5** 117—120, mit 4 Fig. Observations de Jupiter: présentation 1954—1955. S. Cortesi.

Orion Schaffhausen **5** 148—151, mit 11 Fig. Jupiter: présentation 1955—1956. Rapport No. 1 du «Groupement planétaire SAS». E. Antonini, S. Cortesi.

RH **37** 92—93, mit 2 Fig. (tschech.). Beobachtung des grauen Flecks auf Jupiter im Jahre 1956 auf der Volkssternwarte in Prag. P. Příhoda.

Sky and Telescope **15** 520, mit 2 Fig. Photographs of Jupiter and Venus. R. Rustad jr.

Strolling Astronomer **10** 81—82, mit 4 Fig. Photographs of Jupiter.

UAI Circ 1542. P. Příhoda.

YC 1365 S. 3. Jupiter. P. Příhoda, K. Komoda, K. Satô.

YC 1372. S. 7—12. Interim reports of Jupiter. K. Komoda.

YC 1384 S. 1—4. Observations of Jupiter. T. Sato.

YC 1386 S. 5—10. Report on Jupiter. K. Komoda.

7603. R. G. Brookes, Jupiter in 1955—56: Special report on radio radiation. Strolling Astronomer **10** 13—17, mit 4 Fig.

7604. A. Dollfus, L'opposition de Jupiter en 1956. BSAF **70** 483—486, mit 6 Fig.

7605. M. J. Fischkis, G. F. Glagolewa, Jupiter 1951. Bull. Astr.-Geod. Ges. UdSSR Nr. 18 S. 41—44 (russ.). — Ref. in RJ 1957 Nr. 4 S. 81.

7606. K. L. Franklin, B. F. Burke, Radio observations of Jupiter. AJ **61** 177. — Ref. AAS. — Ref. in Coelum **24** 180—181.

7607. I. Hasegawa, Beobachtungen der Bedeckungen der Sterne BD +15°447 und σ Arietis durch Jupiter und ihre Bearbeitung. Heavens Nr. 361 S. 104—112, 1955 (japan.). — Ref. in RJ 1957 Nr. 1 S. 28.

7608. I. Hasegawa, Appulses of fixed stars to Jupiter. YC 1354 S. 2—3. — Berechnungen für 1956.

7609. M. B. B. Heath, Oppositions of Jupiter, 1956 to 2000. JBAA **66** 166—167. — Für alle Oppositionen dieses Zeitraums werden scheinbarer Durchmesser und Helligkeit tabuliert. Bo.

7610. **M. A. Kljakotko,** Jupiter 1938. Bull. Astr.-Geod. Ges. UdSSR Nr. 18 S. 17—30 (russ.). — Ref. in RJ 1957 Nr. 4 S. 81.

7611. **J. D. Kraus,** Some observations of the impulsive radio signals from Jupiter. AJ **61** 182—183. — Ref. AAS.

7612. **W. L. Margolina, M. N. Stroganowa,** Jupiter 1950. Bull. Astr.-Geod. Ges. UdSSR Nr. 18 S. 37—40 (russ.). — Ref. in RJ 1957 Nr. 4 S. 81.

7613. **W. Priester,** Radiowellen vom Jupiter. Sterne **32** 77—78. — Burke und Franklin haben 1955 in Washington bei 13.3 m Radiowellen von Jupiter mit Hilfe einer großen kreuzförmigen Antenne (Mills) sehr hoher Richtwirkung empfangen. Die Strahlung besteht aus zahlreichen einzelnen Ausbrüchen. Die Entstehungsursache wird derjenigen der gestörten Sonnenstrahlung ähnlich sein. Thi.

7614. **F. O. Rice,** Colors on Jupiter. J. chem. Phys. **24** 1259. — Ref. in Phys. Abstracts (A) **59** 777—778, RJ 1957 Nr. 2 S. 92.

7615. **G. Ruggieri,** Osservazioni di Giove nell'opposizione 1953—1954. Mem SA It (NS) **27** 7—31, mit 2 Tafeln = Oss. e Mem. Oss. Astrofis. Arcetri Nr. 70. — Ergebnisse der visuellen Jupiterbeobachtungen während der Opposition 1953—54. Der Planet war zu dieser Zeit fast in Ruhe; nur in S. E. B. erschienen einige Spuren der Störungen wie im Jahre 1952—53. Cester

7616. **G. E. Satterthwaite,** Radio noise from Jupiter. Spaceflight **1** 14.

7617. **C. A. Shain,** 18.3 Mc/s radiation from Jupiter. Australian J. Phys. **9** 61—73, mit 7 Fig. = Commonwealth Sci. Industrial Res. Organization, Australia, Division Radiophys. — Burkes und Franklins Entdeckung der Radiostrahlung von Jupiter wird bestätigt, besonders mittels Registrierkurven aus den Jahren 1950/51. Die Strahlung kommt in Gruppen von Bursts mit sehr hoher Intensität (z. T. $> 5 \times 10^{-21}$ Watt/m² Hz). Die Bursts dauern etwa 1 Minute, die Gruppe etwa 1 Stunde. Aus der engen Korrelation zwischen dem Auftreten der Radiostrahlung und der Rotationsperiode des Jupiter folgt, daß die Strahlungsquelle 1951 sehr lokale Ausdehnung besaß. Die Identifikation mit einem weißen Fleck, einer Störung im South Temperate Belt, ist sehr wahrscheinlich. Priester

7618. **W. W. Shelesnjakow,** Die Radiostrahlung Jupiters. Priroda **45** Nr. 3 S. 78—80, mit 2 Abb. (russ.). — Verf. berichtet über die Entdeckung der Radiostrahlung Jupiters durch Burke und Franklin und bespricht kurz die vorgeschlagene Hypothese der Stürme auf Jupiter. Plavec

7619. **H. P. Squyres,** Some suggestions about what can be done on Jupiter during the 1957 apparition. Strolling Astronomer **10** 108—110.

7620. Jupiter. BAA Circ 374. — Radiobeobachtungen von Jupiter.

7621. Jupiter 1949. Abteilung für Planeten und den Mond der MOWAGO. Bull. Astr.-Geod. Ges. UdSSR Nr. 18 S. 31—36 (russ.). — Ref. in RJ 1957 Nr. 4 S. 81.

7622. Een conjunctie van Jupiter en Uranus gefotografeerd. Hemel en Dampkring **54** 16—17, mit 3 Fig. — Aufnahmen vom 3., 8. und 10. Mai 1955.

7623. Jupiter without satellites. JBAA **66** 276.

7624. The colours of Jupiter. J. British Interplanetary Soc. **15** 342—343.

7625. Radio waves from Jupiter. Science **123** 452.

7626. Radio noise from Jupiter. Sky and Telescope **15** 358, mit 2 Fig. — Ref. AAS. — Ref. in Coelum **24** 180—181, PAT **38** 73—74, Vasiona **5** 18.

7627. A note on the S. E. B. disturbances of Jupiter. Strolling Astronomer **10** 114—115, mit 1 Fig.

7628. Emisja radiowa Jowisza. Urania Kraków 27 18.

* * Report of Jupiter Section on possible sources of Jupiter's radio noise in 1955. Vgl. Ref. 1111.

Jupitermonde

7629. **E. J. Beneke,** Bedeckungen des Jupiter-Mondes I durch Mond II. Sterne **32** 210. — Beobachtung vom 25. März und 3. Mai 1956.

7630. **I. Hasegawa,** Observations of eclipses of Jupiter's satellites. AJ **60** 115—117, 1955. — Enthält Beobachtungen von Verfinsterungen der Jupitertrabanten I—IV aus den Jahren 1950—1953.

7631. **S. Kosik,** Bedeckungen von Jupitermonden. AC Nr. 173 S. 7—8 (russ.). — Beobachtungen 1955 Okt. 14—1956 Juni 16.

7632. **W. Malsch,** 1956 Mai 3, Bedeckungen des Jupitermondes I durch Mond II. Mitt. Planetenbeobachter **9** 26.

7633. **G. Merton,** Mutual eclipses of Jupiter's satellites. BAA Circ Nr. 373 S. 1.

7634. **G. D. Roth, E.-J. Beneke,** Bedeckungen des Jupitermondes I durch Mond II 1956 März 25. Mitt. Planetenbeobachter **9** 30—31.

7635. Mutual eclipses of Jupiter's satellites. BAA Circ 373, NAZ **10** 2, Kop Akt Medd 381, UAI Circ 1538, YC 1358 S. 1—3.

7636. Transit of Europa across Ganymede. Sky and Telescope **16** 96. — Beobachtung des Durchgangs 1956 Mai 3.

7637. Jupitermond I

Publ. Latitude Obs. Mizusawa **2** 142. Observations of eclipses of Jupiter's satellites. C. Sugawa.

7638. Jupitermond II und III

Publ. Latitude Obs. Mizusawa **2** 142. Observations of eclipses of Jupiter's satellites. C. Sugawa.

YC 1358 S. 8. Eclipse of Jupiter's satellites observed. A. Horiuchi.

7639. Jupitermond VII

S. S. Tokmalajewa, Analytische Theorie der Bewegung des siebenten Jupitermondes. Publ. Inst. Theoret. Astr. Leningrad Nr. 5, 160 S. mit 4 Fig. (russ.). — Die analytische Theorie der Bewegung des VII. Jupitermondes wurde unter Beschränkung auf das Dreikörperproblem Sonne, Jupiter, Satellit aufgestellt. Die Glieder einschließlich dritter Ordnung wurden nach der Methode von Euler-Hill-Brown berechnet, die höheren Glieder der vierten bis sechsten Ordnung nach Delauney. Aus dem Vergleich beider Methoden folgt, daß die Anwendung der D.-Methode zwar bequemer, aber von geringerer Genauigkeit ist, da die Parameter fünfmal größer sind als in der Mondtheorie und die Entwicklungen an der Grenze der Brauchbarkeit liegen. Die E. H. B.-Methode ist in der Anwendung umständlich, aber die Koordinaten des Satelliten können mit beliebiger Genauigkeit bestimmt werden. Die Erhöhung der Genauigkeit der Entwicklungen von Delauney ist mit einem ungeheueren Arbeitsaufwand verbunden. Perek

7640. Jupitermond VIII, X und XI

Harv Card 1319/1320, YC 1357 S. 5—7. Jupiter VIII, X, XI. P. Musen. — Ephemeride 1956 Jan.—April.

§ 77

Saturn

7701. Astrometrische Beobachtungen

JO **39** 34—36. Vgl. Ref. **7601**.

Rend. Accad. Sci. Fis. Mat. Soc. Nazionale Sci. Lettere Arti Napoli (4) **22**, 9 S., 1955 = Oss. Astr. Capodimonte-Napoli Oss. **1** Nr. **4**. Determinazioni di ascensione retta del pianeta Saturno. E. Fichera.

TAB (2) Nr. 85 S. 875—880. Vgl. Ref. **7301**.

7702. Physische Beobachtungen

BAA Circ 376. Dark spots on Saturn.

JBAA **66** 312—313, mit 2 Tafeln. Saturn in 1955. M. B. B. Heath.

Mem SA It (NS) **27** 137—147, mit 1 Tafel = Contr. Oss. Astr. Milano-Merate (NS) Nr. **84**. Osservazioni di Saturno nell'opposizione 1955. G. Ruggieri.

Mitt. Planetenbeobachter **9** 32. Neue Beobachtung des äußeren Florrings von Saturn.

Strolling Astronomer **10** 37—42, mit 2 Fig. Saturn in 1955. T. A. Cragg.

Strolling Astronomer **10** 139—145, mit 3 Fig. Saturn in 1956. T. A. Cragg.

Urania Barcelona **41** 47—48, mit 2 Fig. Saturno. — Zeichnungen von Saturn und Titan 1954 Juli 5 (H. P. Wilkins). Vgl. Ref. **7025**. Gü.

7703. M. S. Bobrow, To the problem of the thickness of Saturn's rings. AJ UdSSR **33** 161—172, mit 2 Fig. (russ. mit engl. Ref.). — Ref. in Hemel en Dampkring **55** 124. — Die Saturnbeobachtungen dieses Jahrhunderts bei «verschwundenem» Ring werden eingehend für verschiedene Ringmodelle theoretisch-photometrisch diskutiert. Danach liegt die Dicke des Ringes in jedem Falle zwischen 100 m und 20 km. Petri

7704. M. S. Bobrow, On the structure of Saturn's rings. III. An estimation of the dimensions of the particles and the mass of the rings. AJ UdSSR **33** 904—911 (russ. mit engl. Ref.). — Ref. in Hemel en Dampkring **55** 124. — In diesem Teil der Arbeit werden die Grenzen der mittleren Radien der Teilchen der Saturnringe (10 cm und 10 m) und die Grenzen der Masse der Ringe (4×10^{-9} und 4×10^{-7} Saturnmassen) abgeleitet. Jeffreys Ergebnisse über die Abflachung der Ringe werden kritisiert, weil sie dem Maxwellschen Kriterium der dynamischen Stabilität widersprechen. Es wird ein gegen die vollständige Abflachung der Ringe wirkender Mechanismus vorgebracht. Verf. (gekürzt)

7705. H. Camichel, Mesure de la durée de rotation de Saturne d'après une tache. BA **20** 141—144. — Ref. in Sky and Telescope **16** 116. — Die Beobachtung eines kleinen runden Flecks ergibt eine Umdrehungsdauer von $10^h\,21^m\!.4$ für die Breite $-12^\circ\!.30$. Verf.

7706. O. Gingerich, The ringed planet Saturn. Canad. Nature 18 138—139.

7707. M. B. B. Heath, Oppositions of Saturn, 1956 to 2000. JBAA **66** 167. — Für alle Oppositionen dieses Zeitraums werden die Helligkeiten, berechnet nach der Formel von Müller unter Berücksichtigung der Ringhelligkeit, tabuliert. Bo.

7708. Y. Kozai, Five inner satellites of Saturn, 1938—1947. Ann. Tokyo Astr. Obs. (2) **4** 191—284. — Ableitung neuer Bahnelemente der fünf inneren Saturnmonde aus den Beobachtungen 1938—1947. Böh.

7709. Y. Kozai, Note on the mean longitudes of Mimas. Publ. Astr. Soc. Japan 8 91—93 = Tokyo Astr. Obs. Repr. Nr. 141. — Neue Ableitung der Konstanten in der mittleren Länge von Mimas aus den Beobachtungen 1789—1947. Böh.

7710. **E. López López,** El fantástico mundo de los anillos. El Universo Nr. 37 S. 118—119, mit 1 Fig.

7711. A coming occultation of a star by Saturn and its rings. Strolling Astronomer **10** 122—124, mit 1 Fig.

§ 78

Uranus, Neptun, Pluto, Transneptun, Transpluto

7801. **Uranus. Astrometrische Beobachtungen**

JO **39** 34—36. Vgl. Ref. **7601.**

Mem SA It (NS) **27** 191—200 = Oss. Astr. Roma Monte Mario Contr. Sci. Nr. 228. Vgl. Ref. **7601.**

TAB (2) Nr. 85 S. 875—880. Vgl. Ref. **7301.**

7802. **L. Abbey jr.,** The Uranus-Neptune section report No. 1: plans for 1957. Strolling Astronomer **10** 54, 58—59.

7803. **M. B. B. Heath,** Oppositions of Uranus, 1956 to 2000. JBAA **66** 168. — Tabelle der Oppositionszeiten im angegebenen Zeitraum.

7804. **R. L. Talley, H. G. Horak,** The phase variation of Uranus. ApJ **123** 176—178, mit 2 Fig. — Es wird die Helligkeitsänderung von Uranus als Funktion des Phasenwinkels unter Annahme isotroper Streuung in der Atmosphäre und einer Albedo 1 für Phasenwinkel von 0° bis 10° berechnet. Der tatsächliche Phasenwinkel, den Uranus erreichen kann, ist etwa 3°. Die Helligkeitsänderung mit der Phase ergibt sich für diesen Bereich zu nur $0\overset{m}{.}0006/°$. Micz.

* * Een conjunctie van Jupiter en Uranus gefotografeerd. Vgl. Ref. **7622.**

7805. **Neptun. Astrometrische Beobachtungen**

JO **39** 34—36. Vgl. Ref. **7601.**

Mem SA It (NS) **27** 191—200 = Oss. Astr. Roma Monte Mario Contr. Sci. Nr. 228. Vgl. Ref. **7601.**

TAB (2) Nr. 85 S. 875—880. Vgl. Ref. **7301.**

7806. **M. B. B. Heath,** The oppositions of Neptune, 1956 to 2000. JBAA **66** 141.

7807. Fotometrisk bestämning av rotationstiden för Neptunus. PAT **37** 72—73. — Besprechung von O. Günthers Abhandlung (vgl. AJB **55** Ref. 7808), in der eine Variation der Helligkeit Neptuns von $0\overset{m}{.}1$ deutlich nachgewiesen ist. Eine Rotationsperiode von $12^d\ 43^m\ 29^s$ wird angenommen. C. L. J.

7808. **Pluto. Astrometrische Beobachtungen**

Acta Astr. Sinica **4** Nr. 1 S. 178.

JO **39** 27—31. Positions de petites planètes, de comètes et de Pluton obtenues à l'équatorial photographique de l'Observatoire d'Alger. L. Boyer.

TAB (2) Nr. **84** S. 872—874, Nr. 88 S. 903, 905, 906, 908. H. Hirose, K. Tomita.

7809. **J. Kordylewski,** Occultations by Pluto. AA **6** 32—33, mit 1 Fig. — Vorausberechnung von fünf im ersten Halbjahr 1956 möglicherweise stattfindenden Sternbedeckungen durch Pluto sowie eines Vorübergangs vor dem Nebel NGC 3162. T. L.

7810. **J. Kordylewski,** Appulses of Pluto to stars. AA **6** 203—204.

7811. **J. Kordylewski,** Koniunkcje Plutona z gwiazdami i mgławicą. Postępy Astr. **4** 77—78.

7812. **G. P. Kuiper,** The planet Pluto. Science **124** 322. — Entgegnungen auf die kritischen Äußerungen Luytens (vgl. Ref. 7813).

7813. **W. J. Luyten,** Pluto not a planet? Science **123** 896—897. — Kritische Bemerkungen zu Erörterungen Kuipers zur Frage, ob Pluto als ehemaliger Satellit des Neptun angesehen werden kann. Weidemann

7814. La période de rotation de Pluton. BSAF **70** 79.

7815. La planète Pluton est-elle un ancien satellite de Neptune? BSAF **20** 202—203. — Ref. in Vasiona **4** 68. — Nach einer Arbeit von G. P. Kuiper.

7816. Period of rotation of Pluto. J RAS Canada **50** 189.

7817. Plutos Rotationstid. Urania København **13** 80—81.

7818. Doba Plutona. Urania Kraków **27** 147—148.

7819. Astronomer explains why Pluto is not real planet. YC 1360 S. 10—13.

Transneptun, Transpluto

7820. **M. Hegedušić,** The existence of transneptunic planets. Naučna Misao Nr. 5—6 S. 69—79 (kroat. mit engl. Ref.). — Verf. erörtert das Problem eines transplutonischen bzw. —besser — transneptunischen Planeten und teilt die Gründe mit, die ihn veranlassen, von der Existenz dieses noch unentdeckten Objekts überzeugt zu sein. Zur Zeit sollte es sich als Sternchen 18. Größe im Krebs ($\alpha = 8^h 10^m$, $\delta = +20°$) befinden. Loh.

7821. **V. Kučera,** Problem Transplutona u svijetlu svjetske astronomske literature. Astr. Bote Zagreb Nr. 3 S. 30—31.

7822. **V. Kučera,** Problem Transplutona. Astr. Bote Zagreb Nr. 4 S. 40—41.

7823. Trajanje dana na planeti Pluto. Vasiona **4** 41.

7824. The case of the lost Trans-Neptunian planet. Sky and Telescope **15** 169. — Geschichte der Fehlbeobachtung von Fergusons Stern «k». Gü.

IX. Kometen. Meteore. Meteorite. Zodiakallicht

§ 80

Kometen im allgemeinen

8001. **J. Ashbrook,** Notes on comet hunting. Sky and Telescope **15** 534.

8002. **P. B. Babadshanow,** Untersuchung der Geschwindigkeiten des Materieauswurfs aus Kometenkernen. (Zur Frage der Herkunft der Meteorströme). Moskau, Staatsuniv., 1954. — Dissertationsref. (russ.).

8003. **M. Bielicki,** O pewnych własnościach przejść komet przez sferę oddziaływania planety. Postępy Astr. **4** 190—191. — Ref. Poln. Astr. Ges.

8004. **N. T. Bobrovnikoff,** Systematic variations in the diameter of comets. AJ **61** 171—172. — Ref. AAS.

8005. **O. W. Dobrowolskij,** Über die Wärmeverhältnisse in der Oberflächenschicht eines Kometenkerns. Bull. Astr. Obs. Stalinabad Nr. 15 S. 3—9, mit 1 Abb. (russ.). — Nach Bobrownikoff ist die mittlere Geschwindigkeit der aus dem Kometenkern strömenden Materie proportional $r^{-2/3}$. Dies würde ein $r^{-4/3}$-Gesetz für die Kerntemperatur verlangen. Verf. zeigt, daß die Gesetzmäßigkeit unter gewissen Voraussetzungen theoretisch begründet werden kann; sie kann aber nur in größeren Sonnenabständen zur Geltung kommen. Plavec

8006. **O. W. Dobrowolskij,** Die Lebensdauer der Moleküle von Kometenatmosphären im L_α-Strahlungsfeld der Sonne. Bull. Astr. Obs. Stalinabad Nr. 16 S. 23—24 (russ.). — Auf Grund der neuen Bestimmungen der Intensität der Sonnenstrahlung in L_α und der Absorptionskoeffizienten von verschiedenen Molekülen in derselben Linie berechnet Verf. die mittlere Lebensdauer von neun Molekülen, die in Kometen vorkommen. Die Lebensdauer erreicht 10^7—10^{12} sec, woraus Verf. schließt, daß die Sonnenstrahlung im Gebiet zwischen 1050—1240 Å wahrscheinlich für die Photochemie der Kometen ohne Bedeutung ist. Plavec

8007. **O. W. Dobrowolskij,** Über die Genauigkeit der Bestimmung der Beschleunigungen in den Schweifen der Kometen des 1. Typs und die Möglichkeit der Erkennung ihrer systematischen Veränderungen. Bull. Astr. Obs. Stalinabad Nr. 18 S. 5—11 (russ.). — Zur Untersuchung systematischer Beschleunigungsveränderungen gibt es wenigstens zwei Methoden: 1.) die Verfolgung des Weges einzelner wolkiger Gebilde im Lauf der Zeit, 2.) die statistische Zusammenstellung der Beschleunigungen gleichzeitig beobachteter Gebilde. Aus besonders zuverlässigen und zahlreichen, nach der 1. Methode diskutierten Beobachtungen des Kometen Morehouse (1908) ergibt sich, daß man weder über die Veränderlichkeit noch über die Konstanz der abstoßenden solaren Kraft eine Aussage machen kann. Demgegenüber erlaubt die 2. Methode aus dem reichhaltigen Material einige systematische Beschleunigungsänderungen ziemlich sicher zu erkennen. Loh.

8008. **B. Donn, H. C. Urey,** On the mechanism of comet outbursts and the chemical composition of comets. ApJ **123** 339—342. — Es wird vorgeschlagen, explosiv verlaufende chemische Reaktionen von freien Radikalen und instabilen Molekülen als Ursache für in Kometen beobachtete Ausbrüche anzunehmen. Die Hypothese findet Unterstützung durch neue Experimente über das Verhalten von freien Radikalen bei tiefen Temperaturen. Korpuskelstrahlung von der Sonne kann als auslösendes Agens wirken. Die Möglichkeit einer Prüfung dieser Auffassung durch Beobachtungen wird erörtert. Micz.

8009. **S. Gossner,** Comets. Nature Mag. **49** 156—157, 162.

8010. **L. Haser,** Sur la production des radicaux libres dans les comètes. Bull. Cl. Sci. Acad. roy. Belgique (5) **42** 813—816 = Inst. d'Astrophys. Univ. Liège Mém. 8° Nr. 379. — Verf. schlägt einen Mechanismus zur Bildung von freien Radikalen in Kometen vor. Er kann damit die Existenz der verschiedenen Radikale sowie einige Besonderheiten im Kometenspektrum qualitativ erklären. Henn

8011. **C. Luplau Janssen,** Kometer. Urania København **13** 53—57. — Unser heutiges Wissen über die Natur und Bewegung der Kometen. C. L. J.

8012. **E. N. Kramer,** Über Kometenradianten. Bull. Astr.-Geod. Ges. UdSSR Nr. 17 S. 39—45 (russ.). — Ref. in RJ 1957 Nr. 1 S. 80.

8013. **S. G. Makower,** Über die Bestimmung der ursprünglichen Bahnen der langperiodischen Kometen. BIA **6** 244—248, mit 1 Abb. (russ.). — Verf. schlägt vor, die ursprünglichen Bahnen der langperiodischen Kometen mittels einer Methode der Elementenstörungen zu berechnen, in der nicht die Zeit, sondern die wahre Anomalie als unabhängige Variable angenommen wird. Plavec

8014. **D. O. Mochnatsch,** Die Verteilung der scheinbaren Dichte im Kopf eines Kometen und der Einfluß derselben auf die Bestimmung der Kometenbahnen. BIA **6** 269—311, mit 8 Abb. (russ. mit deutsch. Ref.). — Wenn das photometrische Zentrum des Kometenkopfes mit dem Schwerezentrum nicht zusammenfällt, können dadurch systematische Fehler in der Bahnbestimmung vorkommen. Verf. entwirft ein Modell des Kometenkopfes und zeigt, daß unter gewissen Bedingungen diese Fehler eine säkulare Verringerung der Periode vortäuschen können. In dieser Weise können möglicherweise verschiedene Anomalien der Kometenbewegungen erklärt werden. Plavec

8015. **D. O. Mochnatsch,** Über die säkulare Beschleunigung und Verzögerung der Bewegung der kurzperiodischen Kometen. DAN **111** 50—53 (russ.).— Da sich bis heute noch keine rechte Erklärung für die obengenannten Effekte geben ließ, versucht Verf., sie durch systematische Fehler bei der Bestimmung der Kometenkoordinaten zu erklären. Diese Fehler entstehen dadurch, daß der photometrische Mittelpunkt des Kometenkopfes nicht mit dem gravitativen zusammenfällt. Die Auswirkungen dieses Umstandes werden an einem Beispiel demonstriert. Im besonderen zeigt sich, daß aus Beobachtungen vor bzw. nach dem Perihel eine Beschleunigung bzw. Verzögerung folgt. «Es ist daher schwer, an die Realität der aus den Beobachtungen erhaltenen säkularen Veränderungen der Bahnelemente eines Kometen zu glauben». Loh.

8016. **S. W. Orlow,** The brightness of comets and activity on the solar surface. AJ UdSSR **33** 377—381, mit 4 Fig. (russ. mit engl. Ref.).— Die Helligkeitsschätzungen von Campbell für den Kern des Halleyschen Kometen 1909—10 zeigen einen deutlichen Zusammenhang mit dem Polarlicht und mit den Wolfschen Fleckenrelativzahlen. Dagegen deuten die Helligkeitsschwankungen des gesamten Kopfes des Kometen keinen solchen Zusammenhang an. Plavec

8017. **S. W. Orlow,** Radiation pressure and the gaseous tails of comets. AJ UdSSR **33** 835—839, mit 1 Tafel (russ. mit engl. Ref.). — Die Kometenschweife bestehen aus CO^+. Die Repulsivkräfte $(1 + \mu)$ sind Vielfache von 22.3. Verwendet man im Ausdruck für die Repulsivkraft zu deren Berechnung statt der (unbekannten) Oszillatorenstärken die Intensitäten der CO^+-Banden, dann ergeben sich mit den Beobachtungen übereinstimmende $(1 + \mu)$-Werte sowie deren Vielfache. Jedes einzelne CO^+-Molekül in einem wolkigen Gebilde des Kometenschweifes absorbiert also nur Quanten bestimmter Frequenzen. Verf. (gekürzt)

8018. **S. M. Poloskow,** Conditions of molecule visibility (observability) in comet atmospheres. AJ UdSSR **33** 144—150, mit 2 Fig. (russ. mit engl. Ref.). — Die Gleichförmigkeit der beobachteten Kometenspektren wird unter besonderer Berücksichtigung solcher Verbindungen, die sich trotz vermutlicher Häufigkeit der spektrographischen Beobachtung entziehen, theoretisch gedeutet. Petri

8019. **J. G. Porter,** Reports on the progress of astronomy: Comets (1955). MN **116** 220—228. — Die darin aufgeführten Kometen sind in § **81** enthalten.

8020. **P. Proisy,** Analyse du spectre de l'ammoniac d'après les observations faites au laboratoire et l'étude des spectres de comètes. Ann. Physique (13) **1** 745—764 = Publ. Obs. Lyon **3** Nr. 27. — Für im Laboratorium unter verschiedenen Anregungsbedingungen erhaltene Spektren des NH_3 gibt Verf. eine detaillierte Untersuchung der einzelnen Bandensysteme. Ein Vergleich mit Kometenspektren ermöglicht die Identifizierung der in letzteren auftretenden NH_3-Banden. Henn

8021. **P. Proisy,** L'analyse du spectre de l'ammoniac et les spectres des comètes. CR **242** 2920—2922. — Ref. in Phys. Abstracts (A) **59** 796.

8022. **P. Proisy,** Analyse des bandes de NH_2 observées dans la partie visible du spectre de l'ammoniac, à partir de l'étude des spectre de comètes. CR **243** 1305—1307. — Laboratoriumsversuche zeigen, daß das

NH_2-Spektrum im Wellenlängengebiet 5100 bis 6400 Å aus zwei Banden-Systemen besteht, von denen das eine (λ = 6300, 5703, 5162 Å) im Kometenspektrum beobachtet wird, während das andere (6261, 5671, 5136 Å) nie auftritt. Labs

8023. **K. Rudnicki,** O kometach i meteorach. Warszawa, Panstw. Wydawn. Popular.-Nauk, 1955. 2. Auflage. 36 S. mit Abb. Preis 0.90 zł.

8024. **F. J. Sigel,** Was sind Kometen. Moskau, Technischer Staatsverlag, 1956. 32 S. mit Abb. Preis 45 Kop. (russ.).

8025. **K. A. Steins,** Sur la question des perturbations du mouvement des comètes provenant des étoiles. AJ UdSSR **33** 756—760, mit 1 Fig. (russ. mit französ. Ref.). — Die Frage der Zugehörigkeit der Kometen zum Sonnensystem wird als ein Fall der Bewegung im Gravitationsfeld von zwei festen Zentren (Sonne und Nachbarstern) behandelt. Bedingungen für die Stabilität des Kometensystems für verschiedene Massen des Sterns werden behandelt. Verf. schließt, daß die Kometen dem Sonnensystem angehören und daß ihre Perihele in einer Kugel von 1000 A. E. Halbmesser liegen. Keine ausgeprägten Maxima der Perihelverteilung sind zu erwarten. Plavec

8026. **O. Struve,** The spectra of comets. Sky and Telescope **15** 489—492, mit 7 Fig. — Ref. in Coelum **25** 59—60. — Ausführlicher Bericht über P. Swings, L. Haser, Atlas of Representative Cometary Spectra (Ref. 8028). Behr

8027. **P. Stumpff,** Über die stereoskopische Kombination von Kometenaufnahmen. AN **283** 193—210, mit 11 Fig. — Es wird gezeigt, daß die Beschreibung einer «Stereoaufnahme» des Kometen Morehouse (1908c) durch M. Wolf keine Schlüsse auf die räumliche Struktur des Schweifes gestattet. Das Stereobild entspricht im Bereich der Meßgenauigkeit vollständig den Bewegungsvorgängen im Schweif, insbesondere dem Herandrehen der Schweifstrahlen an die primäre Schweifachse. Verfahren zur Bestimmung der Bewegungsvorgänge unter Verwendung der stereoskopischen Betrachtungsweise werden beschrieben. Verf.

8028. **P. Swings, L. Haser,** Atlas of Representative Cometary Spectra. Liège, Université de Liège, Institut d'Astrophysique, 1956. 37 S. mit 23 Tafeln. — Besprechung in Ann d'Astrophys **19** 210—212 (F. Baldet), BSAF **71** 360—361, Ciel et Terre **72** 311 (J. Hunaerts), Obs **77** 76 (D. E. Blackwell), Sterne **33** 77—78 (N. Richter), ZfA **39** 270—271 (A. Unsöld).

8029. **W. I. Tscherednitschenko,** Die Rolle der Korpuskularstrahlung der Sonne in physikalischen Prozessen in Kometen. Kiew, Univ., 1956 (russ.). — Dissertationsreferat.

8030. **V. Vanýsek,** Physikalische Struktur der Kometen. Pokroky 1 156—169, mit 7 Fig. (tschechisch).

8031. **V. L. Wallace,** Surface brightness of comet models. AJ **61** 191. — Ref. AAS.

8032. **W. A. Waterton, H. Timothy,** Comet riddle. Muller, 1955. 160 S. mit Abb. Preis 10 s. 6 d.

8033. **T. W. Wodopjanowa,** Absolute Größen der Kometen von 1953 und 1954. AC Nr. 169 S. 3—5 (russ.). — Es werden die absoluten Helligkeiten der Kometen gegeben, die in den Jahren 1953 und 1954 beobachtet wurden, außerdem die der Kometen 1952 e, 1952 f, 1955 a und 1955 b. Plavec

8034. **S. K. Wsechswjatskij,** A catalogue of absolute magnitudes of comets. AJ UdSSR **33** 516—548 (russ. mit engl. Ref.). — Von 794 Kometen werden Bahnelemente, ekliptikale Perihelkoordinaten, die photometrischen Hilfsgrößen y und H_y, die mit dreistufiger Genauigkeitsabschätzung versehenen absoluten Helligkeiten H_{10} und Daten über die Sichtbarkeit des Schweifs (unbewaffnet oder teleskopisch) mitgeteilt. Petri

8035. Comet diameters. Sky and Telescope **15** 359. — Ref. AAS. — Ref. in Sterne **32** 242.

8036. Sjaj komete i Sunčeve pege. Vasiona **4** 88.

8037. Provisional list of uncertain comets. Yamamoto Observatory, 1956. 32 S. — Die Liste enthält alle Erscheinungen von Kometen zwischen 2350 v. Chr. und 1955 n. Chr., die nicht durch weitere Beobachtungen bestätigt worden sind. U. Baehr

§ 81

Einzelne Kometen

8101. **C. Hoffmeister,** Photographische Aufnahmen von Kometen. Veröff. Sternw. Sonneberg **4** Heft 1, 2 S. und 58 Tafeln.

8102. **R. S. Mitrinović,** Sur les comètes observées en 1955 année. Bull. Soc. Math. Phys. Serbie **8** Nr. 1—2 S. 77—82 (serb. mit französ. Ref.). — L'auteur a résumé brièvement les circonstances des découvertes et les résultats d'observations de six comètes nouvelles et de trois comètes périodiques, observées au cours de 1955. Milošević

8103. Definitive Bezeichnung von Kometen. NAZ **10** 1, MN **116** 225.

Kometen. Gruppe (1) [1]

Anmerkung: Ein Pluszeichen (+) innerhalb einer Klammer zeigt an, daß außer Beobachtungen eines Kometen auch Elemente bzw. eine Ephemeride gegeben sind.

8104. **Ashbrook-Jacksonscher Komet (1955c = 1948 IX)**

AC Nr. 169 S. 3 (Eph); AJ **61** 391—394 = LOB Nr. 546; BAAH 1956 S. 48 (El, Eph), 1957 S. 48 (Eph); Bull. Soc. Math. Phys. Serbie **8** 77; MN **116** 220 (+ El); NAZ **10** 7 (Eph); NAZvM Nr. 307 (Eph); Obs **76** 202; UAI Circ 1544 (Eph), 1577 (Eph); UC **6** 258.

8105. **D'Arrestscher Komet (1950 II = 1943 III)**

AC Nr. 168 S. 3 (Eph); BAAH 1956 S. 54 (El, Eph), 1957 S. 51 (Eph); UAI Circ 1535 (Eph).

I. Mitani übernimmt die Bearbeitung des D'Arrestschen Kometen (1950 II). YC 1388 S. 12.

8106. **Zweiter Brooksscher Komet (1953 V = 1946 IV)**

A. D. Dubjago, Die Bewegung des periodischen Kometen Brooks 1925—1960. Abh. Lenin-Staatsuniv. Kasan **116** Nr. 6 S. 3—31 = Bull. Astr. Engelhardt-Obs. Kasan Nr. 32 S. 3—31 (russ.).

A. D. Dubjago, Die Wiederkehr des periodischen Kometen Brooks 2 im Jahre 1960. AC Nr. 168 S. 6—7 (russ.).

8107. **Comas-Soláscher Komet (1952 VII = 1944 II)**

JO **39** 31.

8108. **Crommelinscher Komet (1956 g = 1928 III)** [2]

Auffindung: L. Pajdušáková, Lomnicky Štit, 1956 Sept. 29. Gleichzeitig aufgefunden von M. J. Hendrie, Westcliffe-on-Sea.

---

[1] Vgl. AJB **48** S. 210 Anmerkung.

[2] In Publ. Kwasan Obs. **1** Nr. 4 mit 1928 IV bezeichnet.

AC Nr. 171 S. 1 (Eph), Nr. 174 S. 1; BAA Circ 378 (+ Eph); BAAH 1956 S. 50 (El, Eph); Harv Card 1339, 1340; MN **116** 220 (+ El); NAZ **10** 11 (El, Eph), 23 (+ Eph); NAZvM Nr. 298; Obs **76** 202; UAI Circ 1539 (Eph), 1565, 1566 (Eph), 1567 (+ Eph), 1568, 1570; Vereinigung der Sternfreunde Nachrichtenblatt **5** 65; YC 1359, 1394 (+ Eph), 1395, 1396 (Eph).

R. Weber, R. Rigollet, Comète périodique Crommelin 1956g. DOB **9** Nr. 12 Fasc. 3.

Sky and Telescope **16** 17. Comet Crommelin recovered.

8109. **Danielscher Komet (1950 V = 1943 IV)**

BAAH 1957 S. 55 (El, Eph); Publ ASP **68** 467; UAI Circ 1562 (El, Eph), 1576 (Eph).

8110. **Enckescher Komet (1953f = 1950e)**

BAAH 1957 S. 54 (El, Eph); MN **116** 220 (El); TAB (2) Nr. 82 S. 849, Nr. 88 S. 910; UC **6** 258.

S. G. Makower, Der Komet Encke-Backlund. II. Bestimmung der Merkurmasse aus den Beobachtungen des Kometen 1937—1954. Publ. Inst. Theoret. Astr. Leningrad Nr. 6 S. 67—79 (russ.). — Die Masse Merkurs wird aus den Beobachtungen des Kometen Encke-Backlund in den Jahren 1937—1954 bestimmt. Der gefundene Wert $m = 1 : 6280000$ ($\pm$ 350000 w. F.) unterscheidet sich von älteren Bestimmungen nach derselben Methode, stimmt aber gut mit den neueren Werten überein, die auf anderem Weg gefunden wurden (Clemence 1949 aus der Bewegung des Perihels der Erde, Rabe 1950 aus der Bewegung von Eros). Der Komet kam 1947 sehr nahe an Merkur (bis auf 0.04 A. E.), so daß die Störung der mittleren Bewegung durch Merkur ausnahmsweise größer war als die säkulare Beschleunigung des Kometen, wodurch sich die größere Genauigkeit der Massenbestimmung im Verhältnis zu den älteren erklärt. Plavec

S. K. Wsechswjatskij, Über die Helligkeitsänderung des Kometen Encke-Backlund. Publ. Astr. Obs. Kiew Nr. 7 S. 31—44 (russ.). — Verf. stellt die Helligkeitsschätzungen des Kometen Encke-Backlund aus den Jahren 1786—1951 zusammen. Er findet eine zwar nicht regelmäßige, doch immer fortlaufende Abnahme, die mehr als 1^m pro Jahrhundert ausmachen dürfte. Das einfache Gesetz $J = J_0 \Delta^{-2} r^{-n}$ ist nicht streng erfüllt, vielmehr ist für $r < 1$ die Helligkeitsänderung mäßiger als für $r > 1$. Es scheint kein ausgeprägter Unterschied in der Helligkeitsänderung vor und nach dem Periheldurchgang zu bestehen. Plavec

8111. **Fayescher Komet (1954 e = 1947 IX)**

AJ **61** 380—382 = LOB Nr. 545; MN **116** 220; TAB (2) Nr. 88 S. 910.

8112. **Giacobini-Zinnerscher Komet (1946 V = 1940 I)**

MN **116** 220 (El).

8113. **Grigg-Skjellerupscher Komet (1956 i = 1952 IV)**

Auffindung: K. Tomita, Tokyo, 1956 Dez. 29.

AC Nr. 173 S. 3 (El, Eph); BAAH 1957 S. 50 (El, Eph); BSAF **70** 489; MN **116** 220 (El); NAZ **10** 21 (El, Eph); NAZvM Nr. 307 (Eph); TAB (2) Nr. 82 S. 849, 852; UAI Circ 1562 (El, Eph), 1576 (Eph), 1579.

8114. **Halleyscher Komet (1910 II = 1835 III)**

M. Kamieński, The probable apparition of Halley's comet in 2320 b.C. AA **6** 3—23, mit 4 Fig. — Nach den Untersuchungen des Verf. besteht große Wahrscheinlichkeit, daß der bei Lubieniecki genannte Komet vom Jahre 2320 v. Chr. der Halleysche ist. Böh.

M. Kamieński, Halley's comet and early chronology. JBAA **66** 127—131. — Die Anwendung der vom Verf. hergeleiteten Formel für den Periheldurchgang des Halleyschen Kometen ermöglicht es, eine Anzahl von Kometenerscheinungen, die im Verzeichnis von Baldet enthalten sind, mit dem Halleyschen Kometen zu identifizieren. Wendet man die Formel auf das Jahr −2319 an, so stehen die Rechenergebnisse in guter Übereinstimmung mit den Besonderheiten, die über einen Kometen aus dieser Zeit überliefert sind. Eine in die Zeit Abrahams und Hammurabis fallende Kometenerscheinung ist ferner von chronologischem Interesse. Auf weitere Möglichkeiten, in Berichten über Kometenbeobachtungen im Altertum den Halleyschen Kometen zu erkennen, wird hingewiesen. U. Baehr

D. J. Schove, Halley's comet and Kamieński's formula. JBAA **66** 131—139, mit 6 Fig. — Kamieński hat unter Verwendung geschichtlich belegter Beobachtungen analytische Ausdrücke für die Zeit des Periheldurchgangs und für die daraus folgende Umlaufperiode des Halleyschen Kometen hergeleitet. Aus den Störungen durch die Planeten ergeben sich positive und negative Abweichungen gegen Periheldurchgänge, die mit einer mittleren Umlaufzeit berechnet sind. An Hand von graphischen Darstellungen wird in großen Zügen gezeigt, welche Korrektionsglieder in den analytischen Ausdrücken auftreten müssen, damit diese zu einer befriedigenden Darstellung sowohl der Perihelzeiten als auch der Umlaufperiode führen. Der letzte Abschnitt behandelt Kamieńskis Quellenmaterial. U. Baehr

8115. **Harringtonscher Komet (1952 II = 1951 k)**

NAZ **10** 28 (El); TAB (2) Nr. 82 S. 852; UAI Circ 1562.

K. Mayrhofer untersucht die Bewegung des Kometen und seine möglicherweise bestehende Identität mit dem 2. Wolfschen Kometen (1925 I). NAZ **10** 23, UAI Circ 1562.

8116. **Honda-Mrkos-Pajdusakovascher Komet (1954 a = 1948 XII)**

TAB (2) Nr. 88 S. 904; UC **6** 258.

8117. **Johnsonscher Komet (1956 f = 1949 II)**

Auffindung: J. A. Bruwer, Union Obs. Annexe, Hartbeespoort, Südafrika, 1956 Aug. 6.

AC Nr. 168 S. 3 (Eph); BAA Circ 378; BAAH 1956 S. 49 (El, Eph), 1957 S. 49 (Eph); Kop Akt Medd 384; NAZ **10** 17 (El, Eph), 21; Obs **76** 202; UAI Circ 1561, 1568, 1576 (Eph); YC 1393 (+Eph), 1394 (Eph).

8118. **Kopffscher Komet (1951 VII = 1945 V)**

AC Nr. 175 S. 2 (Eph); BAAH 1957 S. 55 (El, Eph); NAZ **10** 28 (El, Eph); TAB (2) Nr. 82 S. 851; UAI Circ 1571 (Eph), 1574 (Eph).

F. Kępiński, Ephemeris of the periodic comet 1906 IV (Kopff). AA **6** 194—195.

F. Kępiński, O przebiegu prac nad ruchem okresowej komety 1906 IV (Kopff). Postępy Astr. **4** 145—146. — Ref. Poln. Astr. Ges.

8119. **Olbersscher Komet (1956 a = 1887 V)**

Auffindung: A. Mrkos, Lomnicky Štit, 1956 Jan. 4.

AC Nr. 167 S. 1 (+Eph), Nr. 169 S. 2 (Eph), Nr. 174 S. 2, Nr. 175 S. 4; BAA Circ 372 (+Eph), 374 (Eph), 376, 377 (+Eph), 378 (Eph); BSAF **70** 107; DOB **9** Nr. 3; Harv Card 1318; JBAA **66** 310, **67** 45; Kop Akt Medd 381; NAZ **10** 1, 17, 21 (Eph); NAZvM Nr. 292, 293 (Eph), 294; Obs **76** 202; Sky and Telescope **16** 40; UAI Circ 1536 (+Eph), 1537, 1538, 1539, 1541 (Eph), 1550, 1554 (Eph), 1556, 1558, 1561, 1564 (Eph); Vereinigung der Sternfreunde Nachrichtenblatt **5** 48, 51; YC 1352 (+Eph), 1357 (+Eph), 1359, 1373, 1375 (Eph).

A. M. Bacharew, Die Integralhelligkeit des Kometen Olbers (1956a). AC Nr. 173 S. 4—5 (russ.).

A. M. Bacharew, Der Schweiftyp des Kometen Olbers (1956a). AC Nr. 174 S. 1—2, mit 1 Abb. (russ.).

W. Wenzel, Komet Olbers. Sterne **32** 246—247, mit 2 Fig.

Sky and Telescope **15** 518, mit 2 Fig. The return of comet Olbers (1956a).

8120. **Otermascher Komet (1950 III = 1942 VII)**

AC Nr. 170 S. 3 (Eph), Nr. 175 S. 3 (Eph); AJ **61** 391—394 = LOB Nr. 546;

BAAH 1956 S. 58 (Eph), 1957 S. 57 (Eph); Harv Card 1336 (Eph), 1337 (Eph); MN **116** 220; UAI Circ 1551 (Eph), 1569 (Eph).

A. W. Fokin, Untersuchung der Bewegung des Kometen Oterma 3, 1942 VII. Leningrad, Astr. Hauptobs., 1956 (russ.). — Dissertationsreferat.

8121. **Perrine-Mrkosscher Komet** (**1955 i** = **1909 III**)

Acta Astr. Sinica **4** 178; AJ **61** 391—394 = LOB Nr. 546; Bull. Soc. Math. Phys. Serbie **8** 77; Japan Astr. Study Ass. Circ. Nr. 140 (El); MN **116** 220 (+El); NAZvM Nr. 279 (El, Eph), Nr. 282; TAB (2) Nr. 82 S. 853; UAI Circ 1556; UC **6** 258; YC 1377 (Eph).

8122. **Pons-Brooksscher Komet** (**1953 c** = **1884 I**)

TAB (2) Nr. 82 S. 853, Nr. 84 S. 873, Nr. 88 S. 906.

W. G. Rijwes, Photometrische Beobachtungen des Kometen Pons-Brooks 1953c. AC Nr. 168 S. 9—10 (russ.).

8123. **Pons-Winneckescher Komet** (**1951 VI** = **1945 IV**)

BAAH 1957 S. 52 (El, Eph); MN **116** 220 (El).

L. J. Ananjewa, Der Komet Winnecke in den Jahren 1933—1939. Abh. Uljanow-Lenin-Staatsuniv. Kasan **116** Nr. 1 S. 77—82 (russ.) = Publ. Städt. Astr. Obs. Staatsuniv. Kasan Nr. 32 S. 77—82.

8124. **Schaumassescher Komet** (**1952 III** = **1943 V**)

Publ. Astr. Obs. Kiew Nr. 7 S. 113; TAB (2) Nr. 82 S. 852.

W. G. Rijwes, Photometrische Beobachtungen des Kometen Schaumasse 1951l. AC Nr. 168 S. 9—10 (russ.).

8125. **Erster Schwassmann-Wachmannscher Komet** (**1941 VI** = **1925 II**)

AJ **61** 380—382 = LOB Nr. 545; BAAH 1956 S. 57 (Eph), 1957 S. 58 (Eph); Harv Card 1333 (Eph), 1334 (Eph), 1335 (Eph), 1336 (Eph); MN **116** 220; NAZ **10** 1 (Eph); Obs **76** 202.

8126. **Zweiter Schwassmann-Wachmannscher Komet** (**1954g** = **1948 VII**)

AC Nr. 167 S. 5; Acta Astr. Sinica **4** 178; AJ **61** 380—382 = LOB Nr. 545; MN **116** 220 (+El); TAB (2) Nr. 88 S. 908.

8127. **Zweiter Tempelscher Komet** (**1956 e** = **1951 VIII**)

Auffindung: G. van Biesbroeck, Fort Davis, 1956 Mai 5.

AC Nr. 168 S. 4 (Eph), Nr. 170 S. 1; BAA Circ 376; BAAH 1956 S. 53 (El, Eph); Harv Card 1330; Kop Akt Medd 384; NAZ **10** 15; NAZvM Nr. 294; UAI Circ 1554; YC 1394 (Eph).

T. Seki übernimmt die Bearbeitung des Kometen. YC 1388 S. 12.

8128. **Tuttlescher Komet** (**1939 X** = **1926 IV**)

V. Abalakin übernimmt die Bahnbestimmung des Kometen. NAZ **10** 23, UAI Circ 1565, YC 1396 S. 5.

8129. **Tuttle-Giacobini-Kresakscher Komet** (**1951 IV** = **1907 III**)

BAAH 1956 S. 52 (El, Eph), 1957 S. 49 (Eph); MN **116** 220 (El); TAB (2) Nr. 82 S. 852; UAI Circ 1538 (Eph).

H. Araki übernimmt die Bearbeitung des Kometen. YC 1388 S. 12.

8130. **Whipplescher Komet** (**1955 d** = **1948 VI**)

AJ **61** 380—382, 391—394 = LOB Nr. 545, 546; Bull. Soc. Math. Phys. Serbie **8** 77; Harv Card 1320 (Eph), 1321 (Eph); MN **116** 220 (+El); UAI Circ 1537 (Eph).

8131. **Erster Wolfscher Komet** (**1950 VI** = **1942 VI**)

M. Kamieński, Comet P/Wolf I in 1950/1951. AA **6** 74—81.

M. Kamieński, Researches on the origin of the Comet P/Wolf I. XII. The motion of the comet under the influence of Jupiter and Saturn during the period 1760 Jan. 14.5—1750 Jan. 16.5. AA **6** 153—193, mit 1 Fig.

Kometen. Gruppe (2) [3]

8132. Komet 1916 I Taylor

AC Nr. 167 S. 2 (Eph); Japan Astr. Study Ass. Circ. Nr. 141 (El, Eph), 144/145 (Eph); UAI Circ 1535 (El, Eph), 1552 (Eph); YC 1357 (El), 1367 (+Eph), 1373 (Eph).

8133. Komet 1925 III [4] (= 1925 b) Reid

S. Wierzbiński, Supplément à l'orbite définitive de la comète 1925 III Reid. JO **39** 124—126. — Die Bahnverbesserung des Kometen 1925 III Reid in Contr. Wrocław Astr. Obs. Nr. 10 (AJB **55** Ref. 8139), bei welcher die Koordinaten der Sonnenephemeride nach Kahrstedt (AN **256** 305 und **266** 15) angebracht worden waren, wird durch Reduktion auf Ephemeridenzeit revidiert und führt auf neue definitive Elemente; es zeigt sich, daß anderweitig veröffentlichte Elemente ebenfalls als endgültig anzusehen sind. Die Arbeit enthält auch einen Vergleich zwischen den Kahrstedtschen Korrektionen und den nach Reduktion auf Ephemeridenzeit erhaltenen. Böh.

8134. Komet 1925 VI [5] (= 1925 a) Shajn-Comas Solá

O. N. Bartenewa, Bestimmung der ursprünglichen Bahn des Kometen 1925 VII (Shajn-Comas Solá). BIA **6** 249—254, mit 2 Abb. (russ.). — Es wird der ursprüngliche Wert der großen Halbachse der Bahn des Kometen 1925 VII für den Zeitraum von 1885—1966 berechnet, wobei sich Verf. der Methode von Makower bedient. Die Ergebnisse stimmen gut mit denen von Schmakowa (1953) überein. Während die oskulierende Bahn beim Periheldurchgang eine Hyperbel war ($e =$ 1.0019), sind die Bahnen für die Epochen 1885 sowie 1966 Ellipsen. Plavec

8135. Komet 1930 IV (= 1930 b) Beyer

M. A. Dīriķis. Vgl. Ref. 4502.

8136. Komet 1930 VI (= 1930 d) Schwassmann-Wachmann 3 (P)

D. A. Kondratjewa (Kalnin), Bestimmung der definitiven Bahn des Kometen Schwassmann-Wachmann 3, 1930 VI. Publ. Astr. Sektor Inst. Phys. Akad. Wiss. Lett. Sowjetrepublik **6** 67—122, mit 4 Fig. (russ.).

8136a. Komet 1939 I (= 1939 a) Kozik-Peltier

C. Hoffmeister. Vgl. Ref. 8101.

8137. Komet 1939 III (= 1939 d) Jurlof-Achmarof-Hassel

AC Nr. 168 S. 7 (+El); MN **116** 220 (El); NAZ **10** 18 (El).

L. M. Belous, Bestimmung der endgültigen Bahn des Kometen Jurlow-Achmarow-Hassel (1939 III). Kiew, Univ., 1956 (russ.). — Dissertationsreferat.

C. Hoffmeister. Vgl. Ref. 8101.

8138. Komet 1941 I (= 1940 c) Cunningham

C. Hoffmeister. Vgl. Ref. 8101.

8139. Komet 1941 IV (= 1941 c) de Kock-Paraskevopoulos

C. Hoffmeister. Vgl. Ref. 8101.

8140. Komet 1943 I (= 1942 g) Whipple-Fedtke-Tevsadse

C. Hoffmeister. Vgl. Ref. 8101.

8141. Komet 1944 III (= 1944 c) Du Toit 1

YC 1361 (+El, Eph).

---

[3] Vgl. AJB. **48** S. 210 Anmerkung.
[4] In Publ. Kwasan Obs. **1** Nr. 4 mit 1925 IV bezeichnet.
[5] In Publ. Kwasan Obs. **1** Nr. 4 mit 1925 VII bezeichnet.

8142. Komet 1944 IV van Gent

NAZ **10** 23 (El).
A. Przybylski, Definitive orbit of comet 1944 IV (van Gent). AA **6** 117—125.

8143. Komet 1946 I (= 1946 a) Timmers

M. A. Dīriķis. Vgl. Ref. **4502**.

8144. Komet 1947 I (= 1946 k) Bester

TAB (2) Nr. 82 S. 849.

8145. Komet 1947 XII (= 1947 n) Southern Comet

L. G. Babitsch, Bestimmung des Schweiftyps des Kometen 1947 n (1947 XII). Mitt. Sternberg-Inst. Nr. 99 S. 42—43, mit 1 Abb. (russ.) — Aus einer Aufnahme von Paraskevopoulos, die nach der Orlowschen Methode bearbeitet wird, schließt Verf., daß der Hauptschweif dem II. Typ, der Nebenschweif dem I. Typ und der sehr schwache dritte Schweif dem III. Typ angehörten. Plavec

8146. Komet 1948 IV (= 1948 g) Honda-Bernasconi

TAB (2) Nr. 82 S. 850.
K. Hurukawa übernimmt die Bearbeitung des Kometen. NAZ **10** 18, UAI Circ 1551.

8147. Komet 1948 V (= 1948 d) Pajdusakova-Mrkos

TAB (2) Nr. 82 S. 850.

8148. Komet 1948 XI (= 1948 l) Eclipse Comet

TAB (2) Nr. 82 S. 850.
A. M. Bacharew, Bestimmung des Schweiftyps des Kometen 1948 XI. DAN Tadshik. Sowjetrepublik Nr. 15 S. 41—43 (russ.). — Ref. in RJ 1956 Nr. 11 S. 58.

8149. Komet 1949 IV (= 1949 c) Bappu-Bok-Newkirk

TAB (2) Nr. 88 S. 910.

8150. Komet 1949 VI (= 1949 e) Shajn-Schaldach (P)

BAAH 1956 S. 55 (El, Eph); MN **116** 220 (El); NAZ **10** 15 (El, Eph); Obs **76** 202; TAB (2) Nr. 88 S. 910; UAI Circ 1539.
A. D. Dubjago, Die Bewegung des periodischen Kometen 1949 VI Shajn-Schaldach in den Jahren 1928—1937. AJ UdSSR **33** 382—390, mit 1 Fig. (russ. mit deutsch. Ref.) = Astr. Engelhardt-Obs. Kasan Sonderdruck Nr. 2. — Aus den Beobachtungen von 1949 wird die Kometenbahn für die Zeit vor der großen Annäherung an Jupiter (1946) berechnet. Die Bahn in den Jahren 1928—1937 war nahezu kreisförmig: $e = 0.106$ im Jahre 1928. Es wird eine Hypothese vorgeschlagen, daß die periodischen Kometen in der Bewegungszone Jupiters durch Agglomeration von festen Partikeln und gefrorenen Gasen gebildet werden. Plavec
Y. Yabu übernimmt die Bearbeitung des Kometen. YC 1388 S. 12.

8151. Komet 1950 I (= 1949 a) Johnson

TAB (2) Nr. 88 S. 909.

8152. Komet 1950 VII (= 1951 b) Arend-Rigaux (P)

BAAH 1957 S. 53 (El, Eph); UAI Circ 1566 (El, Eph); YC 1393 (El, Eph).

8153. Komet 1952 I (= 1951 i) Wilson-Harrington

TAB (2) Nr. 88 S. 910.

8154. Komet 1952 V (= 1952 c) Mrkos

Publ. Astr. Obs. Kiew Nr. 7 S. 113.

8155. Komet 1952 VI (= 1952 d) Peltier

Publ. Astr. Obs. Kiew Nr. 7 S. 113.

8156. **Komet 1953 I (= 1952e) Harrington**
TAB (2) Nr. 82 S. 852.
W. G. Rijwes, Photometrische Beobachtungen des Kometen Harrington 1952e. AC Nr. 168 S. 9—10 (russ.).

8157. **Komet 1953 II (= 1952f) Mrkos**
JO **39** 31.

8158. **Komet 1953 III (= 1953a) Mrkos-Honda**
JO **39** 31; TAB (2) Nr. 82 S. 853, Nr. 84 S. 871.

8159. **Komet 1953g Abell**
Japan Astr. Study Ass. Circ. Nr. 141 (Eph); MN **116** 220 (El); TAB (2) Nr. 82 S. 853, Nr. 88 S. 907; UAI Circ 1535 (Eph); UC **6** 258.
W. G. Rijwes, Photometrische Beobachtungen des Kometen Abell 1953g. AC Nr. 168 S. 9—10 (russ.).
J. Febrer übernimmt die Bearbeitung des Kometen 1953g Abell. NAZ **10** 23, UAI Circ 1565, YC 1396 S. 5.

8160. **Komet 1953h Pajdusakova**
TAB (2) Nr. 82 S. 853, Nr. 84 S. 873; UAI Circ 1544 (+Eph).

8161. **Komet 1954d Kresak-Peltier**
UC **6** 258.

8162. **Komet 1954f Vozarova**
I. Hasegawa übernimmt die definitive Bahnbestimmung des Kometen. NAZ **10** 18, UAI Circ 1551.

8163. **Komet 1954h Baade**
AC Nr. 167 S. 2, Nr. 172 S. 3 (Eph); Acta Astr. Sinica **4** 178; AJ **61** 380—382, 391—394 = LOB Nr. 545, 546; Harv Card 1320 (Eph), 1322 (Eph), 1343 (Eph); MN **116** 220; NAZ **10** 8 (Eph), 17; NAZvM Nr. 284, Nr. 295 (Eph); Obs **76** 202; UAI Circ 1537 (Eph), 1540 (Eph), 1542 (Eph), 1559 (Eph), 1575 (Eph).

8164. **Komet 1954i van Biesbroeck (P)**
AJ **61** 391—394 = LOB Nr. 546; MN **116** 221.

8165. **Komet 1954k Haro-Chavira**
AC Nr. 167 S. 4, Nr. 169 S. 2 (Eph), Nr. 170 S. 2 (Eph), Nr. 172 S. 4 (Eph); AJ **61** 380—382, 391—394 = LOB Nr. 545, 546; BAA Circ 376; Harv Card 1326 (Eph), 1344 (Eph); MN **116** 220 (+El); NAZvM Nr. 283 (El, Eph), Nr. 295 (Eph); Obs **76** 202; Publ ASP **68** 279; TAB (2) Nr. 88 S. 908; UAI Circ 1542 (El, Eph), 1553 (Eph), 1559 (Eph), 1560, 1575 (Eph); YC 1357 (El, Eph).

8166. **Komet 1955a Harrington-Abell**
AJ **61** 220—228 = LOB Nr. 545; Bull. Soc. Math. Phys. Serbie 8 77; MN **116** 220 (+El).

8167. **Komet 1955b Abell**
AJ **61** 380—382, 391—394 = LOB Nr. 545, 546; BAV-Rundbrief **5** 76; Bull. Soc. Math. Phys. Serbie 8 77; Harv Card 1322 (Eph); MN **116** 220 (+El); UAI Circ 1542 (Eph).

8168. **Komet 1955e Mrkos**
AC Nr. 170 S. 3 (El), Nr. 173 S. 1; AJ **61** 380—382, 391—394 = LOB Nr. 545, 546; AN **283** 39; Bull. Astr. Obs. Beograd **20** Nr. 3—4 S. 2; Bull. Soc. Math. Phys. Serbie 8 77; Mem SA It (NS) **27** 191—200 = Oss. Astr. Roma Monte Mario Contr. Sci. Nr. 228; MN **116** 220 (+El); NAZ **10** 16 (El); Sterne **32** 31; UAI Circ 1544, 1551 (El); YC 1372 (El), 1374 (Eph), 1376 (El).

A. M. Bacharew, Über den Schweiftyp der Kometen Mrkos (1955e) und Honda (1955g). Bull. Astr. Obs. Stalinabad Nr. 17 S. 14—15, mit 4 Abb. (russ.). — Nach den visuellen Zeichnungen des Verf., die nach der Orlowschen Formel bearbeitet wurden, gehörten die Schweife beider Kometen zum Bredichinschen I. Typ. Plavec

D. Kaláb, A. Wróblewski, Obserwacje zmian jasnósci komet Mrkosa (1955e) i Hondy (1955g). Urania Kraków **27** 112—114, mit 2 Fig.

V. Vanýsek, A. Hruška, Photometrical parameters of comet 1955e (Mrkos). BAC **7** 139—141, mit 1 Fig. (mit russ. Ref.). — Aus 80 Helligkeitsschätzungen des Kometen 1955e (Mrkos) wird der photometrische Parameter des Kometen und die Verdampfungswärme des Gases im Kometenkern berechnet. Weiterhin wird aus dem Spektrogramm das Verhältnis zwischen den Helligkeiten der Gas- und Staubkomponenten geschätzt. K. H. Schmidt

S. Wsechswjatskij, Helligkeitsschätzungen des Kometen 1955e Mrkos. AC Nr. 171 S. 5 (russ.). — Es werden zwei visuelle Helligkeitsschätzungen des Kometen vom 16. und 18. Juli 1955 mitgeteilt. Plavec

I. Hasegawa übernimmt die definitive Bahnbestimmung des Kometen. NAZ **10** 18, UAI Circ 1551.

8169. Komet 1955f Bacharew-Macfarlane-Krienke

AC Nr. 167 S. 2, Nr. 168 S. 5, Nr. 173 S. 1; Acta Astr. Sinica **4** 178; AJ **61** 380—382, 391—394 = LOB Nr. 545, 546; AN **283** 39; Bull. Astr. Obs. Beograd **20** Nr. 3—4 S. 2; Bull. Soc. Math. Phys. Serbie **8** 77; Harv Card 1321 (Eph); MN **116** 220 (+El); NAZvM Nr. 282; Sterne **32** 31; UAI Circ 1537 (Eph), 1540 (+Eph).

S. Wsechswjatskij, Beobachtungen des Kometen Bacharew-Macfarlane-Krienke 1955f. AC Nr. 171 S. 6—7 (russ.). — Verf. gibt neun visuelle Bestimmungen der Gesamthelligkeit des Kometen aus der Zeit vom 15. Juli bis 12. September 1955 an und fügt einige qualitative Betrachtungen über sein Aussehen im Vergleich zum Mrkosschen Kometen hinzu. Plavec

8170. Komet 1955g Honda

AC Nr. 167 S. 2, Nr. 168 S. 5, Nr. 170 S. 1, Nr. 173 S. 1, Nr. 174 S. 2; Acta Astr. Sinica **4** 178; AJ **61** 380—382 = LOB Nr. 545; AN **283** 39; BSAF **70** 61, 108, 222; Bull. Astr. Obs. Beograd **20** Nr. 3—4 S. 2; Bull. Soc. Math. Phys. Serbie **8** 77; Harv Card 1321 (Eph); MN **116** 220 (+El); Sterne **32** 31; UAI Circ 1537 (Eph), 1538, 1540 (+Eph); 1555 (Eph); YC 1356, 1376 (Eph).

A. M. Bacharew, Über den Schweiftyp der Kometen Mrkos (1955e) und Honda (1955g). Bull. Astr. Obs. Stalinabad Nr. 17 S. 14—15, mit 4 Abb. (russ.). — Vgl. Komet 1955e.

D. Kaláb, A. Wróblewski. Vgl. Ref. 8168.

T. Kawamura, On the magnitude variation of comet Honda (1955g). Mem. Japan Astr. Study Ass. **1** 143—150, mit 2 Fig.

F. D. Miller, W. Liller, Photographic and photoelectric observations of comet 1955g. AJ **61** 10. — Ref. AAS.

T. Mitani, Physical observation of comet Honda (1955g). Mem. Japan Astr. Study Ass. **1** 151—156, mit 4 Fig.

V. Vanýsek, J. Rajchl, Outburst of the comet 1955g (Honda). BAC **7** 98.

S. K. Wsechswjatskij, Photoelektrische Beobachtungen des Kometen 1955g Honda. AC Nr. 171 S. 1—2 (russ.). — Die Integralhelligkeit des Kometen nahm am 21. 9. 1955 zwischen $20^h\,23^m$ und $20^h\,34^m$ (Weltzeit) um $1^m\!.1$ zu und dann bis $20^h\,59^m$ schwankend wieder etwas ab. Loh.

S. Wsechswjatskij, Beobachtungen des Aussehens und der Helligkeit des Kometen 1955g Honda. AC Nr. 171 S. 2—5 (russ.). — Verf. gibt 19 visuelle Helligkeitsschätzungen des Kometen aus der Zeit von 23. Aug. bis 14. Sept. 1955 an und fügt einige qualitative Bemerkungen über sein Aussehen hinzu. Plavec

K. Hurukawa übernimmt die definitive Bahnbestimmung des Kometen. NAZ **10** 18, UAI Circ 1551.

8171. Komet 1956b Mrkos

Entdeckung: A. Mrkos, Lomnický Štit, 1956 März 12.

AC Nr. 169 S. 1 (+El); BAA Circ 374, 375 (+El, Eph); Harv Card 1323, 1324, 1325, 1326, 1328 (El, Eph), 1329 (+Eph); Kop Akt Medd 382, 383; NAZ **10** 7, 16; NAZvM Nr. 284, 285, 287, 288, 289; Sterne **32** 208—209 (+Au); UAI Circ 1543, 1544, 1545, 1547 (El, Eph), 1548 (+El, Eph), 1549 (+El, Eph), 1550 (+Eph), 1552, 1556 (+Eph), 1557, 1559 (Eph); YC 1365, 1366 (+El, Eph), 1368 (+El, Eph), 1369 (+El, Eph), 1372 (Eph), 1373, 1374 (El, Eph), 1375, 1382 (Eph).

8172. Komet 1956c Wirtanen

Entdeckung: C. A. Wirtanen, Mt. Hamilton, 1956 März 16.

AC Nr. 169 S. 1; BAA Circ 376; Harv Card 1324, 1325, 1327 (+El, Eph), 1331 (El, Eph); Kop Akt Medd 383; NAZ **10** 7; NAZvM Nr. 286; UAI Circ 1544, 1550 (+El, Eph), 1555 (El, Eph); YC 1367.

8173. Komet 1956h Arend-Roland

Entdeckung: S. Arend, G. Roland, Uccle, 1956 Nov. 8.

AC Nr. 175 S. 1 (+El, Eph); Astr. Nachr. Berlin-Treptow 8 Nr. 15 (El, Eph); BAA Circ 379 (+El, Eph), 380 (+El, Eph), 381 (+El, Eph); BSAF **70** 378, 433 (Eph); Harv Card 1341, 1342, 1345; JBAA **67** 44; Kop Akt Medd 385 (+Eph), 386 (Eph), 387 (Eph); NAZ **10** 27; NAZvM Nr. 303, 305 (El, Eph), 307; Obs **76** 203; UAI Circ 1569. 1570, 1571, 1572 (El, Eph), 1574 (+El, Eph), 1575 (+El, Eph), 1576 (+El), 1577 (+El, Eph), 1578 (+El), 1579; Vereinigung der Sternfreunde Nachrichtenblatt **5** 76.

D. Meisel, Visual observations of comet Arend-Roland 1956h and others. Strolling Astronomer **10** 116—122, mit 2 Fig.

R. Weber, Comète Arend-Roland (1956h). BSAF **70** 447—448.

Strolling Astronomer **10** 147—148, mit 5 Fig. Some observations of comet Arend-Roland (1956h).

8174. Objekt Tscherepaschtschuk (1956d)

Entdeckung: 1956 März 30.

AC Nr. 169 S. 1; BAA Circ 375, 376; Harv Card 1326; NAZ **10** 7; NAZvM Nr. 288; UAI Circ 1547, 1550; YC 1369, 1372.

8175. Weitere Mitteilungen über Kometen

Astr. Nachr. Berlin-Treptow 8 18—20, 22, 26—27, 45, 46, 50, 52—53.
BSAF **70** 107—108, 121—122, 202, 222, 301—302, 349, 433, 489.
Japan Astr. Study Ass. Circ. Nr. 140, 141.
J. Astr. Soc. Victoria **9** 36, 52, 96. Comet notes.
JBAA **66** 21—23, 40—41, 156—163, 188—189, 292, **67** 44—45, mit 2 Fig.
NAT 1956 S. 32—33, 73—74, 106—108, 136. Kometerne.
NAZvM Nr. 279—307.
Obs **76** 39—40, 80, 114—115, 159, 202—203, 245—246. Comet notes.
Orion Schaffhausen **5** 40, 82—83, 128, 130, 170—171.
PAT **37** 65, 159. Kometer.
Publ ASP **68** 77—78, 171—172, 278—280, 371—372, 466—467, 554—556. Comet notes. E. Roemer.
Sternenbote **7** 79—80. Neue Kometen.
Sternenbote **7** 105—106.
Urania Barcelona **41** 235. Cometas observados en 1955.
Urania København **13** 110.
Urania Kraków **27** 79—80, 82, 106.
Vereinigung der Sternfreunde Nachrichtenblatt **5** 26—27, 36, 39—40, 48, 51.
YC 1351—1396.

8176. Kometen. Verzeichnis der Beobachter und Berechner

G. Adamopoulos
G. E. D. Alcock
M. Antal
S. Arend
G. Armellini Conti
W. E. Beart
L. M. Belous
G. van Biesbroeck
J. Bishin
J. Bobone
Z. Bochniček
M. W. Bratijtschuk
J. A. Bruwer
H. T. Burgers
M. P. Candy
Č. Čepinac
S. T. Chabibullin
E. Chejlo
E. H. Collinson
L. E. Cunningham
J. T. Davies
E. A. Dibaj
C. Dinwoodie
M. Dīriķis
J. H. Drake
A. D. Dubjago
S. W. H. Elliot
Etchecopa
J. Febrer
M. Flain
J. T. Foxell
J. Friends
J. Gadomski
H. Ganser
Gessner
W. Götz
W. A. Granger
J. K. Gurlak
E. A. Gurtowenko
M. D'Halluin
A. R. Hamilton
B. J. Harris
I. Hasegawa
M. J. Hendrie
P. Herget
S. Herrick
P. D. Hertz
T. Higami
C. G. Hilton
H. Hirose
W. P. Hirst
C. Hoffmeister
F. M. Holborn
M. Honda
N. M. Hoogenhout
K. Hurukawa
H. Huth
A. Jahn
H. M. Jeffers
M. A. Jefimowa
W. H. Julian
S. Kaho
M. Kamieński
S. Kanda
T. Kawamura
A. A. Kawlowskaja
A. Keefer jr.
F. Kępiński
W. P. Konoplewa
H. Kōsai
L. Krésak
G. G. Kusmin
E. Leutenegger
W. M. Lindley
R. Luss
E. Mädlow
S. G. Makower
W. Malsch
R. Manabe
W. S. Matjagin
D. D. Meisel
A. J. Merer
G. Merton
I. T. Mitani
R. S. Mitrinović
A. G. Mowbray
A. Mrkos
P. Musen
H. Neckel
M. M. Onoprijenko
L. Oterma
L. Pajdušáková-Mrkosová
R. W. Panther
E. V. Petersen
E. Pohl
P. N. Polupan
I. G. Porter
Potter
J. B. Priser
M. Protitch
A. Przybylski
J. A. Pupyschew
A. Purgathofer
R. Rach
C. K. Raudsaar
H. Q. Rasmusen
A. W. Recht
K. Reinmuth
F. Rigaux
R. Rigollet
W. G. Rijwes
E. Roemer
G. Roland
F. A. Roper
D. A. Roshkowskij
G. D. Roth
R. Rudolph
J. Rutschow
H. Schrutka-Rechtenstamm
J. Schubart
T. Seki
E. N. Semanek
A. T. Soper
W. H. Steavenson
C. B. Stephenson
N. W. Steschenko
G. E. Stone
M. Sumner
K. A. Thernöe
K. Tomita
A. Tscherepaschtschuk
O. N. Tschudowitschewa
E. W. Turtschaninowa
S. Vasilevskis
A. W. Vince
P. H. Vince
J. M. Vinter Hansen
R. L. Waterfield
A. Weber
R. Weber
W. Wenzel
I. M. Weprinskaja
B. O. Wheel
P. Wild
C. A. Wirtanen
W. Wiśniewski
H. van Woerden
I. Yamamoto

§ 82

Meteore

8201. **P. B. Babadshanow,** Über die Genauigkeit der Bestimmung der Radianten und Geschwindigkeiten von Meteoren aus photographischen Beobachtungen. Bull. Astr. Obs. Stalinabad Nr. 17 S. 3—13, mit 2 Abb. (russ.). — Verf. bespricht die Fehler der Radiantenpositionen und der Geschwindigkeiten bei der photographischen Meteorbeobachtung. Er leitet einfache Formeln ab und wendet sie auf einige Aufnahmen an, die in Stalinabad aufgenommen wurden. Die Fehler der Geschwindigkeitsbestimmung erreichen theoretisch 3—4 %, in den untersuchten Fällen etwa 1 %. Auch die Fehler der Radiantenörter können bei einer kurzen Grundlinie 1°—2° ausmachen. Eine Erhöhung der Genauigkeit ist sehr erwünscht. Plavec

8202. **A. M. Bacharew,** Bestimmung der Flugdauer τ der Meteore und Telemeteore. AC Nr. 171 S. 25—27 (russ.). — Verf. bespricht den Zusammenhang zwischen der beobachteten Flugdauer τ' und der wahren Flugdauer des Meteors τ. Die Beziehung kann durch eine empirische Formel $\tau = k\,\tau' + c$ ausgedrückt werden. Verf. gibt die Resultate der experimentellen Bestimmung der Konstanten k und c und bespricht ihre mögliche Abhängigkeit von τ'. Plavec

8203. **S. van den Bergh,** Meteor light-curves and train production. Meteoritics **1** 393—395. — Bei einem Material von fast 2800 visuell beobachteten Meteoren mit 68 % sporadischen Objekten und 22 % Perseiden wird eine Beziehung zwischen der Art der Lichtkurve und der Entwicklung eines nachleuchtenden Schweifes aufgedeckt. Verf. leitet daraus das Bestehen zweier Gruppen der sporadischen Meteore ab. Gruppe I: schweifbildende Meteore mit unregelmäßigen Lichtkurven; Gruppe R: Meteore ohne Schweife mit gleichmäßigen Lichtkurven. Hoppe

8204. **E. K. Bigg,** Detection of atmospheric dust and temperature inversions by twilight scattering. Nature **177** 77—79, mit 3 Fig. — Ref. in Phys. Abstracts (A) **59** 363.

8205. **E. R. Billam, I. C. Browne,** Characteristics of radio echoes from meteor trails. IV. Polarization effects. Proc. Phys. Soc. (B) **69** 98—113, mit 13 Fig. = Astr. Contr. Univ. Manchester (2) Jodrell Bank Repr. Nr. 123. — Um die theoretischen Abschätzungen von Kaiser und Closs zu prüfen (Phil. Mag. **43** 1, AJB **52** Ref. 8214), wurden Polarisationsbeobachtungen an von Meteorbahnen reflektierten Radarechos durchgeführt. Die Ergebnisse der Messungen sind in guter Übereinstimmung mit den theoretischen Vorhersagen. Einige unerwartete Resultate ergaben sich bei Meteorbahnen mit etwa 10^{12} Elektronen pro cm. Zwischen der Amplitude A der Echos und ihrer Dauer T ergab sich eine empirische Beziehung von der Form $A \sim T^{0.3}$ K. H. Böhm

8206. **H. G. Booker, R. Cohen,** A theory of long-duration meteor-echoes based on atmospheric turbulence with experimental confirmation. J. Geophys. Res. **61** 707—733, mit 12 Fig.

* * **E. G. Bowen,** A relation between snow cover, cirrus cloud, and freezing nuclei in the atmosphere. Vgl. Ref. 7202.

8207. **I. C. Browne, K. Bullough, S. Evans, T. R. Kaiser,** Characteristics of radio echoes from meteor trails. II. The distribution of meteor magnitudes and masses. Proc. Phys. Soc. (B) **69** 83—97, mit 12 Fig. = Astr. Contr. Univ. Manchester (2) Jodrell Bank Repr. Nr. 122. — Auf Grund von Radarbeobachtungen werden Helligkeits- und Massenverteilungen von sporadischen und Strom-Meteoren gewonnen. Bei den sporadischen Meteoren fand man im Helligkeitsbereich von 0^m bis 10^m ein Anwachsen der Anzahlen um den Faktor 2.5 bei Abnahme der Helligkeit um eine Größenklasse. Bei den Strom-Meteoren ergeben sich kompliziertere Verhältnisse. So zeigen zum Beispiel die Geminiden im Verlaufe einer Aktivitätsperiode eine veränderliche Helligkeitsverteilung. Hoppe

8208. **M. Brož,** Meteor's photography in the Astronomical Institute of the Czechoslovak Academy of Sciences in Ondřejov. RH **37** 270—271, mit 2 Fig. (tschech.).

8209. **V. Bumba, B. Valníček,** Das Spektrum des Meteors 1954 Dezember 14 (Meteorspektra II). BAC **7** 18—20, mit 2 Fig. (mit russ. Ref.) — Die Arbeit ist eine vorläufige Mitteilung des Spektrums eines Meteors, das wahrscheinlich zum Geminidenstrom gehört. Vermutlich ist der Spektraltyp des Meteors X oder Y. K. H. Schmidt

8210. **Z. Ceplecha,** Physical theory of meteors and photographic observational material. BAC **7** 21—29, mit 10 Fig. (mit russ. Ref.). — Es werden drei Methoden zur empirischen Bestimmung der Verdampfungsfunktion aufgezeigt. Verf. weist mit Hilfe von photographischen Beobachtungen nach, daß die Verdampfungszahl konstant, der Widerstandsbeiwert eine lineare Funktion der Geschwindigkeit und die Verdampfungsfunktion proportional dem Geschwindigkeitsquadrat ist. Die neue Theorie von Hoppe befindet sich zahlenmäßig nicht in Einklang mit diesen Ergebnissen. Hoppe

8211. **E. Chvojková,** Eine Methode zur Bahnbestimmung von Meteoren. I. Die Methode. BAC **7** 107—116, mit 4 Abb. (mit russ. Ref.). — Wählen wir auf der photographischen Platte drei Punkte p_i ($i = 1, 2, 3$) und bestimmen die Lage der drei Sterne, die diesen entsprechen. Die Lage der Sterne wird meistens durch sphärische Koordinaten angegeben. Sie kann jedoch auch durch die Richtungskosinusse a_i, b_i, c_i des Strahles P_i festgestellt werden, der von dem Stern i ausgeht, durch das Projektionszentrum X des Objektivs geht und auf der Platte den Punkt p_i verzeichnet. Für die weitere Berechnung empfiehlt es sich, ein orthogonales System zu wählen, dessen y-Achse parallel mit P_1 ist und dessen Ursprung auf P_2 liegt, wobei die Ebene xy die Strahlen P_1, P_2 enthält. Der Scheitel X des Strahlenbündels P_i sei längs P_2 frei beweglich und die Platte folgendermaßen in die Ebene xz gelegt: p_2 in den Ursprung, p_1 auf die x-Achse. Dann ist nach zwei Drehungen die Platte in die ursprüngliche Lage zu bringen, bei der jedes p_i auf dem entsprechenden Strahl P_i lag. In der gedrehten Lage ist zu jedem Punkte p_i der Platte der zugeordnete Punkt P_i des Himmels leicht bestimmt. Verf.

8212. **A. F. Cook, G. S. Hawkins,** Inadequacy of recombination as source of radiation from meteoric trains. ApJ **124** 605—609 = Harv Repr Nr. 445. — Ref. in AJ **61** 174 (Ref. AAS). — Eine Abschätzung des oberen Grenzwertes der Intensität der Strahlung eines Meteors wird unter der Annahme vorgenommen, daß Rekombination von Ionen und freien Elektronen die Ursache des Leuchtens ist. Es ergibt sich, daß das Rekombinationsleuchten um wenigstens zwei oder drei Größenordnungen zu schwach ist, um selbst eine dem bloßen Auge eben noch erkennbare Meteorspur zu verursachen. Micz.

8213. **J. G. Davies,** A radio-echo method of meteor-orbit determination. Obs **76** 1—3. — Ref. RAS.

8214. **C. D. Ellyeth, C. S. L. Keay,** Radio echo observations of meteor activity in the southern hemisphere. Australian J. Phys. **9** 471—480, mit 6 Fig. — Ref. in Phys. Abstracts (A) **60** 461.

8215. **W. W. Fedynskij,** Die Meteore. Moskau, Technischer Staatsverlag, 1956. 112 S. mit Abb. Preis 1 R. 70 Kop. (russ.). — Besprechung in RJ 1957 Nr. 5 S. 101.

8216. **W. W. Fedynskij,** The comparison of visual and radio observations of the drifting meteor trails. BAC **7** 59—64, mit 3 Fig. (russ. mit engl. Ref.). — Durch Vergleich von Radioechos an Meteorspuren mit visuellen Be-

obachtungen der gleichen Objekte werden die Windgeschwindigkeit und -richtung in einer Höhe von 85 km bestimmt. Es zeigt sich, daß die Hauptrichtung ostwärts zeigt. Jedoch muß angenommen werden, daß die Atmosphäre zwischen 80 und 100 km Höhe aus verschiedenen Drift-Schichten zusammengesetzt ist.
K. H. Schmidt

8217. **E. I. Fialko,** Radarbeobachtungen von Meteoren bei der Wellenlänge $\lambda = 10$ m. AC Nr. 175 S. 21—24, mit 1 Abb. (russ.). — Kurzer Bericht über Beobachtungen vom 6. bis 13. Sept. 1956 bei Tomsk mit Bemerkungen zur Statistik der Reflexionszeiten und zur Elektronendichte in den Meteorspuren.
Loh.

8218. **P. A. Forsyth, E. L. Vogan,** The duration of forward-scattered signals from meteor trails. Canadian J. Phys. **34** 535—545, mit 6 Fig. — Ref. in Phys. Abstracts (A) **59** 610, RJ 1957 Nr. 4 S. 63.

8219. **L. Fritzová,** A comparison of values of the air density gradient and original velocities of meteors obtained by different methods. BAC **7** 104—107, mit 1 Fig. (mit russ. Ref.). — Es werden Berechnungen über den Luftdichtegradienten und die ursprünglichen Geschwindigkeiten von 13 Meteoren angestellt, wobei die von Ceplecha aus der Theorie von Hoppe erhaltenen Formeln benutzt werden. Die verschiedenen Formeln führen zu Ergebnissen, die gut miteinander übereinstimmen. K. H. Schmidt

8220. **J. S. Greenhow, E. L. Neufeld,** Phase changes and resonance effects in radio echoes from meteor trails. Proc. Phys. Soc. (B) **69** 1069—1076, mit 5 Fig. = Astr. Contr. Univ. Manchester (2) Jodrell Bank Repr. Nr. 142. — Untersucht man eine Meteorbahn mit Radar, so beobachtet man Phasenschwankungen der gestreuten Welle. Soweit diese durch Beugungseffekte oder durch Bewegung der Meteorbahn infolge des Windes hervorgerufen werden, sind sie bekannt. Hier wird eine dritte Art der Phasenänderung besprochen, die Resonanzeffekten bei der Expansion der Meteorspur zugeschrieben wird. Die Messungen sind in guter Übereinstimmung mit den Vorhersagen der Theorie.
Verf. (gekürzte Übersetzung)

8221. **G. S. Hawkins, C. L. Hemenway, F. L. Whipple,** The Harvard radiometeor program. AJ **61** 179. — Ref. AAS.

8222. **G. S. Hawkins,** Variation in the occurence rate of meteors. AJ **61** 386—391, mit 5 Fig. = Harv Repr (2) Nr. 90. — Radioechobeobachtungen werden benutzt, um die Gesamtzahl der in die Erdatmosphäre gelangenden Meteore abzuschätzen. Mit Hilfe einer statistischen Methode wurde die genäherte Verteilung der Radianten sporadischer Meteore bestimmt und aus dieser Verteilung die tägliche Variation der Meteorhäufigkeit für verschiedene geographische Breiten berechnet. Die Variation ist am Äquator am größten und wird in höheren Breiten kleiner. K. H. Schmidt

8223. **G. S. Hawkins,** Meteor ionization and its dependence on velocity. ApJ **124** 311—313 = Harv Repr Nr. 436. — Verf. zeigt, daß die ionisierende Wirkung von Atomen der verdampften Meteormaterie stark von der Geschwindigkeit des Meteors abhängt. Micz.

8224. **G. S. Hawkins,** A radio echo survey of sporadic meteor radiants. MN **116** 92—104, mit 10 Fig. = Astr. Contr. Univ. Manchester (2) Jodrell Bank Repr. Nr. 134 = Harv Repr Nr. 456. — Ref. in Obs **76** 8—9 (Ref. RAS). — Es werden Radioechobeobachtungen an sporadischen Meteoren diskutiert, wonach deren Radianten gegen die Ekliptik konzentriert sind. Häufungspunkte sind besonders die Richtung zur Sonne, zum Gegensonnenpunkt und zum Apex.
K. H. Schmidt

8225. **G. S. Hawkins, A. F. Cook,** Inadequacy of recombination as the source of light from enduring meteor trains. Nature **178** 161—162. —

Unter Verwendung des Rekombinationskoeffizienten von Öpik $\alpha = 2.6 \times 10^{-12}$ cm^3/sec und einer Ionenpaarerzeugung von 1.2×10^{15} cm^{-1} für die Perseiden und von 1.43×10^{14} cm^{-1} für die Geminiden sowie des Diffusionskoeffizienten von Greenhow und Neufeld unterscheiden sich berechnete und beobachtete Intensitäten um mehr als zwei Größenordnungen Für den Vergleich wird die Formel $I_0 = 4\,\pi\,R^2\,F_s \sin\Theta/0.00102\,R$ zugrunde gelegt, wobei der mittlere Abstand zu $R =$ 155 km und der mittlere Winkel der Meteorbahnen zum Sehstrahl zu $\sin\Theta = 0.138$ angenommen werden. $F_s = 1.5 \times 10^{-8}$ erg/cm^2 sec gibt die Einstrahlung eines Sterns sechster Größe, von denen mehrere im Abstand der visuellen Auflösungsgrenze (0.00102 rad) aneinandergereiht die leuchtende Spur des Meteors darstellen sollen.

Weidemann

8226. **G. S. Hawkins,** Radar echoes from meteor trails under conditions of severe diffusion. Proc. Inst. Radio Engineers **44** 1192, mit 2 Fig. = Harv Repr (2) Nr. 94. — Die Echointensität ist der sechsten Potenz der Wellenlänge direkt und der vierten Potenz der Entfernung umgekehrt proportional. Bei gegebener Meteorgeschwindigkeit wird von einer kritischen Höhe ab, die für Wellenlängen von 0.5 bis 4 m angegeben ist, die Diffusion vorherrschend.

Weidemann

8227. **W. Heybrock,** Die leuchtende Meteorwolke am 17. November 1955. Sterne **32** 114—117, mit 5 Fig. und einer Bemerkung von C. Hoffmeister. — Es werden die Begleiterscheinungen einer Feuerkugel beschrieben, die in der Abenddämmerung erschien und einen sogenannten Tagschweif über dem Ort $\varphi = +47\overset{\circ}{.}9$, $\lambda = +4\overset{\circ}{.}3$ in $h = 46$ km hinterließ. Aus der Bewegung des Schweifes ergab sich eine Windgeschwindigkeit von 31 m/sec aus West. Außer reflektiertem Sonnenlicht zeigte die Schweifmaterie noch ein pulsierendes Leuchten in bläulicher Farbe, das Verf. auf Rayleigh-Streuung zurückführt. Hoppe

8228. **C. O. Hines, R. E. Pugh,** The spatial distribution of signal sources in meteoric forward-scattering. Canadian J. Phys. **34** 1005—1015, mit 3 Fig. — Ref. in Phys. Abstracts (A) **60** 97, RJ 1957 Nr. 7 S. 62—63.

8229. **C. O. Hines,** Diurnal variations in forward-scattered meteor signals. J. Atmosph. Terr. Phys. **9** 229—232, mit 3 Fig. — Ref. in Phys. Abstracts (A) **60** 272, Phys. Ber. **36** 1459.

8230. **J. Hoppe,** Untersuchungen zur physikalischen Theorie der Meteore. I. AN **283** 95—108, mit 3 Fig. = Mitt. Univ.-Sternw. Jena Nr. 20. — Es wird versucht, eine theoretische Grundlage für eine physikalische Theorie der Meteore zu geben, die den gesamten Bereich der meteoritischen Erscheinungen in der Erdatmosphäre von den Mikrometeoren bis zu den Riesenmeteoren umfaßt. Das Meteorphänomen wird nach physikalischen Gesichtspunkten in zwei Erscheinungsformen zerlegt: das Sternschnuppenstadium und das Feuerkugelstadium. Die Bahnen meteoritischer Körper durch die Erdatmosphäre werden phänomenologisch in die drei Abschnitte: Kosmische Bahn, Übergangsbahn und Fallbahn eingeteilt. Ausführlich behandelt werden im vorliegenden ersten Teil nur das Sternschnuppenstadium, in dem die Energie- und Impulsübertragung durch unmittelbare Partikelstöße erfolgt. Obwohl der Übertragungsmechanismus im einzelnen noch unbekannt ist, lassen sich auf Grund allgemeiner Prinzipien doch alle wichtigen Formeln ableiten, die zur Beschreibung des Bewegungsvorgangs und der Massenabnahme längs der Bahn erforderlich sind. Verf.

8231. **J. Hoppe,** Die drei empirisch begründeten Postulate der Meteorphysik von Ceplecha und die Theorie der Verdampfung meteoritischer Körper. BAC **7** 123—125, mit 2 Abb. (mit russ. Ref.) = Mitt. Univ.-Sternw. Jena Nr. 22. — Es wird eine Theorie der Verdampfung meteoritischer Körper im Sternschnuppenstadium entwickelt, die mit den von Ceplecha aus photographischen Beobachtungen abgeleiteten drei Postulaten übereinstimmt.

K. H. Schmidt

8232. **A. Hruška,** The luminosity distribution of the sporadic meteors. BAC **7** 121—122 (mit russ. Ref.). — Aus visuellen Beobachtungen von 1014 sporadischen Meteoren wird eine Helligkeitsverteilung dieser Objekte abgeleitet. K. H. Schmidt

8233. **U. Iljassow,** Die Leuchtdauer einer Meteorspur in Abhängigkeit von ihrer Dichte. Nachr. Akad. Wiss. Turkmen. Sowjetrepublik 1956 Nr. 2 S. 97 (russ.). — Ref. in RJ 1957 Nr. 1 S. 82.

8234. **W. I. Iwanikow,** Bestimmung der Verbesserung wegen Nichterfüllung des Austauschbarkeitsgesetzes beim Anschluß von Meteorspuren an die täglichen Bewegungsspuren der Sterne. Bull. Astr. Obs. Stalinabad Nr. 16 S. 3—22, mit 9 Abb. (russ.). — Verf. zeigt an Versuchen mit künstlichen Meteoren, daß die Verbesserung etwa 1^m beträgt. Er ist der Meinung, daß die Versuche mit künstlichen Meteoren, die er ausführlich beschreibt, für die experimentelle Prüfung des Austauschbarkeitsgesetzes besonders geeignet sind. Plavec

8235. **M. A. Iwonin,** Die Flugdauer der Meteore als Funktion ihrer Helligkeit. Nachr. Akad. Wiss. Turkmen. Sowjetrepublik 1956 Nr. 5 S. 96 (russ.). — Ref. in RJ 1957 Nr. 4 S. 84.

8236. **L. A. Katassjow, A. K. Sosnowa,** Ergebnisse photographischer Meteorbeobachtungen am Observatorium Stalinabad 1953. Bull. Astr. Obs. Stalinabad Nr. 15 S. 10—13 (russ.). — Im Jahre 1953 wurden in 117 Stunden insgesamt 20 Doppelaufnahmen von Meteoren auf der Sternwarte Stalinabad erhalten. Die Elemente der Meteorbahnen werden tabuliert. Es sind 16 Perseiden und 4 sporadische Meteore, unter ihnen ein Meteor mit einer ausgesprochen kurzperiodischen Bahn: $a = 1.12$, $q = 0.36$, $e = 0.68$, $i = 1\overset{\circ}{.}3$. Plavec

8237. **G. H. Keitel,** Certain mode solutions of forward scattering by meteor trails. Proc. Inst. Radio Engineers **43** 1481—1487, 1955. — Ref. in Phys. Ber. **35** 2562.

* * **E. Kramer,** Über die Markierung der Zeit auf Meteorphotographien. Vgl. Ref. **2415**.

8238. **L. Kresák, M. Kresáková,** Zum Problem der teleskopischen Meteore. Sterne **32** 155—160, mit 4 Fig. — Verf. berichten über Ergebnisse, die aus umfangreichen Beobachtungen teleskopischer Sternschnuppen am Observatorium Skalnaté Pleso (Hohe Tatra) gewonnen wurden. Die von Hoffmeister im visuellen Bereich abgeleitete jährliche Variation wird auch für die teleskopischen Sternschnuppen bestätigt. Die heliozentrischen Bahnen häufen sich in Ekliptiknähe, die Umlaufsrichtung ist rechtläufig. Hoppe

8239. **Z. Kvíz,** Observation of telescopic meteors. RH **37** 51—56, mit 5 Fig. (tschech.). — Einführung in die Beobachtung der teleskopischen Sternschnuppen. J. B.

8240. **Z. Kvíz,** International meteoric year and Czechoslovak programme of observation. RH **37** 204—206 (tschech.).

8241. **L. LaPaz,** The Canadian fireball procession of 1913 February 9. Meteoritics **1** 402—405. — Gegen die von Chant und anderen Autoren gegebene Deutung des kanadischen Feuerballs von 1913 hatte Wylie Einwände erhoben. Es wird versucht, diese Einwände zu widerlegen. K. H. Schmidt

8242. **B. J. Lewin,** Die physikalische Theorie der Meteore und die meteorische Materie im Sonnensystem. Moskau, Verlag Akad. Wiss. UdSSR, 1956. 293 S. mit 29 Abb. Preis 14 R. 50 Kop. (russ.). — Vgl. AJB **55** Ref. 8243. — Besprechung in RJ 1957 Nr. 7 S. 86.

8243. **B. J. Lewin,** The physical theory of meteors and the study of the space density of meteor matter. BAC 7 45—59, mit 7 Fig. (russ. mit engl. Ref.). — Zur Bestimmung der Komponenten der Raumdichte der interplanetaren Materie, die auf die gewöhnlichen Meteoriten entfällt, verwendet der Verf. die durch Harvard Beobachtungen gestützte Meteortheorie. Er kommt zu dem Ergebnis, daß der überwiegende Teil der sporadischen Meteore rechtläufig ist und die mittlere Dichte 1.1×10^{-21} cm^{-3} beträgt. Hoppe

8244. **B.-A. Lindblad,** Radarobservationer av meteorer. PAT **37** 105—110, mit 4 Fig. — Allgemeinverständliche Darlegung der in Jodrell Bank und in Schweden ausgeführten Untersuchungen zur Erforschung der Meteore mit Hilfe von Radiobeobachtungen. Es wird eine kurze Übersicht unserer Kenntnisse von den Meteoren gegeben. C. L. J.

8245. **F. Link,** Sur la grandeur des poussières météoriques dans l'atmosphère terrestre. BAC 7 69—75, mit 4 Fig. (mit russ. Ref.). — Verf. gibt eine Zusammenstellung der Gründe, die gegen die Existenz der von Švestka abgeleiteten Partikeldurchmesser im Bereich von 10^{-6} bis 10^{-5} cm für den meteoritischen Staub in der Erdatmosphäre sprechen. Hoppe

8246. **A. C. B. Lovell,** Meteor Astronomy. Vgl. AJB **54** Ref. 8238. — Weitere Besprechung in Meteoritics **1** 498—499 (C. P. Olivier), Phil. Mag. (8) **1** 690, Ric. Sci. **26** 301 (G. Godoli), RJ 1957 Nr. 6 S. 97.

* * **A. C. B. Lovell,** A note on the interpretation of transient echoes from the ionosphere. Vgl. Ref. **72124.**

8247. **D. W. R. McKinley, A. G. McNamara,** Meteoric echoes observed simultaneously by back scatter and forward scatter. Canadian J. Phys. **34** 625—637, mit 10 Fig. — Ref. in Phys. Abstracts (A) **59** 686.

8248. **D. W. R. McKinley,** Some factors affecting the radio determination of meteoric velocities. Naturwissenschaften **43** 221—222. — Ref. in Phys. Abstracts (A) **60** 272.

* * **H. Melzer,** Meteor-astronomical universal laws of atmospherical precipitations. Vgl. Ref. **7211.**

* * **H. Melzer,** Leyes universales meteorastronómicas de las precipitationes atmosféricas. Vgl. Ref. **7212.**

8249. **P. M. Millman, D. W. R. McKinley,** Meteor echo durations and visual magnitudes. Canadian J. Phys. **34** 50—61, mit 4 Fig. = Contr. Dominion Obs. Ottawa **2** Nr. 20. — Bei 3300 Meteoren wurden die Echozeiten und Helligkeiten, reduziert auf Zenit und 100 km Höhe, verglichen. Zwischen $m = +5$ und $m = -5$ wächst die absolute Helligkeit linear mit dem Logarithmus der Echodauer. Die Resultate ergeben eine höhere Elektronendichte in der Spur der helleren Meteore, als bisher angenommen wurde. Sie beträgt 2×10^{12} Elektronen pro cm Weglänge für $m = +5$. Weidemann

8250. **T. Murakami, F. Maeda,** On the diurnal variation of sporadic meteors. Mem. Japan Astr. Study Ass. **1** 133—136, mit 2 Fig.

8251. **T. Murakami,** On the annual variation of sporadic meteors. IV. Theory on the annual variation. Publ. Astr. Soc. Japan **8** 156—162, mit 3 Fig. — Die Häufigkeit der sporadischen Meteore in verschiedenen Jahreszeiten weicht etwas von dem Bild ab, welches man bei regelloser räumlicher Verteilung der Partikel erwarten müßte. Es wird eine — allerdings nur schwache — Beziehung zu den Knotenlängen der kurzperiodischen Kometen gefunden. F. S.

8252. **C. P. Olivier,** The velocities of sporadic meteors. Meteoritics **1** 389—393. — Die nicht nur für die Meteorastronomie, sondern auch für die Kosmogonie wichtige Frage, ob bzw. in welchem Maße bei den sporadischen Meteoren hyperbolische Geschwindigkeiten vorkommen, wird an Hand zahlreicher Arbeiten diskutiert. Verf. kommt zu dem Schluß, daß diese Frage gegenwärtig noch nicht endgültig zu entscheiden ist und hebt die Notwendigkeit neuer Beobachtungen hervor. Hoppe

8253. **E. J. Öpik,** Concluding results from the Arizona expedition for the study of meteors. Irish AJ **4** 49—59, mit 1 Fig. = Armagh Obs. Leaflet Nr. 44. — Verf. gibt einen Überblick über Ziel, Durchführung und Ergebnisse der Arizona-Expedition für Meteoruntersuchungen in den Jahren 1931—33 und deutet einige der damals erhaltenen abweichenden Resultate im Sinne neuer Erkenntnisse. Hoppe

* * **E. J. Öpik,** Interplanetary dust and terrestrial accretion of meteoric matter. Vgl. Ref. **7017**.

* * **A. Pacholczyk,** Atlas nieba północnego do obserwacji meteorów 1952.0. Vgl. Ref. **9129**.

8254. **R. E. Pugh,** The number density of meteor trails observable by the forward-scattering of radio waves. Canadian J. Phys. **34** 997—1004, mit 3 Fig. — Ref. in Phys. Abstracts (A) **60** 97, RJ 1957 Nr. 7 S. 62.

8255. **J. A. Pupyschew,** Radarbeobachtungen der meteorischen Aktivität am Astronomischen Engelhardt-Observatorium vom 10. bis 17. August 1956. AC Nr. 173 S. 22—24, mit 2 Abb. (russ.). — Vorläufiger Bericht über Beobachtungen bei $\lambda = 4.23$ m. Die mittlere stündliche Zahl der Echos nahm bis zum 12. Aug. rasch zu, dann langsam wieder ab. Die stündliche Verteilung der Echos über die einzelnen Tage hinweg ist nicht einheitlich. Loh.

8256. **J. Rečičar,** Observation of meteors on short waves. RH **37** 7—9, mit 1 Fig. (slowak.).

8257. **M. Rodewald,** Regen aus Meteorstaub ? Sterne **32** 151—155, mit 3 Fig. — Bericht über eine durch Beobachtungstatsachen nahegelegte Theorie von E. G. Bowen (Vgl. AJB **53** Ref. **8301**). In der Theorie werden Einbrüche kosmischen Staubes mit der Auslösung heftiger Regenfälle in Beziehung gebracht. Wegen der erforderlichen Fallzeiten werden Teilchendurchmesser von 1 bis 4 μ vorausgesetzt und es wird angenommen, daß die Partikel in der Erdatmosphäre nicht verdampfen. Verf. verweist auf die Möglichkeit zufälligen Zusammentreffens und läßt die Frage der Realität offen. Hoppe

8258. **W. I. Rodionow,** Der Einfluß der Geschwindigkeit der Meteore auf ihre Konturenschärfe. Nachr. Akad. Wiss. Turkmen. Sowjetrepublik 1956 Nr. 2 S. 96 (russ.). — Ref. in RJ 1957 Nr. 1 S. 82.

8259. **W. I. Rodionow,** Der Ort des Helligkeitsmaximums eines Meteors in Abhängigkeit von der Helligkeit des Meteors. Bote Akad. Wiss. Turkmen. Sowjetrepublik 1956 Nr. 2 S. 96—97 (russ.). — Ref. in RJ 1957 Nr. 2 S. 96.

8260. **N. D. Rosenbljum,** Versuch der Auswertung einer Meteorphotographie am Stereokomparator. AC Nr. 168 S. 22—23 (russ.). — Die Doppelaufnahmen eines Meteors von zwei Stationen aus können auf einem Stereokomparator rasch durchgemessen werden, um die Raumkoordinaten des Meteors zu erhalten. Die Methode kann aber nur unter ziemlich strengen Bedingungen angewandt werden, die Verf. bespricht. Plavec

8261. **J. A. Russell,** An application of least-squares to the determination of the sub-end point of a meteor. Meteoritics **1** 399—402, mit 1 Fig. — Es wird die Bestimmung der geographischen Koordinaten des Endpunktes einer Meteorbahn unter Verwendung der Methode der Kleinsten Quadrate dargelegt. Hoppe

8262. **P. F. Sitnikow,** Bestimmung der räumlichen Lage einer Meteorflugbahn in der Erdatmosphäre aus Basisbeobachtungen. Abh. Univ. Lwow **39** 133—139 (russ.). — Ref. in RJ 1956 Nr. 12 S. 55.

8263. **A. K. Terentjewa,** Neue Bestimmung der Höhen von Telemeteoren in Aschchabad im Jahre 1955. AC Nr. 169 S. 13—16 (russ.). — Höhenbestimmungen von 60 teleskopischen Meteoren werden gegeben, die in Aschchabad während der Jahre 1948—1955 beobachtet wurden. Die Standlinie war sehr kurz, 430 oder 290 m. Die Höhen liegen zwischen 10 und 102 km, das Mittel bei 39.6 km. Die Höhenverteilung zeigt Maxima bei 75 km (schwache normale Meteore) und 35 km («echte Telemeteore», wahrscheinlich mit den Whippleschen Mikrometeoriten verwandt). Unsicher ist ein weiteres Maximum in nur 16 km Höhe.
Plavec

8264. **A. K. Terentjewa,** Teleskopische Beobachtungen von Meteoren in der Abenddämmerung. AC Nr. 169 S. 16—17 (russ.). — Auf der Sternwarte Aschchabad wurde in den Jahren 1954—55 der Versuch angestellt, die teleskopischen Meteore in der Dämmerungszone zu beobachten, um zu entscheiden, ob auch schwache Meteore Staubschweife bilden können. Aus der Beobachtung von fünf Meteoren schließt Verf., daß dies nicht der Fall ist, daß schwache Meteore vielmehr nur Gasschweife bilden und infolge von Verdampfung verschwinden.
Plavec

8265. **M. E. Van Valkenburg, W. G. Clay, J. H. Huth,** Impact phenomena at high speeds. J. appl. Phys. **27** 1123—1129, mit 12 Fig. — Ref. in Phys. Abstracts (A) **60** 160.

8266. **O. G. Villard jr., A. M. Peterson, L. A. Manning, V. R. Eshleman,** Some properties of oblique radio reflections from meteor ionization trails. J. Geophys. Res. **61** 233—249, mit 8 Fig.

8267. **O. G. Villard, V. R. Eshleman, L. A. Manning, A. M. Peterson,** The role of meteors in extended-range VHF propagation. Proc. Inst. Radio Engineers **43** 1473—1481, 1955. — Ref. in Phys. Ber. **35** 2561—2562.

8268. **F. L. Whipple, G. S. Hawkins,** On meteors and rainfall. AJ **61** 14 (Ref. AAS), J. Meteorol. **13** 236—240, mit 3 Fig. = Harv Repr (2) Nr. 82. — Ref. in Phys. Abstracts (A) **59** 1009.

8269. **H. van Woerden,** Het visueel waarnemen in ere hersteld. Meteoor **11** 46—47.

8270. **L. R. Wylie, H. T. Castillo,** Clustering of meteors as detected by the use of radio technique. Ohio J. Sci. **56** 339—348.

* * Meteors. A Symposium on meteor physics. Vgl. Ref. **1150.**

8271. The hyperbolic hare. Irish AJ **4** 59.

8272. Meteor news. Herausgegeben von P. M. Millman. J RAS Canada **50** 30—34, 90—94, 133—134, 181—183, 217—218, 262—266, mit zahlreichen Fig. — Die einzelnen Beiträge sind gesondert aufgeführt.

8273. The frequency of faint meteors. J RAS Canada **50** 90. — Die schon öfters vermutete große Häufigkeit von teleskopischen Meteoren unterhalb der 10. Größe ist durch Beobachtungen mit einem 6-Zöller bei 20-facher Vergrößerung (Gesichtsfelddurchmesser 3°.4) festgestellt worden. In einem anderen Fall wird über die Beobachtung eines sehr lebhaften Radianten teleskopischer Meteore bei $\varkappa$ Cyg berichtet. Die Erforschung teleskopischer Meteorströme bzw. der teleskopischen Komponente bekannter Ströme ist gegenwärtig nur durch visuelle Beobachtungen möglich.
Hoppe

8274. Photographic meteor spectra (appendix 4). J RAS Canada **50** 181—183. — Fortsetzung der früher gegebenen Zusammenstellungen photographischer Meteorspektren. Die Gesamtzahl der Spektren beträgt jetzt 194.
Hoppe

8275. Bombardment of the Earth by meteors and meteorites. Obs **76** 219—225. — Geophysical discussion.

8276. Meteor photography on recording paper. Sky and Telescope **15** 121.

8277. Meteors and rainfall. Sky and Telescope **15** 170. — Ref. AAS.

8278. What makes meteor trains shine? Sky and Telescope **15** 359. — Ref. AAS.

8279. Meteors and short-wave radio communication. Sky and Telescope **15** 541.

8280. Klasyfikacja rojów meteorów. Urania Kraków **27** 19—20.

8281. Madarski astronomi o pojavi od 25 oktobra 1955 g. Vasiona **4** 11—12. — Bericht über die Meinung ungarischer Astronomen (Gulyás, Herczeg, Kulin) über die Erscheinung vom 25. Okt. 1955 (aus Meteor Nr. 3, 1955).
Milošević

Meteorströme

8282. **E. G. Bowen,** The relation between rainfall and meteor showers. J. Meteorol. **13** 142—151. — Ref. in Phys. Abstracts (A) **59** 1008—1009, RJ 1957 Nr. 5 S. 97—98.

8283. **E. G. Bowen,** A relation between meteor showers and the rainfall of November and December. Tellus 8 394—402, mit 8 Fig.

8284. **R. L. Chotinok,** Bestimmung der räumlichen Dichte von Meteorströmen. AC Nr. 170 S. 24—25 (russ.). — Ref. in Sterne **33** 71. — Aus visuellen Beobachtungen der Lyriden 1953 und 1955, der Orioniden 1954 und der Perseiden 1955 wird die mittlere Distanz zwischen den Meteoren der Schwärme berechnet. Die Zahl der benutzten Meteore wird nicht angegeben. Plavec

8285. **T. W. Davidson,** Radio-echo observations of the day- and night-time meteor streams between 1954 January and 1955 August. Astr. Contr. Univ. Manchester (1) Jodrell Bank Ann. **1** 116—125.

8286. **J. C. Gill, J. G. Davies,** A radio echo method of meteor orbit determination. MN **116** 105—113, mit 4 Fig. und 1 Tafel = Astr. Contr. Univ. Manchester (2) Jodrell Bank Repr. Nr. 131. — Die Radiobeobachtungen an Geminidenmeteoren zeigen, daß die erreichbare Genauigkeit der Geschwindigkeitsmessungen wegen Abbremsung bei $\pm$ 2 km/sec und die Genauigkeit der Radiantenbestimmung bei $\pm$ 3° wegen Turbulenz in der Erdatmosphäre liegen.
K. H. Schmidt

8287. **L. G. Jacchia,** On two 1953 Giacobinids and on some physical characteristics of shower meteors. AJ **61** 6—7. — Ref. AAS.

8288. **D. W. R. McKinley,** Radar-echo duration and height of a Perseid meteor. J. Atmosph. Terr. Phys. 8 76—82, mit 3 Fig. und 1 Tafel. — Ref. in Phys. Abstracts (A) **59** 872.

8289. **P. M. Millman,** A complex Perseid meteor spectrum. Sky and Telescope **15** 445—448, mit 3 Fig. = Publ. Dominion Obs. Ottawa **15** Nr. 6. — Die Arbeit enthält die Beschreibung eines Meteorspektrums, das am 13. Aug. 1952 am Dominion Observatory aufgenommen wurde. Insgesamt konnten mehr als 100 Linien identifiziert werden. K. H. Schmidt

8290. **T. Murakami,** On the annual variation of sporadic meteors. III. (Celestial distribution of radiants of minor or transient showers). Publ. Astr. Soc. Japan 8 87—90, mit 3 Fig. — Die Radiantenverteilung von kleinen oder vorübergehenden Meteorschauern zeigt keine elliptische Konzentration. Daraus wird die räumliche Gleichverteilung der sporadischen Meteore hergeleitet. K. H. Schmidt

8291. **A. G. Pacholczyk,** List of radiant-points of meteor showers of little activity observed in the years 1953—1954. Urania Kraków Suppl. Nr. 1 S. 39.

8292. **M. Plavec,** Meteorické roje. Prag, Verlag der Akad. der Wiss., 1956. 274 S. mit 58 + 6 Fig. Preis Kčs. 14.40. Tschechische Monographie über Meteorströme. — Besprechung in RH **37** 95, Vesmír **35** 212, Pokroky **1** 346.

8293. Découverte de nouveaux courants météoriques. BSAF **70** 303.

8294. Documents sur les courants météoriques. DOB **9** Nr. 1 Fasc. 3, 4 S. mit 2 Fig., Nr. 7 Fasc. 1, 4 S. mit 3 Fig.

8295. Weather forecasting from meteor showers. J. British Interplanetary Soc. **15** 344—345.

8296. Corrections to lists of meteor showers. J RAS Canada **50** 90—91.

8297. Shower meteor peculiarities. Sky and Telescope **15** 207—208, mit 4 Fig. — Ref. AAS.

8298. **Aquariden**

P. B. Babadshanow, Über ein photographisches Meteor der δ-Aquariden. Bull. Astr. Obs. Stalinabad Nr. 18 S. 3—4 (russ.). — Bahnelemente.

BSAF **70** 24. Étoiles filantes.

8299. **Arietiden**

W. Schtepan, Über visuelle Beobachtungen der Tages-Arietiden. AC Nr. 171 S. 28 (russ.). — Der mittels der radioelektrischen Methoden entdeckte starke tägliche Meteorstrom der Arietiden kann z. B. in Turkmenien visuell beobachtet werden, da der Radiant etwa eine Stunde vor der Morgendämmerung aufgeht. Verf. versuchte die Beobachtung unter günstigen Bedingungen am 4., 7., 8. und 9. Juni 1956, es schienen aber von insgesamt 13 Meteoren nur zwei möglicherweise dem Strom anzugehören. Plavec

82100. **Capricorniden**

F. W. Wright, L. G. Jacchia, F. L. Whipple, Photographic α-Capricornid meteors. AJ **61** 61—69, mit 4 Fig. = Harv Repr (2) Nr. 80. — Ref. in Coelum **24** 150. — Es werden insbesondere die Bahnen von 12 photographischen Meteoren diskutiert, die von zwei Stationen beobachtet wurden. Es zeigt sich, daß der α Capricorniden-Strom wahrscheinlich aus zwei, wenn nicht mehr Strömen besteht. Der Einzelstrom im August scheint mit dem Kometen 1948 n verbunden zu sein. K. H. Schmidt

82101. **Geminiden**

I. S. Astapowitsch, Radarbeobachtungen des Telemeteorregens des Geminidenstroms 1953. AC Nr. 169 S. 17—20 (russ.). — Im Jahre 1953 wurden in Aschchabad in zwei Nächten teleskopische Geminiden mittels eines Radargeräts beobachtet. Der Apparat arbeitete bei einer Wellenlänge von rund 33 m mit einer festen Antenne. Meteore bis zur 9.—10. Größe konnten registriert werden. Die Radiometeore erschienen häufig in Paaren und Gruppen. Die Häufigkeit erreichte 100—120 Met./min. Der größte Teil der Radiometeore erschien in der Umgebung des Zenits in etwa 100 km Höhe, es wurden aber auch Meteore in nur 50 km Höhe beobachtet. Insgesamt wurden 6000 Radiometeore registriert. Plavec

U. Iljassow, Die Telegeminiden 1955. Bote Akad. Wiss. Turkmen. Sowjetrepublik 1956 Nr. 1 S. 100 (russ.). — Ref. in RJ 1957 Nr. 2 S. 96.

J. A. Russell, M. J. Sadoski jr., D. C. Sadoski, G. F. Wetzel, The spectrum of a Geminid meteor. Publ ASP **68** 64—69, mit 1 Tafel.

W. Schtepan, Über die Telemeteore der Geminiden. AC Nr. 166 S. 23—24 (russ.). — Verf. beobachtete in zwei Nächten nach dem Maximum der Geminiden im Jahre 1955 im Verlauf von 5 Stunden insgesamt 10 teleskopische Meteore, von denen 4 Geminiden waren. Aus 3 sporadischen Meteoren wurden die folgenden Koordinaten eines Radianten bestimmt: $\alpha = 97^{\circ}\!.0$, $\delta = +28^{\circ}\!.7$ (1900.0). Es wurde auch ein Meteor mit ungewöhnlichen Helligkeitsschwankungen beobachtet. Plavec

J. L. Trutze, Photographische Beobachtungen der Geminiden in Aschchabad 1955. Bote Akad. Wiss. Turkmen. Sowjetrepublik 1956 Nr. 1 S. 99—100 (russ.). — Ref. in RJ 1957 Nr. 2 S. 96.

82102. Lyriden

A. Derbenewa, A. Scharonowa, Die Lyriden 1956. AC Nr. 170 S. 22—23 (russ.).

82103. Orioniden

A. P. Sawruchin, Die Aktivität der Orioniden 1955. AC Nr. 167 S. 26—27 (russ.).

W. E. Schtepan, Die Orioniden 1954 und 1955 nach Beobachtungen mit dem Doppelglas. AC Nr. 167 S. 27—28 (russ.).

J RAS Canada **50** 92—94, mit 1 Fig. Orionid observations at Ottawa in 1955. — Bericht über visuelle Beobachtungen von Orioniden, Tauriden und sporadischen Meteoren in den Nächten 21./22. und 22./23. Oktober 1955. Die Ergebnisse von sechs Beobachtern werden mitgeteilt und diskutiert. Mit fünf lichtstarken Objektiven F/3.5 und F/4.5 bei Brennweiten zwischen 50 und 105 mm wurden drei Meteorspuren aufgenommen. Hoppe

J RAS Canada **50** 133—134. Orionid observations in Montreal and Deep River.

82104. Perseiden

S. van den Bergh, Magnitudes of sporadic and Perseid meteors. Meteoritics **1** 395—398, mit 1 Fig. — Das schon oft untersuchte Verhältnis der Meteorzahlen zweier aufeinander folgender Größenklassenbereiche wird mit Hilfe von nur 1000 visuellen Beobachtungen bestimmt. Für sporadische Meteore wird es im Bereich der Größenklassen 0^m bis 5^m als konstant zu rund 2 erhalten. Bei den Perseiden ergibt sich in der Häufigkeitskurve ein Maximum zwischen 3^m und 4^m. Hoppe

A. F. Cook, P. M. Millman, Photometric analysis of a spectrogram of a Perseid meteor. ApJ **124** 476—477 = Harv Repr Nr. 443. — In der photometrischen Analyse der Lichtkurve eines Meteors durch die Verf. wurden die abgeleiteten Helligkeiten fälschlicherweise als photographische Helligkeiten betrachtet. In der vorliegenden Notiz werden Korrektionen beschrieben, um die mitgeteilten Angaben in photographische Helligkeiten zu verwandeln. Micz.

G. Klaus, E. Roth, Perseiden-Überwachung 1956. Orion Schaffhausen **5** 152—155, mit 1 Fig. — Es wird über die Ergebnisse von systematischen Perseiden-Beobachtungen vom 21. Juli bis zum 22. August 1956 durch Mitglieder einer astronomischen Arbeitsgruppe berichtet. Die Beobachtungen wurden durch das ungünstige Wetter sehr beeinträchtigt, doch ist das langsame Ansteigen zum Maximum in der Nacht vom 12.—13. August sehr klar zu erkennen, worauf ein rascher Abfall einsetzt. Auch der Radiationspunkt des Schwarmes ließ sich gut ermitteln. Hingegen versagte die photographische Überwachung. H. M.

B. A. Lindblad, Combined visual and radar observations of Perseid meteors. I. Observations in 1953. Lund Medd. (1) Nr. 189, 98 S. mit 36 Fig. und 1 Tafel. — Besprechung in PAT **37** 165—166. — Gleichzeitige Beobachtungen von Meteorhelligkeiten, Zeitdauern und Amplituden von Radarechos werden korreliert. Die beobachtete Beziehung zwischen Helligkeit und Zeitdauer stimmt gut mit der Theorie überein. Dagegen sind Abweichungen für die Helligkeit-Amplituden- und Dauer-Amplituden-Beziehungen festzustellen, was darauf schließen läßt, daß die theoretische Relation zwischen Amplitude und Elektronendichte falsch ist.

K. H. Schmidt

W. W. Martynenko, Perseiden-Beobachtungen im Jahre 1956. AC Nr. 173 S. 24 (russ.).

D. W. R. McKinley, Radar-echo duration and height of a Perseid meteor. J. Atmosph. Terr. Phys. 8 76—82, mit 3 Fig. und 1 Tafel. — Verf. berichtet über eine an drei Stationen durchgeführte Radar-Beobachtung eines größeren Meteors aus den Perseiden am 12. 8. 1948, dessen Bahnspur 549 sec lang beobachtet werden konnte. Das Meteor besaß zwischen 2.9 und 3.9 sec nach dem Einsetzen der ersten Echos eine Geschwindigkeit von 60 km/sec und später etwa 55 km/sec. Eine mittlere Höhe von 91 km sowie eine nach Osten gerichtete Driftgeschwindigkeit von 119 m/sec konnten abgeleitet werden. Neben den Hauptechos wurden auch diffuse Echos größerer Laufzeiten festgestellt, über deren Ursache ausführlich diskutiert wird.

Henn

J. Müller, Beobachtung des Perseidenstromes 1955 in Langensalza. Sterne **32** 125.

M. Popowa, Sur la fonction lumineuse des météores de l'essaim des Perséides. Ber. Bulgar. Akad. Wiss. 8 Nr. 2 S. 13—16, 1955 (mit russ. Ref.). — Ref. in RJ 1957 Nr. 2 S. 96.

J RAS Canada **50** 30—34, mit 2 Fig. 1955 Perseid observations in Regina. — Über visuelle und photographische Meteorbeobachtungen mit starker Beteiligung von Sternfreunden (34 Beobachter) wird berichtet. An drei Tagen wurden über 600 Perseiden und über 200 sporadische Meteore notiert. Während insgesamt acht Stunden Expositionszeit wurden zwei Meteorspuren und ein Meteorspektrum gewonnen. Instrumente: Vier Kameras F/4.5 mit Brennweiten zwischen 50 und 105 mm.

Hoppe

Sky and Telescope **15** 572. Perseid observations.

82105. **Quadrantiden**

L. Sehnal, The secular perturbations of the Quadrantid meteors. BAC **7** 125—127, mit 3 Fig. (mit russ. Ref.). — Theoretische Untersuchung über den Einfluß der Jupiterstörungen auf die Bahn der Quadrantiden. Ausgangspunkt bilden die von Jacchia gegebenen Elemente. Vergleich der Ergebnisse mit einer Zusammenstellung von Beobachtungen aus den Jahren 1863 bis 1952 nach Prentice zeigt Übereinstimmung: sehr geringe Rückwärtsdrehung des Knotens und starke Abnahme der Bahnneigung.

Hoppe

82106. **Skorpioniden**

A. M. Bacharew, Drei Teleradianten der Scorpioniden. AC Nr. 170 S. 23—24 (russ.).

82107. **Tauriden**

J RAS Canada **50** 92—94, mit 1 Fig. Orionid observations at Ottawa in 1955. Vgl. Ref. 82103.

Einzelne Meteore

82108. **Beobachtungen und Mitteilungen**

AC Nr. 169 S. 20—21 (russ.). Ein Bolid über dem Ural. I. T. Sotkin.

BSAF **70** 60, 144, 223, 479. Bolides, étoiles filantes.

Coelum **24** 27, 60, Nr. 5—6 Umschlag, Nr. 7—8 Umschlag, 156, Nr. 11—12 Umschlag. Bolidi.

J. Astr. Soc. Victoria **9** 93—94. The December 5 meteors. T. B. Tregaskis.

JO **39** 115—116. Eléments d'une trajectoire météorique photographiée en deux stations pendant la nuit du 6 novembre 1955. R. Rigollet.

J RAS Canada **50** 91. Meteor observations by the Montreal Centre.

J RAS Canada **50** 262—266. Visual meteor observations.

La Nature **84** 23, mit 1 Fig. Le météore du 17 novembre 1955. F. Baldet.

Meteoor **11** 41. En voorbol verraste West Europa. J. van Diggelen. — 1955 Nov. 17.

Meteoritics **1** 405—421, mit 1 Tafel. Observations of the great fireball procession of 1913 February 9, made in the United States. A. D. Mebane.

Météorologie Nr. 41 S. 55—57. Le grand météore du 17 novembre 1955, observé à la Station Météorologique de Hornisgrinde (partie septentrionale de la Forêt-Noire). W. Heybrock. — Ref. in RJ 1957 Nr. 6 S. 96.

Mitt. Planetenbeobachter **9** 12—13. Meteormeldung. O. John. — 1956 Jan. 14.

NAT 1956 S. 76. Meteorspor, iagttaget i kikkert.

Orion Schaffhausen **5** 129—130. Beobachtung eines hellen Meteors am 8. Juli 1956. C. Zahn.

Priroda **45** Nr. 10 S. 111—112.

Sterne **32** 125. Meteore im November 1955. V. Dahlkamp.

Sternenbote **7** 50. Ein helles Meteor. O. John. — 1956 Jan. 14.

Sternenbote **7** 77. Meteorbeobachtung. F. Thieme. — 1956 Jan. 3.

Sternenbote **7** 105. Beobaohtung einer Feuerkugel. J. Herrmann. — 1956 Sept. 7.

Urania Kraków **27** 23—24, 55—56, 87, 111—112, 152, 188, 219—222, 253—254, mit 4 Fig. A. Pacholczyk.

Urania Kraków **27** 189. Bolidy obserwowane od października 1954 do października 1955 roku. A. Pacholczyk.

Vereinigung der Sternfreunde Nachrichtenblatt **5** 65. Zwei sehr helle Meteore. H. J. Schumacher.

YC 1370 S. 4. Meteor observations during 1955 by the O. A. A. members. K. Komaki.

YC 1370 S. 6. Anomalous meteor. T. Hisinuma. — 1956 März 17.

YC 1374 S. 4. Photographic observations of meteors. T. Seki.

YC 1384 S. 4. Fireballs. T. Sato, T. Kawagoé, M. Kuroishi.

YC 1391 S. 2—5. — Bericht über Meteorbeobachtungen Juli und Aug. 1956.

82109. Elemente von Feuerkugeln

1932 April 5	Meteoritics **1** 517. Pacific Fireball of 1932 April 5: A. M. S. No. 2345 = Train No. 1073. C. P. Olivier.
1945 Aug. 28	Meteoritics **1** 517—518. Fireball of 1945 August 28: A. M. S. No. 2346. C. P. Olivier.
1949 April 11	Meteoritics **1** 518—519. Fireball of 1949 April 11: A. M. S. No. 2342. C. P. Olivier.
Aug. 20	Meteoritics **1** 519. Fireball of 1949 August 20: A. M. S. No. 3557. C. P. Olivier.
1950 Aug. 19	Meteoritics **1** 519—520. Daylight Fireball of 1950 August 19: A. M. S. No. 2343. C. P. Olivier.
1953 Juli 18	Medd. Ole Rømer Obs. Århus Nr. 25 S. 351—365, 1955. The paths of two bright meteors. A. V. Nielsen.
Aug. 12	Nachr. Akad. Wiss. Turkmen. Sowjetrepublik 1956 Nr. 5 S. 95—96 (russ.). Bearbeitung der einseitigen photographischen Aufnahme des Meteors vom 12. August 1953. C. D. Gulmedow.
Dez. 5	Medd. Ole Rømer Obs. Århus Nr. 25 S. 351—365, 1955. The paths of two bright meteors. A. V. Nielsen.
1955 März 8	AN **283** 180. Bolide of 1955 March 8. J. H. Pruett, C. P. Olivier.

1955 Juli 14/15 Meteoritics **1** 521—523. Fireball of 1955 July 14/15: A. M. S. No. 2344. C. P. Olivier.

Aug. 12 AC Nr. 170 S. 21—22 (russ.). Flugbahn und Bahn des Meteors vom 12. August 1955 nach photographischen Aufnahmen. A. N. Simonenko.

Nov. 17 Hemel en Dampkring **54** 133—139, mit 7 Fig. = Werkgroep Meteoren Med. Nr. 40. De vuurbol van 17 november 1955. J. van Diggelen.

1956 Febr. 12 Meteoritics **1** 421—425, mit 1 Tafel. The detonating fireball of 1956 February 12. J. A. Russell.

§ 83

Meteorite

8301. **L. H. Ahrens,** The Sc abundance minimum in chondrites and the neutron excess of principal isotopes. Geochim. Cosmochim. Acta **9** 273—278, mit 3 Fig.

8302. **I. S. Astapowitsch,** Himmelssteine — Meteorite. Aschchabad, 1955. 40 S. Preis 1 R. 10 Kop. (turkmen.).

8303. **O. E. Berg, L. H. Meredith,** Meteorite impacts to altitude of 103 kilometers. J. Geophys. Res. **61** 751—754, mit 2 Fig.

8304. **G. Boato,** Meaning of deuterium abundance in meteorites. Nature **177** 424—425. — Verf. setzt sich kritisch mit einer Arbeit von Edwards (vgl. AJB **55** Ref. 8307) auseinander. Im Gegensatz zu Edwards wird wegen unserer Unkenntnis über die Herkunft der Meteorite und wegen der geringen Zahl der bisher vorgenommenen Deuterium-Analysen eine verschiedene Bewertung der D/H-Bestimmungen in Eisenmeteoriten und Kohlechondriten abgelehnt. Da bei den erstgenannten gasförmiger Wasserstoff, bei den letzteren Wasserstoffverbindungen maßgebend sind, und die chemischen Einflüsse nicht genügend bekannt sind, dürfen zur Zeit noch keine Rückschlüsse auf die kosmische Häufigkeit des Deuteriums gezogen werden. Weidemann

8305. **W. A. Cassidy,** Australite investigations and their bearing on the tektite problem. Meteoritics **1** 426—437, mit 2 Tafeln. — Die an verschiedenen Stellen der Erde gefundenen dunklen, glasartigen Natursteine werden Tektite genannt und sind nach Ansicht von Michel, Suess, Paneth und Stair Meteorite. Eine Untergruppe der Tektite sind die Australite. Verf. zeigt an Hand geochemischer Argumente, daß die Australite wahrscheinlich nicht meteoritischer Herkunft sind. Hoppe

8306. **L. A. Currie, W. F. Libby, R. L. Wolfgang,** Tritium production by high-energy protons. Phys. Rev. (2) **101** 1557—1563, mit 4 Fig. — Die durch Einwirkung kosmischer Strahlen erfolgende Tritiumerzeugung schätzen Verf. in guter Übereinstimmung mit dem beobachteten Wert zu $0.14 \left\{{+0.10 \atop -0.03}\right.$ Tritonen/cm² sec ab. Aus dem gemessenen Wirkungsquerschnitt für die Tritiumerzeugung in Eisen folgt für Eisenmeteorite in der Nähe der Oberfläche eine Tritiumerzeugung von 8.8×10^{-4} Tritonen/g sec. Unter Verwendung dieses Wertes kann Verf. aus dem He^3-Gehalt für den Mount Ayliff-Eisenmeteoriten ein Alter von 1.4×10^9 Jahren ableiten. Abschließend werden die Ergebnisse für die Tritiumerzeugung mit denjenigen für die Erzeugung anderer leichter Kerne verglichen. Henn

8307. **S. Deutsch, F. G. Houtermans, E. E. Picciotto,** Etude de la radioactivité de météorites métalliques par la méthode photographique. Geochim. Cosmochim. Acta **10** 166—184, mit 6 Fig. und 1 Tafel. — Die Bestimmung des Uran- und Thoriumgehaltes von Meteoriten haben Verf. mit Hilfe einer von ihnen angegebenen Methode unter Verwendung von Kernemulsionen durchgeführt. Sie hoffen, mit dieser unabhängigen Methode eine Entscheidung zwischen den von Paneth und Mitarbeitern einerseits, Reed und Turkevitch andererseits gefundenen Werten treffen zu können. Sie erhalten aus ihren Messungen bisher nur Grenzwerte nach oben. Es ist: $U < 0.6 \times 10^{-8}$ g/g, $Th < 2 \times 10^{-8}$ g/g. Schließlich wird noch die Frage über das Vorkommen von Uran und Thorium in den einzelnen Phasen der Meteorite, insbesondere in den nichtmetallischen, diskutiert. Henn

8308. **S. Deutsch, E. Picciotto, F. G. Houtermans,** Radioactivity of iron meteorites by the photographic method. Nature **177** 885—886. — Ref. in Phys. Abstracts (A) **59** 660, Phys. Ber. **36** 927.

8309. **J. van Diggelen, T. van Dijk,** Micrometeorieten. Meteoor **11** 43—46, mit 3 Fig. — Mit Hilfe magnetisierter Grammophonnadeln sollen zu Boden fallende Mikrometeorite eingefangen werden. Nach Entmagnetisierung im Wechselfeld können die Teilchen abgetrennt und untersucht werden. Der meteorische Ursprung soll nach Auflösen in Königswasser durch Nachweis des Ni-Gehalts mit Dimethylglyoxim festgestellt werden. Gü.

8310. **J. F. Evernden, J. Verhoogen,** Electrical resistivity of meteorites. Nature **178** 106—107. — Ref. in Phys. Abstracts (A) **60** 87.

8311. **W. G. Fessenkow,** Die Meteorite und ihre Rolle in der Kosmogonie des Sonnensystems. AJ UdSSR **33** 767—777 (russ.). — Verf. schließt aus verschiedenen Bestimmungen des Alters der Meteorite und ihrer mineralogischen Struktur auf ihre Herkunft. Er neigt zu der Ansicht, daß die Meteorite Bruchteile der Kleinen Planeten sind. Sie wurden im Prozeß der Entstehung der Planeten gebildet und existierten eine Zeitdauer als Bestandteile von Kleinen Planeten, bis sie beim Zusammenprallen der Planetoiden abgetrennt wurden. Dieser Prozeß kann auch heute noch vor sich gehen. Aus den charakteristischen Merkmalen der Meteorite (z. B. bei den Chondriten) kann man vielleicht auf die Natur der protoplanetarischen Materie schließen. Plavec

8312. **W. G. Fessenkow,** Die Meteorite und ihre Rolle in der Kosmogonie des Sonnensystems. Mitt. Astrophys. Obs. Krim **16** 228—238 (russ.). — Ref. Krim-Tagung Sept. 1955.

8313. **W. Gentner, W. Huber,** Messungen des $^3He/^4He$-Verhältnisses bei Meteoriten. Phys. Verhandlungen **7** 181—182. — Ref. Phys. Ges.

8314. **E. K. Gerling, L. K. Lewskij,** Über die Entstehung von Edelgasen in Steinmeteoriten. DAN **110** 750—753 (russ.). — Verf. bestimmten den Gehalt von Edelgasen (Ar, He, Ne) und das Isotopenverhältnis von einigen Meteoriten der UdSSR. Es wird der mittlere jährliche Zuwachs der Isotopenmenge berechnet. Verf. glauben Andeutungen zu finden, daß die Intensität der kosmischen Strahlung in den letzten Millionen Jahren nahezu dieselbe war. Die Besprechung führt zu dem Schluß, daß die Meteorite durch Zerfall eines planetenähnlichen Körpers entstanden sind. Plavec

8315. **E. K. Gerling, K. G. Rik,** Der heutige Stand der Frage der Altersbestimmung der Meteorite. Meteoritika Nr. 14 S. 54—61, mit 3 Abb. (russ.). — Nach einleitenden Bemerkungen umreißt Verf. die Helium- und Argonmethode, wobei im ersten Fall auch auf die Schwierigkeiten durch die Einwirkung der kosmischen Strahlung auf den Heliumgehalt hingewiesen wird. Abschließend wird das Minimalalter der Erde aus der isotopen Zusammensetzung des meteoritischen Bleies ermittelt: 4.5×10^9 Jahre (Erdkruste). Loh.

8316. **E. K. Gerling, N. W. Baranowskaja,** Über das Vorkommen von Xenon und Krypton in Meteoriten. Meteoritika Nr. 14 S. 113—117, mit 2 Abb. (russ.).

8317. **J. J. Gilvarry, J. E. Hill,** The impact of large meteorites. ApJ **124** 610—622, mit 5 Fig. — Der Stoß großer Meteorite auf die Erde und den Mond wird auf der Grundlage einer eindimensionalen Vereinfachung des Fließproblems diskutiert, in dem eine ebene Stoßwelle sowohl im Meteoriten als auch in der gestoßenen Oberfläche betrachtet wird. K. H. Schmidt

8318. **I. Hasegawa,** Chinese records of falling meteorites. Mem. Japan Astr. Study Ass. 1 157—165, mit 1 Fig.

8319. **J. Hoppe,** Die Massenabnahme der Meteoriten in der Erdatmosphäre und die neueren photographischen Beobachtungen. Wiss. Z. Friedrich-Schiller-Univ. Jena Math.-naturwiss. Reihe **5** 535—538, mit 5 Fig. = Mitt. Univ.-Sternw. Jena Nr. 23. — Einleitung: Die energetische Auswirkung der Partikelstöße. Vergleich mit den empirischen Forderungen Ceplechas. Die Grenzen des Verdampfungsvorganges. Abschließende Bemerkungen.

8320. **L. Houziaux,** Spectres d'absorption infra-rouge de quelques verres naturels entre 2 et 24 microns. Geochim. Cosmochim. Acta **9** 298—300, mit 1 Fig. = Inst. d'Astrophys. Univ. Liège Coll. 4° Nr. 69.

8321. **I. A. Judin, A. S. Schur,** Untersuchung der Ultra- und Mikroporosität einiger Arten von Steinmeteoriten. Meteoritika Nr. 14 S. 30—37, mit 9 Abb. (russ.).

8322. **I. A. Judin,** Bemerkungen zur Mineralogie der Meteorite. Publ. Berg-Inst. Swerdlowsk Nr. 26 S. 133—137 (russ.). — Ref. in RJ 1957 Nr. 4 S. 84—85.

8323. **E. R. Kreins,** The frequency distribution of meteoritic falls according to class and location. Meteoritics 1 493—495. — In zwei Tabellen wird die Häufigkeitsverteilung der bis 1946 bekannten Meteorite nach Klasse, Länge und Breite angegeben. K. H. Schmidt

8324. **E. L. Krinow,** Padající hvězdy. Prag, Verlag Naše vojsko, 1956. 112 S. mit 18 Fig. Preis Kčs. 6.10. Tschechische Übersetzung von A. Novák aus dem Russischen. — Besprechung in RH **37** 143, Vesmír **35** 318.

8325. **L. G. Kwascha,** Über Steinmeteorite mit Trümmerstruktur. Meteoritika Nr. 14 S. 14—29, mit 24 Abb. (russ.).

8326. **F. C. Leonard, R. de Violini,** A classificational catalog of the meteoritic falls of the world. Berkeley and Los Angeles, University of California Press, 1956. University of California Publications in Astronomy Vol. **2** Nr. 1. 5 + 79 S. Preis $ 1.75. — Besprechung in Meteoritics 1 503—506 (L. LaPaz), J RAS Canada **50** 268, Publ ASP **69** 95—96 (J. A. Russell), Sky and Telescope **16** 29, 80—81 (D. Hoffleit), ZfA **42** 66 (A. Unsöld).

8327. **F. C. Leonard,** On the classificational sequence of meteorites and the subclasses of the hexahedrites. Meteoritics 1 438—440, mit 1 Fig. = Astr. Papers Univ. California Nr. 21. — Eine früher gegebene Klassifikation der Meteorite nach mineralogisch-geochemischen Gesichtspunkten wird ergänzt. Zwei inzwischen festgestellte Unterklassen der Hexaedrite werden gleichzeitig in das Schema eingeordnet. Hoppe

8328. **F. C. Leonard, G. L. Rowland,** An index catalog of the multiple meteoritic falls of the world. Meteoritics 1 440—450 = Astr. Papers Univ. California Nr. 21. — Bei 364 von den 1577 Meteoritenfällen, die im «Classificational Catalog of the Meteoritic Falls of the World» enthalten sind, wurden mehrere Bruchstücke gefunden. Diese Mehrfachfälle wurden in einem Katalog zusammengestellt, wobei die Meteorite nach der Zahl der Bruchstücke klassifiziert wurden. K. H. Schmidt

8329. **F. C. Leonard, G. L. Rowland,** The classificational distribution of the single and multiple meteoritic falls of the world. Meteoritics **1** 451—458 = Astr. Papers Univ. California Nr. 21. — In zwei Tabellen werden die Zahlen und prozentualen Anteile der beobachteten und unbeobachteten Einzel- und Mehrfachmeteorite allgemein und besonders für die Gruppen der «Simplified Classification» angegeben. K. H. Schmidt

8330. **B. J. Lewin, S. W. Koslowskaja, A. G. Starkowa,** Die mittlere chemische Zusammensetzung der Meteorite. Meteoritika Nr. 14 S. 38—53, mit 3 Abb. (russ.). — Inhalt: 1.) Frühere Bestimmungen der mittleren Zusammensetzung der Meteorite; 2.) Die mittlere Zusammensetzung der Stein- und Metallanteile der Meteoritenmaterie; 3.) Der Stein- und Metallgehalt in meteoritischer, nach dem beobachteten Niederfall gesammelter Materie; 4.) Der wahre Stein- und Metallgehalt und die wahre mittlere Zusammensetzung meteoritischer Materie. — In seiner Schlußfolgerung skizziert Verf. in wenigen Zeilen die kosmogonische Bedeutung der Erforschung der Meteorite. Loh.

8331. **W. S. Matjagin,** Die Natur der Meteorite und Kometen. Alma-Ata, Kasach. Staatsverlag, 1956. 52 S. mit Abb. Preis 80 Kop. (russ.).

8332. **H. Onishi, E. B. Sandell,** Gallium in chondrites. Geochim. Cosmochim. Acta **9** 78—82, mit 1 Fig. — Verf. haben den Galliumgehalt von 19 Chondriten sowie für Silikat-, Metall- und Sulfidphase von Kompositen bestimmt. Sie erhalten für die Chondrite einen durchschnittlichen Galliumgehalt von 5.2 p.p.m. Eine Untersuchung über den Einfluß der Verwitterung der Chondrite auf ihren Galliumgehalt führt zu dem Ergebnis, daß der ursprüngliche Galliumgehalt keine wesentlichen Veränderungen erleidet. Henn

8333. **J. Pokrzywnicki,** Les météorites polonaises. Acta geophys. polon. **4** 21—32. — Ref. in RJ 1957 Nr. 3 S. 75.

8334. **A. N. Sawarizkij,** Arbeiten zur Meteoritik. Moskau, Akad. Wiss. UdSSR, 1956. 94 S. mit Abb. Preis 6 R. 70 Kop. (russ.).

8335. **E. Schumacher,** Altersbestimmung von Steinmeteoriten mit der Rubidium-Strontium-Methode. Z. Naturforschung **11a** 206—212, mit 1 Fig. — Mit Hilfe der massenspektroskopischen Isotopenverdünnungsanalyse erfolgt eine auf 2 % genaue Bestimmung von aus Steinmeteoriten isolierten Rb und Sr. Es ergibt sich unter der Benutzung der Halbwertszeit 4.9×10^{10} a für den β-Zerfall $^{87}Rb \rightarrow {}^{87}Sr$ ein Alter der Meteorite von $(4.7 \pm 0.4) \times 10^9$ a. Voraussetzungen und Fehler dieser Bestimmung werden eingehend diskutiert. Traving

8336. **K. P. Stanjukowitsch,** Das System der Stoßwellen beim Flug und bei der Explosion von Meteoriten. Meteoritika Nr. 14 S. 62—69, mit 6 Abb. (russ.).

8337. **O. Struve,** Meteorites — and their effects. Sky and Telescope **15** 292—295, mit 6 Fig. — Es wird ein historischer Überblick über unser Wissen von den Meteoriten gegeben. Weiterhin werden Betrachtungen über die Energieprozesse beim Auftreffen der Meteorite angestellt. K. H. Schmidt

8338. **R. Süslü,** Report on the observation of iron dust. Commun. Faculté Sci. Univ. Ankara (A) **8** 34—39, mit 1 Fig. = Commun. Department Astr. Ankara Univ. Nr. 22. — Beobachtungen über die Menge des pro Tag auf die Erde fallenden kosmischen Eisenstaubes werden mitgeteilt. Es ergeben sich Anzeichen systematischer Fehler in den Meßwerten, außerdem ist die zufällige Streuung erheblich. Bindende Schlüsse können erst aus größerem Beobachtungsmaterial erwartet werden. F. S.

8339. **H. C. Urey, B. Donn,** Chemical heating for meteorites. ApJ **124** 307—310. — Altersbestimmungen von Meteoriten scheinen anzudeuten, daß die Trennung der Eisen-Silikat-Phase und das Verschwinden von Argon innerhalb kurzer Zeit erfolgt sein muß. Verf. schlagen einen Aufheizprozeß vor, der die ursprüngliche Anwesenheit instabiler Verbindungen verlangt, welche durch chemische Reaktion verschwunden sind. Micz.

8340. **H. C. Urey,** Diamonds, meteorites, and the origin of the solar system. ApJ **124** 623—637. — Es wird eine Theorie der Entstehung fester Körper im Planetensystem entwickelt, welche die chemische Zusammensetzung und physikalische Struktur der Meteorite erklären soll. Aus dem Vorkommen von Diamanten in Meteoriten wird geschlossen, daß die Meteorite aus zertrümmerten Körpern von der Größe einer Mondmasse oder größer hervorgegangen sind. Es werden Argumente dafür erbracht, daß sich vor etwa 4.5×10^9 Jahren Körper von Planetoidengröße gebildet haben, die auf irgendeine Weise auf den Schmelzpunkt der Silikate und Metalle erwärmt und danach auf etwa 500° C abgekühlt wurden. Danach sollen diese «primary objects» durch Zusammenstöße wenigstens teilweise zerschlagen worden sein. Die Bruchstücke vereinigten sich vor etwa 4.3×10^9 Jahren wieder zu Körpern bis zur Größe der Mondmasse, und die teilweise Zertrümmerung der letzteren «secondary objects» lieferte die Meteorite. Fricke

* * **M. E. Van Valkenburg, W. G. Clay, J. H. Huth,** Impact phenomena at high speeds. Vgl. Ref. 8265.

8341. **S. A. Wardani,** Germanium in meteorites. Geochim. Cosmochim. Acta **10** 321—322. — Verf. teilt die Ergebnisse der Analysen von acht Chondriten und sieben Eisenmeteoriten mit, deren Germaniumgehalt bestimmt wurde. Unter Benutzung des für die Chondrite gefundenen Wertes wird die kosmische Häufigkeit von Germanium zu 9 p.p.m. angegeben. Früher veröffentlichte Werte (vgl. Goldschmidt, Geochemistry 1954 S. 380) sind wahrscheinlich zu hoch. Henn

8342. **H. B. Wiik,** The chemical composition of some stony meteorites. Geochim. Cosmochim. Acta **9** 279—289, mit 1 Fig. — Urey und Craig (vgl. AJB **53** Ref. 8331) hatten schon früher gefunden, daß die Chondrite hinsichtlich ihres Eisengehaltes zwei Gruppen bilden. Verf. gibt einen neuen Beweis für diesen Sachverhalt. Außerdem wird die Möglichkeit einer Unterteilung der H-Gruppe (28% Eisen) in Untergruppen verschiedener chemischer Zusammensetzung diskutiert. Die Ergebnisse der Analysen von 21 weiteren Steinmeteoriten, darunter elf Kohlechondriten, werden vorgelegt. Henn

8343. Origine des météorites. BSAF **70** 163. — Ref. eines Berichtes von Öpik in Irish AJ.

8344. Découverte de météorites fossiles. Ciel et Terre **71** 414, 1955. — Ref. in Coelum **24** 88.

* * Bombardment of the Earth by meteors and meteorites. Vgl. Ref. 8275.

8345. Origin of meteorites. Sky and Telescope **15** 204. — Ref. in Vasiona **4** 88.

8346. The age of meteorites. Vega **2** Nr. 33 S. 2.

Einzelne Meteorite

8347. **E. P. Henderson, O. E. Monnig,** The Richland, Navarro County, Texas, meteorite (CN = 0964,319): A new hexahedrite. Meteoritics **1** 459—469, mit 4 Fig. — Beschreibung eines neuen Hexaedrits nach mineralogisch-chemischen Gesichtspunkten. Hoppe

8348. **E. P. Henderson, S. H. Perry,** The Loreto, Baja California, meteorite (CN = 1113,260), and its similarity to the Morito, Chihuahua, Mexico, meteorite. Meteoritics **1** 477—488, mit 3 Fig. — Es wird eine Beschreibung des Loreto-Meteoriten gegeben, der unweit des länger bekannten Morito-Meteoriten gefunden wurde. Die Fundorte und verschiedene gemeinsame Eigenschaften beider Objekte legen die Vermutung nahe, daß sie einem gemeinsamen Fall angehören. K. H. Schmidt

8349. **C. Hoffmeister,** Der Meteoritenfall von Sichote-Alin. Sterne **32** 240—241.

8350. **A. A. Jawnel,** Über die Beimischungen in einigen Mineralen des Sichoté-Aliner Eisenmeteoriten. Meteoritika Nr. 14 S. 87—91, mit 3 Abb. (russ.).

8351. **I. A. Judin,** Die mineralogisch-strukturellen Besonderheiten des Steinmeteoriten Sewrjukowo. Meteoritika Nr. 14 S. 101—109, mit 12 Abb. (russ.).

8352. **R. Knox jr.,** The microstructure of a small aerolite. Meteoritics **1** 491—493, mit 3 Fig. — Ein Fünf-Gramm-Meteorit unbekannter Herkunft wird mineralogisch beschrieben und seine Feinstruktur an Hand von drei mikrophotographischen Aufnahmen von Schliffen diskutiert. Hoppe

8353. **M. Kolak,** Pad golemog meteorita. Astr. Bote Zagreb Nr. 6—7 S. 62.

8354. **E. L. Krinow,** Über den Niederfall des Steinmeteoriten Nikolskoje und über die großen Feuerkugeln der letzten Zeit. Meteoritika Nr. 14 S. 70—74, mit 5 Abb. (russ.).

8355. **E. Krinow,** The Siberian meteorite fall of February, 1947. Sky and Telescope **15** 300—301, mit 6 Fig. — Ref. in Coelum **24** 181. — Kurzer Bericht über den Fall eines großen Eisenmeteoriten im Gebiet des Sichoté-Alin-Gebirges. Die auf 70 t geschätzte Masse wurde in der Luft zerlegt und über eine Fläche von 1.6 km^2 in etwa 200 Kratern verstreut. Aus dem sich hinter dem Körper bildenden Tagschweif fielen zahllose mikroskopische Kügelchen zur Erde, die sich äußerlich von ähnlichen Produkten des Industriestaubes nicht unterscheiden. Hoppe

8356. **L. G. Kwascha,** Der merrilithaltige Kristallchondrit Sawetnoje (KTscha = −0439,471). Meteoritika Nr. 14 S. 75—86, mit 19 Abb. (russ.).

8357. **D. de Landsberg,** Il meteorite tungusiano caduto in Siberia il 30 Giugno 1908. Coelum **24** 33—38, 70—75, mit 3 Fig. = Oss. Astr. Capodimonte-Napoli Collezione Miscellanea **1** Nr. 14.

8358. **L. LaPaz,** A preliminary report on the Dumas, Moore County, Texas, aerolite (CN = 1017,357:). Meteoritics **1** 470—476, mit 3 Fig. — Es wird eine chemische Analyse und eine nähere Beschreibung des Dumas-Aeroliten gegeben. Dieser Stein zeichnet sich durch einen besonders hohen Nickel-Eisen-Gehalt (19.50 %) aus. Das Metall ist vielfach in verzweigten Adern größter Feinheit verteilt. K. H. Schmidt

8359. **L. LaPaz,** A recent macro-spicular recovery from the Glorieta, New Mexico, fall (CN = 1058,356). Meteoritics **1** 488—490, mit 1 Tafel. — Es wird ein Bericht über die Entdeckung eines schwertähnlichen Bruchstückes des Glorieta-Falls und dessen Eigenschaften gegeben. K. H. Schmidt

8360. **F. C. Leonard,** The Amber, Oklahoma, aerolite (CN = 0979,351). Meteoritics **1** 490—491. — Der 1934 unweit Amber, Oklahoma, gefundene und 1955 als Meteorit erkannte Aerolit wiegt 4.532 kg. Die starke Oxydationskruste läßt auf ein hohes Alter schließen. K. H. Schmidt

8361. **F. C. Leonard,** On the weights of the Cape York, West Greenland, and Sikhote-Alin, East Siberia, falls. Meteoritics **1** 495—497. — Die auf die Erde gelangten Meteoritenmassen der Fälle bei Cape York und Sichoté-Alin werden abgeschätzt. Danach beträgt die Masse des Cape York-Meteoriten etwa 37.5 Tonnen, die des Sichoté-Alin etwa 100 Tonnen. K. H. Schmidt

8362. **F. C. Leonard,** The Amber, Oklahoma, aerolite (CN = 0979,351). Publ ASP **68** 547—549, mit 1 Tafel.

8363. **P. I. Suschizkij,** Niederfall eines Steinmeteoriten in der Ortschaft Swonkowoj. Priroda **45** Nr. 5 S. 110 (russ.). — Ein Steinmeteorit ist in Swonkowoj(e) unweit von Kiew am 2. Sept. 1955 um $15^h\,45^m$ Moskauer Zeit niedergefallen. Keine Lichterscheinungen wurden beobachtet, nur mäßige Schalleffekte. Zwei Exemplare, je 1.3 kg schwer, wurden gefunden, die in einem Abstand von rund 4 km voneinander lagen. Eine vorläufige Oberflächenbeschreibung wird mitgeteilt. Plavec

8364. **B. N. Wischnewskij,** Der Meteorit von Jaiwensk. Priroda **45** Nr. 3 S. 115 (russ.). — Ein detonierender Bolid erschien am 16. Dezember 1954 um $19^h\,40^m$ über der weiteren Umgebung der Stadt Molotow. Der Fall fand wahrscheinlich in der Taiga nördlich von Berezniki statt. Plavec

8365. La plus grosse météorite exposée dans un musée. BSAF **70** 195. — Kurzer Hinweis auf den Ahnighito-Meteoriten im Museum des Hayden-Planetariums in New York. Bo.

8366. Chute d'une énorme météorite en Sibérie, le 12 février 1947. BSAF **70** 391.

8367. Quasi meteoric iron Mikomoto—Island. Meteoric Stone and Meteoric Iron **2** 28 (japan.).

8368. The Ahnighito weighs in. Sky and Telescope **15** 261, mit 2 Fig. — Ref. in Coelum **24** 149—150.

Meteoritenkrater

8369. **A. M. Bacharew,** Die zweite Murgabsker Expedition. Meteoritika Nr. 14 S. 110—112, mit 1 Abb. (russ.). — Unter Leitung des Verf. führte das Meteoritenkomitee der Akad. Wiss. Tadshik. Sowjetrepublik im August 1953 eine zweite Expedition nach dem im östlichen Pamir gelegenen Meteoritenkrater durch, deren Ziel magnetische und topographische Messungen waren. Loh.

8370. **C. S. Beals, G. M. Ferguson, A. Landau,** A search for lunar-type craters on photographs of the Canadian Shield. AJ **61** 171. — Ref. AAS.

8371. **C. S. Beals, G. M. Ferguson, A. Landau,** II. A search for analogies between lunar and terrestrial topography on photographs of the Canadian Shield, part I. J RAS Canada **50** 203—211 = Contr. Dominion Obs. Ottawa **2** Nr. 21. — Eine Reihe von Kratern in Kanada wird auf Ähnlichkeiten mit Mondkratern untersucht. Einige Objekte werden beschrieben. F. S.

8372. **C. S. Beals, G. M. Ferguson, A. Landau,** A search for analogies between lunar and terrestrial topography on photographs of the Canadian shield. II. J RAS Canada **50** 250—261, mit 9 Fig. — Beschreibung weiterer Krater in Kanada, die Ähnlichkeit mit den Mondkratern aufweisen. Am Schluß wird festgestellt, daß die Mehrzahl der untersuchten kanadischen Krater wahrscheinlich ihre Entstehung dem Einfall von Meteoriten verdankt. F. S.

8373. **C. S. Beals, G. M. Ferguson, A. Landau,** The Holleford crater in Ontario. Sky and Telescope **15** 296. — Es wird eine Beschreibung eines Kraters bei Holleford, Ontario, gegeben, der möglicherweise durch ein Meteorit hervorgerufen wurde. Der Durchmesser des Kraters beträgt $1^1/_4$ Meilen. K. H. Schmidt

8374. **P. M. Millman,** A profile study of the New Quebec crater. Publ. Dominion Obs. Ottawa **18** 61—82, mit 6 Fig., 3 Tafeln und 1 Karte. — Topographie des größten der bisher entdeckten irdischen Meteoritenkrater (Durchmesser 3.7 km, $\varphi = +61^\circ\,17'$, $\lambda = +73^\circ\,41'$, fast kreisförmig). Das in einer Karte, zahlreichen Zeichnungen und Tabellen sowie 3 Bildtafeln mitgeteilte Material ermöglicht ein eingehendes Studium aller Fragen, die mit der Entstehung von Meteorkratern im allgemeinen und gewisser Ringformen auf dem Monde im besonderen zusammenhängen. Hoppe

8375. **K. Niinomi,** Ungava (Chubb) crater and glaciation. Meteoric Stone and Meteoric Iron **2** 23 (japan.).

8376. **H. H. Nininger,** Arizona's Meteorite Crater. Sedona, Ariz., American Meteorite Museum, 1956. 232 S. Preis $ 3.75. — Besprechung in Sky and Telescope **16** 234, 487 (N. E. Wagman).

8377. **B. Szczepkowski,** Występowanie kraterów meteorytowych na Ziemi. Urania Kraków **27** 135—142, mit 1 Fig.

8378. **B. Szczepkowski,** On the proportions of the dimensions of meteor craters. Urania Kraków Supp. Nr. 1 S. 41.

8379. At Barringer meteorite crater. Sky and Telescope **16** 21, mit 2 Fig.

§ 84

Zodiakallicht, Gegenschein

8401. **D. E. Blackwell,** Observations from an aircraft of the zodiacal light at small elongations. MN **116** 365—379, mit 10 Fig. — Beobachtungen des Zodiakallichts, die von einem Flugzeug aus gemacht wurden, werden mitgeteilt und gedeutet. F. S.

8402. **D. E. Blackwell,** Observations of the zodiacal light at small elongations using an aircraft. Obs **76** 163—164. — Ref. RAS.

8403. **W. G. Fessenkow, N. B. Diwari,** The problem of zodiacal light in connection with the International Geophysical Year. AJ UdSSR **33** 391—397 (russ. mit engl. Ref.). — Es werden verschiedene Probleme des Zodiakallichts in Verbindung mit dem I. G. J. besprochen: die Form der Isophoten in ihrer Abhängigkeit von der geographischen Breite des Beobachtungsortes und von der augenblicklichen Neigung der Ekliptik gegen den Horizont, die Intensität der Emissionslinien, die räumliche Dichte der freien Elektronen, die augenblicklichen Helligkeitsschwankungen und der Zusammenhang mit der F-Korona. Es werden auch Beobachtungsmethoden besprochen. Plavec

8404. **W. G. Fessenkow,** On the atmospheric component of zodiacal light. AJ UdSSR **33** 708—714, mit 3 Fig. (russ. mit engl. Ref.). — Nach Anbringung aller gebräuchlichen Reduktionen zeigen die Isophoten des Zodiakallichts noch Abweichungen von dem für eine rein extraterrestrische Erscheinung zu erwartenden Verlauf, die darauf hindeuten, daß eine bisher unberücksichtigte erdatmosphärische Komponente darin enthalten ist. Die Beobachtungen lassen auf eine Art Dämmerungserscheinung schließen, die von der Lage der Ekliptik zum Horizont abhängt. Als Ursache wird ein vorzugsweise in der Ebene der Erdbahn ausgedehnter Ausläufer der Atmosphäre angenommen, der vielleicht durch Mikrometeorite hervorgerufen wird. Aufnahmen mit zwei Nebelspektrographen auf der Bergstation bei Alma Ata im Frühjahr 1956 zeigten eine geringfügige Verstärkung der Emissionslinien im Zodiakallicht gegenüber dem reinen Nachthimmellicht. Petri

8405. **S. D. Gossner,** The zodiacal light. Nature Mag. **49** 212—213, 219. — Ref. in RJ 1957 Nr. 4 S. 11.

* * **W. I. Moros,** A photoelectric photometer for zodiacal light. Vgl. Ref. 2252.

8406. **G. M. Nikolskij,** On the electron component of the zodiacal light. AJ UdSSR **33** 410—413 (russ. mit engl. Ref.). — Verf. betont, daß unsere Kenntnisse über die Gaskomponente des Zodiakallichtes sehr ungenügend sind. Er gibt eine Methode zur Berechnung der Elektronentemperatur T_e und der Elektronenkonzentration N_e. Als Beispiel wird der Wert von N_e berechnet. Plavec

8407. **P. K. Sengupta,** Origin of the zodiacal light and the variations of its brightness. Indian J. Phys. **30** 285—291, mit 2 Fig. — Verf. schreibt das Zodiakallicht der Streuung der Photosphärenstrahlung an Elektronen und interplanetarischem Staub zu, die ein Ellipsoid um die Sonne bilden, das von denjenigen Korpuskeln erfüllt ist, die die Sonne mit einer Geschwindigkeit kleiner als der Entweichgeschwindigkeit verlassen und den interplanetarischen Staub mitnehmen. Die linsenförmige Gestalt, die wechselnde Neigung zur Ekliptik und die Intensitätsschwankungen mit magnetischen Stürmen oder Meteorschwärmen auf Grund vermehrter Elektronen- bzw. Stauberzeugung kann so erklärt werden. Weidemann

8408. **Beobachtungen des Zodiakallichts**

JBAA **67** 29 und vorhergehendes Blatt. The zodiacal light, 1954 October to 1955 March. D. A. Maclean.

X. Sterne

§ 90

Allgemeines

9001. **J. Delhaye,** A propos de la Grande Ourse. BSAF **70** 53—57, mit 5 Fig.

9002. **I. Hasegawa,** Eigenbewegung, Parallaxe, Masse der Sterne. Teil 4. Über die Untersuchungen des Sproul Observatory. Heavens Nr. 358 S. 31—34, 1955 (japan.). — Ref. in RJ 1957 Nr. 1 S. 26.

9003. **C. Luplau Janssen,** Polarstjernen. Urania København **13** 77—80.

9004. **D. Lakić,** Narodna imena za neka sazvežđa i zvezde u severnoj Dalmaciji. Vasiona **4** 34—35. — Erklärung der im nördlichen Dalmatien bekannten und gebrauchten Namen von Sternbildern und Sternen. Loh.

9005. **P. P. Parenago,** A plan for a complex study of the selected areas of the milky way. AJ UdSSR **33** 749—755, mit 5 Fig. (russ. mit engl. Ref.). — Verf. entwirft einen Plan zur vollständigen Erforschung von fünf ausgewählten Gebieten, deren Gesamtfläche 570 Quadratgrad beträgt. Die galaktischen Längen und Breiten der Mittelpunkte sind: 12°, 0°; 53°, 0°; 141°, −13°; 150°, 0°; 178°, −17°. Vor allem sollten photographische und photovisuelle Größen, Spektralklassen, absolute Helligkeiten und Eigenbewegungen aller Sterne bis 13^m in diesen Gebieten bestimmt werden. Der Plan setzt eine breite Zusammenarbeit von mehreren Sternwarten voraus. Eine Beschreibung verschiedener Objekte, die sich in den genannten Gebieten befinden, sowie auch eine kurze Diskussion möglicher Verwendung der gewonnenen Beobachtungsgrößen wird gegeben. Ond.

9006. **M. Petit,** Les étoiles proches du soleil. Ciel et Terre **72** 481—496, mit 6 Fig. — Zusammenstellung und Zusammenfassung verschiedener Arbeiten über die Sterne innerhalb 5 und innerhalb 10 pc. Es werden diskutiert: Leuchtkraftfunktion, absolute Helligkeiten und Massen der Sterne, Materiedichte, Doppelsterne und multiple Systeme, absolut schwächste Sterne und unsichtbare Begleiter, weiße Zwerge, rote Zwerge mit Emissionslinien und Flaresterne. Gli.

9007. **R. B. Schazowa,** Two selections of observations of absolute faint stars. AJ UdSSR **33** 866—879, mit 4 Fig. (russ. mit engl. Ref.). — Verf. untersucht den Einfluß von Auswahleffekten bezüglich Eigenbewegung und scheinbarer Helligkeit auf die Verteilung der Tangentialgeschwindigkeiten absolut schwacher Sterne. Loh.

§ 91

Positionen, Kataloge, Fundamentalsystem, Karten

9101. **J. Ashbrook,** Barnard's «Unexplained Observation». Sky and Telescope **15** 356, mit 1 Fig. — H. Weaver fand 1951 an der Stelle eines 1787 von J. d'Angelet katalogisierten Sternes 6. Größe, der später nicht mehr gefunden werden konnte, einen Stern 19. Größe. Der Stern zeigte die charakteristischen Merkmale einer ehemaligen Nova, außerdem fällt seine Erfassung durch d'Angelet zeitlich in die zwischen 1670 und 1848 klaffende Lücke, in der keine Nova beobachtet wurde. Es besteht somit Aussicht, diese Lücke auszufüllen, wenn man Nachforschungen nach dem Schicksal weiterer verloren gegangener Sterne anstellt. U. Baehr

9102. **P. I. Bakulin,** Liste der Örter und verbesserten Eigenbewegungen von 959 Sternen. Publ. Astr. Sternberg-Inst. **26** 167—255, 1955 (russ.). — Die Liste enthält 677 B0—B5-Sterne, 235 Überriesen und 47 O-Sterne, für welche Örter und Eigenbewegungen im GC-System sowie auch Entfernungen angegeben sind. Für 912 Sterne wurden die Örter und Eigenbewegungen mit Benutzung neuer Meridian- und photographischer Kataloge verbessert. Ond.

9103. **P. I. Bakulin,** Fundamentální katalogy hvězd. Prag, Verlag Akad. Wiss., 1956. 200 S. mit 14 Fig. Preis Kčs. 17.30. Tschechische Übersetzung von J. Ruprecht, V. Vanýsek und Z. Pěkný aus dem Russischen. — Besprechung in RH **37** 143, Vesmír **35** 246, Časopis **6** 74.

* * **A. Danjon,** L'avenir de l'astrométrie. Vgl. Ref. **3105.**

9104. **A. A. Gorynja,** Katalog der Deklinationen von 585 am Meridiankreis des Astronomischen Observatoriums Kiew im System des FK3 beobachteten Sternen. Veröff. Astr. Obs. Kiew **1** 3—79, mit 4 Fig. (russ.). — Die Sterne liegen zwischen $-20°$ Deklination und dem Pol und wurden von Februar 1948 bis April 1951 beobachtet. Loh.

9105. **B. Guinot,** Détermination des erreurs systématiques des ascensions droites en fonction de la déclinaison dans les catalogues d'étoiles FK3 et N30. BA **20** 119—130, mit 1 Fig. — Die Beobachtungen, welche seit November 1953 am unpersönlichen Astrolabium von Danjon gemacht wurden, ermöglichten für Deklinationen zwischen +20 und +74° die Bestimmung der $\Delta\alpha_\delta$-Fehler der Sternkataloge FK3 und N 30. Den Rektaszensionen des FK3 haftet eine Verzerrung an, welche an denjenigen des N 30 nicht festgestellt wird. Verf.

9106. **J. Kubikowski,** Declinations of 507 stars in the FK3 system. Contr. Wrocław Astr. Obs. Nr. 12, 67 S. (poln. mit engl. und russ. Ref.).

9107. **H.-J. Kung, D.-K. Lo, S.-H. Yeh, T.-Y. Shen,** Observations of transit of stars at the Observatory at Zi-Ka-Wei. Acta Astr. Sinica **4** 187—191, mit 2 Fig. (chines.).

* * **W. J. Luyten,** The search for faint blue stars. IV. More blue stars in the Hyades region. Vgl. Ref. **9413.**

* * **W. J. Luyten, C. K. Seyfert,** The search for faint blue stars. VI. A further search in Selected Areas. Vgl. Ref. **9415.**

9108. A. A. Nemiro, N. N. Pawlow, The necessity of taking into account the corrections $\Delta\alpha_\alpha$ of FK3 in the time service. AJ UdSSR **33** 398—409 (russ. und engl.). — Ein in Tabellenform vorgelegter und ausführlich besprochener Vergleich zwischen FK 3, N 30 und Puα 1 zeigt, daß das Rektaszensionssystem des FK 3 systematische Fehler $\Delta\alpha_\alpha$ in Abhängigkeit von der Deklination hat, deren Amplitude zwischen +40° und +80° etwa 0ˢ04 beträgt. Dies wird durch photoelektrische Beobachtungen von Pawlow (1948—50) und den Nikolajew-Katalog (1930) bestätigt. In einer weiteren Tabelle werden Korrektionen für das FK 3-System bis $\delta = +80°$ angegeben, deren Benutzung bis zur Fertigstellung des FK 4 empfohlen wird. Für $\delta > 80°$ ließen sich wegen Abweichungen zwischen N 30 und Puα 1 keine Korrekturen ableiten. Petri

9109. A. A. Nemiro, Untersuchung der Ergebnisse der Absolutbestimmungen der Rektaszensionen der Sterne in Pulkowo. Leningrad, Astr. Hauptobs. Akad. Wiss. UdSSR, 1956 (russ.). — Dissertationsreferat.

9110. L. E. Nikonowa, Vergleich der Deklinationen des Katalogs von 192 Sternen von I. A. Djukow mit dem Generalkatalog von Boss und dem System des FK 3. Abh. Uljanow-Lenin-Staatsuniv. Kasan **116** Nr. 1 S. 69—73 (russ.) = Publ. Städt. Astr. Obs. Staatsuniv. Kasan Nr. 32 S. 69—73. — Die geglätteten Unterschiede $\Delta\delta_\delta$ und $\Delta\delta_\alpha$ zwischen dem Katalog von I. A. Djukow (Abh. Uljanow-Lenin-Staatsuniv. Kasan **100** Nr. 2) und dem GC werden mitgeteilt. Perek

9111. A. G. Obornewa, The systematic differences of positions of bright and faint stars in the GC catalogue. AJ UdSSR **33** 741—748, mit 4 Fig. (russ. mit engl. Ref.). — Es wird die Homogenität des GC-Systems hinsichtlich der Örter der schwachen und hellen Sterne untersucht. Verf. stellt dazu seinen AGK2A-GC-Vergleich bezüglich schwacher Sterne dem von Kopff durchgeführten FK3-GC-Vergleich für helle Sterne gegenüber. Dabei wird Identität der AGK2A- und FK3-Systeme angenommen. Die Ergebnisse des Vergleichs $\Delta\alpha \cos\delta$ und $\Delta\delta$ sind in Tabellen und graphischen Darstellungen wiedergegeben. Aus ihnen sieht man, daß in den Örtern der hellen und schwachen Sterne des GC systematische Unterschiede enthalten sind, die 0ˢ01 in $\Delta\alpha \cos\delta$ und 0″1 in $\Delta\delta$ erreichen. Verf. (übersetzt)

9112. E. Paloque, Quatrième catalogue de Toulouse. Positions et mouvements propres des étoiles de repère de la zone +4°, +12° pour l'époque et l'équinox 1900.0. Ann. Obs. Astr. Mét. Toulouse **24** 35—44.

9113. K. Reinmuth, Genaue Positionsbestimmung einiger sonnennahen Sterne mit großer EB. NAZ **10** 25. — 10 Sterne.

9114. K. Reinmuth, Genaue Positionsbestimmung einiger sonnennahen Sterne. NAZ **10** 29. — 5 Sterne.

9115. T. W. Russo, Positions for some nearby faint stars. MN ASSA **15** 9—11.

9116. P. Rybka, Right ascensions of 555 stars of the fundamental catalogue of faint stars in the FK3 system. Contr. Wrocław Astr. Obs. Nr. 13, 86 S. (poln. mit engl. und russ. Ref.).

9117. M. S. Swerew, Katalog schwacher Sterne (KsS—KSZ). Verbessertes und ergänztes Verzeichnis von 15690 Sternen KsS zwischen den Deklinationen +90° und −30°. Pulkowo, Astronomisches Hauptobservatorium, 1956. 365 S. (russ. und engl.).

9118. **K. Tuzi,** Meridian observation of right ascension of equatorial stars made with Repsold transit instrument. Preliminary results No. 9. TAB (2) Nr. 78 S. 763—805.
Desgl. No. 10. TAB (2) Nr. 81 S. 817—845.

9119. Melbourne Astrographic Catalogue 1900.0. Vol. 5. Zones −73° and −74°. Rectangular coordinates and diameters of star images from photographs taken and measured under the direction of R. L. J. Ellery, and P. Baracchi. Revised and prepared for publication under the supervision of J. M. Baldwin. Published under the auspices of the International Astronomical Union with financial assistance from U.N.E.S.C.O. Paris, 1956. 15 + 277 S.

9120. Catalogue Astrographic par M. R. Weber. BSAF **70** 434—435.

9121. Geschichte des Fixsternhimmels, enthaltend die Sternörter der Kataloge des 18. und 19. Jahrhunderts. Abteilung II. Der südliche Sternhimmel. Band 12, 11^h Rektaszension. 12 S. + 461 Spalten. Herausgegeben von J. Haas. Karlsruhe, Kommissionsverlag G. Braun, 1956. Preis DM 30. — Besprechung in AN **283** 190 (Besprechung der Bände 10, 12—16).

9122. Sky Survey plates unlock secrets of the stars. Nat. Geogr. Mag. 108 186—190, 1955. — Ref. in RJ 1957 Nr. 3 S. 7.

Sternkarten

9123. **A. Bečvář,** Atlas coeli 1950.0. Prag, Verlag Akad. Wiss., 1956. 2. Auflage. 16 sechsfarbige Karten. Preis Kčs. 60. — Besprechung in Ciel et Terre **73** 104—105 (J. F. Brouet), Obs **77** 160 (W. H. Steavenson), RH **37** 262.

9124. **V. de Callataÿ,** Atlas du Ciel. Vgl. AJB **55** Ref. **9129.** — Weitere Besprechung in Ciel et Terre **71** 431—432 (H. Michel), JBAA **67** 325, Nature **177** 957 (C. W. Allen).

9125. **R. Changeux,** Nouvelle carte du ciel. Paris, Gauthier-Villars, 1954. — Ref. in RJ 1957 Nr. 4 S. 51.

9126. **J. Dobrzycki,** Atlas nieba gwiażdzistego widocznego w Polsce. Poznań, Państw. Wydawn. Nauk, 1956. 1 + 23 S. mit Abb. und Karten. Preis 15 zł.

9127. **G. Karský,** About astronomical maps. RH **37** 152—153, 177—179, mit 4 Fig. (tschech.).

9128. **O. Kohl, G. Felsmann,** Atlas des gestirnten Himmels für das Äquinoktium 1950. Berlin, Akademie-Verlag, 1956. 6 S. und 16 Tafeln. Preis DM 15. — Enthält 8 Sternkarten, Karten der drei Sternhaufen Plejaden, Hyaden, Praesepe, einige photographische Aufnahmen interessanter Himmelsobjekte und Zeichnungen der Großen Planeten. — Besprechung in AN **283** 189—190 (O. Günther), Ann d'Astrophys **19** 181, Astr. Nachr. Berlin-Treptow **8** 23 (D. Wattenberg), Mitt. Planetenbeobachter **10** 17 (G. D. Roth), Sky and Telescope **15** 508, Sterne **32** 211—213 (P. Ahnert), Sternenbote **7** 83, Urania København **13** 74, Vereinigung der Sternfreunde Nachrichtenblatt **5** 40—41 (E. Mädlow).

9129. **A. Pacholczyk,** Atlas nieba północnego do obserwacji meteorów 1952.0. Beilage zu Nr. 2, 1956 der Urania Kraków, 2 S. Text, 13 Karten.

9130. **H. B. Webb,** Atlas of the Stars. New York, Lynbrook. 149 S. Preis $ 5.50.

9131. Revue des constellations. BSAF **70,** Umschlagseiten.

9132. Novi fotografski atlas neba. Vasiona **4** 69.

§ 92

Eigenbewegung, Radialgeschwindigkeit

9201. **S. Aravamudan,** Stars with large proper motions in the astrographic zones +32° and +33° (list I). JO **39** 167—177. — Aus 14 gemeinsamen Zonen der Astrographischen Kataloge von Oxford und Potsdam werden die relativen Eigenbewegungen von 282 Sternen veröffentlicht, die in einer Koordinate 0ʺ040 jährlich übersteigen. Das Zeitintervall beträgt 32—42 Jahre. Die wahrscheinlichen Fehler betragen in jeder Koordinate ±0ʺ010. Für jede Region werden Korrektionen zur Reduktion auf absolute Eigenbewegungen gegeben, die mit Hilfe der Tafeln von van Rhijn und Bok (Groningen Publ. 45) bestimmt wurden. Gli.

9202. **N. M. Artjuchina,** Bestimmung und Untersuchung der Eigenbewegungen von Sternen im Gebiet des Nordpols der Galaxis. Publ. Astr. Sternberg-Inst. **26** 3—123, mit 22 Abb., 1955 (russ.). — Vgl. AJB **53** Ref. **9203.**

* * **P. I. Bakulin,** Bestimmung der Präzessionskonstanten aus den Eigenbewegungen von Sternen des flachen Untersystems. Vgl. Ref. **3101.**

* * **P. I. Bakulin,** Liste der Örter und verbesserten Eigenbewegungen von 959 Sternen. Vgl. Ref. **9102.**

9203. **S. W. Drosdow,** Die 0ʺ05 jährlich in Deklination übersteigenden Eigenbewegungen der Sterne des Poltawaer Zenitprogramms. AC Nr. 167 S. 7—8 (russ.).

9204. **O. J. Eggen,** Magnitudes, colors and photometric parallaxes of proper motion stars. AJ **61** 462—468, mit 3 Fig. — Es werden visuelle Helligkeiten und Farben im $(P, V)_E$-System für 391 DM-Sterne mit jährlichen Eigenbewegungen über 0ʺ5 (LFT-Katalog von W. J. Luyten) veröffentlicht. Zugleich werden trigonometrische Parallaxen im Jenkins-System, spektroskopische Parallaxen nach N. G. Roman und photometrische Parallaxen der Hauptreihensterne tabuliert. In einer Figur ist die Beziehung zwischen dem $(P, V)_E$-System und dem B, V-System von H. L. Johnson dargestellt; in zwei weiteren Figuren werden die photometrischen Parallaxen des Verf. mit den spektroskopischen und den trigonometrischen Parallaxen verglichen. Gli.

9205. **L. W. Fredrick,** Proper motions in the nucleus of the ζ Persei association. AJ **61** 437—451, mit 3 Fig. — Es werden an Hand von Aufnahmen des Sproul Observatoriums (Zeitdifferenz 35 Jahre) und des McCormick Observatoriums (Zeitdifferenz 31 Jahre) Eigenbewegungen von Sternen im und um den offenen Haufen IC **348** bestimmt, der der Kern der ζ Persei-Assoziation sein dürfte. Es werden 11 bzw. 13 mögliche Haufenmitglieder gefunden; die kombinierte Diskussion gibt neun wahrscheinliche Haufenmitglieder, die nach Berücksichtigung der Fehler eine wahrscheinliche innere Bewegung von ±0ʺ0006 zeigen. Korrektionen der Präzessionskonstanten und wegen galaktischer Rotation werden angebracht, und es wird die absolute Eigenbewegung bestimmt. Die Diskussion der parallaktischen Bewegung führt auf eine Entfernung von 480 pc. Gli.

9206. **O. Heckmann, W. Dieckvoss, H. Kox,** Eigenbewegungen in der Umgebung von α Persei. AN **283** 109—139, mit 2 Fig. und 1 Tafel = Mitt. Sternw. Hamburg-Bergedorf **10** Nr. 101. — Es werden Positionen und Eigenbewegungen in einem 27 Quadratgrad großen Feld um α Persei mitgeteilt. 163 Sterne bis zur photographischen Größe 12ᵐ2 und bis zum Spektraltypus G5 werden auf Grund ihrer gemeinsamen Eigenbewegung als mögliche Mitglieder des Bewegungshaufens um α Persei erkannt. Verf.

9207. **A. König,** Eigenbewegungen von 99 Sternen in der Umgebung von 17 Comae. AN **283** 1—5, mit 1 Fig. = Mitt. Landessternw. Heidelberg Nr. 99. — In Fortführung des Heidelberger EB-Programms wurden aus zwei Plattenpaaren mit 50.1 Jahren Epochendifferenz die Eigenbewegungen von 99 Sternen bestimmt. Der mittlere Fehler einer EB im Mittel aus zwei Plattenpaaren ergab sich zu ± 0."009. Die Verteilung der Eigenbewegungen läßt darauf schließen, daß die gemessenen Sterne größtenteils Hauptreihensterne von hoher Geschwindigkeit sind. Verf.

* * **W. J. Luyten, F. D. Miller,** The search for faint blue stars. V. The Ursa Major region. Vgl. Ref. **9414.**

9208. **H. R. Morgan,** Proper motions of 650 bright B-type stars. AJ **61** 90—96. — Es werden die Eigenbewegungen von 650 hellen B-Sternen veröffentlicht, die fast alle GC-Sterne sind und deren Beobachtung auf der «Conference on Galactic Research» 1953 empfohlen wurde. Zu Grunde lagen GC, FK3, zwei Gr. 25 und der Zodiakalkatalog. Die Eigenbewegungen werden im System des N30 gegeben. Die Korrektion der Newcombschen Präzessionskonstante wurde nicht eingearbeitet. Gli.

9209. **A. B. Onegina,** Über die Änderung der Eigenbewegung des Sterns Gr 1830. AC Nr. 167 S. 5—7 (russ.). — Die Neubestimmung der Eigenbewegung beruht auf zwölf Aufnahmen mit dem Normalastrographen von Pulkowo. Aus einem Vergleich mit den Katalogen GC, FK3 und dem von van de Kamp und Vyssotsky geht hervor, daß der neue Wert um 0."02 größer ist. Es ist möglich, daß die Eigenbewegung veränderlich ist. Ond.

9210. **L. Perek,** Eigenbewegungen von sechs Schnelläufern. AN **283** 211—212 = Veröff. Astr. Inst. Univ. Brno Nr. 1. — Durch Vergleich neuer Aufnahmen mit dem großen Refraktor des Astrophysikalischen Observatoriums in Potsdam mit Positionen des Astrographischen Katalogs werden die Eigenbewegungen folgender sechs Sterne mit Radialgeschwindigkeiten über 80 km/sec hergeleitet: Merrills Stern, BN Vul, CV Cyg, AC +25° 67928, KN Aql und V 341 Aql. Gli.

9211. **K. Rudnicki,** Czy ruchoma gromada gwiazd Wielkiej Niedźwiedzicy istnieje realnie? Postępy Astr. **4** 154.

* * **P. Sawizkij,** Über die Gruppenbewegung von Sternen. Vgl. Ref. **12347.**

* * **A. F. Torondshadse,** Research on star velocities distribution function on the base of the analysis of proper motions components. Vgl. Ref. **12356.**

9212. **J. B. G. Turner,** A faint star with a fairly large proper motion. MN ASSA **15** 12. — Betrifft den Stern $7^h 24^m 22^s.4$, $-33° 50' 39''$ (1950.0).

9213. **A. N. Vyssotsky,** Improved proper motion of BD −1°3474. AJ **61** 240.

9214. Movimientos propios estelares. Inst. Obs. Marina San Fernando Sección Astr. (A) Nr. 3, 5 + 143 S. mit zahlreichen Fig. — In Fortsetzung der beiden früher erschienenen Bände (vgl. AJB **54** Ref. **9208** und **9209**) werden die für weitere 10 059 Sterne abgeleiteten Eigenbewegungen gegeben, in diesem Band erstmals auch Korrektionen wegen differentieller galaktischer Rotation. T. L.

Radialgeschwindigkeit

* * **W. S. Adams,** Notes on the shell lines and the radial velocity of Alpha Orionis. Vgl. Ref. **111102.**

9215. **W. K. Bonsack, J. L. Greenstein,** A high-velocity supergiant, HD 172324. Publ ASP **68** 249—252. — Ref. in JBAA **67** 174, Sterne **33** 70—71. — Radialgeschwindigkeitsmessungen ergaben eine hohe negative, wahrscheinlich etwas veränderliche Radialgeschwindigkeit übereinstimmend für Linien von Wasserstoff und anderen Elementen. Veränderliche Emission in $H\beta$ bis $H\delta$ wurde beobachtet, sonst aber keine Merkmale eines Hüllensterns. Der Spektraltyp ist A0 Iab. Die Zeit seit dem Durchgang durch die galaktische Hauptebene wird zu 36×10^6 Jahren geschätzt, während die Lebensdauer für den Wasserstoffverbrauch im jetzigen Zustand nur 2×10^6 Jahre wäre. Verf. nehmen an, daß der Stern in der galaktischen Hauptebene als Hauptreihenstern von frühem B-Typ entstanden ist und sich gegenwärtig in einem kurzdauernden instabilen Zustand befindet. O. G.

9216. **M. Duflot, C. Fehrenbach,** La mesure des vitesses radiales au prisme objectif. V. Discussion des résultats pour une cinquantaine d'étoiles de la Chevelure de Bérénice. JO **39** 53—66, mit 3 Fig. = Publ. Obs. Haute-Provence **3** Nr. 41. — Die Resultate der Messungen von Radialgeschwindigkeiten mit Objektivprisma werden diskutiert. Der wahrscheinliche Fehler des Mittelwerts der Radialgeschwindigkeit aus vier Platten ist etwa ± 3 km/sec. F. S.

9217. **M. Duflot, C. Fehrenbach,** La mesure des vitesses radiales au prisme objectiv. VI. Liste de vitesses radiales déterminées au prisme objectif à vision directe. JO **39** 104—112, mit 1 Fig. — Liste von 254 Sternen, deren Radialgeschwindigkeiten mit Objektivprisma gemessen wurden. F. S.

9218. **F. K. Edmondson,** Radial velocities of 11th magnitude K stars at declination −45°. AJ **61** 3. — Ref. AAS.

9219. **J. L. Greenstein, D. A. MacRae, R. Fleischer,** Two B-type stars of high velocity. Publ ASP **68** 242—248, mit 1 Fig. — Ref. in JBAA **67** 174, 268, Sterne **33** 70—71. — Für die Sterne BD +28° 4177 und ILF 3, +29° 27 werden Radialgeschwindigkeiten sowie Äquivalentbreiten verschiedener Linien mitgeteilt; spektrale Charakteristika, vor allem Leuchtkraftkriterien werden diskutiert. Nach Korrektion der Radialgeschwindigkeiten wegen galaktischer Rotation bleibt für BD +28° 4177 die Raumgeschwindigkeit groß und die Zeit seit dem Durchgang durch die Hauptebene der Milchstraße viel größer als die Zeit, die der Stern in seiner Entwicklung auf der Hauptreihe verbracht hat. Für ILF 3, +29° 27 wird auch die weniger wahrscheinliche Möglichkeit diskutiert, daß er zur Population II gehört. O. G.

9220. **J. F. Heard,** Radial velocities and spectral classifications in the zone from +25° to +30°. AJ **61** 5. — Ref. AAS.

9221. **J. F. Heard,** The radial velocities, spectral classes and photographic magnitudes of 1041 late-type stars. Publ. David Dunlap Obs. **2** 107—143. — Aus dem Katalog Yale Transactions **9**, Zone +25°/30° wurden 1041 Sterne photographisch heller als $9^m\!.01$ mit Spektraltypen G0 und später ausgewählt, deren Radialgeschwindigkeiten noch unbekannt waren. Für diese werden gegeben: die A. G. - und HD-Nummer; Ort für 1950; photographische Helligkeit, bestimmt durch Aufnahmen mit dem Original-Schmidt in Bergedorf (mittlerer Fehler $\pm 0^m\!.045$); das System wurde durch lichtelektrische Messungen mit dem B, V-System verglichen. Spektraltypen im MK-System. Radialgeschwindigkeiten mit wahrscheinlichen Fehlern; sie wurden bestimmt durch Aufnahmen mit dem 74″-Teleskop, Dispersion bei $H\gamma$ ist meist 66 Å/mm, bei 17% der Sterne 33 Å/mm. Das System der Radialgeschwindigkeiten wurde an die schwächeren G- und K-Standardsterne in Transaction I. A. U. No. 7 angeschlossen. Tab. II gibt die Einzelmessungen der Sterne veränderlicher Radialgeschwindigkeit; Tab. III stellt 16 Schnelläufer zusammen. Einige im Katalog von R. E. Wilson als spektroskopisch doppelt vermerkte Sterne zeigten hier konstante Geschwindigkeiten. Gli.

9222. **P. C. Keenan, R. G. Teske,** Radial velocities of nine S-type stars. ApJ **124** 499—503, mit 1 Tafel = Contr. Perkins Obs. (1) Nr. 44. — Für eine Reihe von S-Sternen mit unregelmäßigem oder halbregelmäßigem Lichtwechsel wurden Radialgeschwindigkeiten mit Hilfe von Spektren großer Dispersion bestimmt. Von insgesamt 14 Sternen dieser Art sind nun Radialgeschwindigkeiten bekannt. Ihre mittlere Restgeschwindigkeit beträgt 27 km/sec. Ihre Bewegungsverhältnisse scheinen demnach denen anderer roter Riesen zu ähneln. Micz.

9223. **A. A. Kisselew,** Über die Verallgemeinerung des Kleiberschen Theorems. Bote Univ. Leningrad Nr. 19 S. 163—173 (russ.). — Ref. in RJ 1957 Nr. 6 S. 59—60.

9224. **A. B. Muller, T. Walraven, L. Woltjer,** Radial velocities of *o* Persei and ζ Persei. BAN **13** 51—53, mit 1 Fig. — Radialgeschwindigkeitsbeobachtungen im Winter 1948—49 geben für *o* Persei folgende Elemente der Geschwindigkeitskurve: $P = 4\overset{d}{.}419175$; $A = 112.0$ km/sec; $\gamma = +14.0$ km/sec. 15 Spektren von ζ Persei zeigen dagegen so wenig Streuung, daß die vermutete Duplizität zweifelhaft bleibt. Die Amplitude könnte nur sehr klein sein. Gli.

9225. **G. W. Preston, W. P. Bidelman,** A late-type star of very large radial velocity. Publ ASP **68** 533—536. — Ref. in JBAA **67** 268. — Spektrogramme von HD 232078 (Dispersionen: 150 Å/mm, 75 Å/mm und 38 Å/mm bei Hγ) zeigen einen K 3 IIp-Typ mit außergewöhnlich schwachen Linien und mit einer Radialgeschwindigkeit von -387 km/sec. Photoelektrische Messungen (G. E. Kron) geben $+1.99$ als Farbenindex. Die interstellare D_1-Linie deutet auf eine absolute Helligkeit von -2.4. Demnach müßte sich dieser Stern relativ zum lokalen Zentroid mit 360 km/sec entgegengesetzt der Richtung der galaktischen Rotation bewegen. Gli.

9226. **O. Struve, J. Sahade, V. Zebergs,** The radial velocities of Rho Puppis. ApJ **124** 504—506, mit 2 Fig. = Berkeley Repr. Nr. 111. — Eine Serie von Radialgeschwindigkeitsmessungen dieses F2II-Sterns läßt erkennen, daß die Radialgeschwindigkeit mit $0\overset{d}{.}1409$ Periode veränderlich ist. Der Wert von 2 K beträgt ungefähr 10 km/sec und ist vermutlich konstant. Micz.

§ 93

Parallaxe

* * **B. J. Bok,** Virginia conference on the cosmic distance scale. Vgl. Ref. **1188**.

9301. **O. J. Eggen,** Photometric parallaxes and the mass-luminosity relation. AJ **61** 361—380, mit 6 Fig. = Lick Obs. Bull. Nr. 544. — Lichtelektrische Farben- und Helligkeitsmessungen im $(P, V)_E$-System und die vom Verf. aus nahen Sternen und Haufensternen hergeleitete Farben-Leuchtkraftbeziehung liefern photometrische Parallaxen für eine Anzahl von Doppelsternen der Hauptreihe. Deren Massen werden mit Hilfe ihrer Bahnelemente berechnet. Daraus wird die Masse-Leuchtkraftbeziehung für Zwergsterne bestimmt. 14 weite Sternpaare zeigen, daß Einzelsterne und Doppelsternkomponenten im Farben-Leuchtkraftdiagramm die gleiche Lage haben. Einige Unterriesen- und Riesensysteme werden einzeln diskutiert. Abgesehen von ζ Her (A) scheinen sie sich in die Masse-Leuchtkraft-Beziehung der Zwerge einzuordnen. 85 Peg (A) dürfte ein Subzwerg geringer Masse sein. In einer Tabelle sind Farben, absolute Helligkeiten, Massen und Spektraltypen der Hauptreihensterne von B 8 V bis K 7 V gegeben. Gli.

* * **O. J. Eggen,** Magnitudes, colors and photometric parallaxes of proper motion stars. Vgl Ref. **9204**.

9302. **L. F. Jenkins,** Summary of the parallaxes of fifty-seven stars from plates obtained with the Yale telescope at Johannesburg, South Africa. AJ **61** 394—395.

9303. **D. S. Kimball,** Summary of the parallaxes of ninety stars from plates obtained with the Yale telescope at Johannesburg, South Africa. AJ **61** 199—200.

* * **M. G. Kolchidaschwili,** An investigation on mean radial and tangential star velocities and an attempt of evaluating the accuracy of catalogue values of parallaxes. Vgl. Ref. **12337.**

9304. **L. Mitić,** Die Entfernungsbestimmung der Himmelskörper. Vasiona **4** 94—95, mit 4 Abb. (serb.).

9305. **R. M. Petrie,** Finding the distances to the stars. J RAS Canada **50** 49—56, mit 3 Fig. — Es wird der Weg beschrieben, spektroskopische absolute Helligkeiten und Parallaxen von B-Sternen aus der Stärke der $H\gamma$-Linie herzuleiten. Eichung und Prüfung dieser Methode an Hand mittlerer säkularer Parallaxen und an Hand mittlerer Entfernungen aus der Amplitude der galaktischen Rotation in Radialgeschwindigkeiten werden dargestellt. Gli.

9306. **C. L. Stearns,** Trigonometric parallaxes derived from photographs taken with the twenty-inch refractor of the Van Vleck Observatory. AJ **61** 396.

9307. **C. Sugawa,** Additional note on the mean parallax of the latitude stars. Publ. Latitude Obs. Mizusawa **2** 131—137, mit 2 Fig. — Infolge der Änderung des Beobachtungsprogramms des Internationalen Breitendienstes ab 1955.0 mußten für die 72 Sternpaare der 12 Gruppen die mittleren Parallaxen neu abgeleitet werden (vgl. AJB **55** Ref. **9305**). T. L.

9308. Stellar parallaxes determined at Mill Hill (third list). MN **116** 267—268. — Liste enthält 17 Sterne.

9309. Photographic determinations of the parallaxes of 823 stars with the Thaw refractor. Publ. Allegheny Obs. Univ. Pittsburgh **10,** 3 + 169 S.

9310. **Parallaxen einzelner Sterne**

L 726–8 N. E. Wagman, The parallax of Luyten 726–8. AJ **61** 191. — Ref. AAS.

85 Peg A. A. Wyller, Parallax and mass-ratio of 85 Pegasi from photographs taken with the 24-inch Sproul refractor. AJ **61** 76—79.

§ 94

Helligkeit, Farbe

9401. **P. E. Argyle,** Note on magnitude scales. Publ ASP **68** 63—64, mit 1 Fig. — Ein Vergleich der lichtelektrisch gemessenen Helligkeiten von 46 B-Sternen in h Persei mit ihren photographischen Helligkeiten nach Oosterhoff ergab, daß die photographische Skala zu eng ist. Für einen Helligkeitsunterschied von 10 Größenklassen beträgt die Differenz rund $0^m.7$ (in naher Übereinstimmung mit einem entsprechenden Ergebnis von Stebbins, Whitford und Johnson). O. G.

9402. **R. Bouigue, J.-L. Chapuis,** Sur les mesures photoélectriques faites à l'Observatoire de Toulouse. Ann. Obs. Astr. Mét. Toulouse **24** 55—60, mit 5 Fig. — Beschreibung eines lichtelektrischen Photometers mit einem Photomultiplier von Lallemand. Die ersten Probemessungen stehen in guter Übereinstimmung mit Beobachtungen von Johnson und Morgan. Behr

* * **E. S. Brodskaja,** Untersuchung der Spektren und Farbenindizes von Sternen in einigen Teilen der Milchstraße. Vgl. Ref. **9513.**

9403. R. J. Davis, Ultraviolet stellar magnitudes. AJ **61** 174. — Ref. AAS.

* * **O. J. Eggen,** Magnitudes, colors and photometric parallaxes of proper motion stars. Vgl. Ref. **9204.**

9404. M. G. Fracastoro, Elementi tradizionali, esigenze fotometriche e limitazioni astronomiche nel problema delle magnitudini stellari. Atti Fond. Ronchi **11** 262—269 = Oss. Astrofis. Catania Pubbl. (NS) Nr. 10. — Ref. in Phys. Abstracts (A) **60** 273.

9405. O. Gingerich, Colour of stars. Canad. Nature **18** 28—29.

* * **D. L. Harris III,** Photometry of the Perseus aggregates. Vgl. Ref. **12365.**

9406. D. L. Harris III, A note on the color-magnitude array of the white dwarfs. I. ApJ **124** 665—667, mit 1 Fig. = Contr. McDonald Obs. Nr. 271. — Verf. hat für 24 weiße Zwerge, ein großer Teil davon in den Hyaden, Farben und Helligkeiten im U, B, V-System gemessen. Mit Hilfe trigonometrischer Parallaxen wurde ein Farben-Helligkeits-Diagramm aufgestellt. Micz.

* * **J. F. Heard,** The radial velocities, spectral classes and photographic magnitudes of 1041 late-type stars. Vgl. Ref. **9221.**

9407. W. A. Hiltner, Photometric, polarization, and spectrographic observations of O and B stars. ApJ Suppl **2** 389—462, mit 28 Fig. und 2 Tafeln = Contr. McDonald Obs. Nr. 269. — Ref. in ApJ **124** 669—670, mit 1 Fig. — Für 1259 O-, B- und cA0—cA5-Sterne wurden MK-Spektren, lichtelektrische U, B, V-Helligkeiten und Polarisationsbetrag und -richtung bestimmt. Mit Hilfe dieser Daten, die zum Teil schon veröffentlicht waren, wurde weiter die interstellare Absorption, der Entfernungsmodul und das Verhältnis der Polarisation zur Absorption für die betreffenden Sterne berechnet. Eine erste Diskussion des Materials führte zu folgenden Ergebnissen: 1.) Die größte Polarisation ($0^m.22$) wurde bei einem Stern in Cygnus beobachtet; für diesen Stern beträgt die totale visuelle Absorption mehr als 10^m. 2.) Die galaktische Länge der Richtung senkrecht zum Spiralarm ist $l = 102°$ (die O-Assoziationen nach Morgan, Code und Whitford geben $l = 110°$, die 21 cm-Radiobeobachtungen dagegen geben $l = 135°$). 3.) Das Maximum des Verhältnisses der Polarisation zur totalen visuellen Absorption ist gleich 0.06. 4.) Auch für kleinere l-Bereiche gibt es keine enge Korrelation zwischen Entfernung und Absorption oder Polarisation der betrachteten Sterne. Mawridis

9408. H. Hutorowicz, Photographic stellar magnitudes in the Cassiopeia field. Studia Soc. Sci. Toruń (F) **1** Nr. 2 S. 90—104, mit 1 Fig. = Bull. Astr. Obs. Toruń Nr. 14.

9409. H. Iwaniszewski, Photographic stellar magnitudes in the Aquila field. Studia Soc. Sci. Toruń (F) **1** Nr. 2 S. 51—63, mit 3 Fig. = Bull. Astr. Obs. Toruń Nr. 14.

9410. C. Iwaniszewska, Photographic stellar magnitudes in the Sagitta field. Studia Soc. Sci. Toruń (F) **1** Nr. 2 S. 77—89, mit 2 Fig. = Bull. Astr. Obs. Toruń Nr. 14.

9411. W. Iwanowska, A study of galactic structure in four selected fields in Aquila-Sagitta and Cassiopeia. I. Photographic photometry. Introduction. Studia Soc. Sci. Toruń (F) **1** Nr. 2 S. 37—41, mit 2 Fig. = Bull. Astr. Obs. Toruń Nr. 14.

* * **M. A. Kljakotko,** Photographische und photovisuelle Helligkeiten und Farbenindizes für Sterne in der Umgebung von NGC 7092. Vgl. Ref. **12114**.

* * **F. Lenouvel, J. Daguillon,** Observations photoélectriques. Vgl. Ref. 11131.

9412. **A. Lisicki,** Photographic stellar magnitudes in the Sagitta-Aquila field. Studia Soc. Sci. Toruń (F) **1** Nr. 2 S. 64—76, mit 3 Fig. = Bull. Astr. Obs. Toruń Nr. 14.

9413. **W. J. Luyten,** The search for faint blue stars. IV. More blue stars in the Hyades region. AJ **61** 261—262. — Positionen, Helligkeiten und Farben von 27 schwachen Sternen sehr weißer Farbe in der Hyadengegend werden mitgeteilt. F. S.

9414. **W. J. Luyten, F. D. Miller,** The search for faint blue stars. V. The Ursa Major region. AJ **61** 262—263. — Helligkeiten, Farben und Eigenbewegungen von 14 schwachen Sternen sehr weißer Farbe in der Gegend Ursa maior werden mitgeteilt. Es handelt sich offensichtlich nicht um Mitglieder des Ursa maior-Haufens. F. S.

9415. **W. J. Luyten, C. K. Seyfert,** The search for faint blue stars. VI. A further search in Selected Areas. AJ **61** 264—266. — Positionen, Helligkeiten und Farben von 126 schwachen Sternen sehr blauer Farbe werden mitgeteilt. F. S.

9416. **D. A. MacRae,** Photoelectric photometry in the zone from +25° to +30°. AJ **61** 9. — Ref. AAS.

9417. **N. L. Magalaschwili, J. I. Kumsischwili,** Elektrokolorimetrische Beobachtungen des Sterns HD 184930. AC Nr. 166 S. 21 (russ.). — Von dem als farbenveränderlich vermuteten Stern wurden 1954—1955 keine Farbänderungen festgestellt. Loh.

* * **S. W. McCuskey,** Stellar spectra in Milky Way regions. V. A region in Monoceros. Vgl. Ref. **9547**.

* * **S. W. Cuskey,** Stellar spectra in Milky Way regions. VI. A region in Camelopardalis. Vgl. Ref. **9548**.

9418. **G. S. Mumford III,** Photoelectric observations of red dwarf stars. AJ **61** 213—218, mit 1 Fig. = Publ. Leander McCormick Obs. **11** Part 9. — Mit dem 26″-Refraktor des McCormick-Observatoriums wurden im (B,V)-System Helligkeiten und Farben für 166 rote Zwergsterne bestimmt. Der wahrscheinliche Fehler einer Farbmessung beträgt $\pm 0^{m}.025$ und der einer Helligkeitsmessung $\pm 0^{m}.039$. Durch Hinzunahme weiterer Beobachtungen von Johnson und Morgan, Eggen und Yates wurden für insgesamt 223 Sterne die absoluten Größen gegen die Farben aufgetragen. Es ist eine deutlich ausgeprägte Änderung der Farbe mit der spektralen Unterklasse bei den M-Zwergen vorhanden, während sie bekanntlich bei den M-Riesen nicht beobachtet wird. Thi.

9419. **W. B. Nikonow,** Einige Arbeiten des Astrophysikalischen Observatoriums auf der Krim zur Stellarastronomie. Mitt. Astrophys. Obs. Krim **16** 216—219, mit 1 Abb. (russ.). — Ref. Krim-Tagung Sept. 1955.

9420. **L. Plaut,** Comparison of the systems of photographic magnitude in Kapteyn's northern Selected Areas. BAN **13** 111—126. — Es werden die Gewichte und die systematischen Abweichungen voneinander der verschiedenen photographischen Helligkeitssysteme in Kapteyns Selected Areas bestimmt. Beziehungen zur Reduktion der Helligkeiten auf ein einziges System sind für die 12 Areas abgeleitet, die Elvius (1951) in einer eingehenden photometrischen Arbeit untersucht hat. Thi.

9421. **D. A. Roshkowskij,** Über einige Eigenschaften der ein photometrisches System charakterisierenden Wellenlängen. Mitt. Astrophys. Inst. Alma-Ata **2** 159—169 (russ.). — Es sind die Beziehungen zwischen mittleren, effektiven und isophoten Wellenlängen gegeben. Es wird eine Näherungsmethode zur Bestimmung der isophoten Wellenlänge bei Sternen mit bekannten photometrischen Eigenschaften gegeben. Kopecký

9422. **R. Rumińska,** The photographic system of the Toruń Observatory. Studia Soc. Sci. Toruń (F) **1** Nr. 2 S. 46—50 = Bull. Astr. Obs. Toruń Nr. 14.

9423. **K.-H. Schmidt,** Untersuchungen zur Mehrfarbenphotometrie. Wiss. Z. Friedrich-Schiller-Univ. Jena (Math.-naturwiss. Reihe) **5** 221—231, mit 11 Fig. = Mitt. Univ.-Sternw. Jena Nr. 21. — Es werden Beziehungen zwischen den Farbenindizes der Sechsfarbenphotometrie, dem U-B-V-System und der Dreifarbenphotometrie von Becker abgeleitet. Weiterhin werden mit Hilfe der interstellaren Extinktion die isophoten Wellenlängen der Meßbereiche überprüft und dabei festgestellt, daß die bisher angegebenen Werte für die kurzwelligen Gebiete zu größeren Wellenlängen zu verschieben sind. Schließlich wird eine Diskussion der Extinktionsgesetze in verschiedenen Regionen angeschlossen. Hoppe

9424. **J. Stebbins, G. E. Kron,** Six-color photometry of stars. VIII. The colors of 409 stars of different spectral types. ApJ **123** 440—457, mit 3 Fig. = Contr. Lick Obs. (2) Nr. 59. — Lichtelektrische Messungen in sechs Farben von 409 Sternen, von denen 238 bereits in einer früheren Liste enthalten sind, werden mitgeteilt. Die am Crossley-Reflektor erhaltenen Messungen wurden auf das System der älteren mit den Mt. Wilson-Reflektoren erhaltenen Messungen reduziert. Verf. erörtern kurz die Beziehung der Farbenindizes zum Balmer- und Paschen-Sprung sowie das Gesetz der interstellaren Verfärbung. Micz.

9425. **W. D. Stedman, A. N. Vyssotsky,** Photovisual magnitudes of 418 dwarf M stars and 34 parallax stars. AJ **61** 219—224 = Publ. Leander McCormick Obs. **11** Part 10. — Liste der photovisuellen Helligkeiten von 452 Sternen. F. S.

9426. **J. Stock, W. H. Wehlau,** Photographic photometry at the north galactic pole. AJ **61** 80—90, mit 3 Fig. — Helligkeiten im blauen und infraroten Bereich von 335 Sternen in der Nähe des galaktischen Nordpols (überwiegend BD-Sterne) werden mitgeteilt. Besondere Sorgfalt wurde auf die Bestimmung der Feldkorrektionen auf den mit einem Schmidtspiegel aufgenommenen Platten verwendet. F. S.

9427. **R. H. Stoy,** Photoelectric magnitudes and colours for 270 southern stars. MN ASSA **15** 96—98. — Berichtigung in MN ASSA **16** 24.

9428. Documents sur les séquences photométriques. DOB **9** Nr. 4 Fasc. 3, 4 S. mit 3 Fig., Nr. 6 Fasc. 1, 4 S. mit 3 Fig., Nr. 9 Fasc. 1, 4 S. mit 3 Fig., Nr. 12 Fasc. 1, 4 S. mit 3 Fig.

9429. Photoelectric magnitudes and colours for 300 southern stars. MN ASSA **15** 27—30. — Vorliegende Liste mit den Helligkeiten und Farben von 300 Sternen am Südhimmel im 1953 S-System ist die Fortsetzung früherer, ähnlicher Listen. Innerer Fehler: Farben $0\overset{m}{.}006$; Helligkeiten $0\overset{m}{.}008$. Voigt

9430. Faint blue stars. Sky and Telescope **15** 394.

§ 95

Spektrum

9501. **L. H. Aller,** Atmospheres of the B stars. I. The supergiant Epsilon Canis Majoris. ApJ **123** 117—132. — Verf. wendet die Methoden der Wachstumskurven-Analyse nach Menzel bzw. Unsöld für das Schuster-Schwarzschild-Modell und nach Wrubel für das Milne-Eddington-Modell mit reiner Streuung bzw. mit reiner Absorption auf Linienintensitäten im Spektrum des Überriesen ε Canis Majoris an. Die gefundenen Häufigkeiten der Elemente und die Turbulenzgeschwindigkeit hängen von der gewählten Wachstumskurve ab, das Ergebnis für das Ionisationsgleichgewicht dagegen nicht. Die Gründe für diese Abhängigkeit werden erörtert. Micz.

9502. **L. H. Aller,** Atmospheres of the B stars. II. The supergiant 55 Cygni. ApJ **123** 133—138. — Mit Hilfe eines Modells, welches die Zentralintensitäten der stärkeren Linien und der zuverlässig gemessenen Linien des Si II und des Si III darstellt, wird das Spektrum des B 3 Ia-Überriesen 55 Cygni diskutiert. Die gefundenen Häufigkeiten und Temperaturen sind für die betrachteten Elemente in besserer Übereinstimmung mit den in anderen heißen Sternen gefundenen als die, die sich früher aus Analysen der Wachstumskurve ergeben haben. Ein Versuch, Abweichungen der Intensitäten der Helium-Linien von den für thermodynamisches Gleichgewicht zu erwartenden zu finden, verläuft negativ. Micz.

9503. **Y. Andrillat,** Résultats de l'étude infrarouge de l'étoile HD 197406. Ann d'Astrophys **19** 281—283, mit 1 Fig. — Die Klassifikation von HD 197406 als WN 5-Stern wird anhand einer Untersuchung seines Infrarot-Spektrums bestätigt. Die aus He I-Linien abgeleiteten Radialgeschwindigkeiten liegen zwischen −106 und −97 km/sec. K. H. Böhm

9504. **A. G. A. Balz jr.,** Spectral classifications of faint stars. Declination zones +50° to +85°. Publ. Leander McCormick Obs. **13** Part 1, 7 + 62 S. mit 2 Fig. — Auf Anregung von O. Heckmann wurde am McCormick-Observatorium vom Verf. der Spektraltyp für die bisher nicht klassifizierten AGK_2-Sterne in der Deklinationszone +50° bis +85° bestimmt. Die Aufnahmen wurden mit der 10"-Cooke-Prismenkamera erhalten und zeigten eine Dispersion von 300 Å/mm bei $H\gamma$; die Verbreiterung der Spektren betrug 0.1 mm. Die Klassifikation erfolgte nach den an diesem Observatorium seit langem benutzten Kriterien. Ein Vergleich mit der Bergedorfer Spektraldurchmusterung und den vom Astrophys. Obs. auf der Krim publizierten Spektren zeigte eine gute Übereinstimmung. Es werden die Spektren von 19499 Sternen gegeben. 911 Spektren konnten wegen Überlappung etc. nicht klassifiziert werden. Schaifers

9505. **W. S. Berditschewskaja,** Die Entwicklung der Klassifizierung der Sterne. Priroda **45** Nr. 4 S. 79—81, mit 1 Abb. (russ.). — Einige Referate der Pariser Konferenz vom Jahre 1953 (erschienen als Buch: Principes fondamentaux de classification stellaire, Paris 1955) werden besprochen. Verf. hebt hervor, daß verschiedene Gesichtspunkte bei der Klassifizierung zur Erforschung der Entwicklung von Sternen und Sternsystemen dienen sollen. Ond.

9506. **J. Berger, A.-M. Fringant, C. Menneret,** Recherches sur les spectres continus stellaires. X. Classification de quelques étoiles à raies métalliques. Ann d'Astrophys **19** 294—297, mit 3 Fig. — Für fünf Metalliniensterne werden die Wellenlängen des Balmersprunges λ_1, Größen des Balmersprunges D und die absoluten blauen Gradienten Φ_b gemessen und mit normalen Sternen verglichen. Es zeigt sich, daß die Gradienten Φ_b der Metalliniensterne größer sind als die der Normalsterne mit gleichem λ_1 und D. Das Kontinuum des Metalliniensternes 63 Tau gleicht für $\lambda > 4800$ Å mehr dem eines schwarzen Körpers als das des Normalsternes 37 UMa gleicher Farbe. Böhm-Vitense

9507. **J. Berger,** Une étoile à hélium, σ Orionis E. CR **242** 2300—2302, mit 1 Fig. = Contr. Inst. d'Astrophys. Paris (A) Nr. 217. — Der Stern σ Ori E, ein Mitglied des Mehrfachsystems σ Ori, zeigt, besonders jenseits des Balmersprungs, extrem kräftige Heliumlinien. Balmerdiskontinuität etwa 0.10; Heliumdiskontinuität (bei 3470 Å) etwa 0.03. Voigt

9508. **M. Bloch, M.-L. Tcheng,** Mesures de spectrophotométrie stellaire dans le rouge et le proche infrarouge. Publ. Obs. Lyon **3** Nr. 24, 6 S. mit 3 Fig. — Von hellen Sternen wird der relative Gradient im roten und infraroten Spektralbereich (6500—8200 Å) bestimmt. Messungen und Vergleich des Paschen- mit dem Balmer-Sprung werden durchgeführt. Schaifers

9509. **K.-H. Böhm,** A spectrophotometric analysis of the brightest Herbig-Haro object. ApJ **123** 379—391, mit 1 Fig. = Contr. Lick Obs. (2) Nr. 58. — Relative Intensitäten von Emissionslinien zwischen λ 3700 und λ 6800 im Spektrum des hellsten der von Herbig und Haro beschriebenen diffusen Objekte in einer stark verdunkelten Gegend des Orion werden bestimmt. Die erhaltenen Intensitäten der verbotenen Linien werden durch Annahmen über Temperatur und Elektronendichte zu erklären versucht. Als Ionisationsquelle wird eine starke Strahlung im fernen UV postuliert. Verschiedene Abschätzungen führen zu Strahlungstemperaturen von 24000° für $\lambda < 353$ Å bzw. zu 29000° für $\lambda < 916$ Å. Micz.

9510. **E. Böhm-Vitense, O. Struve,** The widths of the lines of Fe, Si, O, and N in the spectrum of Gamma Pegasi. ApJ **123** 228—230, mit 2 Fig. = Berkeley Repr. Nr. 99. — Auf Spektren hoher Dispersion wurden Äquivalent- und Halbwertsbreiten von Linien des O II, N II, Si II, Si III, Si IV und Fe III von γ Pegasi gemessen. Die Linien von Si II, Si III, Si IV, und Fe III sind systematisch schärfer als die von O II und N II. Dies wird auf Unterschiede der thermischen Bewegung der Atome zurückgeführt. Für einige Linien des O II, N II und Si III scheint ein unbekannter Verbreiterungsmechanismus wirksam zu sein. Micz.

9511. **E. Böhm-Vitense,** Variations in the spectrum of 89 Herculis. Publ ASP **68** 57—61, mit 3 Fig. und 1 Tafel = Contr. Lick Obs. (2) Nr. 60. — 89 Her zeigt veränderliche Radialgeschwindigkeit und geringe Helligkeitsschwankungen. Es wurde gefunden, daß bei den Linien Hβ, Hγ und Na D zeitweise eine zusätzliche Komponente auf der kurzwelligen Seite auftritt. Bei dieser Komponente ändert sich offenbar nur die Intensität, nicht die Lage ($\Delta\lambda/\lambda \approx 100$ km/sec). Hα zeigte nur die kurzwellige Komponente. Die Linienverdopplung scheint vor allem bei großer Amplitude der RG-Änderungen aufzutreten. O. G.

9512. **D. Bosman-Crespin, J. Swensson,** The ultraviolet spectrum of Boss 1985 from 1947 to 1950. Bull. Cl. Sci. Acad. roy. Belgique (5) **42** 443—481 = Inst. d'Astrophys. Univ. Liège Mém. 8° Nr. 378. — Auf Grund von vier Spektrogrammen, die mit dem Cassegrain-Spektrographen am McDonald-Observatorium gewonnen worden waren, geben Verf. eine vergleichende Untersuchung des UV-Spektrums des Sterns Boss 1985 (BD −14°1971) für den Zeitraum von 1947 bis 1950. Dieser Stern wurde schon früher von Swings und Struve (vgl. AJB **50** Ref. Ref. **9546**) als symbiotisches Objekt (M + Be) beschrieben. Charakteristisch für sein Spektrum ist die eigentümliche Struktur der Balmerserie. Für eine Reihe von Absorptionslinien (Mg I, Ca II, Sc II, Ti II, Cr II, Mn II) stellen Verf. 1950 gegenüber 1947 eine starke Abnahme der Intensität fest. Die Intensitäten der Emissionslinien des Fe II und Ni II waren dagegen kaum verändert. Für den Wellenlängenbereich 3191—3859 Å werden Tabellen der identifizierten Linien sowie der an diesen gemessenen Radialgeschwindigkeiten gegeben. Henn

9513. **E. S. Brodskaja,** Untersuchung der Spektren und Farbenindizes von Sternen in einigen Teilen der Milchstraße. Mitt. Astrophys. Obs. Krim **16** 219—221 (russ.). — Ref. Krim-Tagung Sept. 1955.

9514. **E. M. Burbidge, G. R. Burbidge,** The chemical compositions of five stars which show some of the characteristics of population II. ApJ **124** 116—129, mit 2 Fig. — Die Häufigkeit einer Reihe chemischer Elemente in den Atmosphären von HD 84123, HD 106223, λ Boo, HD 161817 und 29 Cyg wird durch Analyse der Wachstumskurven bestimmt. Die Sterne gehören auf

Grund ihrer hohen Raumgeschwindigkeit oder spektraler Kriterien zur Population II. Die Häufigkeiten werden mit denen von 95 Leo, ein Stern der Population I, verglichen. Die für λ Boo gefundenen Häufigkeiten unterscheiden sich merklich von denen von 95 Leo. Andere Sterne der Gruppe unterscheiden sich nur wenig oder gar nicht von dem Standardstern. Verf. erörtern abschließend die physikalischen Eigenschaften der untersuchten Sterne einschließlich ihrer Bewegungsverhältnisse. Micz.

9515. **G. R. Burbidge, E. M. Burbidge,** Anomalous abundances of manganese, strontium, and europium in HD 151199. ApJ **124** 130—133. — HD 151199 ist ein Stern vom Spektraltyp A mit der hohen Raumgeschwindigkeit von 69 km/sec. Die Häufigkeit der Elemente Mg, Si, Ca, Cr, Mn, Fe, Sr, Ba, und Eu wird durch Analyse der Wachstumskurve relativ zu 95 Leo bestimmt. Die Häufigkeiten ergeben sich als normal mit Ausnahme der von Mn, Sr, und Eu, die in HD 151199 9, 65, und 130 mal stärker sind als in 95 Leo. Ähnliche Ergebnisse wurden früher für einige Sterne mit starken Magnetfeldern, z. B. α_2 CVn, gefunden. Micz.

9516. **E. M. Burbidge, G. R. Burbidge,** On the possible presence of He^3 in the magnetic star 21 Aquilae. ApJ **124** 655—659. — Wellenlängenmessungen im Spektrum des ein veränderliches Magnetfeld besitzenden Sterns 21 Aquilae ergeben eine systematische Verschiebung der Singulett- gegen die Triplett-Linien des He. Ein Teil dieser Verschiebung mag durch den Stark-Effekt verursacht sein, Verf. halten es jedoch für möglich, daß auch die Anwesenheit von He^3 die Wellenlängenänderung bewirkt. Es wird darauf hingewiesen, daß die Beschleunigung von Protonen in der Atmosphäre zur Bildung von Neutronen und Deuteronen und schließlich zur Bildung von He^3 führen kann. Micz.

9517. **B. Casati, M. Hack,** Ricerche sulle stelle di tipo A peculiare. La stella al silicio HD 34452. Mem SA It (NS) **27** 307—328, mit 6 Fig. = Contr. Oss. Astr. Milano-Merate (NS) Nr. 88. — Untersuchung von Spektrogrammen des Sterns HD 34452 aus Aufnahmen in Asiago. Spektraltypen und Leuchtkraftklassen = B 6—B 7 bzw. IV—V. Die Häufigkeiten von He und H, ferner von C, N, Mg, Si und Fe werden bestimmt. Turbulenzgeschwindigkeit = 2.6 km/sec, Schwerebeschleunigung $4 \leqq \log g \leqq 4.4$ (3.67 nach der Methode von Unsöld) und $0.34 \leqq \Theta \leqq 0.4$ (aus der Sahaschen Formel $\Theta = 0.37$), Elektronendruck $\log P_e = 2.22$. Die außerordentlich großen Intensitäten der Si II- und Mg II-Linien ergeben einen Exzeß der relativen Häufigkeiten dieser Elemente; dieser ist entweder als eine reelle Differenz in der chemischen Zusammensetzung zu deuten oder einem stellaren Magnetfeld zuzuschreiben. Cester

* * **B. Casati, M. Hack,** Lo spettro dell'idrogeno di HD 34452 ricerca di un modello teorico. Vgl. Ref. **5108.**

9518. **D. Chalonge,** Spectres continus stellaires et classification des étoiles. AJ UdSSR **33** 474—505, mit 9 Fig. (französ. und russ.). — Übersicht über den heutigen Stand und die modernen Probleme der Sternklassifikation. Es wird zunächst die von Barbier, Chalonge und Divan entwickelte Methode der Klassifikation nach den zwei Parametern D (Höhe des Balmersprunges) und λ_1 (Lage des Balmersprunges) beschrieben und mit der Morgan-Keenan-Kellmanschen Klassifikationsweise nach Spektraltyp und Leuchtkraft verglichen. Daran anschließend wird die dreidimensionale Klassifikation nach D, λ_1 und dem zusätzlichen Parameter Φ_b, dem sog. absoluten Gradienten im blauen Spektralbereich eingeführt und gezeigt, daß sich die «normalen» Sterne der Population I entsprechend der Klassifikationsmöglichkeit nach nur zwei Parametern eng um eine räumliche Fläche konzentrieren. Darüber hinaus läßt sich für die Metalliniensterne und für die Unterzwerge + Schnelläufer je ein eng begrenztes Gebiet in dem dreidimensionalen Klassifikationsraum angeben. Schließlich werden noch einige Verbesserungsmöglichkeiten dieser dreidimensionalen Klassifikation besprochen. Oster

9519. **D. Chalonge,** Über die Energieverteilung im kontinuierlichen Spektrum von Sternen früher Spektralklassen. Mitt. Astrophys. Obs. Krim **16** 191—194, mit 2 Abb. (russ.). — Ref. Krim-Tagung Sept. 1955.

9520. **M. Chopinet,** Etude spectrophotométrique de quelques étoiles à grande vitesse. JO **39** 67—70, mit 3 Fig. = Publ. Obs. Haute-Provence **3** Nr. 42. — Einige Eigentümlichkeiten in den Spektren von Sternen großer Geschwindigkeit werden gemessen und mit dem Verhalten normaler Sterne verglichen. F. S.

9521. **M. Chopinet,** Caractères spectraux de quelques étoiles particulières. JO **39** 79—81. — Beschreibung der Spektren und Mitteilung der Radialgeschwindigkeiten von neun Sternen, die irgendwelche Besonderheiten aufweisen. F. S.

9522. **C. R. Cowley,** A star with an unusual variable spectrum. Publ ASP **68** 537—538. — BD +37°2318.

9523. **A. N. Demidowa,** Spektralphotometrische Untersuchung von Unterzwergen. Mitt. Astr. Hauptobs. Pulkowo **20** Nr. 2 (155) S. 111—140, mit 13 Abb. und 1 Tafel (russ.). — Mit einem spaltlosen Spektrographen am 50 cm-Maxutow-Teleskop wurden Spektren von 15 Unterzwergen aufgenommen. Die spektralphotometrischen Gradienten und Farbtemperaturen der Unterzwerge sind im Bereich 3950—6500 Å dieselben wie bei normalen Hauptreihensternen vom gleichen Spektraltyp. Den Farbtemperaturen der Unterzwerge entspricht besser die Harvard- als die Mt. Wilson-Klassifizierung. Für fünf Unterzwerge wurden Spektren mit dem Einprismen-Spektrographen am 120 cm-Reflektor (76 und 23 Å/mm bei Hγ) gewonnen. Die Äquivalentbreiten von Wasserstoff- und Metalllinien sind (außer bei τ Cet) durchschnittlich um 25—30% kleiner als bei den normalen Hauptreihensternen. Ond.

9524. **A. J. Deutsch,** The spectrum variables of type A. Publ ASP **68** 92—114, mit 6 Fig. und 1 Tafel. — Verf. gibt eine Zusammenstellung der Beobachtungen an Veränderlichen von der Art von α^2 CnV, wobei die Beobachtungen über Magnetfelder, über die Häufigkeit verschiedener Elemente und über Linienbreiten besonders hervorgehoben werden. Es wird gezeigt, daß die Annahme der Deformation eines Dipolfeldes durch Oszillationen nicht alle Beobachtungen erklären kann und daß auch das Modell eines starr rotierenden Sterns mit einem Dipolfeld, dessen Achse gegen die Rotationsachse geneigt ist, noch zu einfach ist. Die beobachteten anomalen Häufigkeiten von Elementen werden versuchsweise erklärt mit einer Synthese von Elementen durch die Wirkung starker veränderlicher elektrischer Felder. O. G.

9525. **L. Divan,** Recherches sur les spectres continus stellaires. IX. Etude de quelques sous-naines et étoiles à grande vitesse. Ann d'Astrophys **19** 287—293, mit 3 Fig. — Die kontinuierlichen Spektren von 11 Unterzwergen bzw. Schnelläufern werden nach dem dreidimensionalen Schema von Chalonge und Divan (Ann d'Astrophys **15** 201, AJB **52** Ref. **9512**) klassifiziert. Die Spektren unterscheiden sich wesentlich von denjenigen normaler Sterne. Insbesondere ist der Balmersprung unerwartet klein. K. H. Böhm

9526. **F. Egger,** Verbesserte Klassifikation der Sternspektren. Orion Schaffhausen **5** 32.

9527. **G. Elste, J. Jugaku, L. H. Aller,** Theoretical line intensities and the spectrum of Tau Scorpii. Publ ASP **68** 23—26, mit 2 Fig. — Die Verf. wollen prüfen, ob bei der Analyse von Sternspektren die Rechnung nach strengen Formeln eine so viel bessere Darstellung der Beobachtungen gegenüber den üblichen Näherungsverfahren erreicht, daß der erheblich größere Rechenaufwand gerechtfertigt erscheint. Die Beobachtungen wurden aus Coudé-Spektrogrammen

(Mount Wilson und McDonald) gewonnen. Gerechnet wurden Profile von Hγ und Wachstumskurven für Si III- und Si IV-Ionen. Dabei wurde eine voll befriedigende Darstellung erreicht. Das Häufigkeitsverhältnis Si : H für τ Scorpii wurde praktisch übereinstimmend mit einem neuen Wert dieses Verhältnisses für die Sonne gefunden: lg N(Si) — lg N(H) = −4.58. O. G.

9528. **Y. Fujita,** Comparative study of five carbon stars in the visual and infrared spectral regions. ApJ **124** 155—167, mit 2 Fig. — Es wird ein Katalog von Absorptionslinien (Wellenlängen, Intensitäten, Identifizierungen) im Spektrum der fünf Kohlenstoff-Sterne WZ Cas, U Cyg, U Hya, V Aql und RY Dra zwischen λ 5866 und λ 8194 mitgeteilt. Es wird ferner bemerkt, daß das Verhalten der Linien mit der Klassifizierung der Spektren innerhalb der Klasse C konsistent ist. Micz.

9529. **Graciela González, Guillermina González,** Estrellas con Hα en emisión en longitudes galácticas de 103° a 180°. Bol. Obs. Tonantzintla y Tacubaya Nr. 14 S. 19—30, mit 10 Fig. (mit engl. Ref.). — Katalog von 219 Sternen mit Hα-Emission zwischen 103° und 180° galaktischer Länge und +4° und −7° galaktischer Breite mit Reproduktion von 181 Aufnahmen zur Auffindung. Gü.

9530. **Graciela González, Guillermina González,** Estrellas con Hα en emisión en las longitudes galácticas de 59° a 90°. Bol. Obs. Tonantzintla y Tacubaya Nr. 15 S. 16—26, mit 8 Fig. — Für 212 neu entdeckte Sterne mit Hα-Emission (zwischen 59° und 90° galaktischer Länge) werden die Örter für 1855, die Abschätzung der Emissionsintensität und bei einigen Sternen der Spektraltyp gegeben. Für alle nicht in der BD enthaltenen Sterne werden Umgebungskärtchen veröffentlicht. Gli.

9531. **M. Hack,** Lo spettro della supergigante A2Ia ν Cephei e ricerca di un modello teorico. Mem SA It (NS) **27** 81—97, mit 2 Fig. = Contr. Oss. Astr. Milano-Merate (NS) Nr. 80. — Das Spektrum des Überriesen ν Cep wurde auf drei mit dem Spektrographen von Merate aufgenommenen Platten (35 Å/mm bei Hγ) untersucht, um die physikalischen Bedingungen in seiner Atmosphäre kennen zu lernen. Die Berechnung der Konturen von Hδ für ein Atmosphärenmodell mit $\Theta = 0.6$ und $\log g = 2$ zeigt eine befriedigende Übereinstimmung mit der Atmosphäre von ν Cep. Es ergeben sich: $\log Nh = 22.88$, $\log P_e = 1.44$, Turbulenzgeschwindigkeit 13.7 km/sec, Ionisationstemperatur 7600° K. Es wird ein Vergleich mit einigen anderen A-Sternen angestellt. Cester

9532. **M. Hack,** Ricerche sulle stelle a righe metalliche 88 Tau, ω Tau e la stella normale ξ Gem. Mem SA It (NS) **27** 201—217, mit 4 Fig. = Contr. Oss. Astr. Milano-Merate (NS) Nr. 82. — Fortsetzung des Programms zur Untersuchung von Metallinien-Sternen mit den beiden Sternen 88 Tau und ω Tau in Verbindung mit dem Normalstern F 5 III ξ Gem. Aus den Wachstumskurven für 88 und ω Tau wird eine beträchtliche Turbulenzgeschwindigkeit erhalten, welche größer ist als diejenige für den Riesenstern ξ Gem. Die übrigen Resultate (Elektronendruck und Opazität) deuten auf Eigenschaften der Zwergsterne hin. Cester

9533. **M. Hack,** Possibilità di impiego della media dispersione bello studio quantitativo delle stelle F. Studio di α Persei. Mem SA It (NS) **27** 249—262, mit 6 Fig. = Contr. Oss. Astr. Milano-Merate (NS) Nr. 87. — Verf. untersucht einige Spektrogramme von α Per nach Aufnahmen mit dem Spektrographen von Merate (Dispersion 35 Å/mm). Die Ergebnisse werden mit denen von Wright und Greenstein (Dispersion 5 bzw. 2.8 Å/mm) verglichen. Die Übereinstimmung der Äquivalentbreiten, Linienprofile und Wachstumskurven ist befriedigend. Die vorhandenen Abweichungen scheinen mehr von der Unsicherheit der benutzten Methode (Wachstumskurve) als von der Dispersion abhängig zu sein. Cester

9534. **M. Hack,** Ricerche sulle stelle a righe metalliche μ Orionis e confronto con altre 5 stelle normali. Mem SA It (NS) **27** 439—451, mit 1 Fig. = Contr. Oss. Astr. Milano-Merate (NS) Nr. 92. — Untersuchung der am Zeiß-Reflektor von Asiago aufgenommenen Spektrogramme des Metalliniensterns μ Ori und der Normalsterne Θ Per, ω Psc, ϑ Per, τ Peg, α Tri und α Cep. Für μ Ori ergaben sich insbesonders: hohe Turbulenzgeschwindigkeit = 8.7 km/sec, kleine Dämpfungskonstante = 1.3×10^7 sec^{-1}, geringe Häufigkeit von Ca, Sc und Ti. Cester

9535. **M. Hack,** Caratteristiche generali delle stelle a righe metalliche considerate nel quadro delle stelle normali. Mem SA It (NS) **27** 469—495, mit 15 Fig. = Contr. Oss. Astr. Milano-Merate (NS) Nr. 93. — Verf. leitet aus den vorliegenden Untersuchungsergebnissen über Metalliniensterne eine Korrelation zwischen den Spektraltypbestimmungen aus den Wasserstoff- und den Metallinien sowie der K-Linie ab. Es ist sehr wahrscheinlich, daß diese Sterne zur Population I zu rechnen sind, da ihre relativen Geschwindigkeiten zur Sonne klein und eine große Zahl von ihnen Doppelsterne sind. Eine quantitative Analyse von 7 Metalliniensternen und von 16 normalen Sternen zeigt für die erste Gruppe eine hohe Turbulenz und eine geringere Häufigkeit von Ca, Ti, Sc, Zr, Mg und V relativ zur Sonne. Bei vier Metalliniensternen entsprechen die gefundenen Werte für den Elektronendruck und den kontinuierlichen Absorptionskoeffizienten den Werten für Überriesen. Diese vier Sterne zeigen ferner einen scheinbaren Exzeß ihres Wasserstoffgehaltes gegenüber der Sonne. Zur Erklärung wird hypothetisch eine Hülle bzw. eine Abweichung der sekundären Ionisation angenommen. Vorgeschlagen wird weiterhin ein zusätzlicher Parameter zur Klassifikation dieser Sterne, der aus dem Intensitätsverhältnis mehrerer Metallinien gegeneinander abgeleitet ist. Schaifers

9536. **M. Hack,** Studio di HD 188209. Mem SA It (NS) **27** 547—557, mit 3 Fig. = Contr. Oss. Astr. Milano-Merate (NS) Nr. 98. — Untersuchung der Atmosphäre des Sterns HD 188209 mittels vier am Spektrographen von Merate aufgenommenen Spektren. Es wurden folgende Werte abgeleitet: Ionisationstemperatur $T = 29000°$ K, Elektronendruck $\log P_e = 2.51$, Turbulenzgeschwindigkeit 40 km/sec, Schwerebeschleunigung $\log g = 3.76$ und $\log$ H/He = 0.40. Die Ergebnisse werden mit den entsprechenden Werten für 10 Lacertae verglichen. Zum Schluß wird ein Modell gerechnet, welches mit der beobachteten Balmerdiskontinuität bessere Übereinstimmung ergibt; folgende Parameter wurden gefunden: $\Theta = 0.18$, $\log g = 3.7$. Cester

* * **J. F. Heard,** Radial velocities and spectral classifications in the zone from +25° to +30°. Vgl. Ref. **9220**.

* * **J. F. Heard,** The radial velocities, spectral classes and photographic magnitudes of 1041 late-type stars. Vgl. Ref. **9221**.

9537. **G. H. Herbig,** Observations of the spectrum of the companion to BD +4° 4048. Publ ASP **68** 531—533, mit 2 Tafeln. — Von BD +4° 4048 B, dem bisher bekannten Stern geringster Leuchtkraft, wurden drei Spektrogramme mit dem Nebelspektrographen des Crossley-Reflektors am 3., 7. und 8. Sept. 1956 aufgenommen (Dispersion 430 Å/mm bei Hγ). In der Mount Wilson-Skala wird der Stern als dM5$\pm$ klassifiziert. Am 3. Sept. zeigten sich auffallende Wasserstoff- und auch Ca II-Emissionen, die am 7. und 8. Sept. nicht mehr sichtbar waren. Gli.

* * **W. A. Hiltner,** Photometric, polarization, and spectrographic observations of O and B stars. Vgl. Ref. **9407**.

9538. **S.-S. Huang, O. Struve,** A microphotometric study of the spectrum of Maia. ApJ **123** 231—245, mit 3 Fig. = Berkeley Repr. Nr. 100. — Ref. in Sterne **33** 123, Urania København **14** 71—72. — Struve hat früher vorgeschlagen, daß das Spektrum von Maia (20 Tau) als ein «spectrum compositum» angesehen werden kann, das durch einen Temperaturbereich von 12300° bis 15500° charakterisiert werden kann. Ein schnell rotierender B-Stern mit der Rotationsachse in der Blickrichtung kann ein Temperaturgefälle von 25% zwischen Pol und Äquator leicht erreichen. Mit Hilfe von Daten aus Coudé-Spektren und der Theorie der Wachstumskurve wird die Häufigkeit einer Anzahl chemischer Elemente bestimmt. HeI-, FeI- und FeII-Linien dienen zur Bestimmung der Ionisationstemperatur, die sich im Sinne von Struves Hypothese als merklich verschieden für die genannten Atome ergibt. Micz.

9539. **H. Huber,** Espectros estelares. El Universo Nr. 37 S. 129—134, mit 4 Fig.

9540. **J. Humblet, G. Mannino,** Les variations lentes des spectres des étoiles O à raies d'émission. Bull. Cl. Sci. Acad. roy. Belgique (5) **42** 1045—1049 = Inst. d'Astrophys. Univ. Liège Mém. 8° Nr. 385. — Während mehrerer Jahre haben Verf. in Asiago spektroskopische Beobachtungen von sechs Of-Sternen durchgeführt und die Äquivalentbreiten einer Reihe von charakteristischen Linien bestimmt. Die gewonnenen Messungen werden diskutiert und als erstes Ergebnis dieser Untersuchungen ein Anregungsmechanismus für die Linie λ 4686 des HeII vorgeschlagen. Henn

9541. **B. Iriarte, E. Chavira,** Lista de estrellas con Hα en emisión entre l = 338° y l = 33°. Bol. Obs. Tonantzintla y Tacubaya Nr. 14 S. 31—34, mit 4 Fig. (mit engl. Ref.). — Katalog von 58 Sternen mit Hα-Emission zwischen 338° und 33° galaktischer Länge, darunter acht W-Sterne. Reproduktion von 24 Aufnahmen zur Auffindung. Gü.

9542. **C. Luplau Janssen,** En mærkelig Stjernetype. Urania København **13** 17—19. — Allgemeinverständliche Übersicht über die neueren Untersuchungen des Sterns 48 Librae. C. L. J.

9543. **N. D. Kalinenkow,** Über die visuelle zweidimensionale Klassifikation von Sternspektren. Abh. Uljanow-Lenin-Staatsuniv. Kasan **116** Nr. 1 S. 85—88 (russ.) = Publ. Städt. Astr. Obs. Staatsuniv. Kasan Nr. 32 S. 85—88. — Mit einem 17°-Objektivprisma am Astrographen des Engelhardt-Observatoriums (D = 120 mm, F = 600 mm) wurden über 700 Sternspektren aufgenommen. Die Verbreiterung erfolgte mittels einer beweglichen Kassette. Verschiedene Einflüsse auf die Klassifikation wurden untersucht. Nach einer längeren Erfahrung gelangt Verf. zur Ansicht, daß außer der Auffindung von Überriesen die Leuchtkraftschätzung auf Objektivprismenaufnahmen mit kleiner Dispersion unzuverlässig ist. Ond.

9544. **B. Kleman,** Laboratory excitation of the blue-green bands observed in the spectra of N-type stars. ApJ **123** 162—165, mit 1 Tafel. — Ref. in Coelum **25** 61, Sky and Telescope **15** 540. — In den Spektren von N-Sternen erscheint gelegentlich ein kräftiges System von Banden im blau-grünen Bereich, dessen Ursprung unbekannt ist. Es wird angenommen, daß es einem mehratomigen Molekül zuzuschreiben ist. Verf. hat bei Einführung von Silizium in ein mit Argon, Helium, Wasserstoff, Deuterium oder Stickstoff gefülltes Graphitrohr eines elektrischen Ofens bei etwa 2300° C zeitweilig Banden beobachtet, die den oben erwähnten vielleicht entsprechen. Sie gehen vermutlich auf ein Si-C-C-Molekül zurück. Eine teilweise Schwingungsanalyse wird vorgenommen. Micz.

9545. **I. M. Kopylow,** L'effet de Stark dans les atmosphères des étoiles O5—O8. I. Mitt. Astrophys. Obs. Krim **16** 129—142, mit 6 Fig. (russ. mit französ. Ref.). — Von 50 O-Sternen, die O-Assoziationen angehören, führte Verf. eine Spektralklassifikation ohne Rücksicht auf die Wasserstofflinien durch, ermittelte die absoluten Helligkeiten und maß Äquivalentbreiten. Eine vergleichende Studie über das Verhalten der Wasserstofflinien in Abhängigkeit von der absoluten Größe ergab, daß der Stark-Effekt in den frühen O-Sternen klarer ausgeprägt ist als in den späten, wobei der Effekt zu höheren Gliedern der Balmer-Linien hin bei den frühen Typen langsamer abnimmt als bei den späten. Loh.

9546. **P. Maffei,** Le molecole nelle atmosfere stellari. Coelum **24** 165—169. — In Fortsetzung der Arbeit in Coelum **23** 18 (vgl. AJB **55** Ref. **9546**) wird eine allgemeinverständliche Beschreibung der Spektraltypen M, R, N und S gegeben. Cester

9547. **S. W. McCuskey,** Stellar spectra in Milky Way regions. V. A region in Monoceros. ApJ Suppl **2** 271—297, mit 6 Fig. — Ref. in ApJ **123** 552. — Spektraltypen, photographische Helligkeiten und Farbenindizes (rot) von 2290 Sternen für ein Feld in Monoceros (Zentrum bei RA = $6^h\,51^m$, Dekl. = +1°3) sowie Identifizierungskarten werden mitgeteilt. Eine Analyse des Feldes wurde bereits früher gegeben. Micz.

9548. **S. W. McCuskey,** Stellar spectra in Milky Way regions. VI. A region in Camelopardalis. ApJ Suppl **2** 298—314, mit 6 Fig. — Ref. in ApJ **123** 552. — Spektraltypen, photographische Helligkeiten und Farbenindizes (rot) von 929 Sternen eines Feldes in Camelopardalis (Zentrum bei RA = $3^h\,51^m$, Dekl. = +56°8) sowie Identifizierungskarten werden mitgeteilt. Eine Analyse des Feldes wurde bereits früher gegeben. Micz.

9549. **A. McKellar,** Identification of the λ10460 sequence of bands in late M-type spectra, with vanadium oxide. J RAS Canada **50** 243—244 = Contr. Dominion Astrophys. Obs. Victoria Nr. 50. — Die in einigen späten M-Sternen gefundenen Banden im Infraroten bei λ 10500 Å lassen sich befriedigend dem VO zuordnen, wie aus den Laboratoriumsmessungen einiger Molekülbandensysteme durch A. Lagerqvist hervorgeht. Schaifers

* * **P. W. Merrill,** Lines of the Chemical Elements in Astronomical Spectra. Vgl. Ref. 252.

9550. **P. W. Merrill,** Hydrogen in the stars. ASP Leaflet Nr. 320, 7 S. mit 1 Fig.

9551. **P. W. Merrill,** Carbon in the stars. ASP Leaflet Nr. 321, 8 S. — Ref. in Sky and Telescope **15** 307.

9552. **P. W. Merrill,** Oxygen in the stars and nebulae. ASP Leaflet Nr. 328, 8 S. mit 1 Fig.

9553. **P. W. Merrill,** Brint og kulstoff i stjernerne. NAT 1956 S. 122—131, mit 2 Fig. — Übersetzung von ASP Leaflet Nr. 320 und 321 (vgl. Ref. **9550, 9551**).

9554. **P. W. Merrill,** Technetium in the N-type star 19 Piscium. Publ ASP **68** 70—71. — In der von R. F. Sanford in ApJ **111** 262 (AJB **50** Ref. **9540**) veröffentlichten Reproduktion eines Spektrogramms des N-Sterns 19 Psc wurden vier Linien von Tc I identifiziert. Die Linien sind in ähnlicher Stärke bei einigen langperiodischen Veränderlichen beobachtet worden, aber nicht bei Sternen ähnlichen Spektraltyps wie 19 Piscium. O. G.

9555. **P. W. Merrill,** Spectroscopic classification of red stars. Publ ASP **68** 356—358, mit 1 Fig. — Die Möglichkeiten von physikalisch sinnvollen Kriterien für die Spektralklassifikation von M, N und S-Sternen werden diskutiert. K. H. Böhm

9556. **G. R. Miczaika, F. A. Franklin, A. J. Deutsch, J. L. Greenstein,** A spectrophotometric analysis of two metallic-line stars. ApJ **124** 134—154, mit 8 Fig. = Harv Repr Nr. 440. — Äquivalentbreiten von Absorptionslinien im Spektrum der beiden metallischen A-Sterne 8 Com und 15 Vul, gemessen auf Coudé-Spektren, werden zur Bestimmung der Häufigkeit chemischer Elemente und von Parametern der Sternatmosphären benutzt. Die Turbulenzgeschwindigkeit ergibt sich als hoch für beide Sterne (4.8 bzw. 3.8 km/sec). Die gefundenen Häufigkeiten unterscheiden sich nur für Sc, Ca, Na, Sr und Zn um mehr als einen Faktor 3 von denen der Sonne. Die effektive Schwerebeschleunigung ist etwa ein Zehntel des der Masse entsprechenden Wertes. Die früher von Greenstein mitgeteilten Äquivalentbreiten im Spektrum von τ UMa werden erneut diskutiert. τ UMa zeigt ähnliche Eigentümlichkeiten wie die anderen zwei metallischen A-Sterne, jedoch in stärkerem Maße. Profile einiger Balmer-Linien sowie von K(Ca) und Linienstärken von mehr als 500 Linien werden mitgeteilt. Micz.

9557. **L. A. Mitrofanowa,** On the calibration of spectrograms by means of an iron comparison spectrum for small-dispersion spectrographs. AJ UdSSR **33** 729—732, mit 1 Fig. (russ. mit engl. Ref.). — Das an anderer Stelle (Mitt. Astr. Hauptobs. Pulkowo Nr. 159) ausführlich dargelegte Verfahren wird auf den Fall kleiner Dispersion (36 Å/mm bei Hγ) ausgedehnt. Petri

9558. **E. R. Mustel,** Einige Ergebnisse auf dem Gebiet der Sternspektroskopie. Mitt. Astrophys. Obs. Krim **16** 221—222 (russ.). — Ref. Krim-Tagung Sept. 1955.

9559. **E. R. Mustel, R. N. Kumajgorodskaja,** Spectrophotométrie d'étoiles des types spectraux G0 et K0 aux raies faibles et fortes. Mitt. Astrophys. Obs. Krim **16** 122—128, mit 4 Fig. (russ. mit französ. Ref.). — Verf. haben die Spektren von acht G0- und K0-Sternen mit schwachen und starken Linien (vgl. N. Roman, AJB **50** Ref. **9539** und **52** Ref. **9557**) aus Aufnahmen am großen Krim-Reflektor untersucht. Dazu wurden die Äquivalentbreiten von 25 bzw. 42 Linien der G0-Zwerge bzw. der K0-Riesen bestimmt. In den Spektren der G0-Sterne, die zur Gruppe der schwachlinigen Sterne gehören, sind alle Linien 20 % schwächer als in der starklinigen Gruppe. Für beide Gruppen werden mittlere Wachstumskurven abgeleitet; sie unterscheiden sich in Ordinate voneinander. Bei den K-Sternen zeigt sich, daß diejenigen Sterne, die dynamisch zur Gruppe schwachliniger Sterne gehören, in der Mehrzahl intensivere Linien haben als die Sterne, die zur dynamischen Gruppe der starklinigen Sterne gehören. Die Wachstumskurven bestätigen dies. Loh.

9560. **J. J. Nassau,** Spectral surveys with Schmidt-type telescopes. Mitt. AG 1955 S. 66—76, mit 5 Fig. = Mitt. Sternw. Hamburg-Bergedorf **23** Nr. 255. — Ausführlicher Bericht über Klassifizierungsarbeiten im blauen Spektralbereich mit dem Schmidt-Spiegel von Cleveland, Ohio, mit Angaben über bisher gefundene Eigentümlichkeiten der Verteilung von A-Sternen und im Milchstraßengürtel von O—F-Sternen hoher Leuchtkraft. Ausführliche Angaben über durch Infrarotspektroskopie gefundene Sterne, auch Veränderliche, späten Typs. Zukünftige Programme, im besonderen der Plan, das Instrument durch einen mit mehreren dielektrischen Schichten belegten Spiegel zu ergänzen, wodurch zwei scharfe Absorptionslinien erzeugt werden, die sich für die Bestimmung von Radialgeschwindigkeiten eignen. Dv.

9561. **D. M. Popper,** On the H and K emission in dwarf stars. ApJ **123** 377—378, mit 1 Tafel = Astr. Papers Univ. California Nr. 18. — Fünf Hauptreihensterne mit Spektraltypen zwischen K5 und M2 und H- und K-Linien in Emission haben mit Ausnahme eines auf einem Spektrogramm beobachteten «flare» keine Veränderlichkeit der H- und K-Emission gezeigt. Es wird geschlossen, daß die Emissionslinien nicht durch Protuberanzentätigkeit erzeugt werden oder daß diese Aktivität keinen merklichen Änderungen innerhalb von fünf Jahren unterliegt. Micz.

9562. **D. H. Schulte,** Some recent results of low-dispersion spectral classification. ApJ **123** 250—252, mit 7 Tafeln. — Ein von Morgan, Meinel und Johnson (ApJ **120** 506, AJB **54** Ref. **9556**) vorgeschlagenes Verfahren, Spektraltypen auf Objektivprisma-Aufnahmen äußerst geringer Dispersion aus der Form der unverbreiterten Bilder zu bestimmen, wird auf Sterne einiger OB-Assoziationen und die Sterne aus Humasons und Zwickys Liste blauer Objekte in der Nähe des galaktischen Pols angewendet. Auf Grund der Beobachtungen wird der die Anregung des Emissionsnebels M 17 bewirkende Stern gefunden. Die Dispersion betrug nur 10000 Å/mm. Die Anwendung der Methode auf größere Instrumente wird erörtert. Micz.

9563. **L. Searle,** A study of three shell stars. AJ **61** 12—13. — Ref. AAS.

9564. **S. Sharpless,** The infrared spectral classification of M-type stars. ApJ **124** 342—345, mit 2 Tafeln. — Verf. klassifiziert eine Reihe von M-Sternen mit Hilfe von Infrarotspektrogrammen kleiner Dispersion. Die benutzten Kriterien werden erörtert, und es wird darauf hingewiesen, daß Spektren dieser Art ein geeignetes Mittel zur Bestimmung spektroskopischer Parallaxen von M-Sternen sind. Micz.

9565. **A. Slettebak,** Line broadening in the spectra of O- and early B-type stars. ApJ **124** 173—195, mit 7 Fig. = Contr. Perkins Obs. (1) Nr. 43. — Linienprofile von 43 Sternen mit Spektraltypen O5—B2 wurden gemessen. Von 110 weiteren Sternen mit Spektraltypen O5—B5 wurde die Linienbreite geschätzt. Gemessene Intensitäten der Emissionslinien von O5—O8-Sternen deuten eine Beziehung zwischen Leuchtkraft und Linienintensität an. Verf. findet, daß die Beiträge von Rotation und Bewegungen in der Atmosphäre zur Linienverbreiterung nicht getrennt werden können. Die beiden Ursachen der Linienverbreiterung werden in bezug auf ihr unterschiedliches Verhalten in Sternen verschiedener Spektralklasse und Leuchtkraft ausführlich diskutiert. Micz.

9566. **J. C. Stewart,** The atmosphere of HD 135485. AJ **61** 13. — Ref. AAS.

9567. **J. Stock,** Photoelectric spectrophotometry. I. Hydrogen-line intensities of O-, B-, and A-type stars. ApJ **123** 253—257, mit 2 Fig. — Mit einem lichtelektrischen Photometer am Schmidt-Reflektor des Warner und Swasey-Observatoriums hat Verf. Registrierungen der Energieverteilung im Spektrum von 99 Sternen vom Typ O, B und A erhalten, indem er den Stern durch das Feld laufen ließ. Es wurden 4°- und 6°-Objektivprismen benutzt. Auf den Registrierungen wurde die Äquivalentbreite der Wasserstofflinien Hβ, Hγ mit Hδ gemessen. Es werden Vergleiche mit ähnlichen Messungen an Hγ von S. Günther und R. M. Petrie angestellt. Micz.

9568. **O. Struve,** Wolf-Rayet-stars. Sky and Telescope **15** 209—212, mit 8 Fig. —Zusammenfassender, speziell die spektroskopischen Aspekte berücksichtigender Bericht über die Wolf-Rayet-Sterne. Insbesondere wird die Vermutung diskutiert, daß alle W-Sterne Komponenten enger Doppelsterne sind. Voigt

9569. **P. Swings,** L'astrophysique moléculaire. BSAF **70** 441—447, mit 1 Fig. — In diesem, vor der französischen astronomischen Gesellschaft gehaltenen Vortrag gibt Verf. eine Zusammenfassung der wichtigsten Probleme, die mit dem Vorhandensein von Molekülen in den Sternatmosphären zusammenhängen. Besonders werden die Sterne der späteren Spektraltypen (M, S, C) betrachtet und die Merkmale ihrer Spektren wie auch die Existenz von Lithium und radioaktivem Technetium in den Atmosphären einiger dieser Sterne diskutiert. Mawridis

9570. **H. Tomasik,** Spectrophotometric criteria of the stellar population for the F, G, K classes in low dispersion. Studia Soc. Sci. Toruń (F) **1** Nr. 1, 12 S. mit 7 Fig. = Bull. Astr. Obs. Toruń Nr. 13 S. 24—35. — Um bei Objektivprismenaufnahmen ($\sim$150 Å/mm zwischen Hγ und Hδ) mehrdimensionale Klassifikationen durchführen zu können, werden mehrere Kriterien (verschiedene Kombinationen der Fe-, H-, CH- und CN-Intensitäten) zur Bestimmung des Spektraltyps und zur Unterscheidung der Populationen sowie Leuchtkraftkriterien vorgeschlagen. Die Messung der entsprechenden Intensitäten wird kurz beschrieben. Es wird vermutet, daß eine 90prozentige Populationstrennung möglich ist. Voigt

9571. **A. B. Underhill,** The continuing variations in the spectrum of 48 Librae. AJ **61** 13. — Ref. AAS.

9572. **A. B. Underhill,** On the use of the hydrogen lines as absolute magnitude criteria in the O stars. Publ. Dominion Astrophys. Obs. Victoria **10** 169—199, mit 5 Fig. — Es wurden die Äquivalentbreiten von Hγ, Hδ, H9, H10, H11 und einiger Heliumlinien in den Spektren von **60** O- und frühen B-Sternen gemessen; für 42 Sterne wurden absolute Helligkeiten M_V aus Clusterparallaxen und spektroskopischen Parallaxen hergeleitet. Es zeigt sich eine schwache Korrelation zwischen M_V und den ultravioletten Wasserstofflinien H_{uv} bei den späten O- und frühen B-Sternen; damit lassen sich Überriesen von Hauptreihensternen trennen. Für die Typen O5—O8.5 wurde dagegen keine Korrelation zwischen M_V und H_{uv} gefunden. Möglicherweise betragen die absoluten Helligkeiten aller frühen O-Sterne mit Absorptionsspektren etwa −4. Gli.

9573. **A. B. Underhill,** On the composite spectrum of H.D. 50820. Publ. Dominion Astrophys. Obs. Victoria **10** 277—285, mit 2 Fig. und 2 Tafeln. — Das Spektrum des unaufgelösten Doppelsternes HD 50820 besteht aus einem B2e-Spektrum und einem Spektrum späteren Spektraltyps, das vom Verf. durch Vergleich mit roten Spektren von Normalsternen der Leuchtkraftklassen II und III des MKK-Atlas als K2II bestimmt wurde. Der späte Stern hätte danach $M_{vis} = -2.2$. Das Helligkeitsverhältnis der beiden Sterne wird aus den vom Kontinuum des zweiten Sternes teilweise ausgefüllten Spektrallinien bestimmt. Die absolute Helligkeit des B2e-Sternes ergibt sich so zu −1.5 im Gegensatz zu der aus der Stärke von $H\gamma$ bestimmten Helligkeit von −2.5. Böhm-Vitense

9574. **A. N. Vyssotsky,** Dwarf M stars found spectrophotometrically. AJ **61** 201—213 = Publ. Leander McCormick Obs. **11** Part 8. — Vierte Liste von 562 M-Zwergen (dK8 bis dM5), die auf Überwachungsplatten am McCormick Observatorium gefunden wurden. Es werden mitgeteilt: Ort, scheinbare und absolute Größe, Spektrum, meist Eigenbewegung, teilweise trig. Parallaxe. Behr

9575. **B. Westerlund,** Spectrophotometric measurements of BD 55°2644, BD 51°3281, and BD 51°3341. Preliminary note. Ark Astr **2** 71—81, mit 7 Fig. = Uppsala Astr. Obs. Medd. Nr. 115. — In einigen Diagrammen wird die Intensitätsverteilung im Bereich $\lambda\lambda$ 3900—4550 in den Spektren der drei Sterne veranschaulicht (Logarithmus der Intensität gegen Wellenlänge). Die Dispersion der ausgemessenen Spektren beträgt 75 Å/mm. Ferner werden die Äquivalentbreiten einiger stellarer Linien (Wasserstoff, HeI, HeII) und der interstellaren CaII-K-Linie gegeben. Groth

9576. **B. Westerlund,** On the classification of early type stars. Ark Astr **2** 83—96, mit 10 Fig. = Uppsala Astr. Obs. Medd. Nr. 116. — In Spektren kleiner Dispersion von Sternen der Typen O—G im Cepheus und im Coma-Haufen werden einige der vom Verf. in früheren Arbeiten diskutierten Klassifikationskriterien gemessen (Uppsala Astr. Obs. Ann. Nr. 6, 1951, Nr. 8, 1953, Nr. 10, 1953). In mehreren Abbildungen werden die Relationen zwischen den Kriterien im Uppsalasystem und denen im System von Chalonge veranschaulicht. Ferner werden die Relationen zwischen verschiedenen Uppsala-Kriterien dargestellt und mit den Spektral- und Leuchtkraftkriterien im Yerkes-System korreliert. Groth

9577. **B. Westerlund,** Etude spectrophotométrique de quelques étoiles O, B et A dans Céphée. JO **39** 149—158, mit 3 Fig. = Uppsala Astr. Obs. Ann. **4** Nr. 5. — Der Verlauf des kontinuierlichen Spektrums im Bereich 3150 Å $< \lambda <$ 6200 Å wird für 16 Sterne im Gebiet des Cepheus bestimmt. Außerdem werden diese Sterne in das von Chalonge und Divan (Ann d'Astrophys **15** 201, AJB **52** Ref. **9512**) vorgeschlagene dreidimensionale Klassifikationsschema eingeordnet. Die interstellare Verfärbung wird abgeleitet. K. H. Böhm

9578. **B. Westerlund,** Nyare undersökningar av stjärnornas kontinuerliga spectra. PAT **37** 111—124, mit 14 Fig. — Ausführliche, allgemeinverständliche Darstellung.

9579. **O. C. Wilson, M. K. Aly,** The possible occurence of λ 5876 of HeI in absorption in the spectra of certain late-type stars. Publ ASP **68** 149—151, mit 1 Fig. — Da auf der Sonne über Eruptionsgebieten außer einer Verstärkung der Emissionskerne der Linien H und K des Ca II gegenüber Spektrogrammen der ungestörten Sonnenoberfläche auch zusätzlich die Linie λ 5876 des He I als diffuse Absorption auftritt, wurde in Spektrogrammen (Dispersion 9 Å/mm) von Sternen später Spektraltypen mit starken Emissionskernen in den Linien H und K nach der Absorption bei λ 5876 gesucht. Bei Sternen der Spektraltypen G5—K5 wurde die Absorption gefunden, während bei M-Sternen die Störung durch andere Linien zu groß ist. O. G.

9580. **R. Wilson,** Spectrophotometric measurements of early-type stars. III. Further results and discussion for B1 stars. Publ. Roy. Obs. Edinburgh **2** 3—26, mit 3 Tafeln. — Ref. in MN **115** 701. — Ergebnisse einer Spektralphotometrie von sieben B1-Sternen werden mitgeteilt und zusammen mit früheren Messungen an sieben weiteren B1-Sternen diskutiert. Die Intensitäten der Spektrallinien (außer für H, He I, He II und Mg II) können mit großer Genauigkeit durch eine einzige Leuchtkraftfunktion dargestellt werden. Das besondere Verhalten der H-Linien, zum Teil in Emission, wird diskutiert. Den Abschluß bildet ein Atlas des Spektrums eines typischen B1-Überriesen und eines B1-Zwerges jeweils als Mittel von fünf verschiedenen Sternen. Behr

9581. **M. L. Woods,** Spectral types of bright southern stars. Mem. Commonwealth Obs. Mt. Stromlo **3** Nr. 2 (12), 18 S., 1955. — Bestimmung des Spektraltyps und der Leuchtkraftklasse von 520 hellen Sternen des Südhimmels. Im Katalog sind 92 Sterne enthalten, die im MKK-Atlas klassifiziert sind und hier als Standardspektren benutzt werden. Ferner enthält er 257 B-Sterne. Schaifers

9582. **Zoi Day O,** Spectrophotometry of Be stars. AJ UdSSR **33** 506—515, mit 3 Fig. (russ. mit engl. Ref.). — Die vorliegende Untersuchung stützt sich auf ein Material von 123 Spektralaufnahmen von 37 Be-Sternen und 3 Kontrollsternen vom Typ B sowie auf 112 Anschlußaufnahmen von α Lyrae, welche alle am Bjurakan-Observatorium im Herbst 1954 mit einem 25 cm-Teleskop und einem Quarzspektrographen aufgenommen wurden. Der ausgewertete Spektralbereich erstreckt sich von 3100 bis 4650 Å. Das ganze Arbeitsverfahren wird ausführlich dargestellt. Als Ergebnisse werden hergeleitet: Der Wert D des Balmersprunges und die Gradienten φ_1 und φ_2 im Sinne von Chalonge etc. Nach Anbringung einer Korrektur auf interstellare Rötung ergibt sich, daß die Be-Sterne im Mittel röter sind als die B-Sterne und daß der von interstellaren Effekten unabhängige Wert des Balmersprunges für die Be-Sterne geringer ist als für die B-Sterne. Aus dem Verhältnis der ultravioletten Gradienten der Be-Sterne schließt der Autor auf das Vorhandensein einer Hülle, die den normalen B-Sternen fehlt. Oster

9583. **Zoi Day O,** The continuous spectrum of Be type stars. AJ UdSSR **33** 682—689, mit 1 Fig. (russ. mit engl. Ref.). — Verf. setzt voraus, daß sich das Spektrum eines Be-Sternes aus dem Spektrum eines normalen B-Sterns und dem Spektrum einer Gashülle zusammensetzt. Formeln für die spektralphotometrischen Gradienten werden in Abhängigkeit vom Balmersprung abgeleitet. Die Gradienten und Balmersprung eines normalen B- und eines Be-Sterns werden aus den Beobachtungen abgeleitet, dieselben Werte für die Gashülle theoretisch bestimmt. Die Elektronentemperatur der Gashülle, die Elektronenkonzentration und die in einem Jahr vom Stern entweichende Masse (10^{-7} bis 10^{-6} M$\odot$) werden berechnet. Ond.

9584. **Zoi Day O,** Die Elektronentemperatur der Hüllen der Be-Sterne. Bote Univ. Leningrad Nr. 7 S. 106—113 (russ.). — Ref. in RJ 1957 Nr. 1 S. 45—46*).

9585. K stars at declination −45°. Sky and Telescope **15** 114. — Ref. AAS.

9586. Hydrogen-line broadening in stellar spectra. Sky and Telescope **15** 170, mit 1 Fig. — Ref. AAS.

* * Spektren von veränderlichen Sternen siehe § **111** und § **112**.

*) Im RJ heißt es «Bote Inst. Leningrad Nr. 7 . . . »

§ 96

Temperatur, Strahlung

9601. H. Kienle, Die Skala der Sterntemperaturen. Mitt. Astrophys. Obs. Krim **16** 223—227, mit 1 Abb. (russ.). — Ref. Krim-Tagung Sept. 1955.

9602. O. A. Melnikow, N. F. Kuprewitsch, A new determination of the zero-point of spectrophotometric gradients and stellar temperatures by the photoelectric method. AJ UdSSR **33** 845—849, mit 8 Fig. (russ. mit engl. Ref.). — Photoelektrische Beobachtungen des kontinuierlichen Spektrums des A0-Sterns β UMa mittels Photonenzählers ohne und mit Blaufilter erlaubten auf neuartige Weise Gradient und Farbtemperatur bei $\bar{\lambda} = 0.43\ \mu$ zu bestimmen: $\Phi = 1.00$, $T = 16500°$. Dabei wurde kein Anschluß an terrestrische Lichtquellen durchgeführt. Das Verfahren beruht vielmehr darauf, daß ein BG 4-Filter zwischen $1/\lambda = 2.2$ bis $2.5\ 1/\mu$ einen «synthetischen» Stern mit dem absoluten Gradienten $\Phi_0 = 0.48$ erzeugt, der sehr nahe mit dem unendlicher Temperatur $\Phi_\infty = \bar{\lambda} = 0.43$ übereinstimmt. Loh.

9603. O. A. Melnikow, Über die Skala spektralphotometrischer Gradienten und Sterntemperaturen. Mitt. Astrophys. Obs. Krim **16** 238 (russ.). — Ref. Krim-Tagung Sept. 1955.

9604. O. A. Melnikow, Über die Ableitung absoluter spektralphotometrischer Gradienten von Sternen aus Beobachtungen langperiodischer Cepheiden. Mitt. Astr. Hauptobs. Pulkowo **20** Nr. 3 (156) S. 75—86, mit 3 Abb. (russ.). — Verf. bespricht die bisherigen Bestimmungen der absoluten Gradienten von A0-Sternen, die eine große Streuung aufweisen. Seine neue Methode stützt sich auf die Benutzung von Cepheiden als Standard-Sterne. Die Helligkeitsdifferenz zwischen Maximum und Minimum wird als Funktion allein der entsprechenden Temperaturen ausgedrückt, indem die Gültigkeit der Relation $R \times T = const.$ zwischen Halbmesser und Temperatur vorausgesetzt wird. Von der Sechsfarbenkolorimetrie für δ Cep und η Aql ausgehend, gelangt Verf. für A0-Sterne zu Farbtemperaturen zwischen 15200° bis 15500°. Bei Benutzung von δ Cep mußte der Einfluß seines Begleiters berücksichtigt werden. Ond.

9605. O. A. Melnikow, Der Nullpunkt der spektralphotometrischen Gradienten der Sterne. VS Bull **10** 382—389, mit 2 Abb. (russ. mit französ. Ref.). — In der Arbeit wird eine Methode zur Bestimmung der Skala absoluter spektralphotometrischer Gradienten und Sterntemperaturen im Anschluß an die Cepheiden überprüft. Diese Methode war vom Autor 1944 vorgeschlagen worden. Benutzt wird die lichtelektrische Sechsfarbenphotometrie von Stebbins für δ Cep und η Aql sowie α Lyr (A0). Nach der Anwendung der Methode zeigt sich, daß für den «A0-Stern» der spektralphotometrische Gradient bzw. die Temperatur 1.16 ± 0.03 bzw. $15400° \pm 660°$ sind. Die Methode hat große Vorzüge, weil es nicht notwendig ist, Korrekturen wegen atmosphärischer Absorption anzubringen und der Genauigkeitsverlust beim Übergang von sehr heißen Quellen (beim Vergleich mit Laboratoriumsquellen) zu den Cepheiden und den noch heißeren A0-Sternen geringer ist. Verf. (übersetzt)

§ 97

Leuchtkraft, Durchmesser, Masse, Zustandsdiagramme

* * **N. M. Artjuchina,** Bestimmung und Untersuchung der Eigenbewegungen von Sternen im Gebiet des Nordpols der Galaxis. Vgl. Ref. **9202.**

* * **W. Becker, U. Steinlin,** Dreifarbenphotometrie und Stellarstatistik. Vgl. Ref. **12001.**

9701. **P. Broglia, A. Masani, E. Pestarino,** Osservazioni die nane bianche. Mem SA It (NS) **27** 497—501 = Contr. Oss. Astr. Milano-Merate (NS) Nr. 96. — Lichtelektrische Beobachtungen von 16 weißen Zwergen zur Auffindung kurzperiodischer Helligkeitsschwankungen ergaben keine Veränderlichkeit Cester

* * **R. Hanbury Brown, R. Q. Twiss,** A test of a new type of stellar interferometer on Sirius. Vgl. Ref. **2205.**

* * **A. N. Demidowa,** Spektralphotometrische Untersuchung von Unterzwergen. Vgl. Ref. **9523.**

* * **O. J. Eggen,** Photometric parallaxes and the mass-luminosity relation. Vgl. Ref. **9301.**

* * **W. Gliese,** Dichte, Hertzsprung-Russell-Diagramm und Geschwindigkeitsverteilung der Sterne innerhalb 20 Parsec. Vgl. Ref. **12331.**

9702. **G. M. Idliss,** Theoretische Abschätzung der kleinstmöglichen Sternmasse. DAN **106** 405—407 (russ.). — Damit ein aus ionisierter Materie bestehender Stern in dem Sinne stabil ist, daß Ladungsträger aus seinem Gravitationsfeld und seinem elektrostatischen Feld nicht entweichen können, muß seine Masse größer sein als 0.04 $\mathfrak{M}_{\odot}$. Dunkle Begleiter von Sternen mit Massen dieser Größenordnung oder kleiner müssen daher als planetarische Körper angesehen werden. Loh.

9703. **K. Kaltschajew,** Physikalische Besonderheiten der Unterzwerge von Bedeckungsveränderlichen. Mitt. Astr. Hauptobs. Pulkowo **20** Nr. 2 (155) S. 74—110, mit 5 Abb. (russ.). — Verf. untersuchte vier Bedeckungsveränderliche: AK Her, UX UMa, AG Vir und RW CrB. Für AK Her wurden aus fast 700 Aufnahmen Lichtkurven in zwei Farben abgeleitet, für die übrigen Veränderlichen wurden fremde Beobachtungen benutzt. Alle vier Systeme wurden der Klasse «f» (nach Krat) zugeordnet; sie bestehen aus Unterzwergen. Die Asymmetrie der Lichtkurven wird durch Gasströme erklärt. Für die Instabilität der untersuchten Systeme spricht auch die Tatsache, daß immer eine der Komponenten die kritische Roche-Figur berührt. Massen, Radien und Dichten der untersuchten Sterne werden berechnet und die möglichen Entwicklungsgänge kurz besprochen. Ond.

9704. **J. Kleczek,** Weiße Zwerge. Časopis **6** 9—17, mit 7 Fig. (tschech.).

* * **W. J. Luyten,** The search for faint blue stars. IV. More blue stars in the Hyades region. Vgl. Ref. **9413.**

* * **W. J. Luyten, F. D. Miller,** The search for faint blue stars. V. The Ursa Major region. Vgl. Ref. **9414.**

* * **W. J. Luyten, C. K. Seyfert,** The search for faint blue stars. VI. A further search in Selected Areas. Vgl. Ref. **9415.**

9705. **W. J. Luyten,** New white dwarfs and degenerate stars. Harv Card 1317, NAZ **10** 6, YC 1353 S. 4—5. — Betrifft: L 581—26, 686—31, 1340—24, 102—43, 1211—31, 1501—28, 1576—43, 712—60, 1433—34, 1434—9.

9706. **W. J. Luyten,** New white dwarfs and degenerate stars. Harv Card 1332, NAZ **10** 20, YC 1385 S. 1—2. — Betrifft: L 463—7, 463—50, 536—24, 1482—49, 982—37, 768—95, 624—50, 770—3, 782—20, 1003—16.

9707. **W. J. Luyten,** Note on the star of smallest known mass. Publ ASP **68** 258—259. — Ref. in Coelum **24** 182. — Zur Berichtigung von Feststellungen von S. L. Lippincott über Ross 614 wird gezeigt, daß der Doppelstern L 726—8 ziemlich sicher nur eine Gesamtmasse von rund 0.08 $\mathfrak{M}_{\odot}$ bei nahe gleichen Komponenten hat und daß schon zwei Sterne mit absoluten photovisuellen Helligkeiten von $+17\overset{m}{.}0$ und $+17\overset{m}{.}2$ angezeigt worden sind. Verf. weist auf die Mitteilung von M. F. Walker über die äußerst kleinen Massen der Komponenten von DQ Her hin. O. G.

9708. A. G. Massewitsch, The luminosity function of the main sequence stars. AJ UdSSR **33** 210—221, mit 3 Fig. (russ. mit engl. Ref.) und einer Bemerkung von G. M. Nikolskij in AJ UdSSR **34** 493, 1957 und einer Erwiderung von A. G. Massewitsch in AJ UdSSR **34** 494, 1957 (russ.). — Die beobachtete Leuchtkraftfunktion der Hauptreihensterne wird zur Prüfung verschiedener Entwicklungshypothesen benutzt. Wie gezeigt wird, kann nur die Vorstellung einer (von Massenabnahme begleiteten) Entwicklung der massereichen Hauptreihensterne längs dieser Sequenz theoretisch auf die beobachtete Leuchtkraftfunktion dieser Sterne in Übereinstimmung mit der Theorie kontinuierlicher Sternentstehung in den O-Assoziationen führen. Entwicklung mit konstanter Masse führt für Sterne früher Typen zu Ergebnissen, die mit der Leuchtkraftfunktion unvereinbar sind; sie erlaubt aber, diese Funktion für schwache Sterne zu erklären. In diesem Zusammenhange wird eine Arbeit von Salpeter besprochen. Verf.

* * **A. G. Massewitsch,** Subgiants and their relation to main sequence stars. Vgl. Ref. **5425**.

9709. S. W. McCuskey, The stellar luminosity function. AJ **61** 9. — Ref. AAS.

9710. S. W. McCuskey, Variations in the stellar luminosity function. VIII. A summary of results. ApJ **123** 458—478, mit 8 Fig. — Ref. in Sterne **33** 75. — Verf. gibt eine Zusammenfassung der seit 1945 erhaltenen Daten statistischer Art über Spektraltypen und photographische Helligkeiten von Sternen in ausgewählten Feldern der Milchstraße. Tabellen und Diagramme zeigen die Struktur des Milchstraßensystems bis zu 1000 pc Entfernung und für B5—A0-Sterne bis zu 2500 pc Entfernung. Die Verteilung der interstellaren Materie wird ebenfalls bis zu 2500 pc Entfernung dargestellt. Die Variation der Leuchtkraftfunktion mit Richtung und Entfernung wird diskutiert. Eine mittlere Leuchtkraftfunktion für Sterne bis zu 500 pc Entfernung stimmt mit der Standardfunktion von van Rhijn gut überein. Micz.

* * **P. Muller,** Les étoiles doubles et la relation masse-luminosité. Vgl. Ref. **10008**.

9711. L. Münch, Lista de estrellas de alta luminosidad. III. Bol. Obs. Tonantzintla y Tacubaya Nr. 14 S. 35—40, mit 4 Fig. (mit engl. Ref.). — Katalog von 97 auf Platten des Schmidt-Spiegels in Tonantzintla identifizierten blauen Riesensternen in der Umgebung des galaktischen Äquators zwischen 180° und 210° sowie 214° und 233° galaktischer Länge. Reproduktion von 77 Aufnahmen zur Auffindung. Gü.

9712. L. Münch, Lista de estrellas de alta luminosidad. IV. Bol. Obs. Tonantzintla y Tacubaya Nr. 15 S. 27—32, mit 3 Fig. — Liste von **161** als OB-Typen klassifizierten Sternen in der Region $l = 180°—270°$, $b = +4°$ bis $-4°$. Für die nicht in den Durchmusterungskatalogen enthaltenen Sterne werden Identifizierungskarten gegeben. Überblick über die bisherigen Veröffentlichungen von Sternen großer Leuchtkraft im Rahmen dieses Programms. Gli.

9713. P. P. Parenago, On the physical characteristics of white dwarfs and the possibility of dividing them into two groups. AJ UdSSR **33** 340—347, mit 2 Fig. (russ. mit engl. Ref.). — Weiße Zwerge des 1. Typs enthalten viel Wasserstoff. Ihre Masse, Leuchtkraft und Dichte sowie ihr Durchmesser sind größer als beim 2. Typ, dessen Wasserstoffgehalt sehr niedrig ist. Als Energiequellen kommen für Typ 1 Kernreaktionen, für Typ 2 Kontraktion in Betracht. Hauptparameter für die Unterscheidung ist nicht die Leuchtkraft, sondern das mittlere Molekulargewicht, dessen Berechnung der Hauptteil der Untersuchung gewidmet ist. Petri

9714. E. D. Pawlowskaja, An investigation of the kinematics and the determination of the luminosity function of white dwarfs. AJ UdSSR **33** 660—678, mit 11 Fig. (russ. mit engl. Ref.). — Alle bisher bekannten weißen

Zwerge (218) werden untersucht. Für 27 Sterne sind trigonometrische Parallaxen bekannt. Aus Eigenbewegungen wurden die absoluten Helligkeiten für die übrigen Sterne bestimmt, wobei auch die Abhängigkeit vom Farbenindex in Betracht gezogen wurde. Für 159 Sterne ist außer der Größe auch die Richtung der Eigenbewegung bekannt. Darunter befindet sich wahrscheinlich noch eine gewisse Anzahl unerkannter Unterzwerge. Die Leuchtkraftfunktion der weißen Zwerge ist zwischen 10—15^m gut bestimmt. Die Raumdichte in Sonnenumgebung beträgt $1.8 \times 10^6/\mathrm{kpc}^3$. Die Elemente der Sonnenbewegung sind $V = 38.4$ km/sec, $L = 48^\circ\!.3$, $B = +11^\circ\!.0$. Die Dichtegradienten führen zur Abschätzung der Gesamtzahl der weißen Zwerge in der Galaxis, die sich von der Größenordnung 10^{10} ergibt. Die weißen Zwerge bilden ein Übergangssystem zwischen den Populationen I und II; die mittlere Streuung der Geschwindigkeiten beträgt $\pm$ 36 km/sec. Ond.

9715. **M. Petit, R. Weber,** Surveillance photographique d'étoiles naines rouges. JO **39** 51—52. — 14 Zwergsterne des M-Typs wurden auf Platten, die bis 1942 zurückgehen, wegen Veränderlichkeit geprüft. F. S.

9716. **R. M. Petrie, B. N. Moyls,** Tests of the Victoria absolute magnitudes of stars of class B, and spectroscopic absolute magnitudes of 184 stars. Publ. Dominion Astrophys. Obs. Victoria **10** 287—303, mit 2 Fig. — Das Victoria-System absoluter Helligkeiten von B-Sternen, aus der Absorptionsintensität von Hγ hergeleitet, wird geprüft 1.) an Hand mittlerer Parallaxen, hergeleitet aus Eigenbewegungen; 2.) an Hand mittlerer Entfernungen, hergeleitet aus dem galaktischen Rotationseffekt in Radialgeschwindigkeiten, und 3.) auf Grund absoluter Helligkeiten, die aus Radius und Temperatur von Bedeckungsveränderlichen bestimmt wurden. Die Vergleiche bestätigen das System. Tab. 4 gibt spektroskopisch bestimmte absolute Helligkeiten von 180 Sternen der Klassen O9 bis B7; Tab. 5 gibt die mittleren absoluten Helligkeiten für die Klassen B0 bis B7 nach Ausschluß der Supergianten. Im Hertzsprung-Russell-Diagramm zeigt sich ab B3 eine starke Konzentration der Hauptreihensterne. Gli.

9717. **K. Pilowski,** Über das Zustandsdiagramm der Sterne. II. ZfA **39** 95—125, mit 12 Fig.

9718. **K. Pilowski,** Bemerkungen zur Deutung des Zustandsdiagramms der Population I. ZfA **40** 191—198. — Es wird auf mögliche Folgerungen hingewiesen, die sich ergeben, wenn man das System der sich im Zustandsdiagramm scharf herausbildenden Zustandsreihen als ein System von Entwicklungslinien deutet. Verf.

* * **V. C. Reddish,** The period-luminosity relation and stellar composition. Vgl. Ref. **11186**.

* * **M. S. Roberts,** A theoretical luminosity function for the elliptical nebula M 32. Vgl. Ref. **12226**.

* * **A. Sandage,** On the mass of the RR Lyrae stars. Vgl. Ref. **11188**.

9719. **E. Schatzman,** Les naines blanches. BSAF **70** 365—369, mit 2 Fig. — Artikel über die physikalischen Eigenschaften, Energieerzeugung und Entstehung der weißen Zwerge. Mawridis

* * **U. Steinlin,** Zur Anwendung der Dreifarbenphotometrie in der Stellarstatistik. Vgl. Ref. **12005**.

* * **A. B. Underhill,** On the use of the hydrogen lines as absolute magnitude criteria in the O stars. Vgl. Ref. **9572**.

9720. **E. Vandekerkhove,** Recherches de spectrophotométrie. Extrait des Actes du Congrès de Luxembourg. 72e session de l'Association Française pour l'Avancement des Sciences (juillet 1953) S. 133—136, mit 1 Fig. = Commun. Obs. Roy. Belgique Nr. 94. — Zusammenfassung der 1953 veröffentlichten Methode des

Verf. (vgl. AJB 53 Ref. 9724) zur Bestimmung des Radienverhältnisses zweier Sterne mit Hilfe ihrer Parallaxen und Gradienten, die aus den Einzelspektren dieser Sterne und dem zusammengesetzten Spektrum bestimmt werden.

Mawridis

9721. **R. L. Waterfield,** The story of the Hertzsprung-Russell diagram. JBAA **67** 2—24. — Es wird ein instruktiver Bericht über die Geschichte des Hertzsprung-Russell-Diagramms gegeben sowie über die zu den verschiedenen Zeiten vorgeschlagenen Deutungen und die jeweiligen Vorstellungen über die Entwicklung der Sterne. Auch die Theorien der Sternentstehung werden geschildert.

v. Hoerner

9722. Stars of very small mass. Southern Stars **17** 48.

9723. Największa znana gwiazda. Urania Kraków **27** 147.

9724. Gwiazda o najmniejszej masie. Urania Kraków **27** 213.

§ 98

Rotation, Magnetfeld

* * **F. C. Auluck, D. S. Kothari,** Effect of magnetic field on gravitating spheres. Vgl. Ref. **284**.

9801. **H. W. Babcock,** The magnetic variable HD 71866. ApJ **124** 489—498, mit 2 Fig. und 1 Tafel. — Der Stern besitzt ein starkes Magnetfeld, welches mit $6^{d}.8$ Periode seine Polarität wechselt. Die Eu II-Linien des A-Spektrums ändern ihre Intensität mit derselben Periode. Die Radialgeschwindigkeit ist geringfügig veränderlich, jedoch ohne erkennbare Regelmäßigkeit. Der Stern ähnelt in bezug auf sein magnetisches und spektrales Verhalten α_2 CVn, HD 125248 und HD 153882. Das vom Verf. mit «Crossover-Effekt» bezeichnete Verhalten der Linienschärfe in links- und rechtspolarisiertem Licht beim Durchgang der effektiven Feldstärke durch Null ist besonders auffällig für FeI-Linien. Abschließend werden einige Bemerkungen über die Interpretierung der Beobachtungen gemacht.

Micz.

9802. **H. W. Babcock,** Magnetic field of RR Lyrae. Publ ASP **68** 70. — Ref. in Coelum **24** 122, JBAA **66** 283. — Neun neue Spektrogramme von RR Lyrae, die mit vorgesetztem Doppelanalysator für zirkular polarisiertes Licht aufgenommen wurden, ergaben ein starkes veränderliches Magnetfeld mit Umkehr der Polarität, das aber keine einfache Beziehung zur Lichtwechselperiode zeigt. O. G.

* * **E. M. Burbidge, G. R. Burbidge,** On the possible presence of He^3 in the magnetic star 21 Aquilae. Ref. **9516**.

* * **G. R. Burbidge,** On cluster-type variables and magnetic fields. Vgl. Ref. **11169**.

9803. **I. K. Csada,** On the theory of rotating magnetic stars. II. Mitt. Sternw. Ungar. Akad. Wiss. Budapest-Szabadsághegy Nr. 37, 27 S. mit 4 Fig., 1955. — Es werden Näherungslösungen der Grundgleichungen für einen rotierenden magnetischen Stern behandelt. Dabei werden neben der axialen Rotation auch meridionale Bewegungen im Stern und neben der Magnetfeldstärke in der Meridianebene auch dieKomponente senkrecht dazu betrachtet. Für die Winkelgeschwindigkeit als Funktion der Breite ergibt sich eine Formel, die den Beobachtungen an der Sonne entspricht. In der betrachteten Näherung erhält man für das äußere Magnetfeld der Sonne kein Dipolfeld, sondern ein Feld höherer Polarität. Ein permanentes Magnetfeld der Sonne oder eines Sternes läßt sich durch die vorliegende Theorie nicht ableiten. Thi.

9804. **A. Dauvillier,** Le magnétisme des corps célestes. Tome I. Vgl. AJB **54** Ref. 9805. — Weitere Besprechung in J. Phys. Radium **17** 1004 (E. Schatzman).

* * **J. De,** On the equilibrium configuration of magnetic stars. Vgl. Ref. 4304.

* * **L. Mestel,** On the equilibrium of magnetic stars. Vgl. Ref. 5014.

9805. **M. Rudkjøbing,** Magnetiske stjerner. NAT 1956 S. 65—68, mit 2 Fig.

9806. **H. H. Voigt,** Die Rotationsgeschwindigkeit der Sterne. Sterne **32** 24—25, mit 2 Fig.

XI. Doppelsterne

§ 100

Allgemeines

10001. **G. B. van Albada,** Photographic observation of binary systems with very large magnitude differences. Madjalah Ilmu Alam untuk Indonesia **112**, 11 S. mit 2 Fig. = Contr. Bosscha Obs. Lembang Nr. 3. — Beschreibung der Konstruktion von Drahtgittern, deren Drähte ungleiche Abstände haben. Damit lassen sich Doppelsterne mit Helligkeitsunterschieden der Komponenten von mehr als fünf Größenklassen photographieren. Numerische Beispiele; Diskussion der Anwendung dieser Gitter; Aufnahmen des Siriussystems. Gli.

10002. **L. Chiara,** Sulla variazione dell'eccentricità nei sistemi binari. Atti Accad. Sci. Lettere Arti Palermo (4) **16** 101—131 = Pubbl. Oss. Astr. Palermo (NS) **10** Nr. 6.

10003. **L. Chiara,** Diminuizione della masse lungo l'ITER d'una doppia. Pubbl. Oss. Astr. Palermo (NS) **10** Nr. 7.

10004. **P. Djurković,** Osnovni pojmovi o dvojnim zvezdama. Vasiona **4** 1—6, 28—29, mit 6 Fig. und 1 Tafel. — Allgemeinverständlicher Bericht über die Grundlagen der Doppelsternforschung. Loh.

10005. **S.-S. Huang,** A dynamical problem in binary systems and its bearing on stellar evolution. AJ **61** 49—61, mit 1 Fig. = Berkeley Repr. Nr. 102. — Ref. in Coelum **24** 151—152. — Im ersten Teil der Arbeit wird behandelt, wie sich die Bahnelemente eines engen Doppelsternsystems ändern, wenn Masse entweder zwischen Komponenten ausgetauscht wird oder durch Ejektion in den Raum entweicht. Auch der Fall, daß Masse aus interstellaren Wolken aufgenommen wird, ist behandelt. Dann wird unter der Hypothese, daß alle Novae enge Doppelsterne sind, ein Entwicklungsdiagramm für solche Systeme konstruiert, welches Ähnlichkeit mit dem Hertzsprung-Russell-Diagramm der Sterne der Population II besitzt. F. S.

* * **Z. Kopal,** Evolutionary processes in close binary systems. Vgl. Ref. 5421.

10006. **G. P. Kuiper, J. R. Johnson,** Dimensions of contact surfaces in close binaries. ApJ **123** 90—94, mit 2 Fig. — Unter Annahme des Roche-

Modells werden die Äquipotentialflächen für enge Doppelsterne verschiedener Massenverhältnisse berechnet. Die Ergebnisse werden für die innere und äußere Kontaktfläche in Tabellen und graphischen Darstellungen dargeboten. Micz.

10007. **E. L. Martin,** Funzioni prive di estremanti in moti di sistemi binari di massa variabile. Rend. Accad. Nazionale Lincei, Cl. Sci. fis., mat., nat. (8) **20** 56—59 = Oss. Astr. Trieste Nr. 267 II. — Im zweiten Teil seiner Untersuchungen über Bewegungen in Doppelsternsystemen veränderlicher Masse erhält Verf. als Ergebnis, daß, die wahre Anomalie des Begleiters in der spiralförmigen Bahn als konstant vorausgesetzt, Radiusvektor, Masse, Exzentrizität und das Produkt der beiden letzten Größen monotone Funktionen der Zeit sind. Böh.

* * **W. H. McCrea,** Shock waves in steady radial motion under gravity. Vgl. Ref. **5013.**

10008. **P. Muller,** Les étoiles doubles et la relation masse-luminosité. BSAF **70** 405—409, mit 1 Fig. — Die Bestimmung der Sternmassen aus der Beobachtung von Doppelsternsystemen wird kurz beschrieben. Anschließend wird über neuere Arbeiten bezüglich der empirischen Masse-Leuchtkraft-Beziehung berichtet. Mawridis

10009. **B. Onderlička,** Double stars. RH **37** 193—201, 229—234, mit 18 Fig. (tschech.).

10010. **E. Roemer,** Polaris. ASP Leaflet Nr. 327, 8 S.

10011. **Z. Seidl,** Doppelsterne. Časopis **6** 41—47, mit 4 Fig. (tschech.).

§ 101

Visuelle Doppelsterne

10101. **H. C. Arp, D. S. Evans,** p Velorum and stellar evolution. MN **116** 547—551, mit 1 Fig. — Im Anschluß an Evans, MN **116** 537 (vgl. Ref. **10109**) wird gezeigt, daß die Bahn der drei Komponenten im HR-Diagramm sowie ihre Massen mit den Theorien der Sternentwicklung übereinstimmen. Die schwächste Komponente ($\mathfrak{M} = 1.4$) liegt noch unverändert auf der Hauptreihe, die hellste Komponente ($\mathfrak{M} = 1.7$) hat die Hauptreihe nach rechts oben verlassen, und die mittlere Komponente ($\mathfrak{M} = 2.1$) befindet sich bereits wieder unterhalb der Hauptreihe in einem späteren Stadium der Entwicklung. Das Alter des Systems wird auf 1.4×10^9 Jahre abgeschätzt. v. Hoerner

10102. **W. H. van den Bos,** General catalogues of double stars. MN ASSA **15** 54—59. — Historischer Überblick der Geschichte der Beobachtung und Katalogisierung der Doppelsterne und Beschreibung des neuen Katalogs des Verf. anläßlich einer Rede als Präsident der ASSA. Voigt

10103. **W. H. van den Bos,** The motion of 32 Orionis, ADS 4115. Union Circ **6** 278.

10104. **R. Cid Palacios,** Cálculo de órbitas parabólicas de estrellas dobles visuales. Urania Barcelona **41** 169—173.

10105. **A. Danjon, P. Muller,** Table pour le calcul des éléments des orbites des étoiles doubles visuelles. Ann. Obs. Strasbourg **5** Fasc. 5 S. 3—28, mit 2 Fig.

10106. **A. J. Deutsch,** The circumstellar envelope of Alpha Herculis. ApJ **123** 210—227, mit 2 Fig. und 1 Tafel. — Ref. in Coelum **24** 150—151, Sterne **33** 197—198. — α Herculis besteht aus einem M-Überriesen und einem G-Riesen, der ein spektroskopischer Doppelstern ist. Das gesamte System besitzt eine gemeinsame Hülle, welche Linien in den Spektren beider Sterne erzeugt. Als Minimalradius für die Hülle werden $2 \times 10^5 R_\odot$, als Minimummasse $1 \times 10^{-5} M_\odot$ geschätzt. Verf. versucht, die Struktur der Hülle näher zu bestimmen. Die Hülle dehnt sich mit einer Geschwindigkeit von 10 km/sec aus. Sie ist vermutlich von dem M-Stern abgestoßen worden. Der Massenverlust des Systems wird auf wenigstens $3 \times 10^{-8} M_\odot$ jährlich geschätzt. Ähnliche Massenverluste mögen in anderen Überriesen später Spektraltypen auftreten und sind vielleicht für die Entwicklung aller massereichen Sterne von Bedeutung. Micz.

10107. **J. Dommanget,** Limites rationnelles d'un catalogue d'étoiles doubles visuelles. BA **20** 183—281, mit 4 Fig. = Commun. Obs. Roy. Belgique Nr. 109. — Für visuelle Doppelsterne mit merklicher Relativbewegung wird eine neue Beziehung zwischen der Gesamthelligkeit der Komponenten einerseits und dem Logarithmus des dynamischen Terms ϱv_a^2 (v_a' = jährliche Bewegung) andererseits als geeignet befunden, optische und physische Paare zu unterscheiden, auch wenn ihre Relativbewegung bisher nur gering ist. Die neue Beziehung wird auf 1369 Paare aus dem Katalog von Aitken angewendet; die Ergebnisse werden in einem Katalog mitgeteilt. Güntzel-Lingner

10108. **O. J. Eggen,** The nearest visual binaries. AJ **61** 405—429 = Lick Obs. Bull. Nr. 547. — Ref. in Coelum **25** 88, NAT 1957 S. 109—111, Sky and Telescope **16** 482. — Für 155 Doppel- bzw. multiple Systeme (333 Sterne) innerhalb 20 Parsek werden tabuliert: Ort für 1900, scheinbare Helligkeit V_E (Gesamthelligkeit oder — wenn bekannt — Einzelhelligkeit jeder Komponente), Farbenindex $(P—V)_E$, Spektraltyp, totale jährliche Eigenbewegung, Radialgeschwindigkeit, trigonometrische Parallaxe und Helligkeitsdifferenz zwischen den Komponenten. In den Anmerkungen werden die astrometrischen und spektroskopischen Daten und möglichst auch die photometrischen Parallaxen eines jeden Systems diskutiert. Gli.

10109. **D. S. Evans,** The system of p Velorum. MN **116** 537—546, mit 1 Fig. — MN ASSA **15** 6—8. — p Vel ist ein visueller Doppelstern, dessen eine Komponente ein spektroskopischer Doppelstern ist. Innerhalb von 4 Jahren wurden 56 Spektren aufgenommen. Es werden die Spektraltypen, Helligkeiten und Massen der drei Komponenten angegeben. Die übliche Masse-Leuchtkraft-Beziehung ist nicht erfüllt, und höchstens einer der drei Sterne kann auf der Hauptreihe liegen. v. Hoerner

10110. **J. Hopmann,** Weitere Untersuchungen an Antares. Anzeiger Österreich. Akad. Wiss. Math.-naturwiss. Kl. **93** 128—134 = Mitt. Univ.-Sternw. Wien **9** Nr. 6. — Verf. bestimmt eine Kreisbahn und eine Parabel aus 19 Normalörtern 1854—1953 des Systems Antares. Die Berechnung der Parallaxe und der Massen erfolgt unter Verwendung bekannter astrophysikalischer Daten. Böh.

10111. **J. Hopmann,** Photometrisch-kolorimetrische Beobachtungen von visuellen Doppelsternen. IV. Das zweite Programm. Beobachtungen mit dem Blau-Rot-Keil-Kolorimeter von 133 Sternen. Sitzber. Österreich. Akad. Wiss. Math.-naturwiss. Kl. Abteilung II **165** 40—55 = Mitt. Univ.-Sternw. Wien **9** Nr. 2. — Nach Abschluß der Beobachtungen für das 1952 aufgestellte Programm von 253 Doppelsternen zwischen −10° und +30° Deklination wurde eine zweite Arbeitsliste für rund 350 andere Paare, überwiegend von +30° bis +90°, angelegt. Von diesen konnten bis Oktober 1955 mit dem Blau-Rot-Keil-Kolorimeter 133 Objekte an je drei oder vier Abenden gemessen werden. Die Ergebnisse werden in der bisherigen Art mitgeteilt. Die weiteren Beobachtungen erfolgen mit einem neuen Blaukeil-Kolorimeter. Über sie soll später berichtet werden. Verf.

10112. **W. S. Housten,** Deep-sky wonders. Sky and Telescope **16** 50, mit 1 Fig.

10113. **P. G. Kulikowskij,** Über weite Sternpaare. AC Nr. 171 S. 16—19 (russ.). — Verf. berichtet kurz über die am Sternberg-Institut durchgeführte Katalogisierung weiter Sternpaare (Doppelsterne). Von 173 Systemen sind Parallaxe und Radialgeschwindigkeit bekannt, von 80 nur die Parallaxe, und von etwa 1000 nur Eigenbewegungen. Ein Teil der Paare, und zwar die früheren Typen, gehören zum flachen, der andere Teil, die späteren Typen, zum intermediären Untersystem. Im Hertzsprung-Russell-Diagramm befolgen die Komponenten die gewohnte Verteilung der Einzelsterne. Loh.

10114. **P. Muller,** Orbites nouvelles. Circ. Inf. Comm. 26 UAI Nr. 8 S. 1—4, Nr. 9 S. 1—3, Nr. 10 S. 1—4.

10115. **P. Muller,** Sur l'orientation des plans des orbites des étoiles doubles visuelles. CR **242** 460—461. — An einem Material von annähernd 390 bekannten Bahnen visueller Doppelsterne betrachtet Verf. die Orientierung der Bahnebenen und kommt zu folgenden Schlüssen: die Bahnebenen visueller Doppelsterne zeigen keine merkbare Tendenz, parallel der galaktischen Ebene orientiert zu sein, sondern die Orientierungen zeigen vielmehr eine zufällige Verteilung. Gli.

10116. **A. Opolski,** The spectrophotometric parallaxes of 42 visual binaries. Ark Astr **2** 55—70, mit 1 Fig. = Stockholms Obs. Medd. Nr. 91. — Mit einem Einprisma-Spektrographen am 102 cm-Reflektor (lineare Dispersion 75 Å/mm bei Hγ) wurden in Stockholm Spektren der Klassen F und G aufgenommen. Daraus wurden Spektraltypen und absolute Helligkeiten an Hand der Intensitätsverhältnisse von sechs bzw. acht Linienpaaren bestimmt. Zu Grunde gelegt wurde die Mount Wilson-Klassifikation, spektroskopische absolute Helligkeiten nach Mt. Wilson Contr. Nr. 511 und möglichst auch trigonometrische Parallaxen von 39 Standardsternen. Für 42 ADS-Doppelsterne der Klassen F 2—G 7 werden Spektraltypen und spektralphotometrische Parallaxen bestimmt mit mittleren Fehlern von ± 0.5 im Spektraltyp und $\pm 0^m\!.3$ in den absoluten Helligkeiten. Zum Schluß werden auf Grund dieser Parallaxen die mittleren Massen dieser Doppelsterne untersucht. Gli.

10117. **V. Osvalds,** The astrometric orbit of δ Aquilae. AJ **61** 188—189. — Ref. AAS.

10118. **J. Pensado,** Distribución de las inclinaciones y de los poles de las órbitas de las estrellas dobles visuales. Urania Barcelona **41** 181—190, mit 1 Fig.

10119. **R. A. Rossiter,** Catalogue of southern double stars. Vgl. AJB **55** Ref. 10124. — Besprechung in BSAF **70** 392, Sky and Telescope **15** 387.

10120. **O. Struve,** Alpha Herculis. Sky and Telescope **15** 252—254, 263, mit 7 Fig. — Zusammenfassender Bericht über den visuellen Doppelstern α Her. Der Hauptstern ist ein M 5-Überriese, der Begleiter ein spektroskopischer Doppelstern (G0-Riese und vermutlich A3-Zwerg). Eine Analyse läßt vermuten, daß der Zentralstern eine expandierende Hülle besitzt oder — wie Massenabschätzungen zeigen — eher protuberanzenähnliche Materiewolken aussendet, die bis über das G0-A3-Paar (etwa 700 AE Entfernung) hinausreichen. Voigt

10121. **J. Svatoš,** Observation of double stars. RH **37** 13—15, mit 1 Fig. (tschech.).

10122. **E. Vidal Abascal,** Obtención gráfica de las constantes de Innes en las órbitas de estrellas dobles. Urania Barcelona **41** 8—11, mit 3 Fig. — Auffindung der Konstanten A, B, F, G von Innes der scheinbaren Bahn mittels einer geometrischen Konstruktion. Erprobung bei ADS 13169. Gü.

10123. **W. H. Wehlau,** Spectrophotometry of Gamma Leonis. ApJ **123** 34—43, mit 3 Fig. = Berkeley Repr. Nr. 97. — Gamma Leonis ist ein Doppelstern und ein Schnelläufer. Auf Grund der Äquivalentbreiten der Linien, gemessen an Spektren hoher Dispersion, wird eine Analyse der Wachstumskurve vorgenommen. Anregungs- und Ionisationstemperatur beider Komponenten werden für Eisen und Titan abgeleitet. Die effektive Oberflächenbeschleunigung ist geringer, als bei den Dimensionen des Systems zu erwarten ist. Bestimmungen der Turbulenzgeschwindigkeit führen zu Werten, die zu gering sind, um die Diskrepanz zu erklären. Micz.

10124. **S. Wierzbiński,** Zależność między okresem obiegu a ekscentrycznością orbit gwiazd podwójnych wizualnych. Postępy Astr. **4** 137—140. — Die statistische Beziehung Periode-Exzentrizität bei visuellen Doppelsternen wird auf Grund von 331 Bahnen diskutiert. Verf. gelangt zu dem Schluß, daß die P-e-Beziehung durch Auswahleffekte vorgetäuscht wird (Wahrscheinlichkeit der Entdeckung, Möglichkeit der Bahnbestimmung). Durch neue Bahnen wird die P-e-Korrelation immer schwächer. Ond.

10125. Alpha Centauri. J. Astr. Soc. Victoria **9** 88—90, mit 1 Fig.

10126. The unseen companion of 61 Cygni. Sky and Telescope **16** 56. — Ref. AAS. — Besprechung in Coelum **25** 87—88.

10127. Beobachtungen visueller Doppelsterne

W. H. van den Bos, Micrometer measures of double stars. Union Circ **6** 266—278. — Liste enthält 867 Paare.

P. Bru, J. Huss, Mesures d'étoiles doubles. Ann. Obs. Strasbourg **5** Fasc. 5 S. 47—54.

H. Camichel, Mesures d'étoiles doubles effectuées au Pic du Midi. JO **39** 198—199.

J. Churms, Micrometer measures of double stars. Union Circ **6** 264—265. — Liste enthält 141 Paare.

P. Couteau, Mesures d'étoiles doubles effectuées au réfracteur de 38 cm de l'Observatoire de Nice. JO **39** 137—147.

P. M. Djurković, L. M. Dačić, Mesures micrométriques d'étoiles doubles faites au réfracteur de 0.65 m. d'ouverture. Bull. Obs. Astr. Beograd **20** Nr. 1—2 S. 5; Nr. 3—4 S. 3.

W. S. Finsen, Observations of double stars. Union Circ **6** 259—263.

J. O. Fleckenstein (-Gallo), Osservazioni di 135 stelle doppie e multiple. Mem SA It (NS) **27** 149—168 = Contr. Oss. Astr. Milano-Merate (NS) Nr. 81.

E. J. Harris, Recent double star measures. JBAA **66** 267.

W. D. Heintz, Micrometer observations of double stars. MN **116** 248—255.

P. Muller, Mesures d'étoiles doubles faites à l'Observatoire du Pic-du-Midi en février-mars 1956. JO **39** 127—133.

P. Muller, Mesures d'étoiles doubles faites à Strasbourg. Dernière série. JO **39** 181—192. — Enthält 121 + 354 Messungen.

W. Opalski, Measures of double stars. AA **6** 147—152 = Repr. Inst. Astr. Géod. École Polytechn. Varsovie.

F. Schmeidler, Measures of double stars and their systematic errors. MN **116** 256—261.

J. Voûte, Measures of double stars, war-series, errata to Journal des Observateurs. Vol. **38**, P. 109. JO **39** 116.

N. Wieth-Knudsen, Experimental measures of double stars on large scale plates taken by H. Camichel at the Pic du Midi. JO **39** 193—197. — Betrifft 29 Doppelsterne.

N. Wieth-Knudsen, Measures of double stars. JO **39** 201—206. — Enthält 440 Messungen von 119 Paaren.

C. E. Worley, Measures of double stars. AJ **61** 162—164 = Lick Obs. Bull. Nr. 541.

10128. Mitteilungen über einzelne visuelle Doppelsterne

ADS 10332 M. A. Giannuzzi, La doppia ottica A. D. S. 10332. Rend. Accad. Nazionale Lincei Cl. Sci. fis., mat., nat. (8) **20** 766—773 = Oss. Astr. Roma Monte Mario Contr. Sci. (NS) Nr. 231. — Der Doppelstern ADS 10332 ist zugleich ein optisches Paar. Verf. berechnet die Gleichungen der relativen geradlinigen Bahn des schwächeren Sterns und seine Eigenbewegung. Cester

α Her E. Leutenegger, Alpha Herculis. Orion Schaffhausen **5** 167. J RAS Canada **50** 188. New studies of Alpha Herculis.

BD +10°2234 (A) C. E. Worley, O. J. Eggen. Vgl. Ref. **11155.**

10129. Massenverhältnisse von visuellen Doppelsternen

85 Peg A. A. Wyller, Parallax and mass-ratio of 85 Pegasi from photographs taken with the 24-inch Sproul refractor. AJ **61** 76—79.

10130. Elemente visueller Doppelsterne

P. Baize, Eléments orbitaux de dix étoiles doubles visuelles. JO **39** 82—91. — Betrifft die Sterne: ADS 864, 4229, 7662, 9645, 9831, 10227, 11260, 11692, 12145, 14839.

W. H. van den Bos, Note on the orbit of ADS 1123, β 1163. MN ASSA **15** 39—40.

W. H. van den Bos, The orbit of B 1909. Union Circ **6** 279.

W. H. van den Bos, The orbit of β 741, ADS 2242. Union Circ **6** 280.

W. H. van den Bos, The orbit of h 3555, 12 Eridani, ADS 2402. Union Circ **6** 280—281.

W. H. van den Bos, The orbit of Hu 1080, ADS 3248. Union Circ **6** 281—282.

W. H. van den Bos, The orbit of δ 85, ADS 4153. Union Circ **6** 282—283.

W. H. van den Bos, The orbit of B 706. Union Circ **6** 283.

W. H. van den Bos, The orbit of HdO 294. Union Circ **6** 283—284.

W. H. van den Bos, The orbit of HdO 296. Union Circ **6** 284.

A. Fantoli, Orbita del sistema binario μ Draconis. I. Rend. Accad. Nazionale Lincei, Cl. Sci. fis., mat., nat. (8) **21** 430—436. — Besprechung der bisherigen Bahnbestimmungen des visuellen Doppelsterns μ Dra und der Hypothese eines dunklen Begleiters nach Strand. Cester

W. S. Finsen, The orbit of φ 307 = δ Indi. MN ASSA **15** 49—51, mit 2 Fig.

A. Florsch, Orbites des étoiles doubles ADS 1371 et ADS 11484. JO **39** 71—72.

M. A. Giannuzzi, Sopra l'orbita della binaria π_2 Ursae Minoris (ADS 9769). Rend. Accad. Nazionale Lincei, Cl. Sci. fis., mat., nat. (8) **20** 224—228 = Oss. Astr. Roma Monte Mario Contr. Sci. (NS) Nr. 226.

M. A. Giannuzzi, Il sistema binario 20 Draconis (A. D. S. 10279). Rend. Accad. Nazionale Lincei, Cl. Sci. fis., mat., nat. (8) **20** 605—610, mit 1 Fig. = Oss. Astr. Roma Monte Mario Contr. Sci. (NS) Nr. 230. — Erste Bahnbestimmung des Doppelsterns ADS 10279; alle nicht in ADS und BDS enthaltenen Beobachtungen bis 1955.77 und eine Ephemeride bis 1980.0 werden gegeben. Cester

U. Güntzel-Lingner, Bahnbestimmung von vier Doppelsternen (ADS 7724, 9324, 11635 AB und 11635 CD). AN **283** 73—84, mit 4 Fig. = Mitt. Astrophys. Obs. Potsdam Nr. 46. — Es werden provisorische Bahnelemente von vier visuellen Doppelsternen berechnet, darunter die klassischen Systeme γ Leonis und das Doppelpaar ε^1 und ε^2 Lyrae. Vom Hauptsystem des letzteren werden Bahndimension und Umlaufszeit abgeschätzt. Allen Bahnbestimmungen ist eine Betrachtung über die astrophysikalischen Systemkonstanten hinzugefügt. Verf.

U. Güntzel-Lingner, Erstbahnbestimmung von drei visuellen Doppelsternen (ADS 12752, 15447 und 16428). AN **283** 147—152, mit 3 Fig. = Mitt. Astrophys. Obs. Potsdam Nr. 53. — Von drei visuellen Doppelsternen, deren Begleiter sich dem Periastron ihrer Bahnen nähern, werden provisorische Bahnelemente berechnet und dynamische Parallaxen angegeben. Verf.

W. D. Heintz, Vorläufige Bahn von Gamma Lupi. AN **283** 145—146 = Veröff. Sternw. München **4** Nr. 20.

W. D. Heintz, Six visual double star orbits. MN **116** 243—247. — Betrifft: ADS 5949 = A 2855, ADS 8949 = Σ 1757, ADS 9392 = Σ 1883, ADS 9425 = OΣ 288, ADS 14412 = A 751, ADS 16057 = Σ 2924.

W. Kümmritz, Bahnbestimmung des visuellen Doppelsternes ADS 3614. AN **283** 153—154, mit 1 Fig.

W. Kümmritz, Versuch einer neuen Bahnbestimmung des Doppelsterns ADS 9413. Sterne **32** 230—231, mit 1 Fig. — ADS 9413 = ξ Boo = BDS 7034 = Σ 1888.

P. Muller, Orbites des étoiles doubles ADS 3082, 6315, 9441, 11623, 13744 et 15992. Ann. Obs. Strasbourg **5** Fasc. 5 S. 29—36. — Betrifft: ADS 3082 = OΣ 77; ADS 6315 = Hu 710; ADS 9441 = A 1627; ADS 11623 = A 253; ADS 13744 = A 725; ADS 15992 = Hu 388.

P. Muller, L'orbite de Castor. BA **20** 145—153, mit 1 Fig. — Bahnelemente des visuellen Doppelsterns Castor (Gem, ADS 6175), Ephemeride 1950—1970, Darstellung der Beobachtungen. Verf.

S. Wierzbiński, Orbite de ADS 7555 = AC 5 = 8 Sextantis. AA **6** 24—31 = Wrocław Astr. Obs. Repr. Nr. 1.

S. Wierzbiński, Orbite de ADS 9343 = Σ 1865 = ζ Bootis. AA **6** 82—88 = Wrocław Astr. Obs. Repr. Nr. 2.

S. Wierzbiński, Orbite de ADS 16666 = Σ 3001 = o Cephei. AA **6** 88—94 = Wrocław Astr. Obs. Repr. Nr. 2.

S. Wierzbiński, Orbite préliminaire de ADS 7704 = OΣ 215. AA **6** 126—133 = Wrocław Astr. Obs. Repr. Nr. 3.

S. Wierzbiński, Orbite de ADS 14761 = Hu 767. AA **6** 196—199 = Wrocław Astr. Obs. Repr. Nr. 4.

S. Wierzbiński, Orbite corrigée de ADS 1865 = A 2329. AA **6** 200—202 = Wrocław Astr. Obs. Repr. Nr. 4.

Sky and Telescope **15** 304. Revised orbit of Epsilon Ceti.

§ 102

Spektroskopische Doppelsterne

* * **D. Bosman-Crespin, J. Swensson,** The ultraviolet spectrum of Boss 1985 from 1947 to 1950. Vgl. Ref. **9512.**

10201. R. Bouigue, Binaires spectroscopiques. 4me catalogue complémentaire. Ann. Obs. Astr. Mét. Toulouse **24** 67—70.

10202. G. Durand, Masses et grands axes des étoiles doubles spectroscopiques à un seul spectre. Ann. Obs. Astr. Mét. Toulouse **24** 53—54. — Eine sinnvolle Abschätzung der Grenzwerte im Masse-Leuchtkraft-Diagramm der spektroskopischen Doppelsterne mit bekannten Bahnen und Parallaxen, aber mit nur einem Spektrum, gestattet die Massensumme und die Länge der großen Achse der relativen Bahnen in enge Grenzen einzuschließen. Damit wird es möglich, diese Klasse von spektroskopischen Doppelsternen statistisch mit der Klasse der visuellen Doppelsterne mit bekannten Parallaxen zu vergleichen.
Güntzel-Lingner

* * **D. S. Evans,** The system of p Velorum. Vgl. Ref. **10109.**

10203. J. L. Greenstein, A new metallic-line spectroscopic binary. Publ ASP **68** 165. — 51 Sgr (RG).

10204. S. J. Inglis, A study of the spectrum of π Scorpii. Publ ASP **68** 259—263, mit 1 Fig. — π Scorpii, ein spektroskopischer Doppelstern der Spektralklasse B, wurde spektroskopisch untersucht mit dem Ziel, eventuell Schwankungen der Intensitäten einiger Spektrallinien bzw. des Intensitätsverhältnisses (Vergleich der entsprechenden Linien von beiden Komponenten) nachzuweisen. Dies gelang für He I 4471 und 4388 und mit geringerer Deutlichkeit auch für $H\gamma$ und $H\delta$. Traving

* * **N. L. Magalaschwili, J. I. Kumsischwili,** Der spektroskopische Doppelstern BD +8°19 — ein Bedeckungsveränderlicher. Vgl. Ref. 11134.

10205. **N. L. Magalaschwili, J. I. Kumsischwili, N. A. Rasmadse,** Photoelectric observations of spectroscopic binary BD +39°811. Bull. Astrophys. Obs. Abastumani Nr. 20 S. 11—15, mit 1 Abb. (russ. mit engl. Ref.). — Vgl. auch AC Nr. 166 S. 21 (russ.). — Nach einer Reihe von 76 photoelektrischen Messungen zeigt BD +39°811 Helligkeitsschwankungen von $0^m_.05$ Amplitude in der Periode des spektroskopischen Doppelsternes. Die Schwankungen werden durch Elliptizität der Komponenten verursacht. Bedeckungen kommen nicht vor. Perek

10206. Spectrograph discovers star. Chemistry **29** Nr. 8 S. 37. — Ref. in RJ 1957 Nr. 4 S. 11.

10207. Some statistical relations in spectroscopic binaries. J RAS Canada **50** 140—141.

10208. **Elemente spektroskopischer Doppelsterne**

W. Buscombe, The orbit of the spectroscopic binary HD 170 523. AJ **61** 173, MN **116** 262—266, mit 1 Fig.

J. F. Heard, D. C. Morton, Spectrographic orbits for the eclipsing variables V 451 Oph, V 805 Aql and V 548 Cyg. AJ **61** 179—180. — Ref. AAS.

G. Mannino, C. Grubissich, Velocità radiali di π Cassiopeiae ed elementi dell'orbita. Mem SA It (NS) **27** 65—71, mit 1 Fig. = Contr. Oss. Astrofis. Asiago Nr. 65. — π Cas = 20 Cas = BD +46°146 = HD 4058. — Zwischen Nov. 1953 und Dez. 1954 wurden 24 Spektren des spektroskopischen Doppelsterns π Cas mit der dritten Kamera (42 Å/mm in $H\gamma$) des Spektrographen von Asiago aufgenommen. Der 1935 von Harper abgeleitete Wert $1^d_.964180$ der Periode wird an Hand aller bisher erhaltenen Beobachtungen (1913—1954) bestätigt. Nach der Methode von Sterne wurden verbesserte Elemente gegeben. Cester

R. J. Northcott, G. A. Bakos, A new eclipsing spectroscopic binary, HD 200391. AJ **61** 188. — Ref. AAS.

R. M. Petrie, The orbits and spectra of H. D. 190967 (V 448 Cygni). Publ. Dominion Astrophys. Obs. Victoria **10** 259—276, mit 5 Fig. und 1 Tafel.

R. H. Richardson, A. McKellar, Spectrographic orbital elements for H. D. 110854. Publ. Dominion Astrophys. Obs. Victoria **10** 253—258, mit 1 Fig.

XII. Veränderliche Sterne. Novae

§ 110

Ephemeriden, Allgemeines

11001. **F. M. Bateson,** Why observe variable stars? Southern Stars **17** 37—40.

11002. **C. Bertaud,** Etoiles variables. BSAF **70** 285—289, 327—331, mit 4 Fig. — Allgemeinverständlicher Artikel über die veränderlichen Sterne: ihre Entdeckung, ihre Klassifizierung und kurze Beschreibung der Hauptmerkmale der verschiedenen Kategorien von Veränderlichen. Mawridis

* * **J. Borgman,** Electronic scanning for variable stars. Vgl. Ref. **2404.**

11003. **B. W. Kukarkin, P. P. Parenago, J. I. Jefremow, P. N. Cholopow,** Achter Nachtrag zur ersten Ausgabe des Generalkatalogs Veränderlicher Sterne. Moskau-Leningrad, Verlag Akad. Wiss. UdSSR, 1956. 62 S. (russ.). — Besprechung in Sky and Telescope **16** 271. — Eine Übersetzung des Textes zum siebenten (vgl. AJB **55** Ref. **11003**) und achten Nachtrag ins Englische besorgte die I. A. U.

11004. **Z. Kvíz,** On the probability of the discovery of a variable star. Contr. Astr. Inst. Brno **1** Nr. 14, 20 S. mit 19 Fig. — Verf. gibt eine theoretische Berechnung der Entdeckungswahrscheinlichkeit von veränderlichen Sternen, abhängig von der Form der Lichtkurve und der Amplitude. Schaifers

11005. **A. P. Linnell,** Light-loss tables for atmospheric eclipses. AJ **61** 7—8. — Ref. AAS.

* * **K. Rudnicki,** Der Lichtwechsel der Sterne, verursacht durch dunkle Nebel, die sich vor ihnen bewegen. Vgl. Ref. **12004.**

11006. Rocznik Astronomiczny Obserwatorium Krakowskiego 1956. Supplemento Internationale Nr. 27. Kraków 1956. 8 + 87 S. — Enthält Ephemeriden 1956 für 589 Bedeckungsveränderliche.

11007. Etoiles variables à longue période (1957). Bull. mens. Soc. astr. popul. Toulouse **47** 201—202. — Ref. in RJ 1957 Nr. 7 S. 36.

11008. Sternverzeichnis. VS Bull **10** 416—421 (russ.). — Enthält das nach Sternbildern geordnete Verzeichnis derjenigen Veränderlichen, über die in Band **10** des VS Bull berichtet worden ist. Loh.

11009. 1956 annual predictions of max. and min. of long period variables by the A. A. V. S. O. YC 1365 S. 6—12.

§ 111

Veränderliche Sterne

* * Veränderliche in kugelförmigen Sternhaufen siehe auch § **121**, in außergalaktischen Nebeln § **124.**

Bedeckungsveränderliche

11101. **A. Abrami, B. Cester,** Ricerche fotometriche. IV. Il sistema fotometrico 44 i Bootis B. 1. Generalità, osservazioni e studio del periodo. Oss. Astr. Trieste Nr. 270, 26 S. — 555 lichtelektrische Beobachtungen in zwei Farben des Begleiters des visuellen Doppelsterns i Boo werden gegeben. Die Epochen von drei Minima werden mittels der Methode von Kwee und van Woerden berechnet. Aus insgesamt 59 Minimumepochen wird die Periode untersucht, die sich bis 1934 praktisch konstant ergibt und seitdem linear zunimmt. Diese Periodenänderung scheint teilweise reell zu sein. Cester

11102. **A. Abrami, B. Cester,** Ricerche fotometriche. V. Il sistema fotometrico 44 i Bootis B. 2. Elementi orbitali e di luce. Oss. Astr. Trieste Nr. 271, 19 S. — Aus den lichtelektrischen Beobachtungen (vgl. vorstehendes Ref.) wurden 48 Normalpunkte gebildet. Die Ableitung der Lichtwechselelemente nach der Methode von Russell und Merrill weisen auf das Vorhandensein eines störenden Einflusses hin. Die Elemente mit Hilfe des Roche-Modells ergeben eine Abweichung im Massenverhältnis gegenüber dem von Popper spektroskopisch abgeleiteten Wert. Cester

11103. **M. A. Arakeljan,** Spektralphotometrische Untersuchungen Algols. Leningrad, Univ., 1956 (russ.). — Dissertationsreferat.

11104. **F. M. Bateson, A. F. Jones,** The U Geminorum type variable WW Hydri. Roy. Astr. Soc. New Zealand Variable Star Sect. Circ. Nr. 72, 11 S. mit 2 Fig.

11105. **A. H. Batten,** A study of the four eclipsing binary systems: RW Monocerotis, RW Geminorum, U Coronae Borealis, and TY Pegasi. MN **116** 552—560. — Ref. in Obs **76** 209—210 (Ref. RAS). — Die visuell-photometrischen Lichtkurven von Dugan und Pierce werden neu analysiert und aus ihnen geometrische und physikalische Elemente abgeleitet. Während bei RW Mon, RW Gem und U CrB eine totale Bedeckung vorliegt, ist diese bei TY Peg nur partiell. Die Formen der Lichtkurven lassen darauf schließen, daß die Komponenten dieser Doppelsternsysteme noch in enger Verbindung miteinander stehen. Die Begleiter befinden sich offenbar an der Rocheschen Stabilitätsgrenze und dürften daher starke Abweichungen von einem rotationssymmetrischen Körper aufweisen. In Verbindung mit Spektralbeobachtungen lassen sich genäherte Werte für die Dimensionen des Systems ermitteln. Beyer

11106. **G. Borozki,** Der arabische Teufelsstern. Vasiona **4** 63—64 (serb.). — Populäre Mitteilung über β Persei.

11107. **R. A. Bozula,** Der Bedeckungsveränderliche TX Herculis. VS Bull **11** 26—41, mit 8 Abb. (russ. mit deutsch. Ref.). — Die Beobachtungen von TX Her am lichtelektrischen Photometer des Engelhardt-Obs. Kasan während der Periode von 1949—1953 wurden bearbeitet. Die Tiefe des Hauptminimums ist $0^m_.750$, des Sekundärminimums $0^m_.423$. Beim Sekundärminimum beobachtet man eine Welle, die ihre Stellung im Laufe der Zeit ändert. Das Sekundärminimum ist um $0^p_.02$ breiter als das Hauptminimum; anscheinend kann es nicht durch die Exzentrizität der Bahn erklärt werden. Nach der Lösung des Hauptminimums bekommt man die Elemente: $k = 0.955$, $\alpha_0 = 0.8487$, Hypothese D, B $\rightarrow$ M. Das Sekundärminimum gibt eine andere Lösung: $k = 0.980$, $\alpha_0 = 0.8180$, Hypothese D, B $\rightarrow$ M. Die Periode des Paares erleidet Veränderungen, die das Vorhandensein eines dritten Körpers in diesem System zu vermuten erlaubt. Der Stern TX Her ist in das Programm der Zweifarben-Beobachtungen für das Jahr 1955 eingeschlossen. Verf.

11108. **E. G. Ebbighausen, O. Struve,** The triple system Lambda Tauri. ApJ **124** 507—521, mit 2 Fig. = Berkeley Repr. Nr. 112. — Die spektroskopischen Bahnelemente des Bedeckungsveränderlichen λ Tau werden mit Hilfe älterer Beobachtungsreihen und neuer Radialgeschwindigkeitsmessungen der Verf. neu bestimmt. Die durch die Anwesenheit eines dritten Körpers hervorgerufene Veränderlichkeit der γ-Geschwindigkeit wird eingehend untersucht. Eine Periode von $33^d_.025$ stellt diese Veränderlichkeit gut dar. Wasserstoff- und Helium-Linien zeigen ein systematisch unterschiedliches Verhalten in ihren Doppler-Verschiebungen. Das Massenverhältnis der Komponenten des Bedeckungssystems wird zu 4.0 gefunden. Anderweitig erhaltene photometrische Daten des Systems werden kurz erörtert. Micz.

11109. **D. Ege,** Some results of a spectroscopic study of the atmosphere of 31 Cygni. Commun. Faculté Sci. Univ. Ankara (A) 8 94—110, mit 2 Fig. = Commun. Department Astr. Ankara Univ. Nr. 24. — Aus dem Studium von Linien des Al, Mg und Ti während der 1951 stattgefundenen Bedeckung der einen Komponente von 31 Cygni werden Rückschlüsse über die Verteilung dieser Elemente in den verschiedenen Schichten der Atmosphäre gezogen. Die Resultate sind sehr unsicher. F. S.

11110. **K. Ferrari d'Occhieppo,** Beitrag zur Bestimmung des Radienverhältnisses bei Bedeckungsveränderlichen. Sitzber. Österreich. Akad. Wiss. Math.-naturwiss. Kl. Abteilung II **165** 1—39 = Mitt. Univ.-Sternw. Wien **9**

Nr. 1. — Das Verfahren, das Schneller zur Bestimmung der Systemkonstanten der Bedeckungsveränderlichen unter der Voraussetzung gleichförmig heller Sternscheiben entwickelt hat, wird auf Sterne mit verschiedenen Graden der Randverdunklung ausgedehnt und die dafür erforderlichen Hilfstafeln vorgelegt. Dazu wird ein einfaches Verfahren angegeben, um zugleich mit der Bestimmung des Radienverhältnisses k eine Entscheidung über den wahrscheinlichsten Grad der Randverdunklung zu treffen, so daß die übrigen Systemkonstanten und die theoretische Lichtkurve nur noch für ein Wertepaar k und x berechnet zu werden brauchen. Verf.

11111. **A. Fresa,** Osservazioni fotoelettriche ed orbita della variabile ad eclisse V 548 Cygni. Mem SA It (NS) **27** 51—58, mit 1 Fig. = Oss. Astr. Capodimonte-Napoli Contr. Astr. (2) **4** Nr. 17. — Die Lichtkurve des Bedeckungsveränderlichen V 548 Cyg wurde aus 427 lichtelektrischen Beobachtungen 1952—53 bestimmt. Periode: $1\overset{d}{.}805257$, Typ: Beta Lyrae, Tiefe der Minima: $1\overset{m}{.}120$ und $0\overset{m}{.}105$. Die Elemente werden unter Zugrundelegung einer kreisförmigen Bahn berechnet. Cester

11112. **A. Fresa,** Curva di luce fotoelettrica ed orbita della variabile ad eclisse XX Cephei. Mem SA It (NS) **27** 299—305, mit 1 Fig. = Oss. Astr. Capodimonte-Napoli Contr. Astr. (2) **4** Nr. 20. — Der Veränderliche XX Cep vom Typus Algol wurde 1953 und 1955 photoelektrisch beobachtet. Beobachtungen, Periode, Lichtkurve und Elemente werden gegeben. Die beiden Minima betragen 1.15 bzw. 0.13 Größenklassen. Cester

11113. **A.-M. Fringant,** Classification de R Canis Majoris. CR **242** 2229 = Contr. Inst. d'Astrophys. Paris (A) Nr. 216. — Nach Beobachtungen mit dem 80 cm-Spiegel des Observatoire de Haute-Provence gehört dieser Bedeckungsveränderliche trotz seiner großen Radialgeschwindigkeit von 42.5 km/sec zweifellos der Population I an. Spektrum: F 1 V. Der Stern erscheint durch interstellare Absorption leicht verfärbt. Beyer

11114. **J. Gadomski,** TW Draconis — ein Algolstern mit langwellenweise anwachsender Periodenlänge. AA **6** 111—115, mit 4 Fig. = Astr. Obs. Warsaw Univ. Repr. Nr. 51. — 169 Minimumepochen zwischen 1858 und 1955 lassen deutlich ein Anwachsen der Periode von $2\overset{d}{.}80657$ auf $2\overset{d}{.}80664$ erkennen, das nicht stetig, sondern in unregelmäßigen, langen Wellen erfolgt. Der Veränderliche ist die hellere Komponente eines visuellen Doppelsterns $d = 3\overset{\prime\prime}{.}2$. Es handelt sich hier jedoch wahrscheinlich um ein optisches Paar. Beyer

11115. **S. Gaposchkin,** The first two contacts of the eclipse of ε Aurigae in 1955. AJ **61** 177—178. — Ref. AAS.

11116. **S. Gaposchkin,** New photographic minima of β Lyrae. AJ **61** 397—398, mit 1 Fig. = Harv Repr (2) Nr. 91.

11117. **S. Gaposchkin,** Visual observations of ε Aurigae during the minimum of 1955—56. AJ **61** 398 = Harv Repr (2) Nr. 91.

11118. **S. Gaposchkin,** Note on Struve's paper on ε Aurigae. Publ ASP **68** 362—363. — Verf. verteidigt das von ihm vorgeschlagene Modell für ε Aur (ringförmige Verfinsterung des F-Überriesen mit ausgedehnter Atmosphäre und starker Randverdunklung durch eine kleinere dunkle Komponente) gegen Kritik von O. Struve (Vgl. Ref. **11150**). Er betont, daß 1.) seine Methode zur Berechnung der Massen den Gebrauch der Massenfunktion ausschließt, 2.) die von Struve angegebenen Radialgeschwindigkeiten vor und nach der konstanten Phase nach dem Modell des Verf. als Rotationseffekt aufzufassen sind, 3.) das Modell die zusätzliche Annahme einer ausgedehnten Atmosphäre der schwachen Komponente nicht ausschließt. Auf gewisse Ähnlichkeit mit β Lyr wird hingewiesen. O. G.

11119. **S. Gaposchkin,** Zum Problem von β Lyrae. ZfA **39** 133—136, mit 1 Fig. = Harv Repr Nr. 432. — Verf. nimmt an, daß die kleinere Komponente, wenn auch die lichtschwächere, so doch die massereichere ist. Diese Komponente ist von einer sich bewegenden Gashülle umgeben, die nicht nur eine erhebliche Lichtschwächung (Tarnung) hervorruft, sondern auch Veränderungen im Spektrum verursacht, so daß die Bahnbewegung der verhüllten Komponente nicht mehr klar zu erkennen ist. Durch diese Annahme lassen sich die schwerwiegenden Widersprüche in den bisherigen Ergebnissen beseitigen. Es werden die folgenden absoluten Größen für das System β Lyrae gegeben: Radius der sichtbaren Komponente 19.15 $\odot$, Radius der getarnten Komponente 13.78 $\odot$, Mittl. Entfernung der beiden Sterne 70.67 $\odot$, Masse der sichtbaren Komponente 9.74 $\odot$, Masse der getarnten Komponente 19.48 $\odot$, absolute visuelle Helligkeit der sichtbaren Komponente $-4^{m}01$ und der getarnten Komponente $-1^{m}08$. Beyer

11120. **J. E. Geake,** A rapidly varying line in the spectrum of Algol. Obs **76** 155—157, mit 1 Fig. — Mit Hilfe eines registrierenden lichtelektrischen Photometers wurde während des Minimums 1956 Feb. 27 am 120 cm-Spiegel in Asiago eine Linie bei 4476 Å gefunden, die sowohl ihre Lage als auch ihre Intensität sehr rasch ändert. Die lichtelektrischen Registrierungen des Abschnitts 4470—4480 Å sind in sechs etwa halbstündigen Intervallen wiedergegeben. Beyer

11121. **M. Giannuzzi,** Un nuovo metodo per la determinazione dell' orbita fotometrica delle stelle variabili ad eclisse. I. Rend. Accad. Nazionale Lincei, Cl. Sci. fis., mat., nat. (8) **21** 424—429, mit 1 Fig. = Oss. Astr. Roma Monte Mario Contr. Sci. (NS) Nr. 235 I. — Verf. leitet aus der Lichtkurve eines Bedeckungsveränderlichen eine andere ab, welche ein Maß für die Variation der verfinsterten Fläche ist, und erhält mit ihr ein System algebraischerGleichungen für die von ihm eingeführten Unbekannten und aus diesen schließlich die Systemkonstanten des Veränderlichen. Böh.

11122. **N. M. Goldberg-Rogosinskaja,** Spektralphotometrische Untersuchung des Bedeckungsveränderlichen RS Vulpeculae. Mitt. Astr. Hauptobs. Pulkowo **20** Nr. 2 (155) S. 61—73, mit 5 Abb. (russ.). — Die Lichtkurve von RS Vul in vier Farben ($\lambda\lambda$ 6500, 5500, 4470, 4220 Å) wurde aus 244 Spektralaufnahmen mit Objektivprisma abgeleitet (Dispersion 540 Å/mm bei Hγ). Ein bedeutender Reflexions- und ein kleiner Elliptizitätseffekt wurden festgestellt. Der Reflexionseffekt wächst mit der Wellenlänge. Diese Erscheinung wird durch eine bestimmte Wellenlängenabhängigkeit des Absorptionskoeffizienten in der Atmosphäre des Begleiters erklärt. Der Begleiter ist ein Unterriese, der sich jedoch noch innerhalb der kritischen Roche-Figur befindet. Die Elemente des Systems werden abgeleitet. Ond.

11123. **J. F. Heard, D. C. Morton,** Spectrographic orbits for the eclipsing variables V 451 Oph, V 805 Aql and V 548 Cyg. AJ **61** 179—180. — Ref. AAS.

11124. **T. Herczeg,** Photoelectric observations of the 1955—56 eclipse of Zeta Aurigae. Mitt. Sternw. Ungar. Akad. Wiss. Budapest-Szabadsághegy Nr. 41 S. 18—22, mit 1 Fig. — Aus lichtelektrischen Beobachtungen in zwei Farbbereichen der partiellen Phase und dem Ende der Bedeckung sowie unter Hinzuziehung früherer Beobachtungen werden photometrische Elemente für das System abgeleitet. Schaifers

11125. **T. Herczeg,** A short note on 32 Cygni. Mitt. Sternw. Ungar. Akad. Wiss. Budapest-Szabadsághegy Nr. 41 S. 23. — Die photometrischen Beobachtungen dieses ζ Aurigae-Typ-Systems während und nach der Totalität zeigen, daß die Variationen im blauen und gelben Farbbereich nahezu parallel verlaufen. Vergleichsstern war 31 Cygni. Schaifers

11126. **S.-S. Huang, O. Struve,** The radii and masses of eclipsing binary stars. AJ **61** 300—309, mit 5 Fig. = Berkeley Repr. Nr. 109. — Probleme, die sich mit den Radien, Massen und der Entwicklung der Bedeckungsveränderlichen befassen, werden erörtert. Bei Systemen, deren Spektren helle Emissionslinien zeigen, bildet die aus der einen Komponente ausströmende Materie einen Gasring um den anderen Stern. Die Bewegung dieser Materie ermöglicht nach den Gravitationsgesetzen eine Bestimmung der Masse des Zentralsterns, die in bester Übereinstimmung mit den aus dem Spektrum und der Leuchtktaft ermittelten Werten steht. Eine statistische Untersuchung der Massen und Radien von 130 Bedeckungsveränderlichen läßt darauf schließen, daß die Unterriesen-Komponenten dieser Systeme sich aus frühen Hauptreihen-Sternen entwickelt haben. Die systematischen Abweichungen der Komponenten Bedeckungsveränderlicher von der Masse-Leuchtkraft-Beziehung bestätigen die früheren Ergebnisse von Russell und Moore (1940) sowie O. Struve (1954). Beyer

11127. **N. L. Iwanowa,** Spektralphotometrische Untersuchung von ζ Aurigae. Mitt. Obs. Bjurakan Nr. 20 S. 11—22, mit 4 Fig. (russ. mit armen. Ref.). — Die Untersuchung zeigt, daß die Helligkeit des B 8-Sterns, die bei 4800 Å nur wenig zur Gesamthelligkeit beiträgt, bei 3200 Å siebenmal stärker ist. Die Farbtemperatur des K 5-Sterns beträgt im Photographischen bzw. Ultravioletten 2600° bzw. 3600°. Die Energieverteilung im Spektrum der B 8-Komponente ist von 3200—4800 Å der diesem Spektraltyp üblichen ähnlich, die Farbtemperatur liegt bei 18—19000°. Die kurze Dauer des Durchgangs des B 8-Sterns hinter der Atmosphäre des K 5-Überriesen erlaubte nicht, den Gang der optischen Tiefe zu ermitteln; hierzu konnten nur einige qualitative Bemerkungen gemacht werden. Loh.

* * **K. Kaltschajew,** Physikalische Besonderheiten der Unterzwerge von Bedeckungsveränderlichen. Vgl. Ref. **9703**.

11128. **K. K. Kwee, H. van Woerden,** A method for computing accurately the epoch of minimum of an eclipsing variable. BAN **12** 327—330. — Die graphische Bestimmung der Minimumsepochen von Bedeckungsveränderlichen ist angesichts der Genauigkeit der Ergebnisse lichtelektrischer Messungen zu unsicher. Eine schon früher von Hertzsprung, Oosterhoff und de Kort empfohlene rechnerische Methode, die Zeitpunkte der Minima festzulegen, wird analysiert und ihre Leistungsfähigkeit geprüft. Sie ist dem graphischen Verfahren weit überlegen, so daß sich der erhebliche rechnerische Aufwand bei der Bearbeitung lichtelektrischer Beobachtungen stets lohnt. Beyer

11129. **K. K. Kwee,** Photoelectric observations of the short-period eclipsing variable W Ursae Majoris. BAN **12** 330—338, mit 2 Fig. — 786 lichtelektrische Messungen in sechs Nächten (1951—54) liefern Lichtkurven, deren Minimumsepochen auf 5 bis 10 Sekunden genau sind. Neben einer plötzlichen Periodenänderung von $0\overset{d}{.}33363699$ auf $0\overset{d}{.}33363779$ sind Anzeichen einer geringen Veränderlichkeit der Lichtkurve von Epoche zu Epoche vorhanden. Eine geringe Verschiebung des sekundären Minimums wird möglicherweise durch die etwas verschiedene Höhe der Maxima vorgetäuscht. Aus den Beobachtungen sind neue Bahnelemente abgeleitet worden. Neben allen Einzelbeobachtungen sind Tabellen der Minima und eine Lichtkurve wiedergegeben. Beyer

11130. **G. Larsson-Leander,** Spectrographic observations of 32 Cygni at the 1952—1953 eclipse. Ark Astr **2** 23—25 = Stockholms Obs. Medd. Nr. 87. — Von diesen Chromosphärenlinien zeigenden Bedeckungsveränderlichen wurden in 13 Nächten zwischen 1952 Nov. 29 und 1953 Jan. 29 insgesamt 18 Spektrogramme am 102 cm-Spiegel der Stockholmer Sternwarte erhalten. Neben einer Beschreibung der einzelnen Spektren und der in ihnen beobachteten Veränderungen werden Vergleiche mit den innerhalb des gleichen Zeitraums von P. Wellmann am 100 cm-Spiegel in Hamburg-Bergedorf gewonnenen Spektralaufnahmen angestellt. Die Stockholmer Beobachtungen stehen in guter Übereinstimmung mit den von P. Wellmann in AJ **58** 233 mitgeteilten Ergebnissen. Beyer

11131. **F. Lenouvel, J. Daguillon,** Observations photoeléctriques. JO **39** 1—11, mit 6 Fig. — Im Observatorium Haute Provence wurden Lichtkurven in drei Farbbereichen (U, B, V) des Bedeckungsveränderlichen TX Cnc abgeleitet, außerdem die Epochen des Hauptminimums von RZ Cas und β Per November 1953, und von U Cep November 1954. Visuelle Größen und Farbenindizes von Vergleichssternen für U Gem, SS Cyg, AB Dra, RX And, SS Aur, Z Cam (mit Kärtchen) werden mitgeteilt, dasselbe für 17 B-Sterne der ζ Persei-Assoziation und für drei B-Sterne im Cepheus. Dv.

11132. **F. I. Lukazkaja,** Die Fetlaarschen Koeffizienten für kleine Werte der Radienverhältnisse der Komponenten von Bedeckungsveränderlichen. Publ. Astr. Obs. Kiew Nr. 7 S. 93—94 (russ.). — Tabelle der Fetlaarschen Koeffizienten für k von 0.01 bis 0.10 (0.01). Perek

11133. **C. R. Lynds,** The geometrical elements of UX Monocerotis. Publ ASP **68** 339—345, mit 3 Fig. = Berkeley Repr. Nr. 110. — 333 lichtelektrische Messungen in drei Farben, die in 20 Nächten zwischen 1954 Dez. 7 und 1955 Feb. 15 am Crossley-Reflektor der Lick-Sternwarte erhalten wurden, bestätigen die bereits vermutete Veränderlichkeit des im Hauptminimum voll bedeckten Begleiters. Eine Untersuchung der hierdurch verursachten Störungen des Normallichts ermöglicht ihre Berücksichtigung bei der Ableitung der geometrischen Elemente. Diese Ergebnisse liefern in Verbindung mit den spektroskopischen Elementen von O. Struve sehr zuverlässige absolute Dimensionen des Doppelsternsystems. Beyer

11134. **N. L. Magalaschwili, J. I. Kumsischwili,** Der spektroskopische Doppelstern BD +8° 19 — ein Bedeckungsveränderlicher. AC Nr. 166 S. 20—21 (russ.). — Nach den lichtelektrischen Messungen von August bis Dezember 1955 ist DB +8° 19 ein Bedeckungsveränderlicher. Die Minima sind $0\overset{m}{.}09$ und $0\overset{m}{.}07$ tief, $D = 0\overset{P}{.}18$, die Bedeckungen sind partiell, und das Nebenminimum ist um $-0\overset{d}{.}05$ verschoben. Perek

* * **A. Martini, A. Masani,** Sulla produzione di energia e sull'assorbimento di essa nell'interno delle stelle binarie fotometriche. Vgl. Ref. 5218.

11135. **A. McKellar,** The ultraviolet chromospheric spectrum of ζ Aurigae at the 1955—56 eclipse. AJ **61** 184. — Ref. AAS.

11136. **A. S. Meltzer,** The red spectrum of Algol at primary minimum. AJ **61** 185—186. — Ref. AAS.

11137. **A. Ollongren,** The eclipsing variable AI Crucis. BAN **12** 313—326, mit 3 Fig. — Aus 686 lichtelektrischen Messungen, die Oosterhoff in 26 Nächten 1950 Juni—Aug. in Johannesburg erhalten hatte, werden in Verbindung mit früheren Beobachtungen neue photometrische und physikalische Elemente des Doppelsternsystems abgeleitet. Neben einer Aufsuchungskarte sind Tabellen der beobachteten Minima, der Normalpunkte sowie zwei Lichtkurven wiedergegeben. Beyer

11138. **S. L. Piotrowski, K. Serkowski,** Two-colour observations of the eclipsing variable WW Aurigae. I. AA **6** 205—216, mit 2 Fig. = Astr. Obs. Warsaw Univ. Repr. Nr. 55.

11139. **J. Ponsen,** Note on a new eclipsing binary with very high orbital eccentricity. BAN **12** 338—339, mit 1 Fig. — Ref. in Sky and Telescope **15** 540. — Gelegentlich einer Durchmusterung von Aufnahmen des Südhimmels wurde die Veränderlichkeit des Sterns HD 163708 ($6\overset{m}{.}80$) erkannt. Verf. glaubte, einen Bedeckungslichtwechsel mit einer Periode von $P = 0\overset{d}{.}820682$ feststellen zu können. De Kort, der den Stern auf zahlreichen Platten des Riverview Observatory nachprüfen konnte, ist der Ansicht, daß die Ponsensche Periode zu vervierfachen sei. In der mit $P = 3\overset{d}{.}282807$ abgeleiteten mittleren Lichtkurve ist ein dem Hauptminimum gleichendes sekundäres Minimum in der Phase 0.75 vorhanden, das auf eine ungewöhnlich große Bahnexzentrizität schließen läßt. Lichtelektrische Messungen, die auf dem Tonantzintla-Observatorium in Mexiko geplant sind, dürften bald Klarheit bringen. Beyer

11140. **C. Popovici,** Folosirea binarelor cu eclipsă la determinarea relaţiilor de stare ale stelelor. Bul. Ştiinţific (Mat. Fiz.) **8** 765—772 (mit russ. und französ. Ref.).

11141. **D. M. Popper,** Rediscussion of eclipsing binaries. I. Z Herculis. ApJ **124** 196—207, mit 4 Fig. und 1 Tafel = Astr. Papers Univ. California Nr. 19. — Mit Hilfe neuer photoelektrischer und spektroskopischer Beobachtungen des Bedeckungsveränderlichen Z Her werden Unstimmigkeiten, die frühere Beobachtungen ergeben haben, beseitigt. Neue Systemkonstanten werden abgeleitet. Micz.

11142. **D. M. Popper,** Rediscussion of eclipsing binaries. II. S. Antliae. ApJ **124** 208—213, mit 2 Fig. und 1 Tafel = Astr. Papers Univ. California Nr. 19. — Verf. schließt auf Grund neuer lichtelektrischer und spektroskopischer Beobachtungen des Bedeckungsveränderlichen S Antliae, daß frühere Bestimmungen der Massen und Radien infolge der stark deformierten Lichtkurve als bedeutungslos anzusehen sind. Micz.

11143. **D. M. Popper,** Notes on eclipsing binaries. Publ ASP **68** 131—136 = Astr. Papers Univ. California Nr. 17. — Für die Sterne DS Aqr, V 694 Aql, UU Cnc, GG Cas und AW Her werden einige Beobachtungen mitgeteilt: Spektralklasse im MK-System, Radialgeschwindigkeit (K und γ) und für UU Cnc und GG Cas auch Farbenindizes im U, B, V-System. Bei GG Cas wird vermutet, daß der den langwelligen Teil des Spektrums beherrschende K-Stern ein optischer Begleiter des entfernteren Bedeckungsveränderlichen ist. O. G.

11144. **N. G. Roman,** Spectral types of some eclipsing binaries. ApJ **123** 246—249. — Für eine oder beide Komponenten von 63 Bedeckungsveränderlichen wurden Spektraltypen und Leuchtkraftklassen im System des Yerkes-Atlas bestimmt. Micz.

11145. **K. C. Saidow,** Spectralphotometrische Untersuchungen des Bedeckungsveränderlichen β Lyrae. Odessa, Univ., 1956 (russ.). — Dissertationsreferat.

11146. **H. Schmidt, K. W. Schrick,** Untersuchungen an W Ursae Majoris-Sternen II. Lichtelektrische Beobachtungen von W Ursae Majoris. ZfA **41** 1—18, mit 7 Abb. = Mitt. Univ.-Sternw. Bonn. — An dem Bedeckungsveränderlichen W UMa sind 1955 und 1956 lichtelektrische Messungen bei den Wellenlängen λ 450 und 580 mμ ausgeführt worden. Die Lichtkurve zeigt kurzzeitige Schwankungen in den Maxima und im Hauptminimum. Den theoretischen Erwartungen entsprechend variiert der Farbenindex $FI_{450/580}$ mit der Phase. Ein Vergleich mit älteren Beobachtungen läßt keine systematischen Änderungen der Lichtkurve erkennen. Unter der Annahme eines einfachen Modelles lassen sich bei Anwesenheit von Gasströmen die Beobachtungsergebnisse erklären. Abweichungen von der Masse-Leuchtkraft-Beziehung scheinen nicht vorhanden zu sein. Die bekannte Periodenänderung des Lichtwechsels kann durch den störenden Einfluß eines dritten Körpers relativ geringer Masse wiedergegeben werden und dürfte nicht durch eine Instabilität der Doppelsternkomponenten hervorgerufen sein. Verf.

11147. **K. Serkowski,** On the density distribution and the ellipticity of the components of the eclipsing variable CO Lacertae. AA **6** 57—58 = Astr. Obs. Warsaw Univ. Repr. Nr. 48. — Die von W. Zonn in Wilno Bull.

14 (1933) und Toruń Bull. 9 (1950) veröffentlichten Ergebnisse (Lichtkurve und Apsidenbewegung) dienen zur Ableitung der Dichteverteilung und Elliptizität der beiden Komponenten des Systems nach den Methoden von T. E. Sterne, Z. Kopal und S. Chandrasekhar. Beyer

11148. **K. Serkowski,** Photometric researches of the eclipsing variable SW Lacertae. AA **6** 95—104, mit 1 Fig. = Astr. Obs. Warsaw Univ. Repr. Nr. 50. — 501 visuelle Messungen mit einem Graffschen Keilphotometer am 25 cm-Refraktor der Ostrowik-Station der Warschauer Sternwarte sind einzeln wiedergegeben. Die aus 53 Normalpunkten gezeichnete Lichtkurve läßt deutlich den asymmetrischen Verlauf des Lichtwechsels dieses Veränderlichen vom Typ W Ursae Majoris erkennen. Mit Hilfe der spektralen Untersuchungsergebnisse von O. Struve werden genäherte Werte für die physischen Elemente dieses Doppelstern-Systems bestimmt. Beyer

11149. **R. Sommer,** Lichtwechselelemente des Algol-Sterns SV Camelopardalis für die Zeit von 1897 bis 1955. AN **283** 155—158, mit 1 Fig. = Veröff. Wilhelm-Förster-Sternw. Berlin Nr. 11. — Aus Beobachtungen von Mitgliedern der Berliner Arbeitsgemeinschaft für Veränderliche Sterne im Zeitraum 1950 bis 1955 werden instantane Lichtwechselelemente des Algol-Sterns SV Cam hergeleitet und mit den älteren Beobachtungen seit 1897 verglichen. Es ergibt sich eine Sinusschwankung der Periode im Verlauf von 57 Jahren. Verf.

11150. **O. Struve,** Epsilon Aurigae. Publ ASP **68** 27—37, mit 5 Fig. und 4 Tafeln. — Ref. in Coelum **24** 121. — Verf. beschreibt das System ε Aur zunächst nach dem Modell, das 1937 von G. P. Kuiper, O. Struve und B. Strömgren veröffentlicht wurde. Andere Modelle werden kritisch besprochen. Aus einer Diskussion von spektrographischen Beobachtungen während und außerhalb der Bedeckung ergibt sich die Annahme, daß sowohl die unsichtbare Komponente von niedriger Temperatur wie auch der F2-Stern so ausgedehnte Atmosphären haben, daß die kritische Nullgeschwindigkeitsfläche ganz ausgefüllt wird und daß in der Nähe des Librationspunktes L_1 von beiden Komponenten Gasströme in entgegengesetzten Richtungen abfließen. Das ganze System scheint von einer sich ausdehnenden Nebelhülle umgeben zu sein. O. G.

11151. **G. Thiessen,** Untersuchungen an pulsierenden Sternen. I. Das Überriesensystem BM Cassiopeiae. ZfA **39** 65—94, mit 5 Abb. = Mitt. Sternw. Hamburg-Bergedorf **23** Nr. 252. — Das System BM Cas besteht aus einem A5-Überriesen ($M_{bol} = -8^m.4$) und einem klassischen Cepheiden der Periode 27 Tage. Das System läßt eine Analyse ohne Benutzung der Masse-Leuchtkraft-Beziehung zu. Für den Periodenparameter $Q = P \cdot \sqrt{\varrho/\varrho_\odot}$ ergibt sich 0.0302, sehr nahe der Wert für die Grundschwingung für Sterne starker zentraler Massenkonzentration nach der Pulsationstheorie. Die Masse des Cepheiden und ebenso die des A5-Überriesen ist um einen Faktor 1.6 bzw. 1.5 kleiner als der Masse-Leuchtkraft-Beziehung entspricht. Es ist eine Phasenvoreilung des Reflexionslichtes vorhanden, die wahrscheinlich auf einer Beeinflussung der Rotation durch Gezeitenkräfte bei pulsierenden Komponenten in engen Doppelsternsystemen beruht. Thi.

11152. **Ş. Vlaicu,** Observaţii fotografice asupra variabilei Y Leonis. Bul. ştiinţ. Acad. R. P. Romîne Sec. mat. şi fiz. **7** 1057—1061, 1955 (rumän. mit russ. und französ. Ref.) — Ref. in RJ 1957 Nr. 1 S. 37.

11153. **A. J. Wesselink,** Spectroscopic and photometric observations of S Doradus. MN **116** 3—9, mit 1 Fig. und 1 Tafel = Commun. Radcliffe Obs. Nr. 34. — Gleichzeitig mit lichtelektrischen Messungen wurden zwischen 1951 Nov. 9 und 1955 Jan. 14 zwölf Spektralaufnahmen dieses P Cygni-Veränderlichen mit dem Zweiprismen-Spektrographen des 74″-Radcliffe-Reflektors erhalten. Innerhalb von 17 Monaten nahm die Helligkeit 1953—55 um $0^m.8$ ohne die geringste Änderung des Farbenindex ab. Im Spektrum traten nur die Emissionslinien dabei stärker hervor. Neben bildlichen Darstellungen des Spektrums sind die gemessenen

Wellenlängen der Linien, ihre Intensitäten und Identifizierung in einer Tabelle zusammengestellt. Die Radialgeschwindigkeit der Emissionen von +295 km/sec bestätigt die Zugehörigkeit des Sterns zur Großen Magellanschen Wolke.

Beyer

11154. **B. S. Whitney,** Minima and periods of eclipsing stars. Repr. Univ. Oklahoma Obs. Nr. 16, 2 S., 1954; Nr. 17, 1 S., 1955.

11155. **C. E. Worley, O. J. Eggen,** A new eclipsing binary: BD +10°2234 (A). Publ. ASP **68** 452—455, mit 2 Fig. — 246 lichtelektrische Messungen zeigen BD +10°2234 (A) = ADS 8024 A als Bedeckungsveränderlichen des Typs W UMa zwischen $8^m.2$ und $8^m.7$; Minimum: JD 2435570.854 + $0^d.36581 \cdot E$. Unter sechs 1956 beobachteten Bedeckungen zeigen drei wenige Minuten nach dem berechneten Minimum einen erneuten Helligkeitsabfall um $0^m.03$ bis $0^m.07$ als Einbuchtung in der Lichtkurve. Gli.

11156. **K. O. Wright,** The chromospheric spectrum of 31 Cygni. AJ **61** 194. — Ref. AAS.

11157. **K. O. Wright, E. K. Lee,** The light-ratio and the spectrum of the secondary component of the eclipsing binary 31 Cygni. Publ ASP **68** 17—22, mit 1 Fig. und 1 Tafel = Contr. Dominion Astrophys. Obs. Victoria Nr. 45. — Während der Totalität 1951 und außerhalb der Bedeckung wurden Gitterspektrogramme hoher Dispersion aufgenommen und im Gebiet λ 3700—λ 4500 photometrisch ausgewertet. Der langwellige Teil dieses Gebiets wird von der K-Komponente beherrscht, bei λ 3870 erreicht die B-Komponente gleiche Helligkeit. Da während der Totalität nur die K-Komponente sichtbar ist, ihr Beitrag also bekannt ist, konnte aus den Aufnahmen außerhalb der Bedeckung die Intensitätsverteilung im Spektrum der B-Komponente subtraktiv erhalten werden. Aus Äquivalentbreiten von He I- und H-Linien wurde der Spektraltyp zu B 3 bestimmt. O. G.

11158. **K. O. Wright, A. McKellar,** The chromospheric spectrum of VV Cephei in April and May, 1956. Publ ASP **68** 405—420, mit 1 Fig. und 1 Tafel = Contr. Dominion Astrophys. Obs. Victoria Nr. 49. — Ref. in Coelum **25** 60. — Kurz vor Beginn des Minimums dieses Bedeckungsveränderlichen mit extrem langer Periode wurden 1956 April und Mai mehrere Gitterspektren mit großer Dispersion zwischen 3200 und 6800 Å erhalten. Auf einer Bildtafel sind die Spektren von VV Cep und ζ Aur in gleicher Bedeckungsphase nebeneinander gestellt. Die chromosphärischen Linien treten bei VV Cep wesentlich kräftiger hervor und erscheinen verdoppelt. Eine sehr viel größere Intensität des Kontinuums nach dem Ultraviolett zu zeigt an, daß der Begleiter einem erheblich früheren Spektraltyp angehören muß, als ihn die B 8-Komponente von ζ Aur zeigt. Neben einer ausführlichen Beschreibung verschiedener Liniengruppen sind die Ergebnisse der Radialgeschwindigkeitsmessungen in einer Tafel zusammengestellt. Zur Erklärung der Linienverdopplung werden zwei Hypothesen entwickelt und einander gegenübergestellt. Die erste legt bewegte Wolken innerhalb der Atmosphäre des Hauptsterns zugrunde, während die zweite eine scheinbare Aufspaltung der Absorptionen durch feine Emissionslinien annimmt. Verf. geben der zweiten Ansicht den Vorzug.

Beyer

11159. **A. Wróblewski,** Gwiazdy zmienne. Urania Kraków **27** 85—86, 148—150, 218—219, 253, mit 6 Fig.

11160. Long stellar eclipses. Sky and Telescope **16** 73.

11161. Novosti o Algolu. Vasiona **4** 90.

Cepheiden

11162. **W. N. Abbott,** Ionized and neutral calcium in the atmospheres of the Cepheids η Aquilae and ζ Geminorum. MN **116** 269—276, mit 4 Fig. — Auf einer Serie von Spektralaufnahmen, die von diesen Veränderlichen in allen Phasen ihres Lichtwechsels in Ann Arbor bzw. auf dem Mount Wilson erhalten wurden, sind die Äquivalentbreiten der Linien des ionisierten Calciums H und K sowie des neutralen Calciums bei 4227 Å gemessen. Aus diesen Ergebnissen werden der Anteil des Ca I und Ca II am Aufbau der Sternatmosphären sowie die Ionisationstemperaturen bestimmt. Mit Hilfe der Beziehung zwischen dem Elektronendruck, der Temperatur und dem Gasdruck wird die den einzelnen Phasen des Lichtwechsels entsprechende Ausdehnung der Calciumatmosphäre bestimmt, wobei eine erhebliche Phasendifferenz zwischen der Pulsation der Photosphäre und den Schwankungen der Gashülle hervortritt. Beyer

11163. **W. Baade,** The period-luminosity relation of the Cepheids. Publ ASP **68** 5—16. — Ref. in JBAA **66** 282—283, Orion Schaffhausen 5 168. — In diesem Vortrag betont Verf., daß der Fehler in der lange als richtig angesehenen Periode-Leuchtkraft-Beziehung der δ Cephei-Sterne entstanden war durch die Kombination von Daten für klassische Cepheiden der Population I mit Daten für Cepheiden und Haufenveränderliche der Population II. Verf. berichtet von den neuen Arbeiten zur getrennten Bestimmung der Leuchtkräfte dieser Gruppen von Veränderlichen und teilt bisherige Ergebnisse mit. Eine frühere Arbeit von H. Mineur wird kritisch besprochen. O. G.

11164. **G. S. Badaljan,** Bestimmung der Farbenindizes und -exzesse galaktischer Cepheiden. Mitt. Obs. Bjurakan Nr. 17 S. 3—26, mit 8 Abb. (russ. mit armen. Ref.). — Mit einem 5'- und einem 6'-Astrographen wurden in Bjurakan für 167 Cepheiden Helligkeiten und Farben bestimmt. Normalfarben wurden aus 20 relativ nahen Cepheiden als Funktion der Periode ermittelt. Diese Normalfarben dienten zur Bestimmung von Farbenexzessen. Zur Berechnung der Entfernungen wurde der Nullpunkt der absoluten Helligkeiten durch die Beziehung $M = -1^{m}\!.04 - 1^{m}\!.87 \log P$ festgelegt. Das Material diente ferner zum Studium der Absorption in verschiedenen galaktischen Längen; der Mittelwert des Absorptionskoeffizienten ist wahrscheinlich nicht kleiner als $1^{m}\!.5$ auf 1 kpc. Ond.

* * **G. S. Badaljan,** Über den Zusammenhang zwischen den räumlichen Verteilungen des interstellaren neutralen Wasserstoffs und der langperiodischen Cepheiden. Vgl. Ref. **12303.**

11165. **J. Balázs,** Über die sekundären Perioden von Y Leonis minoris. Mitt. Sternw. Ungar. Akad. Wiss. Budapest-Szabadsághegy Nr. 39 S. 6—9, mit 2 Fig.— Die Helligkeit der Maxima des mit einer Periode von $P_0 = 0^{d}\!.522$ veränderlichen RR Lyrae-Sterns zeigt sehr starke periodische Schwankungen mit $P_1 = 33^{d}\!.4$. Mit Hilfe der von Martynow in Engelhardt Obs. Bull. Kasan Nr. 18 veröffentlichten Beobachtungen sind 34 Maxima und ebensoviele Epochen des Überschreitens der Helligkeit $12^{m}\!.5$ im Lichtanstieg zwischen J. D. 2425223 und 29377 abgeleitet, die sowohl die Schwankungen der Maximumhelligkeiten als auch ihre Auswirkungen auf die Periode erkennen lassen. Die graphische Darstellung zeigt, daß darüber hinaus noch eine übergeordnete Schwankung von $P_2 = 89^{d}\!.2$ besteht. Neuere lichtelektrische Messungen deuten in Verbindung mit sämtlichen bisher bekannt gewordenen Beobachtungen sogar das Vorhandensein einer vierten Periode von etwa 7.7 Jahren an. Beyer

11166. **J. Balázs,** Diskussion von 504 photographischen Beobachtungen von RV Arietis. Mitt. Sternw. Ungar. Akad. Wiss. Budapest-Szabadsághegy Nr. 40 S. 8—17, mit 3 Fig. — Aus 261 neuen photographischen Aufnahmen und aus Detres Beobachtungen konnten die Hauptperiode und die sekundäre Periode verbessert werden. Die Amplitude der Lichtkurvenänderungen scheint veränderlich zu sein. Verf.

11167. **A. D. Bonov,** Sur la variation de la période de SW Bootis. Mitt. Sternw. Ungar. Akad. Wiss. Budapest-Szabadsághegy Nr. 38, 9 S. mit 3 Fig., 1955. — Die bereits 1935 von W. Zessewitsch angezeigte Periodenänderung wird auf Grund einer Untersuchung von 19 Maximumepochen zwischen 1914 und 1955 bestätigt. 172 photographische Beobachtungen des Verf., eine Lichtkurve und eine Tabelle der Normalpunkte, die Umgebungskarte mit den benutzten Vergleichssternen sowie ein Diagramm der Periodenänderungen sind wiedergegeben. Beyer

11168. **Z. Britvić,** Classical Cepheid stars and the period-luminosity law. Naučna Misao Nr. 5—6 S. 37—46 (kroat. mit engl. Ref.). — Nach einer Darlegung der Gründe, die Baade zur Revision der absoluten Helligkeiten der Cepheiden geführt hatten, leitet Verf. aus der Periode-Dichte-Beziehung, der Formel für die Sternmasse, dem Stefan-Boltzmannschen Gesetz und der photometrischen Grundgleichung einen Ausdruck für die Abhängigkeit der bolometrischen Größe von der Periode ab. Hieran anschließend und in Analogie zu der Auffassung, daß der eigentliche Sonnenfleckenzyklus das Doppelte von elf Jahren ist, soll auch für die Perioden der Cepheiden der doppelte Wert angesetzt werden. Dadurch vergrößern sich die absoluten Helligkeiten der klassischen Cepheiden. Loh.

11169. **G. R. Burbidge,** On cluster-type variables and magnetic fields. ApJ **124** 412—415. — Es wird gezeigt, daß Übereinstimmung der empirisch gefundenen und theoretisch abgeleiteten Periode-Dichte-Beziehung für RR Lyrae-Sterne zur Zeit nicht erwartet werden kann, da die Wirkung magnetischer Felder nicht berücksichtigt worden ist. Die Bedeutung starker magnetischer Felder für degenerierte Sternkerne wird qualitativ erörtert. Micz.

11170. **L. Detre,** Die sekundäre Periode von RV Arietis. Mitt. Sternw. Ungar. Akad. Wiss. Budapest-Szabadsághegy Nr. 40 S. 3—7, mit 1 Fig. — Verf. zeigt, daß aus neueren lichtelektrischen Messungen von P. Broglia und E. Pestarino (vgl. AJB **55** Ref. **11151**) neben der Hauptperiode auch die sekundäre Periode abgeleitet werden kann. Die gefundenen Werte ordnen sich befriedigend in die Reihe der bisher bekannten ultrakurzperiodischen RR Lyrae-Sterne mit sekundärer Periode ein und sind praktisch identisch mit den Werten für AI Velorum. Schaifers

11171. **O. J. Eggen,** ϱ Puppis: a new short-period variable star. Publ ASP **68** 238—241, mit 1 Fig. — Ref. in JBAA **67** 85. — Lichtelektrische Messungen am Zwölfzöller der Lick-Sternwarte ergaben in vier Nächten des März 1956 einen kurzperiodischen Lichtwechsel mit einer Periode von $0\overset{d}{.}141$ und einer Amplitude von $0\overset{m}{.}12$. Der Veränderliche gehört wahrscheinlich zur Gruppe der seltenen δ Scuti-Sterne. Beyer

11172. **A.-M. Fringant,** Etude spectrophotométrique de RR Lyrae. JO **39** 178—180, mit 3 Fig. = Contr. Inst. d'Astrophys. Paris (B) Nr. 109. — Die Änderungen der Größen D, λ_1 (Größe und Lage des Balmersprunges) und φ_B (Blau-Violett-Gradient) nach der Definition von Chalonge während einer Periode werden aus neuen Beobachtungen abgeleitet und in das zweidimensionale Spektrum-Leuchtkraft-System übertragen. Im dreidimensionalen Klassifizierungssystem zeigt sich, daß RR Lyr in allen Phasen — wie andere Sterne der Population II — außerhalb der Fläche Σ liegt, die von den normalen Sternen eingenommen wird, sich aber in den Phasen mit den höchsten Temperaturen sehr nähert. Wellmann

11172a. **J. Grandjean,** Vitesses différentielles dans l'atmosphère de η Aquilae et de ζ Geminorum. Mém. Acad. Roy. Belgique Cl. Sci. **29** Nr. 7, 60 S. mit 5 Fig. = Inst. d'Astrophys. Univ. Liège Mém. 8° Nr. 383.

* * **D. L. Harris III,** On the space reddening of Delta Cephei and Eta Aquilae. Vgl. Ref. **12517**.

11173. **Z. Hitotuyanagi, K. Uji-iye,** On the radius variation of Delta Cephei. Sci. Reports Tôhoku Univ. (1) **40** 53—60, mit 5 Fig. = Sendai Astr. Rap. Nr. 50. — Ausgehend von den Greenwicher Farbtemperaturmessungen, den Messungen des Balmersprungs von R. Canavaggia und den etwas erweiterten Modellen für Sternatmosphären von R. Canavaggia und J. C. Pecker werden die Änderungen der effektiven Temperatur und der Gravitation an der Oberfläche für verschiedene Phasen berechnet. Die aus den Änderungen der bolometrischen Helligkeit und der effektiven Temperatur resultierenden Radiusänderungen stimmen in der Phase überein mit den aus Radialgeschwindigkeitsmessungen abgeleiteten Radiusänderungen. O. G.

11174. **T. S. Jacobsen,** A spectrographic study of Eta Aquilae and Delta Cephei. Publ. Dominion Astrophys. Obs. Victoria **10** 145—168, mit 6 Fig. und 1 Tafel. — Radialgeschwindigkeitskurven der zentralen Kerngebiete der Linien H und K von Ca II für η Aquilae und δ Cephei werden mit den entsprechenden Kurven für Linien verglichen, die die Photosphäre repräsentieren. Für beide Sterne sind die Kurven für die H- und K-Absorptionslinie sehr ähnlich. Sie unterscheiden sich von der photosphärischen Kurve für η Aquilae durch größere Asymmetrie, 80% größere Amplitude und eine Phasenverzögerung von 0.1 Perioden, und für δ Cephei durch größere Asymmetrie, 50% größere Amplitude und eine Phasenverzögerung von 0.02 Perioden. Bei η Aquilae erscheinen scharfe Emissionslinien auf dem kurzwelligen Linienflügel für den Phasenbereich 0.847 bis 0.897; anschließend tritt bis zum Maximum eine diffuse Emission auf. Auf dem langwelligen Flügel werden schwache Emissionen vom Maximum bis zur Phase 0.124 beobachtet. Gelegentliche Verdoppelungen der Absorptionskerne werden auf das Vorhandensein interstellarer Ca II-Linien zurückgeführt. Thi.

11175. **M. Jaschek, C. Jaschek,** Southern cepheids with emission lines. Publ ASP **68** 363—364. — (Veröffentlicht als vorläufige Mitteilung). Gelegentlich der Beobachtung von Radialgeschwindigkeiten der südlichen δ Cephei-Sterne wurden in den Spektren von AH Vel, S Cru, S TrA, T Cru, S Mus und 8 Car Emissionen des Ca II innerhalb der Linien H und K gefunden. Beyer

11176. **R. P. Kraft,** Double lines in the spectrum of the classical Cepheid X Cygni. Publ ASP **68** 137—141, mit 3 Tafeln. — Auf einem Spektrogramm von X Cyg, das bei der Phase $0\overset{p}{.}82$ aufgenommen ist, sind bei einer Reihe von Linien schwache nach der langwelligen Seite verschobene Begleiter zu erkennen. Geprüft wurden die Linien, die bei W Vir zeitweilig doppelt auftreten. Bei X Cyg zeigen nur die Linien mit niedrigem Anregungspotential die Begleiter. Schwache Emissionen sind erkennbar in den Linien H und K des Ca II und wahrscheinlich in $H\gamma$, vielleicht auch in $H\beta$ und $H\delta$. O. G.

11177. **B. W. Kukarkin,** Über die Periodenänderung der kurzperiodischen Cepheiden. AC Nr. 173 S. 10—11 (russ.). — In der Regel zeigt sich, daß Formeln mit Gliedern zweiter Ordnung nicht bestätigt werden, wenn das Beobachtungsintervall merklich vergrößert worden ist. Nach einer Durchmusterung von 70 Aufnahmen von M 3 in Bjurakan kann man, wenigstens vorläufig, sagen, daß in 39 Fällen von Periodenänderungen 20 eine Vergrößerung, 19 eine Verkleinerung der Periode ergaben. Es sind auch Fälle vorgekommen, in denen sich die Perioden mehrmals, auch gegensinnig, geändert haben. Loh.

11178. **A. Marks,** Beobachtung der δ Cephei-Sterne. RH **37** 236—237, mit 1 Fig. (tschech.) — Bearbeitung von 817 visuellen Beobachtungen, angestellt durch polnische Liebhaberastronomen. J. B.

11179. **D. H. McNamara,** The radial velocity of Gamma Pegasi. Publ ASP **68** 158—161, mit 1 Fig.

* * **O. A. Melnikow,** Über die Ableitung absoluter spektralphotometrischer Gradienten von Sternen aus Beobachtungen langperiodischer Cepheiden. Vgl. Ref. **9604**.

11180. **W. J. Miller,** Five new RR Lyrae variables in the Cygnus cloud, VV 21—25. Specola Astr. Vaticana Ric. Astr. **3** 381—415, mit 10 Fig.

11181. **G. J. Odgers,** A further study of the β Cephei star H. D. 199140 (BW Vulpeculae). Publ. Dominion Astrophys. Obs. Victoria **10** 215—252, mit

14 Fig. und 3 Tafeln. — Zwischen 1953 Aug. 13 und 1954 Okt. 27 wurden an 12 Tagen insgesamt 516 Messungen der Radialgeschwindigkeiten in sehr rascher Folge am 72zölligen Reflektor des Dominion Astrophys. Obs. und 200-Zöller der Mount Palomar-Sternwarte erhalten. Die Schwankungen der Radialgeschwindigkeiten verlaufen ohne nachweisbare sekundäre Wellen von Epoche zu Epoche gleichartig mit der Periode der Helligkeitsänderungen. Die Kurve der Radialgeschwindigkeiten zeigt aber Diskontinuitäten vor und nach der Phase des Stillstands, so daß eine Pulsation einer Gasmasse nicht vorliegen kann. In Verbindung mit der beobachteten Überlagerung der Balmer-Absorptionen durch Emissionen drängt sich vielmehr die Vermutung auf, daß von dem Stern in regelmäßigen Intervallen eine Gashülle ausgestoßen wird, die nach Erreichen einer gewissen Höhe wieder in ihn zurückfällt und dann seine Oberfläche bis zur nächsten Eruption sichtbar werden läßt. Beyer

11182. **A. Opolski, J. Krawiecka,** Sizes and absolute magnitudes of δ Cephei and η Aquilae. Travaux Soc. Sci. Lettres Wrocław (B) Nr. 81, 25 S. mit 4 Fig. = Contr. Wrocław Astr. Obs. Nr. 11. — Nach einigen kritischen Betrachtungen der bisher zur Bestimmung der Radien der Cepheiden benutzten Verfahren, wie sie von O. Melnikow, A. Wesselink und A. van Hoof zur Anwendung kamen, werden die lichtelektrischen Messungen in sechs Wellenlängen von J. Stebbins erneut diskutiert. In Verbindung mit den Schwankungen der Radialgeschwindigkeiten gelingt es unter Zugrundelegung einiger plausibler Annahmen, recht zuverlässige Werte für die mittleren absoluten Helligkeiten von δ Cep und η Aql zu bestimmen. Die neuen Werte weichen um etwa $-1^{m}.5$ von den Shapleyschen Ergebnissen ab. Beyer

11183. **J. Paciorek,** On the correlation between the asymmetry of light-curves of galactic Cepheids and the distance from the galactic center. Zeszyty Nauk. Uniw. Wrocławski (B) 1956 S. 181—186, mit 4 Fig. (poln. mit engl Ref.). — Die Asymmetrie ε und die Periode P der galaktischen Cepheiden sind korreliert mit dem Abstand R vom galaktischen Zentrum gemäß $\varepsilon = 0.464 - 0.016\,R$; $P = 15^{d}.16 - 0.86\,R$. Zwischen Asymmetrie und Periode besteht die Beziehung $P = 0.91 + 19.62\,\varepsilon$. Weidemann

11184. **B. E. J. Pagel,** Results of a search for bright β Cephei variables in the southern sky. MN **116** 10—24, mit 7 Fig. = Commun. Radcliffe Obs. Nr. 35. — Ref. in Obs **76** 51—53. — Von sieben frühen B-Sternen mit veränderlichen Radialgeschwindigkeiten zeigten die drei Sterne β Cru, τ^1 Lup und α Lup die für β Cephei-Veränderliche typischen periodischen Geschwindigkeitsschwankungen. Während bei β Cru und τ^1 Lup gleichlaufende Helligkeitsänderungen lichtelektrisch nachgewiesen werden konnten, blieb die Helligkeit von α Lup innerhalb $0^{m}.01$ konstant. Für β Cru und τ^1 Lup sind Diagramme wiedergegeben, in denen die Lichtkurven von Schwankungen der Radialgeschwindigkeiten zugeordnet sind. Beyer

11185. **P. P. Parenago,** Über die Periodenänderungen der langperiodischen Cepheiden. AC Nr. 173 S. 11—12 (russ.). — Eine Untersuchung von 42 Cepheiden ließ in 34 Fällen Periodenänderungen, auch mehrmalige, erkennen. Die Änderungen erfolgten sprungartig von P auf $P + \Delta P$. Bei mehrmaligen Änderungen sind die ΔP teils positiv, teils negativ. Das Verhältnis $|\Delta P/P|$ nimmt mit der Vergrößerung von P von 4 auf 45 Tage um zwei Ordnungen zu. Die Ursache der Periodenänderungen können sehr kleine Änderungen der physikalischen Merkmale (etwa M und T) sein, die direkt nicht beobachtbar sind. Loh.

11186. **V. C. Reddish,** The period-luminosity relation and stellar composition. MN **116** 533—536 = Commun. Roy. Obs. Edinburgh Nr. 13. — Verf. untersucht die Abhängigkeit des Nullpunkts der Periode-Leuchtkraft-Beziehung einer Gruppe von Cepheiden von der chemischen Zusammensetzung der interstellaren Materie, aus der diese Gruppe stammt. Es wird eine Formel gegeben, die

aus der beobachteten Nullpunktsverschiebung der Periode-Leuchtkraft-Beziehungen zweier Cepheidengruppen die Berechnung einer oberen Grenze für den Unterschied des ursprünglichen Wasserstoffgehaltes der Sterne dieser Gruppen gestattet.
Mawridis

11187. **J. Sahade, O. Struve,** The H_α line in β Cephei. Publ ASP **68** 451—452. — Sechs Spektrogramme, die zwischen 1956 Juli 27 und 29 mit dem Gitterspektrographen im Cassegrainfokus des 60zölligen Mount Wilson-Reflektors erhalten wurden, lassen klar die Ursache der seit langem bekannten Schwächung der Hα-Linie im Spektrum von β Cep erkennen. Auf den Platten, die sämtliche Phasen des Lichtwechsels überdecken, erscheint die Hα-Absorption von Emissionsrändern eingefaßt. Die mit dem Lichtwechsel verknüpften Änderungen der Radialgeschwindigkeiten lassen die Hα-Absorption über der ruhenden Emission hin und her wandern. Besonders bemerkenswert ist die unveränderte Lage der Hα-Emission.
Beyer

11188. **A. Sandage,** On the mass of the RR Lyrae stars. ApJ **123** 278—284, mit 3 Fig. — Unter gewissen Voraussetzungen über die absolute Helligkeit oder die mittlere Dichte kann die Masse der RR Lyrae-Sterne in M3 zu 1.25 ⊙ in Übereinstimmung mit gegenwärtigen Vorstellungen über die Sternentwicklung angenommen werden. Eine dritte Alternative besteht, wenn die RR Lyrae-Sterne im B, V-System um $0^{m}.11$ blauer sind als Hauptreihensterne der gleichen effektiven Temperatur. Ähnliche Überlegungen können auf RR Lyrae selbst angewendet werden.
Micz.

11189. **R. F. Sanford,** Radial-velocity-curves of T Monocerotis and SV Vulpeculae. ApJ **123** 201—209, mit 3 Fig. und 2 Tafeln. — Radialgeschwindigkeitskurven der beiden δ Cephei-Sterne T Mon und SV Vul werden mitgeteilt und individuelle Verschiedenheiten der Kurven diskutiert. Die Linienverschiebungen der interstellaren H-, K- und D-Linien werden ebenfalls ermittelt. Emissionslinien des Ca II wurden gelegentlich beobachtet. Die mittleren Radien der beiden Sterne ergeben sich zu 119 ⊙ und 142 ⊙.
Micz.

11190. **Z. Šaroch,** Eta Aquilae. RH **37** 121—122, mit 1 Fig. (tschech.).

11191. **Z. Sekanina,** Zum Problem der Periode-Leuchtkraft-Beziehung bei langperiodischen Cepheiden. Pokroky **1** 282—288, mit 1 Fig. (tschech.).

11192. **A. W. Solowjow,** Über Periode und Anomalien der Lichtkurve des Cepheiden RS Orionis. Bull. Astr. Obs. Stalinabad Nr. 16 S. 25—28 (russ.).

11193. **A. W. Solowjow,** Über die Periode des Cepheiden VX Persei. DAN Tadshik. Sowjetrepublik Nr. 15 S. 39—40 (russ.). — Ref. in RJ 1957 Nr. 1 S. 38.

* * **D. W. N. Stibbs,** On the differential galactic rotation of the system of Cepheid variable stars. Vgl. Ref. **12351**.

* * **D. W. N. Stibbs,** Radial velocities of Cepheid variable stars in the southern hemisphere. Vgl. Ref. **12352**.

11194. **W. Wenzel,** RR Lyrae-artige Sterne geringer Leuchtkraft. Sterne **32** 27—28.

11195. **C. Whitney,** The velocity humps of classical Cepheids. AJ **61** 192—193. — Ref. AAS.

* * **C. Whitney,** Stellar pulsation. II. A kinematic model for the atmosphere of W Virginis. Vgl. Ref. **5136**.

11196. **O. C. Wilson, M. F. Walker,** Simultaneous spectrographic and photometric observations of the short-period variables SX Phoenicis and CC Andromedae. ApJ **124** 325—341, mit 10 Fig. — SX Phe und CC And sind zwei Veränderliche mit kurzer Periode (80 Minuten bzw. 3 Stunden). Verf. haben gleichzeitig photometrische Beobachtungen in drei Farben und Radialgeschwindigkeitsmessungen angestellt. Die Helligkeitsamplitude von SX Phe ist stark veränderlich, die RG-Amplitude anscheinend jedoch nicht. Helligkeits- und Radialgeschwindigkeitsamplitude von CC And dagegen scheinen in einer Beziehung zu stehen. Das Helligkeitsmaximum beider Sterne folgt dem Durchmessermaximum, ermittelt aus den RG-Kurven, um ein Viertel der Periode. Beide Sterne gehören vermutlich in dieselbe Klasse wie DQ Cep und sind heller als normale Hauptreihensterne. Micz.

11197. **R. Wilson, H. Seddon,** Variability in the Balmer lines of β Cephei. Obs **76** 145—149, mit 1 Fig. = Commun. Roy. Obs. Edinburgh Nr. 12. — Während in den Spektren der meisten β Cephei-Sterne neben den periodischen Schwankungen der Radialgeschwindigkeiten auch Änderungen in den Linienprofilen auftreten, sind bei β Cephei selbst nur geringe Schwächungen und Störungen der H-Linie durch eine zeitweilig auftretende Emission beobachtet worden. Neuere Aufnahmen, die sich über alle Phasen des Lichtwechsels erstrecken, zeigen deutlich eine Beeinflussung der Balmer-Absorptionen durch Emissionen, deren Intensitäten langsam und unabhängig von den Radialgeschwindigkeiten veränderlich sind. Die gestörten und ungestörten Profile von Hα sowie das ihnen bestimmte Profil der störenden Emission sind bildlich dargestellt. Beyer

11198. **L. Woltjer,** The radial-velocity curve of SX Phoenicis, derived from plates taken by G. Westerhout. BAN **13** 53—58, mit 2 Fig. — Die Radialgeschwindigkeitskurve von SX Phe, einem RR Lyrae-Stern der sehr kurzen Periode 0.055 Tage, wurde aus 110 Spektren von Westerhout abgeleitet. Sie läßt sich als eine Überlagerung zweier Sinuskurven mit den Amplituden 20.6 km/sec und 5.4 km/sec und den Perioden $0^d.055$ und $0^d.043$ darstellen. Thi.

11199. **L. Woltjer,** The relation between radial-velocity range and light-range for RR Lyrae stars. BAN **13** 58—61, mit 2 Fig. — Es wird gezeigt, daß für RR Lyrae-Sterne die folgende lineare Beziehung zwischen Radialgeschwindigkeitsamplitude und photographischer Helligkeitsamplitude besteht: $\Delta v = 64 \Delta m$. Dabei ist Δv in km/sec und Δm in Größenklassen einzusetzen. Die mittlere Abweichung von dieser Beziehung für individuelle Sterne beträgt $0^m.1$. Thi.

111100. **L. Woltjer,** A note on the light-curves and absolute magnitudes of some short-period RR Lyrae stars. BAN **13** 62—67, mit 2 Fig. — Die Lichtkurven der RR Lyrae-Sterne SX Phe ($P = 0^d.055$) und AI Vel ($P = 0^d.111$) werden analysiert und die von Th. Walraven gefundene Veränderlichkeit ihres Verlaufs gedeutet. Das angewandte Verfahren liefert die Radien und absoluten Helligkeiten dieser Sterne. Mit ihnen sind gegenwärtig etwa 30 Veränderliche mit Perioden $< 0^d.2$ bekannt, die sich in ihrem Verhalten sehr ähneln, aber deutlich von den RR Lyrae-Sternen mit Perioden $> 0^d.25$ unterscheiden. Die Sterne mit $P < 0^d.2$ zeigen eine klare Perioden-Leuchtkraft-Beziehung; sie haben erheblich geringere absolute Helligkeiten und bilden auch hinsichtlich ihrer Geschwindigkeiten eine einheitliche Gruppe innerhalb unseres Milchstraßensystems. Die aus den Radialgeschwindigkeiten und Eigenbewegungen der Sterne abgeleitete Sonnengeschwindigkeit beträgt 47 km/sec und ist somit wesentlich kleiner als sie für die gewöhnlichen RR Lyrae-Veränderlichen, aber größer als sie für die Sterne der Population I gefunden wurde. Es ist daher wenig wahrscheinlich, daß solche Objekte in den Kugelhaufen vorhanden sind. Beyer

111101. Radial velocities of southern Cepheids. Sky and Telescope **15** 484.

Sonstige Veränderliche

111102. **W. S. Adams,** Notes on the shell lines and the radial velocity of Alpha Orionis. ApJ **123** 189—200, mit 5 Fig. und 1 Tafel. — Das Spektrum des M-Überriesen α Orionis ist von einem Hüllenspektrum überlagert. Die Helligkeit des Sterns ist unregelmäßig veränderlich. Änderungen der Radialgeschwindigkeit sind wiederholt einer Bahnbewegung zugeschrieben worden. Verf. unternimmt eine Analyse der Änderungen der Radialgeschwindigkeit und der Linienprofile mit Hilfe von 21 Spektren, die sich über 10 Jahre verteilen. Danach zeigen die Radialgeschwindigkeiten aus den stellaren Linien im Gegensatz zu den Hüllenlinien rasch verlaufende und erhebliche Änderungen. Die gefundene diffuse langwellige Komponente in den untersuchten Profilen scheint ebenfalls dem Stern anzugehören; ihre Dopplerverschiebungen sind zum Teil durch die Hüllenlinien beeinflußt. Gelegentlich aufgetretene Änderungen im Spektrum des Sterns werden Blendeffekten zugeschrieben. Die Intensität der langwelligen Linienkomponenten und die stellaren Radialgeschwindigkeiten stehen zueinander in Beziehung. Micz.

111103. **G. S. Badaljan,** Zweifarbige photographische Beobachtungen des Veränderlichen AG Dra (BD +67°922). DAN Armen. Sowjetrepublik **22** 145—148 (russ. mit armen. Ref.). — Ref. in RJ 1957 Nr. 4 S. 37.

111104. **F. M. Bateson, A. F. Jones,** The U Geminorum type variable BV Centauri. Roy. Astr. Soc. New Zealand Variable Star Sect. Circ. Nr. 78, 8 S. mit 3 Fig.

111105. **A. D. Berijew,** Photometrische Untersuchung des Veränderlichen AG Draconis (BD +67°922). Bull. Astr. Obs. Stalinabad Nr. 15 S. 29—32, mit 1 Abb. (russ.). — Die Helligkeitsschätzungen auf 156 Platten der Sternwarte in Stalinabad, die in den Jahren 1941—1952, 1955 aufgenommen wurden, ergeben, daß AG Dra ein unregelmäßiger Veränderlicher ist. Die Helligkeitsschwankungen werden von intensiven Änderungen im Spektrum begleitet. Perek

111106. **W. P. Bidelman, C. B. Stephenson,** The peculiar spectrum of the variable star FR Scuti. Publ ASP **68** 152—154 = Contr. Lick Obs. (2) Nr. 62. — In einem Spektrogramm von FR Sct (Dispersion 75 Å/mm bei Hγ) wurde eine Reihe von Emissionslinien gemessen und identifiziert, unter denen vor allem Linien von [Fe II] und [Fe III] auffallen. Das Spektrum ist zusammengesetzt. Der langwellige Teil wird von der M-Komponente beherrscht, der kurzwellige Teil von einer O- oder B-Komponente. Leuchtkraftkriterien sind deshalb noch nicht beobachtet worden. Es wird aber vermutet, daß FR Sct ein Überriesensystem im ersten inneren Spiralarm der Milchstraße ist. O. G.

111107. **K. H. Böhm,** Die quantitative Deutung der Spektren der «Herbig-Haro-Objekte» und die Entstehung der T Tauri-Sterne aus interstellarer Materie. Phys. Verhandlungen **7** 83. — Ref. Phys. Ges.

* * **E. Böhm-Vitense,** Variations in the spectrum of 89 Herculis. Vgl. Ref. **9511.**

111108. **A. A. Bojartschuk,** Observations spectrophotométriques de γ Cas en 1955. Mitt. Astrophys. Obs. Krim **16** 143—147, mit 3 Fig. (russ. mit französ. Ref.). — Verf. teilt seine spektralphotometrischen Beobachtungsergebnisse aus dem Jahre 1955 mit: Äquivalentbreiten und Konturen der H-, He I-, O II- und Si IV-Linien. Die Rotationsgeschwindigkeit betrug 310 ± 30 km/sec, der Spektraltyp war B0.5 V. Loh.

111109. **C. E. R. Bruce,** Les étoiles variables à longue période à spectre composite. CR **242** 2101—2103. — Mit der Theorie der «elektrischen Entladung» (Obs. **75** 82, AJB **55** Ref. **5104**; Phil. Mag. **46** 1123, AJB **55** Ref. **11195**) lassen sich gewisse Eigenschaften der Spektren langperiodischer Veränderlicher verstehen. Labs

111110/11. **W. Buscombe,** Variable stars and novae. J. Astr. Soc. Victoria **9** 7—9. — Bericht über einen vor der Astr. Ges. Victoria gehaltenen Vortrag.

111112. **D. Cameron, J. J. Nassau,** Spectral classification of red variables along the galactic equator. ApJ **124** 346—366, mit 6 Fig. — Es wird ein Katalog von 723 roten veränderlichen Sternen innerhalb eines 12° breiten Gürtels entlang des galaktischen Äquators zwischen 333° (über 0°) und 201° galaktischer Länge mitgeteilt. Verf. erörtert die Frequenzverteilung der Spektraltypen verschiedener Arten roter Veränderlicher und andere statistische Beziehungen. Mira- und langperiodische Veränderliche scheinen im Gegensatz zu halb- und unregelmäßigen Sternen die Spiralarme zu bevorzugen. Micz.

111113. **P. N. Cholopow,** Beobachtungen und kompilierte Lichtkurve von RW Aurigae. VS Bull **10** 390—402, mit 4 Abb. (russ. mit deutsch. Ref.). — Aus den Ergebnissen zahlreicher Beobachter wurde die gesamte Lichtkurve dieses Veränderlichen kompiliert und die Helligkeitsverteilung der Maxima, Minima und mittleren täglichen Helligkeiten abgeleitet. Diese Verteilungen haben unterschiedlichen Charakter. Der Farbenindex ist helligkeitsabhängig: er wächst mit abnehmender Helligkeit. Die Maxima und Minima sind scharf, lange Stillstände nicht zu bemerken. Loh.

111114. **J. A. Crawford, R. P. Kraft,** An interpretation of AE Aquarii. ApJ **123** 44—53, mit 1 Fig. und 1 Tafel = Berkeley Repr. Nr. 98. — AE Aquarii ist ein Flare-Stern, der kürzlich als ein spektroskopischer Doppelstern kurzer Periode erkannt wurde. Verf. bestimmt das Spektrum zu K5 IV—V. Verf nimmt an, daß der Stern in expandierender Entwicklung begriffen ist und Materie emittiert, die von der blauen Komponente aufgenommen wird. Die emittierte Masse wird auf Grund von drei verschiedenen Methoden zu etwa 10^{25} g/Jahr abgeschätzt. Es wird ferner nahegelegt, daß die Materieaufnahme der blauen Komponenten mit dem beobachteten Lichtausbruch in Verbindung steht. Ähnliche Mechanismen mögen in U Geminorum-Sternen wirksam sein. Micz.

* * **A. J. Deutsch,** The spectrum variables of type A. Vgl. Ref. **9524**.

111115. **O. J. Eggen,** Two new bright variable stars: δ Delphini and δ Capricorni. Publ ASP **68** 541—544, mit 2 Fig. — Ref. in Sky and Telescope **16** 373.

111116. **W. M. Feast,** The long period variables. MN ASSA **15** 72—77. — Abdruck eines in der Astronomical Society of South Africa (1956 Juli 4) gehaltenen Vortrags enthält eine Zusammenfassung unserer Kenntnisse über die Langperiodischen, insbesondere über die Mirasterne. Beyer

111117. **S. I. Gaposchkin,** 285 veränderliche Sterne in Richtung des galaktischen Kerns. VS Bull **10** 337—381, mit 10 Abb. und 1 Tafel (russ. mit engl. Ref.). — Verf. hat den Lichtwechsel von 285 Veränderlichen auf Platten untersucht, die Baade am 100-Zöller des Mt. Wilson vom Gebiet bei $\alpha = 18^h 0^m$, $\delta = -30°2$ aufgenommen hatte. Von ihnen erwiesen sich 113 als kurzperiodische Cepheiden, 46 als Bedeckungsveränderliche, 41 als Halbregelmäßige, 30 als Langperiodische, 28 als Unregelmäßige, 19 als Mira-Sterne und 8 als Veränderliche übriger Klassen. Karten, Lichtkurven, Elemente, Amplituden und Farbenindizes sind angegeben. Loh.

111118. **R. Hardie,** Light variation of the spectrum variable HD 124224. AJ **61** 178. — Ref. AAS.

111119. **G. Haro,** Posibles relaciones entre las estrellas UV Ceti (Ráfaga) y las estrellas T Tauri. Bol. Obs. Tonantzintla y Tacubaya Nr. 14 S. 3—7 (mit engl. Übersetzung). — Weitgehende Ähnlichkeiten in den Lichtkurven und Spektren der Flare-Sterne und der vom Verf. als Chispazo- oder Flash-Sterne bezeichneten mit interstellaren Wolken assoziierten unregelmäßigen Veränderlichen legen die Vermutung nahe, daß diese Sterne eine gemeinsame Klasse bilden, womit dann auch die Flare-Sterne in eine Beziehung zu den T Tauri-Sternen gebracht würden. Die Flash-Sterne im Orion sind späte K-Zwerge, die im Taurus dagegen zumeist ebenso wie die Flare-Sterne der Sonnenumgebung späte M-Zwerge, die nach Delhayes kinematischer Untersuchung sonnennaher dMe-Sterne wahrscheinlich sehr jung sind. Die Spektraltypen der vorgeschlagenen Veränderlichenklasse könnten daher Aussagen über die Entwicklungsstadien der T-Assoziationen ermöglichen. Gü.

111120. **G. H. Herbig,** Identification of aluminum hydride as the emitter of bright lines observed in χ Cygni near minimum light. Publ ASP **68** 204—210. — Ref. in JBAA **67** 174—175. — Mehr als 40 bisher unidentifizierte Emissionslinien im Spektrum des langperiodischen Veränderlichen χ Cygni können als zum Aluminiumhydrid Al H gehörig identifiziert werden. Es handelt sich zum überwiegenden Teil um Linien aus Merrills Klasse «m» (d. h. die Intensitäten dieser Linien wachsen merklich während der zwei Monate vor dem Minimum). Bei den identifizierten Linien handelt es sich um Fragmente der Rotationsstrukturen der (0,0), der (1,0) und der (1,1)-Bande des $A^1\Pi$—$X^1\Sigma^+$-Systems. Die Tatsache, daß nicht alle Rotationszustände beobachtet werden, ist verständlich, wenn man annimmt, daß die Aluminiummoleküle durch inverse Prädissoziation direkt im Zustand $A^1\Pi$ entstehen und also keine Anregung von tieferen Zuständen nach $A^1\Pi$ erfolgt. K. H. Böhm

111121. **A. van Hoof, F. Bertiau, R. Deurinck,** The radial velocity variation of Theta Ophiuchi. ApJ **124** 168—172, mit 2 Fig. — Eine Neudiskussion der Radialgeschwindigkeitsmessungen des Sterns ϑ Oph von Henroteau zeigt, daß es sich wahrscheinlich um einen β CMa-Stern mit $0^d.153846$ Periode handelt. Neue Radialgeschwindigkeitsmessungen aus dem Jahre 1955 werden hinzugezogen. Die γ-Geschwindigkeit und die Amplitude der Geschwindigkeitskurve sind veränderlich. Micz.

111122. **J. Hopmann,** Der Flare Star und Doppelstern BD +19°5116. Anzeiger Österreich. Akad. Wiss. Math.-naturwiss. Kl. **93** 120—128 = Mitt. Univ.-Sternw. Wien **9** Nr. 5. — Aus den Messungen 1941—1955 von Eichhorn bestimmt Verf. die Bahnelemente von BD +19°5116 und gibt eine Berechnung daraus ableitbarer Größen. Böh.

111123. **M. Johnson,** Sources of free and forced periods in Phi Persei. Obs **76** 110—111. — Ein Versuch, die sekundären Helligkeitsschwankungen zu analysieren und zu deuten. Beyer

111124. **A. H. Joy,** Radial-velocity measures of SS Cygni at minimum light. ApJ **124** 317—320, mit 1 Fig. — SS Cyg zeigt Radialgeschwindigkeitsänderungen, die denen von AE Aqr ähneln. Die Messungen sind wegen der Schwäche der Absorptionslinien und der Breite der Emissionslinien äußerst schwierig. Verf. leitet aus seinen Messungen der dG5- und der sd Be-Komponenten spektroskopische Bahnelemente ab. Die Periode der Bahnbewegung beträgt $0^d.276244$; die Massen beider Komponenten sind ungefähr gleich. Bedeckungen wurden nicht beobachtet. Micz.

111125. **P. C. Keenan, R. G. Teske,** The spectrum of R Geminorum at its unusually bright maximum in 1955. AJ **61** 181—182. — Ref. AAS.

111126. **J. de Kort,** Three new variable stars in Cygnus. Specola Astr. Vaticana Ric. Astr. **3** 369—379, mit 5 Fig.

111127. **E. A. Kreiken, H. Özden, H. Ballica,** A statistical study of pulsating stars. II. The irregular variable AR Her. Commun. Faculté Sci. Univ. Ankara (A) **8** 53—57, mit 2 Fig. = Commun. Department Astr. Ankara Univ. Nr. 9. — Nach der in Commun. Deptmt. Univ. Ankara Nr. 8 benutzten Methode wird die Lichtkurve des Sterns AR Herculis untersucht. F. S.

111128. **S. L. Lippincott,** Krüger 60 B, een opvlammende ster. Hemel en Dampkring **54** 58—60, mit 3 Fig. — Beschreibung der Lichtausbrüche des Flare-Sterns Krüger 60 B und ihrer Deutung. Gü.

111129. **C. R. Lynds, J. Sahade, O. Struve,** The velocity-curve of 15 Canis Majoris. ApJ **124** 321—324, mit 2 Fig. = Berkeley Repr. Nr. 107. — Radialgeschwindigkeitsmessungen 1955/56 bestätigen den β Canis Majoris-Charakter des Sterns. Die Periode wird zu $0^d\!.184558$, die Amplitude zu 7 km/sec im Mittel gefunden. Die Schwerpunktsgeschwindigkeit ist vielleicht veränderlich. Micz.

111130. **D. H. McNamara,** The radial velocity of ξ^1 Canis Majoris. Publ ASP **68** 263—266, mit 1 Fig. — Eine Reihe von neuen Radialgeschwindigkeitsmessungen von ξ^1 CMa auf Spektrogrammen großer Dispersion ergeben für diesen β Canis Majoris-Stern, der trotz veränderlicher Lichtkurve eine konstante Radialgeschwindigkeitsamplitude hat, daß auch kein Phasenunterschied zwischen den Radialgeschwindigkeiten aus Wasserstofflinien und denen aus Linien anderer Elemente (van Hoof-Effekt) nachweisbar ist. O. G.

* * **O. A. Melnikow,** Der Nullpunkt der spektralphotometrischen Gradienten der Sterne. Vgl. Ref. **9605**.

111131. **P. W. Merrill, O. C. Wilson,** Complex lines in the spectrum of RW Cephei. ApJ **123** 392—398, mit 1 Fig. — RW Cephei ist ein unregelmäßig veränderlicher roter Überriese und vermutlich einer der absolut hellsten Sterne. Zahlreiche Absorptionslinien zeigen bei 9 Å/mm Dispersion zwei Komponenten, getrennt durch ein scharfes zentrales Maximum. Es wird vermutet, daß dieses Maximum eine Emissionslinie ist, die sich einem durch Turbulenz stark verbreiterten Absorptionsprofil überlagert. In verschiedenen Linien, meist Resonanzlinien, ist die kurzwellige Komponente durch eine in einer ausgedehnten und expandierenden Hülle erfolgenden zusätzlichen Absorption verstärkt. Unterhalb von 4000 Å erscheinen zahlreiche Emissionslinien, zumeist dem Fe I und Ti II zugehörig. Ein Vergleich mit dem Spektrum von α Orionis wird vorgenommen. Micz.

111132. **P. W. Merrill, J. L. Greenstein,** Revised list of absorption lines in the spectrum of R Andromedae. ApJ Suppl **2** 225—240, mit 1 Fig. — Ref. in ApJ **123** 186. — Im Spektrum des langperiodischen Veränderlichen R Andromedae, Spektraltyp S, wurden zwischen λ 4000 und λ 6900 auf Aufnahmen großer Dispersion Wellenlängen und Intensitäten von 1500 Linien ermittelt. Die Mehrzahl dieser mit 0.01 Å gemessenen Linien konnte identifiziert werden. Das Verhalten der Linien der Seltenen Erden und einiger schwerer Elemente einschließlich Technetium wird erörtert. Die Linien einiger neutraler Metalle zeigen Verschiebungen, die mit wachsendem Anregungspotential des unteren Zustandes zunimmt. Micz.

111133. **F. D. Miller,** Spectrum variation of S Ursae Minoris in the one-micron region. AJ **61** 186—187. — Ref. AAS.

111134. **L. W. Mirsojan,** Spektralphotometrische Untersuchung von AG Draconis. Mitt. Obs. Bjurakan Nr. 19 S. 43—63, mit 4 Abb. (russ. mit armen. Ref.). — 34 Spektralaufnahmen des Veränderlichen AG Dra = BD +67°922 (Dispersion 420 Å/mm bei Hγ) wurden bearbeitet. Das Kontinuum entspricht im langwelligen Bereich einer Temperatur 3300—4400°, während im kurzwelligen Bereich ein beträchtlicher Strahlungsüberschuß festgestellt wurde. Die Veränderlichkeit der Intensität des Kontinuums kann auf kontinuierliche Emission und Temperaturschwankungen zurückgeführt werden. Ferner wurde die relative Intensität der Emissionslinien abgeleitet und der Stern mit planetarischen Nebeln und symbiotischen Sternen verglichen. Verf. vertritt die Ansicht, daß das Spektrum von AG Dra Ambarzumjans Hypothese von der Energieerzeugung in den äußeren Schichten einer Reihe nichtstationärer Sterne unterstütze. Ond.

111135. **M. Mitchell,** The period of HD 273211. Obs **76** 241. — Für den Veränderlichen HD 273211 hat Eggen aus lichtelektrischen Beobachtungen eine Periode von 0.3197 Tagen gefunden, während Hoffmeister aus einer längeren photographischen Beobachtungsreihe einen Wert von 0.478875 Tagen ableiten konnte. Unter Benutzung sämtlicher zur Verfügung stehenden Epochen des Maximumlichts bestimmt Verf. verbesserte Elemente des Lichtwechsels. Henn

111136. **W. E. Mitchell jr.,** A spectrophotometric study of the combination variable Z Andromedae. AJ **61** 187—188. — Ref. AAS.

111137. **G. S. Mumford III,** A new variable of the Z Andromedae type. Publ ASP **68** 538—540, mit 2 Fig. — BD +37°2318.

111138. **L. Münch,** Nota sobre el espectro de WY Velorum. Bol. Obs. Tonantzintla y Tacubaya Nr. 14 S. 43—44, mit 1 Fig. (mit engl. Ref.). — In Spektren, die 1954 mit dem Schmidt-Spiegel in Tonantzintla und Objektivprisma aufgenommen wurden, zeigten sich bei dem vermutlichen Überriesen-Doppelstern WY Vel die Linien H und K in Emission mit veränderlicher Intensität. Gü.

111139. **D. J. K. O'Connell,** Publication of photoelectric observations of variables. Irish AJ **4** 60.

111140. **G. Romano,** Una nuova variabile nella Chioma di Berenice. Coelum **24** 49—50, mit 2 Fig.

111141. **G. Romano,** Osservazioni fotografiche di stelle variabili nelle costellazioni di Cefeo e Lacerta. Mem SA It (NS) **27** 533—546, mit 8 Fig. — Photographische Beobachtungen von 19 Veränderlichen im Gebiet Cepheus-Lacerta. Die Beobachtungen stehen mit bereits früher abgeleiteten Lichtwechselelementen in guter Übereinstimmung; nur für CV Cep werden neue Elemente abgeleitet. Für AB, AK, AL, BE, CR, CV Cep und CO Lac sind Lichtkurven und für AB, CR Cep und CO Lac auch Karten gegeben. Die Entdeckung eines neuen Veränderlichen ist angezeigt: BD +55°2693, Typ R CrB, Farbenindex während des Maximums = $+0^{m}.6$. Cester

111142. **J. Sahade, O. Struve, O. C. Wilson, V. Zebergs,** The radial velocity of DQ Cephei = HD 199908. ApJ **123** 399—407, mit 4 Fig. und 1 Tafel = Berkeley Repr. Nr. 104. — DQ Cephei ist ein Fl IV—V-Stern mit einer Lichtveränderlichkeit von $0^{m}.04$ bis $0^{m}.08$ Amplitude und $0^{d}.07886$ Periode. 215 Radialgeschwindigkeitsmessungen bestätigen die Periode und lassen darüber hinaus eine zweite von $0^{d}.09986$ bzw. eine Überlagerungsperiode von $0^{d}.3751$, erkennen. Die zugehörigen Amplituden betragen 9.2 km/sec und 2.6 km/sec. In der Nähe der Phase des Radialgeschwindigkeitsminimums wird ein schwacher Streifen Kontinuum oder eine Emissionslinie zwischen der H(Ca)- und der H_{ε}-Linie beobachtet. Micz.

111143. **J. Sahade, O. Struve, A. D. Williams,** Spectroscopic and photometric observations of 23 Sextantis. Publ ASP **68** 266—269. — Die vermutete Variabilität des Sternes 23 Sextantis (RS Sextantis) vom β Canis Majoris-Typ wird nachgeprüft. Es konnten Helligkeitsschwankungen $> 0^{m}.01$ mit ziemlicher Sicherheit ausgeschlossen werden; auch die Radialgeschwindigkeiten ($\sim$ +5 km/sec mit großer Streuung) lassen keine Veränderlichkeit erkennen. Traving

111144. **I. G. Shdanowa,** Untersuchung der Perioden dreier RV Tauri-Sterne. Mitt. Astr. Hauptobs. Akad. Wiss. Ukrain. Sowjetrepublik **1** Nr. 2 S. 69—95, mit 2 Abb. und 1 Tafel (russ.). — Neue Bearbeitung der Minima von V Vul, UZ Oph und R Sge ergibt allmähliche Periodenänderungen, die bei den zwei letzten Sternen durch kumulative Fehler erklärt werden können. Bei V Vul scheinen die Änderungen reell zu sein. Perek

111145. **E. P. Strelkowa,** Untersuchung der Veränderung der Farbenindizes der langperiodischen Mira Ceti-Sterne. Odessa, Univ., 1955 (russ.). — Dissertationsreferat.

111146. **E. P. Strelkowa,** Farbenindizes von 13 Mira-Sternen. VS Bull **11** 65—102 (russ. mit französ. Ref.). — Die Farbenindizes der Me-Mira-Sterne ändern sich mit der Phase; die Amplitude liegt im allgemeinen bei $0\overset{m}{.}5$, kann aber auch $1\overset{m}{.}0$—$1\overset{m}{.}5$ erreichen. Der Charakter der Farbenindexänderungen mit der Phase ist verschieden. Loh.

111147. **R. G. Teske,** The red spectrum of FU Monocerotis. Publ ASP **68** 520—530, mit 2 Tafeln = Contr. Perkins Obs. (1) Nr. 45. — Mit dem Coudé-Spektrographen des Mount Wilson-100 Zöllers erhielt P. C. Keenan 1955 Feb. 5—7 zwei Aufnahmen des roten Spektrums (5800—6800 Å) des halbregelmäßigen Veränderlichen FU Mon. Der Stern zeigt ein Spektrum vom Typ S, in dem aber ungewöhnlich starke Banden des CN im Roten vorhanden sind. Auf zwei Bildtafeln sind die Spektren von FU Mon, BL Ori und R Gem einander gegenübergestellt. Eine umfangreiche Tabelle enthält alle gemessenen Linien sowie ihre Intensitäten und Identifizierung. Beyer

* * **M. F. Walker,** Studies of extremely young clusters. I. NGC 2264. Vgl. Ref. **12134.**

111148. **M. F. Walker,** The light variability of 15 Canis Majoris. Publ ASP **68** 154—157, mit 1 Fig. = Berkeley Repr. Nr. 103. — Da die Radialgeschwindigkeit von 15 CMa veränderlich gefunden worden war, wurde der Stern am Lowell- und am Palomar-Observatorium lichtelektrisch beobachtet mit 17 CMa als Vergleichsstern. Die gefundenen kleinen Helligkeitsänderungen sind sehr wahrscheinlich als Veränderlichkeit von 15 CMa zu deuten, da die RG-Beobachtungen mit der gleichen Periode ($0\overset{d}{.}1565$) darstellbar sind. 15 CMa ist wahrscheinlich ein β Canis Majoris-Stern. O. G.

111149. **R. Weber,** La surveillance photographique du ciel et la recherche d'étoiles variables. BSAF **70** 156—158, mit 1 Fig. — Notiz über die Bedeutung der photographischen Überwachung des Himmels durch Liebhaber-Astronomen für die Entdeckung neuer Veränderlicher, das Studium Neuer Sterne usw. Verf. selbst hat auf diese Weise die Veränderlichkeit von zwei Sternen (Ross 42 und BD +38°4507) entdeckt. Mawridis

111150. **R. Weber,** Note sur la variable Cepheus signalée par M. Giuliano Romano (D. O. Circ. n° 8 — Octobre 1956). DOB Circ Nr. 9, 1 S. — Betrifft den veränderlichen Stern 1900: $22^h\,5^m\,26^s$ +55° $13\overset{'}{.}5$.

111151. **C. E. Worley,** Light-variation of 89 Herculis. Publ ASP **68** 62—63 = Contr. Lick Obs. (2) Nr. 60.

111152. **Y. Yamashita,** Spectrophotometry of Mu Cephei. Publ. Astr. Soc. Japan 8 142—155, mit 5 Fig. = Tokyo Astr. Obs. Repr. Nr. 144. — Im Spektrum des M 2-Überriesen wurden von 129 Linien die Äquivalentbreiten gemessen. Es wird eine Turbulenzgeschwindigkeit von 9.3 km/sec und ein Wert für die Dämpfungskonstante, der nahe dem der klassischen Konstanten liegt, gefunden. Die Gesamtzahl der Atome über 1 cm^2 der Photosphäre ist im Durchschnitt 30mal größer als bei der Sonne. Aus den Intensitäten der Schwingungsbanden des TiO wird die Schwingungstemperatur bestimmt. Schaifers

111153. **M.-C. Zuckermann,** L'interprétation de certaines particularités spectrales des variables de type SS Cygni par un modèle d'étoile double. CR **243** 567—569, mit 1 Fig. = Contr. Inst. d'Astrophys. Paris (A) Nr. 219. — Es wird versucht, die Lichtkurve sowie die Farbvariationen der SS Cyg-Veränderlichen zu erklären unter der Annahme, daß es sich bei diesem Typ um ein Doppelsternsystem handelt, dessen eine Komponente ein kalter unveränderlicher Stern ist, während die andere Komponente heiß und eruptiv variabel, jedoch von konstanter Farbe ist. Labs

111154. Documents pour l'étude des étoiles variables. DOB **9** Nr. 5 Fasc. 3, 8 S. mit 4 Fig., Nr. 8 Fasc. 3, 12 S. mit 17 Fig.

§ 112

Listen veränderlicher Sterne, Einzelbeobachtungen

11201. **I. F. Alanija,** Individuelle Momente der Maxima von 40 RR Lyrae-Sternen. AC Nr. 173 S. 20—21 (russ.). — Betrifft: SW, AT And; YZ, BR, CP, CY Aqr; V 341 Aql; TZ Aur; RR CVn; HU Cas; RZ, AQ Cep; RR, RX Cet; S, RY Com; XZ Cyg; CK, DX Del; RW, SU, XZ Dra; RR Gem; TW, AR, EE Her; CQ, DE Lac; SZ Leo; Y, EZ Lyr; DH, DY, DZ Peg; SS Psc; AP, AT Ser; SS Tau; ST, UV Vir.

11202. **F. M. Bateson,** Royal Astronomical Society of New Zealand. Variable Star Section. Observations. Circ. Nr. 67—70, 1955, 71, 73—75. — Umfaßt die Beobachtungen der nachstehenden Veränderlichen im Zeitraum von 1954 Januar—1955 Dez. 31.

Aps	S, T	Eri	T, U, W, RW	Pic	R, S, T
Aqr	R, Z, TW, TX, VV,	For	R	PsA	R, S, U, RY, ST
	VX, WW	Gem	U	Pup	U, W, Y, Z, L_2
Aql	TV, TX, VW, DX,	Gru	R, S, T	Ret	R
	DY, EM	Hor	R, T	Sgr	R, S, RR, RT, RU,
Ara	U	Hya	R, W, RS, RT, RU,		RV, RW, RX,
Cae	R		RW		RY, ST, SW, TY,
CMa	Z	Ind	R, S		VX, AR, AZ, BH,
Cap	RR, RX	Leo	RY		V 348
Car	R, S, T, Z, RR, RS,	Lep	R	Sco	R, S, Z, RR, RS,
	RV, RW, RY,	Lib	U, W, RU		RT, RU, RW,
	RZ, AF, AG, BO,	Lup	R, Y		SV, SX, CL,
	CL, HR, IW, l	Mic	R, S, U, RX		V380, α
Cen	R, T, U, W, X, RS,	Mon	R, U, RS, RX, SW	Scl	R, S, T, U, V, X, RS
	RT, RU, RV,	Nor	R, T	Sct	R, S, ST
	RX, SX, AD	Oct	R, S, T, U	Sex	S
Cet	U, *o*	Oph	W, RS, RY, TT,	Tau	RV
Cha	R		TX, UX, UZ, VV	Tel	R, S, RR
Col	R, S, T	Ori	S, RR, UV, CN,	Tuc	R, S, T, U, AA
CrA	R, S, T, TY		CZ, α	Vel	W, Y, Z, WY
Crv	R	Pav	R, S, T, W, κ	Vir	S, RV, SU
Dor	R, SU	Phe	R, T, V	Vol	R, S

11203. **H. Busch,** Heliozentrische Minima von Bedeckungsveränderlichen. MVS Nr. 243. — Betrifft die Sterne: XZ And; TV, TW Cas; U Cep; KR Cyg; TY Del; TW Dra; Z, TX, UX Her; CM Lac; BN Peg; U Sge; Z Vul.

11204. **J. L. Dessy,** Variables rojas. Rev. Astr. Nr. 139 S. 62—72, mit 5 Fig. — Betrifft: VW Aql; R Car; R, T, RV Cen; R Dor; R Hor; R, W Hya; R Lep; R Nor; R Pic; L 2 Pup; S Scl; S Tuc.

11205. **O. J. Eggen,** Variable star notes. Publ ASP **68** 142—145, mit 3 Fig. = Contr. Lick Obs. (2) Nr. 62. — BD −20°345; HD 273211 = CoD −41°1776; HD 206379.

11206. **W. Götz,** Beobachtungen von 12 veränderlichen Sternen auf Sonneberger Überwachungsplatten. AN **283** 6—12, mit 13 Fig. — Betrifft: S 4786; S 4789; KO Cas = SVS 762; S 4705—4706; KR Cas = S 4707; S 47—12—4720.

11207. **W. Götz,** Feld 67 Ophiuchi. MVS Nr. 233—234.

11208. **W. Götz, W. Wenzel,** Die veränderlichen Sterne der nördlichen Milchstraße. Teil VIII. Veröff. Sternw. Sonneberg **2** 279—366, mit zahlreichen Fig. — Ref. in Coelum **24** 118, Sternenbote **7** 84—85. — Enthält als Fortsetzung der Veröffentlichungen zum Sonneberger Felderplan die Erstbearbeitung des Feldes 33 Cygni und ergänzende Bearbeitungen von vier Feldern. Für diese Aufgabe standen 793 weitreichende Platten aus den Jahren 1929—54 zur Verfügung. Für 228 Veränderliche sind die Bezeichnungen, die Kartenörter, die Art und Helligkeitsgrenzen des Lichtwechsels, bei periodischen Sternen zumeist auch die Elemente, Tabellen der Maximum- und Minimumepochen sowie auch graphische Darstellungen der Beobachtungen wiedergegeben. Die Ergebnisse sind für die einzelnen Felder statistisch zusammengefaßt. Beyer

11209. **C. Hoffmeister,** Bearbeitung des Lichtwechsels von 75 kurzperiodischen veränderlichen Sternen zwischen 25° und 90° südlicher Deklination. (Ergebnisse der Beobachtungen in Südwestafrika 1952—53; Erste Mitteilung). Veröff. Sternw. Sonneberg **3** 1—86, mit zahlreichen Fig. — Von den auf einer Forschungsreise nach Südwestafrika in den Jahren 1952—53 erhaltenen Beobachtungen sind hier die Ergebnisse aus 18224 Helligkeitsschätzungen von 75 kurzperiodischen Veränderlichen mitgeteilt. Neben einem Verzeichnis der Sterne mit ihren Kartenörtern ist gleichfalls eine Übersicht der Ergebnisse mit Angabe der Art, der Helligkeitsgrenzen und der Elemente des Lichtwechsels mitgeteilt. Für jeden einzelnen Stern sind in gesonderten Tabellen die Beobachtungen (Phasenepochen und Helligkeiten) sowie die graphische Darstellung der auf eine mittlere Epoche reduzierten Beobachtungen wiedergegeben. Beyer

11210. **F. M. Holborn,** Some remarks on nine stars of U Geminorum type. JBAA **67** 36—43, Berichtigung in JBAA **67** 89. — Betrifft: RX And; SS Aur; Z Cam; SS Cyg; U Gem; X Leo; RU Peg; UV Per; SU UMa.

11211. **H. Huth,** Feld $23^h\ 9^m\ +52\overset{\circ}{.}5$. MVS Nr. 229—231.

11212. **H. Huth,** Feld β Delphini. MVS Nr. 231—232.

11213. **H. Huth,** Feld 62 Aquilae. MVS Nr. 232—233.

11214. **G. E. Jerlexowa,** Der neue langperiodische Cepheid KVVS 4952. Bull. Astr. Obs. Stalinabad Nr. 18 S. 17—19, mit 2 Fig. (russ.).

11215. **S. Kaho,** Five new variable stars, TV 1—5. TAB (2) Nr. 87 S. 891—902, mit 5 Fig.

11216. **S. Kanda, S. Sakuma,** Observed max. and min. of long period and irregular variables in 1956. Japan Astr. Study Ass. Circ. Nr. 148—149 S. 95—97. — Betrifft die Sterne: R And; R Aql; R, Z Aqr; R Ari; R, S, X Aur; R Boo; R, V Cas; T Cen; T Cep; R, T, W, *o* Cet; S CMi; R, RS Cnc; S, W CrB; W, Z, RT, SS Cyg; R, S, U Gem; T, RR, RS, AC Her; V, RT Hya; R Leo; S LMi; W Lyr; U, X Mon; V, Z Oph; T, U Ori; S, V Peg; U, Y Per; L_2 Pup; RR Sco; R Sct; R Ser; R Sgr; R Tri; R, S UMa; S UMi; R, S, U Vir; R Vul.

11217. **R. H. Koch,** Times of minima of selected eclipsing variables. AJ **61** 47 = Flower and Cook Obs. Repr. Nr. 86. — Betrifft die Sterne: V 417 Aql; TZ Boo; CN Lac; XY Leo; U Oph; AH Vir; RS Vul.

11218. **Z. Kopal, M. B. Shapley,** Catalogue of the elements of eclipsing binary systems. Astr. Contr. Univ. Manchester (1) Jodrell Bank. Ann. **1** 141—221.

11219. **B. W. Kukarkin,** Epochen der Maxima einiger Mira-Ceti Sterne. AC Nr. 174 S. 20—21 (russ.). — Betrifft: RR, ST, SW, SZ, VV, VY, WZ, XY, YY, AA, AC Aur; AF CMi.

11220. **N. E. Kurotschkin,** Neue veränderliche Sterne in SA 110. VS Bull **11** 111—115 (russ. mit deutsch. Ref.). — Die Ergebnisse der Untersuchung der vom Verf. mittels Positiv-Negativ-Methode entdeckten 16 neuen veränderlichen Sterne sind angeführt. In Tafel 1 sind Bezeichnungen, Koordinaten, die

Grenzen der Helligkeitsschwankungen, der Typ der Veränderlichkeit für diese Sterne und auch die Größe der Vergleichssterne gegeben. Die Anmerkungen kennzeichnen die Art der Veränderlichkeit. In der letzten Tafel sind die vom Verf. durchgeführten Beobachtungen gegeben. Verf.

11221. **G. B. Lacchini,** La curva di luce delle stelle variabili T e AN Orionis. Mem SA It (NS) **27** 383—389, mit 5 Fig. = Contr. Oss. Astrofis. Asiago Nr. 70. — Aus 992 visuellen Beobachtungen wird die Lichtkurve von T Ori für die Zeit 1915—1955 dargestellt. Die Lichtkurve für AN Ori überdeckt die Jahre 1927—1930. Cester

11222. **M. W. Mayall,** Variable star notes. American Association of Variable Star Observers. J RAS Canada **50** 25—29, 135—139, 177—180, 219—222, 269—273, mit 3 Fig.

11223. **P. W. Merrill,** Companions to long-period variable stars. Publ ASP **68** 162—164. — X Oph; *o* Cet; R Aqr.

11224. **D. J. K. O'Connell,** Photographic light curves and orbits of seven southern eclipsing variables. Specola Astr. Vaticana Ric. Astr. **3** 313—365, mit 9 Fig. — Verf. untersucht an Hand von Riverview-Aufnahmen folgende Bedeckunsveränderliche: GW, HI, KU Car; V 350, V 377, V 646 Cen; AE Cru. Für alle werden Vergleichssterne, Lichtkurven, Lichtwechsel- und Bahnelemente gegeben. Es wird auf die Möglichkeit einer Apsidenbewegung von V 350 Cen hingewiesen. Cester

* * **M. Petit, R. Weber,** Surveillance photographique d'étoiles naines rouges. Vgl. Ref. **9715**.

11225. **L. Rosino,** Nuove ricerche sulle stelle variabili della nebulosa d'Orione. Mem SA It (NS) **27** 335—366, mit 9 Fig. und 5 Tafeln = Contr. Oss. Astrofis. Asiago Nr. 69. — Fortsetzung früherer Arbeiten des Verf. über die Untersuchung veränderlicher Sterne (vgl. AJB **46** Ref. 8544). In der Zeit 1953—56 wurden mit dem 24"- bzw. 48"-Reflektor von Loiano bzw. Asiago 224 Aufnahmen des Trapez-Haufens und 28 Aufnahmen des Nebels NGC 1977 erhalten. Die Resultate der Untersuchung von 125 Veränderlichen sind in Tabellen zusammengestellt. Es wurden 61 neue Veränderliche entdeckt. Die bereits 1946 gefundenen Ergebnisse werden bestätigt. Danach bestehen in dem Untersuchungsgebiet zwei Klassen von Veränderlichen mit verschiedenen photometrischen Eigenschaften. Fünf neue Flare-Sterne sind angezeigt; damit erhöht sich die Anzahl der Flare-Sterne im Orion-Nebel auf 16. Cester

11226. **N. M. Schachowskoj,** Über drei wenig erforschte Veränderliche. Bull. Astr. Obs. Stalinabad Nr. 17 S. 27—33, mit 2 Abb. (russ.). — UU Cam; VX Pup; 252. 1932 = KVVS 5423.

11227. **N. M. Schachowskoj,** UU Cancri. Bull. Astr. Obs. Stalinabad Nr. 17 S. 34—35 (russ.).

11228. **N. M. Schachowskoj,** Elemente und Lichtkurve von V 748 Cygni. Bull. Astr. Obs. Stalinabad Nr. 18 S. 12—16, mit 1 Fig. (russ.).

11229. **N. M. Schachowskoj,** Der Bedeckungsveränderliche BB Cephei. Bull. Astr. Obs. Stalinabad Nr. 18 S. 28—30, mit 2 Fig. (russ.).

11230. **H. Schmidt, E. Geyer,** Mitteilungen über Bedeckungsveränderliche. Kleine Veröff. Remeis-Sternw. Bamberg Nr. 16, 4 S. — Enthält: BD +35°4496; 1900: $1^h 54^m 28^s$ +34° 48′; BD +31°4090; 1900: $20^h 49^m 40^s$ +62° 27′; BD +50°1651.

11231. **C. L. Segers,** Observaciones de estrellas variables realizadas en el año 1955. Rev. Astr. Nr. 139 S. 73—77. — Betrifft folgende Sterne: S Aps; U, RW Ara; R, T, U Ari; R, V Boo; R, S, RW, l Car; R, T, U, RT Cen;

R, *o* Cet; R, S CMi; R Com; S, T, U Gem; S Gru; S Hya; R Leo; R Mus; R, T Nor; U, UW Ori, R Pav; R, S Peg; RR, RS, RW Sco; RY Sgr; R, S Tau; R, S Vir; HD 84046.

11232. **A. W. Solowjow,** Vorläufige photographische Untersuchung von AL Virginis. Bull. Astr. Obs. Stalinabad Nr. 17 S. 21—26, mit 2 Abb. (russ.).

11233. **W. Strohmeier, R. Kippenhahn, E. Geyer,** 27 neue Veränderliche. Kleine Veröff. Remeis-Sternw. Bamberg Nr. 15, 4 S. — Enthält Bamberg-Veränderliche Nr. 121—147, Bestätigungen Nr. 765, 1759, 2870, 4088, 4669.

11234. **R. Szafraniec,** Minima of eclipsing variables observed in 1955. AA **6** 141—143. — Betrifft die folgenden Sterne: WZ, XZ, AB And; RY, CZ Aqr; XZ, YZ, KO, V 343, V 346 Aql; CL Aur; SU, TU, TY, VW Boo; RZ, TV Cas; RW CrB; SY, UW, WW, BR, BO, CG, DK, V 345 Cyg; W Del; TW Dra; TU, CC Her; VX Lac; T LMi; RV, TT, TZ, UZ, EW Lyr; U, V 449, V 501 Oph; DN, ET, FR, GG, OS, V 343 Ori; UX, AQ, BG, BN, CU, DI, DK, DO Peg; *β*, RT, RV, RY Per; SX Psc; V 505 Sgr; RZ Sct; AO Ser; RW Tau; X Tri; AH Vir; Z, XZ, AY, BE, BO Vul.

11235. **A. Szczepanowska,** Minima of eclipsing variables observed in the years 1951—1955. AA **6** 144—145. — Betrifft die folgenden Sterne: TW, XZ And; Y Cam; RZ, AB Cas; SW, WZ, ZZ, V 346 Cyg; Z, RR, SX Dra; TZ, WW Eri; SZ, TU, CC, GL Her; TZ Lyr; SW Oph; ER Ori; U, TY Peg; Z, ST Per; SY Sge; BS Sct; AO Ser; RW Tau; V, X Tri; TX UMa; W UMi; UW, AH, AK, BH Vir.

11236. **A. Wróblewski,** Minima of eclipsing variables (1953—1955). AA **6** 146 = Astr. Obs. Warsaw Univ. Repr. Nr. 54. — Betrifft die folgenden Sterne: WW, AR Aur; R CMa; TV, TW Cas; TW Dra; RX Her; AR Lac; RR Lyn; U Oph; *β* Per; W UMi; Z, RS Vul.

11237. **A. Wróblewski,** Observations of long-period variables. Urania Kraków Suppl. Nr. 1 S. 5—20, mit zahlreichen Fig. — Betrifft die Sterne: R, W, X And; R, T Aqr; T Ari; R Aur; R, S Boo; R, S, T, V, X Cam; T Cap; R, S, T, V, RV Cas; S, T Cep; R, T Cnc; S, V, W CrB; R, U, RT, *χ* Cyg; S Del; R Dra; R Equ; S Gem; S, T, RS, RY, RV, SS Her; R Leo; RR, RU Lib; S LMi; W Lyr; X Mon; R, Z Oph; U Ori; Z, RR, RW Peg; U, Y, RR Per; Z Pup; R Sct; R Ser; R Sgr; V Tau; R Tri; R, S, T, Z, RS UMa; S, T UMi; R, SU Vir; R Vul.

11238. **A. Wróblewski,** Minima of eclipsing variables. Urania Kraków Suppl. Nr. 1 S. 32—33. — Betrifft die Sterne: WW, AR Aur; TV, TW Cas; R CMa; TW Dra; RX Her; AR Lac; RR Lyn; U Oph; Z, RS Vul; W UMi.

11239. **H. Yamada,** Observations of variable stars. YC 1384 S. 6—7. — Betrifft folgende Sterne: RX And; U, RT, WW Aur; R, W, Z CMa; R, RS, *o* Cet; U, V, TT, *χ* Cyg; U, *χ* Mon; S, T, VV, AN, CI Ori; Y, VW Per; X, Z Pup; R, SZ Tau; Z, RS, RT, SU, SV Vul; Nova 1901.

11240. **W. P. Zessewitsch,** Minima von Bedeckungsveränderlichen. AC Nr. 174 S. 17—18 (russ.). — Betrifft: TW, WZ, XZ And; CX, CZ Aqr; V 343 Aql; AH, AP, HL Aur; UW Boo; RW, TI Cap; WY Cep; RZ Cas; AE, BR Cyg; W, RR, TT, YY Del; RR, TZ Dra; VV Eri; SZ, TU, DH, V 342 Her; RV Lyr; BX, BY, DO Peg; Z Per; Bamberg 80; Y, RV Psc; AW, BE, BO Vul.

11241. Observations d'étoiles variables à longues périodes ou irrégulières, effectuées par les membres de l'Association Française d'Observateurs d'Etoiles Variables et reçues durant l'année 1953 à l'Observatoire de Lyon. JO **39** 12—20. — Die Liste umfaßt folgende Sterne: R, W, X, RX And; R, T, Z Aqr; R, S, RT, SV, TW, V 433 Aql; R, T Ari; X Aur; V Boo; R, S, U, V, X, Z, RS, ST Cam; R, V, X Cnc; R, T CVn; R, S CMi; R, S, T, V Cas; S, T, Z, RR Cep; R, S, W, *o* Cet; R Com; R, RR, SW CrB; R Crv;

R, U, RS, RT, SS, AF, EY, KI Cyg; R, S, T, U, Y, TX, UY Dra; Z Eri; R, S, T, U Gem; R, T, U, X, RS, ST, AL, DE, FR, MZ Her; S Hya; R Leo; R Lep; S Lyn; U, X Mon; R, X, Z, RS, XX Oph; T, U, W, BL Ori; S, RU Peg; U, W, Y, RR, UV, XX Per; R, SV Psc; R, V Sge; R Sct; R, AM Ser; R, S, T, X, Y, RV, SU Tau; R Tri; R, S, T, RS, RX UMa; R, S, U, V UMi; S, RS, SS, SW Vir; UY, UZ Vul.

11242. Observations d'étoiles variables à longues périodes ou irrégulières effectuées par les membres de l'Association Française d'Observateurs d'Etoiles Variables et reçues à l'Observatoire de Lyon durant l'année 1954. JO **39** 92—96. — Betrifft W, RX, RV And; R, S, SV, TV Aql; R, T, Z Aqr; R, T, U Ari; SS Aur; SX Boo; R, X, Z Cam; V Cas; S, T, Z, RR, RU Cep; R, W, *o* Cet; R, S CMi; R, V, X, SZ, TW Cnc; R CrB; R, U, W, RS, RT, SS, AF, EY Cyg; R, S, T, TX Dra; S, U Gem; R, T, U, W Her; S, U, V Hya; R Leo; RS Lib; RV Mon; U Ori; S, RU, AG Peg; U, W, Y, RR, UV Per; SV Psc; R Ser; R Sct; R Sge; X, Y Tau; S, T, SU, SW UMa; S, U UMi; R, S, RS, SS, SW Vir; RT Vul.

11243. Association Française d'Observateurs d'Etoiles Variables. Observations d'étoiles variables à longues périodes ou irrégulières, effectuées par les membres de l'Association Française d'Observateurs d'Etoiles Variables et reçues durant les années 1946 à 1952 à l'Observatoire de Lyon. JO **39** 207—212. — Betrifft die folgenden Sterne: R, W, RV, RX, TV And; R, T, Z Aqr; R, S, TW, V 433 Aql; R Ari; X, Z, SS Aur; R, V, Boo; R, X, Z Cam; R, S CMa; RT Cap; T, V Cas; S, T Cep; W Cet; R, S CrB; U, V, Z, RT, RU, SS, AF, EY Cyg; R, S, TX Dra; S, U Gem; U, X, RS, RU, DF, MZ Her; Y Hya; W, DM Lyr; X Oph; U Ori; S, RU, AG Peg; W, Y, RR, UV Per; R Psc; R, V Sge; S, T, Z, RX, SU, SW UMa; R UMi; SS Vir.

* * BAV — Rundbrief 1956. Mitteilungsblatt der Berliner Arbeitsgemeinschaft für Veränderliche Sterne. — Enthält zahlreiche Mitteilungen über die Beobachtung veränderlicher Sterne, die nur zum Teil einzeln in diesem Paragraphen aufgenommen worden sind.

11244. Nachweis der Beobachtungen und Bearbeitungen Veränderlicher

Außer dieser Liste sind noch die vorhergehenden Tabellen von Beobachtungen und § **111** einzusehen.

Andromeda

R	AA **6** 58
T	AC Nr. 171 S. 21
V	Desgl.
W	AA **6** 58
	AC Nr. 171 S. 21
X	AA **6** 58
Y	AC Nr. 171 S. 21
RR	Desgl.
RW	Desgl.
RY	Desgl.
SX	AC Nr. 175 S. 17
TU	AC Nr. 171 S. 21
TV	BSAF **70** 69
UU	AC Nr. 167 S. 25
UZ	AC Nr. 175 S. 17
XY	AC Nr. 170 S. 13
XZ	AC Nr. 175 S. 18, 20
AC	AC Nr. 170 S. 10
AI	Budapest Mitt. Nr. 39 S. 10
BE	Desgl.

Aquarius

R	AA **6** 58
	AC Nr. 170 S. 18
S	Desgl.
T	AA **6** 58
X	AC Nr. 170 S. 18
RR	Desgl.
RS	Desgl.
RT	Desgl.
RV	Desgl.
RW	Desgl.
RY	AA **6** 105
	AC Nr. 167 S. 25
SS	AC Nr. 170 S. 18
SU	AC Nr. 175 S. 18
VX	AC Nr. 170 S. 18
WW	Desgl.

Aquila

R	MVS Nr. 236
	NAT 1956 S. 105
W	AC Nr. 170 S. 18
X	Desgl.
RS	Desgl.
RT	Desgl.
RU	Desgl.
RV	Desgl.
SZ	Toruń Bull. Nr. 13 S. 18
TT	Toruń Bull. Nr. 13 S. 20
TU	AC Nr. 170 S. 18
WW	Desgl.
YZ	AA **6** 105
CU	AC Nr. 170 S. 18

DM AC Nr. 170 S. 18
DT Desgl.
ER Desgl.
FM Toruń Bull. Nr. 13 S. 4
FP AC Nr. 170 S. 18
HK MVS Nr. 214
MS MVS Nr. 215
OO BAV-Rundbrief **5** 2
V609 VS Bull **10** 403
V805 AJ **61** 179
η Urania Kraków Suppl. Nr. 1 S. 21

Aries

RV Mem SA It (NS) **27** 233

Auriga

R AA **6** 58
Ciel et Terre **72** 736
RT Urania Kraków Suppl. Nr. 1 S. 21
RY AC Nr. 167 S. 25
RZ AC Nr. 174 S. 20
SS BAA Circ 374, 375, 379
AB MVS Nr. 242
HH MVS Nr. 225, 226
ε PAT **37** 75
ζ NAZ **10** 2
YC 1368 S. 5

Bootes

R AA **6** 58
BSAF **70** 69
S AA **6** 58
V BSAF **70** 69
ZZ Orion Schaffhausen **5** 42

Camelopardalis

R AA **6** 58
S Desgl.
T Desgl.
V Desgl.
X Desgl.
AH AC Nr. 173 S. 12

Cancer

R AA **6** 58
Ciel et Terre **72** 99
T AA **6** 58
TT AC Nr. 170 S. 13

Canes venatici

Y Urania Kraków Suppl. Nr. 1 S. 28
RV AC Nr. 174 S. 20

Capricornus

RW AC Nr. 175 S. 18
VS Bull **10** 410

Carina

GW J. Proc. Roy. Soc. New South Wales **89** 171 = Riverview Repr. Nr. 10

Cassiopeia

R AA **6** 58
Ciel et Terre **71** 444
Toruń Bull. Nr. 13 S. 22
S AA **6** 58
T Desgl.
V Desgl.
BSAF **70** 69
RZ AC Nr. 172 S. 13, 14, Nr. 175 S. 18, 19, 20
Urania Kraków **27** 254
Urania Kraków Suppl. Nr. 1 S. 34
TW BAV-Rundbrief **5** 1
AZ Harv Card 1340
NAZ **10** 29
CE AC Nr. 169 S. 9
VS Bull **11** 128

Cepheus

S AA **6** 58
T Desgl.
BSAF **70** 69
U Kansoku Geppo Nr. 61 S. 57, 1955
SV MVS Nr. 239, 242
SY MVS Nr. 242
VV PAT **37** 75
XX AC Nr. 168 S. 16, 17
YZ MVS Nr. 242
DR MVS Nr. 228
δ Ciel et Terre **72** 324
μ NAT 1956 S. 71

Cetus

UV BSAF **70** 349
DOB Circ Nr. 8
UV Sky and Telescope **15** 299
UAI Circ 1565
o JBAA **66** 72
YC 1353 S. 3

Corona austrina

S MVS Nr. 219, 220

Corona borealis

R BAA Circ 372
YC 1372 S. 4
S BSAF **70** 69
V AA **6** 58
W Desgl.

Cygnus

V BSAF **70** 69
Z AC Nr. 166 S. 22
BAV-Rundbrief **5** 4
RT AA **6** 58
AC Nr. 166 S. 22
BSAF **70** 69
RU BSAF **70** 69
SS BAA Circ 372, 374, 376, 379
J RAS Canada **50** 177
NAT 1956 S. 31
SX AC Nr. 166 S. 22
UW AC Nr. 167 S. 25
UX J RAS Canada **50** 135
AF BSAF **70** 69
BZ VS Bull **11** 116
DG Desgl.
DH Desgl.
DR AC Nr. 166 S. 22
KP Publ ASP **68** 269
MZ VS Bull **11** 131, 134
V347 VS Bull **11** 116
V366 BAN **13** 71
V401 VS Bull **11** 123
V451 AJ **61** 180
V478 AC Nr. 167 S. 21
V523 Orion Schaffhausen **5** 41
V548 AJ **61** 179
V671 MVS Nr. 228
32 AC Nr. 173 S. 18

Delphinus

S AA **6** 58
W AC Nr. 175 S. 18
SW AC Nr. 171 S. 21
TT AC Nr. 167 S. 25
DM VS Bull **10** 403

Draco

R AA **6** 58
BSAF **70** 69
S BSAF **70** 69
Z AC Nr. 167 S. 19
AC Nr. 175 S. 18
RW VS Bull **11** 1
TW Postępy Astr. **4** 143
TX BSAF **70** 69
AG AC Nr. 167 S. 23
VS Bull **11** 103

Eridanus

SS AC Nr. 171 S. 21
SW Desgl.
TW Desgl.
ν VS Bull **11** 42

Gemini

R YC 1353 S. 5
S AA **6** 58
U BAA Circ 372, 375, 379
W Urania Kraków Suppl. Nr. 1 S. 21
ζ Desgl.

Hercules

S AA **6** 58
T Desgl.
U BSAF **70** 69
RS AA **6** 58
BSAF **70** 69
RV AA **6** 58
RY Desgl.
SS Desgl.
DK AC Nr. 167 S. 25
LS VS Bull **11** 123
MT VS Bull **10** 413
MX AC Nr. 174 S. 18
OP Urania Kraków Suppl. Nr. 1 S. 29
V338 AC Nr. 170 S. 17
V342 AC Nr. 174 S. 18
g Urania Kraków Suppl. Nr. 1 S. 25
89 Publ ASP **68** 62

Lacerta

W AC Nr. 171 S. 21
Z VS Bull **11** 61
RU AC Nr. 171 S. 21
SW AJ **61** 2
VX AA **6** 105
BT VS Bull **11** 116
DH AC Nr. 171 S. 21

Leo

R AA **6** 58
UV Toruń Bull. Nr. 13 S. 10
UZ BAN **13** 71
Toruń Bull. Nr. 13 S. 1

Lepus

X AC Nr. 171 S. 21
RT Desgl.

Libra

EH AC Nr. 170 S. 13
EI VS Bull **11** 123

Lupus

EX MVS Nr. 241

Lyra

W AA **6** 58
BSAF **70** 69
EW AA **6** 105
FN AC Nr. 170 S. 13
β Urania Kraków **27** 151

Monoceros

UX Publ ASP **68** 253

Ophiuchus

X BSAF **70** 69
V451 AJ **61** 179
V501 AA **6** 105
V881 MVS Nr. 213
V913 AC Nr. 175 S. 21

Orion

S AC Nr. 171 S. 21
U AA **6** 58
V AC Nr. 171 S. 21
X Desgl.
Y Desgl.
BK Desgl.
BR Desgl.
EP Desgl.
EU Desgl.
FN AC Nr. 171 S. 21
FU BSAF **70** 193
V344 MVS Nr. 216

Pegasus

Z AA **6** 58
RU NAT 1956 S. 72
RW AA **6** 58
CU AA **6** 105
DI AA **6** 140 = Warsaw Repr. Nr. 53

Perseus

U AA **6** 58
Y Desgl.
RT AC Nr. 167 S. 19, 22; Nr. 175 S. 18, 20
UV BAA Circ 372
DOB Circ Nr. 8
JO **39** 37
AX MVS Nr. 227, 238
β BAV-Rundbrief **5** 1
Orion Schaffhausen **5** 81
Sky and Telescope **15** 311
Urania Kraków Suppl. Nr. 1 S. 31

Phoenix

SX BAN **13** 53

Pisces

RZ MVS Nr. 217
VS Bull **10** 406
53 Publ ASP **68** 455

Puppis

Z AA **6** 58

Sagitta

U AC Nr. 175 S. 18

Sagittarius

R AC Nr. 171 S. 23
T Desgl.
RR Desgl.
ST Desgl.
TT Desgl.
TW Desgl.
AG Desgl.
AN Desgl.
AY VS Bull **11** 55
BI AC Nr. 171 S. 23
BM Desgl.
FN MVS Nr. 216
IM AC Nr. 171 S. 23

OU AC Nr. 171 S. 23
V915 Desgl.
V933 Desgl.
V963 Desgl.
V1163 Desgl.
V1316 Desgl.

Scorpius

RV Stalinabad Bull. Nr. 15 S. 24

Scutum

R Ciel et Terre **72** 456
X VS Bull **11** 50
Y Desgl.
CK VS Bull **11** 58
FR MVS Nr. 238

Serpens

R AA **6** 58
U MVS Nr. 237, 238
VY Toruń Bull. Nr. 13 S. 12

Taurus

V AA **6** 58
Y Ciel et Terre **72** 611
RW AC Nr. 167 S. 22
AC Nr. 175 S. 18,20
SZ Urania Kraków Suppl. Nr. 1 S. 21
AL AA **6** 105

Triangulum

R AA **6** 58
AC Nr. 175 S. 17
S Desgl.
X AC Nr. 167 S. 22, 25; Nr. 173 S. 19; Nr. 175 S. 18, 20
76 AC Nr. 170 S. 14

Ursa maior

T AA **6** 58
Z Desgl.
NAT 1956 S. 71, S. 134
RS AA **6** 58
RX JO **39** 48
92 AC Nr. 170 S. 14

Ursa minor

R BSAF **70** 69
S AA **6** 58
Sky and Telescope **15** 310
T AA **6** 58

Vela

BZ MVS Nr. 223, 224

Virgo

R AA **6** 58
SU Desgl.
AG Toruń Bull. Nr. 13 S. 16

Vulpecula

R AA **6** 58
Z AC Nr. 167 S. 25
RR AA **6** 105
SV Toruń Bull. Nr. 13 S. 7
EP VS Bull **11** 131

11245. Veränderliche mit provisorischer Bezeichnung

26.1933 = KVVS 1797
387.1933 AC Nr. 175 S. 16
30.1934 JO **39** 46
310.1934 MVS Nr. 221
333.1934 MVS Nr. 240, 241
59.1935 MVS Nr. 235
124.1935 MVS Nr. 218, 222
142.1935 MVS Nr. 242
5.1938 = KVVS 215

11246. Bamberger Veränderliche

45 AC Nr. 173 S. 14
53 AC Nr. 173 S. 14
57 AC Nr. 173 S. 12
76 AC Nr. 174 S. 18
78 AC Nr. 174 S. 15
106 AC Nr. 173 S. 14

11247. Veränderliche BD-Sterne

+72°699 AC Nr. 171 S. 20
+60 2613 JO **39** 45
+55 2693 Coelum **24** 135
+55 1317 Bamberg Kleine Veröff. Nr. 13
+49°2018 JO **39** 45
+46 2004 AC Nr. 171 S. 20
+46 281 AC Nr. 170 S. 17
+31°4090 AC Nr. 170 S. 12
AC Nr. 173 S. 18
+ 8 19 AC Nr. 166 S. 20
+ 6 2020 VS Bull **11** 59

11248. KVVS-Sterne*)

7 JO **39** 113
10 Desgl.
26 Desgl.
37 Desgl.
38 Desgl.
AC Nr. 170 S. 14
44 JO **39** 113
48 Desgl.
91 Desgl.
= S 4694
106 JO **39** 113
118 JO **39** 113
132 Desgl.
135 Desgl.
174 AC Nr. 170 S. 14
= S 4713
188 JO **39** 113
197 AC Nr. 170 S. 14; Nr. 174 S. 18
JO **39** 113
215 AC Nr. 174 S. 15
232 JO **39** 113
236 JO **39** 113
238 Desgl.
247 Desgl.
262 AC Nr. 170 S. 14
290 = S 4721
293 AC Nr. 174 S. 15
JO **39** 113
303 AC Nr. 174 S. 15
JO **39** 113
355 AC Nr. 174 S. 15
361 JO **39** 113

*) AJB **51** Ref. 11003

423 AC Nr. 174 S. 18
539 JO **39** 113
601 Desgl.
695 Desgl.
765 AC Nr. 174 S. 15
JO **39** 113
783 Desgl.
898 Desgl.
963 Desgl.
996 Desgl.
1002 Desgl.
1064 AC Nr. 174 S. 15
1118 AC Nr. 170 S. 14; Nr. 174 S. 15; Nr. 175 S. 16
1203 AC Nr. 170 S. 14
1220 Desgl.
AC Nr. 170 S. 16; Nr. 175 S. 16
1398 AC Nr. 174 S. 15
1480 AC Nr. 174 S. 15
1489 AC Nr. 170 S. 14
1500 Desgl.
1528 Desgl.
1795 Desgl.
1797 Desgl.
1830 Desgl.
3481 AC Nr. 171 S. 24
3578 AC Nr. 175 S. 16
4305 AC Nr. 173 S. 16
4317 Desgl.
4357 AC Nr. 170 S. 18
4390 AC Nr. 173 S. 16
4474 Desgl.
4525 Desgl.
4536 Desgl.
4545 Desgl.
4547 Desgl.
4548 Desgl.
4549 Desgl.
4583 AC Nr. 173 S. 16
4594 Desgl.
4599 Desgl.
4606 AC Nr. 171 S. 24
4610 AC Nr. 173 S. 16
4635 Desgl.
4651 AC Nr. 171 S. 24
4658 AC Nr. 167 S. 22
4723 AC Nr. 171 S. 24
4852 Desgl.
4865 Desgl.
4937 Desgl.
4952 AC Nr. 170 S. 18
5012 AC Nr. 171 S. 24
5066 Desgl.
5234 = 387.1933
5277 VS Bull **11** 116
5746 AC Nr. 170 S. 14
= SVS 945

11249. Sonneberger Veränderliche

3903 = KVVS 423
4694 AC Nr. 173 S. 12
4704 = KVVS 38
4713 AC Nr. 173 S. 12
= KVVS 174
4714 AC Nr. 173 S. 14
= KVVS 197
4720 = KVVS 262
4721 AC Nr. 173 S. 12
4722 = KVVS 293
4732 = KVVS 765
4740 = KVVS 1064
4741 = KVVS 1118
4745 = KVVS 1203
4747 = KVVS 1220
4752 = KVVS 1398
4756 = KVVS 1480
4757 = KVVS 1489
4758 = KVVS 1500
4760 = KVVS 1528
4763 = KVVS 1830
4780 = KVVS 4658
4782 AC Nr. 173 S. 14
4785 AC Nr. 173 S. 14
5072 MVS Nr. 218
5114 MVS Nr. 221
5216 MVS Nr. 216

11250. SVS-Sterne

728 AC Nr. 170 S. 13
757 MVS Nr. 222
939 = KVVS 3578
945 AC Nr. 173 S. 12
945 = KVVS 5746
954 = KVVS 303
955 = KVVS 355
1205 MVS Nr. 224
1222 = BD +6°2020
1225 AC Nr. 169 S. 9
1226 AC Nr. 170 S. 9

11251. Sonstige Veränderliche

Äqu. 1900

$2^h 53^m 4^s$	+43° 30ʹ.6	AC Nr. 170 S. 12	
4 1 1	+42 45.7	AC Nr. 169 S. 10	
12 17.5	+16 50.7	Coelum **24** 49	
17 34 39	+54 55.5	AC Nr. 171 S. 20	KP 118 And, JO **39** 45
$18^h 23^m 43^s$	+69° 46ʹ	AC Nr. 171 S. 20	
18 52 35	+64 3	AC Nr. 171 S. 20	
20 45 0	+44 53.6	VS Bull **11** 131	
22 5 46	+55 15.9	DOB Circ Nr. 8	Zinner 357, J RAS Canada **50** 135

11252. Veränderliche Sterne. Verzeichnis der Beobachter und Berechner

C. Albo
T. P. Antropowa
T. A. Asarnowa
J. Ashbrook
R. A. Bozula
R. R. Brownlee
A. Brun
A. Burnicki
J. Daguillon
L. Drake
W. Dziewulski
D. P. Elias
G. S. Filatow
G. Florsch
C. Friedemann
J. Friends
J. Gadomski
H. Gessner
E. Geyer
W. Götz
W. M. Grigorewskij
H. G. Groth
S. Grudzińska
I. Guman
J.-C. Huang
I. M. Ischtschenko
N. N. Israjezkaja
J. F. Heard
C. Hoffmeister
C. J. van Houten

G. E. Jerlexowa
A. Kizilirmak
L. A. Klepikowa
A. Koeckelenbergh
G. Kowal
R. Kretschmer
A. Kruszewski
B. W. Kukarkin
J. I. Kumsischwili
G. A. Lange
M. I. Lawrow
E. M. Lejbowitsch
F. Lenouvel
E. Leutenegger
K. Löchel
N. L. Magalaschwili
A. Marks
A. Masani
R. T. Mathews
M. W. Mayall
J. E. Migatsch
D. C. Morton
P. Notni
P. P. Parenago
N. B. Perowa
M. Petit
W. Pfau
S. Plakidis
E. Pohl
B. Protitch
S. Rhein
G. Romano
E. Rudolph
N. M. Schachowskoj
N. K. Semakin
T. Siedel
A. W. Solowjow
W. Strohmeier
R. Szafraniec
W. M. Tabatschnik
R. I. Tschuprina
H. Tsuchido
O. P. Wassiljanowskaja
R. Weber
W. Wenzel
B. S. Whitney
L. Woltjer
C. E. Worley
A. Wróblewski
W. P. Zessewitsch
W. Zonn

§ 113

Novae, Supernovae

* * **H. C. Arp,** Novae in the Andromeda nebula. Vgl. Ref. **12403** und **12404**.

* * **J. Ashbrook,** Barnard's «Unexplained Observation». Vgl. Ref. **9101**.

11301. **F. M. Bateson,** Notes on Novae observed in 1955. Southern Stars **17** 46—48.

11302. **C. E. R. Bruce,** Initial «acceleration» and «deceleration» in novae and solar flares. I. II. Rep. Brit. Electr. Res. Assoc., Rep. Z/T **86**, 4 S., 1951 und Rep. Z/T 86 Suppl., 7 S., 1955. — Ref. in Phys. Abstracts (A) **60** 7.

11303. **W. Buscombe,** Exploding stars. ASP Leaflet Nr. 322, 7 S. mit 1 Fig. — Übersetzung in Urania København **13** 29—37 von C. Luplau Janssen.

* * **W. Buscombe,** Variable stars and novae. Vgl. Ref. **111110**.

11304. **I. M. Gordon,** Die nichtthermische Strahlung in den Spektren der Novae und das Problem der Deutung ihrer Spektren. Dopowidi Akad. Wiss. Ukrain. Sowjetrepublik 1956 Nr. 6 S. 551—553 (ukrain. mit russ. Ref.). — Ref. in RJ 1957 Nr. 7 S. 39.

11305. **G. Hesselbach,** ¿ Porqué explotan las novas ? El Universo Nr. 34 S. 24—34.

* * **S. A. Kaplan,** Shock waves in interstellar space. Vgl. Ref. **5011**.

11306. **G. Larsson-Leander,** Nya rön angående Nova Herculis och andra nya stjärnor och deras betydelse för tydningen av novafenomenet. PAT **37** 46—62, mit 11 Fig. — Verf. gibt eine ausführliche und allgemeinverständliche Darstellung der Untersuchungen über die Nova DQ Her, insbesonders werden die Arbeiten von D. B. McLaughlin und M. F. Walker besprochen. Zum Schluß werden allgemeine Bemerkungen über das Novaphänomen gegeben und die Anschauungen von Mustel über die Massen der Neuen Sterne erörtert. C. L. J.

11307. **B. Y. Mills, A. G. Little, K. V. Sheridan,** Radio emission from novae and supernovae. Australian J. Phys. **9** 84—89, mit 1 Fig. = Commonwealth

Sci. Industrial Res. Organization, Australia, Division Radiophys. — Ref. in Sterne **33** 123. — Mit dem Mills-Kreuz wurde in Sydney bei 3.5 m nach Radiostrahlung von zwei Supernovae und zehn Novae gesucht. Nur die Kepler-Supernova 1604 konnte gefunden werden. Ein Vergleich zwischen der Radiostrahlung der drei galaktischen Supernovae (1054, 1572, 1604) und ihrer Maximalhelligkeit beim Ausbruch läßt auf ein konstantes Verhältnis zwischen der heutigen Radioemission und ihrer Maximalhelligkeit schließen. Für Novae muß dieses Verhältnis kleiner sein. Ihre Radiostrahlung kann mit den derzeitigen Teleskopen nicht gefunden werden. Es wird abgeschätzt, daß die galaktische Radioemission nahe der galaktischen Ebene auf Supernovae zurückgeführt werden kann, wenn alle 20 Jahre eine Supernova in der Milchstraße aufflammt. Der Beitrag der Novae bleibt unbedeutend.
Priester

11308. E. R. Mustel, On the magnetic fields of novae. AJ UdSSR **33** 182—204, mit 6 Fig. (russ. mit engl. Ref.). — Unter der Voraussetzung, daß Novae ein starkes inneres Magnetfeld haben, das auch durch den Ausbruch nicht zerstört wird, werden die spektroskopischen Beobachtungen bei diesen folgendermaßen gedeutet. Während des Ausbruchs findet infolge der elektromagnetischen Viskosität der äußeren Schichten des Sterns eine allgemeine Massenbewegung statt, die zur Bildung der Hauptgashülle führt. Über den Polgegenden, wo magnetische Kraftlinien und Geschwindigkeitsvektoren zusammenfallen, bilden sich starke Kondensationen, die gelegentlich eine Verdoppelung der Nova-Erscheinung hervorrufen. Nach dem Maximum, wenn das turbulente Außenfeld weitgehend abgebaut ist, ist die Materieausstrahlung diskontinuierlich. Es treten diffuse Funken- und Orionspektren auf. Die Materie wird jetzt vorwiegend auf die Äquatorebene hin abgelenkt. Es bilden sich ein oder mehrere äquatoriale Ringe. Die Feldstärken werden für das allgemeine Dipol- und das geknäuelte turbulente Feld im Photosphärenniveau als etwa gleich groß angenommen und zu 1900 Oe (Nova Aquilae 1918) und 225 Oe (Nova Herculis 1934) geschätzt. Am Schluß werden Gedanken über die Beschleunigung von Ultrastrahlungsteilchen durch Induktion geäußert, die in den starken Magnetfeldern der Novae (und Supernovae) auftreten kann. Für das Zustandekommen des Nova-Phänomens wird neben dem kräftigen Magnetfeld ein anomal hoher Gehalt an Stickstoff und Helium im Sterninnern als Ursache vermutet.
Petri

* * **L. Rosino, C. Grubissich,** Due stelle nuove nella nebulosa d'Andromeda. Vgl. Ref. **12423**.

11309. Chinese observations of novae and supernovae. Sky and Telescope **15** 444. — Ref. in Coelum **25** 26—27.

Beobachtungen einzelner Novae

11310. Nova Aquilae (1918)

D. B. McLaughlin, The variable profiles of emission bands of Nova Aquilae 1918. Publ ASP **68** 444—448, mit 1 Fig. und 2 Tafeln. — Die mit den sekundären Helligkeitsänderungen der Nova verknüpften Änderungen der Emissionslinien-Profile werden gedeutet.
Beyer

11311. Nova Eta Carinae (1843)

Roy. Astr. Soc. New Zealand Variable Star Sect. Circ. Nr. 67 S. 5, Nr. 68 S. 4, Nr. 69 S. 4, Nr. 70 S. 5, Nr. 71 S. 4, Nr. 73 S. 4, Nr. 74 S. 4, Nr. 75 S. 4.

A. D. Thackeray, The distance and absolute magnitude of Eta Carinae. Obs **76** 103—105 = Radcliffe Obs. Repr. Nr. 6. — Ref. in PAT **37** 162—163. — Die nach drei voneinander unabhängigen Methoden geschätzten Entfernungen dieser Nova liegen zwischen 1.2 und 2 kpc, wobei dem größeren Abstand der Vorzug gegeben wird. Diese Abstände führen auf eine absolute Helligkeit des Maximums von 1843 zwischen -13^{m} bis -14^{m}, die über 10 Jahre hindurch erhalten blieb.

Gegenwärtig hat der Stern danach eine absolute Helligkeit von -6^m. Eta Carinae scheint somit eine Supernova mit ungewöhnlich langsam verlaufendem Lichtwechsel zu sein. Die den Stern heute umgebenden Gashüllen sowie der in unmittelbarer Nachbarschaft stehende Sternhaufen, dessen Mitglieder O- und B-Spektren aufweisen, legen die Vermutung nahe, daß hier im vorigen Jahrhundert eine expandierende Stern-Assoziation vor unseren Augen entstanden ist. Es ist sehr wahrscheinlich, daß die Nova in Ausläufern des Emissions-Nebels NGC 3372 steht. Beyer

A. D. Thackeray, Polarization of Eta Carinae. Obs **76** 154—155 = Radcliffe Obs. Repr. Nr. 6. — Eine Serie von 17 Polarisations-Aufnahmen, die im Juni 1956 mit dem Radcliffe-Reflektor in Pretoria erhalten wurden, zeigen eine erhebliche Polarisation der Nebelhüllen um Eta Carinae. Dieser Nachweis stützt die Vermutung, daß der Stern als eine Supernova mit ungewöhnlich langsam verlaufendem Lichtwechsel ist. Beyer

11312. Nova T Coronae Borealis (1866)

JBAA **66** 168—170. F. M. Holborn.

11313. Nova P Cygni (1600)

N. L. Magalaschwili, E. K. Charadse, On the light and colour-variation of P Cygni. Bull. Astrophys. Obs. Abastumani Nr. 20 S. 3—10, mit 5 Abb. (russ. mit engl. Ref.). — Mit einer Photozelle am 33 cm-Reflektor wurden die Helligkeitsschwankungen von P Cyg in zwei Farben (λ = 375 und 520 mμ) in den Jahren 1951—55 verfolgt. Die Schwankungen sind unregelmäßig und betragen bis $0^m_{\cdot}20$. Als mittlerer Fehler der Messungen wird $\pm 0^m_{\cdot}006$ angegeben. Ond.

11314. Nova DQ Herculis (1934)

JBAA **66** 168—170. F. M. Holborn.

M. A. Bashenow, The variation of the intensity of bright bands in the spectrum of Nova Her 1934. AJ UdSSR **33** 368—376, mit 2 Fig. (russ. mit engl. Ref.) — Spektralaufnahmen der Nova Herculis aus den Jahren 1934—36 mit dem Astrographen in Pulkowo wurden bearbeitet. Die relativen sowie die absoluten Intensitäten der Emissionslinien zeigen keine ausgeprägte Korrelation mit der Lichtkurve. Das Dekrement der Balmer-Serie wurde bestimmt; das Verhältnis H_α/H_β sinkt mit der Zeit, während die Verhältnisse H_γ/H_β und H_δ/H_β nur kleine Schwankungen aufweisen. Ond.

S. Gaposchkin, Photographic and visual light curves of Nova Herculis 1934 (DQ Her). AJ **61** 36—39, mit 2 Fig. = Harv Repr (2) Nr. 79. — 580 Helligkeitsschätzungen auf Überwachungsplatten der Harvard-Sternwarte aus den Jahren 1928—52 sowie 106 visuelle Beobachtungen zwischen 1934 Dez. 13 und 1936 Feb. 26 sind graphisch dargestellt. Eine Umgebungskarte der Nova sowie ein Verzeichnis der benutzten Vergleichssterne sind beigefügt. Beyer

B. Hacar, Nova DQ Herculis. RH **37** 73—76, mit 1 Fig. (tschech.).

G. Larsson-Leander, Nya rön angående Nova Herculis och andra nya stjärnor och deras betydelse för tydningen av novafenomenet. Vgl. Ref. **11306**.

F. J. M. Stratton, Nova Herculis 1934: a suggestion. J RAS Canada **50** 69—70. — In Anlehnung an frühere theoretische Arbeiten von Darwin (1879) wird die Ansicht geäußert, daß in sehr engen Doppelsternsystemen mit dichten Komponenten die Äquatorialebenen der beiden Komponenten fast senkrecht aufeinander stehen können, so daß sich die von diesen Sternen ausgeworfenen Materieströme in senkrechten Ebenen bewegen. Die Beobachtungen der Nova Herculis (1934), die ja auch ein enges Bedeckungssystem ist, scheinen diese Annahme zu bestätigen. Nach Ansicht des Verf. müßte man untersuchen, ob es mit Hilfe dieser Annahme möglich ist, die bekannten Anomalien der sehr engen Doppelsternsysteme zu erklären. Mawridis

T. A. Uranowa, Nova DQ Herculis. Priroda **45** Nr. 1 S. 86—88 (russ.). — Ein Bericht über die Entdeckung Walkers (1954), daß die Nova DQ Her ein Bedekkungsveränderlicher ist. Die kosmogonischen Folgerungen werden kurz besprochen und zwei novaähnliche Doppelsterne (AE Aqr und T CrB) angeführt. Ond.

M. F. Walker, A photometric investigation of the short-period eclipsing binary, Nova DQ Herculis (1934). ApJ **123** 68—89, mit 8 Fig. und 2 Tafeln. — Nova DQ Herculis ist vom Verf. als ein Bedeckungsveränderlicher mit der kürzesten bisher bekannten Periode ($4^h\,39^m$) erkannt worden. Die vorliegende Arbeit enthält eine Diskussion des Systems auf Grund von 1530 lichtelektrischen Beobachtungen. Der Lichtwechsel ist vom Algol-Typ, die Hauptbedeckung ist partiell, ein Nebenminimum wurde nicht gefunden. Die Amplitude wächst mit der Wellenlänge, die Lichtkurve besitzt eine Reihe von Irregularitäten, die nicht auf eine einfache geometrische Bedeckung zurückgeführt werden können. Zwischen den Phasen 0.110 P und 0.325 P werden sekundäre Lichtschwankungen von 1.180 Minuten Periode gefunden. Die Sternradien betragen etwa 0.1 $R_\odot$, die Massen sind gering ($6 \times 10^{-3} M_\odot$); es ist jedoch zweifelhaft, ob den photometrischen Elementen physikalische Bedeutung zukommt. Sie sprechen für eine sehr geringe Masse der Nova-Komponenten. Das System ähnelt dem von UX UMa. Micz.

11315. Nova RR Pictoris (1925)

Roy. Astr. Soc. New Zealand Variable Star Sect. Circ. Nr. 67 S. 3, Nr. 68 S. 2, Nr. 69 S. 3, Nr. 70 S. 3, Nr. 71 S. 3, Nr. 73 S. 2, Nr. 74 S. 2, Nr. 75 S. 3.

11316. Nova CT Serpentis (1948)

JBAA **66** 168—170. F. M. Holborn.

11317. Novae in M 31

A. Brun, J. Texereau, Etoile variable nouvelle. Nova probable dans M 31. BSAF **70** 416—417, mit 1 Fig.

AC Nr. 175 S. 2 (russ.). Eine mögliche Nova in M 31. — Aus UAI Circ 1570. Sky and Telescope **15** 394, mit 3 Fig. Novae in M 31.

UAI Circ 1570. Nova probable dans M 31. J. Texereau, A. Brun.

UAI Circ 1576. Novae in M 31. C. Grubissich, L. Rosino.

Supernovae

11318. W. Baade, G. R. Burbidge, F. Hoyle, E. M. Burbidge, R. F. Christy, W. A. Fowler, Supernovae and californium 254. Publ ASP **68** 296—300, mit 1 Fig. — Ref. in Coelum **25** 88—89, Sky and Telescope **16** 72—73. — Supernovae vom Typ I zeigen ab etwa 100 Tage nach dem Maximum lineare Helligkeitsabnahme mit einem Gradienten von $0^m\!.0137$ pro Tag. Die Intensität fällt also exponentiell ab, dem Gradienten entspricht eine Halbwertszeit von $55^d \pm 1^d$. Verf. begründen die Vermutung, daß die während der exponentiellen Helligkeitsabnahme ausgestrahlte Energie durch spontanen Zerfall von Cf^{254} geliefert wird. Die nötige Menge Cf könnte im ersten Stadium des Supernovaausbruchs ausgehend von Fe durch Neutroneneinfang und β-Zerfall gebildet werden. Dabei wird ein fortgeschrittenes Entwicklungsstadium mit geringem Wasserstoffgehalt angenommen. In den Supernovae vom Typ II kommt es wegen höheren Wasserstoffgehalts nicht zur Bildung von Cf^{254}. O. G.

11319. G. R. Burbidge, F. Hoyle, E. M. Burbidge, R. F. Christy, W. A. Fowler, Californium-254 and supernovae. Phys. Rev. (2) **103** 1145—1149. — Ref. in Sky and Telescope **16** 72—73. — Die Lichtkurven dreier Supernovae vom Typ I zeigen nach dem Ausbruch ein exponentielles Abklingen entsprechend einer Halbwertszeit von 55 ± 1 Tagen. Dieser Befund legt es nahe, an eine radioaktive Zentralmasse als Energiequelle zu denken. Die drei Elemente Be^7, Sr^{89} und Cf^{254} haben eine Halbwertszeit von annähernd 55 Tagen. Eine eingehende Diskussion zeigt den möglichen Weg im Aufbau eines schweren Kerns Cf^{254}. Es ergibt sich ferner, daß die bei einem solchen Prozeß freiwerdende Energie diejenige aller anderen möglichen Prozesse übertrifft. Schaifers

* * **S. Hayakawa,** Supernova origin of cosmic rays. Vgl. Ref. 12721.

11320. **R. P. Schuman,** Heavy elements in supernova. Bull. American Phys. Soc. 1 390.

11321. **F. Zwicky,** A very distant supernova. Publ ASP **68** 271—272, mit 1 Fig. und 1 Tafel. — Ref. in Urania København **13** 83—84. — Die lückenhafte photographische Lichtkurve einer Supernova ($\alpha = 1^h 5^m 0^s$, $\delta = -13° 29' 30''$; 1950) nach Aufnahmen mit der 48″-Schmidtkamera ergibt das Maximum zu etwa $+15^m.8$. Der Nebel, in dessen Randgebiet die Supernova beobachtet wurde, gehört wahrscheinlich zu einem Nebelhaufen, mit dessen Entfernungsmodul sich die absolute Maximalhelligkeit zu $-16^m.6$ ergibt. O. G.

XIII. Sternsysteme. Nebel. Interstellarer Raum

§ 120

Allgemeines

* * **T. A. Agekjan, K. W. Kawrajskaja, G. A. Pljugin, B. N. Strugazkij, G. A. Schischkina,** An indication of the interaction of stars and diffuse matter. Vgl. Ref. 12501.

12001. **W. Becker, U. Steinlin,** Dreifarbenphotometrie und Stellarstatistik. ZfA **39** 188—209, mit 15 Fig. = Mitt. Astr. Meteorol. Anstalt Univ. Basel (Astr.) Nr. 4. — Die Methode der Dreifarbenphotometrie wird auf die Stellarstatistik allgemein angewendet. Hierfür sind nur die wirksamen Wellenlängen 638, 470, 373 mμ (RGU-System) oder im Prinzip ähnliche brauchbar, da sie im Gegensatz zu den Wellenlängen des UBV-Systems von W. W. Morgan und H. L. Johnson eine Trennung von Riesen und Zwergen ermöglichen. Die stellarstatistische Anwendung der Methode stützt sich auf das Zweifarbenindex-Diagramm (ZFD) mit dem langwelligen FI als Abszisse und dem kurzwelligen FI als Ordinate. In diesem ordnen sich die Sterne der Hauptreihe nach ihren Spektraltypen bzw. absoluten Helligkeiten entlang einer Kurve an, von der abgetrennt die späten Riesen liegen. Die Messung der beiden FI erlaubt daher eine Identifizierung der absoluten Helligkeit eines Sternes. Eine Abzählung der Sterne vorgegebener absoluter Helligkeit in den ZFD für getrennte Intervalle in scheinbarer Helligkeit führt zur Dichtefunktion bzw. zur Leuchtkraftfunktion. Die interstellare Absorption kann ebenfalls dem ZFD entnommen werden. Bei komplizierten Absorptionsverhältnissen versagt die Methode. Es werden die Ergebnisse der Anwendung der Methode auf vier Areale in der Milchstraße und am Pol der Milchstraße besprochen, wobei die Grenzgröße in einem Feld bei $16^m.6$, in einem anderen bei $17^m.5$ liegt. Verf.

12002. **C. Luplau Janssen,** Luftmasserne i Verdensrummet. Urania København **13** 21—25. — Allgemeinverständliche Darstellung der neuesten Ergebnisse auf dem Gebiet der Gas- und Staubmassen im Weltraum. C. L. J.

12003. **F. C. Leonard,** The words «galaxy» and «galaxian». Publ ASP **68** 364—365. — Verf. schlägt vor, statt «extragalactic nebulae» nur noch die Bezeichnung «galaxies» zu gebrauchen mit den zugehörigen Adjektiven «galaxian» und «intergalaxian». Für das Milchstraßensystem sollen die Bezeichnungen «Galaxy» (großer Anfangsbuchstabe!), «galactic», «intergalactic» und «extragalactic» bestehen bleiben. O. G.

12004. **K. Rudnicki,** Der Lichtwechsel der Sterne, verursacht durch dunkle Nebel, die sich vor ihnen bewegen. AA **6** 134—139, mit 3 Abb. = Astr. Obs. Warsaw Univ. Repr. Nr. 52. — Es wurde das Mittel des absoluten Wertes der Helligkeitsänderung eines Sternes berechnet, die durch das Vorüberziehen von dunklen Nebeln vor ihm hervorgerufen wird. Es hat sich gezeigt, daß bei günstigen Bedingungen sogar bei Sternen, die weniger als 1 kpc entfernt sind, solche Änderungen die Größe von $0^m.02$ pro Jahrhundert erreichen können. Ferner wird darauf aufmerksam gemacht, daß Beobachtungen dieses Lichtwechsels eine Bedeutung für die Feststellung der Verteilung, Häufigkeit und Form von dunklen Nebeln haben können. Verf.

12005. **U. Steinlin,** Zur Anwendung der Dreifarbenphotometrie in der Stellarstatistik. ZfA **39** 210—218, mit 3 Fig. = Mitt. Astr. Meteorol. Anstalt Univ. Basel (Astr.) Nr. 5. — Es werden unter verschiedenen Annahmen für die Spiralstruktur der Milchstraße und interstellare Absorption die Zahl der in den Zweifarbenindex-Diagrammen (ZFD) zu erwartenden Sterne in Abhängigkeit von m und M berechnet und ihre Lage im Diagramm unter Berücksichtigung des Einflusses der Absorption angegeben. In einem Falle werden die gefundenen Werte mit den empirischen Werten des Feldes Cas II verglichen und Übereinstimmung gefunden. Ferner wird die Lage von physischen und optischen Doppelsternen in ZFD untersucht. Verf.

12006. **V. Vanýsek,** Die Geschwindigkeitsdispersion der hellen B-Sterne und des interstellaren Gases. Mitt. Astrophys. Obs. Krim **16** 189—191 (russ.). — Ref. Krim-Tagung Sept. 1955.

§ 121

Sternhaufen

Offene Sternhaufen

12101. **K. A. Barchatowa,** The open cluster NGC 7086. AJ UdSSR **33** 556—562, mit 4 Fig. (russ. mit engl. Ref.). — Die Auswertung von Aufnahmen mit der 15 Zoll-Schmidt-Kamera des Engelhardt-Instituts ergab: m—M = $15^m.5$; Entfernung 1660 pc; größter und kleinster linearer Durchmesser 6.2 und 3.9 pc. Das Farben-Helligkeits-Diagramm ist dargestellt. Die Sterne sind in spiralartig gebogenen Ketten angeordnet. Petri

12102. **K. A. Barchatowa,** The open clusters NGC 1528 and NGC 1545. AJ UdSSR **33** 733—740, mit 5 Fig. und 2 Tafeln (russ. mit engl. Ref.). — Aufnahmen mit dem 15″-Schmidt-Teleskop des Engelhardt-Observatoriums wurden zur Photometrie der beiden Sternhaufen benutzt. Gegeben werden Farben-Helligkeits-Diagramme, Absorption, Entfernungen (750 pc für NGC 1528 und 720 pc für NGC 1545) und Dimensionen. Die Struktur der beiden Haufen wird besprochen. Verf. äußert die Vermutung, daß die beiden Objekte physisch zusammenhängen. Ond.

12103. **K. A. Barchatowa,** The open cluster NGC 188. AJ UdSSR **33** 850—854, mit 9 Fig. und 1 Tafel (russ. mit engl. Ref.). — Verf. hat an Hand von Aufnahmen am Schmidt-Spiegel des Engelhardt-Observatoriums das Farben-Helligkeits-Diagramm, die Dichteverteilung und die Leuchtkraftfunktion des Haufens ermittelt. Seine Entfernung beträgt 2.1 kpc, sein Durchmesser 16.3 pc. Er ist von allen offenen Sternhaufen am weitesten (820 pc) von der galaktischen Hauptebene entfernt. Loh.

* * **W. Becker, U. Steinlin,** Dreifarbenphotometrie und Stellarstatistik. Vgl. Ref. **12001**.

12104. **J. Berger,** Classification des étoiles B des Pleiades. JO **39** 148 = Contr. Inst. d'Astrophys. Paris (B) Nr. 108. — Klassifizierung einiger B-Sterne in den Plejaden nach dem System von Chalonge und Divan. F. S.

12105. **S. van den Bergh,** Polarisation des Sternlichtes im Gebiet der Plejaden. ZfA **40** 249—277, mit 10 Fig. = Veröff. Univ.-Sternw. Göttingen Nr. 115. — Photographische Polarimetrie mit einer Kalkspatplatte in zwei Farben im Gebiet der Plejaden. Bei nicht zu schwachen Sternen beträgt der mittlere Fehler einer Polarisationsmessung $\varepsilon\,(\Delta m_P) \approx 0^m\!.01$. Das untersuchte Gebiet erweist sich als sehr inhomogen und nur schwach polarisiert. Im Merope-Nebel liegen die Polarisationsrichtungen parallel der Filamentstruktur. Bei $\lambda_{eff} = 6450$ Å und $\lambda_{eff} = 4270$ Å wurde innerhalb der Meßgenauigkeit kein Unterschied in der Polarisation gefunden (Rot : Blau = 1.07 ± 0.12). Das Verhältnis von Polarisation zu Farbenexzeß konnte nicht in den Plejaden bestimmt sondern nur aus einer Neudiskussion der Beobachtungen von Hiltner in einem eng begrenzten Gebiet im Perseus abgeleitet werden. Behr

12106. **W. P. Bidelman,** Spectral classification of the brighter stars of the Praesepe cluster. Publ ASP **68** 318—325, mit 4 Fig. — Für 62 Sterne werden die Spektralklassen im MK-System angegeben, die aus Spektrogrammen mit einer Dispersion von 76 Å/mm bei Hγ neu geschätzt wurden. Helligkeiten und Farben werden anderen Quellen entnommen. In Abbildungen werden gegeben: ein Hertzsprung-Russell-Diagramm, zwei Farben-Helligkeits-Diagramme und ein Zweifarbendiagramm. Die Metallliniensterne der Hauptreihe und die Riesensterne frühen Spektraltyps zeigen zu geringe Intensität im UV. In die Diagramme sind jeweils die Kurven eingetragen, auf denen Hauptreihensterne von normaler Helligkeit liegen würden. Die Abweichung der Punkte von diesen Kurven stützt die Feststellung von Johnson und Knuckles, daß die Sterne der Praesepe sich im Farben-Helligkeits-Diagramm merklich verschoben haben als Folge ihrer Entwicklung, die auf der Hauptreihe begonnen hat. O. G.

12107. **J. Cuffey, S. W. McCuskey,** The galactic cluster NGC 2169. ApJ **123** 59—63, mit 2 Fig. und 1 Tafel = Goethe Link Obs. Repr. Nr. 9. — Für 23 Sterne im offenen Sternhaufen NGC 2169 wurden lichtelektrisch Farben und Helligkeiten gemessen sowie Spektraltypen auf Objektivprisma-Aufnahmen bestimmt. Helle B-Sterne und einige A-Sterne der Hauptreihe scheinen die gesamte Population des Haufens darzustellen. Das von ihm eingenommene Volumen scheint frei von interstellarer Materie zu sein. Die Entfernung des Haufens wird zu 2000 pc abgeschätzt. Micz.

12108. **W. Dieckvoss,** Die Eigenbewegung von h und χ Persei. AN **283** 67—72, mit 1 Fig. = Mitt. Sternw. Hamburg-Bergedorf **10** Nr. 100. — Eine Vermessung von 145 Sternen auf acht neuen AG-Platten führt durch Vergleich mit A. S. Youngs Vermessung von 1874 zu einer relativen Raumgeschwindigkeit der beiden Haufen von 19 km/sec. Verf.

* * **M. Duflot, C. Fehrenbach,** La mesure des vitesses radiales au prisme objectif. V. Discussion des résultats pour une cinquantaine d'étoiles de la Chevelure de Bérénice. Vgl. Ref. **9216**.

12109. **O. Heckmann, H. L. Johnson,** A new color-magnitude diagram for the Hyades cluster. ApJ **124** 477—479, mit 1 Fig. — Johnson und Knuckles haben vor einiger Zeit ein Farben-Helligkeits-Diagramm der Hyaden mit Hilfe photoelektrischer Beobachtungen abgeleitet, ohne dabei die individuellen Entfernungen zu berücksichtigen. In der vorliegenden Notiz wird das Diagramm durch Verwendung individueller Entfernungsmoduln modifiziert, wodurch seine Ähnlichkeit mit dem der Praesepe in verstärktem Maße hervortritt. Micz.

12110. **O. Heckmann, K. Lübeck,** Helligkeiten und Eigenbewegungen in den Hyaden. ZfA **40** 1—20, mit 6 Fig., Berichtigung **41** 303 = Mitt. Sternw. Hamburg-Bergedorf **23** Nr. 253. — Im Gebiet der Hyaden wurden auf photographischem Wege Blau- und Orangegrößen bei den isophoten Wellenlängen 4270 Å und 5880 Å bestimmt. Skalen und Nullpunkte wurden von Johnson und Knuckles übernommen. Der Katalog enthält 104 Gruppensterne und 138 Nichtgruppensterne;

letztere wurden möglichst außerhalb der Hauptreihe des Farben-Helligkeits-Diagramms der Gruppe gewählt. Individuelle Entfernungsmoduln der Gruppensterne wurden aus teils kompilierten, teils neu bestimmten Eigenbewegungen abgeleitet. Die Struktur des Farbenhelligkeitsdiagramms wird diskutiert. Verf.

* * **D. S. Heeschen, F. D. Drake,** A 21-cm investigation of the Pleiades. Vgl. Ref. 12675.

* * **D. S. Heeschen,** 21 cm-line emission from the Coma cluster. Vgl. Ref. 12676.

12111. **J. Hopmann, K. Haidrich,** Der galaktische Sternhaufen I. C. 4996. Sitzber. Österreich. Akad. Wiss. Math.-naturwiss. Kl. Abteilung II **165** 57—96 = Mitt. Univ.-Sternw. Wien **9** Nr. 3. — Aus zehn Aufnahmen des Haufens werden für 134 Feldsterne und 23 der sehr kompakten Gruppe relative Eigenbewegungen abgeleitet. Der mittlere Fehler einer EB in einer Koordinate für 100 Jahre ist kleiner als ± 0″5. Sieben hellere Sterne des Feldes geben den Übergang zu den absoluten EB im System des FK 3. Die Feldsterne haben eine mittlere Entfernung von etwa 500 pc. Als Entfernung des Haufens wird 1000 pc ermittelt. Er ist ein Teil der von Ambarzumjan postulierten Assoziation von O- und B-Sternen in der Nachbarschaft von P Cyg. Aus den Eigenbewegungen folgt, daß P Cyg vor 1 bis 2 $\times 10^5$ Jahren noch im Haufen stand. Auch der Veränderliche RS Cyg kann vielleicht mit gleichem Alter zur Assoziation gehören. Die Streuungsellipse der EB der Feldsterne entspricht der Erwartung. Dagegen deuten die EB der Haufensterne auf starke innere Geschwindigkeiten. Ein Vergleich mit den Plejaden zeigt, daß I. C. 4996 etwa $2^1/_2$mal ärmer an Sternen ist, linear etwa 5mal kleiner mit einem Durchmesser von nur etwa 0.5 pc, damit aber sehr viel kompakter. Seine Gesamtmasse ist etwa 60 Sonnenmassen, die durchschnittliche Raumdichte 5 $\times 10^{22}$ gr cm^{-3}. Einige kosmogonische Überlegungen beschließen die Arbeit. Verf.

12112. **H. L. Johnson, W. A. Hiltner,** Observational confirmation of a theory of stellar evolution. ApJ **123** 267—277, mit 2 Fig. = Contr. McDonald Obs. Nr. 263. — Mit Hilfe der beobachteten Hauptreihen der Hyaden, Plejaden und Praesepe wird unter Annahme der Theorie der Sternentwicklung von Harrison (MN **100** 343) bzw. Ledoux (Dissertation, Lüttich 1949) eine Hauptreihe für Sterne vom Alter Null berechnet. Diese Hauptreihe ist die untere Einhüllende für die sonnennahen Sterne im Farben-Helligkeits-Diagramm. Sie dient zur Ableitung der Entfernungsmoduln von drei anderen Sternhaufen. Die sich ergebenden absoluten Helligkeiten werden mit anderweitig gefundenen Werten verglichen. Micz.

12113. **H. L. Johnson, A. R. Sandage, H. D. Wahlquist,** The galactic cluster M 11. ApJ **124** 81—89, mit 4 Fig. und 1 Tafel = Contr. McDonald Obs. Nr. 264. — Ref. in Sky and Telescope **16** 73. — Photographische und photoelektrische Messungen von etwa 400 Sternen in der Gegend des offenen Haufens M 11 wurden zur Aufstellung des Farben-Helligkeits-Diagramms erhalten. Interstellare Verfärbung und Entfernung werden ermittelt. Das Farben-Helligkeits-Diagramm nimmt eine Zwischenstellung zwischen dem der Praesepe und der Plejaden ein. Micz.

12114. **M. A. Kljakotko,** Photographische und photovisuelle Helligkeiten und Farbenindizes für Sterne in der Umgebung von NGC 7092. Mitt. Sternberg-Inst. Nr. 99 S. 44—48 (russ.). — Eine Liste von 159 Sternen, für welche photographische und photovisuelle Helligkeiten sowie Farbenindizes angegeben sind. Die Standardhelligkeiten wurden dem Feld S. A. 40 entnommen. Der mittlere Fehler einer Helligkeit beträgt ± 0ᵐ15. Ond.

12115. **V. Kourganoff,** Amas et associations stellaires. Vgl. Ref. 591, daselbst S. 3.16—14 bis 3.18—6 = Contr. Labor. Astr. Lille Nr. 5. — Artikel über den heutigen Stand der Kenntnisse über Sternhaufen und Sternassoziationen. Inhalt: Klassifizierung, integrale Eigenschaften, Zusammensetzung, Farben-Helligkeits-Diagramm, Leuchtkraftfunktion und Aufbau der Sternhaufen; Klassifizierung, Zusammensetzung, Aufbau und innere Bewegung der Sternassoziationen. Mawridis

12116. **E. A. Kreiken,** A statistical study of pulsating stars. V. The variable stars in M 53 and N. G. C. 3201. Commun. Faculté Sci. Univ. Ankara (A) 8 67—71, mit 2 Fig. = Commun. Department Astr. Ankara Univ. Nr. 12.

12117. **E. A. Kreiken,** A statistical study of pulsating stars. VI. Variables in miscellaneous clusters. Commun. Faculté Sci. Univ. Ankara (A) 8 72—78, mit 1 Fig. = Commun. Department Astr. Ankara Univ. Nr. 13.

12118. **P.-O. Lindblad,** A comparison between automatic and manual measurements of proper motion in the region of the cluster M 37. Stockholms Obs. Ann. **19** Nr. 6, 11 S. mit 3 Fig. — Zwei Plattenpaare des galaktischen Haufens M 37, die mit Handeinstellung und automatischem Meßapparat am Watson-Laboratorium ausgemessen wurden, ergaben bei der Maschinenmessung einen sechsmal kleineren Fehler, geringe Helligkeitsfehler und keine Farbgleichung. Die Eigenbewegung des Sternhaufens wurde zu $\mu_\alpha = +0''.0008 \pm 0''.0007$; $\mu_\delta = -0''.0036 \pm 0''.0005$ bestimmt. Gli.

12119. **L. O. Lodén,** Measurements of polarization and colour of stars in the galactic clusters NGC 2244 and NGC 2287. Ark Astr **2** 39—53, mit 10 Fig. = Stockholms Obs. Medd. Nr. 90. — Mit einem von Y. Öhman konstruierten «Vier-Bild-Polarigraphen» an einem 10″-Spiegel werden Aufnahmen von NGC 2244 und 2287 gemacht, um diese photographische Methode auf ihre Eignung für Polarisationsmessungen bei schwachen Sternen zu testen. Fehlerdiskussion und Resultate zeigen, daß diese Methode wegen der großen Streuung der Meßwerte nur angewendet werden sollte, wenn lichtelektrische Methoden versagen. Bei den beiden hier untersuchten Sternhaufen sind die Fehler von der Größenordnung der auftretenden Effekte. Gli.

* * **W. J. Luyten,** The search for faint blue stars. IV. More blue stars in the Hyades region. Vgl. Ref. **9413**.

12120. **B. J. Markarjan,** Neue Erkenntnisse über offene Sternhaufen. Pokroky **1** 33—50, mit 1 Fig. (tschech.).

* * **A. G. Massewitsch,** The evolution of stars in the Hyades cluster. Vgl. Ref. **5426**.

12121. **L. Mawridis,** Das Verhältnis von Masse zu Leuchtkraft in Hyaden, Praesepe und Plejaden. ZfA **41** 35—45 = Astr. Rechen-Inst. Heidelberg Mitt. (A) Nr. 5. — Für drei Sternhaufen wird das Verhältnis von Masse zu Leuchtkraft bestimmt. Die gefundenen Werte (Hyaden 0.37, Praesepe 0.74, Plejaden 0.09) sind kleiner als diejenigen für das Sterngemisch in der Sonnenumgebung, für Kugelhaufen und extragalaktische Nebel. Verf.

12122. **E. E. Mendoza V,** A spectroscopic study of the Pleiades. ApJ **123** 54—58, mit 2 Fig. — Spektraltypen und Leuchtkraftklassen von 78 Sternen in den Plejaden wurden bestimmt. Unter Heranziehung der lichtelektrischen Beobachtungen von Johnson werden Zweifarben- und HR-Diagramme konstruiert, nachdem der Einfluß der interstellaren Absorption eliminiert worden ist. Die Diskontinuität im Verhalten des Farbenindex (B-V), bekannt von den sonnennahen Sternen, tritt nicht auf. Die F-Sterne in den Plejaden sind durchschnittlich schwächer im UV als sonnennahe Sterne ähnlichen Spektraltyps und ähnlicher Leuchtkraftklasse. Micz.

* * **T. K. Menon,** A 21-cm investigation of NGC 2244 and NGC 2264. Vgl. Ref. **12680**.

12123. **J. Meurers, O. Bähr, H. H. Thomas,** Untersuchungen über die Eigenbewegungen von Sternhaufen. NGC 7789 und seine Umgebung. Veröff.

Univ.-Sternw. Bonn Nr. 43, 32 S. mit 8 Fig. — Herleitung absoluter und relativer Eigenbewegungen der Sterne des Haufens NGC 7789 und seiner Umgebung aus Aufnahmen mit dem Bonner Doppelrefraktor. Absolutanschluß: 694 Sterne, 50 Jahre Epochendifferenz; Relativanschluß: 920 Sterne, 37 Jahre. Helligkeiten, Koordinaten, Eigenbewegungen und Angaben über die Haufenzugehörigkeit der Sterne in den Katalogen I—IV am Ende der Arbeit. Mittlerer Fehler der hundertjährigen absoluten Eigenbewegung $\pm$ 0ʺ30, der relativen $\pm$ 0ʺ34. Auf Grund der abgeleiteten Bewegungen werden 171 Sterne dem Haufen zugehörig erklärt; sie geben das Bild eines galaktischen Sternhaufens sehr schwacher Konzentration. Die Anordnung der Sterne und ihre Bewegungsverhältnisse zeigen, daß sich im Haufengebiet zahlreiche Feldsterne befinden; es werden keine Anzeichen dafür gefunden, daß NGC 7789 ein Kugelhaufen sein könnte. Gondolatsch

12124. **A. B. Onegina,** Bestimmung der Eigenbewegung des Haufens NGC 6910. Mitt. Astr. Hauptobs. Akad. Wiss. Ukrain. Sowjetrepublik **1** Nr. 2 S. 61—68, mit 2 Abb. (russ.). — Aus zwei Plattenpaaren, die in Zeitabständen von 31 und 33 Jahren aufgenommen wurden, ergibt sich die absolute Eigenbewegung des Haufens $\mu_x = +0\overset{\prime\prime}{.}0027$, $\mu_y = +0\overset{\prime\prime}{.}0009$. Die Eigenbewegungen der rund 25 Haufensterne streuen um den Mittelwert im Durchschnitt um $\pm$ 0ʺ0053. Perek

12125. **P. Pişmiş,** Un nuevo cúmulo en Auriga. Bol. Obs. Tonantzintla y Tacubaya Nr. 14 S. 41—43, mit 2 Fig. (mit engl. Ref.). — Auf Platten des Schmidt-Spiegels in Tonantzintla wurde ein neuer galaktischer Sternhaufen bei $\alpha = 5^h\,47\overset{m}{.}3$, $\delta = 33°\,37\overset{\prime}{.}1$ (1950) gefunden, wobei 105 Mitglieder bis zu 19^m (pg) nachgewiesen wurden. Die Sternverteilung wurde untersucht. Bei Einordnung in Trümplers Klasse IIIm ergibt sich eine Entfernung über 4 kpc. Gü.

12126. **C. Popovici,** O metodă pentru determinarea distanţelor unor ingrămădiri de stele. Rev. Univ. C. I. Parhon Bucureşti Nr. 4—5 S. 149—160, mit 3 Fig. 1954, (mit russ. und französ. Ref.).

12127. **V. C. Reddish,** Integrated colour of old population I systems. Obs **76** 68. — Für den Sternhaufen NGC 2682 (M 67), der als ein altes System der Population I betrachtet wird, wurde aus dem von Johnson und Sandage veröffentlichten Farben-Helligkeits-Diagramm (erweitert nach schwachen Sternen hin) durch Umrechnung auf das P, V-System und Integration der Intensitäten der Farbenindex $P - V = 0\overset{m}{.}64$ abgeleitet. Um auf den FI $0\overset{m}{.}80$ (E-Nebel, Kern von M 31) zu kommen, müßte die Zahl der roten Hauptreihensterne um den Faktor 100 oder die Zahl der helleren roten Riesen um das Dreifache erhöht werden. O. G.

12128. **J. Ruprecht,** Galaktische Sternhaufen. Časopis **6** 83—93, mit 17 Fig. (tschech.).

* * **U. Steinlin,** Zur Anwendung der Dreifarbenphotometrie in der Stellarstatistik. Vgl. Ref. **12005.**

12129. **J. Stock,** Magnitudes and colors for stars in two new galactic clusters. ApJ **123** 258—266, mit 4 Fig. — Auf Objektivprisma-Aufnahmen hat Verf. einige Sterngruppen entdeckt, die er als galaktische Haufen identifiziert. Für zwei derartige Gruppen (RA = $19^h\,33\overset{m}{.}7$, Dekl. = $+25\overset{\circ}{.}1$, 1950, und RA = $2^h\,11\overset{m}{.}3$, Dekl. = $+59\overset{\circ}{.}0$, 1950) wurden Helligkeiten und Farben, zum Teil auch Spektraltypen, photographisch bestimmt. Die Farben-Helligkeits-Diagramme werden kurz behandelt. Soweit möglich, werden Entfernung und interstellare Absorption ermittelt. Micz.

12130. **O. Struve,** Gamle og unge stjernehobe. NAT 1956 S. 56—64, mit 8 Fig. — Übersetzung aus Sky and Telescope **15** 165—168 (vgl. nachstehendes Ref.).

12131. **O. Struve,** Old and young star clusters. Sky and Telescope **15** 165—168, mit 8 Fig. — Bericht nach Arbeiten von H. L. Johnson, A. R. Sandage und anderen. Dv.

12132. **O. Struve,** The Hyades cluster. Sky and Telescope **15** 535—537, mit 7 Fig. — Bericht über neuere Arbeiten, insbesondere von J. A. Pearce. Dv.

12133. **Tumanjan,** Bestimmung der maximalen Entfernungen, bei denen die Entdeckung offener Sternhaufen möglich ist. Wiss. Publ. Univ. Erewan **48** 93—113, 1955 (armen. mit russ. Ref.). — Ref. in RJ 1957 Nr. 3 S. 46—47.

12134. **M. F. Walker,** Studies of extremely young clusters. I. NGC 2264. ApJ Suppl **2** 365—387, mit 3 Fig. und 7 Tafeln. — Ref. in ApJ **124** 668, Coelum **25** 88. — Für alle Sterne mit $V < 17^m$ im Gebiet dieses sehr jungen offenen Sternhaufens wurden U, B, V-Helligkeiten teils lichtelektrisch und teils photographisch gemessen. Für eine Anzahl dieser Sterne wurden auch MK-Spektren bestimmt. Das Farben-Helligkeits-Diagramm des Haufens zeigt die Hauptreihe von O7 bis A0; rechts von A0 liegen die Sterne oberhalb der Hauptreihe. Verf. erklärt diese Erscheinung dadurch, daß es sich hierbei um Sterne handelt, die sich immer noch in gravitativer Kontraktion befinden und noch nicht die Hauptreihe erreicht haben. Auf Grund dieser Annahme und mit Hilfe der Theorie von Henyey, LeLevier und Levée (vgl. AJB **55** Ref. **5408**) folgen für das Alter des Haufens 3×10^6 Jahre. Die Rotationsgeschwindigkeit wurde für die Sterne der späteren Spektraltypen (F8 und später) größer gefunden, in Übereinstimmung mit den theoretischen Überlegungen über eine Abbremsung der Rotation in den letzten Phasen der gravitativen Kontraktion eines Sterns. Die Leuchtkraftfunktion des Haufens, die sich bis $M_V = +8^m$ berechnen läßt, scheint ein Maximum bei $M_V = +6$ zu haben. Dem Haufen gehören viele T Tauri-Veränderliche an, die teilweise erst während dieser Untersuchung entdeckt wurden. Mawridis

12135. **B. Westerlund,** On the reddening of the Pleiades. Ark Astr **2** 9—22, mit 8 Fig. = Uppsala Astr. Obs. Medd. Nr. 114. — Die Farben und Farbenexzesse von Plejadensternen werden aus den photometrischen Katalogen mehrerer Autoren abgeleitet. Aus ihnen werden Schlüsse über die Verteilung der Absorption im Gebiet des Haufens gezogen. F. S.

12136. **B. Westerlund,** Etude spectrophotométrique des étoiles les plus brillantes de l'amas M 39. JO **39** 117—123, mit 3 Fig. = Uppsala Astr. Obs. Ann. **4** Nr. 5. — Für zwölf Sterne, die im Haufen M 39 oder nahe bei ihm stehen, werden Angaben über die Charakterisierung der Spektren im System von Chalonge und Divan gemacht. F. S.

12137. **B. Westerlund,** Etude spectrophotométrique des étoiles les plus brillantes de l'amas galactique dans Coma Berenices. JO **39** 159—166, mit 3 Fig. = Uppsala Astr. Obs. Ann. **4** Nr. 5. — Die im Sinn der dreidimensionalen Spektralklassifikation von Chalonge und Divan wesentlichen Parameter werden für die 19 hellsten Sterne des Haufens Coma Berenice durch Spektralphotometrie abgeleitet. F. S.

12138. **R. v. d. R. Woolley,** On the equilibrium of clusters. III. The Pleiades. MN **116** 296—303, mit 1 Fig. — Die Beobachtungen zeigen, daß die helleren Sterne in den Plejaden stärker zum Zentrum konzentriert sind als die schwächeren. Es wird ein theoretisches Modell integriert unter den Annahmen: Zentraldichte = $15.6\,\mathfrak{M}_\odot/\mathrm{pc}^3$; Maxwellverteilung der Geschwindigkeiten, abgeschnitten bei 0.72 der Entweichgeschwindigkeit. In der projizierten Dichte stimmen Modell und Beobachtung gut zusammen. Die Relaxationszeit für das zentrale Gebiet wird zwischen 10^7 und 10^8 Jahren abgeschätzt. Innerhalb eines Gebietes von etwa 3 pc Radius sollte sich Gleichgewicht eingespielt haben. Die Plejaden sind stabil im Sinne von Bok. v. Hoerner

12139. Pleiades cluster and associated neutral hydrogen gas. Sky and Telescope **15** 208, mit 1 Fig. — Ref. AAS.

12140. Motions in a star cluster. Sky and Telescope **15** 358—359. — Ref. AAS.

Kugelförmige Sternhaufen

12141. **G. Armellini,** Sopra l'orbita descritta da un astro in un ammasso stellare sferico. I. Rend. Accad. Nazionale Lincei, Cl. Sci. fis., mat., nat. (8) **21** 8—13 = Oss. Astr. Roma Monte Mario Contr. Sci. (NS) Nr. 233. — Verf. untersucht die Bahn eines Sterns in einem Kugelhaufen und gibt die allgemeinen Bewegungsgleichungen. Cester

12142. **H. C. Arp, G. Wallerstein,** Cepheids in M 2. AJ **61** 272, mit 1 Fig. — Anschließend an frühere Ergebnisse (AJ **60** 1) werden drei relativ langperiodische δ Cephei-Sterne und ein RV Tauri-Veränderlicher auf Grund von 64 Platten aus den Jahren 1953—54 auf Periodenänderungen untersucht. Beim RV Tauri-Stern glauben Verf. die Lichtkurve durch eine Überlagerung zweier Sinuswellen deuten zu können. Beyer

12143. **R. H. Baker, H. V. Baker,** Ultraviolet light-curves of selected variable stars in M3. AJ **61** 283—289, mit 4 Fig. — Für 38 RR Lyrae-Sterne des Kugelhaufens M3 sind aus 38 Platten, die mit dem 100 zölligen Mount Wilson-Reflektor unter Verwendung eines 2mm Schott UG2-Filters aufgenommen wurden, Ultraviolettheiligkeiten bestimmt. In Verbindung mit den von M. Roberts und A. Sandage in AJ **60** 185 (1955) bestimmten Helligkeiten für den blauen und photovisuellen Bereich lassen sich die Lichtkurven in den drei Farben vergleichen. Die einzelnen Messungen sind samt den zugehörigen Phasen des Lichtwechsels in Tabellen zusammengestellt. Für drei Sterne sind die Lichtkurven sowie ihre Unterschiede (Blau-Violett und Ultraviolett-Blau) bildlich wiedergegeben. Beyer

12144. **S. van den Bergh,** Note on the globular cluster Abell No. 4. Publ ASP **68** 449—450, mit 1 Fig. — Auf dem Atlas des «Palomar sky survey» läßt sich eine Photometrierung durchführen ($\pm$ 0^{m}3 mittlerer Fehler) durch Ausmessen der Sterndurchmesser. 19 Sterne des Kugelhaufens Abell Nr. 4 sind hell genug für eine Anwendung der Methode. Es ergibt sich der typische Ast der roten Riesen. Der Vergleich mit M 3 liefert einen scheinbaren Entfernungsmodul von 21.2, während Shapleys Kalibrierung des sechsthellsten Sternes 20.9 ergibt. Der Mittelwert beider Bestimmungen, zusammen mit einer auf 0^{m}25 geschätzten Absorption, gibt 20.8 als wahren Entfernungsmodul, entsprechend einer Entfernung von 145 kpc. Der Kugelhaufen wird daher als «intergalactic tramp» bezeichnet. v. Hoerner

12145. **S. van den Bergh,** The diameter of globular clusters. ZfA **41** 61—65, mit 4 Fig. — Verf. benützt als Durchmesserkriterium bei Kugelhaufen den mittleren Abstand der Haufenveränderlichen vom Schwerpunkt. Die so bestimmten Durchmesser sind mit dem Abstand des Haufens Z von der galaktischen Ebene korreliert, nicht aber mit dem auf die galaktische Ebene projizierten Abstand vom Zentrum $\sqrt{X^2 + Y^2}$. Es wird darin eine Bestätigung für die Annahme gesehen, daß Haufen mit großem Z im Mittel nur einen kurzen Zeitraum ihres Lebens in der galaktischen Ebene verbringen und weniger auflösenden Kräften ausgesetzt sind. Behr

12146. **P. N. Cholopow,** Spatial distribution of stars of various types in the globular cluster M4. AJ UdSSR **33** 46—53, mit 3 Fig. und 4 Tafeln (russ. mit engl. Ref.). — Nach Unterlagen von Greenstein wird die Verteilung von vier Gruppen konstanter Sterne wie von RR Lyrae-Sternen untersucht und dargestellt. Anders als M 3 zeigt der Kern von M 4 drei scharf abgegrenzte Zonen mit unterschiedlichen Dichtegradienten. Petri

12147. **M. Cimino,** Sulla stabilità degli ammassi globulari nella più generale ipotesi della distribuzione sferica loro densità. I. II. Rend. Accad. Nazionale Lincei, Cl. Sci. fis., mat., nat. (8) **20** 217—223, 353—357, mit 1 Fig. = Oss. Astr. Roma Monte Mario Contr. Sci. (NS) Nr. 227. — In Teil I erörtert Verf. die Stabilitätsbedingungen für die Bahn eines Sterns in einem Kugelhaufen in bezug auf galaktische Störungen. In Teil II werden weitere Ergebnisse unter Annahme des Schusterschen Dichtegesetzes mitgeteilt. Die Bahnstabilität ist danach um so größer, je ausgeprägter die Konzentration der Sterne ist. Bei gleicher Masse und gleicher zentraler Konzentration ist in Hinblick auf die Stabilitätsdiskussion in guter Annäherung der maximale Radius eines Haufens der Entfernung des Haufens vom galaktischen Zentrum proportional. Empirisch ist das schon vor einiger Zeit von Lohmann (vgl. AJB **53** Ref. **12133**) nachgewiesen worden. Cester

12148. **D. Ege,** A statistical study of pulsating stars. XIV. Irregular variables in ω Cen. Commun. Faculté Sci. Univ. Ankara (A) 8 109—111 = Commun. Department Astr. Ankara Univ. Nr. 21.

12149. **S. C. B. Gascoigne, E. J. Burr,** Surface photometry of the globular clusters 47 Tucanae and Omega Centauri. MN **116** 570—582, mit 7 Fig. — Die Flächenhelligkeiten f als Funktion des Abstandes r vom Zentrum wurden photoelektrisch in zwei Farben gemessen und daraus die Verteilung der räumlichen Helligkeitsdichte berechnet. Die Ergebnisse werden mit anderen Kugelhaufen und elliptischen Nebeln verglichen. Die Verteilungen der Flächenhelligkeiten zeigen Unterschiede in verschiedenen Objekten, lassen sich jedoch meist über einen weiten Bereich durch $\log f/f_e = -3.33\,[(r/r_e)^{1/4}-1]$ darstellen. Die räumliche Helligkeitsdichte im Zentrum von ω Cen ist etwa 3×10^4 mal größer als in Umgebung der Sonne (etwa 10^6 für 47 Tuc). Das Zentrum von 47 Tuc scheint röter zu sein als die äußersten Teile. v. Hoerner

12150. **C. Grubissich,** Le stelle variabili dell'ammasso globulare M 15. III. Studio delle dieci variabili No. 19, 23, 25—29, 31, 42, 43. Mem SA It (NS) **27** 391—407, mit 3 Fig. = Contr. Oss. Astrofis. Asiago Nr. 76. — Mit Hilfe von 203 Beobachtungen (Asiago 1954—1955), 63 weiteren (Bailey 1915—1918) und 12 Beobachtungen (Bailey 1896—1908) des Kugelsternhaufens M 15 werden 10 Veränderliche vom Typ RR Lyrae untersucht. Elemente, Lichtkurve und Beobachtungen von Asiago werden für 9 Sterne mitgeteilt. Für diese ist auch eine Periodenänderung wahrscheinlich. Der Stern Nr. 27 scheint nicht veränderlich zu sein. Cester

12151. **H. L. Johnson, A. R. Sandage,** Three-color photometry in the globular cluster M 3. ApJ **124** 379—389, mit 6 Fig. und 1 Tafel = Contr. McDonald Obs. Nr. 267. — Neue photoelektrische und photographische Messungen an etwa 225 Sternen im Kugelhaufen M 3 ermöglichen die Transformierung der in AJ **58** 61 (AJB **53** Ref. **12138**) gegebenen Helligkeiten in das U, B, V-System. Ein neues Farben-Helligkeits-Diagramm (V, B-V) wird mitgeteilt. Riesen, Unterriesen und Zwerge weisen einen merklichen UV-Exzeß auf; Sterne auf dem horizontalen Ast im Blauen besitzen dagegen einen UV-Defekt, wie er auch in M 13 auftritt. Verf. macht darauf aufmerksam, daß die Identifizierung der verschiedenen Äste des Diagramms mit den von Feldsternen besetzten zweifelhaft ist. Micz.

12152. **J. Krawiecka,** On the distribution of RR Lyrae stars in globular clusters. Zeszyty Nauk. Uniw. Wroclawski (B) 1956 S. 169—179, mit 3 Fig. (poln. mit engl. Ref.). — In der Ebenendarstellung nimmt die Dichte der Veränderlichen langsamer zur Peripherie hin ab als die der normalen Sterne. Dies kann durch die Annahme elliptischer Bahnen erklärt werden. Weidemann

12153. **E. A. Kreiken,** A statistical study of pulsating stars. I. The variable stars in ω Centauri. Commun. Faculté Sci. Univ. Ankara (A) 8 40—52, mit 1 Fig. = Commun. Department Astr. Ankara Univ. Nr. 8. — Die Lichtkurven einer größeren Anzahl von Veränderlichen in ω Centauri werden analysiert. Bei der Analyse wird hauptsächlich Wert auf die Bestimmung der verschiedenen höheren Terme gelegt. F. S.

12154. **E. A. Kreiken,** A statistical study of pulsating stars. III. The variable stars in Messier 5. Commun. Faculté Sci. Univ. Ankara (A) 8 58—62, mit 1 Fig. = Commun. Department Astr. Ankara Univ. Nr. 10.

12155. **E. A. Kreiken,** A statistical study of pulsating stars. IV. The variables in Messier 3. Commun. Faculté Sci. Univ. Ankara (A) 8 63—66, mit 1 Fig. = Commun. Department Astr. Ankara Univ. Nr. 11. — Analyse der Lichtkurven von 40 Veränderlichen in M 3. F. S.

12156. **E. A. Kreiken,** A statistical study of pulsating stars. VII. The variables in M 2. Commun. Faculté Sci. Univ. Ankara (A) 8 79—82, mit 1 Fig. = Commun. Department Astr. Ankara Univ. Nr. 14.

12157. **G. Mannino,** Le stelle variabili dell'ammasso globulare M 15. I. Studio die 14 cefeidi del tipo RR Lyrae (N. 2—15). Mem SA It (NS) **27** 169—190, mit 4 Fig. = Contr. Oss. Astrofis. Asiago Nr. 74. — In den Jahren 1954 und 1955 wurden am 48'-Teleskop von Asiago 200 Platten des Kugelsternhaufens M 15 = NGC 7078 aufgenommen. Verf. berichtet an Hand dieses und älteren Materials von Bailey, Wemple und Levy über seine photometrische Untersuchungen von 14 RR Lyrae-Sternen (Nr. 2—15). Die Ergebnisse sind in Tabellen zusammengestellt bzw. graphisch dargestellt. Für die Sterne Nr. 3, 5, 12 und 15 werden die Perioden verbessert. Die Diskussion des gesamten Materials 1896—1955 ergibt für einige Veränderliche eine säkulare Änderung der Periode. Cester

12158. **G. Mannino,** Le stelle variabili dell'ammasso globulare M 15. II. Studio di 10 note Cefeidi del tipo RR Lyrae (n. 17, 18, 22, 24, 30, 32, 35, 38, 39, 40) e di una nuova variabile (n. 99). Mem SA It (NS) **27** 263—277, mit 3 Fig. = Contr. Oss. Astrofis. Asiago Nr. 75. — An Hand der Beobachtungen von Bailey aus dem Jahre 1896—1919 und 200 eigenen Aufnahmen von 1954 bis 1955 untersucht Verf. zehn bekannte Cepheiden des Kugelsternhaufens M 15 = NGC 7078. Die Ergebnisse sind in Tabellen zusammengestellt. Für die Sterne Nr. 24, 30, 32 und 35 werden die Perioden verbessert; für Stern Nr. 17 wird eine vollständig neue abgeleitet. Die Sterne Nr. 18, 22 und 40 zeigen eine merkliche, Nr. 38 und 39 eine geringere Periodenänderung. Als neuer Veränderlicher ist Stern Nr. 99 (= Nr. 717 im Katalog von Küstner) angezeigt. Für alle Sterne sind die Lichtkurven wiedergegeben. Cester

12159. **G. Mannino,** Sul periodo di due stelle variabili nell'ammasso globulare di Baade in AR $15^h\ 13^m\ 30^s$, D $+0°\ 4'$ (1950.0). Mem SA It (NS) **27** 415—416, mit 1 Fig. = Pubbl. Oss. Astr. Univ. Bologna **6** Nr. 17. Unter Benutzung der in Mem SA It (NS) **27** 73 (vgl. Ref. **12161**) gegebenen Daten werden Perioden und Lichtkurven für die Sterne Nr. 2 und 5 des Kugelhaufens von Baade abgeleitet. Beide Sterne sind vom Typus RR Lyrae (Bailey-Klasse c). Cester

* * **A. Masotti,** Su alcuni problemi dinamici connettibili alla teoria degli ammassi stellari sferici. Vgl. Ref. **4409**.

12160. **W. W. Morgan,** The integrated spectral types of globular clusters. Publ ASP **68** 509—516, mit 1 Tafel. — Ref. in JBAA **67** 269. — Die integralen Spektren von zwölf Kugelsternhaufen werden klassifiziert; die Aufnahmen sind mit dem 82 inch-Reflektor des McDonald Observatory gemacht. Die meisten Haufen sind späte F-Typen. Am Schluß werden einige Zusammenhänge zwischen Spektrum und Alter eines Haufens diskutiert. F. S.

12161. **S. Pietra,** Ricerche sugli ammassi globulari. XIII — Periodi e curve di luce di stelle variabili nell'ammasso globulare di Baade in AR $15^h\ 13^m\ 30^s$; D $+0°\ 4'$ (1950.0). Mem SA It (NS) **27** 73—80, mit 1 Fig. = Pubbl. Oss. Astr. Univ. Bologna **6** Nr. 16. — Untersuchung der RR Lyrae-Veränderlichen im Kugelsternhaufen von Baade auf 140 mit dem 60 cm-Reflektor von Lojano 1951—54 erhaltenen Platten. Für die 1951 von Rosino gefundenen Veränderlichen Nr. 1, 3, 4 werden Perioden und die Lichtkurven gegeben. Für Nr. 2 und weitere fünf Sterne konnte keine befriedigende Periode abgeleitet werden. Cester

12162. **M. P. Savedoff,** A photographic color-magnitude array of the globular cluster M 13. AJ **61** 254—261, mit 2 Fig. und 4 Tafeln. — Mit dem 5 m-Spiegel photographisch bestimmtes Farben-Helligkeits-Diagramm nebst Katalog von 1437 Sternen des Kugelhaufens M 13 mit photoelektrischen Anschlüssen. Das FHD zeigt den typischen Population II-Verlauf, bestätigt aber erneut die Variation der FHD von Haufen zu Haufen. Der blaue Riesenast ist bemerkenswert weit bis über $+3^{m}.5$ (pv) hinaus zu verfolgen. Die Hauptreihe ist nicht mehr erfaßt. Voigt

* * **M. Schmidt,** A model of the distribution of mass in the galactic system. Vgl. Ref. **4422.**

* * **E. Vandekerkhove,** L'effet d'une population de type II sur le rougissement d'une nébuleuse extragalactique. Vgl. Ref. **12429.**

12163. **R. v. d. R. Woolley, D. A. Robertson,** Studies in the equilibrium of globular clusters. II. MN **116** 288—295, mit 2 Fig. — Für den Fall der isothermen Polytropen wird die Relaxationszeit für kreisförmige und radiale Bahnen als Funktion des Abstandes vom Zentrum berechnet. Alle Sterne sind mit gleicher Masse angesetzt. Für jedes endliche Alter des Haufens ergibt sich ein endlicher (mit dem Alter wachsender) Radius R, außerhalb dessen sich noch kein Gleichgewicht durch Energieaustausch eingespielt haben kann. War der Haufen ursprünglich kleiner als R, so bildet sich nach einiger Zeit jenseits von R eine Zone, deren Sterne alle aus dem Zentrum stammen und die mit den Sternen innerhalb R im Gleichgewicht stehen. Unter dieser Annahme kann die Dichte auch außerhalb R berechnet werden. Der Vergleich dieser «modifizierten Isothermen» mit den beobachteten (projizierten) Dichteverteilungen in zwei Kugelhaufen fällt weit besser aus als bei den isothermen Polytropen. v. Hoerner

12164. **R. v. d. R. Woolley,** The equilibrium of globular clusters. Obs **76** 53—54. — Ref. RAS.

12165. Om polarisation hos klotformiga stjärnhopar. PAT **37** 76—77. — Referat eines Artikels von Blamont und Courtès in Ann d'Astrophys (vgl. AJB **54** Ref. **12130**) über die Polarisation des Lichtes der Kugelhaufen. Ein höherer Polarisationsgrad als 3.5 % wurde niemals gefunden. C. L. J.

12166. Lidt om Kuglehoben N.G.C. 7006. Urania København **13** 57—58.

* * Pallas and M 15. Vgl. Ref. **7531.**

§ 122

Galaktische Nebel

* * Radioastronomische Untersuchungen von galaktischen Nebeln siehe § **126.**

12201. **L. H. Aller,** Gaseous Nebulae. London, Chapman & Hall Ltd.; New York, John Wiley & Sons, 1956. The International Astrophysics Series Vol. **3.** 16 + 322 S. mit zahlreichen Fig. und Tafeln. Preis 63 s. bzw. $ 11.00. — Besprechung in Ann d'Astrophys **19** 181 (D. Barbier), JBAA **67** 81—82 (R. H. Garstang), J RAS Canada **51** 170—171 (L. Searle), Mem SA It (NS) **27** 559—560 (M. Hack), Nature **178** 1315 (R. O. Redman), Obs **77** 33—34 (M. J. Seaton), Phys. Abstracts (A) **59** 613 (R. A. Newing), Proc. Phys. Soc. (B) **70** 630 (H. H. Plaskett), Publ ASP **68** 557—558 (G. H. Herbig), Science **124** 996 (D. ter Haar), Sky and Telescope **15** 556, **16** 126—127 (A. D. Thackeray), ZfA **40** 219—220 (H. Zanstra).

12202. **H. Andrillat,** Les densités électroniques de 8 nébuleuses gazeuses déduites du rapport d'intensité des raies de [O II]. CR **243**

702—704. — Die Intensitätsverhältnisse der [O II]-Linien 3726 und 3729 Å (gemessen nach Spektren mit einem Einprismenspektrographen am 120 cm-Spiegel des Observatoire de Haute Provence) sind in guter Übereinstimmung mit den theoretischen Werten, die sich aus Temperatur und Elektronendruck der untersuchten Nebel ergeben. Labs

12203. **W. Baade,** The polarization of the Crab nebula on plates taken with the 200-inch telescope. BAN **12** 312, mit 3 Tafeln. — Im Wellenlängengebiet 5400 bis 6400 Å wurden durch ein Polaroidfilter mit acht verschiedenen Orientierungen der Schwingungsrichtung Aufnahmen des Crabnebels am 200 inch-Teleskop gemacht. Die Photographien zeigen sehr eindrucksvoll die starke Polarisation des amorphen Nebelteiles, wie sie nach der Synchrotrontheorie des Leuchtens erwartet werden muß. Thi.

12204. **C. Bertaud,** La nébuleuse du Crabe. BSAF **70** 169—180, mit 5 Fig. — Artikel über den heutigen Stand der Erforschung des Crab-Nebels (monochromatisches Bild, Spektrum, Polarisation, Radiostrahlung, kosmische Strahlung). Anschließend wird kurz über radioastronomische Beobachtungen der Bedeckung des Nebels durch den Mond am 24. 1. 1956 berichtet. Mawridis

12205. **A. Boischot, E. J. Blum, M. Ginat, E. Le Roux,** Observation d'une éclipse de la nébuleuse du Crabe. CR **242** 1849—1852, mit 3 Fig. — Während einer Bedeckung des Crab-Nebels durch den Mond am 24. Jan. 1956 werden Radiobeobachtungen bei 169 MHz und 900 MHz angestellt. Es zeigt sich, daß die Emissionszentren der Radiostrahlung eng mit denen der visuellen Strahlung (Filamente) zusammenfallen. Labs

12206. **E. E. Chatschikjan,** Über das Leuchten des Nebels IC 432. DAN Armen. Sowjetrepublik **23** Nr. 2 S. 49—56 (russ. mit armen. Ref.). — Ref. in RJ 1957 Nr. 6 S. 42.

12207. **E. E. Chatschikjan,** Polarimetrische und kolorimetrische Untersuchung von Nebeln. Erewan, 1956 (russ.). — Dissertationsreferat.

12208. **J. Dufay,** Nébuleuses galactiques et matière interstellaire. Vgl. AJB **54** Ref. **12204.** — Weitere Besprechung in Ric. Sci. **26** 686 (G. Godoli).

12209. **J. C. Duncan,** Lampland's study of Hubble's variable nebula, NGC 2261. Publ ASP **68** 517—519, mit 4 Tafeln. — Es wird eine repräsentative Auswahl aus den 940 im Zeitraum von 1916 bis 1951 von Lampland am 42 inch-Reflektor des Lowell Observatoriums erhaltenen Aufnahmen von NGC 2261 gebracht. Nach Lampland sind die Veränderungen im Nebel nicht durch wirkliche Materiebewegungen bedingt, sie werden vielmehr dadurch erzeugt, daß Wellen von Licht und Dunkelheit über die Nebelmassen hinweggehen. Thi.

12210. **I. L. Genkin,** A review of the sources of radiation of diffuse gaseous nebulae. AJ UdSSR **33** 817—834 (russ. mit engl. Ref.). — Für mehr als 200 Nebel zwischen 65° und 200° galaktischer Länge werden Sterne angegeben, die für deren Beleuchtung bzw. Anregung in Frage kommen. Loh.

12211. **G. A. Gursadjan,** Das Balmer-Dekrement einiger diffuser Nebel. Mitt. Obs. Bjurakan Nr. 18 S. 3—14, mit 1 Abb. (russ. mit armen. Ref.). — Spektren der diffusen Nebel NGC **6523, 6618, 7000** und **1976** wurden mit dem Nebelspektrographen des Bjurakan-Observatoriums aufgenommen. Das Intensitätsverhältnis H_α/H_β wurde wegen selektiver interstellarer Absorption sowie auch wegen Überlagerung des Dubletts [NII] über H_α korrigiert. Dabei wurden Messungen von Page mit großer Dispersion herangezogen und theoretisch eine Formel für die Abhängigkeit des Intensitätsverhältnisses [NII]/H_α von physikalischen Zustandsgrößen abgeleitet. Das Verhältnis H_α/H_β liegt in allen Fällen über dem theoretischen Wert, am meisten bei NGC **6618** und **1976**, was vom Verf. einer verschieden großen Beimischung von Staub zugeschrieben wird. Ond.

12212. **G. A. Gursadjan,** Versuch einer Polarisationsspektralphotometrie des Orion-Nebels. Mitt. Obs. Bjurakan Nr. 20 S. 23—44, mit 9 Fig. (russ. mit armen. Ref.). — Verf. hat sich in der vorliegenden Untersuchung das Problem gestellt, eine mögliche Wellenlängenabhängigkeit der Polarisation des Orion-Nebels nachzuweisen. Das Plattenmaterial wurde in den Jahren 1954 und 1955 mit dem Nebelspektrographen des Bjurakan-Observatoriums und einer Polaroidplatte gewonnen. Die Aufnahmeapparatur ist im einzelnen beschrieben. Den Hauptteil der Arbeit nimmt die Diskussion über den Einfluß der Apparatepolarisation ein, die sich als merklich wellenlängenabhängig und veränderlich erweist. Die für den Orion-Nebel schließlich übrig bleibende Wellenlängenabhängigkeit der Polarisation ($\Delta p \approx 6\,\%$ zwischen λ 4860 und λ 4100) wird der Unsicherheit der Meßdaten zugeschrieben. Oster

12213. **G. H. Herbig,** The source of illumination of NGC 1579. Publ ASP **68** 353—356, mit 1 Tafel. — NGC 1579 ist ein Reflexionsnebel mit hellen Wasserstofflinien; die Spektralklasse des beleuchtenden Sterns muß etwa F sein. Ein Stern im dunklen Teil nahe der Mitte des Nebels (Lk Hα — 101) zeigt intensive Hα-Emission, scheint aber um 9^m zu schwach für die Beleuchtung des Nebels zu sein. Eine Infrarotaufnahme zeigt den Stern relativ zu Nachbarsternen um mehrere Größenklassen heller. Das stützt die Annahme, daß er durch absorbierende Materie geschwächt erscheint. O. G.

12214. **C. Luplau Janssen,** Lidt om luftformige Taager. Urania København **13** 69—70. — Einige neuere Ergebnisse auf dem Gebiet der Gasnebel. C. L. J.

12215. **H. M. Johnson,** Symmetric galactic nebulae. II. ApJ **124** 90—92, mit 1 Fig. = Contr. McDonald Obs. Nr. 265. — Ein Nachtrag von elf Objekten zu einem Katalog symmetrischer, galaktischer Nebel, den der Verf. veröffentlicht hat (ApJ **121** 604, vgl. AJB **55** Ref. **12212**). Micz.

12216. **W. Liller, L. H. Aller,** Photoelectric photometry of the Orion Nebula. AJ **61** 183—184. — Ref. AAS.

12217. **M.-T. Martel,** Polarisation de la nébuleuse du Crabe. CR **242** 1847—1849, mit 1 Fig. — Polarisationsmessungen am Crab-Nebel ergeben Polarisationsgrade von 6 % bis 45 %. Die Polarisationsebenen ändern sich stark von Ort zu Ort und fallen weitgehend in Richtung der Filamente. Labs

12218. **M.-T. Martel,** Mesures photoélectriques de l'excès de couleur de sept nébuleuses diffusantes par rapport aux étoiles qui les éclairent. CR **243** 1401—1402. — Mit einem Photomultiplier und einem Farbfilter BG 12 + GG 13 und OG 4 wird der Farbenindex von sieben Gasnebeln sowie der ihrer Anregungssterne gemessen. Während IC 4601 a, IC 4601 b, IC 1287 und NGC 7023 blauer sind als der anregende Stern, zeigt die Nebelgruppe NGC 6589, NGC 6590 und IC 1284 eine schwache Rötung, die durch eine H_α-Emission hervorgerufen ist. Innerhalb der Nebelfläche ändert sich der Farbenindex mit dem Abstand vom Zentralstern. Labs

12219. **M.-T. Martel,** Polarisation de la lumière émise par la nébuleuse du Crabe. CR **243** 1726—1728, mit 1 Fig. — Mit einem Öhman-Polarigraphen werden in den Spektralbereichen 4000—5000 und 5200—5800 Å Polarisationsuntersuchungen am Crab-Nebel durchgeführt. Polarisationsgrad (im Mittel 25 %, maximal 43.5 %) und Positionswinkel (des magnetischen Vektors) werden für 29 Stellen (von je 8′ Durchmesser) mitgeteilt. Die Richtungen der Polarisationsebenen folgen weitgehend der Filamentstruktur des Nebels. Labs

12220. **B. Y. Mills, A. G. Little, K. V. Sheridan,** Emission nebulae as radio sources. Australian J. Phys. **9** 218—227, mit 2 Fig. und 1 Tafel = Commonwealth Sci. Industrial Res. Organization, Australia, Division Radiophys. — Mit der 1500 ft Mills-Kreuzantenne wurde bei 3.5 m Wellenlänge die Radiostrahlung von 14 hellen Emissionsnebeln gesucht. Die Halbbreite der Antennenkeule beträgt 50′. Sechs

Nebel wurden in Emission beobachtet, sieben konnten nicht aufgefunden werden, ein Nebel (NGC 6357) wurde in Absorption in der Untergrundstrahlung gefunden. Letzterer liegt in Richtung auf das Kerngebiet unserer Galaxis ($17^h\,21^m\!.7$, $-34°\,7'$, 1950). Isophoten konnten für den Rosettennebel NGC 2237 und den η Car-Nebel NGC 3372 gewonnen werden. Unter Benutzung einer Temperatur von 10000° in den Nebeln ergaben sich mittlere Elektronendichten von 3 bis 500 cm^{-3}, letztere für den Orion-Nebel. Seine Gasmasse wurde zu 20 Sonnenmassen berechnet. Aus der Absorptionsmessung des Nebels NGC 6357 wurde seine Temperatur zu 6500° geschätzt. Priester

12221. **J. H. Oort, T. Walraven,** Polarization and composition of the Crab nebula. BAN **12** 285—308, mit 7 Fig. und 2 Tafeln. — Ref. in NAT 1956 S. 91—95, Obs **76** 137—138, Ric. Sci. **26** 2282. — Photoelektrische Polarisationsmessungen am Crabnebel werden mitgeteilt. Messungen der Flächenhelligkeit des amorphen Nebelteiles im sichtbaren Gebiet ergeben eine etwa 2.15 mal kleinere Ausdehnung als bei 1.4 Meter Wellenlänge. Es wird die auf Schklowskij zurückgehende Theorie des Synchrotronstrahlungsmechanismus des Crabnebels weiter ausgebaut. Für die Magnetfeldstärke ergibt sich 10^{-3} Gauß. Die mittlere Energie der sichtbares Licht erzeugenden Elektronen beträgt etwa 2×10^{11} eV. Eine Energieverteilung ähnlich der der Höhenstrahlungspartikel läßt das beobachtete Intensitätsverhältnis von Radio- zu optischer Strahlung verstehen. Die mittlere Lebensdauer der Licht erzeugenden Elektronen ist 200 Jahre; sie müssen ständig nachgebildet werden. Die Masse der Filamenthülle, angeregt durch die Strahlung der amorphen Masse, ist etwa 1/10 bis 1/100 Sonnenmasse, während die amorphe Nebelmasse nur etwa 10^{-7} Sonnenmassen beträgt. Es ist möglich, daß ein großer Teil der kosmischen Strahlung aus alten Supernovae stammt. Thi.

12222. **S. B. Pikelner,** The magnetic field of the Crab nebula and the central star. AJ UdSSR **33** 785—799, mit 1 Fig. und 1 Tafel (russ. mit engl. Ref.). — Übersetzung in Astr. News Letter Nr. 85. — Inhalt: 1.) Polarisationsbeobachtungen; 2.) Abschätzung des Feldes aus dem Aussehen des Spektrums; 3.) Abschätzung des Feldes aus der Energiedichte; 4.) Verteilung der optischen und Radiostrahlung; 5.) Abschätzung der Hüllenmasse; 6.) Einfluß der Hüllenexpansion auf das Teilchenspektrum; 7.) Natur des Feldes; 8.) Magnetfeld des Sterns. Loh.

12223. **S. Pottasch,** A study of bright rims in diffuse nebulae. BAN **13** 77—88, mit 13 Fig. — Katalog, ausführliche Beschreibung nebst etlichen Skizzen und statistische Untersuchung von hellen Kanten («rims») in 34 diffusen Emissionsnebeln. 17 Nebel sind näher untersucht. Die hellen Kanten liegen im allgemeinen am Rand dunkler, neutraler Materie in Richtung zum anregenden Stern, dessen Typ durchweg früher als O 9 ist. Die Dicke der Kanten ist mehr mit der Temperatur als mit der Entfernung der anregenden Sterne korreliert, während sich die Form mit der Entfernung ändert. Flache Kanten sind größer und weniger dicht als rüsselartige oder die Globulen. Gasdichte etwa 100 bis 2000 $Atome/cm^3$. Voigt

12224. **J. J. Raimond jr.,** De Krabnevel. Hemel en Dampkring **54** 157—169, 213—229, mit 13 Fig. und 3 Tafeln.

12225. **N. A. Rasmadse,** Untersuchung des diffusen Orion-Nebels und der planetarischen Nebel auf der Grundlage photoelektrischer Beobachtungen. Mitt. Akad. Wiss. Georg. Sowjetrepublik **17** 599—605 (russ.). — Ref. in RJ 1957 Nr. 5 S. 44.

12226. **M. S. Roberts,** A theoretical luminosity function for the elliptical nebula M 32. AJ **61** 195—198, mit 2 Fig. = Berkeley Repr. Nr. 105. — Passende Prozentsätze von roten Zwergsternen werden einer aus dem Durchschnitt von vier Kugelhaufen gewonnenen Sternpopulation derart hinzugefügt, daß die spektrale Intensitätsverteilung entsprechend der Sechs-Farbenphotometrie von Stebbins und Whitford der Kugelhaufen in die von M 32 überführt wird. Damit wird automatisch das in der Größenordnung 2 liegende Verhältnis Masse zu Leuchtkraft der Kugelhaufen in den für elliptische Nebel plausiblen Wert 85 übergeführt. Dv.

12227. **D. A. Roshkowskij,** Die Nebel NGC 6960, 6992—5 im Licht von λ 3727 Å [O II]. AC Nr. 166 S. 11—13, mit 1 Abb. (russ.). — Bei zwei bis drei Stunden Belichtungszeit zeigten sich auf unsensibilisierten Astro-Platten mit einem ultravioletten Filter von Schott neue Einzelheiten und eine größere Ausdehnung des Nebelkomplexes. Im südöstlichen Teil des Nebels ist auf zwei Platten ein außergalaktischer Nebel sichtbar. Perek

12228. **D. A. Roshkowskij,** Über die Polarisation des Lichts im Orion-Nebel. Mitt. Astrophys. Inst. Alma-Ata **2** 53—63, mit 5 Fig. und 1 Tafel (russ.). — Die Polarisation des Lichts im Orion-Nebel wurde nach Aufnahmen mit der 500 mm-Maxutow-Kamera von Alma-Ata im blauen, gelben und roten Spektralbereich sowie ohne Filter (400—600 mμ) studiert. Die Polarisation im Zentralgebiet des Orion-Nebels weist auf gelben und roten Aufnahmen auf interstellaren Ursprung hin, denn die Orientation zeigt eine Korrelation mit der galaktischen Ebene. Aufnahmen ohne Filter und im blauen Licht zeigen dagegen eine in bezug zum Trapez und zum Stern HD 37061 radiale Polarisation, deren Grad mit dem Abstand von den genannten Zentren wächst. Verf. schließt daraus sowie aus anderen Überlegungen, daß das Leuchten des Nebels in den äußeren Teilen weit mehr durch Staub beeinflußt ist als im Zentrum. Parallel mit der Polarisation sollte das kontinuierliche Spektrum studiert werden. Ond.

12229. **D. A. Roshkowskij, W. S. Matjagin,** Über das Leuchten des staubförmigen Begleiters des Nebels NGC 6514. Mitt. Astrophys. Inst. Alma-Ata **2** 64—70, mit 2 Fig. und 1 Tafel (russ.). — Die Polarisation des Lichts im staubförmigen Begleiter des Trifid-Nebels wurde photographisch in 36 Punkten bestimmt. Die Orientation weist auf interstellaren Ursprung hin; teilweise kann die Polarisation aber auch durch den Stern HD 164514 verursacht sein. Ond.

12230. **D. A. Roshkowskij,** Über die Polarisation des Lichts in den Nebeln (Résumé). Mitt. Astrophys. Inst. Alma-Ata **3** Nr. 4 S. 68—70 (russ.). — Verf. hat in den Jahren 1953—54 photographisch die Polarisation folgender Nebel studiert: M 8, M 20, NGC 1976 und NGC 1982. Beim gasförmigen Teil von M 8 und M 20 sowie auch beim staubförmigen Begleiter von M 20 wurde Polarisation interstellaren Ursprungs festgestellt. In dem Zentralgebiet des Orion-Nebels hängt die Polarisation vom Spektralbereich ab. Auf der Peripherie des Nebels überwiegt eine radialsymmetrische Polarisation, die für eine erhöhte Rolle des Staubanteils spricht. Bei den Messungen wurden Maßnahmen zur Beseitigung systematischer und zufälliger Fehler getroffen. Ond.

12231. **D. A. Roshkowskij,** Über die Struktur und das Leuchten fasriger Details in den gas-staubförmigen Nebeln. Mitt. Astrophys. Inst. Alma-Ata **3** Nr. 4 S. 85—88 (russ.). — Verschiedene Formen der gas-staubförmigen Nebel mit Fasern werden beschrieben. Die Fasern sind Stellen mit erhöhter Dichte und sind deshalb auch vom kosmogonischen Standpunkt aus interessant. Eine Abart von Fasern stellen ringförmige Gebilde dar, die in denjenigen Nebeln vorkommen, in welchen man den Strahlungsmechanismus nach Oort annehmen kann — z. B. IC 434, NGC 6188. Verf. schlägt ein Beobachtungsprogramm für fasrige Nebel vor. Ond.

* * **L. Rosino,** Nuove ricerche sulle stelle variabili della nebulosa d'Orione. Vgl. Ref. **11225**.

12232. **G. A. Schajn,** Some questions in the problem «The nebulae and magnetic field». AJ UdSSR **33** 305—314, mit 1 Fig. und 5 Tafeln (russ. mit engl. Ref.). — Verf. ruft die Tatsache des äußerst häufigen Auftretens langgestreckter, filamentartiger Emissionsnebel ins Gedächtnis und vergleicht ihre

Struktur mit derjenigen von planetarischen Nebeln, deren Hülle deutlich eine Vorzugsrichtung zeigt (etwa NGC 6818). Verf. vermutet, daß das inhärente magnetische Eigenfeld der Nebel von der Größenordnung 10^{-5} Gauß ist und daß möglicherweise heute beobachtete Strukturen der Nebel eine Folge magnetischer Effekte zur Zeit der Nebelentstehung etwa aus Novae oder Supernovae darstellen. Für die Wirksamkeit von magnetischen Feldern spricht auch das Vorkommen von Filamentstrukturen bei den äußerlich so ganz anders gearteten Dunkelnebeln. Auffallend ist hier vor allem, daß in einem Bereich von etwa 10° entlang dem galaktischen Äquator die Dunkelnebelstrukturen vornehmlich parallel zum Äquator ausgerichtet sind, während die Vorzugsrichtungen in höheren galaktischen Breiten eine wesentlich regellosere Verteilung zeigen. Verf. kommt so zu dem Schluß, daß die Richtungsverteilung der Dunkelnebelstrukturen in der Nähe des galaktischen Äquators durch das reguläre Feld der Milchstraße, in höheren Breiten dagegen durch lokale Magnetfelder zustande kommt. Oster

12233. **G. A. Schajn,** Bemerkung über das System der Fasernebel in Auriga (5^h 33^m $+28°$). Mitt. Astrophys. Obs. Krim **16** 171 (russ.).

12234. **G. A. Schajn,** Über die Magnetfelder im interstellaren Raum und in diffusen Nebeln. Mitt. Astrophys. Obs. Krim **16** 181—183 (russ.). — Ref. Krim-Tagung Sept. 1955.

12235. **C. Schalén,** Gas- och stoftmolnen i Vintergatan. PAT **37** 125—136, mit 6 Fig. — Allgemeinverständliche Darlegung der in den letzten 25 Jahren erhaltenen Ergebnisse über die Natur und räumliche Verteilung der Gas- und Staubwolken. C. L. J.

12236. **G. Westerhout,** Search for polarization of the Crab nebula and Cassiopeia A at 22 cm wavelength. BAN **12** 309—311, mit 1 Fig. — Bei 22 cm Wellenlänge wurden mit einer Empfangskeulenbreite von 2°5 Polarisationsmessungen am Crabnebel und an der Radioquelle Cassiopeia A angestellt. Es ergab sich, daß in beiden Fällen der Polarisationsgrad kleiner war als 1 %. Thi.

12237. **K. Wurm, L. Rosino,** A monochromatic study of the Orion nebula. Mem SA It (NS) **27** 367—381, mit 4 Tafeln = Mitt. Sternw. Hamburg-Bergedorf **10** Nr. 103 = Contr. Oss. Astrofis. Asiago Nr. 71. — Der Orionnebel (NGC 1976) wurde durch fünf verschiedene Filter mit einer Halbweite von 150 bis 180 AE photographiert. Die Filter waren zentriert auf die Wellenlängen H_α + [N II], H_β, [O III] λ 5007, [S II] λ 6730 und λ 5200 (Kontin.). Die beiden benutzten Aufnahmeinstrumente hatten Skalengrößen von 6′ pro mm (36 cm Schmidt-Kamera, F = 1/1.75) beziehungsweise 98″ pro mm (60 cm Parabolspiegel, F : 1/3.5). Es wurde die Struktur des Nebels in seinen äußeren Partien studiert. Der Nebel zeigt eine sehr ähnliche Struktur in den Linien H_β, H_α + [N II] und [S II], die aber von der Struktur im kontinuierlichen Licht abweicht. Es wird der Schluß gezogen, daß zwischen der Balmeremission und der kontinuierlichen Emission keine engere Korrelation besteht, entgegen der von einigen Autoren neuerdings geäußerten Auffassung. Es wird weiterhin die Frage diskutiert, ob der helle Nebel eine abgeschlossene H II-Zone mit einem angrenzenden H I-Gebiet bildet. Die Beantwortung dieser Frage ist nicht endgültig, es besteht jedoch eine große Wahrscheinlichkeit dafür, daß in der Richtung zur Erde hin der Nebel keine unendlich hohe optische Dicke für die ionisierende Strahlung besitzt. Verf.

12238. **H. Zanstra,** De Krabnevel. Nederl. T. Natuurkunde **21** 295—296, 1955. — Verf. erörtert Entstehungsmöglichkeiten der Radiostrahlung des Crab-Nebels, besonders die Annahme, daß in Gasmassen geringer Dichte mit einem schwachen Magnetfeld Elektronen sehr hoher Energie Spiralbahnen beschreiben und dabei ein kontinuierliches Spektrum ausstrahlen. Diese Hypothese ist durch Messung des Polarisationsgrades im sichtbaren Kontiuum, das nach Schklowskij eine Fortsetzung des Radiospektrums sein soll, im zentralen Teil des Nebels zu 17 % und durch eine entsprechende Theorie von Oort und Walraven gestützt worden, obgleich die erforderlichen Energien von 10^{12} eV nicht leicht zu erklären sind. Auch die Messungen des Polarisationsgrades bei $\lambda = 21$ cm von Westerhout stehen bei Berücksichtigung der größeren Ausdehnung des Nebels im Radiofrequenzgebiet nicht im Widerspruch mit dieser Vorstellung. Weidemann

12239. Appunti sulle osservazioni di M. 42 ed M. 43. Coelum **24** 50—52, mit 1 Fig.

12240. Thousands of suspected globules. Sky and Telescope **15** 170. — Ref. AAS.

12241. Orion nebula spectrum. Sky and Telescope **15** 310. — Ref. AAS.

Planetarische Nebel

12242. **L. H. Aller,** Chemical composition of the planetary nebulae. AJ **61** 170. — Ref. AAS.

12243. **L. H. Aller, R. Minkowski,** The interpretation of the spectrum of NGC 7027. ApJ **124** 110—115. — Verf. unternehmen eine neue Analyse der spektralphotometrischen Daten des planetarischen Nebels NGC 7027 unter Annahme eines verbesserten Wertes der interstellaren Absorption. Die Ionenkonzentration wird aus Linien des [O II] und [S II] abgeleitet. Die Häufigkeit chemischer Elemente wird neu bestimmt. Ein weiterer Fortschritt solcher Analysen erscheint nur möglich, wenn mehr Übergangswahrscheinlichkeiten und Wirkungsquerschnitte für verbotene Übergänge verfügbar werden. Micz.

* * **W. A. Dombrowskij,** Polarimetrische Untersuchung außergalaktischer und planetarischer Nebel. Vgl. Ref. **12408**.

12244. **J. E. Geake,** Photoelectric measurements of the relative intensities of emission lines of the planetary nebula NGC 2022. Obs **76** 189—191, mit 1 Fig. — Mit dem von Wilcock und dem Autor am 1.20 m-Reflektor in Asiago benutzten photoelektrischen Spektrographen wurde das Spektrum von NGC 2022 direkt photoelektrisch durchgemessen. Das Auflösungsvermögen betrug etwa 40 A. Die gemessenen relativen Intensitäten für einige Emissionslinien stimmen sehr gut mit den photographischen Ergebnissen von Minkowski und Aller überein. Thi.

12245. **J. K. Gulak,** Absolute Photometrie einiger planetarischer Nebel. AC Nr. 169 S. 7—9 (russ.). — Die planetarischen Nebel NGC 6720, 7009 und 7662 wurden im Licht der grünen Nebellinien mit dem 40 cm-(F = 6 m)-Refraktor des Observatoriums Abastumani aufgenommen. Die Flächenhelligkeiten und Gesamthelligkeiten wurden abgeleitet und die Struktur, besonders bei NGC 7662, studiert. Ferner wurde die Konzentration der Atome, welche Nebellinien ausstrahlen, berechnet. Für NGC 7009 wurde aus Bermans Isophoten die Konzentration der Wasserstoffatome abgeleitet. Ond.

12246. **G. A. Gursadjan,** Über die Temperatur der Zentralsterne der planetarischen Nebel. Mitt. Obs. Bjurakan Nr. 18 S. 15—27, mit 1 Abb. (russ. mit armen. Ref.). — Eine vom Verf. ausgearbeitete Methode zur Bestimmung der Temperatur der Zentralsterne der planetarischen Nebel, beruhend auf dem Intensitätsverhältnis der Dubletts O III und O II, wird auf 49 Objekte angewandt. Die Entfernungen, Durchmesser, Oberflächenhelligkeiten, Helligkeiten der Zentralsterne und interstellare Absorption wurden von Woronzow-Weljaminow übernommen. Das Intensitätsverhältnis O III/O II wurde wegen interstellarer Absorption korrigiert. Die neuen Temperaturen liegen zwischen denen nach den Methoden von Zanstra und von Ambarzumjan bestimmten. Ond.

12247. **A. Hattori, B. Yada,** Hubble's diagram for planetary nebulae. Publ. Astr. Soc. Japan 8 40—51, mit 4 Fig. — Es wird erneut bestätigt, daß zwischen den scheinbaren Helligkeiten der Zentralsterne und den Winkeldurchmessern der planetarischen Nebel keine Korrelation wie bei den diffusen Nebeln besteht. Eine theoretische Untersuchung dieses Sachverhalts (Parameter: Zentraltemperatur, Elektronendichte, optische Dicke an der Lymangrenze) führt zu dem Ergebnis, daß nicht alle planetarischen Nebel H II-Regionen darstellen, sondern zum Teil eigene Hüllen oder ringartige Strukturen besitzen, die vom Zentralstern beleuchtet werden. Voigt

* * **D. Koelbloed,** A search for planetary nebulae in the Small Magellanic Cloud. Vgl. Ref. **12454**.

12248. **R. Minkowski, L. H. Aller,** Spectrophotometry of planetary nebulae. ApJ **124** 93—109. — Photometrische Messungen an Linien und im Kontinuum der planetarischen Nebel NGC 40, 1535, 2022, 2392 und 7662 sowie — in geringerem Umfang — von IC 351, IC 1747, S 320, NGC 2165 und NGC 2440 wurden erhalten. Linienintensitäten zwischen der Balmergrenze und λ 9000 werden mitgeteilt. Micz.

12249. **N. A. Rasmadse,** Photoelectric observations of planetary nebulae and Orion diffuse nebula. AJ UdSSR **33** 3—13, mit 5 Fig. (russ. mit engl. Ref.). — Verf. beschreibt zunächst seine Apparatur, mit welcher er auf photoelektrischem Wege sechs planetarische Nebel und neun diffuse Gasnebel im Oriongebiet untersucht hat. Zur Eichung und zur Bestimmung der atmosphärischen Absorption wurden sieben A0-Sterne mitvermessen. Aus Registrierungen mit und ohne Farbfilter (GG 11 und BG 3) leitet Verf. die Emission der Objekte in H_β, N_1 und N_2, bei den planetarischen Nebeln zusätzlich noch in H_γ und H_δ, ab. Schließlich werden Elektronentemperatur (bei den planetarischen Nebeln), Elektronendichte, Anzahl der O III-Atome im ^3P-Zustand und die Masse bestimmt und mit Beobachtungen verglichen. Oster

12250. **N. A. Rasmadse,** Photometry of the planetary nebula NGC 6853 («Dumbbell»). AJ UdSSR **33** 698—707, mit 5 Fig. und 1 Tafel (russ. mit engl. Ref.). — Die Strahlung des Dumbbell-Nebels wurde photoelektrisch in vier Spektralbereichen zwischen 3300 und 6200 Å gemessen und in absoluten Einheiten ausgedrückt. An Hand von Aufnahmen mit dem 70 cm-Maxutow-Teleskop von Abastumani wurde die Verteilung der Strahlung im Nebel studiert. Mit Benutzung spektralphotometrischer Messungen von Minkowski wurde die Konzentration von H II, O II und O III bestimmt. Die Konzentration von H II führt unter Annahme einer Entfernung von 400 pc zur Masse 1.36 $\mathfrak{M}_\odot$ für den Nebel. Die Möglichkeit des Einflusses eines äußeren Magnetfeldes auf die Form des Nebels wird besprochen. Ond.

12251. **I. S. Schklowskij,** A new scale of distances of planetary nebulae. AJ UdSSR **33** 222—235, mit 2 Fig. (russ. mit engl. Ref.). — Gegründet auf die Tatsache ihrer unbeschränkten Expansion und angeschlossen an eine statistische Parallaxe von Parenago wird ein Katalog von 286 planetarischen Nebeln mit neu berechneten Entfernungen und «Emissionswerten» mitgeteilt. Die Entfernungen gelten für den theoretisch näher besprochenen Fall optisch dünner Nebel. Für optisch dicke Objekte sind sie eine obere Grenze. Petri

12252. **I. S. Schklowskij,** The nature of planetary nebulae and their nuclei. AJ UdSSR **33** 315—329, mit 2 Fig. (russ. mit engl. Ref.). — Von seinem neuen Katalog der Entfernungen planetarischer Nebel ausgehend, gelangt Verf. zur Abschätzung 60000 für die Anzahl dieser Objekte in unserer Galaxis. Jährlich entstehen in der Galaxis einige planetarische Nebel. Die absolute Helligkeit der Nebel liegt zwischen $-2^m.4$ und $+4^m.1$, die der Zentralsterne zwischen $-0^m.8$ und $+9^m.8$. Von den 130 Objekten des Katalogs haben 10% Zentralsterne, die man als «überhitzte» weiße Zwerge bezeichnen kann. Verf. entwirft eine Hypothese, nach welcher die planetarischen Nebel aus einigen Sternen vom Typ roter Riesen entstehen, z. B. aus RV Tauri-Veränderlichen. Das Übergangsstadium könnten symbiotische Sterne wie Z And sein. Weiße Zwerge werden als Endprodukt planetarischer Nebel betrachtet. Ond.

12253. **I. S. Schklowskij,** Über die Natur der planetarischen Nebel. Mitt. Astrophys. Obs. Krim **16** 187—188 (russ.). — Ref. Krim-Tagung Sept. 1955.

12254. **B. A. Woronzow-Weljaminow,** On the distances of planetary nebulae and the evolution of their nuclei. AJ UdSSR **33** 809—816 (russ. mit engl. Ref.). — Die Einwände Schklowskijs gegen die Annahme einer kleinen Dispersion der Leuchtkräfte der planetarischen Nebel sind nicht überzeugend. Die von ihm vorgeschlagene Methode zur Entfernungsbestimmung aus den scheinbaren Durchmessern der Nebel mit Anbringung einer Korrektur wegen Flächenhelligkeit widerspricht, so zeigt Verf., statistischen Daten und führt zu weiteren Schwierigkeiten. Gedanken über die unvollständige Opazität der Nebel jenseits der Lyman-Grenze verdienten jedoch Beachtung. Die Hypothese Schklowskijs über den Charakter der Entwicklung der Zentralsterne widerspricht sogar den Daten seines eigenen Entfernungskatalogs. Loh.

12255. Composition of planetaries. Sky and Telescope **15** 359, mit 1 Fig. — Ref. AAS. — Ref. in Sterne **32** 243—244.

12256. Ny planetarisk Taage. Urania København **13** 25.

12257. Temperatura jąder mgławic planetarnych. Urania Kraków **27** 81.

§ 123

Milchstraßensystem

* * Radioastronomische Untersuchungen zum Aufbau der Galaxis siehe § **126**.

Aufbau

12301. **T. A. Agekjan,** Zur Theorie der Helligkeitsfluktuationen der Milchstraße und der Metagalaxis. Bote Univ. Leningrad 1956 Nr. 1 S. 145—154 (russ.). — Ref. in Math. Rev. **18** 705, RJ 1956 Nr. 11 S. 41.

12302. **W. Baade,** Wieweit sind Milchstraße und Andromeda-Nebel im Aufbau vergleichbar? Mitt. AG 1955 S. 51—59, mit 5 Abb. = Mitt. Sternw. Hamburg-Bergedorf **23** Nr. 255. — Bericht über noch laufende Untersuchungen am Andromedanebel mit dem Ziel, den Aufbau dieses Systems gründlicher kennen zu lernen und besseres Ausgangsmaterial für den in der Überschrift angesprochenen Vergleich zu bekommen. Mit großer Wahrscheinlichkeit ist das Milchstraßensystem vom Typus Sb. Einige bemerkenswerte Besonderheiten in der Zusammensetzung der Milchstraße nach Sterntypen werden vermutlich durch abweichenden Prozentsatz der Metallbeimischung zur ursprünglich vorhandenen Materie im Gegensatz zu der des Andromedanebels zu erklären sein. Dv.

12303. **G. S. Badaljan,** Über den Zusammenhang zwischen den räumlichen Verteilungen des interstellaren neutralen Wasserstoffs und der langperiodischen Cepheiden. Mitt. Obs. Bjurakan Nr. 17 S. 27—52, mit 5 Abb. und 2 Tafeln (russ. mit armen. Ref.). — Der Zusammenhang zwischen der räumlichen Verteilung der Cepheiden und den dichten Gebieten des interstellaren Wasserstoffs ist besonders deutlich für Cepheiden mit längeren Perioden. Ein ähnlicher Zusammenhang macht sich auch in den Magellanschen Wolken bemerkbar. Bei langperiodischen Veränderlichen kommt dieser Effekt nur bei Sternen, die nicht zum kugelförmigen Untersystem gehören, vor. Perek

12304. **T. Elvius,** Photometric and spectrophotometric investigations in Kapteyn's Selected Areas. II. The photometry of SA 3—5. Obscuring clouds and star densities in SA 2—7, 15—20, and 40—42. Stockholms Obs. Ann. **19** Nr. 3, 85 S. mit 24 Fig. — Die Auswertung des Materials des «Second Stockholm Selected Area Catalogue» (AJB **55** Ref. **9404**) wird in fünf Abschnitten behandelt: 1.) Einleitung. 2.) Photometrie des Kataloges (Instrument und Photometer, photographische Helligkeiten, monochromatische Helligkeiten m_{4215} und m_{4360}, photovisuelle Helligkeiten). 3.) Spektralphotometrische Messungen (Spektralklassifikation und ihr Vergleich mit HD, Humason und der Bergedorfer Spektral-Durchmusterung). 4.) Farbenindizes und Farbenexzesse (Verteilung der absorbierenden Wolken in SA 3, 4 und 5, ihre räumliche Verteilung im gesamten untersuchten Stockholmer Material). 5.) Bestimmung der Sterndichte aus dem Stockholmer Material (Unterteilung nach Spektral- und Leuchtkraftklassen; Dichteverteilung in galaktischer Ebene und senkrecht dazu). Gli.

12305. **C. Fehrenbach,** La galaxie. Sa structure. Ses mouvements. BSAF **70** 313—326, mit 10 Fig. — Zusammenfassende Darstellung der heutigen Kenntnisse von der Galaxis: Abplattung, Spiralstruktur, Lage des Zentrums, galaktischer Halo und Kugelsternhaufen, zentrale Kondensation, zentraler Kern der Galaxis, Sonnenbewegung, galaktische Rotation und Dynamik der Galaxis. Gli.

12306. **S. I. Gaposchkin,** 285 veränderliche Sterne in Richtung des galaktischen Kerns. Vgl. Ref. **111117.**

12307. **W. Gliese,** Die Nachbarn der Sonne. Umschau **56** 683—685. — Ref. in RJ 1957 Nr. 6 S. 12.

12308. **S. Grudzińska, R. Ampel, S. Gąska, A. Lisicki,** Badanie struktury Drogi Mlecznej w wybranych polach. Postępy Astr. **4** 141. — Ref. Poln. Astr. Ges.

12309. **J. P. Hagen,** Radio sources and the structure of the galaxy. Vgl. Ref. **12647.**

12310. **D. Hoffleit,** Distances for southern early-type stars, especially in Carina and other H II regions. ApJ **124** 61—80, mit 8 Fig. = Harv Repr Nr. 437. — Spektraltypen, Leuchtkraftklassen, Helligkeiten und Farbenindizes von etwa 200 Sternen in der Gegend von η Car und anderen H II-Regionen sowie des galaktischen Zentrums wurden bestimmt. Verf. untersucht die räumliche Verteilung dieser Sterne und erörtert die Beziehung zwischen Gas und Staub in den betrachteten Gegenden. Micz.

* * **W. Iwanowska,** A study of galactic structure in four selected fields in Aquila-Sagitta and Cassiopeia. I. Photographic photometry. Introduction. Vgl. Ref. **9411.**

12311. **E. Jensen,** Noen nyere resultater fra studiet av melkeveisystemets bygning. Naturen **80** 195—219, mit 11 Fig. = Inst. Teoret. Astrofys. Blindern-Oslo Småtrykk Nr. 15. — Allgemeinverständlicher Bericht. Die Hauptfragen, die behandelt worden sind: Spiralstruktur der Milchstraße mit Beschreibung von Morgans Untersuchungen und die Messung der 21 cm-Strahlung, Entstehung der Überriesen mit Besprechung von Ambarzumjans Untersuchungen, Magnetfeld der Milchstraße. C. L. J.

* * **H. C. Ko, J. D. Kraus,** A new radio map of the sky and a model of the galaxy. Vgl. Ref. **12619.**

12312. **D. Kotsakis,** Die Galaxien im Weltall. Aktines, März 1956, 9 S. mit 5 Fig. (griech.). — Artikel über die Milchstraße und die außergalaktischen Nebel. Mawridis

12313. **V. Kourganoff,** Structure fine de la Galaxie. Sous-systèmes et populations de Baade. Vgl. Ref. 591, daselbst S. 3.20—2 bis 3.20—5 = Contr. Labor. Astr. Lille Nr. 5. — Die räumliche Verteilung und die kinematischen Eigenschaften der verschiedenen Kategorien von galaktischen Objekten (galaktische Nebel, offene und kugelförmige Sternhaufen, RR Lyrae- und Mira-Sterne, galaktische Cepheiden, neue Sterne usw.) werden kurz dargestellt. Anschließend werden die Eigenschaften der beiden Populationen diskutiert. Mawridis

12314. **W. Lohmann,** Die Masse der Galaxis. Z. Physik **144** 66—75, mit 3 Fig. = Astr. Rechen-Inst. Heidelberg Mitt. (A) Nr. 2. — Ref. in Sterne **32** 244. — Die Masse der Galaxis wird nach zwei Methoden aus den Radialgeschwindigkeiten der kugelförmigen Sternhaufen abgeleitet. Dabei wird einmal ganz allgemein vom Virialsatz, und zum anderen speziell von der Vorstellung ausgegangen, daß sich die kugelförmigen Sternhaufen auf radialen Bahnen durch das galaktische Zentrum bewegen. Es ergeben sich 2.35×10^{11} bzw. 2.50×10^{11} $M_{\odot}$. Verf.

* * **W. J. Luyten, F. D. Miller,** The search for faint blue stars. V. The Ursa Major region. Vgl. Ref. **9414**.

12315. **J. J. Nassau, V. M. Blanco, D. M. Cameron,** The distribution of late M-type stars along the galactic equator. ApJ **124** 522—529, mit 3 Fig. — Die früher von Nassau und Blanco mitgeteilte Durchmusterung eines 4° breiten Streifens entlang des galaktischen Äquators nach späten M-Sternen wird auf einen 12° breiten Streifen ausgedehnt. Ein Katalog der gefundenen Sterne, soweit sie der BD angehören, wird mitgeteilt. Die Verteilung der Sterne entlang des Streifens zeigt ein Minimum in Richtung auf das galaktische Antizentrum. Micz.

12316. **J. H. Oort,** Die Spiralstruktur des Milchstraßensystems. Mitt. AG 1955 S. 83—87, mit 4 Abb. = Mitt. Sternw. Hamburg-Bergedorf **23** Nr. 255. — Überblick über Methoden und Ergebnisse der Erforschung der Spiralstruktur der Milchstraße. Dv.

12317. **P. T. Oosterhoff,** Remark on the population character of the Cepheids in a region around the direction towards the galactic centre. BAN **13** 67—71. mit 7 Fig. — In einem Areal von etwa 5000 Quadratgrad um das galaktische Zentrum wird die Häufigkeitskurve der Perioden von 120 δ Cephei-Sternen untersucht und mit typischen Häufigkeitskurven der Cepheiden der Population I (auf Grund der Cepheiden in Auriga, Carina, Cassiopeia und Gemini hergeleitet) und denen der Population II (Häufigkeitskurven der Cepheidenperioden in Kugelhaufen) verglichen. Danach gehören von diesen 120 Cepheiden wenigstens 25 zur Population I — meist helle Sterne; und mindestens 70 gehören zur Population II — meist schwache Sterne. Gli.

12318. **A. L. Oscherowitsch, S. F. Rodionow, W. E. Jachontowa,** Über die absolute Helligkeit einiger Milchstraßenfelder. DAN **111** 316—318, mit 3 Abb. (russ.). — Mit einem lichtelektrischen Photometer (Sb-Cs-Multiplier) wurde unter Verwendung mehrerer Farbfilter der Helligkeitsverlauf der Milchstraße in Feldern zwischen l = 330° und 170° in engen Farbbereichen zwischen 4000 und 6000 Å an drei Beobachtungsstationen bestimmt. Dabei wurden in konstanten Zenitdistanzen photometrische Schnitte durch die Milchstraße gelegt. Zum galaktischen Zentrum hin steigt die Helligkeit im Photovisuellen stark an, allerdings nicht so ausgeprägt wie nach entsprechenden Messungen von Rodionow und Frischman (vgl. AJB **51** Ref. **12321**) im Infraroten. Auch zum Antizentrum hin nimmt die Intensität zu. Die Rötung zum galaktischen Zentrum sollte weniger auf eine große Zahl roter Sterne in dieser Richtung als auf die Selektivität der interstellaren Absorption zurückzuführen sein. Derartige Beobachtungen sollten in größerem Umfang weitergeführt werden. Loh.

12319. **A. Ramakrishnan, S. K. Srinivasan,** Correlation problems in the study of the brightness of the Milky Way. ApJ **123** 479—485, mit 3 Fig. — Das Problem der Helligkeitsverteilung der Milchstraße wird im Hinblick auf ihre Korrelation mit den Lichtbeiträgen aus verschiedenen Teilen des Systems theoretisch behandelt. Diesbezügliche Betrachtungen des Problems durch Münch werden als Spezialfall der allgemeinen Methode der Verf. erkannt. Micz.

12320. **P. J. van Rhijn,** Distribution in space of the K giants near the sun. Relation of the space densities of the A stars and the K giants to the spiral-arms. Publ. Kapteyn Astr. Laboratory Groningen Nr. 59, 31 S. — Unter Benutzung der in Sonnenumgebung gültigen Leuchtkraftfunktion wird aus Sternzählungen (bezüglich scheinbarer Helligkeitsklassen) die räumliche Dichte der K-Riesen berechnet. Die Ergebnisse sind in Tabellen zusammengestellt. Innerhalb von $|z| \leq 200$ pc Abstand von der Ebene der Milchstraße ist die Dichte der K-Riesen mit der Dichte des neutralen Wasserstoffes korreliert, nicht dagegen in größerem Abstand. Unter Benutzung neuerer Daten für die Wasserstoffdichte ergibt sich, daß die Dichte der A0—A5-Sterne innerhalb $|z| \leq 50$ pc mit der Wasserstoffdichte korreliert ist, während die Korrelation der K-Riesen fraglich wird. Die Absorption (mag/kpc) nimmt monoton mit der Wasserstoffdichte zu. v. Hoerner

12321. **E. van P. Smith, H. J. Smith,** Distribution of M and carbon stars in the Southern Milky Way. AJ **61** 273—276, mit 4 Fig. = Harv Repr (2) Nr. 85. — Die Verteilung der späten M-Sterne und Kohlenstoffsterne in der südlichen Milchstraße wird studiert. Es zeigen sich Anzeichen von Haufenbildung. F. S.

12322. **L. Spitzer jr.,** On a possible interstellar galactic corona. ApJ **124** 20—34. — Ref. in Coelum **24** 183—184, Sky and Telescope **15** 310. — Die physikalischen Eigenschaften einer hypothetischen galaktischen Korona werden diskutiert. Eine solche Korona würde zur Aufrechterhaltung des Gasgehalts der Spiralarme beitragen. Verf. erörtert mögliche Energiequellen für eine galaktische Korona und weist darauf hin, daß sie vielleicht die Materie zur Bildung neuer Spiralarme liefert, während die alten verschwinden. Micz.

* * **A. F. Torondshadse, T. A. Kotschlaschwili,** Determination of a plane of symmetry for the absorbing matter in the galaxy on the base of the interstellar absorption observational data. Vgl. Ref. **12535**.

Magnetfeld

12323. **G. R. Burbidge,** The halo distribution of radio emission and extended magnetic fields in our galaxy and M 31. ApJ **123** 178—181. — Auf Grund der Beobachtungen einer sphärischen Radioemission am Andromedanebel durch Baldwin und der Beobachtungen der Verteilung der galaktischen Radioemission werden Erörterungen über den Mechanismus der nichtthermischen Radiostrahlung angestellt. Ihre Entstehung wird dem Synchrotronmechanismus zugeschrieben (Bewegung ultraschneller Elektronen im galaktischen Magnetfeld). Erforderlich ist eine etwa sphärische Verteilung sehr dünner diffuser Gasmassen mit einem Magnetfeld von etwa 10^{-6} Gauß. Zum Ausgleich des Energieverlustes, den die Elektronen im Halo durch Strahlung erleiden, werden Turbulenzgeschwindigkeiten von etwa 200 km/sec in den Halowolken bei einer Dichte von 10^{-26} bis 10^{-27} gr cm^{-3} für erforderlich gehalten. Priester

12324. **S. B. Pikelner,** Magnetfelder in der Galaxis. Priroda **45** Nr. 12 S. 27—34, mit 3 Abb. und 2 Tafeln (russ.). — Verf. beschreibt Methoden und Ergebnisse der Erforschung magnetischer Felder in der Galaxis. Turbulente Bewegungen im interstellaren Gas führen zum Gleichgewicht zwischen der Energiedichte des Magnetfeldes und der Dichte der kinetischen Energie. Vier Erscheinungen bezeugen die Existenz magnetischer Felder in der Galaxis: die kosmische Strahlung, der nichtthermische Teil der galaktischen Radiostrahlung, die interstellare Polarisation des Lichtes und die längliche Form vieler diffuser Nebel. Die Magnetfelder der Galaxis sind teils chaotisch und teils längs der Spiralarme angeordnet. Einige kosmogonische Folgerungen werden besprochen. Ond.

12325. **G. A. Schajn,** The polarization of the light of stars, the magnetic field and the spiral structure of the galaxy in Sagittarius. AJ UdSSR **33** 469—473, mit 1 Fig. und 1 Tafel (russ. mit engl. Ref.). — Unter der Annahme, daß die Polarisation des Sternlichts durch interstellare Materie im wesentlichen der Spiralstruktur der Milchstraße folgt, bestätigt die Zufallsverteilung der (von amerikanischen Astronomen gefundenen) Polarisationsrichtungen in 330—350° galaktischer Länge die Vermutung, daß man dort in die Richtung eines Spiralarmes (innerer Sagittarius-Arm) blickt. Das allgemeine galaktische Magnetfeld dürfte im Gebiete der großen Dunkelnebel, die sich von Scutum aus unter 60° Neigung zum galaktischen Äquator nach Osten erstrecken, eine beträchtliche lokale Störung aufweisen, deren Richtung durch die Struktur der Dunkelnebel vorgezeichnet ist. Petri

Kinematik und Dynamik

* * **N. M. Artjuchina,** Bestimmung und Untersuchung der Eigenbewegungen von Sternen im Gebiet des Nordpols der Galaxis. Vgl. Ref. 9202.

* * **P. I. Bakulin,** Bestimmung der Präzessionskonstanten aus den Eigenbewegungen von Sternen des flachen Untersystems. Vgl. Ref. 3101.

12326. **M. C. Ballario,** Ricerca statistica sugli elementi orbitali galattocentrici di gruppi di stelle veloci. Mem SA It (NS) **27** 117—136, mit 4 Fig. — Aus dem Katalog galaktozentrischer Bahnelemente sonnennaher Sterne von K. Schütte (vgl. AJB **52** Ref. **12370**) werden zwei Gruppen ausgewählt: 90 Sterne mit pekuliaren Raumgeschwindigkeiten über 40 km/sec, die in einem Katalog des Verf. enthalten sind (AJB **53** Ref. **12324**) und 174 Sterne des Schnellläuferkataloges von Miczaika mit Raumgeschwindigkeiten über 63 km/sec. Beide Gruppen werden nach galaktischer Länge der Apices weiter unterteilt, und es werden in jeder Untergruppe die Mittelwerte der großen Halbachse, der peri- und der apogalaktischen Distanz, der Umlaufszeit und der Bahngeschwindigkeit berechnet. Dabei zeigen sich besonders unter den Schnelläufern beträchtliche Unterschiede; einige Sterne durchlaufen in Sonnennachbarschaft ihr Perigalaktikum (Apices zwischen $l = 346°$ und 134°), andere ihr Apogalaktikum (Apexlängen 211°—269°). Zum Schluß folgen einige Betrachtungen über eine Hypothese von Trumpler und Weaver (vgl. AJB **53** Ref. **4006**) zur Erklärung der Asymmetrie in den Bewegungen der Schnelläufer. Gli.

12327. **R. M. Dsigwaschwili,** Zur Frage der galaktischen Bahnen und einiger Gesetzmäßigkeiten der Sternbewegungen. Mitt. Akad. Wiss. Grusin. Sowjetrepublik **16** 599—606, 1955 (russ.). — Ref. in RJ 1957 Nr. 5 S. 67.

12328. **E. R. Dyer jr.,** An analysis of the space motions of red dwarf stars. AJ **61** 228—240, mit 5 Fig. = Publ. Leander McCormick Obs. **11** Part 12. — Es werden die Raumgeschwindigkeitskomponenten von 305 roten Zwergen (K5—M5) veröffentlicht. Sie geben als Sonnenbewegung 20.0 ± 1.1 km/sec, $A =$ 282° ± 4°, $D = +42° \pm 4°$, und nach Kombination mit früheren Ergebnissen eine «basic solar motion» von 15.3 ± 0.2 km/sec, $A = 262\overset{\circ}{.}4$, $D = +20\overset{\circ}{.}3$. Die Geschwindigkeitsverteilung zeigt eine ausgesprochene Asymmetrie in galaktischer Rotationsrichtung. Die Geschwindigkeitsdispersion wächst mit abnehmender absoluter Helligkeit. Kurven gleicher Häufigkeit der in die galaktische Ebene projizierten Geschwindigkeiten zeigen zwei maximale Konzentrationen in Nähe der Zirkulargeschwindigkeit und um den erweiterten Ursa Major-Strom und eine Vertexabweichung nach $l = 348°$ für die kleineren Geschwindigkeiten, während bei den hohen Geschwindigkeiten keine Vertexabweichung mehr auftritt. Die roten Zwerge scheinen typische Objekte der Population I zu sein. Die Ergebnisse werden mit Arbeiten von Vyssotsky, Delhaye und Kovalevsky verglichen. Gli.

12329. F. K. Edmondson, The local standard of rest. AJ **61** 175—176. — Ref. AAG.

12330. W. Gliese, Die Bewegungen der Fixsterne. Umschau **56** 719—721. — Ref. in RJ 1957 Nr. 6 S. 12.

12331. W. Gliese, Dichte, Hertzsprung-Russell-Diagramm und Geschwindigkeitsverteilung der Sterne innerhalb 20 Parsec. ZfA **39** 1—35, mit 12 Abb. = Astr. Rechen-Inst. Heidelberg Mitt. (A) Nr. 3. — 857 Einzel- und Doppelsterne mit 1022 Komponenten, deren trigonometrische, spektroskopische oder gemittelte Parallaxen größer oder gleich 0.″050 sind, geben unter Abschätzung der Unvollständigkeit des Materials eine Sterndichte von über 0.15 Sterne/pc^3, eine Massendichte von 3.9×10^{-24} g/cm^3 und ein Verhältnis Masse zu Leuchtkraft gleich 2.5. Im Hertzsprung-Russell-Diagramm zeigen die absoluten Helligkeiten der Einzelsterne geringer Raumgeschwindigkeiten längs der Hauptreihe von G0 bis M7 eine kosmische Streuung von nur $\pm 0^m.2$; Doppelsternkomponenten und Schnelläufer haben eine größere Streuung; die schnellsten Hauptreihensterne scheinen im Durchschnitt etwas unter der mittleren Hauptreihe der anderen Sterne zu liegen. Die Sonnengeschwindigkeit wird relativ zu den A-, F-, G-, K- und M-Zwergen hergeleitet. Die Verteilung der Pekuliargeschwindigkeiten wird durch Kurven gleicher Häufigkeit in drei Ebenen eines galaktischen Koordinatensystems für die Spektralklassen der Hauptreihe dargestellt. An Hand dieser Abbildungen werden das Auftreten des Ursa Major- und des Taurus-Stroms, die Vertexabweichung und die Asymmetrie diskutiert. Gli.

12332. G. W. Gusejewa, Investigation of stellar motions of zero or almost zero velocity in the solar vicinity. AJ UdSSR **33** 568—575, mit 3 Fig. (russ. mit engl. Ref.). — Unter Zugrundelegung des galaktischen Gravitationspotentials nach Parenago wird der Sonderfall, daß ein Stern keine tangentiale Geschwindigkeitskomponente hat und daher genau durch das Zentrum des galaktischen Systems schwingt, zunächst theoretisch behandelt und dann an fünf ihm nahekommenden wirklichen Sternen durchgerechnet. Petri

* * **O. Heckmann, W. Dieckvoss, H. Kox,** Eigenbewegungen in der Umgebung von α Persei. Vgl. Ref. **9206**.

12333. M. Karpowicz, On the motion of B stars in the local system. Bull. Acad. Polon. Sci. (3) **4** 587—590 = Astr. Obs. Warsaw Univ. Repr. Nr. 58. — Aus den Radialgeschwindigkeiten von 636 B-Sternen werden Winkelgeschwindigkeit und Rotationsperiode des Lokalen Systems unter folgenden Annahmen bestimmt: Bewegung der Sterne im Lokalen System in Kreisbahnen; Länge des Zentrums 240°, Sonnengeschwindigkeit 22 km/sec nach $L_0 = 28°$, $B_0 = +21°$; Distanzen auf Grund der absoluten Helligkeit nach W. Becker, Absorptionsformel von P. Parenago. Es ergibt sich für einen Sonnenabstand vom Zentrum gleich 100 bzw. 150 pc: $\omega = 0.''0095 \pm .''0044$ bzw. $0.''0055 \pm .''0023$ und $P = (1.4 \pm 0.6)\ 10^8$ bzw. $(2.4 \pm 0.9)\ 10^8$ Jahre. Gli.

12334. M. Karpowicz, On the rotation of the local system. Bull. Acad. Polon. Sci. (3) **4** 591—594 = Astr. Obs. Warsaw Univ. Repr. Nr. 59. — Aus Radialgeschwindigkeiten und Eigenbewegungen von 72 spektroskopischen Doppelsternen der Klassen B0—B9 wird unter der Annahme kreisförmiger Bahnen im Lokalen System hergeleitet, daß diese Sterne an einer Rotation des Systems teilnehmen und daß diese Rotation bis zu Entfernungen von 500 pc vom Zentrum die eines starren Körpers ist. Die Sonnengeschwindigkeit relativ zum Zentrum des Lokalen Systems ist nahe Null; die Entfernung der Sonne vom Zentrum ist etwa 290 pc. Gli.

12335. M. Karpowicz, Ruchy gwiazd w galaktyce. I. Ogólne wiadomości. II. Obrót galaktyki. Urania Kraków **27** 43—48, 71—76, mit 5 Fig.

12336. M. Karpowicz, Ruchy gwiazd typu B w Układzie Lokalnym. Postępy Astr. **4** 193—194, mit 1 Fig. — Ref. Poln. Astr. Ges.

12337. **M. G. Kolchidaschwili,** An investigation on mean radial and tangential star velocities and an attempt of evaluating the accuracy of catalogue values of parallaxes. Bull. Astrophys. Obs. Abastumani Nr. 20 S. 65—164, mit 13 Abb. (russ. mit georg. und engl. Ref.). — Das Verhältnis der Tangential- und Radialkomponente der Geschwindigkeit wurde für die ellipsoidale Geschwindigkeitsverteilung bestimmt in Abhängigkeit von der galaktischen Breite, von dem Verhältnis der Ellipsoidachsen und von der Neigung der Hauptachse zur galaktischen Ebene. Aus einem Vergleich mit dem Beobachtungsmaterial folgt das Verhältnis der Ellipsoidachsen zu 0.4 und eine Neigung der Hauptachse zur galaktischen Ebene von 10°. Die Abweichungen der beobachteten Werte von den theoretischen werden als Folgen systematischer Fehler der Parallaxen gedeutet. Perek

12338. **A. Kruszewski,** Fluktuacje jasności drogi mlecznej. Postępy Astr. **4** 165—173. — Die vorliegende Arbeit ist ein Vortrag, den Verf. auf der astronomischen Konferenz in Kalatówki im Juli 1955 gehalten hat. Es werden die zahlreichen Arbeiten von Chandrasekhar und Münch sowie von Ambarzumjan und seinen Mitarbeitern erörtert. Perek

12339. **L. Mawridis,** Die differentielle Rotation der Milchstraße. Monographs Astr. Department Univ. Thessaloniki Nr. 1, 4 + 56 S. mit 10 Fig. (griech.). — Bericht über den heutigen Stand der Erforschung der differentiellen Rotation der Milchstraße. Besonders werden folgende Probleme behandelt: Bestimmung der Entfernungen der O-, B-Sterne und der galaktischen Cepheiden, die Entfernung zum galaktischen Zentrum und die Rotationsgeschwindigkeit in der Nähe der Sonne, der Wert der Oortschen Konstanten A und schließlich die Bestimmung der galaktischen Rotationskurve mit Hilfe von optischen und radioastronomischen Beobachtungen. Verf.

12340. **G. S. Mumford III,** The motions and distribution of dwarf M stars. AJ **61** 224—227, mit 2 Fig. = Publ. Leander McCormick Obs. **11** Part 11. — Die Eigenbewegungen von 825 der am McCormick Observatorium spektralphotometrisch entdeckten M-Zwerge (K8 — M5) werden untersucht, nachdem die Bewegungskomponenten jedes Sterns auf 10 Parsek reduziert wurden. Die Sonnengeschwindigkeit ergibt sich zu 19.7 ± 0.8 km/sec, $A = 273\overset{\circ}{.}5$, $D = +41\overset{\circ}{.}6$. Die Häufigkeitsverteilung der Pekuliarbewegungen längs der drei Achsen des Geschwindigkeitsellipsoids zeigt bereits bei Geschwindigkeiten unter 63 km/sec deutliche Asymmetrie in Richtung der galaktischen Rotation. Die Sterne sind im Raum gleichmäßig verteilt. Die aus diesem Material hergeleitete Leuchtkraftfunktion der M-Zwerge zwischen $7\overset{m}{.}75$ und $9\overset{m}{.}25$ absoluter Helligkeit liefert erheblich größere Werte als die Leuchtkraftfunktion van Rhijns. Gli.

12341. **L. A. Panaiotow,** Über die Dissipation der B-Sterne senkrecht zur galaktischen Ebene. AC Nr. 171 S. 19—20 (russ.). — In einer Schicht von 20 pc auf beiden Seiten der galaktischen Ebene zeigt sich eine deutliche Abhängigkeit der Geschwindigkeiten V_z von der Entfernung z. Dies wird als Dissipation junger Sterne aus einer schmalen Schicht gedeutet, in der diese Sterne entstanden sind. Perek

* * **E. D. Pawlowskaja,** An investigation of the kinematics and the determination of the luminosity function of white dwarfs. Vgl. Ref. **9714.**

12342. **L. Perek,** Untersuchung von Sternen mit hyperbolischen Geschwindigkeiten. AN **283** 213—235, mit 8 Fig. = Veröff. Astr. Inst. Univ. Brno Nr. 2. — Es wird gezeigt, daß die Entweichgeschwindigkeit in der Sonnennähe die Kreisgeschwindigkeit um 30 %, höchstens um 40 % überschreitet. Unter dieser Annahme wurden Sterne mit hyperbolischen Geschwindigkeiten gesucht. Bei den 81 gefundenen Sternen wurden die Beobachtungsfehler untersucht. Bei 63 Sternen kann die scheinbare hyperbolische Geschwindigkeit durch eine zulässige Kombination von Beobachtungsfehlern erklärt werden und in einem Falle (NGC

6992) durch innere Bewegungen von Nebelfasern. Hyperbolische Geschwindigkeiten, die nicht durch Beobachtungsfehler vorgetäuscht werden können, besitzen außer vier RR Lyrae-Sternen, einem Kugelsternhaufen und sechs Unterzwergen, wo es zu erwarten war, auch ein RV Tauri-Stern (AG Aurigae), ein O-Stern (AE Aurigae), ein Wolf-Rayet-Stern, ein Riese, ein weißer Zwerg (van Maanen I) und ein Kohlenstoffstern (RT Orionis). Andere mögliche Ursachen der Verschiebungen der Spektrallinien bei diesen Sternen werden erörtert. Das Vorkommen von hyperbolischen Geschwindigkeiten bei jungen Sternen ist ein Beweis dafür, daß diese Geschwindigkeiten in der Galaxis erreicht werden können. Daher brauchen nicht alle Sterne mit hyperbolischen Geschwindigkeiten Gäste aus anderen Sternsystemen zu sein. Von 53 Sternen mit rückläufigen Bewegungen kann bei 35 die Möglichkeit des Vortäuschens durch Beobachtungsfehler nicht ausgeschlossen werden. Gesicherte rückläufige Bewegungen haben fünf RR Lyrae-Sterne, ein RV Tauri-Stern (AG Aurigae), ein langperiodischer Veränderlicher (S Car), zwei Kohlenstoffsterne, ein Riese, vier Zwerge und vier Unterzwerge. Außerdem besitzen zwei RR Lyrae-Sterne ohne bekannte Eigenbewegung entweder hyperbolische Geschwindigkeiten oder rückläufige Bewegungen. Verf.

12343. **R. M. Petrie, P. M. Cuttle, D. H. Andrews,** Values of Oort's constant A derived from some B stars. AJ **61** 289—292, mit 2 Fig. = Contr. Dominion Astrophys. Obs. Victoria Nr. 48. — Es werden numerische Werte für die Oortsche Konstante A aus Radialgeschwindigkeiten von 79 B-Sternen und aus interstellaren Geschwindigkeiten von 64 Sternen hergeleitet. Die Entfernungen aus spektroskopischen absoluten Helligkeiten (Äquivalentbreite von H_γ nach Petrie) und aus Farbenexzessen liegen zwischen 200 und 2500 pc. Die exakte Methode von Weaver und die approximative von Oort geben praktisch die gleichen Werte, deren Mittel $A = 17.7 \pm 1.1$ km/sec kpc mit älteren Messungen übereinstimmt, aber von Weavers neuen Werten abweicht. Gli.

12344. **C. Popovici,** Convergentul nucleului roiului Ursa Mare. Bul. Ştiinţific (mat. fiz.) 8 Nr. 1 S. 193—197 (mit russ. und französ. Ref.).

* * **J.-L. Rigal,** Étude statistique des mouvements stellaires. III. Méthode générale. Vgl. Ref. **4418.**

12345. **K. Rudnicki,** Kinematyka Galaktyki. I. Wstępne wiadomości o ruchu gwiazd. Postępy Astr. **4** 17—31, mit 5 Fig. — Es werden die Begriffe des Zentroids, der Pekuliarbewegung, der parallaktischen Bewegung, der Bewegungssternhaufen und der Verteilungsfunktion der Geschwindigkeiten der Sterne erörtert. Perek

12346. **K. Rudnicki,** Kinematyka Galaktyki. II. Rotacja Galaktyki. Postępy Astr. **4** 60—76, mit 7 Fig. — Es werden die Asymmetrie der Bewegungen der Sterne, die Camm-Funktion, die Oortschen Konstanten und die Rotation des lokalen Systems erörtert. Perek

12347. **P. Sawizkij,** Über die Gruppenbewegung von Sternen. AC Nr. 174 S. 13—14 (russ.). — Nach der Abtrennung der physischen Mitglieder mehrerer offener Sternhaufen geht aus einem Positionswinkel-Eigenbewegungs-Diagramm hervor, daß die Verteilung der übrigen Sterne in der Umgebung der Haufen nicht den Charakter des Zufalls hat, sondern sich Gruppen von Doppel-, Dreifach- und Mehrfachsternen herausschälen. Loh.

12348. **E. Schatzman, J.-L. Rigal,** Étude statistique des mouvements stellaires. IV. Cas des sous-géantes F à grande vitesse de rotation équatoriale. CR **242** 230—232 = Contr. Inst. d'Astrophys. Paris (A) Nr. 211. — Aus den Raumgeschwindigkeiten von 17 F-Unterriesen mit großen Rotationsgeschwindigkeiten (vgl. AJB **54** Ref. **9811**) werden Apex, Vertex und Geschwindigkeitsellipsoid hergeleitet. Die kinematischen Eigenschaften weichen stark von denen gewöhnlicher Unterriesen ab, während ihre absoluten Helligkeiten mit den von W. W. Morgan für Unterriesen gegebenen Werten übereinstimmen dürften. Gli.

* * **M. Schmidt,** A model of the distribution of mass in the galactic system. Vgl. Ref. 4422.

12349. **J. Smak,** On the motion of red dwarfs with emission spectra. Bull. Acad. Polon. Sci. (3) **4** 429—432 = Astr. Obs. Warsaw Univ. Repr. Nr. 56. — Auf Grund des Materials von E. R. Dyer (AJB **54** Ref. 9213) werden die Bewegungen von 67 roten Zwergen mit Emissionsspektren mit denen von 91 roten Zwergen mit Absorptionsspektren verglichen. Im ersten Falle beträgt die Sonnengeschwindigkeit nur 2.7 ± 6.3 km/sec, im anderen Falle 22.7 ± 9.1 km/sec. Die Geschwindigkeitsdispersionen längs der Achsen der Geschwindigkeitsellipsoide sind bei den roten Zwergen mit Emissionsspektren wesentlich kleiner. Vergleich der Ergebnisse mit denen von J. E. Ejnasto (vgl. AJB **54** Ref. 9702). Gli.

12350. **J. Smak,** O kinematycznych charakterystykach czerwonych karłów z liniami emisyjnymi. Postępy Astr. **4** 200—201. — Ref. Poln. Astr. Ges.

12351. **D. W. N. Stibbs,** On the differential galactic rotation of the system of Cepheid variable stars. MN **116** 453—473, mit 2 Fig. = Commun. Univ. Obs. Oxford Nr. 59. — Eine Analyse der Radialgeschwindigkeiten der δ Cephei-Variablen wird durchgeführt. Die Elemente der Sonnenbewegung werden abgeleitet; der K-Term ist nicht signifikant. Für die Oortsche Konstante ergibt sich $A = 19.5 \pm 1.9$ km/sec in Übereinstimmung mit Auswertungen von näher gelegenen Cepheiden. Es werden 189 Cepheiden in 15 Gruppen eingeteilt entsprechend ihrem Abstand R vom Zentrum (5.4 kpc $\leq R \leq$ 11.9 kpc). Die Cepheiden scheinen für sehr große R schneller (und für sehr kleine R langsamer) zu rotieren als den Beobachtungen der 21 cm-Linie entspricht. Diese Diskrepanz konnte nicht geklärt werden. v. Hoerner

12352. **D. W. N. Stibbs,** Radial velocities of Cepheid variable stars in the southern hemisphere. Obs **76** 6—7. — Ref. RAS. — Vgl. vorstehendes Ref.

12353. **W. S. Tai, C.-T. Chang,** The space motion of Be stars. Acta Astr. Sinica **4** 19—30, mit 1 Fig. (chines. mit engl. Ref.).

12354. **A. D. Thackeray,** Spectroscopic indication of an internal spiral arm in the galaxy. Nature **178** 1458 = Radcliffe Obs. Repr. Nr. 7. — Verf. gibt einen Hinweis auf Untersuchungen der Aufspaltung der interstellaren K-Linie. Er zeigt, daß die aus den Radialgeschwindigkeiten abgeleiteten Kreisbahngeschwindigkeiten verträglich sind mit den radioastronomischen Untersuchungsergebnissen über den Sagittarius- und den Scutum-Norma-Spiralarm. Schaifers

12355. **A. F. Torondshadse,** On the problem of the local system kinematics. Bull. Astrophys. Obs. Abastumani Nr. 20 S. 46—53, mit 3 Abb. (russ. mit georg. und engl. Ref.). — Die Nord-Süd-Asymmetrie und die dritte Harmonische in der Verteilung der Eigenbewegungen können als Folgen der Rotation des lokalen Systems gedeutet werden. Das Zentrum des lokalen Systems liegt bei $l = +229°$, $b = -12°$. Perek

12356. **A. F. Torondshadse,** Research on star velocities distribution function on the base of the analysis of proper motions components. Bull. Astrophys. Obs. Abastumani Nr. 20 S. 54—64 (russ. mit georg. und engl. Ref.). — Aus den Momenten der Verteilung von μ_α und μ_δ wurden die Momente der Verteilung von μ_b und von der Geschwindigkeitskomponente V_z abgeleitet. Ein Material von 4000 GC-Sternen zeigt in V_z eine symmetrische Verteilung mit einem erheblichen Exzeß. Perek

12357. **H. F. Weaver, H. R. Morgan,** The galactocentric circular velocity and corrections to the precession constant and the motion of the equinox. AJ **61** 268—271 = Berkeley Repr. Nr. 106. — Unter Anwendung der in früheren Arbeiten (vgl. AJB **55** Ref. **12357**/59) entwickelten strengen Gleichungen der galaktischen Rotation und der dortigen Ergebnisse wird aus den auf das N 30-System reduzierten Eigenbewegungen von 79 Delta Cephei-Sternen $\omega_0 = 23.2 \pm 5.0$ km/sec kpc hergeleitet. Dieser Wert kombiniert mit der galaktozentrischen Sonnendistanz von 8.2 kpc (Baade) gibt als Kreisbahngeschwindigkeit in Sonnennähe 190 $\pm$ 41 km/sec; die Korrektion der Präzessionskonstanten $\Delta p_1 = +0\rlap{.}''76 \pm 0\rlap{.}''38$ und die Korrektion der Bewegung des Äquinoktiums $\Delta e = +0\rlap{.}''73 \pm 0\rlap{.}''11$ pro Jahrhundert. Gli.

12358. **B. A. Woronzow-Weljaminow,** Die Spiralstruktur und Rotation der Galaxis. Mitt. Astrophys. Inst. Alma-Ata **3** Nr. 4 S. 46—52, mit 3 Fig. (russ.). — Die Voraussetzung, daß die differentielle Rotation die Ursache der Entstehung der Spiralarme sei, führt zu einem Widerspruch, da die differentielle Rotation viel größere Unterschiede in den Dimensionen und Neigungen der Spiralarme einzelner Spiralnebel verursachen müßte, als beobachtet wird. Im Bereich der Spiralarme müssen daher die Galaxien wie feste Körper rotieren. In der Galaxis kann man die Spiralstruktur nur bis 7 kpc vom Zentrum erwarten. Der in einer Entfernung von rund 10 kpc beobachtete Ring von HI-Gebieten ist kein Spiralarm, sondern eine ringförmige Verdichtung. Perek

12359. Rotation of the galaxy. Sky and Telescope **15** 206—207. — Ref. AAS. — Vgl. auch BSAF **70** 122.

12360. 1026 galaktycznych orbit gwiazdowych. Urania Kraków **27** 146—147. — Ref. der in AJB **55** Ref. **12352** zitierten Arbeit von K. Schütte.

Sternassoziationen

12361. **A. Blaauw,** On the luminosities, motions, and space distribution of the nearer northern O—B 5 stars. ApJ **123** 408—439, mit 9 Fig. — Ref. in Sterne **33** 196—197. — Absolute Helligkeit, Bewegung und Raumverteilung der O—B 5-Sterne innerhalb 600 pc Entfernung und nördlich von −20° Dekl. werden untersucht. In Cassiopeia-Taurus wird eine zusammengehörige Gruppe gefunden, die mit dem Perseus-Strom identisch ist. Die Stromelemente werden abgeleitet; das «Ausdehnungsalter» der Gruppe beträgt mindestens 50 Millionen Jahre in Übereinstimmung mit dem Erscheinungsbild des HR-Diagramms. Parallaxen und absolute Helligkeiten der Gruppensterne werden mitgeteilt. Die Skala der absoluten Helligkeiten der Sterne mit Spektraltypen B2 IV—B3 V wird neu kalibriert. Der Bewegungshaufen um α Persei gehört zur Cassiopeia-Taurus-Gruppe; Entfernungen und absolute Helligkeiten dieser Gruppe werden ermittelt. Einige B-Sterne mit hoher Raumgeschwindigkeit wurden gefunden, die vermutlich aus anderen Sternassoziationen (Orion, I Cephei) entwichen sind. Micz.

12361a. **A. Blaauw,** Luminosities, ages, kinematics, and duplicity of the early-type stars. Publ ASP **68** 495—498. — Die Beobachtungsdaten von frühen Sternen innerhalb etwa 600 pc Entfernung werden zusammengefaßt; die Ergebnisse werden als repräsentativ betrachtet für Spiralarmpopulationen. 1.) Das Alter von O bis B0-Sternen ist kleiner als 10^7 Jahre; sie entstehen anscheinend nur in Assoziationen. 2.) Bei den Assoziationen läßt sich ein dichterer Kern unterscheiden und eine mehr lockere Umgebung. Im Kern sind oft Wolken interstellarer Materie, in der Umgebung seltener. Der Kern ist jünger als die Umgebung. 3.) Der Altersunterschied verschiedener Sterne in der gleichen Assoziation kann einige 10^6 Jahre betragen. 4.) Die Verteilung der (ursprünglichen) Geschwindigkeiten junger Sterne läßt sich am besten darstellen durch $f(v) = \exp(-v/\eta)$ für eine Komponente, mit $\eta = 6.8$ km/sec. Außerdem gibt es eine (mit zunehmendem Spektraltyp stark abfallende) Anzahl schneller Einzelsterne. Meist läßt sich angeben, von welcher Assoziation sie herkommen. 5.) Der Anteil der Doppelsterne nimmt stark mit der Geschwindigkeit ab; fast alle Sterne über 35 km/sec sind Einzelsterne. v. Hoerner

12362. **O. W. Choroschewa,** Sur le mouvement des étoiles dans l'association Céphée II. AJ UdSSR **33** 880—884, mit 1 Fig. (russ. mit französ. Ref.). — Unter Verwendung der Eigenbewegungen von 60 Sternen wird gezeigt, daß die Assoziation Cepheus II, die eine Reihe von Autoren für expandierend halten, im wesentlichen aus fünf Sterngruppen besteht, deren Mitglieder jeweils ähnliche oder gleiche Eigenbewegungen aufweisen. Je nach Kombination der Gruppen und Wahl der Assoziationsgrenze kann man zwischen Expansion und Kontraktion befindliche Bewegungen des gesamten Komplexes ableiten. Es besteht daher der Verdacht zu Recht, daß die Expansion der Assoziationen im allgemeinen ein Scheineffekt ist, der durch die Bewegung von Gruppen blau-weißer Riesen und Überriesen vorgetäuscht wird. Loh.

12363. **J. W. Glagolewskij,** Über ein Ergebnis der Arbeit mit dem Längsspektrographen. Bull. Astr. Geod. Ges. UdSSR Nr. 18 S. 55—56 (russ.). — Ref. in RJ 1957 Nr. 3 S. 48.

12364. **K. A. Grigorjan,** Elektrophotometrische und elektropolarimetrische Untersuchung der beiden Sternassoziationen Cepheus II und Perseus II. Erewan, Univ., 1956 (russ.). — Dissertationsreferat.

12365. **D. L. Harris III,** Photometry of the Perseus aggregates. ApJ **123** 371—372. — Helligkeiten und Farbenindizes von Sternen der Gruppen um α Persei und ζ Persei, gemessen im U, B, V-System, werden mitgeteilt. Micz.

12366. **G. M. Idliss,** Über den möglichen Entstehungs- und Ausdehnungsmechanismus der Sternassoziationen. Mitt. Astrophys. Inst. Alma-Ata 2 41—52 (russ.). — Verf. setzt voraus, daß die Assoziationen aus Verdichtungen der interstellaren Materie entstehen, und findet eine Übereinstimmung mit den beobachteten Massen, Dimensionen und der Entwicklung der Assoziationen. Die Planeten entstehen gleichzeitig mit den Sternen. Die abgeleiteten Rotationsgeschwindigkeiten stimmen bei den großen Planeten des Sonnensystems gut überein. Perek

* * **V. Kourganoff,** Amas et associations stellaires. Vgl. Ref. **12115.**

12367. **A. I. Lebedinskij, O. W. Choroschewa,** Sur le mouvement des étoiles dans les associations. AJ UdSSR **33** 54—61 (russ. mit französ. Ref.). — Die Eigenbewegungen der Sterne in den Assoziationen Lacerta, Perseus II und Cepheus II zeigen eine Vorzugsrichtung der Expansion, die durch Zweistrommodelle dargestellt werden könnte, mit den Theorien radialer Expansion von Ambarzumjan und Oort aber nicht vereinbar ist. Petri

12368. **P. P. Parenago,** Die Orion-Assoziation. AJ UdSSR **33** 444—445 (russ.). — Eine vorläufige Mitteilung über eine umfassende Erforschung des Gebietes der Orion-Assoziation. Insgesamt wurden Daten für 1330 O—A0-Sterne gesammelt und die Konzentration dieser Sterne zur Assoziation untersucht. Ferner wurde noch die Verteilung von 361 M-Sternen sowie auch diffuse Nebel, Veränderliche, Sterne mit Emission und die Absorption im Orion-Gebiet untersucht. Die Entfernung der Assoziation beträgt etwa 500 pc. In derselben Entfernung befindet sich das Gebiet um λ Ori, das jedoch mit der Assoziation nicht zusammenzuhängen scheint. Ond.

12369. **D. H. Schulte,** New members of the association VI Cygni. ApJ **124** 530—532, mit 1 Fig. und 5 Tafeln = Contr. McDonald Obs. Nr. 270. — Die O-Sternassoziation VI Cygni ist bemerkenswert durch die Stärke der interstellaren Absorption, welche in Richtung auf einige ihrer Mitglieder 6^m überschreitet. Photoelektrische Farbmessungen und spektroskopische Beobachtungen des Verf. bestätigen, daß eine Anzahl schwacher Sterne in der Gruppe tatsächlich Sterne frühen Spektraltyps sind. Die starke Rotverfärbung ist auf den spaltlos aufgenommenen Spektrogrammen deutlich erkennbar. Micz.

12370. A. D. Thackeray, IC 2944 — an O type association. MN ASSA 15 20. — Spektroskopische Untersuchungen ergaben, daß die frühesten Sterne bis O7 reichen, anstelle von B3 im HD-Katalog. Die meisten der helleren Sterne zeigen H II-Linien in Absorption. Aufgrund der neuen Spektraltypen ergibt sich ein Abstand von etwa 2.5 kpc (anstelle von 0.6 bis 1 kpc nach älteren Bestimmungen). Der Durchmesser beträgt mindestens 11 pc, wonach die Gruppe eher eine Assoziation darstellt als einen offenen Haufen. Die frühen Sterne der Gruppe regen vermutlich den Nebel IC 2944 zum Leuchten an. In Aufnahmen sieht man einige «Globulen» mit außerordentlich scharfen, unregelmäßigen Rändern. Ein schwacher Stern dicht an einem solchen Rand nahm innerhalb von vier Jahren um $2^1/_2$ Größenklassen ab. v. Hoerner

§ 124

Außergalaktische Nebel

* * Theoretische Untersuchungen über Sternsysteme siehe § **44**.

* * **T. A. Agekjan,** Zur Theorie der Helligkeitsfluktuationen der Milchstraße und der Metagalaxis. Vgl. Ref. **12301**.

12401. W. A. Ambarzumjan, Über die außergalaktischen Nebelhaufen. Časopis **6** 19—21, mit 2 Fig. (tschech.).

12402. W. A. Ambarzumjan, Über Mehrfachgalaxien. Nachr. Akad. Wiss. Armen. Sowjetrepublik (Phys.-Math., Naturwiss., Techn.) **9** Nr. 1 S. 23—43 (russ. mit armen. Ref.). — Ref. in RJ 1957 Nr. 3 S. 50—51.

12403. H. C. Arp, Novae in the Andromeda nebula. AJ **61** 15—34, mit 37 Fig. und 1 Tafel. — Ref. in Coelum **24** 124, JBAA **66** 281—282. — Um eine zuverlässige Statistik des Aufleuchtens von Novae im Andromedanebel zu gewinnen, wurde in 290 Nächten zwischen Juni 1953 und Januar 1955 eine dichte Reihe von etwa 1000 Aufnahmen mit dem 60zölligen Mount Wilson-Reflektor hergestellt. Für alle innerhalb dieser Zeit entdeckten Novae sind die genauen Örter, die Maximalhelligkeit, Tabellen der Einzelbeobachtungen sowie die Lichtkurven wiedergegeben. Darüber hinaus werden Untersuchungen über Beziehungen zwischen der Maximalhelligkeit, der Geschwindigkeit des Licht-An- und Abstiegs und der ausgestrahlten Energie vorgenommen. Die mittlere Häufigkeit der Novae in M 31 dürfte etwa 26 ± 4 pro Jahr betragen. Ein Vergleich der Helligkeiten mit denjenigen der Novae unseres Milchstraßensystems führt auf einen Entfernungsmodul von $24^m.2$, der mit dem von Baade (1954) gefundenen Wert übereinstimmt. Schließlich sind noch verschiedene beobachtungstechnische Fragen diskutiert. Beyer

12404. H. C. Arp, Novae in the Andromeda nebula. MN ASSA **15** 14—19. — Abdruck eines Vortrags in der Astronomical Society of South Africa (1955 Sept. und Nov.). Verf. berichtet über die Ergebnisse der systematischen Überwachung des Andromedanebels in 290 Nächten zwischen 1953 Juni und 1955 Jan. mit dem 60zölligen Reflektor der Mount Wilson-Sternwarte. Die bei dieser Gelegenheit entdeckten 30 Novae und ihre Beobachtungen liefern eine äußerst wertvolle Grundlage für die Statistik dieser Veränderlichen und darüber hinaus auch Aufschlüsse über die Struktur des Spiralnebels. Beyer

* * **W. Baade,** Wieweit sind Milchstraße und Andromeda-Nebel im Aufbau vergleichbar? Vgl. Ref. **12302**.

12405. J. E. Baldwin, F. G. Smith, Radio emission from the extragalactic nebula M 87. Obs **76** 141—144, mit 2 Fig. und 1 Tafel. — Ref. in Sky and Telescope **16** 116. — Die Radioquelle IAU 12 N 1 A ≡ extragalaktischer Nebel M 87

(E_0) besteht nach Mills aus einem elliptischen Gebiet von $3' \times 4'$. In Cambridge wurde bei 3.7 m ein Halo mit 50′ Durchmesser interferometrisch entdeckt. Für die Entfernung 6.5 Mpc ergibt sich der Radius des Halos zu 47 kpc und die Emission zu 3.5×10^8 Watt $ster^{-1}$ Hz^{-1} pc^{-3}. Der letzte Wert entspricht nahezu der Emission der Milchstraße. Der Ursprung der Strahlung wird von Schklowskij auf den Synchrotronstrahlungseffekt zurückgeführt, eine Auffassung, die durch Baades Beobachtung starker Polarisation im «jet» von M 87 im optischen Gebiet gestützt wird. Thi.

12406. **E. Böhm-Vitense,** Extragalactic nebulae close to the galactic plane. Publ ASP **68** 430—436, mit 1 Fig. und 1 Tafel. — Eine Anzahl der von C. D. Shane angegebenen, anscheinend extragalaktischen Nebel zwischen galaktischen Breiten $\delta = \pm 5°$ bei galaktischen Längen von $l = 110 \pm 20°$ und zwischen galaktischen Breiten $\delta = \pm 15°$ für $l = 350 \pm 15°$ wurden durch direkte Photographie und spektroskopisch untersucht und als extragalaktische Nebel identifiziert. Es zeigt sich, daß die Häufigkeitsverteilung der extragalaktischen Nebel in der Milchstraßenebene im wesentlichen derjenigen der von C. D. Shane angegebenen Nebel entspricht. Böhm-Vitense

* * **B. J. Bok,** Virginia conference on the cosmic distance scale. Vgl. Ref. **1188.**

* * **G. R. Burbidge,** The halo distribution of radio emission and extended magnetic fields in our galaxy and M 31. Vgl. Ref. **12323.**

* * **G. Cocconi,** Intergalactic space and cosmic rays. Vgl. Ref. **12707.**

12407. **A. D. Code, T. E. Houck,** Observations of early-type stars in extragalactic nebulae. AJ **61** 173. — Ref. AAS.

12408. **W. A. Dombrowskij,** Polarimetrische Untersuchung außergalaktischer und planetarischer Nebel. Bote Univ. Leningrad Nr. 19 S. 154—162 (russ.). — Ref. in RJ 1957 Nr. 7 S. 41.

12409. **M. S. Eigenson,** Über die Natur der intergalaktischen Materie. Phys. Sammelwerk Univ. Lwow Nr. 1 (6) S. 35—41, 1955 (russ.). — Ref. in RJ 1957 Nr. 3 S. 49.

12410. **A. Elvius,** Diffraction of light by interstellar particles in spiral galaxies. Stockholms Obs. Ann. **18** Nr. 9, 53 S. mit 21 Fig. und 1 Tafel. — Ref. in PAT **37** 165. — Die Asymmetrie der Helligkeitsverteilung entlang der kleinen Achse von Spiralnebeln (als Beispiel NGC 4216) wird untersucht. Bei stark gegen die Gesichtslinie geneigten Nebeln wird die Asymmetrie durch Absorption des Lichtes in den uns näher liegenden Spiralarmen bewirkt. Bei Nebeln mittlerer Neigung kann sie durch Streuung an dielektrischen Teilchen erklärt werden. Die hellere Seite des Nebels liegt dem Beobachter näher, die Aufhellung ist vor allem auf Vorwärtsstreuung des Lichtes eines hellen Nebelkernes an den Staubteilchen der Spiralarme zurückzuführen. Behr

12411. **A. Elvius,** Polarization of light in the spiral galaxy NGC 7331 and the interpretation of interstellar polarization. Stockholms Obs. Ann. **19** Nr. 1, 34 S. mit 4 Fig. — Ref. in PAT **37** 165. — Photographische Polarisationsmessungen mit einem Öhmanschen Polarimeter an dem stark unsymmetrischen Nebel NGC 7331 und einigen weiteren Spiralnebeln zeigen, daß die Schwingungsrichtung des elektrischen Vektors auf der dunkleren, nach den Vorstellungen der Verf. entfernteren Seite parallel den Spiralarmen, auf der helleren Seite dagegen senkrecht dazu steht. Dies wird so gedeutet, daß die Ausrichtung der polarisierenden Teilchen nach dem Davis-Greenstein-Mechanismus geschieht, die Polarisation der dunkleren Teile geschieht dann durch interstellare Extinktion, die Polarisation der helleren und vorderen Spiralarme dagegen durch Vorwärtsstreuung. Diese Vorstellung steht, wenn Radialgeschwindigkeitsbeobachtungen mit herangezogen werden, im Einklang mit der älteren Vorstellung Lindblads über die Rotation der Spiralnebel. Die Beobachtungen bedürfen noch der Bestätigung durch Messungen an weiteren Spiralnebeln. Behr

12412. **A. Elvius,** Diffraction and polarization of light by interstellar particles in spiral galaxies. Stockholms Obs. Medd. Nr. 88, 6 S. — Ref. in PAT **37** 165. — Zusammenfassender Bericht über Stockholms Obs. Ann. **17** Nr. 4, 1951, **18** Nr. 9 und **19** Nr. 1, 1956. Behr

12413. **D. S. Evans,** The sense of rotation of NGC 253. MN **116** 659—661, mit 2 Tafeln. — Mit dem neukonstruierten Einprismenspektrographen am Radcliffe-Reflektor waren Versuche an Emissionen im H_α-Gebiet fehlgeschlagen, hauptsächlich wegen der Stadtlichter und des Nachthimmelleuchtens. Fünf langbelichtete Aufnahmen im Blauen geben bei konservativer Deutung ein Zurückbleiben der Spiralarme wie bei der Hubbleschen Deutung des Rotationssinns. Dv.

12414. **F. Gondolatsch,** Die astronomische Entfernungsskala. Phys. Blätter **12** 305—314, mit 2 Abb. — Allgemeinverständliche Darstellung der sich an die Baadesche Feststellung anschließenden Diskussionen und Prüfungen. Loh.

12415. **G. Haro,** Preliminary note on blue galaxies with nuclear emission. AJ **61** 178—179. — Ref. AAS. — Ref. in Coelum **24** 184—185.

12416. **G. Haro,** Nota preliminar sobre galaxias azules con lineas de emisión. Bol. Obs. Tonantzintla y Tacubaya Nr. 14 S. 8—18, mit 4 Fig. (mit engl. Übersetzung). — Aus Ultraviolett-, Blau- und Gelbaufnahmen am Schmidt-Spiegel in Tonantzintla wurden bei 45 außergalaktischen Nebeln Farbenindizes gefunden, die weit unter den Pettitschen Durchschnittswerten für die betreffenden Nebeltypen liegen. Bei 10 dieser Objekte konnten weiterhin mit Objektivprisma sowie zum Teil auch am Lick-Observatorium mit dem Spaltspektrographen des Crossley-Teleskops Nebel-Emissionslinien nachgewiesen werden. Verf. schließt daraus, daß das Mischungsverhältnis der beiden Baadeschen Populationen beim gleichen morphologischen Typ erheblich variieren kann, und schlägt eine provisorische Nebelklassifikation nach einem zweidimensionalen Schema vor, welches neben dem Hubbleschen Typus einen Farbenindex berücksichtigt. Schließlich wird auf die Möglichkeiten hingewiesen, wie das so gebildete Zustandsareal der Nebel als Entwicklungsschema gedeutet werden könnte. Gü.

12417. **M. L. Humason, N. U. Mayall, A. R. Sandage,** Redshifts and magnitudes of extragalactic nebulae. AJ **61** 97—162, mit 19 Fig. und 7 Tafeln = Lick Obs. Bull. Nr. 542. — Ref. in Coelum **24** 152, Science **124** 114. — Fundamentale Sammlung aller Beobachtungsdaten über Rotverschiebungen und scheinbare Größen nach den Beobachtungen von Mt. Wilson und Palomar und vom Lick-Observatorium. Grundsätzliche Diskussion über die Korrektionen der Größen. Ableitung der Beziehung zwischen Rotverschiebung und Entfernung getrennt für Feldnebel und für Haufennebel. Für die Haufennebel bis zu einer Rotverschiebung $d\lambda/\lambda = 0.2$ wird eine Abweichung von der Linearität gefunden. Die versuchsweise vorgetragene kosmologische Deutung, daß die Expansion des Universums sich verlangsamt, bedarf noch der Nachprüfung. Dv.

12418. **H. M. Johnson,** The absorption of light in M 31. AJ **61** 181. — Ref. AAS.

* * **D. Kotsakis,** Die Galaxien im Weltall. Vgl. Ref. **12312.**

12419. **B. Lindblad,** On a barred spiral structure in the Andromeda nebula. Stockholms Obs. Ann. **19** Nr. 2, 12 S. mit 4 Fig. und 2 Tafeln. — Auf Grund einer Analyse der Isophoten langbelichteter Rotaufnahmen wird vermutet, daß der innere Teil des Andromedanebels eine Balkenspiralenstruktur (ähnlich der von NGC 7723) besitzt. Der hieraus abgeleitete theoretische Verlauf der Rotationsgeschwindigkeit stimmt gut mit dem beobachteten überein. Die vom Verf. schon früher geäußerte Vermutung, daß der SO-Teil des Nebels uns näher liegt, scheint durch die Analyse bekräftigt. Voigt

12420. **A. W. Markow,** Untersuchung außergalaktischer Nebel und die Ergebnisse von Beobachtungen an der Spiegel-Linsen-Kamera ASI−4. Mitt. Astr. Hauptobs. Pulkowo **20** Nr. 3 (156) S. 110—122 (russ.). — Bisher nicht veröffentlichte Helligkeitsmessungen der Einzelheiten in außergalaktischen Nebeln werden mitgeteilt. Die Messungen wurden teils photographisch durch Vergleich mit extrafokalen Bildern der Vergleichssterne, teils mit einem visuellen Photometer durchgeführt. Weiter werden Integralhelligkeiten von 33 Nebeln nach neuen Messungen an den Kameras ASI−4 und ASI−2 angegeben. Perek

12421. **J. J. Raimond jr.,** Het uitdijen van de wereld van de sterrenstelses. Hemel en Dampkring **54** 25—34, mit 5 Fig.

12422. **G. Reaves,** Dwarf galaxies in the Virgo cluster. AJ **61** 69—76, mit 2 Fig. und 1 Tafel = Lick Obs. Bull. Nr. 540. — Ref. in JBAA **66** 281, Sterne **33** 201. — Systematische Suche nach extragalaktischen Objekten mit geringer Flächenhelligkeit im Virgohaufen auf Platten des Lick 20″-Astrographen führt zur Auswahl von 48 charakteristischen Objekten mit sehr geringer Helligkeitskonzentration von rund 1′ Durchmesser, die auf Grund ihrer Verteilung mit großer Wahrscheinlichkeit Analoga zu den Zwergsystemen der lokalen Nebelgruppe bilden. Dv.

* * **D. A. Roshkowskij,** Die Nebel NGC 6950, 6992—5 im Licht von λ 3727 Å [O II]. Vgl. Ref. **12227.**

12423. **L. Rosino, C. Grubissich,** Due stelle nuove nella nebulosa d'Andromeda. Coelum **24** 6—7, mit 1 Tafel = Contr. Oss. Astrofis. Asiago Nr. 68. — Entdeckung zweier Novae im Andromedanebel aus Aufnahmen in Asiago zwischen Sept. und Dez. 1955. Die Helligkeit der ersten Nova betrug am 21. Sept. $17^{m}.5$, am 11. Dez. $\sim 20^{m}$ photographisch. Die zweite Nova wurde nur auf einer Platte mit der Helligkeit $16^{m}.8$ gefunden. Cester

12424. **M. P. Savedoff,** Physical constants in extra-galactic nebulae. Nature **178** 688—689. — Eine der stärksten Quellen kosmischer Radiostrahlung ist die Quelle Cygnus A, die aus zwei zusammenstoßenden Milchstraßensystemen besteht und deren Abstand von uns etwa 3×10^{8} Lichtjahre beträgt. In letzter Zeit sind von Cyg A einmal exakte Wellenlängenmessungen an Linien im optischen Frequenzbereich (H, N II, Ne II, usw.) einschließlich Rotverschiebung und Multiplettaufspaltung sowie Messungen im radiofrequenten Spektralbereich an der Wasserstoff-Hyperfeinstrukturlinie 21 cm veröffentlicht worden. Kombiniert man diese Messungen miteinander, so läßt sich, ohne daß die Größe und Herkunft der Rotverschiebung im einzelnen eingeht (vorausgesetzt wird nur das Gesetz $\Delta\lambda/\lambda =$ const), das Verhältnis der Werte der Sommerfeldschen Feinstrukturkonstanten hier und auf den beiden entfernten Galaxien mit großer Genauigkeit berechnen. Die Werte stimmen innerhalb einiger Promille überein. Dasselbe gilt für das magnetische Moment des Protons, genauer gesagt seines gyromagnetischen Verhältnisses. Oster

12425. **T. Schmidt,** Ejection theory of spiral structure. Obs **76** 29—30.

12426. **K.-W. Schrick,** Eine neuartige Darstellungsmöglichkeit am Beispiel des Doppelnebels in den Jagdhunden. Sterne **32** 221—224, mit 2 Fig. — Besprechung der in AJB **55** Ref. **12439** zitierten Arbeit von F. Zwicky.

12427. **D. E. Schtschegolew,** Photometrische Untersuchung von 15 Spiralnebeln. Mitt. Astr. Hauptobs. Pulkowo **20** Nr. 3 (156) S. 87—109, mit 6 Abb. und 2 Tafeln (russ.). — Auf den Aufnahmen mit der Maxutow-Kamera (Meniskus von 50 cm Durchmesser, 1 : 2.4) in Alma-Ata wurde die Helligkeit und Farbe von

15 außergalaktischen Nebeln untersucht. Der größte Teil des Lichtes stammt von den gelben Sternen des kugelförmigen und mittleren Untersystems, die größtenteils über der Absorptionsschicht liegen. Bei geneigten Nebeln wird daher die entferntere Seite des Kerns heller erscheinen. Es folgt daraus, daß die Spiralarme bei der Rotation dem Kern nachfolgen. Perek

12428. **C. D. Shane,** The distribution of extragalactic nebulae. II. AJ **61** 292—299, mit 2 Fig. und 1 Tafel = Lick Obs. Bull. Nr. 543. — Fortsetzung der in AJB **54** Ref. **12441** besprochenen Nebelzählungen mit dem 20″-Astrographen des Lick-Observatoriums. Mitgeteilt werden Ergebnisse für das Feld von 0^h bis 6^h Rektaszension und $+20°$ bis $+60°$ Deklination in Tabellenform und mit einer Karte der Linien gleicher durchschnittlicher Dichte. Die Korrektion wegen schwankender Reichweite (im Mittel $18^m_.2$) erforderte besondere Betrachtungen. Dv.

12429. **E. Vandekerkhove,** L'effet d'une population de type II sur le rougissement d'une nébuleuse extragalactique. Bull. Cl. Sci. Acad. roy. Belgique (5) **42** 185—200, mit 1 Fig. und 1 Tafel = Commun. Obs. Roy. Belgique Nr. 94. — Aus Helligkeiten und Farben der Sterne des Kugelhaufens M 3, die von Sandage gemessen wurden, werden Integralhelligkeiten und Farbenindex für den ganzen Haufen und für Sterngruppen in ausgewählten Bereichen des Farben-Helligkeits-Diagramms ermittelt. Aufgrund der Farbenindizes werden den Bereichen effektive Spektraltypen zugeordnet. Die hellsten Sterne des Haufens bestimmen vorwiegend Gesamthelligkeit und integralen Farbenindex. Die verschiedenen Ursachen der Rötung entfernter extragalaktischer Nebel werden diskutiert. Fricke

12430. **G. de Vaucouleurs,** Photographic magnitudes of the brighter external galaxies. AJ **61** 430—437, mit 6 Fig. = Yale-Columbia Southern Station Repr. Nr. 3. — Zwölf Systeme von Helligkeiten außergalaktischer Nebel heller als 13^m werden verglichen und auf ein homogenes System reduziert. Die systematischen Korrektionen, die bis 2^m betragen, werden bestimmt und angebracht. Einzelheiten sollen in einer größeren Publikation mitgeteilt werden. F. S.

12431. **G. de Vaucouleurs,** Survey of bright galaxies south of $-35°$ declination with the 30-inch Reynolds reflector (1952—1955). Mem. Commonwealth Obs. Mt. Stromlo **3** Nr. 3 (13), 84 S. mit 18 Fig. und 8 Tafeln. — Ref. in MN **117** 225—226, Sky and Telescope **16** 582—587. — Eine Durchmusterung der hellen Galaxien des Shapley-Ames Katalogs (Harv. Ann. 88 Nr. 2, 1932) klassifiziert 460 Objekte (meist größer als 1′ und heller oder gleich 14^m) in vier Haupttypen: elliptische (E), linsenförmige (SO), spiralförmige (S) und irreguläre (I) Galaxien mit weiterer Unterteilung in Unterklassen. Die Diskussion des Materials umfaßt: Dimensionen; Verteilung an der Sphäre; Statistik der Typen; Achsenverhältnis bei elliptischen Nebeln; ringförmige Struktur in Spiralnebeln; Distanzen und Durchmesser; Entfernungen einiger Wolken oder Haufen sowie nähere Beschreibung der Gruppen und Haufen. Paare von Galaxien werden in einer Liste gesondert katalogisiert. Abbildungen erläutern das Klassifizierungsschema, zeigen dazu Beispiele und geben auch die Verteilung der Galaxien an der Sphäre. Gli.

12432. **G. de Vaucouleurs,** Extragalactic studies in the southern hemisphere. Occasional Notes **3** 118—142, mit 8 Fig. und 4 Tafeln. — Nach einem Abriß der Geschichte der Beobachtung extragalaktischer Nebel auf der Südhalbkugel gibt Verf. Daten für helle südliche Nebel, zum Teil mit Abbildungen; er behandelt Messungen der Gesamthelligkeit und der Helligkeitsverteilung, südliche extragalaktische Radioquellen, die Verteilung der hellen und der schwachen Nebel und schließlich mehrfache Systeme, Gruppen und Haufen von Nebeln. Verf. weist immer wieder auf die Notwendigkeit hin, die Beobachtung der extragalaktischen Nebel in höheren südlichen Deklinationen auf einen ähnlichen Stand zu bringen, wie er in dem von den großen Sternwarten der Nordhalbkugel beobachtbaren Gebiet erreicht worden ist. O. G.

12433. **P. Wild,** Die lokale Gruppe von Sternsystemen. Orion Schaffhausen **5** 1—12, mit 5 Fig. — Es werden die Beobachtungsdaten für die Mitglieder der lokalen Gruppe der Sternsysteme, die sich bis zu einem Abstand von rund 600000 pc um unser Milchstraßensystem gruppieren, nach den neusten Ergebnissen zusammengestellt. Die einzelnen Systeme werden dabei noch ausführlich beschrieben, und die Verschiedenheiten ihrer Zusammensetzung und ihres Aufbaues werden erörtert. H. M.

12434. **B. A. Woronzow-Weljaminow,** Morphology of galaxies. I. Nucleus of spiral galaxy M 33. AJ UdSSR **33** 14—19 (russ. mit engl. Ref.). — Eine Untersuchung der Reproduktionen amerikanischer Aufnahmen ergibt, daß das Sterngemisch des Kernes von M 33, der viel Überriesen und Staub enthält, sich nicht deutlich von der für Spiralarme und unregelmäßige Galaxien typischen Zusammensetzung unterscheidet. Petri

12435. **B. A. Woronzow-Weljaminow,** Morphology of galaxies. II. Compact groups of supergiants in M 33. AJ UdSSR **33** 205—209, mit 1 Fig. und 1 Tafel (russ. mit engl. Ref.). — Auf Grund stark vergrößerter amerikanischer Aufnahmen wird ein Katalog und eine Übersichtsskizze von 65 Gruppen von Überriesen mitgeteilt. Petri

12436. **F. Zwicky,** Report for Commission 28 of the IAU of work done on extragalactic nebulae. Irish AJ **4** 61.

12437. **F. Zwicky,** Multiple galaxies. Ergebnisse der exakten Naturwissenschaften **29** 344—385, mit 18 Abb. — Ref. in Phys. Ber. **36** 928, Sterne **33** 31—32.

12438. **F. Zwicky,** Relative populations of rich spherical clusters of galaxies. Publ ASP **68** 331—338, mit 1 Fig. — Nebelzählungen in äquidistanten Ringen für fünf ferne Haufen mit Rotverschiebungen entsprechend Radialgeschwindigkeiten bis zu 61000 km/sec ergeben Verteilungsgesetze in guter Übereinstimmung mit näher gelegenen Haufen in Coma und Corona Borealis. Besonderheiten sind angedeutet, sie geben aber keinen schlüssigen Beweis für die daraus abzuleitende Vermutung, daß der quadratische Term in der Abhängigkeit der Rotverschiebung von der Entfernung reell ist. Dv.

12439. Collision de galaxies. BSAF **70** 135.

12440. Red shift of distant galaxies detected at radio frequencies. J RAS Canada **50** 188—189.

12441. Hydrogen emissions from distant galaxies. Science **123** 880.

12442. Galaxies in collision. Sky and Telescope **15** 159. — Ref. in Vasiona **4** 68.

12443. Expanding universe data. Sky and Telescope **15** 159.

12444. Brightness and color of the extragalactic sky. Sky and Telescope **15** 311. — Ref. AAS.

12445. Radio observations of the Coma cluster. Sky and Telescope **15** 356.

12446. Colors in galaxies. Sky and Telescope **15** 359, mit 1 Fig. — Ref. AAS. — Ref. in Coelum **24** 184—185.

12447. Red shifts of faint galaxies. Sky and Telescope **16** 60, mit 2 Fig. — Ref. AAS.

Magellansche Wolken

12448. **L. Doherty, K. G. Henize, L. H. Aller,** A photometric catalogue of emission nebulosities in the Large Magellanic Cloud. ApJ Suppl **2** 345—363, mit 3 Fig. und 8 Tafeln. — Ref. in ApJ **124** 488. — Für 285 ausgewählte Gebiete von 115 Nebeln in der Großen Magellanschen Wolke, in denen H_α in Emission erscheint, wird die Intensitätsverteilung über die Fläche durch ein System von Buchstaben und Zahlen beschrieben. Nach einem von Ambarzumjan angegebenen Verfahren wird die Oberflächenhelligkeit der Nebel bestimmt. Außer Winkeldurchmesser, Profil und Intensität wird für jedes Objekt eine Identifizierungskarte gegeben. Für sechs Sterne mit Emissionslinien wird die Helligkeit von H_α in Größenklassen mitgeteilt. Micz.

12449. **O. J. Eggen, G. de Vaucouleurs,** Low-resolution photoelectric photometry of the Large Magellanic Cloud. Publ ASP **68** 421—429, mit 2 Fig. und 1 Tafel. — In 42 (in einem rechtwinkligen Gitter angeordneten) Stichprobenfeldern wurden blaue und gelbe Helligkeiten gemessen. Korrektionen: 1.) Nachthimmel, 2.) individuelle Helligkeiten aller Vordergrundsterne heller als $8^m.0$. Das Ergebnis ist in Tabellen dargestellt sowie durch eine Karte der Isophoten und eine Karte der Isochromen. Auch die integralen Helligkeiten der gesamten Wolke sind angegeben und werden mit früheren Bestimmungen verglichen. v. Hoerner

12450. **M. W. Feast,** A note on the spectra of some variable stars in the Magellanic Clouds. MN **116** 583—586, mit 1 Fig. — S. C. B. Gascoigne und G. E. Kron äußerten in Publ ASP **65** 32 (vgl. JBA **53** Ref. **12407**) die Vermutung, daß die relativ langperiodischen Cepheiden der Magellanschen Wolken sich erheblich von den klassischen Cepheiden der Population I unterscheiden. Die 1955—56 mit dem Doppelprismen-Spektrographen des Radcliffe-Reflektors erhaltenen Spektren (86 Å/mm bei $H\gamma$) von neun langperiodischen Cepheiden der Magellanschen Wolken zeigen den normalen Überriesentyp zwischen F 7 und G 2 ohne Emissionslinien oder sonstige Merkmale, die auf eine Zugehörigkeit zur Population II hinweisen könnten. Ein leichter Unterschied in der Färbung — die Wolken-Cepheiden erscheinen etwas blauer als die galaktischen — ist vermutlich auf eine stärkere Rötung der letzteren durch interstellare Absorption zurückzuführen. Einige Spektren des Veränderlichen W Men aus den Jahren 1953–56 bestätigen die Zugehörigkeit dieses R CrB-Sterns zur Großen Magellanschen Wolke. W Men ist bisher der einzige R CrB-Veränderliche, der in extragalaktischen Nebeln nachgewiesen werden konnte und dessen Entfernung nunmehr bekannt ist. Seine absolute Helligkeit beträgt im Maximum $-5^m.4$. Beyer

12451. **M. W. Feast, A. D. Thackeray,** Red super-supergiants in the Large Magellanic Cloud. MN **116** 586—590. — Fünf extrem helle Rote Riesen wurden entdeckt. Die Spektraltypen gehen von F8 Ia bis G5 Ia und die absoluten visuellen Helligkeiten von −8.9 bis −9.4. Es wird vermutet, daß noch mehr Sterne ähnlichen Typs vorhanden sind. v. Hoerner

12452. **K. G. Henize,** Catalogues of H_α-emission stars and nebulae in the Magellanic Clouds. ApJ Suppl **2** 315—344, mit 13 Tafeln. — Ref. in ApJ **124** 488. — Ein Katalog von 236 Sternen mit H_α-Emission und von 532 Emissionsnebeln in den Magellanschen Wolken wird mitgeteilt. Der Katalog enthält Angaben über die Stärke der Emissionslinien und ihre Schärfe. Für die Nebel werden Mitteilungen über Größe, Form und den anregenden Stern gemacht. Verf. erörtert die Klassifizierung der Nebel und die absoluten Helligkeiten der Be-Sterne. Micz.

12453. **F. J. Kerr, G. de Vaucouleurs,** The masses of the Magellanic Clouds from radio observations. Australian J. Phys. **9** 90—111, mit 7 Fig. = Commonwealth Sci. Industrial Res. Organization, Australia, Division Radiophys. — Aus Radialgeschwindigkeitsmessungen der 21 cm-Linie des Wasserstoffs werden vorläufige Massen abgeleitet. Die größte Unsicherheit rührt von der Unkenntnis der Neigung der Wolken gegen die Gesichtslinie her. Als wahrscheinlichste Werte ergeben sich: Große Magellansche Wolke 3.0×10^9, Kleine Magellansche Wolke 1.3×10^9 Sonnenmassen. Behr

12454. **D. Koelbloed,** A search for planetary nebulae in the Small Magellanic Cloud. Obs **76** 191—193, mit 1 Fig. — Aufnahmen des größeren Teils der Kleinen Magellanschen Wolke mit dem 74'-Reflektor des Radcliffe Observatoriums, Pretoria, im Bereich λ 4700 bis 5300 enthalten die starken Nebellinien N_1, N_2 des [O III]. Im Blinkverfahren zeigen sich dabei gegenüber Kodak 103-D Aufnahmen 16 Objekte der 14. bis 18. Größe mit starker N_1, N_2-Strahlung. Eine Figur zeigt die Verteilung ihrer absoluten Helligkeiten. Gli.

12455. **G. E. Kron,** Star clusters in the Small Magellanic Cloud. I. Identification of 69 clusters. Publ ASP **68** 125—130, mit 1 Tafel = Contr. Lick Obs. (2) Nr. 62. — Ref. in Coelum **24** 184, JBAA **67** 175. — Zwei am ADH-Teleskop mit Blau- und mit Rotfilter aufgenommene Platten der Kleinen Magellanschen Wolke wurden nach Sternhaufen durchmustert. Nur vier von den gefundenen 69 Objekten sind nicht schon früher katalogisiert. In einer Tabelle werden mitgeteilt: Farbe (blau oder rot), genäherter Durchmesser, Fehlen oder Vorkommen von Nebeln und von blauen Riesensternen, Unterscheidung von Kugelhaufen und offenen Haufen, Konzentration, Auftreten von Emissionen. Die Grenzhelligkeit liegt bei 16^m. O. G.

12456. **G. E. Kron,** Star clusters in the Small Magellanic Cloud. II. Their dimensions and luminosities. Publ ASP **68** 230—237, mit 1 Tafel. — Ref. in Coelum **24** 184, JBAA **67** 175. — Die Durchmesser und integrierten Helligkeiten von in der Kleinen Magellanschen Wolke (SMC) identifizierten Kugelsternhaufen und offenen Sternhaufen werden mit den entsprechenden Größen für vergleichbare Objekte der Milchstraße zusammengestellt und für beide Arten von Objekten in der SMC etwas kleiner gefunden. Der systematische Unterschied verschwindet bei geringer Vergrößerung des Entfernungsmoduls; Verf. hält aber auch einen reellen Unterschied für möglich. Da in der SMC ein Teil der offenen Haufen als «rot» beobachtet wurde, sollen integrierte Farben offener Haufen in der Milchstraße gemessen werden. O. G.

12457. **G. E. Kron,** Star clusters in the Small Magellanic Cloud. III. Their space distribution. Publ ASP **68** 326—330, mit 1 Tafel. — Ref. in Coelum **25** 27, JBAA **67** 175. — Im Anschluß an zwei frühere Veröffentlichungen (Vgl. Ref. **12455**, **12456**) wird die räumliche Verteilung der Sternhaufen unter Hinzunahme der Positionen von H_α-Emissionsgebieten diskutiert. Verf. hat eine Spirale, eingeschlossen in eine Ellipse, eingezeichnet. Die aus der Ellipse abgeleitete Neigung von 45° und der Positionswinkel der großen Achse (60°) stimmen ungefähr mit Ergebnissen überein, die de Vaucouleurs aus der Helligkeitsverteilung abgeleitet hat. Aus der Verteilung der Kugelsternhaufen wird auf relative Konzentration der Population II in äußeren Gebieten geschlossen. Farbmessungen zur Untersuchung einer Aufteilung nach dem Alter in den Spiralarmen würden wenig durch absorbierende Materie gestört. O. G.

12458. **E. M. Lindsay,** Clusters in the Small Magellanic Cloud. Irish AJ **4** 65—73, mit 2 Fig. = Contr. Armagh Obs. Nr. 18. — Die Kleine Magellansche Wolke wurde nach offenen und kugelförmigen Sternhaufen durchmustert und die eigene Klassifikation wurde mit denen von Kron und Haffner verglichen. Das Ergebnis ist in einer Liste von 94 als sicher bezeichneten Sternhaufen und 32 unsicheren dargestellt. 59 von den 94 Objekten wurden als offene Haufen bezeichnet und 14 (mit großer Wahrscheinlichkeit) als Kugelhaufen. v. Hoerner

12459. **E. M. Lindsay,** A catalogue of stellar-like emission objects in the Small Magellanic Cloud. MN **116** 649—658, mit 2 Abb. — Der Katalog gibt X- und Y-Koordinaten, photographische Helligkeiten und blau-rot Farbenindizes von 97 Emissionsobjekten, die mit dem ADH-Teleskop und Objektivprisma in der Kleinen Magellanschen Wolke gefunden wurden. Es wurde versucht, diese Objekte zu klassifizieren. Es wird vermutet, daß der Teil der Wolke in Richtung der «Shapley extension» die Merkmale der Population I aufweist.
Verf. (übersetzt)

12460. **T. Schmidt,** Probleme der Magellanschen Wolken. Sterne **32** 81—111, mit 12 Fig. — Allgemeiner Bericht, im wesentlichen auf den neueren Arbeiten von G. de Vaucouleurs fußend. Behr

12461. **H. Shapley,** The Clouds of Magellan, a gateway to the sidereal universe. American Scientist **44** 73—97, mit 8 Fig. = Harv Repr Nr. 431. — Allgemeinverständliche und ausführliche Beschreibung der Magellanschen Wolken (Historisches, allgemeines Aussehen, Auftreten der verschiedenen Sterntypen, insbesondere der Veränderlichen) und Darlegung ihrer Bedeutung für die Erforschung des Kosmos überhaupt. Voigt

12462. **G. de Vaucouleurs,** Luminosity functions and population subtypes in the Magellanic Clouds. Irish AJ **4** 13—23, mit 5 Fig. und 1 Tafel. — Mittels Sternzählungen wird die logarithmische Ableitung der integrierten Leuchtkraftfunktion (dies erweist sich als genauer als die Leuchtkraftfunktion selbst) von verschiedenen Teilen der Magellanschen Wolken abgeleitet und auf Grund der Ergebnisse drei Untergruppen a, b, c der Population I eingeführt. Die Verläufe sind einander ähnlich und nur jeweils zu höheren Leuchtkräften verschoben. Die Unterklassen werden genauer beschrieben. Typische Vertreter: I a: Innere Arme der Großen Wolke; I b: M 31, Sonnenumgebung; I c: Zentrum der Großen Wolke. Voigt

12463. **G. de Vaucouleurs,** Les Nuages de Magellan. I. Etudes optiques. II. Etudes radioélectriques. La Nature **84** 174—180, 232—238, mit 24 Fig.— Zusammenfassende Übersicht über neuere Arbeiten.

12464. **G. de Vaucouleurs,** The Clouds of Magellan. Scientific American **194** 52—58, mit 9 Fig.

§ 125

Interstellare Materie, Polarisation

* * Radiostrahlung der interstellaren Materie siehe auch § **126.**

12501. **T. A. Agekjan, K. W. Kawrajskaja, G. A. Pljugin, B. N. Strugazkij, G. A. Schischkina,** An indication of the interaction of stars and diffuse matter. AJ UdSSR **33** 679—681 (russ. mit engl. Ref.). — Beim Durchgang eines heißen Sternes durch einen diffusen Nebel wird infolge des Strahlungsdruckes die Materie vor dem Stern verdichtet, hinter dem Stern verdünnt. Man muß also erwarten, daß bei Sternen mit negativen Radialgeschwindigkeiten statistisch der Farbenexzeß größer ist als bei Sternen mit positiven Radialgeschwindigkeiten. Dies wurde tatsächlich bei 1063 Sternen des Katalogs von Stebbins, Huffer und Whitford bestätigt. Ond.

12502. **G. S. Badaljan,** Über den Zusammenhang zwischen den räumlichen Verteilungen des interstellaren neutralen Wasserstoffs und der langperiodischen Cepheiden. Vgl. Ref. **12303.**

12503. **V. M. Blanco,** Some remarks on the (U, B, V,) system. ApJ **123** 64—67, mit 1 Fig. — Verf. ermittelt das Verhältnis von totaler und selektiver Absorption für das (U, B, V)-System für Sterne verschiedener Temperatur. Micz.

12504. **B. J. Bok,** Palomar-Schmidt star counts for two heavily obscured fields. AJ **61** 309—316, mit 3 Fig. = Harv Repr (2) Nr. 87. — Ref. in Coelum **25** 26. — In zwei Feldern im Ophiuchus und Taurus, die starke Absorption zeigen, wurden mit dem Palomar-Schmidtspiegel Sternzählungen gemacht. Die Absorption steigt stellenweise bis 8^m an. Aus den Abzählungen werden Schlüsse über die Dichte und Masse der absorbierenden Materie gezogen. F. S.

12505. **J. Borgman,** The dependence of interstellar absorption of light on the wavelength. BAN **13** 127—132, mit 1 Fig. — Für sieben verschiedene Wellenlängen im Bereich von 3900 bis 6300 Å werden photographisch mit einem Reflektor und spaltlosen Spektrographen die Helligkeitsdifferenzen zwischen verfärbten und unverfärbten Sternen des gleichen Spektraltyps bestimmt. Die mittlere Abhängigkeit der Absorption von der Wellenlänge wird bestimmt. Geringe Abweichungen von der mittleren Kurve der interstellaren Absorption in bestimmten Gebieten der Sphäre scheinen reell zu sein. Thi.

12506. **E. S. Brodskaja,** Investigation of interstellar absorption in Cassiopeiae. Mitt. Astrophys. Obs. Krim **16** 162—170, mit 3 Fig. und 1 Tafel (russ. mit engl. Ref.). — Aus den Spektren, Helligkeiten und Farbenindizes der in Mitt. Astrophys. Obs. Krim **14** (vgl. AJB **55** Ref. **9512**) erfaßten Sterne wurde die interstellare Absorption A_{ph} in einem Feld mit dem Zentrum bei $\alpha = 23^h\ 22^m$, $\delta = +61°$ ($l = 81°$, $b = +1°$) bestimmt, das 63 Quadratgrad groß ist. A_{ph} hängt von der Entfernung in vier Teilen des Gebietes auf verschiedene Weise ab. Im Mittel beträgt A_{ph} für die dunklen Gebiete der Milchstraße in den ersten zwei kpc 3^m, für die helleren Gebiete nur $1^m.5$. Die Entfernungen von drei Assoziationen heißer Sterne des Gebiets wurden bestimmt. Verf. (übersetzt)

12507. **N. W. Bystrowa,** Über die Stetigkeit oder den Unterschied der Form der interstellaren Absorptionskurven in verschiedenen Gebieten des Himmels. AJ UdSSR **33** 563—567, mit 5 Abb. und 1 Tafel (russ. mit deutsch. Ref.). — Mittlere Absorptionskurven im Bereich 3790—4600 Å wurden für Felder in Cygnus, Auriga und Cassiopeia nach Aufnahmen mit der Prismenkamera in Abastumani (147 Å/mm für Hγ) gewonnen und an fünf Plejadensterne angeschlossen. Es zeigen sich (in Übereinstimmung mit C. Schalén) kleine, offenbar reelle Unterschiede bei allgemein ähnlichem Gang der Abweichungen von einem λ^{-1}-Gesetz. Trotz «Glättungs-Effekt» (O. A. Melnikow, 1950) ist eine Zunahme der Absorption bei kleinen Wellenlängen unverkennbar. Eine ähnliche Zunahme wurde bei wässerigen Suspensionen von Fe, Cu, Ni, Cr, Harz und Kolophonium beobachtet, während Ag ein Maximum bei 3100 Å hat. Die Teilchengröße wurde elektronenoptisch zu etwa 10^{-6} cm bestimmt. Vermutlich gilt diese Größenordnung auch für interstellare Partikel. Bei den Metallen scheint Oxydierbarkeit für das Absorptionsverhalten wesentlich zu sein. Petri

12508. **S. T. Chabibullin, L. L. Juldaschowa,** Über die Analyse von Sternzählungen in Dunkelnebeln nach der Methode von K. F. Ogorodnikow. Abh. Uljanow-Lenin-Staatsuniv. Kasan **116** Nr. 1 S. 89—92 (russ.) = Publ. Städt. Astr. Obs. Staatsuniv. Kasan Nr. 32 S. 89—92. — Verf. schlagen eine Modifikation der Methode von Ogorodnikow zur Bestimmung der Entfernung und Absorption eines Nebels vor. Ein Vergleich der verschiedenen Methoden am künstlichen Modell von Malmquist spricht zugunsten der neuen Methode. Perek

12509. **R. D. Davies,** The relation between interstellar gas, dust and the emission from neutral hydrogen at 21 cm. MN **116** 443—452, mit 3 Fig. = Astr. Contr. Univ. Manchester (2) Jodrell Bank Repr. Nr. 144. — Radioastronomische Beobachtungen, die auf der Station Jodrell Bank in zwei galaktischen Regionen in Auriga und Cygnus gemacht wurden, zeigen eine enge Korrelation von Gebieten unternormaler Emission durch neutralen Wasserstoff mit Gebieten optischer Absorption. Theoretische Betrachtungen von Kahn und Seaton über die Temperatur des interstellaren neutralen Wasserstoffs werden durch diese Beobachtungen gut gestützt. F. S.

12510. **L. Divan, A.-M. Rozis-Saulgeot,** Etude de l'absorption interstellaire dans la région de Monoceros. Ann d'Astrophys **19** 252—254, mit 1 Fig. — Ein Vergleich der interstellaren Absorption in Monoceros mit derjenigen in Cygnus zeigt, daß in beiden Gebieten das gleiche Absorptionsgesetz herrscht. F. S.

12511. L. Divan, Remarques sur l'étude photométrique de l'absorption interstellaire. Ann d'Astrophys **19** 255—257, mit 1 Fig. — Die von Johnson und Morgan (ApJ **122** 142, vgl. AJB **55** Ref. **12518**) behaupteten Abweichungen der interstellaren Absorption vom normalen Wellenlängengesetz werden als Folge gewisser Eigentümlichkeiten der untersuchten Sterne gedeutet. F. S.

12512. W. G. Fessenkow, Die verschiedenartigen Aspekte der Erscheinungsform der kosmischen Staubmaterie. Meteoritika Nr. 14 S. 92—100 (russ.). — In Form einer Übersicht berichtet Verf. über die verschiedenen Existenzformen der staubförmigen Materie in interstellarer Materie, interstellaren Wolken, staubförmigen Nebeln, ihre Beziehung zur gasförmigen Komponente des interstellaren Mediums, den Gasnebeln und Sternen, und ihre Bedeutung für den Prozeß der Sternbildung. Loh.

12513. R. Fleischer, P. S. Conti, A search for globules in the Palomar Sky Atlas. AJ **61** 4. — Ref. AAS. — Besprechung in Coelum **24** 122.

12514. E. Geyer, Bestimmung der Helligkeits- und Dichteverteilung in der Dunkelwolke B 92 durch Photometrie des Himmelshintergrundes. Kleine Veröff. Remeis-Sternw. Bamberg Nr. 14, 12 S. mit 3 Fig. — Die Absorption des Hintergrundlichtes nicht aufgelöster ferner Sterne innerhalb einer kleinen Dunkelwolke (0.85 pc Durchmesser, 240 pc Abstand) wird gemessen durch gleichzeitige Aufnahme in zwei Farben. Die mittlere Dichte des Staubes wird mit 0.5×10^{-23} g/cm^3 abgeschätzt und die Masse des Staubes mit 0.026 Sonnenmassen. v. Hoerner

12515. C. S. Gum, A survey of southern H II regions. Mem RAS **67** 155—177, mit 7 Fig. und 12 Tafeln, 1955. — Ref. in JBAA **67** 147. — Auf Grund einer photographischen Durchmusterung der südlichen Milchstraße (galaktische Länge 190°—350°) werden 85 diffuse H_α-Emissions-Nebel (H II-Regionen) katalogisiert. An Hand der radialen Variation der Oberflächenhelligkeit wird eine Klassifizierung eingeführt: I (sehr große Zentralhelligkeit) bis IV (Emission konzentriert in einem Ring). In vielen Fällen gibt der Katalog auch den anregenden Stern mit Helligkeit, Spektraltyp und Entfernungsmodul. 12 Abbildungen zeigen verschiedene Felder der untersuchten Gegend. Die räumliche Verteilung der südlichen H II-Regionen in Zusammenhang mit der Spiralstruktur des galaktischen Systems kann zur Zeit bis in eine Entfernung von 2000 pc von der Sonne versuchsweise abgeschätzt werden. Gli.

12516. C. S. Gum, The extent and excitation of the large H II region in Vela-Puppis. Obs **76** 150—153, mit 1 Fig. = Commonwealth Sci. Industrial Res. Organization, Australia, Division Radiophys. — Für den neuen Emissionsnebel in der Nähe des südlichen Himmelspoles (1955 von de Vaucouleurs entdeckt) konnte bisher kein anregender Stern in seiner Nähe gefunden werden. Es wird nun vermutet, daß es sich hier um einen weit außen liegenden Teil (30° Entfernung) der großen H II-Region in Vela-Puppis handelt, deren Anregung in der Hauptsache durch γ^2 Vel und ζ Pup erfolgt. Eine Abschätzung zeigt, daß diese beiden Sterne für die Anregung der weit außen liegenden Partien tatsächlich verantwortlich gemacht werden können, während für die inneren Teile die Verhältnisse komplizierter sind wegen des Vorhandenseins von Nebelmassen, dunkler Materie, Sternwolken und Haufen schwacher Be-Sterne. Die Winkelausdehnung der γ Vel H II-Region beträgt einschließlich aller entfernten Fragmente nicht weniger als $60° \times 30°$. Thi.

12517. D. L. Harris III, On the space reddening of Delta Cephei and Eta Aquilae. ApJ **123** 549—550, mit 1 Fig. — Es wird darauf hingewiesen, daß δ Cephei und η Aquilae verfärbte Sterne sind. Eine Bestimmung ihrer Farbenexzesse erscheint möglich durch Anwendung eines von Strömgren angegebenen Verfahrens (AJ **59** 193, AJB **54** Ref. **9575**) auf F-Sterne in der entsprechenden Blickrichtung. Micz.

12518. **W. A. Hiltner, H. L. Johnson,** The law of interstellar reddening and absorption. ApJ **124** 367—378, mit 3 Fig. = Contr. McDonald Obs. Nr. 266. — Photoelektrische Beobachtungen im U, B, V-System und Spektraltypen von 262 Sternen mit O-Spektren dienen zu einer Diskussion des interstellaren Absorptionsgesetzes. Verf. ermitteln das Verhältnis von $E_{(U-B)}$ zu $E_{(B-V)}$ als Funktion von $E_{(B-V)}$ und das Verhältnis von neutraler zu selektiver Absorption. Auf das anomale Verhalten von Sternen einer Gegend in Cygnus wird aufmerksam gemacht. Micz.

12519. **J. Krawiecka,** Materia międzygwiazdowa. Warszawa, Państw. Zakł. Wydawn. Szkol. 1956. 2 + 94 S. Preis 3.30 zł.

12520. **R. Kühn,** Die Bestimmung der Absorption in einer kleinen Dunkelwolke. Forschungsber. Obs. Wendelstein Nr. 17, 10 S. mit 5 Fig. und 1 Tafel. — Nach einer neuen Methode werden aus gemessenen Absorptionswerten Dichte und Gesamtmasse für eine kleine Dunkelwolke bestimmt. Bei einer Entfernung der Wolke von 2000 Parsec ergibt sich die Masse zu 0.3×10^{33} Gramm und die mittlere Dichte zu 2×10^{-12} g/cm^3. Der Kern der Dunkelwolke scheint aus einzelnen isolierten Inseln zu bestehen. Verf.

12521. **H. Lambrecht, K. H. Schmidt,** Das Verhältnis von HI zu Na, Ca und Staub im interstellaren Raum. Naturwissenschaften **43** 78—79. — Vorläufige Mitteilung. — Ref. in Phys. Abstracts (A) **59** 522.

12522. **H. Lambrecht, H. Zimmermann,** Neuberechnung des interstellaren Strahlungsfeldes. II. Wiss. Z. Friedrich-Schiller-Univ. Jena (Math.-naturwiss. Reihe) **5** 217—220, mit 4 Fig. = Mitt. Univ.-Sternw. Jena Nr. 14. — Fortführung des Teils I der Arbeit (vgl. AJB **54** Ref. **12518**) unter Berücksichtigung der Selektivität der galaktischen Absorption. Bei den nur wenig zum interstellaren Strahlungsfeld beitragenden mittleren und späten Spektraltypen wird die Verteilungsfunktion des schwarzen Strahlers beibehalten. Für die frühen Typen A, B, O wird die Strahlung vorliegender Sternatmosphärenmodelle verwendet. Die Anordnung der Ergebnisse ist wie in Teil I. Hoppe

12523. **R. S. Lawrence,** Radio observations of interstellar neutral hydrogen clouds. ApJ **123** 30—33, mit 2 Fig. — Zwischen den optischen interstellaren Absorptionslinien und der 21 cm-Emissionslinie des neutralen Wasserstoffes wurde in mittleren galaktischen Breiten ein guter Zusammenhang gefunden. Beobachtet wurde mit dem Harvard Radioteleskop (Keulenbreite 1°.7, Bandbreite 15 kHz) die Umgebung von sechs B-Sternen, deren Spektren mehrfache Ca II-Absorptionslinien zeigen. Bei zwei von diesen Sternen wurde eine schwache Wasserstoffemission mit 15 bzw. 11 °K Antennentemperatur beobachtet. Ihre Radialgeschwindigkeit ist in guter Übereinstimmung mit der intensivsten Absorptionslinie des optischen Spektrums der betreffenden Be-Sterne. Priester

12524. **D. J. Martynow,** Die interstellare Materie. Moskau, Verlag «Das Wissen», 1955. 32 S. mit Abb. Preis 60 Kop. (russ.).

* * **S. Miyamoto,** Collisional emission spectra of cosmic clouds. Vgl. Ref. **5310**.

* * **A. Opolski,** Absorpcja i emisja promieniowania przez gaz międzygwiazdowy oraz jego skład chemiczny. Vgl. Ref. **5311**.

12525. **S. Piotrowski,** Składowa pyłowa materii międzygwiazdowej. (Interpretacja podstawowych danych obserwacyjnych). Postępy Astr. **4** 47—59, mit 5 Fig. — Die vorliegende Arbeit ist ein Vortrag, den Verf. auf der astronomischen Konferenz in Kalatówki im Juli 1955 gehalten hat. Es werden die Abhängigkeit der Absorption von der Wellenlänge und die Folgerungen für den physikalischen Zustand der interstellaren Materie diskutiert. Perek

12526. **A.-M. Rozis-Saulgeot,** Sur la mesure photoélectrique du rougissement interstellaire. Ann d'Astrophys **19** 274—280, mit 4 Fig. — Messungen von Johnson und Morgan (ApJ **122** 142, vgl. AJB **55** Ref. **12518**) hatten im Gebiet Cygnus abnorme Verfärbungsgesetze ergeben. Der Effekt wird als Folge der Absorption des von den genannten Autoren benutzten Filters gedeutet. F. S.

12527. **A.-M. Rozis-Saulgeot,** Constance des propriétés absorbantes de la matière interstellaire. CR **242** 1959—1960, mit 1 Fig. = Contr. Inst. d'Astrophys. Paris (A) Nr. 215. — Es wird gezeigt, daß die von Johnson und Morgan in Cygnus gefundene Anomalie des interstellaren Verfärbungsgesetzes durch die Verschiebung der effektiven Wellenlänge bei sehr stark verfärbten Sternen vorgetäuscht sein kann. Behr

12528. **A. S. Scharow,** Über die Ausnutzung des Zweifarben-Diagramms zur Untersuchung des Gesetzes der interstellaren Absorption des Lichts. AJ UdSSR **33** 445—446 (russ.). — Das Zweifarben-Diagramm für das Feld in Cygnus, wo Johnson und Morgan eine anomale Absorption entdeckt haben, wird diskutiert. Mit Benutzung der Daten über die Energieverteilung in Sternspektren (Barbier und Chalonge) und über die Spektralempfindlichkeit der photometrischen Apparatur wurden theoretische Farbenindizes abgeleitet, die von den beobachteten um $0^m_.15$ bis $0^m_.30$ abweichen. Ehe diese Diskrepanz nicht geklärt ist, können nach Verf. die U—B und B—V-Indizes nicht zum Studium des Gesetzes für interstellare Absorption benutzt werden. Ond.

12529. **T. Schmidt,** Zur Kennzeichnung der isolierten Dunkelwolken. Forschungsber. Obs. Wendelstein Nr. 16, 11 S. mit 3 Fig. — Die Grenze der Erkennbarbeit von Dunkelwolken aus dem Unterschied der Sternzahlen bzw. aus der Schwärzung des Plattengrundes wird bestimmt, sie ist von Gleichmäßigkeit und Reichtum des umgebenden Sternfeldes bzw. der Helligkeit des galaktischen Hintergrundes abhängig und liegt bei einer Mindestabsorption von etwa $0^m_.3$. Die Häufigkeitsverteilung der Absorptionsbeträge von 30 Dunkelwolken (nach Schoenberg) erweist sich damit als wesentlich ungetrübt von Auswahleffekten. Verf.

12530. **J. L. Sérsic,** El saco de Carbón. I. Un estudio preliminar. Rev. Astr. Nr. 139 S. 77—79, mit 4 Fig.

12531. **L. Spitzer jr., D. A. Lautman,** The distribution of interstellar sodium and calcium. ApJ **123** 363—366. — Unter Benutzung anderweitig bestimmter Äquivalentbreiten der interstellaren D_1-, D_2-, H- und K-Linien wird die Anzahl der neutralen Na- und der ionisierten Ca-Atome in der Blickrichtung abgeleitet. Die Häufigkeit von Na ist dem Farbenexzeß nahe proportional für $E_1 < 0^m_.20$; Ca^+ zeigt diese Abhängigkeit dagegen nur in geringem Maße. Die Dichte von Na ist dementsprechend größer in absorbierenden Staubwolken, während Ca^+ diese Konzentration weniger aufweist. Das Ergebnis für Ca^+ ist jedoch durch eine Unsicherheit in der Korrektion für Sättigung der Linien beeinträchtigt. Micz.

* * **L. Spitzer jr.,** On a possible interstellar galactic corona. Vgl. Ref. 12322.

12532. **O. Struve,** Interstellar matter. Sky and Telescope **15** 115—117, 120, mit 5 Fig. — Zusammenfassender Bericht über die letzten Arbeiten über Zusammensetzung und Anordnung der interstellaren Materie. Besonders eingegangen wird auf die Untersuchungen von G. A. Schajn über den Zusammenhang von Polarisationsrichtung und Filamentstruktur von Gasnebeln. Behr

12533. **Z. Švestka, V. Vanýsek,** Mezihvězdná hmota. Prag, Verlag der Akad. Wiss., 1956. 244 S. mit 49 Fig. Preis Kčs. 10.25. — Tschechische Monographie über interstellare Materie. — Besprechung in Vesmír **36** 38.

12534. **A. F. Torondshadse,** Über die Abhängigkeit des die selektive Absorption in totale verwandelnden Faktors vom Farbenexzeß. AC Nr. 167 S. 11—12 (russ.). — Die Abhängigkeit dieses Faktors vom Farbenexzeß wird ermittelt. Die mit Rücksicht auf diese Abhängigkeit berechnete Entfernung der Cepheiden ergeben für die Rotationskonstante A statt des niedrigen Wertes von Weaver den Wert von 21 km/sec kpc. Perek

12535. **A. F. Torondshadse, T. A. Kotschlaschwili,** Determination of a plane of symmetry for the absorbing matter in the galaxy on the base of the interstellar absorption observational data. Bull. Astrophys. Obs. Abastumani Nr. 20 S. 41—43 (russ. mit georg. und engl. Ref.). — Die Wolken in der Zone bis $\pm 12°$ galaktischer Breite haben eine andere Symmetrieebene als die Wolken in den restlichen Gebieten. Es existieren also zwei Gruppen von Absorptionswolken, die sich auch durch den Dichteverlauf mit der Entfernung vom galaktischen Zentrum unterscheiden. Perek

12536. **A. B. Underhill,** An investigation of the strength of the interstellar absorption feature at λ 4430 in the spectra of O stars. Publ. Dominion Astrophys. Obs. Victoria **10** 201—213, mit 7 Fig. — In Spektren von 60 O- und frühen B-Sternen wurden die Äquivalentbreite und die Zentralabsorption der interstellaren Linie λ 4430 Å gemessen. Eine lineare Beziehung zwischen der Äquivalentbreite W(λ 4430) und dem Farbenexzeß E wurde gefunden. Ferner bestehen Relationen für E und W mit der Entfernung. Die Untersuchung erstreckt sich ebenfalls auf eine mögliche Korrelation zwischen E, W und der Polarisation. Schaifers

12537. **H. H. Voigt,** The interstellar sodium lines in a region of Scutum. Publ ASP **68** 46—54, mit 5 Fig. = Contr. Lick Obs. (2) Nr. 60. — Aus Spektrogrammen mit geringer Dispersion von 12 O- und B-Sternen wurden Äquivalentbreiten der interstellaren Na-Linien D_1 und D_2 bestimmt und auf das Mount Wilson-System umgerechnet. Diskutiert werden die Korrelationen zwischen den mittleren Äquivalentbreiten $\overline{D}$ und den Farbexzessen und zwischen $\overline{D}$ und den Entfernungsmoduln, sowie das Verhältnis D_2/D_1. Die abgeleitete Zahl der absorbierenden Atome pro cm^3 (3.7×10^{-9} für eine «nahe» Gruppe und 1.35×10^{-9} für eine «entfernte» Gruppe) steht in Einklang mit entsprechenden Ergebnissen anderer Autoren. O. G.

12538. **W. Zonn,** Determination of interstellar absorption based on Elvius' Catalogue of Kapteyn's Selected Areas. AA **6** 34—37 = Astr. Obs. Warsaw Univ. Repr. Nr. 46. — Aus photographischen und photovisuellen Größen, die Elvius in SA 2, 6, 7, 15, 16, 17, 20 und 42 bestimmt hat, wird das Verhalten der interstellaren Materie statistisch untersucht. Aus den Beobachtungen in hohen galaktischen Breiten folgt für die mittlere Absorption 7 m_{pg} pro kpc, wenn man gleichförmige Verteilung der absorbierenden Materie annimmt. Verf. zieht den Schluß, daß diese Annahme nicht länger aufrecht erhalten werden kann. Behr

12539. **W. Zonn,** Interstellar selective absorption in fifteen Selected Areas. AJ UdSSR **33** 855—865, mit 4 Fig. (russ. mit engl. Ref.). — Verf. ermittelt aus den photometrischen und spektralphotometrischen Messungen von Elvius (vgl. AJB **51** Ref. **9412** und AJB **55** Ref. **9404**) den Gang der selektiven Absorption mit der Entfernung in den Feldern 2, 3, 4, 5, 6, 7, 15, 16, 17, 18, 19, 20, 40, 41 und 42. Loh.

12540. **W. Zonn,** Pierwszy katalog ciemnych mgławic. Postępy Astr. **4** 152—154. — Ein kritisches Referat über den Katalog dunkler Nebel von Chawtasi, (Abastumani Bull. Nr. 18 S. 29—114, vgl. AJB **55** Ref. **12508**), der 797 Objekte enthält. Über die statistische Bearbeitung des Materials (Raumdichte, Häufigkeit verschiedener Größen, Formen und Massen, Lage in bezug auf die galaktische Ebene) wird diskutiert. Ond.

12541. Le deutérium interstellaire. La Nature **84** 116.

12542. Interstellar grain formation. Sky and Telescope **15** 112. — Ref. AAS.

12543. Identification of interstellar deuterium now doubtful. Sky and Telescope **15** 307.

Polarisation

12544. W. Baade, Polarization in the jet of Messier 87. ApJ **123** 550—551, mit 1 Tafel. — Aufnahmen der mit M 87 verbundenen Jets, die unter Benutzung eines Polaroid-Filters erhalten wurden, zeigen merkliche Polarisation der Kondensationen. Der Positionswinkel für die Hauptschwingungsebene des elektrischen Vektors wird bestimmt. Micz.

* * **S. van den Bergh,** Polarisation des Sternlichtes im Gebiet der Plejaden. Vgl. Ref. **12105.**

* * **A. Elvius,** Diffraction of light by interstellar particles in spiral galaxies. Vgl. Ref. **12410.**

* * **A. Elvius,** Polarization of light in the spiral galaxy NGC 7331 and the interpretation of interstellar polarization. Vgl. Ref. **12411.**

* * **A. Elvius,** Diffraction and polarization of light by interstellar particles in spiral galaxies. Vgl. Ref. **12412.**

12545. S. B. Pikelner, Interstellar polarization of light. Fortschritte Phys. Wiss. **58** 285—320 (russ.). — Ref. in Phys. Abstracts (A) **59** 609.

* * **G. A. Schajn,** The polarization of the light of stars, the magnetic field and the spiral structure of the galaxy in Sagittarius. Vgl. Ref. **12325.**

12546. E. van P. Smith, Interstellar polarization in the southern Milky Way. ApJ **124** 43—60, mit 6 Fig. und 2 Tafeln = Harv Repr Nr. 439. — Ref. in Coelum **25** 26. — Die Polarisation des Lichts von über 200 Sternen der südlichen Milchstraße zwischen 200° und 350° galaktischer Länge wurde photoelektrisch gemessen. Die Messungen sind mit der Annahme, daß die polarisierten Partikeln mit ihrer Längsachse rechtwinklig zur Achse der Spiralarme ausgerichtet sind, vereinbar. Die lokalen Verhältnisse in verschiedenen Gebieten der südlichen Milchstraße werden im einzelnen erörtert. Micz.

12547. W. Tripp, Photographische Polarisationsmessungen und Dreifarbenphotometrie in Selected Area 40. ZfA **41** 84—114, mit 7 Abb. = Veröff. Univ.-Sternw. Göttingen Nr. 116. — Mit einem Polaroidfilter (Zeiß-Bernotar) und einer Kalkspatplatte wird die Polarisation von 325 Sternen bis $13^{m}.5$ pv in SA 40 gemessen. Mit Hilfe einer Dreifarbenphotometrie im R, G, U-System werden Distanzen und Absorptionen von 160 Hauptreihensternen bestimmt. Es zeigt sich eine enge Korrelation zwischen Polarisationsrichtung und der Richtung der Feinstruktur der interstellaren Materie; diese Beziehung wird durch ein lokales Magnetfeld gedeutet, dessen Kraftlinien nahezu senkrecht zur galaktischen Ebene verlaufen. Ein Katalog gibt die beobachteten Werte für die einzelnen Sterne. Gli.

§ 126

Radiostrahlung

* * Radiostrahlung von Sonne, Venus, Mars, Jupiter siehe § **65, 71, 74, 76.**

Allgemeines

12601. J. Arsac, Etude interférométrique des répartitions de luminances en radioastronomie. Rev. Opt. **35** 65—95, 136—165, 396—413, mit 32 Fig. — Bei Berücksichtigung von mehr als einer Dimension wirkt die Antenne als räumliches harmonisches Filter mit einem räumlichen Bandpaß. Das Auflösungsvermögen ist durch die Ordnung der letzten durchgelassenen Harmonischen bestimmt, die bei einer großen Zahl n von Antennen proportional $n^2/4$ ist, und kann durch die Gestalt des räumlichen Bandpasses beeinflußt werden. Dieser Einfluß wird bei einfachen Verteilungen untersucht, insbesondere der Fehler bei der Bestimmung von Durchmessern. Die Auswirkung der Entfernung einzelner Antennenstäbe wird geprüft; das Auflösungsvermögen wird dadurch kaum geändert. Eine entsprechend entworfene Anordnung, die nur den 1., 2., 5. und 7. Antennenstab enthält und der Sonnenbeobachtung bei 9350 MHz dient, hat bei 11.1 m Länge ein Auflösungsvermögen von ungefähr 6 Bogenminuten. Weidemann

12602. **J. G. Bolton,** Radio astronomy of galaxies. Publ ASP **68** 477—494, mit 4 Fig. und 1 Tafel. — Es wird ein ausführlicher Bericht über den gegenwärtigen Stand und die zukünftigen Aufgaben der Radio-Astronomie gegeben. — Einleitung: Vergleich mit optischer Astronomie. Methoden und Objekte. — Die Milchstraße: Historisches. Abplattung und Halo. Das Zentrum der Milchstraße. Halos in anderen Nebeln. — Normale extragalaktische Nebel: Verteilung der Flächenintensität im Andromedanebel und in den Magellanschen Wolken. Radio-Helligkeitsskala der Nebel. Das Verhältnis der optischen zur Radio-Helligkeit bei verschiedenen Nebeltypen. Synchrotron-Mechanismus. — Besondere Nebel: NGC 5128. Die «Rakete» (jet) in M 87. Cygnus A und andere Beispiele von Zusammenstößen zweier Nebel. — Radioquellen und Kosmologie: Häufigkeitsverteilung schwacher Nebel und expandierendes Universum. Gegenargumente. — Rotverschiebung: Cygnus A. v. Hoerner

12603. **R. N. Bracewell,** Strip integration in radio astronomy. Australian J. Phys. **9** 198—217, mit 9 Fig. = Commonwealth Sci. Industrial Res. Organization, Australia, Division Radiophys. — Es werden die Verzerrungen in der Intensitätsverteilung einer Radioquelle untersucht, wenn mit einer Antenne beobachtet wird, deren Auflösung in der einen Koordinate hinreichend groß, in der anderen sehr klein ist. Diese Verzerrung wird Streifen-Integration genannt. Hier wird der Fall untersucht, in dem es möglich ist, die Antennenkeule für jede Beobachtungsrichtung zu drehen. Das hierbei erzielbare Auflösungsvermögen entspricht dann dem aus dem schmalen Streifen gebildeten Querschnitt. Es wird ein Verfahren angegeben, um die wahre Intensitätsverteilung aus einer endlichen Anzahl von Streifenmessungen bei verschiedenen Positionswinkeln abzuleiten. Priester

12604. **R. N. Bracewell,** Two-dimensional aerial smoothing in radio astronomy. Australian J. Phys. **9** 297—314, mit 5 Fig. = Commonwealth Sci. Industrial Res. Organization, Australia, Division Radiophys. — In einer früheren Arbeit (vgl. AJB **54** Ref. **2147**) wurden, unter Beschränkung auf den eindimensionalen Fall, die mathematischen Grundlagen zur Lösung der Entzerrungsaufgabe entwickelt. In vorliegender Untersuchung wird die Verallgemeinerung auf zwei Dimensionen behandelt. Henn

* * **G. R. Burbidge,** The halo distribution of radio emission and extended magnetic fields in our galaxy and M 31. Vgl. Ref. **12323.**

12605. **G. R. Burbidge,** Halo of radio emission and the origin of cosmic rays. Phys. Rev. (2) **101** 906—907. — Die Beobachtungen der Radioemission aus dem Halo von M 31 sowie der galaktischen Radioemission bei 81.5 MHz können durch Synchrotronstrahlung relativistischer Elektronen, die sich in den Magnetfeldern dieser Haloregionen bewegen, erklärt werden. Verf. gibt eine theoretische Analyse des Phänomens. Henn

12606. **G. R. Burbidge,** Galactic radio emission and the energy released in nuclear collisions of primary cosmic-ray protons. Phys. Rev. (2) **103** 264—265 und einer Berichtigung in Phys. Rev. (2) **104** 1808. — Ref. in Phys. Abstracts (A) **59** 943—944, Phys. Ber. **36** 1108.

12607. **S. E. Chajkin,** Radioastronomie und Erforschung des Weltalls. Priroda **45** Nr. 8 S. 5—14, mit 6 Abb. (russ.). — Eine populäre Darstellung der Radioastronomie, in der die Natur der kosmischen Radiostrahlung und die Eigenschaften und Typen der Radioteleskope besprochen werden. Plavec

12608. **R. Coutrez,** Radioastronomie. Uccle-Bruxelles, Observatoire Royal de Belgique, 1956. Obs. Roy. Belgique Monographie Nr. 5. 7 + 383 S. mit 170 Fig. Preis 250 belg. Fr. — Besprechung in Phys. Abstracts (A) **60** 689 (M. W. Ovenden). — Enthält die folgenden in Ciel et Terre **72** 1—9, 10—39, 151—181, 245—279, 405—436, 529—568, 676—720, **73** 1—43, 145—190, 279—335 erschienenen Arbeiten des Verf.: I. Le domaine radioastronomique, II. Le rayonnement thermique, III. Le rayonnement hertzien en radioastronomie, IV. Lignes de transmission et aériens spéciaux utilisés en radioastronomie, V. Les récepteurs radioastronomiques, VI. La radiation lumineuse du Soleil, VII. La radiation hertzienne d'origine solaire, VIII. Physique de la Galaxie et des systèmes extragalactiques, IX. Radioémissions galactiques et extragalactiques, X. Ondes radioélectriques et échos d'origine planétaire et météorique.

12609. **H. Dopp,** Radioastronomie. Rev. Quest. Sci. **17** 360—388.

12610. **F. Dröge, W. Priester,** Durchmusterung der allgemeinen Radiofrequenz-Strahlung bei 200 MHz. ZfA **40** 236—248, mit 8 Fig. = Sonderdruck Sternw. Kiel. — Aus Messungen der allgemeinen, d. h. galaktischen und extragalaktischen Radiofrequenz-Strahlung bei 200 MHz mit der Kieler Radioantenne in den Jahren 1954/55 wurde eine Isophotenkarte der Sphäre im Deklinationsbereich $-20° \leq \delta \leq +90°$ gewonnen. Durch Vereinigung mit den Messungen von C. W. Allen und C. S. Gum entstand eine Isophotenkarte der gesamten Sphäre. Ein Vergleich der 200 MHz-Isophoten mit den Messungen von J. G. Bolton und K. C. Westfold bei 100 MHz sowie R. X. McGee, O. B. Slee und G. Y. Stanley bei 400 MHz lieferte Angaben über die Frequenzabhängigkeit der Strahlungstemperatur zwischen 100, 200 und 400 MHz sowie über die Nullpunkte der T_s-Skalen. Durch eine Korrektur von −25° an den Strahlungstemperaturen der Verf. erhalten alle drei Durchmusterungen einen gemeinsamen Nullpunkt. Verf. (gekürzt)

12611. **C. Y. Fan,** Nonthermal radio emission of the galaxy and the origin of cosmic radiations. ApJ **123** 491—497. — Auf Grund der Fermischen Theorie über die Entstehung der kosmischen Ultrastrahlung wird die Möglichkeit der Beschleunigung sehr energiereicher Elektronen erörtert. Sie sind erforderlich für die Erzeugung von Synchrotron-Radiostrahlung in der Galaxis. Es werden Aussagen über das Energiespektrum dieser Elektronen gewonnen. Ihre Gesamtzahl muß in der Größenordnung 10^{-12} cm^{-3} liegen, um die beobachtete Radiointensität zu liefern. Das Radiospektrum ist proportional ν^{-1} auf Grund der vom Autor gewählten Ausgangsdaten. Priester

12612. **O. Gingerich,** Radio astronomy. Canad. Nature **18** 184—187.

* * **S. Grzędzielski,** Kosmologiczna interpretacja obserwacji radiowych. Vgl. Ref. **4131**.

12613. **Ø. Hauge,** Om radioastronomi og radioavdelingen ved Solobservatoriet, Harestua. Fra Fysikkens Verden 1954 Nr. 1 S. 13—26, mit 6 Fig. = Inst. Teoret. Astrofys. Blindern-Oslo Småtrykk Nr. 9, 1954.

12614. **G. G. Hetmanzew, W. A. Rasin,** Über die Polarisation der nichtthermischen kosmischen Radiostrahlung. Bull. Astr.-Geod. Ges. UdSSR Nr. 18 S. 3—8 (russ.). — Ref. in RJ 1957 Nr. 1 S. 64.

12615. **W. L. Hinsburg,** Über nichtionosphärische Schwankungen der Radiostrahlung der Nebel. DAN **109** 61—63 (russ.). — Die heutigen Beobachtungsdaten reichen noch nicht aus, um die Existenz nichtionosphärischer Schwankungen der Radiostrahlung von Radioquellen mit Sicherheit nachzuweisen. Wenn solche Schwankungen aber existieren sollten, muß ihre Ursache nicht unbedingt in der Quelle selbst gesucht werden, sondern es können dafür auch Prozesse im interstellaren und interplanetaren Raum in Frage kommen, die der an sich konstanten Strahlung einer Quelle den Stempel der Veränderlichkeit aufprägen. Es wäre daher wünschenswert, erst einmal durch koordinierte Beobachtungen die Existenz oder Nichtexistenz nichtionosphärischer Schwankungen nachzuweisen. Loh.

12616. **W. Hinsburg,** The nature of cosmic radio emission and the origin of cosmic rays. Nuovo Cimento Suppl. (10) **3** 38—48.

12617. **H. C. van de Hulst, G. Westerhout,** Den kosmiska radiostrålningens ursprung. PAT **37** 137—156, mit 10 Fig. — Allgemeinverständliche und ziemlich ausführliche Darlegung der mit modernen Instrumenten erhaltenen Ergebnisse über die kosmische Radiostrahlung. Die wichtigsten Radiosterne, besonders der Crabnebel und M 87 (Virgo A) werden besprochen. C. L. J.

12618. **H. H. Klinger,** Radioastronomie. Bull. Techn. P. T. T. **34** 321—341.

12619. **H. C. Ko, J. D. Kraus,** A new radio map of the sky and a model of the galaxy. AJ **61** 182. — Ref. AAS. — Ref. in Coelum **24** 183.

12620. **S. Kubík,** Radioastronomie. Pokroky **1** 174—179 (tschech.).

12621. **V. Kučera,** Razmatranja o radio-zračenju iz Svemira. Astr. Bote Zagreb Nr. 6—7 S. 58—59.

12622. **M. Laffineur,** Radio-astronomie. BSAF **70** 217—220, mit 1 Fig.

12623. **A. C. B. Lovell,** The forty-seventh Kelvin Lecture: Radio astronomy and the Jodrell Bank telescope. Proc. Inst. Electr. Engineers (B) **103** 711—721, mit 9 Fig. = Astr. Contr. Univ. Manchester (2) Jodrell Bank Repr. Nr. 147. — Anläßlich der bevorstehenden Inbetriebnahme des großen azimutal montierten Radioteleskops von 76 m Durchmesser der Jodrell Bank Station werden die Überlegungen, die zum Bau dieses Instruments geführt haben, und das vorgesehene Arbeitsprogramm dargestellt. Es besteht die berechtigte Hoffnung, daß unter günstigen Bedingungen die Untersuchung der 21 cm-Wasserstoffstrahlung in das Programm einbezogen werden kann. (Anm. des Ref.: Nach persönlicher Mitteilung von J. G. Davies sind inzwischen die ersten Prüfungen bei 75 cm Wellenlänge zur vollsten Zufriedenheit ausgefallen). Dabei ist in erster Linie an Absorptionsmessungen zur Entfernungsbestimmung galaktischer und extragalaktischer Quellen gedacht. Weitere Programmpunkte betreffen unter anderen Messungen der spektralen Intensitätsverteilung sowohl der Hintergrundstrahlung als auch der galaktischen Quellen. Unter Anwendung der Echotechnik sollen Mond und Planeten untersucht werden sowie sehr schwache Meteore und gegebenenfalls Partikelströme der Sonne. Daene

* * **A. C. B. Lovell,** Radio astronomy and the fringe of the atmosphere. Vgl. Ref. **7234**.

12624. **E. F. McClain,** A note on the potentialities of large radio telescopes. ApJ **123** 367—368. — Es werden Betrachtungen angestellt über die Anzahl der Radioquellen, bei denen die Wasserstofflinie in Absorption beobachtet werden kann, wenn man ein Radioteleskop von 500 ft Durchmesser benutzt. Es ergeben sich etwa 1000mal soviel Objekte wie mit einem 50 ft-Teleskop. Ferner wird auf die Möglichkeit hingewiesen, intergalaktische Wasserstoffwolken mit einem großen Radiospiegel zu beobachten. Priester

12625. **P. Mezger, W. Priester,** Die Radiostrahlung des interstellaren Gases und das Prinzip ihrer Messung. Telefunken-Zeitung **29** 152—156, mit 4 Fig. (mit engl. und französ. Ref.). — Im Rahmen des Sonderheftes «Die Radiosternwarte Stockert der Universität Bonn» gibt der Aufsatz einen Überblick über die Emission des interstellaren Wasserstoffgases mit besonderer Berücksichtigung der 21.1 cm-Linie. Das Differenzmeßverfahren zur Trennung der Linienstrahlung von der kontinuierlichen Untergrundstrahlung wird beschrieben. Priester

12626. **B. Y. Mills, A. G. Little, K. V. Sheridan,** Absorption of 3.5-m. radiation in the optical emission nebula, NGC 6357. Nature **177** 178, mit 1 Fig. = Commonwealth Sci. Industrial Res. Organization, Australia, Division Radiophys. — Ref. in Science **123** 319. — Mit der 1500 ft Mills-Kreuzantenne (Halbwertsbreite 50′) in Sydney wurde der optische Emissionsnebel NGC 6357 bei 3.5 m Wellenlänge in Absorption beobachtet. Der Nebel liegt im Sternbild Scorpius (RA = $17^h\,18^m\!.4$, Dekl. = −34° 3′ (1900)). Seine optische Ausdehnung ist 63′ × 43′. Die Strahlungstemperatur der 3.5 m Strahlung wurde an der Stelle des Nebels zu 7800 °K, in der Umgebung zu 8800 °K ermittelt. Unter Hinzuziehung optischer Daten über Ausdehnung und Distanz des Nebels ergibt sich eine Elektronentemperatur des Nebelplasmas von 6500 °K. Priester

12627. **B. Y. Mills,** About radio galaxies. A letter. Sci. American **195** Nr. 6 S. 8—10 = Commonwealth Sci. Industrial Res. Organization, Australia, Division Radiophys.

12628. **J. L. Pawsey, R. N. Bracewell,** Radio Astronomy. Vgl. AJB **55** Ref. 12627. — Weitere Besprechung in J. Atmosph. Terr. Phys. **8** 352 (F. G. Smith), JBAA **67** 265—266, J RAS Canada **51** 118—119, Nature **177** 299 (J. S. Hey).

12629. **J. L. Pawsey,** Radio astronomy. Australian J. Sci. **18** 27—35, mit 6 Fig. = Commonwealth Sci. Industrial Res. Organization, Australia, Division Radiophys. — Abdruck eines zusammenfassenden Vortrages, der einen Überblick über die Ergebnisse der Radioastronomie bis Mitte 1955 und einige Angaben zu australischen Interferometern enthält. Wellmann

12630. **J. Pfeiffer,** The Changing Universe. New York, Random House, 1956; London, Victor Gollancz Ltd., 1957. 243 S. Preis $ 4.75. — Besprechung in JBAA **67** 327, Science **124** 541 (F. K. Edmondson), Sky and Telescope **15** 508, **16** 283 (F. J. Kerr).

12631. **J. H. Piddington, G. H. Trent,** A survey of cosmic radio emission at 600 Mc/s. Australian J. Phys. **9** 481—493, mit 3 Fig. = Commonwealth Sci. Industrial Res. Organization, Australia, Division Radiophys.

12632. **G. Reber, G. R. Ellis,** Cosmic radio-frequency radiation near one megacycle. J. Geophys. Res. **61** 1—10, mit 9 Fig. — Die Radiostrahlung auf 2130, 1435, 900 und 520 kHz wird untersucht und ihre Intensität zu etwa 10^{-19} Watt m^2/Hz angegeben. Das Verhalten der Ionosphäre wird hierzu im Zusammenhang untersucht. U. Be.

12633. **G. J. Stanley, R. Price,** An investigation of monochromatic radio emission of deuterium from the galaxy. Nature **177** 1221—1222, mit 3 Fig. — Die Möglichkeit, den Hyperfeinstrukturübergang im Grundzustand des Deuterium-Atoms bei 327 MHz in der galaktischen Radiostrahlung zu entdecken, ist von Schklowskij 1952 vorausgesagt. Hier wird über Versuche in Australien (1954) berichtet, diese Linie zu beobachten. Benutzt wurde ein festaufgestelltes Paraboloid von 80 ft Durchmesser mit einem Radiospektrometer, das nach dem Differenzmeßverfahren arbeitet (Bandbreite 16 kHz, Abstand zwischen Meß- und Vergleichskanal 48 kHz). Beobachtungen wurden im Bereich des galaktischen Zentrums und bei galaktischer Länge $l = 220°$ in der Milchstraßenebene angestellt. Aus den Messungen schließen die Autoren, daß die Deuterium-Linie bei einer Grenzempfindlichkeit der Apparatur von 1 °K Antennentemperatur nicht beobachtbar ist. Priester

12634. **G. Westerhout,** Continuous radiation from the direction of the galactic centre at 22 cm. BAN **13** 105—109, mit 7 Fig. — Mit einem 7.5 m-

Parabolspiegel wird bei 22 cm der Intensitätsverlauf in der Umgebung des galaktischen Zentrums gemessen. Man findet ein langgestrecktes etwa 4° breites Emissionsband, in dem die Intensität langsam bis zum Zentrum auf etwa «20°K» ansteigt. Im Zentrum ist eine starke Punktquelle mit Flußdichte 33×10^{-24} Watt/m^2 Hz überlagert. Bei 75 cm ist das Emissionsband 40 % breiter, die zentrale Punktquelle aber hat gleiche Größe und gleiche Flußdichte wie bei 22 cm. Die Punktquelle strahlt wahrscheinlich thermisch. Wenn die ganze 22 cm-Strahlung im interstellaren Gas entsteht, dann entspricht den Beobachtungen das Modell, in dem das interstellare Gas homogen verteilt ist in einer 300 pc dicken Schicht mit einer Ausdehnung bis zu 10.5 kpc vom Zentrum. Thi.

* * Publikationen der fünften Tagung über Fragen der Kosmogonie vom 9. bis 12. März 1955. Radioastronomie. Vgl. Ref. **1160**.

* * Atomic time and cosmic spectroscopy. Vgl. Ref. **2358**.

* * Identification of interstellar deuterium now doubtful. Vgl. Ref. **12543**.

12635. Rozmiary radioźródeł. Urania Kraków **27** 250.

Radioquellen

12636. R. Adgie, F. G. Smith, The radio emission spectra of four discrete sources and of the background radiation. Obs **76** 181—187, mit 3 Fig. — Im Frequenzgebiet von 38 bis 500 MHz wurden die Spektren der diskreten Quellen Cas A, Cyg A, Vir A und Tau A untersucht. Gegenüber früheren Messungen wurden die Methoden der Eichung und der Bestimmung der Frequenzabhängigkeit des Antennengewinns verbessert. Die Quellen Cas A, Vir A und Tau A zeigen eine spektrale Energieverteilung, die sich durch ein Gesetz von der Form $S \sim f^x$ (S = Strahlungsstrom, f = Frequenz) mit frequenzunabhängigem x darstellen läßt. Bei Cyg A ändert sich x mit der Frequenz. Diese Variation von x wird nach der Theorie von Hinsburg so gedeutet, daß sich in dieser Quelle nur Elektronen befinden, deren Energie unterhalb einer gewissen oberen Grenze liegt. Ferner wurde das Spektrum des galaktischen Untergrunds in verschiedenen Teilen der Galaxis bestimmt. Es zeigte sich, daß die spektrale Energieverteilung in den Gebieten außerhalb der galaktischen Ebene überall dieselbe ist. In der galaktischen Ebene selbst wird das Spektrum durch die Überlagerung der Emission der H II-Gebiete modifiziert.
A. Böhme

* * **A. Boischot, E. J. Blum, M. Ginat, E. Le Roux,** Observation d'une éclipse de la nébuleuse du Crabe. Vgl. Ref. **12205**.

12637. J. G. Bolton, Distribution of radio stars. Obs **76** 62—64, mit 1 Fig. — Ryle fand mit dem großen Cambridge Interferometer bei 81 MHz, daß die Zahl der schwachen Radiosterne viel größer war, als aus einer gleichmäßigen isotropen Verteilung folgen würde. Im Gegensatz dazu ergab die Untersuchung mit dem Mills-Kreuz in Sydney bei der gleichen Frequenz nur halb so viele schwache Sterne. Diese Unterschiede lassen sich auf die Verschiedenheiten der Beobachtungsmethoden und ihre Interpretation zurückführen. Thi.

12638. J. W. Chamberlain, Excitation in nebulae: Charge transfer and the Cassiopeia radio source. ApJ **124** 390—398, mit 1 Fig. — Die von Minkowski und Aller (ApJ **119** 232, AJB **54** Ref. **12642**) unternommene Analyse des Spektrums der Filamente der Radioquelle in der Cassiopeia wird erörtert und modifiziert. Es wird gezeigt, daß Wasserstoff zu mehr als 90 % neutral ist, und daß die Intensitätsverhältnisse [OI]/Hα und [OI]/[OII] des Filaments 1 durch Stoßanregung und normale Häufigkeiten erklärt werden können. Es wird ein Mechanismus vorgeführt, welcher keiner hohen Elektronendichten bedarf, um die Schwäche der [OII]-Linien zu erklären. Die früher vorgebrachte Hypothese, daß das be-

obachtete O^{++} aus einem vorhergehenden Zustand des Nebels herrührt, wird kritisch betrachtet. Verf. geht schließlich auf die Anregung der Filamente 2 und 3 sowie die Beziehung von optischer und Radiostrahlung des Nebels kurz ein.
Micz.

12639. **R. G. Conway,** The angular diameter of the radio-stars Cygnus A and Cassiopeia A. Obs **76** 235—237, mit 2 Fig.

12640. **C. H. Costain, G. R. Whitefield, B. Elsmore,** Radio observations of a lunar occultation of the Crab nebula. MN **116** 380—385, mit 4 Fig. — Ref. in Obs **76** 166—169. — Aus Beobachtungen der Bedeckung des Crab-Nebels durch den Mond am 24. Januar 1956 wurde die Intensitätsverteilung über den Nebel für die Wellenlängen 3.7 m und 7.9 m abgeleitet. Dabei ergab sich folgendes: Die Position der Radioquelle stimmt gut mit der des optischen Nebels überein; der Durchmesser der Quelle nimmt mit wachsender Wellenlänge zu. Wahrscheinlich läßt sich diese Variation des Spektrums über die Quelle hin nur durch eine tatsächliche Änderung des emittierten Spektrums in den verschiedenen Teilen des Nebels und nicht durch Reabsorptionseffekte oder Streuung an Inhomogenitäten der Elektronendichte erklären. Aus der Differenz von beobachteter und berechneter Bedeckungsdauer wurde die Dichte der Mondatmosphäre zu 10^3—10^4 Elektronen pro cm^3 abgeschätzt. A. Böhme

12641. **M. Dagg,** Radio star scintillations at the time of the solar eclipse of 1954 June 30. Astr. Contr. Univ. Manchester (1) Jodrell Bank Ann. 1 99—103, mit 2 Fig.

12642. **R. D. Davies,** The nature of the radio source in the direction of the galactic centre. Obs **76** 196—200, mit 3 Fig. = Astr. Contr. Univ. Manchester (2) Jodrell Bank Repr. Nr. 146. — Für die Identifizierung der diskreten Radioquelle 17S2A liegen zwei Möglichkeiten vor. Die Annahme, daß sie identisch ist mit dem Kern der Galaxis, wird gestützt durch ihre Lage und die hohe Intensität bei langen Wellen. Die Absorptionsbeobachtungen der H I-Strahlung ergeben andererseits ihre Entfernung zu etwa 3 kpc. An dieser Stelle liegt eine Gruppe von O- und B-Sternen sowie ein H II-Gebiet. Weiter spricht die Intensität im kurzwelligen Teil des Spektrums für eine Identifizierung mit einer H II-Region. Eine Diskussion des gesamten vorliegenden Beobachtungsmaterials führt zu dem Schluß, daß der Verlauf der spektralen Energieverteilung verstanden werden kann durch die Annahme einer H II-Quelle, die vor einer Verdichtung der galaktischen Hintergrundstrahlung liegt. Daene

12643. **B. Dueño,** Low-angle fluctuations of the radio-star Cassiopeia as observed at Ithaca, N. Y., and its relation to the incidence of sporadic-E. J. Geophys. Res. **61** 535—540, mit 4 Fig. — Aus den Veränderungen der Intensität der Radioquelle in Cassiopeia, die sie bei ihrem Durchgang durch die Ionosphäre erleidet, wird der Zusammenhang zwischen Fluktuationen und der sporadischen E-Schicht für einen kurzen Zeitraum nachgewiesen. Die beste Übereinstimmung ergibt sich im Hochwinter, später wird die Übereinstimmung schlechter.
U. Be.

12644. **G. Elwert, H. Siedentopf,** Zur Beobachtung radialsymmetrischer Radioquellen mit dem Michelson-Interferometer. I. Z. Naturforschung **11a** 769—775, mit 9 Abb. = Mitt. Astr. Inst. Univ. Tübingen Nr. 22. — Zu einer exakten Bestimmung der Intensitätsverteilung radialsymmetrischer kosmischer Radioquellen mit dem Michelson-Interferometer wäre es notwendig, den Antennenabstand beliebig groß zu machen. Es wird untersucht, wie die wahre Intensitätsverteilung bei Modellen mit Bereichen konstanter Strahlungstemperatur durch endlichen Maximalabstand verfälscht wird. Dabei werden scheibenförmige und ringförmige Quellen sowie eine Überlagerung von Scheibe und Ring betrachtet.
Verf.

12645. **G. Elwert,** Zur Beobachtung radialsymmetrischer Radioquellen mit dem Michelson-Interferometer II. Z. Naturforschung **11a** 961—969, mit 9 Abb. = Mitt. Astr. Inst. Univ. Tübingen Nr. 23. — In dem vorliegenden 2. Teil der Untersuchung werden stetige Intensitätsverteilungen $T(r)$ scheibenförmiger und ringförmiger radialsymmetrischer Radioquellen betrachtet. Aus ihnen lassen sich Funktionen $T(r)$ aufbauen, die den theoretischen Verteilungen der Sonne im Radiofrequenzgebiet entsprechen. Für mehrere Modelle werden Abschätzungen der bei endlichem Maximalabstand N der Antennen entstehenden Fehler gegeben. Diese nehmen mit wachsendem N sehr viel rascher ab als bei den in I betrachteten Kastenmodellen. Die bisherigen Bestimmungen der Intensitätsverteilung der Sonne mit dem Michelson-Interferometer werden diskutiert. Transformierte $A(n)$ vom Typ einer Gauß-Funktion, wie sie aus älteren Messungen im m-Wellengebiet zu folgen scheinen, führen zu Funktionen $T(r)$ ebenfalls vom Gaußschen Typ und damit zu einem gegenüber der Theorie zu raschen Intensitätsabfall innerhalb der optisch sichtbaren Sonnenscheibe. Aus dem neuerdings bei 60 cm Wellenlänge und $N = 240$ gefundenen Intensitätsminimum in der Mitte kann nicht auf die Existenz eines hellen Randes der Sonne geschlossen werden. Die seither verwendeten maximalen Entfernungen der Antennen sind zu seinem Nachweis nicht ausreichend. Verf.

12646. **S. E. Forbush, B. F. Burke,** Absorption of cosmic radio noise at 22.2 Mc/sec following solar flare of February 23, 1956. J. Geophys. Res. **61** 573—575, mit 1 Fig. — Die Beobachtung der Virgo A-Radioquelle auf 22.2 MHz unmittelbar nach der Eruption am 23. 2. 1956 zeigt eine Abnahme der Radiointensität, die verglichen wird mit der gleichzeitigen Zunahme der Ultrastrahlungsintensität. U. Be.

12647. **J. P. Hagen,** Radio sources and the structure of the galaxy. J. Wash. Acad. Sci. **46** 136. — Ref. in RJ 1957 Nr. 2 S. 75.

12648. **I. Hasegawa,** Occultation of a radio source. YC 1362 S. 4. — Vorausberechnung für März 19, 1956.

12649. **H. C. van de Hulst, G. Westerhout,** Kosmische bronnen van radiostraling. Nederl. T. Natuurk. **22** 343—363, mit 4 Fig. und 1 Tafel = Sterrekundig Colloquium Nederl. Astr.-Club Nr. 13. — Inhalt: Radiostrahlung der Milchstraße. Beobachtung diskreter Radioquellen. Identifizierung von Radioquellen. Crabnebel (Taurus A), Messier 87 (Virgo A), Cassiopeia A, Gasnebel mit thermischer Emission, kollidierendes System in Cygnus A. Weidemann

12650. **R. C. Jennison, M. K. Das Gupta,** The measurement of the angular diameter of two intense radio sources. II. Diameter and structural measurements of the radio stars Cygnus A and Cassiopeia A. Phil. Mag. (8) **1** 65—75, mit 5 Fig. = Astr. Contr. Univ. Manchester (2) Jodrell Bank Repr. Nr. 124. — In vorliegender Arbeit wird die Anwendung des «post-detector»-Interferometers (vgl. Ref. **2137**) zur Messung der Struktur der Radioquellen Cygnus A und Cassiopeia A beschrieben. Während sich für Cas A ein einfacher Intensitätsabfall nach außen, der mit den optischen Beobachtungen verträglich ist, ergibt, werden die Beobachtungen an Cyg A durch zwei um 85′ voneinander getrennte Radioquellen mit Halbbreiten von je 45′ gedeutet. Diese Darstellung findet keine Stütze in den optischen Beobachtungen. Auf Mt. Palomar-Aufnahmen hat Cyg A im Kerngebiet einen Durchmesser von ungefähr 5′ und in den äußeren noch erkennbaren Bereichen etwa 20′ Durchmesser. Priester

12651. **R. J. Lamden, A. C. B. Lovell,** The low frequency spectrum of the Cygnus (19N4A) and Cassiopeia (23N5A) radio sources. Phil. Mag. (8) **1** 725—737, mit 7 Fig. = Astr. Contr. Univ. Manchester (2) Jodrell Bank Repr. Nr. 140. — Mit Hilfe des Radioteleskops in Jodrell Bank messen Verf. bei Frequenzen von 16.5 bis 30.0 MHz die Intensität der beiden Radioquellen in Cygnus und Cassiopeia. Sie finden für beide Radioquellen übereinstimmend ein starkes Absinken der Intensität unterhalb 22.6 MHz. Verf. diskutieren die möglichen Ursachen für diese Erscheinung und zeigen, daß dieselbe wahrscheinlich einer Absorption der Radiostrahlung innerhalb einer interstellaren H II-Region zugeschrieben werden muß. Henn

12652. **A. E. Lilley, E. F. McClain,** The hydrogen-line red shift of radio source Cygnus A. ApJ **123** 172—175, mit 1 Fig. — Mit der 50 ft-Antenne des Naval Research Laboratory Washington wurde im kontinuierlichen Radiospektrum der extragalaktischen Quelle Cygnus A die Wasserstofflinie in Absorption beobachtet. Die stärkste Absorption liegt im Bereich 1340 bis 1343 MHz, also um 77 bis 80 MHz verschoben gegenüber der normalen Frequenz 1420.5 MHz. Dies entspricht Fluchtgeschwindigkeiten zwischen 16300 und 17000 km/sec. Die optische Fluchtgeschwindigkeit liegt nach W. Baade und R. Minkowski bei 16800 km/sec. Priester

12653. **E. F. McClain,** An approximate distance determination for radio source Sagittarius A. AJ **61** 8—9. — Ref. AAS. — Ref. in Coelum **24** 122.

12654. **B. Y. Mills,** The radio source near the galactic centre. Obs **76** 65—67, mit 1 Fig. = Commonwealth Sci. Industrial Res. Organization, Australia, Division Radiophys. — In Richtung zum galaktischen Zentrum wird im cm-Gebiet eine einzelne diskrete Quelle von $^1/_4{}^\circ$ bis $^1/_2{}^\circ$ Durchmesser beobachtet, die einer schwachen ausgedehnteren Quelle überlagert ist. Bei 3.5 m jedoch wird ein langgestrecktes Emissionsgebiet (5° bis 6° Länge in der galaktischen Ebene) mit zwei etwa 2° voneinander entfernten Maxima beobachtet. Das Verhältnis der abgestrahlten Energien bei 1.2 m und 3.5 m zeigt an, daß mindestens ein Teil der Quelle nicht thermisch strahlt. Als Modelle werden betrachtet: eine H II-Region, eingebettet in eine nicht thermische Quelle, beide nahe dem galaktischen Zentrum; eine H II-Region in 3 kpc Abstand von der Sonne und dazu im galaktischen Zentrum eine nicht thermische Quelle. Bisher ist keine Entscheidung für eines der Modelle möglich. Thi.

12655. **J. H. Piddington, G. H. Trent,** Cosmic radio sources observed at 600 Mc/s. Australian J. Phys. **9** 74—83, mit 2 Fig. = Commonwealth Sci. Industrial Res. Organization, Australia, Division Radiophys. — Mit einem 36 ft-Paraboloid wurde bei 600 MHz eine Durchmusterung nach Radioquellen durchgeführt. Die Halbbreite der Antenne beträgt 3°.3. Der Himmel wurde im Bereich $-90° \leq$ Dekl. $\leq +51°$ überdeckt. Gefunden wurden 49 Quellen mit Intensitäten $\geq 1 \times 10^{-24}$ Watt/m²Hz. Hierunter befinden sich 18 neue Quellen, von denen 12 innerhalb $\pm 2°$ von der galaktischen Ebene liegen. Die meisten Quellen scheinen mit anderen in Verbindung zu stehen oder auch mit Irregularitäten der galaktischen Strahlung. Viele der neuen Quellen sind sehr wahrscheinlich H II-Regionen. Priester

12656. **W. Priester,** Die Radioquelle Sagittarius A — Kernregion unserer Milchstraße oder Vordergrundquelle? Sterne **32** 67—71, mit 3 Fig. — Messungen der Absorption bei 21 cm (von Davies, Williams und McClain) an der Radioquelle Sagittarius A, die genau in Richtung zum galaktischen Zentrum liegt, führen auf eine Entfernung von 3 kpc. Das Spektrum im Bereich 100 bis 3200 MHz gleicht dem thermisch strahlender H II-Regionen. Optisch findet man ein Wolkennest aus ionisiertem Wasserstoff in der gleichen Richtung. Eine große H II-Region von 0°.8 Durchmesser und 60 freien Elektronen pro cm³ in etwa 3 kpc Entfernung dürfte mit der Radioquelle Sagittarius A identisch sein. Thi.

12657. **W. Priester,** Der erste Radiostern? Sterne **32** 78—79. — Von Kraus wurde in Columbus, Ohio, bei 1.24 m eine fluktuierende Radioquelle an der Grenze der Sternbilder Krebs und Hydra entdeckt. Die Fluktuationen müssen mit großer Wahrscheinlichkeit bereits in der Radioquelle entstehen. (Sie sind keine Szintillationserscheinungen der irdischen Ionosphäre). Es kann sich eigentlich nur um einen Stern hoher Aktivität handeln. Eine Identifizierung mit einem sichtbaren Objekt ist noch nicht gelungen. Thi.

12658. **H. Rishbeth,** An investigation of the radio source 06N2A in Gemini. Australian J. Phys. **9** 494—504, mit 3 Fig. = Commonwealth Sci. Industrial Res. Organization, Australia, Division Radiophys. — Unter Benutzung der Mills-Kreuzantenne wurde bei 3.5 m Wellenlänge eine Bedeckung der Radioquelle 06N2A in Gemini durch den Mond beobachtet. Diese Radioquelle konnte schon früher (vgl. AJB **54** Ref. **12631**) mit dem galaktischen Nebel IC **443** identifiziert werden. Verf. findet, daß die Intensität der Quelle während der Bedeckung um mehr als ein Fünftel vermindert war, während nur etwa ein Zehntel des Nebels bedeckt wurde. Die Beobachtungen werden unter Berücksichtigung des Einflusses der Antennencharakteristiken sowie der Strahlung von Mond und galaktischem Hintergrund ausführlich besprochen. Unter Zuhilfenahme von Modellbetrachtungen werden Zusammenhänge zwischen Nebel und Radioquelle diskutiert. Ein Vergleich der Intensität der Radioquelle mit bereits veröffentlichten Werten zeigt, daß die Radioemission im Meterbereich in der Hauptsache nicht-thermischer Natur ist. Henn

12659. **N. G. Roman, F. T. Haddock,** A model for nonthermal radio-source spectra. ApJ **124** 35—42, mit 7 Fig. — Zur Deutung des beobachteten Spektrums der Radioquelle Cas A wird ein Modell angegeben. Es besteht aus der eigentlichen Radioquelle mit einem Spektrum $S(\nu) \sim \nu^{-\alpha}$ (α = const.) und einer umgebenden dichten H II-Region, die die Quelle zu einem Bruchteil bedeckt, und einer ausgedehnten H II-Region geringer Dichte, die die ganze Quelle bedeckt. Durch bestimmte Wahl der Parameter wird es möglich, den im Spektrum zwischen 500 und 1000 MHz beobachteten «Terrassen-Bereich» zwanglos zu erklären. Anschließend werden die Spektren von Cyg A, Vir A, Cen A, Tau A und IC 443 in gleicher Weise gedeutet. Priester

12660. **C. L. Seeger, G. Westerhout, H. C. van de Hulst,** The flux densities of some radio sources at 400 Mc/s. BAN **13** 89—99, mit 5 Fig. — Mit einem 25 m-Spiegel wurde bei 400 MHz bei einer Empfangskeulenbreite von 2° eine Reihe von starken diskreten Radioquellen mit ihrer Umgebung untersucht. Isophotendarstellungen des Intensitätsverlaufes und Energieflußdichten werden gegeben. Für einige Gebiete des Himmels werden rohe Werte der Helligkeitstemperatur des galaktischen Hintergrundes bestimmt. Die Szintillation in geringen Höhen wurde beobachtet; sie war verstärkt bei geomagnetischer Aktivität. Thi.

12661. **C. L. Seeger,** A tentative measure of the flux density of Cassiopeia A at 400 Mc/s. BAN **13** 100—104, mit 3 Fig. — Bei 400 MHz wurde die Energieflußdichte der Radioquelle Cas A mit Hilfe eines Interferometers bestimmt, das aus einem Parabolspiegel (Würzburg) von 7.5 m Öffnung und einer Hornantenne bestand. Der relative Gewinn beider Antennen wurde durch gemeinsame Beobachtung der Sonne bestimmt; der absolute Gewinn der Hornantenne wurde berechnet. Für Cas A ergab sich eine Flußdichte von 56×10^{-24} Watt/m² Hz mit einem maximalen Fehler von 15%. Die äquivalente Sonnentemperatur ergab sich zu 1.1×10^{6} °K. Thi.

12662. **J. R. Shakeshaft, M. Ryle, J. E. Baldwin, B. Elsmore, J. H. Thomson,** A survey of radio sources between declinations −38° and +83°. Mem RAS **67** 106—154, mit 6 Fig., 1955.

* * **O. B. Slee,** Occultation of a radio source by the solar corona. Vgl. Ref. **6724**.

12663. **F. G. Smith, P. A. O'Brien, J. E. Baldwin,** The radio source in the direction of the galactic centre. MN **116** 282—287, mit 3 Fig. — Ref. in Coelum **25** 60—61. — Die Radioquelle 17S2A, die in Richtung des galaktischen Zentrums gelegen ist, wurde bei 38, 81.5, 160, 210 und 500 MHz mit Antennenanlagen hoher Auflösung in Ost-West-Richtung untersucht (Auflösungsvermögen etwa 1° in R.A.). Die Genauigkeit der Intensitätsbestimmungen wird zu etwa 10% angegeben. Die Diskussion der Messungen führt zu dem Schluß, daß in der

Richtung der Quelle sich ein nichtthermisch strahlendes Objekt, möglicherweise im galaktischen Zentrum befindet. Vor dieser Quelle liegt ein H II-Gebiet, das für das Verhalten im kurzwelligen Gebiet maßgebend ist. Daene

12664. J. N. Tandon, A note on the identification of radio stars. ZfA **41** 19—20. — Ein statistischer Vergleich zwischen den Positionen der Radioquellen und den von M-Zwergsternen (A. N. Naqvi, J. N. Tandon, Proc. Nat. Inst. Sci. India (A) **21** 244, AJB **55** Ref. **12654**) wird auf Grund einer neuen Liste von M-Stern-Positionen (A. N. Vyssotsky) fortgeführt. Hieraus ergibt sich, daß ungefähr 43 % der bekannten Radioquellen möglicherweise mit M-Zwergsternen identifiziert werden können. Für die von J. D. Kraus und Mitarbeitern (Nature **176** 304, AJB **55** Ref. **12650**) entdeckte variable Radioquelle Hydra P mit burst-ähnlichen Schwankungen wurde ein M-Zwergstern gefunden, dessen Position hinreichend gut innerhalb der Fehlergrenzen mit der Radioquelle übereinstimmt. Priester

12665. H. W. Wells, Flux measurements of discrete radio sources at frequencies below 30 megacycles. J. Geophys. Res. **61** 541—545, mit 4 Fig. — Die Radioquellen Taurus A und Virgo A ergeben eine Intensität auf 26.75 MHz von 85×10^{-24} Watt/m²Hz, Virgo A dagegen bei 18.5 MHz 150×10^{-24} Watt/m²Hz. Aus dieser Frequenzabhängigkeit der Intensität werden gewisse Schlüsse auf zukünftige Messungen gezogen. U. Be.

* * **G. Westerhout,** Search for polarization of the Crab nebula and Cassiopeia A at 22 cm wavelength. Vgl. Ref. **12236**.

12666. J. P. Wild, J. A. Roberts, Regions of the ionosphere responsible for radio star scintillations. Nature **178** 377—378, mit 1 Fig. = Commonwealth Sci. Industrial Res. Organization, Australia, Division Radiophys. — Das Szintillieren von Radiosternen zeigt nach manchen Beobachtern eine Korrelation mit Streu-Echos der F 2-Schicht und nach anderen mit der sporadischen E-Schicht. Auf Grund von Szintillationsbeobachtungen, die Verf. in Neu Süd-Wales an der Radioquelle Cyg A durchgeführt haben, finden sie, daß beide Beobachtungen zutreffen. Ihre Messungen zeigen zwei Häufigkeitsmaxima, von denen das eine um Mittag, das andere um Mitternacht auftritt. Durch Vergleich mit Ionosphärenbeobachtungen können sie für das um Mittag eintretende Maximum eine Korrelation mit Es-Reflexionen über 5 MHz und für das um Mitternacht stattfindende eine solche mit Streu-Echos der F-Schicht feststellen. Henn

12667. J. P. Wild, J. A. Roberts, The spectrum of radio-star scintillations and the nature of irregularities in the ionosphere. J. Atmosph. Terr. Phys. 8 55—75, mit 10 Fig. und 6 Tafeln = Commonwealth Sci. Industrial Res. Organization, Australia, Division Radiophys. — Ref. in Phys. Abstracts (A) **59** 937, Phys. Ber. **36** 417.

12668. D. R. W. Williams, R. D. Davies, The measurement of the distance of radio sources by interstellar neutral hydrogen absorption. Phil. Mag. (8) **1** 622—636, mit 5 Fig. = Astr. Contr. Univ. Manchester (2) Jodrell Bank Repr. Nr. 135. — In Analogie zum optischen Bereich bestimmen Verf. die Entfernung intensiver Radioquellen aus der Stärke der Absorption durch interstellaren Wasserstoff (21 cm-Linie). Sie beschreiben drei Methoden, um aus den in Jodrell Bank aufgenommenen Spektren der vier Radioquellen in Cassiopeia, Cygnus, Taurus und Sagittarius deren Entfernung abzuleiten. Die Methoden gestatten zunächst eine Entscheidung darüber, ob die betrachtete Quelle innerhalb oder außerhalb der Galaxis liegt. Weiterhin kann aus dem Vorhandensein bzw. Fehlen einer Absorption bei entsprechenden Frequenzen entschieden werden, ob die Radioquelle vor oder hinter den Spiralarmen liegt. Für die Cygnus-Quelle werden die früher von Baade und Minkowski (vgl. AJB **54** Ref. **12629**), für die Taurus-Quelle (Crabnebel) die von van de Hulst, Muller, Oort (vgl. AJB **54** Ref. **12666**) gewonnenen Ergebnisse im wesentlichen bestätigt. Für die Cassiopeia-Quelle wird auf eine Entfernung zwischen 2.5 und 5.5 kpc, für die Sagittarius-Quelle auf eine Entfernung von etwa 3 kpc von der Sonne (also vor dem galaktischen Zentrum) geschlossen. Weiterhin wird eine Methode zur Bestimmung der kinetischen Temperatur im inneren und äußeren Cygnus-Spiralarm sowie im inneren Sagittarius-Arm beschrieben. Henn

12669. **W. W. Witkewitsch, W. A. Udalzow,** Beobachtungen der Radiostrahlung der Quelle Taurus-A bei ihrer Bedeckung durch den Mond. AC Nr. 169 S. 5—6 (russ.). — Die Bedeckung wurde am 30. Nov. 1955 und 24. Jan. 1956 bei den Wellenlängen 6.5 m und 3.5 m beobachtet. Als vorläufige Resultate geben Verf. Winkeldimensionen der Quelle und Intensitätsverteilung an. Sie finden, daß das effektive Zentrum der Radiostrahlung gegen das der optischen verschoben ist und daß unweit von Tau A, in der Nähe von η Gem, eine andere Radioquelle liegt. Sie besprechen auch kurz die Natur der Quelle Tau A. Plavec

12670. **R. W. Wright, J. R. Koster, N. J. Skinner,** Spread F-layer echoes and radio-star scintillation. J. Atmosph. Terr. Phys. 8 240—246, mit 4 Fig. — Ref. in Phys. Abstracts (A) **59** 938, Phys. Ber. **36** 600.

12671. The angular size of the variable radio source Hydra-A. Australian J. Phys. **9** 296, Berichtigung zu der Arbeit von A. W. L. Carter, Australian J. Phys. 8 564—567. — Die mittlere zentrale Strahlungstemperatur der Quelle Hydra-A ist 3 $\times$ 10^6 Grad. Der in Austral. J. Phys. 8 565 (vgl. AJB **55** Ref. **12638**) angegebene Wert ist falsch. Die übrigen Angaben der Arbeit werden hierdurch nicht in Mitleidenschaft gezogen. Priester

12672. Distance of the radio source in Sagittarius. Sky and Telescope **15** 114. — Ref. AAS. — Ref. in Coelum **24** 122.

12673. Radio observations of the red shift of galaxies. Sky and Telescope **15** 251, mit 1 Fig. — Ref. in Coelum **24** 152—153. — Bericht über Cygnus A-Beobachtungen von Lilley und McClain (Washington). Dv.

12674. 1936 radio sources. Sky and Telescope **15** 344, mit 1 Fig. — Ref. in Coelum **24** 183.

21 cm-Strahlung

* * **R. D. Davies,** The relation between interstellar gas, dust and the emission from neutral hydrogen at 21 cm. Vgl. Ref. **12509**.

12675. **D. S. Heeschen, F. D. Drake,** A 21-cm investigation of the Pleiades. AJ **61** 5—6. — Ref. AAS.

12676. **D. S. Heeschen,** 21 cm-line emission from the Coma cluster. ApJ **124** 660—662, mit 2 Fig. und 1 Tafel = Harv Repr Nr. 449. — Ref. in JBAA **67** 268. — Verf. konnte die 21 cm-Strahlung des Coma-Haufens nachweisen. Seine Radialgeschwindigkeit wurde zu +7000 km/sec, in guter Übereinstimmung mit dem optisch ermittelten Wert, bestimmt. Aus dem Linienprofil wurde als innere Geschwindigkeitsstreuung 500 km/sec erhalten und die Gesamtmasse neutralen Wasserstoffs im Haufen zu 0.8 $\times$ 10^{14} $M_\odot$ abgeschätzt. Micz.

12677. **W. E. Howard, D. S. Heeschen,** A 21-cm study in Sagittarius and Scutum. AJ **61** 6. — Ref. AAS.

12678. **F. Janák,** Spiral structure of the galaxy after the radioobservations of the interstellar hydrogen. RH **37** 77—79, mit 2 Fig. (tschech.).

12679. **F. J. Kerr, J. V. Hindman, M. S. Carpenter,** Observations of the southern Milky Way at 21 centimeters. AJ **61** 7. — Ref. AAS.

* * **R. S. Lawrence,** Radio observations of interstellar neutral hydrogen clouds. Vgl. Ref. **12523**.

12680. **T. K. Menon,** A 21-cm investigation of NGC 2244 and NGC 2264. AJ **61** 9—10. — Ref. AAS. — Ref. in Sky and Telescope **15** 208.

12681. **C. A. Muller,** A receiver for the radio waves from interstellar hydrogen. I. The investigation of the hydrogen radiation. Philips tech. Rev. **17** 305—315. — Ref. in Phys. Abstracts (A) **59** 685.

12682. Brint og Støvmasser i det interstellare Rum. Urania København **13** 84.

§ 127

Kosmische Strahlung

* * Kosmische Strahlung der Sonne siehe § **65**.

12701. **A. O. Barut,** Anisotropy of cosmic rays due to galactic rotation. Nuovo Cimento (10) **4** 661—665, mit 2 Fig. — Eine Reihe von Beobachtungen zeigt die Anisotropie der energiereichen kosmischen Strahlung. Verf. prüft diese Meßergebnisse im Hinblick auf einen möglichen Einfluß der galaktischen Rotation.
Cester

12702. **L. Biermann,** Der Ursprung der kosmischen Strahlung. Phys. Blätter **12** 396—402. — Zusammenfassender Bericht. Die empirischen Grundlagen werden skizziert. Je nach dem angenommenen Ursprung (extragalaktische Nebel, Galaxis, Sonne) werden drei Theorien gegenübergestellt. Die beste Darstellung der Beobachtungen ist mit der galaktischen Theorie möglich. Nach Fermi erfolgt die Beschleunigung der Teilchen durch bewegte interstellare Wolken mit ausreichend großen Magnetfeldern. Vor allem kann so der Potenzcharakter des Energiespektrums erklärt werden. Behr

12703. **S. Biswas, B. Peters, Rama,** Scattering measurements in nuclear emulsions and their application to measuring the charge of primary cosmic ray nuclei. Proc. Indian Acad. Sci. (A) **41** 154—184, 1955. — Ref. in Phys. Ber. **35** 1801.

12704. **R. R. Brown,** Time variations of cosmic-ray intensity. J. Geophys. Res. **61** 639—646, mit 2 Fig.

12705. **E. Å. Brunberg,** Cosmic rays in the terrestrial magnetic dipole field. Tellus **8** 215—233, mit 32 Fig. — Bei der Untersuchung der Intensitätsschwankungen der kosmischen Strahlung spielt die Ablenkung der einfallenden Strahlung durch das Magnetfeld der Erde eine wesentliche Rolle. Um diesen Einfluß festzustellen, hat Verf. Modellversuche angestellt. Er untersucht die Ablenkung von Elektronen mit Energien größer als 10^{10} eV in einem magnetischen Dipolfeld (Terrella) und teilt das Ergebnis dieser Versuche in Diagrammen auf Globen mit. Bei Benutzung dieser Diagramme gelingt es, für einen bestimmten Ort auf der Erde die Richtung der Bahn eines kosmischen Partikels als Funktion seiner Energie und seiner Einfallsrichtung festzustellen. Henn

* * **G. R. Burbidge,** Halo of radio emission and the origin of cosmic rays. Vgl. Ref. **12605**.

* * **G. R. Burbidge,** Galactic radio emission and the energy released in nuclear collisions of primary cosmic-ray protons. Vgl. Ref. **12606**.

12706. **G. Cocconi,** Les rayons cosmiques sont-ils tous d'origine galactique? J. Phys. Radium **17** 44S. — Ref. Soc. Française Physique.

12707. **G. Cocconi,** Intergalactic space and cosmic rays. Nuovo Cimento (10) **3** 1433—1442. — Verf. weist auf Ergebnisse hin, die darauf hindeuten, daß die energiereichsten Teilchen der kosmischen Strahlung außerhalb der Galaxis im intergalaktischen Raum beschleunigt werden. Das Problem der Beschleunigung der kosmischen Strahlen im intergalaktischen Raum wird diskutiert und einige mögliche Modellvorstellungen für den Beschleunigungsmechanismus vorgelegt. Cester

12708. **J. K. Crawshaw, H. Elliot,** Search for a sidereal variation of the cosmic ray intensity at high energies. Proc. Phys. Soc. (A) **69** 102—109, mit 3 Fig. — Während einer Beobachtungsperiode von zwei Jahren (Okt. 1951 bis Okt. 1953) wurden mittels vier in Koinzidenz geschalteter Zählrohrsysteme auf der geographischen Breite 53° N große Luftschauer mit Energien von 10^{16} und 10^{17} eV gemessen. Die Zählrohrgruppen waren in den Ecken eines Vierecks mit 150 und 300 m Seitenlänge aufgestellt. Die Ergebnisse wurden zunächst auf einen möglichen Sternzeitgang untersucht, da zu erwarten wäre, daß bei sehr hohen Teilchenenergien das interstellare Magnetfeld die Isotropie der Primärstrahlung nicht mehr gewährleisten kann. Die Untersuchung verlief jedoch negativ: es zeigte sich keine Amplitude, welche die statistische Unsicherheit von 2.5 bzw. 6 % überstieg. Ebenso ergab sich kein Gang der 10^{16} eV-Schauer mit dem Sonnenstand, dagegen fand sich ein solcher bei den 10^{17} eV-Schauern mit einer Amplitude von 19 % und dem Maximum gegen 13^h. Die Realität des Effekts erscheint den Autoren jedoch unsicher. Oster

12709. **R. E. Danielson, P. S. Freier, J. E. Naugle, E. P. Ney,** Heavy primary cosmic radiation at the equator. Phys. Rev. (2) **103** 1075—1081, mit 11 Fig. — Bei Ballonflügen wurden am Äquator Zenit- und Azimutwinkelverteilung der kosmischen Primärstrahlung mit $Z \geqq 6$ gemessen. Die Größe der Azimutalasymmetrie ist mit einem Energiespektrum der Form $J = E^{-2}$ (E in 10^9 eV/Nukleon) konsistent. Das Intensitätsmaximum zeigt eine Verschiebung nach Südwest, was mit der in neueren Untersuchungen angezeigten Verschiebung des für die kosmische Strahlung effektiven geomagnetischen Äquators übereinstimmt. Für den Partikelfluß am Gipfel der Atmosphäre ergibt sich für $6 \leqq Z \leqq 9$: 0.68 Teilchen/m² sec sterad, und 0.21 Teilchen/m² sec sterad für $Z \geqq 10$. Henn

12710. **J. Daudin, P. Auger, A. Cachon, A. Daudin,** Sur les variations diurnes en temps solaire et en temps sidéral des grandes gerbes de l'air. Nuovo Cimento (10) **3** 1017—1032, mit 6 Fig. — Ref. in Phys. Abstracts (A) **59** 822, Phys. Ber. **35** 2046.

12711. **A. Dauvillier,** Les rayons cosmiques dans leurs rapports avec l'électricité atmosphérique, la météorologie, le géomagnétisme et l'astronomie. Vgl. AJB **54** Ref. **12707**. — Weitere Besprechung in Scientia **91** 189 (C. Morelli).

12712. **L. Davis jr.,** Modified Fermi mechanism for the acceleration of cosmic rays. Phys. Rev. (2) **101** 351—358. — Der von Fermi vorgeschlagene Beschleunigungsmechanismus (vgl. AJB **49** Ref. **12712**) wird durch Hinzunahme statistischer Fluktuationen in der Zahl der beschleunigenden oder bremsenden Wechselwirkungen eines Partikels mit einem variierenden Magnetfeld verallgemeinert. Die sich daraus ergebenden Konsequenzen werden diskutiert. In seinem zweiten Modell, indem das Magnetfeld entlang der Spiralarme der Galaxis nahezu homogen ist, beschleunigen oder bremsen nun stehende hydromagnetische Wellen die Partikel durch «Betatron»-Stöße. Henn

12713. **L. R. Davis, H. M. Caulk, C. Y. Johnson,** Primary cosmic-ray alpha particles and protons at $\lambda = 55°$. Phys. Rev. (2) **101** 800—806, mit 10 Fig. — Ref. in Phys. Ber. **36** 89.

12714. **N. A. Dobrotin,** Die kosmischen Strahlen. Lehrbuch für Studenten an Staatsuniversitäten. Moskau, Technischer Staatsverlag, 1954. 320 S. mit Abb. Preis 8 R. 20 Kop. (russ.).

12715. **H. Elliot, P. Rothwell,** The solar daily variation of the cosmic ray intensity. Phil. Mag. (8) **1** 669—676, mit 4 Fig. — Ref. in Phys. Abstracts (A) **60** 223, Phys. Ber. **36** 1707.

12716. **W. Elsasser, E. P. Ney, J. R. Winckler,** Cosmic-ray intensity and geomagnetism. Nature **178** 1226—1227. — Ref. in Phys. Abstracts (A) **60** 266, Sky and Telescope **16** 211.

* * **C. Y. Fan,** Nonthermal radio emission of the galaxy and the origin of cosmic radiations. Vgl. Ref. **12611**.

12717. **C. Y. Fan,** Origin of cosmic radiations. Phys. Rev. (2) **101** 314—319, mit 1 Fig. — Unter Berücksichtigung neuerer Ergebnisse der hydromagnetischen Turbulenz untersucht Verf. die Wechselwirkung eines Teilchens der kosmischen Strahlung und einer sich bewegenden interstellaren Wolke. Es wird ein Beschleunigungsmechanismus vorgeschlagen, der in seiner Wirkung mit dem von Fermi entwickelten Stoßmechanismus vergleichbar ist. Die Beschleunigung ist am größten, wenn das Teilchen zwischen zwei interstellaren Wolken eingefangen ist und durch die kombinierte Wirkung beider Mechanismen beschleunigt wird. Verf. vermutet, daß die kosmischen Strahlen primär durch einen solchen «push-pull»-Mechanismus in einigen Bereichen der Galaxis beschleunigt werden. Henn

12718. **P. H. Fowler, C. J. Waddington,** The energy distribution of cosmic ray particles over Northern Italy. Phil. Mag. (8) **1** 637—650, mit 6 Fig. — Ref. in Phys. Ber. **36** 1707.

12719. **N. L. Grigorow,** The mean characteristics of the act of interactions of primary cosmic particles of various energies (2—100 BeV) with light atomic nuclei. Fortschritte Phys. Wissensch. **58** 599—666 (russ.). — Ref. in Phys. Abstracts (A) **59** 909.

12720. **F. Hänni,** Aufspaltung schwerer Kerne der Primärkomponente der kosmischen Strahlung und Wechselwirkung der dabei entstehenden α-Teilchen. Helv. Phys. Acta **29** 281—286, mit 2 Fig. — Ref. in Phys. Abstracts (A) **60** 48.

12721. **S. Hayakawa,** Supernova origin of cosmic rays. Progr. Theoret. Phys. **15** 111—121. — Auf Grund der Zusammensetzung der primären kosmischen Ultrastrahlung, insbesondere der angenähert gleichen Häufigkeit schwerer und mittlerer Kerne schließt Verf. nach Untersuchung der Beschleunigungen, Stöße und Kernumwandlungen, die die Partikel erleiden, auf eine Entstehung der Strahlung in Sternen, in denen schwere Elemente aufgebaut werden. Weidemann

12722. **N. Herlofson,** Accelerated dust grains and the highest cosmic ray energies. Tellus **8** 268—273, mit 1 Fig. — Die Ereignisse, die auf Zusammenstöße von schnellen ionisierten Partikeln mit der Erdatmosphäre folgen, werden dargelegt. Es zeigt sich, daß eine gewisse Ähnlichkeit zwischen den zu erwartenden atmosphärischen Schauern und den beobachteten großen Schauern der kosmischen Strahlung besteht. Hieraus wird geschlossen, daß die größten atmosphärischen Schauer immer durch Primärteilchen, die außerhalb des Sonnensystems beschleunigt worden sind, ausgelöst werden. Dabei ist die Natur der Teilchen ohne Einfluß; es ist gleichgültig, ob es sich um Staubkörner oder um einzelne Kerne handelt. C. L. J.

12723. **W. L. Hinsburg, M. I. Fradkin,** The composition of primary cosmic rays. AJ UdSSR **33** 579—587 (russ. mit engl. Ref.). — Vgl. J. Experim. Theor. Phys. **31** 523—525. — Verf. geht bei seinen Überlegungen von der bisher ermittelten Zusammensetzung der primären kosmischen Strahlung «außerhalb der Erdatmosphäre» aus, für die er, bezogen auf Wasserstoff = 10^5, ansetzt: He-Kerne 10^4, Li-, Be-, B-Kerne ≤ 50, C-, N-, O-, F-Kerne 520, übrige Kerne 160. Nach einer ausführlichen Betrachtung der Rolle, welche Diffusionsprozesse im interstellaren Raum zwischen der «Entstehung» der Teilchen und ihrem Eintreffen in der Erdatmosphäre spielen, kommt er zu dem Schluß, daß die bei uns beobachtete Verteilung nicht gegen seine Theorie spricht, nach der die Teilchen in den Hüllen der Novae und Supernovae gebildet bzw. beschleunigt werden. Oster

* * **W. Hinsburg,** The nature of cosmic radio emission and the origin of cosmic rays. Vgl. Ref. **12616.**

12724. **F. Hoyle,** Suggestion concerning the nature of the cosmic-ray cutoff at sunspot minimum. Phys. Rev. (2) **104** 269—270. — Ref. in Phys. Abstracts (A) **60** 581.

12725. **L. Jánossy,** Promienie kosmiczne. Warszawa, «Wiedza Powszechna», 1956. 158 S. mit Abb. Preis 5.10 zł. — Übersetzung aus dem Deutschen.

12726. **F. S. Jory,** Selected cosmic-ray orbits in the earth's magnetic field. Phys. Rev. (2) **103** 1068—1075, mit 3 Fig. — Ref. in Phys. Abstracts (A) **59** 908.

12727. **S. A. Korff,** The effects of cosmic rays on the terrestrial isotope distribution. Ann. Acad. Sci. **67** 37—53.

12728. **M. Koshiba, M. Schein,** Time variation of primary heavy nuclei in cosmic radiation. Phys. Rev. (2) **103** 1820—1824, mit 3 Fig. — Ref. in Phys. Abstracts (A) **60** 49—50.

12729. **F. B. McDonald,** Direct determination of primary cosmic-ray alpha-particle energy spectrum by new method. Phys. Rev. (2) **104** 1723—1729, mit 12 Fig. — Bei Ballonflügen in 41° und 55° N wird mit Hilfe eines neuen Verfahrens der Fluß der α-Komponente der primären kosmischen Strahlung gemessen und das Energiespektrum bestimmt. Verf. zeigt, daß das integrale Energiespektrum in folgender Form $I_0 = 431\,(1 + E)^{-1.4\,\pm\,0.2}$ Partikel/m² sec sterad dargestellt werden kann. Ein Vergleich mit den nach anderen Verfahren gewonnenen Ergebnissen zeigt gute Übereinstimmung. Henn

12730. **A. De Marco, A. Milone, M. Reinharz,** The flux of the helium component of the primary cosmic radiation at geomagnetic latitude 41° N. Nuovo Cimento (10) **3** 1150—1152, mit 2 Fig. — Ref. in Phys. Abstracts (A) **59** 648.

* * **P. Morrison,** Solar origin of cosmic-ray time variations. Vgl. Ref. **6816.**

12731. **H. V. Neher,** Low-energy primary cosmic-ray particles in 1954. Phys. Rev. (2) **103** 228—236, mit 11 Fig. — Verf. beschreibt Experimente, die dazu dienen sollen, die von Forbush beobachtete inverse Beziehung zwischen solarer Aktivität und Intensität der kosmischen Strahlung zu bestätigen. Während des Aktivitätsminimums im Sommer 1954 wurde bei Ballonflügen die Zahl der durch die kosmische Strahlung erzeugten Ionen gemessen. Es ergab sich sowohl in der Arktis als auch in mittleren Breiten eine starke Intensitätszunahme der kosmischen Primärstrahlung gegenüber 1951. Untersuchungen zeigten, daß 1954 Protonen mit Energien bis mindestens 150 MeV die Erde erreichten. Abschätzungen für die Anzahl der Primärteilchen ergaben 1937, 1951 und 1954: 0.10, 0.14 bzw. 0.24 Partikel/cm² sec sterad. Die Intensitätsschwankungen waren dagegen im Jahre 1954 wesentlich geringer. Es besteht demnach der folgende Zusammenhang: große Sonnenaktivität ist verbunden mit geringer Intensität aber starken Intensitätsschwankungen der kosmischen Strahlung, während zur Zeit des Sonnenfleckenminimums die umgekehrten Verhältnisse herrschen. Verf. sucht diese Effekte qualitativ zu erklären durch Annahme ionisierender Wolken, die aus der Sonne herausgeschleudert werden und den Schwankungen der solaren Aktivität unterliegen. Henn

12732. **E. N. Parker,** Modulation of primary cosmic-ray intensity. Phys. Rev. (2) **103** 1518—1533, mit 3 Fig. — Ref. in Phys. Abstracts (A) **60** 49.

12733. **B. Peters,** The flux of primary cosmic ray nuclei of atomic number Z ≧ 2 at geomagnetic latitude 30°. Proc. Indian Acad. Sci. (A) **40** 230—248, 1954. — Ref. in Phys. Ber. **35** 1801.

12734. **M. A. Pomerantz,** Cosmic-ray observations at very high altitudes during periods of intense solar activity. Phys. Rev. (2) **102** 870—878, mit 17 Fig. — Ref. in Phys. Abstracts (A) **59** 487.

12735. **J. A. Popow,** Solution of the fundamental diffusion equation for cosmic ray particles emitted by a constant energy concentrated pulsed source. J. Experim. Theor. Phys. **31** 80—85 (russ.). — Ref. in Phys. Abstracts (A) **60** 3.

12736. **M. Possener, I. J. van Heerden,** The daily variation of the cosmic ray intensity measured near the 1954 sunspot minimum. Phil. Mag. (8) **1** 253—260, mit 5 Fig. — Ref. in Phys. Abstracts (A) **59** 565.

12737. **E. C. Ray,** Effects of a ring current on cosmic radiation. Phys. Rev. (2) **101** 1142—1148, mit 9 Fig. und einer Ergänzung in Phys. Rev. (2) **102** 1689. — Der von Chapman und Ferraro in der Theorie der magnetischen Stürme und Nordlichterscheinungen angenommene Ringstrom wird in vorliegender Untersuchung hinsichtlich seines Einflusses auf die Breitenvariation der kosmischen Primärstrahlung diskutiert. Die in Strömerscher Näherung durchgeführten Rechnungen ergeben, daß für ein Primärspektrum der Form $J = 0.29\, E^{-0.9}$ (E Gesamtenergie eines Primärteilchens in 10^9 eV) durch einen Ringstrom mit geeignet gewählten Parametern (Radius, Stromstärke) die beobachtete Breitenvariation der Vertikalintensität befriedigend wiedergegeben wird. Gewisse zeitliche Intensitätsschwankungen können mit dieser Theorie aber nicht erklärt werden. Henn

12738. **E. C. Ray,** Effects of a ring current on cosmic radiation. Impact zones. Phys. Rev. (2) **104** 1459—1462, mit 2 Fig. — Ref. in Phys. Abstracts (A) **60** 223.

12739. **P. Rothwell, B. Wade, A. Goodings,** Directional measurements on extensive air showers. Proc. Phys. Soc. (A) **69** 902—909, mit 6 Fig. — Ref. in Phys. Ber. **36** 1539—1540.

12740. **A. E. Sandström,** The 24-hrs averages of cosmic ray intensity in Stockholm 1947—48 and 1954. Tellus **8** 13—17, mit 3 Fig. — Die während zwei Registrierperioden (mit 6jährigem Abstand) gewonnenen 24stündigen Mittel der Intensität der kosmischen Strahlung werden graphisch dargestellt. Über Zusammenhänge zwischen der Intensität der kosmischen Strahlung und dem Sonnenfleckenzyklus, der Größe der Sonnenflecken und dem K_p-Index werden einige Betrachtungen angestellt. Henn

12741. **A. E. Sandström,** Experimental evidence of the directional components of cosmic rays. Tellus **8** 18—25, mit 10 Fig. — In Übereinstimmung mit der Theorie von Alfvén nimmt Verf. an, daß der Hauptteil der kosmischen Strahlung seinen Ursprung in der Sonne hat. In vorliegender Arbeit wird versucht, diese Theorie durch experimentelle Ergebnisse zu stützen. Henn

12742. **Y. Sekido, S. Yoshida, Y. Kamiya,** Anisotropy of cosmic rays observed with an alt-azimuth telescope. J. Geomag. Geoelect. **6** 22—33, 1954. — Ref. in Phys. Ber. **35** 2043.

12743. **Y. Sekido, S. Yoshida, Y. Kamiya,** Search for point source cosmic rays. Nature **177** 35—36, mit 1 Fig. — Mit zwei Zählrohrteleskopen mit einer Winkelauflösung von 5° × 5° bzw. 4° × 5° wurden Beobachtungen bei der Zenitdistanz $z = 80°$ und den Azimuten $a = 85°$ und 255° angestellt. In beiden Richtungen wurde beim Durchgang der Position RA = $5^h\,30^m$, Dekl. = 0° eine Intensitätsverstärkung von 20 ± 4 % beobachtet, die einer Punktquelle für kosmische Strahlung zugeschrieben wird. Unter Berücksichtigung des Empfangsraumwinkels des Teleskops berechnen die Autoren den Beitrag der Quelle relativ zur Gesamtstrahlung der Sphäre im betreffenden Energiebereich zu 0.016 %. Priester

12744. **G. B. Shdanow,** Die kosmischen Strahlen. Moskau, Militärverlag, 1954. 36 S. mit Abb. Preis 55 Kop. (russ.)

12745. **G. B. Shdanow,** Die kosmischen Strahlen im Dienst der modernen Wissenschaft. Moskau, Verlag «Das Wissen», 1955. 32 S. mit Abb. Preis 60 Kop. (russ.).

12746. **J. A. Simpson, K. B. Fenton, J. Katzman, D. C. Rose,** Effective geomagnetic equator for cosmic radiation. Phys. Rev. (2) **102** 1648—1653, mit 7 Fig. — Durch Messung der Intensität der kosmischen Strahlung wird das geomagnetische Feld der Erde in großer Entfernung von der Erdoberfläche untersucht. Die Lage des effektiven Äquators wird bestimmt. Aus den Messungen folgt eine Verschiebung des geneigten magnetischen Dipols von etwa 40°—50° in westlicher Richtung ohne merkliche Änderung des Inklinationswinkels. Verf. führen diesen großen Effekt auf die Wechselwirkung des Dipolfeldes mit einem hochionisierten interplanetaren Medium zurück. Henn

12747. **K. Sitte,** The extragalactic density of cosmic radiation. Bull. Res. Coun. Israel (A) **6** 61—64. — Ref. in Phys. Abstracts (A) **60** 729.

12748. **C. J. Waddington,** Observations on the multiply charged particles of the cosmic radiation. Nuovo Cimento (10) **3** 930—955, mit 10 Fig.

12749. **W. R. Webber,** New determination of the intensities of the primary cosmic ray alpha particles and Li, Be, B nuclei at $\lambda = 41{,}^\circ5$ using a Čerenkov detector. Nuovo Cimento (10) **4** 1285—1306, mit 9 Fig. — Ref. in Phys. Abstracts (A) **60** 315.

12750. **S. N. Wernow, N. L. Grigorow,** Interaction of primary cosmic ray particles of different energies with the nuclei in the atmosphere. Nuovo Cimento Suppl. (10) **4** 879—889. — Ref. in Phys. Ber. **36** 1362—1363.

12751. **H. Yagoda,** Observations on stars and heavy primaries recorded in emulsions flown in Viking rocket Nr. 9. Canadian J. Phys. **34** 122—146, mit 14 Fig. — Ref. in Phys. Abstracts (A) **59** 231.

12752. **S. Yoshida,** Anisotropy of cosmic rays during cosmic-ray storms. Nuovo Cimento (10) **4** 1410—1432, mit 17 Fig. — Es werden verschiedene Phänomene der täglichen Schwankungen, insbesondere der mit magnetischen Stürmen verbundenen anomalen Schwankungen der kosmischen Strahlung untersucht. Ein wesentlicher Teil dieser Schwankungen wird als Folge der Anisotropie des kosmischen Partikelflusses gedeutet. Aus dem Studium der Energie- und Breitenabhängigkeit dieser anomalen Schwankungen kann Verf. schließen, daß die Anisotropie durch die Beschleunigung der kosmischen Strahlen in der solaren Strömung hervorgerufen wird. Cester

12753. Progress in Cosmic Ray Physics. Vol. III. Herausgegeben von J. G. Wilson. Amsterdam, North-Holland Publishing Co., 1956. 12 + 420 S. mit 81 Fig. und 16 Tafeln. Preis 38 hfl. — Besprechung in Z. Naturforschung **12a** 269—270 (G. Pfotzer), Phys. Blätter **13** 330—331 (L. Biermann).

12754. Die primäre kosmische Strahlung. Zusammensetzung, Intensitätsschwankungen und Probleme der Entstehung. Sammlung von Aufsätzen. Redaktion G. B. Shdanow, M. I. Fradkin. Übersetzung aus dem Englischen und Deutschen. Moskau, Verlag für ausländische Literatur, 1956. 304 S. mit Abb. Preis 18 R. 65 Kop. (russ.). — Besprechung in Priroda **45** Nr. 8 S. 121.

12755. Physik der kosmischen Strahlung. Moskau, Verlag für ausländische Literatur, 1956. 2. Band. 280 S. mit Abb. Preis 14 R. 30 Kop. (russ.). — Besprechung in Priroda **45** Nr. 12 S. 124—125.

12756. Die Intensitätsschwankungen der kosmischen Strahlung. Publ. Jakut. Abteilung Akad. Wiss. UdSSR (Phys.). Moskau, Verlag Akad. Wiss. UdSSR, 1955. 63 S. mit Abb. Preis 3 R. 20 Kop. (russ.). — Besprechung in Priroda **45** Nr. 8 S. 121.

* * Kosmische Strahlung in Zusammenhang mit der solaren Eruption vom 23. Februar 1956 siehe § **66**.

XIV. Geodäsie. Nautik

§ 130

Höhere Geodäsie, Kartographie, Allgemeines

13001. **L. Cichowicz,** O geodezyjnych pomiarach kraju. I, II. Urania Kraków **27** 161—168, 202—206, mit 4 Fig.

13002. **H. S. Jelstrup,** Litt om astronomien innenfor geodesi og kartografi, før og nå. Naturen 1955 Nr. 2 S. 34—49 = Inst. Teoret. Astrofys. Blindern-Oslo Småtrykk Nr. 12.

13003. **O. E. Kádner,** Astronomy helps geodesy. RH **37** 9—13, mit 2 Fig. (tschech.).

13004. **J. H. Meek,** A method for drawing the great-circle path between any two points on earth. J. Geophys. Res. **61** 445—448, mit 3 Fig.

13005. **B. Polák,** Podíl astronomie na tvorbě mapy. Prag, Verlag Naše vojsko, 1956. 113 S. mit 102 Fig. Preis Kčs. 9. — Besprechung in RH **37** 95, Vesmír **35** 174.

13006. **R. Roelofs,** Summary of the work effected by the study group No. 6. Critical study of certain methods of geodetic astronomy. Bull. géod. (NS) Nr. 39 S. 14—19.

13007. **G. Scheffers,** Wie findet und zeichnet man Gradnetze von Land- und Sternkarten ? Stuttgart, B. G. Teubners Verlagsgesellschaft mbH., 1956. 2. Auflage, verbessert und erweitert von K. Strubecker. 114 S. mit 30 Fig. und 12 Tafeln. Preis DM 4.90. — Besprechung in Math. Rev. 18 179 (B. Chovitz), Sternenbote **8** 28.

13008. **R. Sigl,** Vorschläge zur Neubeobachtung Laplacescher Punkte und zur Beobachtung astronomisch-geodätischer Lotabweichungen für Geoidprofile in der Bundesrepublik. Deutsche Geod. Kommission Bayer. Akad. Wiss. (B) Nr. 29, 13 S. mit 3 Anlagen. — Ref. in Ciel et Terre **72** 731, Geodézia és Kartográfia **9** 93.

13009. Jordan-Eggert-Kneissl, Handbuch der Vermessungskunde. 10., völlig neu bearbeitete und neu gegliederte Ausgabe. Band 5. Astronomische und physikalische Geodäsie (Erdmessung) von K. Ledersteger, 1. Lieferung S. 1—144. Stuttgart, J. B. Metzlersche Verlagsbuchhandlung, 1956. — Besprechung in Bull. géod. (NS) Nr. 42 S. 65, Österreichische Z. f. Vermessungswesen **44** 91—92.

§ 131

Erdfigur, Erdrotation, Schwerkraft, Massenverteilung

13101. **E. Andersen, T. Krarup, B. Svejgaard,** Geodetic Tables. International Ellipsoid. Geod. Inst. Kopenhagen Skrifter (3) **24,** 8 + 181 S.

13102. **K. Arnold,** Über das mittlere Erdellipsoid. Gerlands Beiträge zur Geophysik **65** 157—162, mit 1 Fig. — Ref. in Phys. Ber. **36** 419.

13103. **I. A. Balabuschewitsch, M. J. Seldina,** Lösung des direkten und umgekehrten Problems der Gravimetrie aus dem vertikalen Gradienten für störende Körper einfachster Form. I. Publ. Astr. Obs. Kiew Nr. 7 S. 65—92, mit 30 Abb. (russ.).

13104. **H. Beghin,** Les preuves de la rotation de la terre. Alençon, Impr. Poulet-Malassis, 1955. 23 S. Preis 115 Fr.

* * **L. Blitzer, M. Weisfeld, A. D. Wheelon,** Perturbations of a satellite's orbit due to the earth's oblateness. Vgl. Ref. **4203.**

13105. **W. M. Elsasser, H. Takeuchi,** Nonuniform rotation of the Earth and geomagnetic drift. Trans. American Geophys. Union **36** 584—590, 1955. — Ref. in Phys. Abstracts (A) **59** 1001, RJ 1957 Nr. 2 S. 25.

13106. **T. Gold,** Ojämnheter i jordens rotation. PAT **37** 20—28. — Populär gehaltene Beschreibung der Arbeiten von Revelle, Munk und Holmberg über die Bewegung der Rotationsachse der Erde im Erdkörper. Verf. behauptet, daß der Nordpol der Erde während der letzten 200—300 Millionen Jahre sich von einem Punkte im Stillen Ozean bis zur jetzigen Lage bewegt hat. Die Ursache sollen Veränderungen im Erdinnern sein. C. L. J.

13107. **S. Iijima, S. Okazaki,** Note on the seasonal change in the earth's rotation in 1952—54. Publ. Astr. Soc. Japan **8** 63—72, mit 6 Fig. = Tokyo Astr. Obs. Repr. Nr. 139. — Das Material der Zeitbestimmungen am Naval Observatory Washington 1952—1954 (PZT und Quarzuhren) wird einer genauen Analyse unterzogen. Es ergibt sich, daß die saisonalen Schwankungen der Erdrotation neben der Jahres- und Halbjahresperiode möglicherweise noch eine Komponente mit einer Periode von 1.2 Jahren enthalten. T. L.

13108. **H. Spencer Jones,** The secular increase in the length of the day. Proc. American Philos. Soc. **99** 195—199, 1955. — Ref. in RJ 1957 Nr. 3 S. 18.

13109. **K. Ledersteger,** Theoretischer Versuch einer exakten Lösung des gesamten Problemes der Erdfigur. Imprimerie Winterthur. 48 S. — Besprechung in Bull. géod. (NS) Nr. 43 S. 83 (C. F. Baeschlin).

13110. **K. Ledersteger,** Die geodätischen Bezugsflächen und ihre Ausmaße. Z. Vermessungswesen 1956 Nr. 2—3, 13 S. mit 3 Fig.

* * **M. Lorón,** Medida del tiempo. Vgl. Ref. **3114.**

13111. **I. W. Maximow,** Die «Polflut» im Ozean der Erde. DAN **108** 799—801 (russ.). — Zur Untersuchung der allgemeinen Gesetzmäßigkeiten der 14-monatlichen Welle der «Polflut» zog Verf. alle verfügbaren Beobachtungen über die Niveauschwankungen der Meeresspiegel heran, insgesamt 180 Siebenjahresreihen in 74 Häfen von 1922—1943. Danach stellt sich die Polflut als rotierende stehende Welle dar. Die Amplituden der Polflut sind größer als die theoretisch abgeleiteten. Die Polflut ist die Ursache für die Entstehung langperiodischer meridionaler Nutationsströmungen im Weltmeer. Loh.

13112. **N. N. Parijskij,** Die Ungleichmäßigkeit der Erdrotation. Moskau, Verlag Akad. Wiss. UdSSR, 1954. 48 S. (russ., engl.). — Vgl. AJB **55** Ref. **13112**.

13113. **N. N. Parijskij,** Remarks on the critical parallels of M. V. Stovas and the influence of solar activity on irregular variations of the earth's rotation. AJ UdSSR **33** 627—630, mit 1 Tafel (russ. mit engl. Ref.). — Verf. kritisiert die Arbeit von Stowass und Eigenson vom Lemberger Observatorium, welche für die irregulären Schwankungen der Erdrotation die Sonnenaktivität verantwortlich machen wollten. Es wird im einzelnen gezeigt, daß die Kurve der Rotationsschwankungen keinerlei Ähnlichkeit mit dem Verlauf der Sonnenfleckenrelativzahl erkennen läßt und daß außerdem die Variation der großräumigen Zirkulation in der Erdatmosphäre, die man zur Erklärung der Rotationsanomalien braucht, viel zu groß herauskäme. Oster

13114. **C. Popovici,** Determinarea deviaţiei relative a verticalei. Bul. Ştiinţific (mat. fiz.) 8 Nr. 1 S. 199—204 (mit russ. und französ. Ref.)

13115. **D. W. Sagrebin,** Die Theorie des regularisierten Geoids. Veröff. Geod. Inst. Potsdam Nr. 9, 129 S. mit 5 Fig. — Deutsche Übersetzung der in Publ. Inst. Theoret. Astr. Leningrad Nr. 1 S. 87—224, 1952 erschienenen Arbeit (Vgl. AJB **52** Ref. **13119**). — Ref. in Geodézia és Kartográfia **9** 94—95.

13116. **I. D. Shongolowitsch,** Les éphémérides approximatives du Soleil et de la Lune pour 1955—1960 et le nomogramme auxiliaire pour le calcul de l'influence luni-solaire sur la pesanteur. BIA **6** 312—345, mit 1 Tafel (russ. mit französ. Ref.). — Es wird ein spezielles Nomogramm zur Bestimmung des Einflusses von Mond und Sonne auf die Gravitationskraft auf der Erdoberfläche entworfen. Die Hilfstafeln sind beigefügt. Kopecký

13117. **I. D. Shongolowitsch,** Über die Bestimmung der Dimensionen des allgemeinen Erdellipsoids. Publ. Inst. Theoret. Astr. Leningrad Nr. 6 S. 3—66, mit 3 Abb. und 4 Tafeln (russ.).

13118. **G. Silva,** Irregolarità annua della rotazione terrestre ed errore sistematico delle ascensioni rette stellari. Mem SA It (NS) **27** 3—6 = Oss. Astr. Padova Pubbl. Nr. 106. — Aus Beobachtungen von Meridiandurchgängen der Sterne ergibt sich im Gang der Quarzuhren eine jährliche periodische Änderung. Sie wird einer Änderung der Rotationsgeschwindigkeit der Erde zugeschrieben. Nachdem die absoluten Rektaszensionen der Sterne auf Mittagsbeobachtungen der Sonne zurückgehen, könnte ein mit den Jahreszeiten wechselnder Fehler entstehen, der als systematischer Fehler in den benutzten Sternkatalog eingeht. Wenn die Zeitbestimmung immer um dieselbe mittlere Stunde gemacht würde, wäre es unmöglich, diesen Fehler festzustellen. Verf. zeigt daher ein Programm von Zeitbestimmungen, um die zwei Erscheinungen trennen zu können. Die günstige Bedingung dafür bieten zwei Zeitbestimmungen in einem Zeitabstand von 4—5 Stunden vor und nach Mitternacht. Cester

13119. **A. Stoyko,** Sur la rotation de la Terre. BSAF **70** 147—155, mit 3 Fig. — Die Abweichungen der Erdrotation von der Gleichförmigkeit (säkulare, unregelmäßige und saisonale Schwankungen) haben die neue Definition des Zeitmaßes notwendig gemacht. Zu den klassischen Beobachtungsmethoden ist die Mondkamera von Markowitz speziell zur Bestimmung der Ephemeridenzeit hinzugekommen. T. L.

13120. **A. Stoyko, N. Stoyko,** Les fluctuations périodiques de la rotation de la Terre pendant les années 1933—1940. Conclusions pour la période 1933—1954. Bull. Cl. Sci. Acad. roy. Belgique (5) **42** 693—702, mit 4 Fig. — Unter Verwertung der Ergebnisse aller Zeitdienstinstitute werden die Zeitschwankungen 1933—40 ausführlich diskutiert und zusammenfassend mit den früheren Ergebnissen des Zeitraums 1940—54 bearbeitet. Böh.

13121. **N. Stoyko,** Extrapolation de l'irrégularité saisonnière de la rotation de la Terre. Bull. hor (4) Nr. 10 S. 203—207. — Zur Reduktion der Beobachtungen des Internationalen Zeitdienstes werden die interpolierten Polschwankungen für 1956 Okt. 3—Dez. 12 sowie die nach derselben Formel wie für 1956 extrapolierten Korrektionen der Weltzeit wegen der saisonalen Schwankungen der Erdrotation für 1957 gegeben. T. L.

13122. **P. Tardi,** Résultats définitifs de la mesure d'un arc de méridien équatorial, effectuée de 1898 à 1906 par une mission française placée sous le contrôle de l'Académie des Sciences. CR **242** 612—615. — Aus den Ergebnissen der Messungen für einen etwa 6° überdeckenden Bogen in Mittelamerika wird für die mittlere Länge des 1°-Bogens am Äquator 110604.92 m angegeben (mittlerer Fehler etwa 2×10^{-5}). Vergleich mit dem Resultat einer Akademie-Expedition im 18. Jahrhundert. T. L.

13123. **J. M. Torroja,** Nuevos métodos astronómicos en el estudio de la figura de la Tierra. Publ. Sem. Astr. Geod. Univ. Madrid Nr. 33, 24 S. mit 4 Fig. — Übersicht über den Zusammenhang der an verschiedenen Orten beobachteten Kontaktzeiten von Sternbedeckungen und Sonnenfinsternissen mit der Erdfigur. Beschreibung der für geodätische Zwecke geeigneten Methoden ihrer Beobachtung unter eingehenderer Berücksichtigung der vom Verf. und seinen Mitarbeitern benutzten oder geplanten Verfahren der photopraphisch-photometrischen Finsternisregistrierung. Bedeutung der Sternbedeckungen für die Bestimmung der Mondparallaxe und des Erdradius. Übersicht über die bisherigen geodätischen Finsternisexpeditionen. Beschreibung der geplanten Beobachtungen mit der Mondkamera nach Markowitz. Gü.

13124. **P. Tortorici,** Sulle deviazioni angolari locali del geoide dall' ellissoide. Rend. Accad. Nazionale Lincei, Cl. Sci. fis., mat., nat. (8) **20** 777—782. — Ableitung der Gleichungen zur Deutung der lokalen Winkelabweichungen des Geoids vom Ellipsoid und Betrachtung besonderer Fälle. Cester

13125. **H. Wolf,** Das von L. Tanni bestimmte Geoid und die Frage der Elliptizität des Erdäquators. Deutsche Geod. Kommission Bayer. Akad. Wiss. (A) Veröff. Nr. 12, 29 S. mit 2 Abb. und 12 Anlagen = Mitt. Inst. Angew. Geodäsie Nr. 14. — Ref. in Geodézia és Kartográfia **9** 94. — Die Elliptizität des Erdäquators wird aus dem Geoid von Tanni hergeleitet und die Sicherheit des Ergebnisses ausführlich untersucht. Böh.

13126. **H. Wolf,** Versuch einer Geoidbestimmung im mittleren Europa aus astronomisch-geodätischen Lotabweichungen. Deutsche Geod. Kommission Bayer. Akad. Wiss. (A) Nr. 18, 31 S. und 32 Anlagen. — Um die unter der Leitung von Bomfort (England) stehenden internationalen Arbeiten zur Geoidbestimmung aus astronomisch-geodätischen Lotabweichungen mit einem auf das mittlere Europa sich beschränkenden Beitrag zu unterstützen, wurde im Institut für Angewandte Geodäsie, Frankfurt a. M. auf der Grundlage eines umfangreicheren Beobachtungsmateriales, als es in einer ähnlichen Arbeit des Verf. 1948 zur Verfügung stand, ein Versuch zur Geoidbestimmung vorgenommen. Zur Sicherung des Ergebnisses wurden auch einige anderweit astronomisch-geodätisch bestimmte Geoidstücke mitverwendet und schließlich eine Erweiterung des Gebietes nach Norden und Süden vorgenommen. Verf.

13127. Handbuch der Physik. Band **47**: Geophysik I. Herausgegeben von J. Bartels. Berlin, Göttingen, Heidelberg, Springer-Verlag, 1956. 8 + 659 S.

mit 289 Fig. Preis DM 118. — Enthält unter anderen folgende Beiträge: H. Spencer Jones, The rotation of the Earth, S. 1—23; K. Jung, Figur der Erde, S. 534—639. — Besprechung in Ann. Géophys. **12** 232, 236—237, Math. Rev. **18** 264—265 (B. Chovitz).

13128. Smaller earth. Sky and Telescope **15** 541. — Ref. in Coelum **25** 58, NAT 1956 S. 141.

13129. Zmiany długości dnia. Urania Kraków **27** 216.

§ 132

Geodätische Koordinaten, Polschwankung

* * Weitere geographische Koordinaten siehe § **12**.

* * **D. A. Andrijenko,** Bestimmung der Breite des Astronomischen Observatoriums Kiew. Vgl. Ref. **1230**.

13201. **L. Bataille,** Azimut des astres par l'heure pour tous les astres, par toutes les latitudes et à tous les instants, coefficient Pagel, nom d'un astre observé, navigation orthodromique et autres problèmes de navigation. Paris, Ed. maritimes et colon., 1955. Neue Auflage. 10 + 13 S. mit Abb.

13202. **L. B. Capon,** Latitude, longitude and azimuth. Austral. Surveyor **16** 37—39. —Ref. in RJ 1957 Nr. 4 S. 22.

13203. **L. Cichowicz,** Badania obserwacyjne dotyczące dwóch nowych metod łącznego wyznaczania współrzędnych geograficznych i azymutu. Postępy Astr. **4** 142—143. — Ref. Poln. Astr. Ges.

* * **S. W. Drosdow,** Bestimmung genauer Deklinationen und Breitenschwankungen mit Hilfe des Zenitteleskops nach dem Zenitprogramm. Vgl. Ref. **3106**.

13204. **G. Eiby,** Longitude. Southern Stars **17** 24—31. — Vortrag vor der Wanganui Astr. Soc. über Längenbestimmung.

13205. **J. E. Ferenza,** La determinacion de la latitud y corrección del reloj por el metodo de Gauß y los problemas que plantea la observacion. Publ. Fac. Ci. fisicomat. Univ. Nac. Eva Peron Nr. 209, 26 S., 1954. — Ref. in RJ 1957 Nr. 7 S. 24—25.

13206. **E. Fichera,** Sull'equazione del moto del polo istantaneo di rotazione rispetto al polo medio, in funzione delle coordinate del polo d'inerzia. Rend. Accad. Sci. Fis. Mat. Soc. Nazionale Sci. Lettere Arti Napoli (4) **23**, 16 S. = Oss. Astr. Capodimonte-Napoli Contr. Astr. (2) **4** Nr. 18.

13207. **A. E. Filippow,** The motion of the earth's mean pole. AJ UdSSR **33** 414—422, mit 3 Fig. (russ. mit engl. Ref.). — Nach längerer Diskussion fremder und eigener Untersuchungen kommt Verf. zu dem Schluß, daß die Bestimmung von Polhöhenschwankungen aus Beobachtungen nur dreier Stationen durch örtliche, nichtpolare Breitenänderungen unbekannter Ursache verfälscht wird. Es wird vorgeschlagen, nach A. Orlow zwischen periodischer und säkularer Änderung der Pollage zu unterscheiden. Die säkulare Wanderung des Nordpols wird auf 0ʺ004 pro Jahr in Richtung auf den amerikanischen Kontinent geschätzt.
Petri

13208. **A. E. Filippow,** Vergleich der Pulkowoer und Johannesburger Breitenbeobachtungen. Publ. Gravimetr. Obs. Poltawa **6**, 200 S. mit 7 Abb. (russ.). — Inhalt: Einleitung, S. 3—14; Über die Natur der nichtpolaren Breitenschwankungen jährlicher Periode, S. 15—124; Die Johannesburger Breitenbeobachtungen, S. 125—158; Die Breitenbeobachtungen in Pulkowo vom 5. April 1910 bis 2. März 1913, S. 159—182; Vergleich der Pulkowoer und Johannesburger Breitenbeobachtungen, S. 183—191; Schluß, S. 192—193; Literatur, S. 194—199. Loh.

* * **F. P. Gontscharow,** Die Berechnung der Azimute des Polarsterns in Laplaceschen Punkten. Vgl. Ref. **3110**.

13209. **T. Hattori,** On the prediction of latitude variation. Publ. Latitude Obs. Mizusawa **2** 113—130, mit 6 Fig. — Eine Extrapolation der Polbewegung ist nur für einen kurzen Zeitraum möglich. Weder dadurch, daß man bei der Analyse des Materials zeitlich weiter zurückgeht, noch durch Vermehrung der Anzahl der Glieder in der Extrapolationsformel läßt sich eine Genauigkeitssteigerung erzielen. Man kann sich vielmehr auf die jährliche Periode und die Chandlersche mit veränderlicher Amplitude beschränken. Unmittelbar nach dem Auftreten plötzlicher Unregelmäßigkeiten in der Polbewegung wie im Jahre 1954 sind die extrapolierten Werte besonders unsicher. T. L.

13210. **H. Jeffreys,** The damping of the variation of latitude. MN **116** 362—364. — Verf. stimmt der Kritik seiner Abschätzung der Viskosität des Erdkerns aus der Dämpfung der 14-monatigen Periode der Breitenschwankungen durch Bondi und Gold (vgl. AJB **55** Ref. **3101**) zu, weist jedoch darauf hin, daß die Ursache dieses Phänomens damit noch nicht eindeutig geklärt sei. T. L.

13211. **H. Jeffreys, R. O. Vicente,** The theory of nutation and the variation of latitude. Obs **76** 213—215. — Ref. RAS.

13212. **E. Kejlsø,** Re-calculations of older determinations of latitude. Geod. Inst. København Medd. Nr. 30, 14 S. — Die Breitenbestimmungen im Rahmen der Dänischen Gradmessung 1890—1905 (Den Danske Gradmaaling. Ny Række, Hefte Nr. 5—7) werden unter Zugrundelegung der Deklinationen des GC neu bearbeitet. Böh.

13213. **F. Kępiński,** O wyznaczaniu azymutu i szerokości geograficznej w pobliżu elongacyj. Zesz. nauk. Politechn. Warsz. 1956 Nr. 20 S. 2—11. — Ref. in RJ 1957 Nr. 5 S. 30.

13214. **F. Kępiński,** O doborze gwiazd, które w pobliżu górowania znajdują się wraz z Biegunową na tym samym almukantaracie, i tworzeniu par gwiazd do metod wyznaczania szerokości. Zesz. nauk. Politechn. Warsz. 1956 Nr. 20 S. 13—16. — Ref. in RJ 1957 Nr. 5 S. 30.

13215. **W. H. Munk,** Polar wandering: a marathon of errors. Nature **177** 551—554. — Verf. gibt eine Darstellung der verschiedenen Theorien, die zum Problem der Polbewegung bisher entwickelt wurden. Henn

13216. **V. Nadolschi, L. Nadolschi,** O nouă metodă de determinare a latitudinii geografice. An. ştiinţ. Univ. Iasi. Sec. I **1** 177—184, 1955 (mit russ. und franz. Ref.). — Ref. in RJ 1957 Nr. 5 S. 29—30.

13217. **L. Randić,** Odabiranje zvijezda za programe opažanja u praktičnoj astronomiji. Geod. list. **9** 331—342, 1955 (kroat.). — Ref. in RJ 1957 Nr. 5 S. 29.

13218. **R. Roelofs,** Latitude, longitude and azimuth. Austral. Surveyor **16** 28—36. — Ref. in RJ 1957 Nr. 4 S. 22.

13219. **N. Sekiguchi,** On the reality of the secular motion of the earth's pole. Publ. Astr. Soc. Japan **8** 13—17, mit 2 Fig. = Tokyo Astr. Obs. Repr. Nr. 136. — Neureduktion einer früheren Arbeit des Verf. (Publ. Astr. Soc. Japan **5** 109, vgl. AJB **54** Ref. **13239**), die für den Zeitraum 1926—32 die gefundene Säkularbewegung des Pols bestätigt. Böh.

13220. **B. Ševarlić, G. Teleki, V. Milovanović,** Observations à la lunette zénithale (de 110 mm) du Service de Latitude l'Observatoire. Bull. Obs. Beograd **20** Nr. 1—2 S. 7, Nr. 3—4 S. 4.

13221. **N. G. Sokolowa,** Die Kurve der Breitenänderung des Astronomischen Engelhardt-Observatoriums im Zeitraum 1949.7—1950.7. Abh. Uljanow-Lenin-Staatsuniv. Kasan **116** Nr. 1 S. 74—76, mit 1 Abb. (russ.) = Publ. Städt. Astr. Obs. Staatsuniv. Kasan Nr. 32 S. 74—76. — Ref. in RJ 1956 Astr. Nr. 12 S. 14.

13222. **A. Stoyko,** Sur la détermination des coordonnées du pôle d'après les services horaires. CR **242** 2298—2300, mit 2 Fig. — Die Ergebnisse der Zeitdienststationen werden nach den Angaben des Internationalen Breitendienstes wegen des Einflusses der Polschwankungen korrigiert. Man kann jedoch auch umgekehrt aus den vom Bureau Int. de l'Heure errechneten Längenkorrektionen die Polschwankungen ableiten; die auf diese Weise nach Abzug der periodischen Katalogfehler erhaltenen Polkoordinaten für 1940 bis 1955 stimmen sehr gut mit denen des Internationalen Breitendienstes überein. T. L.

13223. **S. Takagi,** Longitude determination of the International Latitude Observatory of Mizusawa. Publ. Latitude Obs. Mizusawa **2** 143—317, mit 3 Fig. — Für die 1953 begonnenen fortlaufenden Beobachtungen mit einem Durchgangsinstrument Bamberg zu Längenbestimmungen werden hier als Teil I die Liste der Sterne des Programms sowie der Katalog der Einzelbeobachtungen und der Zeitsignalaufnahmen 1953 und 1954 gegeben. T. L.

13224. **A. Tárczy-Hornoch,** Determination of azimuth and latitude from observation of a single unknown star by a new method. Empire Survey Rev. **13** 212—219. — Ref. in RJ 1957 Nr. 7 S. 24.

13225. **G. J. Thornton-Smith,** Latitude, longitude and azimuth. Austral. Surveyor **16** 91—99. — Ref. in RJ 1957 Nr. 4 S. 22—23.

13226. **N. A. Tschudowitschewa,** Beobachtungen über die Breitenveränderlichkeit des Astronomischen Engelhardt-Observatoriums von 1952 bis 1954. Abh. Lenin-Staatsuniv. Kasan **116** Nr. 6 S. 32—51, mit 1 Abb. (russ.) = Bull. Astr. Engelhardt-Obs. Kasan Nr. 32 S. 32—51.

13227. **P. E. Wylie,** Latitude by an altitude of Polaris. Navigation **5** 154. — Ref. in RJ 1957 Nr. 6 S. 26.

13228. Table 902, publiée avec le concours du service hydrographique de la marine. II. Azimuts des étoiles de déclinaison supérieure à 30° entre les parallèles de 70° Sud à 70° Nord de 20 minutes de temps. Paris, Ed. maritimes et colon., 1955. 12 + 221 S. Preis 3000 Fr.

13229. Polbewegung. AC Nr. 174 S. 23 (russ.) = NAZ **10** 25—26 = UAI Circ 1567. — 1955.00—1956.72.

13230. Über die Aufgaben und das Beobachtungsprogramm des Internationalen Breitendienstes. Artikel und Vorschläge sowjetischer Astronomen. Moskau, Verlag Akad. Wiss. UdSSR, 1954. 107 S. (russ., französ.).

§ 133

Navigation

13301. **K. G. Baschtannik,** Nautische Astronomie. Moskau, «Seetransport», 1956. 319 S. mit Abb. Preis 9 R. 10 Kop. (russ.).

13302. **J. B. Breed,** Navigation without Numbers. London, Faber & Faber, 1956. 116 S. mit 40 Fig. Preis 21 s. — Besprechung in J. Navigation **9** 476—477 (F. Chichester).

13303. **Chiraiwa,** Über die Untersuchung systematischer Fehler bei der Messung horizontaler Winkel mit dem Sextanten. J. Naut. Soc. Japan 1956 Nr. 14 S. 47—54 (japan. mit engl. Ref.). — Ref. in RJ 1957 Nr. 4 S. 23—24.

13304. **W. Dekema,** Latitude by maximum altitude. Nautical Mag. **171** 186—187, 1954. — Ref. in RJ 1957 Nr. 1 S. 25.

13305. **J. B. Parker,** Acceleration errors in astro-navigation. J. Inst. Navigation **9** 17—19. — Bemerkungen über die systematischen und zufälligen Fehler, die bei der astronomischen Navigation in sehr rasch fliegenden Flugzeugen auftreten. T. L.

13306. **L. Randić,** A device to determine position rapidly without calculation. J. Inst. Navigation **9** 11—16, mit 4 Fig. = Astr. Inst. Zagreb Univ. Commun. Nr. 3.

13307. **D. H. Sadler,** The place of astronomy in navigation. J. Inst. Navigation **9** 1—10, mit 1 Fig. und 4 Tafeln. — In einem Überblick über den Entwicklungsstand der astronomischen Navigation werden zwei neue Instrumente besonders erwähnt: 1.) Der Pfund-Himmelskompaß, mit dem die Polarisation des Himmelsstreulichts gemessen und damit auch bei bedecktem Himmel die Richtung zur Sonne bestimmt werden kann. 2.) Der noch im Erprobungsstadium befindliche Radiosextant, der ebenfalls eine wetterunabhängige astronomische Ortsbestimmung gestatten würde. T. L.

13308. **D. H. Sadler,** Spheroidal sailing and the middle latitude. J. Inst. Navigation **9** 371—377, mit 2 Fig.

13309. **S. K. Singh,** Applications of the vertex of a great circle. J. Univ. Bombay **24** Nr. 3 S. A19—A22, 1955. — Ref. in RJ 1957 Nr. 2 S. 28.

13310. **W. M. Smart,** S-diagrams for solving problems in astronomical navigation. J. Inst. Navigation **9** 354—357, mit 1 Fig. = Glasgow Univ. Obs. Repr. Nr. 47. — Die von Schütte stammende Methode der S-Diagramme zur Lösung nautischer Aufgaben (J. Inst. Navigation 8 310, vgl. **55** Ref. **13321**) wird ganz ausführlich dargelegt und hierbei die in Schüttes Arbeit vorhandene Unklarheit über den Begriff Azimut beseitigt. Böh.

13311. **Tarumi,** Untersuchung der Grenzen der Anwendung von CH_2 Tafeln. J. Naut. Soc. Japan 1956 Nr. 14 S. 25—30 (japan. mit engl. Ref.). — Ref. in RJ 1957 Nr. 4 S. 23.

13312. **G. J. Thornton-Smith,** The straight position line. Empire Survey Rev. **13** Nr. 100 S. 269—272. — Ref. in RJ 1957 Nr. 5 S. 30.

13313. Lecky's Wrinkles in Practical Navigation. Herausgegeben von G. Cobb. George Philip & Son, 1956. 37 + 490 S. mit 131 Fig. Preis **3 £ 3** s. — Besprechung in J. Inst. Navigation **10** 107—109 (S. M. Burton).

13314. Great circle sailing by right-angled spherical. Nautical Mag. **175** 89—90. — Ref. in RJ 1957 Nr. 4 S. 24.

13315. Astronavigation in the air. Sky and Telescope **15** 151, 158.

§ 134

Astronautik, Raketen

13401. **W. A. Baum,** A fundamental cosmological experiment for the artificial satellite. Publ ASP **68** 118—120. — Ref. in AJ **61** 171 (Ref. AAS). — Für eine Entscheidung zwischen verschiedenen kosmologischen Modellen kann die

Messung des Anteils des integrierten Lichts aus dem extragalaktischen Raum im gesamten integrierten Nachthimmellicht dienen. Der sonst weit überwiegende atmosphärische Beitrag soll ausgeschaltet werden durch Messung außerhalb der Atmosphäre. Ein einfaches kleines Instrument für die Messungen wird beschrieben und der vermutlich zu erwartende extragalaktische Anteil an der Helligkeit pro Quadratgrad abgeschätzt. O. G.

13402. **W. von Braun,** Ein Beitrag zur Erforschung des Mars. Weltraumfahrt 1956 S. 97—101.

13403. **J. W. Burgeson,** A problem in free space dynamics. American J. Phys. **24** 288.

13404. **E. Burgess,** Frontier to Space. Vgl. AJB **55** Ref. **13406**. — Weitere Besprechung in Astronaut. Acta **2** 54 (F. Hecht), Nature **177** 202 (D. R. Bates).

13405. **E. Burgess,** An Introduction to Rockets and Spaceflight. London, Hodder and Stoughton, 1956. 96 S. mit Abb. Preis 12 s. 6 d. — Besprechung in Spaceflight **1** 88 (P. W. Stone).

13406. **E. Burgess,** Raketen in der Ionosphärenforschung. Garmisch-Partenkirchen, Deutsche Radar-Verlagsgesellschaft mbH., 1956. 192 S. mit 112 Fig. und 32 Tafeln. Preis DM 22. — Besprechung in Sternenbote **7** 83.

13407. **M. Caidin,** Rockets beyond the Earth. London, Arco, 1955. 319 S. mit Abb. Preis 18 s.

13408. **A. C. Clarke,** Vor dem Start in den Weltraum. Berlin, Gebr. Weiss-Verlag, 1955. 84 S. mit zahlreichen Fig. und 10 Tafeln. Preis DM 5.90.—Besprechung in Sternenbote **8** 22—23.

13409. **P. E. Cleator,** Aufbruch in den Weltraum. Vgl. AJB **55** Ref. **13410**. — Weitere Besprechung in Sternenbote **7** 111.

* * **H. Dingle, W. H. McCrea,** Relativity and space travel. Vgl. Ref. **4114**, **4115**.

13410. **T. B. Dufur,** A quicker method for the conquest of space. II. J. Space Flight **8** Nr. 3 S. 1—6. — Ref. in RJ 1957 Nr. 3 S. 12.

13411. **K. Durbin,** A new design for the space station. J. Space Flight **7** Nr. 1 S. 1—6, 1955. — Ref. in RJ 1957 Nr. 3 S. 12.

* * **H. D. Edwards, A. Goddard jr., M. Juza, T. Maher, F. Speck,** Balloon-borne system for tracking the sun. Vgl. Ref. **2208**.

13412. **K. A. Ehricke,** Ascent of orbital vehicles. American Rocket Soc. Paper Nr. 146 S. 1—25, 1954. — Ref. in RJ 1957 Nr. 6 S. 18.

13413. **R. Fisher, W. H. McCrea,** Space travel and ageing. Discovery **18** Nr. 2, 3 S. mit 1 Fig.

13414. **B. D. Fried, J. M. Richardson,** Optimum rocket trajectories. J. appl. Phys. **27** 955—961, mit 4 Fig. — Ref. in Math. Rev. **18** 524, Phys. Ber. **36** 1303.

13415. **J. Gadomski,** Astronautyka na pierwszym etapie. Rakieta V-2. Urania Kraków **27** 37—43, mit 5 Fig.

13416. **J. Gadomski,** Wyniki sondaży rakietowych. Urania Kraków **27** 67—71, mit 2 Fig. und 1 Tafel.

13417. **H. Gartmann,** The Men Behind the Space Rockets. Weidenfeld & Nicolson, 1955. 182 S. Preis 18 s. — Besprechung in Spaceflight **1** 154 (P. E. Cleator).

13418. **A. T. Gaul,** Complete Book of Space Travel. World Publ., 1956 159 S. Preis $ 4.95.

13419. **H. Haber,** Menschen, Raketen, Planeten. Vgl. AJB **55** Ref. **13420.** — Weitere Besprechung in Weltraumfahrt 1956 S. 60 (H. Gartmann).

13420. **J. Humphries,** Rockets and Guided Missiles. New York, The Macmillan Co., 1956. 229 S. Preis $ 6.00. — Besprechung in Science **124** 279 (S. F. Singer), Sky and Telescope **15** 364, **16** 229 (F. I. Ordway III).

13421. **D. Jarząbek,** Loty kosmiczne. Warszawa, «Wiedza Powszechna», 1956. 311 S. Preis 13.80 zł.

13422. **H. B. Ketchum,** Navigational problems in space flight. IV. The aspects of atmospheric friction. The earth's atmosphere. J. Space Flight and Rocket News Letter **6** Nr. 6 S. 1—8. — Ref. in RJ 1957 Nr. 7 S. 15.

13423. **J. M. J. Kooy,** Space travel and future research into the structure of the universe. J. British Interplanetary Soc. **15** 248—259. — Verf. gibt einen Überblick über die aus der Relativitätstheorie folgenden kosmologischen Theorien und die Möglichkeiten, aus astronomischen Beobachtungen zu entscheiden, welches kosmologische Bild im Universum verwirklicht ist. Für solche Beobachtungen hält Verf. eine astronomische Weltraumstation für unerläßlich, weil auf ihr der Einfluß der Erdatmosphäre wegfällt und wegen des Fehlens der Schwerkraft größere Fernrohre benutzt werden könnten. Böh.

* * **H. G. L. Krause,** Relativistische Raketenmechanik. Vgl. Ref. **4150.**

13424. **D. F. Lawden,** Transfer between circular orbits. J. American Rocket Soc. **26** 555—558. — Ref. in Phys. Ber. **36** 1302, RJ 1957 Nr. 6 S. 18.

13425. **B. M. Ljapunow,** Die Entdeckung der Welt. Wissenschaftlich-künstlerische Abrisse über die Perspektiven interplanetarer Reisen. Verlag «Die junge Garde», 1954. 160 S. mit Abb. Preis 5 R. 75 Kop. (russ.).

13426. **L. Mallan,** Secrets of Space Flight. Fawcett Publications Inc. 144 S. mit zahlreichen Fig. — Besprechung in Spaceflight **1** 154 (S. W. Greenwood).

13427. **L. Mallan,** Men, Rockets and Space. Cassell and Comp. Ltd., 1956. 298 S. Preis 18 s. — Besprechung in Spaceflight **1** 121 (P. E. Cleator).

13428. **R. Marsten,** Rocket to Luna. Winston, 1953; Hutchinson, 1954. 211 S. Preis 7 s. 6 d.

13429. **R. E. McDaniel,** The use of rockets for cosmic ray research. American Rocket Soc. Paper Nr. 138 S. 1—5, 1954. — Ref. in RJ 1957 Nr. 1 S. 14.

13430. **H. Mielke,** Der Weg ins All. Berlin, Verlag Neues Leben, 1956. 235 S. mit 67 Fig. und 52 Tafeln. Preis ca. 10. — DM. — Besprechung in Vereinigung der Sternfreunde Nachrichtenblatt **6** 25—26 (E. Mädlow).

13431. **W. N. Neat,** Flight into space. Spaceflight **1** 4—6.

13432. **H. Oberth,** Ljudi u Svemiru. Aus dem Deutschen übersetzt von T. Lukin. Zagreb, 1956. 285 S. mit 62 Abb. Preis Din. 560. — Besprechung in Astr. Bote Zagreb Nr. 8 S. 13—14.

13433. **L. Perek,** Interplanetare Flüge. Věda a život 1956 S. 51—56, mit 8 Fig. (tschech.).

13434. **A. Pérez Vizcaíno,** ¿ Nos visitan astronautas ? El Universo Nr. 34 S. 15—20.

13435. **W. Peschka,** Über die Überbrückung interstellarer Entfernungen. Astronaut. Acta **2** 191—200, mit 5 Abb. — Es wird gezeigt, daß Entfernungen bis zu 25 Lichtjahren durch Photonenraketen einst erreichbar sein werden, wobei auch die Rückkehr gesichert ist. Verf. (gekürzt)

13436. **D. C. Romick,** A suggested organization of space flight sciences. Astronaut. Acta **1** 199—208, 1955. — Ref. in RJ 1957 Nr. 1 S. 12.

13437. **I. Shechtman,** Racheta electrică cu energie nucleară, ca navă de comunicaţie între orbite circulare. Studii şi cercetări fiz. **7** 117—144 (mit russ. und engl. Ref.). — Ref. in RJ 1957 Nr. 3 S. 11—12.

13438. **R. Siemerling,** Rakettekniken i astronomins tjänst. PAT **37** 38—45, mit 9 Fig. — Diese populär gehaltene Abhandlung gibt eine Übersicht über die Gesetze, die für die Anwendung von Raketen gelten. Zuletzt gibt Verf. eine Übersicht über die bereits erhaltenen Resultate sowie die aktuellen Forschungsprojekte. C. L. J.

13439. **K. R. Stehling,** Earth scanning techniques for a small orbital rocket vehicle. American Rocket Soc. Paper Nr. 97, 14 S., 1953.

13440. **A. A. Sternfeld,** Interplanetare Flüge. Moskau, Techn. Staatsverlag, 1956. 2. Auflage. 48 S. mit Abb. Preis 75 Kop. (russ.). — Vgl. AJB **55** Ref. **13446**. — Besprechung in RJ 1957 Nr. 6 S. 20.

13441. **G. V. E. Thompson,** Putovanje u svemir. Sarajevo, «Veselin Maslesă», 1955. 214 S. mit Abb.

13442. **G. V. E. Thompson,** A famous russian encyclopaedia on astronautics. III. J. British Interplanetary Soc. **15** 82—90.

13443. **G. Toraldo di Francia,** Sulla gittata massima di un missile. Rend. Accad. Nazionale Lincei, Cl. Sci. fis., mat., nat. (8) **21** 404—407. — Verf. erweitert einen Satz von Fried und Richardson (vgl. Ref. **13414**) über die maximale Reichweite einer Rakete bei Berücksichtigung eines widerstehenden Mittels. Böh.

13444. **J. G. Vaeth,** 200 Miles Up. The Conquest of the Upper Air. New York, The Ronald Press Co., 1956. 2. Auflage. 13 + 261 S. mit 77 Fig. Preis $ 5.00. — Besprechung in Astronaut. Acta **2** 218 (S. F. Singer), Nature **177** 862 (G. R. Noakes).

13445. **M. Vertregt,** Orientation in space. J. British Interplanetary Soc. **15** 324—338, mit 8 Fig. — Ortsbestimmung eines Raumschiffes mit Hilfe astronomischer Beobachtungen.

13446. Rocket Exploration of the Upper Atmosphere. Vgl. AJB **54** Ref. **13446**. — Weitere Besprechung in La Nature **84** 117, Scientia **91** 289—290 (C. Morelli).

13447. Weltraumflug. Sonderheft der Zeitschrift «Wissenschaft und Fortschritt». Berlin, Verlag Junge Welt, 1956. 45 S. mit zahlreichen Fig. Preis DM 1.50. — Besprechung in Vereinigung der Sternfreunde Nachrichtenblatt **6** 26 (E. Mädlow).

13448. Proposal for a manned space station. J. British Interplanetary Soc. **15** 213.

13449. Ultraviolet observations from rockets. Sky and Telescope **16** 56—57. — Ref. AAS.

13450. Rakieta «Atlas». Urania Kraków **27** 146.

13451. Rakietowy tor doświadczalny. Urania Kraków **27** 147.

13452. Mikrorakete. Vasiona **4** 13. — Notiz über die Verwendung von Mikroraketen am Institut für Technologie (Massachusetts). Milošević

13453. Kann der Mensch während seines Lebens die Sterne erreichen? Vasiona **4** 65 (serb.).

Künstliche Erdsatelliten

13454. **J. A. van Allen,** The scientific value of the earth satellite program. Proc. Inst. Radio Engineers **44** 764—767, 823. — Ref. in RJ 1957 Nr. 7 S. 15.

13455. **L. Blitzer,** Effect of the earth's oblateness on the period of a satellite. Bull. American Phys. Soc. **1** 377.

* * **L. Blitzer, M. Weisfeld, A. D. Wheelon,** Perturbations of a satellite's orbit due to the earth's oblateness. Vgl. Ref. **4203**.

13456. **W. Büdeler,** Projekt Vorhut. Künstliche Monde am Firmament. Stuttgart, Union Deutsche Verlagsgesellschaft, 1956. 140 S. mit 31 Fig. Preis DM 7.80. — Besprechung in VdS-Nachrichtenblatt **6** 16 (R. Sommer).

13457. **E. Burgess,** High altitude research. J. British Interplanetary Soc. **15** 261—280, mit 16 Fig. — Die Voraussetzung für den Start von künstlichen Satelliten ist eine gründliche Erforschung der oberen Atmosphäre. Die hierzu in den USA durchgeführten Versuche werden beschrieben. T. L.

13458. **M. Caidin,** Satelliti artificiali. Milano, Ed. libr. ital., 1955. 327 S. mit Abb. Preis 1500 Lire. — Übersetzung aus dem Englischen.

13459. **H. E. Canney, F. I. Ordway III,** The uses of artificial satellite vehicles. I. Astronaut. Acta **2** 147—174. — Im vorliegenden ersten Teil der Arbeit werden unter anderem die astronomischen und astrophysikalischen Vorteile eines künstlichen Erdsatelliten betrachtet. Verf. (gekürzt)

13460. **A. Couder,** Satellites artificiels. BSAF **70** 357—363, mit 1 Fig.

13461. **K. A. Ehricke,** The satelloid. Astronaut. Acta **2** 63—100, mit 21 Fig. — Ref. in RJ 1957 Nr. 8 S. 13.

13462. **K. W. Gatland,** The Vanguard project. Spaceflight **1** 15—28, mit 11 Fig.

13463. **H. Haber,** Space satellites tools of earth research. Nat. Geogr. Mag. **109** 486—509. — Ref. in RJ 1957 Nr. 3 S. 10—11.

13464. **J. P. Hagen,** The exploration of outer space with an earth satellite. Proc. Inst. Radio Engineers **44** 744—747, 821. — Ref. in RJ 1957 Nr. 7 S. 15.

13465. **L. Hansen,** De kunstige måner. NAT 1956 S. 113—120, mit 2 Fig.

13466. **M. Hegedušić,** Mogućnost postojanja umjetnog satelita. Naučna Misao Nr. 5—6 S. 153—159.

13467. **W. L. Hinsburg,** Application of artificial satellites for testing general relativity. J. Experim. Theor. Phys. **30** 213—214 (russ.). — Ref. in Phys. Abstracts (A) **59** 689.

* * **W. L. Hinsburg,** Experimentelle Prüfung der allgemeinen Relativitätstheorie und künstliche Erdsatelliten. Vgl. Ref. **4139**.

13468. **J. Jensen,** Satellite ascent guidance requirements. J. Astronautics **3** 1—3, 14, mit 10 Fig. — Verf. untersucht die Forderungen, die an die Führung eines künstlichen Erdsatelliten zu stellen sind, um ihn in eine vorher festgelegte Bahn überzuführen. Böh.

13469. **H. B. Ketchum,** The orbit lifetimes of the two new earth satellites. III. Further analytical considerations. J. Space Flight **7** Nr. 7 S. 1—7, 1955. — Ref. in RJ 1957 Nr. 7 S. 14.

13470. **H. B. Ketchum,** Orbit lifetimes of U. S. artificial satellites. J. Space Flight **7** Nr. 8 S. 1—5, 1955. — Ref. in RJ 1957 Nr. 6 S. 16.

13471. **H. C. King,** The visibility of earth satellite. Optician **131** 177. — Ref. in RJ 1957 Nr. 4 S. 14.

13472. **D. G. King-Hele,** The descent of an earth-satellite through the upper atmosphere. J. British Interplanetary Soc. **15** 314—323, mit 5 Fig. — Verf. untersucht unter vereinfachenden Annahmen die Bahn eines künstlichen Erdsatelliten, der von außen in die oberen Schichten der Erdatmosphäre eindringt. Böh.

13473. **B. Lehnert,** Electrodynamic effects connected with the motion of a satellite of the Earth. Tellus **8** 408—409.

13474. **G. H. Ludwig, J. A. van Allen,** Instrumentation for a cosmic ray experiment for the minimal earth satellite. J. Astronautics **3** 59—60, 80, mit 4 Fig.

13475. **A. Marks,** Sztuczny satelita Ziemi. Urania Kraków **27** 102—104, 176—179, mit 2 Fig.

13476. **G. Montefinale,** Sul satellite artificiale per ricerche geofisiche ed astrofisiche. Riv. marittima **90** Nr. 7 S. 43—60. — Ref. in RJ 1957 Nr. 7 S. 14—15.

13477. **D. C. Morton,** The artificial satellite. J RAS Canada **50** 36—37.

13478. **A. Obuljen,** Der künstliche Erdsatellit. Vasiona **4** 77—79, mit 5 Abb. (serb.). — Allgemeinverständliche Betrachtungen über Bahn und Geschwindigkeit eines zukünftigen künstlichen Satelliten. Loh.

13479. **O. Obůrka,** Research programme of the earth's artificial satellites. RH **37** 25—30, mit 2 Fig. (tschech.).

13480. **O. Obůrka,** Künstliche Erdmonde und Weltraumflug. Vesmír **35** 108—111, mit 3 Fig. (tschech.).

13481. **N. V. Petersen,** Earth satellites. Some characteristics and problems. Sperry Engineering Rev. **9** Nr. 2 S. 3—11, mit 14 Fig. — Beschreibung der mit dem Abschuß und der Flugüberwachung künstlicher Erdsatelliten verknüpften Probleme und Aufzählung von mit ihnen lösbaren Aufgaben. Böh.

13482. **J. G. Porter,** M. O. U. S. E. J. Inst. Navigation **9** 335—337. — Referat über den von Singer projektierten künstlichen Erdsatelliten MOUSE.

13483. **R. W. Porter,** Das amerikanische Erdsatellitenprogramm. Weltraumfahrt 1956 S. 33—36, mit 2 Abb.

13484. **W. Proell,** Problems of space debris with the satellite station. J. Space Flight **7** Nr. 10 S. 1—4, 1955. — Ref. in RJ 1957 Nr. 3 S. 9.

13485. **M. W. Rosen,** Placing the satellite in its orbit. J. Astronautics **3** 61—64, 82, mit 8 Fig.; Proc. Inst. Radio Engineers **44** 748—751, 822. — Technische Daten über den künstlichen Erdsatelliten «Vanguard» und Beschreibung der technischen Vorgänge bis zum Erreichen seiner Mondbahn. Böh.

13486. **R. Saelman,** Note on an artificial satellite. American J. Phys. **24** 630. — Ref. in Phys. Abstracts (A) **60** 464.

13487. **S. F. Singer,** Studies of a Minimum Orbital Unmanned Satellite of the Earth (MOUSE). American Rocket. Soc. Paper Nr. 195 S. 1—21, 1955.

13488. **S. F. Singer,** Studies of a Minimum Orbital Unmanned Satellite of the Earth (MOUSE). II. Orbits and lifetimes of minimum satellites. Astronaut. Acta **2** 125—144, mit 16 Fig. — Der Zweck dieser Veröffentlichung ist ein zweifacher: 1.) Die (elliptische) Bahn eines künstlichen Satelliten in Abhängigkeit von den Startbedingungen zu beschreiben. 2.) Das nachfolgende Verhalten der Bahn unter dem Einfluß des Widerstandes der hohen Atmosphäre zu untersuchen. Die «Lebensdauer» des Satelliten hängt von seiner Oberfläche und Masse ab und steht in Beziehung zu den Dichten der hohen Atmosphäre. Daher können diese Dichten aus Messungen der Bahnveränderungen nach genau erörterten Verfahren abgeleitet werden. Verf. (gekürzt)

* * **S. F. Singer,** Application of an artificial satellite to the measurement of general relativistic «red shift». Vgl. Ref. **4184**.

13489. **J. Spincourt,** Le satellite artificiel premier pas vers la navigation dans l'espace. La Nature **84** 402—403, mit 4 Fig.

13490. **K. Svoboda,** Artificial satellites of the earth. RH **37** 56—61, mit 4 Fig. (tschech.).

13491. **R. Tousey,** The visibility of an earth satellite. Astronaut. Acta **2** 101—112, mit 4 Fig. — Ref. in RJ 1957 Nr. 3 S. 11.

13492. **E. Vassy,** Les satellites artificiels, leur intérêt pour l'étude de l'atmosphère. Météorologie Nr. 40 S. 283—290, 1955.—Ref. in RJ 1957 Nr. 4 S. 14.

13493. **J. Veldkamp,** De amerikaanse kunstmaan. Hemel en Dampkring **54** 123—125, mit 1 Fig. — Kurze Beschreibung des für das Internationale Geophysikalische Jahr geplanten kugelförmigen Satelliten und seiner geophysikalischen, geodätischen, astronomischen und astrophysikalischen Aufgaben. Gü.

13494. **J. Veselka,** Artificial satellites. Pokroky **1** 422—430 (tschech.).

13495. **A. D. Wheelon, L. Blitzer,** Oblateness perturbations of an elliptic satellite's orbit. Bull. American Phys. Soc. **1** 377.

13496. **F. L. Whipple,** The scientific value of artificial satellites. J. Franklin Inst. **262** 95—109.

13497. **F. L. Whipple, J. A. Hynek,** A research program based on the optical tracking of artificial earth satellites. Proc. Inst. Radio Engineers **44** 760—764 = Harv Repr (2) Nr. 93.

13498. **E. C. White, J. Foley, R. G. Wilkins,** Power supplies and telemetry for an instrumented artificial satellite. J. British Interplanetary Soc. **15** 177—191, mit 9 Fig. — Teil I enthält eine Untersuchung über diejenigen Bahnformen eines künstlichen Erdsatelliten, die eine weitgehende Ausnutzung der Sonnenenergie zum Betrieb der mitgeführten Instrumente ermöglichen. In Teil II werden Betrachtungen über die notwendigen Instrumente zur Untersuchung der oberen Schichten der Erdatmosphäre angestellt, und Teil III bringt Überlegungen zu den Energiequellen für den Betrieb der Instrumente. Böh.

* * **F. Winterberg,** Relativistische Zeitdilatation eines künstlichen Satelliten. Vgl. Ref. **4196**.

13499. **P.-F. Winternitz,** The physical and chemical fundamentals of satellite flight. I. II. J. Astronautics **3** 43—47, 65, 68—70, 80, mit 7 Fig. — Verf. beschreibt in den Grundzügen den Aufbau und die Vorgänge bei der Fortbewegung eines künstlichen Erdsatelliten, stellt die Bewegungsgleichungen auf und leitet einige dynamische Grundgrößen aus ihnen ab. Böh.

134100. Scientific Uses of Earth Satellites. Herausgegeben von A. van Allen, Ann Arbor, University of Michigan Press; London, Chapman & Hall, 1956. 10 + 316 S. Preis $ 10.00 bzw. 63 s. — Besprechung in Proc. Phys. Soc. (A) **70** 846 (D. R. Bates), Publ ASP **69** 368—369 (W. A. Baum), Sky and Telescope **16** 285, 487—488 (A. P. Linnell).

134101. Jobs for earth's satellite. Chemistry **29** Nr. 6 S. 24—27. — Ref. in RJ 1957 Nr. 5 S. 20.

134102. The artificial satellite. J. Astr. Soc. Victoria **9** 45.

134103. Satellite vehicles. J. British Interplanetary Soc. **15** 210—212.

134104. A Russian satellite vehicle proposal. J. British Interplanetary Soc. **15** 213.

134105. Sept questions posées aux satellites artificiels. La Nature **84** 154.

134106. Moonwatch program. Science **124** 620. — Beobachtungsprogramm für künstliche Satelliten.

134107. The artificial satellite. Sky and Telescope **15** 112—114. — Ref. AAS.

134108. Model of an artificial satellite displayed. Sky and Telescope **15** 155.

134109. More satellite notes. Sky and Telescope **15** 247. — Ref. in Vasiona **4** 68.

134110. Dynamics of an artificial satellite. Sky and Telescope **16** 57, 60. — Ref. AAS.

134111. Pierwszy sztuczny satelita Ziemi. Urania Kraków **27** 16—18.

134112. Kilka nowych szczegółów o sztucznych satelitach Ziemi. Urania Kraków **27** 248—249.

134113. Satellite orbit: 5000 miles wide. US Naval Inst. Proc. **82** 449—450.

134114. Program izgradnje satelita u SAD. Vasiona **4** 86—87.

134115. Sateliti. Vasiona **4** 89—90.

134116. «Satełoidi» — sateliti sa smanjenim pogonom. Vasiona **4** 91.

Berichtigungen

AJB **50**, 1950

S. 244 1. Spalte. Bei **1565 1948 WA**, erste Zeile, lies: 49: anstatt 48:
S. 251 3. Spalte. Bei **1949 TG** lies MPC 355 anstatt MPC 355[195])
S. 251 3. Spalte. Bei **1949 TH** lies MPC 355[195]) anstatt MPC 355
S. 254 1. Spalte. Bei **1950 HD**$_1$ Zeile 2 und 3, ist zu streichen: Astr Circ UdSSR Nr. **100**

AJB **51**, 1951

S. 248 1. Spalte. Bei **1378 Leonce** ist zu streichen: 46: BAB **4** 31 Ucc[77]) und außerdem die Fußnote 77).
S. 253 3. Spalte. Bei **1946 FB**, Zeile 1, lies Ucc anstatt Ucc[111]). Außerdem ist die Fußnote 111) zu streichen.

AJB **55**, 1955

S. 334 Ref. 8121, 4. Zeile. Lies F. Kępinski anstatt E. Kępinski.

AJB **56**, 1956

S.405. In der Seitenüberschrift lies: 121. Sternhaufen anstatt 122. Sternhaufen.
S.433. In der Seitenüberschrift lies: 124. Außergalaktische Nebel anstatt 124. Milchstraßensystem.

Transkription des russischen Alphabets

(Vgl. AJB **50** Vorwort S. III)

Russisch	AJB	Math.Rev.	Phys. Abstracts
а	a	a	a
б	b	b	b
в	w	v	v
г	g	g	g
д	d	d	d
е	e, je, jo	e	e, ë
ж	sh	ž	zh
з	s	z	z
и	i	i	i
й	j	ĭ	ĭ
к	k	k	k
л	l	l	l
м	m	m	m
н	n	n	n
о	o	o	o
п	p	p	p
р	r	r	r
с	ss, s	s	s
т	t	t	t
у	u	u	u
ф	f	f	f
х	ch	h	kh
ц	z	c	ts
ч	tsch	č	ch
ш	sch	š	sh
щ	schtsch	šč	shch
ы	y	y	ȳ
ь	—, j	'	'
э	e, é	è	é
ю	ju	yu	yu
я	ja	ya	ya

Beispiel: Зверев = Swerew (AJB) = Zverev (Math. Rev.)
= Zverev (Physics Abstracts)

Namen-Verzeichnis

Das Verzeichnis verweist unter Angabe der Seitenzahlen auf die Stellen, an denen Arbeiten und Beobachtungen der Autoren besprochen sind, hingegen nicht auf Stellen, an denen auf solche Arbeiten nur Bezug genommen oder ein Name in irgend einem Zusammenhang genannt wird.

Auch sind reine Personalnotizen nicht berücksichtigt, da sie schon in § 10 alphabetisch geordnet sind.

Nicht aufgenommen sind ferner die Namen der Beobachter und Berechner Kleiner Planeten in § 75, der Kometen in § 81 und der Veränderlichen Sterne in § 112. Für diese Autoren sind zusätzlich noch die folgenden Listen einzusehen:

S. 287 **Kleine Planeten. Verzeichnis der Beobachter und Berechner**

S. 306 **Kometen. Verzeichnis der Beobachter und Berechner**

S. 394—395 **Veränderliche Sterne. Verzeichnis der Beobachter und Berechner**

Aaboe, A. 70.
Aarons, J. 198.
Abbey jr., L. 292.
Abbi, S. S. 2. 126.
Abbot, C. G. 206.
Abbott, W. N. 133. 373.
Abé, S. 239.
Abetti, G. 21. 22. 24.
Abineri, K. W. 233.
Abraham, H. J. M. 94.
Abrami, A. 20. 365.
Adamopoulos, G. 87.
Adams, A. N. 232.
Adams, K. D. 37. 48. 177.
Adams, R. M. 232.
Adams, W. S. 333. 380.
Adgie, R. 447.
Adler, I. 21.
Adrian, F. M. 209.
Agafonowa, T. M. 35.
Agekjan, T. A. 399. 417. 428. 436.
Agostinelli, C. 11. 139.
Agy, V. 188. 223.
Ahnert, P. 20. 331.
Ahrens, L. H. 147. 154. 216. 320.
Ajvaz, V. 222.
Akabane, K. 184.
Akriche, J. 2.
Alanija, I. F. 386.
Albada, G. B. van 357.
Albers, B. 218. 226.
Albo, C. 238.
Alden, H. L. 42.
Aldrich, L. B. 44.
Alessio, V. 170.
Alexander, A. F. O'D. 46.
Alexejew, J. I. 52.
Alexejew, W. M. 121.
Alfvén, H. 162. 170.
Ali, A. 43. 170.
Alksne, Z. 110.
Allan, D. W. 155.
Allen, A. van 473.
Allen, C. W. 21. 43. 159. 164. 201. 209. 331.
Allen, J. A. van 471. 472.
Aller, L. H. 21. 33. 133. 134. 160. 339. 340. 343. 409. 411. 415. 416. 433.
Allward, M. F. 21.
Alpert, J. L. 223.
Alter, D. 239. 244.
Alter, G. 32.
Aly, M. K. 350.
Ambarzumjan, W. A. 33. 52. 155. 428.
Ambolt, N. 165.
Ames, G. 28.
Ampel, R. 418.
Ananjewa, L. J. 238. 300.
Andersen, E. 461.
André, P. 219.
Andrews, D. H. 424.
Andrich, E. 200.
Andrijenko, D. A. 63. 464.
Andrillat, H. 409.
Andrillat, Y. 226. 340.
Antischina, K. I. 238.
Antonini, E. 37. 288.
Appleton, E. 32.
Arakeljan, M. A. 366.
Araki, A. 239.
Araki, H. 236. 245.
Aravamudan, S. 332.
Arber, H. 176.
Arbey, L. 170.
Ardenne, M. v. 80.
Arend, S. 305.
Argyle, P. E. 336.
Armellini, G. 406.
Armellini Conti, G. 239. 288.
Armenter de Monasterio, F. 48.
Armitage, A. 41.
Armstrong, E. B. 53.
Arnold, K. 461.
Aroeste, H. 3.
Arp, H. C. 147. 358. 395. 406. 428.
Arrighi, G. 111.
Arsac, J. 76. 442.
Arseniev, A. S. 155.
Arthur, D. W. G. 232.
Artjuchina, N. M. 332. 352. 421.
Aschenbrand, L. M. 225.
Ashbrook, J. 55. 70. 109. 232. 243. 293. 329. 395.

Ashburn, E. V. 228.
Assies, M. A. 198.
Astapowitsch, I. S. 21. 35. 316. 320.
Åström, E. 228.
Atanasijević, I. M. 235. 236.
Athay, R. G. 188. 189.
Atkinson, R. d'E. 34.
Atkinson, R. J. C. 70.
Attwood, A. 158.
Auger, P. 455.
Auluck, F. C. 11. 356.
Avigliano, D. P. 245.
Axelrad, M. 3.
Azambuja, L. d' 79. 170. 189. 196.
Azambuja, M. d' 176. 196.

Baade, W. 374. 398. 410. 417. 428. 442.
Babadshanow, P. B. 66. 293. 307. 316.
Babcock, H. W. 80. 162. 356.
Babitsch, L. G. 302.
Babykin, M. W. 164.
Bacchus, P. 99. 238.
Bacharew, A. M. 236. 299. 302. 304. 307. 318. 326.
Bachelet, F. 198.
Backus, G. 3.
Backus, G. E. 13.
Badaljan, G. S. 374. 380. 417. 436.
Baeschlin, C. F. 461.
Bahng, J. 190.
Bähr, O. 403.
Bailey, D. K. 51. 223.
Baillaud, J. 35.
Baillaud, R. 51.
Baize, P. 362.
Bajcár, R. 79.
Bajcárová, I. 79.
Bajew, K. L. 209.
Baker, H. V. 406.
Baker, R. H. 406.
Bakos, G. A. 364.
Bakulin, P. I. 19. 106. 329. 332. 421.
Balabuschewitsch, I. A. 461.
Balachowskij, I. S. 26.
Balaschowa, M. N. 238.
Balázs, J. 374.
Baldet, F. 296. 319.
Baldwin, J. E. 428. 451.
Baldwin, J. M. 331.
Balkowoj, A. E. 189.
Ball, R. S. 21.
Ballario, M. C. 189. 421.
Balli, E. 189.
Ballica, H. 382.
Balz jr., A. G. A. 340.
Bandyopadhyay, G. 125.
Banerjee, D. K. 168.
Bappu, M. K. V. 44. 245.
Barabasche(o)w, N. P. 3. 239. 240. 244. 245.
Baracchi, P. 331.
Baranowskaja, N. W. 321.
Barber, D. R. 35. 181.
Barbier, D. 25. 32. 50. 109. 131. 134. 181. 226. 409.
Barchatowa, K. A. 400.
Barić, V. 21.
Barlowe, S. 21.
Barnett, L. 21. 111.
Barney, I. 99.
Barnhart, P. E. 230.
Barron, W. R. 198.
Bartels, G. 200.
Bartels, J. 197. 209. 222. 229. 463.
Bartenewa, O. N. 301.
Bartl, E. 69.
Bartlett jr., J. C. 212.
Barton, J. C. 198.
Bartošek, F. 21.
Barut, A. O. 454.
Baschtannik, K. G. 466.
Bashenow, G. M. 121.
Bashenow, M. A. 397.
Basri, S. A. 119.
Basu, D. 70.
Basu, S. 35.
Basykin, W. 69.
Bataille, L. 464.
Batchelder, C. C. 164.
Batchelder, K. 164.
Bateman, R. 223.
Bates, D. R. 55. 226. 468. 473.
Bates, R. S. 39.
Bateson, F. M. 48. 364. 366. 380. 386. 395.
Batten, A. H. 366.
Bauer, M. 244.
Baum, R. 211. 232.
Baum, R. M. 212. 232. 240.
Baum, W. A. 92. 111. 467. 473.
Baumann, V. 1.
Bayet, M. 13.
Bazjanac, D. 47.
Bazzard, G. H. 200.
Bazzi, E. 36.
Beagley, J. W. 43.
Beals, C. S. 33. 44. 326.
Becker, F. 32. 42. 47. 60.
Becker, U. 189. 208.
Becker, W. 33. 60. 352. 399. 400.
Bečvář, A. 331.
Beer, A. 16. 25. 33. 109. 138.
Beet, E. A. 21.
Beetham, M. J. 212.
Beggs, D. W. 85.
Beghin, H. 461.
Béguelin, E. 81.
Běhounek, F. 21.
Behr, A. 99.
Bell, B. 206.
Bellac, P. 94.
Belokon, W. A. 85.
Belorizky, D. 124.
Belous, L. M. 301.
Belozerkowskij, D. J. 55.
Belrose, J. S. 198.
Belzer, J. 126.
Benario, F. 21.
Benedict, W. S. 3.
Beneke, E. J. 290.
Bennett, D. A. 21.
Bennett, D. M. 91.
Benton, W. C. 3.
Benveniste, G. 55.
Berditschewskaja, W. S. 340.
Berg, O. E. 226. 320.
Berger, F. 94.
Berger, J. 134. 340. 400.
Berger, J. M. 13.
Bergh, S. van den 307. 317. 401. 406. 442.
Bergmann, O. 111.
Bergmann, P. G. 70. 111. 113. 120.
Bergstrand, E. 15.
Berijew, A. D. 380.
Berkner, L. V. 54.
Bernard, J. 37.
Bernard, P. 245.
Bernhard, H. J. 21.

Berry, J. W. 200.
Bertaud, C. 364. 410.
Berthier, P. 33. 226.
Bertiau, F. 382.
Bertotti, G. 111.
Bertrand, M. 198.
Besrukowa, A. J. 170.
Bevan, H. C. 200.
Beyer, M. 32.
Beynon, W. J. G. 53.
Bhatnagar, P. L. 141.
Bhonsle, R. V. 200.
Biber, C. 60.
Bidaud, P. 212.
Bidelman, W. P. 7. 33. 335. 380. 401.
Bielicki, M. 1. 23. 177. 293.
Biermann, L. 16. 43. 134. 139. 454. 459.
Biesbroeck, G. van 300.
Bièvre, C. de 49.
Bigay, J.-H. 33.
Bigg, E. K. 307.
Bigourdan, G. 94.
Bijl, W. van der 3.
Bilancini, R. 206.
Billam, E. R. 307.
Billings, D. E. 201.
Binge, H.-J. 159. 189.
Birkenmajer, A. 42.
Bishop, R. O. 189.
Biswas, S. 454.
Blaauw, A. 56. 426.
Blache, J. 26.
Black, J. N. 215.
Blackett, P. M. S. 32.
Blackwell, D. E. 165. 201. 296. 327.
Bladel, J. van 83.
Blaha, M. 65.
Blanchard, J. 51.
Blanco, V. M. 419. 436.
Blaser, J.-P. 44. 94.
Blashko, S. N. 105.
Blattner, K. 85.
Blitzer, L. 122. 461. 471. 473.
Bloch, M. 33. 341.
Block, L. 228.
Blum, E.-J. 65. 410. 447.
Blum, J. 66. 104.
Boato, G. 320.
Bober, H. 73.
Bobrik, W. T. 51. 52.
Bobrovnikoff, N. T. 293.
Bobrow, M. S. 291.
Bochníček, Z. 3.
Bodle, R. R. 197. 209.
Boer, A. H. de 245.
Böhm, K. H. 53. 147. 341. 380.
Böhme, S. 124. 209.
Böhm-Vitense, E. 341. 380. 429.
Böhnecke, G. 43.
Bois, P. M. du 216.
Boischot, A. 65. 410. 447.
Bojartschuk, A. A. 380.
Bojko, P. N. 155.
Bok, B. J. 33. 55. 61. 64. 335. 429. 436.
Bolton, J. G. 54. 443. 447.
Bonanomi, J. 94.
Bonasera, F. 70.
Bondy, H. L. 189.
Boneff, N. 21. 240.
Bonnor, W. B. 111. 117.
Bonoff, A. 26.
Bonov, A. D. 374.
Bonsack, W. K. 333.
Booker, H. G. 224. 228. 307.
Booth, A. D. 16.
Booth, K. H. V. 16.
Bordoni, P. G. 37.
Borgman, J. 87. 99. 365. 437.
Born, M. 40.
Borozki, G. 70. 366.
Bos, W. H. van den 32. 43. 358. 361. 362.
Boshkowa, A. I. 255.
Bosman-Crespin, D. 341. 363.
Bostick, W. H. 3. 159.
Bouchard, J. 96.
Bouigue, R. 67. 87. 112. 336. 363.
Bourgeois, M. 231.
Bourgeois, P. 44. 176. 197.
Bouška, J. 20. 21. 67. 75. 81. 109. 110. 222. 235.
Bowen, E. G. 44. 215. 307. 315.
Bowen, I. S. 43.
Boyd, R. L. F. 55. 184.
Boyer, L. 292.
Bozula, R. A. 366.
Bracewell, R. N. 184. 202. 443. 446.
Brackett, F. S. 77.
Braddick, H. J. J. 87.
Bradford, W. R. 81.
Bradley, J. R. 125.
Bragg, W. L. 23.
Brahde, R. 65.
Bramley, E. N. 165.
Brandt, R. 22.
Brandt, W. E. 85.
Brannen, E. 3.
Bransden, B. H. 4.
Braun, W. C. 77.
Braun, W. von 249. 468.
Bray, R. J. 178.
Breed, J. B. 466.
Brejdo, I. I. 92.
Bretz, M. 178.
Brewer, A. W. 55.
Bridgen, E. E. 48.
Brinton, H. C. 26.
Britvić, Z. 112. 375.
Brkić, Z. M. 94.
Broadfoot, R. R. 48.
Broda, E. 22.
Brode, R. B. 198.
Brodowskij, W. B. 119.
Brodskaja, E. S. 337. 341. 437.
Broglia, P. 353.
Broida, H. P. 4. 7.
Bronsart, H. von 22. 70. 147. 206.
Bronstein, W. A. 26. 46. 245.
Brooker, R. A. 16. 17.
Brookes, R. G. 288.
Brouet, J. 67.
Brouet, J. F. 21. 246. 331.
Brouwer, D. 32. 44. 75.
Brown, E. B. 77. 79.
Brown, F. 22.
Brown, G. M. 53.
Brown, R. Hanbury 4. 85. 353.
Brown, R. R. 454.
Brown, T. W. 86.
Browne, I. C. 232. 307.
Brož, M. 308.
Bru, P. 66. 361.
Bruce, C. E. R. 131. 189. 380. 395.
Brüche, E. 22.
Brück, H. A. 43. 46.
Brucklacher, W. A. 92.
Brueckner, K. A. 13.
Bruggencate, P. ten 43. 138.
Bruijn, J. F. M. 48.

Bruijn, P. de 238.
Brun, A. 106. 398.
Brunberg, E. Å. 198. 454.
Bruwer, J. A. 299.
Brysgalowa, E. A. 236.
Budden, K. G. 1.
Budějický, J. 83.
Büdeler, W. 471.
Budine, P. W. 49.
Budylina, M. W. 37.
Bugajenko, O. 167.
Bullard, E. 41.
Bullard, E. C. 94.
Bullen, K. E. 215.
Bullough, K. 307.
Bumba, V. 206. 308.
Bunkin, F. W. 51.
Buratschek, W. 167.
Burbidge, E. M. 33. 140. 149. 341. 342. 356. 398.
Burbidge, G. R. 33. 112. 140. 144. 149. 341. 342. 356. 375. 398. 420. 429. 443. 454.
Burch, C. R. 76.
Burch, D. E. 216. 217.
Burdecki, F. 230.
Burdon, R. M. 37.
Bureau, R. 198.
Burgeson, J. W. 468.
Burgess, E. 468. 471.
Burgos, J. A. 175.
Burkard, O. 224.
Burke, B. F. 54. 83. 288. 449.
Burke-Gaffney, M. W. 37.
Burke-Gaffney, T. N. 44.
Burkhardt, G. 28.
Burland, M. S. 34.
Burns III., J. 4. 90.
Burr, E. J. 407.
Burton, S. M. 467.
Busbridge, I. W. 1. 134.
Busch, H. 386.
Busch, R. 165.
Buscombe, W. 364. 381. 395.
Butler, H. E. 71.
Butorac, M. 253.
Byram, E. T. 178. 184. 216.
Bystrowa, N. W. 437.

Cabannes, F. 4.
Cabannes, J. 216. 217.
Cachon, A. 455.
Caidin, M. 22. 468. 471.
Cailliatte, C. 253.
Caligaris, P. 26. 70.
Callataÿ, V. de 331.
Cameron, A. G. W. 139.
Cameron, D. M. 381. 419.
Cameron, W. S. 177.
Camichel, H. 245. 246. 291. 361.
Campbell, D. A. 76. 94.
Camponovo, A. J. 239.
Camus, J. 49.
Canney, H. E. 471.
Caplan, P. J. 183. 186. 218.
Capon, L. B. 464.
Caprioli, G. 178. 245.
Cardus, J. O. 177. 197. 209.
Carini, G. 11.
Cario, G. 77.
Carmody, F. J. 30.
Carnuth, W. 127.
Carpenter, E. F. 45.
Carpenter, M. S. 453.
Carragan, W. D. 246.
Casati, B. 134. 342.
Cassidy, W. A. 320.
Castillo, H. T. 314.
Caulk, H. M. 455.
Cavedon, M. 170.
Cayrel, R. 32.
Cayrel de Strobel, J. 21.
Ceplecha, Z. 308.
Cester, B. 20. 365.
Cezári, E. 26.
Chabibullin, S. T. 232. 437.
Chajkin, S. E. 51. 52. 172. 444.
Chalchunow, W. S. 94.
Chalonge, D. 33. 67. 134. 240. 342. 343.
Chamberlain, J. W. 144. 212. 218. 227. 228. 447.
Chandrasekhar, S. 4. 8. 11. 12. 13. 131.
Chang, C.-H. 253.
Chang, C.-T. 425.
Chang, Y. C. 253.
Chang, Y.-L. 175. 187.
Changeux, R. 331.
Chant, C. A. 18. 37.
Chapelain, R. 66. 104.
Chapman, S. 32. 217.
Chappell, J. F. 244.
Chapuis, J.-L. 87. 336.
Charadse, E. K. 22. 155. 165. 244. 397.
Charitonow, A. W. 250.
Chassapis, K. S. 26. 206.
Chatschikjan, E. E. 410.
Chavira, E. 346.
Che, I.-H. 163.
Chen, C.-Y. 175.
Chen, P. 162.
Chernosky, E. J. 206.
Chew, G. F. 13.
Chiara, L. 65. 110. 125. 357.
Chiat, B. 70.
Chichester, F. 466.
Chilmi, G. F. 71. 155.
Chilton, O. H. 110.
Chiraiwa 467.
Chisnall, G. A. 1.
Chochlowa, W. L. 171.
Chodakowski, J. 71.
Cholopow, P. N. 365. 381. 406.
Chopinet, M. 343.
Chopra, K. P. 4. 12.
Choroschewa, O. W. 427.
Chotinok, R. L. 315.
Chovitz, B. 460. 464.
Christy, R. F. 398.
Chrzanowska, A. 236.
Chubb, T. A. 178. 184. 216.
Churms, J. 361.
Chvojková, E. 224. 308.
Chwostikow, I. A. 226.
Cichowicz, L. 460. 464.
Cid Palacios, R. 358.
Cimino, M. 176. 406.
Čížek, A. 121.
Clark, B. A. J. 81.
Clarke, A. C. 249. 468.
Clay, W. G. 314. 324.
Cleator, P. E. 468. 469.
Cleaver, A. V. 31.
Clemence, G. M. 20. 94.
Clemmow, P. C. 14.
Cobb, G. 467.
Cocconi, G. 429. 454. 455.
Code, A. D. 429.
Cohen, I. B. 74.
Cohen, M. H. 184.
Cohen, R. 307.
Cohn, H. 1. 122.
Cole, G. H. A. 12.
Coleman, A. J. 116.
Collinson, E. H. 46.

Comas Sola, J. 22.
Compte Porta, R. 243. 245.
Conforto, A. M. 198.
Conn, W. M. 91.
Constantinescu, L. 206.
Conti, P. S. 438.
Contopoulos, G. 94. 112. 126. 144.
Conway, R. G. 185. 448.
Cook, A. F. 308. 309. 317.
Cook, C. W. 132.
Cooke, S. R. B. 240. 243.
Cooley, T. A. 238.
Coombs, C. I. 22.
Copeland, L. S. 240.
Cormack, A. M. 202.
Correll, M. 190.
Cortesi, S. 288.
Costain, C. H. 448.
Costantine, G. 219.
Costas Gual, J. 245.
Cot, D. 36.
Cottier, L. 71. 95.
Couder, A. 471.
Couderc, P. 22. 71.
Coulomb, J. 222.
Counson, J. 139.
Couteau, P. 361.
Coutrez, G. 176.
Coutrez, R. 53. 83. 176. 187. 197. 444.
Cowley, C. R. 343.
Cowling, T. G. 14. 138.
Cox, J. F. 32. 106.
Cox, R. E. 79. 93.
Cragg, T. A. 291.
Cranshaw, T. E. 198.
Crawford, J. A. 381.
Crawshaw, J. K. 455.
Cristaldi, S. 61. 175. 196. 220.
Csada, I. K. 356.
Cuffey, J. 42. 88. 401.
Currie, L. A. 320.
Curtis, A. R. 55.
Curtis, G. W. 134.
Cuttle, P. M. 424.
Cyr, D. L. 246.
Czetyrbok, K. 79.

Dačić, L. M. 104. 209. 361.
Daene, H. 55. 88.
Dagajew, M. M. 237.
Dagg, M. 165. 190. 207. 448.
Daguillon, J. 338. 370.
Dahlkamp, V. 55. 319.
Daisomont, M. 37. 76.
Dalgarno, A. 4. 53.
Daniels, F. 92.
Danielson, R. E. 455.
Danjon, A. 26. 95. 106. 130. 329. 358.
Das, A. K. 35. 43. 176. 197. 209. 226.
Das Gupta, M. K. 83. 449.
Dasgupta, S. R. 135.
Datta, S. 168.
Daudin, A. 455.
Daudin, J. 455.
Dauvillier, A. 22. 112. 147. 155. 198. 212. 228. 357. 455.
Dave, J. V. 218.
Davidson, M. 112.
Davidson, T. W. 315.
Davies, J. G. 25. 308. 315.
Davies, J. T. 112.
Davies, R. D. 437. 448. 452. 453.
Davis, H. M. 91.
Davis jr., L. 131. 455.
Davis, L. R. 455.
Davis, R. J. 337.
Dawson, B. H. 108.
De, J. 125. 139. 357.
De Groot, B. H. M. 25.
Deirmendjian, D. 219.
Dekema, W. 467.
Delcroix, J.-L. 13.
Delhaye, J. 65. 66. 104. 328.
Delone, A. B. 191.
DeMastus, H. 193.
Demidowa, A. N. 343. 353.
Denisse, J. F. 13. 171. 185.
Derbenewa, A. 317.
Dermul, A. 49.
Desguin, E. 26.
Dessy, J. L. 386.
Detre, L. 32. 61. 375.
Deurinck, R. 382.
Deutsch, A. J. 33. 147. 343. 347. 358. 381.
Deutsch, S. 320. 321.
Devenport, M. H. 198.
Dewhirst, D. W. 37. 46. 88. 201.
Dezsö, L. 171.
Dick, J. 42. 47. 105.
Dieckvoss, W. 62. 100. 332. 401. 422.
Dieminger, W. 53.
Dierickx, R. 59.
Diggelen, J. van 319. 320. 321.
Dijk, T. van 321.
Dijksterhuis, E. J. 26.
Dilgan, H. 122.
Dimitroff, G. Z. 67.
Dingemans, G. 27.
Dingle, H. 41. 94. 112. 468.
Dīriķis, M. A. 130. 301. 302.
Ditchburn, R. W. 55. 76.
Divan, L. 134. 343. 437. 438.
Diwari, N. B. 222. 327.
Dizer, M. 171.
Djukow, I. A. 63. 81.
Djurković, P. M. 104. 357. 361.
Dobronrawin, P. P. 55. 63.
Dobrotin, N. A. 456.
Dobrowolskij, O. W. 294.
Dobrzycki, J. 31. 232. 331.
Dobson, G. M. B. 55.
Dodson, H. W. 159. 190.
Dogniaux, R. 55.
Doherty, L. 433.
Dolgow, P. N. 98.
Dollfus, A. 5. 49. 85. 88. 209. 233. 288.
Dombrowskij, K. I. 210.
Dombrowskij, W. A. 415. 429.
Dominici, P. 165.
Dommanget, J. 359.
Dômoto, Y. 239.
Donahue, T. M. 217. 218. 219.
Donn, B. 146. 294. 323.
Dopp, H. 444.
Dorman, L. I. 198. 199.
Douglas, A. E. 32.
Douglas, A. V. 37. 40.
Douglas, J. W. E. H. S. 233.
Drachmann, A. G. 80.
Drake, F. D. 402. 453.
Dreyer, A. 59.
Dröge, F. 444.
Drosdow, S. W. 106. 332. 464.

Dserdsejewskij, B. L. 36.
Dshapiaschwili, W. P. 236. 240.
Dsigwaschwili, R. M. 421.
Dubjago, A. D. 297. 302.
Dubois, J. 237. 240.
Dubois, R. 66. 104.
Dubow, E. E. 88.
Duchesne, M. 86. 101.
Duchnowskij, P. G. 155.
Due, A. 175.
Dueño, B. 448.
Dufay, J. 33. 34. 216. 217. 410.
Duffie, J. A. 92.
Duffieux, P. M. 112.
Duflot, M. 334. 401.
DuFresne, E. R. 240.
Dufur, T. B. 468.
Duggal, S. P. 200.
Duhamel, M. 103.
Duncan, J. C. 410.
Duncan, R. A. 224.
Duncombe, R. L. 210. 212.
Dungen, F. H. van den 32. 106.
Dungey, J. W. 53.
Dunham jr., T. 33.
Dunn, R. B. 81. 88.
Durand, G. 363.
Durand, J.-A. 113. 131.
Durbin, K. 468.
Dyer jr., E. R. 421.
Džejms, P. F. 27.
Dziewulski, W. 37.
Dzikiewicz, B. 105.

Ebbighausen, E. G. 366.
Ebert, H. 30.
Ebisawa, S. 245.
Eckert, W. J. 16.
Eckhartt, D. 198. 200.
Edge, R. C. A. 15.
Edlén, B. 5. 33.
Edmonds jr., F. N. 5.
Edmondson, F. K. 71. 334. 422. 446.
Edwards, D. L. 33. 43.
Edwards, H. D. 85. 468.
Ege, D. 366. 407.
Egedal, J. 165. 215.
Eggen, O. J. 27. 50. 64. 332. 335. 337. 353. 359. 362. 373. 375. 381. 386. 434.
Egger, F. 48. 64. 81. 343.
Ehmert, A. 199. 210.
Ehricke, K. A. 468. 471.
Eiby, G. 464.
Eichhorn, H. K. 62.
Eigenson, M. S. 27. 429.
Einarsson, S. 45.
Einstein, A. 40. 113.
Elias, H. 113.
Ellerböck, W. 171.
Ellery, R. L. J. 331.
Elliot, H. 200. 455. 456.
Ellis, G. R. 446.
Ellison, M. A. 32. 34. 184. 190. 199. 207.
Ellyeth, C. D. 308.
Elsässer, H. 227.
Elsasser, W. 456.
Elsasser, W. M. 12. 131. 461.
Elsmore, B. 448. 451.
Elste, G. 134. 343.
Elvey, C. T. 228.
Elvius, A. 144. 429. 430. 442.
Elvius, T. 418.
Elwert, G. 184. 202. 448. 449.
Emden, K. 76.
Emmons, R. H. 70.
Ericsson, U. 190.
Eriksen, G. 185.
Escalante, F. J. 71. 211. 249.
Eschenhagen, G. 69.
Eshleman, V. R. 314.
'Espinasse, M. 37.
Essen, L. 15. 95.
Estoppey, R. 233.
Evans, D. S. 33. 147. 358. 359. 363. 430.
Evans, J. V. 224. 232.
Evans, J. W. 66.
Evans, S. 307.
Evernden, J. F. 321.

Fahy, E. M. 81.
Fajt, E. 49.
Fan, C. Y. 5. 228. 444. 456.
Fantoli, A. 362.
Farnsworth, A. H. 175. 238.
Farský, M. 248.
Fassero, J. S. 80.
Faust, H. 246.
Feast, W. M. 381. 434.
Febrer, J. 196.
Fedorez, W. A. 241.
Fedynskij, W. W. 52. 308.
Fehrenbach, C. 334. 401. 418.
Felber, H.-J. 34.
Feld, J. 83.
Fellgett, P. B. 81. 230.
Felsmann, G. 331.
Fenton, A. G. 199.
Fenton, K. B. 459.
Ferenza, J. E. 464.
Ferguson, G. M. 326.
Ferguson, H. I. S. 3.
Ferrari d'Occhieppo, K. 44. 67. 366.
Ferraro, V. C. A. 162. 229.
Fessenkow, W. G. 27. 28. 55. 59. 75. 122. 147. 148. 155. 215. 219. 222. 237. 246. 321. 327. 438.
Fialko, E. I. 309.
Fichera, E. 220. 291. 464.
Field, G. B. 9. 14.
Fielder, G. 241. 243.
Fieldhouse, P. 200.
Fierz, M. 113.
Filípek, J. 95. 158.
Filippow, A. E. 106. 464.
Filosofo, I. 199.
Finch, H. F. 209.
Finsen, W. S. 100. 361. 362.
Finzi, B. 40.
Firor, J. 185.
Firsoff, V. A. 237. 241. 243. 246.
Fischkis, M. J. 288.
Fisher, R. 468.
Fishter, G. 77.
Flamini, R. 176.
Flammarion, C. 22.
Flammarion, G. C. 34. 49. 229.
Fleckenstein, J. O. 155. 361.
Fleischer, R. 6. 22. 42. 44. 334. 438.
Fletcher, A. 16.
Florsch, A. 362.
Flückiger, M. 233.
Flügge, J. 76.
Flügge, S. 11.

Focas, J. E. 60. 210.
Focas, J.-H. 236. 245.
Focke, J. 76.
Foëx, M. 92.
Fok, W. A. 40.
Fokin, A. W. 107. 300.
Fokker, A. D. 95.
Foley, J. 473.
Fomin, A. S. 81.
Fontiguell Marí, E. 48.
Forbes, E. G. 113.
Forbush, S. E. 199. 207. 449.
Forsyth, P. A. 309.
Fortini, T. 176. 178.
Fournier d'Albe, E. M. 165.
Fowler, P. H. 456.
Fowler, W. A. 132. 140. 148. 149. 398.
Fox, W. E. 288.
Fracassini, M. 170.
Fracastoro, M. G. 21. 33. 35. 61. 75. 92. 220. 246. 337.
Fradkin, M. I. 456. 460.
Francis, M. 100.
Frank-Kamenezkij, D. A. 132. 135.
Franklin, F. A. 347.
Franklin, K. L. 288.
Fraňo, J. 22.
Franz, J. 37. 236.
Fredga, K. 198.
Fredrick, L. W. 332.
Freeman, I. 27.
Freeman, M. 27.
Freier, P. S. 455.
Freiesleben, H.-C. 37. 74. 80.
Fresa, A. 367.
Freundlich, E. Finlay 44. 113.
Fricke, W. 43. 105.
Fried, B. D. 468.
Friedman, H. 178. 184. 216.
Fringant, A.-M. 134. 340. 367. 375.
Fritzová, L. 195. 215. 309.
Froome, K. D. 15.
Fuchs, F. 71.
Führer, I. 95.
Fujimori, K. 239.
Fujisawa, I. 2.
Fujita, Y. 344.
Funck, E. D. 55.
Furon, R. 51.
Fürstenberg, F. 165.

Gabilondo Soler, F. 49. 238.
Gábos, Z. 113.
Gadomski, J. 36. 38. 47. 70. 367. 468.
Gaju Casal, R. 245.
Galbraith, W. 198.
Galkin, L. S. 55.
Gallant, R. A. 246.
Galli, J. 230.
Galperin, J. I. 219.
Gamow, G. 22. 33. 126.
Gaposchkin, S. I. 33. 367. 368. 381. 397. 418.
García, G. 113.
Gardiol, A. 80.
Garstang, R. H. 5. 7. 37. 409.
Gartmann, H. 47. 222. 468. 469.
Gasarchij, L. A. 122.
Gascoigne, S. C. B. 407.
Gasiorowicz, S. 14.
Gąska, S. 418.
Gasteyer, C. 23. 25.
Gates, D. M. 217.
Gatland, K. W. 471.
Gaul, A. T. 468.
Gawrilow, G. A. 244.
Gawrilow, I. W. 101. 233.
Gawrinkewitsch, L. W. 165.
Geake, J. E. 51. 88. 91. 368. 415.
Gebelein, H. 16.
Geer, E. H. de 51.
Gehrels, T. 253.
Geis, I. 216.
Geltman, S. 5.
Genkin, I. L. 410.
Gennaro, A. 107.
Gentner, W. 321.
Gerjuoy, E. 114.
Gerling, E. K. 321.
Gerstenberger, M. 20.
Geworgjan, P. O. 20. 38.
Geyer, E. 60. 388. 389. 438.
Gialanella, G. 245.
Giannuzzi, M. A. 183. 362. 368.
Giergielewicz, J. 69.
Giet, A. 1.
Gifford jr., F. 246.
Gilbert, C. 114.
Gill, J. C. 315.
Gilvarry, J. J. 6. 241. 322.
Ginat, M. 65. 410. 447.
Gingerich, O. 291. 337. 444.
Giovanelli, R. G. 6.
Giret, A. 27.
Gishizkij, A. M. 17.
Glagolewa, G. F. 288.
Glagolewskij, J. W. 237. 248. 427.
Glazer, H. 206.
Gleissberg, W. 171.
Gliese, W. 353. 418. 422.
Gluchow, N. D. 89.
Gnewyschew, M. N. 177. 202.
Gnewyschewa, R. S. 177. 202.
Goddard jr., A. 85. 468.
Godoli, G. 21. 22. 26. 138. 190. 216. 228. 312. 410.
Gojchman, G. J. 235.
Gold, T. 33. 155. 190. 197. 199. 241. 461.
Goldberg, G. I. 6.
Goldberg, L. 32. 180. 181.
Goldberger, M. L. 13.
Goldberg-Rogosinskaja, N. M. 180. 368.
Goldhaber, M. 148.
Gollnow, H. 92.
Golzewa, N. A. 238.
Gomes, R. L. 114.
Gondolatsch, F. 46. 430.
Gondy, F. 255. 288.
Gontkowskaja, W. T. 122.
Gontscharow, F. P. 107. 465.
Gonway, R. G. 162.
González, Graciela 344.
González, Guillermina 344.
Goodings, A 458.
Goodwin jr., A. 198.
Goody, R. M. 32. 55. 218.
Gordeladse, S. G. 55. 62.
Gordon, I. M. 395.

Gorynja, A. A. 63. 104. 329.
Gossner, S. D. 247. 294. 327.
Gottlieb, I. 140.
Götz, W. 386.
Gougenheim, A. 125.
Gould, R. W. 185.
Gradussow, B. F. 140.
Gramatzki, H. J. 76.
Granderye, L.-M. 227.
Grandjean, J. 135. 375.
Grandmontagne, R. 89.
Gratton, L. 32.
Graves, V. 45.
Gray, M. C. 16.
Gray, T. W. 44.
Greaves, W. M. H. 33. 43.
Greeby, R. W. 89.
Greenberg, J. M. 6.
Greenhow, J. S. 309.
Greenstein, J. L. 33. 50. 140. 148. 149. 178. 333. 334. 347. 363. 383.
Greenwood, S. W. 469.
Grémillard, J. 95.
Grigorjan, K. A. 427.
Grigorow, N. L. 456. 459.
Grillot, S. 66. 104.
Grimm, K. W. 89.
Grimsdale, R. L. 16.
Grischin, N. I. 55.
Gross, E. P. 6. 135.
Grotrian, W. 171.
Grubissich, C. 364. 396. 398. 407. 431.
Grudzińska, S. 418.
Grzędzielski, S. 114. 444.
Gudzent, D. 231.
Guérin, P. 247.
Guest, M. 249.
Guinot, B. 329.
Guiseppe, M. G. di 202.
Gulak, J. K. 415.
Gullón, E. 175. 196. 198.
Gulmedow, C. D. 319.
Gum, C. S. 438.
Gunn, R. 208.
Gundlach, F. W. 16. 17.
Günther, O. 34. 331.
Güntzel-Lingner, U. 362.
Gursadjan, G. A. 60. 89. 410. 411. 415.
Gurtowenko, E. A. 100.
Gusejewa, G. W. 422.
Gussew, I. I. 236. 238.
Güssow, K. 89.
Gutenberg, B. 107.
Guth, V. 20. 105.
Güttler, A. 21. 238.
Guyot, E. 35. 71. 81. 95.

Haalck, H. 215.
Haar, D. ter 409.
Haas, B. 56.
Haas, J. 331.
Haas, T. de 100.
Haas, W. H. 56. 216. 237. 245.
Haber, H. 469. 471.
Hacar, B. 22. 397.
Hachenberg, O. 165.
Hack, M. 22. 32. 50. 71. 134. 135. 342. 344. 345. 409.
Haddock, F. T. 451.
Haffner, H. 60. 100.
Hagemann, G. 92.
Hagen, J. P. 418. 449. 471.
Hahn, R. 38.
Haidrich, K. 402.
Hall, J. S. 62.
Hamilton, J. P. 45. 82.
Hammad, A. 219.
Hamon, A. 49.
Handelman, G. M. 135.
Hänni, F. 456.
Hansen, L. 471.
Hansen, R. T. 201.
Harang, L. 222. 228.
Hardie, R. 381.
Hargreaves, J. 164.
Hargreaves, J. K. 232.
Hargreaves, R. 164.
Harnischmacher, E. 165.
Haro, G. 67. 381. 430.
Harris III, D. L. 32. 337. 375. 427. 438.
Harris, E. J. 361.
Hart, A. B. 178. 179.
Hartree, D. R. 1.
Hartz, T. R. 228.
Hasegawa, I. 172. 239. 247. 288. 290. 322. 328. 449.
Haselgrove, C. B. 149.
Haser, L. 294. 296.
Hata, R. 239.
Hata, S. 103. 168. 182. 239.
Hatamura, Y. 169.
Hatanaka, T. 154. 185. 193. 224.
Hattori, A. 415.
Hattori, T. 465.
Haug, S. G. M. 191.
Hauge, Ø. 185. 444.
Haupt, H. 175. 196.
Havliček, F. I. 114.
Hawkins, G. S. 308. 309. 310. 314.
Hayakawa, S. 14. 140. 185. 399. 456.
Hayashi, C. 140. 149.
Hayward, R. 47.
Hazen, M. 190.
Head, J. W. 1.
Heard, J. F. 33. 44. 334. 337. 345. 364. 368.
Heath, M. B. B. 24. 25. 27. 46. 80. 105. 211. 213. 247. 249. 288. 291. 292.
Hecht, F. 16. 468.
Heckmann, O. 32. 43. 113. 114. 117. 332. 401. 422.
Heckscher, E. 105.
Hedeman, E. R. 159. 190.
Heerden, I. J. van 174. 458.
Heeschen, D. S. 61. 402. 453.
Hegedušić, M. 27. 172. 293. 471.
Heierli, H. 215.
Heide, J. v. d. 51.
Heinemann, K. 29.
Heintz, W. D. 361. 363.
Helliwell, J. B. 114.
Hemenway, C. L. 42. 309.
Henderson, E. P. 324.
Hendrie, M. J. 297.
Henize, K. G. 433. 434.
Henn, F. 29.
Henyey, L. G. 150.
Herbig, G. H. 22. 27. 345. 382. 409. 411.
Herczeg, T. 368.
Herget, P. 111. 253. 254.
Herlofson, N. 222. 456.
Herman, L. 10. 228.
Herman, R. 3. 6. 10. 228.
Hermann-Otavský, K. 85. 197. 203.
Hermelink, H. 31.
Hernández, J. G. 114.

Herrick, S. 111.
Herrmann, J. 69. 319.
Herschman, B. N. 52. 135.
Hertzsprung, E. 32.
Herzberg, G. 6. 32.
Herzberg, L. 179.
Herzberger, M. 77.
Hesselbach, G. 395.
Hessler, J. 228.
Hetmanzew, G. G. 52. 444.
Hewish, A. 61.
Hey, J. S. 165. 446.
Heybrock, W. 310. 319.
Heywood, H. 54.
Hibbard, W. B. 163.
Hide, R. 6.
Hill, J. E. 241. 322.
Hiltner, W. A. 4. 32. 90. 150. 337. 345. 402. 439.
Himmelfarb, B. N. 115. 119.
Hindman, J. V. 453.
Hinds, D. G. 76.
Hines, C. O. 310.
Hinsburg, W. L. 52. 53. 115. 135. 444. 445. 456. 457. 471.
Hinzpeter, H. 221.
Hirai, A. 97.
Hirano, K. 239.
Hirose, H. 292.
Hirsch, S. 201.
Hirukawa, A. 239.
Hirukawa, J. 239.
Hisinuma, T. 319.
Hitotuyanagi, Z. 375.
Hoag, A. A. 62. 86.
Hock, E. 76. 77.
Hoffleit, D. 322. 418.
Hoffmann, W. 30.
Hoffmeister, C. 28. 38. 44. 56. 70. 105. 217. 226. 236. 297. 301. 310. 325. 387.
Hoge, E. 49.
Hogg, A. R. 42.
Hokkyo, N. 14. 185.
Holborn, F. M. 387. 397. 398.
Holmberg, E. R. R. 115.
Holton, G. 71.
Holub, S. 105.
Honda, M. 239.
Hönl, H. 6. 115.
Hoof, A. van 382.
Hope, E. R. 187.
Hopkins, R. E. 77.
Hopmann, J. 44. 359. 382. 402.
Hoppe, J. 310. 322.
Horak, H. G. 292.
Horgan, R. B. 16.
Horinouchi, A. 239.
Horiuchi, A. 239. 290.
Horn-d'Arturo, G. 82.
Hosfeld, R. 230.
Houck, T. E. 429.
Houghton, J. T. 55.
Householder, A. S. 1. 31.
Housten, W. S. 359.
Houtermans, F. G. 320. 321.
Houtgast, J. 48. 60. 159. 165. 168.
Houziaux, L. 322.
Howard, J. N. 216. 217.
Howard, W. E. 453.
Hoyle, F. 22. 33. 112. 115. 132. 140. 144. 149. 398. 457.
Hruška, A. 304. 311.
Huang, S.-S. 31. 150. 345. 357. 369.
Hubenet, H. 48. 150. 159. 160. 164.
Huber, H. 27. 346.
Huber, W. 321.
Huberman, F. P. 239.
Hughes, V. A. 165.
Hulst, H. C. van de 27. 32. 445. 449. 451.
Hulstrunk, A. 24.
Humason, M. L. 33. 115. 430.
Humblet, J. 346.
Humphries, J. 30. 469.
Hunaerts, J. 56. 163. 296.
Hunger, K. 11. 135. 160.
Hunten, D. M. 218. 227. 228.
Hunter, A. 32. 80. 207.
Hurnik, H. 66. 95.
Hurst, E. O. 23.
Huruhata, M. 168.
Huss, J. 66. 361.
Hutchings, N. 48.
Huth, H. 387.
Huth, J. H. 314. 324.
Hutorowicz, H. 337.
Hutten, E. H. 115.
Huzimori, K. 239.
Hynek, J. A. 223. 473.
Idliss, G. M. 115. 127. 150. 191. 353. 427.
Iijima, S. 95. 461.
Ikaunieks, J. 111.
Ilias, D. P. 179.
Iljassow, U. 311. 317.
Iljinskij, I. I. 109.
Imai, I. 27.
Imoto, M. 140.
Imoto, S. 172.
Ina, T. 239.
Infeld, L. 40.
Inglis, R. G. 35.
Inglis, S. J. 363.
Ingram, D. J. E. 83.
Inoue, E. 179.
Intonti, R. 89.
Iriarte, B. 346.
Irwin, J. B. 32. 38. 67.
Isacker, J. van 230.
Ishiguro, E. 10.
Isii 188.
Issamutdinow, S. O. 52. 66.
Iswekow, W. A. 130. 247. 254.
Itô, N. 239.
Itoh, N. 239.
Itoh, S. 239.
Ittman, G. P. 116.
Ivanovskij, M. 23.
Iwanikow, W. I. 101. 220. 311.
Iwaniszewska, C. 337.
Iwaniszewski, H. 337.
Iwanowa, N. L. 369.
Iwanowska, W. 337. 418.
Iwonin, M. A. 311.
Izsák, I. 122.

Jacchia, L. G. 32. 315. 316.
Jachontowa, W. E. 419.
Jackson, J. 32. 34. 38.
Jacobs, J. A. 155. 207.
Jacobsen, T. S. 231. 376.
Jagaku, J. 134. 343.
Jager, C. de 6. 56. 150. 164. 178. 179.
Jakowkin, A. A. 101.
James, E. L. 107.
Janák, F. 453.
Janet, M. 66.
Jánossy, L. 457.
Janssen, A. Luplau 71.

Janssen, C. Luplau 22. 47. 95. 210. 247. 294. 328. 346. 395. 399. 411.
Jarząbek, D. 469.
Jarzębowski, T. 23. 145. 210.
Jaschek, C. 376.
Jaschek, M. 376.
Jaschek, W. 93. 231.
Jawnel, A. A. 325.
Jefferies, J. T. 6. 191.
Jeffreys, H. 50. 215. 465.
Jefremow, J. I. 365.
Jegorowa, T. M. 52.
Jegortschenko, I. F. 237.
Jelstrup, H. S. 460.
Jelzow, L. M. 236.
Jenkins, L. F. 336.
Jennison, R. C. 83. 449.
Jenny, D. A. 91.
Jensen, E. 172. 418.
Jensen, J. 471.
Jerlexowa, G. E. 387.
Jeserskij, W. I. 213. 241.
Jiménez Landi, P. 191. 203.
Joannis, M. 95.
John, O. 319.
Johns, W. H. 213.
Johnson, C. E. 78.
Johnson, C. L. 16.
Johnson, C. Y. 455.
Johnson, F. N. 241.
Johnson, H. L. 50. 150. 401. 402. 407. 439.
Johnson, H. M. 411. 430.
Johnson, J. R. 357.
Johnson, M. 33. 382.
Johnston, R. G. 184.
Jones, A. F. 366. 380.
Jones, A. V. 219.
Jones, F. E. 55.
Jones, G. O. 23.
Jones, H. Spencer 24. 26. 31. 32. 62. 207. 213. 461. 464.
Jones, N. I. 48.
Jones, R. 16.
Jongen, H. F. 198.
Jory, F. S. 457.
Jovčić, M. 172.
Joy, A. H. 35. 382.
Judalewitsch, F. F. 56. 230.
Judin, I. A. 322. 325.
Judin, M. I. 6.
Juldaschowa, L. L. 238. 437.
Julian, W. H. 1. 21. 119.
Jung, K. 464.
Junkes, G. 89.
Jurow, G. A. 236.
Jursa, A. 225.
Just, K. 116.
Juza, M. 85. 468.

Kadavý, F. 69. 110.
Kadeřávek, F. 38.
Kadla, S. I. 107.
Kádner, O. E. 59. 460.
Kagan, R. L. 6.
Kahn, F. 23.
Kahn, F. D. 76.
Kaho, S. 387.
Kahrstedt, A. 42.
Kaiser, H. K. 247.
Kaiser, T. R. 307.
Kajdanowskij, N. L. 52. 172.
Kakehashi, T. 239.
Kakinuma, T. 84.
Kaláb, D. 247. 249. 304.
Kalinenkow, N. D. 346.
Kalinjak, A. A. 164.
Kaltschajew, K. 353. 369.
Kamanin, L. G. 62.
Kamieński, M. 110. 298. 300.
Kaminer, L. W. 31.
Kaminer, N. S. 198. 199.
Kaminisi, K. 140.
Kaminski, H. 56.
Kamiya, Y. 458. 459.
Kämmerer, W. 17.
Kamp, P. van de 32. 34. 44. 105.
Kanda, S. 387.
Kane, J. T. 247.
Kantor, W. 116.
Kaplan, A. 165.
Kaplan, J. 222.
Kaplan, L. D. 217.
Kaplan, S. A. 7. 40. 52. 132. 395.
Karandikar, R. V. 227.
Kardaschew, N. S. 52.
Karimow, M. G. 60. 166. 191. 203.
Karlow, N. W. 51.
Karpeljuk, A. A. 107.
Karpowicz, M. 422.
Karský, G. 331.
Kasatschewskij, W. M. 220.
Kastens, M. L. 55.
Katassjow, L. A. 311.
Katsis, D. 158.
Katzman, J. 200. 459.
Kawagoé, T. 319.
Kawamura, T. 304.
Kawerin, A. A. 109. 169. 237.
Kawrajskaja, K. W. 399. 436.
Kazes, I. 219.
Keay, C. S. L. 308.
Keen, A. W. 7.
Keenan, P. C. 335. 382.
Keitel, G. H. 311.
Kejlsø, E. 465.
Keller, G. 43. 126. 230.
Kendall, P. C. 162.
Kennedy, E. S. 71.
Kennedy, J. E. 62.
Kępiński, F. 122. 299. 465.
Kepps, G. 23.
Kern, H. 176.
Kerr, F. J. 434. 446. 453.
Kervaire, M. 53.
Kesten, H. 41.
Ketchum, H. B. 469. 471. 472.
Kibe 213.
Kienle, H. 33. 34. 43. 150. 352.
Kiepenheuer, K. O. 43. 61.
Kiess, N. H. 7.
Kikuchi, K. 8. 140.
Kikuchi, S. 127.
Killick, V. W. 7.
Kimball, D. S. 336.
King, H. C. 23. 24. 31. 71. 76. 472.
King, I. R. 26.
King, J. I. F. 7. 136.
King-Hele, D. G. 215. 472.
Kinman, T. D. 160. 179.
Kippenhahn, R. 389.
Kipsch, D. 244.
Kirby, R. C. 223.
Kirkpatrick, P. 231.
Kisselew, A. A. 1. 335.
Kitamura, M. 66. 220.
Kitao, K. 14.
Klaus, G. 317.
Kleczek, J. 56. 158. 162. 192. 353.
Klee, E. 168. 222.

Kleman, B. 7. 346.
Klepešta, J. 21. 69. 70. 89.
Klessmann, H. 60. 83.
Klinger, H. H. 445.
Kljakotko, M. A. 183. 289. 338. 402.
Klüber, H. von 85. 168. 169. 179.
Knackstedt, O. 27.
Knecht, R. W. 229.
Kneissl 461.
Knipe, G. F. G. 82.
Knox jr., R. 325.
Knox, R. W. 44.
Ko, H. C. 62. 418. 445.
Kobrin, M. M. 52.
Koch, R. H. 387.
Kodatschenko, M. W. 236.
Koebcke, F. 66. 95. 235.
Koeckelenbergh, A. 176. 187. 197.
Koelbloed, D. 145. 416. 435.
Koelle, D. E. 222.
Kohl, O. 331.
Köhler, U. 244.
Koiawa, W. K. 198. 199.
Kołaczek, B. 63.
Kolak, K. 247.
Kolak, M. 241. 247. 325.
Kolchidaschwili, M. G. 336. 423.
Kolman, E. 38.
Koltschinskij, I. G. 56. 62.
Komaki, K. 319.
Komarow, W. N. 23.
Komoda, K. 288.
Kondratjewa (Kalnin), D. A. 301.
Konečný, F. 36.
König, A. 333.
Koomen, M. J. 226. 227.
Kooy, J. M. J. 469.
Kopal, Z. 1. 33. 35. 54. 86. 133. 151. 160. 357. 387.
Kopecký, M. 65. 140. 172. 173. 222.
Kopff, A. 32. 34.
Kopylow, I. M. 346.
Kordylewski, J. 292.
Korff, S. A. 208. 457.
Korn, G. A. 17.
Korn, T. M. 17.
Kornewa, L. A. 225.
Korol, A. K. 62.
Korolkow, D. W. 52. 172.
Kort, J. de 32. 382.
Koshiba, M. 457.
Kosibowa, S. 217.
Kosik, S. M. 236. 238. 290.
Koslowa, C. I. 237.
Koslowa, K. I. 247. 248.
Koslowskaja, S. W. 140. 210. 323.
Koster, J. R. 226. 453.
Kostylew, K. W. 89.
Kosyrew, N. A. 210. 233.
Kotadia, K. M. 200. 224.
Kothari, D. S. 11. 356.
Kotsakis, D. D. 38. 64. 72. 132. 248. 418. 430.
Kotschetkow, A. I. 27.
Kotschina, N. G. 122.
Kotschlaschwili, T. A. 420. 441.
Kourganoff, V. 33. 402. 419. 427.
Kovačević, O. 196.
Kowal, I. K. 245. 248.
Kox, H. 104. 332. 422.
Kozai, Y. 291.
Kozieł, K. 233.
Kozłowski, W. 27.
Kraft, R. P. 376. 381.
Kramer, E. 101. 311.
Kramer, E. N. 294.
Kranjc, A. 51. 61. 64. 93.
Krarup, T. 17. 461.
Krasnouchowa, O. W. 31.
Krassowskij, W. I. 222. 227.
Krat, T. W. 192.
Krat, W. A. 156. 160. 180. 192.
Kratzer, A. 116.
Kraus, J. D. 54. 62. 213. 289. 418. 445.
Krause, A. 23.
Krause, H. G. L. 116. 469.
Krawez, I. N. 38.
Krawiecka, J. 377. 407. 439.
Kreiken, E. A. 382. 403. 407. 408.
Kreins, E. R. 322.
Kresák, L. 311.
Kresáková, M. 311.
Kreuzer, A. 38.
Krinow, E. L. 254. 322. 325.
Krishna Rav, I. V. M. 72.
Krissenko, L. I. 176. 197.
Krogdahl, W. S. 117.
Kron, G. E. 50. 89. 339. 435.
Krook, M. 6. 8.
Kropotkin, P. N. 36.
Krug, E. 38.
Kruse, U. E. 185.
Kruszewski, A. 90. 423.
Kubica, F. 72.
Kubík, S. 445.
Kubikowski, J. 23. 151. 210. 329.
Kubota 239.
Kučera, V. 248. 293. 445.
Kühn, R. 439.
Kühn, W. 200.
Kuiper, G. P. 33. 156. 212. 216. 245. 248. 249. 293. 357.
Kukarkin, B. W. 35. 101. 127. 365. 376. 387.
Kuklin, G. W. 169. 236. 237. 238.
Kulagin, S. G. 101.
Kuleschowa, K. 176. 197. 238.
Kulikow, K. A. 123.
Kulikowskij, P. G. 46. 60. 74. 76. 360.
Kulin, G. 248.
Kumajgorodskaja, R. N. 348.
Kümmritz, W. 363.
Kumsischwili, J. I. 166. 338. 364. 370.
Kunaver, P. 210.
Kundt, W. 116.
Kung, H.-J. 329.
Künzel, H. 171. 173.
Kupča, S. 21.
Kupperian jr., J. E. 178. 184.
Kuprewitsch, N. F. 86. 230. 231. 352.
Kuroishi, M. 319.
Kurotschkin, N. E. 387.
Kurt, W. G. 63.
Kuščer, I. 136.
Kusmin, A. D. 52. 187.
Kusmin, A. I. 199.
Kusmin, G. G. 127.
Kusnezow, E. S. 131.
Küstner, H. 16.

Kutscher, M. 79. 212.
Kutscherow, N. I. 248.
Kvíz, Z. 79. 311. 365.
Kwascha, L. G. 322. 325.
Kwee, K. K. 369.

Lacchini, G. B. 19. 233. 388.
Lacroute, P. 66.
Laffineur, M. 224. 445.
Laforest, F. 48.
Lagemann, J. K. 64.
Lagerqvist, A. 6.
Laifr, V. 248.
Lakić, D. 328.
Lal, P. 141.
Lallemand, A. 86. 101.
Lambie, M. 200.
Lambrecht, H. 43. 439.
Lamden, R. J. 449.
Lamla, E. 180.
Lampariello, G. 114.
Land, G. 32.
Landau, A. 326.
Landsberg, D. de 325.
Langton, N. H. 23.
La Paz, L. 25. 50. 311. 322. 325.
Laplace, P.-S. 72.
Larink, J. 104.
Larrieu, A. C. 213.
Larsen, V. G. Hilding 27. 69.
Larsson-Leander, G. 40. 369. 395. 397.
Laszlo, T. S. 91.
Laue, M. von 41.
Laurie, P. S. 72.
Lauritsen, C. C. 132.
Lauritsen, T. 132.
Lauter, E. A. 166. 200.
Lautman, D. A. 146. 440.
Lawden, D. F. 469.
Lawrence, R. 193.
Lawrence, R. S. 439. 453.
Layzer, D. 7. 117. 127.
Lebedew, S. A. 17.
Lebedinskij, A. I. 248. 427.
Leclerc, J. 49. 56. 102.
Lederle, T. 107.
Ledersteger, K. 461.
Ledoux, P. 139.
Lee, E. K. 373.
Lee, L. P. 48.
Legrand, H. 237.
Lehnert, B. 162. 472.
Leinbach, H. 228.
Lemmens, J. 82.
Lenoble, J. 7. 86. 90.
Lenouvel, F. 338. 370.
Lenz, J. 27.
León, D. G. de 56.
Leonard, F. C. 47. 322. 323. 325. 326. 399.
Lepski, M. 254.
Leśnodorski, B. 42.
Letsch, H. 70.
Leutenegger, E. 362.
Levi, L. 104.
Levitt, I. M. 249.
Lévy, J. 66. 104.
Lewin, B. J. 156. 311. 312. 323.
Lewiński, J. 215.
Lewskij, L. K. 321.
Ley, W. 249.
Libby, W. F. 320.
Libessart, P. 51.
Lichtman, P. R. 93.
Liebermann, K. 38.
Liller, W. 304. 411.
Lilley, A. E. 450.
Lindblad, B. 33. 44. 145. 430.
Lindblad, B.-A. 312. 317.
Lindblad, P.-O. 403.
Lindgren, F. 198.
Lindley, W. M. 46.
Lindsay, E. M. 32. 42. 435.
Linfoot, E. H. 77.
Link, F. 56. 90. 109. 207. 233. 235. 236. 312.
Linková, Z. 236.
Linnell, A. P. 365. 473.
Lippincott, S. L. 192. 383.
Lipskij, J. N. 7. 56.
Lisicki, A. 90. 338. 418.
Liszka, L. 228.
Litt, M. 1. 158.
Little, A. G. 395. 411. 446.
Littlewood, D. E. 117.
Liu, P.-L. 163.
Liwschiz, G. S. 221.
Ljapunow, B. M. 469.
Lloyd, H. A. 95.
Lo, D.-K. 329.
Löchel, K. 236.
Lodén, K. 173. 198.
Lodén, L. O. 198. 403.
Loeb, L. B. 133.
Loferski, J. J. 91.
Logunow, A. A. 145.
Lohmann, W. 29. 419.
London, I. 207.
Longauer, F. 72.
Longe, P. 141.
López, D. E. 176.
López Arroyo, M. 175. 196.
López López, E. 249. 292.
Lorón, M. 107. 461.
Loske, L. M. 95.
Loughhead, R. E. 191.
Lourens, J. v. B. 254.
Louwman, J. K. 77.
Lovell, A. C. B. 43. 217. 225. 312. 445. 449.
Low, F. E. 13.
Lowenthal, M. 207.
Lübeck, K. 401.
Lüder, W. 92.
Ludwig, G. H. 472.
Lukazkaja, F. I. 370.
Lukin, T. 469.
Lundmark, K. 33. 72.
Luyten, W. J. 32. 293. 330. 333. 338. 353. 403. 419.
Luzkij, W. 69.
Lynds, C. R. 370. 383.
Lyttleton, R. A. 23. 33.

Macek, Z. 249.
Mackie, A. G. 7.
Mackiewicz, M. 36.
Maclean, D. A. 34. 46. 328.
MacRae, D. A. 111. 334. 338.
Macris, C. 192. 193.
Mädlow, E. 28. 36. 46. 49. 77. 79. 213. 245. 247. 249. 331. 469. 470.
Maecker, H. 15.
Maeda, F. 312.
Maffei, P. 347.
Magalaschwili, N. L. 338. 364. 370. 397.
Magnizkij, W. A. 215.
Maher, T. 85. 468.
Maître, V. 255. 288.
Makarowa, E. A. 180.
Makarowa, W. I. 31.

Makower, S. G. 2. 294. 298.
Maleček, B. 20.
Malkin, W. B. 26.
Mallan, L. 469.
Malsch, W. 170. 173. 290.
Malurkar, S. L. 176. 197. 209. 226.
Malzac, G. 38.
Mamedbejli, G. D. 72.
Mamonow, E. I. 17. 56.
Mann, P. A. 84.
Manning, L. A. 314.
Mannino, G. 51. 346. 364. 408.
Manring, E. R. 88.
Marco, A. De 457.
Margolina, W. L. 289.
Marguerat, M. 48.
Markarjan, B. J. 403.
Markow, A. W. 431.
Marks, A. 249. 376. 472.
Marmo, F. F. 225.
Marsden, B. G. 210.
Marsden, P. L. 200.
Marshall, L. 185.
Marshall, W. 15.
Marsten, R. 469.
Martel, M.-T. 411.
Martin, D. S. 222.
Martin, E. G. 32. 80.
Martin, E. L. 67. 69. 358.
Martin, L. C. 77.
Martini, A. 141. 370.
Martres, M.-J. 193. 196.
Martynenko, W. W. 102. 318.
Martynow, D. J. 439.
Masani, A. 141. 151. 353. 370.
Mason, E. A. 10.
Masotti, A. 127. 408.
Massalskaja, K. P. 31.
Massewitsch, A. G. 151. 152. 354. 403.
Massey, H. S. W. 54. 55.
Masson, H. 91.
Matjagin, W. S. 323. 413.
Mattig, W. 117. 166. 168. 171. 173.
Matui, S. 239.
Matwejew, I. W. 236.
Maue, A.-W. 6. 115.
Maurer, W. G. 95.
Mawridis, L. 403. 423.
Maximow, I. W. 461.
Mayall, M. W. 45. 388.
Mayall, N. U. 115. 430.
Mayer, L. A. 72.
Mayne, K. I. 215.
McClain, E. F. 445. 450.
McCracken, K. G. 199.
McCrea, W. H. 31. 33. 38. 112. 117. 119. 132. 358. 468.
McCue, J. J. G. 7.
McCuskey, S. W. 338. 347. 354. 401.
McDaniel, R. E. 469.
McDonald, F. B. 457.
McDonald, J. K. 26.
McElhinny, M. W. 168.
McKellar, A. 347. 364. 370. 373.
McKerrow, C. A. 200.
McKinley, D. W. R. 312. 315. 318.
McLaughlin, D. B. 33. 249. 396.
McMath, R. A. 208.
McMath, R. R. 42. 86. 180. 190.
McMinn, T. J. 126.
McNamara, A. G. 312.
McNamara, D.H. 376. 383.
McVittie, G. C. 50. 117. 145. 152.
Mebane, A. D. 319.
Meek, J. H. 460.
Meeus, J. 109. 169. 211. 254.
Megaw, E. C. S. 230.
Meier, H. 73.
Meijer, H. de 77.
Meinel, A. B. 54. 86. 102.
Meisel, D. 305.
Meister, H. J. 117.
Melchior, P. 67.
Melchior, P. J. 126.
Melnikow, O. A. 56. 108. 173. 352. 376. 383.
Meltzer 38.
Meltzer, A. S. 370.
Melzer, H. 216. 312.
Mendes, M. 2.
Mendoza V, E. E. 403.
Menneret, C. 340.
Menon, T. K. 403. 454.
Ments, M. v. 96.
Menzel, D. H. 42. 188. 193. 208.
Mercier, A. 53.
Mercure, R. 181. 184.
Meredith, L. H. 226. 320.
Mergentaler, J. E. 67. 173. 177. 193.
Merman, G. A. 122. 123.
Merrill, P. W. 7. 33. 35. 347. 383. 388.
Mertens, R. 8.
Merton, G. 46. 290.
Mesnage, M. 96.
Mesnage, P. 96.
Messerschmidt, W. 200.
Mestel, L. 132. 152. 357.
Meurers, J. 23. 32. 77. 403.
Meyer, B. 200.
Meyer, K. P. 96.
Meyer, P. 200.
Meyerott, R. E. 8.
Mezger, P. 84. 445.
Mezulić, M. 41.
Michajlow, A. A. 41. 51. 74. 105. 118.
Michard, R. 168. 193. 200.
Michel, H. 24. 28. 34. 35. 94. 105. 331.
Michelson, N. N. 56.
Michiels, L. 49.
Michkovitch, V. V. 19.
Miczaika, G. R. 54. 347.
Middlehurst, B. M. 26.
Mieghem, J. van 32.
Mielke, H. 469.
Miescher, E. 6. 8.
Mietelski, J. 63.
Migeotte, M. V. 55. 179. 181. 217.
Mihailović, D. 123.
Mihul, A. 118.
Mikhail, F. I. 117.
Mikischa, A. M. 127.
Milanković, M. 72. 123.
Milczarek, W. 23.
Milford, S. N. 118.
Miller, F. D. 304. 333. 338. 353. 383. 419.
Miller, R. 4.
Miller, R. H. 90.
Miller jr., S. C. 181. 184.
Miller, T. W. 254.
Miller, W. A. 181.
Miller, W. J. 376.
Milligan, R. 243.
Millman, P. M. 312. 314. 315. 317. 326.
Millns, P. Y. 86.
Mills, B. Y. 395. 411. 446. 450.

Milone, A. 457.
Milovanović, V. 104. 466.
Minkowski, R. 118. 415. 416.
Minnaert, M. 27. 36. 181.
Minnis, C. M. 164. 166. 200.
Mironow, A. W. 229.
Mirsabekjan, E. G. 52. 84. 86.
Mirsojan, L. W. 383.
Missana, N. 75.
Mitani, T. 239. 304.
Mitchell, F. H. 84. 186.
Mitchell, M. 384.
Mitchell jr., W. E. 384.
Mitić, L. 336.
Mitić, L. A. 94.
Mitra, A. P. 225.
Mitra, R. K. 168.
Mitrinović, D. 38.
Mitrinović, R. S. 254. 297.
Mitrofanowa, L. A. 348.
Miyamoto, S. 145. 152. 439.
Mjuchkjurja, W. 90.
Mochnatsch, D. O. 130. 294. 295.
Moczko, J. 104.
Modena, I. 199.
Mogorovich, M. 20.
Mohler, O. C. 180. 181.
Mohr, O. 60.
Moiseiwitsch, B. L. 226.
Moissejew, I. G. 52.
Molett, W. E. 75.
Møller, C. 118.
Möller, F. 55.
Monnig, O. E. 324.
Montanyá, F. X. 245.
Montefinale, G. 472.
Montel, P. 34.
Montgomerie, G. A. 17.
Moon, P. 118.
Moore, C. E. 33. 181.
Moore, G. E. 3.
Moore, J. H. 244.
Moore, P. 23. 46. 72. 78. 210. 211. 213. 216. 233. 234. 241. 243. 249.
Moore, W. L. 91.
Morel, J. 228.
Morelli, C. 455. 470.
Morel-Viard, J. 229.
Morgan, H. R. 333. 425.
Morgan, W. W. 32. 408.
Morishita, M. 239.
Morley, E. L. 48.
Moroney, M. J. 1. 2.
Moros, W. I. 90. 203. 250. 327.
Morosow, W. M. 221. 226.
Morrison, P. 207. 457.
Mortensen, H. 39.
Morton, D. C. 118. 364. 368. 472.
Moszkowski, S. A. 8.
Mott, N. F. 42.
Mottoni, G. de 250.
Mowbray, A. G. 102.
Moyls, B. N. 355.
Mozer, F. 132.
Mrkos, A. 299. 305.
Mucke, H. 20.
Muller, A. B. 335.
Muller, C. A. 84. 454.
Müller, E. 213.
Müller, H. 186.
Müller, J. 318.
Muller, P. 49. 66. 354. 358. 360. 361. 363.
Müller, R. 177. 197. 198. 205.
Mumford III, G. S. 70. 338. 384. 423.
Münch, G. 152.
Münch, L. 354. 384.
Munk, W. H. 465.
Murakami, T. 102. 312. 316.
Murray, C. A. 234.
Murray, F. J. 1.
Murray, W. A. S. 232.
Murty, G. S. 8.
Musen, P. 123. 290.
Mustel, E. R. 33. 187. 193. 222. 348. 396.

Näbauer, M. 2.
Nabokow, M. E. 23.
Nadolschi, L. 175. 465.
Nadolschi, V. 102. 110. 173. 175. 465.
Nádor, G. 72.
Nadubowitsch, J. A. 166.
Naef, R. A. 20. 37. 61. 168. 245.
Nagakawa, K. 152.
Nagane, K. 232.
Nahon, F. 127.
Naish, G. P. B. 71.
Nakamura, S. T. 126.
Nakamura, T. 66. 143. 220.
Nakano, S. 232. 255.
Nakasima, R. 8.
Namikawa, T. 12.
Náprstková, J. 2. 36. 128. 158.
Nariai, H. 132. 133.
Nash, R. T. 62.
Nassau, J. J. 33. 43. 56. 348. 381. 419.
Naugle, J. E. 455.
Naur, P. 23. 141.
Neat, W. N. 469.
Nebbia, G. 30.
Nechvíle, V. 41.
Neckel, H. 181.
Needham, J. 96.
Neely, H. M. 23.
Nefedjew, A. A. 238.
Negaard, B. J. 227.
Neher, H. V. 457.
Nelson, E. 250.
Nemiro, A. A. 56. 57. 330.
Nessi, M. 35.
Neufeld, E. L. 309.
Neuman, M. 14.
Neven, L. 179. 181. 217.
Newing, R. A. 409.
Newkirk, G. J. 207.
Newman, H. W. 77.
Newman, J. 29.
Newton, H. W. 62.
Ney, E. P. 455. 456.
Neyman, J. 50. 128.
Nicholson, S. B. 31. 177. 197. 209.
Nicolet, M. 163. 184. 218.
Nicolini, T. 31. 65. 107.
Nielsen, A. 72. 86.
Nielsen, A. V. 319.
Niinomi, K. 327.
Nikitin, A. A. 136.
Nikitin, K. A. 58.
Nikolskij, A. P. 207.
Nikolskij, G. M. 169. 203. 204. 328. 354.
Nikonow, W. B. 338.
Nikonowa, L. E. 330.
Nininger, H. H. 327.
Nishida, M. 149.
Nissen Jøker, P. I. 27.
Noakes, G. R. 470.
Nobile, V. 128.
Nögel, O. 239.
Nonweiler, T. 47.
Nordø, J. 172. 173. 207.

Norinder, H. 166.
Norinelli, A. 65.
Norlind, W. 39.
Northcott, R. J. 18. 364.
Noskowa, R. I. 235.
Notuki, M. 193.
Novák, A. 322.
Novák, K. 239.
Noxon, J. 228.
Nussbaum, J.-M. 27.

Obaschew, S. O. 166. 191.
Obayashi, T. 207.
Oberender, W. 9.
Oberndorfer, H. 79. 244.
Oberth, H. 469.
Obi, S. 152. 153. 154.
Obornewa, A. G. 330.
O'Brien, P. A. 185. 451.
Obuljen, A. 472.
Obůrka, O. 59. 61. 69. 472.
O'Connell, D. J. K. 32. 61. 77. 384. 388.
Odgers, G. J. 376.
Oganesjan, R. S. 133.
Ogawa, T. 97.
Ogorodnikow, K. F. 23. 47. 57. 128.
Öhman, Y. 61. 193. 197. 198.
Ohmura, T. 152.
Okazaki, S. 461.
O'Leary DeLacy 74.
Oldenberg, O. 93.
Olivier, C. P. 45. 312. 319. 320.
Olivieri, G. 196.
Ollongren, A. 370.
Olsen, J. 173. 222.
Omholt, A. 229.
Onderlička, B. 20. 168. 358.
Onegina, A. B. 333. 404.
Onishi, H. 323.
Onishi, M. 250.
Oort, J. H. 67. 412. 419.
Oosterhoff, P. T. 419.
Opalski, W. 102. 107. 361.
Oparin, A. I. 28.
Öpik, E. J. 118. 210. 213. 313.
Opolski, A. 145. 360. 377. 439.
Oppenheimer, J. R. 41.
Ordway III, F. I. 222. 469. 471.
O'Riordan, W. J. 47.
Orlow, B. A. 108.
Orlow, S. W. 184. 295.
Orlowa, N. S. 166. 236. 242.
Orral, F. Q. 194.
Orte Lledó, A. 66.
Orton, R. B. 48.
Osawa, K. 136.
Oscherowitsch, A. L. 419.
Osols, L. P. 104.
Ossipow, A. K. 169.
Oster, L. 160. 184. 194. 204.
Osvalds, V. 360.
Otsuki, S. 169.
Oumi, M. 239.
Ouvrard, F. 254.
Ovenden, M. W. 32. 75. 444.
Owen, R. J. 48.
Özden, H. 382.
Ożdżeńska, Z. 39.

Pacholczyk, A. G. 166. 313. 316. 319. 331.
Paciorek, J. 173. 193. 377.
Paetzold, H. K. 109.
Pagaczewski, J. 77.
Page, R. M. 118.
Pagel, B. E. J. 160. 377.
Pajdušáková-Mrkosová, L. 173. 297.
Palmer, C. E. 207.
Palmer, D. R. 199.
Paloque, E. 67. 93. 330.
Paluzíe Borrell, A. 39. 48.
Pan, T.-M. 175.
Panaiotow, L. A. 423.
Paneth, F. A. 22. 33.
Pannwitz, E. 30.
Panofsky, E. 72.
Panowa, G. W. 107.
Pao, S. C. 12.
Papapetrou, A. 117. 118.
Parenago, P. P. 24. 52. 57. 328. 354. 365. 377. 427.
Parijskij, N. N. 462.
Parker, E. N. 8. 200. 458.
Parker, G. W. 24.
Parker, J. B. 467.
Parry, J. V. L. 95.
Parschin, I. A. 57.
Parsons, N. R. 199.
Paterson, E. R. 37.
Paton, J. 46. 229.
Patterson, C. 156.
Patterson, W. T. 82.
Pawlikowski, A. 156. 254.
Pawlow, N. N. 330.
Pawlow, W. W. 160. 174.
Pawlowskaja, E. D. 354. 423.
Pawsey, J. L. 446.
Payne-Gaposchkin, C. 24. 32. 153.
Payot, R. 44. 65. 96.
Pearce, J. A. 75.
Pearce, J. H. 16.
Pecker, C. 194.
Pecker, J.-C. 194. 207.
Pederzani, T. 61.
Peisino, G. 24. 207.
Pěkný, Z. 329.
Pensado, J. 360.
Pérard, A. 96.
Perek, L. 333. 423. 469.
Perel, J. G. 57.
Perelman, J. I. 24.
Pérez Vizcaíno, A. 469.
Peroni, P. 28.
Perry, S. H. 324.
Persson, G. 226. 244.
Peschka, W. 469.
Pesonen, U. 166.
Pestarino, E. 353.
Peters, B. 454. 458.
Peters, F. 22.
Peters, T. 15.
Petersen, E. V. 31.
Petersen, N. V. 30. 47. 472.
Peterson, A. M. 314.
Petit, M. 328. 355. 388.
Petrie, R. M. 33. 44. 68. 336. 355. 364. 424.
Pettit, E. 72. 78. 82.
Pfeiffer, J. 446.
Pfotzer, G. 188. 199. 459.
Pham Mau Quan 118.
Phippen, H. D. 1.
Picart, L. 24.
Piccardi, G. 207. 208.
Picciotto, E. E. 320. 321.
Pice, H. S. 21.
Picht, J. 76. 118.
Pickering, W. H. 250.

Piddington, J. H. 8. 12. 161. 446. 450.
Pierce, A. K. 180.
Pierce, E. T. 32.
Pierce, J. A. 208.
Pietra, S. 408.
Piguet, L.-E. 110.
Pikelner, S. B. 36. 57. 146. 194. 229. 412. 420. 442.
Pilnik, G. P. 96. 102.
Pilowski, K. 43. 355.
Pilschtschikowa, P. W. 31.
Pinto, G. 65. 239.
Piotrowski, S. L. 8. 9. 47. 82. 133. 370. 439.
Pişmiş, P. 128. 404.
Pissarewa, W. W. 52.
Pjaskowskaja-Fessenkowa, E. W. 9. 220. 221.
Pjaskowskij, D. W. 72. 226.
Plachow, A. G. 164.
Planas Tort, J. 245.
Plaskett, H. H. 44. 161. 409.
Platt, J. R. 146. 185.
Plaut, L. 338.
Plavec, M. 32. 57. 316.
Pletschkow, W. M. 52.
Pljugin, G. A. 399. 436.
Plushnikow, W. C. 238.
Podobed, W. W. 35.
Pohl, E. 199.
Pohl-Rüling, J. 199.
Pokrzywnicki, J. 323.
Polák, B. 105. 460.
Polak, I. F. 24.
Polikarow, A. 157.
Polli, S. 126.
Poloskow, S. 153.
Poloskow, S. M. 187. 295.
Pomerantz, M. A. 458.
Ponomarew, E. A. 204.
Ponsen, J. 370.
Popović, B. 123. 130. 254.
Popovici, C. 107. 128. 141. 175. 196. 371. 404. 424. 462.
Popow, J. A. 458.
Popow, P. S. 96.
Popowa, M. 318.
Popper, D. M. 348. 371.
Porfirjew, W. W. 141.
Porter, D. 210.
Porter, J. G. 31. 46. 295. 472.
Porter, N. A. 198.
Porter, R. W. 472.
Porzewskij, K. A. 58.
Possener, M. 174. 458.
Potkow, L. L. 39.
Pottasch, S. 412.
Potter, C. I. 107.
Poveda, A. 146.
Pratdesaba, J. 245.
Prawdjuk, L. M. 192.
Prendergast, K. H. 12.
Pressman, J. 225.
Preston, G. W. 184. 202. 335.
Price, D. J. 73. 80. 96.
Price, R. 446.
Priester, W. 289. 444. 445. 450.
Příhoda, P. 288.
Prin, G. 51.
Princová, O. 105.
Prinzler, H. 165.
Proctor, P. M. 39.
Proell, W. 472.
Proisy, P. 136. 161. 295.
Prokofjewa, I. A. 66. 204.
Protheroe, W. M. 230.
Protitch, M. B. 42. 47. 78. 176.
Pruett, J. H. 319.
Pruvost, P. 26.
Przybylski, A. 302.
Psota, F. 39.
Ptáček, V. 96.
Pugh, R. E. 310. 313.
Pupyschew, J. A. 313.
Purcell, E. M. 9.

Quilghini, D. 126.

Rabben, H. H. 86.
Rabe, E. 123.
Rachlin, W. L. 51. 52. 87.
Rackham, T. W. 86.
Radcliffe, A. 28.
Radlowa, L. N. 250.
Radsijewskij, W. W. 9. 119.
Raffone, J. J. 25.
Raimond jr., J. J. 20. 25. 159. 252. 412. 431.
Rajchl, J. 304.
Rakowiecki, T. 103.
Rama 454.
Ramakrishnan, A. 419.
Ramanadham, R. 163.
Ramanathan, K. R. 200. 218.
Ramsey, H. 193.
Ramsey, W. H. 33.
Ranck, O. C. 211.
Randić, L. 465. 467.
Rankama, K. 216.
Ranzi, U. 244.
Rapota, R. M. 176. 197.
Rapp, K. 242.
Rappaport, P. 91.
Rasin, W. A. 52. 444.
Rasmadse, N. A. 364. 412. 416.
Rasool, S. I. 165.
Rastogi, R. G. 166. 200.
Ratcliffe, J. A. 32. 48. 78. 225.
Rawer, K. 53. 165.
Ray, E. C. 458.
Ray, S. 168.
Rayrole, J. 158. 196.
Razdan, H. 200.
Reaves, G. 431.
Reber, G. 446.
Rečičar, J. 313.
Reddish, V. C. 142. 250. 355. 377. 404.
Redman, R. O. 42. 409.
Reese, E. J. 244.
Regemorter, H. van 136.
Reid, G. C. 228.
Reid, J. H. 199.
Reinharz, M. 457.
Reinmuth, K. 330.
Renkawitz, W. 9.
Rense, W. A. 181. 184.
Resnick, R. 218.
Resnikow, A. O. 142.
Rhijn, P. J. van 420.
Rice, F. O. 289.
Richards, B. 78.
Richards, C. P. 28.
Richardson, J. M. 468.
Richardson, R. H. 364.
Richardson, R. S. 24.
Richter, E. 12.
Richter, N. 9. 57. 296.
Riddell jr., R. J. 14.
Ridley, H. B. 46.
Riehl, H. 208.
Rigal, J.-L. 128. 424.

Righini, G. 51. 181.
Rigollet, R. 298. 319.
Rigutti, M. 197.
Rijwes, W. G. 300. 303.
Rik, K. G. 321.
Rindler, W. 119.
Ring, J. 87.
Ringnes, T. S. 75. 166. 172.
Risberg, P. 5.
Rishbeth, H. 451.
Rjabow, J. A. 123. 124.
Roach, F. E. 223. 228.
Roberson, E. C. 28.
Roberson, R. E. 126.
Roberts, J. A. 225. 452.
Roberts, M. S. 355. 412.
Roberts, P. H. 12.
Roberts, V. 55.
Roberts, W. O. 194.
Robertson, D. A. 409.
Robertson, H. P. 120.
Robertson, W. H. 254.
Robinson, G. D. 55.
Robinson, J. H. 214.
Robley, R. 218.
Rodewald, M. 216. 313.
Rodionow, S. F. 419.
Rodionow, W. I. 313.
Rodskjer, N. 82.
Roelofs, R. 460. 465.
Roemer, E. 305. 358.
Rogers, M. H. 10. 142.
Rohmer, J. 28.
Rohr, H. 73. 78.
Rohrlich, F. 204.
Roland, G. 305.
Roman, N. G. 371. 451.
Romano, G. 384.
Romick, D. C. 470.
Ronan, C. A. 41. 46.
Ronchi, V. 78.
Rösch, J. 66. 78. 174. 181.
Rose, D. C. 32. 200. 459.
Rose, W. 28.
Rosen, M. W. 472.
Rosenbljum, N. D. 313.
Roshkowskij, D. A. 102. 103. 339. 413. 431.
Rosino, L. 24. 46. 51. 68. 388. 396. 398. 413. 414. 431.
Roslund, C. 168. 169.
Ross, J. 10.
Rossel, J. 96.
Rosseland, S. 65.
Rossiter, R. A. 360.
Rotblat, J. 23.
Roth, E. 69. 317.
Roth, G. D. 35. 49. 77. 243. 252. 288. 290. 331.
Roth, K. W. 69.
Rothwell, P. 456. 458.
Rottenberg, J. A. 33.
Rouppert, S. 210.
Rousseau, J. E. 103.
Rousseau, M. 237.
Rousseau, P. 24.
Roux, E. Le 410. 447.
Rowland, G. L. 322. 323.
Roy, A. E. 213.
Rozgaj, S. 24. 216.
Rozis-Saulgeot, A.-M. 437. 440.
Rubzow, L. N. 52.
Rudkjøbing, M. 96. 357.
Rudnicki, K. 128. 153. 177. 296. 333. 365. 399. 424.
Ruggieri, G. 244. 289. 291.
Rükl, A. 119.
Rule, B. H. 80.
Rumińska, R. 339.
Runcorn, S. K. 216.
Ruprecht, J. 129. 329. 404.
Ruskol, E. L. 157.
Russell, H. N. 32.
Russell, J. A. 47. 313. 317. 320. 322.
Russo, T. W. 330.
Rustad jr., R. 212. 288.
Rybka, E. 24. 32. 47. 75.
Rybka, P. 66. 330.
Ryle, M. 61. 79. 451.

Sabanejew, P. F. 242.
Sadil, J. 250.
Sadler, D. H. 17. 20. 30. 105. 107. 467.
Sadoski, D. C. 317.
Sadoski jr., M. J. 317.
Sadowskij, N. N. 34.
Saelman, R. 472.
Safronow, W. S. 57. 157.
Sagdejew, R. S. 142.
Saget, J. 93.
Sagrebin, D. W. 462.
Saha, A. K. 168.
Sahade, J. 335. 378. 383. 384.
Saheki, T. 245. 250.
Saidow, K. C. 371.
Saito, K. 103. 168. 182.
Sakamoto, M. 10.
Sakuma, S. 67. 387.
Sakurai, A. 142.
Salerni, G. 91.
Salomonowitsch, A. E. 52.
Salpeter, E. W. 89.
Samojlowa-Jachontowa, N. S. 255.
Samsonowicz, J. 215.
Sanamjan, W. A. 52.
Sandage, A. R. 115. 153. 355. 378. 402. 407. 430.
Sandakowa, E. W. 255.
Sandell, E. B. 323.
Sandner, W. 73. 174. 211. 214. 229. 231. 245. 250.
Sandström, A. E. 200. 458.
Sanford, R. F. 378.
Santillana, G. de 39.
Santomauro, L. 83.
Sarabhai, V. 200.
Sarma, N. V. G. 225.
Šaroch, Z. 378.
Sastry, T. S. G. 200.
Satô, K. 288.
Sato, T. 288. 319.
Satterthwaite, G. E. 48. 289.
Sauer, M. 63.
Savedoff, M. P. 146. 153. 409. 431.
Sawarizkij, A. N. 323.
Sawhney, M. P. 13.
Sawizkij, P. 333. 424.
Sawruchin, A. P. 317.
Saxl, F. 73.
Schachowskoj, N. M. 388.
Schafer, J. G. 199.
Schajn, G. A. 32. 52. 146. 413. 414. 421. 442.
Schalén, C. 46. 105. 414.
Scharonow, W. W. 57. 166. 214. 234. 236. 242. 250.
Scharonowa, A. 317.
Scharow, A. S. 440.
Schatzman, E. 57. 129. 136. 137. 142. 355. 357. 424.
Schaub, W. 78. 105.
Schazowa, R. B. 329.

Scheffers, G. 460.
Scheffler, H. 180. 231.
Schefow, N. N. 229.
Scheibe, A. 97.
Schein, M. 457.
Scherrer, W. 10. 119.
Schiffmann, M. W. 28.
Schild, A. 119.
Schiller, K. 43.
Schilpp, P. A. 41.
Schindler, G. 252.
Schirdewahn, G. 176. 226.
Schirokow, M. F. 119.
Schischakow, W. A. 24. 58.
Schischkina, G. A. 399. 436.
Schistowskij, K. N. 70.
Schklowskij, I. S. 52. 53. 153. 221. 416. 417.
Schlegel, R. 119.
Schlüter, A. 17.
Schmaonow, T. A. 52.
Schmeidler, F. 32. 142. 143. 361.
Schmeiser, H. 157.
Schmerling, E. R. 225.
Schmidt, D. 35. 58.
Schmidt, H. (Bamberg) 388.
Schmidt, H. (Bonn) 371.
Schmidt, K. H. 90. 339. 439.
Schmidt, M. 129. 409. 425.
Schmidt, O. J. 157.
Schmidt, T. 146. 431. 436. 440.
Schmied, L. 182.
Schmitt, A. 66.
Schnable, G. 193.
Schneider, E. 73.
Schneider, R. 97.
Schoenberg, E. 34. 44. 158. 174.
Schön, M. 30.
Schove, D. J. 110. 174. 299.
Schpitalnaja, A. A. 202.
Schram, H. 10.
Schrick, K.-W. 61. 371. 431.
Schrödinger, E. 119.
Schroeder, W. 24.
Schröter, E. H. 120. 171. 173.
Schrutka-Rechtenstamm, G. 234.
Schtepan, W. E. 316. 317.
Schtscheglow, W. P. 39. 41. 66. 169. 210.
Schtschegolew, D. E. 87. 251. 431.
Schubart, J. 16. 109. 124. 130. 210. 255.
Schubert, G. 219. 229.
Schücking, E. 114. 117.
Schulejkin, W. W. 225.
Schuler, M. 16.
Schulgin, P. 97.
Schulte, D. H. 348. 427.
Schumacher, E. 323.
Schumacher, H. J. 319.
Schuman, R. P. 399.
Schumann, G. 215.
Schur, A. S. 322.
Schütte, K. 16. 20.
Schwankl, P. 93.
Schwartz, S. 137.
Schwarzman, B. F. 198. 199.
Scolnik, B. 226. 227.
Sconzo, P. 124.
Scott, E. L. 50. 128. 129.
Scott, W. E. 31.
Scrimger, J. A. 218.
Scriven, M. 120.
Scultetus, H. R. 251.
Searle, L. 349. 409.
Seaton, M. J. 220. 225. 409.
Šebek, S. 73.
Seddon, H. 379.
Sedó Conde, J. 245.
Sedow, L. I. 58. 143.
Seeger, C. L. 451.
Segers, C. L. 388.
Sehnal, L. 318.
Seidl, Z. 158. 358.
Seitz, H. 28.
Sekanina, Z. 378.
Sekera, Z. 219.
Seki, T. 319.
Sekido, Y. 187. 458. 459.
Sekiguchi, N. 108. 465.
Seldina, M. J. 177. 197. 198. 461.
Seleschnikow, S. I. 28.
Selichanowitsch, W. G. 39.
Selinskaja, M. R. 51. 52.
Semakin, N. K. 25.
Semanek, E. N. 177. 198.
Sen, H. K. 15.
Sen, K. K. 137.
Sengupta, P. K. 328.
Senouque, A. 242.
Sergejewa, A. N. 177. 197. 198.
Serinarell, M. 245.
Serkowski, K. 146. 153. 370. 371. 372.
Sérsic, J. L. 440.
Setty, C. S. G. K. 225.
Ševarlić, B. M. 104. 466.
Sewerny, A. B. 52. 63. 153. 159. 160. 174. 182. 194.
Seyfert, C. K. 65. 330. 338. 353.
Shah, K. B. 120.
Shain, C. A. 289.
Shakeshaft, J. R. 451.
Shane, C. D. 33. 43. 50. 432.
Shapiro, R. 208.
Shapley, H. 33. 35. 39. 75. 436.
Shapley, M. B. 387.
Sharma, S. K. 168.
Sharpless, S. 349.
Shaw, J. H. 218.
Shaw, R. H. 208.
Shaw, R. W. 43.
Shawcross, W. E. 7. 158. 216.
Shdanow, G. B. 459. 460.
Shdanowa, I. G. 384.
Sheard, D. A. 39.
Shechtman, I. 470.
Shelesnjakow, W. W. 52. 186. 289.
Shen, T.-Y. 329.
Sheridan, K. V. 395. 411. 446.
Sheriff, R. M. 166.
Shewakin, S. A. 10.
Shewandrow, N. D. 25.
Shimizu, M. 169.
Shimooda, H. 163. 211.
Shongolowitsch, I. D. 462.
Shurawlew, S. S. 173.
Sidgwick, J. B. 79.
Siedentopf, H. 44. 54. 227. 448.
Siegel, C. L. 124.
Siegmund, W. P. 76.

Siemerling, R. 470.
Sigel, F. J. 296.
Sigl, R. 460.
Siksna, R. 166.
Silva, G. 104. 462.
Silverman, S. 3.
Simon, P. 186. 208.
Simon, R. 139. 143.
Simonenko, A. N. 320.
Simpson, J. A. 200. 459.
Sims, K. P. 239.
Singer, S. F. 32. 120. 469. 470. 472. 473.
Singh, R. P. 143.
Singh, S. K. 467.
Sinton, W. M. 235. 249.
Sipahioglu, O. 208.
Sirkar, S. C. 35.
Široký, J. 75. 251.
Sitnik, G. F. 10. 90. 182. 183. 220.
Sitnikow, P. F. 314.
Sitte, K. 459.
Sittkus, A. 200. 201.
Siwkow, A. A. 238.
Skeib, G. 200.
Skinner, N. J. 226. 453.
Skrypin, G. W. 199.
Škvarčck 22.
Slater, A. E. 216. 250. 251.
Slavin, M. 181.
Slee, O. B. 204. 451.
Slettebak, A. 349.
Sloan, R. 218.
Slodkewitsch, W. S. 157.
Slonim, J. M. 176. 197.
Smak, J. 425.
Smart, W. M. 37. 43. 157. 467.
Smith, E. P. 193.
Smith, E. van P. 420. 442.
Smith, F. G. 428. 446. 447. 451.
Smith, H. J. 420.
Smith, H. M. 97.
Smith, R. A. 63.
Smith, W. E. 29.
Smyth, M. J. 32.
Śniadecki, J. 41.
Sobolew, W. M. 192. 195. 204.
Sobolew, W. W. 58. 137.
Sobolewa, N. S. 172.
Sokolowa, N. G. 466.
Solowiow, A. W. 378. 389.
Somes-Charlton, B.-V. 78. 87.
Sommer, P. 247.
Sommer, R. 22. 372. 471.
Soné, T. 2.
Sorotschenko, R. L. 52.
Soru, I. 175. 196.
Sosnowa, A. K. 311.
Sotkin, I. T. 318.
Sowerby, A. L. M. 93.
Speck, F. 85. 468.
Speicher, H. B. 61.
Spencer, D. E. 118.
Spigl, H. S. 44.
Spincourt, J. 473.
Spite, F. 103.
Spitzer jr., L. 44. 133. 146. 152. 420. 440.
Sprenger, K. 166. 200.
Squyres, H. P. 289.
Sredinskij, S. N. 251.
Srinivasan, S. K. 419.
Stahlman, W. D. 73.
Stair, R. 184.
Stanjukowitsch, K. P. 7. 26. 323.
Stankewitsch, K. S. 52.
Stanley, G. J. 446.
Starkowa, A. G. 323.
Starodubzew, A. M. 51.
Staroselskaja-Nikitina, O. A. 31.
Stearns, C. L. 336.
Steavenson, W. H. 46. 214. 331.
Stebbins, J. 339.
Steck, M. 39.
Stedman, W. D. 339.
Steffensen, J. F. 124.
Stehling, K. R. 470.
Stein, W. 49.
Steinberg, J.-L. 219.
Steinberger, I. T. 92.
Steinlin, U. 352. 355. 399. 400. 404.
Steinlin, U. W. 23.
Steinmaurer, R. 201.
Steins, K. A. 157. 296.
Stemmler, G. 231.
Stepanow, W. E. 174. 183.
Stephenson, C. B. 380.
Sternfeld, A. A. 470.
Stetson, H. T. 208.
Stewart, J. C. 349.
Stibbs, D. W. N. 378. 425.
Stiefel, E. 2.
Stipanitsch, E. 73.
Stock, J. 93. 339. 349. 404.
Stock, M. 231.
Stockhausen, J. H. 198.
Stoffregen, W. 222.
Stone, A. P. 2.
Stone, P. W. 468.
Stoneley, R. 32.
Störmer, C. 229.
Stoutenburg, D. V. 62.
Stoy, R. H. 32. 42. 339.
Stoyko, A. 87. 97. 103. 462. 463. 466.
Stoyko, N. 97. 223. 463.
Stradal, F. 82.
Strand, K. A. 43.
Stratton, F. J. M. 34. 35. 397.
Straut, E. K. 46.
Strelkowa, E. P. 384. 385.
Strigatscheff, A. 75.
Strnad, K. 58.
Stroganowa, M. N. 289.
Strohmeier, W. 42. 60. 389.
Strömgren, B. 23. 33. 43. 44. 50.
Strubecker, K. 460.
Strugazkij, B. N. 399. 436.
Strughold, H. 211.
Struve, O. 33. 47. 73. 91. 153. 157. 296. 323. 335. 341. 345. 349. 360. 366. 369. 372. 378. 383. 384. 404. 405. 440.
Stuart, F. 184.
Stuart, L. H. 234.
Stull, V. R. 218.
Stumpff, K. 124.
Stumpff, P. 296.
Subbotin, M. F. 39. 120. 125.
Subow, W. P. 39. 73.
Subrahmanyam, V. P. 163.
Suchodolski, B. 42.
Suda, K. 143.
Suemoto, Z. 169.
Süer, B. 159.
Süer, Y. 159.
Suess, H. E. 133.
Sugawa, C. 105. 109. 239. 290. 336.

Sujew, K. P. 157.
Sujkow, W. N. 195.
Sulejmanow, W. 34.
Surange, P. G. 168.
Suschizkij, P. I. 326.
Suslow, A. K. 237.
Süslü, R. 323.
Suter, H. 78.
Suter, R. 39.
Suzuki, S. 164.
Svatoš, J. 360.
Svejgaard, B. 17. 461.
Švestka, Z. 68. 195. 440.
Svoboda, K. 473.
Swensson, J. 181. 341. 363.
Swerew, M. S. 330.
Swihart, T. L. 137. 161.
Swings, P. 26. 32. 296. 349.
Synge, J. L. 120.
Sytinskaja, N. N. 157. 166. 234. 251.
Szafraniec, R. 63. 389.
Szczepanowska, A. 389.
Szczepkowski, B. 327.
Szeghy, I. 120.
Szekeres, G. 116. 120.
Szendrei, M. E. 168.
Szymański, W. 174. 177.

Tabarroni, G. 28. 73.
Tabor, H. 91. 92.
Tai, W. S. 425.
Taichman, S. 208.
Takagi, S. 108. 466.
Takahashi, I. 97.
Takakubo, K. 169.
Takakura, T. 186.
Takebe, H. 152.
Takenouchi, T. 125.
Taketani, M. 143. 154.
Takeuchi, H. 461.
Takeyama, M. 97.
Talley, R. L. 292.
Talwar, S. P. 4. 126. 143.
Tanabe, H. 168.
Tanaka, H. 84.
Tanaka, Y. 8.
Tandberg-Hanssen, E. 174. 188.
Tandon, J. N. 143. 208. 209. 452.
Tang, H.-L. 163.
Tárczy-Hornoch, A. 466.
Tardi, P. 103. 463.
Taub, A. H. 119.
Tarumi 467.
Tatistcheff, D. 126.
Tawadse, N. S. 231.
Tayler, R. J. 154.
Tcheng, M.-L. 31. 33. 228. 341.
Teleki, D. 251.
Teleki, G. 108. 466.
Telkes, M. 92.
Temesváry, S. 139.
Teplizkaja, R. B. 183.
Terentjewa, A. K. 314.
Terlezkij, J. P. 129. 145.
Terrell, V. E. J. 69.
Terwangne, R. de 255.
Teske, R. G. 335. 382. 385.
Teucher, A. 58.
Teufel, W. G. 226. 236.
Texereau, J. 78. 79. 82. 398.
Thackeray, A. D. 33. 44. 66. 396. 397. 409. 425. 428. 434.
Theissing, H. H. 183. 186. 218.
Thiel, R. 28.
Thielmeier, G. 91.
Thieme, F. 319.
Thiessen, G. 372.
Thiruvengadathan, A. 209.
Thom jr., W. H. 208.
Thomas, H. H. 403.
Thomas, J. O. 225.
Thomas, O. 25.
Thomas, R. N. 161. 184. 188. 189.
Thompson, G. V. E. 39. 470.
Thompson, S. 23. 58.
Thomsen, I. L. 35. 44. 68. 177. 213.
Thomson, J. H. 451.
Thomson, M. M. 87.
Thorndike, L. 28. 73.
Thornton-Smith, G. J. 466. 467.
Thüring, B. 120.
Tichow, G. A. 28. 31. 251.
Timothy, H. 296.
Tjanutowa, G. W. 199.
Tokmalajewa, S. S. 290.
Tomasik, H. 349.
Tomita, K. 292. 298.
Topping, J. 2.
Toraldo di Francia, G. 470.
Torcoletti, L. M. 39.
Torgård, I. 129.
Torondshadse, A. F. 244. 333. 420. 425. 441.
Toropowa, T. P. 220. 221.
Torroja, J. M. 110. 170. 463.
Tortorici, P. 463.
Tousey, R. 227. 473.
Townsend, A. A. 10.
Traving, G. 135.
Trefall, H. 201.
Tregaskis, B. 239.
Tregaskis, T. B. 319.
Tregear, W. G. H. 237.
Trellis, M. 202.
Tremko, J. 91. 103.
Trent, G. H. 446. 450.
Tripp, W. 442.
Troizkij, W. S. 51. 52. 87.
Trombe, F. 92.
Trost, P. A. 199.
Trumpy, B. 201.
Trutze, J. L. 317.
Tsai, C. H. 169. 244.
Tschebanenko, I. I. 58.
Tschebotarjow, G. A. 255.
Tschekirda, A. T. 239. 240.
Tschepinaz, T. 110.
Tscheprakow, W. D. 28.
Tscherednitschenko, W. I. 229. 296.
Tschernow, A. M. 35.
Tschernow, W. M. 234. 236.
Tschernych, N. S. 237.
Tscheschko, F. F. 231.
Tschichatschew, B. M. 52. 68.
Tschirkowa, R. M. 169.
Tschistjakow, W. F. 211. 226. 229.
Tschudowitschew, N. I. 174.
Tschudowitschewa, N. A. 466.
Tuchtarowa, S. P. 238.
Tumanjan 405.
Turenko, W. I. 98.
Turner, J. B. G. 333.

Turusbekow, M. T. 52.
Tuzi, K. 232. 331.
Twiss, R. Q. 4. 85. 353.

Udalzow, W. A. 453.
Uebe, K.-J. 69.
Uji-iye, K. 375.
Ulbricht, H. 231.
Underhill, A. B. 349. 350. 355. 441.
Unno, W. 133. 169. 193.
Unsöld, A. 32. 43. 50. 138. 296. 322.
Uranowa, T. A. 397.
Urbanik, K. 174.
Urey, H. C. 33. 58. 133. 157. 242. 243. 251. 294. 323. 324.
Utida, M. 169.

Vaeth, J. G. 470.
Vaidya, P. C. 120.
Vaidya, W. M. 82.
Valníček, B. 65. 82. 223. 308.
Vandekerkhove, E. 355. 409. 432.
Van Valkenburg, M. E. 314. 324.
Vanýsek, V. 58. 68. 296. 304. 329. 400. 440.
Varsavsky, C. 201.
Vassy, E. 235. 473.
Vaucouleurs, A. de 138.
Vaucouleurs, G. de 33. 109. 251. 432. 434. 436.
Vaughn, F. R. 221. 245. 251.
Ve, C. du 49.
Vegard, L. 229.
Veldkamp, J. 197. 209. 473.
Velghe, A. G. 26. 68. 146.
Verbaandert, J. 51. 98.
Verhoogen, J. 321.
Vernier, P. 87.
Verseau, R. 244.
Vertregt, M. 470.
Veselka, J. 473.
Vestine, E. H. 58.
Vice, R. W. 190. 207.
Vicente, R. O. 465.
Vidal Abascal, E. 360.
Vigroux, E. 243.
Villard jr., O. G. 314.
Villena, L. 92.
Visser, S. W. 175.
Viola, P. G. 25.
Violini, R. de 322.
Vlaicu, Ş. 372.
Vogan, E. L. 228. 309.
Voigt, H. H. 7. 161. 183. 235. 357. 441.
Voledi, I. 41.
Volk, O. 80.
Volland, H. 163.
Voûte, J. 361.
Vries, H. de 201.
Vries, T. de 243.
Vujnović, V. 67.
Vyssotsky, A. N. 333. 339. 350.

Waddington, C. J. 456. 459.
Wade, B. 458.
Waerden, B. L. van der 73. 74.
Wagenschein, M. 25.
Wagh, R. V. 121.
Wagman, N. E. 44. 327. 336.
Wahlquist, H. D. 402.
Waldmeier, M. 32. 45. 159. 166. 167. 169. 175. 176. 177. 196. 197. 204. 205. 209.
Walker, M. F. 154. 378. 385. 398. 405.
Walker, R. T. 158.
Walker, W. J. 158.
Walko, K. L. 79.
Wallace, V. L. 296.
Wallenquist, Å. 71. 167.
Wallerstein, G. 406.
Wallis, D. 9.
Wallis, R. F. 6.
Walraven, T. 335. 412.
Walshaw, C. D. 32. 218.
Walusinski, G. 25.
Wandarukow, J. W. 125.
Wang, L. 96.
Wang, S.-K. 31.
Wardani, S. A. 324.
Wark, D. Q. 219.
Warner, B. 243. 244.
Warzée, J. 138.
Wassiljanowskaja, O. P. 167. 221.
Wassiljew, W. 105.
Waterfield, R. L. 356.
Waters, D. W. 74.
Waterton, W. A. 296.
Watkins, C. D. 190. 207.
Watson, F. G. 25.
Watson, K. M. 13. 15.
Wattenberg, D. 22. 42. 68. 69. 105. 158. 223. 252. 331.
Watts, C. B. 232.
Wawilow, S. I. 25.
Wayman, P. A. 54. 78. 175. 209.
Weaver, H. F. 50. 425.
Webb, H. B. 331.
Webber, W. R. 459.
Weber, R. 298. 305. 355. 385. 388.
Weekes, K. 198.
Wehlau, A. W. 183.
Wehlau, W. H. 183. 339. 360.
Weinberg, I. 110.
Weise, K. H. 16. 124.
Weisfeld, M. 122. 461. 471.
Weißberg, O. L. 63.
Weizsäcker, C. F. von 43.
Wells, H. W. 452.
Wempe, J. 44.
Weniger, S. 10.
Wenzel, W. 154. 299. 378. 386.
Wernow, S. N. 459.
Werosub, L. W. 167. 214.
Wesselink, A. J. 372.
Westerhout, G. 58. 62. 111. 414. 445. 446. 449. 451. 452.
Westerlund, B. 350. 405.
Westfall, J. E. 243.
Westfold, K. C. 217.
Wetzel, G. F. 317.
Wheelon, A. D. 122. 461. 471. 473.
Whipple, F. L. 26. 32. 223. 309. 314. 316. 473.
Whitaker, E. A. 46.
Whitby, L. R. 45.
White, E. C. 473.
Whitefield, G. R. 448.
Whitehead, J. D. 224. 225.
Whitehurst, R. N. 84. 186.
Whitford, A. E. 43. 68.
Whitmer, R. M. 6.

Whitney, B. S. 373.
Whitney, C. 138. 378.
Whitrow, G. J. 23. 121.
Whittaker, J. M. 40.
Wierzbinski, S. 301. 361. 363.
Wieth-Knudsen, N. 361.
Wiik, H. B. 324.
Wijk, U. van 129.
Wilcock, W. L. 51. 87. 88. 91.
Wild, J. P. 187. 225. 452.
Wild, P. 433.
Wildt, R. 10. 138.
Wilker, P. 121.
Wilkes, M. V. 17.
Wilkins, G. A. 21. 23.
Wilkins, H. P. 24. 25. 78. 235. 243. 245.
Wilkins, R. G. 473.
Williams, A. D. 384.
Williams, D. 216. 217. 218.
Williams, D. R. W. 452.
Willson, J. R. 89.
Wilson, A. G. 43.
Wilson, A. J. 14.
Wilson, J. G. 200. 459.
Wilson, O. C. 37. 64. 118. 350. 378. 383. 384.
Wilson, R. 351. 379.
Wilson jr., R. H. 154.
Winckler, J. R. 58. 201. 456.
Winkler, H. 98.
Winogradow, I. M. 40.
Winter, H. J. J. 74.
Winter, J. 119.
Winterberg, F. 121. 473.
Winternitz, P. F. 473.
Wirtanen, C. A. 305.
Wischnewskij, B. N. 326.
Wiśniewski, W. 238.
Witinskij, J. I. 175.
Witkewitsch, W. W. 51. 52. 58. 68. 187. 205. 453.
Witkowski, J. 42. 47.
Wittke, H. 16.
Wjasanizyn, W. P. 159. 183. 195.
Wodopjanowa, T. W. 296.
Woerden, H. van 46. 314. 369.
Wolf, E. 10. 77.
Wolf, H. 58. 463.
Wolfgang, R. L. 320.
Wolter, H. 54.
Woltjer, L. 335. 379.
Wood, F. B. 32. 44.
Wood, H. 44. 103.
Wood, M. B. 163.
Woods, M. L. 351.
Woolley, R. v. d. R. 32. 43. 405. 409.
Worley, C. E. 22. 361. 362. 373. 385.
Wormell, T. W. 32.
Woronzow-Weljaminow, B. A. 25. 74. 154. 417. 426. 433.
Wright, F. W. 316.
Wright, H. N. D. 103. 110.
Wright, K. O. 45. 373.
Wright, R. W. 226. 453.
Wróblewski, A. 58. 79. 175. 252. 304. 373. 389.
Wsechswjatskij, S. K. 159. 169. 296. 298. 304.
Wurm, K. 51. 93. 414.
Wyka, K. 42.
Wylie, L. R. 314.
Wylie, P. E. 466.
Wyller, A. A. 336. 362.
Wynne, C. G. 78.

Yada, B. 415.
Yagi, S. 239.
Yagoda, H. 459.
Yamada, H. 389.
Yamada, T. 239.
Yamamoto, I. 229. 239.
Yamano, M. 97.
Yamashita, Y. 385.
Yang, C. N. 119.
Yeh, S.-H. 175. 329.
Yilmaz, F. 177.
Yoshida, S. 458. 459.

Zachar, L. 20.
Zahn, C. 319.
Zahradníček, J. 121.
Zalubas, R. 183.
Zanstra, H. 147. 409. 414.
Zap, T. T. 193.
Zebergs, V. 335. 384.
Zeilinger, M. 59.
Zelikoff, M. 225.
Zessewitsch, W. P. 79. 144. 160. 389.
Zeuli, T. 133.
Zięba, A. 174.
Ziering, S. 135.
Zimmermann, H. 439.
Zinner, E. 28. 40. 72. 73. 80.
Zirin, H. 162. 187. 195. 196. 205.
Zizin, F. A. 127.
Zoi Day O 351.
Zonn, W. 28. 154. 441.
Zuckermann, M.-C. 385.
Zwicky, F. 50. 103. 399. 433.

Alphabetical Subject Index

Abbreviations X.
—, general X.
—, special X.
— for the journals XI.
Aberration 106.
Abstractors IV.
Abstracting journals 29.
Academies, publications of XII.
Accessories 85.
Almanacs 17.
Artificial satellites 111. 471.
Associations, publications of XII.
—, reports of 45.
Associations of stars 402. 426.
Asteroids 156. 253.
Astrometric observations, moon 232.
—, planets 244. 288. 291. 292.
—, sun 158.
Astronautics 467.
Astronomical constants 106.
— coordinates 106.
— navigation 466.
Astronomy, history 70.
—, progress in 75.
—, spherical 105.
—, theoretical 110.
Astrophysics, theory 131.
Atmosphere, earth 216.
—, moon 233. 237.
—, planets 214. 246.
—, stars 133. 339.
—, stellar models 134.
—, sun 133. 160.
Aurorae 228.
Author index 477.
Azimuth 107. 464.

Bibliography 29.
Binary stars, evolution 150. 357.
—, general investigations 357.
—, observations 361.
—, spectroscopic 363.
—, visual 358.
Biography 34. 37.
Books, popular 21.
—, scientific 21. 31.

Calendars 110.
Catalogues of stars 329. 358. 360. 365. 435.
Celestial bodies, cosmogony 147.
—, figure 125.
Celestial mechanics 121.
Cepheids 373. 406. 417.
Chromosphere 160. 188.
—, observations 196.
Chronographs 94.
Chronology 110.
Clocks 94.
Clusters, galactic 129. 400.
—, globular 127. 406.
—, open 400. 435.
Cluster-type variables see Cepheids
Color of stars 336.
Comets, determination of orbits 130. 294.
—, general investigations 293.
—, individual objects 297.
—, origin 155.
Computers, digital 16.
Conferences 50.
Constants, astronomical 106.
Contents V.
Coordinates, astronomical 106.
—, fundamental system 329.
—, geodetic 464.
Copernicus 41.
Corona 201.
Corpuscular emission from the sun 187.
Correspondence 37.
Cosmic radiation 454.
Cosmic rays from the sun 188.
Cosmogony, celestial bodies 147.
—, solar system 154.
Cosmology 111.

Diameter, radio sources 449.
—, stars 352.
—, sun 158.
Dictionaries 33.
Digital computers 16.
Double stars see binary stars

Earth, artificial satellites 471.
—, atmosphere 216.
—, aurorae 228.
—, extinction 219.
—, figure 461.
—, general investigations 215.
—, International Geophysical Year 222.

Earth, ionosphere 223.
—, luminous night-clouds 226.
—, movements of the poles 464.
—, night sky light 226.
—, origin 155.
—, rotation 461.
—, scintillation 230.
—, sky brightness 221.
—, solar-terrestrial relationships 206.
—, special phenomena 231.
—, twilight 218.
Eclipses 109.
— of the moon 235.
— of the sun 163.
Eclipsing binaries 365.
Einstein 40.
Elements, origin of 140.
Encyclopædia 29.
Ephemerides 17. 253. 364.
Ephemeris time 106.
Errata 475.
Errors of instruments 104.
—, methodic 104.
—, systematic 104.
Evolution, solar system 154.
—, stars 147.
—, stellar systems 150. 357. 402.
Exhibitions 59.
Extinction 219.
Extragalactic nebulae 428.
—, radio emission 428. 443.
—, theory 126.

Faculae 170.
Figure of celestial bodies 125.
— of the earth 461.
Flares 188.
—, observations 196.
Fundamental system 329.
Furnaces, solar 91.

Galactic clusters 400.
—, theory 129.
Galactic nebulae 409.
Galaxy see Milky Way
Gegenschein 327.
Geodesy 460.
Globular clusters 406.
—, theory 127.
Gravitation, theory 111.
Gravity 461.

Halley 41.
Handbooks 17.
History of astronomy 70.

Institutes, publications of XX.
—, reports of 42.
Instructions for astronomical observations 79.
Instruments 80.
—, accessories 85.
—, ancient 80.
—, equipment 80. 83.
—, errors of 104.
—, for the use of solar energy 91.
—, radio telescopes 83.
—, telescopes 81.
Intergalactic space 429. 455.
Interior of stars 139.
International Geophysical Year 222.
Interplanetary space 209.
Interstellar absorption 437.
Interstellar hydrogen 417. 437. 454.
Interstellar matter 436.
—, radio emission 144. 439.
—, theory 144.
Interstellar space 132. 399. 436.
Ionosphere 223.

Journals, list of XII.
Jupiter 288.
— satellites 290.

Latitude 464.
—, variation of 106. 464.
Light, theory 111.
—, velocity of 15.
Longitude 464.
Luminosity 352.
— function 354.

Magellanic Clouds 433.
Magnetic field, interplanetary 210.
—, interstellar 146.
—, Milky Way 420.
—, stars 356.
—, sun 162.
Magneto-hydrodynamics 11.
Magnitude 336.
Mars 244.
Mathematics 1.
Mechanics, celestial 121.
Meetings 42. 50.
Mercury 211.
Meteorite crater 326.
Meteorites 320.
—, individual objects 324.
—, origin 155.
Meteors, general investigations 307.

Meteors, observations 318.
Meteor streams 315.
Methods of observation and reduction 99.
Milky Way 417.
—, associations of stars 402. 426.
—, kinematics and dynamics 421.
—, magnetic field 420.
—, radio emission 420. 443.
—, structure 417. 449.
—, theory 126.
Minor planets 253.
—, computation of perturbations 124. 253.
—, determination of orbits 123. 130.
—, list of observations and computations 256.
—, origin 156.
Miscellaneous 26.
Moon, astrometric observations 232.
—, atmosphere 233. 237.
—, eclipses 109. 235.
—, formations 239.
—, general investigations 232.
—, occultations 237.
—, radio emission 235.
Movement of the poles 464.

Navigation, astronomical 466.
n-body problem 121.
Nebulae, extragalactic 428.
—, galactic 409.
—, planetary 415. 435.
—, theory 144.
Necrologues 34.
Neptune 292.
Night-clouds, luminous 226.
Night sky light 226.
Nomography 1.
Novae 395. 428.
Nutation 106. 465.

Obituaries 34.
Observations of comets 297.
— of the earth 209. 226. 229. 231.
— of meteors 318.
— of minor planets 256.
— of the moon 232.
— of novae 396.
— of planets 211. 212. 244. 288. 291. 292.
— of the sun 158. 175. 187. 196. 205. 209.
— of variable stars 386.
— of visual binary stars 361.
Observatories, descriptions 59.
—, popular 68.
—, publications of XX.
—, reports of 42.
Occultations 109. 234. 237. 238.
—, of radio sources 233. 448.
Open clusters 400. 435.
Optics 76.
Orbits, determination of 106. 123. 130. 294. 358.
Origin of comets 155.
— of cosmic rays 443. 457.
— of the earth 155.
— of elements 140.
— of meteorites 155.
— of minor planets 156.
— of planets 155.
— of stars 147.

Parallax 335.
Personal notes 36.
Perturbation theory 121. 253.
Photography 92.
Photometers 87.
Photometry 87.
Photosphere of the sun 161. 178.
Physical observations 211. 212. 244. 288. 291.
Physics 2.
Planetaries 69.
Planetary nebulae 144. 415. 435.
Planets 140. 209.
—, astrometric observations 244. 288. 291. 292.
—, atmosphere 214. 246.
—, origin 155.
—, physical observations 211. 212. 244. 288. 291.
—, radio emission 213. 252. 288.
Plasma 13.
Pluto 292.
Polarization 5. 442.
Populations 147. 154. 341. 399. 436.
Positions of stars 329.
Precession 106.
Preface III.
Progress in astronomy 75.
Prominences 162. 188.
—, observations 196.
Proper motion 332.
Publications of academies XII.
— of associations XII.
— of institutes XX.
— of observatories XX.
— of societies XII.

Radial velocity 332.
Radiation, cosmic 454.
—, of stars 352.
—, of the sun 183.
—, 21 cm 437. 453.
Radio emission 442.
—, extragalactic nebulae 428. 443.
—, interstellar matter 144. 439.
—, Milky Way 420. 443.
—, moon 235.
—, planets 213. 252. 288.
—, sun 184.
Radio sources 447. 453.
—, diameter 449.
—, occultations 233. 448.
Radio stars 447.
—, scintillation 448.
Radio telescopes 83.
Red-shift 113.
Refraction 108.
Relativity, theory of 111.
Reports of associations 45.
— of institutes 42.
— of observatories 42.
— of societies 45.
Reviews 29.
Rockets 467.
Rotation of the earth 461.
— of stars 356.
— of the sun 159.
Rotation, theory 125.

Satellites 209.
—, artificial 111. 471.
— of Jupiter 290.
Saturn 291.
Scintillation 230.
— of radio stars 448.
Sky atlas 331.
Sky brightness 221.
Societies, publications of XII.
—, reports of 45.
Solar activity 170. 206.
— constant 184.
— furnaces 91.
— outburst of February 23, 1956 198.
Solar system, general investigations 209.
—, cosmogeny 154.
Solar-terrestrial relationships 206.
Space, intergalactic 429. 455.
—, interplanetary 209.
—, interstellar 132. 399. 436.
Spectroscopic binary stars 363.
Spectrum of comets 295.
— of stars 339. 368.
— of the sun 161. 178.
Spectrum, theory 2. 133.
Spherical astronomy 105.
Standard dates 20.
Stars, catalogues 329. 358. 360. 365. 435.
—, color 336.
—, diagrams 352.
—, diameter 352.
—, evolution 147. 402.
—, fundamental system 329.
—, interior 139.
—, luminosity 352.
—, luminosity function 354.
—, magnetic field 356.
—, magnitude 336.
—, mass 352.
—, occultations 109. 234. 237. 238.
—, origin 147.
—, parallax 335.
—, position 329.
—, proper motion 332.
—, radial velocity 332.
—, radiation 352.
—, rotation 356.
—, sky atlas 331.
—, spectrum 339. 368.
—, temperature 352.
Stellar atmospheres 133. 339.
— evolution 147. 358.
— interior 139.
— models 141.
— populations 147. 154. 341. 399. 436.
Stellar systems 399.
—, evolution 150. 357. 402.
—, theory 126.
Sun, astrometric observations 158.
—, atmosphere 133. 160.
—, chromosphere 160. 188.
—, corona 201.
—, corpuscular emission 187.
—, cosmic rays 188.
—, diameter 158.
—, eclipses 109. 163.
—, faculae 170.
—, flares 188. 196.
—, general investigations 158.
—, magnetic field 162.
—, outburst of February 23, 1956 198.
—, photosphere 161. 178.
—, prominences 162. 188.
—, radiation 183.
—, radio emission 184.
—, relation to terrestrial phenomena 206.
—, rotation 159.
—, spectrum 161. 178.
—, theory 159.
—, UV-emission 184.

Sun, X-rays 184.
Sundial 94.
Sunspots 170.
—, observations 175.
Supernovae 398.
Symposia 50.

Tables 74. 105. 106. 108. 111. 365. 461. 466.
—, mathematical 1. 9. 16. 125.
— of functions 2. 16. 358.
Telescopes 80.
Temperature 352.
Theoretical astronomy 110.
— astrophysics 131.
Tides 125.
Time, determination of 94.
— service 94.
— signals 95. 98.
—, theory 111.
Transliteration of Russian alphabet 476.
Transneptune 293.
Transpluto 293.
Twilight 218.

Universe 111.
Uranus 292.
UV-emission of the sun 184.

Variable stars 364. 380. 386. 434.
—, cepheids 373. 406. 417.
—, eclipsing binaries 365.
—, ephemerides 364.
—, lists of 386.
—, observations 390.
Variation of latitude 106. 464.
Velocity of light 15.
Venus 212.
Visual binary stars 358.
—, determination of orbits 358.
—, observations 361.

X-rays from the sun 184.

Zodiacal light 327.

FSC
www.fsc.org
MIX
Papier | Fördert
gute Waldnutzung
FSC® C083411

Kolibri 360 GmbH
Ferdinand-Jühlke-Straße 7
99095 Erfurt, Deutschland
produktsicherheit@kolibri360.de